经典译丛·人类语言技术

自然语言处理综论

（第二版）

Speech and Language Processing

An Introduction to Natural Language Processing，Computational Linguistics，and Speech Recognition

Second Edition

［美］ Daniel Jurafsky
James H. Martin   著

冯志伟 孙 乐 译

U0303437

电子工业出版社
Publishing House of Electronics Industry
北京·BEIJING

内 容 简 介

本书全面论述了自然语言处理技术。本书在第一版的基础上增加了自然语言处理的最新成就，特别是增加了语音处理和统计技术方面的内容，全书面貌为之一新。本书共分五个部分。第一部分"词汇的计算机处理"，讲述单词的计算机处理，包括单词切分、单词的形态学、最小编辑距离、词类，以及单词计算机处理的各种算法，包括正则表达式、有限状态自动机、有限状态转录机、N元语法模型、隐马尔可夫模型、最大熵模型等。第二部分"语音的计算机处理"，介绍语音学、语音合成、语音自动识别以及计算音系学。第三部分"句法的计算机处理"，介绍英语的形式语法，讲述句法剖析的主要算法，包括CKY剖析算法、Earley剖析算法、统计剖析，并介绍合一与类型特征结构、Chomsky层级分类、抽吸引理等分析工具。第四部分"语义和语用的计算机处理"，介绍语义的各种表示方法、计算语义学、词汇语义学、计算词汇语义学，并介绍同指、连贯等计算机话语分析问题。第五部分"应用"，讲述信息抽取、问答系统、自动文摘、对话和会话智能代理、机器翻译等自然语言处理的应用技术。本书写作风格深入浅出，实例丰富，引人入胜。

本书可作为高等学校自然语言处理或计算语言学的本科生和研究生的教材，也可以作为从事人工智能、自然语言处理等领域的研究人员和技术人员的必备参考。

Authorized translation from the English language edition, entitled Speech and Language Processing: An Introduction to Natural Language Processing, Computational Linguistics, and Speech Recognition, Second Edition, 9780131873216 by Daniel Jurafsky, James H. Martin, published by Pearson Education, Inc., publishing as Prentice Hall, Copyright © 2009 Pearson Education, Inc.

CHINESE SIMPLIFIED language edition published by PUBLISHING HOUSE OF ELECTRONICS INDUSTRY, Copyright © 2018.

本书简体中文版由 Pearson Education 培生教育出版集团授予电子工业出版社，未经出版者预先书面许可，不得以任何方式复制或抄袭本书的任何部分。

本书简体中文版贴有 Pearson Education 培生教育出版集团激光防伪标签，无标签者不得销售。

版权贸易合同登记号　图字：01-2008-4029

图书在版编目（CIP）数据

自然语言处理综论：第 2 版/（美）朱夫斯凯（Jurafsky，D.），（美）马丁（Martin，J. H.）著；冯志伟，孙乐译.
北京：电子工业出版社，2018.3
（经典译丛·人类语言技术）
书名原文：Speech and Language Processing: An Introduction to Natural Language Processing, Computational Linguistics, and Speech Recognition, Second Edition
ISBN 978-7-121-25058-3

I. ①自…　II. ①朱…②马…③冯…④孙…　III. ①自然语言处理　IV. ①TP391

中国版本图书馆 CIP 数据核字（2014）第 286322 号

策划编辑：马　岚
责任编辑：葛卉婷
印　　刷：北京雁林吉兆印刷有限公司
装　　订：北京雁林吉兆印刷有限公司
出版发行：电子工业出版社
　　　　　北京市海淀区万寿路 173 信箱　邮编　100036
开　　本：787×1092　1/16　印张：51　字数：1372 千字
版　　次：2005 年 6 月第 1 版
　　　　　2018 年 3 月第 2 版
印　　次：2022 年 3 月第 5 次印刷
定　　价：198.00 元

凡所购买电子工业出版社的图书有缺损问题，请向购买书店调换；若书店售缺，请与本社发行部联系。联系及邮购电话：(010)88254888，88258888。
质量投诉请发邮件至 zlts@phei.com.cn，盗版侵权举报请发邮件至 dbqq@phei.com.cn。
本书咨询联系方式：classic-series-info@phei.com.cn。

译者简介

冯志伟　先后在北京大学和中国科学技术大学研究生院两次研究生毕业,获双硕士学位。1978 年至 1981 年,在法国格勒诺布尔理科医科大学应用数学研究所(IMAG)自动翻译中心(CE-TA)师从法国著名数学家、国际计算语言学委员会主席 B. Vauquois 教授,专门研究数理语言学和机器翻译问题。回国后,先后担任中国科学技术信息研究所计算中心机器翻译研究组组长、教育部语言文字应用研究所计算语言学研究室主任、杭州师范大学外国语学院高端特聘教授。1986 年至2004 年,在德国 Fraunhofer 研究院(FhG)、Trier 大学、Konstanz 高等技术学院、韩国 Korean Advanced Institute of Science and Technology (KAIST)、英国 Birmingham 大学担任教授或研究员,长期从事语言学和计算机科学的跨学科研究,是我国计算语言学事业的开拓者之一。在中国,他是中国语文现代化学会副会长、中国应用语言学学会常务理事、中国人工智能学会理事、国家语言文字工作委员会 21 世纪语言文字规范(标准)审定委员会委员、全国科学技术名词审定委员会委员、全国术语标准化技术委员会委员、中国外语教育研究中心学术委员会委员、《数学辞海》总编辑委员会委员、《中国大百科全书》(《语言文字卷》)编辑委员会成员。在国际上,他是 TELRI(Trans-European Language Resources Infrastructure)、LREC(Language Resources and Evaluation Conference)、COLING-2010(Computational Linguistics Conference)的顾问委员会委员,并担任 IJCL(International Journal of Corpus Linguistics)、IJCC(International Journal of Chinese and Computing)等重要学术期刊编委以及英国 Continuum 出版公司系列丛书 Research in Corpus and Discourse 编委。承担国家自然科学基金项目和国家社会科学基金项目多项,出版专著 30 余部,发表论文 300 余篇。

孙　乐　1998 年 5 月毕业于南京理工大学,获博士学位。1998 年 9 月至 2000 年 10 月在中国科学院软件研究所从事博士后研究,现为中国科学院软件研究所中文信息处理研究室研究员、博士生导师。曾先后在英国 Birmingham 大学、加拿大 Montreal 大学做访问学者。目前主要研究方向:自然语言理解、知识图谱、信息抽取、问答系统等。作为项目负责人承担国家自然科学基金重点项目、国家"863"项目、国际合作项目等 30 多项,在 ACL、SIGIR、EMNLP 等重要国际会议和国内核心期刊发表论文 50 多篇。现为中国中文信息学会副理事长兼秘书长、中文信息学报副主编、国家语委语言文字规范标准审定委员会委员、国际测评 NTCIR MOAT 中文简体任务的组织者、第 23 届国际计算语言学大会(COLING 2010)组织委员会联席主席、第 13 届国际机器翻译峰会(MT Summit 2011)组织委员会联席主席、第 53 届国际计算语言学年会(ACL2015)组织委员会联席主席。

中文版序言

The goal of a textbook author is the same as the goal of any teacher: passing on our love for our field to a new generation of students, encouraging them to do innovative and creative new work, and helping them to advance the state of human knowledge. For a textbook in the interdisciplinary area of speech and language processing, there are the additional goals of enabling students from differing backgrounds (computer science, linguistics, electrical engineering) to acquire the knowledge and tools of the new interdisciplinary field, and to develop an appreciation for the beauty and complexity and variety of human language. We therefore feel extremely lucky that Professor Feng Zhiwei, aided by Dr. Sun Le, undertook the arduous job of translating this book. Prof. Feng is the perfect scholar for the job of translating such a book, because of his long experience in our field, his wide breadth of research interests throughout computational linguistics in general and Chinese computational linguistics specifically, his remarkable familiarity with the state of our field across the world, from China to France, from Korea to Germany, and of course his expertise on translation as a research area! We are also very excited that this translation into Chinese is the first translation of our book out of English. China's long history of the study of language is of course well known, and in this new century the young scientists of China are already playing a key role in the important scientific advances of our field. We look forward to even more amazing contributions from China and hope that our small book, now with the help of Prof. Feng and Dr. Sun, can provide a small aide in the great role that Chinese scientists are playing on the world scientific stage!

Daniel Jurafsky and James H. Martin
Palo Alto, California, and Boulder, Colorado

—译文—

教材的作者与所有教师有着相同的目标：即把我们对于本专业的热爱传达给新一代的学生，鼓励他们去进行创新性的研究和探索，帮助他们把人类知识进一步向前推进。由于语音和语言的计算机处理属于交叉学科的领域，所以，我们这本关于这个交叉学科领域的教材还有其特定的目标。这些特定的目标就是使来自不同知识背景（计算机科学、语言学和电子工程）的学生掌握这门新的交叉学科的基本知识和工具，并在学习过程中一步一步地来感受人类语言的美妙性、复杂性和多样性。因此，当我们了解到冯志伟教授在孙乐研究员的协助下承担了把这本教材翻译成中文的艰辛工作的时候，我们感到无比的荣幸。我们认为，冯志伟教授是翻译这本教材的最理想的学者，因为他在这个专业领域具有多年的经验；他的研究兴趣涉及面广，既包括普遍的计算语言学研究，也包括具体的汉语计算语言学的研究；他对于这个学科在全世界的情况了如指掌，从中国到法国，从韩国到德国，他都亲身参与了这些国家的计算语言学研究工作；并且，翻译一直是冯教授长期从事的一个研究领域，他当然也是精研通达的翻译内行！这个中文译本是英文原著的第一个外文译本，它的出版使我们非常之激动和振奋。众所周知，中国在语言研究方面有着悠久的历史，在新世纪，中国年轻一代的科学工作者在这个领域的一些重要的科学进展方面已经起着关键性的作用。我们期待着中国在这个领域里进一步做出更加出色的贡献，并且希望，在中国科学工作者为全世界的科学进步事业所发挥的巨大作用中，由于冯志伟教授和孙乐研究员的帮助，拙著也能够为此尽我们的绵薄之力！

Daniel Jurafsky

James H. Martin

译　者　序

采用计算机技术来研究和处理自然语言是 20 世纪 40 年代末期和 20 世纪 60 年代才开始的，60 多年来，这项研究取得了长足的进展，成为了计算机科学中一门重要的新兴学科——自然语言处理（Natural Language Processing，NLP）。

我们认为，计算机对自然语言的研究和处理，一般应经过如下 4 个方面的过程：

1. 把需要研究的问题在语言学上加以形式化，使之能以一定的数学形式，严密而规整地表示出来；

2. 把这种严密而规整的数学形式表示为算法，使之在计算上形式化；

3. 根据算法编写计算机程序，使之在计算机上加以实现；

4. 对于所建立的自然语言处理系统进行评测，使之不断地改进质量和性能，以满足用户的要求。

美国计算机科学家 Bill Manaris 在《计算机进展》（Advances in Computers）第 47 卷的《从人机交互的角度看自然语言处理》一文中曾经给自然语言处理提出了如下的定义：

"自然语言处理可以定义为研究在人与人交际中以及在人与计算机交际中的语言问题的一门学科。自然语言处理要研制表示语言能力（linguistic competence）和语言应用（linguistic performance）的模型，建立计算框架来实现这样的语言模型，提出相应的方法来不断地完善这样的语言模型，根据这样的语言模型设计各种实用系统，并探讨这些实用系统的评测技术。"

Bill Manaris 关于自然语言处理的这个定义，比较全面地表达了计算机对自然语言的研究和处理的上述 4 个方面的过程。我们认同这样的定义。

根据这样的定义，我们认为，建立自然语言处理模型需要如下不同平面的知识：

1. 声学和韵律学的知识：描述语言的节奏、语调和声调的规律，说明语音怎样形成音位。

2. 音位学的知识：描述音位的结合规律，说明音位怎样形成语素。

3. 形态学的知识：描述语素的结合规律，说明语素怎样形成单词。

4. 词汇学的知识：描述词汇系统的规律，说明单词本身固有的语义特性和语法特性。

5. 句法学的知识：描述单词（或词组）之间的结构规则，说明单词（或词组）怎样形成句子。

6. 语义学的知识：描述句子中各个成分之间的语义关系，这样的语义关系是与情景无关的，说明怎样从构成句子的各个成分推导出整个句子的语义。

7. 话语分析的知识：描述句子与句子之间的结构规律，说明怎样由句子形成话语或对话。

8. 语用学的知识：描述与情景有关的情景语义，说明怎样推导出句子具有的与周围话语有关的各种含义。

9. 外界世界的常识性知识：描述关于语言使用者和语言使用环境的一般性常识，例如，语言使用者的信念和目的，说明怎样推导出这样的信念和目的内在的结构。

当然，关于自然语言处理所涉及的知识平面还有不同的看法，不过，一般而言，大多数的自然语言处理研究人员都认为，这些语言学知识至少可以分为词汇学知识、句法学知识、语义学知识和语用学知识等平面。每一个平面传达信息的方式各不相同。例如，词汇学平面可能涉及具体的单词的构成成分（如语素）以及它们的屈折变化形式的知识；句法学平面可能涉及在具体的语言中单词或词组怎样结合成句子的知识；语义学平面可能涉及怎样给具体的单词或句子指派意义的知识；语用学平面可能涉及在对话中话语焦点的转移以及在给定的上下文中怎样解释句子的含义的知识。

下面我们具体说明在自然语言处理中这些知识平面的一般情况。如果我们对计算机发一个口头的指令："Delete file x"（"删除文件 X"），我们要通过自然语言处理系统让计算机理解这个指令的含义，并且执行这个指令，一般来说需要经过如下的处理过程：

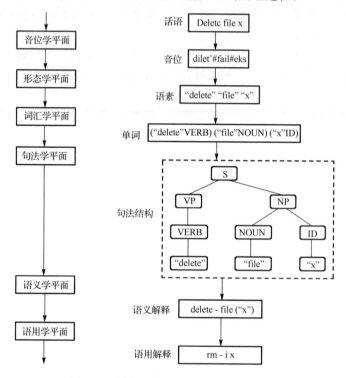

图 0.1　自然语言处理系统中的知识平面

从图 0.1 中可以看出，自然语言处理系统首先把指令"Delete file x"在音位学平面转化成音位系列"dilet'#fail#eks"，然后在形态学平面把这个音位系列转化为语素系列"delete""file""x"，接着在词汇学平面把这个语素系列转化为单词系列并标注相应的词性：（"delete"VERB）（"file"NOUN）（"x"ID），在句法学平面进行句法分析，得到这个单词系列的句法结构，用树形图表示，在语义学平面得到这个句法结构的语义解释：delete-file（"x"），在语用学平面得到这个指令的语用解释"rm-i x"，最后让计算机执行这个指令。

这个例子来自美国自然语言处理学者 Wilensky 为 UNIX 设计的一个语音理解界面，称为 UNIX Consultant。这个语音理解界面使用了上述的第 1 个至第 6 个平面的知识，得到口头指令 "Delete file x"的语义解释：**delete-file（"x"）**，然后，使用第 8 个平面的语用学知识把这个语义解释转化为计算机的指令语言"**rm-i x**"，让计算机执行这个指令，这样便可以使用口头指令来指挥计算机的运行了。

不同的自然语言处理系统需要的知识平面可能与 UNIX Consultant 不一样，根据实际应用的不同要求，很多自然语言处理系统只需要使用上述 9 个平面中的部分平面的知识就行了。例如，书面语言的机器翻译系统只需要第 3 个至第 7 个平面的知识，个别的机器翻译系统还需要第 8 个平面的知识；语音识别系统只需要第 1 个至第 5 个平面的知识。

上述 9 个平面的知识主要涉及的是语言学知识，由于自然语言处理是一个多边缘的交叉学科，除了语言学，它还涉及如下的知识领域：

- **计算机科学**：给自然语言处理提供模型表示、算法设计和计算机实现的技术。
- **数学**：给自然语言处理提供形式化的数学模型和形式化的数学方法。
- **心理学**：给自然语言处理提供人类言语行为的心理模型和理论。
- **哲学**：给自然语言处理提供关于人类的思维和语言的更深层次的理论。
- **统计学**：给自然语言处理提供基于样本数据来预测统计事件的技术。
- **电子工程**：给自然语言处理提供信息论的理论基础和语言信号处理技术。
- **生物学**：给自然语言处理提供大脑中人类语言行为机制的理论。

自然语言处理需要的知识如此之丰富，它涉及的领域如此之广泛，我们翻译的这本《自然语言处理综论》正好满足了这样的要求。

本书的英文原名是：Speech and Language Processing：An Introduction to Natural Language Processing，Computational Linguistics，and Speech Recognition，作者是美国科罗拉多大学的 Daniel Jurafsky 和 James Martin，由 Prentice-Hall，Inc. 出版。

几年前我从韩国到新加坡参加国际会议时，在书店发现此书，马上就被它丰富的内容和流畅的表达吸引住了。会议结束回到韩国之后，我就开始认真阅读此书，我发现此书覆盖面非常广泛，理论分析十分深入，而且强调实用性和注重评测技术，几乎所有的例子都来自真实的语料库，此书的内容不仅覆盖了我们在上面所述的 9 个平面的语言学知识和外在世界的常识性知识，而且还涉及计算机科学、数学、心理学、哲学、统计学、电子工程和生物学等领域的知识，我怀着极大的兴趣前后通读了两遍。当时我在韩国科学技术院电子工程与计算机科学系担任访问教授，在我给该系博士研究生开的"自然语言处理-II"（NLP-II）的课程中，使用了该书的部分内容，效果良好。我觉得这确实是一本很优秀的自然语言处理的教材。我常常想，如果我们能够把这本优秀的教材翻译成中文，让国内的年轻学子们也能学习本书，那该是多么好的事情！

后来，在北京的机器翻译研讨会上，电子工业出版社编辑找到我，告诉我说他们打算翻译出版此书。当时电子工业出版社已经进行过调查，目前国外绝大多数大学的计算机科学系都采用此书作为"自然语言处理"课程的研究生教材，他们希望我来翻译这本书，与电子工业出版社配合，推出高质量的中文译本。我们双方的想法不谋而合，于是，我欣然接受了本书的翻译任务，开始进行本书的翻译。

我虽然已经通读过本书两遍，对于本书应该说是有一定的理解了，但是，亲自动手翻译起来，却不像原来想象的那样容易，要把英文的意思表达为确切的中文，下起笔来，总有绠短汲深之感，大量的新术语如何用中文来表达，也是颇费周折令人踌躇的难题。我利用了全部的业余时间来进行翻译，连续工作了 11 个月，当翻译完第 14 章（全书的三分之二）的时候，我患了黄斑前膜的眼病，视力出现障碍，难于继续翻译工作，还剩下 7 章（全书的三分之一）没有翻译，"行百里者半九十"，这 7 章的翻译工作究竟如何来完成呢？正当我束手无策一筹莫展的时候，中国科学院软件研究所孙乐研究员表示愿意继续我的工作，与我协作共同完成本书的翻译。孙乐研究员有很好的自然语言处理的基础，我们又是忘年之交的好朋友，由他来继续我的翻译工作是最理想不过的了，电子工业出版社也同意孙乐参与本书的翻译。孙乐研究员的翻译工作十分认真，他每翻译一章，就交给我审校，遇到疑难问题时我们共同切磋，反复推敲，他顺利地完成了第 15 章到第 21 章的翻译，现在，在我们两人的通力合作下，全书的翻译总算大功告成了。本书第一版的中文译文在 2005 年 6 月出版。

中文第一版出版后，读者的反响比我预想的热烈。中国传媒大学、北京大学、上海交通大学、解放军外国语学院、大连海事大学都先后采用本书作为自然语言处理或计算语言学课程的教材，受到师生们的一致好评。有的同学对照英文原文，逐词逐句地阅读，反复推敲译文的含义，细心品味原著的内容。有的同学组织起来集体阅读，组织专题讨论，交流学习的心得体会。有的同学写信给我，赞扬本书的译文"既信且达，通顺流畅"；这样的赞扬，对于写信的同学，自然是普通寻常的溢美之词，但对于我这个苦心推敲译文、年逾古稀的译者来说，却是最高的褒奖了。我在这里发自内心地感谢广大读者对于本书的厚爱。

现在本书中文第一版已经销售一空了，很多喜爱自然语言处理的读者想买此书，可是，经常是"一书难求"。

近年来，自然语言处理领域在很多方面有了新的进展，语音和语言技术的应用范围日益扩大，大规模真实书面文本语料库口语语料库的广泛使用，使得自然语言处理技术越来越依赖于统计机器学习的方法。2009 年 Prentice Hall 出版社推出了本书英文版第二版，篇幅由第一版的 21 章增加为 25 章，大大地充实了语音识别、语音合成、统计自然语言处理和统计机器学习方面的内容，更好地反映这个领域的新进展。

为了满足读者进一步学习的需要，电子工业出版社决定请我和孙乐研究员翻译本书英文版第二版。我们愉快地接受了翻译第二版的任务。我们仍然按照翻译第一版时的分工，由我翻译第 1~16 章（全书的五分之三），由孙乐研究员翻译第 17~25 章（全书的五分之二），全书的译文由我统稿。

我在九年前已经步入古稀之年，自从双目出现黄斑前膜之后，视力越来越差，在翻译过程中，我经常要借助于放大镜来阅读英文原著或查询生僻的专业术语，幸好先进的语音合成技术可以把书面的文字转换成口头的语音，使得我能够通过合成的语音来校正中文译文中的差错，省去了我直接用眼力阅读中文译文之苦，我成为了自然语言处理技术的直接受益者，这更加激励我克服重重的困难来完成本书第二版的翻译。我暗暗下定决心，一定要把自己的心血化作火红的宝石，一定要把自己的汗水化作晶莹的珍珠，为这个新的译本增添璀璨的光彩。经过三年多艰辛的工作，在孙乐研究员的积极配合之下，第二版的中文译文终于与读者见面了，这是我最感到欣慰的事。

我研究自然语言处理已经五十多年了，五十多年前，我还是一个不谙世事的十九岁的小青年，现在，我已经是白发苍苍的古稀老人了，我们这一代人正在一天天地变老；然而，我们如痴如醉地钟爱着的自然语言处理事业却是一个新兴的学科，她还非常年轻，充满了青春的活力，尽管她还很不成熟，但是她无疑地有着光辉的发展前景。我们个人的生命是有限的，而科学知识的探讨和研究却是无限的。我们个人渺小的生命与科学事业这棵常青的参天大树相比较，显得多么微不足道，犹如沧海一粟。想到这些，怎不令我们感慨万千！"路漫漫其修远兮，吾将上下而求索"，自然语言处理的探索者任重道远，不论在理论方面还是在应用方面，我们都需要加倍地努力，当前自然语言处理仍然面临诸多的困难，我们还要继续奋战，才能渡过难关，走向一马平川的坦途。谨以这个新的译本献给那些对自然语言处理有兴趣的读者，让我们携起手来，共同来探索自然语言计算机处理的奥秘，并在这样的探索中实现我们个人渺小生命的价值，获取人生的乐趣。

正如本书作者指出的，本书具有"覆盖全面，强调实用，注重评测，语料为本"的特点，我们希望，本书中文译文第二版的出版能够在我国的自然语言处理的教学和科学研究中，继续产生积极的作用，我们还希望，读者能够喜欢这个新的译本，并给我们提出批评和指正。

本书译者的部分工作得到了国家自然科学基金（编号：61433015）、国家社会科学基金（编号：03BYY019）的资助，特此致谢。

冯志伟
于杭州

序　言

　　语言学是一门有数百年历史的学科，作为计算机科学的一个组成部分的计算语言学只有50年的历史。然而只是近十年来，由于适用于互联网的信息检索和机器翻译的出现，由于台式计算机上的语音识别逐渐普及，语言的计算机理解才真正成为了一个产业脱颖而出，它牵涉到了成千上万的人。语言信息的表示和计算机处理方面的理论进展，使这样的产业成为可能。

　　《自然语言处理综论》是第一本全面地论述语言技术的书，这本书的内容涉及了语言技术的各个层面，介绍了语言处理的各种现代技术，并把深入的语言分析和鲁棒的统计方法紧密地结合起来。从层次的角度来看，本书的论述是按照不同的语言层面逐步展开的，首先论述词和词的构成，包括单词序列的性质以及如何说出并且理解它们，接着论述组词成句的方法（句法），意义形成的方法（语义学），它们是问答系统、对话系统和语言之间翻译的基础。从技术的角度来看，本书介绍了正则表达式、信息检索、上下文无关语法、合一、一阶谓词演算、隐马尔可夫模型和其他概率模型、修辞结构理论等非常丰富的内容。在此之前，如果你想了解这些知识，你必须读两三本不同的书。本书全面覆盖了这些知识。更重要的是，本书把这些技术彼此联系起来，使读者不仅知道哪些技术是最好用的，并且知道怎样把这些技术结合起来使用。本书的论述风格使读者对于有关的内容始终保持着浓厚的兴趣，乐意去思考各种技术的细节，一步一个脚印地循序渐进而毫无枯燥乏味之感。不论你是从学术的角度还是从产业的角度对于自然语言的计算机处理发生兴趣，本书都可以作为你理想的入门向导和有用的学术参考，它能指引你在将来进一步升堂入室，研究这门引人入胜的学科。

　　本书第一版自2000年出版以来，这个领域在很多方面有了新的进展。语言技术的应用日益扩大，大规模的语言数据集的使用（不论是书面的还是口头的）使得我们越来越依赖于统计机器学习的方法。本书的第二版从理论和实际两个方面很好地反映了这些新的进展。本书的各个章节之间大都保持着相对的独立性，这样的结构安排也使得读者或教师更容易从中选择一部分来学习。从本书第一版出版以来，尽管在语言处理这个领域出现了一些写得不错的著作，但是，从总体上来说，本书仍然是这个领域中最好的导论性著作。

Peter Norvig & Stuart Russell
Prentice Hall 人工智能丛书主编

前　　言

现在语音和语言的计算机处理进入了一个令人振奋的时期。在这个时期，历史上彼此不同的研究部门（自然语言处理、语音识别、计算语言学、计算心理语言学）开始融合在一起。基于网络的语言技术的开发，基于电话的对话系统的商品化应用，语音合成和语音识别都有力地推动了各种实用的自然语言处理系统的开发。由于使用大规模的联机语料库，使得在从语音到话语的各个不同的层面都可以使用统计方法。我们在设计这本既可作为教学之用又可作为参考书之用的著作时，试图描绘出各个不同学科开始融合在一起的这种情景。本书具有如下的特点：

1. 覆盖全面

为了统一地描述语音处理和语言处理，本书全面地覆盖了在传统上分别在不同的系和不同的课程中讲授的内容。例如，在电子工程系的语音识别课程的内容；在计算机科学系的自然语言处理课程中的自动句法分析、语义解释、机器翻译等内容；在语言学系的计算语言学课程中的计算形态学、计算音系学和计算语用学等内容。本书介绍了这些领域中的基本算法，不论这些算法原来是在语音处理还是在书面语言处理中提出的，不论它们原来是从逻辑的角度还是从统计的角度提出的，我们力求把来自不同领域的算法合在一块统一地加以描述。我们也试图把一些诸如机器翻译、拼写检查、信息检索和信息抽取这样的应用领域的内容包括在本书中，使它的覆盖面更加全面。这种广为覆盖的方法的一个潜在问题使得我们只好把每个领域中的一些概论性的材料也包括到本书中。因此，在阅读本书时，语言学家可以跳过有关发音语音学方面的章节，计算机科学家可以跳过有关正则表达式的章节，电子工程师可以跳过有关信号处理的章节。当然，尽管这本书写得这么长，我们也不可能做到包罗万象。正因为如此，本书不能替代语言学、自动机和形式语言理论、人工智能、机器学习、统计学和信息论的各种专门著作，这些著作显然是非常重要的。

2. 注重实用

理论联系实际是非常重要的。在本书中，我们始终注意把自然语言处理的算法和技术［从隐马尔可夫模型（MHH）到合一算法，从 λ 运算到对数-线性模型］应用于解决现实世界中遇到的各种重要问题。例如，语音识别、机器翻译、网络上的信息抽取、拼写检查、文本文献检索以及口语对话代理。为了达到这样的目的，我们在每一章中都要讲授一些关于自然语言处理的应用问题。这种方法的好处是，当我们介绍有关自然语言处理的知识的时候，可以给学生们提供一个背景来理解和模拟特定领域中的应用问题。

3. 强调评测

近年来，在自然语言处理中统计算法越来越受到重视，语音处理和语言处理系统的有组织的评测活动越来越多，这些使得评测得到了越来越多的强调和重视。因此，我们在本书的许多章节中都包括了评测的内容，描述系统评测和错误分析的现代经验方法，例如，训练集和测试集的概念、交叉验证（cross-validation），以及诸如困惑度（perplexity）的信息论评测指标。

4. 语料为本

现代的语音处理和语言处理很多是建立在公共资源基础上的。这些资源有：语音生语料库和文本生语料库、标注语料库和树库、标准的标注集等。我们力图在全书中介绍很多这样的重要语言资源（例如，Brown，Switchboard，Fisher，CALLHOME，ATIS，TREC，MUC，BNC 等语料库），并且提供很多有用的标记集的完整的清单以及编码技巧（例如，Penn Treebank，CLAWS 标记集以及 ARPAbet），不过难以避免会有遗漏。此外，在本书中直接包括了很多资源的 URL（Uniform Resource Locator）之外，我们还把这些资源放在本书的网站上（http：//www.cs.colorado.edu/~martin/slp.html），在这个网站上，这些资源可以得到及时的更新。

本书首先可以用作研究生或高年级本科学生的教科书或系列教材。由于本书的覆盖面广，并且有大量的算法，所以，本书也可以用作语音处理和语言处理的各个领域中的大学生和专业人员的参考书。

本书概览

除了序言和书后面的附录之外，本书共分五个部分。第一部分"单词"，讲述与单词和简单的单词序列的计算机处理有关的概念：单词切分，单词的形态学，单词编辑距离，词类，以及单词计算机处理中的各种算法：正则表达式、有限自动机、有限转录机、N 元语法模型、隐马尔可夫模型、对数线性模型等。第二部分"语音"，首先介绍语言语音学，然后讲述语音合成、语音识别以及计算音系学中的语言问题。第三部分"句法"，介绍英语的短语结构语法，讲述用于单词之间的句法结构关系的一些主要的算法：CKY 剖析算法、Earley 剖析算法、统计剖析、合一与类型特征结构，以及诸如 Chomsky 层级分类和抽吸引理（pumping lemma）等分析工具。第四部分"语义学和语用学"，介绍一阶谓词演算以及语义的各种表示方法，λ 计算，词汇语义学，诸如 Wordnet，PropBank 和 FrameNet 等词汇语义资源，用于计算单词相似度和词义排歧的词汇语义学的计算模型，以及诸如同指（coreference）和连贯（coherence）等话语分析问题。第五部分"应用"，讲述信息抽取、机器翻译、对话和会话的智能代理等。

本书的使用方法

本书材料丰富，可供一整年的语音处理和语言处理系列教材之用。本书也可以作为各种不同用途的一个学期的教材使用。

自然语言处理一个季度	自然语言处理一个学期	语音与语言处理一个学期	计算语言学一个季度
1. 导论	1. 导论	1. 导论	1. 导论
2. 正则表达式, FSA	2. 正则表达式, FSA	2. 正则表达式, FSA	2. 正则表达式, FSA
4. N 元语法	4. N 元语法	4. N 元语法	3. 形态分析, FST
5. 词类标注	5. 词类标注	5. 词类标注	4. N 元语法
12. 上下文无关语法	6. HMM	6. HMM	5. 词类标注
13. 句法剖析	12. 上下文无关语法	8. TTS	13. 句法剖析
14. 统计剖析	13. 句法剖析	9. ASR	14. 统计剖析
19. 词汇语义学	14. 统计剖析	12. 上下文无关语法	15. 计算复杂性
20. 计算词汇语义学	17. 语义学	13. 句法剖析	16. 合一
23. 问答和摘要	18. 计算语义学	14. 统计剖析	20. 计算词汇语义学
25. 机器翻译	19. 词汇语义学	17. 语义学	21. 计算话语学
	20. 计算词汇语义学	19. 词汇语义学	
	21. 计算话语学	20. 计算词汇语义学	
	22. 信息抽取	22. 信息抽取	
	23. 问答和摘要	24. 对话	
	25. 机器翻译	25. 机器翻译	

本书的某些章节也可以选作人工智能、认知科学、信息检索或面向语音处理的电子工程等课程之用。

致谢

Andy Kehler 为本书第一版写了"话语"这一章，在第二版中，我们把这些材料作为写作这一章的起点。这一章仍然保持了 Andy 的文体和结构。与此类似，Nigel Ward 为本书第一版写了"机器翻译"这一章中的大部分材料，在第二版中，我们把这些材料作为写作"机器翻译"这一章的起点。我们保持了这一章中的大部分文字，特别是保持了 25.2 节、25.3 节以及这一章的练习。Kevin Bretonnel Cohen 写了关于生物医学信息抽取的 22.5 节。Keith Vander Linden 写了本书第一版的"生成"这一章。我们还要感谢冯志伟（Feng Zhiwei）教授，他在孙乐（Sun Le）的协助下，把本书第一版翻译成了中文。

科罗拉多大学的所在地博尔德市（Boulder）和斯坦福大学的所在地斯坦福市（Stanford）都是从事语音处理和语言处理的好地方。这里，我们还要感谢在这两个地方的我们的学系、我们的同事们以及我们的学生们，他们给了我们的研究和教学极大的影响。

Daniel Jurafsky 在此还要感谢他的父母，是他们鼓励 Daniel 把每件事都做得尽善尽美，并按时完成。他还要感谢 Nelson Morgan，因为 Morgan 引导他从事语音识别的研究，并且教导他对任何事情都要问一个"这行吗？"他还要感谢 Jerry Feldman，因为 Jerry 经常帮助他寻找问题的正确答案，教导他对于任何事情都要问一问："这确实是重要的吗？"他还要感谢 Chuck Fillmore，因为 Chuck 是他的第一个咨询人，和他分享对于语言的爱好，并教导他要始终重视数据。他还要感谢 Robert Wilensky，Robert 是他的博士论文的指导教师，Robert 教导他懂得了合作共事以及团队精神的重要性。他还要感谢 Chris Manning，Chris 是他在斯坦福最出色的合作者。他还要感谢过去在博尔德的非常好的所有的同事们。

James H. Martin 在此也要感谢他的父母，是他们给了 James 鼓励，并且容许他走上自然语言处理这条在当时看来似乎有点儿古怪的学术道路。他还要感谢他的博士论文的指导老师 Robert Wilensky，是 Robert 使他有机会在伯克利（Berkeley）开始了自然语言处理的学习。他还要感谢 Peter Norvig，是 Peter 给他提供了许多正面的例子，并且指引他找到正确的途径。他还要感谢 Rick Alterman，是 Rick 在关键和困难的时刻，给了他鼓励和勇气。他还要感谢 Chuck Fillmore, George Lakoff, Paul Kay 和 Susanna Cumming，因为他们教 James，使他懂得了语言学。他还要感谢 Martha Parmer, Tammy Summer 和 Wayne Ward，他们是 James 在博尔德最好的合作者。最后，James 还要感谢他的妻子 Linda，正是由于她多年的支持和耐心，James 才能够完成本书的写作。James 还要感谢他的女儿 Katie，她全身心地等待着本书这个版本的完成。

我们要感谢在本书第一版时给我们巨大帮助的很多人。本书的第二版也得益于我们的很多读者，他们仔细地阅读了本书并且进行了试教。我们特别感谢朋友们对于本书所涉及的广泛领域提出的很有帮助的意见和建议，他们是 Regina Barzilay, Philip Resnik, Emily Bender, Adam Przepiórkowski，我们的编辑 Tracy Dunkelberger，我们的高级编辑经理 Scott Disanno，我们的序列丛书编辑 Peter Norvig 和 Stuart Russell。我们的制作编辑 Jane Bonnell 对于本书的设计和内容也提出了很多有帮助的建议。我们还要感激许多朋友和同事们，他们或者阅读了本书的个别章节，或者在他们的意见和建议中，回答了我们的很多问题。我们还要感激科罗拉多大学和斯坦福大学上这门课的学生们，以及伊利诺依大学厄巴纳-香槟分校

（1999）、麻省理工学院（2005）和斯坦福大学（2007）参加 LSA 暑期学院的学生们。此外，我们还要感谢下面的朋友：

Rieks op den Akker, Kayra Akman, Angelos Alexopoulos, Robin Aly, S. M. Niaz Arifin, Nimar S. Arora, Tsz-Chiu Au, Bai Xiaojing, Ellie Baker, Jason Baldridge, Clay Beckner, Rafi Benjamin, Steven Bethard, G. W. Blackwood, Steven Bills, Jonathan Boiser, Marion Bond, Marco Aldo Piccolino Boniforti, Onn Brandman, Chris Brew, Tore Bruland, Denis Bueno, Sean M. Burke, Dani Byrd, Bill Byrne, Kai-Uwe Carstensen, Alejandro Cdebaca, Dan Cer, Nate Chamber, Pichuan Chang, Grace Chung, Andrew Clausen, Raphael Cohn, Kevin B. Cohen, Frederik Coppens, Stephen Cox, Heriberto Cuayáhuitl, Martin Davidson, Paul Davis, Jon Dehdari, Franz Deuzer, Mike Dillinger, Bonnie Dorr, Jason Eisner, John Eng, Ersin Er, Hakan Erdogan, Gülsen Eryiğit, Barbara Di Eugenio, Christiane Fellbaum, Eric Fosler-Lussier, Olac Fuentes, Mark Gawron, Dale Gerdemann, Dan Gildea, Filip Ginter, Cynthia Girand, Anthony Gitter, John A. Goldsmith, Michelle Gregory, Rocio Guillen, Jeffrey S. Haemer, Adam Hahn, Patrick Hall, Harald Hammarström, Mike Hammond, Eric Hansen, Marti Hearst, Paul Hirschbühler, Julia Hirschberg, Graeme Hirst, Julia Hockenmaier, Jeremy Hoffman, Greg Hullender, Rebecca Hwa, Gaja Jarosz, Eric W. Johnson, Chris Jones, Edwin de Jong, Bernadette Joret, Fred Karlsson, Graham Katz, Stefan Kaufmann, Andy Kehler, Manuer Kirschner, Dan Klein, Sheldon Klein, Kevin Knight, Jean-Pierre Koenig, Greg Kondrak, Seleuk Kopru, Kimmo Koskenniemi, Alexander Kostyrkin, Mikoo Kurino, Mike LeBeau, Chia-Ying Lee, Jaeyong Lee, Scott Leishman, Szymon Letowski, Beth Levin, Roger Levy, Liuyang Li, Marc Light, Greger Lind'en, Pierre Lison, Diane Litman, Chao-Lin Liu, Feng Liu, Roussanka Louka, Artyom Lukanin, Jean Ma, Maxim Makatchev, Inderjeet Mani, Chris Manning, Steve Marmon, Marie-Catherine de Marneffe, Hendrik Maryns, Jon May, Dan Melamed, Laura Michaelis, Johanna Moore, Nelson Morgan, Emad Nawfal, Mark-Jan Nederhof, Hwee Tou Ng, John Niekrasz, Rodney Nielsen, Yuri Niyazov, Tom Nurkkala, Kris Nuttycombe, Valerie Nygaard, Mike O'Connell, Robert Oberbreckling, Scott Olsson, Woodley Packard, Gabor Palagyi, Bryan Pellom, Gerald Penn, Rani Pinchuk, Sameer Pradhan, Kathryn Pruitt, Drago Radev, Dan Ramage, William J. Rapaport, Ron Regan, Ehud Reiter, Steve Renals, Chang – han Rhee, Dan Rose, Mike Rosner, Deb Roy, Teodor Rus, William Gregory Sakas, Murat Saraclar, Stefan Schaden, Anna Schapiro, Matt Shannon, Stuart C. Shapiro, Ilya Sherman, Lokesh Shrestha, Nathan Silberman, Noah Smith, Otakar Smrz, Rion Snow, Andeas Stolcke, Niyue Tan, Frank Yung-Fong Tang, Ahmet Cüneyd Tantug, Paul Taylor, Lorne Temes, Rich Thomason, Almer S. Tigelaar, Richard Trahan, Antoine Trux, Clement Wang, Nigel Ward, Wayne Ward, Rachel Weston, Janyce Wiebe, Lauren Wilcox, Ben Wing, Dean Earl Wright III, Dekai Wu, Lei Wu, Eric Yeh, Alan C. Yeung, Margalit Zabludowski, Menno van Zaanen, Zhang Sen, Sam Shaojun Zhao 和 Xingtao Zhao。

还要感谢朋友们允许我们复制下面两个图：一个是图 7.3（© Laszlo Kubinyi 和《科学美国人》），一个是图 9.14（© Paul Taylor 和剑桥大学出版社）。此外，我们自己作的很多图都是经过改编的，下面的朋友们允许我们改编他们的图（为了简单起见，对于每一个图，我们只列出一位作者），在此，我们对他们表示感谢。如下 3 个图来自© IEEE 和它们的作者；我们感谢 Esther Levin（图 24.22）和 Lawrence Rabiner（图 6.14 和图 6.15）。我们改编的其他图还来自如下作者的版权©，我们要感谢计算语言学学会、《计算语言学杂志》以及其他编者 Robert Dale, Regina Barzilay（图 23.19），Michael Collins（图 14.7，图 14.10，图 14.11）John Goldsmith（图 11.18）Marti

Hearst(图 21.1 和 21.2），Kevin Knight(图 25.35），Philipp Koehn(图 25.25，图 25.26 和图 25.28），Dekang Lin(图 20.7），Chris Manning(图 14.9），Daniel Marcu(图 23.16），Mehryar Mohri(图 3.10 和图 3.11），Julian Odell(图 10.14），Marilyn Walker(图 24.8，图 24.14 和图 24.15），David Yarowsky(图 20.4）和 Steve Young(图 10.16）。

Daniel Jurafsky
于加利福尼亚州斯坦福市
James H. Martin
于科罗拉多州博尔德市

目　　录

第一部分　词汇的计算机处理

第二部分　语音的计算机处理

第四部分　语义和语用的计算机处理

第五部分　应　　用

第1章 导 论

Dave Bowman：HAL，请你打开太空舱的分离舱门。

HAL：对不起，Dave，我不能这样做。①

Stanley Kubrick 和 Arthur C. Clarke

2001 年电影剧本：《太空漫游》

使计算机获得处理人类语言的能力的想法就像计算机本身的想法一样古老。本书就是一本论述和实现这种令人激动的想法的专著。在本书中，我们将介绍的内容涉及到很多不同的方面，它们形成了一个独具风格的、动人心魄的交叉学科领域（interdisciplinary field），这个交叉学科领域由于侧重点的差异而对应于不同的学科名称，诸如**语音和语言处理**（language and speech processing）、**人类语言技术**（human language technology）、**计算语言学**（computational linguistics），以及**语音识别与合成**（speech recognition and synthesis）等。这个新兴的交叉学科的目标在于让计算机实现与人类语言有关的各种任务，例如，使人与计算机之间的通信成为可能，改进人与人之间的通信，或者简单地让计算机进行文本或语音的自动处理，等等。

这些有用的任务的一个实例是**会话代理**（conversational agent）。在 Stanley Kubrick 的 2001 年的电影《太空漫游》中有一台称为 HAL 的 9000 计算机，这台计算机具有 20 世纪最受人们认可的一些特征。影片中的 HAL 是一个具有高级的语言处理能力并且能够说英语和理解英语的智能机器人（artificial agent），在影片情节的关键时刻，HAL 甚至能够进行唇读（reading lip），上面就是电影中的角色 Dave 先生请求智能机器人 HAL 打开宇宙飞船的分离舱门（pod bay doors），与 HAL 之间进行的一段对话。HAL 的作者 Arthur C. Clarke 曾经乐观地预言，到一定的时候，我们就可以制造出如 HAL 这样的智能机器人。但是，现在我们离这样的预言还有多远呢？为了让 HAL 具有与语言相关的能力，我们还应该做些什么呢？我们认为，如 HAL 这样的机器人至少应该通过语言与人类进行交流。我们把 HAL 这样的能够使用自然语言与人类会话的程序称为**会话代理**（conversational agents）或者**对话系统**（dialogue systems）。在本书中，我们要研究设计这样的现代会话代理的各个组成部分，其中包括语言输入[**自动语音识别**（automatic speech recognition）和**自然语言理解**（natural language processing）]和语言输出[对话与回答的规划（dialogue and response planning）以及**语音合成**（speech synthesis）]。

让我们转到另一个与语言密切关联的问题，这就是怎样使不会讲英语的读者能够懂得英语网页上的数量可观的科学信息，怎样为讲英语的读者把用其他语言写的数以亿计的网页翻译成英语以便他们阅读。**机器翻译**（machine translation）的目标就是自动地把文献从一种语言翻译成另一种语言。我们将介绍一些算法和工具，使读者理解现代的机器翻译系统是如何工作的。机器翻译迄今还是一个远远没有解决的问题，我们将介绍目前在这个领域中所使用的各种算法以及一些重要的局部性的研究工作。

---

① 这是本章的开场白，为了便于读者理解，我们把英文原文写出来。

Dave Bowman：Open the pod bay doors, HAL..

HAL：I'm sorry Dave, I'm afraid I can't do that.

Stanley Kubrick and Arthur C. Clarke,

screenplay of 2001：*A Space Odyssey*

——译者注

与网络有关的自然语言处理的问题还有很多。除了机器翻译之外，还有**基于网络的问答系统**(Web-based question answering)。这种基于网络的问答系统是简单的网络搜索的进一步发展，在基于网络的问答系统中，用户不只是仅仅键入关键词进行提问，而是可以用自然语言提出一系列完整的问题，从容易的问题到困难的问题都可以提。例如，下面的问题，

- What does"divergent" mean?（divergent 的意思是什么？）
- What year was Abraham Lincoln born?（亚伯拉罕·林肯生于哪一年？）
- How many states were in the United States that year?（那一年在美国有多少个州？）
- How much Chinese silk was exported to England by the end of the 18th century?（18 世纪末有多少中国的丝绸出口到英国？）
- What do scientists think about the ethics of human cloning?（关于克隆人的论理学问题科学家们是如何考虑的？）

在这些问题中，有的问题只要求回答**定义**(definition)，有的问题只要求回答诸如日期、地点等简单的**新闻要素**(factoid)，对于这样的问题，使用搜索引擎就可以回答了。但是对于需要抽取嵌入在网页的其他文本中的信息才能回答的那些更加复杂的问题，就要进行**推理**(inference)，也就是根据已经知道的事实推出结论，或者从多重的信息源或网页中对信息进行综合或摘取。在本书中，我们将研究建造这种现代的自然语言理解系统的各个组成部分，包括**信息抽取**(information extraction)、**词义排歧**(word sense disambiguation)，等等。

尽管这些问题现在还远远没有完全解决，有的研究领域仍然非常活跃，很多的技术已经商品化。在本书的其他部分，我们还将简短地总结为了完成上述的这些任务[以及其他的诸如**拼写校正**(spelling correction)、**语法检查**(grammar checking)等任务]所必需的各种知识，并且介绍数学模型，各种数学模型的介绍是贯穿全书的。

1.1　语音与语言处理中的知识

自然语言处理的这些应用与其他的应用系统的区别在于，自然语言处理要使用语言知识。例如，UNIX 的 wc 程序可以用来计算文本文件中的字节数、词数、行数。当我们用它来计算字节数和行数的时候，wc 只是用于进行一般的数据处理。但是，当我们用它来计算一个文件中的词的数目的时候，我们就需要关于"什么是一个词"的语言知识，这样，这个 wc 也就成为了一个自然语言处理系统。

当然，wc 只是一个非常简单的系统，它只具有极为有限的语言知识。如 HAL 这样有更复杂的语言能力的智能机器人、机器翻译系统、鲁棒的问答系统将要求更加广泛和更加深刻的语言知识。我们只要读一读本章开头 HAL 和 Dave 进行的对话，或者看一看问答系统中如何回答上面所列的问题，我们就可以了解到这些更加复杂的应用所需的语言知识的范围和种类。

HAL 必须能够分析它所接收的声音信号，并且从单词序列生成声音信号。要完成这两方面的任务，需要**语音学**(phonetics)和**音系学**(phonology)的知识：单词是怎样发出音来而成为声音序列的，而每一个声音又是怎样在语音学上实现的。

值得注意的是，与 Star Trek 的指令数据不同，HAL 还能够说出如 I'm 和 can't 的缩约形式。产生并且识别单词的各种变体（例如，识别 Doors 是复数）要求**形态学**(morphology)方面的知识，说明单词是怎样分解成它的组成成分的，而这些成分又是怎样负荷如单数和复数这样的意义的。

除了处理一个一个的单词之外,HAL 还应该知道怎样使用结构的知识恰当地把这些单词组织成单词串并构成回答。例如,HAL 必须知道,下面的单词序列对于 Dave 是没有意义的,尽管这个单词系列所包含的单词与它原来的回答中所包含的单词完全一样:

(1.1) I'm I do, sorry that afraid Dave I'm can't.

这里所说的关于单词的排列顺序以及组词成句的知识,称为**句法**(syntax)。

现在我们来讨论在问答系统中是如何处理下面的问题的:

(1.2) How much Chinese silk was exported to Western Europe by the end of the 18th century? (18 世纪末有多少中国的丝绸出口到西欧?)

为了回答这个问题,我们需要关于**词汇语义学**(lexical semantics)的知识以便了解问句所有单词(export 或 silk)的意义,我们还需要**组合语义学**(compositional semantics)的知识:相对于 Eastern Europe 或 Southern Europe 这样的组合,Western Europe 的语义是怎样组合而成的;当 end 与 the 18th century 结合在一起的时候,它的含义是什么。我们还需要知道,by the end of the 18th century 中的 by 是表示时间终点的,而不是描述施事(agent)的,而在下面句子中的 by 则是描述施事的:

(1.3) How much Chinese silk was exported to Western Europe by southern merchants? (南方的商人出口了多少中国丝绸到西欧去?)

我们还需要知识能够使 HAL 确定,Dave 说的话是关于要 HAL 采取某种行动的一个请求,这样的请求不同于下面关于陈述客观世界的简单命题,也不同下面关于 door 的问话,它们是 Dave 请求的不同变体:

> 请求:HAL, open the pod bay door. (HAL, 请打开分离舱的门。)
> 陈述:HAL, the pod bay door is open. (HAL, 分离舱的门是开着的。)
> 问话:HAL, is the pod bay door open? (HAL, 分离舱的门是开着的吗?)

另外,尽管智能机器人 HAL 的行为还不十分熟练,它也应该充分地懂得如何对 Dave 表示礼貌。例如,它不要简单地回答 No 或者 No, I won't open the door。HAL 首先用表示客气的话回答 I'm sorry 和 I'm afraid,然后委婉地说 I can't,而不是直截了当地(并且老老实实地)说 I won't[①]。这种关于说话人使用句子来表达意图的行为的知识就是**语用学**(pragmatic)或**对话**(dialogue)的知识。

在回答下面的问题的时候,需要另一种关于语用学或**话语**(discourse)的知识:

(1.4) How many states were in the United States *that year*? (那一年在美国有多少个州?)

在这个问题中,that year 究竟是哪一年? 为了解释如 that year 这样的单词的含义,问答系统需要检查前面已经回答过的问题;在这个问题的情况下,前面的问题谈的是关于 Lincoln 诞生的年份,因此,that year 就是 Lincoln 诞生的那一年。这种**同指消解**(coreference resolution)的任务需要确认诸如 that 或 it 或 she 这样的代词究竟涉及前面话语中的哪一个部分的知识。

总而言之,在复杂的语言行为中需要的语言知识可以分为 6 个方面:

● 语音学与音系学——关于语言语音的知识。

---

① "我不愿意关门"。这样的回答显得非常生硬、呆板和偏执。

- 形态学——关于词的有意义的组成成分的知识。
- 句法学——关于词与词之间结构关系的知识。
- 语义学——关于意义的知识。
- 语用学——关于意义与说话人的目的和意图之间关系的知识。
- 话语学——关于比一个单独的话段更大的语言单位的知识。

1.2　歧义

上述 6 个方面的语言知识存在着一个令人吃惊的事实，这就是：语音和语言计算机处理的绝大多数或者全部的研究都可以看成是在其中的某个层面上消解歧义。如果我们想把某个意思输入计算机，而存在着若干个不同的结构来表示这个意思，那么，我们就说这样的输入是有歧义的。我们来考虑口语中的一个句子 I made her duck。这个句子可能有 5 个不同的意思(还会更多)，以下是歧义的若干实例：

(1.5) I cooked waterfowl for her. (我给她烹饪鸭子。)

(1.6) I cooked waterfowl belonging to her. (我烹饪属于她的鸭子。)

(1.7) I created the (plaster?) duck she owns. [我把她的(石膏?)鸭子做了创新。]

(1.8) I caused her to quickly lower her head or body. (我使她很快地把她的头或者身体放低一些。)

(1.9) I waved my magic wand and turned her into undifferentiated waterfowl. (我挥动魔杖把她变成了一只人们一点儿也看不出破绽的鸭子。)

这些不同的意思都是由于歧义引起的。首先，duck 和 her 的词类在形态或句法上是有歧义的。duck 可以是动词或名词，而 her 可以是表示给予格的代词或表示所属格的代词。其次，make 在语义上是有歧义的，它的意思可以是 create(创造)，也可以是 cook(烹饪)。最后，动词 make 还可以有不同的句法歧义。make 可以作及物动词，带直接宾语(1.6)；make 也可以作双及物动词，带两个宾语(1.9)，表示把第一宾语 (her)变成了第二宾语(duck)；make 还可以带一个直接宾语和一个动词(1.8)，表示使直接宾语(her)去进行某个动作(duck)。此外。在口语的句子中，还可以有一种更为深刻的歧义，第一个词可以被理解为 eye，或者第二个词可以被理解为 maid。

这样，歧义就更加复杂了。在本书中，我们会经常介绍**消解**(resolve)这些歧义，或者**排歧**(disambiguation)的模型和算法。例如，使用**词类标注**(part-of-speech tagging)的办法来确定 duck 是名词还是动词。使用**词义排歧**(word sense disambiguation)的办法来确定 make 的意思是 create(创造) 还是 cook(烹饪)。词类排歧和词义排歧是**词汇排歧**(lexical disambiguation)的两个主要内容。很多研究都可以纳入到词汇排歧的框架之内。例如，在文本–语音合成系统中，当读到单词 lead 的时候，必须判断这个 lead 是按照 lead pipe 中的 lead 读音呢，还是按照 lead me on 中的 lead 读音。此外还有**句法排歧**(syntactic disambiguation)。例如，当我们判断 her 和 duck 是属于不同的实体，如例句(1.5)或例句(1.8)，还是属于同一个实体，如例句(1.6)，这样的问题就属于句法排歧的问题了，可以通过**概率剖析**(probabilistic parsing)的方法来解决。在上述例子中没有出现的一些歧义(例如，判断一个句子是陈述句还是疑问句)，可以通过**言语行为解释**(speech act interpretation)的办法来解决。

1.3　模型和算法

50 年来的自然语言处理研究说明，前一节中所描述的那些知识可以使用数量有限的形式模型或理论来获得。值得庆幸的是，这些模型和理论都来自计算机科学、数学和语言学的工具，在这些领域受过训练的人，对这样的工具一般都不会感到生疏。其中最重要的部分是**状态机器**（state machine）、**形式规则系统**（formal rule system）、**逻辑**（logic）、**概率模型**（probabilistic models）和**向量空间模型**（vector-space models）。这样的模型本身又可以给出为数不多的算法。其中最重要的算法是如**动态规划**（dynamic programming）算法的**状态空间搜索**（state space search）算法、**分类器**（classifiers）和期望最大算法（Expectation-Maximization，EM）的机器学习算法以及其他的学习算法。

简单地说，状态机器就是形式模型，形式模型应该包括状态、状态之间的转移以及输入表示等。这种基本模型的变体有**确定的有限状态自动机**（deterministic finite-state automata）、**非确定的有限状态自动机**（non-deterministic finite-state automata）和**有限状态转录机**（finite-state transducers）。

同这些过程性模型紧密联系的模型是陈述性模型，也就是形式规则系统。这些陈述性模型中，如果既考虑概率模型，也考虑非概率模型，我们认为最重要的有**正则语法**（regular grammars）、**正则关系**（regular relations）、**上下文无关语法**（context-free grammars）、**特征增益语法**（feature-augmented grammars）以及与这些语法相应的概率语法变体。状态机器和形式规则系统是用于处理音系学、形态学和句法学的主要工具。

对于获取语言知识起着关键性作用的第三种模型是基于逻辑的模型。我们将讨论**一阶逻辑**（first order logic），即**谓词演算**（predicate），以及诸如 λ 运算（lambda-calculus）、特征结构（feature structures）、语义基元（semantic primitives）等有关的形式化方法。在传统上，这些逻辑表达方法用于建立语义学、语用学的形式模型，尽管最近的工作倾向于集中力量研究那些从非逻辑的词汇语义学中借鉴来的潜在地更加具有鲁棒性的技术。

概率论是我们获取语言知识的技术中的最为关键的一个部分。其他的各种模型（状态机器、形式系统和逻辑）都可以使用概率得到进一步的提高。例如，状态机器可以使用概率论来提升，成为**加权自动机**（weighted automaton），或马尔可夫模型（Markov model）。我们将用很多的时间来讨论隐马尔可夫模型（Hidden Markov Models，HMM），在自然语言处理的领域内到处都在使用 HMM，在词性标注、语音识别、对话理解、文本-语音转换和机器翻译中，HMM 都发挥了作用。概率论的一个关键性的优点是能解决前面我们讨论过的各种歧义问题；几乎所有的语音处理和语言处理问题都可以这样来表述："对于某个歧义的输入给出 N 个可能性，选择其中概率最高的一个。"

基于线性代数的向量空间模型是信息检索和词义处理的基础。

典型地说，使用这些模型来处理语言就是通过表示输入假定的状态的空间来进行搜索。在语音识别中，我们通过音子序列的空间来搜索它们所对应的正确的单词。在句法剖析中，我们通过树的空间，对于输入的句子来搜索它们所对应的句法剖析树。在机器翻译中，我们通过翻译假设的空间，对于一个句子来搜索它在其他语言中所对应的正确翻译。对于那些涉及状态机器的非概率的任务，我们使用诸如**深度优先搜索**（depth-first search）之类的众所周知的图算法。对于那些具有概率的任务，我们使用**最佳优先搜索算法**（best-first）和 **A***搜索算法**（A* search）等试探性算法的变体，并依靠动态规划算法来提高计算的可循性。

分类器（classifiers）和**序列模型**（sequence models）之类的机器学习工具在自然语言处理的很多工作中起着重要作用。根据所描述客体的属性，分类器把一个单独的客体指派到一个单独的类别中去，而序列模型则对于一个客体序列进行分类，把它指派到一个类别序列中去。

例如，在判定一个单词的拼写是否正确的时候，就可以使用诸如**决策树**（decision trees）、**支持向量机**（support vector machines）、**高斯混合矩阵**（Gaussian mixture models）和**逻辑回归**（logistic regression）等分类器在某一时刻对于某一单词进行二分判定，从而确定这个单词的拼写是正确的还是不正确的。

最后，自然语言处理的研究者们还使用很多机器学习研究中在方法论上相同的工具，使用独特的训练集和测试集，使用诸如**交叉验证**(cross-validation)这样的统计技术，细心地对训练系统进行评测。

1.4　语言、思维和理解

如果计算机能够像人类一样熟练地处理语言，那么，这就意味着计算机已经达到了真正的智能机器的水平。这种信念是基于这样的事实：语言总是与我们的认知能力纠缠在一起。Alan Turing(1950)是第一个认识到计算机与认知能力之间有着如此密切关系的科学家。在他的一篇著名的论文中，Turing 提出了**图灵测试**(Turing test)的想法。Turing 在他的论文的开头就指出，关于什么是机器思维的问题是不能回答的，因为"机器"(machine)与"思维"(think)这两个术语本身就是含糊不清的。因此，他建议做一个游戏来进行测试，在游戏中，计算机对于语言的使用情况就可以用来作为判断计算机是否能进行思维的根据。如果计算机在游戏中获胜，那么就可以判断计算机具有智能。

在 Turing 的游戏中有三个参加者：两个人和一台计算机。其中的一个人充当提问者的角色，他要使用电传打字机向另外两个参加者提出一系列问题，根据这两个参加者的回答判断哪一个回答是计算机做出的。计算机的任务是尽量设法来愚弄提问者，对于提问者的问题，尽量做出如人一样的回答，设法使提问者相信它真的是一个人。而第二个参加游戏的人则尽量设法使提问者相信第三个参加者是计算机，只有他和提问者才是人。

下面是 Turing 在他的论文中所描述的一个交互过程。显而易见，计算机要模拟人，并不能要求它成为一个无所不知的专家。

> Q：Please write me a sonnet on the topic of the Forth Bridge.
> A：Count me out on this one. I never could write poetry.
> Q：Add 34957 to 70764.
> A：(30 秒钟之后给出回答)105621.

第一个提问要求写出有关"第四号桥"主题的一首商籁体诗(十四行诗)，这显然是高智能的工作，因此，回答是拒绝写这样的诗歌："不要问我这个问题。我从来不写诗"。第二个提问要求做 5 位数的加法：34957 加 70764 是多少，需要 30 秒钟的思索之后才能够给出正确的回答：105621。这样的问题不论对于人来说，还是对于计算机来说，都并非容易之事。

Turing 预言，大约到 20 世纪末，具有 10GB 存贮量的计算机经过 5 分钟的提问之后，将会有 30% 的机会使提问者感到困惑，辨不清回答问题的是人还是计算机。如果你也总是像计算机那样地去愚弄别人，你也可能说不清楚究竟采用什么样的严格标准去愚弄，才可以使别人感到困惑。然而，对于 Turing 来说，关键的问题是，只要使用人的语言就足以作为测定智能的可操作标准了。

令人惊讶的是，在 1966 年，就有人设计了一个称为 ELIZA 的程序来验证 Turing 的思想 (Weizenbaum，1966)。ELIZA 是一个早期的自然语言处理系统，这个系统能与用户进行有一定限制的对话。下面是 ELIZA 系统模拟心理医生的一段对话：

> 用户₁：You are like my father in some way. (你在某些方面很像我的父亲。)
> ELIZA₁：WHAT RESEMBLANCE DO YOU SEE(你看是哪些方面像呢?)
> 用户₂：You are not very aggressive but I think you don't want me to notice that. (你不是一个非常坚持自见的人，可是你不愿意我提起这一点。)

ELIZA₂: WHAT MAKES YOU THINK I AM NOT AGGRESSIVE(你凭什么说我
　　不是一个非常坚持自见的人?)

用户₃: You don't argue with me.(因为你不想和我争论。)

ELIZA₃: WHY DO YOU THINK I DON'T ARGUE WITH YOU(为什么你认为我
　　不想和你争论呢?)

用户₄: You are afraid of me.(因为你怕我。)

ELIZA₄: DOES IT PLEASE YOU TO BELIEVE I AM AFRAID OF YOU(凭什么使
　　得你认为我怕你?)

显而易见，ELIZA 只是使用模式匹配的方法来处理输入并且把它转换成适当的输出，这是一个非常简单的系统，我们将在第 2 章中更加详细地讨论这个问题。事实上 ELIZA 并没有必要懂得如何去模拟心理医生，它只是使用简单的模式匹配就取得了成功。正如系统的设计人 Weizenbaum 所说的，在 ELIZA 系统中，听话者的所作所为就好像他们对于周围的世界一无所知。

ELIZA 与 Turing 思想的深刻联系在于，很多与 ELIZA 进行过交互的人都相信，ELIZA 确实理解了他们所说的话以及他们所提出的问题。Weizenbaum(1976)指出，甚至在把程序的操作过程向人们作了解释之后，仍然有不少的人继续相信 ELIZA 的能力。近年来，人们又以不同的形式重复着 Weizenbaum 的工作。自 1991 年以来，在 Loebner 奖的比赛中，人们试图设计各种计算机程序来做 Turing 测试。尽管这些比赛的科学意义不是很大，不过，这些比赛的成绩说明，哪怕是很粗糙的程序有时也会愚弄人们的判断力(Shieber, 1994a)。哲学家和人工智能研究者对于 Turing 测试究竟是否适合用来测试智能的争论已经持续很多年了，但是，上述比赛的结果，并没有平息这样的争论(Searle, 1980)。

就本书的目的而言，这样的比赛结果与计算机究竟能否思维，或者计算机究竟能否理解自然语言的问题是风马牛不相及的。更为重要的是，在社会科学中的有关研究证实了 Turing 在同一篇文章中的预见:

　　然而，我相信，在本世纪的末叶，词语的使用和教育的舆论将大大地改变，使我们有可能谈论机器思维而不致遭到别人的反驳。

现在已经清楚，不管人们相信什么，不管人们是否已经知道了计算机的内部工作情况，他们都在谈论计算机，并且都在与计算机进行着交互，把计算机当成一个社会实体。人们把计算机当成人一样地对待，他们要对它讲礼貌，他们把它当成团队中的成员，并且期望计算机能够理解人们的需求，能够非常自然地与人们进行交互。例如，Reeves and Nass (1996)发现，当计算机要求人们来评价计算机的所作所为好不好的时候，人们要针对不同计算机提出的同样的问题做出更多的正面的回答。人们似乎担心他们给计算机的回答不够礼貌。Reeves 和 Nass 在另外的实验中还发现，如果计算机对人们说一些奉承的话，人们给计算机的评价也就会高一些。给出这样的一些预设，使用语音和语言的系统就能够给众多的用户在很多应用方面提供更加自然的交互界面。这些导致了一个称为**会话代理**(conversational agents)的研究焦点，所谓会话代理就是通过会话进行交际的计算机人造实体，会话代理的研究将会持续很长的时间。

1.5　学科现状与近期发展

　　尽管我们只能往前看很短的距离，但是我们能看清楚什么是我们需要做的事情。

　　　　　　　　　　　　　　　　　　　　　　　　　　　　　Alan Turing

现在语音和语言处理正处于激动人心的时刻。普通计算机用户可以使用的计算资源正以惊人的速度迅速增长，互联网的兴起成为了无比丰富的信息资源，无线移动通信日益普及并且日益增长起来，这些都使得语音和语言处理的应用成为了当前科学技术的热门话题。这里我们想列举该学科一些当前的应用项目，并提出该学科近期发展的一些可能的方面。

- Amtrak 旅行社、美国联合航空公司以及其他的一些旅行社可以与智能会话代理进行交互，在智能会话代理的指导下，他们能够自动地处理关于旅行中的订票、到达、离开等方面的信息。
- 汽车制造公司可以给汽车驾驶员提供语音识别和文本-语音转换系统，使得他们可以通过语音来控制他们的环境、娱乐以及导航系统。在国际空间站的宇航员也可以使用简单的口语对话系统来帮助他们的工作。
- 一些视频搜索公司使用语音识别技术，可以在网络上提供多达数百万小时的视频资料的搜索服务，并且在语音资料中搜索到与之相应的单词。
- Google("谷歌")在网上提供跨语言信息检索和自动翻译服务，用户可以使用他们自己的母语来提问，以便搜索其他语言中的有关信息。Google 还可以对用户提出的问题进行自动翻译，找出与所提出的问题最相关的网页，然后自动地把它们翻译成用户的母语。
- 如 Pearson("培生")的大型出版集团和如 ETS 的测试服务公司使用自动系统来分析数千篇学生的作文，对于这些作文进行自动打分、自动排序和自动评价，而且计算机的打分结果与人的打分结果几乎毫无二致，难以分辨。
- 具有生动活泼的动画特征的交互式虚拟智能代理可以充当教员来教儿童学习如何阅读(Wise et al., 2007)。
- 文本分析公司根据用户在互联网论坛和用户群体组织中表现出来的意见、偏好、态度的自动测试结果，对用户提供智能化的服务，帮助用户在市场上购买到符合他们要求的商品。

1.6　语音和语言处理简史

在历史上，语音和语言处理曾经在计算机科学、电子工程、语言学和心理认知语言学等不同的领域分别进行研究。之所以出现这种情况，是由于语音和语言处理包括了一系列性质不同而又彼此交叉的学科，它们是：语言学中的**计算语言学**(computational linguistics)、计算机科学中的**自然语言处理**(natural language processing)、电子工程中的**语音识别**(speech recognition)、心理学中的**计算心理语言学**(computational psycholinguistics)。本节中，我们将把在语音和语言处理中这些不同的历史线索做总结性的说明。不过，本节只是提供一个梗概，相应领域的更详细的介绍请参阅本书相关的章节。

1.6.1　基础研究：20 世纪 40 年代和 20 世纪 50 年代

这个领域的研究最早可以追溯到第二次世界大战刚结束时的那个充满了理智的时代，那个时代刚发明了计算机。从 20 世纪 40 年代到 20 世纪 50 年代末的时期有两项基础性的研究值得注意：一项是**自动机**(automaton)的研究，另一项是**概率模型**(probabilistic models)或**信息论模型**(information-theoretic models)的研究。

20 世纪 50 年代提出的自动机理论来源于 Turing 的算法计算模型(1936)，这种模型被认为是现代计算机科学的基础。Turing 的工作首先导致了 McCulloch-Pitts 的**神经元**(neuron)理论(McCulloch-Pitts, 1943)。一个简单的神经元模型就是一个计算的单元，它可以用命题逻辑来描述。

接着，Turing 的工作导致了 Kleene（1951，1956）关于有限自动机和正则表达式的研究。Shannon（1948）把离散马尔可夫过程的概率模型应用于描述语言的自动机。Chomsky（1956）从 Shannon 的工作中吸取了有限状态马尔可夫过程的思想，首先把有限状态自动机作为一种工具来刻画语言的语法，并且把有限状态语言定义为由有限状态语法生成的语言。这些早期的研究工作产生了**形式语言理论**（formal language theory）这样的研究领域，采用代数和集合论把形式语言定义为符号的序列。Chomsky 在研究自然语言的时候首先提出了上下文无关语法（1956），但是，Backus（1959）和 Naur et al.（1960）在描述 ALGOL 程序语言的工作中也独立地发现了这种上下文无关语法。

这个时期的另外一项基础研究工作是用于语音和语言处理的概率算法的研制，这是 Shannon 的另一个贡献。Shannon 把通过诸如通信信道或声学语音这样的媒介传输语言的行为比喻为**噪声信道**（noisy channel）或者**解码**（decoding）。Shannon 还借用热力学（thermodynamics）的术语"**熵**"（entropy）来作为测量信道的信息能力或者语言的信息量的一种方法，并且他用概率技术首次测定了英语的熵。

在这个时期，还研究了声谱（Koenig et al.，1946），声谱和实验语音学的基础研究为之后语音识别的研究奠定了基础。这导致了 20 世纪 50 年代第一个机器语音识别器的研制成功。1952 年，贝尔实验室的研究人员建立了一个统计系统来识别由一个单独的说话人说出的 10 个任意的数字（Davis et al.，1952）。该系统存储了 10 个依赖于说话人的模型，它们粗略地代表了英语数字的头两个元音的共振峰。贝尔实验室的研究人员采用选择与输入具有最高相关系数模式的方法，达到了 97% ~99% 的准确率。

1.6.2　两个阵营：1957 年至 1970 年

在 20 世纪 50 年代末期到 20 世纪 60 年代初期，语音和语言处理明显地分成两个阵营：一个阵营是符号派（symbolic），一个阵营是随机派（stochastic）。

符号派的工作可分为两个方面。一方面是 20 世纪 50 年代后期以及 20 世纪 60 年代初期和中期 Chomsky 等的形式语言理论和生成句法的研究，很多语言学家和计算机科学家的剖析算法研究，早期的自顶向下和自底向上算法的研究，后期的动态规划的研究。最早的完整的剖析系统是 Zelig Harris 的"转换与话语分析课题"（Transformation and Discourse Analysis Project，TDAP）。这个剖析系统于 1958 年 6 月至 1959 年 7 月在宾夕法尼亚大学研制成功（Harris，1962）[1]。另一方面是人工智能的研究。在 1956 年夏天，John McCarthy，Marvin Minsky，Claude Shannon 和 Nathaniel Rochester 等学者汇聚到一起组成了一个为期两个月的研究组，讨论关于他们称之为"人工智能"（Artificial Intelligence，AI）的问题。尽管有少数的 AI 研究者着重于研究随机算法和统计算法（包括概率模型和神经网络），但是大多数的 AI 研究者着重研究推理和逻辑问题。典型的例子是 Newell 和 Simon 关于"逻辑理论家"（logic theorist）和"通用问题解答器"（general problem solver）的研究工作。早期的自然语言理解系统都是按照这样的观点建立起来的。这些简单的系统把模式匹配和关键词搜索与简单试探的方法结合起来进行推理和自动问答，它们都只能在某一个领域内使用。在 20 世纪 60 年代末期，学者们又研制了更多的形式逻辑系统。

随机派主要是一些来自统计学专业和电子学专业的研究人员。在 20 世纪 50 年代后期，贝叶斯方法（Bayesian method）开始被应用于解决最优字符识别的问题。Bledsoe and Browning（1959）建立

---

① 这个系统最近又重新建立起来，Joshi and Hopely（1999）以及 Karttunen（1999）对这个系统作了描述，他们指出，该系统的剖析本质上是用层叠式的有限状态转录机实现的。

了用于文本识别的贝叶斯系统,该系统使用了一部大词典,计算词典的单词中所观察的字母系列的似然度,把单词中每一个字母的似然度相乘,就可以求出字母系列的似然度来。Mosteller and Wallace(1964)用贝叶斯方法来解决在《联邦主义者》(The Federalist)文章中的原作者的分布问题。

20 世纪 60 年代还出现了基于转换语法的第一个人类语言计算机处理的可严格测定的心理模型;并且还出现了第一个联机语料库:Brown 美国英语语料库,该语料库包含一百万单词的语料,样本来自不同文体的 500 多篇书面文本,涉及的文体有新闻、中篇小说、写实小说、科技文章等。这些语料是布朗大学(Brown University)在 1963 年到 1964 年收集的(Kučera and Francis,1967;Francis,1979;Francis and Kučera,1982)。王士元(William S. Y. Wang)在 1976 年建立了 DOC(Dictionary on Computer),这是一部联机的汉语方言词典。

1.6.3　四个范型:1970 年至 1983 年

在这个时期,语音和语言的计算机处理中出现了四个研究范型:它们至今还在语音和语言的计算机处理中起着支配的作用。

随机范型(stochastic paradigm)在语音识别算法的研制中起着重要的作用。其中特别重要的是隐马尔可夫模型和比喻为噪声信道与解码的模型。这些模型是分别独立地由两支队伍研制的。一支是 Jelinek,Bahl,Mercer 和 IBM 的 Thomas J. Watson 研究中心的研究人员,另一支是卡内基梅隆大学的 Baker 等人,Baker 受到普林斯顿国防分析研究所的 Baum 和他的同事们的工作的影响。AT&T 的贝尔实验室也是语音识别和语音合成的中心之一,详情可参阅 Rabiner and Juang(1993)对这方面工作的全面描述。

基于逻辑的范型(logic-based paradigm)肇始于 Colmerauer 和他的同事们(Colmerauer,1970,1975)关于 Q 系统(Q-system)和变形语法(metamorphosis grammar)的工作,Colmerauer 是 Prolog 语言的先驱者。定子句语法(definite clause grammar,Pereira and Warren,1980)也是在基于逻辑的范型方面的早期工作之一。Kay 对于功能语法的研究(1979),稍后 Bresnan 和 Kaplan 在词汇功能语法(Lexical Function Grammar,LFG,1982)方面的工作,都是特征结构合一(feature structure unification)研究方面的重要成果。

这个时期的**自然语言理解**(natural language understanding)肇始于 Terry Winograd 的 SHRDLU 系统,这个系统能够模拟一个嵌入玩具积木世界的机器人的行为(Winograd,1972a)。该系统的程序能够接受自然语言的书面指令[例如,"Move the red block on top of the smaller green one"(请把绿色的小积木块移动到红色积木块的上端)],从而指挥机器人摆弄玩具积木块。迄今为止我们还没有看到如此复杂和精妙的系统。这个系统还首次尝试建立基于 Halliday 系统语法的全面的(在当时看来是全面的)英语语法。Winograd 的模型还清楚地说明,句法剖析也应该重视语义和话语的模型。Roger Schank 和他在耶鲁大学的同事和学生们(经常被称为耶鲁学派)建立了一些语言理解程序,这些程序构成一个系列,他们重点研究诸如脚本、计划和目的这样的人类的概念知识以及人类的记忆机制(Schank and Abelson,1977;Schank and Riesbeck,1981;Cullingford,1981;Wilensky,1983;Lehnert,1977)。他们的工作经常使用基于网络的语义学理论(Quillian,1968;Norman and Rumelhart,1975;Schank,1972;Wilks,1975c,1975b;Kintsch,1974),并且在他们的表达方式中(Simmons,1973)开始引进 Fillmore 关于格角色的概念(Fillmore,1968)。

基于逻辑的范型和自然语言理解的范型还可以在系统中融合起来,例如,LUNAR 问答系统(Woods,1967,1973)是一个自然语言理解系统,在该系统中,就使用谓词逻辑来进行语义解释。

话语模型范型(discourse model paradigm)集中探讨了话语研究中的四个关键领域。Grosz 和她的同事们研究了话语中的子结构(substructure)和话语焦点(discourse focus)(Grosz,1977a;

Sidner，1983）；一些研究者开始研究自动参照消解（automatic reference resolution）（Hobbs，1972）。在基于逻辑的言语行为研究中，建立了"信念－愿望－意图"的框架，即 **BDI**（Belief-Desire-Intention）的框架（Perrault and Allen，1980；Cohen and Perrault，1979）。

1.6.4　经验主义和有限状态模型的复苏：1983 年至 1993 年

在 1983 年至 1993 这 10 年中，语音和语言处理的研究又回到了 20 世纪 50 年代末期到 20 世纪 60 年代初期几乎被否定的有限状态和经验主义这两种模型上去，这两种模型之所以出现这种复苏，其部分原因在于过去 Chomsky 对于 Skinner 的"言语行为"（Verbal Behavior）的很有影响的评论（Chomsky，1959b）在这时遭到了理论上的反对。第一种模型是有限状态模型，由于 Kaplan and Kay（1981）在有限状态音系学和形态学方面的工作，以及 Church（1980）在句法的有限状态模型方面的工作，这种模型又重新得到注意。本书自始至终都会讨论到与有限状态模型有关的工作。

在这个时期的第二个倾向是所谓的"重新回到经验主义"；这里值得特别注意的是语音和语言处理的概率模型的提出，这样的模型受到 IBM 的 Thomas J. Watson 研究中心的语音识别概率模型的强烈影响。这些概率模型和其他数据驱动的方法还传播到了词类标注、句法剖析、附着歧义的判定以及从语音识别到语义学的联接主义方法的研究中去。

在这个时期，自然语言的生成研究也取得了引人瞩目的成绩。

1.6.5　不同领域的合流：1994 年至 1999 年

在 20 世纪的最后 5 年，语音和语言处理这个领域发生了很大的变化。这主要表现在三个方面。首先，概率和数据驱动的方法几乎成为了自然语言处理的标准方法。句法剖析、词类标注、参照消解和话语处理的算法全都开始引入概率，并且采用从语音识别和信息检索中借过来的评测方法。其次，由于计算机的速度和存储量的增加，使得在语音和语言处理的一些子领域，特别是在语音识别、拼写检查、语法检查这些子领域，有可能进行商品化的开发。语音和语言处理的算法开始被应用于增强交替通信（Augmentative and Alternative Communication，AAC）中。最后，Web 的发展使得进一步加强基于语言的信息检索和信息抽取的需要变得更加突出。

1.6.6　机器学习的兴起：2000 年至 2008 年

在 21 世纪，从 20 世纪 90 年代后期开始的经验主义倾向进一步以惊人的步伐加快了它的发展速度。这样的加速发展在很大的程度上受到下面三种彼此协同的趋势的推动。

首先是建立带标记语料库的趋势。在语言数据联盟（Linguistic Data Consortium，LDC）和其他相关机构的帮助下，研究者们可以获得口语和书面语的大规模的语料。重要的是，在这些语料中还包括一些标注过的语料，如宾州树库（Penn Treebank）（Marcus et al.，1993）、布拉格依存树库（Prague Dependency Treebank）（Hajič，1998）、宾州命题语料库（PropBank）（Palmer et al.，2005）、宾州话语树库（Penn Discourse Treebank）（Miltsakaki et al.，2004b）、修辞结构库（RSTBank）（Carlson et al.，2001）和 Time-Bank（Pustejovsky et al.，2003b）。这些语料库是带有句法、语义和语用等不同层次的标记的标准文本语言资源。这些语言资源的存在大大地推动了人们使用有监督的机器学习方法来处理那些在传统上非常复杂的自动剖析和自动语义分析等问题。这些语言资源也推动了有竞争性的评测机制的建立，评测的范围涉及剖析（Dejean and Tjong Kim Sang，2001）、信息抽取（NIST，2007a；Tjong Kim Sang，2002；Tjong Kim Sang and De Meulder，2003）、词义排歧（Palmer et al.，2001；Kilgarriff and Palmer，2000）、问答系统（Voorhees and Tice，1999）、自动文摘（Dang，2006）等领域。

第二是统计机器学习的趋势。对于机器学习的日益增长的重视，导致了学者们与统计机器学习的研究者更加频繁地交互，彼此之间互相影响。对于支持向量机技术(Boser et al., 1992；Vapnik, 1995)、最大熵技术以及与它们在形式上等价的多项逻辑回归(Berger et al., 1996)、图式贝叶斯模型(Pearl, 1988)等技术的研究，都成为了计算语言学的标准研究实践活动。

第三是高性能计算机系统发展的趋势。高性能计算机系统的广泛应用，为机器学习系统的大规模训练和效能发挥提供了有利的条件，而这些在上一个世纪是难以想象的。

最后应当指出，在这个时期结束时，大规模的无监督统计学习方法得到了重新关注。机器翻译(Brown et al., 1990；Och and Ney, 2003)和主题模拟(Blei et al., 2003)等领域中统计方法的进步，说明了也可以只训练完全没有标注过的数据来构建机器学习系统，这样的系统也可以得到有效的应用。由于建造可靠的标注语料库要花费很高的成本，建造的难度很大，在很多问题中，这成为了使用有监督的机器学习方法的一个限制性因素。因此，这个趋势的进一步发展，将使我们更多地使用无监督的机器学习技术。

1.6.7　关于多重发现

尽管我们这里只是简单地回顾语音和语言处理的发展历史，我们已经可以看出，在不少场合下，同样的思想可能会多次地在不同的地方独立地被发现。在本书中，我们将讨论这种"多重发现"。例如，动态规划在序列比较中的应用就被 Viterbi, Vintsyuk, Needleman and Wunsch, Sakoe and Chiba, Sankoff and Reichert 等，以及 Wagner and Fischer 分别独立地提出过(见第 3 章、第 5 章和第 6 章)。语音识别中的 HMM 模型和噪声信道模型就被 Jelinek, Bahl 和 Mercer 分别独立地提出过(见第 6 章、第 9 章和第 10 章)。上下文无关语法就被 Chomsky, Backus 与 Naur 分别独立地提出并研究过(见第 12 章)。瑞士德语中存在着非上下文无关的句法的证明就被 Huybregts 和 Shieber 分别独立地研究过(见第 16 章)。把合一运算应用于语言处理就被 Colmerauer 等人和 Kay 分别独立地提出过(见第 15 章)。

这些多重的发现难道是令人惊讶的巧合吗? 科学社会学者 Robert K. Merton(1961)反对巧合的说法，他指出:

> 一切科学发现，包括那些从表面上看来似乎是独一无二的科学发现，原则上都是多重的。

显而易见，历史上确实存在着许多众所周知的多重的科学发现和科学发明的事例。Ogburn and Thomas(1922)曾经列出了一个多重发现表，其中列举了很多的事例。例如，Leibnitz 和 Newton 分别发明了微积分；Wallace 和 Darwin 分别研究了自然选择的理论；Gray 和 Bell 分别发明了电话。[①]然而，Merton 举出了进一步的事例提出了这样的假设: 多重发现是一个规律，而不是偶然的例外。很多公认的独一无二的发现原来是过去没有公布过的工作或者是没有被接受的工作的再发现。他根据人类学方法论还提出一个更加有力的论点，这种论点认为，科学家本身总是在把多重发现作为准则的假定下从事研究工作的。因此，科学生活的很多方面都是为了帮助科学家避免被别人"抢先得到"他的发现而设计的。例如，在给杂志提交论文时要注明日期；在科学研究的记录中要仔细地注明日期；及时周转预研报告或技术报告。

1.6.8　心理学的简要注记

本书的许多章节都有关于人类对于语言处理的心理学研究的简要说明。显而易见，理解人

---

① 一般认为，Ogburn 和 Thomas 注意到了，多重发现的普遍存在意味着文化的环境是科学发现的决定性的原因，而个人的天分并不是科学发现的决定性原因。然而 Merton 半开玩笑地援引 19 世纪以及 19 世纪以前的材料说明，这样的说法本身也是一种多重发现。

类的语言处理不论对于这种研究本身还是对于认知科学的整个领域的一个部分来说，都是极为重要的科学探索的目标。而且，理解人类对于自然语言的处理，经常能够帮助我们建立起更好的语言处理的机器模型。不过，这样的看法似乎与人们通常对此的认识相矛盾，因为人们通常认为，对于自然的算法的直接模仿在工程应用中并没有很大的作用。其论据是：如果我们一点不差地复制自然并不能导致工程技术上的成功，例如，如果飞机也像鸟一样地摆动它的机翼，这样的设计并不适用于飞机制造工程；因为具有固定机翼的飞机在工程技术上是更为成功的解决方法。然而，语言并不是航空。如果说模仿自然只是有时对于航空有所用处（因此，飞机才有了机翼），但是，如果我们试图解决以人类为中心的问题，模仿自然就特别有用了。飞机的飞行与鸟的飞行有着不同的目的；但是语音识别系统的目的与法院的记录员每天工作的目的却是非常一致的：两者的目的都是要把口语的对话转写下来。由于人类在这一方面已经做得很成功了，我们就可以学习自然原本的解决方法。由于语音和语言处理系统的一个重要应用是人机交互，所以，模拟人类习以为常的解决方法肯定是能奏效的。

1.7　小结

本章介绍语音和语言处理这个领域。下面是本章的要点：

- 理解语音和语言处理研究的一个好办法或者是考察怎样来创造 2001 年电影剧本《太空奥德赛》中的 HAL 这样的智能代理，或者是建立基于 Web 网络的问答系统，或者是设计机器翻译引擎。
- 语音和语言处理技术与音系学、语音学、形态学、句法学、语义学、语用学和话语分析等不同平面上的语言知识的形式模型和形式表示方法有着密切的依赖关系。使用包括状态机器、形式规则系统、逻辑等在内的形式模型以及概率模型就可以获取这样的知识。
- 语音和语言处理的基础是计算机科学、语言学、数学、电子工程和心理学。在语音和语言处理中要使用这些学科的标准框架中为数不多的某些算法。
- 语言和思维之间的密切联系使语音和语言处理技术成为了关于智能机器辩论的中心议题。关于人类怎样与复杂媒体交互的研究表明，语音和语言处理技术在今后智能技术的发展过程中将起着至关紧要的作用。
- 语音和语言处理的革命性的应用目前已经在现实世界的周围呈现出来了。万维网（World-Wide Web）的建设和语音识别与语音合成的最新进展将进一步引导这种技术创造出更加丰富多彩的实际应用前景。

1.8　文献和历史说明

　　语音和语言处理各个分支领域的研究成果发表在很多会议论文集和杂志上。这些会议和杂志的中心内容都集中在自然语言处理和计算语言学两个方面，主要与美国计算语言学会（Association for Computational Linguistics，ACL）和它的欧洲伙伴欧洲计算语言学会（European Association for Computational Linguistics，EACL）、国际计算语言学会议（International Conference on Computational Linguistics，COLING）有关系。ACL、NAACL 和 EACL 的年会论文集和每两年一次的 COLING 会议是该领域研究工作的首要论坛。相关会议还有诸如自然语言学习会议（Conference on Natural Language Learning，CoNLL）这样的 ACL 特殊兴趣组（Special Interest Group，SIG），以及自然语言处理中的经验方法会议（Empirical Methods in Natural Language Processing，EMNLP）。

　　语音识别、理解和合成的研究成果发表于每年一次的 INTERSPEECH 会议上，这个会议又称为口语处理国际会议(International Conference on Spoken Language Processing, ICSLP),这个会议与欧洲语音通信和技术会议(European Conference on Speech Communication and Technology, EUROSPEECH)每隔一年交替召开。IEEE 国际声学、言语和信号处理会议(IEEE International Conference on Acoustic, Speech and Signal Processing, IEEE ICASSP)每年召开一次。在 IEEE ICASSP 会议或者如 SIGDial 这样的特殊兴趣组专题讨论会上经常发表口语对话研究的成果。

语音和语言的计算机处理的杂志主要有:《计算语言学》(Computational Linguistics)、《自然语言工程》(Natural Language Engineering)、《计算机语音与语言》(Computer Speech and Language)、《语音通信》(Speech Communication)、《IEEE 声频、语音 & 语言处理学报》(IEEE Transaction on Audio, Speech & Language)、《ACM 语音和语言处理学报》(ACM Transaction on Speech and Language)、《语言技术中的语言学问题》(Linguistic Issues in Language Technology)。

《计算语言学》杂志以及 ACL, COLING 会议和其他相关会议的很多论文都可以在 ACL 论文汇编(ACL Anthology)的网页上免费得到。网址: http://www.aclweb.org/anthology-index/。

从人工智能角度研究语言处理的成果发表于美国人工智能学会(American Association for Artificial Intelligence, AAAI)的年会以及两年一次的人工智能国际联合会议(International Joint Conference on Artificial Intelligence, IJCAI)上。下面的人工智能出版物周期性地发表有关语音和语言处理的成果:《机器学习》(Machine Learning)、《机器学习研究杂志》(Journal of Machine Learning)、《人工智能研究杂志》(Journal of Artificial Intelligence Research)。

有关语音和语言处理的各个方面的教科书的数量不少。Manning and Schütze(1999)的《统计语言处理基础》(Foundations of Statistical Language Processing)重点讲述标注、剖析、消歧、搭配等方面的统计模型。Charniak(1993)的《统计语言学习》(Statistical Language Learning)介绍相似的内容,尽管内容有些陈旧,篇幅也比较简短,但是通俗易懂,是一本入门读物。Allen(1995)的《自然语言理解》(Natural Language Understanding)从人工智能的角度,讲述了语言处理的各个方面的材料,覆盖面比较广。Manning et al. (2008)的《信息检索导论》(Introduction to Information Retrieval)着重论述信息检索、文本分类和文本聚类的问题。自然语言处理工具包(Natural Language ToolKit, NLTK)(Bird and Loper, 2004)是一整套的工具,包括程序语言 Python 模块和自然语言处理的数据,还包括在 NLTK 工具报基础上编写的关于自然语言处理的书。Allen(1995)的《自然语言理解》(Natural Language Understanding)从人工智能的角度来论述自然语言处理问题,覆盖面广。Gazdar and Mellish(1989)的《用 Lisp/Prolog/Pop11 进行自然语言处理》(Natural Language Processing in Lisp/Prolog/Pop 11)特别讲述了自动机、剖析、特征和合一等方面的内容,此书可以从网络上免费获得。Pereira and Shieber(1987)的《Prolog 与自然语言分析》(Prolog and Natural Language Analysis)介绍了基于 Prolog 的剖析和解释技术。Russell and Norvig(2002)的《人工智能:现代方法》(Artificial Intelligence: A Modern Approach)是人工智能的导论性读物,其中包括了自然语言处理的章节。Partee et al. (1990)的《语言学中的数学方法》(Mathematical Methods in Linguistics)全面地介绍了数理语言学。Grosz et al. (1986)的《自然语言处理读本》(Readings in Natural Language Processing)搜集了自然语言处理领域很多基础性研究的论文,尽管内容有些陈旧,但是所搜集的文章都是非常优秀的论文。

有很多的地方都可以获得语音语料库和文本语料库。其中最大的一个是语言资源联盟(LDC),LDC 是一个专门从事语料库的建设和分配的非盈利的联盟(http://www.ldc.upenn.edu/)。读者也可以访问如下的网页: CHILDES(http://childes.psy.cmu.edu/),英国国家语料库(the British National Corpus, http://www.natcorp.ox.ac.uk/),国际英语语料库(the International Corpus of English, http://www.ucl.ac.uk/english-usage/ice/index.htm), Gutenberg 项目(Project Gutenberg, http://www.gutenberg.org/)。

第一部分

词汇的计算机处理

第 2 章　正则表达式与自动机

用户[1]：*Men are all alike.*

ELIZA[1]：IN WHAT WAY.

用户[2]：*They're always bugging us about something or other.*

ELIZA[2]：CAN YOU THINK OF A SPECIFIC EXAMPLE.

用户[3]：*Well，my boyfriend made me come here.*

ELIZA[3]：YOUR BOYFRIEND MADE YOU COME HERE.

用户[4]：*He says I'm depressed much of the time.*

ELIZA[4]：I AM SORRY TO HEAR YOU ARE DEPRESSED.

Weizenbaum（1966）

　　假定你是美洲旱獭（woodchucks）的爱好者，并且你知道 groundhog 和 woodchuck 是同一个动物的不同名称。由于现在你正在写一篇关于 woodchucks 这个术语的论文，你需要把你论文中所有的 woodchucks 这个术语都搜索出来，并且用 woodchucks（groundhogs）来替换 woodchucks，同时，你也需要用单数形式的 woodchuck（groundhog）来替换单数形式的 woodchuck。但是你不愿意做两次这样的搜索，而宁愿仅仅只写一个单独的命令，把单数形式和复数形式都用"带随选词尾 s 的 woodchuck"这样的形式表达出来。你可能还想查询在某个文件中的所有的物价；你可能想看到所有的如 $199，$25，$24.99 的符号串，以便把它们自动地从价目表中抽取出来。这时，你都要用到正则表达式的知识。在本章中，我们将介绍**正则表达式**（regular expression），正则表达式是描述文本序列的标准记录方式。在文本检索和信息抽取的各种类型的应用中，都使用正则表达式来描述文本中的符号串，正则表达式起着重要的作用。

　　在我们介绍了正则表达式之后，我们将通过**有限状态自动机**（finite state automaton）来进一步说明如何实现这些正则表达式。有限状态自动机不仅是一种用来实现正则表达式的数学工具，而且也是计算语言学中最为有用的工具。如有限状态转录机这样的自动机的变种、隐马尔可夫模型、N 元语法是语音识别、语音合成、机器翻译、拼写检查、信息抽取等应用系统的重要组成部分，我们在下面的章节将介绍这些内容。

2.1　正则表达式

SIR ANDREW：Her C's，her U's and her T's：why that？

Shakespeare，*Twelfth Night*

　　正则表达式（Regular Expression，RE）是计算机科学标准化中一项尚未被赞颂过的成就。它是一种用于描述文本搜索符号串的语言。用来搜索诸如 grep 和 Emac 这样的 UNIX 工具。在 Perl，Python，Ruby，Java 和 .NET 中，以及在 Microsoft Word 中文本的正则表达式几乎是完全一样的，在不同的 Web 搜索引擎中，存在着具有不同的特征的正则表达式。除了这些实际的用处之外，正则表达式还是计算机科学和语言学的一种最重要的理论工具。

正则表达式首先是由 Kleene(1956)研制的，关于更详细的情况请参看"文献和历史说明"这一节。一个正则表达式是专用语言中用于描述**符号串**(string)的简单类别的一个公式。符号串是符号的序列；对于大多数的基于文本的检索技术来说，符号串就是字母数字字符(字母、数字、空白、表、标点符号)的任意序列。在基于文本的检索技术中，一个空白相当于一个字符，它与其他字符是同等对待的，我们用符号␣来表示空白。

从形式上说，正则表达式是用来刻画符号串集合的一个代数表述。因此，它可以用于描述搜索符号串，也可以用于以形式的方法定义一种语言。我们将首先讲述如何把正则表达式用来描述文本的搜索，然后逐渐讲解正则表达式的其他用途。2.3 节中，我们将说明只要三个正则表达式的算符就足以刻画符号串，但是在这一节中，我们还使用了 Perl 语言中更加便捷而且通用的正则表达式的句法。由于普通的文本处理程序与正则表达式的大多数句法是一致的，这样我们就可以把它扩充到 UNIX 和 Microsoft Word 的正则表达式。

正则表达式的搜索要求有一个我们试图搜索的**模式**(pattern)和一个被搜索的文本**语料库**(corpus)。正则表达式的搜索函数将对整个的语料库进行搜索，并返回包含该模式的所有文本。在诸如搜索引擎这样的信息检索系统(IR)中，文本将是整个的文档或 Web 的网页。在一个词处理系统中，文本可以是独立的单词，或者是文档行。在本章的其他部分，我们将使用后一范式。因此，如果给出一个搜索模式，我们将假定搜索引擎返回的是文档行。这正是 UNIX grep 的命令所做的。下面我们将用下画线强调模式中与正则表达式相匹配的部分。对于一个正则表达式来说，搜索可以返回所有的匹配，也可以只返回第一个匹配。这里我们只显示第一个匹配。

2.1.1 基本正则表达式模式

最简单的正则表达式是由简单字符构成的一个序列。例如，要搜索 woodchuck，我们就键入/woodchuck/这个正则表达式。这样，正则表达式/Buttercup/就与包含子字符串 Buttercup 的任何字符串相匹配，例如，字符串行"I'm called little Buttercup"(我们假定在这个搜索应用中返回的是整行)。

今后，我们将在正则表达式的前后加斜线"/"，以便区分什么是正则表达式，什么是模式。之所以使用斜线，是因为这种表示方法是在 Perl 语言中使用的，但在这种表示方法中，斜线并不是正则表达式的一部分。

搜索符号串可能只包含一个单独的字母(如/! /)，或者包括字母序列(如/urgl/)。我们在与正则表达式相匹配的第一个例子下面加了下画线(尽管实际上也可以选择返回比第一个例子更多的东西)。

正则表达式	匹配模式的实例
/woodchucks/	"interesting links to woodchucks and lemurs"
/a/	"Mary Ann stopped by Mona's"
/Claire␣says, /	""Dagmar, my gift please," Claire says,"
/DOROTHY/	"SURRENDER DOROTHY"
/! /	"You've left the burglar behind again !" said Nori

正则表达式是**区分大小写**(case sensitive)的；小写/s/区别于大写/S/；/s/与小写 s 匹配，/S/与大写 S 匹配。这意味着，/woodchucks/与字符串 Woodchuck 不匹配。我们使用方括号"["和"]"来解决这个问题。内部有括号的字符符号串表示所匹配的字符是**析取**(disjunction)的。例如，图 2.1 表明，与/[wW]/匹配的模式中或者包含 w，或者包含 W。

正则表达式	匹　　配	模式例子
/[wW] oodchuck/	/Woodchuck 或 woodchuck	"Woodchuck"
/[abc]/	a 或 b 或 c	"In uomini, in soldati"
/[1234567890]/	任何数字	"plenty of 7 to 5"

图2.1　用括号[ ]表示字符的析取

正则表达式/1234567890/可以表达任何的简单数字。类似数字或字母这样的字符都是构成表达式的重要的建筑材料，它们处理起来有时会变得很不方便。例如，当我们用"任意的大写字母"正则表达式/[ABCDEFGHIJKLMNOPQRSTUVWXYZ]/来描述任何的大写字母时，就显得很不方便。在这样的情况下，可以用连字符"-"来表示在某一范围(range)内的任何字符。正则表达式/[2-5]/表示字符2，3，4和5范围内的任意一个符号。正则表达式/[b-g]/表示字符b，c，d，e，f和g范围内的任意一个符号。图2.2是其他的例子。

正则表达式	匹　　配	匹配模式的例子
/[A-Z]/	一个大写字母	"we should call it 'Drenched Blossoms'"
/[a-z]/	一个小写字母	"my beans were impatient to be hoed!"
/[0-9]/	一个单独数字	"Chapter 1：Down the Rabbit Hole"

图2.2　使用括号[ ]和连字符"-"表示某个范围

使用脱字符"^"，方括号还可以用来表示不出现某个单独的字符。如果在开方括号之后有脱字符"^"，那么，相应的模式就是否定的。例如，正则表达式/[^a]/与任何不包含a的单个字符相匹配。不过，这种用法仅仅当脱字符处于开方括号之后的第一个位置时才有效。如果脱字符出现在其他位置，它只能表示脱字符本身。图2.3是一些例子。

正则表达式	匹配(单字符)	匹配模式的例子
[^A-Z]	不是一个大写字母	"Oyfn pripetchik"
[^Ss]	既不是 S 也不是 s	"I have no exquisite reason for't"
[^\.]	不是点号	"our resident Djinn"
[e^]	不是 e, 就是 ^	"look up ^ now"
a^b	模式"a^b"	"look up a^b now"

图2.3　使用脱字符"^"表示否定或者仅仅表示它自身

使用方括号解决了 woodchuck 的大小写问题。但是还不能回答我们在前面提出的那个问题：如何既表示 woodchuck 又表示 woodchucks？我们不能用方括号实现这样的表示，因为方括号容许我们说"s 或 S"，但是不容许我们说"s 或无"。为此，我们使用问号"?"来表示前面一个字符或者"无"，如图2.4所示。

正则表达式	匹　　配	匹配模式的例子
woodchucks?	woodchuck 或 woodchucks	"woodchuck"
colou? r	color 或 colour	"colour"

图2.4　问号表示它前面的那个字符是可选的

我们可以把问号的意义看成是"前一个字符的无或有"。这是一种表达我们想要多少东西的方法。迄今为止，我们还没有介绍过如何来表示一个以上的事物。然而有时我们需要正则表达式能够表示重复的事物。例如，羊的叫声可以看成语言，这种语言是如下包含重复的符号的符号串：

baa！

baaa！

baaaa！

baaaaa！

baaaaaa！

…

这种语言的开头是一个 b，后面跟着至少两个 a，最后是一个惊叹号。有一种基于星号或
"＊"的算符可以容许我们表达"若干个 a"，这种算符称为"Kleene ＊"（英文读为"cleany star"，
我们不妨将其读为"Kleene 星号"）。Kleene 星号的意思是"其直接前面的字符或正则表达式为零
或连续出现若干次"。这样一来，/a＊/表示"由零或若干个 a 构成的符号串"，它可以与 a 或
aaaaaa 相匹配，并且它也可以与 Off Minor 相匹配，因为 Off Minor 只包含零个 a。所以，与包含
一个或多个 a 的符号串相匹配的正则表达式是/aa＊/，它表示一个 a 后面跟着零个或多个 a。
更复杂的模式也可以重复。所以，/[ab]＊/表示"零个或多个 a 或 b"（不是表示"零个或多个右
方括号"）。这个正则表达式可以与 aaaa、ababab 或 bbbb 符号串相匹配。

现在我们已经完全知道怎样用正则表达式来表示多位数的价钱。单位数的价钱的正则表达
式是/[0-9]/。因此一个整数（数字串）的正则表达式就是/[0-9][0-9]＊/。（为什么不是
/[0-9]＊/呢？）

有时，把数字的正则表达式写两次会令人感到厌烦，因此，提出了一种表示数字"最少有一
个"的简单方法。这种方法就是"Kleene ＋"（Kleene 加号），Kleene 加号的含义是"前面一个或多
个字符"。因此，正则表达式/[0-9]＋/是"数字序列"的规范表达式。羊叫声的语言有两种表
示方法：/baaa＊！/和/baa＋！/。

还有一个重要的字符就是点号（/./），这是一个**通配符**（wildcard）。这个通配符表示任何与
单个字符（回车符除外）相匹配的字符，如图 2.5 所示。

正则表达式	匹　　配	模式例子
/beg.n/	位于 beg 和 n 之间的任何字符	begin, beg'n, begun

图 2.5　用点号"."表示任意字符

通配符经常与 Kleene 星号结合起来使用，其意思是"任何的字符串"。例如，如果我们想找
到文本中的某一行，其中 aardvark 这个词出现两次。我们可以用正则表达式表示为：/aard-
vark.＊aardvark/。

锚号（anchors）是一种把正则表达式锚在符号串中某一个特定位置的特殊字符。最普通的锚
号是脱字符"＾"和美元符号"＄"。脱字符与行的开始相匹配。正则表达式/The/表示单词 The
只出现在一行的开始。这样一来，脱字符"＾"可有三种用法：表示一行的开始；在方括号内表示
否定；只表示脱字符本身。（什么样的上下文可以让 Perl 知道某一给定的脱字符的功能是什么
呢？）。美元符号 ＄ 表示一行的结尾。所以模式"␣＄"是一个有用的模式，它表示一行的结尾是一
个空白。正则表达式/＾The dog\.＄/表示仅只包含短语 The dog 的一个行。（我们这里必须使
用反斜杠"\"，因为我们想让"."表示点号，而不表示通配符）。

此外还有两个其他的锚号：\b 表示词界，而\B 表示非词界。因此，/\bthe\b/表示单词
the，而不是表示单词 other。从技术上说，Perl 把词定义为数字、下画线或字母的任何序列。这是
根据如 Perl 和 C 的程序语言中关于词的定义来说的。例如，/\b99\b/表示在"There are 99 bot-
tles of beer on the wall"中的符号串 99。因为 99 跟在一个空白的后面。但是这个正则表达式不

表示在"There are 299 bottles of beer on the wall"中的符号串 99，因为 99 跟在一个数字的后面。然而，这个正则表达式表示 $99 中的 99(因为 99 跟在美元符号 $ 的后面，$ 不是数字、下画线或字母)。

2.1.2 析取、组合与优先关系

假定我们需要搜索关于宠物的文本，而且我们对于 cat 或 dog 最感兴趣。这时，我们试图搜索符号串 cat，或者符号串 dog。因为我们不能使用方括号来搜索"cat 或 dog"(为何不能?)，我们需要一个称为**析取算符**(disjunction operator)的新算符"|"，这样的算符又称为**析取符**(pipe symbol)。正则表达式/cat|dog/表示或者是符号串 cat，或者是符号串 dog。

有时我们需要在比较长的序列中间使用析取符。例如，假定我想为我的表弟 David 搜索关于他的宠物 guppy(虹鳉)的信息，我要怎样才可以同时表达 guppy 和它的复数形式 guppies 呢? 我们不能简单地表示为/guppy|ies/，因为这样的表达式只能与符号串 guppy 和 ies 相匹配。如 guppy 的符号序列**优先于**(precedence)析取符"|"。为了使析取算符只能应用于特定的模式，我们需要使用圆括号算符"("和")"。把一个模式括在圆括号中使得它就像一个单独的字符来使用，而且在其中可以使用析取符"|"和 Kleene ∗ 等算符。因此，表达式/gupp(y|ies)/表示析取符仅仅应用于后缀 y 和 ies。

当我们使用如 Kleene ∗ 这样的算符的时候，圆括号算符"("也是很有用的。与算符"|"不同，Kleene ∗ 算符只能用来表示单个的字符，不能用来表示整个的序列。如果我们想匹配某一符号串的重复出现，我们有一行符号包含列标记 Column 1 Column 2 Column 3。表达式/Column␣[0 - 9]+␣∗/不能与任何的列相匹配，但是可以与一个后面有任意数目的空白的列相匹配! 星号"∗"在这里仅仅用于表示它前面的空白符号"␣"，而不表示整个序列。我们可以用圆括号写出正则表达式/(Column␣[0 - 9]+␣∗)∗/，这个表达式与单词 Column 后面跟着一个数字和任意数目的空白组成的符号串相匹配。整个模式可以重复任意次数。

可见，一个算符可能优先于其他的算符，因此，我们有必要使用括号来表示这种优先关系，在正则表达式中，这种优先关系是通过**算符优先层级**(operator precedence hierarchy)来形式地描述的。下面的表中给出了正则表达式算符优先的顺序，其优先性按从高到低的顺序排列:

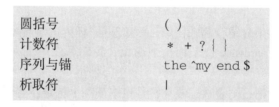

圆括号	( )
计数符	∗ + ? { }
序列与锚	the ^my end $
析取符		

由于计数符比序列具有更高的优先性，所以/the∗/与 theeeee 相匹配，而不与 thethe 相匹配。由于序列比析取符具有更高的优先性，所以/the|any/与 the 或者 any 相匹配，而不与 theny 相匹配。

模式有时可能具有歧义。当正则表达式/[a-z]∗/与 once upon a time 这个文本相匹配时，由于/[a-z]∗/可以与零或者更多的字母相匹配，因此，这个正则表达式可以与零相匹配，也可以与首字母 o, on, onc, 或 once 相匹配。在这些场合，正则表达式应该总是尽其可能与其中最长(largest)的符号串相匹配，它应该匹配 once。我们可以说，这些模式总是**贪心地**(greedy)扩充，试图覆盖尽可能长的符号串。

2.1.3　一个简单的例子

假定想写一个正则表达式来查找英语的冠词 the，我们可以写出一个简单的（但是不正确的）表达式：

/the/

这个表达式不能表示当 the 位于句子开头的情况，因为这时 the 的第一个字母要大写，即写为 The）。这使我们想到使用表达式：

/[tT]he/

但是，当文本中 the 嵌入在其他单词（例如，other 或 theology）中间的时候，这样的表达式就不正确了。这时，我们就需要在表达式中说明，一个单词的两端应该有边界，表达式应该是：

/\b[tT]he\b/

如果不用 /\b/，我们是不是也可以达到这样的目的呢？因为 /\b/ 不能处理 the 后面带下画线或数字的情况，我们也不想把下画线或数字看成是词的界限。但是，我们试图在可能出现下画线或数字的某个上下文中找到 the（例如，the_ 或 the25）。我们需要说明在 the 的两侧不能出现字母。这时，表达式为：

/[^a-zA-Z][tT]he[^a-zA-Z]/

但是，这个表达式仍然有问题。当 the 出现在一行的开头时，我们会找不到它。这是因为我们曾经用正则表达式 [^a−zA−Z] 来避免嵌入的 the，这意味着，在文本中，the 的前面必定有某个单独的字符，哪怕这个字符是非字母字符。如果说明，在 the 的前面是一行的开头，或者是非字母字符，我们就可以避免这样的问题了。这时的正则表达式如下：

/(^|[^a-zA-Z])[tT]he([^a-zA-Z]|$)/

我们刚才分析例子的错误可以归纳为两种类型：一类是**正面错误**（false positives），例如，在搜索 the 的时候，错误地匹配 other 或 there 这样的符号串，一类是**负面错误**（false negatives），例如，在搜索 the 的时候，错误地遗漏 The 这样的符号串。在研制语音和语言处理的系统时，这两种类型的错误总是一而再、再而三地反复出现。为了减少应用系统的错误率，我们要做两方面的努力，而这两方面的努力是彼此对立的：

- 增加**准确率**（accuracy）：把正面错误减少到最低限度。
- 增加**覆盖率**（coverage）：把负面错误减少到最低限度。

2.1.4　一个比较复杂的例子

让我们举出更有意义的例子来说明正则表达式的能力。假定我们想要用正则表达式帮助用户在 Web 上购买计算机。用户需要的是"6 GHz 以上，256 GB 磁盘空间，价钱低于 $ 1000 的 PC 计算机"。为了进行这样的检索，我们首先需要能够查找诸如 6 GHz，256 GB，Dell，Mac，$ 999.99 这样的表达式。在本节的其他部分，我们将设计某些正则表达式来做这样的工作。

首先，我们来设计关于价钱的正则表达式。下面是美元符号 $ 后面跟着一个数字符号串的表达式。注意，Perl 善于表达这样的 $，而不让它表示行尾。正则表达式如下（它能做到这一点吗？）：

/$[0-9]+/

现在我们需要处理美元中的小数部分，我们可以在上述表达式后面加小数点和两个数字。正则表达式如下：

/\$[0-9]+\.[0-9][0-9]/

这样的表达式只能表示＄199.99，而不能表示＄199。我们需要把小数部分设成可以随意选择的，并且确定单词的边界。正则表达式如下：

/\b\$[0-9]+(\.[0-9][0-9])?\b/

怎样来表达处理器的速度(兆赫 megahertz = MHz 或千兆赫 gigahertz = GHz)呢？表达式如下：

/\b[0-9]+␣*(MHz|[Mm]egahertz|GHz|[Gg]igahertz)\b/

注意，我们用/␣*/表示"零或更多空间"，因为这里可能总会有一些多余的空间。在处理磁盘空间或存储量(千兆字节 GB = gigabytes)时，我们也需要容许千兆字节的小数是可以随意选择的(5.5 GB)。注意，这里使用"?"来表示最后一个 s 是可以随意选择的。正则表达式如下：

/\b[0-9]+(\.[0-9]+)?␣*(GB|[Gg]igabytes?)\b/

最后，我们还可以用简单的正则表达式来表示操作系统的名称：

/\b(Windows␣*(Vista|XP)?)\b/
/\b(Mac|Macintosh|Apple|OS␣X)\b/

2.1.5　高级算符

还有一些有用的正则表达式高级算符(advanced operators)。图2.6列出了一些有用的通用字符的替换名，使用这些替换名，可以节省打字的工作量。除了 Kleene ∗ 和 Kleene + 之外，我们还可以使用花括号括起来的数字作为计数符。例如，正则表达式/{3}/表示"前面的字符或表达式正好出现3个"。这样，/a\.{24}z/就表示 a 后面跟随着24个点，再跟随着一个 z(不是 a 后面跟随着23个或者25个点再跟随着一个 z)。

正则表达式	扩充表达式	匹　　配	模式例子
\d	[0-9]	任何数字字符	Party␣of␣5
\D	[^0-9]	任何非数字字符	Blue␣moon
\w	[a-zA-Z0-9␣]	任何字母数字字符或空白	Daiyu
\W	[^\w]	一个非字母数字字符	!!!!
\s	[␣\r\t\n\f]	空白区域(空白、表格)	
\S	[^\s]	非空白区域	in␣Concord

图2.6　通用字符集的替换名

数字的范围也可以用类似的办法来表示。/{n,m}/表示前面的字符或表达式出现 n 到 m 个；/{n,}/表示前面的表达式至少出现 n 个。图2.7中的表总结了用于计数符的正则表达式。

正则表达式	匹　　配
*	前面的字符或表达式出现零个或多个
+	前面的字符或表达式出现一个或多个
?	前面的字符或表达式恰恰出现零个或一个
{n}	前面的字符或表达式出现 n 个
{n,m}	前面的字符或表达式出现 n 个到 m 个
{n,}	前面的字符或表达式至少出现 n 个

图2.7　用于计数符的正则表达式算符

最后，还可以用基于右斜杠(\)的记法来引用某些特殊字符。最普通的记法就是**换行符**(newline)"\n"和**表格符**(tab)"\t"。为了引用某个特殊的字符(例如，.，＊，[和\，可以在这个字符前面加右斜杠\(/\./，/\＊/，/\[/，和/\\/)，如图2.8所示。

正则表达式	匹　　配	匹配模式的例子
\＊	星号"＊"	"K ＊A＊P＊L＊A＊N"
\.	点号"."	"Dr Livingston, I presume"
\?	问号	"Why dont they come and lend a hand? ?"
\n	换行符	
\t	表格符	

图2.8　某些加右斜杠的字符

2.1.6　正则表达式中的替换、存储器与 ELIZA

正则表达式的一个重要用途是**替换**(substitution)。例如，Perl 的替换运算符 s/regexp1/pattern/可把一个用正则表达式描述的符号串替换为另一个用正则表达式描述的符号串：

```
s/colour/color/
```

我们经常需要引用与某一个模式相匹配的符号串中的特定部分。例如，假定我们想把文本中的所有整数的两侧加上尖括号，具体地说，要把 the 35 boxes 替换为 the <35> boxes。我们只要引用相应的整数，就可以很容易地在它的两侧加上尖括号。为此，我们在第一个模式(即整数)的两侧加上圆括号"("和")"，然后，在第二个模式中使用**数字算符**(number operator)" \1"以便回过头去参照第一个模式：

```
s/([0-9]+)/<\1>/
```

圆括号和数字也可以用来说明某个符号串或表达式在文本中出现两次。例如，假定我们要查找模式"the Xer they were, the Xer they will be"，我们想让其中的 X 指同一个符号串。这时，我们在第一个 X 的两侧加圆括号，并且用数字算符" \1"替换第二个 X：

```
/the (.*)er they were, the \1er they will be/
```

这里的" \1"可以用与圆括号中的项相匹配的任何符号串来替换。因此，与这个正则表达式相匹配的符号串是"The bigger they were, the bigger they will be"，而不是"The bigger they were, the faster they will be"。

数字算符也可以使用其他的数字。如果你要匹配圆括号中的不同的符号串，那么，

```
/the (.*)er they (.*), the \1er we \2/
```

你可以用数字 2 来表示圆括号中的另一个符号串。这样的数字存储器称为**寄存器**(registers)。例如，寄存器1、寄存器2、寄存器3，等等。这样的存储特性不是每一种正则表达式语言都具备的，但这常常是正则表达式的"扩充"特性。

这种使用替换的存储器在开发如 ELIZA(Weizenbaum，1966)类的简单的自然语言理解程序时是非常有用的。ELIZA 模拟一个心理咨询医生的行为，它可以同用户进行对话。例如：

用户$_1$: Men are all alike.

ELIZA$_1$: IN WHAT WAY.

用户$_2$: They're always bugging us about something or other.

ELIZA$_2$: CAN YOU THINK OF A SPECIFIC EXAMPLE.

用户$_3$: Well, my boyfriend made me come here.

ELIZA₃: YOUR BOYFRIEND MADE YOU COME HERE.

用户₄: He says I'm depressed much of the time.

ELIZA₄: I AM SORRY TO HEAR YOU ARE DEPRESSED.

ELIZA 进行一连串的正则表达式的替换,每个正则表达式与输入行中的某个部分相匹配,然后替换并改变它们。首先的替换是把所有的 my 替换为 YOUR,把所有的 I'm 替换为 YOU ARE,等等。然后的替换是查找输入中相关的模式,并产生适合的输出。下面是一些例子:

```
s/.* YOU ARE (depressed|sad) .*/I AM SORRY TO HEAR YOU ARE \1/
s/.* YOU ARE (depressed|sad) .*/WHY DO YOU THINK YOU ARE \1/
s/.* all .*/IN WHAT WAY/
s/.* always .*/CAN YOU THINK OF A SPECIFIC EXAMPLE/
```

因为对于一个文本可能进行多重的替换,需要对替换编序号,以便按顺序使用它们。作为练习,请你创建这样的模式。

2.2　有限状态自动机

正则表达式充其量不过是一种用于文本搜索的方便的元语言。首先,正则表达式是描述**有限状态自动机**(Finite-State Automaton, FSA)的一种方法。有限状态自动机是本书中将要描述的计算工作的理论基础。任何的正则表达式都可以用有限状态自动机来实现(除了使用存储特性的那些正则表达式之外,关于这个问题以后我们还会进一步讲述)。任何的有限状态自动机都可以用正则表达式来描述。有限状态自动机和正则表达式彼此对称。其次,正则表达式是用来刻画**正则语言**(regular language)的一种方法,正则语言是一种特别的形式语言。正则表达式和有限状态自动机都可以用来描述正则语言。此外还有第三种描述正则语言的方法,就是**正则语法**(regular grammar),我们将在第 16 章介绍正则语法。这些理论结构之间的关系可用图 2.9 来说明。

图 2.9　描述正则语言的三种等价的方法

这一节首先介绍与 2.1 节的正则表达式有关的有限状态自动机,然后讲述从正则表达式到自动机的一般的映射方法。尽管我们是从如何实现正则表达式开始讲述有限自动机的,但是,FSA 还有各种不同的用处,我们将在本章和后面的章节讲述这些问题。

2.2.1　用 FSA 来识别羊的语言

过了一会儿,在鹦鹉的帮助下,博士先生把动物的语言学习得这样好,以至于博士能够亲自和动物谈话,并且理解它们所说的一切。

Hugh Lofting,《多立特博士的故事》

让我们从前面讨论过的羊的语言开始。我们把羊的语言定义为由下面的(无限)集合构成的任何符号串:

baa!

baaa!

baaaa!

baaaaa!

…

描述这种羊的语言的正则表达式是/baa＋！/。图 2.10 是模拟这种正则表达式的一个**自动机**(automaton)。自动机(也可以称为**有限自动机**、**有限状态自动机**或 FSA)能够识别符号串的集合,在我们的例子中,符号串就是羊的语言,这与正则表达式所做的方式相同。我们用有向图来表示自动机,有向图包括两部分:点(或者结点)的有限集合和两个点之间的有向连接的弧的集合。我们用圆圈表示点,用箭头表示弧。一个自动机有 5 个**状态**(states),它们可以用图论中的结点来表示。状态 0 是**初始状态**(start state),用进入的箭头来表示;状态 4 是**终极状态**(final state)或**接收状态**(accepting state),用双圈来表示。在这个有向图中还有 5 个转移(transition),用弧来表示。

FSA 可以用来识别[或**接收**(accepting)]符号串。接收方式如下:首先,把输入想象成写在一个长的带子上,带子可分为一些单元格(cells),带子的一个单元上可以写一个符号,如图 2.11 所示。

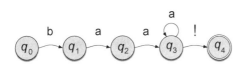

图 2.10　用于羊的语言的有限自动机

图 2.11　带有单元格的带子

自动机从初始状态(q_0)开始,反复进行如下的过程:查找输入带子上的下一个字母。如果带子上的字母与自动机中离开当前状态的弧相匹配,那么就穿过这个弧,移动到下一个状态,而在输入带子上也相应地向前移动一个符号。如果输入带子上的符号已经读完,便进入接收状态(q_4),那么,自动机就成功地识别了记录在输入带子上的羊的语言。如果自动机总是不能够进入最后状态,这或者是因为输入带子上的符号已经读完,或者是因为某些输入与自动机的弧不匹配(如图 2.11 所示),又或者是因为自动机在某一个非终极状态停住了,这时,我们就说,自动机**拒绝**(reject)输入符号,或者说自动机不能接收输入。

我们也可以用**状态转移表**(state-transition table)来表示自动机。与图的表示方法一样,状态转移表可以表示初始状态、接收状态和符号在状态之间转移的情况。右边是图 2.10 中的 FSA 的状态转移表。我们在状态 4 后面加了冒号,这表示 4 是终极状态(你想要多少个终极状态就可以有多少个终极状态),∅ 表示非法转移或不能转移。第一行可以读为:“如果我们在状态 0 并且看到 b,那么

	输出		
状态	b	a	！
0	1	∅	∅
1	∅	2	∅
2	∅	3	∅
3	∅	3	4
4:	∅	∅	∅

就应该转移到状态 1;如果我们在状态 0 并且看到输入符号 a 或!,那么我们就失败了”。

从形式上说,一个有限自动机可以用下面 5 个参数来定义:

$Q = q_0, q_1, \cdots, q_{N-1}$	N 中**状态**的有限集合
$\sum$	有限的输入符号字母表
q_0	**初始状态**
F	**终极状态**的集合, $F \subseteq Q$
$\delta(q, i)$	状态之间的**转移函数**或转移矩阵。给定一个状态 $q \in Q$ 和一个输入符号 $i \in \sum$, $\delta(q, i)$ 返回一个新的状态 $q' \in Q$,因此, $\delta(q, i)$ 是从 $Q \times \sum$ 到 Q 的一个关系

在图 2.10 关于羊的语言的自动机中，$Q = \{q_0, q_1, q_2, q_3, q_4\}$，$\Sigma = \{a, b, !\}$，$F = \{q_4\}$，而 $\delta(q, i)$ 由上面的转移表来确定。

图 2.12 介绍了使用状态转移表识别符号串的算法。这个算法是"确定性的识别器"，因此简称为 D-RECOGNIZE。**确定性**(deterministic)算法是一种没有选择点的算法，对于任何的输入，算法总是知道怎样工作。下一节我们将介绍非确定的自动机，这种非确定的自动机必须决定下一步应该移动到哪一个状态。

```
function D-RECOGNIZE(tape, machine) returns accept or reject

    index ← Beginning of tape
    current-state ← Initial state of machine
    loop
      if End of input has been reached then
        if current-state is an accept state then
          return accept
        else
          return reject
      elsif transition-table[current-state,tape[index]] is empty then
        return reject
      else
        current-state ← transition-table[current-state,tape[index]]
        index ← index + 1
    end
```

图 2.12　FSA 确定性识别的一个算法。如果整个的符号串都在 FSA 所定义的语言中，则返回接收(accept)，如果符号串不在这个语言中，则拒绝(reject)

D-RECOGNIZE 使用一个输入带子和一个自动机。如果在带子上的符号串被自动机接收了，那么，它就返回 accept；否则返回 reject。注意，因为 D-RECOGNIZE 假定它已经指向了被查找的符号串，所以，它的任务只是我们通常使用的正则表达式的一般问题的一个部分。例如，我们通常使用正则表达式来发现语料库中的某一个符号串。

D-RECOGNIZE 开始工作时，要初始化变量 index 使之成为带子的开头，把 current-state 作为机器的初始状态。然后 D-RECOGNIZE 进入一个 loop，以驱动算法的其他部分。它要检查是否已经到达了输入的终点。这样，它便可以接收输入(如果当前状态是接收状态)，或者拒绝输入(如果不是)。

如果还有输入留在带子上，D-RECOGNIZE 就要查看状态转移表以决定下一步要移动到哪一个状态。变量 current-state 指出它要查找转移表中的哪一列，而带子上的当前符号则指出它要查找转移表中的哪一行。这样做出的转移表中的项用于更新变量 current-state 和 index 的值，并且逐渐在带子上向前推进。如果转移表的项为空，则机器不知道往哪里走，就必须拒绝输入。

图 2.13 说明了用这个算法来处理表示羊的语言的 FSA(输入符号串是 baaa!)的追踪过程。

在检查带子的开头时，机器处于状态 q_0，在输入带子上找到 b，于是根据图 2.12 转移表 $[q_0, b]$ 中的内容的指示，转入状态 q_1，然后在带子上发现一个 a，于是转入状态 q_2，接着又发现 a，转入 q_3，在状态 q_3，接着又发现第三个 a，

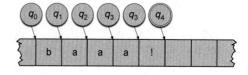

图 2.13　把 FSA#1 用于处理羊的语言的追踪过程

于是离开 q_3，沿着回路又返回到这个 q_3，接着，读到带子上的最后一个符号!，于是转入 q_4。由于这时输入带子上不再有符号，输入带子变空，在回路的开始输入终点(end of input)的条件首次得到满足，机器在状态 q_4 停止。状态 q_4 成为接收状态，因此，机器接收了符号串"baaa!"，这个符号串是羊的语言中的成立符号串。

如果对于某一对由给定的状态及其相应的输入符号构成的结合，在转移表中不存在合法的转移，那么，算法就将失败。例如，由于状态转移表中状态 q_0 和输入符号 a 构成的结合不存在合法的转移（也就是说，在转移表中，q_0 和 a 构成的结合值为∅），所以，算法不能处理输入符号串 abc。就是自动机容许以 a 开始的符号串，但是，如果在输入中出现 c，算法也一定要失败，因为在羊的语言的字母表中根本就没有 c 这个字母。把转移表中的这些"空"元素想象成它们全都指向一个"空"状态，我们可以把这个空状态称为**失败状态**（fail state）或者**吸收状态**（sink state）。在这个意义上，如果给自动机添加一个失败状态，我们就能够把自动机看成是具有空转移的自动机，而对于这种自动机的每一个状态来说，都可以画出附加的弧来对应于这些空状态，这样一来，对于任何的状态和任何可能的输入，自动机总是能够找到一个可以转移的地方。图 2.14 是在图 2.10 中 FSA 的基础上加了失败状态 q_F 而构成的一个更为完整的自动机。

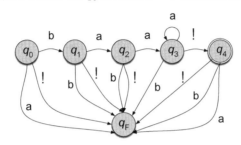

图 2.14   给图 2.10 中的自动机再增加一个失败状态

2.2.2 形式语言

我们可以用图 2.10 中的同一个状态图来**生成**（generating）羊的语言。如果这样做，那么，我们让自动机从状态 q_0 开始，穿过弧到达新的状态，并且逐一地把标在相应的弧上的符号印出来。当自动机到达终极状态时，它就停止了。需要注意的是，在状态 q_3 时，自动机将面临选择的局面：它或者显示一个"!"并进入状态 q_4，或者显示一个 a 而返回到状态 q_3。这时，无论自动机做什么样的决策，也许自动机可以用翻转硬币的方法来做出决策。这样一来，我们不管羊的语言的精确的符号串是怎样的，只要它是羊的语言中上述的正则表达式所容许的符号串就行了。

形式语言（**formal language**）：它是一个模型，这个模型能够而且只能够生成或识别满足形式语言的定义所要求的某一形式语言的符号串。

形式语言（**formal language**）是符号串的集合，而每一个符号串由称为**字母表**（alphabet，与上面用来定义自动机的字母表相同）的有限的符号的集合组合而成。羊的语言的字母表就是集合 $\sum = \{a, b, !\}$。给定一个模型 m（这是一个特定的 FSA），我们可以使用 $L(m)$ 来表示"由 m 刻画的形式语言"。所以，图 2.10（或者状态转移表）中的羊的语言自动机所定义的形式语言就是无限集合：

$$L(m) = \{baa!, baaa!, baaaa!, baaaaa!, baaaaaa!, \cdots\} \tag{2.1}$$

这样定义语言的自动机的用处在于它能够在一个封闭的形式中表示无限的集合（如上面的例子）。形式语言与**自然语言**（natural language）不同，自然语言是现实的人们所说的语言。事实上，形式语言可能与现实语言完全不同（例如，形式语言可以用来模拟一个汽水机的不同状态）。然而，我们通常使用形式语言来模拟自然语言的某些部分，如音系、形态、句法的某些部分。在语言学中，**生成语法**（generative grammar）这个术语有时就用来表示形式语言的语法，这个术语的来源就是使用自动机来定义能够生成一切可能的符号串的语言。

2.2.3　其他例子

在前面的例子中，形式字母表只包含字母；然而，我们还可以有包含单词的更加高级的字母表。用这样的字母表，能够写出有限状态自动机来模拟单词的组合。例如，我们可以写出一个自动机 FSA 来模拟英语中如何表示钱的数量。这样的形式语言就可以模拟包含诸如 ten cents, three dollars, one dollar thirty-five cents 等短语的英语的某个子集合。

我们分几步来解决这个问题。首先我们来建立一个能够数 1 – 99 等数字的自动机，我们可以用这些数字来计算分币(cents)，如图 2.15 所示。

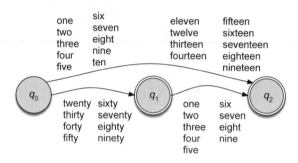

图 2.15　用 FSA 来刻画表示英语 1 – 99 的数字的数词

然后我们在这个自动机中再加上 cent(美分)和 dollars(美元)。图 2.16 描述了一个简单的办法，我们只要把图 2.15 中的自动机复制两个，并在其中的适当位置加上 cents 和 dollars 等单词即可。

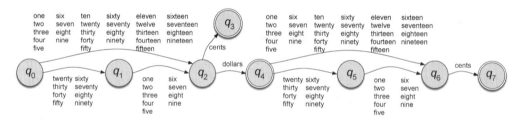

图 2.16　表示简单的 cents 和 dollars 的 FSA

为了表示不同的美元数，把 hundred(百)和 thousand(千)这样的较大数目的词也包括进去，我们现在需要在语法中添加一些东西。另外，cents 和 dollars 这样的单词还可以有单数形式(如 one cent, one dollar)和复数形式(如 ten cents, two dollars)的区别，我们要适当地改变它们的词尾。我们将把这个问题留作练习让读者自己来解决。我们把图 2.15 和图 2.16 中的 FSA 看成英语的一个非常简单的语法。在本书的第三部分，特别是在第 12 章中，我们将回过头来再讨论语法的构建问题。

2.2.4　非确定 FSA

现在我们来讨论另一种 FSA：**非确定的有限自动机**(Non-deterministic FSA 或 NFSA)。我们来研究图 2.17 中的羊的语言的自动机，这个自动机与前面讨论过的图 2.10 中的自动机十分相似。

这个自动机与图 2.10 中的自动机的唯一区别在于：图 2.17 中的自动机的自返圈在状态 2，而图 2.10 中的自动机的自返圈在状态 3。我们也可以使用这个自动机来识别羊的语言。当到达状态 2 的时候，在输入带子上看到一个 a，这个自动机难于判断是沿着自返圈返回到状态 2，还是继续往前进入状态 3。带有这种两难判定点的自动机称为**非确定的 FSA**(或 **NFSA**)。相比之下，图 2.10 中的自动机则是**确定的**(deterministic)自动机，当确定的自动机在识别的时候，当它处于某一个状态以及要查找某一个符号时，它的行为是完全确定的。确定的自动机可以表示为 **DFSA**(Deterministic FSA)。而图 2.17 中的自动机(NFSA #1)则是非确定的。

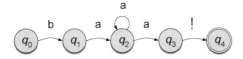

图 2.17　描述羊的语言的非确定的自动机(NFSA #1)。请与图 2.10 中确定的自动机相对比

还有另外一种类型的非确定的自动机，这种非确定的自动机是由没有符号的弧[称为**ε-转移**(ε-transition)]引起的。图 2.18 中的非确定自动机可以处理我们前面分别描述过的羊的语言，不同的是，这个自动机使用了 ε-转移。

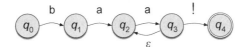

图 2.18　处理羊的语言的另一个 NFSA(NFSA # 2)。它与图 2.17 中的 NFSA #1 的不同在于它使用了一个 ε-转移

对于这个 ε-转移的新弧，可以这样来解释：如果到达了状态 3，我们可以不看输入带子上的符号就转移到状态 2 去，或者我们可以向前推进输入指针。所以，这是另一种类型的非确定性。我们不用知道是做 ε-转移还是向前进入带有标记"！"的弧。

2.2.5　使用 NFSA 接收符号串

如果我们想知道一个符号串是不是属于前面所说的羊的语言的一个实例，并且又要使用非确定的自动机来识别这个符号串，我们有可能顺着错误的弧走下去，而当我们试图接收这个符号串的时候，自动机却拒绝了它。在这种情况下，由于在某个点上存在着一种以上选择的可能性，我们就有可能做出错误的选择。当我们建立计算模型的时候，在非确定的自动机模型中，特别是对于剖析来说，这样的选择问题总是一个又一个地不断地发生。这里存在着如下三种**非确定问题的解决办法**(solution to the problem of non-determinism)：

- 回退(backup)：每当走到这样的选择点的时候，我们可以做一个记号(marker)，记录在输入中的什么位置以及自动机处于什么状态。当确认确实是做了错误的选择的时候，我们可以退回去，试探其他的路径。
- 前瞻(look-ahead)：可以在输入中往前看，以帮助我们判定应该选择哪一条路径。
- 并行(parallelism)：每当走到选择点的时候，我们可以并行地查找每一条不同的路径。

这里，我们着重讨论回退的方法，而对于前瞻和并行的方法，将在后面的章节中讨论。

所谓"回退方法"，就是当知道了我们总是能够返回到未曾探测过的选择时，就会无忧无虑地改变我们原来的选择，返回到未曾探测过的选择，以避免走进死胡同。这种方法有两个关键，第一，在每个选择点上，必须记住所有不同的选择；第二，对于每一个不同的选择，必须存储足够的信息，以便在需要的时候能够返回。当返回算法到达某一个点而其进程不能再进展时(或者因为输入已经读完，或者因为不再有合法的转移)，算法就要返回到前面一个选择点，选择一个未曾探测过的点，并由此继续进行探测。把这样的概念应用于我们的非确定识别器，在每一个选择点上，只需要记住两个东西：第一，机器将进入的状态，或者结点；第二，输入带子上相对应的位置。我们把结点与位置的结合体称为识别算法的**搜索状态**(search-state)。为了避免混淆,我们把自动机的状态称为**结点**(node)或者**机器状态**(machine-state),以区别于搜索状态。

在描述这个算法的主要部分之前,我们需要注意驱动这个算法的转移表中有两个重要的改变。首先,为了表示 ε-转移的结点,我们在转移表中加了一个新的列,即 ε**-列**(ε-column)。如果一个结点有 ε-转移,那么,我们就在 ε-列与该结点所在的行的交接处,标出 ε-转移所指的方向上的相应结点来。其次,为了表示从同一个输入结点到多个结点的多重转移,我们允许在转移所指的方向结点处出现一个由一个以上的结点组成的方向结点表,而不只是一个单独的结点。下面就是与图 2.17 中的自动机(NFSA #1)相应的状态转移表。其中没有 ε-转移,但是,对于机器状态 q_2 和输入符号 a,可以转移回 q_2,或者转移到 q_3。

	输出			
状态	b	a	!	ε
0	1	$\emptyset$	$\emptyset$	$\emptyset$
1	$\emptyset$	2	$\emptyset$	$\emptyset$
2	$\emptyset$	2, 3	$\emptyset$	$\emptyset$
3	$\emptyset$	$\emptyset$	4	$\emptyset$
4	$\emptyset$	$\emptyset$	$\emptyset$	$\emptyset$

图 2.19 是使用非确定 FSA 来识别输入符号串的算法。这个 ND-RECOGNIZE 的功能中使用了称为**进程表**(agenda)的变量来记录在处理过程中产生出来的所有尚未进行过的选择。每一个选择(搜索状态)由自动机的一个结点(状态)和带子上的一个位置组合而成。变量 current-search-state(当前搜索状态)表示当前正在进行的选择。

```
function ND-RECOGNIZE(tape, machine) returns accept or reject

    agenda ← {(Initial state of machine, beginning of tape)}
    current-search-state ← NEXT(agenda)
    loop
        if ACCEPT-STATE?(current-search-state) returns true then
            return accept
        else
            agenda ← agenda ∪ GENERATE-NEW-STATES(current-search-state)
        if agenda is empty then
            return reject
        else
            current-search-state ← NEXT(agenda)
    end

function GENERATE-NEW-STATES(current-state) returns a set of search-states

    current-node ← the node the current search-state is in
    index ← the point on the tape the current search-state is looking at
    return a list of search states from transition table as follows:
        (transition-table[current-node, ε], index)
        ∪
        (transition-table[current-node, tape[index]], index + 1)

function ACCEPT-STATE?(search-state) returns true or false

    current-node ← the node search-state is in
    index ← the point on the tape search-state is looking at
    if index is at the end of the tape and current-node is an accept state of machine
    then
        return true
    else
        return false
```

图 2.19　用于 NSFA 识别的算法。其中,node 表示 FSA 的一个状态,state 或者
　　　　search-state表示"搜索过程的状态",也就是node和tape-position的结合体

ND-RECOGNIZE 首先建立一个初始的搜索状态，并把它放入进程表中。现在我们暂不说明搜索状态在进程表中的顺序。这个搜索状态包括自动机的机器状态和指向带子开始位置的指针。函数 NEXT 的功能是从进程表中检索一个项目并且把它赋给变量 current-search-state（当前搜索状态）。

就像在 D-RECOGNIZE 中一样，主要回路的首要任务就是确定输入带子上的全部内容是否都被自动机成功地识别了。这可以通过调用 ACCEPT-STATE？来实现，如果当前搜索状态既包含一个接收的机器状态，也包含一个指向带子结尾的指针，那么，就返回 accept。如果不行，自动机就通过调用 GENERATE-NEW-STATE（生成新状态）来生成一系列可能的下一状态，这时，GENERATE-NEW-STATE 要对转移表中的任何的 ε-转移和任何的正常的输入符号转移创建搜索状态。所有这些搜索状态都要加到当前的进程表中。

最后，我们还要处理进程表中的新的搜索状态。如果进程表变空，我们无法进行选择，只好拒绝输入符号串。否则，就选择其他还没有尝试过的可能性，把回路继续进行下去。

重要的是应该理解为什么 ND-RECOGNIZE 仅仅在进程表变空的时候要返回一个拒绝的值。这与 D-RECOGNIZE 不同，当 D-RECOGNIZE 在非接收的机器状态，或者当它发现自己不能够从某个机器状态在带子中往前走而到达了带子的终点的时候，它并不返回拒绝的值。其原因在于，在非确定的场合，这种道路阻塞的情况仅仅说明了在某条路径上失败了，但并不意味着它在所有的路径上都失败了。只有当检查了所有可能的选择，并且发现确实无路可走的时候，我们才可以很有把握地拒绝输入的符号串。

图 2.20 描述了 ND-RECOGNIZE 处理输入符号串 baaa! 的过程。每一个长条描述在处理过程中某个给定点上的算法的一个状态。变量 current-search-state 用一个实心的圆圈来表示，它代表机器状态，箭头指向带子上的当前进程。图中的每一个长条形箭头由上而下逐一表示从一个 current-search-state 到下一个 current-search-state 的进程。

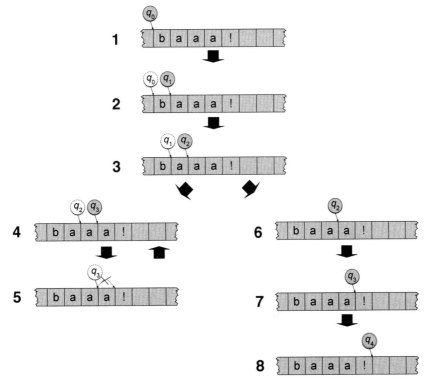

图 2.20　NFSA #1（见图 2.17）处理羊的语言的踪迹

当算法处于状态 q_2 的时候，它要查找带子上的第二个 a，这时会出现一些有趣的事情。从转移表中我们可以看出，对于项目 $[q_2, a]$，它可以返回到 q_2 和 q_3。对于每个此类选择，都要建立搜索状态，这些搜索状态都记录在进程表中。遗憾的是，这时我们的算法选择移动到状态 q_3，这样移动的结果进入的不是一个接收状态，也不是任何的新状态，因为在转移表中，项目 $[q_3, a]$ 进入的状态为空。在这一点上，算法需要简单地向进程表提问，看究竟还可以进入什么样的新状态。因为在这时的进程表中，从状态 q_2 返回到 q_2 是唯一没有检查过的选择，而这样的选择可以使带子上的指针向前推进到下一个 a。不过，这时候遗憾的是，ND-RECOGNIZE 发现自己又面临着同样的选择。转移表中的项目 $[q_2, a]$ 仍然指出，不论返回到状态 q_2，或者向前推进到状态 q_3，都是可以容许的选择。如前所述，表示这两种选择的状态都要记录到进程表中去。不过，这些搜索状态不同于前述的搜索状态，因为这时在带子上面输入符号串的索引值已经向前推进了。这时，进程表指示下面的移动就是要移动到状态 q_3。接着，根据带子和转移表唯一的确定的操作，就是移动到 q_4，算法获得成功。

2.2.6 识别就是搜索

ND-RECOGNIZE 的任务在于，提出一种办法来系统地探索自动机中所有可能的路径。从而识别正则语言中的符号串。如果这样的探索找到了一条路径以接收状态结束，那么，自动机就接收该符号串，否则，就拒绝这个符号串。使用进程表这样的机制，使得这样的探索成为可能。进程表在每一次出现重复操作的时候，要选择探索一部分的路径，并且要记住那一部分中还没有探索过的路径。

ND-RECOGNIZE 的这种算法称为**状态空间搜索**(state-space search)算法，这种算法要系统地搜索问题的解。在这样的算法中，所要解决的问题被定义为一个空间，这个空间包含所有可能的解。算法的目标在于搜索这个空间，当发现了一个解时，返回一个回答；或者当空间被穷尽地搜索完毕时，输入就被拒绝。在 ND-RECOGNIZE 中，搜索状态包括由机器状态和输入带子上的位置组成的偶对(pairing)。状态空间由在给定自动机中一切可能的机器状态和带子位置的偶对所组成。搜索的目标就是从一个状态到另一个状态遨游这个空间，查找出由接收状态和带子位置的终点所组成的偶对。

提高这种程序的效率的关键通常在于状态在空间中的顺序。状态的顺序不好，可能会导致检查大量的无结果的状态之后才能找到一个成功的解答。在典型的情况下，可惜并不能从一个不好的选择预见到好的选择，我们能够尽量做到的就是让每一个可能的选择都是经过充分考虑的。

细心的读者可能会注意到，我们还没有说明，在 ND-RECOGNIZE 中，如何来处理状态的顺序。我们只是知道，当状态产生之后，要把还没有探测过的状态加入到进程表中，而且，当问到的时候，从进程表中返回一个未探测过的状态给还没有定义的函数 NEXT。怎样来定义函数 NEXT 呢？我们来研究一个处理顺序的策略，使下一次将要考虑的状态成为当前马上就要处理的状态。要实现这样的策略，需要把马上就要处理的状态放在进程表的前端，并且当调用函数 NEXT 时，使 NEXT 返回到处于进程表中最前端的状态。这样，进程表就可以用**栈**(stack)来实现。这种策略，通常被称为**深度优先搜索**(depth-first search)策略，或**后进先出**(Last In First Out, LIFO)策略。

把这样的策略引进搜索空间，在当前的进程被卡住的时候，只需要返回到前一个状态。图 2.20 显示了 ND-RECOGNIZE 处理符号串"baaa!"的踪迹，这是一种深度优先搜索。当识别了ba 之后，算法遇到了第一个选择点，它必须决定，是停留在状态 q_2 呢，还是推进到状态 q_3。在这个选择点上，算法选择了其中的一个状态，继续往前走，直到发现这种选择是错误的时候，算法才向后回溯到这个选择点，选择另一个比这个状态稍微早一些的状态。

深度优先策略有一个很大的缺点：在某些情况下，可能会导致无限的环路。一种情况是当状态空间建立时，搜索状态被再次访问；另一种情况是存在着无限数目的搜索状态。在第 13 章中，当我们剖析了一些更加复杂的搜索算法之后，再回过头来讨论这个问题。

第二种处理搜索空间中状态顺序的办法是，按照状态建立时的顺序来进行处理。为了实现这样的策略，要把新建立的状态放在进程表的后面，函数 NEXT 在进程表的前端返回状态。这样，进程表就可以用**队列**（queue）来实现。这种策略，通常被称为**广度优先搜索**（breadth-first search）策略，或**先进先出**（First In First Out，FIFO）策略。图 2.21 显示了 ND-RECOGNIZE 处理符号串 baaa! 的另一个踪迹。在识别了 ba 之后，算法再次遇到了第一个选择点，它必须决定，是停留在状态 q_2 呢，还是推进到状态 q_3。不过，这一次算法不再只选择其中的一个状态并继续往前走，而是检查所有可能的选择，在同一个时候，对搜索树的同一个层面进行扩充。

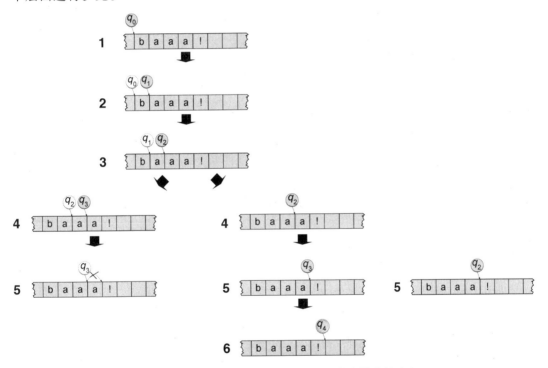

图 2.21　NFSA #1 处理羊的语言的广度优先搜索的踪迹

正如深度优先策略有缺点一样，广度优先策略也有它的缺点。使用深度优先策略，当状态空间是无限的时候，搜索可能永不终止。更重要的是，随着进程表容量的增长，如果搜索空间比较大，搜索时就可能要求相当大的存储量，这样大的存储量在实际上很难实现。对于规模比较小的问题，不论深度优先或者广度优先的策略可能都是合适的，尽管深度优先一般倾向于更有效地使用存储。对于规模很大的问题，就要使用更加复杂的搜索技术，如**动态规划**（dynamic programming）和 A* 等技术（见第 6 章和第 13 章）。

2.2.7　确定自动机与非确定自动机的关系

容许 NFSA 具有诸如 ε-转移这样非确定性的特征似乎能够使 NFSA 比 DFSA 具有更强的能力。其实不然。对于任何的 NFSA，都存在着一个完全等价的 DFSA。事实上，有一种简单的算法可以把 NFSA 转换成等价的 DFSA，当然在这个等价的确定自动机中的状态数目会多得多。关于这种等价关系的证明,可参阅 Lewis and Papadimitriou(1988)或 Hopcroft and Ullman(1979)。不过,这种证明的基本直觉在这里还值得提一提,并且这是按照 NFSA 剖析其输入的办法来做的。前面说过,NFSA 和 DFSA 之间的区别在于,在 NFSA 中的一个状态 q_i,对于给定的输入 i,下一步可能会存在着若干个状态(如 q_a 和 q_b)。图 2.19 中的算法处理这个问题时,或者选择 q_a,或者选择 q_b,如果选择被证明是错误的,就进行回溯(backtracking)。前面我们还说过,在并行算法中,这两条道路(走向 q_a 和 q_b)是同时进行的。

把 NFSA 转换为 DFSA 的算法很像这种并行算法;我们建立一个有确定路径自动机,对于每一条路径,并行识别器都可以在搜索空间中跟踪。可以想象,同时跟踪两条路径,并且还要把到达同一个输入符号时所对应的各个不同的状态(如 q_a 和 q_b),合并成一个等价类。这时,我们对于这个新的等价类状态给一个新的状态标记(如标记为 q_{ab})。对于每一个可能的输入,对于每一组可能的状态,我们都继续进行这样的操作。这样做出的 DFSA,由于要区别在原来的 NFSA 中不同的状态集合,它的状态数目可能会很多。因为具有 N 个元素的集合的不同的子集合数是 2^N,所以,新的 DFSA 具有 2^N 个状态。

2.3　正则语言与 FSA

前面我们说过,由正则表达式所定义的语言类恰好也就是由有限自动机(不论是确定的还是非确定的)所刻画的语言类。由于这个原因,我们把这些语言都称为**正则语言**(regular languages)。为了给正则语言的类一个形式的定义,我们需要参照前面的两个概念:一个概念是字母表 Σ,它是语言中所有符号的集合;另一个概念是空符号串 ε,按规定,它不能包括在 Σ 中。此外,我们还要用到空集 $\varnothing$(它与 ε 是不同的)的概念。在 Σ 上的正则语言的类[或者**正则集**(regular sets)]可以形式地定义如下:[①]

> 1. $\varnothing$ 是正则语言。
> 2. $\forall a \in \Sigma \cup \varepsilon$,$\{a\}$ 是正则语言。
> 3. 如果 L_1 和 L_2 是正则语言,那么:
>   (a) $L_1 \cdot L_2 = \{xy \mid x \in L_1, y \in L_2\}$,即 L_1 和 L_2 的**毗连**(concatenation)也是正则语言;
>   (b) $L_1 \cup L_2$,即 L_1 和 L_2 的**并**(union)或**析取**(disjunction)也是正则语言;
>   (c) L_1^*,即 L_1 的 **Kleene 闭包**也是正则语言。

只有满足上述性质的语言的集合才是正则语言。由于正则语言是由正则表达式所刻画的语言的集合,所以,在本章介绍的所有正则表达式的算符(存储器除外)都可以用上面定义正则语言的三种运算来实现,这三种运算是毗连、析取/合取(又称为结合"|")和 Kleene 闭包。例如,所有的记数符(* , + ,{n, m})都是迭代 Kleene 闭包的特殊情况。所有的锚号都可以被想象成独立的特殊符号。方括号[ ]是一种析取。例如,[a b]意味着"a 或者 b",或意味着"a 和 b 的析取")。也就是说,任何正则表达式都能转换成一个(可能很大的)表达式,这个表达式只使用三种基本的运算。

正则语言对于下列的运算也是封闭的(Σ^* 表示由字母表 Σ 所构成的一切可能的符号串的无限集合):

---

① 根据 Van Santen and Sproat(1998), Kaplan and Kay(1994), Lewis and Papadimitriou (1988)。

交（intersection）：	如果 L_1 和 L_2 是正则语言，那么同时包含在 L_1 和 L_2 中的符号串的集合所构成的语言也是正则语言，即 $L_1 \cap L_2$ 也是正则语言。
差（difference）：	如果 L_1 和 L_2 是正则语言，那么包含在 L_1 而不包含在 L_2 中的符号串的集合所构成的语言也是正则语言，即 $L_1 - L_2$ 也是正则语言。
补（complementation）：	如果 L_1 是正则语言，那么不包含在 L_1 中的所有可能的符号串的集合所构成的语言也是正则语言，即 $\Sigma^* - L_1$ 也是正则语言。
逆（reversal）：	如果 L_1 是正则语言，那么由 L_1 中的所有符号串的逆的集合所构成的语言也是正则语言，即 L_1^R 也是正则语言。

关于正则表达式与自动机等价的证明可参阅 Hopcroft and Ullman（1979），证明包括两部分：第一部分证明对于每一个正则语言都可以建立一个自动机，第二部分又反过来证明对于每一个自动机都可以建立一个正则语言。

这里不给出这样的证明，但是我们要通过直觉来说明怎么来证明第一部分：如何从任何的正则表达式来建立自动机。我们的直觉解释是归纳性的：作为最基本的情况，我们对应于不带运算符号的正则表达式来建立相应的自动机。这种不带运算符的自动机共有三种情况：带有正则表达式 $\emptyset$、ε 的自动机或只带有一个单独符号 $a \in \Sigma$ 的正则表达式的自动机。图 2.22 就是表示这三种基本情况的自动机。

(a) $r = \varepsilon$ (b) $r = \emptyset$ (c) $r = a$

图 2.22　表示最基本情况（不带运算符）的自动机，通过归纳
说明，任何正则表达式都可以转化成等价的自动机

通过归纳步骤，我们将说明正则表达式的每一个这样的基本操作（毗连、闭包、并），都可以通过自动机来模拟。

- 毗连（concatenation）：我们使用 ε-转移，把 FSA$_1$ 的终极状态与 FSA$_2$ 的初始状态连接起来，如图 2.23 所示。

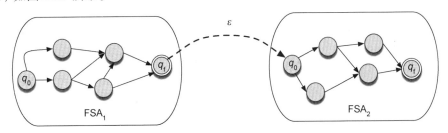

图 2.23　两个自动机的毗连

- 闭包（closure）：如图 2.24 所示，我们创建一个新的初始状态和一个新的终极状态，使用 ε-转移，把原来的 FSA 的所有的终极状态回过头去与它的初始状态连接起来（实现

Kleene* 的迭代部分),然后,再使用 ε-转移,建立新的初始状态和新的终极状态之间的直接联系(实现可能出现的零转移)。这里我们不讨论如何实现 Kleene*。

● **并**(union):如图 2.25 所示,我们增加一个新的初始状态 q_0',并且从这个状态,用新的 ε-转移把它和两个自动机中原来的初始状态连接起来。

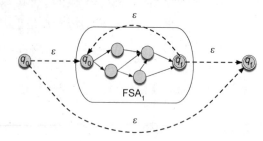

图 2.24　FSA 的闭包(Kleene*)

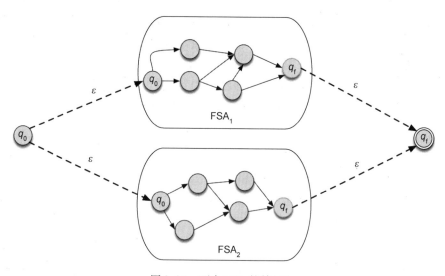

图 2.25　两个 FSA 的并(|)

2.4　小结

本章介绍了自然语言处理的最重要的基本概念,即 **有限自动机**(finite automaton)的概念;还介绍了一种基于自动机的实用工具,即 **正则表达式**(regular expression)。下面我们总结这些内容的要点:

● **正则表达式**语言是模式匹配的有力工具。
● 正则表达式的基本运算包括符号的 **毗连**、符号的 **析取**([ ], |以及.)、**记数符**(*, +以及 {n, m})、**锚号**(^, $)和前于运算符((,))。
● 任何正则表达式都可以实现为一个 **有限状态自动机**(FSA)。
● **存储器**(\1 连同 ( ))是一种高级运算,它经常作为正则表达式的一个部分,但是,它不能实现为有限自动机。
● 自动机把 **形式语言**隐含地定义为在任何的词汇(符号集)中自动机所 **接收**的符号串的集合。
● **确定的自动机**(DFSA)的行为完全由它的状态来决定。

- **非确定的自动机**（NFSA）对于从相同的当前状态如何走到下一个状态，有时必须在多条路径之间进行选择。
- 任何一个 **NFSA** 都可以转换为一个 **DFSA**。
- NFSA 在进程表中探索下一个状态的顺序决定了它的**搜索策略**（search strategy）。**深度优先**或**后进先出**（LIFO）策略相当于把进程表看成栈；**宽度优先**和**先进先出**（FIFO）策略相当于把进程表看成队列。
- 任何的正则表达式都可以自动地被编译为 **NFSA**，因而也就可以被编译为 **FSA**。

2.5　文献和历史说明

20 世纪 50 年代产生的有限自动机的理论来源于 Turing（1936）的算法计算模型，这种模型很多人都认为是现代计算机科学的基础。Turing 机器是具有一个有限控制器和一个输入/输出带子的抽象机器。在一次移动时，Turing 机器能够读带子上的一个符号，在带子上写不同的符号，改变状态，并且向左或向右移动。因此，Turing 机器不同于有限状态自动机之处在于它有改变带子上的符号的能力。

在 Turing 工作的鼓舞之下，McCulloch 和 Pitts 研制了类似于自动机的神经元（neuron）模型（von Neumann，1963，p319）。现在这个模型通常称为 **McCulloch-Pitts 神经元模型**（McCulloch-Pitts neuron）（McCulloch and Pitts，1943）。这个模型是关于神经元的一个简化模型，它把神经元看成可以用命题逻辑来描述的某种类型的"计算单元"（computing element）。这种神经元模型是二元的装置，在任何一个点上，不论该点是否被激发，都可以从另外的神经元得到激发性的或者抑制性的输入，而如果激发的程度超过一定的阈值（threshold），这个神经元就被激活。在 McCulloch-Pitts 的神经元模型的基础上，Kleene（1951，1956）定义了有限自动机和正则表达式，并且证明了两者的等价性。非确定的自动机是 Rabin and Scott（1959）提出的，他们证明了非确定的自动机和确定的自动机之间的等价关系。

Ken Thompson 是首先研制正则表达式编译器的学者之一，他把正则表达式编译器用于文本搜索（Thompson，1968）。他的文本搜索编辑器 ed 包含一个"g/regular expression/p"的命令，或者称为通用正则表达式打印命令，后来变成了 UNIX grep。

有不少关于自动机的数学理论的一般性入门读物，如 Hopcroft and Ullman（1979）和 Lewis and Papadimitriou（1988）。这两本入门读物包括本章所讲述的简单自动机的数学基础，第 3 章讲述的有限状态转录机，第 12 章讲述的上下文无关语法，第 16 章讲述的 Chomsky 层级分类等内容。Friedl（1997）对于正则表达式的高级用法做了详尽的介绍，是关于这方面研究的非常有用的指导性读物。

把问题求解比喻为搜索是人工智能（AI）的基础；关于搜索的更详尽的介绍可以在任何一本人工智能的教科书中找到，如 Russell and Norvig（2002）。

第3章 词与转录机

第2章介绍了正则表达式,举例说明了一个简单的搜索符号串怎样帮助搜索引擎同时找出 woodchuck 和 woodchucks。找出 woodchuck 的单数形式和复数形式是很容易的:复数只要把 s 加在词的尾部就可以了。但是,假如我们要查找其他的生活在森林中的动物,例如,fox(狐狸)、fish(鱼)、乖戾的 peccary(野猪,西猯)和加拿大的 wild goose(野鹅)就会出现问题。因为这些动物的复数形式并不是简单地在词尾加上一个 s。fox 的复数形式是 foxes,peccary 的复数形式是 peccaries,goose 的复数形式是 geese。更加令人迷惑的是,fish 的复数形式通常并不改变它在单数时的形式(Seuss, 1960)。

要正确地搜索这些词的单数和复数需要两种知识:**正词法规则**(orthographic rules)的知识和**形态规则**(morphological rules)的知识。正词法规则(spelling rules)告诉我们,英语中以 y 为结尾的词,其复数要把-y 改变为-i-,然后再加上-es。形态规则告诉我们,fish 的复数具有零形式,而goose 的复数要改变元音。

把 foxes 分析为 fox 和-es 两个语素的问题以及对于这样的语言事实建立相应的结构表示的问题称为**形态剖析**(morphological parsing)。

所谓"**剖析**"(parsing)就是取一个输入并且产生出关于这个输入的各类语言结构。本书中,我们是在广义上使用剖析这个术语的。剖析产生的结果可以是形态结构、句法结构、语义结构或话语结构;剖析产生的形式可以是符号串、树,或网络。除了复数变化之外,形态剖析和词干还原(stemming)还可以应用于处理词缀。例如,我们可以处理以-ing 结尾的英语动词(going, talking, congratulating),把它们剖析为动词词干再加上-ing 这个语素。因此,给出**表层形式**(surface)或者**输入形式**(input form)going,我们就可以产生出剖析形式 VERB-go + GERUND-ing。

在语音和语言的计算机处理中,形态剖析是非常重要的。对于俄语或德语等形态复杂的语言,形态剖析在网络搜索中具有关键性的作用。在俄语中,同一个单词 Moscow 在 Moscow, of Moscow, from Moscow 等不同的短语中,都有不同的词尾。在网络搜索中,尽管用户只输入单词的基本形式,我们也希望能够自动地搜索到该单词的不同的屈折变化形式。对于这些形态变化复杂的语言的词类自动标注,形态剖析也起着关键性的作用,我们将在第5章讨论这些问题。对于鲁棒的拼写检查系统,建造大型的词典是非常重要的。在机器翻译中,我们需要知道源语和译语中各种单词形式的对应关系,例如,我们需要知道怎样把法语动词 aller("去")的不同形式 va 和 aller 翻译成英语动词 go 的不同形式。

为了解决形态剖析的问题,为什么在词典中我们不能存储英语名词的所有的复数形式和动词的所有-ing 形式,而使用直接查找的办法来进行剖析呢? 有的时候,我们是可以这样做的,例

---

① 本章的这一段开场白讲的是英语的构词法的一些实例,如果翻译成中文,反而看不懂了,所以我们选择了提供原文。读者从英文原文不难理解这段开场白的含义。

——译者注

如在英语的语音识别中，我们就是这样做的。但是，对于很多自然语言处理系统来说，这样的做法几乎是不可能的。其主要的原因在于，-ing 是一个**能产性**（productive）的后缀；也就是说，它可以用于英语中所有的动词。类似地，-s 几乎可用于所有的英语名词。因此，列出每一个名词和动词的所有形式的想法会使效率降低。这种能产性的后缀还可以用于新词，所以新词 fax 会自动地使用-ing 形式从而形成 faxing 的形式。由于每天都会产生新词（特别是首字母缩写词和专有名词），英语名词的类也是与日俱增的，我们需要有能力把复数语素-s 加到每一个新词上。另外，这些新词的复数形式与它们的单数形式的拼写或发音有关系。例如，如果名词以-z 结尾，那么，它的复数形式就是加-es 而不是加-s。我们有必要对这些规则进行某种编码。

最后，在一些形态复杂的语言中，我们绝对不可能列举出每一个单词的全部形式。例如，土耳其语的单词形式如下：

（3.1）uygarlaştıramadıklarımızdanmışsınızcasına

ruygar ＋ laş ＋ tır ＋ ama ＋ dık ＋ lar ＋ ımız ＋ dan ＋ mış ＋ sınız ＋ casına

civilized ＋ BEC ＋ CAUS ＋ NABL ＋ PART ＋ PL ＋ P1PL ＋ ABL ＋ PAST ＋ 2PL ＋ AsIf

这个土耳其语单词的英语解释是："（behaving）as if you are among those whom we could not civilize/cause to become civilized"。它的中文意思是："举止不文明"。

这个单词中各个片段[**语素**（morphemes）]的含义分别如下：

＋ BEC	英语的"become"
＋ CAUS	动词的使役态标志（使做某事 X）
＋ NABL	英语的"not able"
＋ PART	表示过去分词形式
＋ P1PL	表示第一人称复数物主一致关系
＋ ABL	离格（from/among）标志
＋2PL	第二人称复数
＋ AsIf	从限定式动词形式变为副词的派生标志

当然，并不是土耳其语中的所有的单词都这么复杂，土耳其语的单词平均包含 3 个语素。但是，上面这样特别长的单词在土耳其语中还是存在的。Kemal Oflazer（通过私人通信）给我们提供了这个例子。他在这封信的附言中指出，如果不算派生后缀，那么，土耳其语中的动词有 40 000 个形式。如果把像使役态这样的派生后缀也加进来，那么，从理论上说，土耳其语中的词的数目将是无限的。这种说法是可信的，因为任何动词都可能像上面的例子中的词一样通过使役态"成为导因"，而多重的导因可能嵌入到一个单词中（You cause X to cause Y to … do W）。这种单词可能存在的事实意味着，要事先把土耳其语中的单词全部都存储起来是非常困难的，因此，我们必须动态地进行形态剖析。

下一节中，我们将概略地介绍英语和其他一些语言中的形态知识。对事实作一个总结，然后介绍形态剖析中的一种重要算法的主要部分——**有限状态转录机**（finite-state transducer）。有限状态转录机是语音和语言处理的一种关键技术，在后面几章中我们还会再讨论这个问题。

在描述了形态剖析的问题之后，在本章中，我们还要介绍一些有关的算法。在某些实际的应用中，我们并不需要对一个单词进行形态剖析，但是，我们需要把这个单词映射到它的词根和词干。例如，在信息检索（IR）和网络搜索中，我们需要把 foxes 映射到 fox，但不一定需要知道 foxes 是复数形式，这时，只要把 foxes 的词尾-es 削掉就可以了。在信息检索（IR）中，这种只削掉词尾的工作称为**词干还原**(stemming)，我们要介绍一种简单的词干还原算法，称为 Porter stemmer。

对于其他的语音和语言处理问题，我们需要知道两个表层形式不同的单词是否具有相同的词干。例如，单词 sang, sung 和 sing 是动词 sing 的不同的表层形式。单词 sing 有时称为这些不同单词的共同**词目**(lemma)，把所有这些不同的表层形式映射到词目 sing 的工作称为**词目还原**(lemmatization)①。

其次，我们还要介绍形态剖析的另外一个任务：**词例还原**(tokenization)或**单词切分**(word segmentation)。从文本中把单词分离出来(找出词例)的工作称为词例还原或单词切分。在英语中，单词与单词之间总是用空白相分离，不过，空白并不总是足够的，例如，New York 和 rock'n'roll 都是一个单词，可是其中包含空白，在很多实用的场合，我们有必要把 I'm 切分为 I 和 am。

最后，在一些实用的场合，我们需要知道两个单词在正词法上究竟相似到什么程度。形态剖析是计算相似度的一种方法；还有一种方法是使用**最小编辑距离**(minimum edit distance)来比较两个单词中的字母。我们将介绍这种重要的 NLP 算法，并说明在拼写检查中怎样应用这种算法。

3.1　英语形态学概观

形态学研究如何从比较小的意义单位(语素)构成词的方法。**语素**(morpheme)通常被定义为语言中负荷意义的最小单位。例如，fox 这个词只包含一个单独的语素(即语素 fox)，而 cats 这个词则包含两个语素：一个是语素 cat，一个是语素-s。

刚才的例子还说明，把语素分为**词干**(stem)和**词缀**(affix)两大类通常是很有帮助的。这种区分的细节会因语言的不同而不同，但是，在直观上我们会觉得，词干是词中的"主要"语素，它提供主要的意义，而词缀则提供各种类型的"附加"意义。

词缀还可以进一步分为**前缀**(prefix)、**后缀**(suffix)、**中缀**(infix)和**位缀**(circumfix)。前缀位于词干之前，后缀紧接在词干之后，位缀则同时处于词干的前面和后面，中缀则插入到词干之中。例如，单词 eats 由词干 eat 和后缀-s 组成。单词 unbuckle 由词干 buckle 和前缀 un-组成。英语中找不到位缀的恰当例子，但是很多其他的语言中有位缀。例如，在德语中，某些动词的过去分词通过在词干前面加 ge-并在词干后面加-t 构成；所以，动词 sagen(说)的过去分词是 gesagt(说过了)。中缀要插入到单词的中间，这样的中缀在菲律宾语的 Tagalog 语中是很普遍的。例如，在 Tagalog 语中，表示行为施事者的词缀 um 就是一个中缀，它插入到词干 hingi (借)中，形成 humingi。在英语的某些方言中也存在一个中缀，用于表示禁忌语。例如，"f＊＊king"或"bl＊＊dy"等，它们被插入到其他词的中间("Man-f＊＊king-hattan"，"abso-bl＊＊dy-lutely")(McCawley，1978)。②

一个单词可以具有一个以上的词缀。例如，单词 rewrites 具有前缀 re-、词干 write 和后缀-s。单词 unbelievably 具有一个词干(believe)再加上三个词缀(un-、-able 和-ly)。英语中的词缀一般不超过 4 个或 5 个。我们上面说过，土耳其语中存在带 9 个或 10 个词缀的单词。如土耳其语这样倾向于把词缀一个一个地连起来的语言称为**黏着语**(agglutinative language)。

从语素构成单词的方法有很多种，其中有四种方法是最普遍的，它们在语音和语言的计算机处理中起着重要的作用。这四种方法是：**屈折**(inflection)、**派生**(derivation)、**合成**(compounding)和**附着**(cliticization)。

---

① 在实际上，词目还原还要更加复杂，有时还要判定单词在当前场合下的含义。我们将在第 20 章中再讨论这个问题。

② 创作"My Fair Lady"(我的美丽女郎)的抒情诗人 Alan Jay Lerner 把这些粗话从抒情诗"Wouldn't It Be Lovely"中的 abso-bloomin'lutely 删除了(Lerner，1978，p.60)。

　　屈折（inflection）把词干和一个表示语法的语素结合起来，所形成的单词一般与原来的词干属于同一个词类，还会产生一些如"一致关系"类的句法功能。例如，英语的屈折语素-s 表示名词的**复数**（plural）；英语的屈折语素-ed 表示动词的过去时态。**派生**（derivation）也把词干和一个表示语法的语素结合起来，所形成的单词一般属于不同的词类，产生的新意义经常难于精确地预测。例如，动词 computerize 可以加上派生后缀-ation，形成名词 computerization。**合成**（compound）把多个词干结合在一起。例如，名词 doghouse 是把语素 dog 和语素 house 毗连在一起而形成的合成词。最后一种方法是**附着**。附着把一个单词与一个**附着成分**（clitic）结合起来。附着成分也是一个语素，它的句法作用像一个形式简化了的单词，按照音系学的规则，有时也按照正词法的规则，附着在其他的单词上。例如，英语的单词 I've 中的语素 've 就是一个附着成分，法语的单词 l'opera 中的定冠词 l' 也是一个附着成分。在下面的几节中，我们将更加详细地讨论这些问题。

3.1.1　屈折形态学

　　本节讨论**屈折形态学**（inflectional morphology）。英语具有相对简单的屈折系统；只有名词、动词和部分形容词有屈折变化，可能的屈折词缀的数目也很少。

　　英语的名词只有两个屈折变化：一个词缀表示**复数**（plural），一个词缀表示**领属**（possessive）。例如，英语的很多名词（但不是全部）或者以光杆的词干或**单数**（singular）形式出现，或者出现时还带有一个复数后缀。下面的例子分别表示规则的复数后缀-s（也拼写为-es）以及不规则的复数形式：

	规则名词		不规则名词	
单数	cat	thrush	mouse	ox
复数	cats	thrushes	mice	oxen

　　大多数名词是用规则复数，拼写时在名词后面加-s，在以-s（ibis/ibises）、-z（waltz/waltzes）、-sh（thrush/thrushes）、-ch（finch/finches），以及（有时）-x（box/boxes）为结尾的名词后面，都加-es，如前面括号中的例子所示。以-y 为结尾的名词，当-y 前面是一个辅音时，把-y 改为-i（butterfly/butterflies）。

　　对于领属后缀，规则单数名词（llama's）和不以-s 结尾的复数名词（children's）是通过加"省略符（'）+ -s"来实现的；在规则复数名词后面（llamas'）以及某些以-s 或-z 结尾的人名后面（Euripides' comedies），通常只是加一个单独的省略符。

　　英语动词的屈折变化比名词的屈折变化复杂得多。首先，英语有三类动词：**主要动词**（main verbs，如 eat，sleep，impeach），**情态动词**（modal verbs，如 can，will，should）和**基础动词**（primary verbs，如 be，have，do），我们这里使用 Quirk et al.，(1985)的术语。本章将集中讨论主要动词和基础动词，因为它们具有屈折词尾。这些动词的大部分是**规则的**（regular），也就是说，这些规则动词具有同样的词尾，表示同样的功能。这些规则动词（例如，walk，inspect)有如下 4 种形态形式：

形态类别	规则的屈折动词			
词干	walk	merge	try	map
-s 形式	walks	merges	tries	maps
-ing 分词	walking	merging	trying	mapping
过去形式或-ed 分词	walked	merged	tried	mapped

　　这些动词称为规则动词，因为只要知道了词干，我们就能够预见到它的其他形式，分别加上三个可预见的词尾，然后再进行某些有规律的拼写变化(关于有规律的语音变化，请参看第 7 章)，就可以预见到它的所有形式。这些规则动词和形式在英语形态学中是有意义的，首先是因为它们涵盖了英语动词的大多数，其次是因为这样的规则类别是**能产的**(productive)。前面我们说过，这一类能产的词能够自动地包容任何进入语言中的新词。例如，最近新创的动词 fax (My mom faxed me the note from cousin Everett)，可以加上规则的词尾-ed, -ing, -es。(注意，-s 形式被拼写为 faxes，而不拼写成 faxs；我们将在下面讨论拼写规则)。

　　不规则动词(irregular verbs)是那些在屈折变化时具有或多或少的惯用句法形式的动词。英语中的不规则动词一般具有 5 个不同的形式，最多具有 8 个不同的形式(例如，动词 be)，最少具有 3 个不同的形式(例如，cut 或 hit)。在把它们分成很多小类的时候，Quirk et al. (1985)估计，如果不考虑情态动词，英语中只有 250 个不规则动词。Quirk 的分类包括了语言中的一些高频率动词①。

　　下面的表列出了某些不规则形式。注意，有一个不规则动词在其过去时形式中(又称为 **preterite**)，改变了它的元音(eat/ate)，或者改变它的元音和某些辅音(catch/caught)，或者根本就没有词尾(cut/cut)。

形态类别	规则的屈折动词		
词干	eat	catch	cut
-s 形式	eats	catches	cuts
-ing 分词	eating	catching	cutting
过去形式	ate	caught	cut
-ed 分词	eaten	caught	cut

　　这些形式在句子中的使用方法我们将在关于句法和语义的章节中讨论，这里我们只做简要的说明。-s 这个形式用于"通常现在时"形式，以便把第三人称单数的词尾(She jogs every Tuesday)和其他的人称和数的形式区别开来(I/you/we/they jog every Tuesday)。词干形式用于不定式中和某些动词之后(I'd rather walk home, I want to walk home)。分词形式-ing 在**进行时**(progressive)结构中使用，表示当前正在进行的行为(It is raining)，当动词作为名词使用的时候，就把这种名词化用法的动词称为**动名词**(gerund)：Fishing is fine if you live near water。分词形式-ed/-en用于**完成时**(perfect)结构中(He's eaten lunch already)，或者用于被动结构中(The verdict was overturned yesterday)。

　　此外还要注意什么样的后缀要连接到什么样的词干上去，我们要认识到这样的事实：一些有规律的拼写变化总是发生在语素的边界上。例如，在动词加后缀-ing 和-ed 时，前面的单独辅音字母要重叠(beg/begging/begged)。如果动词的最后一个字母是 c，则其重叠形式拼写为-ck (picnic/picnicking/picnicked)。如果动词基本形式的词尾-e 不发音，则在其后面加-ing 和-ed 时要删除这个-e。正如在名词中那样，词尾-s 加在以-s(toss/tosses)，-z(waltz/waltzes)，-sh(wash/washes)，-ch(catch/catches)，-x(不常见，tax/taxes)结尾的动词词干后面时，-s 要拼写为-es。如名词那样，以-y 结尾的动词，如果它前面是一个辅音时，要把-y 变为-i(try/tries)。

　　英语的动词系统比欧洲西班牙语的动词系统简单得多，西班牙语的每一个规则动词都有 50 种不同的动词形式。图 3.1 中给出了动词 amar(爱)的几个例子。其他语言还存在着比西班牙语例子中的形式更多的形式。

---

① 一般来说，频率越高的词，越容易具有惯用的性质；这是由关于语言变化的事实决定的；频率非常高的词总是喜欢保持着它们惯常的形式，尽管它们周围的其他词正在变得越来越规范。

	现在时陈述式	未完成过去时陈述式	将来时	过去时	现在时虚拟式	条件式	未完成过去时虚拟式	将来时虚拟式
1SG	amo	amaba	amaré	amé	ame	amaría	amara	amare
2SG	amas	amabas	amarás	amaste	ames	amarías	amaras	amares
3SG	ama	amaba	amará	amó	ame	amaría	amara	amáreme
1PL	amamos	amábamos	amaremos	amamos	amemos	amaríamos	amáramos	amáremos
2PL	amáis	amabais	amaréis	amasteis	améis	amaríais	amarais	amareis
3PL	aman	amaban	amarán	amaron	amen	amarían	amaran	amaren

图 3.1　西班牙语中的动词 amar(爱)。这里给出了欧洲西班牙语中动词 amar 的一些屈折形式。1SG 表示"第一人称单数",3PL 表示"第三人称复数",等等

3.1.2　派生形态学

本节讨论**派生形态学**(derivational morphology),英语的屈折比其他语言相对地简单,可是,英语的派生却是相当复杂的。前面我们说过,派生把词干和一个语法语素结合起来,所形成的单词一般属于不同的词类,产生的新意义经常难于精确地预测。

英语中最普通的派生就是新的名词的形成,它们常常是从动词或形容词变化来的。这个过程称为**名词化**(nominalization)。例如,后缀-ation 可以从以后缀-ize 结尾的动词构成名词(computerize→computerization)。下面是英语中几个能产性的名词化后缀的例子:

后　　缀	原来的动词/形容词	派生出的名词
-ation	computerize（V）	computerization
-ee	appoint（V）	appointee
-er	kill（V）	killer
-ness	fuzzy（A）	fuzziness

形容词也可以从名词和动词派生。下面是从名词和动词派生形容词的几个后缀的例子:

后　　缀	原来的名词/动词	派生出的形容词
-al	computation（N）	computational
-able	embrace（V）	embraceable
-less	clue（N）	clueless

英语的派生比屈折复杂,有若干个原因。首要的原因在于派生的能产性一般比较低,甚至如-ation 的名词化后缀,尽管它可以加在几乎是全部的以-ize 结尾的动词后面形成名词,但也不是绝对地对于所有动词都行得通。因此,我们不能说 ＊eatation 或 ＊spellation(我们使用星号"＊"来表示英语中不成立的例子)。另外的原因在于名词化后缀之间,往往有细微的复杂的意义差别。例如,sincerity 的意义与 sincereness 的意义之间,就有细微的差别。

3.1.3　附着

本节讨论**附着**(cliticization)。附着成分是处于词缀和单词之间的语言单位。附着成分的音系学功能相当于词缀,它们一般比较短,没有重读(我们将在第 8 章中进一步讨论)。附着成分的句法功能更像一个单词,它们的作用经常相当于代词、冠词、连接词或动词。位于单词前面的附着成分称为**前附着成分**(proclitics),跟在单词后面的附着成分称为**后附着成分**(enclitics)。

英语中的附着成分主要是如下的助动词形式:

完全形式	附着成分	完全形式	附着成分
am	'm	have	've
are	're	has	's
is	's	had	'd
will	'll	would	'd

　　注意,英语中的附着成分可以有歧义,she's 可能表示 she is,也可能表示 she has。不过,除了这为数不多的例外,英语中的附着成分可以仅仅根据是否出现撇号(apostrophe)就可以得到正确的切分。在其他一些语言中,附着成分的剖析就比较困难。例如,在阿拉伯语和希伯来语中,定冠词(阿拉伯语为 Al,希伯来语为 ha)附着在名词的前面,为了进行词类标注、剖析或其他的自然语言处理工作,必须切分这些定冠词。阿拉伯语的其他前附着成分还有介词 b(相当于英语的 by/with)和连接词 w(相当于英语的 and)。阿拉伯语还有表示代词的后附着成分。例如,单词 wbHsnAthm(相当于英语的 and by their virtues)中包含意思为 and,by,their 的三个附着成分,一个意思为 virtue 的词干以及一个表示复数的词缀。注意,由于阿拉伯语是从右向左读的,因此,这些成分在一个单词中的顺序也是从右向左的。

	前附着成分	前附着成分	词　干	词　缀	后附着成分
阿拉伯语	w	b	Hsn	At	hm
注释词	and	by	virtue	s	their

3.1.4　非毗连形态学

　　本节讨论**非毗连形态学**(non-concatenative morphology)。我们前面讨论的形态学,单词是由彼此毗连的语素构成的符号串,这样的形态学通常称为**毗连形态学**(concatenative morphology)。有些语言的形态学则是**非毗连形态学**(non-concatenative morphology),其中语素的组合方式极为复杂。上述 Tagalog 语的中缀就是非毗连形态学的一个实例,因为在单词 humingi 中,hingi 和 um 这两个语素是混在一起的。

　　另外一种非毗连形态学称为**模板形态学**(template morphology)或者**词根与模式形态学**(root-and-pattern morphology)。它们在阿拉伯语、希伯来语和其他的闪美特语系(Semitic languages)的语言中是普遍存在的。例如,在希伯来语中,动词(以及其他一些词类)通常由词根(root)和模板(template)两个部分构成:词根通常由三个辅音(CCC)组成,负荷基本意义,模板给出辅音和元音的顺序,并增加更多的语义信息,例如,关于语义态(主动态、被动态、中动态)的信息,最后形成整个的动词。例如,希伯来语中三辅音词根 lmd 的意思是"学习"或"教学",它可以和主动态模板 CaCaC 结合起来,形成单词 lamad(他学习),或者与强化模板 CiCeC 结合起来,形成单词 limed(他教过学),或者与强化被动态模板 CuCaC 结合起来,形成单词 lumad(他被教过)。在阿拉伯语和希伯来语中,这种模板形态学和毗连形态学是结合在一起的,情况与我们在前一节中所讨论过的附着成分很相似。

3.1.5　一致关系

　　本节讨论**一致关系**(agreement)。我们前面介绍过表示复数的语素,并且说明,在英语中,复数在名词和动词中都是有标记的。我们说英语中做主语的名词与主要动词在数的方面必须保持**一致**(agree),意味着它们两者必须同时为单数,或者同时为复数,还有其他的一致关系。例如,在很多语言中,名词、形容词都有**性**(gender)的标记,有时动词也有性的标记。性是语言用来给名词划分范畴的一个等价类，每一个名词都要划分到一个等价类中。很多语言（如法语、西班牙语、意大利语这样的罗曼语言）有两种性：阳性和阴性。还有一些语言（如大多数的日耳曼语言和斯拉夫语言）有三种性：阳性、阴性和中性。有的语言，如非洲的班图语，甚至有 20 种不同的性。当性的类别数目太多的时候，我们通常就把它们称为**名词类别**（noun classes），而不称为性。

有时，名词的性的标志是非常清晰的。例如，在西班牙语中，阳性一般标为-o，阴性一般标为-a。在很多场合下，名词的性并不由名词本身的字母或读音来标志。这时，单词的性就要作为单词的一个特性存储在词典中了，如图3.2所示。

英　　语		西班牙语		
输　　入	形态剖析	输　　入	形态剖析	注　释　词
cats	cat ＋N ＋PL	pavos	pavo ＋N ＋Masc ＋Pl	ducks
cat	cat ＋N ＋SG	pavo	pavo ＋N ＋Masc ＋Sg	duck
cities	city ＋N ＋Pl	bebo	beber ＋V ＋PInd ＋1P ＋Sg	I drink
geese	goose ＋N ＋Pl	canto	cantar ＋V ＋PInd ＋1P ＋Sg	I sing
goose	goose ＋N ＋Sg	canto	canto ＋N ＋Masc ＋Sg	song
goose	goose ＋V	puse	poner ＋V ＋Perf ＋1P ＋Sg	I was able
gooses	goose ＋V ＋3P ＋Sg	vino	venir ＋V ＋Perf ＋3P ＋Sg	he/she came
merging	merge ＋V ＋PresPart	vino	vino ＋N ＋Masc ＋Sg	wine
caught	catch ＋V ＋PastPart	lugar	lugar ＋N ＋Masc ＋Sg	place
caught	catch ＋V ＋Past			

图 3.2　英语和西班牙语的某些单词形态剖析的输出。西班牙语的

输出来自 Xerox 的有限状态语言工具 XRCE，并进行过修改

3.2　有限状态形态剖析

现在我们讨论形态剖析问题。我们的目的是从图 3.2 的第一列和第三列中取一个形式作为输入，通过形态剖析得到第二列和第四列中相应的形式作为输出。

第二列中包含词干和有关的**形态特征**（feature）。这些特征说明了附加在词干上的有关信息。例如，＋N 这个特征表示该词是名词，＋Sg 表示单数，＋Pl 表示复数。我们将在第 5 章和第 15 章中更详细地讨论形态特征，现在我们只把 ＋Sg 理解为一个基本单位，知道其意思是"单数"就行了。西班牙语中有的特征是英语中没有的，例如，名词 lugar（地方）和 pavo（鸭子）都有 ＋Masc（阳性）这个特征。因为西班牙语中的名词要与形容词在性上保持一致，了解名词的性对于标注和句法剖析都是很重要的。

注意，上面的某些输入形式（例如，caught, goose, canto 或 vino）在不同的形态剖析中是有歧义的。现在我们讨论形态剖析时只考虑如何列出所有可能的剖析结果。在第 5 章中我们再讨论形态剖析中的歧义问题。

为了建立一个形态剖析器，我们至少需要如下的东西：

1. **词表**（lexicon）：词干和词缀表以及它们的基本信息（例如，一个词干是名词词干还是动词词干等）。

2. **形态顺序规则**（morphotactics）：关于形态顺序的模型，它要解释，在一个词内，什么样的语素跟在什么样的语素的后面。例如，英语表示复数的语素跟在名词后面而不是在名词的前面。

3. **正词法规则**(orthographic rules):正词法规则也就是**拼写规则**(spelling rules),它要说明,当两个语素结合的时候,在拼写上要发生什么样的变化(例如,前面讨论过的拼写规则 y →ie 就是关于 city + -s 要变为 cities,而不是变为 citys 的规则)。

在 3.3 节将讨论,在形态识别这样的子问题中,简单词表的表示方法如何利用 FSA 给形态知识建模。然后我们将介绍有限状态转录机(Finite-State Transducer, FST),用它作为给词表的形态特征建模和进行形态剖析的一种工具。最后介绍如何使用 FST 来给正词法规则建模。

3.3　有限状态词表的建造

词表是存储词的宝库(repository)。最简单的词表应该给所描述语言中的所有词列出一个清单,这个清单中还要包含缩写词("AAA")和专有名词("Jane""Beijing")。下面是这种词表的一个片段:

a, AAA, AA, Aachen, aardvark, aardwolf, aba, abaca, aback, …

然而,由于我们在前面讨论过的种种原因,要建立这样的词表,把语言中所有的词都一一列举出来,这通常是不方便的,或者是不可能的。计算机词表通常是这样来构造的:它要列出语言中的每一个词干和词缀,并且表示出形态顺序规则,告诉我们怎样把这些词干和词缀组合在一起。给形态顺序规则建模的方法有多种,最常见的方法是有限状态自动机。图 3.3 就是一个模拟英语名词屈折变化的最简单的有限状态模型。

图 3.3 中的 FSA 假定词表中包含规则名词,记为 reg-noun,它们都采用规则的-s 为复数词尾(例如,cat, dog, fox, aardvark),现在我们暂时忽略如 fox 这样的词在复数词尾前要插入 e 的语言事实,这样一来,名词的规则复数就占了绝大多数。这个词表中也包括不采用-s 的非规则名词形式,又

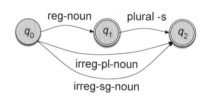

图 3.3　模拟英语名词屈折变化的有限状态自动机

可分两种情况:一种是**非规则单数名词** irreg-sg-noun(goose, mouse),一种是**非规则复数名词** ir-reg-pl-noun(geese, mice),如下表所示。

reg-noun	irreg-pl-noun	irreg-sg-noun	plural
fox	geese	goose	-s
cat	sheep	sheep	
aardvark	mice	mouse	

英语动词屈折变化的简单模型如图 3.4 所示。

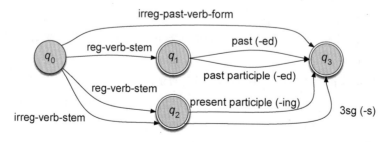

图 3.4　模拟英语动词屈折变化的有限状态自动机

这个词表包括 3 个词干类（reg-verb-stem，irreg-verb-stem 和 irreg-past-verb-form），再加上 4 个以上的词缀类（-ed past，-ed participle，-ing participle 和 third singular -s）。

reg-verb-stem	irreg-verb-stem	irreg-past-verb	past	past-part	pres-part	3sg
walk	cut	caught	-ed	-ed	-ing	-s
fry	speak	ate				
talk	sing	eaten				
impeach		sang				

英语的派生形态学要比英语的屈折形态学复杂得多，所以，模拟英语派生的自动机也相当复杂。事实上，某些英语的派生模型是建立在第 12 章中要讲述的更加复杂的上下文无关语法的基础之上的（Sproat，1993）。

作为形态分析一个初步的例子，我们在这里介绍英语形态顺序规则的一个简单的分析实例，该实例取自 Antworth（1990）。Antworth 提出了如下的英语形容词数据：

big，bigger，biggest，   cool，cooler，coolest，coolly

happy，happier，happiest，happily   red，redder，reddest

unhappy，unhappier，unhappiest，unhappily   real，unreal，really

clear，clearer，clearest，clearly，unclear，unclearly

首先我们假定，这些英语形容词可以具有一个随选的前缀（un-）、一个必选的词干（big，cool 等）和一个随选的后缀（-er，-est 或-ly），如图 3.5 所示。

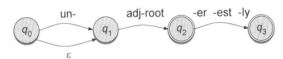

图 3.5 用于分析英语形容词某个片段的 FSA，Antworth 方案#1

可惜的是，这个 FSA 在识别上面表中的所有形容词的同时，它也可以识别某些不合语法的形式，例如，unbig，unfast oranger 和 smally。因此，我们有必要给词干再进行分类，把它分为 **adj-root₁** 和 **adj-root₂**，说明什么样的词干可以与什么样的后缀一起出现。adj-root₁ 包括能够与-un 和-ly 共现的形容词（clear，happy 和 real），adj-root₂ 包括不能与-un 和-ly 共现的形容词（big，small）。

这些例子使我们看到了英语派生的复杂性。作为进一步的例子，我们在图 3.6 中给出了描述英语名词和动词派生形态学的另一个 FSA 的片段，FSA 的根据是 Sprout（1993），Bauer（1983）和 Porter（1980）的资料。这个 FSA 模拟了一些派生事实，诸如众所周知的以-ize 结尾的动词的后面可以接名词后缀-ation（Bauer，1983；Sproat，1993）。例如，对于单词 fossilize，在图中顺次通过状态 q_0，q_1 和 q_2，我们可以预测单词 fossilization。类似地，在状态 q_5，以-al 或-able 结尾的形容词（equal，formal，realizable）可以取后缀-ity，有时可以取后缀-ness（naturalness，casualness）之后，进入状态 q_6。对于上述条件限制，读者会发现一些例外，读者也可以对于上面的名词和动词，再提出一些其他类别的例子，这些我们都作为练习留给读者自己去做。

现在我们使用 FSA 来解决**形态识别**（morphological recognition）的问题。所谓"形态识别"，就是判断由字母构成的输入符号串是不是合法的。我们使用形态 FSA 来进行形态识别，在 FSA 中，对于每个单词，再插入一个"子词表"（sub-lexicon）。也就是说，我们在扩充每一个弧（例如，reg-noun-stem 这个弧）的时候，把 reg-noun-stem 这个弧看成是由它的字母组成的集合。这样做的结果，FSA 就可以在单独字母的平面上来定义了。

图 3.7 是一个识别名词的 FSA。这个 FSA 是图 3.3 中用于处理名词屈折的 FSA 的扩充,它可以处理规则名词和非规则名词的一些实例。我们可以使用图 3.7 来识别 aardvarks 这个符号串,如第 2 章我们所看到那样,从初始状态开始,把输入的单词的每个字母一个一个地与输出的弧上的字母相比较,就可以进行识别。

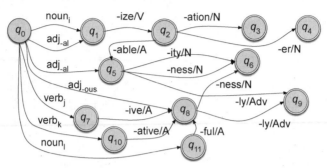

图 3.6　用于英语派生形态学的另一个片段的 FSA

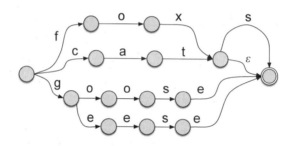

图 3.7　为少量的带屈折变化的英语名词编制的 FSA。注意,这个自动机会错误地
接受 foxs 这个输入。我们在下面将会看到怎样处理 foxes 中插入的-e 的问题

3.4　有限状态转录机

我们已经知道,怎样用 FSA 来表示词表以及怎样进行形态识别。在本节中,我们来讨论有限状态转录机,在下一节,讨论怎样使用这样的转录机来进行形态剖析的问题。

用来进行两个层之间的映射的自动机称为**有限状态转录机**(Finite-State Transducer , FST)。FST 是可以进行两个符号集合之间的映射的一种有限自动机。因此,我们通常把 FST 看成是具有两个带子的自动机,它可以识别或者生成符号串的偶对。从直观上来说,我们可以通过把有限自动机的每一个边标上两个符号:一个符号标在一个带子上,另一个符号标在另一个带子上。图 3.8 是 FST 的一个实例,其中的每一个边都标有输入符号串和输出符号串,符号串之间用冒号隔开。

FST 比 FSA 具有更加广泛的功能:FSA 通过确定符号串的一个集合来定义一种形式语言,而 FST 则要确定符号串的两个集合之间的关系。可以把 FST 看成是读一个符号串并生成另外一个符号串的机器。总体来说,我们可以从 4 个途径来看待转录机:

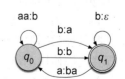

图 3.8　有限状态转录机

- 作为**识别器**(recognizer)的 FST:转录机取符号串的偶对作为它的输入和输出,如果该符号串偶对也在语言的符号串偶对中,则接收;否则拒绝。

- 作为**生成器**（generator）的 FST：转录机输出语言的符号串偶对，因此，这时输出的是 yes 或者 no，并且输出符号串的偶对。
- 作为**翻译器**（translator）的 FST：转录机读一个符号串，并且输出另外一个符号串。
- 作为**关联器**（relater）的 FST：转录机计算两个集合之间的关系。

在语音和语言的计算机处理中，这四种类型的转录机都可以得到应用。在形态剖析中（以及在 NLP 的其他许多应用中），我们把 FST 比作一种翻译机来应用：取字母的符号串作为翻译机的输入，取语素的符号串作为翻译机的输出。

现在让我们来给有限状态转录机下一个形式化的定义。一个 FST 可以用如下的 7 个参数来定义：

> Q：状态 $q_0, q_1, \cdots, q_N$ 的有限集合 N。
>
> Σ：对应于输入字母表中的符号的有限集合。
>
> Δ：对应于输出字母表中的符号的有限集合。
>
> $q_0 \in Q$：初始符号。
>
> $F \subseteq Q$：终极状态的集合。
>
> $\delta(q, w)$：转换函数或状态之间的转换矩阵。给定一个状态 $q \in Q$ 和符号串 $w \in \Sigma^*$，$\delta(q, w)$ 返回一个新的状态 $Q' \in Q$。δ 是从 $Q \times \Sigma^*$ 到 2^Q 的一个函数（因为 Q 的子集有 2^Q 种可能性），δ 返回状态的一个集合，而不是返回一个单独的状态，因为对应于一个给定的输入，可能会映射到若干个状态从而产生歧义。
>
> $\sigma(q, w)$：输出函数。对应于每一个状态和输入，给出可能的输出符号串的集合。给定一个状态 $q \in Q$ 和符号串 $w \in \Sigma^*$，$\sigma(q, w)$ 给出输出符号串的一个集合，每一个符号串 $\sigma \in \Delta^*$，σ 是从 $Q \times \Sigma^*$ 到 2^Δ 的一个函数。

FSA 与正则语言同构（isomorphic），FST 与**正则关系**（regular relation）同构。正则关系是符号串偶对的集合，它是作为符号串集合的正则语言的自然扩充。正如 FSA 和正则语言那样，FST 和正则关系对于并运算是封闭的，尽管一般来说，它们对于差运算、补运算和**交运算**（intersection）不封闭（虽然 FST 的某些有用的子集合对于这些运算是封闭的；没有用 ε 提升的 FST 一般更倾向于具有这些闭包性质）。除了并运算之外，FST 还具有下面两个附加的闭包特性，它们是非常有用的：

- **逆反**（inversion）：转录机的逆反 $T(T^{-1})$ 可以简单地在输入标记和输出标记之间切换。因此，如果 T 从输入字母表 I 映射到输出字母表 O，那么，T^{-1} 从 O 映射到 I。
- **组合**（composition）：如果 T_1 是从 I_1 映射到 O_1 的转录机，T_2 是从 I_2 映射到 O_2 的转录机，那么，组合 $T_1 \circ T_2$ 可以从 I_1 映射到 O_2 而得到。

逆反是很有用的，因为逆反可以容易地把一个用作剖析的 FST 转化为一个用作生成的 FST。

组合是很有用的，因为组合可以容许我们把两个转录机用一个更加复杂的转录机来替换。组合的工作方式就像代数一样，把组合 $T_1 \circ T_2$ 应用于输入序列 S 等同于首先把 T_1 应用于输入序列 S，得到一个结果，然后再把 T_2 应用到所得到的结果；因此，我们有 $T_1 \circ T_2(S) = T_2(T_1(S))$。例如，图 3.9 说明，[a : b]+ 与 [b : c]+ 组合之后产生出 [a : c]+。

FST 的**投影**（projection）是只在其中抽出关系的一侧而产生出来的 FSA。我们把关系的左侧或上侧的投影称为**上投影**(upper projection)或**第一投影**(first projection);把关系的右侧或下侧的投影称为**下投影**(lower projection)或**第二投影**(second projection)。

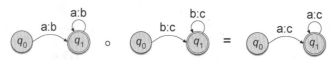

图 3.9 [a:b]+与[b:c]+组合之后产生出[a:c]+

3.4.1 定序转录机和确定性

我们所描述的转录机可能是非确定性的,对于一个给定的输入,可能会转换出很多的输出符号。这样一来,普通的 FST 要求使用第 2 章中讨论过的那些搜索算法,在通常情况下 FST 将会运行得非常慢。如果有一种算法能够把非确定的 FST 转化为确定的 FST,那就非常好了。我们知道,每一个非确定的 FSA 都等价于一个确定的 FSA,然而,并非所有的有限状态转录机都是确定性的。

定序转录机(sequential transducer)是转录机的一个次类,它的输入是确定的。在定序转录机的任何状态,输入字母表 Σ 中每一个给定的符号最多只能标记由这个状态所引出的一个转换。图 3.10 是 Mohri(1997)给出的定序转录机的一个实例。这个转录机与图 3.8 中的转录机不同,在这个定序转录机中,对于给定的状态和给定的输入符号,每一个状态的转换都是确定的。定序转录机的输出符号串可以为 ε 符号,但是它的输入符号不能为 ε 符号。

定序转录机的输出不一定也是定序的。例如,图 3.10 中的 Mohri 转录机的输出就不是定序的,因为由状态 0 得到的两个不同的转换具有相同的输出(b)。由于定序转录机的逆反(inversion)可能不是定序的,我们在讨论定序问题的时候,总是需要说明转录机的方向是什么。从形式上说,在定序转录机的定义中,要做一点稍微的改变,δ 要改变为从 $Q \times \Sigma^*$ 到 Q(而不是 2^Q)的函数,σ 要改变为从 $Q \times \Sigma^*$ 到 Δ(而不是到 2^{Δ^*})的函数。

后继转录机(subsequential transducer)是定序转录机的泛化。后继转录机在最后状态生成一个附加的输出符号串,并把这个符号串与迄今所得到的输出相互毗连(Schützenberger, 1977)。定序转录机和后继转录机之所以重要,是由于它们的效率高。它们的输入是确定的,它们处理的时间与输入中的符号数成比例(在输入长度方面,它们是线性的),但是,并不与状态数的函数这样很大的数成比例。后继转录机的另一个优点在于它们的确定性计算(Mohri, 1997)和最小化计算(Mohri, 2000)都存在有效的算法,这种算法是我们在第 2 章所讲的有限状态自动机的确定性计算和最小化计算的扩充。

定序转录机和后继转录机都是确定性的,但是它们都处理不了歧义,因为它们把每一个输入符号串都准确地转录为一个可能的输出符号串。由于歧义是自然语言的一个很关键的特性,如果把后继转录机的性能加以扩充,使得它仍然保持后继转录机的效率和其他有用的特性,又能够处理歧义,那将是非常好的。后继转录机的一种泛化形式是 **p-后继转录机**(p-subsequential transducer)。p-后继转录机容许把 $p(p \geqslant 1)$ 个最后的输出符号串相联到每一个最后状态上去(Mohri, 1996)。这样,p- 后继转录机就能够处理有限数目的歧义,这对于自然语言处理的很多工作是非常有用的。图 3.11 是 2-后继的有限状态转录机的一个实例。

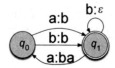

图 3.10 顺序有限状态转录机,来自 Mohri(1997)

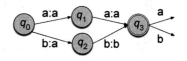

图 3.11 2-后继的有限状态转录机,来自 Mohri(1997)

Mohri(1996,1997)指出,很多工作都可以使用这样的办法来限制歧义,例如,词典表达方式的描述、形态规则和音系学规则的编制、局部句法约束等。他说明,这样的每一个问题都是**可 p-后继**(p-subsequentializable)的,因而它们也都是可以进行确定性计算和最小化计算的。这一类的转录机包括很多形态规则,尽管并不全都是形态规则。

3.5 用于形态剖析的 FST

现在我们回过头来讨论形态分析。例如,给出英语输入 cats,经过形态剖析后,我们可以得到输出 cat + N + Pl,使我们知道,cat 是一个复数名词。给出西班牙语输入 bebo(我喝),经过形态剖析后,我们可以得到输出 beber + V + PInd + 1P + Sg,使我们知道,bebo 是西班牙语动词 beber(喝)的现在时直陈式第一人称单数形式。

我们使用**有限状态形态学**(finite-state morphology)的范式(paradigm),把一个单词表示为**词汇层**(lexical level)和**表层**(surface level)之间的对应,词汇层表示组成该词的语素之间的毗连关系,表层表示该词实际拼写的字母之间的毗连关系。图 3.12 说明了单词 cats 的词汇层和表层。

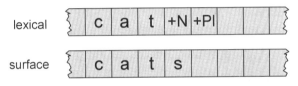

图 3.12 词汇层带子和表层带子示例;实际的转录机还包括一些中间带子

对于有限状态形态学来说,把 FST 看成有两个带子比较方便。**上层带子**(upper tape)或**词汇带子**(lexical tape)由一个字母表 Σ 中的字符组成,**下层带子**(lower tape)或**表层带子**(surface tape)由其他字母表 Δ 中的字符组成。在 Koskenniemi(1983)提出的**双层形态学**(two-level morphology)中,每一个弧只容许有一个单独的符号,这个符号来自两个不同的字母表。因此,我们可以把两个符号字母表 Σ 和 Δ 结合起来,建造一个新的字母表 Σ′,这样将使得它对于 FSA 的关系变得非常清楚。Σ′是复杂符号的有限字母表。每一个复杂符号由输入-输出符号的偶对 $i:o$ 组成,符号 i 来自输入字母表 Σ,符号 o 来自输出字母表 Δ,因此,我们有 Σ′⊆Σ × Δ,Σ 和 Δ 都可以包含空符号 ε。这样一来,FSA 接受的语言就可以使用单独符号的有限字母表来陈述了。例如,羊的语言的字母表为:

$$\Sigma = \{b, a, !\} \tag{3.2}$$

FST 接受的语言用字母偶对可定义为:

$$\Sigma' = \{a:a, b:b, !:!, a:!, a:\varepsilon, \varepsilon:!\} \tag{3.3}$$

在双层形态学中,Σ′中的符号偶对又称为**可行偶对**(feasible pairs)。这样一来,在转录机字母表 Σ′中的可行偶对符号 $a:b$ 就说明了一个带子上的符号 a 怎样映射到另外一个带子上的符号 b。例如,$a:\varepsilon$ 表示,上层带子中 a 对应于下层带子中的"无"(nothing)。正如对于 FSA 那样,我们可以写出复杂字母表 Σ′上的正则表达式。由于符号映射于自身是很常见的,在双层形态学中,我们把如 $a:a$ 这样的偶对称为**默认偶对**(default pairs),并且只用一个单独的字母 a 来引用它。

现在我们从前面讲过的表示形态顺序规则的 FSA 出发,在词表增添一个附加的"词汇"带子以及一些适当的形态特征来构造一个 FST 的形态剖析器。图 3.13 是在图 3.3 中的有限状态转录机的每一个语素上相应地加上名词的形态特征(+ Sg 和 + Pl)之后扩充构成的。符号^表示**语素边界**(morpheme boundary),符号#表示**单词边界**(word boundary)。这些形态特征都映射到空符号串 ε 或者映射到边界符号上,因为在输出带子上没有相应的片段与它们对应。

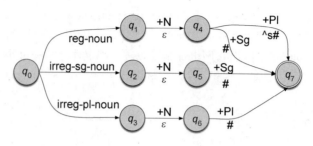

图 3.13　表示英语名词复数屈折变化的转录机 T_{num}。上层的符号表示词汇带子上的形
　　　　态剖析成分,下层的符号表示表层带子(或者中间带子,下面再进一步描述),
　　　　使用了语素边界符号^和单词边界标记#。从状态 q_0 引出来的弧上的标记
　　　　都在图中给出,它们代表什么样的单词要由词表中的具体单词来进一步说明

为了把图 3.13 用作名词的形态剖析器,有必要用具体的规则名词和非规则名词的词干来替换 reg-noun 等标记。为此,我们需要按转录机的要求来更新词表,使得如 geese 的非规则复数名词,能够被剖析为正确的词干 goose +N +Pl。为了这样做,我们要允许词表也具有两个层次。由于表层 geese 映射为 goose,新的词汇条目可以写为 g:g o:e o:e s:s e:e。规则形式的写法要简单一些,fox 的双层条目现在可以写为 f:f o:o x:x。不过,根据正词法的规定,我们用单独的 f 来表示偶对 f:f,等等,我们可以简单地用 fox 来引用它,把 geese 写为 g o:e o:e se。这样一来,词表看起来稍微有一点复杂:

reg-noun	irreg-pl-noun	irreg-sg-noun
fox	g o:e o:e s e	goose
cat	sheep	sheep
aardvark	m o:i u:ε s:c e	mouse

图 3.14 中的这个转录机可把复数名词映射到词干加形态标志 +Pl 中,把单数名词映射到词干加形态标志 +Sg 中。因此,一个表层形式 cats 可映射为 cat +N +Pl,按照可行偶对的格式可以表示如下:

　　　c:c a:a t:t +N:ε +Pl:^s#

这时,由于在输出符号中包含语素边界符号^和单词边界#,图 3.14 中下层的标记并不与表层形式精确地对应。我们把这种有语素边界标志的带子称为**中间带子**(intermediate tapes),如图 3.15 所示。我们将在 3.6 节中说明,如何去掉这些边界标志。

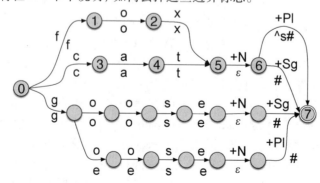

图 3.14　处理英语中名词屈折变化的一个有血有肉的 FST T_{lex},其中,我们用具
　　　　体的单词词干替换了图3.13中的3个弧(只用少量的词干实例加以说明)

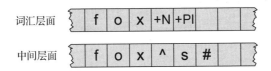

图 3.15　词汇带子和中间带子的一个实例

3.6　转录机和正词法规则

3.5 节中所描述的方法可以成功地识别如 aardvark 和 mice 这样的单词。但是，当出现拼写变化的时候，刚才那种毗连语素的方法将不能工作，它将会错误地拒绝 foxes 这样的正确输入，而接收 foxs 这样的错误输入。因此，我们有必要引入**拼写规则**（spelling rules）或者**正词法规则**（ortho graphic rules）来处理英语中经常在语素边界发生拼写变化的问题。本节将介绍一些书写规则的方法，并说明怎样在转录机上实现这些规则。一般来说，如何通过转录机来实现这些规则的能力，在语音和语言处理中都可以派上很大的用场。下面是一些拼写规则：

名　称	规则描述	例　子
辅音重叠	在 -ing 和 -ed 之前重叠单字母辅音	beg/begging
E 的删除	在 -ing 和 -ed 之前删除不发音的 e	make/making
E 的插入	在 -s，-z，-x，-ch，-sh 之后，-s 之前加 e	watch/watches
Y 的替换	-y 在 -s 之前变为 -ie，在 -ed 之前变为 -i	try/tries
K 的插入	以元音 + -c 结尾的动词，-c 后加 -k	panic/panicked

我们可以把这种拼写变化想象成以语素的简单毗连作为输入（图 3.14 的词汇转录机中的"中间输出"），以稍微变化了的（正确拼写的）语素毗连作为输出。我们这里采用了三个层面：词汇层面、中间层面和表层层面，图 3.16 是这三个层面的说明。例如，我们可以写一条 E 的插入规则，图 3.16 说明了 E 的插入规则从中间层面到表层层面映射的情况。

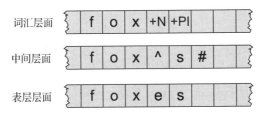

图 3.16　词汇带子、中间带子和表层带子的一个实例。在每两个带子之间是一个双层转录机。图 3.14 中的词汇转录机处于词汇层面和中间层面之间，E 插入的拼写规则处于中间层面和表层层面之间。当中间层面有一个语素边界符号^后接语素 -s 时，E 插入的拼写规则在表层带子中插入一个 e

这个规则的意思是："当词汇带子有一个以 x（或 z 等）为结尾的语素而下一个语素是 s 时，在表层带子中插入一个 e"。这个规则的形式描述如下：

$$\varepsilon \rightarrow e \, / \left\{ \begin{matrix} x \\ s \\ z \end{matrix} \right\} \hat{} \_\_\_ s\# \tag{3.4}$$

这是 Chomsky and Halle（1968）的规则记法。形式为 a→b / c_d 的规则的意思是"当 a 在 c 和 d 之间出现时，把 a 改写为 b"。由于符号 ε 表示空转换，替换它意味着在空位置插入某种东西。我们知道，符号^表示语素边界。在转录机取默认偶对的时候，用符号表示为^:ε，这时，边界就被删除；可见，语素边界标志在表层层面是用默认值来删除的。符号#是用于表示单词边界的一个专门符号。所以，式(3.4)的含义是："在以 x，s 或 z 结尾的语素之后，语素 s 之前，插入一个 e"。图 3.17 是对应于这个规则的一个自动机。

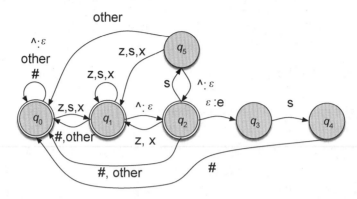

图 3.17　表示式(3.4)的 E-插入规则的转录机，从 Antworth(1990)的类似转录机扩充而成。
　　　　我们额外需要做的是从表层符号串中删除符号#；为了达到这个目的，我们可以把
　　　　符号#解释为符号偶对#：ε，或者对输出结果做后处理，以去掉单词的边界

　　为特定的规则设计转录机的思想只是为了表示对于该规则所需要的那些限制，而允许其他的符号串通过转录机时不做任何的变化。使用这个规则是为了确保当在适合的上下文中时，我们才去查找 ε：e。状态 q_0 只模拟那些与该规则无关的默认偶对，它是一个接收状态；状态 q_1 也是一个接收状态，它模拟查找 z，s 或 x 时的情况。状态 q_2 模拟在 z，s 或 x 之后查找语素边界的情况，它也是一个接收状态。状态 q_3 模拟查找 E-插入时的情况；它不是一个接收状态，因为只有在后面紧跟着是语素 s 并且再往后是单词结尾符号#的时候才允许这样的插入。

　　在图 3.17 中使用符号 other 是为了安全地通过那些 E-插入规则不起作用的单词中的其他任何部分。符号 other 的含义是："任何不在这个转录机中的可行偶对"。例如，当离开状态 q_0 时，我们通过符号 z，s 或 x 的弧进入 q_1，而不走 other 的弧或者停留在状态 q_0。符号 other 的语义依赖于在其他弧上是什么符号，在某些弧上还提到符号#，根据定义，它不包含在 other 中，例如，从 q_2 到 q_0 的弧上，就清楚地提到符号#。

　　当一个符号串可以应用某个规则而实际上并没有应用的时候，转录机应该正确地拒绝这个符号串。当一个符号串具有进行 E-插入的正确环境，但是并没有插入，这样的符号串就可能是坏的符号串。状态 q_5 就是用于保证当环境适合的时候，总是能插入 e；只有当转录机在适合的语素边界找到 s 时，它才可以进入状态 q_5。如果转录机在状态 q_5，下面一个符号是#，转录机就要拒绝这个符号串（因为从 q_5 到#，不存在合法的转移）。图 3.18 是一个状态转移表，对于不合法转移的规则，标以"-"号。下节中我们将运行一个输入符号串的实例，说明 E-插入转录机的追踪过程。

状态\输入	s：s	x：x	z：z	^：ε	ε：e	#	other
q_0：	1	1	1	0	–	0	0
q_1：	1	1	1	2	–	0	0
q_2：	5	1	1	0	3	0	0
q_3	4	–	–	–	–	–	–
q_4	–	–	–	–	–	0	–
q_5	1	1	1	2	–	–	0

图 3.18　图 3.17 的 E-插入规则的状态转移表，从 Antworth(1990)的类似转录机扩充而成

3.7　把 FST 词表与规则相结合

现在我们准备把转录机的词表和规则结合起来进行剖析和生成。图 3.19 说明了一个双层形态学系统的结构，它既能用于剖析，也能用于生成。词表转录机把表示词干和形态特征的词汇层面映射于表示语素简单毗连的中间层面。然后，若干个转录机的主体部分开始运行，每一个转录机表示一个单独的拼写规则限制，所有这些转录机并行地运行，在中间层面和表层层面之间进行映射。并行地运行所有的拼写规则需要进行选择，当然我们也可以按顺序来运行所有的拼写规则（就像一个很长的层叠式连接），不过，这时我们需要对每个规则进行稍微的改变。

图 3.19 表示了一个双层的**层叠式转录机**（cascade of transducers）的结构。前面说过，层叠式转录机是若干个转录机按顺序排列的集合，其中一个转录机的输出作为另一个转录机的输入。层叠的深度可以是任意的，而在每一个层面，可以有多个单独的转录机。图 3.19 中的层叠式转录机按顺序有两组转录机，第一组转录机只有一个（LEXICON-FST），它从词汇层面映射到中间层面，第二组转录机是若干个并行转录机的集合，它们从中间层面映射到表层层面。这个层叠式转录机可以自顶向下地运行以生成一个符号串；或者它也可以自底向上地运行以对符号串进行剖析。图 3.20 显示了系统接收从 fox's 到 foxes 映射的追踪过程。

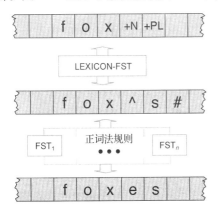

图 3.19　用 FST 的词表和规则来生成和剖析

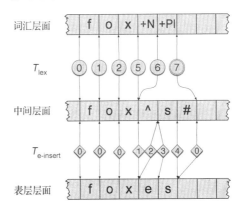

图 3.20　接收 foxes 的过程：图 3.14 中的词表转录机 T_{lex} 与图 3.17 中的 E-插入转录机进行层叠式连接

有限状态转录机的强大之处在于，当它从词汇带子生成表层带子时，以及当它从表层带子剖析词汇带子时，都可以使用带有同样状态序列的同样的层叠式转录机。例如，在生成时，我们可以想象中间带子和表层带子开始时都是空白的。如果我们运行词表转录机，这时，在词汇带子上是 fox +N +Pl，它将在中间带子上产生 fox^s#，而它所通过的状态，与我们在前面例子中该转录机接收词汇带子和中间带子时的状态是完全一样的。因此，如果我们把所有表示正词法规则的转录机都并行地运行起来，将可以产生同样的表层带子。

剖析比生成要稍微复杂一些，因为在剖析中存在**歧义**（ambiguity）的问题。例如，foxes 还可以是动词（很少使用，其意思是"弄糊涂，难住"），所以，对 foxes 词汇剖析的结果还可以是 fox +V +3Sg 以及 fox +N +Pl。我们怎么能够知道哪一个才是正确的剖析结果呢？事实上，在出现这样的歧义的场合，转录机也是没有能力判断的。**排歧**（disambiguating）要求某些外部的证据。例如，要求知道周围的词的环境，等等。例如，在词的序列 I saw two foxes yesterday 中，foxes 是名词，但是在词的序列 That trickster foxes me every time!（这个骗子每次都把我难住了!）

中, foxes 则是动词。我们将在第 5 章和第 20 章中讨论排歧的问题。如果没有这样的外部环境,我们的转录机最多只能枚举出可能的选择,使得我们可以把 fox^s# 转录为 `fox +V +3Sg` 和 `fox +N +Pl` 两个结果。

　　还有一种我们需要处理的歧义:发生在剖析过程中的局部歧义。例如,在对输入动词 assess 进行剖析的过程中,当处理了 ass 之后,我们的 E-插入转录机可能会认为后面跟着的 e 应该用拼写规则来插入(例如,根据迄今对转录机的了解,我们可能会把它剖析为单词 asses)。但是我们在 asses 之后看不到符号#,而看到另外一个 s,这时才认识到原来的路径走错了。

　　由于这种非确定性,FST 的剖析算法需要引入一些搜索算法。作为练习,我们请读者修改第 2 章图 2.19 中的非确定 FSA 的识别算法,使之能做 FST 的剖析。

　　需要注意的是,对于输入符号串,有时可能会做出很多伪切分(spurious segmentations),例如,把 assess 剖析为 a^s^ses^s,这时,由于词典中没有任何条目可以与这样的切分片段相匹配,应当把这些伪切分清除掉。

　　运行层叠式 FST 时,可以通过**组合**(composing)和**交合**(intersecting)转录机的方式使它变得更加有效。我们已经知道如何把一系列的层叠式转录机组合成一个单独的但是更复杂的转录机。两个转录机/关系 F 和 G 的交合($F \wedge G$)可定义为一个关系 R,使得当且仅当 $F(x, y)$ 和 $G(x, y)$ 时有 $R(x, y)$。一般来说,当转录机的交合如前面所述的那样不封闭时,它们就是具有相等长度符号串(没有 ε)的转录机,在规则系统中把 ε 处理成一个一般的符号,使用这样的办法来写双层规则。自动机的**交合**(intersection)算法就是求状态的笛卡儿积(Cartesian product),也就是说,对于在自动机 1 中的每一个状态 q_i 和自动机 2 中的每一个状态 q_j,我们造一个新的状态 q_{ij}。对于任何的输入符号 a,如果自动机 1 把它转移到状态 q_n,自动机 2 把它转移到状态 q_m,那么,我们就把它转移到状态 q_{nm}。图 3.21 简要地说明了如何进行转录机的交合($\wedge$)与组合($\circ$)。

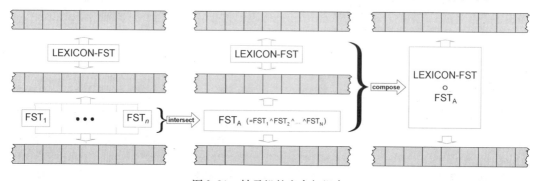

图 3.21　转录机的交合与组合

　　因为有一系列的规则可用于 FST 的编译,在实际上几乎用不着亲手去写一个 FST 程序。Kaplan and Key(1994)给出了确定从规则到双层关系的映射的数学原理,Antworth(1990)给出了规则编译算法的细节,Mohri(1997)给出了转录机最小化和确定化的算法。

3.8　与词表无关的 FST:Porter 词干处理器

　　使用词表加规则的方法来建立转录机,这是形态剖析的标准算法;但是,与此同时,还存在着一些比较简单的算法,并不要求我们的标准算法所需要的大规模的联机词表。这样的简单算法可以应用于完成如网络搜索(Web search)这样的信息检索(Information Retrieval, IR)任务(见第 23 章),在信息检索中,通常使用的提问是把有关的关键词和短语用布尔算符结合起来,例如,（marsupial OR kangaroo OR koala）。最后,系统返回其中包含这些词的文献作为回答。因为包含单词 marsupials("有带动物"的复数形式)的文献不一定与关键词 marsupial("有带动物"的单数形式)相匹配,某些 IR 系统使用词干处理器(stemmer)对提问以及文献中的单词进行处理。由于 IR 中的形态剖析只是用来确定两个单词是否具有相同的词干,对于后缀的细节并不关心。

简单而有效的 Porter 词干处理器(Porter Stemmer,1980)是使用最为广泛的词干处理算法之一。这个算法是建立在一系列简单的层叠式重写规则的基础上的。由于层叠式重写规则正好可以容易地用 FST 来实现,所以,我们可以把 Porter 算法想象成一个与词表无关的 FST 词干处理器(这个思想请读者在练习中做进一步的推广)。这个算法包含的规则举例如下:

$$\text{ATIONAL} \rightarrow \text{ATE}\text{（例如,relational} \rightarrow \text{relate）}$$
$$\text{如果词干包含元音,则 ING} \rightarrow \varepsilon\text{（例如,motoring} \rightarrow \text{motor）}$$
$$\text{SSES} \rightarrow \text{SS}\text{（例如,grasses} \rightarrow \text{grass）}$$

关于 Porter 词干处理器的更加详细的规则表以及代码(用 Java,Python 等编写)可以在 Martin Porter 的主页(homepage)上找到,还可以参看原创性的论文(Porter,1980)。

词干处理器改善了信息检索,特别是当检索的文件比较小的时候(因为文献越大,在提问中关键词以完全的精确形式出现的机会也就越多)。但是,如 Porter 算法这样一种与词表无关的词干处理器,与基于完全词表的形态剖析器相比,就显得比较简单了。Porter 算法的错误可以分为多检错误(errors of commission)和遗漏错误(errors of omission)两类(Krovetz,1993)。

多 检 错 误		遗 漏 错 误	
organization	organ	European	Europe
doing	doe	analysis	analyzes
numerical	numerous	noise	noisy
policy	police	sparse	sparsity

现代的词干处理器变得越来越复杂。例如,我们并不想仅仅根据词干就说,单词 Illustrator 可归结为单词 illustrate,因为开头字母大写的 Illustrator 这个形式通常是指"软件包"。我们在第 23 章中再来讨论这个问题。

3.9　单词和句子的词例还原

在本章中,我们集中地讨论了如何把单词切分为语素的问题。现在,我们来简要地讨论与切分有关的问题:如何把文本切分为单词和句子。这样的问题称为**词例还原**(tokenization)。

在如英语这样的语言中,是采用一个特殊的"空白"字符来分隔单词的,因此,单词的词例还原比较简单。下面我们会看到,并不是所有的语言都是这样做的(例如,汉语、日语、泰语就不采用空白来分隔单词)。然而,只要我们认真地研究就会明白,即使是英语这样的语言,使用空白并不能充分地解决单词分隔的所有问题。请研究如下分别来自 *Wall Street Journal*(华尔街杂志)和 *NewYork Times*(纽约时报)的句子:

```
Mr.  Sherwood said reaction to Sea Containers' proposal
has been "very positive." In New York Stock Exchange
composite trading yesterday, Sea Containers closed at
$62.625, up 62.5 cents.


``I said, `what're you?  Crazy?'  ''  said Sadowsky.  ``I
can't afford to do that.''
```

如果只是纯粹根据空白来切分，将会得到如下的单词：

```
cents.        said,        positive."      Crazy?
```

除了使用空白作为单词界限的问题之外，还有使用标点符号导致的一些错误。标点符号常常会出现在单词的中间，例如，p. m. h，Ph. D .，AT&T，cap'n，01/02/06 和 google. com 等。类似地，假定我们想把 62.5 看成一个单词，我们就应当避免把所有的小圆点都看成单词的边界来切分，不然，我们就得把 62.5 切分成 62 和 5。数字表达式也会有另外一些麻烦：逗号一般都出现在单词的边界，但是，在英语中，逗号也可以用在数字的中间，每 3 位数字使用一个逗号，例如，555, 500.50。在数字的表达方面，各种语言的标点符号使用的风格是有差别的。在西班牙语、法语和德语中，数字的标点符号用法与英语不同，这些语言使用逗号来表示小数点，在英语使用逗号的地方，这些语言却使用空白。例如，英语的 555, 500.50 在这些语言中写为：555 500, 50。

当使用撇号来标志附着紧缩形式(clitic contraction)的时候，也会出现词例还原的问题。例如，要把上面的紧缩形式 what're 转换为 what are，把上面的紧缩形式 we're 转换成 we are。词例还原也需要排歧，因为撇号既可以作为所属格的标记(例如，the book's over 和上面的 Containers')，还可以作为引文的标记(例如，上面的' what're you? Crazy? ')。这样的紧缩形式问题在其他使用字母的语言中也会出现，例如，法语中的冠词和代词都使用撇号来紧缩(j'ai，l'homme)。这一类的紧缩属于附着，但并不是所有的附着都标示为这种类型的紧缩。一般地说，切分和附着的扩充都可以作为本章前面介绍的形态剖析过程的一个部分来处理。

根据应用的要求，词例还原算法也可以把 New York 或 rock'n'roll 这样的多词表达式作为一个单独的词例来进行处理，这时，需要在词典中收入这类的多词表达式。这一类的应用把词例还原与人名、日期和机构名的识别紧密地结合起来，人名、日期和机构名识别的过程称为命名实体识别(named entity detection)，我们将在第 22 章中讨论这样的问题。

除了单词切分之外，**句子切分**(sentence segmentation)是文本处理中最关键的第一个步骤。把文本切分为句子一般是根据标点符号来进行的。这时因为有几种标点符号(句号、问号、惊叹号)往往可以标志句子的边界。问号和惊叹号作为句子的边界相对地说是没有歧义的。然而，句号却往往会产生歧义。句号"."既可以作为句子的边界，又可以作为诸如 Mr. 或者 Inc. 这样缩写的标志。例如，在 The period character "." is ambiguous between a sentence boundary marker and a marker of abbreviation like Mr. or Inc. 这个英语句子最后的"Inc."就反映了这种复杂的歧义，"Inc."后面的句号既可以表示缩写，又可以表示句子的边界。正是因为这样的原因，我们倾向于把句子的词例还原和单词的词例还原合在一起讲述。

一般地说，句子词例还原的方法是建立二元分类器(根据规则的序列来建立或者根据机器学习来建立)，从而判定句号是单词的一部分还是句子的边界。在进行这样的判定时，如果知道句号是否附着在常用的缩写词中，往往是很有帮助的，因此，缩写词的词典是非常有用的 。

句子词例还原的最新的方法是建立在机器学习基础之上的，我们将在后面的章节中介绍这样的方法。不过，我们也可以使用正则表达式序列来初步地进行句子的词例还原。这里我们介绍一个初步的词例还原算法。图 3. 22 是根据 Grefenstelle(1999)，用 Perl 语言写的一个简单的词例还原算法。这个算法很小，主要是用来说明我们在前面几段文章中讨论过的切分问题。

这个算法包括一系列的正则表达式替换规则。第一个规则切分诸如问号和惊叹号等无歧义的标点符号。下面一个规则切分不在数字内部的逗号。然后对撇号进行排歧，处理词末的附着成分。最后处理句号，使用了一部玩具似的缩写词词典和启发式推理来找出其他的缩写词。

使用简单的正则表达式模型就可以做出一个简单的词例还原器(tokenizer)这个事实说明，如

图 3.22 中的词例还原器可以很容易地用有限状态转录机（FST）来实现。这是不容争辩的事实。Karttunen et al.（1996）以及 Beesley and Karttunen（2003）都描述了这种基于 FST 的词例还原器。

```perl
#!/usr/bin/perl

$letternumber = "[A-Za-z0-9]";
$notletter = "[^A-Za-z0-9]";
$alwayssep = "[\\?!()\";/\\|']";
$clitic = "('|:|-|'S|'D|'M|'LL|'RE|'VE|N'T|'s|'d|'m|'ll|'re|'ve|n't)";

$abbr{"Co."} = 1; $abbr{"Dr."} = 1; $abbr{"Jan."} = 1; $abbr{"Feb."} = 1;

while ($line = <>){ # read the next line from standard input

    # put whitespace around unambiguous separators
    $line =~ s/$alwayssep/ $& /g;

    # put whitespace around commas that aren't inside numbers
    $line =~ s/([^0-9]),/$1 , /g;
    $line =~ s/,([^0-9])/ , $1/g;

    # distinguish singlequotes from apostrophes by
    # segmenting off single quotes not preceded by letter
    $line =~ s/^'/$& /g;
    $line =~ s/($notletter)'/$1 '/g;

    # segment off unambiguous word-final clitics and punctuation
    $line =~ s/$clitic$/ $&/g;
    $line =~ s/$clitic($notletter)/ $1 $2/g;

# now deal with periods.  For each possible word
@possiblewords=split(/\s+/,$line);
foreach $word (@possiblewords) {
    # if it ends in a period,
    if (($word =~ /$letternumber\./)
            && !($abbr{$word})  # and isn't on the abbreviation list
            # and isn't a sequence of letters and periods (U.S.)
            # and doesn't resemble an abbreviation (no vowels: Inc.)
            && !($word =~
            /^([A-Za-z]\.([A-Za-z]\.)+|[A-Z][bcdfghj-nptvxz]+\.)$/)) {
        # then segment off the period
        $word =~ s/\.$/ \./;
    }
    # expand clitics
    $word =~s/'ve/have/;
    $word =~s/'m/am/;
    print $word," ";
}
print "\n";
}
```

图 3.22　英语词例还原算法的一个简单的片段，引自 Grefenstette（1999）和 Palmer（2000）。实际的词例还原算法需要有一个比较大的缩写词词典

3.9.1　中文的自动切词

　　我们在上面说过，在中文、日语和泰语这些语言中，不使用空白来标志那些隐藏在文本中的潜在的单词边界。因此，对于这些语言要使用不同的切分方法。

　　例如，在中文中，单词是由称为"汉字"（hanzi）的字符构成的。每一个字符一般表示一个单独的语素，按照一个单独的音节来发音。平均一个中文单词大约由 2.4 个汉字组成。中文的切分使用一种非常简单的算法，称为**最大匹配算法**（maximum matching 或 maxmatch），这是一种贪心搜索算法，这种算法经常用来作为一些更加高级的方法的比较基准。最大匹配算法要求配备一部语言的词典（词表）。

　　最大匹配算法从输入符号串的开头进行工作。算法选择在当前位置的输入与词典中最长的词开始进行匹配。然后指针逐次向前取该单词中的一个字符进行匹配。如果匹配不成功，指针就向前移动一个字符（可以一直匹配到只有一个字符的单词）。算法重复地从新的指针位置进行匹配。为了帮助读者直观地理解这种算法，Palmer（2000）给出了一个英语的例子来近似地模仿中

文切分的情况, 她把英语句子 the table down there 中的空白全部删除, 得到了一个没有空白的符号串 thetabledownthere, 然后根据一部很大的英语词典, 使用最大匹配算法对这个英文符号串进行切分, 算法首先匹配这个符号串中的单词 theta, 因为它是与词典中的单词相匹配的最长的字母序列。匹配成功之后, 再从 theta 的后面开始, 找到与词典中能够匹配的最长的单词 bled, 然后继续匹配 own, 再继续匹配 there, 最后得到一个不正确的序列 theta bled own there 作为切分的结果。

最大匹配算法对于中文(单词比较短)似乎工作得还不错, 英语的单词比较长, 最大匹配算法就很容易产生如刚才例子中所述的失败的结果。不过, 就是对于中文而言, 最大匹配算法仍然有不少的弱点, 特别是在处理**未知词**(unknown words, 指那些在词典中没有的单词)或**未知组合**(unknown genre, 指那些与词典编纂者原来的设想大相庭径的组合)的时候。

对于中文的切分, 每年都举行比赛(在技术上称为 bakeoff)。目前中文单词切分的最成功的算法是基于机器学习的算法, 这种算法要从一个手工切分的训练集中进行机器学习。我们在第 5 章中介绍了概率方法之后, 再来讨论这种算法。

3.10 拼写错误的检查与更正

ALGERNON: *But my own sweet Cecily, I have never written you any letters.*

CECILY: *You need hardly remind me of that, Ernest. I remember only too well that I was forced to write your letters for you. I wrote always three times a week, and sometimes oftener.*

ALGERNON: *Oh, do let me read them, Cecily?*

CECILY: *Oh, I couldn't possibly. They would make you far too conceited. The three you wrote me after I had broken off the engagement are so beautiful, and so badly spelled, that even now I can hardly read them without crying a little.* [①]

Oscar Wilde, *The Importance of Being Earnest*

就如 Oscar Wilde 寓言中的 Cecily 一样, 在 20 世纪末, 很多人都在考虑关于拼写的问题。Gilbert 和 Sullivan 提供了很多例子。例如, Gondoliers' Giuseppe 担心, 如果 Iolanthe's Phyllis 把他的私人秘书"所使用的每一词都拼写出来", 那么, 他的私人秘书"将会在他的拼写面前吓得发抖"。Thorstein Veblen 在他 1899 年的经典著作《有闲阶级的理论》(The Theory of Leisure Class)中曾经解释道, "古老的, 累赘的, 低效率的"英语拼写系统的主要目的在于提供一种十分困难的手段来验证有闲阶级的分身。不论拼写的社会作用怎样, 我们认为, 大多数人都会喜欢 Cecily, 而不会喜欢 Phyllis。据估计, 人们打字文本的拼写错误大约在 0.05%(对于仔细编辑的新闻文本)到 38%(对于电话簿查询等拼写困难的应用场合)之间变动(Kukich, 1992)。

在本章中, 我们将讨论拼写错误的检查和更正问题。因为拼写错误更正的标准算法是一种概率算法, 在第 5 章中, 当我们介绍了概率的噪声信道模型之后, 我们还要继续讨论拼写检查的

---

① 译文如下, 供读者参考:

ALGERNON: 不过我亲爱的 Cecily, 我还没有给你写信呢。

CECILY: 你别提写信这件事了, Earnest。我只是想起当我不得不给你写信的时候, 我的信是写得多么地工整啊。我总是每星期给你写三封信, 有时还更多。

ALGERNON: 哦, 你能让我读一读它们吗, Cecily?

CECILY: 哦, 我大概不能这样做。它们也许会使你觉得你的自以为是多么地盲目。在我解除婚约之后, 你写给我的那三封信的内容是多么地优雅啊, 可是你的拼写却糟糕透了, 以至于现在如果我不悄声地哭出来就难以卒读。

问题。拼写错误的检查和更正是当代词语处理器和搜索引擎不可分隔的组成部分。拼写错误更正对于**光学字符识别**（Optical Character Recognition，OCR）和**联机手写体字符识别**（on-line handwriting recognition）都是很重要的。所谓"光学字符识别"是计算机对于机器印制或手写体字符的自动识别。所谓"联机手写体字符识别"是当用户在联机书写的同时，计算机对于人工书写的或者曲线手写的字符的识别。根据 Kukich(1992) 关于拼写更正的调查文章，我们可以把拼写错误的检查和更正分解为如下三个大问题，这些问题的范围正在扩大：

1. **非词错误检查**（non-word error detection）：检查会导致非词的拼写错误。例如，把 giraffe 拼写成 graffe。
2. **孤立词错误更正**（isolated-word error correction）：更正会导致非词的拼写错误，例如，把 graffe 更正为 giraffe，但是在更正时只是在孤立的环境中来查找这个词。
3. **依赖于上下文的错误检查和更正**（context-dependent error detection and correction）：如果错误的拼写恰好是一个英语中真实存在的单词（**真词错误**，real-word errors），就需要使用上下文来检查和更正这样的拼写错误。这种情况常常来自打字操作时的错误（例如，插入、脱落、改变位置），这时会偶然地产生出一个真词（例如，把 three 错拼为 there），或者由于书写者错误地拼写同音词和准同音词（例如，用 dessert 替换 desert，或者用 piece 替换 peace）。

检查文本中的非词错误，最通常的做法是使用词典，把那些在词典中查不到的单词标记出来。例如，上面所举的错误拼写的单词 graffe 是不可能在词典中出现的。早期的一些研究（Peterson，1986）曾经建议，这样的拼写词典的规模应该比较小，因为规模太大的词典可能包含一些罕用词，它们容易与其他词的错误拼写形式相混淆。例如，wont（习惯）和 veery（一种画眉鸟）是合法的罕用词，但是，它们常常错误地分别被拼写为 won't 和 very。在实际的工作中，Damerau and Mays(1989) 发现，在大规模的词典中，尽管某些错误的拼写会被真词隐藏起来，但是，由于大规模的词典可以避免把罕用词标记为错误，使用大规模的词典仍然是利多弊少。概率拼写更正算法要使用词频作为计算的一个因素，证明了这样的观点是正确的。因此，现代的拼写检查系统都倾向于使用大规模的词典。

在本章中描述的有限状态形态剖析器提供了实现这种大规模词典的技术手段。对于每一个单词都可以给出一个形态剖析，因此，FST 剖析器在本质上就是单词的识别器。当然，如果使用**投影**（projection）操作把 FST 下侧的语言图抽出来，那么，一个 FST 形态剖析器就可能转化成一个更加有效的 FSA 单词识别器。这样的 FST 词典就会显示出一些优越性来表示那些能产性的形态变化，如英语的-s 或-ed 等屈折变化。这对于处理那些词干和屈折词尾的合法的新组合是非常重要的。例如，当把一个新的词干加到词典中之后，该词的所有的屈折形式就变得容易识别了。这就使得 FST 词典非常有用，特别是在那些形态丰富的语言进行拼写检查时，其中一个单词的词干往往会有数十或数百个可能的表层形式，FST 词典显示出它强大的威力。[①]

使用 FST 词典可以帮助非词错误的检查，但是，怎样来进行错误更正呢？孤立词错误更正的算法要发现某个单词的错误形式的来源。例如，要更正 graffe 的拼写错误，要求搜索如 giraffe，graf，craft，grail 等可能的单词，从中找出最为可能的来源。为了在这些潜在的来源中进行选择，我们需要进行来源和表层错误之间的**距离计算**（distance metric）。从直觉上说，与 grail 相比，

---

① 这可以与早期的拼写检查器相比较，早期的拼写检查器容许任何一个单词都可以具有任何的后缀，因此，早期的 UNIX spell 版本可以接受一些诸如 misclam 和 antiundoggingly 等奇怪的单词以及 the 加后缀构成诸如 thehood 和 theness 等怪异形式。

giraffe更像 graffe 的来源,因为 giraffe 在拼写上比 grail 更加接近 graffe。捕捉这种直觉上的相似性最为有力的途径要求使用概率论,我们将在第5章讨论。不过,还有一种解决这个问题的非概率的算法,称为**最小编辑距离**(minimum edit distance)算法,我们将在下节介绍这种算法。

3.11　最小编辑距离

　　判断两个单词中的哪一个在拼写上更接近于第三个单词,是**字符串距离**(string distance)这个一般问题的一种特殊情况。两个符号串之间的距离是这两个符号串彼此相似程度的度量。

　　找出符号串距离的很多重要算法依赖于**最小编辑距离**(minimum edit distance)算法的某个版本。这个版本的算法是 Wagner and Fischer(1974)提出的,不过,很多人也独立地发现了它(我们后面将进行总结,详情请参看第6章中的文献和历史说明这一节)。两个符号串之间的最小编辑距离就是指把一个符号串转换为另一个符号串时,所需要的最小编辑操作的次数。例如,intention 和 execution 之间的距离是5个操作。图3.23 说明了两个符号串之间**对齐**(alignment)的情况。给定两个序列,这两个序列的子符号串之间的对应情况就是**对齐**。例如,I 与空符号串对齐,N 与 E 对齐,T 与 X 对齐,等等。在对齐的符号串下边是另外一种表示标记,它们说明从上面的符号串转换为下面的符号串要做的操作,符号的一个序列就表示一个**操作表**(operation list)。其中,d 表示删除(deletion),s 表示替代(substitution),i 表示插入(insertion)。

　　我们也可以给每一个操作一个代价值(cost)或权值(weight)。两个序列之间的 **Levenshtein 距离**(Levenshtein distance)是最简单的加权因子,在上面三种方法中的每一个操作的代价值为1(Levenshtein, 1966)[①]。所以,在 intention 和 execution 之间 Levenshtein 距离为5。Levenshtein 还提出了另一种不同的度量方法,这种方法规定,插入或脱落操作的代价值为1,

```
INTE*NTION
||||||||||
*EXECUTION
dss   is
```

图3.23　把两个符号串之间的最小编辑距离表示为**对齐**(alignment)。最下面一行给出了从上面的符号串到下面的符号串转换时的操作表:d 表示删除,s 表示替代,i 表示插入

不容许替代操作(实际上,如果把替代操作表示为一个插入操作加上一个脱落操作,那么,替代操作的代价值为2,这实际上也就等于容许了替代操作)。使用这样的度量方法,在 intention 和 execution 之间的 Levenshtein 距离应该是8。

　　最小编辑距离使用**动态规划**(dynamic programming)来计算。动态规划是一类算法的名字,首先由 Bellman(1957)提出。动态规划把各个子问题的求解结合起来,从而求解整个问题。这一类算法包括了语音处理和语言处理中的大多数通用算法,除了最小编辑距离算法之外,动态规划算法还包括 **Viterbi 算法**(Viterbi algorithm)和**向前算法**(forward algorithm)(第6章),以及 **CKY 算法**(CKY algorithm)和 **Earley 算法**(Earley algorithm)(第13章)。

　　从直觉上来说,动态规划问题就是把一个大的问题化解为不同的子问题来求解,再把这些子问题的解适当地结合起来,就可以实现对大的问题的求解。例如,图3.24 中所示的符号串 intention 和 execution 之间的最小编辑距离的求解,就要考虑被转换的不同单词的序列和"路径"(path)。

　　我们可以设想,某个符号串(如 exention)处于最优的路径上(不论哪个路径)。从直觉上说,动态规划要求,如果 exention 处于最优的操作表中,那么,最优的序列就必定也应该包含从 inten-

---

[①]　我们假定用同样的字母来替代它自己的代价值为零,例如,用字母 t 来替代字母 t 的代价值为零。

tion 到 exention 的最优路径。为什么呢? 因为如果还
有从 intention 到 exention 更短的路径, 那么, 我们就要
用最短的路径来取代它, 从而形成所有路径当中最短
的路径, 不过, 在这样的情况下, 这个最优的序列就不
是最优的了, 这样就导出了矛盾。

```
i n t e n t i o n          ← 删除i
n t e n t i o n            ← 用e代替n
e t e n t i o n            ← 用x代替t
e x e n t i o n            ← 插入u
e x e n u t i o n          ← 用c代替n
e x e c u t i o n
```

图 3.24　从 intention 到 execution 转换
表示, 例取自 Kruskal (1983)

　　用于序列比较的动态规划算法工作时, 要建立一
个距离矩阵, 目标序列的每一个符号记录在矩阵的行
上, 源序列的每一个符号记录在矩阵的列上(也就是
说, 目标序列的字母沿着底线排列, 源序列的字母沿
着侧线排列)。对于最小编辑距离来说, 这个矩阵就是编辑距离矩阵。每一个编辑距离单元[i, j]表示目标序列前 i 个字符和源序列的前 j 个字符之间的距离。每个单元可以作为周围单元的简单函数来计算; 这样一来, 从矩阵的开始点出发, 就能够把矩阵中的所有的项都填满。计算每个单元中的值的时候, 我们取到达该单元时 3 个可能的路径中的最小路径为其值:

$$
\text{distance}[i,j] = \min \begin{cases} \text{distance}[i-1,j] + \text{ins-cost}(\text{target}_i) \\ \text{distance}[i-1,j-1] + \text{subst-cost}(\text{source}_j, \text{target}_i) \\ \text{distance}[i,j-1] + \text{del-cost}(\text{source}_j)) \end{cases}
$$

　　图 3.25 对于这个算法做了归纳。图 3.26 是应用这个算法计算 intention 和 execution 之间的距离的结果, 计算时采用了 Levenshtein 距离, 其中插入和脱落的代价值分别取 1, 替代的代价值取 2(当相同的字母进行替代时, 其代价值为零)。

```
function MIN-EDIT-DISTANCE(target, source) returns min-distance

    n ← LENGTH(target)
    m ← LENGTH(source)
    Create a distance matrix distance[n+1,m+1]
    Initialize the zeroth row and column to be the distance from the empty string
        distance[0,0] = 0
        for each column i from 1 to n do
            distance[i,0] ← distance[i−1,0] + ins-cost(target[i])
        for each row j from 1 to m do
            distance[0,j] ← distance[0,j−1] + del-cost(source[j])
    for each column i from 1 to n do
        for each row j from 1 to m do
            distance[i,j] ← MIN( distance[i−1,j] + ins-cost(target_{i−1}),
                                 distance[i−1,j−1] + subst-cost(source_{j−1}, target_{i−1}),
                                 distance[i,j−1] + del-cost(source_{j−1}))
    return distance[n,m]
```

图 3.25　最小编辑距离算法, 一类动态规划算法的一个实例。各种代价值可以是固定的(如
　　　　 $\forall x$, ins-cost(x) = 1), 也可以针对个别的字母特别地说明(例如, 说明某些
　　　　 字母比另外的一些字母更容易被替代)。我们假定相同的字母进行替代, 其代价值为零

　　最小编辑距离对于发现诸如潜在的拼写错误更正算法等工作是很有用的。不过, 最小编辑距离算法还有其他的重要用途。只要做一些轻微的改动, 最小编辑距离算法就可以用来做两个符号串之间的最小代价**对齐**(alignment)。两个符号串的对齐对于语音和语言处理是非常有用的。在语音识别中, 可以使用最小编辑距离对齐来计算单词的错误率(第 9 章)。在机器翻译中, 对齐也起着很大的作用, 因为双语并行语料库中的句子需要彼此匹配。

n	9	8	9	10	11	12	11	10	9	8
o	8	7	8	9	10	11	10	9	8	9
i	7	6	7	8	9	10	9	8	9	10
t	6	5	6	7	8	9	8	9	10	11
n	5	4	5	6	7	8	9	10	11	10
e	4	3	4	5	6	7	8	9	10	9
t	3	4	5	6	7	8	7	8	9	8
n	2	3	4	5	6	7	8	7	8	7
i	1	2	3	4	5	6	7	6	7	8
#	0	1	2	3	4	5	6	7	8	9
	#	e	x	e	c	u	t	i	o	n

图3.26　应用图3.25中的算法计算 intention 和 execution 之间的最小编辑距离，
计算时采用了 Levenshtein 距离，插入和删除取代价值分别为1，替
代取代价值为2。斜体字符表示从空符号串开始的距离的初始值

　　为了扩充最小编辑距离算法使得它能够进行对齐，我们可以把对齐看成是通过编辑距离矩阵的一条路径(path)。图3.27中使用带阴影的小方框来显示这条路径。路径中的每一个小方框表示两个符号串中的一对字母对齐的情况。如果两个这样带阴影的小方框连续地出现在同一个行中，那么，从源符号串到目标符号串就会有一个插入操作；如果两个这样带阴影的小方框连续地出现在同一个列中，那么，从源符号串到目标符号串就会有一个删除操作。

　　图3.27从直觉上说明了如何来计算这种对齐路径。计算过程分为两步。在第一步，我们在每一个方框中存储一些指针来提升最小编辑距离算法的功能。方框中的指针要说明当前的方框是从前面的哪一个(或哪些个)方框方向来的。在图3.27中，我们根据 Gusfield(1997)的类似的图示方法，分别说明了这些指针的情况。在某些方框中出现若干个指针，这是因为在这些方框中最小的扩充可能来自前面的若干个不同的方框。在第二步，我们要进行**追踪**(backtrace)。在追踪时，我们从最后一个方框(处于最后一行与最后一列的方框)开始，沿着指针箭头所指的方向往后追踪，穿过这个动态规划矩阵。在最后的方框与初始的方框之间的每一个完整的路径，就是一个最小编辑距离对齐。作为练习，读者可以修改这个最小编辑距离对齐，存储一些指针，并进行追踪计算，输出一个对齐的结果。

n	9	↓8	↙←9	↙←10	↙←11	↙←12	↓11	↓10	↓9	↙**8**	
o	8	↓7	↙←8	↙←9	↙←10	↙←11	↓10	↓9	↙**8**	←9	
i	7	↓6	↙←7	↙←8	↙←9	↙←10	↓9	↙**8**	←9	←10	
t	6	↓5	↙←6	↙←7	↙←8	↙←9	↙**8**	←9	←10	←11	
n	5	↓4	↙←5	↙←6	↙←7	↙←**8**	↙←9	↙←10	↙←11	↙↓10	
e	4	↙3	←4	↙←**5**	←**6**	←7	↙↓8	↙↓9	↙↓10	↓9	
t	3	↙←4	↙←**5**	↙↓6	↙↓7	↙↓8	↙7	←8	←9	↓8	
n	2	↙←**3**	↙←4	↙↓5	↙↓6	↙↓7	↙↓8	↓7	↙←8	↙7	
i	**1**	↙←2	↙←3	↙↓4	↙↓5	↙↓6	↙7	↙6	←7	←8	
#	**0**	1	2	3	4	5	6	7	8	9	
	#	e	x	e	c	u	t	i	o	n	

图3.27　在每一个方框中输入一个值，并用箭头标出该方框中的值是来自与之相邻的三个
方框中的哪一个方框，一个方框最多可以有三个箭头。当这个表填满之后，我们
就使用追踪的方法来计算**对齐**的结果(也就是最小编辑路径)，计算
时，从右上角代价值为8的方框开始，顺着箭头所指的方向进行追踪。图中
灰黑色的方框序列表示在两个符号串之间一个可能的最小代价对齐的结果

有各种已经公布的软件包可以用来计算编辑距离，其中包括 UNIX diff 和 NIST sclite 程序（NIST, 2005）。最小编辑距离算法可以使用各种办法来扩充其功能。例如，Viterbi 算法就是最小编辑距离算法的一个扩充，这种算法对于运算进行了概率定义。Viterbi 算法不计算两个符号串之间的"最小编辑距离"，而计算一个符号串与另一个其他的符号串之间的"最大概率对齐"。Viterbi 算法语音识别和词类标注等是使用概率的工作中的一种关键性的算法。

3.12 人是怎样进行形态处理的

在本节中，我们介绍心理语言学的一些研究结果，从而说明，多语素词在说英语的人的心中是如何表示的。例如，我们来考虑 walk 这个词以及它的屈折形式 walks 和 walked。这三个形式都存储在人的心理词表中吗？还是心理词表中只存 walk, -ed 和-s？我们可以想到，这样的表示方法在理论上分别处于两个极端。一个极端是**完全枚举法**（full listing），一个极端是**最小羡余法**（minimum redundancy）。完全枚举法假定，在人的心理词表中，语言中的全部单词，不管它们的内部形态结构如何，都要全部一一枚举出来。按照这样的观点，形态结构只是一种没有因果关系的现象（epiphenomenon），因此，在心理词表中，walk, walks, walked, happy, happily 都是分别开来枚举的。这种假设，对于土耳其语这样形态复杂的语言，显然是行不通的。最小羡余法假定，在心理词表中，只表示那些有组合能力的语素，因此，当处理 walks 的时候，（不论是读、听还是交谈），我们都必须分别访问这两个语素（walk 和-s），并且把它们组合在一起。

关于人的心理词表代表了某种形态结构的其他证据来自**口语失误**（speech errors），又称为**言语失误**（slips of the tongue）。在正常的对话中，说话者常常颠倒了单词或发音的顺序。例如，

> if you break it it'll drop

在 Fromkin and Ratner（1998）以及 Garrett（1975）的著作中，收集了一些言语失误的例子，其中屈折和派生的词缀在口语中可能和它们的词干分开，这说明了，心理词表中一定含有表示这些词的形态结构的某种手段。例如，

> it's not only us who have screw looses（应为 screws loose）
> words of rule formation（应为 rules of word formation）
> easy enoughly（应为 easily enough）

但是新近的一些实验说明，完全枚举法和最小羡余法这两种说法都不完全正确。事实上，某些类的形态关系在心理上是要表示出来的（特别是屈折和某些派生），但是其他的形态关系却不表示出来，而要在心理词表中一一枚举。例如，Stanners et al.（1979）发现，在心理词表中，派生形式（happiness, happily）是与它们的词干（happy）分开来存储的，而很有规则的那些屈折形式（pouring）并不与它们的词干（pour）分开存储。他们使用重复优先实验（repetition prime experiment）得到了这样的结论。简言之，重复优先实验认为，如果一个词在前面已经出现过，那么，它在重复出现时就会具有优先性，所以它就会被更快地识别，这显然是一种**优先性**（primed）。他们发现，lifting 优先于 lift, burned 优先于 burn, 但是，selective 并不优先于 select。Marslen-Wilson et al.（1994）发现，口语中的派生词可能优先于它们的词干，但是，这种优先性只出现在派生形式的意义与词干的意义有紧密联系的时候。例如，government 优先于 govern, 但是 department 并不优先于 depart。Grainger et al.（1991）发现，带前缀的词也有类似的结果（但带后缀的词不然）。Marslen-Wilson et al.（1994）提出了如下一个与他们自己的发现相容的模型，如图 3.28 所示。

图 3.28　Marslen-Wilson et al. (1994) 的结果：仅当语义上相关时，派生词才与它们的词干相联系

总体来说，这些研究结果说明，至少如屈折变化这样的能产性形态，在人的心理词表中是在起作用的。一些更新的研究表明，当人们读单词的时候，非屈折的形态结构也是在起作用的，这种结构称为**形态家族范围**(morphological family size)。一个单词的形态家族范围就是出现这个单词的其他形态音位单词和复合词的数量。例如，fear 这个单词的形态家族包括 fearful, fearfully, fearfulness, fearless, fearlessly, fearlessness, fearsome, godfearing 等，其形态家族范围为 8 (根据 CELEX 数据库)。Baayen 等人 (Baayen et al., 1997; De Jong et al., 2002; Moscoso del Prado Martín et al., 2004a)证明了，形态家族范围大的单词，识别起来更快一些。

新近的一些研究工作还进一步证明，单词识别的速度受到在该单词的形态聚合关系中所包含的**信息总量**(total amount of information)或**熵**(entropy)的影响(Moscoso del Prado Martín et al., 2004a)。我们将在下一章介绍熵。

3.13　小结

本章介绍自然语言处理中的**形态学**(morphology)，主要涉及词的构成、**有限状态转录机**(finite-state transducer)以及应用于模拟形态规则的一些共同使用的计算工具，这些工具在后面章节的其他很多工作中也起着很大的作用。我们还介绍了**词干还原**(stemming)、**单词和句子的词例还原**(word and sentence tokenization)以及**拼写错误检查**(spelling error detection)等问题。下面是本章要点的总结：

- **形态剖析**是发现在词中所包含的连续的**语素**的过程(例如，cats 剖析为 cat +N +PL)。
- 英语主要使用**前缀**和**后缀**来表示**屈折**形态和**派生**形态。
- 英语的屈折形态相对简单，包括人称和数的一致关系以及时态标志(-ed 和-ing)。英语的**派生**形态比较复杂，包括诸如-ation 和-ness 这样的后缀以及诸如 co-和 re-这样的前缀。英语的**形态顺序规则**(可容许的语素的顺序)可以用有限自动机来表示。
- 有限状态转录机是能生成输出符号的有限自动机的扩充。FST 的重要的运算包括**组合、投影**和**交运算**。
- **有限状态形态学**和**双层形态学**是有限状态转录机在形态表示和剖析中的应用。
- 存在着转录机的自动编译程序，该编译程序对于任何简单的重写规则，都能够造出一个转录机来。词表和拼写规则可以通过**组合**和**交合**不同的转录机的方式结合起来。
- **Porter 算法**是词干还原的简单而有效的方法，可以从词干剥离词缀。它没有像包含词表的转录机模型那样精确，但是它与如**信息检索**这样的工作密切相关，信息检索不需要做精确的形态结构剖析。
- **单词的词例还原**可以使用简单的正则表达式替换或者使用转录机来实现。
- **拼写错误检查**通常可以通过发现那些没有在词典中出现的单词的办法来实现；为此可以使用 FST 词典。
- 两个符号串之间的**最小编辑距离**是把一个符号串编辑为另一个符号串时所需要的最少的操作次数。最小编辑距离可以使用**动态规划**的方法来计算，也可以用来做两个符号串的**对齐**。

3.14　文献和历史说明

　　尽管有限状态转录机和有限状态自动机在数学上十分相似，但是，这两个模型却是在不同传统的基础上发展起来的。第 2 章中，我们描述了有限自动机是怎样在 Turing(1936)的算法计算模型和 McCulloch 及 Pitt 的与有限状态模型极为相近的神经元模型的基础上发展起来的。但是，Turing 机器对于转录机的影响却不是那么直接。Huffman(1954)在 Shannon(1938)关于继电器电路的代数模型的基础上，提出了使用状态转移表来模拟序列电路的行为。在 Turing 和 Shannon以及鲜为人知的 Huffman 工作的基础上，Moore(1956)为了描述使用输入符号字母表和输出符号字母表并且具备有限个数目的状态的机器，引入了**有限自动机**(finite automaton)这个术语。Mealy(1955)进一步推广并综合了 Moore 和 Huffman 的研究成果。

　　Moore 在原来的文章里所描述的自动机与 Mealy 后来推广的自动机有着重要的区别。在Mealy 自动机中，输入/输出符号是通过状态之间的转移来联系的。而在 Moore 自动机中，输入/输出符号是通过状态来联系的。这两种类型的转录机是等价的：任何的 Moore 自动机都可以转换成等价的 Mealy 自动机，反之亦然。有限状态转录机的早期进一步的研究和序列转录机的研究等工作，是由 Salomaa(1973)和 Schützenberger(1977)进行的。

　　形态剖析的早期算法或者采用**自底向上**(bottom-up)的方法，或者采用**自顶向下**(top-down)的方法，这些方法我们将在第 13 章中讲剖析的时候讨论。很多早期的形态剖析程序使用自底向上的词缀剥离法(affix-stripping)来进行剖析。例如，在 Packard(1973)的古希腊语剖析器中，就反复地剥离输入单词中的前缀和后缀，使剩下来的词根突显出来，然后，再在词表中查找剩下来的词根，并返回与被剥离的词缀相容的词根。AMPLE(A Morphological Parser for Linguistic Exploration，用于语言研究的形态剖析器)(Weber and Mann, 1981; Weber et al., 1988; Hankamer and Black, 1991)是另一个早期的自底向上的形态分析器。Hankamer(1986)的 keCi 是一个自顶向下的土耳其语的形态剖析器，使用生成检测法(generate-and-test)或者综合式分析法(analysis-by-synthesis)。该剖析器是在土耳其语的语素的有限状态表达式的指导下进行工作的。程序首先匹配单词左边部分的语素，对这些语素使用各种可能的音系学规则针对输入检测每一个结果。如果一个输出成功了，程序就根据有限状态语素顺序规则继续分析下一个语素，继续对输入进行匹配。

　　用有限状态转录机来模拟拼写规则的思想来源于 Johnson(1972)早期关于音系规则(将在第 7 章讨论)具有有限状态性质的思想。可惜 Johnson 的这种远见卓识没有引起学术界的注意，后来 Ronald Kaplan 和 Martin Kay 独立地发现了这样的规律，首先是在未发表的谈话中谈到这个规律(Kaplan and Kay, 1981)，后来终于发表出来了(Kaplan and Kay, 1994)(请参看本书前文我们关于多重独立发现的论述)。Koskenniemi(1983)继续研究 Kaplan 和 Kay 的发现，并且做了大量的研究工作，描写了芬兰语的有限状态形态规则。Karttunen(1983)根据Koskenniemi 的模型，建立了一个称为 KIMOO 的程序。Antworth(1990)细致地描述了双层形态学及其在英语中的应用。

　　除了 Koskenniemi 对芬兰语的研究和 Antworth(1990)对英语的研究之外，形态学的双层模型和其他有限状态模型也在很多其他的语言的研究中开展起来，例如，Oflazer(1993)对土耳其语的研究，Beesley(1996)对阿拉伯语的研究等。Barton, Jr et al.(1987)探讨了双层模型的某些计算复杂性问题，Koskenniemi and Church(1988)回答了这些问题。

　　对于有限状态形态学有更多兴趣的读者可以阅读 Beesley and Karttunen(2003)。对于阿拉伯语和闪米特语形态学有更多兴趣的读者可以阅读 Smrž(1998)，Kiraz(2001)和 Habash et al. (2005)。

20 世纪 90 年代建立了句子切分的一些实用系统。关于句子切分的历史和各种算法的综述可参看 Palmer(2000)，Grefenstette(1999)和 Mikheev(2003)。在日语和汉字中还特别地研究了单词的切分问题。在普遍使用最大匹配算法作为底线的同时，还提出了一些简单而合理的更加精确的算法，最近提出的一些算法使用了随机算法和机器学习算法。关于这些算法可参看 Sproat et al. (1996)，Xue and Shen(2003)和 Tseng et al. (2005a)。

对于那些想了解符号串距离、最小编辑距离和有关领域的读者，Gusfield(1997)是一本很好的书，这本书几乎覆盖了所有你想了解的内容。

对于自动机的数学基础的细节有兴趣的学生可以阅读 Hopcroft and Ullman(1979)或 Lewis and Papadimitriou(1988)。Roche and Schabes(1997b)是自然语言处理中有限状态转录机的一本数学导引。Mohri(1997)和 Mohri(2000)给出了关于转录机的最小化和确定化的很多有用的算法。

CELEX 词典是一个非常有用的形态分析数据库，包括英语、德语和荷兰语的大型词表中词汇的完全的形态剖析(Baayen et al ., 1995)。Roark and Sproat(2007)是形态和句法计算的一本导论性读物。Sproat(1993)则是计算形态学的一本比较老的导论性读物。

第 4 章 N 元 语 法

　　能够猜测未来不一定总是一件好事。Troy 城的 Cassandra 有预见未来的天赋，但是，却遭到 Apollo 的咒骂，说 Cassandra 的预见是永远也不能相信的。Cassandra 曾经预言 Troy 城将会毁灭，并且发出了警告，可是她的这种警告被人们忽视了，而且被轻描淡写地简化了，大家只是说，后来发生的事情并不如她原先所预见的那样顺利。

　　猜测单词看来并不是一件令人愁眉苦脸的事情。在本章中，我们将讨论单词的猜测问题。例如，我们猜测哪一个单词最可能跟在下面的句子片段的后面：

Please turn your homework…

　　你们当中的大多数人也许会认为，最可能的单词是 in，或者是 over，但不可能是 the。我们把这种**猜测单词**（word prediction）的问题采用 **N 元语法模型**（N-gram model）这样的概率模型来形式化地加以描述。N 元语法模型根据前面出现的 $N-1$ 个单词猜测下面一个单词。一个 N 元语法是包含 N 个单词的序列：2 元语法(一般称为 **bigram**）是包含 2 个单词的序列，如 please turn，turn your，your homework；3 元语法(一般称为 **trigram**）是包含 3 个单词的序列，如 please turn your，turn your homework。我们下面将要详细地分析，一个 N 元语法模型是根据前面出现的单词计算后一个单词的模型。② 这种单词序列的概率模型又称为语言模型（Language Models，LM）。计算下面单词的概率是与计算单词序列的概率密切相关的。例如，下面的单词序列在英语的书面文本中的出现概率不为零：

… all of a sudden I notice three guys standing on the sidewalk taking a very good long gander at me.（突然间，我注意到有 3 个站在人行道旁边的男人老是在盯着我。）

　　但是，如果把同样的这些单词，按另外的顺序随便排列一下，其出现概率就变得非常低了。

on guys all I of notice sidewalk three a student standing the

　　我们将会看到，如 N 元语法这样的预测器可以给下面可能出现的单词指派一个条件概率，也可以给下面可能出现的整个句子指派一个联合概率，在语音和语言处理中，不论是预测下面的单词还是预测个句子，N 元语法模型都是非常重要的工具。

---

① 这是他于 1988 年 12 月 7 日在自然语言处理评测讨论会上的讲话；Palmer and Finin（1990）描述这个讨论会时，没有写下这段引文；一些当时参加会议的人回忆，Jelinek 讲的话更为尖刻，他说："每当我解雇一个语言学家，语音识别系统的性能就会改善一些。"

② 这里有一小点儿术语方面的歧义，我们常常去掉"model"这个词，这样一来，N-gram 既可以表示"单词序列"，又可以表示"猜测模型"。

如果我们的任务是要在噪声中或者在歧义的输入中辨认出单词,那么,N 元语法就是必不可少的。例如,在**语音识别**(speech recognition)中,输入的语音是很含混的,而且很多单词的发音非常相似。Russell and Norvig(2002)曾经举过一个非常直观的例子,说明单词序列的概率可以帮助进行**手写体识别**(handwriting recognition)。在电影《携款潜逃》(《Take the Money and Run》)中,Woody Allen 试图抢劫银行,他手里拿着一张写得乱七八糟的字条,一位银行出纳员把字条上面的字迹错误地读成"I have a gub",弄不清楚是什么意思。如果我们使用任何一个语音和语言处理系统,就可以避免犯这样的错误,因为根据单词序列的知识,就可以判断字条上面的字迹是"I have a gun"(我有一只枪)的概率要比是"I have a gub"("a gub"不是英语的一个单词序列)或者"I have a gull"(我有一个海鸥)的概率要高得多。

在统计**机器翻译**(machine translation)中,N 元语法也是至关重要的。如果我们要把源语言中文的句子"他向记者介绍了声明的主要内容"翻译成英文,在翻译过程中,我们得到了如下可能的英语粗译文:

> he briefed to reporters on the chief contents of the statement
> he briefed reporters on the chief contents of the statement
> he briefed to reporters on the main contents of the statement
> **he briefed reporters on the main contents of the statement**

尽管对于句子的长度有所控制,N 元语法可以告诉我们,briefed reporters 比 briefed to reporters 的可能性更大,main contents 比 chief contents 的可能性更大,这样,我们就可以选择黑体字的句子作为最通顺的译文,因为这个句子的概率最高。

在**拼写更正**(spelling correction)中,我们需要发现并且改正的拼写错误有的是偶然地由于真实的英语单词造成的[摘自 Kukich(1992)]。

> They are leaving in about fifteen *minuets* to go to her house.
> The design *an* construction of the system will take more than a year.

由于这些错误的单词 minuets 和 an 都是实际存在的真词(real words),如果我们仅仅根据是否在词典中出现来判断错误,那么,我们就不能发现这样的错误。但是,如果我们注意到 in about fifteen minuets 这个序列与 in about fifteen minutes 这个序列比较起来,出现的可能性小得多[1],我们就可以发现这样的错误。拼写检查程序可以使用概率预测器来检查这样的错误,并且提出概率比较高的符号序列作为正确答案的建议。

预测下一个单词的这种能力对于残疾人的**增强交际**(augmentative communication)系统是至关重要的(Newell et al., 1998)。已经有一些计算机系统可以在交际方面帮助残疾人。例如,对于那些不能使用口语或手势语言来交际的残疾人,如著名物理学家霍金(Steven Hawking),就可以使用增强交际系统来帮他们说话,让他们在系统的控制下,通过简单的身体动作,从能够发音的菜单中选择单词。这时,可以使用预测单词的方式向残疾人推荐那些在菜单中最适合的单词。

除了上面举例介绍的领域之外,N 元语法在**词类标注**(part-of-speech tagging)、**自然语言生成**(natural language generation)和**单词相似度计算**(word similarity)等自然语言处理研究中以及在**匿名作者辨认**(authorship identification)、**情感抽取**(sentiment extraction)和手机的**预测式文本输入**(predictive text input)等应用系统中都起着至关重要的作用。

---

① minuets 的意思是"小步舞",与"in the fifteen"的结合概率很低。　　　　　　　　　　　——译者注

4.1   语料库中单词数目的计算

[前面问道:"是不是英语中没有足够的单词供他使用"]

"不,单词是足够的,但是它们不都是很恰当的。"

James Joyce,在 Bates 的报告(1997)

概率的计算依赖于对事物的计算。在谈论概率之前,需要决定我们所要计算的是什么。自然语言中的统计计算要依赖于**语料库**(corpora,它的单数形式是 corpus),语料库是计算机可读的文本或口语的集合体。为了计算单词的概率,我们需要计算在训练语料库中的单词的数目。让我们来看一看两个流行的语料库:一个是 Brown 语料库,一个是 Switchboard 语料库。Brown 语料库是一个规模为一百万单词的语料库,样本来自 500 篇书面文本,包括不同的文体(新闻、小说、非小说、学术著作等),这个语料库是由 Brown 大学在 1963 年至 1964 年收集的(Kučera and Francis, 1967; Francis, 1979; Francis and Kučera, 1982)。下面是 Brown 语料库中的一个句子,这个句子中有多少单词呢?

(4.1) He stepped out into the hall, was delighted to encounter a water brother.

如果我们不把标点符号也算为单词,那么,例(4.1)中的这个句子有 13 个单词;如果我们把标点符号也算进去,那么,这个句子有 15 个单词。是否把句号(.)和逗号(,)等标点符号算为单词,取决于不同的任务。标点符号对于发现单词或句子的边界(逗号、句号、冒号),或者对于辨别意义的某些方面(问号、感叹号、引号),都起着关键性的作用。在词类标注、剖析、语音合成中,我们有时要把标点符号当作独立的单词来处理。

Switchboard 是一个关于陌生人之间电话会话的口语语料库,这个语料库是 20 世纪 90 年代初期收集的,包含 2430 个会话,每个会话平均 6 分钟,总共有 240 小时的会话,包含 300 万单词(Godfrey et al., 1992)。在这种口语语料库中没有标点符号,但是在确定单词的时候会出现一些复杂问题。我们来看 Switchboard 中的一个**话段**(utterance),在口语中,话段相当于一个句子。

(4.2) I do uh main-mainly business data processing

在这个话段中有两种类型的**阻断**(disfluencies)。一种是**切断**(fragment),一种是**有声停顿**(filled pauses)。一个单词在中间被拦腰切开就形成切断,例如,上面句子中的 mainly 被拦腰切开形成的"main-"就是切断。如 uhs 和 ums 这样的单词形成的停顿称为有声停顿,或者称为**过滤成分**(filters)。能否把这样的过滤成分看成单词,取决于具体的应用。如果我们要在语音自动识别的基础上建立一个自动听写系统,就要设法去掉这些阻断。

然而,有时我们也有必要保持住这些阻断。人们怎样阻断的情况正好可以用来帮助人们辨识这样的阻断或者检查这样的阻断究竟是表示某种强调还是造成了混乱。阻断也经常与特定的句法结构一起出现,因此,在自动剖析或者单词预测中,它们可能也是很有帮助的。例如,Stolcke and Shriberg(1996)发现,如果把 uh 当作一个单词来处理,可以改进下面一个单词的预测(为什么?),因此很多语音识别系统把 uh 或 um 当作单词来处理。[①]

同一个单词的大写词例 They 和非大写词例 they 又怎样处理呢?在语音识别中是把它们混在一起来对待的,而在词类标注中则把大写作为一个个别的单独特征来处理。在本章的其他地方,假定我们的模型是不分大写和小写的。

---

① Clark and Fox Tree(2002)曾经指出,um 与 uh 的意思稍有不同。你怎么考虑这样的不同?

我们应该如何来处理如 cats 对 cat 这样的单词的屈折形式呢？它们具有相同的**词目**(lemma) cat，但是它们的**词形**(wordform)各不相同。在第 3 章中我们讲过，词目就是具有相同的词干和相同的词义并且主要的词类也相同的词汇形式；而词形则是一个单词的全部的屈折或派生形式。对于如阿拉伯语这样的形态复杂的语言，我们常常需要进行词目还原。不过，英语语音识别的 N 元语法以及本章中讨论的其他所有例子，都是建立在词形的基础之上的。

正如我们所看到的，N 元语法模型以及单词的一般计算都要求我们进行词目还原或者前一章介绍的文本归一化的工作，包括标点符号的分离、如 m. p. h 这样的缩略词的处理、拼写的归一化，等等。

在英语中有多少单词？为了回答这个问题，我们需要语言的"型"(type)和"例"(token)。"型"就是语料库中不同单词的数目，或者是词汇容量的大小，记为 V；"例"就是使用中的全部单词数目，记为 N。这样，下面来自 Brown 语料库的句子有 16 个单词"例"和 14 个单词"型"(不计算标点符号)。

(4.3) They picnicked by the pool, then lay back on the grass and looked at the stars.

（他们在池塘旁边野炊，然后躺在草地上观看星空。）

Switchboard 语料库有 20 000 个词形的"型"(来自大约 300 万个词形的"例")。莎士比亚(Shakespeare)的全部著作有 29 066 个词形的"型"(来自 884 647 个词形的"例")(Kučera, 1992)。Brown 语料库有 61 805 个词形的"型"(来自 37 851 个词目的"型"和 100 万个词形的"例")。这些语料库都太小了。Brown et al. (1992)积累了一个 5.83 亿个词形的"例"的英语语料库，发现其中包含 293 181 个不同的词形的"型"。词典可以用来帮助我们计算词目；词典的条目或**黑体形式**(boldface forms)可以粗略地看成是词目的大致的上界(因为某些词目可以有多个黑体形式)。美国 Heritage 词典有 20 万条"黑体形式"，这个数目比我们从语料库观察到的词目的数目高一些。Gale and Church(1990)提出，词汇容量(型的数量)至少是随着例的数量的平方根而增长的(也就是 $V > O(\sqrt{N})$)。

在本章的其他小节将继续区分"型"和"例"，而且"型"是指词形的"型"。

4.2　简单的(非平滑的)N 元语法

我们首先从 N 元语法的一些直观的例子开始。我们假定读者具备概率论的基本知识。我们的目的是在给定了某个单词 w 的历史 h 的条件下，计算单词 w 的概率 $P(w|h)$。假定历史 h 是 its water is so transparent that，我们想知道这个历史 h 后面的单词 the 的概率是多少：

$$P(\text{the} \mid \text{its water is so transparent that}) \tag{4.4}$$

我们怎样来计算这个概率呢？一个办法是根据相对频率来计算。例如，我们使用一个很大的语料库，计算 its water is so transparent that 的出现次数，并计算这个符号串后面再跟上一个单词 the 而构成符号串的出现次数。也就是要回答问题："如果我们知道了历史 h 的出现次数，那么，它后面再跟上单词 w 而形成的符号串的出现次数占原来的出现次数的多少"，也就是计算：

$$P(\text{the} \mid \text{its water is so transparent that}) = \frac{C(\text{its water is so transparent that the})}{C(\text{its water is so transparent that})} \tag{4.5}$$

使用一个如 Web 这样足够大的语料库，我们就可以计算出这个次数，并且根据公式(4.5)估计出概率。现在，你就可以停下来，上 Web 看一看，自己来计算一下这样的概率。

在大多数情况下，这种直接根据计数来估计概率的方法是行之有效的，但是很多场合，为了很好地估计出概率,我们往往会觉得 Web 的规模还不够大。这是因为语言具有创造性,语言中总是会不断地创造出新的句子来,因而我们不是总有本领把全部的句子都毫无遗漏地计算出来。如果我们把上面的句子简单地扩充一下,把它扩充成 Walden Pond's water is so transparent that the,在 Web 上得出的计数就可能为零。

类似地,如果我们想知道如 its water is so transparent 的整个单词序列的联合概率,就要问"在所有可能的 5 个单词组成的序列中,its water is so transparent 这个单词序列占多大的比例?"我们可以用 its water is so transparent 这个单词序列的出现次数除以所有可能的 5 个单词组成的序列的出现次数,就能做出这样的估计。不过这样的估计做起来确实很不容易!

由于这个原因,我们有必要引入一种比较聪明的办法来估计在给定的历史 h 的条件下,单词 w 出现的概率,或者估计整个单词序列 W 出现的概率。让我们从稍微形式化的记法开始。为了表示某个特定的随机变量 X_i 取值为 the 的概率,即 $P(X_i = \text{the})$,我们使用简化的记法记为 $P(\text{the})$。我们把 N 个单词的序列记为 $w_1, w_2, \cdots, w_n$,或者记为 w_1^n。对于在一个序列中每一个单词都有一个特定的值的联合概率,也就是 $P(X = w_1, Y = w_2, Z = w_3, \cdots, W = w_n)$,记为 $P(w_1, w_2, \cdots, w_n)$。

我们怎样来计算如 $P(w_1, w_2, \cdots, w_n)$ 序列的概率呢?

我们可以根据概率的**链规则**(chain rule of probability)把这个概率加以分解:

$$
\begin{aligned}
P(X_1 \ldots X_n) &= P(X_1)P(X_2|X_1)P(X_3|X_1^2)\cdots P(X_n|X_1^{n-1}) \\
&= \prod_{k=1}^{n} P(X_k|X_1^{k-1})
\end{aligned}
\tag{4.6}
$$

使用链规则于上面的单词序列 $w_1, w_2, \cdots, w_n$,我们得到:

$$
\begin{aligned}
P(w_1^n) &= P(w_1)P(w_2|w_1)P(w_3|w_1^2)\cdots P(w_n|w_1^{n-1}) \\
&= \prod_{k=1}^{n} P(w_k|w_1^{k-1})
\end{aligned}
\tag{4.7}
$$

链规则说明了整个单词序列的联合概率的计算与在前面给定单词的条件下一个单词的条件概率的计算之间的关系。从公式(4.7)可知,我们可以通过把若干个条件概率相乘的办法来估计整个单词序列的联合概率。然而,使用这样的链规则未必能够帮助我们解决这个问题!当前面的单词序列很长的时候,我们没有什么办法来计算某个单词的精确的概率 $P(w_n|w_1^{n-1})$。前面说过,我们不能在一个很长的符号串之后,来数每一个单词的出现次数,从而来估计单词的概率,因为语言具有创造性,每一个特定的上下文都可能是在此之前从来都没有出现过的。

因此,我们在计算某个单词的概率的时候,不是考虑它前面的全部的历史,而只是考虑最接近该单词的若干个单词,从而**近似地逼近**(approximate)该单词的历史。这就是 N 元语法模型的直觉解释。

例如,我们只通过前面一个单词的条件概率 $P(w_n|w_{n-1})$ 来逼近前面给定的所有单词的概率 $P(w_n|w_1^{n-1})$,这就是**二元语法模型**(bigram model)。换句话说,我们不是计算概率

$$
P(\text{the} \mid \text{Walden Pond's water is so transparent that})
\tag{4.8}
$$

而是使用如下的概率来逼近这个概率:

$$
P(\text{the} \mid \text{that})
\tag{4.9}
$$

当使用二元语法模型来预测下面一个单词的概率时,我们使用如下的近似逼近式:

$$
P(w_n|w_1^{n-1}) \approx P(w_n|w_{n-1})
\tag{4.10}
$$

一个单词的概率只依赖于它前面单词的概率的这种假设称为**马尔可夫假设**(Markov assumption)。马尔可夫模型是一种概率模型,马尔可夫模型假设,我们没有必要查看很远的过去,就可以预见到某一个单位将来的概率。我们可以把二元语法模型(只看过去的一个单词)推广到三元语法模型(看过去的两个单词),再推广到 N 元语法模型(看过去的 $N-1$ 个单词)。

这样一来,在一个序列中,N 元语法对于下一个单词的条件概率逼近的通用公式是:

$$P(w_n|w_1^{n-1}) \approx P(w_n|w_{n-N+1}^{n-1}) \tag{4.11}$$

使用二元语法时只考虑前面一个单独的单词的概率,这时,我们把公式(4.10)代入公式(4.7),就可以计算出整个单词序列的概率。结果如下:

$$P(w_1^n) \approx \prod_{k=1}^{n} P(w_k|w_{k-1}) \tag{4.12}$$

我们怎样来估计这种二元语法或 N 元语法的概率呢? 估计这种概率的最简单和最直观的方法称为**最大似然估计**(Maximum Likelihood Estimation, MLE)。我们可以把从语料库中得到的计数加以**归一化**(normalize),从而得到 N 元语法模型参数的 MLE 估计,进行归一化之后,概率都处于 0 和 1 之间。[①]

例如,为了计算在前面单词是 x 的条件下,单词 y 的二元语法概率,我们就要取第一个单词为 x 的所有二元语法 $C(xy)$ 的计数(count,也就是出现次数),然后用第一个单词为 x 的所有二元语法的总数作为除数来除这个计数,从而进行归一化:

$$P(w_n|w_{n-1}) = \frac{C(w_{n-1}w_n)}{\sum_w C(w_{n-1}w)} \tag{4.13}$$

我们可以把这个公式加以简化,因为以给定单词 w_{n-1} 开头的所有二元语法的计数必定等于该单词 w_{n-1} 的一元语法的计数。(读者可以想一想以便确信这个结论是正确无误的)。

$$P(w_n|w_{n-1}) = \frac{C(w_{n-1}w_n)}{C(w_{n-1})} \tag{4.14}$$

让我们使用只包含三个句子的微型语料库来验证这个结论。首先我们需要对这三个句子做进一步的加工,在句子的开头标以一个特殊的符号 <s>,以便使句子中的第一单词具有二元的上下文。我们也需要在句子的末尾标以一个特殊的符号 </s>。[②]

```
<s> I am Sam </s>
<s> Sam I am </s>
<s> I do not like green eggs and ham </s>
```

根据这个语料库,可以得到如下的二元语法概率计算的一些结果:

$$P(\text{I}|\text{<s>}) = \frac{2}{3} = 0.67 \qquad P(\text{Sam}|\text{<s>}) = \frac{1}{3} = 0.33 \qquad P(\text{am}|\text{I}) = \frac{2}{3} = 0.67$$

$$P(\text{</s>}|\text{Sam}) = \frac{1}{2} = 0.5 \qquad P(\text{Sam}|\text{am}) = \frac{1}{2} = 0.5 \qquad P(\text{do}|\text{I}) = \frac{1}{3} = 0.33$$

N 元语法 MLE 参数估计的一般公式如下:

$$P(w_n|w_{n-N+1}^{n-1}) = \frac{C(w_{n-N+1}^{n-1}w_n)}{C(w_{n-N+1}^{n-1})} \tag{4.15}$$

在公式(4.15)中,用前面符号串(prefix)的观察频率来除这个特定单词序列的观察频率,就得到 N 元语法概率的估计值。这个比值称为**相对频率**(relative frequency)。在最大似然估计 MLE

[①] 对于概率模型,所谓"归一化"就是除以某个总数使得概率落入 0 和 1 的合法范围之内。

[②] Chen and Goodman(1998)指出,我们需要在句子末尾标一个结尾符号,以便使二元语法具有真正的概率分布。如果没有这样的结尾符号,那么,具有给定长度的所有句子的句子概率的总和将为 1,而整个语言的概率将为无穷。

的技术中，相对频率是概率估计的一种方法，因为对于给定的模型 M 来说，最后算出的参数集能使训练集 T 的似然度[也就是 $P(T|M)$]达到最大值。例如，在容量为 100 万词的 Brown 语料库中，假定单词 Chinese 出现 400 次。那么，在另外一个容量为 100 万词的文本中，单词 Chinese 的出现概率是多少呢？MLE 可以估计出，其概率也是 $\frac{400}{1\,000\,000}$ 或 0.0004。现在 0.0004 并不是在一切情况下单词 Chinese 出现的概率估计值；但是，这个概率能使我们估计出，在容量为 100 万单词的语料库中，Chinese 这个单词最可能出现的次数大约是 400 次。4.5 节将介绍一些方法对MLE 的估计进行轻微的改动，可以获得更好的概率估计结果。

现在我们来研究一个比刚才的只包含 14 个单词的微型语料库更大一些的语料库。其数据取自"Berkeley 饭店规划"（现在已经不再使用），这是上世纪设计的关于加利福尼亚 Berkeley 饭店数据库的问答对话系统（Jurafsky et al., 1994）。这里是用户提问的一些样本，全部使用小写字母，不带标点符号（在网页上，可以找到包含 9332 个句子的代表性的语料库）：

can you tell me about any good cantonese restaurants close by
（你可以告诉我附近的任何一个广东饭店吗）
mid priced thai food is what i'm looking for
（价钱中等的泰国饭店是我正在找的饭店）
tell me about chez panisse.
（请告诉我关于 chez panisse 饭店的情况）
can you give me a listing of the kinds of food that are available
（你可以给我已经准备好的各种食品的一个单子吗）
i'm looking for a good place to eat breakfast
（我正在找一个适合吃早饭的地方）
when is caffe venezia open during the day
（近来 venezia 咖啡店什么时候开门）

图 4.1 是从"Berkeley 饭店规划"中得到的一个二元语法的某些二元语法计数。注意，大多数的计数为零。实际上，我们在选择单词的样本时已经设法尽量使它们彼此接应得比较好；如果随机地选择 8 个单词，数据将更加稀疏。

	i	want	to	eat	chinese	food	lunch	spend
i	5	827	0	9	0	0	0	2
want	2	0	608	1	6	6	5	1
to	2	0	4	686	2	0	6	211
eat	0	0	2	0	16	2	42	0
chinese	1	0	0	0	0	82	1	0
food	15	0	15	0	1	4	0	0
lunch	2	0	0	0	0	1	0	0
spend	1	0	1	0	0	0	0	0

图 4.1　在"Berkeley 饭店规划"语料库（容量为 9332 个句子）中，
8 个单词的二元语法计数（$V = 1446$）。零计数用灰色表示

图 4.2 是经过归一化之后的二元语法概率（用下列的每个单词相应的一元语法计数来除它们各自的二元语法计数）。

i	want	to	eat	chinese	food	lunch	spend
2533	927	2417	746	158	1093	341	278

下面列出了其他一些有用的概率:

$P(\text{i}|\text{<s>}) = 0.25$ $P(\text{english}|\text{want}) = 0.0011$
$P(\text{food}|\text{english}) = 0.5$ $P(\text{</s>}|\text{food}) = 0.68$

8 个单词的二元语法概率如下:

	i	want	to	eat	chinese	food	lunch	spend
i	0.002	0.33	0	0.0036	0	0	0	0.00079
want	0.0022	0	0.66	0.0011	0.0065	0.0065	0.0054	0.0011
to	0.00083	0	0.0017	0.28	0.00083	0	0.0025	0.087
eat	0	0	0.0027	0	0.021	0.0027	0.056	0
chinese	0.0063	0	0	0	0	0.52	0.0063	0
food	0.014	0	0.014	0	0.00092	0.0037	0	0
lunch	0.0059	0	0	0	0	0.0029	0	0
spend	0.0036	0	0.0036	0	0	0	0	0

图 4.2　在容量为 9 332 个句子的"Berkeley 饭店规划"语料库
中, 8 个单词的二元语法概率。零概率用灰色表示

现在, 我们就可以来计算 I want English food 或 I want Chinese food 这样的句子的概率了, 计算时, 我们只要把相应的二元语法的概率相乘就可以了:

$$P(\text{<s> i want english food </s>})$$
$$= P(\text{i}|\text{<s>})P(\text{want}|\text{i})P(\text{english}|\text{want})$$
$$P(\text{food}|\text{english})P(\text{</s>}|\text{food})$$
$$= 0.25 \times 0.33 \times 0.0011 \times 0.5 \times 0.68$$
$$= 0.000031$$

作为练习, 读者可以自己计算 i want chinese food 这个句子的概率。这样的练习会促使我们想一想, 二元语法究竟捕捉到了什么样的语言现象。上面所说的某些二元语法概率所编码的事实在我们看来实质上都是严格的句法事实, 例如, eat 之后一般跟着名词或者形容词, to 之后一般跟着动词, 等等。另外一些事实的语言学色彩不浓, 而带有更多的文化色彩, 例如, 某人如果想征求如何找到英国食品的建议, 那么, 得到这种建议的概率是很低的。

尽管处于教学的需要, 我们在本章中也简单地介绍了三元语法模型, 并且说明, 如果有充分的训练数据, 我们更愿意使用**三元语法模型**, 其中选择前面两个单词为条件, 而不是只选择前面一个单词为条件。为了计算在每个句子开头的三元语法概率, 我们可以使用两个假想的单词(pseudo-word)来进行第一个三元语法的计算[也就是 $P(\text{I}|\text{<s> <s>})$]。

4.3　训练集和测试集

N 元语法模型是我们在语音和语言处理中所看到的统计模型的一个最好的例子。N 元语法中的概率来自训练语料库。一般来说, 统计模型的参数是在某个数据集上训练出来的, 然后我们把这个模型在某个具体的任务(如语音识别)中应用于某些新的数据。这些新的数据或任务当然不能与我们训练的数据相同。

我们可以把在一些数据上训练，在另一些数据上测试的这种思想加以形式化，把它们分别称为**训练集**（training set）和**测试集**（test set），或者**训练语料库**（training corpus）和**测试语料库**（test corpus）。因此，当我们使用给出了相关数据语料库的语言的统计模型的时候，首先要把这些数据分为训练集和测试集。我们在训练集上训练模型的统计参数，然后使用这个训练得到的模型在测试集上计算概率。

这种把数据分为训练集和测试集的方法，也可以用来**评估**（evaluate）不同 N 元语法的总体结构。如果我们想比较不同的语言模型［例如，比较建立在不同阶 N 基础上的 N 元语法模型，或者比较 4.5 节中将要介绍的各种**平滑算法**（smoothing algorithm）］，我们可以使用一个很大的语料库，并且把它分为训练集和测试集。然后，我们在训练集上训练两个不同的 N 元语法模型，再看看哪一个 N 元语法模型能比较好地模拟测试集。但是，"模拟测试集"是什么意思呢？对于统计模型与测试集匹配的情况，存在一个有用的度量方法，称为**困惑度**（perplexity），我们将在后面介绍它。困惑度是根据测试集当中每一个句子的概率计算出来的；从直观上来说，能够给测试集指派更高概率的模型（因而也就能够更加精确地对测试集进行预测），就是比较好的模型。

因为我们对于评测的计算是建立在测试集的基础之上的，因此，不要让测试的句子进入训练集中，就显得非常重要了。假定我们试图计算某个特定的"测试"句子的概率，如果这个"测试"句子是训练语料库中的一部分，那么，当这个句子在测试集中出现的时候，我们就会错误地给它指派一个被人为地拔高的概率。我们把这样的情况称为**根据测试集的训练**（training on the test set）。这种根据测试集的训练将会导致偏差，使得概率看起来似乎很高，造成困惑度的计算结果不精确。

除了训练集和测试集之外，把数据进行其他方式的分解也常常是很有用的。有时，我们需要一些附加的数据源来增强训练集。这种附加的数据称为**保留集**（held-out set），因为在训练 N 元语法的计数时，把这些数据保留在训练集之外。然后，把这样的保留语料库用来计算一些其他的参数。例如，在 4.6 节的**插值**（interpolated）N 元语法模型中，我们使用这种保留数据来计算插值的权值。最后，有时我们还需要一个以上的测试集。因为有可能对于某个特定的测试集使用得特别频繁，以至于我们会不知不觉地调整它的某些特征。我们确实还需要实际从来没有见到过的全新的测试集。在这些情况下，我们就把初始的测试集称为**调试测试集**，又称为**开发集**（development test set，又称为 devset）。我们将在第 5 章中讨论调试测试集。

那么，怎样把我们的数据分割为训练集、调试集（开发集）和测试集呢？这需要进行权衡。因为我们常常会希望我们的测试集尽可能地大，而认为小的测试集有时会没有代表性。另一方面，我们也可能希望训练数据越多越好。在最简单的情况下，我们会希望使用一个最小的测试集给出最充分的统计结果，来测定两个潜在模型之间在统计上有意义的差别。实际上，我们往往把数据分为三部分：80% 用于训练，10% 用于调试，10% 用于测试。当我们把一个大的语料库分割成训练集和测试集的时候，测试数据可以直接来自语料库中某个连续的文本序列，或者我们也可以从语料库中随机地选出一部分文本片段，把文本片段之间的那些小"条纹"去掉，最后把这两种类型的文本结合成一个测试集。

4.3.1　N 元语法及其对训练语料库的敏感性

正如很多统计模型一样，N 元语法模型也是依赖于训练语料库的。这一方面意味着，概率通常对某个给定的语料库中的某些特殊的事实进行编码，另一方面还意味着，当我们增加 N 元语法模型的 N 的值的时候，N 元语法对于训练语料库的模拟工作也会做得越来越好。

我们采用 Shannon（1951）提出的，同时 Miller and Selfridge（1950）也使用过的直观化（visualization)技术，使用不同的 N 元语法模型来随机地生成句子，从直观上来理解这些事实。在一元语法的场合，要直观地看到其工作的情况，是非常简单的。我们假定，英语中所有的单词覆盖的概率空间是在 0 和 1 之间，我们在 0 和 1 之间选择一个随机数，然后把覆盖我们所选择实际值的单词打印出来。我们不断地选择随机数，并且不断地生成单词，一直到随机地生成句子末尾的词例 </s> 为止。同样的技术也可以用来生成二元语法，首先根据二元语法的概率，从 <s> 开始生成一个随机的二元语法，然后接着这个二元语法，根据二元语法的概率再选择一个随机的二元语法，等等。

为了直观地了解 N 元语法的能力随其阶数的增高而增高这一事实，我们在莎士比亚全集的语料库上分别训练一元语法、二元语法、三元语法和四元语法模型，然后使用训练出来的这四个语法生成随机的句子(见图 4.3)。

Unigram

To him swallowed confess hear both. Which. Of save on trail for are ay device and rote life have

Every enter now severally so, let

Hill he late speaks; or! a more to leg less first you enter

Are where exeunt and sighs have rise excellency took of. . Sleep knave we. near; vile like

Bigram

What means, sir. I confess she? then all sorts, he is trim. captain.

Why dost stand forth thy canopy, forsooth; he is this palpable hit the King Henry. Live king. Follow.

What we, hath got so she that I rest and sent to scold and nature bankrupt, nor the first gentleman?

Trigram

Sweet prince, Falstaff shall die. Harry of Monmouth's grave.

This shall forbid it should be branded, if renown made it empty

Indeed the duke; and had a very good friend.

Fly, and will rid me these news of price. Therefore the sadness of parting, as they say, 'tis done.

Quadrigram

King Henry. What! I will go seek the traitor Gloucester. Exeunt some of the watch. A great banquet serv'd in;

Will you not tell me who I am?

It cannot be but so.

Indeed the short and the long. Marry, 'tis a noble Lepidus.

图 4.3　根据莎士比亚全集训练的 4 个 N 元语法模型随机生成的句子。所有的
字符都映射为小写字母，标点符号作为单词来处理。为了提高可读性，
图中输出的句子进行了手工修改，把有关的小写字母改写为大写字母

训练模型的上下文越长，句子的连贯性就越好。在一元语法生成的句子中，单词与单词之间没有接应和连贯关系，可以看到，在一元语法生成的句子中，单词之间没有连贯关系，没有一个句子是以句号或其他可以作为句末标点的符号结尾的。二元语法生成的句子中，单词与单词之间只存在着非常局部的接应和连贯关系(特别是把标点符号也看成一个单词时)。三元语法和四元语法生成的句子，看起来已经似乎是莎士比亚的句子了。当然，仔细地查看一下四元语法生成的句子，可以看出，它们更像莎士比亚的句子。"It cannot be but so"这几个词，就是直接从"国王约翰"(King John)那里来的。这是因为，尽管莎士比亚的著作有很多不同的标准版本，但是其语料的总词数不会很大($N = 884\,647$, $V = 29\,066$)。N 元语法概率矩阵的数据非常稀疏。可能的二元语法组合的数量有 $V^2 = 844\,000\,000$ 个，可能的四元语法组合的数量有 $V^4 = 7 \times 10^{17}$ 个。因此，我们的生成系统对于前面 4 个词的四元语法(It cannot be but)，后面可能接续的单词只有 5 个(that, I, he, thou 和 so)；对于很多包含 4 个单词的四元语法组合，它们后面的接续单词都只有 1 个。

为了研究语法对于它的训练集的依赖关系，我们用一个完全不同的语料库来训练 *N* 元语法。这个语料库是"Wall Street 杂志"语料库（Wall Street Journal，WSJ）。莎士比亚的著作和 Wall Street 杂志两者都是英语写的。从直觉上来说，我们也许会觉得，这两种不同文体的 *N* 元语法一定会有某种程度的重叠和覆盖。为了检验这种感觉是否正确，我们做出了图 4.4，图中显示了从 Wall Street 杂志（WSJ）的 4000 万单词的语料中训练出来的一元语法、二元语法和三元语法生成的句子。

Unigram

Months the my and issue of year foreign new exchange's september were recession exchange new endorsed a acquire to six executives

Bigram

Last December through the way to preserve the Hudson corporation N. B. E. C. Taylor would seem to complete the major central planners one point five percent of U. S. E. has already old M. X. corporation of living on information such as more frequently fishing to keep her

Trigram

They also point to ninety nine point six billion dollars from two hundred four oh six three percent of the rates of interest stores as Mexico and Brazil on market conditions

图 4.4　从 Wall Street 杂志（WSJ）的 4 000 万单词的语料中训练出来的
3 个 *N* 元语法随机生成的句子，在原来的语料中，所有的字母都采
用小写，标点符号作为单词处理。为了便于阅读，在这里输出
的文本中，我们用手工把英语的专有名词的首字母改为大写字母

把这些句子同图 4.3 中的所谓莎士比亚的句子相比较：表面上看来，它们二者似乎都想模拟"像英语的句子"，但是，显而易见，二者的句子之间没有重叠覆盖的现象，就是在一个很小的短语中出现某些重叠和覆盖，这种重叠和覆盖也是微乎其微的。莎士比亚语料库和 Wall Street 杂志语料库之间的这种强烈的差异告诉我们，如果训练集和测试集之间的差异像莎士比亚语料库和 Wall Street 杂志语料库之间的差异这样大，那么，用统计模型来进行预测是完全没有用的。

当我们建立 *N* 元语法模型的时候，应当怎样来处理这样的问题呢？一般地说，我们要确保所使用的训练语料库看起来与测试语料库相似。我们特别不能从不同的**文体**（genres）的文本中来选择训练语料库和测试语料库，例如，我们不能从新闻文本、早期的英语小说、电话谈话和 Web 网页等不同的文体中选择语料来进行训练和测试。有时，为了特定的目的寻找合适的训练文本是很困难的；例如，为了建立在**短信服务**（Short Message Service，SMS）中进行文本预测的 *N* 元语法，我们就需要寻找 SMS 数据的训练语料库；为了建立关于商务会议的 *N* 元语法，我们就需要寻找一个对商务会议的谈话进行了文本转写的语料库。

在进行一般性的研究时，我们想寻找一个书面英语的语料库，但是在心目中并没有特定的领域作为目标，那么，我们就可以使用平衡的训练语料库，这种语料库覆盖了不同的文体和不同的领域，例如，包含一百万单词的 Brown 英语语料库（Francis and Kučera，1982）或包含一亿单词的英国国家语料库（Leech et al., 1994）都是这样的平衡语料库。

最近学者们研究了如何动态地调整语言模型使之与不同的文体**相适应**（adapt）的问题，参看 4.9.4 节。

4.3.2　未知词：开放词汇与封闭词汇

有时，在语言处理工作中，我们知道在文本中可能出现的所有的单词，因此，我们提前就知道了词汇的容量 *V*。这就是所谓**封闭词汇**（closed vocabulary）的假设。这种封闭词汇假设假定我

们已经有了一个词表,而测试集中只能包含这个词表中的单词。因此封闭词汇假设是假定不存在未知词的。

显而易见,这样的封闭词汇假设把问题看得过于简单了。我们在前面说过,没有看到的单词的数量是在不断地增长的,所以,我们没有可能预先精确地知道这些没有看到的单词的数量究竟有多少,我们只是希望我们的模型能够合理地处理这样的问题。我们把这些没有看到的单词称为**未知词**(unknown words),或者**表外词**(Out Of Vocabulary, OOV)。在测试集中出现的表外词OOV的百分比称为**表外词率**(OOV rate)。

在**开放词汇**(open vocabulary)的系统中,我们要给测试集加上一个伪词(pseudo-word)来给这些潜在的未知词建模,这个未知词的模型称为 < UNK >。我们可以按如下顺序来训练未知词模型 < UNK > 的概率:

1. **选择词汇**(choose a vocabulary):这些词汇即事先确定好的词表。
2. **转换**(convert):在文本归一化的过程中,把训练集中没有出现的单词(即表外词OOV)转换成未知的词例 < UNK >。
3. **估计**(estimate):像计算其他的常规单词一样,计算 < UNK > 在训练集中的概率。

另外一种训练未知词模型的方法不要求选择词汇,而是在训练数据中用 < UNK > 来替换每一个单词第一次出现的“型”(type)。

4.4　N 元语法的评测:困惑度

评测语言模型性能的最好办法是把这个语言模型嵌入到某种应用中去,并测试这种应用的总体性能。这种**端对端**(end-to-end)的评测称为**外在评测**(extrinsic evaluation),有时也可以称为**现实评测**(in vivo evaluation)(Sparck Jones and Galliers, 1996)。当我们想知道,把系统中的某个部分做了特定的改进之后,这种改进是否真正对于手边的任务有帮助,这时,进行外在评测是唯一的途径。因此,在语音识别中,如果我们想比较两个语言模型的性能,我们就可以分别运行语音识别系统两次,每一次使用一个语言模型,然后看哪一个语言模型得到的转写结果更精确。

遗憾的是,这样的端对端评测常常需要付出很高的代价,评测一个大型的语音识别测试集,需要若干个小时甚至一天的时间。在这种情况下,我们希望有一种度量方法,可以快速地对于语言模型中实现某种改进的潜在可能性进行评估。**内在评测**(intrinsic evaluation)的度量就是一种与任何应用无关的模型质量的评测方法。**困惑度**(perplexity)是对于 N 元语法模型的一种最常见的内在评测的度量指标。尽管在困惑度方面的内在改进并不能保证语音识别的性能(或者其他的端对端度量指标)一定会出现外在的改进,但是困惑度常常是与这样的改进有关系的。因此,困惑度常常可用来快速地检验算法,而困惑度的改进也可以用端对端的评测来加以确认。

现在我们对于困惑度进行直观的解释。给定两个概率模型,其中比较好的模型就是那个与测试数据密切适应或者能够更好地预见测试数据的细节的模型。我们可以通过观察模型指派给测试数据的概率来测试出什么样的预见比较好;比较好的模型将会给测试数据指派比较高的概率。更加形式地说,在一个测试集上语言模型的**困惑度**(perplexity, PP)是该语言模型指派给测试集的概率的函数。对于测试集 $W = w_1 w_2 \cdots w_N$,困惑度就是用单词数归一化之后的测试集的概率:

$$
\begin{aligned}
\text{PP}(W) &= P(w_1 w_2 \cdots w_N)^{-\frac{1}{N}} \\
&= \sqrt[N]{\frac{1}{P(w_1 w_2 \cdots w_N)}}
\end{aligned}
\tag{4.16}
$$

我们可以使用链规则来展开 W 的概率：

$$\mathrm{PP}(W) = \sqrt[N]{\prod_{i=1}^{N} \frac{1}{P(w_i|w_1 \cdots w_{i-1})}} \qquad (4.17)$$

因此，如果我们要计算二元语法模型中 W 的困惑度，就可以得到：

$$\mathrm{PP}(W) = \sqrt[N]{\prod_{i=1}^{N} \frac{1}{P(w_i|w_{i-1})}} \qquad (4.18)$$

注意，在式(4.17)中存在反比关系，单词序列的条件概率越高，困惑度越低。这样一来，困惑度的最小化就等价于语言模型测试集概率的最大化。我们在式(4.17)或式(4.18)中一般使用的单词序列就是在某个测试集中单词的整个序列。当然，由于这个序列将会跨过很多句子的边界，在计算概率时，我们有必要把句子开头的标记 <s> 和句子结尾的标记 </s> 也包括进来。在词例 N 的总的计数中，我们还需要把句子结尾的标记 </s>（但不是句子开头的标记 <s>）包括进来。

另外一种研究困惑度的办法是语言的**加权平均转移因子**(weighted average branching factor)。语言的转移因子是语言中的任何一个单词后面可能接续的单词的数量。我们来考虑英语数字的识别问题(zero, one, two, …, nine)，假定这 10 个数字中的每一个都以相等的概率出现，$P = \frac{1}{10}$。事实上，这个微型语言的困惑度为10。为了证实这一点，我们假定有一个长度为 N 的数字串，根据公式(4.17)，其困惑度应是：

$$
\begin{aligned}
\mathrm{PP}(W) &= P(w_1 w_2 \cdots w_N)^{-\frac{1}{N}} \\
&= \left(\frac{1}{10}^N\right)^{-\frac{1}{N}} \\
&= \frac{1}{10}^{-1} \\
&= 10
\end{aligned}
\qquad (4.19)
$$

不过，数字 zero 的实际出现概率要高得多，它的出现概率大约是其他数字的 10 倍，由于大多数情况下后面一个接续的数字都是 0，困惑度就应当降低。因此，虽然转移因子仍然是 10，但是困惑度或加权转移因子要变得小一些。我们把这个问题作为练习留给读者自己做。

在 4.10 节中将会看到，困惑度与熵的信息论也有密切的联系。

最后，让我们来看一看怎样使用困惑度来比较不同的 N 元语法模型。我们用容量为 3800 万单词（包括"句子开始"这样的"词例"）的语料来训练一元语法、二元语法和三元语法，语料来自《Wall Street 杂志(WSJ)》，词汇包含 19 979 个单词。[①]

然后，我们在 150 万单词的测试集上使用式(4.18)计算每一种模型的困惑度。下面的表说明了在 150 万单词的 WSJ 中不同语法的困惑度：

	一 元 语 法	二 元 语 法	三 元 语 法
困惑度	962	170	109

从这些结果可以知道，N 元语法给我们关于单词序列的信息越多，困惑度就越低，如式(4.17)所示，困惑度是与测试序列对模型的相似程度成反比的。

---

① 从 WSJ0 语料库(LDC, 1993)中选取 3 800 万单词，在这样规模的单词上使用经过 Good-Turing 平滑的 Katz 回退语法 (Katz backoff grammars)进行训练，开放词汇，并采用了 <UNK> 词例。关于有关术语的定义请看 4.5 节。

注意,在计算困惑度的时候,N 元语法模型 P 的建造不应该使用任何的关于测试集的知识。任何种类的关于测试集的知识将会引起困惑度人为地降低。例如,如果我们使用一个**封闭词汇**(closed vocabulary)测试集,由于事先我们已经知道这个测试集中的词是什么,这将大大地降低困惑度。不过,由于这些知识都平等地提供给我们所要比较的每一个模型,封闭词汇的困惑度对于模型的比较还是有用的。但是,在解释结果的时候,必须非常小心。一般来说,两个语言模型的困惑度,只有当它们都使用相同的词汇时,才是可以比较的。

4.5 平滑

Never do I ever want/to hear another word!
There isn't one,/I haven't heard! ①

Eliza Doolittle in Alan Jay Lerner's
My Fair Lady

我们知道,最大似然估计(maximum likelihood estimation)过程的一个主要问题就是训练 N 元语法的参数。由于最大似然估计是建立在特定的训练数据集的基础之上的,因此,必然会产生**数据稀疏**(sparse data)的问题。对于任何的 N 元语法,如果它的出现次数充分地大,我们就有可能很好地估计出它的概率。然而,由于任何语料库的规模都是有限的,一些完全可以接受的英语单词序列难免会在这些语料库中找不到。由于找不到这些数据,任何给定的训练语料库必定会存在着大量的公认为"零概率 N 元语法"的情况,当然,实际上它们也会真的存在某些非零的概率,而当非零的计数很小的时候,最大似然估计 MLE 方法也会产生非常糟糕的估计值。

因此,我们需要一种方法能够帮助我们对于这些零概率或低概率的计数得到比较好的估计结果。零概率的计数还会引起另外一个很大的问题。上面定义的**困惑度**(perplexity)计算方法要求我们计算每一个测试句子的概率。但是如果一个具有 N 元语法的测试句子从来也没有在测试句子中出现过,那么,对于这个 N 元语法的概率的最大似然估计将为零,因而整个句子的概率的最大似然估计也将为零! 这意味着,为了评测我们的语言模型,需要修改最大似然估计的方法,使得可以对于任何的 N 元语法指派非零的概率,尽管其中有的是从来没有在训练中观察到的。

由于这样的原因,我们要修改最大似然估计以便计算 N 元语法的概率,并且要重点地处理那些被我们不正确地假定为零概率的 N 元语法事件。我们使用**平滑**(smoothing)这个术语来表示对于那些由于小数据集的可变性而造成的糟糕的估计结果进行的修正。之所以用"平滑"这样的名称是出于这样的事实:我们将削减一些来自高计数的概率,用它们来填补那些零计数的概率,从而使得概率分布不至于太过于参差不齐。

在下面的几节中,我们将介绍某些平滑算法,并说明怎样使用它们来修改图 4.2 中"Berkeley 饭店规划"的二元语法概率。

4.5.1 Laplace 平滑

一个简单的平滑方法是:取二元语法的计数矩阵,在我们把它们归一化为概率之前,先给所有的计数加一。这种算法称为 Laplace 平滑(Laplace smoothing)或 Laplace 定律(Laplace law)

---

① 我从来不想,去听其他词! 凡我未听者,全都不是词。

——译者注

（Lidstone，1920；Johnson，1932；Jeffreys，1948）。在现代的 N 元语法模型中，Laplace 平滑的效果不是很好，但是我们以 Laplace 平滑作为开始，因为它引入了很多概念是在其他的平滑算法中将使用到的，并且，这种算法还给了我们一个有用的底线，使我们对于平滑算法获得一个最基本的认识。

我们首先来研究 Laplace 平滑对于一元语法概率的应用。单词 w_i 的非平滑的一元语法概率的最大似然度估计的计算，是用单词的"例"的总数 N 对该单词的计数 c_i 进行归一化：

$$P(w_i) = \frac{c_i}{N}$$

Laplace 平滑只是对于每一个计数加一［因此，这种平滑的另外一个名称称为**加一平滑**（add-one smoothing）］。由于词汇表中有 V 个词，并且每一个词都有了增量，所以，我们还有必要来调整分母，以便考虑到这个附加的观察值 V。（如果我们不增加分母的值，那么 P 的值会发生什么变化呢？）

$$P_{\text{Laplace}}(w_i) = \frac{c_i + 1}{N + V} \tag{4.20}$$

也可以不同时地既改变分子又改变分母，我们可以定义一个**调整计数**（adjusted count）c^* 来描述平滑算法对于分子的影响，这样做会更加方便一些。这个调整计数可以比较容易地直接与最大似然估计 MLE 的计数相比较，并且可以转换成概率，就如 MLE 计数可以用 N 来归一化一样。为了定义这个调整计数，由于我们已经在分子上加了一，所以我们还需要再乘以一个归一化因子 $N/(N+V)$：

$$c_i^* = (c_i + 1) \frac{N}{N + V} \tag{4.21}$$

这个数 c_i^* 可以用 N 来归一化，然后转变为概率 P_i^*。

还有一种相关的方法是把平滑看成**打折**（discounting），也就是把某个非零的计数降下来，使得到的概率量可以指派给那些为零的计数。因此，我们不提打折的计数 c^*，而用相对**折扣**（discount）d_c 来描述平滑算法，折扣 d_c 等于打折计数 c^* 与原计数 c 之比：

$$d_c = \frac{c^*}{c}$$

现在我们对于一元语法的情况已经在直觉上有了一些认识。让我们来平滑"Berkeley 饭店规划"中的二元语法。图 4.5 说明了图 4.1 中的二元语法的加一平滑计数。

	i	want	to	eat	chinese	food	lunch	spend
i	6	828	1	10	1	1	1	3
want	3	1	609	2	7	7	6	2
to	3	1	5	687	3	1	7	212
eat	1	1	3	1	17	3	43	1
chinese	2	1	1	1	1	83	2	1
food	16	1	16	1	2	5	1	1
lunch	3	1	1	1	1	2	1	1
spend	2	1	2	1	1	1	1	1

图 4.5　在容量为 9332 个句子的"Berkeley 饭店规划"语料库中，
选出 8 个单词（$V = 1446$）的加一平滑二元语法计数

图 4.6 说明了对于图 4.2 中的二元语法的加一平滑概率。我们记得，正规的二元语法概率是

用一元语法数去归一化每一行的词数而计算出来的:

$$P(w_n|w_{n-1}) = \frac{C(w_{n-1}w_n)}{C(w_{n-1})} \tag{4.22}$$

对于加一平滑二元语法的计数,我们需要用词汇中的所有单词的"型"的数 V 来提升一元语法的计数:

$$P^*_{\text{Laplace}}(w_n|w_{n-1}) = \frac{C(w_{n-1}w_n) + 1}{C(w_{n-1}) + V} \tag{4.23}$$

我们需要把 $V = 1\,446$ 加到每一个一元语法的计数上,从而提升一元语法的计数。图 4.6 是平滑后的二元语法概率的结果。

	i	want	to	eat	chinese	food	lunch	spend
i	0.0015	0.21	0.00025	0.0025	0.00025	0.00025	0.00025	0.00075
want	0.0013	0.00042	0.26	0.00084	0.0029	0.0029	0.0025	0.00084
to	0.00078	0.00026	0.0013	0.18	0.00078	0.00026	0.0018	0.055
eat	0.00046	0.00046	0.0014	0.00046	0.0078	0.0014	0.02	0.00046
chinese	0.0012	0.00062	0.00062	0.00062	0.00062	0.052	0.0012	0.00062
food	0.0063	0.00039	0.0063	0.00039	0.00079	0.002	0.00039	0.00039
lunch	0.0017	0.00056	0.00056	0.00056	0.00056	0.0011	0.00056	0.00056
spend	0.0012	0.00058	0.0012	0.00058	0.00058	0.00058	0.00058	0.00058

图 4.6　在容量为 9 332 个句子的"Berkeley 饭店规划"语料库中,选出 8 个单词($V = 1\,446$)的加一平滑二元语法概率。原来为零的概率用灰色表示

最方便的办法是重新建立一个计数矩阵,使得我们能够清楚地看出,平滑算法怎样改变了原来的计数。这个调整计数可以用公式(4.24)来计算。图 4.7 说明了这些重新建立的计数。

$$c^*(w_{n-1}w_n) = \frac{[C(w_{n-1}w_n) + 1] \times C(w_{n-1})}{C(w_{n-1}) + V} \tag{4.24}$$

	i	want	to	eat	chinese	food	lunch	spend
i	3.8	527	0.64	6.4	0.64	0.64	0.64	1.9
want	1.2	0.39	238	0.78	2.7	2.7	2.3	0.78
to	1.9	0.63	3.1	430	1.9	0.63	4.4	133
eat	0.34	0.34	1	0.34	5.8	1	15	0.34
chinese	0.2	0.098	0.098	0.098	0.098	8.2	0.2	0.098
food	6.9	0.43	6.9	0.43	0.86	2.2	0.43	0.43
lunch	0.57	0.19	0.19	0.19	0.19	0.38	0.19	0.19
spend	0.32	0.16	0.32	0.16	0.16	0.16	0.16	0.16

图 4.7　在容量为 9 332 个句子的"Berkeley 饭店规划"BeRP 语料库中,选出 8 个单词($V = 1\,446$)的加一平滑的重建计数。原来为零的计数用灰色表示

注意,加一平滑使原来的计数发生了很大的改变。$C(\text{want to})$ 从 608 改变为 238!在概率空间中,我们可以看出也同样地发生了很大的改变:$P(\text{to}|\text{want})$ 从没有平滑时的 0.66 下降到平滑后的 0.26。我们再来看折扣 d(新计数与老计数之间的比值)。折扣 d 说明,二元语法中前面单词的计数的改变之大令人吃惊;二元语法 want to 的折扣为 0.39,Chinese food 的折扣为 0.10,折扣因子竟然为 10!

单词的计数和概率之所以发生这样大的改变,是因为很多的概率量被转移到为零的那些项目当

中去了。问题在于，我们随便地把"1"这个值加到每一个计数上。如果我们不是加一而是加上一个分数[例如，加 δ 平滑（add-δ smoothing）（Lidstone, 1920；Johnson, 1932；Jeffreys, 1948）]，就能够使转移的概率量变小一些，但是，这样的方法要求动态地选择 δ，其结果是很多计数出现不恰当的折扣，得到的计数往往带有很糟糕的偏差。由于这样的原因以及其他的原因（Gale and Church, 1994），我们需要为 N 元语法寻找更好一些的平滑方法，下面一节中的平滑方法就是其中的一种。

4.5.2 Good-Turing 打折法

存在一些比较好的打折算法，它们与加一平滑算法比起来，只是稍微复杂一点而已。在本节中，我们将介绍其中的一种，称为 **Good-Turing 平滑**（Good-Turing smoothing）。Good-Turing 算法是 Good（1953）首先描述的，而 Good 则把这个算法的原创思想归功于 Turing。

各种打折算法[Good-Turing 打折法，**Witten-Bell 打折法**（Witten-Bell discounting），**Kneser-Ney 平滑法**（Kneser-Ney smoothing）]的直觉是使用你看到过一次的事物的计数来帮助估计你从来也没有看到过的事物的计数。只出现过一次的单词或 N 元语法（或任何事件）称为**单元素**（singleton）或者称为**只出现过一次的单词**（hapax legomenon）。Good-Turing 打折法的直觉就是使用单元素的频率作为零计数的一元语法的频率来重新估计概率量的大小。

让我们对这种算法加以形式化的描述。Good-Turing 算法基于 N_c 的计算，N_c 是出现次数为 c 的 N 元语法数。我们把出现次数为 c 的 N 元语法数看成是**频率 c 出现的频率**（frequency of frequency c）。这样，应用平滑二元语法联合概率的思想，N_0 就是计数为 0 的二元语法数，N_1 就是计数为 1（单元素）的二元语法数，等等。我们可以把每一个 N_c 分别想象成一个箱子，每一个箱子中存放着在训练集当中出现频率为 c 的不同的 N 元语法数。更加形式地说，

$$N_c = \sum_{x:\text{count}(x)=c} 1 \tag{4.25}$$

N_c 的最大似然估计 MLE 的计数是 c。Good-Turing 算法的直觉是，利用在训练语料库中出现次数为 $c+1$ 的事物的概率来估计在该语料库中出现次数为 c 的事物的概率。因此，Good-Turing 算法的估计是用一个平滑计数 c^* 来替代 N_c 的最大似然估计 MLE 的计数 c，而 c^* 是 N_{c+1} 的一个函数：

$$c^* = (c+1)\frac{N_{c+1}}{N_c} \tag{4.26}$$

我们可以使用公式（4.26）来替换 N_1，N_2 等所有的箱子中的最大似然估计 MLE 的计数。我们不使用这个公式去直接地重新估计 N_0 的平滑计数 c^*，而是使用下面的公式来计算具有零计数 N_0 的事物的概率 P_{GT}^*，我们也可以把这个 P_{GT}^* 称为**遗漏量**（missing mass）：

$$P_{\text{GT}}^*（训练中从没有见过的事物）= \frac{N_1}{N} \tag{4.27}$$

这个公式中，N_1 是箱子 1 中的项目的计数，也就是我们在训练集中只看到一次的项目的计数，而 N 是在训练集中看到的项目的总数。因此，公式（4.27）给出的概率是在训练集中我们从来没有见过的事物的第 $N+1$ 个二元语法的概率。作为练习，读者可以自己从公式（4.26）推出公式（4.27）。

Good-Turing 方法首次提出时，是用于估计动物物种的聚集密度。我们来研究 Joshua Goodman 和 Stanley Chen 在创立这个领域时用于说明这种方法的一个例子。假定我们到湖边去钓鱼，湖里有 8 种鱼：鲈鱼（bass）、鲤鱼（carp）、鲶鱼（catfish）、鳗鱼（eel）、河鲈（perch）、鲑鱼（salmon）、鳟鱼（trout）和白鱼（whitefish），但是，我们只看到 6 种鱼，它们的计数如下：鲤鱼 10 条、河鲈 3 条、白鱼 2 条、鳟鱼 1 条、鲑鱼 1 条、鳗鱼 1 条，还没有看到鲶鱼和鲈鱼。那么，在继续钓鱼

时,我们能够钓到的新鱼种的概率是多少呢? 也就是说,在这样的场合下,我们的训练集当中频率为零的鱼种或为鲇鱼,或者为鲈鱼,它们的概率是多少呢?

直到现在我们还没有看到的鱼种(鲈鱼或鲇鱼)的最大似然估计 MLE 的计数 c 为 0。式(4.27)告诉我们这些还没有看到的新鱼种中某一个新鱼种的概率是 3/18,因为 N_1 等于 3,而 N 等于 18。

$$P_{GT}^*(\text{训练中从没有见过的事物}) = \frac{N_1}{N} = \frac{3}{18} \tag{4.28}$$

那么,在继续钓鱼时,钓到另外一条鳟鱼的概率是多少呢? 鳟鱼的最大似然估计 MLE 的计数是 1,所以,最大似然估计的概率应当是 1/18。然而,要是使用 Good-Turing 算法,其估计将要低一些,因为我们顺便使用刚才计算出来的那些没有看到事件的概率量是 3/18。因此,我们需要给鳟鱼、河鲈、鲤鱼等鱼种的最大似然估计 MLE 的概率打折。总体来说,对于计数为 0 的鱼种(如鲈鱼或者鲇鱼)或计数为 1 的鱼种(如鳟鱼、鲑鱼或鳗鱼),其修正后的计数 c^* 和 Good-Turing 平滑概率 P_{GT}^* 如下:

	没有见到的鱼种(鲈鱼或鲇鱼)	鳟 鱼
c	0	1
MLE p	$p = \frac{0}{18} = 0$	$\frac{1}{18}$
c^*		$c^*(\text{鳟鱼}) = 2 \times \frac{N_2}{N_1} = 2 \times \frac{1}{3} = 0.67$
GT P_{GT}^*	$P_{GT}^*(\text{没有见到的鱼种}) = \frac{N_1}{N} = \frac{3}{18} = 0.17$	$P_{GT}^*(\text{鳟鱼}) = \frac{0.67}{18} = \frac{1}{27} = 0.037$

注意,对于鳟鱼来说,修正后的计数 c^* 由 $c = 1.0$ 改变为 $c^* = 0.67$[因为它把某些概率量 $P_{GT}^*(\text{没有见到的鱼种}) = N_1/N = 3/18 = 0.17$ 留给了鲇鱼和鲈鱼]。我们知道,由于有两个未知的鱼种,所以下一个鱼种是其中一个未知鱼种的概率应当是 3/18 的一半,例如,下一个鱼种是鲇鱼的概率是 $P_{GT}^*(\text{鲇鱼}) = 1/2 \times 3/18 = 0.085$。

图 4.8 给出了 Good-Turing 打折法应用于二元语法的例子。一个例子是容量为 9 332 个句子的"Berkeley 饭店规划"BeRP 语料库,另一个是容量为 2 200 万单词的 Associated Press(AP)新闻语料,它的规模更大,由 Church and Gale(1991)研制。在这两个例子中,第一列是计数 c,也就是二元语法的所观察例子的数值。第二列是这个计数所具有的二元语法数。因此,AP 新闻语料中有 499 721 个二元语法的计数为 2。第三列是 c^*,这是用 Good-Turing 打折法重新估计的计数。

AP 新闻专线			Berkeley 饭店		
c(MLE)	N_c	c^*(GT)	c(MLE)	N_c	c^*(GT)
0	74 671 100 000	0.0000270	0	2 081 496	0.002 553
1	2 018 046	0.446	1	5315	0.533 960
2	449 721	1.26	2	1419	1.357 294
3	188 933	2.24	3	642	2.373 832
4	105 668	3.24	4	381	4.081 365
5	68 379	4.22	5	311	3.781 350
6	48 190	5.19	6	196	4.500 000

图 4.8　"频率的频率"的二元语法以及 Good-Turing 重新估值,分别来自 Church and Gale(1991)的容量为 2 200 万单词的 AP 新闻语料的二元语法以及容量为 9 332 个句子的"Berkeley 饭店规划"BeRP 语料库

4.5.3 Good-Turing 估计的一些高级专题

Good-Turing 估计假定，每个二元语法的分布都是二项式（Church et al., 1991），并且还假定，我们知道未见的二元语法数 N_0。我们之所以知道 N_0，是因为对于给定的词汇容量 V，二元语法的总数必定是 V^2，因而 N_0 等于 V^2 减去我们看见的所有的二元语法数。

在使用 Good-Turing 打折法的时候，还会出现一些附加的复杂问题。例如，我们不能只使用公式（4.26）中的 N_c 的原始值。这是因为从 N_c 来估计 c^* 要依赖于 N_{c+1}，所以在 $N_{c+1}=0$ 的时候，公式（4.26）是不确定，而这样的零值是经常出现的。例如，在上面作为样例的问题中，由于 $N_4=0$，我们怎么能计算 N_3 呢? 解决这个问题的办法是使用**简单的 Good-Turing 算法**（simple Good-Turing）（Gale and Sampson, 1995）。在简单的 Good-Turing 算法中，当计算出箱子 N_c 之后，还没有使用这个 N_c 来计算公式（4.26）之前，我们先对 N_c 的计数进行平滑，替换在序列中所有的零值。最简便的方法是，在对数空间中把 N_c 映射为 c，根据线性回归计算出一个值，并用这个计算出来的值来替换 N_c 的值［详情参见 Gale and Sampson（1995）］。

$$\log(N_c) = a + b \log(c) \tag{4.29}$$

此外，在实际上，并不是对于所有的计数 c 都使用打折估计 c^*。假定较大的计数是可靠的［对于某个阈值 k，$c > k$］，Katz（1987）建议取 k 的值为 5。这样我们可定义：

$$c^* = c, \quad c > k \tag{4.30}$$

当引入某个 k 的时候，c^* 的正确公式是［来自 Katz（1987）］:

$$c^* = \frac{(c+1)\frac{N_{c+1}}{N_c} - c\frac{(k+1)N_{k+1}}{N_1}}{1 - \frac{(k+1)N_{k+1}}{N_1}}, \qquad 1 \leqslant c \leqslant k \tag{4.31}$$

最后，在 Good-Turing 和其他的打折算法中，通常都用处理计数为 0 的办法来处理那些原始计数较低的（特别是计数为 1 的）N 元语法，也就是把它们看成未见的事件，使用 Good-Turing 进行打折，然后再使用平滑算法。

在对 N 元语法进行打折时，并不仅仅只使用 Good-Turing 打折法本身，而要把它与回退和插值算法结合起来使用。下面一节我们介绍这些方法。

4.6 插值法

前面我们讨论过的打折方法可以帮助解决零频率 N 元语法的问题。不过我们还可以使用其他的知识源。如果想计算概率 $P(w_n | w_{n-2}w_{n-1})$，但是没有特定的三元语法 $w_{n-2}w_{n-1}w_n$ 的实例，这时，我们可以不直接计算三元语法的概率，而使用二元语法概率 $P(w_n | w_{n-1})$ 来估计三元语法的概率。类似地，如果没有二元语法的计数来计算 $P(w_n | w_{n-1})$，我们也可以退而去找一元语法的概率 $P(w_n)$。

为了使用这样的"有层次"（hierarchy）的 N 元语法，存在着两种途径：**回退法**（back off）和**插值法**（interpolation）。在回退时，如果有非零的三元语法计数，那么，我们就仅仅依靠这些三元语法计数。只是当阶数较高的 N 元语法中存在零计数的时候，我们才回退到阶数较低的 N 元语法中。与此不同，在插值时，我们总是从所有的 N 元语法估计中，把不同的概率估计混合起来，这就是说，我们要对三元语法、二元语法和一元语法的计数进行加权插值。

在简单的线性插值法中，我们把不同阶的 N 元语法结合起来，对所有的模型进行线性插值。因此，当我们估计三元语法的概率 $P(w_n | w_{n-2}w_{n-1})$ 的时候，要把一元语法、二元语法和三元语法

都混合在一起。每种语法用λ来加权:

$$\hat{P}(w_n|w_{n-2}w_{n-1}) = \lambda_1 P(w_n|w_{n-2}w_{n-1}) + \lambda_2 P(w_n|w_{n-1}) + \lambda_3 P(w_n) \tag{4.32}$$

使得各个λ的和为1:

$$\sum_i \lambda_i = 1 \tag{4.33}$$

在线性插值法的一些稍微复杂的版本中,每一个λ权值是用更加复杂的办法来计算的,计算时要考虑上下文条件。如果对于一个特定的二元语法有特定的精确计数,我们假定三元语法的计数是基于二元语法的,那么,这样的办法将更加可靠;因此,我们可以使这些三元语法的λ值更高,从而在插值时给三元语法更高的权值。公式(4.34)是带有上下文条件权值的插值法公式:

$$\begin{aligned}\hat{P}(w_n|w_{n-2}w_{n-1}) = &\lambda_1(w_{n-2}^{n-1})P(w_n|w_{n-2}w_{n-1})\\&+\lambda_2(w_{n-2}^{n-1})P(w_n|w_{n-1})\\&+\lambda_3(w_{n-2}^{n-1})P(w_n)\end{aligned} \tag{4.34}$$

怎样来设置这些λ的值呢? 不论是简单插值法还是条件插值法的λ的值都是从**保留语料库**(held-out corpus)中学习得到的。从4.3节知道,保留语料库是一个附加的训练语料库,我们不是用它来设置N元语法的计数,而是用来设置其他的参数。在这种情况下,我们可以使用这样的数据来设置λ的值。我们可以通过设置λ的值使得保留语料库似然度最大化。也就是说,我们把N元语法的概率固定下来,然后搜索λ的值,把它们插入到公式(4.32)中,从而使得保留集的概率最大。有很多不同的方法可以发现λ的最优设置。其中有一种方法是使用第6章中的EM算法,这是一种迭代的学习算法,可以覆盖局部最优的λ的值(Baum,1972;Dempster et al.,1977; Jelinek and Mercer,1980)。

4.7　回退法

简单的插值法之所以简单,当然是由于这种方法理解起来简单,使用起来也简单。除此之外,还存在着一些更好的算法。其中之一是回退N元语法模型。我们描述的这个回退法版本也使用了Good-Turing打折。它是Katz(1987)提出的,因此,这种使用打折的回退法又称为**Katz回退法**(Katz backoff)。在使用Katz回退的N元语法模型中,如果我们需要的N元语法有零计数,我们就采用回退到$(N-1)$元语法的方法来近似地计算它。我们不断地继续回退,直到达到具有计数的历史为止。

$$P_{\text{katz}}(w_n|w_{n-N+1}^{n-1}) = \begin{cases} P^*(w_n|w_{n-N+1}^{n-1}), & C(w_{n-N+1}^n) > 0 \\ \alpha(w_{n-N+1}^{n-1})P_{\text{katz}}(w_n|w_{n-N+2}^{n-1}), & \text{其他} \end{cases} \tag{4.35}$$

公式(4.35)说明,N元语法的Katz回退概率,仅当我们在前面已经看到了这个N元语法的时候(也就是如果我们有非零的计数的时候),才依赖于打折概率P^*。否则,我们要递归地回退到历史较短的$(N-1)$元语法的Katz概率。我们要定义打折概率P^*和归一化因子α,关于如何处理零计数的其他细节,将在4.7.1节中讨论。根据这些细节,三元语法的回退法可以表示如下(w_i,w_{i-1}等标记容易产生混淆,为了在教学时表述得更加清楚,我们把序列中的三个单词按照顺序表示为x,y,z):

$$P_{\text{katz}}(z|x,y) = \begin{cases} P^*(z|x,y), & C(x,y,z) > 0 \\ \alpha(x,y)P_{\text{katz}}(z|y), & C(x,y) > 0 \\ P^*(z), & \text{其他} \end{cases} \tag{4.36}$$

$$P_{\text{katz}}(z|y) = \begin{cases} P^*(z|y), & C(y,z) > 0 \\ \alpha(y)P^*(z), & \text{其他} \end{cases} \tag{4.37}$$

　　Katz 回退法把打折作为算法不可分割的一部分。我们在前面关于打折的讨论中已经说明，怎样使用 Good-Turing 之类的方法来给未见事件指派概率量。为了简化问题，我们假定所有这些未见事件的出现概率都是相等的，因而概率量是均衡地分摊在所有的未见事件中的。Katz 回退法给我们提供了一种方法，使得能够根据一元语法和二元语法的信息，把概率量在未见的三元语法中较好地进行分摊。打折法使得我们知道周围总共有多少概率量是可以设置在我们没有看到的所有事件中的，而回退法告诉我们怎样去分摊这些概率。

　　在式(4.35)和式(4.37)中，打折是使用打折概率 $P^*(\cdot)$ 而不是使用 MLE 概率 $P(\cdot)$ 来实现的。

　　为什么在式(4.35)和式(4.37)中需要打折和 α 值？为什么我们不能只有三套没有权值的 MLE 概率？问题的回答是：如果没有打折和 α 值，那么公式的结果就不是一个真正的概率！这是因为 MLE 估计的概率 $P(w_n|w_{n-N+1}^{n-1})$，是真正的概率，这就是说，如果我们对于一个给定的 N 元语法的上下文中的所有 w_i 的概率求和，那么，其概率之和将为 1：

$$\sum_i P(w_i|w_j w_k) = 1 \tag{4.38}$$

　　但是，如果情况果真如此，如果使用 MLE 概率，而当 MLE 概率为零时回退到一个阶数较低的模型，我们势必要把多余的概率量加到公式中去，这样一来，单词的总概率就将大于 1！

　　因此，所有的回退语言模型都必须打折。P^* 用于给 MLE 概率打折，以便为低阶的 N 元语法节省概率量。α 用于保证所有低阶 N 元语法概率量之和，恰恰等于我们通过对高阶 N 元语法打折节省下来的概率量。我们把 P^* 定义为 N 元语法的条件概率打折(c^*)的估值(为 MLE 概率节省 P)：

$$P^*(w_n|w_{n-N+1}^{n-1}) = \frac{c^*(w_{n-N+1}^n)}{c(w_{n-N+1}^{n-1})} \tag{4.39}$$

　　因为平均起来打折的 c^* 要小于 c，这个概率 P^* 也会比 MLE 估计稍微小一些：

$$\frac{c(w_{n-N+1}^n)}{c(w_{n-N+1}^{n-1})}$$

　　这将留下一些概率量给低阶的 N 元语法，然后使用权值 α 来分摊；α 的计算细节在 4.7.1 节中讨论。图 4.9 说明了使用 SRILM 工具包，从 BeRP 语料库中计算样本中的 8 个单词的 Katz 回退二元语法概率。

	i	want	to	eat	chinese	food	lunch	spend
i	0.0014	0.326	0.00248	0.00355	0.000205	0.0017	0.00073	0.000489
want	0.00134	0.00152	0.656	0.000483	0.00455	0.00455	0.00384	0.000483
to	0.000512	0.00152	0.00165	0.284	0.000512	0.0017	0.00175	0.0873
eat	0.00101	0.00152	0.00166	0.00189	0.0214	0.00166	0.0563	0.000585
chinese	0.00283	0.00152	0.00248	0.00189	0.000205	0.519	0.00283	0.000585
food	0.0137	0.00152	0.0137	0.00189	0.000409	0.00366	0.00073	0.000585
lunch	0.00363	0.00152	0.00248	0.00189	0.000205	0.00131	0.00073	0.000585
spend	0.00161	0.00152	0.00161	0.00189	0.000205	0.0017	0.00073	0.000585

图 4.9　在容量为 9 332 个句子的"Berkeley 饭店规划"BeRP 语料库中，选出 8 个单词(V = 1 446)的 Katz 回退①

① 原文为 Good-Turing smoothing(显然有错)二元语法概率，计算时使用 SRILM 工具包，k = 5，计数 1 用 0 来替换。
　　　　　　　　　　　　　　　　　　　　　　　　　　　　　　　　　　　　　　——译者注

4.7.1 高级专题: 计算 Katz 回退的 α 和 P^*

在本节中,我们给出计算打折概率 P^* 和回退权值 $\alpha(w)$ 的一些前面还没有提到过的细节。

首先我们从 α 开始,α 要把剩余的概率量分摊给低阶 N 元语法。我们用函数 β 来表示剩余概率量的总数,β 是 $(N-1)$ 元语法的上下文。对于给定的 $(N-1)$ 元语法的上下文,全部剩余的概率量可以通过从 1 减去以该上下文开始的所有 N 元语法的全部打折概率量来计算:

$$\beta(w_{n-N+1}^{n-1}) = 1 - \sum_{w_n:c(w_{n-N+1}^n)>0} P^*(w_n|w_{n-N+1}^{n-1}) \tag{4.40}$$

这就为我们给出了分摊到所有 $(N-1)$ 元语法[例如,如果原来的语法是三元语法,那么,$(N-1)$ 元语法就是二元语法]的全部概率量。每个单独的 $(N-1)$ 元语法(二元语法)只能得到这个概率量的一个分量,因此,我们需要通过使某个具有零计数的 N 元语法(三元语法)开始的所有 $(N-1)$ 元语法(二元语法)的全部概率来归一化 β。计算从一个 N 元语法分摊给一个 $(N-1)$ 元语法的概率量究竟有多少的最终公式用函数 α 来表示:

$$\begin{aligned}
\alpha(w_{n-N+1}^{n-1}) &= \frac{\beta(w_{n-N+1}^{n-1})}{\sum_{w_n:c(w_{n-N+1}^n)=0} P_{\text{katz}}(w_n|w_{n-N+2}^{n-1})} \\
&= \frac{1 - \sum_{w_n:c(w_{n-N+1}^n)>0} P^*(w_n|w_{n-N+1}^{n-1})}{1 - \sum_{w_n:c(w_{n-N+1}^n)>0} P^*(w_n|w_{n-N+2}^{n-1})}
\end{aligned} \tag{4.41}$$

注意,α 是前面单词串 w_{n-N+1}^{n-1} 的函数,因此,我们给每个三元语法打折的量(d),以及给低阶 N 元语法重新指派的量(α),都要对出现在 N 元语法中的每一个 $(N-1)$ 元语法重新进行计算。

我们这里只须说明,当一个 $(N-1)$ 元语法上下文的计数为 0 时(也就是 $c(w_{n-N+1}^{n-1})$)怎样做,我们的定义是:

$$P_{\text{katz}}(w_n|w_{n-N+1}^{n-1}) = P_{\text{katz}}(w_n|w_{n-N+2}^{n-1}), \qquad c(w_{n-N+1}^{n-1}) = 0 \tag{4.42}$$

并且

$$P^*(w_n|w_{n-N+1}^{n-1}) = 0, \qquad c(w_{n-N+1}^{n-1}) = 0 \tag{4.43}$$

并且

$$\beta(w_{n-N+1}^{n-1}) = 1, \qquad c(w_{n-N+1}^{n-1}) = 0 \tag{4.44}$$

4.8 实际问题: 工具包和数据格式

现在来研究怎样表示语言模型。我们使用对数格式来表示和计算语言模型,以避免下溢,加快计算。因为根据定义,概率的值小于 1,我们把很多的概率在一起相乘,它们的乘积会越来越小。把数目足够的 N 元语法在一起相乘,将会造成数据下溢的不良后果。如果使用对数概率来替代原始的概率,得数便不会太小。由于对数空间相加等价于线性空间相乘,所以我们采用对数概率相加的办法把它们结合在一起。除了可以避免下溢之外,加法运算比乘法运算要快一些。进行所有这些计算并且把它们以对数空间存储起来的后果是:当我们需要报告概率的时候,只需要取对数概率的指数就可以了:

$$p_1 \times p_2 \times p_3 \times p_4 = \exp(\log p_1 + \log p_2 + \log p_3 + \log p_4) \tag{4.45}$$

回退 N 元语法模型一般用 **ARPA** 格式(ARPA format)存储。在 ARPA 格式中,一个 N 元语法是一个 ASCII 文件,文件有一个小标题,后面跟着一个表,列举出所有的非零的 N 元语法概率

（首先列举出所有的一元语法，然后是二元语法，再后面是三元语法，等等）。在每一个 N 元语法的条目中，还要存储它的打折对数概率（以 $\log_{10}$ 的格式存储）和它的回退权重 α。回退权重只是对于形成较长的 N 元语法前缀的 N 元语法才是必须的，所以，对于阶数较高的 N 元语法（在我们的场合是三元语法）或者以序列尾词例 $</s>$[①]结尾的 N 元语法，是不必计算 α 的。这样，对于三元语法，每一 N 元语法的格式如下：

一元语法： $\log P^*(w_i)$ 　　　　　 w_i 　　　　 $\log\alpha(w_i)$

二元语法： $\log P^*(w_i \mid w_{i-1})$ 　　　 $w_{i-1}w_i$ 　　 $\log\alpha(w_{i-1}w_i)$

三元语法： $\log P^*(w_i \mid w_{i-2}, w_{i-1})$ 　 $w_{i-2}w_{i-1}w_i$

图 4.10 是从 BeRP 语料库中选出的 N 元语法形成的一个 ARPA 格式的语言模型文件。

```
\data\
ngram 1=1447
ngram 2=9420
ngram 3=5201

\1-grams:
-0.8679678      </s>
-99             <s>                       -1.068532
-4.743076       chow-fun                  -0.1943932
-4.266155       fries                     -0.5432462
-3.175167       thursday                  -0.7510199
-1.776296       want                      -1.04292
...

\2-grams:
-0.6077676      <s>     i                 -0.6257131
-0.4861297      i       want             0.0425899
-2.832415       to      drink            -0.06423882
-0.5469525      to      eat              -0.008193135
-0.09403705     today   </s>
...

\3-grams:
-2.579416       <s>     i        prefer
-1.148009       <s>     about    fifteen
-0.4120701      to      go       to
-0.3735807      me      a        list
-0.260361       at      jupiter  </s>
-0.260361       a       malaysian restaurant
...
\end\
```

图 4.10　说明 N 元语法样本的一些 N 元语法的 ARPA 格式。每一行中表达的顺序是：对数概率 logprob、单词序列 $w_1\cdots w_n$、对数回退权值 α。注意，阶数较高的 N 元语法和以 $</s>$[②]结尾的 N 元语法没有计算 α

给出一个这样的三元语法，单词序列 x, y, z 的概率 $P(z|x, y)$ 可以按如下公式计算〔重复公式(4.37)〕：

$$
P_{\text{katz}}(z|x,y) = \begin{cases} P^*(z|x,y), & \text{如果 } C(x,y,z) > 0 \\ \alpha(x,y)P_{\text{katz}}(z|y), & \text{否则，如果 } C(x,y) > 0 \\ P^*(z), & \text{其他} \end{cases} \tag{4.46}
$$

$$
P_{\text{katz}}(z|y) = \begin{cases} P^*(z|y), & C(y,z) > 0 \\ \alpha(y)P^*(z), & \text{其他} \end{cases} \tag{4.47}
$$

工具包：建立语言模型的常用的工具包有两个：一个是 SRILM 工具包（Stolcke，2002），一个是 Cambridge-CMU 工具包（Clarkson and Rosenfeld，1997）。这两个工具包都提供公共使用，具有相似的功能。在训练模式下，每一个工具包取一个原始的文本文件，每行一个句子、单词之间用

---

① 原书为 $<s>$，显然有错。

② 原书为 $<s>$，显然有错。

空白隔开,并记录诸如 N 的阶数、打折类型(既是 Good-Turing 打折,也是在 4.9.1 节中将讨论的 Knesey-Ney 打折)、不同的限阈等各种参数;输出是以 ARPA 格式表示的语言模型。在困惑度或解码模式下,工具包取以 ARPA 格式表示的一个语言模型和一个句子或者语料库,计算出该句子或语料库的概率或困惑度作为输出。这两个工具包还可以处理本章后面以及下面的章节中将要讨论的一些高级特征,包括跳跃式 N 元语法(skip N-gram)、单词格(word lattice)、含混网络(confusion network)和 N 元语法剪枝(N-gram pruning)。

4.9 语言模型建模中的高级专题

由于语言模型在整个的语音和语言处理中广泛地起着重要的作用,它们可以使用很多方法来扩充或提升。在这一节中,我们简要地介绍一下这些方法,包括 Kneser-Ney 平滑(Kneser-Ney smoothing)、基于类的语言建模(class-based language modeling)、语言模型的自适应(language model adaptation)、隐藏语言模型(cache language model)和可变长 N 元语法(variable-length N-gram)。

4.9.1 高级的平滑方法:Kneser-Ney 平滑法

在现代 N 元语法平滑中最普遍使用的一种方法是带插值的 **Kneser-Ney 算法**(Kneser-Ney algorithm)。

Kneser-Ney 算法的根源是一种称为**绝对折扣**(absolute discounting)的打折方法。在计算修正的计数 c^* 时,绝对折扣方法比我们在公式(4.26)中看到的基于计算频率的频率的 Good-Turing 打折公式要好得多。为了得到直观的认识,我们把图 4.8 中用 Good-Turing 打折法估计二元语法的 c^* 值加以扩充,并把它们改写成如下的格式:

c(MLE)	0	1	2	3	4	5	6	7	8	9
c^* (GT)	0.0000270	0.446	1.26	2.24	3.24	4.22	5.19	6.21	7.24	8.25

有的读者可能会注意到,除了 0 和 1 的重新估计的计数之外,所有其他的重新估计的计数 c^* 都可以从相应的 MLE 计数 c 减去 0.75 来重新估值! **绝对折扣**(absolute discounting)的方法把这样的直觉加以形式化,从每一个计数中减去一个固定的绝对折扣数 d 来进行打折。这种直觉说明,我们从高的计数就可以得到很好的估计,而一个小小的折扣 d 对于这些高的计数已经没有多大的影响了。因此,我们主要应该修改那些比较小的计数,对于这些小的计数,无论如何都没有必要相信它们的估计。应用于二元语法的绝对打折公式如下(假设有一个适当的回退系数 α 使得全部的总和为 1):

$$P_{\text{absolute}}(w_i|w_{i-1}) = \begin{cases} \frac{C(w_{i-1}w_i)-D}{C(w_{i-1})}, & C(w_{i-1}w_i) > 0 \\ \alpha(w_i)P(w_i), & \text{其他} \end{cases} \tag{4.48}$$

在实际应用中,我们也可能会给计数 0 和 1 保持其特有的折扣值 D。

Kneser-Ney 打折法(Kneser-Ney discounting)(Kneser and Ney, 1995)使用更加精致的办法分摊回退值,从而提升绝对折扣。假定回退到一元语法,我们来预测如下句子的后面一个单词:

I can't see without my reading _____.

单词 glasses 比单词 Francisco 似乎更加可能跟随在这个句子之后。但是在实际上 Francisco 这个单词使用得更加普遍,因而一元语法模型在优选时将选择 Francisco 而不选择 glasses。然而我们乐于捕捉到的直觉是：尽管 Francisco 使用得很频繁，但它只是在 San 之后才使用得这样频繁，例如，在 San Francisco 这样的短语中，Francisco 才使用得频繁。不过，单词 glasses 的分布就比 Francisco 广泛得多。

因此，我们不能单纯地回退到一元语法 MLE 计数（也就是单词 w 被看到的次数），而是要使用一种完全不同的回退分摊方法。我们要使用一种启发式的办法来精确地估计，在新的未见的上下文中单词 w 可能期望看见的次数。Kneser-Ney 算法就是基于我们对于单词 w 在不同的上下文出现的次数的估计这种直觉而提出来的。曾经在较多的上下文中出现过的单词在某些新的上下文中往往会有更多的出现的可能性。我们把这种新的回退概率称为"**接续概率**"（continuation probability），表示如下：

$$P_{\text{CONTINUATION}}(w_i) = \frac{|\{w_{i-1} : C(w_{i-1}w_i) > 0\}|}{\sum_{w_i} |\{w_{i-1} : C(w_{i-1}w_i) > 0\}|} \tag{4.49}$$

上述关于 Kneser-Ney 回退的直觉可以用公式形式化地表示如下（再次假设有一个适当的回退系数 α 使得全部的总和为 1）：

$$P_{\text{KN}}(w_i|w_{i-1}) = \begin{cases} \frac{C(w_{i-1}w_i)-D}{C(w_{i-1})}, & C(w_{i-1}w_i) > 0 \\ \alpha(w_i)\frac{|\{w_i : C(w_{i-1}w_i) > 0\}|}{\sum_{w_i}|\{w_{i-1} : C(w_{i-1}w_i) > 0\}|} & \text{其他} \end{cases} \tag{4.50}$$

最后，已证明，Kneser-Ney 算法使用**插值**（interpolation）的形式比使用**回退**（backoff）的形式更好。对于 Kneser-Ney 算法来说，使用简单的线性（linear）插值一般并不像在 Katz 回退中那样成功，一些更加强大的插值模型，如带插值的 Kneser-Ney 算法工作起来就比 Kneser-Ney 的回退版本要好得多。**带插值的 Kneser-Ney 折扣**（Interpolated Kneser-Ney discounting）可以使用如下的公式来计算：

$$P_{\text{KN}}(w_i|w_{i-1}) = \frac{C(w_{i-1}w_i) - D}{C(w_{i-1})} + \beta(w_i)\frac{|\{w_{i-1} : C(w_{i-1}w_i) > 0\}|}{\sum_{w_i}|\{w_{i-1} : C(w_{i-1}w_i) > 0\}|} \tag{4.51}$$

最后我们还有一个有实用价值的说明：已经证明，任何一个插值模型都可以表示为一个回退模型，因此只需要存储 ARPA 的回退格式。当我们建立模型时，只要简单地做一下插值就行了。所以，以回退格式存储的"二元语法"概率，实际上是"已经用一元语法插值过的二元语法"概率。

4.9.2　基于类别的 N 元语法

基于类别的 N 元语法（class-based N-gram）或**聚类 N 元语法**（cluster N-gram）是使用单词的类别信息或聚类信息的 N 元语法的变体。基于类别的 N 元语法对于处理训练集中的数据稀疏问题可能是很有用的。假定在飞机订票系统中，我们想计算 to Shanghai 这个符号串的二元语法概率，但是，这个二元语法组合又从来也没有在训练集中出现过。我们的训练数据尽管没有出现过 to Shanghai，但是出现过 to London，to Beijing，to Denver 等属于同一类别的组合。如果我们知道这些组合中 to 后面的单词全都是城市名称，就可以假定 Shanghai 这个城市名称在其他上下文的训练集中也是会出现的，这样，就可以预测跟随在 to [①] 之后的城市的似然度。

聚类 N 元语法有很多变体。其中最简单的一种变体是它的原创人（Brown et al., 1992）取的名字，称为 **IBM 聚类**（IBM clustering）N 元语法。IBM 聚类是一种**硬聚类**（hard clustering），其中的每一个单词只能属于一个类别。IBM 聚类模型使用两个因子相乘的方法来估计单词 w_i 的条件概率：一个因子是（根据类别的 N 元语法）在给定前面类别的条件下单词类别 c_i 的概率，另一个因子是在给定 c_i 的条件下单词 w_i 的概率。这里是二元语法形式的 IBM 模型：

---

① 原书为 from，显然有错。

——译者注

$$P(w_i|w_{i-1}) \approx P(c_i|c_{i-1}) \times P(w_i|c_i)$$

如果有一个训练语料库，我们知道在这个语料库中每一个单词的类别，那么，在给定单词的类别时当前单词概率的最大似然估计和在给定前面一个单词类别时当前单词类别的概率，可以按如下的公式计算：

$$P(w|c) = \frac{C(w)}{C(c)}$$

$$P(c_i|c_{i-1}) = \frac{C(c_{i-1}c_i)}{\sum_c C(c_{i-1}c)}$$

聚类 N 元语法一般按两种方式来使用：可以手工设计单词类别，也可以自动归纳单词类别。在对话系统中，我们常常手工设计面向领域的单词类别。例如，对于航空信息系统，我们可以使用诸如 CITYNAME, AIRLINE, DAYOFWEEK, 或者 MONTH 这样的单词类别。在其他的场合，我们可以使用语料库中的聚类单词来自动地归纳单词类别(Brown et al., 1992)。把词类标记类的句法范畴作为单词类别工作起来似乎不是很好(Niesler et al., 1998)。

不论是使用自动归纳单词类别的方法还是使用手工设计单词类别的方法，聚类 N 元语法一般都要与正规的基于单词的 N 元语法混合起来使用。

4.9.3　语言模型的自适应和网络(Web)应用

语言建模在当前最为激动人心的新进展是语言模型的**自适应**(adaptation)。当我们在某个领域内只有数量很少的训练数据而又有可能从其他领域中得到大量的数据的时候，就会涉及语言模型的自适应问题。我们可以在领域之外的大量的数据集上来进行训练，设法使训练得到的模型与某一领域内的小量数据产生自适应(Federico, 1996；Iyer and Ostendorf, 1997, 1999a, 1999b；Bacchiani and Roark, 2003；Bacchiani et al., 2004；Bellegarda, 2004)。

可以用来进行这种类型的自适应的大量的数据来源是网络(Web)。例如，使用 Web 来改进三元语法语言模型的最简单的办法是：使用搜索引擎(search engines)获取 $w_1w_2w_3$ 和 w_1w_2[①]的计数，然后计算：

$$\hat{p}_{\text{web}} = \frac{c_{\text{web}}(w_1w_2w_3)}{c_{\text{web}}(w_1w_2)} \tag{4.52}$$

然后，我们可以把 $\hat{p}_{\text{web}}$ 与常规 N 元语法混合起来(Berger and Miller, 1998；Zhu and Rosenfeld, 2001)。我们还可以使用其他一些更加精细的组合方法来进行自适应，例如，使用主题或者类别依存关系来发现在 Web 的数据中与领域相关的数据(Bulyko et al., 2003)。

在实际应用中，我们很难或几乎不可能从 Web 中下载每一个网页来计算 N 元语法。由于这个原因，在使用 Web 数据时，在绝大多数情况下，我们只是依赖从搜索引擎得到的网页的计数(page count)。网页计数只是实际计数的近似值，其原因很多：一个网页可能包含某一个 N 元语法多次，大多数的搜索引擎不考虑它们的计数，标点符号常被删除，网页计数本身可以通过其他链接或信息来调节。不过这一类的噪声对于使用 Web 作为语料库的结果似乎没有产生很大的影响(Keller and Lapata, 2003；Nakov and Hearst, 2005)，尽管我们也有可能对使用的结果进行某些调整，例如，采用回归拟合的方法从网页计数来预测实际的单词计数(Zhu and Rosenfeld, 2001)。

---

① 　原书为 $w_1w_2w_3$，显然有错。

——译者注

4.9.4　长距离信息的使用：简要的综述

有很多方法把长距离的上下文信息引入 N 元语法的建模中。在我们把讨论主要限制在二元语法和三元语法的范围内的时候，最先进的语音识别系统已经采用了基于长距离 N 元语法的技术，特别是采用了四元语法，还有的采用了五元语法。Goodsman（2006）说明，如果采用规模为 2 亿 8 千 4 百万个单词的语料作为训练数据，那么，用五元语法改进困惑度的效果比用四元语法的效果要好一些，但是，使用更高元的语法就不再有效果了。Goodsman 检验了高达二十元语法的上下文，他发现，至少在规模为 2 亿 8 千 4 百万个单词的训练数据的范围内，当超过六元语法之后，更长的上下文是没有用的。

很多语言模型都非常注意研究更加精致的方法来获取长距离信息。例如，人们常常喜欢重复前面使用过的单词。因此，如果在文本中一个单词被使用过一次，它就有可能被再次使用。我们可以使用**隐藏语言模型**（cache language model）来表现这样的事实（Kuhn and De Mori, 1990）。例如，为了使用一元语法的隐藏语言模型来预测测试语料库中的单词 i，我们可以根据测试语料库中的前面部分（单词 1 到单词 $i-1$）来构造一个一元语法，然后把这个一元语法和常规的 N 元语法相混合，从而预测隐藏的单词 i。我们也可以把前面的单词构成一个小窗口，只使用这个小窗口来构造一元语法，而不使用整个的语言数据集合。当我们对于单词的情况了解得非常清楚的时候，这样的隐藏语言模型使用起来是有很强大的威力的，但是，如果我们对于前面单词了解得不是十分清楚，这种隐藏语言模型工作起来就不太理想。例如，在语音处理的一些应用中，除非有某种途径使得用户可以修正错误，隐藏语言模型往往会由于语音识别系统在前面单词的识别中所犯的错误而被卡住。

在一个文本中的单词经常被重复这样的事实，可以作为关于文本的更具有一般性的事实的征兆；文本倾向于表达**大致差不多的事情**（about things）。特定主题的文献倾向于使用相似的单词。这意味着我们可以针对不同的主题来分别训练不同的语言模型。在**基于主题**（topic-based）的语言模型中（Chen et al ., 1998; Gildea and Hofmann, 1999），我们试图利用不同主题具有不同类型单词这样的事实来谋取好处。例如，我们可以针对每一个主题 t 来训练不同的语言模型，然后把它们混合起来，并用每一个主题的历史 h 来加权：

$$p(w|h) = \sum_t P(w|t)P(t|h) \tag{4.53}$$

还有一种类似的语言模型依赖于这样的直觉：在文本中后面将要出现的单词与前面的单词在语义上具有相似性。这样的语言模型使用**潜伏语义索引**（latent semantic indexing）来度量单词的语义相关性（Coccaro and Jurafsky, 1998; Bellegarda, 1999, 2000，参见第 20 章）。

例如，我们可以选择称为**触发器**（trigger）的单词作为预测器，这样的触发器不一定与我们试图预测的单词相连，但是与试图预测的单词有很高的相关度（Rosenfeld, 1996; Niesler and Woodland, 1999; Zhou and Lua, 1998）。或者我们也可以建立**跳跃式的 N 元语法**（skip N-grams），其中前面的上下文可以"跳跃过"某些中间的单词，例如，我们可以计算诸如 $P(w_i|w_{i-1}, w_{i-3})$ 这样的概率。当处于前面的一个比较长的短语具有很高频率或者具有很高的预见能力的时候，我们也可以使用非常前的上下文，建立**可变长的 N 元语法**（variable-length N-gram）（Ney et al ., 1994; Kneser, 1996; Niesler and Woodland, 1996）。

一般来说，使用又大又丰富的上下文会使语言模型变得很大。所以，这些语言模型往往需要通过删除低概率事件的办法进行修剪（pruning）。对于那些在诸如手机这样的小平台上使用的语言模型，修剪是非常重要的（Stolcke, 1998; Church et al ., 2007）。

最后，还有很多的研究工作把精妙的语言结构结合到语言模型中去。基于来自统计剖析的句法结构的语言模型将在第 14 章中介绍。基于对话中言语行为的语言模型将在第 24 章中介绍。

4.10　信息论背景

I got the horse right here[①]

Frank Loesser, *Guys and Dolls*

4.4 节曾经介绍过困惑度,把困惑度作为估计测试集中 N 元语法模型的一种方法。一个比较好的 N 元语法模型能够给测试集指派较高的概率,而困惑度就是测试集的概率的一个归一化的版本。另外一种研究困惑度的方法是建立在信息论中交叉熵概念的基础之上的。为了使我们得到关于把困惑度作为度量手段的直觉,本节将简要地介绍**信息论**(information theory)中的一些基本事实,包括交叉熵的概念,而交叉熵是困惑度的基础。建议对信息论有兴趣的读者进一步阅读诸如 Cover and Thomas(1991)之类的信息论的优秀教材。

困惑度是建立在信息论中关于**交叉熵**(cross-entropy)概念的基础之上的。我们在本节中将要定义交叉熵。熵是信息量的度量,在语音和语言的计算机处理中,熵是非常有价值的。熵可以用来度量在一个特定的语法中的信息量是多少,度量给定语法和给定语言的匹配程度有多高,预测一个给定的 N 元语法中下一个单词是什么。如果有给定的两个语法和一个语料库,我们可以使用熵来估计哪一个语法与语料库匹配得更好。我们也可以使用熵来比较两个语音识别任务的困难程度,也可以使用它来测量一个给定的概率语法与人类语法的匹配程度。

熵的计算要求我们在所要预测的范围内(单词、字母、词类,称为 χ 的集合)建立一个随机变量 X,并且要有一个特定的概率函数称为 $p(x)$,那么这个随机变量 X 的熵为

$$H(X) = -\sum_{x \in \chi} p(x) \log_2 p(x) \tag{4.54}$$

原则上讲,对数可以使用任何的底数。本书中在所有的计算中采用的底数都是 2,因此熵就用**比特**(bit)来度量。

对于计算机科学家来说,定义熵的最直观的办法,就是把熵想象成在最优编码中对于一定的判断或信息进行编码的比特数的下界。

Cover and Thomas(1991)提出了如下的例子。假定我们想给 Yonkers 赛马场的赛马下赌注,但是 Yonker 赛马场距离我们太远,我们只好给赛马场登记赌注的人发一个短消息告诉他我们给哪匹马下赌注。假定有八匹马参加比赛。

给这个消息编码的一个办法是用二进制代码来表示马的号码。这样,号码为 1 的马的二进制代码是 001,号码为 2 的马的二进制代码是 010,号码为 3 的马的二进制代码是 011,…,号码为 8 的马的二进制代码是 000。如果我们用一天的时间来下赌注,每一匹马用比特来编码,那么平均起来每次比赛我们要发出 3 比特的信息。

我们能不能把这件事做得好一点呢? 我们可以根据赌注的实际分布来传送消息,假定每匹马的先验概率如下:

马 1	$\frac{1}{2}$	马 5	$\frac{1}{64}$
马 2	$\frac{1}{4}$	马 6	$\frac{1}{64}$
马 3	$\frac{1}{8}$	马 7	$\frac{1}{64}$
马 4	$\frac{1}{16}$	马 8	$\frac{1}{64}$

---

① 我猜中了这匹马。

对于这些马的随机变量 X 的熵可以让我们知道其比特数的下界，计算如下：

$$
\begin{aligned}
H(X) &= -\sum_{i=1}^{i=8} p(i)\log p(i) \\
&= -\frac{1}{2}\log\frac{1}{2}-\frac{1}{4}\log\frac{1}{4}-\frac{1}{8}\log\frac{1}{8}-\frac{1}{16}\log\frac{1}{16}-4\left(\frac{1}{64}\log\frac{1}{64}\right) \\
&= 2 \text{ bits}
\end{aligned}
\tag{4.55}
$$

每次比赛平均为 2 比特的代码可以这样来编码：用最短的代码来表示我们估计概率最大的马，估计概率越小的马，其代码越长。例如，我们可以用 0 来给估计概率最大的马编码，按照估计概率从大到小的排列，其余的马的代码分别为：10，110，1110，111100，111101，111110，111111。

如果我们对于每一匹马的概率估计都是一样的，情况将如何呢？前面我们已经看到，如果对于每一匹马，我们都使用等长的二进制编码，每匹马都用 3 比特来编码，因此平均的比特数为 3。这时的熵是一样的吗？是的，在这种情况下，每匹马的估计概率都是 1/8。我们选择马的熵是这样计算的：

$$
H(X) = -\sum_{i=1}^{i=8}\frac{1}{8}\log\frac{1}{8} = -\log\frac{1}{8} = 3 \text{ bits}
\tag{4.56}
$$

前面计算的是单个变量的熵。然而，在很多场合，我们需要计算序列（sequences）的熵。例如，对于一个语法来说，我们需要计算单词的序列 $W = \{w_0, w_1, w_2, \cdots, w_n\}$ 的熵。我们的办法之一是让变量能够覆盖单词的序列。例如，我们可以计算在语言 L 中长度为 n 的单词的一切有限序列的随机变量的熵。计算公式如下：

$$
H(w_1, w_2, \cdots, w_n) = -\sum_{W_1^n \in L} p(W_1^n)\log p(W_1^n)
\tag{4.57}
$$

我们可以把熵率（entropy rate）定义为用单词数来除这个序列的熵所得的值［我们也可以把熵率想象成**每个单词的熵**（per-word entropy）］：

$$
\frac{1}{n}H(W_1^n) = -\frac{1}{n}\sum_{W_1^n \in L} p(W_1^n)\log p(W_1^n)
\tag{4.58}
$$

但是为了计算一个语言的真正的熵，我们需要考虑无限长度的序列。如果我们把语言想象成产生单词序列的随机过程 L，那么，它的熵率 $H(L)$ 可定义为：

$$
\begin{aligned}
H(L) &= -\lim_{n\to\infty}\frac{1}{n}H(w_1, w_2, \cdots, w_n) \\
&= -\lim_{n\to\infty}\frac{1}{n}\sum_{W \in L} p(w_1, \cdots, w_n)\log p(w_1, \cdots, w_n)
\end{aligned}
\tag{4.59}
$$

Shannon-McMillan-Breiman 定理（Algoet and Cover, 1988；Cover and Thomas, 1991）指出，如果语言在某种意义上是正则的（确切地说，如果语言既是平稳的，又是遍历的），那么有：

$$
H(L) = \lim_{n\to\infty} -\frac{1}{n}\log p(w_1 w_2 \cdots w_n)
\tag{4.60}
$$

这意味着，我们可以取语言中一个足够长的序列来替代该语言中所有可能的序列的总和。Shannon-McMillan-Breiman 定理的直觉解释是：一个足够长的单词序列可以在其中包含其他很多较短的序列，而且每一个这些较短的序列都可以按照它们各自的概率重复地出现在较长的序列之中。

如果随着时间的推移，随机过程指派给序列的概率是不变的，那么就说，这个随机过程是**平稳的**(stationary)。换言之，在平稳随机过程中，单词在时间 t 的概率分布与在时间 $t+1$ 的概率分布是相同的。马尔可夫模型以及 N 元语法的概率分布都是平稳的。例如，在二元语法中，P_i 只依赖于 P_{i-1}，因此，如果我们把时间的索引号移动到 x，P_{i+x} 仍然依赖于 P_{i+x-1}。然而自然语言却不是平稳的，我们在第 12 章中将会看到，在自然语言中，下一个单词的概率可能依赖于任意长距离的事件并且依赖于时间。所以，我们的统计模型只能给出对于自然语言的正确分布和熵的近似的描述。

最后，使用这种尽管不完全正确但是非常方便的简单假设，我们就能够取一个很长的输出样本，来计算某个随机过程的熵，并且计算它的平均对数概率。在下一节中，我们将讨论这样做的原因和方法，讨论为什么(why)我们要这样做(也就是在哪一类问题上，熵可以告诉我们一些有用的东西)，以及怎样(how)来计算这种长序列的概率。

4.10.1　用于比较模型的交叉熵

在本节中，我们将介绍**交叉熵**(cross entropy)，并且讨论交叉熵在比较不同的概率模型中的用途。当我们不知道生成某些数据的实际概率分布 p 的时候，交叉熵是非常有用的。交叉熵使得我们可以使用某个 m 作为 p 的一个模型(也就是说，m 作为 p 的近似)。m 对于 p 的交叉熵定义如下：

$$H(p,m) = \lim_{n \to \infty} -\frac{1}{n} \sum_{W \in L} p(w_1, \cdots, w_n) \log m(w_1, \cdots, w_n) \qquad (4.61)$$

这意味着，我们根据概率分布 p，取出一个序列，根据 m 来求它们的概率的对数之和。

按照 Shannon-McMillan-Breiman 定理，对于一个平稳遍历过程，有：

$$H(p,m) = \lim_{n \to \infty} -\frac{1}{n} \log m(w_1 w_2 \cdots w_n) \qquad (4.62)$$

这意味着，对于熵来说，我们可以取一个足够长的单独的序列来替代所有可能的序列的总和，根据某个概率分布 p 来估计模型 m 的交叉熵。

由于交叉熵 $H(p, m)$ 是熵 $H(p)$ 的上界，所以，交叉熵就是很有用的了。对于任何的模型 m，有：

$$H(p) \leqslant H(p,m) \qquad (4.63)$$

这种情况说明，可以使用某个简化的模型 m 来帮助我们根据概率 p 估计所取出符号的一个序列的真正的熵。模型 m 越精确，交叉熵 $H(p, m)$ 就越接近于真正的熵 $H(p)$。所以，$H(p, m)$ 与 $H(p)$ 之差是模型精确程度的度量。在两个模型 m_1 和 m_2 之间，交叉熵较低的模型将是更精确的模型。(交叉熵永远不可能低于真正的熵，所以，模型的估值不能低于真正的熵)。

最后我们来看公式(4.62)中所反映的困惑度和交叉熵之间的关系。交叉熵是使用当所观察的单词序列的长度趋向于无限大时的极限来定义的。我们需要根据有固定长度的一个充分长的序列来估计交叉熵的近似值。在单词序列 W 上，模型 $M = P(w_i | w_{i-N+1} \cdots w_{i-1})$ 的交叉熵的这个近似值是：

$$H(W) = -\frac{1}{N} \log P(w_1 w_2 \cdots w_N) \qquad (4.64)$$

现在，可以把在单词序列 W 上的模型的**困惑度**(perplexity)P 形式地定义为这个交叉熵的指数函数(exp)：

$$
\begin{aligned}
\text{Perplexity}(W) &= 2^{H(W)} \\
&= P(w_1 w_2 \cdots w_N)^{-\frac{1}{N}} \\
&= \sqrt[N]{\frac{1}{P(w_1 w_2 \cdots w_N)}} \\
&= \sqrt[N]{\prod_{i=1}^{N} \frac{1}{P(w_i | w_1 \cdots w_{i-1})}}
\end{aligned}
\tag{4.65}
$$

4.11　高级问题: 英语的熵和熵率均衡性

我们在前一节中说过,某个模型 m 的交叉熵可以用来作为某个随机过程的真正熵的上界。我们可以使用这样的方法来估计英语的真正的熵。为什么我们要关心英语的熵呢?

第一个原因是英语的真正的熵将为我们将来对概率语法的试验提供一个可靠的下界。另一个原因是我们可以利用英语的熵帮助理解语言中的哪一部分提供的信息最大(例如,判断英语的预测能力主要是依赖于词序、语义、形态、组成成分,还是语用线索?)。这可以大大地帮助我们了解语言模型应该着重研究哪一方面。

计算英语熵值的方法通常有两种。第一种方法是 Shannon(1951)使用的方法,这是他在信息论领域的开创性工作的一部分。他的思想是利用受试人来构造一个心理试验,要求受试人来猜测字母,观察他们猜测的字母中有多少是正确的,从而估计字母的概率,并进而估计序列的熵值。

实际的试验是这样来设计的: 我们给受试人看一个英语文本,然后要求受试人猜测下一个字母。受试人利用他们的语言知识来猜测最可能出现的字母,然后再猜测下一个最可能的字母,等等。我们把受试人猜对的次数记录下来。Shannon 指出,猜测数序列的熵与英语的熵是相同的。(其直觉解释是: 如果受试人做 n 个猜测,那么,给定猜测数序列,我们能够通过选择第 n 个最可能的字母的方法,重建原来的文本。)这样的方法要求猜字母而不是猜单词(因为受试人有时必须对所有的字母进行穷尽的搜索!),所以,Shannon 计算的是英语中**每个字母的熵**(per-letter entropy),而不是英语中每个单词的熵。他报告的结果是: 英语字母的熵是 1.3 比特[对于 27 个字母而言(26 个字母加上空白)]。Shannon 的这个估值太低了一些,因为他是根据单篇的文本(Dumas Malose 的 Jefferson the Virginian)来进行试验的。Shannon 还注意到,对于其他的文本(新闻报道、科学著作、诗歌),他的受试人往往会猜测错误(因而这时的熵就比较高)。最近有人模仿 Shannon 做了类似的试验,他们是以赌场为例,让受试人对下一个出现的字母打赌(Cover and King,1978; Cover and Thomas,1991)。

第二种计算英语的熵的方法有助于避免由于 Shannon 使用单篇文本导致结果失误的问题。这个方法使用一个很好的随机模型,在一个很大的语料库上训练这个模型,用它给一个很长的英语序列指派一个对数概率,计算时使用 Shannon-McMillan-Breiman 定理:

$$
H(\text{English}) \leqslant \lim_{n \to \infty} -\frac{1}{n} \log m(w_1 w_2 \cdots w_n)
\tag{4.66}
$$

例如,Brown et al. (1992)在 5.83 亿单词的英语文本上(293 181 个不同的"型")训练了一个三元语法模型,用它来计算整个 Brown 语料库的概率(1 014 312 个"例")。训练数据包括新闻、百科全书、小说、官方通信、加拿大议会的论文集,以及其他各种资源。

然后,Brown et al. (1992)使用词的三元语法给 Brown 语料库指派概率,把语料库看成是由个别字母组成的一个序列，从而来计算 Brown 语料库的字符的熵。他们得到的结果是：每个字符的熵为 1.75 比特(这里的字符集包含了 95 个可印刷的全部 ASCII 字符)。

根据报告，英语书面文本中单词(包括空白)的平均长度为 5.5 个字符(Nádas, 1984)。如果这个报告的数值是正确的，那么，这就意味着，在普通的英文中，Shannon 估计的每个字母的熵为 1.3 比特将对应于每个单词的困惑度为 142。我们前面报告的 WSJ 试验的困惑度数值明显地低于这个数值，其原因在于训练集和测试集都来自英语的同样的子样本。这说明，这个试验低估了英语的复杂性，因为 Wall Street 杂志看起来确实很不像莎士比亚的著作。

对于熵率在人类交际中所起的普遍性作用这个令人神往的问题，很多学者都独立地提出了他们的看法(Lindblom, 1990；Van Son et al., 1998；Aylett, 1999；Genzel and Charniak, 2002；Van Son and Pols, 2003；Levy and Jaeger, 2007)。他们的思路是：人们在说话的时候，总是力求保持每秒钟传输的信息率大体上均衡，也就是说，每秒钟传输均衡的比特数或者保持均衡的熵率。由于在信道中传输信息最为有效的方式是以均衡的比率传输，所以语言也就能按这种交际效用均衡地发展(Plotkin and Nowak, 2000)。对于这种均衡熵率的假说，有各种不同的证据。一种证据指出，在说话的时候，说话人往往缩短可以预见的单词(换言之，他们只用比较短的时间说出可以预见的单词)，而延长不可预见的单词(Aylett, 1999；Jurafsky et al., 2001a；Aylett and Turk, 2004；Pluymaekers et al., 2005)。在另外一些研究中，Genzel and Charniak(2002, 2003)说明，熵率的这种均衡性使得我们可以从文本中对于个别句子的熵做出预测。他们还特别地说明，忽略了前面话语上下文(例如，句子的 N 元语法概率)的句子熵的局部度量值会随着句子数量的增加而增加，并且他们把这样的增加在语料库中以文献的形式记载下来。Keller(2004)证明熵率对于听话人也在起作用，他说明了句子的熵与在理解该句子过程中为此而付出的处理的努力之间存在相互关系，这种关系可以用眼球跟踪数据的阅读时间来度量。

4.12　小结

本章介绍 N 元语法，这是一种年代久远而使用广泛的语言处理的实用工具。

- N 元语法概率是一个单词在前面给定的 $N-1$ 个单词的条件下的条件概率。N 元语法概率可以通过在语料库中简单地计数并使之归一化的方法来计算(**最大似然估计 MLE**)，或者它们也可以通过更加复杂的算法来计算。N 元语法的优点是它们可以使用丰富的词汇知识。N 元语法的缺点是在一些实际的应用中它们对训练语料库的依赖性太强。
- **平滑算法**为 N 元语法概率的估计提供了一种比最大似然估计更好的解决办法。依赖于低阶 N 元语法计数的常用的 N 元语法的平滑算法是**回退法**和**插值法**。
- 不论是回退还是插值都要进行打折，打折的算法有 **Kneser-Ney 打折法**、**Witten-Bell 打折法**、**Good-Turing 打折法**。
- 评测 N 元语法的语言模型时，要把语料库分为**训练集**和**测试集**两部分。在训练集上训练模型，在测试集上进行评测。在测试集上的语言模型的**困惑度** 2^H 用于对不同的语言模型进行比较。

4.13　文献和历史说明

N 元语法的数学原理最早是 Markov(1913)提出的。Markov 使用我们现在称之为"马尔可夫链"(Markov Chain)(二元语法和三元语法)的数学概念来预测普希金的 Eugene Onegin(《欧根·

奥涅金》）中下一个字母是元音还是辅音。Markov 把书中的 20 000 个字母分为 V（元音）和 C（辅音），并计算二元语法和三元语法的概率，如果要判定给定的字母是否为元音，需要根据它前面的一个或两个字母来决定。Shannon（1948）通过对于 N 元语法的计算来逼近英语的单词序列。在 Shannon 工作的基础上，Markov 模型成为了 20 世纪 50 年代普遍使用的单词序列的模型。

从 Chomsky（1956）的文章开始，他发表的一系列非常有影响的文章，其中包括 Chomsky（1957）以及 Miller and Chomsky（1963），Chomsky 雄辩地证明，"有限状态马尔可夫过程"（finite-state Markov processes）尽管可能在工程方面会得到某些探索性的应用，但是，它不能作为人类语法知识的完美的认知模型。Chomsky 的这种论点使得很多语言学家和计算语言学家在数十年的时间内忽视了在语言的统计模型方面所做的工作。

N 元语法模型的复兴是从 IBM 公司和 CMU（卡内基-梅隆大学）开始的。在 Shannon 的影响下，IBM 公司 Thomas J. Wanson 研究中心的 Jelinek，Mercer，Bahl 和他们的同事们回过头来研究 N 元语法模型；在 Baum 和他的同事们工作的影响下，CMU 的 Baker 也回过头来研究 N 元语法。这两个实验室在他们的语音识别系统中，独立地、成功地使用了 N 元语法（Baker，1990；Jelinek，1976；Baker，1975；Bahl et al.，1983；Jelinek，1990）。IBM 公司的 TANGORA 语音识别系统在 20 世纪 70 年代使用了三元语法模型，但是，他们的这种思路一直到后来都没有写成文章。

加一平滑算法是从 1812 年 Laplace 的连续性定理推导出来的，在 Johnson（1932）早期关于"加 K 建议"（Add-K suggestion）的基础上，首先由 Jeffreys（1948）用来解决工程中的零概率问题。在 Gale and Church（1994）中，对加一算法的问题做了综述。如 Nádas（1984）所述，IBM 公司的 Katz 首先把 Good-Turing 算法应用来解决 N 元语法的平滑问题。Church and Gale（1991）对 Good-Turing 的方法及其证明做了很好的描述。Sampson（1996）对 Good-Turing 算法做了很有用的讨论。Jelinek（1990）总结了在 IBM 公司的语言模型中早期进行过的一些关于语言模型的创新性研究。

在 20 世纪 80 年代和 20 世纪 90 年代，对于各种不同的语言模型和平滑技术进行了测试，其中包括 Witten-Bell 打折法（Witten and Bell，1991）、各式各样的基于类别的语言模型（Jelinek，1990；Kneser and Ney，1993；Heeman，1999；Samuelsson and Reichl，1999）以及其他语言模型和技术（Gupta et al.，1992）。在 20 世纪 90 年代后期，Chen and Goodman 发表了有很大影响的系列文章来比较不同的语言模型（Chen and Goodman，1996，1998，1999；Goodman，2006）。他们进行了一些控制得非常谨慎的试验来比较各种不同的打折算法、隐藏语言模型、基于类别（聚类）的语言模型以及其他的语言模型参数。他们说明了插值的 Kneser-Ney 算法的各种优点，并指出，这种插值的 Kneser-Ney 算法已经成为了当前语言建模研究中最为流行的方法。这些文章对于我们在本章中进行的各种讨论也有影响，如果读者对于语言模型有进一步的兴趣，我们推荐读者去阅读这些文章。

当前语言建模的研究集中在自适应的研究、基于句法与对话结构各种精细的语言结构使用的研究以及超大规模 N 元语法的研究等问题上。例如，谷歌（Google）在 2006 年公开发布了一个超大规模的 N 元语法集，包括从 1 024 908 267 229 个单词的运行文本中出现次数至少为 40 次的由 5 个单词构成的序列（five-word sequences），这是非常有用的研究资源；这个 N 元语法集共有 1 176 470 663 个由 5 个单词构成的序列，覆盖了 1 300 万个词型（Franz and Brants，2006）。在实际应用中，这种大规模的语言模型一般都要使用诸如 Stolcke（1998）和 Church et al.（2007）提出的技术进行修剪。

第5章 词类标注

*Conjunction Junction, what's your function?*①

Bob Dorough, *Schoolhouse Rock*, 1973

A gnostic was seated before a grammarian. The grammarian said, 'A word must be one of three things: either it is a noun, a verb, or a particle.' The gnostic tore his robe and cried, 'Alas! Twenty years of my life and striving and seeking have gone to the winds, for I laboured greatly in the hope that there was another word outside of this. Now you have destroyed my hope.' Though the gnostic had already attained the word which was his purpose, he spoke thus in order to arouse the grammarian. ②

Rumi (1207 – 1273), *The Discourses of Rumi*, Translated by A. J. Arberry

Alexandria(公元前 100 年)的 Dionysius Thrax 或是另一个学者(我们可以理解,根据同一时代的作品的文本来判断准确的作者的名字是非常困难的,因此,我们不敢肯定学者的名字)曾经勾画出希腊语法(称为"technē")的轮廓,对于他那个时代的语法知识进行了总结。这部著作是现代语言学词汇的直接来源,例如,syntax(句法)、diphthong(双元音)、clitic(附着形式)、analogy(类推),都是从这部著作中来的,令人叹为观止。这部著作还描写了 8 个词类:名词、动词、代词、介词、副词、连接词、分词、冠词。尽管早期的其他学者(包括 Aristotle 以及 Stoics)也各自提出了他们的词类表,但是,Thrax 的这 8 个词类成为了之后两千年来希腊语、拉丁语和大多数欧洲语言词类描写的基础。

《Rock 学校》(Schoolhouse Rock)是一部 3 分钟的音乐动画系列片,于 1973 年首次在电视上放映。这部系列片的设计是为了激发儿童学习乘法表、语法、基础科学和历史的兴趣。例如,Rock 语法中包括了关于词类的一些歌曲,这样就便于把这一类的知识引入到民间大众文化的王国中。事实上,Rock 的语法中的语法描述标记是非常传统的,它恰好也包括 8 首歌来描述词类。虽然它的词类表对 Thrax 原来的词类做了很小的修改,用形容词和叹词来替代原来的分词和冠词,令人惊叹的是,Thrax 的这套词类延续了两千年之久,这充分说明了它们的重要性,也说明了它们的作用已经渗透到了人类的语言中。

最近的词类表[称为**词类标记集**(tagset)]中,词类的数目比 Thrax 的词类数目多得多:宾州树库(Penn Treebank)有 45 类(Marcus et al., 1993)、Brown 语料库有 87 类(Francis, 1979; Francis and Kučera, 1982)、C7 词类标记集有 146 类(Garside et al., 1997)。

词类[Part-of-Speech, 又称为 **POS**、**单词类别**(word classes)、**形态类别**(morphological classes)或**词汇标记**(lexical tags)]对于语言信息处理的意义在于,它能够提供关于单词和其邻近成分的大量有用信息。这不但对于主要的词类范畴是有用的[例如,区分**动词**(verb)和**名词**

---

① 连接词的连接,什么是你的功能?

② 有一位诺斯替主义者坐在一位语法学家的旁边。语法学家对他说:"一个单词必定要表达三件事情中的某一件:它或者是名词,或者是动词,或者是小品词。"这个诺斯替主义者激动得撕破了他的长袍并且高喊起来:"啊!我二十年的生活、奋斗和追求都像一阵风似的化为乌有了,因为我一直都在努力工作,希望在你所说的范围之外能够找到其他的单词。现在你把我的这种希望彻底地摧毁了。"尽管这位诺斯替主义者实际上早就已经找到了符合他愿望的单词,他之所以这样说只是为了激励一下这位语法学家而已。

（noun）］，而且对于很多细致的区别也是很有用的。例如，这些标记集区别主有代词（my, your, his, her, its）和人称代词（I, you, he, me）。如果知道了一个词是主有代词还是人称代词，我们就可以知道什么样的词会出现在它的近邻（主有代词后面往往会出现名词，人称代词后面往往会出现动词）。这些信息在语音识别的语言模型中是非常有用的。

词类还能告诉我们关于单词发音的信息。在第 8 章中我们将讨论，单词 content 可以是名词，也可以是形容词，其发音是有区别的（名词发音为 CONtent，形容词发音为 conTENT）。因此，如果知道了单词的词类，在语音合成系统中就可以产生出更自然的发音，在语音识别系统中，就可以更精确地进行识别［类似的单词对还有 OBject（名词）和 obJECT（动词），DIScount（名词）和 disCOUNT（动词）；参阅 Cutler（1986）］。

词类还可以用来在信息检索（Information Retrieval, IR）中分割词干（stemming），因为如果知道了单词的词类，就可以帮助我们了解单词会具有什么样的形态词缀，我们在第 3 章中曾经讲过这个问题。词类也可以帮助信息检索的应用，帮助我们从文献中选择出名词或其他重要的单词。自动词类标注也可以帮助我们进行句法自动剖析和建立自动词义排歧算法，词类标注也经常使用于文本的"浅层剖析"（shallow parsing）中，帮助我们快速查找名字、时间、日期或其他的命名实体，我们在第 22 章中介绍信息抽取的应用时将讨论这些问题。最后，进行过词类标注的语料库对于语言学的研究是非常有用的，例如，词类标记可以帮助我们在大规模语料库中查找实例或特定结构的出现频率。

在本章中，我们将集中力量研究把词类指派给单词［**词类标注**（part-of-speech tagging）］的方法。有很多的算法可以用来解决这个问题，包括手写规则［**基于规则的标注**（rule-based tagging）］、统计方法［**隐马尔可夫模型标注**（HMM tagging）和**最大熵标注**（maximum entropy tagging）］、**基于转换的标注**（transformation-based tagging）和**基于记忆的标注**（memory-based tagging）等其他方法。在这一章中，我们介绍其中的三种算法：基于规则的标注、隐马尔可夫模型标注和基于转换的标注。但是在讨论这些算法之前，我们首先对英语的词的分类进行总结，然后描述不同的标记集（tagset）以便对这些词的类别进行编码。

5.1 （大多数）英语词的分类

在此之前，我们使用诸如**名词**（noun）和**动词**（verb）类的词类术语都是非常自由的。在这一节中，我们将对这些词类以及其他的词类给出更加全面的定义。在传统上，词类是根据句法功能和形态功能来定义的；如果单词的功能相似，可以出现在相似的环境当中（这是单词的"句法分布特征"），或者它们的词缀具有相似的功能（这是单词的形态特征），那么，就把它们归为一类。同一类的单词会有语义一致性（semantic coherence）的倾向（名词事实上经常描写"人、地点或事物"，形容词经常描写"性质"），但是，语义的一致性并不总是必要的，所以，一般来说，我们不使用语义一致性作为确定词类的标准。

词类可以分为两个大类：**封闭类**（closed class）和**开放类**（open class）。封闭类是那些包含的单词成员相对固定的词类。例如，介词就是一个封闭类，因为英语中介词是一个固定的集合，很少创造或杜撰新的介词。与此相反，名词和动词则是开放类，因为新的名词和动词不断地被创造出来，或者从其他语言中借用过来，新名词和新动词是层出不穷的，例如，to fax（发传真）是一个新的动词，futon（蒲团）则是一个借用的名词。任何给定的说话人或语料库的开放类单词可能有所不同，但是，所有说同一种语言的人、各种规模足够大的语料库，都可以共享相同的封闭类的单词集合。封闭类的单词又称为**虚词**（function words），如 of, it, and, or 等，它们一般都很短，出现频率很高，在语法中经常用于表示结构关系。

　　世界语言中有四个大的开放类,它们是:**名词**(nouns)、**动词**(verbs)、**形容词**(adjectives)和**副词**(adverbs)。事实证明,这四大开放类的词类在英语中都存在,尽管不是所有语言都是这样。

　　名词(noun)就是名称,在名词所给出的句法类别中,大多数出现的词都是表示人、地点或事物的。但是,由于如**名词**这样的句法类别是根据形态和句法功能来定义的,而不是从语义上来定义的,因此,某些表示人、地点或事物的单词不一定是名词,反之,某些名词也可能不一定就是表示人、地点或事物的词。这样一来,名词可以包含具体的词,如 ship(船)和 chair(椅子),也可以包含抽象的词,如 bandwidth(带宽)和 relationship(关系),还可以包含某些类似动词的词,如在句子"His pacing to and fro became quite annoying"(他踱来踱去的步调使人心烦)中的 pacing(步调)。怎样来定义英语的名词呢? 名词是具有如下能力的词:与限定词同时出现,如 a goat(一只山羊)、its bandwidth(它的带宽)、Plato's Republic(柏拉图的理想国);可以受主有代词修饰,如 IBM's annual revenue(IBM 的年收入);大多数名词(不是所有的名词)都可以以复数形式出现,如 goats(一些山羊)和 abaci(算盘)。

　　在传统上,名词可分为**专有名词**(proper noun)和**普通名词**(common noun)。专有名词如 Regina, Colorado, IBM,它们是某个特定的人或实体的名称。在英语中,它们前面一般不出现冠词。例如,the book is upstairs(书在楼上)中普通名词 book 前面有冠词,但是 Regina is upstairs(Regina 在楼上)中专有名词 Regina 前面没有冠词。在书面英语中,专有名词的第一个字母一般要大写。

　　在很多语言中,包括英语在内,普通名词又分为**可数名词**(count noun)和**物质名词**(mass noun)。可数名词是那些可以在语法上计数的名词,也就是说,它们能够以单数和复数的形式出现(goat/goats, relationship/relationships),并且它们能够计数(one goat, two goats)。当某种东西能够在概念上按照同质(homogenous)来分组时,就使用物质名词。例如,snow(雪),salt(盐)和 communism(共产主义)这样的词是不可数(不能说 * two snows, * two communisms)。物质名词出现时也可以没有冠词,但是单数可数名词出现时不能没有冠词(可以说 Snow is white,但是不能说 * Goat is white)。

　　动词(verb)包括大多数表示行为和过程的词。主要的动词如 draw(拉)、provide(提供)、differ(区别于)、go(去)。正如我们在第3章看到的,英语动词有若干个形态形式:非第三人称单数(eat)、第三人称单数(eats)、进行时(eating)、过去分词(eaten),等等。英语动词还有一个次类称为**助动词**(auxiliaries),我们在讨论封闭类形式时再来研究助动词。

　　很多研究者相信,人类所有的语言都有名词和动词这样的范畴,然而,有的研究者不同意这样的看法,他们指出,在 Riau Indonesian 语和 Tongan 语中却没有这样的区分(Broschart, 1997; Evans, 2000; Gil, 2000)。

　　英语中第三个开放类的形式是**形容词**(adjective)。从语义上说,这一个封闭类包括很多描写性质或质量的单词。大多数语言都有表示颜色(如 white, black)、年龄(如 old, young)和价值(如 good, bad)等概念的形容词,但是存在着没有形容词的语言。在韩语中,与英语的形容词相对应的词类其功能相当于动词的一个次类,所以,英语中的形容词 beautiful(美丽)在韩语中相当于一个动词,其含义是 to be beautiful(是美丽的)(Evans, 2000)。

　　最后一个开放类形式是**副词**(adverb)。不论从语义上说还是从形式上说,副词包含的词比较杂,就像一个矮胖子。例如,Schachter(1985)指出,在下面的句子中,所有斜体字的单词都是副词:

　　Unfortunately, John walked *home extremely slowly yesterday*
　　(遗憾的是,John 昨天回家时走得非常慢)

如果一定要说这一类词在语义上有什么一致性，那么我们只能说这些词都可以看成是要修饰某种东西的词。它们通常修饰的词是动词（verb），因此英语中把它们命名为 adverb，不过，这类词也可以修饰其他的副词或者修饰整个动词短语。**方位副词**（directional adverbs）或**地点副词**（locative adverbs）说明某个行为的方向或地点，如 home（回家）、here（这里）、downhill（往下）；**程度副词**（degree adverbs）说明某个动作、过程或性质延伸的程度，如 extremely（非常）；**方式副词**（manner adverbs）描述某个行为或过程的方式，如 slowly（慢）、slinkily（鬼鬼祟祟地）、delicately（微妙地）；**时间副词**（temporal adverbs）描述某个行为或事件发生的时间，如 yesterday（昨天）、Monday（星期一）。由于这一类词具有异质（heterogeneous）的特性，在一些词类标注方案中，某些副词被标注为名词。例如，Monday 这样的时间副词，就被标注为名词。

与开放类不同，各种语言的封闭类差别很大。这里我们列举出英语中某些重要的封闭类，并附上例子：

- **介词**（prepositions）：on，under，over，near，by，at，from，to，with
- **限定词**（determiners）：a，an，the
- **代词**（pronouns）：she，who，I，others
- **连接词**（conjunctions）：and，but，or，as，if，when
- **助动词**（auxiliary verbs）：can，may，should，are
- **小品词**（particles）：up，down，on，off，in，out，at，by
- **数词**（numerals）：one，two，three，first，second，third

介词（preposition）出现在名词短语之前；从语义上说，它们是表示关系的，通常都是表示空间或时间的关系，不论是字面上的关系（on it，before then，by the house），还是比喻的关系（on time，with gusto，beside herself）。不过它们常常也要指出其他的关系［"Hamlet was written by Shakespeare，and［from Shakespeare］"，"And I did laugh sans intermission an hour by his dial"（由于他的电话，我不间断地笑了一个小时）］。图 5.1 是英语中的介词，材料来自 CELEX 联机词典（Baayen et al.，1995），根据它们在 1 600 万词的英语语料库 COBUILD 中的频率排序。注意，不能认为这个表已经是定论，使用不同的词典和不同的标记集，词类标注的结果可能会有差别。另外，在这个表中，还把介词和小品词结合在一起。

of	540 085	through	14 964	worth	1 563	pace	12
in	331 235	after	13 670	toward	1 390	nigh	9
for	142 421	between	13 275	plus	750	re	4
to	125 691	under	9 525	till	686	mid	3
with	124 965	per	6 515	amongst	525	o'er	2
on	109 129	among	5 090	via	351	but	0
at	100 169	within	5 030	amid	222	ere	0
by	77 794	towards	4 700	underneath	164	less	0
from	74 843	above	3 056	versus	113	midst	0
about	38 428	near	2 026	amidst	67	o'	0
than	20 210	off	1 695	sans	20	thru	0
over	18 071	past	1 575	circa	14	vice	0

图 5.1　CELEX 联机词典中的英语介词（以及小品词）。频率计数根据 1 600 万词的 COBUILD 语料库

小品词（particle）与介词或副词相似，它们经常与动词结合起来一起使用。小品词经常把意义加以扩展，它们的意义与同样形式的介词是不同的：

He arose slowly and brushed himself *off*.

(他慢慢地站起来,把自己身上刷干净)

… she has turned the paper *over*.

(… 她把这张纸翻转过来)

当一个动词与一个小品词结合起来形成一个独立的句法和(或)语义单位组合的时候,我们把这样的组合称为**短语动词**(phrasal verb)。短语动词可以看成一个独立的语义单位,因此,短语动词的意义不能分别地从构成它的动词的意义和小品词的意义推测出来。所以,turn down 的意义是 reject(拒绝),rule out 的意义是 eliminate(清除),find out 的意义是 discover(发现),go on 的意义是 continue(继续)。这些意义都不能从独立的动词的意义和独立的小品词的意义推测出来。下面的例子来自 Thoreau:

So I *went on* for some days cutting and hewing timber…

Moral reform is the effort to *throw off* sleep…

其中的 went on 和 throw off 都是短语动词。

图 5.2 中单个的小品词表来自 Quirk et al.(1985)。由于很难自动区分介词和小品词,某些标记集就不区分它们(例如,CELEX 使用的一个标记集),尽管语料库中进行这样的区分(如 Penn Treebank),自动处理时也很不容易做到可靠地进行区分,所以,我们没有给出它们的计数。

aboard	aside	besides	forward(s)	opposite	through
about	astray	between	home	out	throughout
above	away	beyond	in	outside	together
across	back	by	inside	over	under
ahead	before	close	instead	overhead	underneath
alongside	behind	down	near	past	up
apart	below	east,etc.	off	round	within
around	beneath	eastward(s),etc.	on	since	without

图 5.2　英语中单个的小品词,根据 Quirk et al.(1985)

还有一个封闭类与名词一起出现,常常作为名词短语开始的标记,这个封闭类就是**限定词**(determiners)。限定词中有一个很小的次类是**冠词**(article)。英语有三个冠词:a,an 和 the。其他的限定词包括 this(如 this chapter 中的 this)和 that(如 that page 中的 that)。a 和 an 表示名词短语是无定的,而 the 则表示名词短语是有定的。有定性(definiteness)是话语和语义的一个特性,我们将在第 21 章中讨论有定性。冠词在英语中的出现频率很高;在大多数书面英语语料库中,the 是当之无愧的具有最大频率的单词。这里是 COBUILD 语料库的统计结果,语料库的规模是 1 600 万单词:

the:1 071 676　　　a:413 887　　　an:59 359

连接词(conjunction)用来连接两个短语、分句或句子。并列连接词(coordinating conjunction)如 and,or 或 but,用于连接地位平等的两个成分。当一个成分处于某种嵌入的地位时,就要使用从属连接词(subordination conjunction)。例如,在句子"I thought that you might like some milk"(我想你大概喜欢喝牛奶)中的 that 是一个从属连接词,它把主要分句 I thought 和从属分句 you might like some milk 连接起来。这个分句之所以称为从属分句是因为整个的分句是主要动词 thought 的"内容"。如 that 这样把动词和它的论元(argument)以这种方式联系起来的从属连接词又称为**标补语**（complementizers）。第 12 章和第 15 章中，我们将更详细地讨论"补足"（complementation）的概念。图 5.3 中的表列出了英语中的连接词。

and	514 946	yet	5 040	considering	174	forasmuch as	0
that	134 773	since	4 843	lest	131	however	0
but	96 889	where	3 952	albeit	104	immediately	0
or	76 563	nor	3 078	providing	96	in as far as	0
as	54 608	once	2 826	whereupon	85	in so far as	0
if	53 917	unless	2 205	seeing	63	inasmuch as	0
when	37 975	why	1 333	directly	26	insomuch as	0
because	23 626	now	1 290	ere	12	insomuch that	0
so	12 933	neither	1 120	notwithstanding	3	like	0
before	10 720	whenever	913	according as	0	neither nor	0
though	10 329	whereas	867	as if	0	now that	0
than	9 511	except	864	as long as	0	only	0
while	8 144	till	686	as though	0	provided that	0
after	7 042	provided	594	both and	0	providing that	0
whether	5 978	whilst	351	but that	0	seeing as	0
for	5 935	suppose	281	but then	0	seeing as how	0
although	5 424	cos	188	but then again	0	seeing that	0
until	5 072	supposing	185	either or	0	without	0

图 5.3　CELEX 联机词典中的并列连接词和从属连接词。频率计数来自 1 600 万单词的 COBUILD 语料库

　　代词（pronoun）是简短地援引某些名词短语、实体或事件的一种形式。**人称代词**（personal pronoun）涉及人或实体（you，she，I，it，me，等等）。**主有代词**（possessive pronoun）是人称代词的一种形式，它或者说明实际的所属关系，或者更常见的是只说明人和某种客体之间的抽象关系（my，your，his，her，its，one's，our，their）。**Wh 代词**（Wh-pronoun）可在某种提问形式中使用（what，who，whom，whoever），也可以像标补语那样起作用（Frieda，who mariied Diego…）。图 5.4 中的表列举了 CELEX 联机词典中的英语代词。

　　助动词（auxiliary）是英语动词中的一个次类，不过它是一个封闭类。从语言学各学科交叉的角度来看，助动词是标志主要动词的某些语义特征的词（它们通常属于动词），这些语义特征包括：一个行为是在现在发生的、过去发生的，还是在将来发生的（时态）；一个行为是不是完成了（体），一个行为是不是否定的（极性对立），一个行为是必须的、可能的、建议性的，还是所期望的，等等（情态）。

　　英语的助动词包括**系动词**（copula）be、两个动词 do 和 have 以及它们的各种屈折变化形式，还包括**情态动词**（modal verb）。之所以把 be 称为系动词是由于它把主语和某种类型的谓词性名词成分和形容词联系起来。例如，He <u>is</u> a duck（他是一个奇特的人）。助动词 have 用于标志完成时态。图 5.5 中的表列举了 CELEX 联机词典中的情态动词。例如，I <u>have</u> gone（我去了），I <u>had</u> gone（我曾经去了），而 be 作为被动形式的一部分。例如，We <u>were</u> robbed（我们被抢劫了），或者用在进行时的结构。例如，We <u>are</u> leaving（我们正在离开）。情态动词用于标志与事件或主要动词描述的行为相联系的情态。因此，can 表示能力或可能性，may 表示允许或可能性，must 表示必要性，等等。除了上面提到的系动词 have 之外，还有情态动词 have。例如，I <u>have</u> to go（我只得走了）。这个情态动词在英语口语中使用非常普遍。不过，不论是情态动词 have，还是情态动词 dare，在 CELEX 词典中的频率计数都很稀少，其原因在于 CELEX 词典不区分主要动词的意义。［例如，I <u>have</u> three oranges(我有三个橘子)，He <u>dared</u> me to eat them(他向我挑战要吃掉它们)〕和情态动词的意义〔例如，There <u>has</u> to be some mistake(这里必定有些错误)，<u>Dare</u> I confront him？(我敢与他对抗吗？)〕，以及非情态助动词的意义〔I <u>have</u> never see that(我从来没有见过这种东西)〕。

it	199 920	how	13 137	yourself	2 437	no one	106
I	198 139	another	12 551	why	2 220	wherein	58
he	158 366	where	11 857	little	2 089	double	39
you	128 688	same	11 841	none	1 992	thine	30
his	99 820	something	11 754	nobody	1 684	summat	22
they	88 416	each	11 320	further	1 666	suchlike	18
this	84 927	both	10 930	everybody	1 474	fewest	15
that	82 603	last	10 816	ourselves	1 428	thyself	14
she	73 966	every	9 788	mine	1 426	whomever	11
her	69 004	himself	9 113	somebody	1 322	whosoever	10
we	64 846	nothing	9 026	former	1 177	whomsoever	8
all	61 767	when	8 336	past	984	wherefore	6
which	61 399	one	7 423	plenty	940	whereat	5
their	51 922	much	7 237	either	848	whatsoever	4
what	50 116	anything	6 937	yours	826	whereon	2
my	46 791	next	6 047	neither	618	whoso	2
him	45 024	themselves	5 990	fewer	536	aught	1
me	43 071	most	5 115	hers	482	howsoever	1
who	42 881	itself	5 032	ours	458	thrice	1
them	42 099	myself	4 819	whoever	391	wheresoever	1
no	33 458	everything	4 662	least	386	you – all	1
some	32 863	several	4 306	twice	382	additional	0
other	29 391	less	4 278	theirs	303	anybody	0
your	28 923	herself	4 016	wherever	289	each other	0
its	27 783	whose	4 005	oneself	239	once	0
our	23 029	someone	3 755	thou	229	one another	0
these	22 697	certain	3 345	'un	227	overmuch	0
any	22 666	anyone	3 318	ye	192	such and such	0
more	21 873	whom	3 229	thy	191	whate'er	0
many	17 343	enough	3 197	whereby	176	whenever	0
such	16 880	half	3 065	thee	166	whereof	0
those	15 819	few	2 933	yourselves	148	whereto	0
own	15 741	everyone	2 812	latter	142	whereunto	0
us	15 724	whatever	2 571	whichever	121	whichsoever	0

图 5.4　CELEX 联机词典中的代词。频率计数来自 1 600 万单词的 COBUILD 语料库

can	70 930	might	5 580	shouldn't	858
will	69 206	couldn't	4 265	mustn't	332
may	25 802	shall	4 118	'll	175
would	18 448	wouldn't	3 548	needn't	148
should	17 760	won't	3 100	mightn't	68
must	16 520	'd	2 299	oughtn't	44
need	9 955	ought	1 845	mayn't	3
can't	6 375	will	862	dare, have	???

图 5.5　CELEX 联机词典中的情态动词。频率计数来自 1 600 万单词的 COBUILD 语料库

英语中还有很多单词不多不少地只有一种功能。它们是**叹词**（interjections，如 oh，ah，hey，man，alas，uh，um），**否定词**（negatives，如 no，not），**礼貌标志词**（politeness markers，如 please，thank，you），**问候词**（greetings，如 hello，goodbye），以及**表示存在的 there**［existential there，如 there are two on the table（桌子上有两个）］。是把这些类别的词都指派一个特定的名字，还是合在一起合并为叹词，甚至合并成副词，这取决于标记的目的。

5.2　英语的标记集

前面一节我们对于英语单词所归入的词的类别做了大致的描述。在这一节中，我们将描述在词类标注中实际使用的标记集（tagset），以便有血有肉地刻画出标记集的梗概，为下面各节描述各种标注算法做好准备。

通行的英语标记集有几种，多数都是从 Brown 语料库中所使用的包含 87 个标记的标记集发展而来的（Francis，1979；Francis and Kučera，1982）。Brown 语料库包含 5 百万单词的样本，来自不同文体（新闻、中篇小说、非小说、科技文章等）的 500 篇书面文本，这个语料库是 1963 年至 1964 年间在 Brown 大学收集的（Kučera and Francis，1967；Francis，1979；Francis and Kučera，1982）。这个语料库进行过词类标注，首先使用 TAGGIT 程序进行自动标注，然后手工进行标记的修正。

除了图 5.6 和图 5.7 中具体描述的最早的标记集之外，英语中最常用的标记集还有两个：一个是 Penn Treebank 的标记集，包含 45 个标记，是小标记集（Marcus et al.，1993），如图 5.8 所示；另一个是 Lancaster 大学 UCREL 计划的成分似然性自动词性标注系统 CLAWS（Constituent Likelihood Automatic Word-tagging System），使用的标记集 C5，包含 61 个标记，是中型的标记集，C5 标记集用于标注英国国家语料库（British National Corpus，BNC）（Carside et al.，1997），如图 5.9 所示。

标　记	描　述	例　子
(	opening parenthesis	(, [
)	closing parenthesis	) ,]
*	negator	not n't
,	comma	,
—	dash	—
.	sentence terminator	. ; ? !
:	colon	:
ABL	pre-qualifier	quite, rather, such
ABN	pre-quantifier	half, all
ABX	pre-quantifier, double conjunction	both
AP	post-determiner	many, next, several, last
AT	article	a, the, an, no, a, every
BE/BED/BEDZ/BEG/BEM/BEN/BER/BEZ		be/were/was/being/am/been/are/is
CC	coordinating conjunction	and, or, but, either, neither
CD	cardinal numeral	two, 2, 1962, million
CS	subordinating conjunction	that, as, after, whether, before
DO/DOD/DOZ		do, did, does
DT	singular determiner,	this, that
DTI	singular or plural determiner	some, any
DTS	plural determiner	these, those, them
DTX	determiner, double conjunction	either, neither
EX	existential there	there
HV/HVD/HVG/HVN/HVZ		have, had, having, had, has
IN	preposition	of, in, for, by, to, on, at
JJ	adjective	

图 5.6　Brown 语料库中包含原来的 87 个标记的标记集的第一部分（Francis and Kučera，1982）。在这个表中，略去了 4 个带连字符的标记

标 记	描 述	例 子
JJR	comparative adjective	better, greater, higher, larger, lower
JJS	semantically superlative adj.	main, top, principal, chief, key, foremost
JJT	morphologically superlative adj.	best, greatest, highest, largest, latest, worst
MD	modal auxiliary	would, will, can, could, may, must, should
NN	(common) singular or mass noun	time, world, work, school, family, door
NN $	possessive singular common noun	father's, year's, city's, earth's
NNS	plural common noun	years, people, things, children, problems
NNS $	possessive plural noun	children's, artist's parent's years'
NP	singular proper noun	Kennedy, England, Rachel, Congress
NP $	possessive singular proper noun	Plato's Faulkner's Viola's
NPS	plural proper noun	Americans, Democrats, Chinese
NPS $	possessive plural proper noun	Yankees' Gershwins' Earthmen's
NR	adverbial noun	home, west, tomorrow, Friday, North,
NR $	possessive adverbial noun	today's, yesterday's, Sunday's, South's
NRS	plural adverbial noun	Sundays, Fridays
OD	ordinal numeral	second, 2nd, twenty-first, mid-twentieth
PN	nominal pronoun	one, something, nothing, anyone, none,
PN $	possessive nominal pronoun	one's, someone's, anyone's
PP $	possessive personal pronoun	his, their, her, its, my, our, your
PP $ $	second possessive personal pronoun	mine, his, ours, yours, theirs
PPL	singular reflexive personal pronoun	myself, herself
PPLS	plural reflexive pronoun	ourselves, themselves
PPO	objective personal pronoun	me, us, him
PPS	3rd. sg. nominative pronoun	he, she, it
PPSS	other nominative pronoun	I, we, they
QL	qualifier	very, too, most, quite, almost, extremely
QLP	post-qualifier	enough, indeed
RB	adverb	
RBR	comparative adverb	later, more, better, longer, further
RBT	superlative adverb	best, most, highest, nearest
RN	nominal adverb	here, then

图 5.6(续)　Brown 语料库中包含原来的 87 个标记的标记集的第一部分(Francis and Kučera, 1982)。在这个表中，略去了 4 个带连字符的标记

标 记	描 述	例 子
RP	adverb or particle	across, off, up
TO	infinitive marker	to
UH	interjection, exclamation	well, oh, say, please, okay, uh, goodbye
VB	verb, base form	make, understand, try, determine, drop
VBD	verb, past tense	said, went, looked, brought, reached kept
VBG	verb, present participle, gerund	getting, writing, increasing
VBN	verb, past participle	made, given, found, called, required
VBZ	verb, 3rd singular present	says, follows, requires, transcends
WDT	wh-determiner	what, which
WP $	possessive wh-pronoun	whose
WPO	objective wh-pronoun	whom, which, that
WPS	nominative wh-pronoun	who, which, that
WQL	how	
WRB	wh-adverb	how, when

图 5.7　Brown 语料库中包含 87 个标记的标记集的其他部分(Francis and Kučera, 1982)

　　我们这里将重点讨论图 5.6 中所示的 Penn Treebank 的词类标记集，Brown 语料库、Wall Street Journal 语料库、Switchboard 语料库等都使用这个标记集。我们要讨论一些困难的标注判断问题以及在比较大的标注集中所使用的一些行之有效的区分方法。这里是 Brown 语料库的 Penn Treebank 版本中的一些标注了的句子的例子(我们把标记标在每一个单词之后，中间用斜线隔开)：

（5.1）The/DT grand/JJ jury/NN commented/VBD on/IN a/DT number/NN of/IN other/JJ topics/NNS ./.

（5.2）**There/EX** are/VBP 70/CD children/NNS **there/RB**

（5.3）Although/IN preliminary/JJ findings/NNS were/VBD**reported/VBN** more/RBR than/IN a/DT year/NN ago/IN , /, the/DT latest/JJS results/NNS appear/VBP in/IN today/NN, **s/POS** New/NNP England/NNP Journal/NNP of/IN Medicine/NNP , /,

　　例（5.1）说明了我们在前一节中讨论过的现象；限定词 the 和 a，形容词 grand 和 other，普通名词 jury，number 和 topic，过去时态动词 commented。例（5.2）说明了标记 EX 的用法，这个标记用于表示英语中带 there 的存在结构，为了便于对比，另外一个 there 则标注为副词（RB）。例（5.3）说明了表示所属的语素 's 应单独切分，并说明了被动结构的一个例子 were reported，其中动词 reported 标注为过去分词（VBN），而不是标注为简单过去时（VBD）。注意，专有名词 New England 标注为 NNP。最后注意，由于 New England Journal of Medicine 是专有名词，该树库在标注时选择了给每一个名词都分别标为 NNP，包括 journal 和 medicine 在内，不然的话，这两个名词很可能被标注为普通名词（NN）。

标　记	描　　述	例　子	标　记	描　　述	例　子
CC	coordin. conjunction	and, but, or	SYM	symbol	+, %, &
CD	cardinal number	one, two, three	TO	"to"	to
DT	determiner	a, the	UH	interjection	ah, oops
EX	existential 'there'	there	VB	verb, base form	eat
FW	foreign word	mea culpa	VBD	verb, past tense	ate
IN	preposition/sub-conj	of, in, by	VBG	verb, gerund	eating
JJ	adjective	yellow	VBN	verb, past participle	eaten
JJR	adj., comparative	bigger	VBP	verb, non-3sg pres	eat
JJS	adj., superlative	wildest	VBZ	verb, 3sg pres	eats
LS	list item marker	1, 2, One	WDT	wh-determiner	which, that
MD	modal	can, should	WP	wh-pronoun	what, who
NN	noun, sing. or mass	llama	WP$	possessive wh-	whose
NNS	noun, plural	llamas	WRB	wh-adverb	how, where
NNP	proper noun, singular	IBM	$	dollar sign	$
NNPS	proper noun, plural	Carolinas	#	pound sign	#
PDT	predeterminer	all, both	"	left quote	' or "
POS	possessive ending	's	"	right quote	' or "
PRP	personal pronoun	I, you, he	(	left parenthesis	[, (, {, <
PRP$	possessive pronoun	your, one's	)	right parenthesis	],), }, >
RB	adverb	quickly, never	,	comma	,
RBR	adverb, comparative	faster	.	sentence-final punc	. ! ?
RBS	adverb, superlative	fastest	:	mid-sentence punc	: ; ... - -
RP	particle	up, off			

图 5.8　Penn Treebank 的词类标记（包括标点符号）

　　有一些标注的区分不论对于人还是对于机器都是相当困难的。例如，介词（IN）、小品词（RP）和副词（RB）就有大量的交叉现象。如 around 这个单词就要分别给出三个不同的标记：

（5.4）Mrs./NNP Shaefer/NNP never/RB got/VBD **around/RP** to/TO joining/VBG

（5.5）All/DT we/PRP gotta/VBN do/VB is/VBZ go/VB **around/IN** the/DT corner/NN

（5.6）Chateau/NNP Petrus/NNP costs/VBZ **around/RB** 250/CD

标　记	描　述	例　子
AJ0	adjective（unmarked）	good, old
AJC	comparative adjective	better, older
AJS	superlative adjective	best, oldest
AT0	article	the, a, an
AV0	adverb（unmarked）	often, well, longer, furthest
AVP	adverb particle	up, off, out
AVQ	wh-adverb	when, how, why
CJC	coordinating conjunction	and, or
CJS	subordinating conjunction	although, when
CJT	the conjunction that	
CRD	cardinal numeral（except one）	3, twenty-five, 734
DPS	possessive determiner	your, their
DT0	general determiner	these, some
DTQ	wh-determiner	whose, which
EX0	existential there	
ITJ	interjection or other isolate	oh, yes, mhm
NN0	noun（neutral for number）	aircraft, data
NN1	singular noun	pencil, goose
NN2	plural noun	pencils, geese
NP0	proper noun	London, Michael, Mars
ORD	ordinal	sixth, 77th, last
PNI	indefinite pronoun	none, everything
PNP	personal pronoun	you, them, ours
PNQ	wh-pronoun	who, whoever
PNX	reflexive pronoun	itself, ourselves
POS	possessive 's or '	
PRF	the preposition of	
PRP	preposition（except of）	for, above, to
PUL	punctuation-left bracket	(or [
PUN	punctuation-general mark	. ! , : ; -? ···
PUQ	punctuation-quotation mark	' ' "
PUR	punctuation-right bracket	) or]
TO0	infinitive marker to	
UNC	unclassified items（not English）	
VBB	base forms of be（except infinitive）	am, are
VBD	past form of be	was, were
VBG	-ing form of be	being
VBI	infinitive of be	
VBN	past participle of be	been
VBZ	-s form of be	is, 's
VDB/D/G/I/N/Z	form of do	do, does, did, doing, to do
VHB/D/G/I/N/Z	form of have	have, had, having, to have
VM0	modal auxiliary verb	can, could, will, 'll
VVB	base form of lexical verb（except infin.）	take, live
VVD	past tense form of lexical verb	took, lived
VVG	-ing form of lexical verb	taking, living
VVI	infinitive of lexical verb	take, live
VVN	past participle form of lex. verb	taken, lived
VVZ	-s form of lexical verb	takes, lives
XX0	the negative not or n't	
ZZ0	alphabetical symbol	A, B, c, d

图 5.9　英国国家语料库的 UCREL 计划中的标记集 C5（Garside et al., 1997）

要正确地做出这样的判定，需要有精细的句法知识；标注手册(Santorini, 1990)做出了很多提示，告诉编码的人怎么做出这样的判定，标注手册也可以为自动标注提供一些有用的特征。例如，Santorini(1990)的标注手册给我们做出了两个提示：一个提示是，介词一般与跟在它后面的一个名词短语相联系(尽管有时介词后面也可以跟着介词短语)；另一个提示是，如果单词 around 的含义是"大约"，那么，就标注为副词(RB)。

此外，小品词常常可以既出现在名词短语之前，又出现在名词短语之后，请看下面的例子：

(5.7)She told off/RP her friends

（她数她朋友的数目）

(5.8)She told her friends off/RP

（她数她朋友的数目）

但是，介词就不能出现在名词短语之后(* 表示不合语法的句子，我们在第 12 章中再讨论这个概念)：

(5.9)She stepped off/IN the train

（她走下了火车）

(5.10) * She stepped the train off/IN

在英语标注中的另外一个困难是名词修饰语的词类标注。有时，名词前面的修饰语标注为普通名词，如下面例子中的 cotton。但是，在树库的标注手册中又规定，修饰语应标注为形容词，例如，如果修饰语是一个如 income-tax 的带连字符的普通名词，就标注为形容词。有时，名词的修饰语又标注为专有名词，例如，如果修饰语是一个如 Gramm-Rudman 的带连字符的专有名词，就标注为专有名词。

(5.11)cotton/NN sweater/NN

(5.12)income-tax/JJ return/NN

(5.13)the/DT Gramm-Rudman/NNP Act/NNP[①]

有些单词可能是形容词、普通名词或者专有名词，当它们做修饰语的时候，在树库中却被标注为普通名词：

(5.14)Chinese/NN cooking/NN

(5.15)Pacific/NN waters/NNS

在英语标注中的第三个困难是过去分词(VBN)和形容词(JJ)的区分。如 married 这样的单词，当用来表示事件性的动作、类似于动词用法的时候，标注为过去分词[如下面的例(5.16)所示]，而当用来表示性质的时候，标注为形容词[如例(5.17)所示]：

(5.16)They were married/VBN by the Justice of the Peace yesterday at 5：00.

(5.17)At the time, she was already married/JJ.

在如 Santorini(1990)的标注手册中，给出了在特定的上下文中怎样判定某个单词是"类似于动词的用法""表示事件性的动作"的各种很有帮助的准则。

Penn Treebank 的标记集是从 Brown 语料库原来的包括 87 个标记的标记集中剔除了某些标记之后而形成的。这个被精简过的标记集省去了一些信息，这些信息经过词汇项目的鉴别之后

---

① 原文为 NP，显然有错。   —译者注

可以得到恢复。例如，原来 Brown 语料库和 C5 的标记集中，对于动词 do, be 和 have 的不同形式都给予不同的标记。如果使用 C5 标记集，did 可标注为 VDD，doing 可标注为 VDG。而这样的标记，Penn Treebank 的标记集中都省去了。

在 Penn Treebank 的标记集中，有些句法的区别没有表示出来，这是因为树库中的句子都是剖析过的，而不仅仅只是做了标记，所以，某些句法信息已经在短语结构中表示出来了。例如，介词和从属连接词结合为一个单独的标记 IN，这是因为在句子的树结构中，它们之间的歧义已经消解了(从属连接词总是位于分句之前，而介词总是位于名词短语之前或处于介词短语之中)。但是，在大多数进行标注的场合，并不要求对语料库进行剖析，正是由于这个原因，Penn Tree-bank 的标记集在很多应用中就显得不够用了。例如，在原来的 Brown 语料库和 C5 标记集中，是区分从属连接词(标记为 CS)和介词(标记为 IN)的，请看下面的例子：

(5.18) **after/CS** spending/VBG a/AT day/NN at/IN the/AT Brown/NP Palace/NN

(5.19) **after/IN** a/AT wedding/NN trip/NN to/IN Corpus/NP Christi/NP . /.

在原来的 Brown 语料库和 C5 标记集中，单词 to 有两个不同的标记，在 Brown 语料库中表示不定式的 to 标注为 TO，介词 to 标注为 IN：

(5.20) **to/TO** give/VB priority/NN **to/IN** teacher/NN pay/NN raises/NNS

Brown 语料库还有一个标记 NR 用于表示诸如 home, west, Monday 和 tomorrow 等可以做状语的名词。由于在 Penn Treebank 中缺少这样的标记，对于可以做状语的名词的处理就没有前后一致的策略，Monday, Tuesday 和其他表示星期名称的单词被标注为 NNP，而 tomorrow, west 和 home 等有时被标注为 NN，有时被标注为 RB。这种情况使得 Penn Treebank 的标记集在一些高水平的自然语言处理中显得用处不是很大。例如，如果要搜索时间短语，由于时间短语的标记不一致，使用起来就很困难。

但是，Penn Treebank 的标记集广泛地应用于标注算法的评测中，我们下面描述的很多算法主要都是根据这个标记集来进行评测的。当然，对于特定的应用目的来说，究竟使用什么样的标记集最有用，取决于应用中需要信息的多少。

5.3　词类标注

词类标注(Part-of-Speech tagging, POS tagging)可简称为**标注**(tagging)，这是给语料库中的每一个单词指派一个词类或者其他句法类别标记的过程。这些标记通常也用来标注标点符号，在标注时要求把标点符号(句号、逗号等)与单词分离开来。因此，第 3 章中搜索描述的**词例还原**(tokenization)通常要在词类标注之前进行，或者也可以作为词类标注的一个部分，把逗号、引号从单词中分离出来，把句末标点(句号、问号等)和词类标点(如在缩写词 e. g. 和 etc. 等中的标点)区分开来。

尽管自然语言的标记具有更多的歧义性。正如我们在本章开始时指出的，词性标注在语音识别、自然语言剖析和信息检索中都起着越来越重要的作用。标注算法的输入是单词的符号串以及在前一节中描述过的标记集(tagset)。算法的输出要让每一个单词都标上一个单独的而且是最佳的标记。例如，下面是 ATIS 语料库中的一些样本句子，ATIS 语料库是一个关于航空旅行订票对话的语料库，我们将在第 12 章讨论它。对于每一个单词，我们给出了一个潜在的标记输出，标记集采用图 5.6 中定义的 Penn Treebank 标记集：

(5.21) Book/VB that/DT flight/NN ./.

(5.22) Does/VBZ that/DT flight/NN serve/VB dinner/NN ? /.

前一节中，我们在讨论标记的判定问题时曾经指出，即使对于人来说，要总是做出正确的判定也是很困难的。尽管上面是一些非常简单的例子，但是要自动地给每一个单词都指派一个准确的标记也并不是一件轻而易举的事情。例如，book 这个单词就是**有歧义的**(ambiguous)，也就是说，book 有一个以上的用法和一个以上的词类。book 可以是动词，例如，book that flight(订那种飞机票)或 book the suspect(控告嫌疑人)；也可以是名词，例如，hand me that book(把那本书交给我)或 a book of matches(一本关于比赛的书)。类似地，that 可以是限定词，例如，Does that flight serve dinner(这个航班供应晚餐吗)；也可以是标补语，例如，I thought that your flight was earlier(我认为，你的飞机早一些)。POS 标注的问题就是**消解**(resolve)这样的歧义，在一定的上下文中选择恰如其分的标记。我们在本书中将看到，词类标注是**排歧**(disambiguation)的一个重要方面。

词类标注的难度究竟有多大呢？在前一节中我们曾经描述过标记判定的困难，这种标注歧义是不是经常发生的呢？已证明，英语中的大多数单词都是没有歧义的，也就是说，这些单词只有一个单独的标记。但是英语中的最常用的单词很多都是有歧义的，例如，can 可以是助动词，表示"能够"(to be able)；也可以是名词，表示"罐头"(a metal container)；也可以是动词，表示"把某个东西装进罐头"(to put something in such a metal container)。事实上，DeRose(1988)报告说，在 Brown 语料库中，只有 11.5% 的英语词型(word type)是歧义的，40% 以上的词例(Brown token)是歧义的。

图 5.10 说明了 Brown 语料库中不同等级的词类歧义的词型数量。这些计算的结果来自 Brown 语料库标注后的不同版本，一个版本是 Francis and Kučera(1982)在 Brown 大学使用原来的标记集的标注结果，一个版本是在宾州大学做的 Treebank-3 的标注结果。注意，尽管 45 个标记的语料库颗粒度比较粗，却具有比 87 个标记的语料库更多的歧义，这是出乎人们的意料之外的。

		87 个标记的原来的语料库	45 个标记的 Treebank 语料库
无歧义(1 个标记)		44 019	38 857
有歧义(2~7 个标记)		5 490	8 844
详细情况：	2 个标记	4 967	6 731
	3 个标记	411	1621
	4 个标记	91	357
	5 个标记	17	90
	6 个标记	2(well, beat)	32
	7 个标记	2(still, down)	6(well, set, round, open, fit, down)
	8 个标记		4('s, half, back, a)
	9 个标记		3(that, more, in)

图 5.10　根据 ICAME 发布的原来标注(使用 87 个标记)结果以及 Treebank-3 标注(使用 45 个标记)结果得出的 Brown 语料库中词型的标记歧义数[根据 DeRose(1988)]

幸运的是，在占 40% 的歧义词例(word token)中，有不少是很容易消解歧义的。这是因为跟一个单词相关联的不同的标记的使用情况并不是完全等同的。例如，a 可以是一个限定词，或者可以是字母 a(或者作为首字母缩写词的一部分，或者处于开头)，但是，a 作为限定词这个意思更加常见。

大多数的标注算法可以归纳为两类：一类是**基于规则的标注算法**(rule-based tagger)，一类是**概率或随机标注算法**(stochastic tagger)。基于规则的标注算法一般都包括一个手工制作的排歧规则的数据库，这些规则要说明排歧的条件。例如，当一个歧义单词的前面是限定词时，就可以判断它是名词，而不是动词。下一节将根据 Karlsson et al. (1995)的约束语法(constraint grammar)构架，描写一个基于规则的标注系统的样本 EngCG。

　　随机标注算法在解决标注歧义问题时，一般都使用一个训练语料库，来计算在给定的上下文中，某一给定单词具有某一给定标记的概率。5.5 节将描写隐马尔可夫模型，或者称为 **HMM 标注算法**(HMM tagger)。

　　最后，5.6 节还要描写一种称为**基于转换的标注算法**(transformation-based tagger)，或者根据Brill(1995)，称为 **Brill 标注算法**(Brill tagger)。Brill 标注算法具有上述两种标注算法的特点。与基于规则的标注算法相似，这种算法要根据规则来决定一个有歧义的单词应该具有什么样的标记。与随机标注算法相似，这种算法有一个部分是用于机器学习的，规则可以由前面已经标注好的训练语料库自动地推导出来。

5.4　基于规则的词类标注

　　早期(20 世纪 60 年代左右)的词类自动标注算法的基础是使用两阶段的体系结构技术(Harris, 1962; Klein and Simmons, 1963; Greene and Rubin, 1971)。第一个阶段使用一部词典给每一个单词指派一个潜在词类表。第二个阶段使用一个很大的手工书写的排歧规则表来筛选原来的潜在词类表，使每一个单词得到一个单独的词类标记。

　　现代的基于规则的词类标注算法也使用类似的结构方式，不过词典的规模和规则集的规模都比20 世纪 60年代的规模大得多。其中最全面的基于规则的方法是约束语法的方法(Karlsson et al ., 1995)。在本节中，我们介绍的 **EngCG 标注算法**(EngCG tagger)就是建立在这种方法的基础上的(Voutilainen, 1995, 1999)。

　　EngCG 中的词典 ENGTWOL 也是建立在第 3 章中描述的双层形态学基础上的，约有 56 000 个英语单词词干的词条(Heikkilä, 1995)，如果一个单词有多个词类(例如, hit 有名词意义和动词意义)就分别立条，而且，计算时不考虑屈折形式和各种派生形式。每一个条目要标出它的形态特征和句法特征。图 5.11 列出了词典中选出的一些单词以及它们的经过简化的特征表，每个单词的这些特征表比在实际书写的规则中的特征表要简单一些。

单　词	词　类	更多的词类特征
smaller	ADJ	COMPARATIVE
fast	ADV	SUPERLATIVE
that	DET	CENTRAL DEMONSTRATIVE SG
all	DET	PREDETERMINER SG/PL QUANTIFIER
dog's	N	GENITIVE SG
furniture	N	NOMINATIVE SG NOINDEFDETERMINER
one-third	NUM	SG
she	PRON	PERSONAL FEMININE NOMINATIVE SG3
show	V	PRESENT -SG3 VFIN
show	N	NOMINATIVE SG
shown	PCP2	SVOO SVO SV
occurred	PCP2	SV
occurred	V	PAST VFIN SV

图 5.11　ENGTWOL 词典中的词条样本(Voutilainen, 1995; Heikkilä, 1995)

　　图 5.11 中的大多数特征都可以根据符号的字面来解释; SG 表示单数(singular), -SG3 表示非第三人称单数(other than third-person singular), NOMINATIVE 只表示非所有格(non-genitive), PCP2 表示过去分词(past participle)。PRE, CENTRAL 和 POST 表示限定词的顺序位置(前限定词 all 处于限定词 the 之前，例如, all the president's men)。NOINDEFDETERMINER 表示如 furniture(家具)这样的单词，它出现时前面不带非确定性的限定词 a。SV, SVO 和 SVOO 表示动词的

次范畴化(subcategorization)或补语化(complementation)模式。我们将在第 12 章和第 15 章讨论次范畴化,这里只简单地解释一下 SV, SVO 和 SVOO 的含义:SV 表示只带主语的动词(如 nothing occurred), SVO 表示带主语和宾语的动词(如 I showed the film), SVOO 表示带一个主语和两个补语的动词(如 She showed her the ball)。

在标注算法的第一个阶段,每一个单词都要通过双层的词表转录机,然后该单词所有可能的词类都返回到它的条目上。例如,短语"Pavlov had shown that salivation…"将返回如下的表(每一行标出一类可能的标记,正确的标记用黑体标出):

```
Pavlov      PAVLOV N NOM SG PROPER
had         HAVE V PAST VFIN SVO
            HAVE PCP2 SVO
shown       SHOW PCP2 SVOO SVO SV
that        ADV
            PRON DEM SG
            DET CENTRAL DEM SG
            CS
salivation  N NOM SG
…
```

然后, EngCG 把大量的约束规则应用于输入的句子中以便消除那些不正确的词类(在 EngCG-2 系统中,多达 3 744 条约束规则);在上面的这个表中,黑体的条目表示所期望的结果,其中, had 的正确标记为简单过去时标记(不是过去分词), that 的正确标记为标补语(CS)。这样的约束也可以按否定的方式来使用,以便消除那些与上下文不一致的标记。例如,一个约束可以把 that 中除了 ADV(强调副词)的意义之外的一切内容都清除了。例如,在句子 it isn't that odd(这不是那么古怪)中 that 的意义就是 ADV。这里是一个简单的约束规则的实例:

ADVERBIAL-THAT RULE
Given input:"that"
if
  (+1 A/ADV/QUANT);   / * 如果下一个单词是 adj, adverb 或 quantifier * /
  (+2 SENT-LIM);   / * 并且它后面是句子的边界 * /
  (NOT –1 SVOC/A);   / * 并且它前面一个单词不是像 * /
                           / * consider 这样的动词,这种动词允许 adjs 作为宾语补足语 * /
then eliminate non-ADV tags
else eliminate ADV tag

在这个约束规则中, if 后面的头两个语句查看 that 是否直接处于句子末尾的形容词、副词或数量词之前。在其他的所有场合,副词读法都将被清除。最后一个语句清除 that 前面是 consider 或 believe 等动词的情况,这些动词能够带一个名词和一个形容词,这是为了避免把下面实例中的 that 标注为副词:

I consider that odd.

另外的规则用于表示对于 that 的标补语用法的约束,当前面的单词是要求补语的动词的时候

(如believe，think或show)，并且that后面跟着的是一个名词短语和一个定式动词的开头，that用作标补语。

我们这里的描述把EngCG的体系结构大大地简化了。在EngCG中，还包括概率约束，并且还使用了我们还没有讨论的其他句法信息。有兴趣的读者可以参阅Karlsson et al.(1995)和Voutilainen(1999)。

5.5　基于隐马尔可夫模型的词类标注

很久以前就使用概率方法来进行标注了，首先使用概率来进行标注的是Stolz et al.(1965)，使用Viterbi解码的完全的概率标注系统是Bahl and Mercer(1976)做出的，在20世纪80年代，各种随机标注系统纷纷建立起来(Marshall，1983；Garside，1987；Church，1988；DeRose，1988)。本节将描述一种特定的随机标注算法，这种算法一般称为隐马尔可夫模型，或HMM标注算法。我们将在第6章中专门介绍隐马尔可夫模型。在本节中，我们预示性地简单介绍一下在第6章中的隐马尔可夫模型，以使用这个模型来进行词类标注。

根据我们的定义，把隐马尔可夫模型应用于词类标注是**贝叶斯推理**(Bayesian inference)的一个特殊情况。贝叶斯推理是从贝叶斯(Bayes，1763)的原创研究以来所进行工作的一个范例。贝特斯推理或贝叶斯分类在20世纪50年代末成功地应用于处理语言问题，例如，Bledson(1959)在OCR(光学自动识别)方面的研究以及Mosteller and Wallace(1964)应用贝叶斯推理来确定关于联邦主义文章的作者问题的研讨工作。

在一个分类问题中，对于给定的某些观察序列，我们的工作是决定这些观察序列属于哪一个类的集合。词类标注一般可以作为一个序列分类问题来处理。词类标注中的观察序列是单词序列(也就是句子)，我们的任务是给句子指派一个词类标记序列。

例如，我们有如下的句子：

(5.23)Secretariat is expected to **race** tomorrow.

　　　(秘书处希望明天进行比赛。)

对应于这个单词序列的最好的标记序列是什么呢？在贝叶斯推理中，我们首先考虑所有可能的类的序列，在这种情况下，也就是考虑所有可能的标记序列。我们不是需要这种通用的标记序列，而是要对于包含n个单词的观察序列w_1^n，选择最大可能的标记序列。换言之，我们要从包含n个标记的所有的序列t_1^n中，选择出一个标记序列使得$P(t_1^n|w_1^n)$最大。我们使用帽子符号^来表示"我们对于正确标记序列的估计"。

$$\hat{t}_1^n = \underset{t_1^n}{\mathrm{argmax}}\, P(t_1^n|w_1^n) \tag{5.24}$$

函数$\mathrm{argmax}_x f(x)$表示"使得$f(x)$最大的x"。因此，式(5.24)表示从所有长度为n的标记序列中，我们选择特定的标记序列t_1^n，使得右边的值最大。式(5.24)可以保证给我们一个最优的标记序列，但是，怎样来运算这个公式还是不清楚的；也就是说，对于给定的标记序列t_1^n和单词序列w_1^n，我们不知道怎样来直接计算$P(t_1^n|w_1^n)$。

贝叶斯分类的直观解释就是如何使用贝叶斯规则把式(5.24)转换成其他概率的集合，从而使得计算变得容易一些。贝叶斯规则如式(5.25)所示，这个规则给我们提供了一种方法把任何的条件概率$P(x|y)$分解成另外的三个概率：

$$P(x|y) = \frac{P(y|x)P(x)}{P(y)} \tag{5.25}$$

这样, 我们就可以用式(5.25)来替换式(5.24)得到式(5.26):

$$\hat{t}_1^n = \underset{t_1^n}{\text{argmax}} \frac{P(w_1^n|t_1^n)P(t_1^n)}{P(w_1^n)} \tag{5.26}$$

我们可以把公式中的分母 $P(w_1^n)$ 去掉, 从而简化式(5.26)以便计算。为什么呢? 因为我们从所有的标记序列中选择出一个标记序列, 所以我们要对每一个标记序列计算 $\frac{P(w_1^n|t_1^n)P(t_1^n)}{P(w_1^n)}$。但是, 对于每一个标记序列, $P(w_1^n)$ 都是始终不变的, 因为我们总是可以对于具有同样概率 $P(w_1^n)$ 的同样的观察序列 w_1^n, 问这个观察序列最可能的标记序列是什么。这样一来, 我们就可以计算下面这个简单公式的最大值, 从而选择出最优的标记序列:

$$\hat{t}_1^n = \underset{t_1^n}{\text{argmax}} \, P(w_1^n|t_1^n)P(t_1^n) \tag{5.27}$$

总而言之, 如果我们要计算某个给定的词串 w_1^n 的概率最大的标记序列 $\hat{t}_1^n$, 那么, 就把每一个标记序列的两个概率相乘, 并从中选取乘积最大的标记序列作为计算的结果。这两个概率中, 一个是标记序列的**先验概率**(prior probability) $P(t_1^n)$, 一个是词串的**似然度**(likelihood) $P(w_1^n|t_1^n)$。

$$\hat{t}_1^n = \underset{t_1^n}{\text{argmax}} \, \overbrace{P(w_1^n|t_1^n)}^{\text{似然度}} \overbrace{P(t_1^n)}^{\text{先验概度}} \tag{5.28}$$

令人遗憾的是, 直接计算式(5.28)仍然是非常困难的。因此, HMM 标注算法做了两个简化了的假设。第一个假设是: 单词出现的概率只与它本身的词类标记有关, 也就是说, 单词出现的概率是独立于它周围的其他单词以及它周围的其他标记的, 有:

$$P(w_1^n|t_1^n) \approx \prod_{i=1}^{n} P(w_i|t_i) \tag{5.29}$$

第二个假设是: 标记的出现概率只与它前面一个标记有关, 而与整个的标记序列无关。这也就是我们在第 4 章中讲过的**二元语法**(bigram)假设:

$$P(t_1^n) \approx \prod_{i=1}^{n} P(t_i|t_{i-1}) \tag{5.30}$$

把式(5.29)和式(5.30)代入式(5.28), 可以得到式(5.31), 这个结果说明, 使用二元语法的标注算法可以估计出概率最大的标记序列:

$$\hat{t}_1^n = \underset{t_1^n}{\text{argmax}} \, P(t_1^n|w_1^n) \approx \underset{t_1^n}{\text{argmax}} \prod_{i=1}^{n} P(w_i|t_i)P(t_i|t_{i-1}) \tag{5.31}$$

式(5.31)包含两种概率: 标记的转移概率和单词的似然度。我们这里用些时间来解释这两种概率究竟表示什么。标记的转移概率 $P(t_i|t_{i-1})$ 表示对于前面给定的某一个标记出现概率的大小。例如, 在诸如序列 that/DT flight/NN 和序列 the/DT yellow/JJ hat/NN 中, 限定词常常出现在形容词和名词之前。因此, 我们估计出概率 $P(NN|DT)$ 和 $P(JJ|DT)$ 会高一些。但是, 在英语中, 形容词一般并不出现在限定词之前, 所以, 概率 $P(DT|JJ)$ 必定会很低。

我们可以这样来计算标记转移概率 $P(NN|DT)$ 的最大似然估计 MLE: 取一个标注了词类的语料库, 然后来数在我们所看到的 DT 出现的次数中有多少次是在 DT 之后出现 NN 的。也就是说, 我们要计算出现次数的比值, 这个比值如下:

$$P(t_i|t_{i-1}) = \frac{C(t_{i-1}, t_i)}{C(t_{i-1})} \tag{5.32}$$

让我们选择一个特定的语料库来进行如上的计算。在本章的例子中，我们将使用 Brown 语料库，如前所述，这是一个包含一百万单词的美国英语的语料库。这个 Brown 语料库曾经被标注过两次，一次是在 20 世纪 60 年代，使用包含 87 个标记的标记集，另一次是在 20 世纪 90 年代，使用包含 45 个标记的树库标记集。这样便于我们比较不同的标记集，而且，这个语料库也是被广为使用的。

在包含 45 个树库标记集的 Treebank Brown 语料库中，标记 DT 出现 116 454 次，其中标记 DT 后面跟着标记 NN 的出现次数为 56 509 次(我们忽略了少数有歧义的标记)。这样，转移概率的 MLE 可计算如下：

$$P(\text{NN}|\text{DT}) = \frac{C(\text{DT, NN})}{C(\text{DT})} = \frac{56\ 509}{116\ 454} = 0.49 \tag{5.33}$$

在限定词之后出现普通名词的概率为 0.49，这个概率比我们预期的概率当然是高了一些。

单词的似然度概率 $P(w_i|t_i)$ 表示，当我们看到一个给定的标记时，这个标记与给定的单词相联系的概率。例如，如果看到标记 VBZ(第三人称单数现在时动词)的时候，我们来猜测最可能具有这个标记的动词，而最容易猜测到的这个动词是 is，因为动词 to be 在英语中使用得非常普遍。

我们又可以使用计数的方法来计算如 $P(\text{is}|\text{VBZ})$ 的单词似然度概率：计算从我们在语料库中所看到的标记 VBZ 的出现次数中，有多少个 VBZ 是用来标注单词 is 的。也就是说，我们来计算如下的计数的比率：

$$P(w_i|t_i) = \frac{C(t_i, w_i)}{C(t_i)} \tag{5.34}$$

在进行了树库标注的 Treebank Brown 语料库中，标记 VBZ 出现 21 627 次，而 VBZ 作为单词 is 标记的出现次数是 10 073 次，因而有：

$$P(\text{is}|\text{VBZ}) = \frac{C(\text{VBZ, is})}{C(\text{VBZ})} = \frac{10\ 073}{21\ 627} = 0.47 \tag{5.35}$$

那些新学习贝叶斯模型的读者会注意到，这个似然度不是问"什么是单词 is 最可能的标记？"。这意味着，我们不是来计算 $P(\text{VBZ}|\text{is})$，而是来计算 $P(\text{is}|\text{VBZ})$。与我们的直觉有点儿不同，这个概率要回答的是这样的问题："如果我们期望一个第三人称单数现在时动词，那么，这个动词是 is 的可能性有多大？"

现在我们已经把 HMM 标注定义为选择最大概率的标记序列的过程，推导出了计算公式，并使用这个公式来计算这样的概率，还说明了怎样来计算其中的组成成分的概率。事实上，我们在很多方面把概率的表示大大地简化了；在下面各节中，再来讨论这个公式，介绍删除插值算法来平滑其计数，介绍三元语法模型来考虑标记的历史，并介绍处理未知词的模型。

不过，在进一步讨论这些问题之前，我们还有必要介绍一下如何把这些概率结合起来选择最可能的标记序列的解码算法。

5.5.1　计算最可能的标记序列：一个实例

在前一节中，我们说明了如何使用 HMM 标注算法来选择最可能的标记序列，这种算法要计算两个项乘积的最大值，一个项是标记序列的概率，另一个项是每一个标记生成单词的概率。在这一节中，我们根据上面的公式来处理一个具体的实例，说明对于一个特定的句子来说，正确的标记序列是怎样获得较高的概率，而且这个概率要高于其他很多可能的错误序列中的任何一个序列的概率。

我们着重来解决单词 race 的词类歧义问题，在英语中，race 可以是名词或者动词，如下面的例子所示，这些例子来自 Brown 语料库和 Switchboard 语料库，我们做了一些改动。在这些例子里，我们将采用有 87 个标记的 Brown 语料库的标记集，因为这个标记集中有用于标注不定式 to

的特殊标记 TO，以及用于标注介词 to 的标记 IN。在下面的例子中，这些标记都派上了用场[1]。

在例(5.36)中 race 是动词(标注为 VB)，而在例(5.37)中 race 是普通名词(标注为 NN)：

(5.36) Secretariat/NNP is/BEZ expected/VBN to/TO **race**/VB tomorrow/NR
(秘书处希望明天进行比赛)

(5.37) People/NNS continue/VB to/TO inquire/VB the/AT reason/NN for/IN the/AT **race**/
NN for/IN outer/JJ space/NN
(人们继续询问外层空间竞赛的理由)

让我们来看一看，为什么在例(5.36)中 race 可以被正确地标注为 VB 而没有被标注为 NN。HMM 词类标注算法是从总体上而不是从局部上来解决这个歧义问题的，这个算法要从整个的句子中把最好的标记序列抓出来。对于例(5.36)来说，还可以假定存在其他很多的标记序列，因为在这个句子中还存在其他的歧义，例如，expected 可以是形容词(JJ)，还可以是过去完成时(VBD)或者过去分词(VBN)。不过，这里只考虑两个潜在的序列，如图 5.12 所示。注意：这些序列只在一个地方存在差别：给 race 选择标记 VB 还是选择标记 NN。

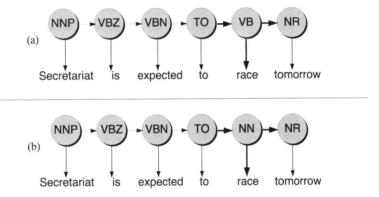

图 5.12 对应于句子 Secretariat is expected to race tomorrow 有两个可能的标记序列，它们中的一个与正确的标记序列相对应，其中 race 标注为 VB。在这两个图中的每一个弧都与一个概率相关联。注意：这两个图中只有三个弧不相同，因而它们对应的三个概率也不相同

在这两个序列中，差不多所有的概率都是彼此对等的，只有图 5.12 中用粗线突显的三个概率是不等同的。让我们来考虑其中的两个概率：它们分别对应于 $P(t_i|t_{i-1})$ 和 $P(w_i|t_i)$。转移概率 $P(t_i|t_{i-1})$ 在图 5.12(a)中是 $P(\text{VB}|\text{TO})$，而这个转移概率在图 5.12(b)中是 $P(\text{NN}|\text{TO})$。

标记转移概率 $P(\text{NN}|\text{TO})$ 和 $P(\text{VB}|\text{TO})$ 就是"对于给定的前面的标记，我们期望 race 是动词(名词)的概率有多大？"这个问题给我们的回答。在前一节中我们已经看到，对于这些概率的最大似然估计可以从语料库的计数中推导出来。

在 87 个标记的 Brown 语料库标记集中，由于比较 TO 只用于标注不定式标志 to，我们估计只会有很少数量的名词可以跟随在这个不定式标志之后(作为练习，读者可以想出一个句子，其中的名词可以跟随在不定式标志 to 之后)。观察 87 个标记的 Brown 语料库可以给我们如下的概率，因而可以有把握地说，在 TO 之后出现动词的可能性是名词的 500 倍左右[2]。

---

① 包含 45 个标记的 Treebank-3 标记集在 Switchboard 语料库中做这样的区分，可惜在 Brown 语料库中不做这样的区分。我们知道，在包含 45 个标记的标记集中，如 tomorrow 的时间副词标注为 NN，而在包含 87 个标记的标记集中标注为 NR。

② 应为 1 766 倍，这个计算明显有错。

——译者注

$$P(\text{NN}|\text{TO}) = 0.00047$$
$$P(\text{VB}|\text{TO}) = 0.83$$

现在我们转过来讨论对于给定的词类标记 t_i 单词 race 的词汇似然度 $P(w_i|t_i)$。对于两个可能的标记 VB 和 NN，相应的概率是 $P(\text{race}|\text{VB})$ 和 $P(\text{race}|\text{NN})$。

这里是根据 Brown 语料库计算出来的词汇似然度：

$$P(\text{race}|\text{NN}) = 0.00057$$
$$P(\text{race}|\text{VB}) = 0.00012$$

最后，我们还需要表示对于下面一个标记(tomorrow 的标记 NR)的标记序列概率：

$$P(\text{NR}|\text{VB}) = 0.0027$$
$$P(\text{NR}|\text{NN}) = 0.0012$$

如果我们把词汇似然度与标记序列概率相乘，就会看到，带有标记 VB 的序列概率比较高，因此，HMM 标注算法把 race 正确地标注为 VB，尽管这个标记 VB 不大可能是 race 最常见的含义(见图 5.12)：

$$P(\text{VB}|\text{TO})P(\text{NR}|\text{VB})P(\text{race}|\text{VB}) = 0.00000027$$
$$P(\text{NN}|\text{TO})P(\text{NR}|\text{NN})P(\text{race}|\text{NN}) = 0.00000000032$$

5.5.2　隐马尔可夫标注算法的形式化

我们已经介绍了如何选择最可能的标记序列的公式并举出了实例，现在我们简要地把这个问题当作一个隐马尔可夫模型进行形式化的描述(更加全面的形式化描述请参看第 6 章)。

HMM 是第 3 章中讲过的有限自动机的扩充。我们知道，一个有限自动机由状态集和状态之间的转移集来确定的，而这个状态之间的转移则是根据输入观察来进行的。**加权有限自动机**(weighted finite-state automaton)是有限自动机的简单扩充，其中的每一个弧与一个概率相关联，说明通过该弧所指的路径的可能性的大小。而从一个结点所引出的所有弧的概率之和必定为 1。**马尔可夫链**(Markov chain)是加权有限自动机的一种特殊情况，在马尔可夫链中的输入序列唯一地确定了自动机将要通过哪一个状态。由于马尔可夫链不能表示固有的歧义问题，所以，只有那些在把概率指派给无歧义序列的场合，马尔可夫链才有用武之地。

马尔可夫链适合用于能够看到实际条件的事件，但是不适用于词类标注。这是因为，在词类标注中，当观察到输入中的单词的时候，我们并不能观察到词类标记。所以，我们不可能以任何的概率为条件，也就是说，我们不可能以前面一个词类标记为条件，因为我们不可能完全精确地决定，究竟应当把哪一个标记应用于前面的单词。**隐马尔可夫模型**(Hidden Markov Model, HMM)使得我们既可以讨论如在输入中看到的单词这样的观察到的事件(observed events)，又可以讨论如词类标记这样的隐藏的事件(hidden events)，这样我们就可以考虑在概率模型中的各种因果要素。

HMM 包括如下的组成部分：

$Q = q_1 q_2 \cdots q_N$：N 个**状态**(states)的集合

$A = a_{11} a_{12} \cdots a_{n1} \cdots a_{nn}$：**状态转移矩阵**(transition probability matrix)A，每一个 a_{ij} 表示从状态 i 到状态 j 的转移概率。$\sum_{j=1}^{n} a_{ij} = 1, \forall i$。

$O = o_1 o_2 o_3 \cdots o_T$：$T$ 个**观察**(observations)的序列，每一个观察来自词汇 $V = v_1$, $v_2, \cdots, v_V$。

$B = b_i(o_t)$：**观察似然度**（observation likelihoods）的序列，又称为**发射概率**（emission probabilities），每一个观察似然度表示从状态 i 生成的观察值 o_t 的概率。

q_0, q_F：特定的**开始状态**（start state）q_0 和特定的**终极状态**（end state），终极状态又称为**最后状态**（final state）。它们与观察没有关联，从开始状态出发的转移概率是 $a_{01}a_{02}\cdots a_{0n}$，到达终极状态的转移概率是 $a_{1F}a_{2F}\cdots a_{nF}$。

一个 HMM 有两种概率：一种概率是转移概率 A，一种概率是观察似然度 B，这两种概率分别与我们在式（5.28）[1]中看到的**先验概率**（prior）和**似然度**（likelihood）相对应。图 5.13 表示在 HMM 词类标注算法中的先验概率，说明了样本中的三个状态以及它们之间的转移概率 A。图 5.14 从另外一个角度来说明 HMM 词类标注算法，着重说明单词的似然度 B，其中的每一个隐藏状态都与每一个观察单词的似然度的矢量相关联。

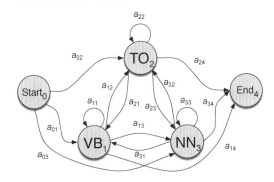

图 5.13　与 HMM 中的隐藏状态相应的马尔可夫链。转移概率 A 用于计算先验概率

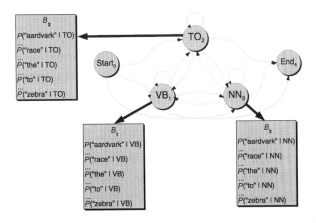

图 5.14　图 5.13 中 HMM 的观察似然度 B。每一个状态（除了没有发射概率的开始状态和终结状态）都与一个概率矢量相关联，每一个可能的观察单词都有一个似然度

5.5.3　使用 Viterbi 算法来进行 HMM 标注

对于如 HMM 包含隐藏变量的模型，确定哪一个变量序列是隐藏在某个观察序列之下的源变量这样的工作称为**解码**（decoding）。不论在词类标注还是在语音识别中，Viterbi 算法大概是 HMM 最为常用的解码算法。Viterbi 这个术语在语音和语言处理中是一个很常见的术语，不过，

---

① 原书为式（5.31），显然有错。　　　　　　　　　　　　　　　　　　　　　　　　——译者注

Viterbi 算法实际上是经典的**动态规划算法**(dynamic programming algorithm)的标准应用,它与我们在第 3 章讲过的**最小编辑距离算法**(minimum edit distance algorithm)很相近。Viterbi 算法在 Vintsyuk(1968)的语音识别研究中第一次应用于语音和语言处理,然而 Kruskal(1983)把这称为"多重独立发现和出版的一段可观的历史",详情请参看第 6 章末尾的文献和历史说明。

Viterbi 算法的一个稍微简化的表述是:取一个单独的 HMM 和所观察到的单词序列 $O = (o_1 o_2 o_3 \cdots o_T)$ 作为输入,返回概率最大的状态/标记序列 $Q = (q_1 q_2 q_3 \cdots q_T)$ 以及它们的概率作为输出。

我们用图 5.15 和图 5.16 中的两个表来定义 HMM。图 5.15 表示概率 a_{ij},这是隐藏状态(也就是词类标记)之间的转移概率。图 5.16 表示概率 $b_i(o_t)$,这是单词对于给定标记的观察似然度。

	VB	TO	NN	PPSS
< s >	0.019	0.0043	0.041	0.067
VB	0.0038	0.035	0.047	0.007
TO	0.83	0	0.00047	0
NN	0.004	0.016	0.087	0.0045
PPSS	0.23	0.00079	0.0012	0.00014

图 5.15　从 87 个标记的 Brown 语料库中计算得出的未经平滑的转移概率[数组 a, $p(t_i | t_{i-1})$]。竖列中的标记是条件事件,因此 $P(\text{PPSS} | \text{VB})$ 为 0.0070。< s > 是句子开头的标记符号

	I	want	to	race
VB	0	0.0093	0	0.00012
TO	0	0	0.99	0
NN	0	0.000054	0	0.00057
PPSS	0.37	0	0	0

图 5.16　从 87 个标记的 Brown 语料库中计算得出的未经平滑的观察似然度(数组 b)

图 5.17 是 Viterbi 算法的伪代码。Viterbi 算法建立一个概率矩阵,其中的行表示每一个观察 t,其中的列表示状态图中的每一个状态。因此,在一个由 4 个单词组合起来的自动机中,对于每一个状态 q_i,每一个行都有一个单元(cell)。

```
function VITERBI(observations of len T,state-graph of len N) returns best-path

    create a path probability matrix viterbi[N+2,T]
    for each state s from 1 to N do                    ;initialization step
        viterbi[s,1] ← a_{0,s} * b_s(o_1)
        backpointer[s,1] ← 0
    for each time step t from 2 to T do                ;recursion step
        for each state s from 1 to N do
            viterbi[s,t] ←  max_{s'=1}^{N}  viterbi[s',t-1] * a_{s',s} * b_s(o_t)
            backpointer[s,t] ← argmax_{s'=1}^{N}  viterbi[s',t-1] * a_{s',s}
    viterbi[q_F,T] ←  max_{s=1}^{N}  viterbi[s,T] * a_{s,q_F}         ; termination step
    backpointer[q_F,T] ← argmax_{s=1}^{N}  viterbi[s,T] * a_{s,q_F}   ; termination step
        return the backtrace path by following backpointers to states back in time from
    backpointer[q_F,T]
```

图 5.17　发现最优标记序列的 Viterbi 算法。给定一个观察序列和一个 HMM $\lambda = (A, B)$,算法返回一条状态的路径,该路径穿过 HMM 并给观察序列指派最大的概率。注意,状态 0 和 q_F 是非发射的

Viterbi 算法首先造出 N 个或者 4 个列（columns）。第一列对应于第一个观察单词 i，第二列对应于第二个观察单词 want，第三列对应于第三个观察单词 to，第四列对应于第四个观察单词 race。我们从第一列开始在每一个单元中置 Viterbi 的值，把转移概率（从开始状态到当前状态的转移概率）和观察概率（第一个单词的观察概率）相乘。读者可以在图 5.18 中找到这些结果。

然后，我们继续一列一列地进行这样的计算，对于第一列中的每一个状态，计算从这些状态转移到第二列中的每一个状态的概率，等等。对于在时刻 t 的每一个状态 q_j，我们来计算 viterbi[s, t] 的值，计算时，使用下面的公式（5.38）

$$v_t(j) = \max_{i=1}^{N} v_{t-1}(i)\, a_{ij}\, b_j(o_t) \tag{5.38}$$

扩充进入当前单元的所有路径，每一步都取最大值。在式（5.38）中，把三个因子相乘，从而扩充前面一个路径以便计算在时刻 t 的 Viterbi 概率。这三个因子是：

$v_{t-1}(i)$	前一时刻步骤的**前面的 Viterbi 路径概率**（previous Viterbi path probability）
a_{ij}	从前一个状态 q_i 转移到当前状态 q_j 的**转移概率**（transition probability）
$b_j(o_t)$	在给定观察状态 j 的观察符号 o_t 的**状态观察似然度**（state observation likelihood）

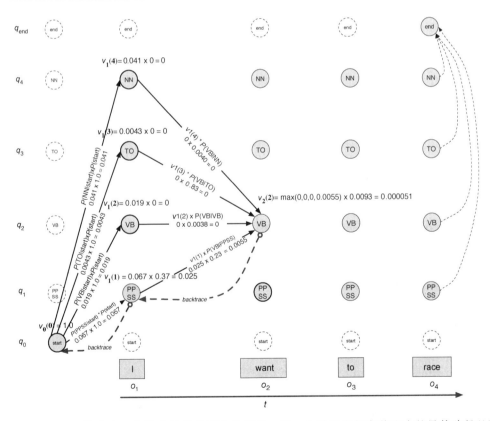

图 5.18　Viterbi 算法在一个单独的状态列中的记录。每一个单元中保存着迄今的最佳路径以及一个指针，指针来自前面一个单元，它的方向顺着路径的方向。这里我们仅仅填写了第零列、第一列和第二列中的一个单元，其他未填写的部分，留给读者作为练习去完成。在所有的单元都填满之后，从终极状态回头追踪，我们就能够重新构建正确的状态序列 PPSS VB TO VB

在图5.18中,单词I所在列的格子图中的每一个单元在计算时都是把三个因子相乘,这三个因子是:在开始状态的前面概率(等于1.0);从开始状态到该单元标记的转移概率;该单元的给定标记与单词I的观察似然度。计算的结果是,这一列中的三个单元的计算结果为0(因为单词I的标记不可能是 NN, TO 或 VB)。然后,在 want 这一列中的每一个单元根据来自前面一列做的最大概率路径进行更新。这里我们只给出了在 VB 这个单元中的值。这个单元得到的最大值有11个值,在这种场合下,其中的三个都为0(因为前面一列有三个为0的值)。再乘以相应的转移概率就可以计算出其他的值,并取其(普通的)最大值。在这种场合,最终的值为0.000051,这个值来自前面一列的 PPSS 这个状态。

读者可以进一步填写图5.18中格子图的其他部分,回头追踪并重建正确的序列 PPSS VB TO VB。

5.5.4　把 HMM 扩充到三元语法

我们在前面说过,在实际的使用中,HMM 算法还有一些复杂的问题需要解决,而这些问题在前面简化的算法中没有说明。其中一个被忽略的重要特征是标记的上下文。在上面描述的算法中,我们假定标记出现的概率只依赖于前面一个标记:

$$P(t_1^n) \approx \prod_{i=1}^{n} P(t_i|t_{i-1}) \tag{5.39}$$

现代大多数的 HMM 标注算法使用的历史信息稍微多一些,让标记的概率依赖于前面两个标记:

$$P(t_1^n) \approx \prod_{i=1}^{n} P(t_i|t_{i-1},t_{i-2}) \tag{5.40}$$

除了增加在决定标记之前的窗口的大小之外,如 Brants(2000)提出的最新的 HMM 标注算法还增加一个与序列结尾有关的记号 t_{n+1},以便让标注器知道句子终点的位置。这样便得到如下的词类标注公式:

$$\hat{t}_1^n = \operatorname*{argmax}_{t_1^n} P(t_1^n|w_1^n) \approx \operatorname*{argmax}_{t_1^n} \left[\prod_{i=1}^{n} P(w_i|t_i) P(t_i|t_{i-1},t_{i-2}) \right] P(t_{n+1}|t_n) \tag{5.41}$$

用公式(5.41)来标注任何句子的时候,有三个在上下文中使用的标记将会脱离句子的边界,因而不能与正规的单词相匹配。这三个标记是:t_{-1}, t_0, t_{n+1}。它们很可能全都被算为一个特殊的"句子边界"标记而被加到标记集中去。在第3章中我们说过,这要求被标注的句子应当有确定的句子边界。

这样一来,公式(5.41)就会出现一个很大的问题:数据稀疏(data sparsity)问题。测试集中标记为 t_{i-2}, t_{i-1}, t_i 的任何序列可能在训练集中根本不出现。这意味着我们将不能由公式(5.42)得出的计数使用最大似然估计来计算标记的三元语法概率,公式(5.42)如下:

$$P(t_i|t_{i-1},t_{i-2}) = \frac{C(t_{i-2},t_{i-1},t_i)}{C(t_{i-2},t_{i-1})} \tag{5.42}$$

为什么不能呢?因为在任何的训练集中,很多这样的计数将为0,这就使得我们将会预测出给定的标记序列是从来不出现的!而这样的预测显然是不正确的。那么,如果在训练集中序列 t_{i-2}, t_{i-1}, t_i 永远不出现的情况下,我们有什么样的办法来估计 $P(t_i|t_{i-1}, t_{i-2})$ 呢?

解决这种问题的公认的办法是在计算概率时牺牲一点估值的精确性来保证较高的鲁棒性,把两者结合起来通盘考虑。例如,如果我们从来看不到标记序列 PRP VB TO,因而就无法根据

这个序列来计算 $P(\text{TO}|\text{PRP}, \text{VB})$，但是我们还可以依赖二元语法的概率 $P(\text{TO}|\text{VB})$，甚至依赖一元语法的概率 $P(\text{TO})$ 来进行计算。这些概率的最大似然估计可以从语料库中根据如下的计数来计算：

$$\text{三元语法}\quad \hat{P}(t_i|t_{i-1}, t_{i-2}) \;=\; \frac{C(t_{i-2}, t_{i-1}, t_i)}{C(t_{i-2}, t_{i-1})} \tag{5.43}$$

$$\text{二元语法}\quad \hat{P}(t_i|t_{i-1}) \;=\; \frac{C(t_{i-1}, t_i)}{C(t_{i-1})} \tag{5.44}$$

$$\text{一元语法}\quad \hat{P}(t_i) \;=\; \frac{C(t_i)}{N} \tag{5.45}$$

怎样把这三个估值结合起来从而估计出三元语法概率 $P(t_i|t_{i-1}, t_{i-2})$ 呢？最简单的结合方法是线性插值法。在线性插值法中，我们使用一元语法概率、二元语法概率以及三元语法概率的加权和来估计概率 $P(t_i|t_{i-1}\,t_{i-2})$：

$$P(t_i|t_{i-1}t_{i-2}) \;=\; \lambda_3\hat{P}(t_i|t_{i-1}t_{i-2}) + \lambda_2\hat{P}(t_i|t_{i-1}) + \lambda_1\hat{P}(t_i) \tag{5.46}$$

要求 $\lambda_1 + \lambda_2 + \lambda_3 = 1$ 从而保证所得的概率是一个概率分布。那么，怎样来确定这些 λ 呢？Jelinek and Mercer（1980）提出的**删除插值法**（deleted interpolation）是一个很好的方法。在删除插值法中，我们从训练语料库中不断地删除每一个三元语法并选择 λ 的值使得语料库剩余部分的似然度最大。之所以采用"删除"，就是为了在选择 λ 的值的时候既生成了看不见的数据而又不至于使训练语料库过分地拟合。图 5.19 给出了 Brants（2000）关于标记三元语法的删除插值法算法。

```
function DELETED-INTERPOLATION(corpus) returns λ₁, λ₂, λ₃

  λ₁ ← 0
  λ₂ ← 0
  λ₃ ← 0
  foreach trigram t₁, t₂, t₃ with f(t₁, t₂, t₃) > 0
      depending on the maximum of the following three values
          case (C(t₁,t₂,t₃)−1)/(C(t₁,t₂)−1) : increment λ₃ by C(t₁, t₂, t₃)
          case (C(t₂,t₃)−1)/(C(t₂)−1) : increment λ₂ by C(t₁, t₂, t₃)
          case (C(t₃)−1)/(N−1) : increment λ₁ by C(t₁, t₂, t₃)
      end
  end
  normalize λ₁, λ₂, λ₃
  return λ₁, λ₂, λ₃
```

图 5.19　使用删除插值算法，把一元语法、二元语法和三元语法结合起来设置权值。如果在任何的场合分母为 0，就把这种场合的结果定义为 0。N 是语料库中词例的总数。根据 Brants（2000）

Brants（2000）使用三元 HMM 标注算法来标注宾州树库，获得了 96.7% 的正确率。Weischedel et al.（1993）和 DeRose（1988）也报告，他们用 HMM 词类标注算法获得了 96% 左右的正确率。Thede and Harper（1999）提出了一些办法来提升三元语法 HMM 标注模型，例如，使用邻近单词和标记作为条件单词似然度的办法，等等。

迄今我们看到的 HMM 标注器都是使用手工标注的数据来训练的。Kupiec（1992），Cutting et al.（1992a）以及其他一些学者说明，也可以在没有标记的数据上，使用第 6 章介绍的 EM 算法来训练 HMM 标注器。这些标注器开始时都使用一部词典，词典中要指出什么样的单词可以指派什么样的标记，然后，EM 算法对于每一个标记自动地学习单词似然度的功能以及标记转换概率。

不过，Merialdo(1994)的实验表明，尽管只用少量的训练数据，用手工标注训练出来的标注器也比通过 EM 训练出来的标注器的工作情况要好。因此，EM 训练出的"纯粹的 HMM"标注器大概只有在没有可用的训练数据的情况下，才是最适用的，例如，当前面没有手工标注的数据来对语言进行标注时，就可以使用 EM 算法来训练。

5.6　基于转换的标注

基于转换的标注有时又称为 Brill 标注，它是机器学习中的**基于转换的学习**(Transformation-Based Learning，TBL)方法的一个实例(Brill，1995)，并且它又从基于规则的标注算法和随机标注算法中得到启示。与基于规则的标注算法相似，TBL 是基于规则的，它要指出，什么样的标记可以指派给什么样的单词。但是，TBL 又与随机标注算法相似，TBL 是一种机器学习技术，其中规则是自动地从数据推导出来的。与某些但不是全部的 HMM 标注算法相似，TBL 是一种有指导的学习技术，它在标注之前，需要有一个预先标注过的训练语料库。

为了理解 TBL 的整个构架，Samuel et al. (1998)曾经给我们提供过一个很有用的类比，他们说，这个类比是从 Terry Harvey 那里借用过来的。我们想象一位女艺术家要以蓝天的背景画一间白色的房子，房子上有绿色的装饰物。假定这幅画的大部分都是天空，因此，这幅画的大部分都应该是蓝色的。开始时，这位女艺术家使用很粗的画笔把整块油画布涂成蓝色。然后，她用较小的白色画笔来调整画面上的东西，并且把整个房子涂成白色。这时，她只是给整个房子着色，用不着担心棕色的屋顶、蓝的窗子或者绿色的山墙。然后，她才取一只更小的棕色画笔来给屋顶着色。接着，她把蓝色的颜料蘸到一只小画笔上，在房子上画出蓝色的窗子。最后，她拿一只纤细的绿色画笔给山墙画上装饰物。

这位画家开始时用粗画笔覆了大块的油画布，而不是首先给各个区域分别着色，这些区域是要以后重新着色的。下一层的颜色占油画布的区域较小，所造成的"错误"也比较小。每一个新的层使用的画笔越来越细，它们修改图画的区域也越来越小，因而产生的错误也越来越小。TBL 所用的方法与这位女画家的方法在某种意义上是相同的。TBL 算法有一套标注规则。语料库首先用比较宽的规则来标注，这些规则也就是在大多数场合使用的规则。然后，再选择稍微特殊的规则来修改原来的某些标记。接着，再使用更加特殊的覆盖面很窄的规则来修改数量更少的标记(其中某些标记可能是前面已经修改过的标记)。

5.6.1　怎样应用 TBL 规则

让我们来看一看 Brill(1995)的标注算法使用的一些规则。在使用这些规则之前，标注系统已经给每一个单词标上了最可能的标记。我们可以从标注语料库中得到这些最可能的标记。例如，Brown 语料库中，race 最可能标注为名词：

$$P(NN|race) = 0.98$$
$$P(VB|race) = 0.02$$

这意味着我们在上面看到的关于 race 的两个例子中，两个 race 的编码都是 NN。在第一种情况下，这是错误的，因为 NN 是不正确的标记：

(5.47) is/VBZ expected/VBN to/TO race/**NN** tomorrow/NN

在第二种情况下，这个 race 被正确地标注为 NN：

(5.48) the/DT race/**NN** for/IN outer/JJ space/NN

在选择了最可能的标记之后，Brill 标注算法应用它的转换规则。当使用转换规则时，Brill 的标注系统学习到一个正好应用于改正 race 的错误标记的规则，这条规则是：

Change NN to VB when the previous tag is TO

（当前面标记为 TO 时，把 NN 改变为 VB）

这条规则正好满足条件，它将把 race/NN 改变成 race/VB，因为 race 前面是 to/TO：

(5.49) expected/VBN to/TO race/NN→expected/VBN to/TO race/VB

5.6.2　怎样学习 TBL 规则

Brill 的 TBL 算法主要包括三个阶段。在第一个阶段，它首先把每一个单词标上最可能的标记。然后，在第二个阶段，它检查每一个可能的转换，并且选择那个能够最大程度地改善标注的转换。最后，在第三个阶段，根据这个规则，对数据进行重新标注。后面的两个阶段重复进行，直到达到某个标准，使得不能再继续充分地改善前一轮的结果为止。注意，在第二个阶段，要求 TBL 知道每一个单词的正确标记是什么，这意味着，TBL 是一种有指导的学习算法（supervised learning algorithm）。

TBL 过程的输出是一个转换的有序表，这些转换组成一个"标注过程"（tagging procedure），并可应用于新的语料库。从原则上说，可能的转换这个集合是无限的，因为我们能够想象这样的转换 "transform NN to VB if the previous word was 'IBM' and the word 'the' occurs between 17 and 158 words before that"（"如果前面一个单词是'IBM'，并且单词'the'出现在前面 17 个到 158 个单词之间，则把 NN 转换成 VB"）。但是，TBL 需要考虑每一个可能的转换，以便找出在整个算法的每一轮中最好的转换。这样，这种算法就需要一种办法来限制这个转换集合。这个办法就是设计一个称为**模板**（templates）的小集合，这个模板也就是转换的摘要（abstracted transformation）。每一个可容许的转换就是模板的一个实例。图 5.20 列出了 Brill 的模板集合。图 5.21 给出了学习转换算法的细节。

> The preceding (following) word is tagged **z**.
>
> The word two before (after) is tagged **z**.
>
> One of the two preceding (following) words is tagged **z**.
>
> One of the three preceding (following) words is tagged **z**.
>
> The preceding word is tagged **z** and the following word is tagged **w**.
>
> The preceding (following) word is tagged **z** and the word two before (after) is tagged **w**.

图 5.20　Brill 的模板（1995）。每条规则开始都是"Change tag **a** to tag **b** when：…"（"当…时，把标记 **a** 改变为标记 **b**"）。变量 **a**，**b**，**z** 和 **w** 在词类范围内取值

在图 5.21 的核心部分是两个函数：GET_BEST_TRANSFORMATION 和 GET_BEST_INSTANCE。GET_BEST_TRANSFORMATION 用一个潜在的模板表来调用，对于每一个模板，GET_BEST_TRANSFORMATION 调用 GET_BEST_INSTANCE。GET_BEST_INSTANCE 迭代地检查每一个模板中的每一个可能的实例，对于标记变量 **a**，**b**，**z** 和 **w**，填入特定的值。

在实际中，还有一些办法可以提高算法的效率。例如，模板和实例转换可以采用数据驱动的方式来进行，如果一个转换改善了某一个单词的标记，那么，就可以把它提出来做转换的实例。在训练语料库中使用潜在可能的转换给单词预先做索引，可以明显地提高搜索的效率。Roche and Schabes（1997a）说明，如何把每一个规则转成一个有限状态转录机并且把所有的转录机组合起来，从而提高了标注系统的速度。

```
function TBL(corpus) returns transforms-queue
  INTIALIZE-WITH-MOST-LIKELY-TAGS(corpus)
  until end condition is met do
    templates ← GENERATE-POTENTIAL-RELEVANT-TEMPLATES
    best-transform ← GET-BEST-TRANSFORM(corpus, templates)
    APPLY-TRANSFORM(best-transform, corpus)
    ENQUEUE(best-transform-rule, transforms-queue)
  end
  return(transforms-queue)


function GET-BEST-TRANSFORM(corpus, templates) returns transform
  for each template in templates
    (instance, score) ← GET-BEST-INSTANCE(corpus, template)
    if (score > best-transform.score) then best-transform ← (instance, score)
  return(best-transform)


function GET-BEST-INSTANCE(corpus, template) returns transform
  for from-tag ← from tag_1 to tag_n do
    for to-tag ← from tag_1 to tag_n do
      for pos ← from 1 to corpus-size do
        if (correct-tag(pos) == to-tag && current-tag(pos) == from-tag)
            num-good-transforms(current-tag(pos-1))++
        elseif (correct-tag(pos)==from-tag && current-tag(pos)==from-tag)
            num-bad-transforms(current-tag(pos-1))++
      end
      best-Z ← ARGMAX_t(num-good-transforms(t) - num-bad-transforms(t))
      if(num-good-transforms(best-Z) - num-bad-transforms(best-Z)
              > best-instance.score) then
        best.rule ← "Change tag from from-tag to to-tag if prev tag is best-Z"
        best.score ← num-good-transforms(best-Z) - num-bad-transforms(best-Z)
  return(best)


procedure APPLY-TRANSFORM(transform, corpus)
  for pos ← from 1 to corpus-size do
    if (current-tag(pos)==best-rule-from)
        && (current-tag(pos-1)==best-rule-prev))
      current-tag(pos) ← best-rule-to
```

图 5.21 用 Brill(1995)TBL 算法学习标注。GET_BEST_INSTANCE 将改变不同于"Change tag from X to Y if previous tag is Z"("如果前面的标记为 Z, 则把标记 X 改变为 Y")的转换模板

图 5.22 说明了使用 Brill 的原来的标注器学习到的一些规则。

| # | Change tags | | Condition | Example |
	From	To		
1	NN	VB	previous tag is TO	to/TO race/NN → VB
2	VBP	VB	one of the previous 3 tags is MD	might/MD vanish/VBP → VB
3	NN	VB	one of the previous 2 tags is MD	might/MD not reply/NN → VB
4	VB	NN	one of the previous 2 tags is DT	
5	VBD	VBN	one of the previous 3 tags is VBZ	

图 5.22 Brill(1995)中的前 20 条非词汇化转换的部分内容

5.7 评测和错误分析

在如 HMM 词类标注器的统计模型的概率训练语料库中获得的。4.3 节讲过,为了训练如标注器或 N 元语法这样的统计模型,我们需要建立一个**训练集**(training set)。训练集或训练语料库的设计需要仔细地考虑。如果训练语料库在任务或领域方面过于专门,那么,当用来标注领域不同的句子时,概率就会显得太偏,通用性不强。但是,如果训练语料库太一般化,那么,概率就不可能充分发挥它的作用,不能反映任务和领域的特殊性。

4.3 节讲过,为了评测 N 元语法模型我们有必要把语料库分为不同的部分:训练集、测试集和第二测试集,第二测试集称为调试测试集。这样,我们就可以使用**调试测试集**(development test set,又称为 dev-test set)来调试某些参数,判断最好的模型究竟是什么。一旦造出了我们认为最好的模型,就可以在至今还未见到的测试集上运行这个模型从而了解这个模型的性能。我们可以把 80% 的数据作为训练集,并分别把 10% 的数据作为调试测试集和最终测试集。为什么我们要把调试测试集与最终测试集分开呢?这是因为如果我们使用最终测试集来计算在调试阶段进行的所有实验的性能的时候,我们很可能就会根据这个测试集来调试各种各样的变化和参数。这样一来,在这个测试集上的最终的错误率将会变得很乐观,它会低于真正的错误率。

把语料库分为训练集、调试测试集和测试集,并且把训练集固定起来的这种方法的问题在于,由于从语料库中省出了大量的数据用于训练,测试集的容量再大也不足以代表语料的全貌。因此,比较好的方法是使用**全部的数据**(all our data)来进行训练和测试。那么,怎样使这种想法成为可能呢?我们建议使用**交叉验证**(cross-validation)的方法。在交叉验证中,我们随机地把数据分为训练集和测试集来训练标注器,在测试集上计算错误率。然后,按照另一种随机的比例再次选择训练集和测试集。我们按照这样的方式做 10 次,并且计算这 10 次的平均错误率。这种方法称为 **10 次交叉验证**(10-fold cross-validation)。

这种交叉验证唯一的问题是,由于所有的数据都用来做测试,我们要求整个的语料库都是不公开的(blind);我们不能检验任何的数据从而提出可能的特征,并从总体上观察系统的运行情况。然而,对于系统设计来说,观察语料库常常是非常重要的。由于这样的原因,通常是建立一个固定的训练集和测试集,然后在训练集内进行 10 次交叉验证,而错误率的计算则是按照一般的方式在测试集上进行的。

如果有了一个测试集,我们就可以来评价标注器,通常可以把测试集和人工标注的**黄金标准**(gold standard)的测试集的标注结果相比较,根据**正确率**(accuracy)来进行评测,正确率就是在标注器测试集和黄金标准中的所有标记一致的百分比。对于诸如 Penn Treebank 这样的简单的标记集,当前大多数标注算法的正确率大约为 96% ~ 97%;这样的正确率是对于单词和标点符号来说的,如果只是针对单词,那么,正确率还要低一些。

97% 的正确率是不是好呢?因为标记集和任务不同,标记的使用情况可以根据下界**底线**(baseline)和上界**顶线**(ceiling)来比较。确定顶线的一个办法是看人做这个任务能做到什么程度。例如,Marcus et al.(1993)发现,Brown 语料库中的 Penn Treebank 的标记与人的标注者的一致程度为 96% ~ 97%。这意味着,黄金标准容许错误的幅度为 3% ~ 4%,不可能达到 100% 的精确度(给剩下的 3% 建立模型,等于给噪声建立模型)。Ratnaparkhi(1996)说明,他的标注器中由此而引起的标注歧义问题与人在标注训练集时由于不一致而引起的标注错误差不多。不过,Voutilainen(1995,p.174)的两个实验发现,如果容许人讨论标记,他们甚至可以达到与标记 100% 一致的程度。

> **人的顶线**(human ceiling)：当使用人的黄金标准来评价一个分类算法时，检查人与标准的一致率。

Gale et al. (1992)在词义消歧这个稍微不同的背景下提出的标准**底线**(baseline)，是对每一个歧义单词选择**一元语法最可能的标记**(unigram most likely tag)。每一个单词的最可能的标记可以根据手工标注的语料库来计算，这个语料库可能与所评价的标注器的训练语料库相同。

> **最大频率类别底线**(most frequent class baseline)：始终把分类器与最大频率类别底线相比较，给每一个词例指派在训练集中最经常出现的类别标记，使它至少与最大频率类别底线一样好。

自从 Harris(1962)以来，标注算法就已经从直觉上考虑到了关于标记频率的问题。Charniak et al. (1993)说明，在 87 个标记的 Brown 标记集上，这个底线算法达到了 90% ~ 91% 的精确率。Toutanova et al. (2003)说明，在 45 个标记的 Treebank 标记集上，使用未知词模型来改进标注器，使之成为更加复杂的版本，那么，可以达到 93.69% 的准确率。

在对模型进行对比的时候，应当使用在任何一个统计班或社会科学教科书中介绍的统计测试来确定两个模型之间的差别是否有意义，这是非常重要的。Cohen(1995)重点地介绍了人工智能的统计研究方法，是非常有用的参考材料。Dietterich(1998)重点地介绍了用于类别比较的统计测试方法。在对诸如词类标记器这样的序列模型进行统计比较的时候，使用**两两比较测试法**(paired tests)或**偶对匹配测试法**(matched-pairs tests)是很重要的。常用的两两比较测试法有 **Wilcoxon 符号排列测试法**(Wilcoxon signed-rank test)、**两两比较 t-测试法**(paired t-tests)、**McNemar 测试法**(McNemar test)以及**偶对匹配句段单词错误测试法**(Matched-Pair Sentence Segment Word Error test，**MAPSSWE 测试法**)，MAPSSWE 测试法原来是在语音识别中用来测定单词错误率的。

5.7.1　错误分析

为了改进计算模型，我们需要分析并了解错误发生的情况。在如词类标注器的分类模型中，错误分析一般是使用**含混矩阵**(confusion matrix)或**列联表**(contingency table)来进行的。含有 N 种方式的分类任务的含混矩阵是一个 N 对 N 的矩阵表，其中的单元(x, y)包含正确分类项目 x 被模型 y 分类的次数。例如，下表是 Franz(1996)的 HMM 标注实验中的含混矩阵的一部分。这个含混矩阵的行表示正确的标记，它的列表示标注器给出的假定的标记，含混矩阵的每一个单元表示相应的 x 和 y 总的标注错误的百分比。例如，4.4% 的总错误表示这个错误是由于把 VBN 错误地标注为 VBD 引起的。表中常见的错误都用黑体字母标出。

	IN	JJ	NN	NNP	RB	VBD	VBN
IN	–	0.2			0.7		
JJ	0.2	–	**3.3**	2.1	1.7	0.2	**2.7**
NN		**8.7**	–				0.2
NNP	0.2	**3.3**	**4.1**	–	0.2		
RB	2.2	2	0.5		–		
VBD		0.3	0.5			–	**4.4**
VBN		**2.8**				2.6	–

上面的含混矩阵以及 Franz(1996)，Kupiec(1992)，Ratnaparkhi(1996)有关的错误分析说明，当前词类标注器面临的主要问题是：

1. **NN-NNP-JJ 错误**（NN versus NNP versus JJ）：这是名词前成分中最难区分的错误。正确地区分出专有名词对于信息检索和机器翻译都是至关重要的。
2. **RP-RB-IN 错误**（RP versus RB versus IN）：这些标记都以卫星序列的形式直接出现在动词后面。
3. **VBD-VBN-JJ 错误**（VBD versus VBN versus JJ）：在局部的句法剖析中（例如，通过过去分词发现被动形式），以及在正确地确定名词短语边界的标注中，区分这些标记是非常重要的。

诸如此类的错误分析是计算语言学任何一种应用的关键部分。错误分析可以帮助我们发现程序的错误，发现在训练数据中出现的问题，更为重要的是，错误分析还可以帮助我们开发用于解决这些问题的新的知识或新的算法。

5.8　词类标注中的高级专题

为了建立一个能够胜任工作的词类标注器，还有不少的问题需要解决。在这一节中，我们介绍其中的一些问题，包括文本归一化前的处理问题，未知词的处理问题，以及在标注诸如捷克语、匈牙利语和土耳其语这样的形态丰富的语言时引起的各种复杂问题。

5.8.1　实际问题：标记的不确定性与词例还原

当一个单词在多个标记之间出现歧义，并且不可能排歧或者排歧非常困难的时候，就出现了标记的不确定性问题（tag indeterminacy）。在这种情况下，某些标注器允许使用多重标记（multiple tags）。Penn Treebank 和英国国家语料库 BNC 就是这样做的。常见的不确定标记包括形容词过去时动词-过去分词多重标记（JJ/VBD/VBN），形容词做名词前修饰语的名词多重标记（JJ/NN）。如果语料库中出现这样的不确定标记，在训练词类标注器或者在给标注器打分的时候，有三种方法来处理标记的不确定性问题：

1. 采用某种方式只以一个标记来替代不确定的标记。
2. 在测试时，对于某个标记不确定的词例，如果标注器给出了其中一个正确的标记，那么就认为该标注器已经做出了正确的标注。在训练时，对于这个单词，采用某种方式只选择多个标记中的一个作为它的标记。
3. 把不确定的标记作为一个单独的复杂标记来处理。

尽管过去已经公布的结果似乎都是使用第三种方法，不过，第二种方法大概是最合理的。例如，使用第三种方法来标注 Penn Treebank Brown 语料库，结果只得使用一个大得多的具有 85 个标记的标记集来替代原来的只有 45 个标记的标记集，而这增加了的 40 个复杂标记只覆盖了一百万单词语料库中的 121 个单词的实例。

大多数的标注算法都假定，标记已经应用过词例还原（tokenization）了。第 3 章中我们曾讨论过圆点的词例还原问题，要把句子末尾的圆点和诸如 etc. 这样的单词中间的圆点区别开来。词例还原的一个附带的作用是把某些词分离开来。例如，在 Penn Treebank 和英国国家语料库 BNC 中，就把缩略形式 n't 和表示所有格的 's 与它们的词干分离开来：

would/MD n't/RB

children/NNS 's/POS

当然，这个特殊的 Treebank 标记 POS 只是用于语素 's，在词例还原过程中，它必须进行切分。

另外一个与词例还原有关的问题是含有多个部分的词，即多项词(multiple words)。Treebank 标记集假定如 New York 这样的单词在词例还原时要在中间加一个空白。短语 a New York City firm 在 Treebank 中标注为 5 个分离开来的单词：a/DT New/NNP York/NNP City/NNP firm/NN。在标记集 C5 中，允许 in terms of 这样的介词，把它当作单个的词来处理，不过把每一个标记加上一个数字。例如，in/II31 terms/II32 of/II33。

5.8.2　未知词

words people never use – could be only I know them[①]

Ishikawa Takuboku 1885 ~ 1912

我们讨论过的所有的标注算法都要求有一部词典，词典中的每一个单词都要列出它所有可能的词类。但是，正如在第 7 章中指出的，尽管在大型的词典中，也不可能把每一个可能出现的单词都包罗无遗。专有名词和首字母缩写词源源不绝地被创造出来，就是新的普通名词和动词也以惊人的速度不断地进入到语言之中。因此，为了建立一个完全的标注系统，不能总是使用一部词典来给我们提供 $P(w_i | t_i)$，我们需要某种方法来猜测未知词的标记。

一种最简单的可能的未知词算法是假定每一个未知词在所有可能的标记中都是有歧义的，它们都具有相同的概率。因此，标注器必须根据上下文相关的词类三元语法给未知词一个恰当的标记。稍微复杂一些的算法是基于这样的思想：在未知词上的标记的概率分布与在训练集中只出现一次的单词的标记的概率分布非常相似，这样的思想是 Baayen and Sproat(1996)以及 Dermatas and Kokkinakis(1995)提出的。这些只出现一次的单词称为**一次性罕用词**(hapax legomena，它的单数形式是 hapax legomenon)。例如，未知词和一次性罕用词的相似之处在于：它们两者都最可能是名词，它们都跟随在动词之后，但是，它们与限定词和感叹词的分布都很不相同。这样一来，一个未知词的似然度 $P(w_i | t_i)$ 就可以根据训练集中所有一次性罕用词的平均分布来确定。这种使用"我们看过一次的事物"(things we've seen once)来估计"我们从未看过的事物"(things we've never seen)的思想，我们在第 4 章中讨论 Good-Turing 算法时被证明是行之有效的。

最强的未知词算法使用了关于单词的形态信息。例如，以字母-s 为结尾的单词最可能是复数名词(NNS)，以-ed 为结尾的单词则倾向于是过去分词(VBN)，而以-able 为结尾的单词最可能是形容词(JJ)，等等。甚至对于那些我们从来没有看见过的单词，也可以使用它的形态形式的某些事实来猜测它属于什么样的词类。除了形态知识之外，正词法的信息也是很有帮助的。例如，以大写字母开头的单词很可能是专有名词(NP)。连字符有时也是很有用的特征。在 Treebank 版本的 Brown 语料库中，后面有连字符的单词大多数被标注为形容词(JJ)。标记 JJ 的普遍出现是由 Treebank 的标注指令引起的，这些标注指令规定，如果名词前修饰语包含一个连字符，则标注为 JJ。

在词类标注器中，怎样把这些特征结合起来使用呢？有一种方法是针对每一个特征分别训练概率估计值，并假定它们是彼此独立的，然后把这些概率估计值相乘。Weischedel et al. (1993)根据 4 种不同的形态特征和正词法特征建立了这样的模型，他们使用了 3 个屈折词尾(-ed, -s, -ing)、32 个派生后缀(例如，-ion, -al, -ive 和-ly)、取决于单词是否处于句首的 4 个大写值(+/－大写, +/－句首)，以及单词是否带连字符的连字符规则。对于每一个特征，他们训

练带标记的训练集中给定标记的特征概率的最大似然估计。然后，他们假定各个特征是彼此独立的，并把特征结合起来相乘，从而估计未知词的概率：

$$P(w_i|t_i) = p(\text{unknown-word}|t_i) * p(\text{capital}|t_i) * p(\text{endings/hyph}|t_i) \tag{5.50}$$

这个公式中，unknown-word 表示未知词，capital 表示大写，ending 表示词尾或后缀，hyph 表示连字符。Samuelsson（1993）和 Brants（2000）提出的另外一种基于 HMM 的方法，采用数据驱动的方式把形态信息的使用加以泛化。他们不是预先手工选择某些后缀，而是考虑所有单词的全部的词尾字母序列。他们考虑的这种字母序列最长可包含 10 个字母，对于给定的后缀，他们给每一个长度为 i 的后缀计算标记 t_i 的概率：

$$P(t_i|l_{n-i+1}\ldots l_n) \tag{5.51}$$

计算出的这些概率还要通过不断地缩减后缀的长度方式进行平滑。分离后缀时要考虑大写单词和非大写单词的区别。

一般地说，大多数未知词模型都认为未知词不同于如介词这样的封闭词。Brants 在计算后缀的概率时，只考虑在训练集中出现频率≤10 的那些单词，显然就是在模拟这样的事实。在 Thede and Harper（1999）的 HMM 标注器中，只是在开放集上进行训练，显然也是在模拟这样的事实。

注意，公式（5.51）给出了 $P(t_i|w_i)$ 的估值。因为 HMM 标注方法需要似然度 $P(w_i|t_i)$，我们可以使用贝叶斯反演（Bayesian inversion），也就是使用贝叶斯规则，计算先验概率 $P(t_i)$ 和 $P(t_i|l_{n-i+1}\cdots l_n)$。

除了使用大写信息来处理未知词之外，Brants（2000）还使用大写信息来处理已知词，他给每一个标记都加上了大写信息。这样一来，在公式（5.44）中，他就不计算 $P(t_i|t_{i-1}, t_{i-2})$，而是实际计算概率 $P(t_i, c_i|t_{i-1}, c_{i-1}, t_{i-2}, c_{i-2})$。这就等于说，对于每一个标记，既有一个大写的版本，又有一个非大写的版本，实质上就把标记集的规模增大了一倍。

基于非 HMM 模型的未知词探测方法是 Brill（1995）的方法。他使用 TBL 算法，其中可容许的模板都要从正词法的角度来定义。例如，单词最前的 N 个字母是什么，单词最后的 N 个字母是什么，等等。

不过，最新的处理未知词的方法把这些特征通过第三种方式结合起来：使用**最大熵模型**（Maximum Entropy model，MaxEnt）。Ratnaparkhi（1996）和 McCallum et al.（2000）首先提出了**最大熵马尔可夫模型**（Maximum Entropy Markov Model，MEMM），我们将在第 6 章中介绍这个模型。最大熵方法是对数线性方法（log-linear approaches）家族中的一员，主要用于分类，其中要计算很多特征以便对单词进行标注，并且所有的特征都要结合到一个基于多项逻辑回归（multinomial logistic regression）的模型当中。在 Toutanova et al.（2003）的标注器的未知词模型中，使用了由 Ratnaparkhi（1996）扩充而成的特征集，其中每一个特征表示单词的一个特性，包括的特征有：

> word contains a number
>
> word contains an upper-case letter
>
> word contains a hyphen
>
> word is all upper case
>
> word contains a particular prefix（from the set of all prefixes of length ≤4）
>
> word contains a particular suffix[①]of length ≤4）
>
> word is upper case and has a digit and a dash（like CFC-12）
>
> word is upper case and followed within 3 words by Co., Inc., etc.

---

① 原书为 prefixes，显然有错。

——译者注

Toutanova et al. (2003)发现,上面的最后一个特征特别有用,只要检查未知词附近是否有"Co."或"Inc.",就可以判定为简单的公司名称。值得注意的是,Ratnaparkhi(1996)的模型忽略了所有计数小于10的特征。

对数线性模型(log-linear models)也应用于汉语的词类标注中(Tseng et al., 2005b)。汉语单词一般比较短(每个未知词大约包括2.4个字符,而英语的未知词大约包括7.7个字符),Tseng et al. (2005b)发现,形态特征有助于改进汉语未知词的标注效果。例如,对于未知词中的每一个字符和每一个词类标记,他们都增加了一个二元特征,说明在任何训练集的单词中字符和标记出现的情况。在汉语和英语的未知词之间在分布上还存在有趣的差别:英语的未知词倾向于是专有名词(在WSJ语料库中,有41%的未知词事实NP),而在汉语中,大多数的未知词是普通名词和动词(在汉语TreeBank 5.0中占61%)。这样的比率与德语很相似,看来其原因在于,在汉语和德语中,合成构词法(compounding)是一种普遍的形态手段。

5.8.3　其他语言中的词类标注

我们在前面说过,词类标注算法也可以应用于其他很多语言。在某些场合下,不需要做很大的修改,这些方法工作得很好。Brants(2000)说明,把这样的方法应用来标注德语的NEGRA语料库(96.7%),其性能与在英语的Penn Treebank中几乎毫无二致。但是,当用上述的方法来处理那些高度屈折的语言和黏着语时,就必须做进一步的扩充和改变。

这些语言的一个问题是它们的单词数量比英语多得多。我们从第3章中知道,如土耳其语的黏着语(以及如匈牙利语的屈折-黏着混合的语言),其中的单词包含很长的若干个语素串。由于每一个语素的表层形式相对地少,所以在表层的文本中,常常可以很清楚地看到这些语素。例如,Megyesi(1999)曾经给出如下一个关于匈牙利语单词(其英语含义是"of their hits")的典型例子:

(5.52) találataiknak

talál	-at	-a	-i	-k	-nak
hit/find	nominalizer	his	poss. plur	their	dat/gen

"of their hits"

类似地,下面摘自Hakkani-Tür et al. (2002)的表列出了土耳其语中由词根uyu-(睡觉)产生的若干个单词:

uyuyorum 'I am sleeping'(我正在睡觉)

uyuduk 'we slept'(我们睡觉)

uyuman 'your sleeping'(你的睡觉)

uyutmak 'to cause someone to sleep'(引起某人睡觉)

uyuyorsun 'you are sleeping'(你正在睡觉)

uyumadan 'without sleeping'(没有睡觉)

uyurken 'while (somebody) is sleeping'(当某人正在睡觉)

uyutturmak 'to cause someone to cause another person to sleep'(引起某人去引起另一个人睡觉)

由于这些能产的构词过程的作用,使得在这些语言中的词汇规模变得非常大。例如,Oravecz and Dienes(2002)说明,容量为25万单词的英语语料库有大约19 000个不同的单词(也就是"词型"),而同样容量的匈牙利语的语料库则差不多有50 000个不同的单词。尽管语料库的规模很大,这样的问题也会继续存在。下面关于土耳其语的表格来自Hakkani-Tür et al. (2002),

说明土耳其语的词汇规模比英语大得多,当语料库为 1 000 万单词的时候,土耳其语的词汇容量的增长量比英语快得多。

语料库容量	词汇容量	
	土耳其语	英　语
100 万单词	106 547	33 398
1 000 万单词	417 775	97 734

当我们把 HMM 算法直接地用于标注黏着语的时候,如果词汇容量太大,似乎会造成标注性能的降低。例如,Brants(2000)用 HMM 软件(称为 TnT)来标注英语和德语,得到了 96.7% 的正确率,而 Oravecz and Dienes(2002)使用同一个 HMM 软件来标注匈牙利语,只得到 92.88% 的正确率。匈牙利语的已知词的标注性能(98.32%)与英语已知词的标注结果相差不大,问题在于未知词的标注性能:匈牙利语未知词的标注正确率为 67.07%,而使用与匈牙利语的数量相当的英语训练数据,英语未知词的标注正确率却高达 84%~85%。Hajič(2000)注意到,在其他的一些语言(包括捷克语、斯洛文尼亚语、爱沙尼亚语和罗马尼亚语)中也存在同样的问题。如果增加一部词典,该词典可提供一个在实质上能更好地处理未知词的模型,那么,就可以大大地改善这些语言标注器的性能。总而言之,在标注那些高度屈折的语言和黏着语的时候,未知词的标注是一个很困难的问题。

这一类语言的第二个问题是单词形态编码的信息十分丰富。在英语中,单词句法功能的很多信息是用词序或者邻近的功能词来表示的。但是,在屈折性很高的语言中,诸如格(主格、宾格、属格)或性(阳性、阴性)是用单词本身的形式来标志的,词序在表示句法功能方面起的作用比较小。由于词性标注常常用于诸如剖析、信息抽取等 NLP 其他算法的前处理,因此,对于信息抽取来说,形态信息是非常关键的。这就意味着,在如捷克语这样屈折丰富的语言中,词类标注的输出要包括每一个单词的格和性的信息,而在英语的词类标注输出中就可以没有格或性的信息。

正是由于这样的原因,黏着语和高度屈折语言的标记集往往比只有 50~100 个标记的英语标记集大得多。在这种丰富的标记集中的标记是由形态标记构成的序列而不是一个单独的原始标记。从这样的标记集给单词指派标记就意味着我们必须综合地解决词类标注和形态排歧的问题。Hakkani-Tür et al. (2002)给出了下面的土耳其语标记的例子,其中单词 izin 有 3 个可能的形态/词类标记(和含义):

1. Yerdeki **izin** temizlenmesi gerek.   iz + Noun + A3sg + Pnon + Gen
   The trace on the floor should be cleaned.
   (地板上的**痕迹**应当清除。)
2. Üzerinde parmak **izin** kalmiş.   iz + Noun + A3sg + P2sg + Nom
   Your finger **print** is left on (it).
   (**你的指纹**留在它上面了。)
3. Içeri girmek için **izin** alman gerekiyor.   izin + Noun + A3sg + Pnon + Nom
   You need a **permission** to enter.
   (你需要一个出入**许可**。)

当然,使用如 Noun + A3sg + Pnon + Gen 的形态剖析序列作为词类标记,将会大大地增加词类的数量。我们可以在做过了形态标注的英语、捷克语、爱沙尼亚语、匈牙利语、罗马尼亚语、斯洛文尼亚语的 MULTEXT-East 语料库中清楚地看到这一点(Dimitrova et al., 1998; Erjavec, 2004)。Hajič(2000)给出了这些语料库的标记集规模:

语　言	标　记　集
英语	139
捷克语	970
爱沙尼亚语	476
匈牙利语	401
罗马尼亚语	486
斯洛文尼亚语	1 033

使用这样大的标记集，一般需要对于每一个单词都进行形态分析，对相应的单词输出可能的形态标记序列的表(也就是单词的可能的词类标记表)。标注器的作用就是在这些标记中进行排歧。可以使用不同的办法来进行形态分析。Hakkani-Tür et al.(2002)的土耳其语形态分析模型是建立在第 3 章介绍过的双层形态学的基础之上的。对于捷克语和 MULTEXT-East 中的语言，Hajič(2000)以及 Hajič and Hladká(1998)分别为每一种语言都使用了一部固定的外部词典；每一部词典要编出每一个单词的所有可能的形式，并且要列出每一个词形的所有可能的标记。因为形态剖析算法可以接受未知词的词干并合理地切分未知词的词缀，因此，形态剖析对于未知词的处理问题有很大的帮助，起着关键性的作用。

做了这样的形态剖析之后，就可以使用各种方法来进行词性标注。Hakkani-Tür et al.(2002)标注土耳其语的模型使用了标记序列的马尔可夫模型。该模型从训练集中计算标记的转移概率，从而可以给如

```
izin + Noun + A3sg + Pnon + Nom
```

标记序列指派一个概率。其他的模型也使用了英语词性标注中类似的技术。例如，Hajič(2000)和 Hajič and Hladká(1998)使用对数线性指数标注器来标注 MULTEXT-East 中的语言，Oravecz and Dienes(2002)和 Džeroski et al.(2000)使用 TnT HMM 标注器(Brants, 2000)，等等。

5.8.4　标注算法的结合

也可以把我们上面描述的各种标注算法结合起来使用。标注算法结合的最普通的方法是在同一个句子上并行地运行多个标注算法，然后把它们输出的结果结合起来考虑，或者通过投票的方法，或者通过训练另外一个分类器的方法，在给定的环境下，选择出一个最可信的标注算法。例如，Brill and Wu(1998)使用一个高阶的分类器，通过投票的方法，把一元语法、HMM、TBL和最大熵标注算法结合起来，他们的研究表明，四个分类器中最好的分类器的增益较小。一般来说，这种类型的结合方式，只有在各个标注算法之间的误差彼此互补的情况下才是有用的，所以，在选择这种类型的结合方式的时候，常常需要首先检查不同标注算法的误差是否确实有差别。标注算法的另外一种结合方式是把它们串行地结合起来。Hajič et al.(2001)把这种串行方式应用于捷克语的标注，他们对于每一个单词使用基于规则的方法去掉那些不可能标记的概率，然后再使用 HMM 标注算法从剩下的标记中把最好的标记选出来。

5.9　高级专题：拼写中的噪声信道模型

5.5 节介绍的用于词类标注的贝叶斯推理模型还有另一种解释，把它解释为**噪声信道模型**(noisy channel model)的一种实现，噪声信道模型是语音识别和机器翻译的一个举足轻重的关键性工具。

在本节中，我们将介绍这种噪声信道模型，并且说明怎样把它应用于拼写错误更正的工作。

噪声信道模型已经在微软公司的 Word 软件以及在很多搜索引擎中得到使用。一般地说，噪声信道模型是用来更正单词拼写错误的一种使用最广的算法，它可以用来更正**非词拼写错误**（nonword spelling errors），也可以用来更正**真词拼写错误**（real-word spelling errors）。

我们知道，所谓非词拼写错误中的"非词"就是那些不是英语的单词（如把 recieve 错拼为 receive），我们只要简单地查一查英语词典，就可以**探测**（detect）出这些非词。3.10 节还讲过，对于拼写错误的候选更正单词可以通过检查那些与错拼单词具有最小**编辑距离**（edit distance）的单词来发现。

已经在本章中讲过的贝叶斯模型以及噪声信道模型将可以给我们一种更好的方法去发现这些候选更正单词。此外，我们还可以使用噪声信道模型进行**上下文拼写检查**（contextual spell checking）。上下文拼写检查可以更正如下的**真词拼写错误**（real-word spelling errors）：

They are leaving in about fifteen *minuets* to go to her house.

The study was conducted mainly *be* John Black.

前一句中把 minutes 错拼为 minuets，后一句中把 by 错拼为 be。由于这些错误都是真词，我们不可能仅仅根据它们是否在词典中存在来更正这样的错误。但是请注意，在候选更正 in about fifteen minutes 中的单词序列，与原来的 in about fifteen *minuets* 比较起来，是具有更大概率的单词序列。我们可以利用这样的想法来进行错拼更正。噪声信道模型可以通过 N 元语法模型来实现这样的想法。

噪声信道模型可以从直觉上这样来解释（见图 5.23）：一个正确拼写的单词通过噪声通信的信道时被"扭曲"（distorted）了，我们要通过噪声信道模型来处理这个错拼单词。信道以替换字母或者改变字母的形式导入了"噪声"（noise），使得难以辨别"真正的"（true）单词。我们的目的是建立一个信道的模型。给定了这样的模型，我们就可以这个噪声信道模型，检查语言中的每一个单词，看哪一个单词与错拼的单词最接近，从而发现真正的单词。

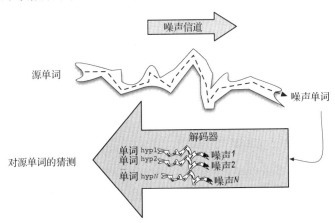

图 5.23　在噪声信道模型中，可以想象，我们看到的表层的形式实际上是原
来的单词在通过噪声信道时被"扭曲"了的形式。译码器检查通过
这个信道模型每一个假设，找出与表层的噪声词匹配得最好的单词

如我们前面见过的 HMM 标注算法一样，噪声信道模型是**贝叶斯推理**（Bayesian inference）的一种特殊情况。我们看到一个观察 O（一个错拼词），我们的任务是找到生成这个错拼词的单词 w。我们试图从词汇 V 的所有可能的单词中，找到单词 w，使得 $P(w|O)$ 最高，或者说：

$$\hat{w} = \underset{w \in V}{\mathrm{argmax}}\, P(w|O) \tag{5.53}$$

在词类标注时知道，我们可以使用贝叶斯规则把这个问题转化如下(注意，与词类标注一样，我们可以忽略分母)：

$$\hat{w} = \underset{w \in V}{\mathrm{argmax}}\, \frac{P(O|w)P(w)}{P(O)} = \underset{w \in V}{\mathrm{argmax}}\, P(O|w)P(w) \tag{5.54}$$

总体来说，噪声信道模型告诉我们，我们有某个真正隐藏起来的单词 w，并且有一个噪声信道把这个单词改变成某种可能的错拼表层形式。噪声信道产生任何观察序列 O 的概率可以用 $P(O|w)$ 来模拟。在可能的隐藏单词上的概率分布可以用 $P(w)$ 来模拟。把单词的先验概率 $P(w)$ 与观察似然度 $P(O|w)$ 相乘，并且选出乘积最大的那个单词，这样，就能计算出对应于我们所观察到的某个错拼词 O 的概率最大的单词 $\hat{w}$。

现在，我们把噪声信道的方法应用于改正非词拼写错误。这个方法是 Kernigham et al. (1990)首先提出的，他们的 correct 程序把被 UNIX spell 程序拒绝的单词生成潜在正确的单词表，并按式(5.54)排序，从中挑选出序号最高的单词作为真正正确的单词。让我们以错拼单词 acress 为例，把他们使用的算法走一遍。这个算法分为两步：第一步是提出候选更正表(proposing candidate corrections)，第二步是候选打分(scoring the candidates)。

为了提出候选更正表，Kernighan et al. (1990)简单地假设：正确单词与错拼单词的差别只表现为插入、脱落、替代、换位四种方式中的一种(Damerau, 1964)。这个候选单词表可以从错拼单词(typo)生成，而错拼单词可以应用在单词中引起的任何一个单独的转换方式于一个大型的联机词典而得到。应用所有的转换方式于 acress，就可以得到图 5.24 中的候选单词表。

错 误	更 正	正确字母	错误字母	位置(字母#)	类 型
			转换		
acress	actress	t	-	2	脱落
acress	cress	-	a	0	插入
acress	caress	ca	ac	0	换位
acress	access	c	r	2	替代
acress	across	o	e	3	替代
acress	acres	-	2	5	插入
acress	acres	-	2	4	插入

图 5.24　错拼词 acress 的候选更正表以及产生错误的转换方式[根据 Kernighan et al. (1990)]，"-"表示零字母

算法的第二步是使用公式(5.54)来给候选更正打分。令 t 表示错拼单词(typo)，c 表示候选更正集合 C 上的元素 c。这样，最佳的更正为：

$$\hat{c} = \underset{c \in C}{\mathrm{argmax}}\, \overbrace{P(t|c)}^{似然度}\, \overbrace{P(c)}^{先验概率} \tag{5.55}$$

每一个候选更正单词的先验概率 $P(c)$ 是在上下文中单词 c 的语言模型概率，在这一节中，为了教学上的方便，我们简单地假定 $P(c)$ 是一元语法的概率，不过，实际上在拼写更正中，这还要扩充为三元语法或四元语法的概率。让我们使用 Kernighan et al. (1990)的语料库来进行计算，这是 1988 AP 新闻语料库，规模为 4 400 万词。由于在这个语料库中，单词 actress 出现 1 343 次，单词 acres 出现 2 897 次等，因此，我们计算得到如下的一元语法的先验概率：

c	freq(c)	$P(c)$
actress	1343	0.0000315
cress	0	0.000000014
caress	4	0.0000001
access	2280	0.000058
across	8436	0.00019
acres	2879	0.000065

表中，c 表示候选更正单词，freq(c) 表示 c 的出现次数（频率），$P(c)$ 表示 c 的概率。

如何来计算似然度 $P(t|c)$ 呢？要给一个实际的信道建立很完善的模型（也就是如何计算一个单词被错误地打字的精确的概率），是一个很困难的问题。因为这要求我们知道，打字者是谁，打字者是用左手打字还是用右手打字，以及其他的很多因素。幸运的是，我们可以只看一下简单的局部上下文因素，就可以得到 $P(t|c)$ 的非常合理的估值。这是因为预示插入、脱落、换位等错拼的大多数重要的因素都是一些局部性的因素，如正确字母本身是否等同、字母如何被错拼，以及错拼时周围的上下文，等等。例如，字母 m 和 n 经常彼此替代而发生错拼，其部分原因是由于这两个字母的等同性（这两个字母发音相近，在键盘的位置彼此相邻），部分原因是由于上下文（这两个字母不仅发音相近，而且它们往往出现在相似的上下文中）。Kernighan et al. (1990) 使用了这种类型的一个简单的模型。例如，考虑在某个有错误的大语料库中，字母 e 替代字母 o 的次数，来估算概率 $P(\text{acress}|\text{across})$。这可以用一个**含混矩阵**(confusion matrix) 来表示，这个含混矩阵是 26×26 的方框表，它表示一个字母被另一个字母错误地替代的次数。例如，在表示替代的含混矩阵中，标记为 [o, e] 的单元将给出 e 替代 o 的次数；在表示插入的含混矩阵中，标记为 [t, s] 的单元将给出 t 插入到 s 后面的次数。计算含混矩阵时，需要手工收集拼写错误及其相应的正确拼写，然后计算不同错误发生的次数（Grudin, 1983）。Kernighan et al. (1990) 使用了 4 个含混矩阵，每个含混矩阵代表一类单独错误。

- del[x, y]：训练集中的字符 xy 在正确单词中被打字为 x 的次数。
- ins[x, y]：训练集中的字符 x 在正确单词中被打字为 xy 的次数。
- sub[x, y]：x 被打字为 y 的次数。
- trans[x, y]：xy 被打字为 yx 的次数。

注意，Kernighan et al. (1990) 在这里选择插入和脱落概率的条件是前面一个字符。也可以选择后面一个字符为条件。使用这些含混矩阵，估算 $P(t|c)$ 如下（其中 c_p 表示单词 c 中的第 p 个字符）：

$$P(t|c) = \begin{cases} \dfrac{\text{del}_{[c_{p-1},c_p]}}{\text{count}_{[c_{p-1}c_p]}}, \text{若删除} \\[2mm] \dfrac{\text{ins}_{[c_{p-1},t_p]}}{\text{count}_{[c_{p-1}]}}, \text{若插入} \\[2mm] \dfrac{\text{sub}_{[t_p,c_p]}}{\text{count}_{[c_p]}}, \text{若代替} \\[2mm] \dfrac{\text{trans}_{[c_p,c_{p+1}]}}{\text{count}_{[c_pc_{p+1}]}}, \text{若换位} \end{cases} \qquad (5.56)$$

图 5.25 给出了每个潜在的更正单词的最后概率，一元语法的先验概率与似然度[使用等式(5.56)和含混矩阵来计算]相乘。最后一栏给出了"归一化后的百分比"。

我们使用贝叶斯算法预见到 acres 是正确单词（这个单词的归一化百分比共计为 45%），而 actress 则是第二位的最可能的正确单词。遗憾的是，这个算法在这里算错了。文章作者的意图可以从如下的上下文中看得很清楚：…was called a "stellar and versatile **acress** whose combination of sass and glamour has defined her … "。从 acress 周围的词来看，它的正确单词显然应该是 actress（女演员）而不是 acres(英亩)。这就是为什么在噪声信道模型中实际上我们宁愿使用三元语法（或更高的语法）的语言模型而不使用一元语法的原因。读者可以试一试，如果采用 $P(c)$ 的二元语法模型是否可以正确地解决这个问题。

c	freq(c)	$P(c)$	$P(t\vert c)$	$P(t\vert c)p(c)$	%
actress	1343	0.0000315	0.000117	3.69×10^{-9}	**37%**
cress	0	0.000000014	0.00000144	2.02×10^{-14}	**0%**
caress	4	0.0000001	0.00000164	1.64×10^{-13}	**0%**
access	2280	0.000058	0.000000209	1.21×10^{-11}	**0%**
across	8436	0.00019	0.0000093	1.77×10^{-9}	**18%**
acres	2879	0.000065	0.0000321	2.09×10^{-9}	**21%**
acres	2879	0.000065	0.0000342	2.22×10^{-9}	**23%**

图 5.25　每个候选更正单词等级的计算。注意，等级最高的单词不是 actress 而是 acres（在表中最底部的两行），因为acres可以通过两个途径生成。在 Kerningham 等(1990)中给出了 del[ ]，ins[ ]，sub[ ]和 trans[ ]的全部含混矩阵

我们所描述的算法要求手工标注数据来训练含混矩阵。Kernighan et al. (1990)的另一种不同的方法是迭代地使用错拼更正算法本身来计算含混矩阵。迭代算法首先用相等的值来启动一个矩阵，这时，任何字符都是相等的，不论它是脱落，还是被另一个字符所替代，等等。然后在一个拼写错误词的集合上运行错拼更正算法。给出拼写错误类型和它们相对应的更正，这时再计算含混矩阵，再运行拼写算法，这样不断地进行，便可以一步一步得到越来越好的含混矩阵。这个聪明的方法是重要的 **EM 算法**的一个实例(Dempster et al ., 1977)，我们将在第 6 章讨论这种 EM 算法。

5.9.1　上下文错拼更正

前面我们提过，噪声信道方法也可以用来探测和更正**真词拼写错误**(real-word spelling errors)。这是在英语的实际存在的单词中引起的错误。这种类型错误可以由于插入、脱落和换位等打字操作错误(typographical errors)而发生，偶然地产生出一个真词(例如，把 three 打成 there)，也可以由于写作者用同音词或准同音词错误地进行替代而发生(例如，用 desert 来替代 dessert，或者用 peace 来替代 piece)。更正这种真词拼写错误的工作称为**上下文有关的拼写更正**(context-sensitive spell correction)。一些研究说明，25% ~40% 的拼写错误是真正的英语单词的错误，如下面的例子所示(Kukich, 1992)：

They are leaving in about fifteen *minuets* to go to her house.

The design *an* construction of the system will take more than a year.

Can you *lave* him my messages?

The study was conducted mainly *be* John Black.

我们可以把噪声信道模型加以扩充，对于句子中的每一个单词生成一个候选拼写集(candidate spelling set)，使得这个模型能够处理真词拼写错误(Mays et al ., 1991)。候选拼写集包括单词本身以及从该单词可能生成的所有英语单词，这些单词有的是由于打字操作错误(字母的插入、脱落或替代)而生成的，有的则来自同音词表。然后，算法对于每一个单词来选择拼写，给出概率最大的句子。这就是说，给出句子 $W = \{w_1, w_2, \cdots, w_k, \cdots, w_n\}$，其中 w_k 表示不同的拼写 w_k'，w_k'' 等；我们从这些可能的拼写中选择使 $P(W)$ 为最大值的拼写，选择时使用 N 元语法来计算 $P(W)$。

最近的很多研究集中在如何改进信道模型的 $P(t|c)$ 的问题上，例如，引入语音信息或者容许更复杂的错误（Brill and Moore，2000；Toutanova and Moore，2002）。对于语言模型中的 $P(c)$ 的最重要的改进是使用规模非常大的上下文，例如，使用 Google 在 2006 年公开发布的五元语法的大规模数据集（Franz and Brants，2006）。参看 Norvig（2007）可以得到对这些问题的精彩说明以及使用 Python 语言来实现噪声信道模型的情况，本章的结尾还有对此进一步的说明。

5.10　小结

这一章介绍了**词类**（part-of-speech）和**词类标注**（part-of-speech tagging）的基本思想。主要思想如下：

- 一般地说，各种语言都有一个相对小的词的**封闭类**（close class），封闭类中的词通常都是高频率的，它们一般都是**虚词**（function words），在词类标注中，它们可能是歧义很大的。开放类的词一般包括各种类型的**名词**（nouns）、**动词**（verbs）和**形容词**（adjectives）。现在有一定数量的词类编码方案，这些方案所根据的**标记集**（tagsets）在 40 个标记到 200 个标记之间。
- **词类标注**（part-of-speech tagging）是给单词序列中的每一个单词指派一个词类标记的过程。基于规则的标注算法使用手写规则来区分标记的歧义。HMM 的标注算法选择单词似然度与标记序列概率的乘积为最大的标记序列作为标注结果。其他的机器学习模型使用最大熵模型和对数线性模型、决策树、基于记忆的学习、基于转换的学习等来进行标注。
- HMM 标注算法的概率是在手工标注的训练集上进行训练的，使用删除插值法与不同级别的 N 元语法相结合，并使用了很复杂的未知词的识别模型。
- 给定一个 HMM 和输入符号串，Viterbi 算法进行最优标记序列的解码。
- 标注器评价的通常办法是把系统对测试集的输出与人对于该测试集的标注进行比较。错误分析可以帮助我们准确地确定标注器在哪些地方还不完善，从而进一步改善标注器的性能。

5.11　文献和历史说明

最早的词类指派算法是 Zellig Harris 的剖析程序的一个部分，这个剖析程序是为 Zellig Harris 的"转换和话语分析课题"（Transformation and Discourse Analysis Project，TDAP）设计的，于 1958 年 6 月到 1959 年 7 月在 Pennsylvania 大学实现（Harris，1962）。过去的一些自然语言处理系统也使用过带有单词的词类信息的词典，但是没有描述如何进行词类歧义的消解。作为剖析程序的一部分，TDAP 使用了 14 条手工书写的规则进行词类排歧，Zellig Harris 使用的词类标记序列成为了后来所有现代算法的雏形，系统的运行考虑到了单词标记的相对频率的顺序。这个剖析-标注系统最近由 Joshi and Hopely（1999）以及 Karttunen（1999）再次实现并且进行了描述，他们指出，这个剖析程序实质上是作为一个层叠式的有限状态转录机（用现代的方式）来实现的。

在 TDAP 剖析程序之后，Klein and Simmons（1963）设计了"计算语法编码器"（Computational Grammar Coder，CGC）。CGC 由 3 部分组成：一部词典、一个形态分析器和一个上下文排歧器。在 1 500 个单词的小词典中，包括那些不能在简单的形态分析器中处理的特殊的例外单词，还包括虚词以及不规则的名词、动词和形容词。形态分析器根据屈折和派生的后缀来给单词指派词类标记。在运行时，一个单词通过词典和形态分析器之后，产生出候选的词类集合。然后使用包括500条上下文规则的规则集来对这个候选集合进行排歧,排歧的依据是环绕在歧义单词周围的那些无歧义单词组成的岛屿。例如,有一条排歧规则说,在 ARTICLE(冠词)和 VERB(动词)之间,只能容许的词类序列是 ADJ-NOUN(形容词-名词)、NOUN-ADVERB(名词-副词)或者NOUN-NOUN(名词-名词)。CGC 算法报道,对于《科学美国人》(Scientific American)和《儿童百科全书》中的文章,应用包含 30 个标记的标记集,标注正确率为 90%。

TAGGIT 标注器(Greene and Rubin, 1971)是在 Klein and Simmons(1963)系统的基础上建立的。该标注器使用了同样的体系结构,此外还扩大了词典的规模和增加了标记集的容量,把标记增加到 87 个。例如,下面是一个规则的样本,这个规则说明,在第三人称单数动词(VBZ)之前,单词 x 不能是复数名词(NNS):

x VBZ→ not NNS

TAGGIT 被用来标注 Brown 语料库,根据 Francis and Kučera(1982)的第 9 页,"语料库标注结果的正确率为 77%"(Brown 语料库的其他部分是用手工标注的)。

20 世纪 70 年代,Lancaster-Oslo/Bergen(LOB)语料库编制成功,这个语料库是与 Brown 语料库对应的英国英语的语料库。标注工作使用 CLAWS 标注算法(Marshall, 1983, 1987; Garside, 1987)来进行,CLAWS 算法是一个概率算法,可以看成是近似于 HMM 标注方法的一种算法。该算法使用标记的二元语法概率,但是,它不存储每一个标记的单词似然度,而是给"tag|word"(标记|单词)标上 rare(罕用)、infrequent(低频率)、normally frequent(正常频率)这样等级符号,例如, rare $[P(tag|word) < 0.01]$,或者 infrequent $[P(tag|word) < 0.10]$,或者 normally frequent $[P(tag|word) > 0.10]$。

Church(1988)的概率标注器 PARTS 非常接近于完全 HMM 标注器。这个标注器扩充了 CLAWS 的思想,对于每一个"word|tag"偶对,全都指派相应的词汇概率,并且使用 Viterbi 解码来发现标记序列。但是,与 CLAWS 算法一样,这个标注器存储的是对于给定单词的某个标记的概率:

$$P(tag \mid word) \ * \ P(tag \mid previous \ n \ tags) \tag{5.57}$$

而不像 HMM 标注器那样使用对于给定标记的某个单词的概率:

$$P(word \mid tag) \ * \ P(tag \mid previous \ n \ tags) \tag{5.58}$$

后来的一些标注器明确地使用隐马尔可夫模型,并且常常还同时结合使用 EM 训练算法(Kupiec, 1992; Merialdo, 1994; Weischedel et al., 1993),包括使用变长度的马尔可夫模型(Schütze and Singer, 1994)。

新近的一些标注算法,诸如我们讨论过的 HMM 和 TBL 方法,都是机器学习分类器,用来估计对于某个句子的最好的标记序列,计算时要考虑大量的相关特征,例如,当前的单词、相邻的词类和单词、正词法特征和形态特征等未知词的特征。很多分类器常常把这些特征结合起来,或者使用决策树(Jelinek et al., 1994; Magerman, 1995),或者使用最大熵模型(Ratnaparkhi, 1996),或者使用对数线性模型(Franz, 1996),或者使用基于记忆的学习方法(Daelemans et al., 1996),或者使用线性分离子网络(SNOW)(Roth and Zelenko, 1998),来估计标记的概率。

如果给定的特征相似,大多数的机器学习模型似乎都取得了相似的效果,在 Wall Street Journal 语料库(WSJ)中使用 45 个标记的标记集的树库上,标注正确率大约为 96% ~ 97%。现有已公布的在该 WSJ 树库上性能最好的模型是对数线性标注器,这个标注器使用了关于相邻单词和相邻标记的信息,并使用了一个复杂的未知词模型,取得了 97.24% 的正确率(Toutanova et al.,

2003）。大多数机器学习模型都是有指导，不过有的工作已经开始研究无指导的模型了（Schütze，1995；Brill，1997；Clark，2000；Banko and Moore，2004；Goldwater and Griffiths，2007）。

对于词类的历史有兴趣的读者可参阅 Robin（1967）或 Koerner and Asher（1995）有关语言学史的著作，特别是 Householder（1995）。Sampson（1987）和 Garside et al.（1997）对于 Brown 语料库和其他的标记集的来源和组成情况给出了非常详尽的总结。关于词类标注的更多的信息可以在 van Halteren（1999）中找到。

探测和更正拼写错误的算法至少从 Blair（1960）开始就有了。大多数早期的算法都是基于关键相似度的，例如，Soundex 算法（Odell and Russell，1922；Knuth，1973）。Damerau（1964）给出了一个基于词典的算法来进行拼写错误的探测，从此以后，大多数的错误探测算法都是基于词典的。Damerau 还提出了一种单一错误的更正算法。从 Wagner and Fischer（1974）开始，大多数的算法就依赖于动态规划了。Kukich（1992）是一篇关于拼写错误探测和更正的综述文章。根据 Kashyap and Oommen（1983）和 Kernighan et al.（1990），现代的算法都是建立在统计或机器学习算法的基础之上的。

关于拼写问题的最新的方法进一步扩充了噪声信道模型（Brill and Moore，2000；Toutanova and Moore，2002），并且提出了很多其他的机器学习技术，例如，贝叶斯分类器（Gale et al.，1993；Golding，1997；Golding and Schabes，1996）、决策表（Yarowsky，1994）、基于转换的学习（Mangu and Brill，1997）、潜伏语义分析（Jones and Martin，1997）和 Winnow（Golding and Roth，1999）。Hirst and Budanitsky（2005）探索了单词关系的利用问题（见第 20 章）。噪声信道拼写更正也被用于商业中。例如，Microsoft Word 软件中的上下文拼写检查等。

第6章 隐马尔可夫模型与最大熵模型

> *Numquam ponenda est pluralitas sine necessitat*
> '*Plurality should never be proposed unless needed*' ①
>
> Wlliam of Occam
>
> *Her sister was called Tatiana,*
> *For the first time with such a name*
> *the tender pages of a novel,*
> *we'll whimsically grace.* ②
>
> Pushkin, *Eugene Onegin*, in the Nabokov translation

亚历山大·普希金(Alexander Pushkin)的诗体长篇小说《叶夫根尼·奥涅金》(Eugene Onegin)连续地记载了19世纪早期的故事,讲的是一个青年花花公子奥涅金(Onegin)拒绝了姑娘达吉亚娜(Tatiana)的爱情,又在决斗中杀死了他的好友连斯基(Lenski),最后为了这两件大错而追悔莫及。然而,这部诗体长篇小说之所以受到人们的喜爱,主要并不是因为它的情节,而是因为它的风格和结构。除了很多有趣的结构上的创新之外,这部诗体长篇小说是以一种称为奥涅金诗节(Onegin stanza)的抑扬格形式写的,这是一种不同凡响的韵律技巧。③ 这些因素使得这部诗体长篇小说在翻译成其他语言的时候,显得非常复杂,常常引起争议。很多译本是以诗歌的形式来翻译的,而 Nabokov 的有名的译本却把它逐字逐句地照字面翻译成了英语的散文。因此关于此书的翻译以及按照字面翻译还是按照诗歌翻译之间争议引起了学术界众多的评论(Hofstadter,1997)。

然而,在1913年,马尔可夫对于普希金的文本提出了一个不是那么容易引起争论的问题:是否可以使用文本中字符频率的计数来帮助我们计算序列中下一个字母是元音的概率是多少呢?在本章中用于处理文本和语音的两种重要的统计模型都是由马尔可夫模型发展而成的。一个是**隐马尔可夫模型**(Hidden Markov Model, HMM),另一个是**最大熵模型**(Maximum Entropy, MaxEnt),与马尔可夫有关的 MaxEnt 称为**最大熵马尔可夫模型**(Maximum Entropy Markov Model, MEMM),它们全都是机器学习模型。在第4章中,我们已经接触了机器学习的某些方面,在前一章中,也曾简要地介绍过隐马尔可夫模型。在本章中,我们将更加全面地、更加形式化地来介绍这两个重要的模型。

HMM 和 MEMM 两者都是**序列分类器**(sequence classifier)。序列分类器或序列标号器(sequence labeler)是给序列中的某个单元指派类或标号的模型。我们在第3章中研究过的有限状态转录机是一种非概率的序列分类器,例如,这种序列分类器能够把单词的序列转换为语素的序列。HMM 和 MEMM 使用概率序列分类器把这样的概念进一步扩充了。给定一个单元(单词、字

---

① 如无必要,勿增实体。
② 她的姐姐名叫达吉亚娜,
　　随意用这样的一个名字
　　使小说柔情的篇章出神入化,
　　在我们这里还是头一次。
③ 奥涅金诗节每节十四行,四行交叉韵,四行重叠韵,四行环抱韵,最后两行重叠韵,读起来优美而流畅。

　　　　　　　　　　　　　　　　　　　　　　　　　　　　　　　　　　——译者注

母、语素、句子以及其他单元)的序列，HMM 和 MEMM 就能够计算在可能的标号上的概率分布，并且选择出最好的标号序列。

我们已经研究过一个重要的序列分类问题：词类标注，在词类标注时，序列中每一个单词都被指派一个词类的标记。在语音和语言处理中，到处都可以遇到这样的序列分类问题。如果我们把语言看成是由不同表示层面上的序列组成的，那么，对于这样的事实也就不足为奇了。除了词类标注之外，在本书中，我们还使用序列模型来进行语音识别(第 9 章)、句子切分和字素-音位转换(第 8 章)、局部剖析或语块分析(第 13 章)、命名实体识别和信息抽取(第 22 章)。

本章分为两部分，首先讲隐马尔可夫模型，接着讲最大熵马尔可夫模型。在讨论隐马尔可夫模型时，我们把 HMM 词类标注的问题进一步扩展了。我们在下一节中，首先介绍马尔可夫链，然后详细地介绍 HMM 以及向前算法和更加形式化的 Viterbi 算法，最后介绍重要的 EM 算法以便进行隐马尔可夫模型的无指导(或者半指导)学习。

在本章的后一半，我们一步一步地介绍最大熵马尔可夫模型，首先介绍读者们可能已经熟悉的统计线性回归和逻辑回归，然后我们介绍 MaxEnt。MaxEnt 本身并不是一种序列分类器，因为它常常把一个类指派给一个单个的元素。最大熵这个术语来自根据"Occam 剃刀"(Occam's Razor)发现概率模型的分类器的思想，当然还要考虑某些特定的约束。"Occam 剃刀"的思想主张最简单主义(约束最小，熵最大)。最大熵马尔可夫模型是 MaxEnt 用于序列标号问题的扩充，扩充时加上了诸如 Viterbi 算法这样一些成分。

尽管本章介绍了 MaxEnt，这是一种分类器，但是，我们的重点并不是一般地考虑非序列的分类方法。我们将在以后的章节讨论非序列的分类方法，在第 9 章介绍**高斯混合模型**(Gaussian mixture model)，在第 20 章介绍**朴素贝叶斯**(naive Bayes)和**决策表**(decision list)分类器。

6.1　马尔可夫链

隐马尔可夫模型是语音和与语言处理中最重要的机器学习模型。为了恰当地描述这个模型，我们需要首先介绍一下**马尔可夫链**(Markov chain)，有时也称为**显马尔可夫模型**(observed Markov model)。马尔可夫链和隐马尔可夫模型二者都是第 2 章中介绍过的有限自动机的扩充。我们知道，有限自动机可以用状态集和状态之间转移集来定义。**加权有限状态自动机**(weighted finite-state automaton)是有限自动机加以简单的提升而成的。其中每一个弧与一个概率相联系，说明通过该路径的可能性的大小。离开一个结点的所有弧的概率的总和应该为 1。

马尔可夫链(Markov chain)是加权自动机的一种特殊情况，其中输入序列唯一地确定了自动机将要通过的状态。因为马尔可夫链不能表示固有的歧义问题，因此，只是在把概率指派给没有歧义的序列时，马尔可夫链才是有用的。

图 6.1(a)是一个马尔可夫链，它给天气事件的序列指派概率，其中的词汇由 HOT，COLD 和 RAINY 组成。图 6.1(b)是马尔可夫链的另一个例子，它给单词序列 $w_1, \cdots, w_n$ 指派概率。我们对于这样的马尔可夫链应当是很熟悉的，事实上它代表了一个二元语法模型。给出了图 6.1 中的两个模型，我们就可以对于任何的由词汇中的单词组成的序列指派概率。下面我们简短地说明怎样来做这件事。

首先，让我们更加形式化地描述这个问题，把马尔可夫链看成一种概率**图模型**(graphical model)，这种概率图模型是表示图(graph)中概率假设的一种方法。一个马尔可夫链可以使用如下的部分来描述：

$Q = q_1 q_2 \cdots q_N$	**状态**(states)N 的集合
$A = a_{01} a_{02} \cdots a_{n1} \cdots a_{nn}$	**转移概率矩阵**(transition probability matrix)A，每一个 a_{ij} 表示从状态 i 转移到状态 j 的概率，$\sum_{j=1}^{n} a_{ij} = 1, \forall i$
q_0, q_F	特殊的**初始状态**(start state)和**终结(最后)状态**(end state)，它们与观察值没有联系。

从图 6.1 中可以看出，我们把状态(包括初始状态和终极状态)表示为图中的结点，把转移表示为图中的结点之间的弧。

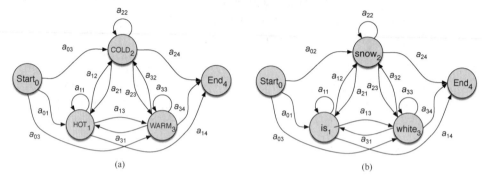

图 6.1　表示天气事件(a)和单词序列(b)的马尔可夫链。一个马尔可夫
链使用状态①、状态之间的转移以及初始状态和终极状态来描述

马尔可夫链包含了关于这些概率的一个重要的假设。在一个**一阶马尔可夫链**(first-order Markov chain)中，一个特定状态的概率只与它的前面一个状态有关：

马尔可夫假设(Markov assumption)：

$$P(q_i|q_1 \ldots q_{i-1}) = P(q_i|q_{i-1}) \tag{6.1}$$

注意：由于每一个 a_{ij} 表示概率 $p(q_j|q_i)$，概率定律要求，从一个给定状态出发的弧的概率的值，其总和应当为 1：

$$\sum_{j=1}^{n} a_{ij} = 1, \forall i \tag{6.2}$$

有时还使用一种不同的马尔可夫链的表示方式，其中没有初始状态和终极状态，而是明确地把初始状态和接收状态上的分布表示出来：

$\pi = \pi_1, \pi_2, \cdots, \pi_N$	在状态上的**初始概率分布**(initial probability distribution)。π_i 表示马尔可夫链在状态 i 开始的概率。某些状态 j 可以有 $\pi_j = 0$，这意味着它们不可能是初始状态。同样也有，$\sum_{i=1}^{n} \pi_i = 1$。
$QA = \{q_x, q_y, \cdots\}$	合法的**接收状态**(accepting states)的集合，$QA \subset Q$。

所以，状态 1 作为第一个状态的概率可以表示为 a_{01}，也可以表示为 π_1。注意，由于每一个 π_i 表示概率 $p(q_i|\text{START})$，所有的 π 的概率的总和必定为 1：

---

① 原文为 structure，显然有错。

——译者注

$$\sum_{i=1}^{n} \pi_i = 1 \tag{6.3}$$

在你继续往下学习之前，请使用图 6.2(b) 中概率的样本来计算下列序列的概率：

(6.4) hot hot hot hot

(6.5) cold hot cold hot

这两个概率的差别告诉我们用图 6.2(b) 来编码的现实世界的天气事实是什么？

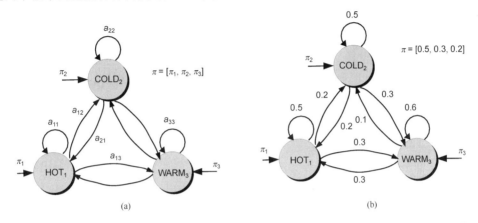

图 6.2　在图 6.1 中所示的天气事件的马尔可夫链的另外一种表示方法。这里没有使用转移概率 a_{01} 来
表示特定的初始状态，而使用矢量 π 来表示初始状态概率的分布。(b) 中的图是一个概率样本

6.2　隐马尔可夫模型

当需要计算我们能够在世界上观察到的事件序列的概率的时候，马尔可夫链是很有用的。但是，在很多情况下，我们感兴趣的事件可能并不能直接在世界上观察到。例如，在词类标注中(第 5 章)，我们并没有观察到存在于世界上的词类标记，我们看到的只是单词，而我们的目标是根据单词的序列推断出正确的词类标记。我们把词类标注称为**隐藏的**(hidden)，因为它们不能被观察到。在语音识别中也遇到了同样的情况，我们看到的是存在于世界上的声学事件，我们要推断出"隐藏"的单词，它们是声学事件的基本的导因来源。**隐马尔可夫模型**(Hidden Markov Model，HMM)使得我们有可能既涉及被观察到的事件(例如，在词类标注时我们在输入中看到的单词)，又涉及隐藏的事件(例如，词类标记)，这些隐藏事件在概率模型中被我们认为是引导性的因素。

我们使用 Jason Eisner(2002b)提出的例子来说明隐马尔可夫模型。假定你是一个在 2799 年研究地球暖化历史的气象学家，你找不到在 2007 年夏天任何关于巴尔的摩州、马里兰州的天气的记录资料，但是你发现了 Jason Eisner 的日记，其中列出了在这个夏天的每一天他吃冰淇淋的数量。我们的目的是利用这些关于冰淇淋数量的观察来估计每一天的气温。为了简单起见，我们假定每一天的天气只有两种状态："冷"(记为 C)和"热"(记为 H)。这样一来，Eisner 的问题可以描述如下：

给定一个观察序列 O，每一个观察是一个整数，它对应于在某一个给定的日子所吃的冰淇淋的数量，引起 Jason Eisner 吃冰淇淋的天气的状态序列是"隐藏的"，这个隐藏的状态序列用 Q 表示，它的值为 H 或 C。

现在我们给隐马尔可夫模型作形式化的定义，重点说明它在哪些方面与马尔可夫链有差别。一个隐马尔可夫模型 HMM 可以使用如下的部分来描述：

$Q = q_1 q_2 \cdots q_n$		**状态**(states)N 的集合
$A = a_{11} a_{12} \cdots a_{n1} \cdots a_{nn}$		**转移概率矩阵**(transition probability matrix)A,每一个 a_{ij} 表示从状态 i 转移到状态 j 的概率,$\sum_{j=1}^{n} a_{ij} = 1$,$\forall i$
$O = o_1 o_2 \cdots o_T$		**观察**(observations)T 的序列,每一个观察从词汇 $V = v_1$, $v_2, \cdots, v_V$ 中取值。
$B = b_i(o_t)$		**观察似然度**(observation likelihoods)序列,也称为**发射概率**(emission probabilities),每一个观察似然度表示从状态 i 生成观察 o_t 的概率。
q_0, q_F		与观察值没有联系的特殊的**初始状态**(start state)和**终结**(最后)**状态**(end state),以及从初始状态出发的转移概率 $a_{01} a_{02} \cdots a_{0n}$ 和进入终极状态的转移概率 $a_{1F} a_{2F} \cdots a_{nF}$。

正如我们在介绍马尔可夫链时提到的那样,有时还使用一种不同的隐马尔可夫模型的表示方式,其中没有初始状态和终极状态,而是明确地把初始状态和接收状态上的分布表示出来。在本书中,我们不使用 π 的记法,不过你会在文献中看到它:

$\pi = \pi_1, \pi_2, \cdots, \pi_N$		在状态上的**初始概率分布**(initial probability distribution)。π_i 表示马尔可夫链在状态 i 开始的概率。某些状态 j 可以有 $\pi_j = 0$,这意味着它们不可能是初始状态。同样也有,$\sum_{i=1}^{n} \pi_i = 1$。
$QA = \{q_x, q_y, \cdots\}$		合法的**接收状态**(accepting states)的集合,$QA \subset Q$。

一阶隐马尔可夫模型有两个假设。第一个假设与一阶马尔可夫链中的假设一样:一个特定状态的概率只与它前面一个状态有关。

马尔可夫假设:

$$P(q_i|q_1 \cdots q_{i-1}) = P(q_i|q_{i-1}) \tag{6.6}$$

第二个假设是:一个输出观察 o_i 的概率只与产生该观察的状态 q_i 有关,而与其他的任何状态和其他的任何观察无关。

输出独立性假设:

$$P(o_i|q_1 \cdots q_i, \ldots, q_T, o_1, \ldots, o_i, \ldots, o_T) = P(o_i|q_i) \tag{6.7}$$

图 6.3 是用于描述吃冰淇淋的 HMM 的一个样本。H 和 C 两个状态分别表示热天气和冷天气,观察的值取自字母表 $O = \{1, 2, 3\}$,每一个观察值表示 Jason Eisner 在给定的日子吃冰淇淋的数量。

注意,在图 6.3 的 HMM 中,任何两个状态之间的转移都有一个非零的概率。这样的 HMM 称为**全连通 HMM**(fully connected HMM)或者**遍历 HMM**(ergodic HMM)。但是,有时我们会遇到状态之间的转移概率为零的 HMM。例如,**从左到右的 HMM**(left-to-right HMM,也称为 **Bakis HMM**),其中状态的转移总是从左到右进行的,如图 6.4 所示。在 Bakis HMM 中,没有一个转移是从编号较高的状态向编号较低的状态进行的,或者更精确地说,从编号较高的状态向编号较低的状态的转移概率为零。Bakis HMM 一般用于给如语音这样含有时间进程的现象建模。我们将在第 9 章中进一步讨论这个问题。

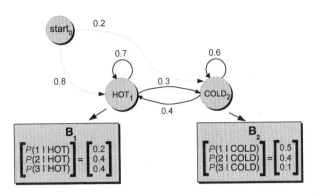

图 6.3   关于 Jason Eisner 在给定的日子吃冰淇淋的数量(观察值)与天气(隐藏变
量 H 或 C)之间的关系的隐马尔可夫模型。在这个例子中,我们没有使用
最后状态,但是允许状态1和状态2二者都可以作为最后状态(接受状态)

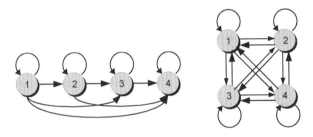

图 6.4   两个含有 4 个状态的隐马尔可夫模型,左边是从左到右的 HMM(Bakis HMM),右边是
全连通 HMM(遍历 HMM)。在 Bakis HMM 中,所有没有显示出来的转移都具有零概率

我们已经知道了 HMM 的结构,现在我们转过来讨论用 HMM 来计算事物的算法。Rabiner(1989)
是一个很有影响的讲座教程,这个教程以 20 世纪 60 年代 Jack Ferguson 的教程为基础,提出了使用**三个基本问题**(three fundamental problems)来描述隐马尔可夫模型的思想。这三个基本问题是:

问题 1(似然度问题):   给定一个 HMM $\lambda = (A, B)$ 和一个观察序列 O,确定似
然度 $P(O|\lambda)$。

问题 2(解码问题):   给定一个观察序列 O 和一个 HMM $\lambda = (A, B)$,找出最
好的隐藏状态序列 Q。

问题 3(学习问题):   给定一个观察序列 O 和 HMM 中的状态集合,学习 HMM
的参数 A 和 B。

第 5 章中词类标注是问题 2 的一个实例,我们已经讲过了。在下面的三节中,我们将更加形式化地描述这三个问题。

6.3 似然度的计算: 向前算法

我们的第一个问题是计算特定的观察序列的似然度。例如,给定图 6.3[①] 中的 HMM,计算序列"3 1 3"的概率是多少? 更加形式地说,

---

① 原书为 6.2(b),显然有错。

计算似然度(computing Likelihood)：给定一个 HMM $\lambda = (A, B)$ 和一个观察序列 O，确定似然度 $P(O|\lambda)$。

对于马尔可夫链，其中的表面的观察与隐藏的事件是相同的，我们只要顺着标记为"3 1 3"的状态，把相应的弧上的概率相乘，就可以计算出"3 1 3"的概率。然而，对于隐马尔可夫模型，事情就不是那么简单了。我们想确定冰淇淋的观察序列为"3 1 3"时的概率，但是我们不知道隐藏的状态序列是什么！

让我们首先从稍微简单一些的情况开始。假定我们已经知道天气并且试图预言 Jason Eisner 吃多少冰淇淋。在很多 HMM 的研究中，这是一个很有用的部分。对于给定的隐藏状态序列(例如，"hot hot cold")，我们就能够很容易地计算出观察序列"3 1 3"的输出似然度。

让我们来看一看究竟怎样来计算。首先，我们知道，在隐马尔可夫模型中，每一个隐藏状态只产生一个单独的观察。所以，隐藏状态序列与观察序列具有相同的长度。[①]

给定这种一对一的映射以及公式(6.6)中的马尔可夫假设，对于一个特定的隐藏状态序列 $Q = q_0, q_1, q_2, \cdots, q_T$ 以及一个观察序列 $O = o_1, o_2, \cdots, o_T$，观察序列的似然度为：

$$P(O|Q) = \prod_{i=1}^{T} P(o_i|q_i) \tag{6.8}$$

从一个可能的隐藏状态序列"hot hot cold"到冰淇淋的观察序列"3 1 3"的向前概率单位计算如公式(6.9)所示。图 6.5 是这个计算的图形表示。

$$P(3\ 1\ 3|\text{hot hot cold}) = P(3|\text{hot}) \times P(1|\text{hot}) \times P(3|\text{cold}) \tag{6.9}$$

不过，在实际上我们当然并不知道隐藏状态序列(天气)究竟是什么。因此，在计算冰淇淋事件"3 1 3"的概率时，我们需要通盘考虑所有可能的天气序列，对于它们进行概率加权。首先，让我们来计算在特定的天气序列 Q 生成一个特定的冰淇淋事件序列 O 的联合概率。一般来说，这个联合概率为：

$$P(O, Q) = P(O|Q) \times P(Q) = \prod_{i=1}^{n} P(o_i|q_i) \times \prod_{i=1}^{n} P(q_i|q_{i-1}) \tag{6.10}$$

我们的冰淇淋观察"3 1 3"和一个可能的隐藏状态序列"hot hot cold"的联合概率的计算如公式(6.11)所示。图 6.6 是这个计算的图形表示。

$$\begin{aligned} P(3\ 1\ 3, \text{hot hot cold}) = \ &P(\text{hot}|\text{start}) \times P(\text{hot}|\text{hot}) \times P(\text{cold}|\text{hot}) \\ &\times P(3|\text{hot}) \times P(1|\text{hot}) \times P(3|\text{cold}) \end{aligned} \tag{6.11}$$

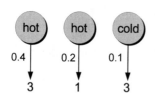

图 6.5　对于给定的隐藏状态序列"hot hot cold"，
冰淇淋事件"313"的观察似然度的计算

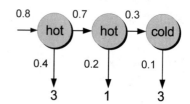

图 6.6　冰淇淋事件"3 1 3"和隐藏状态序列
"hot hot cold"的联合概率的计算

如果我们知道了如何计算观察与一个特定的隐藏状态序列的联合概率，就可以把该观察与

---

① 在隐马尔可夫模型的变体**分段隐马尔可夫模型**(segmental HMM，用于语音识别)和**半隐马尔可夫模型**(semi-HMM，用于文本处理)中，隐藏状态序列的长度和观察序列的长度的这种一对一映射的情况不成立。

所有可能的隐藏状态的联合概率加起来，计算出该观察的全部概率：

$$P(O) = \sum_Q P(O, Q) = \sum_Q P(O|Q)P(Q) \qquad (6.12)$$

在我们的场合，需要计算冰淇淋观察 3 事件（如"3 1 3"）和 8 个可能的隐藏状态序列（如"cold cold cold，cold cold hot"等）的联合概率的总和：

$$P(3\ 1\ 3) = P(3\ 1\ 3, \text{cold cold cold}) + P(3\ 1\ 3, \text{cold cold hot}) + P(3\ 1\ 3, \text{hot hot cold}) + \cdots$$

对于具有 N 个隐藏状态和 T 个观察的观察序列，将会有 N^T 个可能的隐藏序列。对于实际的问题，N 和 T 二者都是很大的，因而 N^T 将是一个很大的数，我们不可能通过分别计算每一个隐藏状态序列的观察似然度，然后把它们加起来求和的办法来计算全部的观察似然度。

我们可以使用一种称为**向前算法**（forward algorithm）的有效的算法来代替这种呈指数增长的极为复杂的算法，向前算法的复杂度为 $O(N^2 T)$。向前算法是一种**动态规划**（dynamic programming）算法，当得到观察序列的概率时，它使用一个表来存储中间值。向前算法也使用对于生成观察序列的所有可能的隐藏状态的路径上的概率求和的方法来计算观察概率，不过它把每一个路径隐含地叠合在一个单独的**向前网格**（forward trellis）中，从而提高了效率。

图 6.7 是对于给定的隐藏状态序列"hot hot cold"计算观察序列"3 1 3"的似然度的向前网格的一个例子。

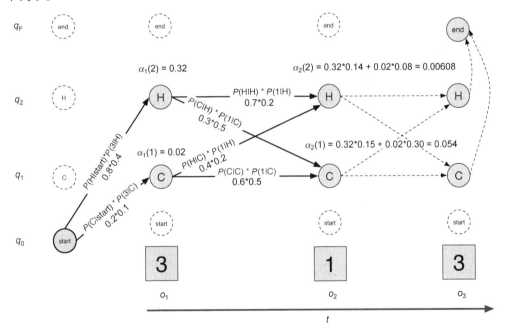

图 6.7　用于计算冰淇淋事件"3 1 3"的全部观察似然度的向前网格。隐藏状态用圆圈表示，观察用方框表示。非实的白圆圈表示非法的转移。图中说明了在两个时间步对于两个状态的 $\alpha_t(j)$ 的计算。根据公式（6.14）$\alpha_t(j) = \sum_{i=1}^N \alpha_{t-1}(i) a_{ij} b_j(o_t)$，在每一个单元中进行计算。在每一个单元中概率的计算结果用公式（6.13）来表示：$\alpha_t(j) = P(o_1, o_2, \cdots, o_t, q_t = j|\lambda)$

向前算法网格中的每一个单元 $\alpha_t(j)$ 表示对于给定的自动机 λ，在看了前 t 个观察之后，在状态 j 的概率。每一个单元 $\alpha_t(j)$ 的值使用对于把我们引入这个单元的每一条路径上的概率求和的方法来计算。形式地说，每一个单元表示如下的概率：

$$\alpha_t(j) = P(o_1, o_2 \cdots o_t, q_t = j | \lambda) \tag{6.13}$$

这里，$q_t = j$ 的意思是："当状态序列中的第 t 个状态是状态 j 的时候的概率"。我们使用对于扩充导入当前单元的所有路径求和的方法来计算概率。在时刻 t，对于给定的状态 q_j，$\alpha_t(j)$ 的值的计算公式为：

$$\alpha_t(j) = \sum_{i=1}^{N} \alpha_{t-1}(i) a_{ij} b_j(o_t) \tag{6.14}$$

公式(6.14)用于计算在时刻 t 的时候使用扩充前面路径的方法来计算向前概率，其中要把下面的 3 个因素相乘：

$\alpha_{t-1}(i)$	从前面的时间步算起的**前面向前路径概率**(previous forward path probability)
a_{ij}	从前面状态 q_i 到当前状态 q_j 的**转移概率**(transition probability)
$b_j(o_t)$	在给定的当前状态 j，观察符号 o_t 的**状态观察似然度**(state observation likelihood)

我们来研究图 6.7 中 $\alpha_2(1)$ 的计算，$\alpha_2(1)$ 是生成局部的观察序列"3 1"的状态 1 在时间步 2 时的向前概率。我们在计算这个概率时，要把在时间步 1 的概率 α 加以扩充，通过两条路径，每一个扩充包括上述的 3 个因素：$\alpha_1(1) \times P(C|C) \times P(1|C)$ 和 $\alpha_1(2) \times P(C|H) \times P(1|C)$。[①]

图 6.8 是计算向前网格的一个新的单元中的概率值归纳步骤的另外一种可视化的表示方法。

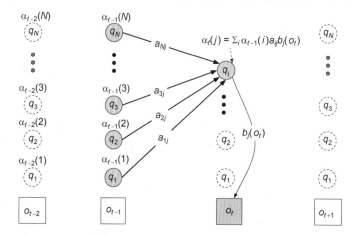

图 6.8　在向前网格中计算一个单独的成分 $\alpha_t(i)$ 的可视化表示方法，计算时，把前面所有的值 α_{t-1} 加起来，用转移概率 a 加权，再乘以观察概率 $b_i(o_{t+1})$。在HMM的很多应用中，转移概率有不少是为零的，所以，并不是所有前面的状态都能够给当前状态的向前概率做出贡献。隐藏状态用圆圈表示，观察用方框表示。有阴影的结点都与 $\alpha_t(i)$ 的概率计算有关。图中没有显示初始状态和终极状态

我们给出向前算法的两个形式定义：一个是图 6.9 中的伪代码，一个是递归定义的陈述。递归定义陈述如下：

---

1. 初始化：

$$\alpha_1(j) = a_{0j}b_j(o_1), 1 \leqslant j \leqslant N \tag{6.15}$$

2. 递归（由于状态 0 和状态 F 没有发射概率）：

$$\alpha_t(j) = \sum_{i=1}^{N} \alpha_{t-1}(i)a_{ij}b_j(o_t), \quad 1 \leqslant j \leqslant N, 1 < t \leqslant T \tag{6.16}$$

3. 结束：

$$P(O|\lambda) = \alpha_T(q_F) = \sum_{i=1}^{N} \alpha_T(i)a_{iF} \tag{6.17}$$

---

function FORWARD(*observations* of len *T*, *state-graph* of len *N*) **returns** *forward-prob*

　create a probability matrix *forward*[*N*+2,*T*]
　for each state *s* **from** 1 **to** *N* **do**　　　　　　　;initialization step
　　forward[*s*,1] ← $a_{0,s}$ * $b_s(o_1)$
　for each time step *t* **from** 2 **to** *T* **do**　　　　　;recursion step
　　for each state *s* **from** 1 **to** *N* **do**
　　　　forward[*s*,*t*] ← $\displaystyle\sum_{s'=1}^{N}$ *forward*[*s'*,*t*−1] * $a_{s',s}$ * $b_s(o_t)$

　forward[q_F,*T*] ← $\displaystyle\sum_{s=1}^{N}$ *forward*[*s*,*T*] * a_{s,q_F}　　　; termination step
　return *forward*[q_F,*T*]

图 6.9　向前算法。其中我们使用 *forward*[*s*, *t*]这种记法来表示 $\alpha_t(s)$

6.4　解码：Viterbi 算法

在很多如 HMM 这种包含隐藏变量的模型中，确定哪一个变量序列是隐藏在后面的某个观察序列的来源的工作，称为**解码**（decoding）。在吃冰淇淋的例子中，给定冰淇淋的一个观察序列"3 1 3"和一个 HMM，**解码器**（decoder）的任务就是发现最优的隐藏的天气序列（H H H）。更加形式化的表达是：

　　解码（decoding）：给定一个 HMM $\lambda = (A, B)$ 和一个观察序列 $O = o_1, o_2, \cdots, o_T$ 作为输入，找出概率最大的状态序列 $Q = q_1 q_2 q_3 \cdots q_T$。

我们或许可以这样地找出最好的序列：对于每一个可能的隐藏状态序列（HHH，HHC，HCH，等等），运行向前算法，对给定的隐藏状态序列计算观察序列的似然度。然后我们选出具有最大观察似然度的隐藏状态序列。不过，从前一节我们清楚地知道，这是做不到的，因为状态序列的数量极大，是指数级的。

我们显然不能这样做。HMM 最常见的解码算法是 **Viterbi 算法**（Viterbi algorithm）。Viterbi 算法是一种**动态规划算法**（dynamic programming algorithm），它使用动态规划网格。Viterbi 算法与第 3 章中的**最小编辑距离**（minimum edit distance）算法非常相似，这是动态规划算法的另外一种变体。

图 6.10 是 Viterbi 网格的一个例子，它说明了对于观察序列"3 1 3"，如何计算最佳的隐藏状态序列。其基本思想是按照观察序列从左到右的顺序来填充网格。网格的每一个单元 $v_t(j)$ 表示对于给定的自动机 λ，HMM 在看了前 t 个观察并通过了概率最大的状态序列 $q_0, q_1, \cdots, q_{t-1}$ 之

后，在状态 j 的概率。每一个单元 $v_t(j)$ 的值是递归地计算的，计算时选取引导我们到达这个单元的概率最大的路径。形式地说，每一个单元表示如下的概率：

$$v_t(j) = \max_{q_0,q_1,\cdots,q_{t-1}} P(q_0,q_1,\cdots,q_{t-1},o_1,o_2,\cdots,o_t,q_t=j|\lambda) \tag{6.18}$$

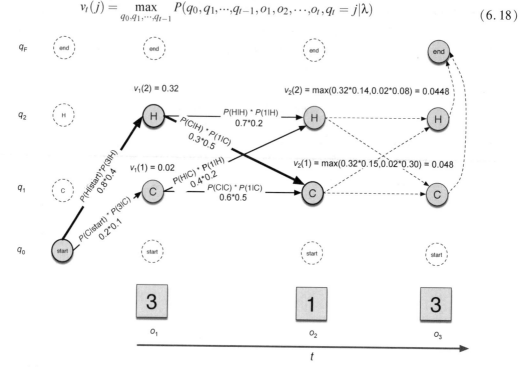

图 6.10　对于吃冰淇淋事件"3 1 3"，计算通过隐藏状态空间的最佳路径的 Viterbi 网格。隐藏状态用圆圈表示，观察用方框表示。非实的白圆圈表示非法的转移。图中说明了在两个时间步对于两个状态的 $v_t(j)$ 的计算。根据公式（6.19）$v_t(j) = \max_{1 \leqslant i \leqslant N-1} v_{t-1}(i) a_{ij} b_j(o_t)$，在每一个单元中进行计算。在每一个单元中概率的计算结果用公式（6.18）来表示：$v_t(j) = P(q_0, q_1, \cdots, q_{t-1}, o_1, o_2, \cdots, o_t, q_t = j|\lambda)$

注意，我们选取最大限度地覆盖前面所有可能的状态序列 $\max_{q_0,q_1,\cdots,q_{t-1}}$ 来代表概率最大的路径。与其他所有的动态规划算法一样，Viterbi 算法递归地填充每一个单元。如果我们已经计算了每一个状态在时刻 $t-1$ 的概率，我们就能够选取把我们引导到当前单元的概率最大的路径，来计算 Viterbi 概率。在时刻 t，对于给定的状态 q_j，$v_t(j)$ 的值按如下公式计算：

$$v_t(j) = \max_{i=1}^{N} v_{t-1}(i) \, a_{ij} \, b_j(o_t) \tag{6.19}$$

式（6.19）用于计算在时刻 t 的时候使用扩充前面路径的方法来计算 Viterbi 概率，其中要把下面的 3 个因素相乘：

$v_{t-1}(i)$	从前面的时间步算起的**前面 Viterbi 路径概率**（previous Viterbi path probability）
a_{ij}	从前面状态 q_i 到当前状态 q_j 的**转移概率**（transition probability）
$b_j(o_t)$	在给定的当前状态 j，观察符号 o_t 的**状态观察似然度**（state observation likelihood）

图 6.11 是 Viterbi 算法的伪代码。注意：Viterbi 算法要在前面路径的概率中选取**最大值**

（max），而向前算法则要计算其**总和**（sum），除此之外，Viterbi 算法和向前算法是一样的。还要注意：Viterbi 算法还有一个成分是向前算法没有的，这个成分就是**反向指针**（backpointer）。其原因在于向前算法需要产生一个观察似然度，而 Viterbi 算法必须产生一个概率和可能性最大的状态序列。当我们计算这个状态序列的时候，要回过去检查引导到每一个状态的隐藏状态的路径，如图 6.12 所示，要从终点到开始点进行反向追踪，找出最佳路径，这称为 Viterbi **反向追踪**（Viterbi backtrace）。

---

function VITERBI(*observations* of len *T*, *state-graph* of len *N*) **returns** *best-path*

　create a path probability matrix *viterbi*[*N*+2,*T*]
　for each state *s* **from** 1 **to** *N* **do**　　　　　　　　;initialization step
　　　viterbi[*s*,1] ← $a_{0,s} * b_s(o_1)$
　　　backpointer[*s*,1] ← 0
　for each time step *t* **from** 2 **to** *T* **do**　　　　;recursion step
　　for each state *s* **from** 1 **to** *N* **do**
　　　viterbi[*s*,*t*] ← $\max\limits_{s'=1}^{N}$ *viterbi*[*s'*,*t*−1] $* a_{s',s} * b_s(o_t)$
　　　backpointer[*s*,*t*] ← $\operatorname*{argmax}\limits_{s'=1}^{N}$ *viterbi*[*s'*,*t*−1] $* a_{s',s} * b_s(o_t)$
　viterbi[q_F,*T*] ← $\max\limits_{s=1}^{N}$ *viterbi*[*s*,*T*] $* a_{s.q_F}$　　　; termination step
　backpointer[q_F,*T*] ← $\operatorname*{argmax}\limits_{s=1}^{N}$ *viterbi*[*s*,*T*] $* a_{s.q_F}$　　　; termination step
　　return the backtrace path by following backpointers to states back in time from *backpointer*[q_F,*T*]

图 6.11　找出最优的隐藏状态序列的 Viterbi 算法。给定一个观察序列和一个 HMM $\lambda = (A, B)$，HMM 把最大的似然度指派给观察序列，算法返回状态路径。注意：状态0和状态q_F没有发射概率

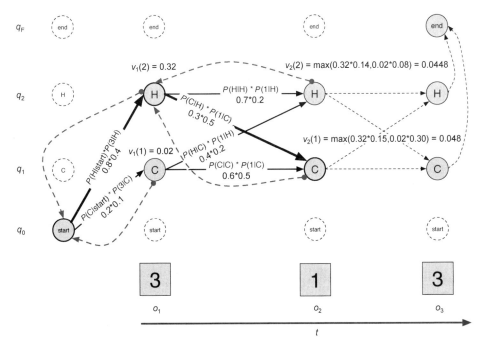

图 6.12　Viterbi 反向追踪。当我们把每一条路径伸张到一个新的状态计数以便过渡到下一个观察时，我们把一个反向指针指向（用破碎的虚线表示）引导我们到达这个状态的那条最佳路径

最后，我们给出 Viterbi 递归的形式定义如下：

1. 初始化：

$$v_1(j) = a_{0j}b_j(o_1), 1 \leqslant j \leqslant N \tag{6.20}$$

$$bt_1(j) = 0 \tag{6.21}$$

2. 递归(状态 0 和状态 q_F 没有发射概率)：

$$v_t(j) = \max_{i=1}^{N} v_{t-1}(i) a_{ij} b_j(o_t), \quad 1 \leqslant j \leqslant N, 1 < t \leqslant T \tag{6.22}$$

$$bt_t(j) = \operatorname*{argmax}_{i=1}^{N} v_{t-1}(i) a_{ij} b_j(o_t), \quad 1 \leqslant j \leqslant N, 1 < t \leqslant T \tag{6.23}$$

3. 结束：

$$最好的计分：P* = v_t(q_F) = \max_{i=1}^{N} v_T(i) * a_{i,F} \tag{6.24}$$

$$开始反向追踪：q_T* = bt_T(q_F) = \operatorname*{argmax}_{i=1}^{N} v_T(i) * a_{i,F} \tag{6.25}$$

6.5　HMM 的训练：向前-向后算法

我们来讨论 HMM 的第三个问题：HMM 的参数学习问题，也就是矩阵 A 和 B 的学习问题。形式地说，

　　学习(learning)：给定观察序列 O 和 HMM 中可能状态的集合，学习 HMM 的参数 A 和 B。

这种学习算法的输入是无标记的观察序列 O 和潜在的隐藏状态 Q。这样，在冰淇淋事件的问题中，我们将从观察序列 $O = \{1, 3, 2, \cdots\}$ 和隐藏状态集合 H 和 C 开始进行学习。在词类标注的问题中，我们将从观察序列 $O = \{w_1, w_2, w_3, \cdots\}$ 和隐藏状态 NN, NNS, VBD, IN, …开始进行学习。

训练 HMM 的标准算法是**向前-向后算法**(forward-backward algorithm)或 **Baum-Welch 算法**(Baum-Welch algorithm，Baum，1972)，这是**期望最大化算法**(Expectation-Maximization algorithm，EM 算法)(Dempster et al.，1977)的一种特殊情形。这个算法将帮助我们训练 HMM 的转移概率 A 和发射概率 B。

我们在开始时可以这样来考虑：我们训练的不是一个隐马尔可夫模型，而是一个普通马尔可夫链。由于在马尔可夫链中的状态是可以观察到的，我们就可以在观察序列上运行这个模型，并且直接看出通过了哪一条路径以及每一个观察符号是哪一个状态生成的。当然，马尔可夫链没有发射概率 B(我们可以把马尔可夫链看成退化的隐马尔可夫模型，其中所有观察符号的概率 b 为 1.0，所有其他符号的概率 b 为零)。因此，我们需要训练的概率仅仅是转移概率矩阵 A。

在状态 i 和状态 j 之间的一个特定的转移概率 a_{ij} 的最大似然估计可以通过转移的次数来计算，我们把转移的次数记为 $C(i{\rightarrow}j)$，然后用从状态 i 开始的所有的转移次数对它进行归一化：

$$a_{ij} = \frac{C(i \rightarrow j)}{\sum_{q \in Q} C(i \rightarrow q)} \tag{6.26}$$

在马尔可夫链中，可以直接地计算这个概率，因为我们知道我们处于什么状态。对于 HMM 来说，我们不能从所观察的句子(或句子的集合)直接地来计数，因为我们不知道，对于一个给定

的输入，通过机器的状态究竟要走哪一条路径。Baum-Welch 算法提出了用两个符合直觉的思想来解决这个问题。第一个思想是反复地（iteratively）估计所得的计数。我们从转移概率和观察概率的一个估计值开始，然后反复地使用这些估计概率来推出越来越好的概率。第二个思想是，对于一个观察，计算它的向前概率，从而得到我们的估计概率，然后，把这个概率量在对于这个向前概率有贡献的所有不同的路径上进行分摊。

为了理解这个算法，我们需要定义一个与向前概率有关的概率，并且把它称为**向后概率**（backward probability），记为 β。

向后概率 β 是对于给定的自动机 λ，在状态 i 和时刻 t 观看从时刻 $t+1$ 到终点的观察的概率：

$$\beta_t(i) = P(o_{t+1}, o_{t+2}, \cdots, o_T | q_t = i, \lambda) \tag{6.27}$$

我们使用与计算向前概率相似的归纳法来计算向后概率：

1. 初始化：

$$\beta_T(i) = a_{i,F}, \quad 1 \leqslant i \leqslant N \tag{6.28}$$

2. 递归（因为状态 0 和 q_F 是非发射的）：

$$\beta_t(i) = \sum_{j=1}^{N} a_{ij} \, b_j(o_{t+1}) \, \beta_{t+1}(j), \quad 1 \leqslant i \leqslant N, 1 \leqslant t < T \tag{6.29}$$

3. 结束：

$$P(O|\lambda) = \alpha_T(q_F) = \beta_1(0) = \sum_{j=1}^{N} a_{0j} \, b_j(o_1) \, \beta_1(j) \tag{6.30}$$

图 6.13 说明了向后归纳的步骤。

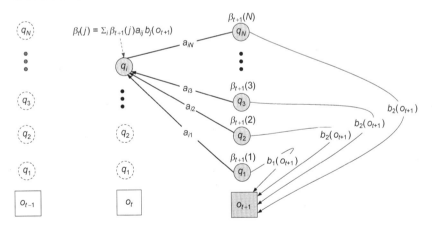

图 6.13　计算 $\beta_t(i)$ 的时候，对值 $\beta_{t+1}(j)$ 使用它们的转移概率 a_{ij} 和它们的观察概率 $b_j(o_{t+1})$ 进行加权，然后连续地把这些 $\beta_{t+1}(j)$ 的值加起来求和

现在来理解，在机器中的路径实际上是隐藏的情况下，向前概率和向后概率怎样帮助我们从观察序列来计算转移概率 a_{ij} 和观察概率 $b_i(o_t)$。

首先来说明如何估计 $\hat{a}_{ij}$。我们把公式（6.26）改变为另一种形式来估计它：

$$\hat{a}_{ij} = \frac{\text{从状态 } i \text{ 转移到状态 } j \text{ 的期望数}}{\text{从状态 } i \text{ 转移的期望数}} \tag{6.31}$$

我们怎样来计算这个公式中的分子呢？这里是根据直觉来计算。假定我们对于给定的转移 $i \rightarrow j$ 在观察序列中特定的时刻 t 的发生这个事件有某个概率估计。如果我们对于每一个特定的时

刻 t 都知道这个概率，那么，我们就可以把所有的时刻 t 的概率加起来求和，从而估计出转移 $i{\rightarrow}j$ 总计数。

更加形式地说，对于给定的观察序列和模型，让我们把概率 ξ_t 定义为在时刻 t 状态为 i，且在时刻 $t+1$ 状态为 j 的转移概率：

$$\xi_t(i,j) = P(q_t = i, q_{t+1} = j | O, \lambda) \tag{6.32}$$

为了计算 ξ_t，首先来计算一个近似于 ξ_t 的概率，这个概率包含的观察概率与 ξ_t 不同，我们把它记为 not-quite-ξ_t，注意，这个概率中 O 的条件与公式(6.32)不同。

$$\text{not-quite-}\xi_t(i,j) = P(q_t = i, q_{t+1} = j, O | \lambda) \tag{6.33}$$

图 6.14 说明了用来计算 not-quite-ξ_t 的各个概率，它们是：在有关弧上的转移概率、在该弧之前的概率 α、在该弧之后的概率 β、恰恰在该弧之后的符号的观察概率。

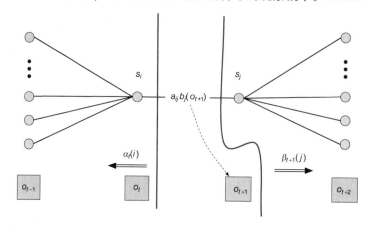

图 6.14　计算在时刻 t 状态为 i 且在时刻 $t+1$ 状态为 j 的联合概率。图中说明了
　　　　需要结合起来产生概率 $P(q_t = i, q_{t+1} = j, O|\lambda)$ 的各个概率：概率 α 和 β、
　　　　转移概率 a_{ij}、观察概率 $b_j(o_{t+1})$。根据Rabiner(1989,此文是© 1989 IEEE)

把这 4 个概率相乘就得到 not-quite-ξ_t，计算公式如下：

$$\text{not-quite-}\xi_t(i,j) = \alpha_t(i)\, a_{ij} b_j(o_{t+1}) \beta_{t+1}(j) \tag{6.34}$$

为了从 not-quite-ξ_t 来计算 ξ_t，概率定理告诉我们可以用 $P(O|\lambda)$ 来除，因为：

$$P(X|Y,Z) = \frac{P(X,Y|Z)}{P(Y|Z)} \tag{6.35}$$

对于给定的模型，观察概率就是整个语段的向前概率(或者，换一种说法，整个语段的向后概率)，因此，它可以有许多方法来计算：

$$P(O|\lambda) = \alpha_T(q_F) = \beta_1(0) = \sum_{j=1}^{N} \alpha_t(j)\beta_t(j) \tag{6.36}$$

这样一来，计算 ξ_t 的最后的等式就是：

$$\xi_t(i,j) = \frac{\alpha_t(i)\, a_{ij} b_j(o_{t+1}) \beta_{t+1}(j)}{\alpha_T(q_F)} \tag{6.37}$$

从状态 i 转移到状态 j 的期望次数就是 ξ 的所有 t 上的总和。对于式(6.31)中 a_{ij} 的估计，我们现在只是再需要一个东西，这就是由状态 i 转移出的所有的期望次数。我们把从状态 i 出发的所有的转移加起来就可以得到它。下面是 $\hat{a}_{ij}$ 最后的计算公式：

$$\hat{a}_{ij} = \frac{\sum_{t=1}^{T-1} \xi_t(i,j)}{\sum_{t=1}^{T-1} \sum_{j=1}^{N} \xi_t(i,j)} \tag{6.38}$$

我们还需要一个重新计算观察概率的公式。这是在一个给定的状态 j，观察词汇 V 中的一个给定的符号 v_k 的概率，记为 $\hat{b}_i(v_k)$。我们计算下列公式就可以得到它：

$$\hat{b}_j(v_k) = \frac{\text{观察词汇 } V \text{ 中的一个给定的符号 } v_k \text{ 的期望数}}{\text{状态 } j \text{ 的期望次数}} \tag{6.39}$$

为此，需要知道在时刻 t 和状态 j 的概率，我们把这个概率记为 $\gamma_t(j)$：

$$\gamma_t(j) = P(q_t = j|O,\lambda) \tag{6.40}$$

这里，我们需要再一次把观察序列包括到概率中来进行计算：

$$\gamma_t(j) = \frac{P(q_t = j, O|\lambda)}{P(O|\lambda)} \tag{6.41}$$

正如图 6.15 所说明的，式（6.41）中的分子部分等于向前概率和向后概率的乘积，因此我们有如下公式：

$$\gamma_t(j) = \frac{\alpha_t(j)\beta_t(j)}{P(O|\lambda)} \tag{6.42}$$

现在我们准备来计算 b。对于分子部分，我们对所有的时间步骤 t 求总和 $\gamma_t(j)$，其中，观察 o_t 就是我们感兴趣的符号 v_k。对于分母部分，我们对所有的时间步骤 t 求总和 $\gamma_t(j)$。其结果将是当我们在状态 j 看到符号 v_k 的时间的百分数（记号 $\sum_{t=1 \, s.t. \, O_t=v_k}^{T}$ 的意思是"在时刻 t 的观察为 v_k 时的所有时间上的总和"）：

$$\hat{b}_j(v_k) = \frac{\sum_{t=1 \, s.t. O_t=v_k}^{T} \gamma_t(j)}{\sum_{t=1}^{T} \gamma_t(j)} \tag{6.43}$$

对于一个观察序列 O，假定我们已经有了转移概率 A 和观察概率 B 的初始估计，现在式（6.38）和式（6.43）提供了一种方法来重新估计（re-estimate）转移概率 A 和观察概率 B 的值。

这样的重新估计是迭代的向前-向后算法的核心。向前-向后算法（见图 6.16）从 HMM 的参数 $\lambda = (A, B)$ 的某个初始估计开始。然后我们迭代地运行两个步骤。如其他的**期望最大算法**（Expectation-Maximization Algorithm, EM 算法）一样，向前-向后算法也有两个步骤，一个是**期望步骤**（expectation step），或称为 E-步骤（E-step），一个是**最大步骤**（maximization step），或称为 M-步骤（M-step）。

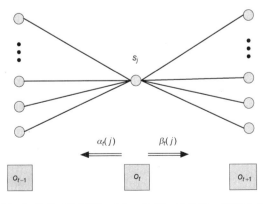

图 6.15　计算在时刻 t 和状态 j 的概率 $\gamma_t(j)$。注意，这里的 γ 实际上是 ξ 的一种退化的情况。因此,这个图就像把图 6.14 中的状态 i 和状态 j 折叠起来而形成的一个新版本

在 E-步骤，我们根据前面的 A 和 B 的概率来计算期望的状态占用数 γ 和期望的状态转移数 ξ。在 M-步骤，我们使用 γ 和 ξ 来重新计算新的 A 和 B 的概率。

---

function FORWARD-BACKWARD(*observations* of len T, *output vocabulary* V, *hidden state set* Q) **returns** $HMM=(A,B)$

  initialize A and B
  iterate until convergence
    E-step

$$\gamma_t(j) = \frac{\alpha_t(j)\beta_t(j)}{P(O|\lambda)}, \ \forall\, t \text{ and } j$$

$$\xi_t(i,j) = \frac{\alpha_t(i)\,a_{ij}b_j(o_{t+1})\beta_{t+1}(j)}{\alpha_T(q_F)}, \ \forall\, t, i, \text{ and } j$$

    M-step

$$\hat{a}_{ij} = \frac{\displaystyle\sum_{t=1}^{T-1} \xi_t(i,j)}{\displaystyle\sum_{t=1}^{T-1}\sum_{j=1}^{N} \xi_t(i,j)}$$

$$\hat{b}_j(v_k) = \frac{\displaystyle\sum_{t=1\,\text{s.t.}\,O_t=v_k}^{T} \gamma_t(j)}{\displaystyle\sum_{t=1}^{T} \gamma_t(j)}$$

  return A, B

图 6.16　向前-向后算法

    虽然从原则上说，向前-向后算法可以完全无指导地学习 A 和 B 的参数，但是，在实际上，初始条件是非常重要的。由于这样的原因，算法常常要给出一些多余的信息。例如，在语音识别中，HMM 的结构实际上常常是手工设置的，只有发射概率(B)和非零的转移概率(A)才是从观察序列 O 的集合中训练出来的。在第 9 章 9.7 节中，我们将讨论如何在语音识别中推导出 A 和 B 的初始估计值。我们还将说明，对于语音而言，向前-向后算法还可以扩充到那些非离散的输入("连续的观察致密体")。

6.6　最大熵模型：背景

    现在我们来讨论另外一种概率机器学习的框架，称为**最大熵模型**(Maximum Entropy，MaxEnt)。MaxEnt 作为**多元逻辑回归**(multinomial logistic regression)广为人知。

    本章目的是介绍 MaxEnt 在序列分类中的应用。我们知道，序列分类或序列标注就是给某个序列中的每一个成分指派一个标记，例如，给某个单词指派一个词类标记。最普通的序列分类器是我们将在 6.8 节中介绍的**最大熵马尔可夫模型**(Maximum Entropy Markov Model, MEMM)。不过，在描述如何把 MaxEnt 作为序列分类器来使用之前，我们有必要介绍一下非序列分类。

    分类的任务是取一个单独的观察，抽出描述这个观察的某些有用的特征，然后根据这些特征对这个观察进行**分类**(classify)，把它分到离散类别集合中的某一个类中去。**概率分类器**(probabilistic classifier)比这稍微复杂一些，除了指派标记和类别之外，还要给出观察在类别中的**概率**(probability)，当然，对于一个给定的观察，概率分类器要给出在所有类别上的一个概率分布。

这种非序列分类在语音和语言处理中随处可见。例如，在**文本分类**（text classification）中，我们需要判定某个特定的电子邮件是否应该分类到垃圾邮件中。在**情感分析**（sentiment analysis）中，我们需要判定某个特定的句子或文件是表达了一个正面的意见还是反面的**意见**（opinion）。在很多工作中，我们需要知道句子的边界在哪里，因此，我们要对实心圆点符号（·）进行分类，判定它是不是句子的边界。在本书中，我们还会涉及更多的需要进行分类的例子。

MaxEnt 属于**指数分类器**（exponential classifier）或**对数线性分类器**（log-linear classifier）的家族。MaxEnt 在工作时，从输入中抽取某些特征，把这些特征**线性地**（linearly）结合起来，也就是对每一个特征乘以一个权值，然后把它们相加。由于下面将要讨论的原因，我们要把相加所得的总和作为指数来使用。

让我们对这种直觉做更加具体的说明。假定我们有某个输入 x（它可以是一个需要标注的单词或一个需要分类的文件），我们从 x 中抽取某些特征。例如，用来做标注的特征可以是“该单词以 -ing 结尾”或“前一个单词是 the”。对于每一个这样的特征 f_i，我们有某个权值 w_i。

给出了这些特征和权值，我们的目的是为这个单词选择一个类别（例如，一个词类标记）。MaxEnt 选择概率最大的标记作为该单词所属的类别，对于给定的观察 x，特定类别 c 的概率为：

$$p(c|x) \;=\; \frac{1}{Z}\exp(\sum_i w_i f_i) \tag{6.44}$$

这里，Z 是归一化因子，其作用在于使概率的总和正确地归结为 1，按照惯例，$\exp(x) = \mathrm{e}^x$。以后我们会看到，这是一个简化了的公式，在实际的 MaxEnt 模型中，特征 f 和权值 w 两者都依赖于类别 c（也就是说，对于不同的类别，我们有不同的特征和权值）。

为了解释 MaxEnt 分类器的细节，包括归一化因子 Z 以及指数函数的直觉等，我们首先必须理解**线性回归**（linear regression）和**逻辑回归**（logistic regression）。线性回归是使用特征进行预测的基础性工作，而逻辑回归则可以把我们引导到指数模型。我们在下面两节讨论这些问题，了解回归背景知识的读者可以跳过这两节。然后，我们在 6.7 节详细介绍 MaxEnt 分类器。最后，在 6.8 节我们将说明在**最大熵马尔可夫模型**（MaxEnt Markov Model，MEMM）中，怎样使用 MaxEnt 分类器来处理序列分类问题。

6.6.1　线性回归

在统计学中，当把某些输入特征映射到某个输出值的时候，我们使用两个不同的术语：如果输出是实值（real-valued），就使用“**回归**（regression）这个术语，如果输出是类别离散集合中的某一个，就使用**分类**（classification）这个术语。

也许你已经在统计学的课程中熟悉“线性回归”这个概念了。如果我们已经有了观察的一个集合，每一个观察与一些特征相关联，而我们想预测每一个观察结果的实值，这时，就进行线性回归。我们给出一个预测房价的例子来说明。Levitt and Dubner（2005）说明，在不动产的广告中，使用线性回归可以用来很好地预测房屋在出售时的价格是高于还是低于要求的价格。他们说明，如果在不动产广告中出现 fantastic（好极了）、cute（逗人喜爱）或 charming（迷人）这些词语，房屋出售的价格就往往会低一些，如果在不动产广告中出现 maple（枫树）、granite（花岗石）这样的词语，房屋出售的价格就往往会高一些。他们假定，房地产经纪人使用诸如 fantastic（好极了）这样褒义模糊的词语来掩盖房屋中某些质量方面的缺陷。为了方便教学，我们编出了图 6.17 中的一些数据：

模糊形容词的数目#	房屋出售时高于要求价格的数量
4	0
3	$ 1 000
2	$ 1 500
2	$ 6 000
1	$ 14 000
0	$ 18 000

图 6.17　在不动产广告中，模糊形容词的数量(fantastic，cute，charming)与房屋
出售时高于要求价格的数量之间的关系的数据，这些数据是编造出来的

　　图 6.18 用图示对这种情况加以说明，x 轴表示特征(模糊形容词的数量#)，y 轴表示价格。
我们还绘出了与观察数据拟合得很好的**回归线**(regression line)。任何一条直线的方程是 $y = mx + b$，如图中所示，直线的斜率 $m = -4 900$，截距为 16 550。可以想见，这条直线的两个
参数(斜率 b 和截距 m)可以看成是我们用来把特征(在这种情况下为 x，形容词的数量)映射
到输出值 y(在这种情况下为价格)的权值的集合。我们可以使用 w 代表权值，把这个线性方
程表示如下：

$$\text{price} = w_0 + w_1 * \text{Num\_Adjectives} \tag{6.45}$$

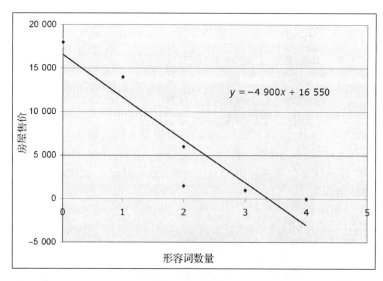

图 6.18　根据图 6.17 中编出的点的数据绘出的图，回归线与数据拟合得很好，方程为 $y = -4 900x + 16 550$

　　这样一来，我们就可以使用线性方程从这些形容词的数量来估计房屋的售价。例如，如果广
告中出现 5 个形容词，我们可以预测出房屋可以售多少价钱。

　　如果我们使用一个以上的特征，那么，线性模型的能力就会真正强大起来，这种使用多个特
征的线性回归称为**多元线性回归**(multiple linear regression)。房屋的最终价格大概还依赖于很多
其他的因素，例如，当前的房屋抵押率、市场上未售房屋的数量，等等。我们可以把这些因素作
为变量来进行编码，每一个因素的重要程度就是这些变量的权重，如下面的方程所示：

　　　　价格　= $w_0 + w_1 *$ 形容词数量 $+ w_2 *$ 抵押率 $+ w_3 *$ 未售房屋数量

在语音和语言处理中，我们常常把如"形容词的数量"或"抵押率"这样的用于预测的因素称为**特
征**(feature)。我们用这些特征的矢量来表示每一个观察(每一套待售的房屋)。假定一套房屋在
广告中有一个形容词，并且抵押率为 6.5，在该城市中有 10 000 套未售房屋，那么，该房屋的特

征矢量就是 $\vec{f}=(1,6.5,10\,000)$。假定我们已经从这项工作中学习到的加权矢量为 $\vec{w}=(w_0,w_1,w_2,w_3)=(18\,000,-5\,000,-3\,000,-1.8)$。这样,这套房屋的预测价格的值就采用把每一个特征与它们的加权相乘的方法来计算:

$$\text{price}=w_0+\sum_{i=1}^{N}w_i\times f_i \tag{6.46}$$

我们认为还存在一个附加的特征 f_0,称为**截距特征**(intercept feature),它的值为 1,这个截距特征可以处理令人麻烦的 w_0 从而使得方程变得简单一些。所以,一般地说,我们可以估计 y 值的线性回归表示为:

$$\text{线性回归}y=\sum_{i=0}^{N}w_i\times f_i \tag{6.47}$$

两个矢量两两相乘并把结果相加求和从而形成一个标量的这种做法称为**点积**(dot product)。两个矢量 a 和 b 之间的点积 $a\cdot b$ 定义如下:

$$a\cdot b=\sum_{i=1}^{N}a_ib_i=a_1b_1+a_2b_2+\cdots+a_nb_n \tag{6.48}$$

这样一来,公式(6.47)就等价于加权矢量和特征矢量之间的点积:

$$y=w\cdot f \tag{6.49}$$

在语音和语言处理中,出现矢量的点积的情况是很频繁的,因此我们常常使用点积的这种记法以避免使用一大堆零乱的加号。

线性回归的训练

怎样来训练线性回归的权值呢? 从直觉上说,选择权值时要尽量使估计值 y 接近于我们在训练集中看到的实际值。

我们来考虑在训练集中的某个特定的实例 $x^{(j)}$,它在训练集中的观察标记是 $y_{\text{obs}}^{(j)}$(我们使用带括号的上标来表示训练实例)。线性回归模型的预测值 $y^{(j)}$ 为:

$$y_{\text{pred}}^{(j)}=\sum_{i=0}^{N}w_i\times f_i^{(j)} \tag{6.50}$$

在选择权值集合 W 的时候要使预测值 $y_{\text{pred}}^{(j)}$ 和观察值 $y_{\text{obs}}^{(j)}$ 之间的差距最小,我们要让这个差距在我们训练集的所有的实例 M 中都最小。在事实上,要使这种差距的绝对值最小,因为我们不想要反面的实例,在例子中,要消除在另一个例子中的正面的差距,所以,为了简单起见(同时也为了便于区分),我们要把差距的平方最小化。这样,我们把最小化的全部的值称为**误差平方和**(sum-squared error),它是当前的权值集合 W 的代价函数(cost function):

$$\text{cost}(W)=\sum_{j=0}^{M}\left(y_{\text{pred}}^{(j)}-y_{\text{obs}}^{(j)}\right)^2 \tag{6.51}$$

这里,我们没有给出选择这个权值最优集合从而使误差平方和变得最小的细节。不过,可以证明,如果我们把整个的训练集放到一个单独的矩阵 X 中,矩阵的每一行包括与每一个观察 $x^{(i)}$ 相关的特征矢量,把所有观察到的 y 的值放到矢量 $\vec{y}$ 中,这里是最优权值 W 的一个封闭形式的计算公式,它能把代价 cost(W) 最小化:

$$W=(X^TX)^{-1}X^T\vec{y} \tag{6.52}$$

这个公式的使用方法在诸如 SPSS 或 R 这样的统计软件包中都被广泛地使用。

6.6.2 逻辑回归

当我们想预测某个具有实值的输出结果时，使用线性回归。但是，在语音和语言处理中，要进行**分类**(classification)，我们试图预测的输出 y 是从一个离散值的小集合中取出来的。

我们来考虑最简单的二元分类：分类时决定某个观察是否在这个类别之内(真)还是在这个类别之外(假)。换言之，y 只能取值为 1(真)或取值为 0(假)，因而我们需要一个分类器来取 x 的特征并返回"真"或"假"。进一步说，除了仅仅返回 0 或 1 这样的值之外，我们还希望有一个模型，该模型能够对我们给出关于某个观察处于类别 0 之内或处于类别 1 之内的**概率**(probability)。这是非常重要的，因为在大多现实世界的实际工作中，为了完成某些任务，我们都需要把某个分类器的结果进一步传给另外的分类器。由于我们很少能够确定一个观察究竟是落到哪一个类别之中，在这个阶段，我们宁愿不做十分硬性的决定，把所有其他的类别都排除在外。我们不这样做，而是给最新的分类器传达尽可能多的信息，这些信息就是类别的全部集合，每一个类别带着我们指派给它的概率值。

我们能否修改一下线性回归模型，并使用它来进行这种类型的概率分类呢？假定我们只是试图训练一个线性模型来预测如下的概率：

$$P(y = \text{true} \,|x) \;=\; \sum_{i=0}^{N} w_i \times f_i \tag{6.53}$$

$$=\; w \cdot f \tag{6.54}$$

我们可以训练这样的模型，给每一个训练的观察指派一个目标值，如果它处于类别"真"，则目标值 $y=1$，如果它处于类别"假"，则目标值 $y=0$。每一个观察 x 有一个特征矢量 f，我们要训练加权矢量 w，使得从 1(观察处于该类别之中)或 0(观察处于该类别之外)中预测的错误为最小。在训练之后，我们只要取该观察特征的加权矢量的点积，就可以对于给定观察计算出类别的概率。

这个模型的问题在于，它并不强制输出具有合法的概率，也就是说，它输出的概率应当在 0 和 1 之间。而表达式 $\sum_{i=0}^{N} w_i \times f_i$ 产生的值却处于 $+\infty$ 和 $-\infty$ 之间。我们怎样才能够把这个问题搞定呢？假定仍然保持线性预测 $w \cdot f$，但是，我们不用它来预测概率，而用它来预测两个概率的比率(ratio)。具体地说，假定我们要预测观察处于类别中的概率与观察不处于类别中的概率的比率，这个比率称为**优势率**(odds)。如果一个事件发生的概率为 0.75，不发生的概率为 0.25，那么我们就说，这个事件发生的**优势率**为 0.75/0.25 = 3。我们可以使用线性模型来预测 y 为真的优势率：

$$\frac{P(y = \text{true})\,|x}{1 - P(y = \text{true}|x)} = w \cdot f \tag{6.55}$$

最后得出这个模型是封闭的，概率的比率处于 0 和 ∞ 之间。然而我们需要这个等式左手边的值也处于 $-\infty$ 和 $+\infty$ 之间。对于这个概率取自然对数就可以达到这个目的：

$$\ln\left(\frac{P(y = \text{true}|x)}{1 - P(y = \text{true}|x)}\right) = w \cdot f \tag{6.56}$$

现在，左手边和右手边的值都处于 $-\infty$ 和 $+\infty$ 之间了。左手边的函数(优势率的对数)称为**分对数函数**(logit function)：

$$\text{logit}(P(x)) = \ln\left(\frac{P(x)}{1 - P(x)}\right) \tag{6.57}$$

在这个回归模型中，我们使用线性函数来估计概率的分对数，而不是估计概率，这样的回归称为**逻辑回归**（logistic regression）。如果线性函数是用来估计分对数的，那么，在逻辑回归中，为了估计概率 $P(y = \text{true})$，实际的公式应当如何呢？我们在这里根据等式（6.56），应用一些简单的代数推导，来求解概率 $P(y = \text{true})$。

我们希望，当你求解 $P(y = \text{true})$ 时，进行如下的推理：

$$\ln\left(\frac{P(y = \text{true}|x)}{1 - P(y = \text{true}|x)}\right) = w \cdot f$$

$$\frac{P(y = \text{true}|x)}{1 - P(y = \text{true}|x)} = e^{w \cdot f} \tag{6.58}$$

$$P(y = \text{true}|x) = (1 - P(y = \text{true}|x))e^{w \cdot f}$$

$$P(y = \text{true}|x) = e^{w \cdot f} - P(y = \text{true}|x)e^{w \cdot f}$$

$$P(y = \text{true}|x) + P(y = \text{true}|x)e^{w \cdot f} = e^{w \cdot f}$$

$$P(y = \text{true}|x)(1 + e^{w \cdot f}) = e^{w \cdot f}$$

$$P(y = \text{true}|x) = \frac{e^{w \cdot f}}{1 + e^{w \cdot f}} \tag{6.59}$$

如果我们得到了这个概率，那么，要求出观察不属于该类别的概率 $P(y = \text{false}|x)$ 就很容易了，因为两个概率之和为 1：

$$P(y = \text{false}|x) = \frac{1}{1 + e^{w \cdot f}} \tag{6.60}$$

采用显式的求和符号，我们得到如下两个等式：

$$P(y = \text{true}|x) = \frac{\exp(\sum_{i=0}^{N} w_i f_i)}{1 + \exp(\sum_{i=0}^{N} w_i f_i)} \tag{6.61}$$

$$P(y = \text{false}|x) = \frac{1}{1 + \exp(\sum_{i=0}^{N} w_i f_i)} \tag{6.62}$$

我们可以用稍微不同的方式来表示概率 $P(y = \text{true}|x)$，用 $e^{-w \cdot f}$ 来乘[①]等式（6.59）中的分子和分母：

$$P(y = \text{true}|x) = \frac{e^{w \cdot f}}{1 + e^{w \cdot f}} \tag{6.63}$$

$$= \frac{1}{1 + e^{-w \cdot f}} \tag{6.64}$$

最后一个等式是**逻辑函数**（logistic function）的形式（逻辑回归由这个函数得名）。逻辑函数的一般形式为：

$$\frac{1}{1 + e^{-x}} \tag{6.65}$$

逻辑函数把 $-\infty$ 和 $+\infty$ 之间的值映射到 0 和 1 之间。我们也可以表达 $P(y = \text{false}|x)$，因为它与 $P(y = \text{true}|x)$ 的概率之和为 1：

$$P(y = \text{false}|x) = \frac{e^{-w \cdot f}}{1 + e^{-w \cdot f}} \tag{6.66}$$

---

① 原文为 dividing，拟有误，应译为"乘"。

6.6.3 逻辑回归：分类

给定一个特定的观察，我们如何确定它属于两个类别("真"和"假")中的哪一个类别呢？这个问题称为**分类**(classification)，也称为**推论**(inference)。显而易见，正确的类别应当是概率高的类别。因此，可以有把握地说，我们的观察将被标注为"真"，如果满足：

$$P(y = \text{true}|x) > P(y = \text{false}|x)$$

$$\frac{P(y = \text{true}|x)}{P(y = \text{false}|x)} > 1$$

$$\frac{P(y = \text{true}|x)}{1 - P(y = \text{true}|x)} > 1$$

用表示优势率的等式(6.58)进行替换：

$$\begin{aligned} e^{w \cdot f} &> 1 \\ w \cdot f &> 0 \end{aligned} \tag{6.67}$$

采用显式的求和符号表示为：

$$\sum_{i=0}^{N} w_i f_i > 0 \tag{6.68}$$

所以，为了判断一个观察是不是某个类别中的一员，我们只需要计算线性函数并看它的值是否为正数；如果为正数，那么，观察就应当属于这个类别。

一种更加高级的说法是：等式 $\sum_{i=0}^{N} w_i f_i = 0$ 是**超平面**(hyperplane)等式。超平面是直线在 N 个维度上的泛化。因此等式 $\sum_{i=0}^{N} w_i f_i > 0$ 是这个超平面上的 N 维空间的部分。这样一来，我们就可以把逻辑回归函数看成训练一个超平面，把在类别"真"空间上的点从那些不在这个类别上的点中分离出来。

6.6.4 高级专题：逻辑回归的训练

在线性回归中，所谓训练就是选择权值 w 使得训练集上的误差平方和最小。在逻辑回归中，我们使用**条件最大似然度估计**(conditional maximum likelihood estimation)。这意味着，对于给定的观察 x，我们要选择参数 w，使得在训练数据中被观察到的 y 值的概率最大。换句话说，对于某个单独训练的观察 x，我们要这样地来选择权值：

$$\hat{w} = \underset{w}{\text{argmax}} \, P(y^{(i)}|x^{(i)}) \tag{6.69}$$

对于整个的训练集，我们要选择最优的概率为：

$$\hat{w} = \underset{w}{\text{argmax}} \prod_i P(y^{(i)}|x^{(i)}) \tag{6.70}$$

在一般情况下，我们使用对数似然度来工作，公式如下：

$$\hat{w} = \underset{w}{\text{argmax}} \sum_i \log P(y^{(i)}|x^{(i)}) \tag{6.71}$$

更清楚地表示为：

$$\hat{w} = \underset{w}{\text{argmax}} \sum_i \log \begin{cases} P(y^{(i)} = 1|x^{(i)})), & y^{(i)} = 1 \\ P(y^{(i)} = 0|x^{(i)})), & y^{(i)} = 0 \end{cases} \tag{6.72}$$

这个公式不便操作，因此，我们通常要使用一种方便的表达技巧。我们注意到，如果 $y = 0$，则第一项不成立；如果 $y = 1$，则第二项不成立，所以，有：

$$\hat{w} = \underset{w}{\text{argmax}} \sum_i y^{(i)} \log P(y^{(i)} = 1 | x^{(i)}) + (1 - y^{(i)}) \log P(y^{(i)} = 0 | x^{(i)}) \qquad (6.73)$$

如果我们使用等式(6.64)和等式(6.66)来替换式(6.73)中相应的项,就可以得到:

$$\hat{w} = \underset{w}{\text{argmax}} \sum_i y^{(i)} \log \frac{1}{1 + e^{-w \cdot f}} + (1 - y^{(i)}) \log \frac{e^{-w \cdot f}}{1 + e^{-w \cdot f}} \qquad (6.74)$$

根据公式(6.74),通过计算最大对数似然度的方法来发现权值这个问题属于**凸优化**(convex optimization)的领域。在凸优化中,最常见的算法有如 L-BFGS 的**准牛顿法**(Quasi-Newton method)(Nocedal, 1980;Byrd et al., 1995)、梯度上升法(gradient ascent)、共轭梯度法(conjugate gradient),以及各种各样的迭代定标算法(iterative scaling algorithm)(Darroch and Ratcliff, 1972;Della Pietra et al., 1997;Malouf, 2002)。这些学习算法都可以在 MaxEnt 模型的工具软件包中找到,不过,在这里介绍它们就太复杂了,有兴趣的读者可以参看本章后面的文献和历史说明。

6.7　最大熵模型

前面我们说明了怎样使用逻辑回归把一个观察分入两个类别中的一个类别。但是,在很多时候,在语言处理中碰到的这种类型的分类问题都涉及大量的类别(例如,词类标记中的类别)。逻辑回归也可以重新定义,使它有处理多个离散值的功能。在这样的场合,我们就把这种逻辑回归称为**多元逻辑回归**(multinomial logistic regression)。我们在前面说过,在语音和语言处理中,多元逻辑回归称为**最大熵模型**(MaxEnt)(关于"最大熵"这个名称的直观解释,请参看6.7.1节)。

对于 MaxEnt 分类器计算类别概率的公式是公式(6.61)和公式(6.62)的泛化。我们假定 y 的目标值是一个随机变量,这个随机变量对于类别 c_1,c_2,…,c_C,取 C 个不同的值。

在本章开始时我们说过,在一个 MaxEnt 模型中,y 是特定类别 c 的概率使用如下公式来估计:

$$P(c|x) = \frac{1}{Z} \exp \sum_i w_i f_i \qquad (6.75)$$

现在我们给这个原理性的公式加上某些细节。首先,我们来充实归一化因子 Z 的内容,把特征的数目定为 N,并根据类别 c 给加权赋值。最后得到的等式为:

$$P(c|x) = \frac{\exp\left(\sum_{i=0}^N w_{ci} f_i\right)}{\sum_{c' \in C} \exp\left(\sum_{i=0}^N w_{c'i} f_i\right)} \qquad (6.76)$$

注意,归一化因子 Z 只是用于把指数引入真的概率中:

$$Z = \sum_C P(c|x) = \sum_{c' \in C} \exp\left(\sum_{i=0}^N w_{c'i} f_i\right) \qquad (6.77)$$

为了看到最终的 MaxEnt 公式,我们还要再做一些改变。前面我们一直假定特征 f_i 是取实值的,但是,在语音语言处理中,更多的是使用二值特征。如果一个特征只取值 0 和 1,这个特征也可以称为**指示函数**(indicator function)。一般地说,我们使用的特征都是指示函数,它要指示出观察的某些特性与我们考虑指派给它的类别。因此,在 MaxEnt 中,不使用 f_i 的记法,而使用 $f_i(c, x)$ 的记法,它的意思是指对于给定的观察 x,某一特定的类别 c 的特征 i。

在 MaxEnt 中,给定 x 和类别 c,计算 y 的概率的最终公式为:

$$p(c|x) = \frac{\exp\left(\sum_{i=0}^{N} w_{ci} f_i(c,x)\right)}{\sum_{c' \in C} \exp\left(\sum_{i=0}^{N} w_{c'i} f_i(c',x)\right)} \quad (6.78)$$

为了对于二元特征的使用有一个更加清楚的直观理解，我们来看一看词类标注中一些作为样本的特征。假定我们给单词 race 标注了词类，如例 6.79 所示，这个例子是例(5.36)的复制。

(6.79) Secretariat/NNP is/BEZ expected/VBN to/TO **race**/?? tomorrow/

　　　　(秘书处希望明天进行比赛)

这里是做分类而不是做序列分类，所以，我们只考虑这个孤零零的单词。我们将在 6.8 节中讨论怎样对整个单词序列进行标注的问题。

现在我们想了解，是否应当把类别 VB 指派给 race(或不这样做，而把其他的诸如 NN 这样类别指派给 race)。我们用一个很有用的称为 f_i 的特征来说明当前的单词是 race 这样的事实。如果是这样的情况，我们就可以加一个二元特征说明这为"真"：

$$f_1(c,x) = \begin{cases} 1, & word_i = \text{"race"} \ \& \ c = \text{NN} \\ 0, & \text{其他} \end{cases}$$

另外一个特征说明前面一个单词是否有标记 TO：

$$f_2(c,x) = \begin{cases} 1, & t_{i-1} = \text{TO} \ \& \ c = \text{VB} \\ 0, & \text{其他} \end{cases}$$

还有两个词类标注特征用于表示单词的拼写和大小写：

$$f_3(c,x) = \begin{cases} 1, & \text{suffix}(word_i) = \text{"ing"} \ \& \ c = \text{VBG} \\ 0, & \text{其他} \end{cases}$$

$$f_4(c,x) = \begin{cases} 1, & \text{is\_lower\_case}(word_i) \ \& \ c = \text{VB} \\ 0, & \text{其他} \end{cases}$$

由于每一个特征与观察的性质和所标注的类别是独立的，所以，我们还需要一个分离特征，用它来表示 race 和 VB 之间的关联，或者表示前面一个 TO 与 NN 之间的关联：

$$f_5(c,x) = \begin{cases} 1, & word_i = \text{"race"} \ \& \ c = \text{VB} \\ 0, & \text{其他} \end{cases}$$

$$f_6(c,x) = \begin{cases} 1, & t_{i-1} = \text{TO} \ \& \ c = \text{NN} \\ 0, & \text{其他} \end{cases}$$

每一个这样的特征都有一个相应的权值。因此，权值 $w_1(c, x)$ 可以表示单词 race 对于标记 VB 提示的强度，权值 $w_2(c, x)$ 可以表示前面单词标记为 TO 对于当前单词是 VB 提示的强度，等等。

我们假定，对于 VB 和 VN 这两个类别的特征权值如图 6.19 所示。我们把当前输入观察(这里的当前词为 race)称为 x。现在使用式(6.78)来计算 $P(\text{NN}|x)$ 和 $P(\text{VB}|x)$：

$$P(\text{NN}|x) = \frac{e^{0.8} e^{-1.3}}{e^{0.8} e^{-1.3} + e^{0.8} e^{0.01} e^{0.1}} = 0.20 \quad (6.80)$$

$$P(\text{VB}|x) = \frac{e^{0.8} e^{0.01} e^{0.1}}{e^{0.8} e^{-1.3} + e^{0.8} e^{0.01} e^{0.1}} = 0.80 \quad (6.81)$$

		f_1	f_2	f_3	f_4	f_5	f_6
VB	f	0	1	0	1	1	0
VB	w		0.8		0.01	0.1	
NN	f	1	0	0	0	0	1
NN	w	0.8					−1.3

图 6.19　标注例(6.79)中的单词 race 时的某些样本特征值和权值

注意，当使用 MaxEnt 进行**分类**(classification)时，MaxEnt 自然会把在这个类别上的概率分布给我们。如果想进行硬分类并且选择最佳的类别，那么，我们可以选择具有最大概率的类别，也就是：

$$\hat{c} = \underset{c \in C}{\mathrm{argmax}}\, P(c|x) \tag{6.82}$$

因此，MaxEnt 中的分类是(布尔)逻辑回归中的分类的泛化。在布尔逻辑回归中，分类时需要建立一个线性回归，把在该类别中的观察与不在该类别中的观察分离开来。在 MaxEnt 中的分类与此相反，分类时对于 C 中的每一个类别都要建立一个分离的线性回归。

在这样的工作中，对于每一个单独的单元都要考察全部的概率分布从而帮助找出最好的序列，这是非常有用的。当然，甚至在很多非序列的应用中，在类别上的概率分布也比硬性的选择更加有用。

迄今我们描述的特征只表示一个观察的单独的二元特性。但是，如果建立更加复杂的特征来表示一个单词的多个特性的组合，这通常也是很有用的。如支持向量机(Support Vector Machines，SVM)类的机器学习模型可以自动地模拟基元特性之间的相互作用，但是，在 MaxEnt 中，任何一种复杂特征都必须通过手工来定义。例如，以大写字母开头的单词(如单词 Day)更可能被归入专有名词(NNP)，而不大可能被归入普通名词(如 United Nations Day)。然而以大写字母开头的单词也可能出现在句子的开头(前面一个单词是 <s>)。例如在句子"Day after day……"中的 Day 就不再是一个专有名词。甚至如果这些特性中的每一个都已经是基元特性，MaxEnt 也不能对于这些特性的组合进行建模，因此，各种特性的布尔组合需要把它们作为一个特征用手工编码：

$$f_{125}(c,x) = \begin{cases} 1, & \text{word}_{i-1} = \text{<s>} \ \& \ \text{isupperfirst}(\text{word}_i) \ \& \ c = \text{NNP} \\ 0, & \text{其他} \end{cases}$$

要想成功地使用 MaxEnt，关键在于设计恰当的特征与特征组合。

最大熵模型的训练

可以通过泛化 6.6.4 节中描述的逻辑回归训练算法的方式来训练 MaxEnt 模型。我们在等式(6.71)中看到，想找出使 MaxEnt 训练样本的对数似然度达到最大值的参数 w，使用公式：

$$\hat{w} = \underset{w}{\mathrm{argmax}} \sum_i \log P(y^{(i)}|x^{(i)}) \tag{6.83}$$

如二元逻辑回归，我们使用某个凸优先算法来发现使这个函数最大化的权值。

这里有一个简短的说明：训练 MaxEnt 的一个重要的问题是对于权值进行平滑，称为**正则化**(regularization)。正则化的目的是惩罚那些大的权值，如果不进行正则化，MaxEnt 将学习到很高的权值，引起训练数据过量。我们通过改变已经优化的似然度函数的方式，在训练中进行正则化。我们不优化等式(6.83)，而优化下面的等式：

$$\hat{w} = \underset{w}{\mathrm{argmax}} \sum_i \log P(y^{(i)}|x^{(i)}) - \alpha R(w) \tag{6.84}$$

式中，$R(w)$ 就是 **正则化项**(regularization term)，用来惩罚大的权值。通常也可以把正则化项表示为权值的二次函数：

$$R(W) = \sum_{j=1}^{N} w_j^2 \tag{6.85}$$

减去权值的二次方，使得训练时更加倾向于那些比较小的权值：

$$\hat{w} = \underset{w}{\text{argmax}} \sum_i \log P(y^{(i)}|x^{(i)}) - \alpha \sum_{j=1}^{N} w_j^2 \tag{6.86}$$

已证明，这种正则化相当于假定权值是按照平均值 $\mu = 0$ 的高斯分布(Gaussian distribution)进行分布的。在一个高斯分布或正态分布中，一个值离平均值越远，它的概率越小(用方差来标度)。使用关于权值的高斯先验知识(Gaussian prior)，我们可以说，权值喜欢为 0 的值。对于权值 w_j，高斯先验知识为：

$$\frac{1}{\sqrt{2\pi\sigma_j^2}} \exp\left(-\frac{(w_j - \mu_j)^2}{2\sigma_j^2}\right) \tag{6.87}$$

如果我们使用关于权值的高斯先验知识来乘每一个权值，就可以把下面的约束最大化：

$$\hat{w} = \underset{w}{\text{argmax}} \prod_i^M P(y^{(i)}|x^{(i)}) \times \prod_{j=1}^{N} \frac{1}{\sqrt{2\pi\sigma_j^2}} \exp\left(-\frac{(w_j - \mu_j)^2}{2\sigma_j^2}\right) \tag{6.88}$$

在对数空间中，$\mu = 0$，相应的公式变为：

$$\hat{w} = \underset{w}{\text{argmax}} \sum_i \log P(y^{(i)}|x^{(i)}) - \sum_{j=1}^{N} \frac{w_j^2}{2\sigma_j^2} \tag{6.89}$$

这个公式与公式(6.86)的形式是一样的。

关于 MaxEnt 的训练的详细内容，有大量的文献，在本章的后面章节可以找到更加详尽的材料。

6.7.1　为什么称为最大熵

为什么我们把多元逻辑回归模型称为 MaxEnt 或最大熵模型呢？让我们在词性标注的背景下对于最大熵给出直觉的说明。假定我们要给单词 zzfish(这是为这个例子而生造的单词)指派一个标记，完全没有加任何约束、假设最少的概率标注模型是什么呢？从直觉上说，这样的模型应该具有等概率的分布：

NN	JJ	NNS	VB	NNP	IN	MD	UH	SYM	VBG	POS	PRP	CC	CD	...
$\frac{1}{45}$	$\frac{1}{45}$	$\frac{1}{45}$	$\frac{1}{45}$	$\frac{1}{45}$	$\frac{1}{45}$	$\frac{1}{45}$	$\frac{1}{45}$	$\frac{1}{45}$	$\frac{1}{45}$	$\frac{1}{45}$	$\frac{1}{45}$	$\frac{1}{45}$	$\frac{1}{45}$	...

现在假设我们已经有了标注了词类标记的某些训练数据，并且从这些数据仅仅学习到一个事实：zzfish 可能的标记集是 NN, JJ, NNS 和 VB(zzfish 是一个有些像 fish 的单词，不过它也可以充当形容词)。这个标注模型依赖于这样的约束，而没有做进一步的假设，那么，这个模型是什么呢？由于标记必须是正确的标记，因而我们有

$$P(\text{NN}) + P(\text{JJ}) + P(\text{NNS}) + P(\text{VB}) = 1 \tag{6.90}$$

由于没有更多的信息，模型页没有做超出我们所知的进一步的假设，该模型将简单地把相等的概率指派给这些单词中的每一个，有：

NN	JJ	NNS	VB	NNP	IN	MD	UH	SYM	VBG	POS	PRP	CC	CD	...
$\frac{1}{4}$	$\frac{1}{4}$	$\frac{1}{4}$	$\frac{1}{4}$	0	0	0	0	0	0	0	0	0	0	...

在第一个例子中，我们想要的是在 45 个词类上的无差别的分布，在第二个例子中，我们想要的是在 4 个词类上的无差别的分布。已经证明，在各种可能的分布中，等概率分布具有**最大熵**（maxmumu entropy）。从 4.10 节我们知道，随机变量 x 分布的熵使用如下公式计算：

$$H(x) = -\sum_x P(x) \log_2 P(x) \tag{6.91}$$

在等概率分布中，所有的随机变量的值都具有相同的概率，因而等概率分布的熵要高于那些具有更多信息的非等概率分布的熵。因此，在所有具有 4 个变量的分布中，{1/4, 1/4, 1/4, 1/4} 这个分布具有最大熵。为了得到直观的感受，你可以使用公式（6.91）来计算其他分布的熵，比如，可以计算 {1/4, 1/2, 1/8, 1/8} 这个分布的熵，这样，你就可以确信，它们的熵全部都比等概率分布的熵小得多。

我们的直观感受是，在给 MaxEnt 建模的时候，这个概率模型将根据我们给它的一些约束来建立，但是，除了这些约束之外，它要遵守"Occam 剃刀"的原则，把可能的假设减到最少。

让我们把更多的约束加到词类标注的例子中去。假设我们查找已经标注的训练数据并且注意到 zzfish 在 10 次中有 8 次被标注为普通名词类，不是标注为 NN，就是标注为 NNS。这样我们就可以给 zzfish 加上"word is zzfish and t_i = NN or t_i = NNS"这样的特征。这时，我们就会想到修正原来的分布，把 8/10 的概率量分派给名词，现在有了两个约束：

$$P(\text{NN}) + P(\text{JJ}) + P(\text{NNS}) + P(\text{VB}) = 1$$

$$P(\text{word is zzfish and } t_i = \text{NN or } t_i = \text{NNS}) = \frac{8}{10}$$

我们不再进一步地假设，仍然保持 JJ 与 VB 是等概率的，保持 NN 与 NNS 是等概率的，这时，有：

NN	JJ	NNS	VB	NNP	...
$\frac{4}{10}$	$\frac{1}{10}$	$\frac{4}{10}$	$\frac{1}{10}$	0	...

现在假定，关于单词 zzfish，我们没有更多的信息了。不过，我们在训练数据中还注意到，对于英语的所有单词（不仅仅是 zzfish），在 20 个单词中，动词（VB）出现 1 次。因此，现在我们还有必要针对特征 t_i = VB，增加这样的约束，于是我们得到 3 个约束：

$$P(\text{NN}) + P(\text{JJ}) + P(\text{NNS}) + P(\text{VB}) = 1$$

$$P(\text{word is zzfish and } t_i = \text{NN or } t_i = \text{NNS}) = \frac{8}{10}$$

$$P(\text{VB}) = \frac{1}{20}$$

由于这样的结果，现在的最大熵分布如下：

NN	JJ	NNS	VB
$\frac{4}{10}$	$\frac{3}{20}$	$\frac{4}{10}$	$\frac{1}{20}$

总而言之，从直觉上说来，所谓"最大熵"就是通过不断地增加特征的方法来建立分布。每一个特征是一个指示函数，这个指示函数从训练的观察集合中抓取一个子集。对于每一个特征，在总的分布中增加一个约束，从而表示对于这个子集分布与我们在训练数据中看到的经验性的分布是匹配的。所以，我们要选择与这些约束一致的最大熵分布。Berger et al.（1996）提出的发现这个最大熵分布的最优化问题如下：

　　为了从所容许的概率分布的集合 C 中筛选出一个模型，就要选择具有最大熵 $H(p)$ 的模型 $p^* \in \mathscr{C}$：

$$p^* = \underset{p \in \mathscr{C}}{\operatorname{argmax}} H(p) \tag{6.92}$$

　　现在我们可以得出一个重要的结论。Berger et al.(1996)证明，这个最优化问题的解恰恰就是多元逻辑回归的概率分布，它的权值 W 把训练数据的似然度最大化！因此，当根据最大似然度的标准来训练时，多元逻辑回归的指数模型也能够找到最大熵分布，这个最大熵分布服从于来自特征函数的约束。

6.8　最大熵马尔可夫模型

　　我们在开始讨论 MaxEnt 的时候指出，基本的 MaxEnt 模型本身不是一个序列分类器。它的作用是把一个单独的观察分类到离散类别集合的一个成分中去，例如，在文本分类中，在匿名文本的各个可能的作者之间进行选择，或者把一个电子邮件归入到垃圾邮件中去，或者判定一个圆点号是不是处于句子的末尾，等等。

　　在这一节中，我们转入讨论**最大熵马尔可夫模型**(Maximum Entropy Markov Model，MEMM)，它是基本 MaxEnt 分类器的扩充，所以，它能够用来把一个类别指派给一个序列中的每一个成分，就如我们在 HMM 中所做的。为什么我们要把序列分类器建立在 MaxEnt 的基础之上呢？这种分类器是不是比 HMM 好一些呢？

　　我们来考虑词性标注中的 HMM 方法。HMM 标注模型是建立在形式为 $P(\text{tag} \mid \text{tag})$ 和 $P(\text{word} \mid \text{tag})$ 的概率的基础之上的。这意味着，如果我们想把某种知识源包含到标注的过程之中，就必须找到一种方法对这种知识进行编码，把它归入到这两种概率中的某一种概率中去。但是，很多知识源很难适应于这样的模型。例如，在 5.8.2 节可看到，为了标注未知词，用得着的特征有大写、是否出现连字符、是否是词尾，等等，可是，没有一种简易的方法能够把如 $P(\text{capitalization} \mid \text{tag})$，$P(\text{hyphen} \mid \text{tag})$，$P(\text{suffix} \mid \text{tag})$ 类的概率纳入具有 HMM 风格的模型法中。

　　前一节讨论 MaxEnt 在词类标注中的应用时，我们已经有了部分的直观感受。词类标注肯定是一个序列标注的问题，但仅仅讨论了如何把词类标记指派到一个独立的单词。

　　怎样才能处理这种单独的局部分类器，并且把它转变为通用的序列标注器呢？当我们把每一个单词进行分类的时候，可以依靠当前词的特征来分类，也可以依靠周围单词的特征来分类，还可以依靠来自前面一个单词的分类器的输出来分类。例如，最简单的方法是从左向右运行局部分类器，首先对句子中的第一个单词进行硬分类，然后对第二个单词进行分类，等等。在给每一个单词分类的时候，可以依靠来自前面一个单词的分类器的输出，并把这种输出作为一个特征。例如，可以看到，在给单词 race 标注时，前面一个单词的标记是一个很有用的特征，前面一个单词的标记 TO 是 race 标注为 VB 的最好指示，前面一个单词的标记为 DT 是 race 标注为 NN 的最好指示。这种自左向右滑动窗口的方法取得了令人惊喜的好结果，具有广阔的应用范围。

　　当然我们可以使用这样的方法进行词类标注，不过，这种简单的自左向右的分类器有一个缺点：当分类器移动到下一个单词之前，它必须对于分析过的每一个单词做出一个硬性的判定。这意味着，这样的分类器不能利用来自后面单词的信息告知计算机在前面已经做出的决定。但是，在隐马尔可夫模型中的情况与此相反，我们不必在每一个单词的地方都做出硬性的决定，而是可以使用 Viterbi 解码算法来发现那些在整个句子中最优的词类标注序列。

最大熵马尔可夫模型(MEMM)把 Viterbi 算法与 MaxEnt 紧密地结合起来,可以达到同样的效果,发挥隐马尔可夫模型的优势。让我们再以词性标注为例子,来看一看 MEMM 是怎样工作的。如果我们把 MEMM 与 HMM 相比较,就很容易理解 MEMM。我们记得,使用 HMM 来给概率最大的词类标记序列建模的时候,依靠贝叶斯规则来计算 $P(W|T)P(T)$[①],而不是直接计算 $P(T|W)$:

$$
\begin{aligned}
\hat{T} &= \underset{T}{\mathrm{argmax}}\, P(T|W) \\
&= \underset{T}{\mathrm{argmax}}\, P(W|T)P(T) \\
&= \underset{T}{\mathrm{argmax}}\, \prod_i P(\mathrm{word}_i|\mathrm{tag}_i)\prod_i P(\mathrm{tag}_i|\mathrm{tag}_{i-1})
\end{aligned}
\tag{6.93}
$$

我们曾经把 HMM 描述为一个生成模型,它能把似然度 $P(W|T)$ 最优化,并且,我们能够把这个似然度与先验概率 $P(T)$ 结合起来估计后验概率(posterior)。

与此相比,在 MEMM 中,我们是直接计算后验概率 $P(T|W)$ 的。因为我们直接训练模型在各种可能的标记序列中进行分辨,所以,把 MEMM 称为**分辨模型**(discriminative model),而不称为生成模型。在 MEMM 中,我们把概率拆分了:

$$
\begin{aligned}
\hat{T} &= \underset{T}{\mathrm{argmax}}\, P(T|W) \\
&= \underset{T}{\mathrm{argmax}}\, \prod_i P(\mathrm{tag}_i|\mathrm{word}_i, \mathrm{tag}_{i-1})
\end{aligned}
\tag{6.94}
$$

因此,在 MEMM 中,我们不使用似然度和先验概率分离的模型,而是训练一个单独的概率模型来估计 $P(\mathrm{tag}_i|\mathrm{word}_i, \mathrm{tag}_{i-1})$。我们将使用 MaxEnt 来处理后面这一部分,对于给定的前面的标记(tag_{i-1})、被观察的单词(word_i)以及想添加的任何其他特征,来估计每个局部标记(tag_i)的概率。

在图 6.20 中,我们可以对词性标注工作中的 HMM 和 MEMM 进行对比,获得直观的感受,这个图重复了图 5.12(a)中的 HMM 模型,并且加上了一个新的模型 MEMM。注意,HMM 模型包括对于每一个转移和每一个观察都给出了明确的概率,而在 MEMM 中,对于每一个隐藏的状态,只给出一个概率估计,它就是在给定的前面标记和观察值的情况下,下面一个标记的概率。

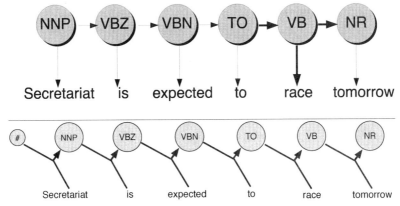

图 6.20 表示在 Secretariat 开头的句子中,计算正确的标记序列的概率的 HMM(上图)和 MEMM(下图)。每一个弧都与一个概率相关联,HMM 对于观察似然度和先验概率分别计算两个不同的概率,而 MEMM 以前面的状态和当前的观察为条件,在每一个状态只计算一个单独的概率函数

① 原文为 $P(W|T)P(W)$,显然有错。
　　　　　　　　　　　　　　　　　　　　　　　　　　　　　　——译者注

图 6.21 强调了在图 6.20 中没有表示出来的 MEMM 优越于 HMM 的另一个长处。与 HMM 不同，MEMM 可以使用输入观察中的任何有用的特征作为条件。而在 HMM 中，这是不可能的，因为 HMM 是基于似然度的，所以它必须计算观察中的每一个特征的似然度。

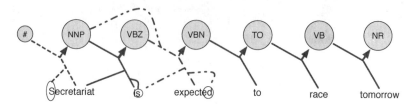

图 6.21　在图 6.20 描述的基础上进一步提升的用于词性标注的 MEMM，图中说明，MEMM 可以使用输入中的更多的特征作为条件，例如，大写、形态特征(以-s 结尾，或以-ed 结尾)、前面的单词、前面的标记，等等。图中显示了在对输入句子中的前三个单词进行判断时的一些潜在的附加特征，使用了不同风格的线条来表示这些附加特征的差别

更加形式地说，在 HMM 中，要计算给定观察的状态序列的概率如下：

$$P(Q|O) = \prod_{i=1}^{n} P(o_i|q_i) \times \prod_{i=1}^{n} P(q_i|q_{i-1}) \tag{6.95}$$

在 MEMM 中，要计算给定观察的状态序列的概率如下：

$$P(Q|O) = \prod_{i=1}^{n} P(q_i|q_{i-1}, o_i) \tag{6.96}$$

不过，在实际应用中，MEMM 可以使用比 HMM 更多的特征作为条件，所以，一般地说，我们在公式(6.96)的右手边可以使用更多的因子作为条件。

为了估计从状态 q' 到产生观察 o 的状态 q 的一个单独的转移概率，我们建立了如下的 Max-Ent 模型：

$$P(q|q', o) = \frac{1}{Z(o, q')} \exp\left(\sum_i w_i f_i(o, q)\right) \tag{6.97}$$

6.8.1　MEMM 的解码和训练

与 HMM 一样，MEMM 也使用 Viterbi 算法来实现解码(推理)的工作。具体地说，就是用恰当的 $P(t_i|t_{i-1}, word_i)$ 的值来填充 $N \times T$ 的数组，当处理进行的时候，要保持住反向指针。正如 HMM 中的 Viterbi 算法那样，当填了表之后，我们只要跟随指针，从最后一列的最大值中返回，检索所期望的列表集。与 Viterbi 算法的 HMM 风格的应用不同，我们需要做的改变只是怎样来填充每一个单元。从公式(6.22)可知，Viterbi 公式的递归步骤可计算出对于状态 j 在时间 t 的 Viterbi 值：

$$v_t(j) = \max_{i=1}^{N} v_{t-1}(i) a_{ij} b_j(o_t), \quad 1 \leqslant j \leqslant N, 1 < t \leqslant T \tag{6.98}$$

用 HMM 来实现，其公式为：

$$v_t(j) = \max_{i=1}^{N} v_{t-1}(i) P(s_j|s_i) P(o_t|s_j), \quad 1 \leqslant j \leqslant N, 1 < t \leqslant T \tag{6.99}$$

MEMM 只要求对这个公式做少许的改动，用直接的后验概率来替换先验概率与似然度概率 a 和 b 就行了：

$$v_t(j) = \max_{i=1}^{N} v_{t-1}(i) P(s_j|s_i, o_t), \quad 1 \leqslant j \leqslant N, 1 < t \leqslant T \tag{6.100}$$

图6.22 是 MEMM 的 Viterbi 网格的一个例子，用于说明 6.4 节中吃冰淇淋的事件。我们知道，这个工作的目的是从 Jason Eisner 的日记中记载的吃冰淇淋的数量来揭示隐藏在后面的天气的情况（是热还是冷）。假定 MaxEnt 模型为我们计算出了 $P(s_i|s_{i-1}, o_i)$，图 6.22 显示了抽象的 Viterbi 概率的计算过程。

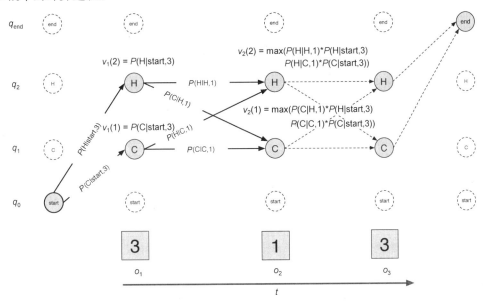

图 6.22　不用 HMM，而用 MEMM 来计算如何根据所吃的冰淇淋的数量来进行推论。Viterbi 网格可以针对吃冰淇淋事件"313"，推算出通过隐藏状态空间的最好路径

MEMM 的训练依赖于我们为研究逻辑回归和 MaxEnt 而介绍过的有指导学习算法。给定观察序列、特征函数和相应的隐藏状态，我们训练权值以便把训练语料库的对数似然度最大化。像 HMM 一样，也可以使用半指导的模式来训练 MEMM，例如，当用于训练数据的标记序列在某种程度上缺失或不完全的时候，我们就可以为此目的而使用 EM 算法的某种版本来补充这样的不足。

6.9　小结

本章描述了用于概率**序列分类**（sequence classification）的两个重要模型：**隐马尔可夫模型**（hidden Markov model）和**最大熵马尔可夫模型**（maximum entropy Markov model）。在语音和语言处理中，这两个模型得到了非常广泛的使用。

- 隐马尔可夫模型（HMM）是把**观察**（observation）序列与解释这些观察的**隐藏类别**（hidden classes）或**隐藏状态**（hidden states）序列联系起来的一个途径。
- 对于给定的观察序列，发现其隐藏状态序列的过程称为**解码**（decoding）或**推理**（inference）。**Viterbi 算法**（Viterbi algorithm）通常用来进行解码。
- HMM 的参数是转移概率矩阵 A 和观察似然度矩阵 B。A 和 B 都可以使用 **Baum-Welch 算法**（Baum-Welch algorithm）或**向前-向后算法**（forward-backward algorithm）来训练。
- MaxEnt 模型（MaxEnt model）是一个分类器，根据观察**特征**（features）的**加权集合**（weighted set）的指数函数来计算概率，MaxEnt 模型把类别指派给观察。

- MaxEnt 模型可以使用**凸优化**(convex optimization)领域中的方法来训练,尽管我们在这本书中没有给出这些方法的细节。
- **最大熵马尔可夫模型**(Maximum Entropy Markov Model)或 **MEMM** 是 MaxEnt 序列模型的提升,它使用了 Viterbi 解码算法。
- MEMM 的训练可以使用 EM 算法的一个版本提升 MaxEnt 的训练算法来进行。

6.10 文献和历史说明

我们在第 4 章最后的讨论中指出,马尔可夫链首先由 Markov(1913, 2006)用来预测普希金的《欧根·奥涅金》中下一个字母是元音还是辅音。

隐马尔可夫模型是由 Baum 和他的同事们在 Princeton 的国防分析研究所发展起来的(Baum and Petrie, 1966; Baum and Eagon, 1967)。

Viterbi 算法首先由 Vintsyuk(1968)在语音识别的背景下应用于语音和语言处理,但是 Kruskal(1983)把这称为"多重独立发现和发表的值得注意的历史现象"[①]Kruskal 等给出了,这种算法至少在四个不同的领域中独立发表的事例如下:

引证发表人	领 域
Viterbi(1967)	信息论
Vintsyuk (1968)	语音处理
Needleman and Wunsch (1970)	分子生物学
Sakoe and Chiba (1971)	语音处理
Sankoff (1972)	分子生物学
Reichert et al. (1973)	分子生物学
Wagner and Fischer (1974)	计算机科学

在语音和语言处理中,当把动态规划应用于任何种类的概率最大化问题时,就使用 **Viterbi** 这个术语,这样的用法现在已经成为了标准。对于非概率问题(如最小编辑距离),经常使用**动态规划**(dynamic programming)这个普通的术语。Forney, Jr. (1973)写出了一篇最早的综述性文章,在信息和通信理论的背景下,介绍了 Viterbi 算法的来龙去脉。

我们介绍的关于把隐马尔可夫模型描述为三个基本问题的思想是 Rabiner(1989)在一篇很有影响的讲稿中提出的,而这篇报告是基于 IDA 的 Jack Ferguson 在 20 世纪 60 年代的一篇讲稿。Jelinek(1997)以及 Rabiner and Juang(1993)对于向前-向后算法做了很全面的描述,并应用它来解决语音识别的问题。Jelinek(1997)还说明了向前-向后算法和 EM 之间的关系。读者也可以参看在诸如 Manning and Schütze(1999)等其他的教科书中对于 HMM 的描述,还可以参看 Durbin et al. (1998)把 HMM 等概率模型应用于解决生物学中的蛋白质和核酸序列问题的论述。Bilmes (1997)是一篇关于 EM 的讲稿。

20 世纪 50 年代以来,逻辑回归和对数线性模型在很多领域中得到使用,IBM 公司在 20 世纪 90 年代早期在语音和语言处理中就使用最大熵和多元逻辑回归的方法(Berger et al., 1996; Della Pietra et al., 1997)。这些早期的工作引进了最大熵的形式化方法,提出了机器学习算法(改进了迭代定标的方法),并且提出使用正则化的方法。接着出现了一系列的应用 MaxEnt 的研究。关于最大熵模型的正则化和平滑问题的进一步的讨论,可参阅(*inter alia*)Chen and Rosenfeld

---

① 这里举出的 7 项已经相当可观了。参见 1.6.7 节中关于多重发现的论述。

（2000），Goodman（2004）和 Dudík and Schapire（2006）。我们在本章的介绍受到了 Andrew Ng 讲课笔记的影响。

尽管本章第二部分讨论的重点是 MaxEnt 风格的分类问题，但是，在语音和语言处理中，还使用了很多其他的分类方法。朴素贝叶斯方法（Duda et al ., 2000）通常作为一种很好的基准方法（在实际应用中其结果十分好），我们将在第 20 章中介绍朴素贝叶斯方法。支持向量机（Vapnik，1995）在文本分类以及各种有关序列处理中得到成功的应用。决策表在词义的辨别中得到广泛的使用，在语音处理的很多应用中还使用了决策树（Breiman et al ., 1984；Quinlan, 1986）的方法。Duda et al.（2000），Hastie et al.（2001），以及 Witten and Frank（2005）是关于分类的有指导机器学习方法的很好的参考材料。

Ratnaparkhi（1996）和 McCallum et al.（2000）介绍了最大熵马尔可夫模型。

诸如**条件随机场**（Conditional Random Field，CRF）（Lafferty et al .,.2001；Sutton and McCallum，2006）这样的序列模型大大地改善了 MEMM。此外，对于序列分类问题中的**最大余量方法**（maximum margin）（其底层是 SVM 分类器）也做了很多泛化的研究。

第二部分

语音的计算机处理

第7章 语 音 学

（George Cukor 校长在教 1964 年的影片《My Fair Lady》中的明星 Rex Harrison 时，Rex Harrison 曾经问过他一个这样的问题：怎样做才能够像一个语音学家呢?）

"我马上的回答是：'尽管我没有一个会唱歌的男管家和三个会唱歌的女佣人，但是，我会告诉你，我要做些什么就可以成为一个助理教授。'"

引自语音学家 Peter Ladefoged 的讣告，*LA Times*，2004

在纯粹的现代教育的辩论中，关于"完全语言教学法"和"读音教学法"这两种教儿童阅读的方法的辩论似乎很引人注目。正如当代的很多争辩一样，这样的争辩强烈地表现出人类书写系统发展过程中的一个重要的历史辩证法。早期独立地发明的书写系统(苏末文字、汉字、玛雅文字)主要都是表意文字(logographic)，一个符号表示一个完整的单词。但是，在我们所能发现的早期的文字系统中，大多数系统已经含有音节或音素文字系统的成分。其中的一些符号是用来表示构成单词的语音的。例如，苏末文字中的发音为 ba 的符号，其意思是"救济粮"，同时它也有纯粹表示/ba/这个音的功能。尽管现代汉字基本上还是表音文字，但是，它也采用声符来拼写外来词。纯粹的表音文字系统，不论是音节文字(例如，日文的平假名和片假名)，还是字母文字(例如，本书中所用的罗马字母)，或者辅音文字(例如，闪美特文字系统)，一般来说，都可以追溯到早期的表意-音节系统，表意和表音这两种文化最后都走到一起了。这样一来，阿拉伯语、阿拉姆语、希伯来语、希腊语、罗曼语的文字系统，全都来自西闪美特文字，这种西闪美特文字据说是西闪美特的雇佣兵对古埃及的圣书字的手写体加以修改而形成的。日本语的音节文字是对中国的某些汉字的草书加以修改而形成的，一直用来表音。在中国唐朝的时候，曾经使用汉字来转写当时传入中国的佛经中的梵文(Sanskrit)音译词。

不管文字系统的来源如何，上述基于语音的文字系统说明，口语词是由言语的最小单位组合而成的，这是作为我们所有的现代**音系学**(phonology)理论的最基础的原始理论(Ur-theory)。把言语和单词拆分为较小的单位的这种思想是**语音识别**(speech recognition)现代算法的基础(把声波的形式转写成书面单词的符号串)，也是**语音合成**(speech synthesis)或**文语转换**(text-to-speech)的基础(把书面单词的符号串转换成声波的形式)。

本章将从计算的角度来介绍**语音学**(phonetics)。语音学研究语言的声音，研究语音是怎样由人类声腔的发音器官产生出来的，它们是怎样在声学上实现的，这样的声学实现怎样数字化，怎样进行计算机处理。

首先我们来讨论语音识别和文本-语音转换系统这两个领域中一个最为关键的成分：**音子**(phones)。我们要讨论单词是怎样用这种称为"音子"的单独的语音单位发出声音来的。语音识别系统需要对它识别的每一个单词有一个发音，而文语转换系统需要对于它说出的每一个单词有一个发音。本章的第一节将介绍描述这种发音的**语音字母表**(phonetic alphabets)。然后，我们将介绍语音学两个最主要的领域：发音语音学(articulatory phonetics)和声学语音学(acoustic phonetics)。发音语音学研究言语的声音是怎样通过口腔中的发音器官产生出来的，声学语音学研究怎样对言语的声音进行声学分析。

我们还将简要地介绍**音系学**(phonology)，音系学是语言学的一个领域，它要描写语音在不同的环境中得到不同的实现的系统性的途径，并研究这个语音系统怎样与语法的其他部分相联系。我们将重点地讨论**变异**(variation)这个关键性的现象，所谓"变异"，就是语音在不同的上下文环境中发音不同的现象。在第 11 章中，我们再讨论计算音系学。

7.1 言语语音与语音标音法

研究单词的发音是**语音学**(phonetics)的一个部分，语音学是研究使用于世界语言中的语音的科学。我们把词的发音模拟为表示**音子**(phones)和**语段**(segments)的符号串。音子就是言语的发音，我们将用语音符号来表示音子，这种语音符号与诸如英语这样的使用字母表语言中的字母很相似。

本节考察英语(特别是美国英语)中的各个音子，说明它们是如何发出的，它们是如何用符号来表示的。我们将使用两种不同的字母表来描述音子。第一种是**国际音标**(International Phonetic Alphabet，IPA)。IPA 是一个一步一步地发展起来的标准，最早由国际语音学会于 1888 年研制出来，作为转写人类所有语言的语音的标准。IPA 不仅仅只是一个字母表，它还有一套标音的原则，它随着不同标音的需要的不同而不同。因此，同样一段话，根据 IPA 的原则，可能会用不同的方式来标音。

ARPAbet(Shoup，1980)是另一种语音字母表。它是为了给美国英语标音而特别设计的，这种字母表使用 ASCII 字符，我们可以把它看成是 IPA 的美国英语子集的一种方便的 ASCII 表示法。但是，在使用非 ASCII 字母的场合，如在用于语音识别和语音合成的发音词典中，使用 ARPAbet符号常常是很不方便的。由于 ARPAbet 通常用于在计算机中表示发音，在本书的其他部分，我们更多地使用 ARPAbet 而不使用 IPA。图 7.1 和图 7.2 是分别用来标辅音和元音的 ARPAbet符号以及它们等价的 IPA 符号。

ARPAbet 符号	IPA 符号	单词	ARPAbet 音标
[p]	[p]	parsley	[p aa r s l iy]
[t]	[t]	tea	[t iy]
[k]	[k]	cook	[k uh k]
[b]	[b]	bay	[b ey]
[d]	[d]	dill	[d ih l]
[g]	[g]	garlic	[g aa r l ix k]
[m]	[m]	mint	[m ih n t]
[n]	[n]	nutmeg	[n ah t m eh g]
[ng]	[ŋ]	baking	[b ey k ix ng]
[f]	[f]	flour	[f l aw axr]
[v]	[v]	clove	[k l ow v]
[th]	[θ]	thick	[th ih k]
[dh]	[ð]	those	[dh ow z]
[s]	[s]	soup	[s uw p]
[z]	[z]	eggs	[eh g z]
[sh]	[ʃ]	squash	[s k w aa sh]
[zh]	[ʒ]	ambrosia	[ae m b r ow zh ax]
[ch]	[tʃ]	cherry	[ch eh r iy]
[jh]	[dʒ]	jar	[jh aa r]
[l]	[l]	licorice	[l ih k axr ix sh]
[w]	[w]	kiwi	[k iy w iy]
[r]	[r]	rice	[r ay s]
[y]	[j]	yellow	[y eh l ow]
[h]	[h]	honey	[h ah n iy]
某些较少用的符号			
[q]	[ʔ]	uh-oh	[q ah q ow]
[dx]	[ɾ]	butter	[b ah dx axr]
[nx]	[ɾ̃]	winner	[w ih nx axr]
[el]	[l̩]	table	[t ey b el]

图 7.1 给英语辅音标音的 ARPAbet 符号及其等价的 IPA 符号。注意，某些很少用的符号主要用于严式标音，例如，颤音符号[dx]、鼻化颤音符号[nx]、喉塞音符号[q]、成音节的辅音符号等

ARPAbet 符号	IPA 符号	单词	ARPAbet 标音
[iy]	[i]	lily	[l ih l iy]
[ih]	[ɪ]	lily	[l ih l iy]
[ey]	[eɪ]	daisy	[d ey z iy]
[eh]	[ɛ]	pen	[p eh n]
[ae]	[æ]	aster	[ae s t axr]
[aa]	[ɑ]	poppy	[p aa p iy]
[ao]	[ɔ]	orchid	[ao r k ix d]
[uh]	[ʊ]	wood	[w uh d]
[ow]	[oʊ]	lotus	[l ow dx ax s]
[uw]	[u]	tulip	[t uw l ix p]
[ah]	[ʌ]	buttercup	[b ah dx axr k ah p]
[er]	[ɝ]	bird	[b er d]
[ay]	[aɪ]	iris	[ay r ix s]
[aw]	[aʊ]	sunflower	[s ah n f l aw axr]
[oy]	[oɪ]	soil	[s oy l]
某些少见的音子和弱化元音			
[ax]	[ə]	lotus	[l ow dx ax s]
[axr]	[ɚ]	heather	[h eh dh axr]
[ix]	[ɨ]	tulip	[t uw l ix p]
[ux]	[ʉ]	dude[1]	[d ux d]

图 7.2　给英语元音标音的 ARPAbet 符号[①]及其等价的 IPA 符号。注意,某些少见的音子和弱化元音(参看 7.2.5 节),例如,[ax]是弱央元音,[ix]是相应于[ih]的弱化元音,[axr]是相应于[er]的弱化元音

　　IPA 和 ARPAbet 中的很多符号与英语和很多其他语言的正词法中使用的罗马字母是等价的。例如,ARPAbet 中的符号[p]表示处于 platypus(鸭嘴兽)、puma(美洲狮)和 pachyderm(厚皮动物)等单词开头,leopard(美洲豹)的中间,antelope(羚羊)结尾的辅音。

　　可是,英语正词法的字母和发音之间的映射关系相对**模糊**(opaque):一个字母在不同的上下文中可以对应于很不相同的读音。英语 c 在单词 cougar(美洲狮,[k uw g axr])中相应于音子[k],可是在单词 cell(细胞,[s eh l])中却相应于音子[s]。k 这个读音除了可写为 c 和 k 之外,在 fox (狐狸,[f aa k s])中作为 x 的一部分,在 jackal(豺狼,[jh ae k el])中写为 ck,在 raccoon(浣熊,[r ae k uw n])中写为 cc。在其他一些语言中,如西班牙语,正词法和读音之间的映射关系比英语要**清晰**(transparent)得多。

7.2　发音语音学

　　如果我们不理解每一个音子是怎样产生出来的,那么,ARPAbet 的语音表就没有什么用处。因此,我们现在来研究**发音语音学**(articulatory phonetics),研究口腔、咽喉和鼻腔等不同的器官是如何改变从肺中来的气流而产生语音的。

7.2.1　发音器官

　　图 7.3 表示发音器官。声音是由于空气的快速运动而产生的。人类口头语言中的大多数声音是从肺中排出的空气通过**气管**(技术上称为 **trachea**)然后从口或鼻中流出而产生的。当通过气

---

① 最后一个音子[ux]在通用的美国英语中是很少见的,在语音识别和语音合成中一般也不使用。Labov(1994)注意到,20 世纪 70 年代后期,(至少)在美国英语的西部和北部的城市方言中,它表示前读的[uw]。这种前读的现象首先是通过 Moon Zappa(Zappa and Zappa, 1982)模仿和录制"山谷女郎"(Valley Girls)的谈话而流行开来的。不过,大多数的人仍然把 dude 这样的单词中的音读为[uw],而不读为[ux]。

管后，空气要通过**喉头**（larynx），通常称为 Adam's apple，或 voice box。喉头上有两块小的肌肉，称为**声带**（vocal folds），非技术名称是 vocal cords，声带可以运动到一起，也可以分开。这两个声带之间的空间称为**声门**（glottis）。如果声带合在一起（但不是合得很紧），当空气通过声带时，它们就会振动；当声带分开时，它们就停止振动。声带合在一起并且发生振动时而产生的语音，称为**浊音**（voiced）；当声带不振动时产生的语音，称为**清音**（unvoiced 或 voiceless）。浊音包括[b]，[d]，[g]，[v]，[z]，以及英语中的所有的元音，等等。清音包括[p]，[t]，[k]，[f]，[s]，等等。

在气管以上的部分称为**声腔**（vocal tract），声腔包括**口腔**（oral tract）和**鼻腔**（nasal tract）两部分。当空气离开气管之后，它能够通过口腔或鼻腔存在于人的身体中。大多数的语音是空气通过口腔而产生的。通过鼻腔而产生的语音称为**鼻音**（nasal sounds）；发鼻音时要同时使用口腔和鼻腔作为共鸣腔（resonating cavities）。英语的鼻音有[m]，[n]和[ng]。

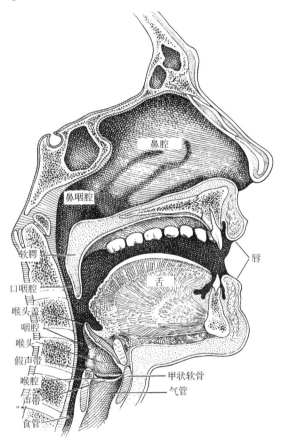

图 7.3　发音器官侧面图，作图人 Laszlo Kubinyi，取自 Sundberg（1977），© Scientific American，得到使用准许

语音可分为**辅音**（consonants）和**元音**（vowels）两大类。这两类语音都是空气通过口腔、咽腔或鼻腔时的运动而产生的。辅音产生时要以某种方式限制和阻挡气流的运动，可以是浊音或清音。而元音在产生时受到的阻挡较小，一般是浊音，比辅音响亮，延续时间较长。在技术上，这些术语的使用与普通用法相似。[p]，[b]，[t]，[d]，[k]，[g]，[f]，[v]，[s]，[z]，[r]，[l]等是辅音；[aa]，[ae]，[ao]，[ih]，[aw]，[ow]，[uw]等是元音。**半元音**（semivowels）兼具辅音和元音的某些性质，如[y]和[w]，它们像元音那样是浊音，但是，又像辅音那样发音时间较短，不成音节。

7.2.2　辅音：发音部位

由于辅音是气流以某种方式受到阻挡而形成的，根据阻挡形成的部位的不同可以把不同的辅音区别开来。最大阻挡形成的部位称为辅音的**发音部位**(place of articulation)。图 7.4 是在语音自动识别中经常使用的发音部位图，这是一种把语音分成等价类的有效方法，描述如下。

唇音(labial)：阻挡主要在双唇的发音部位形成的辅音，称为**双唇音**(bilabial)。英语中的双唇音如possum(负鼠)中的[p]，bear(熊)中的[b]，marmot(土拨鼠)中的[m]。发音时上齿背压住下唇，气流从上齿缝流出而形成的辅音，称为**唇齿音**(labiodental)。英语的唇齿音有[v]和[f]。

齿音(dental)：舌头顶住牙齿而形成的辅音称为齿音(dental)。英语中主要的齿音如thing(东西)中的[th]和though(尽管)中的[dh]。发音时，舌头位于牙齿后面，舌端轻轻地置于齿间。

齿龈音(alveolar)：齿龈是口腔顶部上齿后面的部分。大多数说美国英语的人发[s]，[z]，[t]和[d]等辅音时，都是用舌尖顶住齿龈。常常使用**舌面前音**(coronal)这个单词同时表示齿音和齿龈音二者。

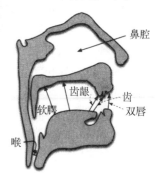

图 7.4　英语的主要发音部位

上腭音(palatal)：**上腭**(palate)处于齿龈后面口腔的顶部。发**龈腭音**(palato-alveolar)[sh](shrimp[小虾])，[ch](china[瓷器])，[zh](Asian[亚洲人])和[jh](jar[广口瓶])时，舌叶向齿龈后部的上腭隆起。发yak[牦牛]中的上腭音(palatal)[y]时，舌面隆起接近上腭。

软腭音(velar)：**软腭**(velum)是口腔顶部最后面的可动的肌肉盖面部分。发[k](cuckoo[布谷鸟])，[g](goose[鹅])和[n](kingfisher[翠鸟])时，舌头后部向上隆起接近软腭。

喉音(glottal)：发喉塞音[q](IPA[ʔ])时，声带合起，喉头关闭。

7.2.3　辅音：发音方法

辅音也可以通过气流的阻挡方式的不同来区分。例如，气流是全部地被阻挡，还是部分地被阻挡，等等。这样的特征称为**发音方法**(manner of articulation)。把发音部位与发音方法结合起来一般就能充分地、唯一地鉴别一个辅音。英语辅音的发音方法如下：

塞音(stop)：塞音发音时，气流在短时间内被完全地阻塞。当空气解除阻塞时，就会发出爆破的声音。阻塞阶段称为**成阻**(closure)，爆破阶段称为**除阻**(release)。英语中有如[b]，[d]和[g]的浊塞音，还有如[p]，[t]和[k]的清塞音。塞音也称为**爆破音**(plosives)。有些计算机系统使用更加严格(更加细致)的音标，采用不同的音标来清楚地区分塞音发音过程中的成阻部分和除阻部分。例如，[p]，[t]，[k]的成阻在 ARPAbet 中可以分别表示为[pcl]，[tcl]，[kcl]，而[p]，[t]，[k]等符号只表示塞音发音过程中的除阻部分。在另外的版本中，[pd]，[td]，[kd]，[bd]，[dd]，[gd]等符号表示没有除阻的塞音(在单词或短语的结尾经常略去爆破音的除阻部分)，而[p]，[t]，[k]等符号具有成阻和除阻的正常的塞音。在 IPA 中，使用特殊的符号来标记没有除阻的塞音，表示为[p˥]，[t˥]，[k˥]。当使用这种严式音标时，在 ARPAbet 中，不加标记的[p]，[t]，[k]只是表示这些辅音的除阻。在本章中，我们不使用这样的严式音标，而始终用[p]来表示具有成阻和除阻二者的完全的塞音。

鼻音(nasal)：发鼻音[n]，[m]和[ng]时，软腭下降，气流通过鼻腔流出。

擦音(fricative)：发擦音时，气流被压缩但是并没有被完全切断。由于压缩而震动的气流会产生特殊的"摩擦声"。英语的唇齿擦音[f]和[v]就是上齿压下唇时，被压缩的气流从上齿间摩擦而形成的。发齿擦音[th]和[dh]时，气流顺着舌面从齿间摩擦而出。发齿龈擦音[s]和[z]时，舌尖顶住齿龈迫使气流从齿边流处。发龈腭擦音[sh]和[zh]时，舌头处于齿龈后面，迫使气流通过舌面形成的凹槽摩擦而出。声音较高的擦音(英语中的[s]，[z]，[sh]和[zh])称为**咝音**(sibilants)。先摩擦而后阻塞的塞音，称为**塞擦音**(affricates)，如英语的[ch](chicken[鸡])和[jh](giraffe[长颈鹿])。

半元音(approximant)：在发半元音时，参与发音动作的两个发音部位十分接近，但是还没有接近到能引起强气流的程度。发英语的[y](yellow[黄色])时，舌头很接近口腔的上部，但是还没有接近到能够发出如擦音那样的形成强气流的程度。发英语的[w](wood[木头])时，舌根很接近软腭。在美国英语中，发[r]时至少有两种方法：或者舌尖延伸接近上腭，或者整个舌面隆起接近上腭。发英语的[l]时，舌尖顶住齿龈或牙齿，舌头的一侧或两侧下降，使气流能够顺着舌头的侧面流出。[l]称为**边音**(lateral)，因为发[l]时，气流是从舌头的边上流出来的。

颤音(tap 或 flap)：发颤音[dx](或 IPA[ɾ])时，舌头顶住齿龈做快速运动。在美国英语的多数方言中，单词 lotus([l ow dx ax s])中间的辅音[t]就是一个颤音。但在英语方言区的很多人说话时都把这个单词中的颤音用辅音[t]来替代。

7.2.4　元音

正如辅音一样，元音也可以通过发音部位来描述。元音有三个重要的参数：一个参数是发元音时舌位的**高低**(height)，它大致相当于舌头最高部分所处的位置；一个参数是元音的**前后**(frontness or backness)，也就是舌头的最高位置是指向口腔的前部还是口腔的后部；最后一个参数是发元音时嘴唇**圆的形状**(rounded)，是圆唇或是不圆唇。图 7.5 说明了不同元音的舌位。

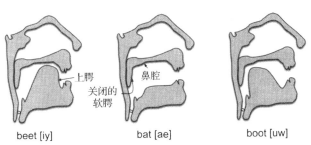

图 7.5　英语三个元音的舌位：前高[iy]，前低[ae]和后高[uw]

例如，发元音[i]时，舌头的最高位置是对着口腔的前部。反之，发元音[u]时，舌头的最高点对着口腔的后部。舌位处于前面的元音称为**前元音**(front vowels)；舌位处于后面的元音称为**后元音**(back vowels)。注意，[ih]和[eh]都是前元音，[ih]的舌位比[eh]的舌位高。舌位最高点相对高的元音称为**高元音**(high vowels)，舌位最高点的值处于中或低的元音，分别称为**中元音**(mid vowels)或**低元音**(low vowels)。

图 7.6 是不同的元音舌位高度的图式描述，称为元音舌位图。之所以说它是图式描述，是由于**高度**(height)这种抽象的特性只是实际的舌位情况的粗略的描述，事实上，只有实际的舌位情况才是元音的声学性质的精确反映。注意，图式中有两类元音：一种元音的舌位高低用点来描述，一种元音的舌位高低则用路径来表示。在发音的过程中舌位发生变化的元音称为**双元音**(diphthong)。英语中的双元音是非常丰富的。

描述元音发音的另外一个重要的维度是嘴唇的形状。有些元音发音时嘴唇要变圆(嘴唇形状与吹口哨时相同)。这些**圆唇元音**(rounded vowels)包括[uw],[ao]和[ow]。

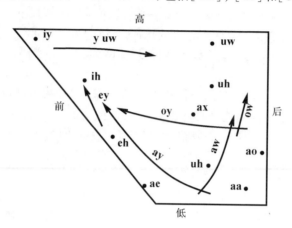

图7.6　英语元音的"元音空间"(vowel space)描述图

7.2.5　音节

辅音和元音结合成**音节**(syllable)。关于音节,目前学术界还没有完全一致的、公认的定义。粗略地说,音节是由一个元音之类的音(或**响音**[sonorant])和它周围的一些联系非常紧密的辅音结合而成的。单词 dog(狗)有一个音节:[d aa g],单词 catnip(猫薄荷)有两个音节:[k ae t]和[n ih p]。我们把处于音节的核心部分的元音称为**音节核**(nucleus)。处于音节开始的可随选的辅音或辅音集合称为**音节头**(onset)。如果音节头有一个以上的辅音(如在单词 strike[s t r ay k]中的[s t r]),我们就把它称为**复杂音节头**(complex onset)。跟随在音节核之后的可随选的辅音或辅音序列称为**音节尾**(coda)。因此,在单词 dog 中,[d]是音节头,[g]是音节尾。音节头加上音节尾称为**韵**(rime)或**韵脚**(rhyme)。图7.7是音节结构的几个样本。

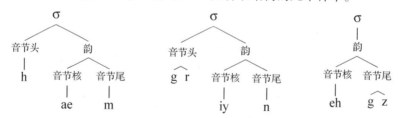

图7.7　ham(火腿),green(绿色),eggs(蛋)的音节结构,σ = 音节

把一个单词自动地分割为音节的工作称为**音节切分**(syllabification),我们将在11.4节中讨论这个问题。

音节结构还与语言的**音子配列**(phonotactics)有密切的关系。音子配列这个术语指的是语言中音子彼此之间跟随关系的约束条件。在英语中什么样的辅音能够出现在音节头是有很强的约束条件的,例如,[zdr]这样的辅音序列就不是一个合法的英语的音节头。音子配列可以使用音节位置过滤器中的约束表来表示,或者使用可能的音子序列的有限状态模型来表示,也可以通过训练音节序列的 N 元语法的方法来建立概率性的音子配列。

词汇重音和非重读央元音

在美国英语的自然句子中,某些音节显得比其他的音节具有更高的**突显度**(prominent)。这样的音节称为**重读音节**(accented syllable)，与这种突显度相关联的语言标志，称为**音高重音**(pitch accent)。被突显的单词或音节，称为音高重音的**负荷者**(bear)，因为它们与音高重音相关联。音高重音有时也称为**句子重音**(sentence stress)，不过，句子重音只涉及句子中最为突显的重音部分。

重读音节之所以显得突出，其突显度之所以高，是因为它们更加响，更加长，它们与音高的运动有关联，或者它们跟上述各种因素的组合有关联。由于重读对于意义有重要的作用，要确切地理解为什么说话人要选择某个特定的音节为重读，通常是非常复杂的。我们将在 8.3.2 节中再讨论这个问题。但是，重读中有一个重要的因素往往需要在语音词典中表示出来，这个因素就是**词重音**(lexical stress)。当一个单词有重读音节时，具有词重音的音节就要发得响一些，发得长一些。例如，单词 parsley 的词重音是在第一个音节，而不是在第二个音节。所以，当在句子中要强调 parsley 的时候，第一个音节就要发得有力一些。

在 IPA 中，我们在音节前面加符号 ['] 表示该音节是词重音(例如，['par. sli])。词重音的不同会影响到词义。例如，单词 content 可以是名词(意思是"内容")，也可以是形容词(意思是"满意的")。当单独发音的时候，这两个意思的发音是不同的，因为它们有不同的重音音节(名词发音为 ['kɑn. tɛnt]，形容词发音为 [kən. 'tɛnt])。

非重读的元音可能被弱化以致进一步成为**弱化元音**(reduced vowels)。最常见的弱化元音是**非重读央元音**(schwa)[ax]。英语中的弱化元音没有完全的形式，它们的发音动作还没有全部完成。由于弱化的结果，口腔的形状有些中立，舌头的位置不高也不低。例如，在 parakeet(长尾小鹦鹉)这个单词中的第二个元音就是非重读央元音，读为 [p ae r ax k iy t]。

非重读央元音是最常见的弱化元音，但是它并不是唯一的弱化元音，至少在方言里不是这样。Bolinger(1981)提出，美国英语有三个弱化元音：一个是弱化中元音 [ə]，一个是弱化前元音 [ɨ]，一个是弱化圆唇元音 [θ]。在完全的 ARPAbet 中包括其中的两个：非重读央元音 [ax] 和 [ix]([ɨ])，此外还有一个 [axr]，这是一个带有 r 色彩的非重读央元音(常常称为 schwar)。不过，在计算机应用中一般不考虑 [ix] 这个弱化元音(Miller, 1998)，而在英语的很多方言中，[ax] 和 [ix] 正在合流在一起(Wells, 1982, 167 页和 168 页)。

并不是所有的非重读元音都要弱化，尽管在非重读位置上，任何元音，特别是双元音，都能保住它们完整的特性。例如，元音 [iy]，在单词 eat[iy t] 中出现在重读的位置，而在单词 carry [k ae r iy] 中则出现在非重读的位置。

在某些用于计算机的 ARPAbet 的词表中明确地标出如非重读央元音这样的弱化元音。但是，一般来说，预测元音的弱化需要的知识往往超出词表之外，例如，韵律上下文、讲话的速率，等等，我们将在下一节说明这些问题。因此，其他一些 ARPAbet 版本标出重音，但是，并不说明重音怎样影响了弱化。例如，CMU 词典(CMU, 1993)使用数字 0(非重读)，1(重音)，2(第二重音)来标示每一个元音。这样，单词 counter 标为 [K AW1 N T ER0]，单词 table 标为 [T EY1 B AH0 L]。**第二重音**(secondary stress)是重读的级别低于第一重音而高于非重读元音的重音，例如，单词 dictionary 标为 [D IH1 K SH AH0 N EH2 R IY0]。

我们曾经提过**突显度**(prominence)的潜在级别，分为 5 个级别：重读(accented)、重音(stressed)、第二重音(secondary stress)、实足元音(full vowel)、弱化元音(reduced vowel)。究竟分为多少级别更加合适，这还是一个没有解决的问题。少数计算机系统使用这里的 5 个级别，大多数系统使用的级别在 1 到 3 之间。我们在 8.3.1 节中更加详细地介绍韵律的时候，将再讨论这个问题。

7.3　音位范畴与发音变异

'Scuse me, while I kiss the sky

Jimi Hendrix, "Purple Haze"

'Scuse me, while I kiss this guy

Common mis-hearing of same lyrics[①]

如果语言中的每一个单词都按照确定的音子串发音，如果每一个音子在所有的上下文中的发音以及所有说话人的发音都是一样的，那么，语音识别与语音合成的工作将会变得易如反掌。可惜的是，单词和音子实际发音情况都依赖于众多的因素而发生变异。图7.8 说明了单词 because 和 about 的最普遍的发音变异情况，这些材料来自美国英语电话会话的 Switchboard 语料库，是手工转写的(Greenberg et al., 1996)。

because				about			
ARPAbet	%	ARPAbet	%	ARPAbet	%	ARPAbet	%
b iy k ah z	27%	k s	2%	ax b aw	32%	b ae	3%
b ix k ah z	14%	k ix z	2%	ax b aw t	16%	b aw t	3%
k ah z	7%	k ih z	2%	b aw	9%	ax b aw dx	3%
k ax z	5%	b iy k ah zh	2%	ix b aw	8%	ax b ae	3%
b ix k ax z	4%	b iy k ah s	2%	ix b aw t	5%	b aa	3%
b ih k ah z	3%	b iy k ah	2%	ix b ae	4%	b ae dx	3%
b ax k ah z	3%	b iy k aa z	2%	ax b ae dx	3%	ix b aw dx	2%
k uh z	2%	ax z	2%	b aw dx	3%	ix b aa t	2%

图 7.8　because 和 about 的 16 种最常见的发音，材料来自美国英语电话会话
口语的手工转写语料库(Godfrey et al., 1992; Greenberg et al., 1996)

我们怎样才能给这样复杂的发音变异建模并且预测其结果呢？我们可以假定，说话人心中在心智上表达的东西是某种抽象的范畴，而不是带着各色各样的、千奇百怪的发音细节的音子，看来这样的假设是一个行之有效的方法。例如，我们来研究在单词 tunafish(金枪鱼)和单词 starfish(海星)中[t]的不同发音。在 tunafish 中的[t]是**送气的**(aspirated)。送气发生在塞音成阻之后，在发出下面一个元音的音节头之前的声带不振动的阶段。因为声带不振动，在[t]之后和在下一个元音的音节头之前，送气音的发音就像气流从口腔中喷出一样。与发送气音相比，在词头的[s]之后，[t]是**不送气的**(unaspirated)，因此，在单词 starfish[s t aa r f ih sh]中的[t]，在[t]成阻之后，没有声带不振动的阶段。[t]在实际发音时的这种变异是可以预测的：在英语中，当[t]处于单词或者弱化音节开头的时候，就要发为送气音。同样的发音变异也发生在[k]中；在上面 Jimi Hendrix 的抒情诗"while I kiss the sky"中，单词 sky 中的[k]常常被误听为[g]，因为[k]和[g]两者都是不送气的[②]。

[t]还有另外一种随上下文而变化的情况。例如，当[t]出现在两个元音之间，特别是当前面一个元音为重读元音的时候，[t]要发为**颤音**(tap)。颤音是一种带声的音，发颤音的时候，舌尖

---

① Jimi Hendrix 的抒情诗"紫色的薄雾"中
'Scuse me, while I kiss the sky
常常被错听为：
'Scuse me, while I kiss this guy

② 在 ARPAbet 中，没有表示送气音的手段；在 IPA 中，送气音用[ʰ]来表示，所以，在 IPA 中，单词 tunafish 转写为 [tʰunəfɪʃ]。

向后卷起，快速地顶着齿龈。例如，buttercup（毛茛科）要发为［b ah dx axr k uh p］，而不发为［b ah t axr k uh p］。［t］的另一个变化是当它处于齿音［th］之前的时候，［t］要齿音化发为（IPA［ṭ］）。这时，舌头不对着齿龈形成阻塞，而是舌头要接触牙齿的背面。

在语言学和语音处理这两个领域中，我们都使用一个抽象的类别来捕捉在所有这些［t］中的相似点。这个最简单的类别称为**音位**（phoneme），这个音位在不同的上下文环境中的表层实现称为**音位变体**（allophones）。按传统的标音习惯，我们把音位写在两个斜线//之间。在上面的例子中，/t/ 是一个音位，它的音位变体包括（用 IPA 表示）［tʰ］，［ɾ］和［ṭ］。图 7.9 总结了 /t/ 的一些音位变体。在语音合成与语音识别中，我们使用如 ARPAbet 的音子集合来近似地表示抽象的音位单元这种思想，使用 ARPAbet 的音子来表示发音词表。由于这样的原因，在对图 7.1 中列出的音位变体进行语音分析的时候，最好还是使用严式音标（narrow transcription），这样的音位变体表，在语音识别和语音合成系统中使用得并不多。

国际音标	ARPAbet	音　子	环　境	例　子
tʰ	［t］	aspirated	处于开头位置	toucan
t		unaspirated	处于［s］或非重读音节之后	starfish
ʔ	［q］	glottal stop	处于词末或元音之后［n］之前	kitten
ʔt	［qt］	glottal stop t	有时处于词末	cat
ɾ	［dx］	tap	处于元音之间	butter
t˥	［tcl］	unreleased t	处于辅音之前或词末	fruitcake
ṭ		dental t	处于齿音（［θ］）之前	eighth
		deleted t	有时处于词末	past

图 7.9　在通用的美国英语中 /t/ 的音位变体

实际的语音变异比图 7.9 中所表示的情况还要更加普遍。影响这种变异的一个重要因素是为了使发音更加自然，更加口语化，说话人说得越快，声音就会缩短和减弱，而且相邻的音一般会彼此汇合和相互影响。这样的现象称为**弱化**（reduction）或**省音**（hypoarticulation）。例如，语音**同化**（assimilation）就是改变某一个语音片段使之与周围的语音片段的发音更加相似。［t］在齿音［θ］之前齿音化为［ṭ］就是同化。英语中另一种普遍的同化是**腭化**（palatalization）。腭化也是一种跨语言的同化现象。当一个语段的下一个语段是上腭音或龈腭音时，它就会收缩离开它通常的位置而向硬腭靠拢，这时就发生了腭化。在大多数情况下，/s/ 变为［sh］，/z/ 变为［zh］，/t/ 变为［ch］，/d/ 变为［jh］。在图 7.8 中 because 的发音变为［b iy k ah zh］，因为它下面一个词是 you've，这就是腭化。You 这个词目包括 you，your，you've 和 you'd，在 Switchboard 语料库中，它是最容易引起腭化的。

脱落（deletion）在英语的口语中是很普遍的。在上面的例子中，我们已经看到了在单词 about 和 it 中，词末的 /t/ 的脱落现象。学者们对于词末的 /t/ 和 /d/ 的脱落现象研究得比较深入。/d/ 比 /t/ 更加容易脱落，/t/ 和 /d/ 的脱落经常发生在辅音之前（Labov，1972）。图 7.10 是 Switchboard 语料库中腭化和 t/d 脱落的一些实例。

腭化			词末 t/d 脱落		
短　语	词汇发音	弱化发音	短　语	词汇发音	弱化发音
set your	s eh t y ow r	s eh ch er	find him	f ay n d h ih m	f ay n ix m
not yet	n aa t y eh t	n aa ch eh t	and we	ae n d w iy	eh n w iy
did you	d ih d y uw	d ih jh y ah	draft the	d r ae f t dh iy	d r ae f dh iy

图 7.10　Switchboard 语料库中，腭化和 t/d 脱落的一些实例。其中有些 t/d 的实例中也出现腭化现象，而不出现完全的脱落

7.3.1　语音特征

在为上下文效应建立模型的时候，音位只能给我们提供一种非常粗的手段。如果利用更多颗粒度更细的周围上下文的信息，很多如同化和脱落这样的语音过程就可以很好地建模。图7.10说明，在[h]，[dh]，[w]之前，/t/和/d/脱落；我们不必把/t/和/d/之后影响脱落的所有可能的音子都一一列举出来，而应该对这样的现象进行泛化，把它归结为："在辅音之前"/t/经常会脱落这样的规律。类似地，闪音化可以看成是在发浊音的元音或半元音之间清辅音/t/变成浊闪音[dx]的一种浊音化的同化现象。我们没有必要把所有可能的元音和半元音都一一列举出来，而只需说，"在邻近元音或浊音片段时"会发生闪音化。最后，元音在鼻音[n]，[m]，[ng]之前常常会发生鼻音化。在上述的每一种场合，一个音子的发音会受到相邻音子（鼻音、辅音、浊音）发音的影响。这种变化的原因在于发音器官（舌头、嘴唇、软腭）的运动，在讲话时，声音的产生是连续不断的，它要受到诸如动量之类的物理因素的制约。因此，在一个音子进入发音的位置时，发音器官就会开始运动以准备下一个音子的发音。当一个音受到相邻音子的发音器官运动的影响而发音的时候，我们就说，这样的发音受到了**协同发音**（coarticulation）的影响。协同发音是发音器官为了预期下一个发音动作或保持上一个发音动作而进行的一种运动。

我们可以使用**区别特征**（distinctive features）把引起协同发音的各种音子进行总体性的泛化。一般地说，这些区别特征都是二元变量，可以表达各种音位组合的总体性的特征。例如，对于浊音性[voice]这个特征，当发音为浊音（元音，[n]，[v]，[b]）时为真，我们用[+ voice]来表示；当发音为非浊音时，我们用[-voice]来表示。这样的发音特征可以使用前面讲过的**发音部位**（place）和**发音方法**（manner）来描述。常见的发音部位特征包括唇音性[+ labial]（[p, b, m]）、舌尖性[+ coronal]（[ch, d, dh, jh, l, n, r, s, sh, t, th, z, zh]）、舌面性[+ dorsal]等。发音方法特征包括辅音性[+ consonantal]（或者也可以为元音性[+ vocalic]）、延续性[+ continuant]、响音性[+ sonorant]等。元音的特征又可以包括高音性[+ high]、低音性[+ low]、后音性[+ back]、圆唇性[+ round]等。区别特征可以把每一个音位表达为一个特征值的矩阵。目前存在着很多不同的区别特征集，这些区别特征集在计算语言学的很多研究工作中，将会是非常方便的。图7.11说明了某些音子的部分区别特征集的特征值。

	音节性	响音性	辅音性	粗糙性	鼻音性	高音性	后音性	圆唇性	紧音性	浊音性	双唇性	舌尖性	舌面性
b	-	-	+	-	-	-	-	+	+	+	+	-	-
p	-	-	+	-	-	-	-	-	+	-	+	-	-
iy	+	+	-	-	-	+	-	-	-	+	-	-	-

图7.11　某些音子的部分特征矩阵，特征值来自 Chomsky and Halle(1986)，本书作了简化

这些区别特征的一个主要用处是音子的自然发音类别。我们知道，在语音合成和语音识别中，常常需要建立模型来说明音子在一定的上下文环境中的所作所为，但是，我们往往没有充分的数据来建立模型，以说明音子的所作所为与它的左边或右边的所有的上下文音子之间相互作用的情况。由于这样的原因，我们可以使用相关的特征（如[voice]，[nasal]等）作为有用的上下文模型，而这些特征的功能就可以看成是该音子的一种回退模型。区别特征在语音识别中的另一个用处是建立发音特征检测器用来进行音子的检测。例如，Kirchhoff et al.（2002）建立了一个神经网络检测器来检测音子之后的多值发音特征，并用这些特征来改进德语语音识别中的音子检测结果。如下所示：

特征	特征值
浊音	+浊音，-浊音，默音
辅音部位	双唇，舌面，上颚，软腭
前后	前，后，零，默音
发音方法	塞音，元音，边音，鼻音，擦音，默音
元音部位	喉音，高元音，央元音，低元音，默音
圆唇	+圆唇，-圆唇，零，默音

7.3.2 语音变异的预测

不论在语音合成还是在语音识别中，我们需要表示抽象的语音范畴与表层的语音表象之间的关系，并根据抽象的语音范畴和话语的上下文来预测表层的语音表象。在音位学研究的早期的工作中，音位和音位变体之间的关系是使用**音位规则**（phonological rule）来表示的。这里是在Chomsky and Halle（1968）中，闪音化音位规则的传统表示法：

$$\left/ \left\{ \begin{array}{c} t \\ d \end{array} \right\} \right/ \rightarrow [dx] \, / \, \acute{V} \, \_\_ \, V \tag{7.1}$$

在这样的表示法中，表层的音位变体都出现在箭头的右边，语音环境使用下画线（_）前后的符号来表示。当我们想生成一个单词的很多不同的发音的时候，像这样的规则既可以在语音识别中使用，也可以在语音合成中使用。在语音识别中，这样的规则通常用来作为捕捉某一个单词的最可能的发音的第一个步骤（参见10.5.3节）。

然而，总的说来，这些"Chomsky-Halle"类型的简单规则不能很好地告诉我们究竟**在什么时候**（when）可以使用某一给定的表层变体。其原因有两个：第一，变异是一个随机过程，尽管在相同的环境中，闪音化有时发生，有时却不发生；第二，在预测语音变体时，还有很多与语音环境没有关系的因素也是非常重要的。因此，不论是语言学研究还是语音识别与合成研究都要依赖于统计工具来预测单词的表层形式，说明究竟是什么样的因素引起这样的表层形式。例如，说明在某一个特定的上下文中，某一个特定的/t/要发为闪音。

7.3.3 影响语音变异的因素

影响语音变异的一个重要因素是**语速**（rate of speech），语速一般用每秒钟发出的音节数来度量。在不同说话人之间，或者在同一个说话人本身，语速都可能发生变化，在快速说话的时候通常会出现各种类型的语音弱化过程，如闪音化、元音弱化、词末/t/和/d/的脱落等（Wolfram，1969）。我们可以使用转写（transcription）的方法来度量每秒钟发出的音子数或每秒钟发出的单词数，首先计算在某一发音段内的单词数或音节数，然后用秒数来除。我们也可以使用信号处理的计算方法来度量语速（Morgan and Fosler-Lussier，1989）。

影响语音变异的另一个因素是单词的频率或单词可预见性（predictability）。在如 and 和 just 使用频率很高的单词中，词末的/t/或/d/很容易发生脱落（Labov，1975；Neu，1980）。当某一个语音片段中的两个单词之间具有搭配关系的时候，也常出现语音脱落（Bybee，2000；Zwicky，1972）。在一些常用的单词和短语中，音子[t]比较容易腭化。具有较高条件概率的单词更容易出现元音弱化和辅音脱落现象（Bell et al.，2003）。

还有其他一些语音学、音系学和形态学的因素也会影响语音变异。例如，/t/比/d/更容易发生闪音化，音节、音步、单词边界之间的相互作用是非常复杂的（Rhodes，1992）。我们在第 8 章中将会看到, 语音会分解为**语调短语**(intonation phrases)或**呼吸群**(breath groups)。处于语调短语开始或结尾的单词的发音会比较长, 并且不太容易弱化。在形态学方面已经证实, 如果单词的结尾为/t/或/d/, 而它们又是英语的过去时态的结尾, 那么, 它们是不容易脱落的(Guy, 1980)。例如, 在 Switchboard 中, /d/脱落更多发生在单词 around 中(/d/脱落为73%), 而在单词 turned 中发生较少(/d/脱落为30%), 尽管这两个单词的频率很接近。

说话人的心态也会影响到语音变异。例如, 单词 the 可以用完整的元音发为[dh iy], 也可以用弱化的元音发为[dh ax]。当说话人的发音不流利并且有所准备的时候, 就很喜欢用完整的元音[iy]来发音。一般来说, 当说话人不知道他们下一步要说什么的时候, 他们就更喜欢用完整的元音来发音, 而不喜欢使用弱化元音来发音(Fox Tree and Clark, 1997; Bell et al., 2003; Keating et al., 1994)。

诸如性别、阶级等**社会语言学**(sociolinguistic)的因素和**方言**(dialect)也会影响发音变异。北部的美国英语通常分为 8 个方言区(北部方言、南部方言、新英格兰方言、新纽约/中大西洋方言、中北部方言、中南部方言、西部方言、加拿大方言)。南部方言区的说话人使用单元音或准单元音的[aa]或[ae]来代替某些单词中的双元音[ay]。在这些方言中, rice 发音为[r aa s]。

源于非洲的美国人讲的本地英语(African-American Vernacular English, AAVE)与南美英语(Southern American English)一样, 有的元音与一般的美国英语的发音不一样, 有些单词的发音很特殊, 例如, business 发为[b ih d n ih s], ask 发为[ae s k]①。有些老人或不是从美国西部和中西部来的人, 单词 caught 和 cot 的发音中的元音不同(分别为[k ao t]和[k aa t])。年轻的美国人或从西部来的人, caught 和 cot 这两个词的发音是一样的, 在这些方言中, 除非在 r 之前, 一般不区别[ao]和[aa]。有一部分说美国英语的人以及大多数说非美国英语的人(例如, 说澳洲英语的人), Mary[m ey r iy], marry[m ae r iy]和 merry[m eh r iy]这三个词的发音是各不相同的, 而大多数的美国人, 这三个词都同样地发为[m eh r iy]。

除了方言的因素外, 造成社会语言差异的另外一个原因是**语域**(register)或**风格**(style)。由于说话者谈话的对象或社会地位的不同, 同样一个说话者对同一个单词的发音可能也有所不同。关于风格变异研究的最好的一个例子是后缀-ing(如在 something 中)的发音, 这个后缀的发音可以为[ih ng], 也可以为[ih n](这时通常写为 somethin')。大多数说话者都使用两种形式发音, Labov(1966)指出, 当人们在比较正式的场合就使用[ih ng], 在比较随便的场合就使用[ih n]。Wald and Shopen(1981)发现, 男性比女性更喜欢使用非标准的形式[ih n], 当听话者是一个女性的时候, 不论是男性还是女性都更喜欢使用标准形式[ih ng], 当男性(而不是女性)跟朋友谈话时, 则倾向于使用[ih n]。

预测语音变异的很多这样的结果与语音转写语料的逻辑回归(logistic regression)有关, 逻辑回归是语音变异分析中一种具有很长历史的技术(Cedergren and Sankoff, 1974), 与 VARBRUL and GOLDVARB 等软件关系密切(Rand and Sankoff, 1990)。

最后, 特定音子的声学实现的细节强烈地受到该音子与它周围音子的**协同发音**(coarticulation)的影响。在介绍声学语音学之后, 在8.4节和10.3节中, 我们将再进行细粒度的语音学细节的学习。

7.4 声学语音学和信号

我们先来简单地介绍一下声学波形以及怎样将其数字化, 并简单地讨论一下频率分析和频谱的思想。这是一个非常简短的介绍, 有兴趣的读者可阅读本章文献和历史说明中推荐的参考材料。

---

① 原文为[ae k s], 显然有错。

——译者注

7.4.1 波

声学分析是在正弦函数和余弦函数的基础上进行的。图 7.12 是一个正弦波的图形,其函数为

$$y = A * \sin(2\pi f t) \tag{7.2}$$

这里我们置振幅 A 为 1,置频率 f 为每秒 10 周。

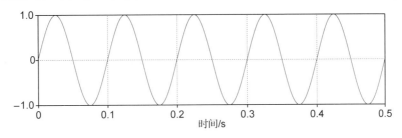

图 7.12 频率为 10 Hz、振幅为 1 的正弦波

我们从基础数学知道,一个波有两个重要的特征:一个是它的**频率**(frequency),一个是它的**振幅**(amplitude)。频率是一个波本身在 1 秒之内重复振动的次数,也就是它的**周数**(cycle)。通常我们用**每秒钟内的周数**(cycles per second)来度量频率。在图 7.12 的信号中,波在 0.5 s 内重复振动 5 次,因此,它的频率是每秒 10 周,每秒内的周数通常称为**赫兹**(hertz,简写为 Hz),所以,图 7.12 中的频率可描写为 10 Hz。一个正弦波的振幅 A 是它在 Y 轴上的最大值。

波的**周期**(period) T 可定义为它完成一周的振动所用的时间,定义公式如下:

$$T = \frac{1}{f} \tag{7.3}$$

从图 7.12 可以看出每一周用的时间是 1 s 的十分之一,因此,$T = 0.1$ s。

7.4.2 语音的声波

现在让我们从假设的波转到声波。正如人耳的输入一样,语音识别系统的输入也是空气压力变化的一个复杂系列。这种空气压力的变化显然是来自说话者,说话者使用特定的方式使空气通过声门由口腔或鼻腔流出,就造成了空气压力变化。我们通过描画空气压力对于时间的变化情况的方法来表示声波。我们想象有一个垂直的薄片可以锁住空气压力的波形(大概就像说话者嘴巴前面的扩音器或听话者耳朵里的鼓膜),这样的比喻可以帮助我们理解这样的图形。这个图形可以测度这个薄片上的空气分子的**压缩量**(compression)或**吸入量**(rarefaction,也就是解压量)。图 7.13 是电话谈话 Switchboard 语料库中的一个波形图片段,它描述了一个人在打电话时说"she just had a baby"中的元音[iy]的波形。

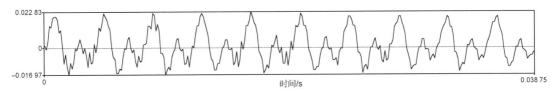

图 7.13 来自图 7.17 中所示的话段中元音[iy]的波形。y 轴表示空气压力对于标准大气压的向上或向下的变化,x 轴表示时间。注意,波形是有规律地重复变化的

让我们来研究怎样对图 7.13 中的声波建立数字化的表示。首先，把声波的空气压强转化为麦克风中的模拟电信号。语音处理的第一步是把模拟信号转换为数值信号。这个**模拟信号到数字信号的转换**(analog-to-digital conversion) 又分两个步骤：**抽样**(sampling) 和**量化**(quantization)。为了对信号进行抽样，我们需要度量这个信号在特定时刻的振幅，**抽样率**(sampling rate) 就是每秒钟提取的样本数目。为了精确地测量声波，每周至少需要有两个样本：一个样本用于测量声波的正侧部分，一个样本用于测量声波的负侧部分。如果每周的样本多于两个，将可以增加振幅的精确度，但是，如果样本少于两个，就可能完全地遗漏声波的频率。因此，可能测量的最大频率的波就是那些频率等于抽样率一半的波（因为每周需要两个样本）。对于给定抽样率的最大频率称为 **Nyquist 频率**(Nyquist frequency)。大多数人类语音的频率都低于 10 000 Hz，因此，为了保证完全的精确，必须有 20 000 Hz 的抽样率。但是，电话的语音是由开关网络过滤过的，所以电话传输的语音频率都低于 4 000 Hz。这样，对于如 Switchboard 语料库这种**电话带宽**(telephone-bandwidth) 的语音来说，8 000 Hz 的抽样率已经是足够的了。对于麦克风的语音，通常使用 16 000 Hz的抽样率，有时称为**宽带**(wideband)。

对于 8 000 Hz 抽样率的语音，要求每秒钟测量 8 000 个振幅，因此，重要的问题是把振幅的测量结果有效地进行存储。它们一般是以整数来存储的，或者是 8 比特（值为 – 128 ~ 127），或者是 16 比特（值为 – 32 768 ~ 32 767）。这个把实数值表示为整数的过程称为**量化**(quantization)，因为两个整数之间的差异表现为最小的颗粒度（量化范围），所有接近于这个量化范围的值都可以等同地表示。

一旦数据被量化之后，可以用不同的格式来存储。这些格式的参数之一是上面讨论过的抽样率和抽样范围。电话语音通常以 8 kHz 抽样，以 8 比特的样本存储，麦克风的语音数据通常以 16 kHz 抽样，以 16 比特的样本存储。这些格式的另一个参数是**频道**(channels) 的数目。对于立体声数据或两方对话的数据，我们可以在同一个文档中用两个频道存储，也可以分别用不同的文档存储。最后一个参数是：每个样本是采用线性存储还是压缩存储。电话语音使用的一个常见的压缩格式是 μ-律(μ-law，通常写为 u-律，但是应当读为 mu-律)。对于如 μ-律类的对数压缩算法的直觉解释是：人类的听觉在音强较小时比音强较大时更加敏感，因此，对数表示较小值时的忠实度更高，而表示较大值时，要付出更多的代价，出现更多的错误。非对数的线性值通常是指**线性 PCM 值**［PCM 表示脉冲编码调制(pulse code modulation)，我们不必深究其含义］。这里是把一个线性 PCM 样本值 x 压缩到 8 比特 μ-律(8 比特时，$\mu = 255$) 的公式：

$$F(x) = \frac{\operatorname{sgn}(s) \log(1 + \mu|s|)}{\log(1 + \mu)} \tag{7.4}$$

用于存储数字化的声波文档的标准文档格式有很多种。Microsoft 的. wav 格式，Apple 的 AIFF 格式，Sun 的 AU 格式等，都是标准文档格式，所有这些都有特定的标题，也可以使用没有标题的简单的"生文档"格式。例如，. wav 是 Microsoft 的 AIFF 格式用于表示多媒体文档的一个子集；RIFF 是用于表示一序列的嵌套数据块和控制信息的通用格式。图 7.14 是一个简单的. wav 文档，具有一个数据块以及它的格式块。

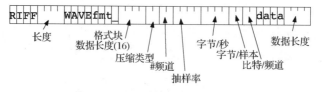

图 7.14　Microsoft 的声波文档标题格式，假定这是一个简单的文档，
只带有一个数据块。在 44 字节的标题之后就是数据块

7.4.3 频率与振幅：音高和响度

像所有的波一样，声波可以用频率、振幅和前面介绍过的单纯的正弦波的其他特征来描述。不过，声波的度量并不像正弦波那样简单。让我们来考虑频率。注意，图 7.13 中的声波尽管不完全是正弦波，不过这样的波仍然具有周期性，从图中可知，这个波在 38.75 ms 内重复振动 10 次（每秒振动 0.038 75 次）。因此，这个声波片段的频率是 10/0.038 75 或 258 Hz。

这个 258 Hz 的周期性的声波是从哪里来的呢？它来自声带振动的速度，因为图 7.13 中的波形是来自元音[iy]的，它是一个声带振动的浊音。我们说过，浊音是由于声带有规律的开启和闭合而造成的。当声带开启的时候，空气从肺部涌出，产生了一个高压区。当声带闭合的时候，就没有来自肺部的压力了。因此，当声带开合振动的时候，我们就会看到在图 7.13 的振幅中那样的一种有规则的波峰，每一个主峰相应地是由于声带开启而形成的。声带振动的这个频率，或者复杂波的这个频率，称为波形的**基音频率**（fundamental frequency，简称**基频**），通常简写为 F0。我们可以在**基音踪迹**（pitch track）上，顺着时间的延展描画出 F0。图 7.15 是"Three o'clock?"这个简短问句的基音踪迹，下面是波形曲线。注意，在问句的结尾，F0 升高。

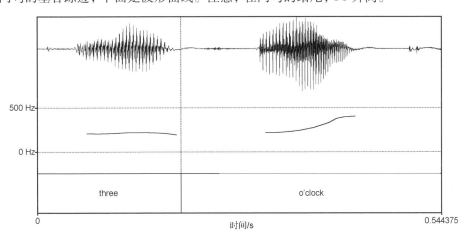

图 7.15 问句"Three o'clock?"的基音踪迹，下面是声波文档波形。注意，F0 在问句的结尾处升高。还要注意，在平静部分（o'clock的o）没有基音踪迹，因为自动基音追踪是建立在浊音区域脉冲的计数的基础之上的，如果没有浊音（或者声音不足），它就不能工作

图 7.13 的纵轴用于度量空气压强变化的大小，压强是单位面积上的压力，用帕斯卡（Pascals，简称 Pa）来度量。纵轴上的数值越高（振幅高）意味着在该时刻的空气压强大，零值表示标准空气压强（标准大气压），而负值则表示低于标准大气压（吸气）。

除了这种在任意时刻的振幅的值之外，我们常常还需要知道在某一个时间段之内的平均振幅，了解到空气压强的平均变化有多大。不过我们不能只取在某个时间段上的平均振幅的值，如果大多数的正值和负值彼此抵消，那么，最后留给我们的将是一个接近零的值。为了避免这样的问题，我们一般使用振幅的均方根（Root-Mean-Square，RMS），称为 RMS 振幅（RMS amplitude）。RMS 振幅在计算平均值之前，把每一个值都取平方，使得所有的值都为正值，最后再求平方根。

$$\text{RMS amplitude}_{i=1}^{N} = \sqrt{\sum_{i=1}^{N} \frac{x_i^2}{N}} \tag{7.5}$$

信号的**强度**（power）与振幅的平方有关。如果声音的样本数目为 N，那么，信号强度为

$$\text{Power} = \frac{1}{N}\sum_{i=1}^{n} x_i^2 \tag{7.6}$$

除了信号强度之外，我们更经常地使用**音强**(intensity)，音强是对于人类听觉阈限的强度的归一化，应用分贝(dB)来度量。如果听觉阈限的压强 $P_0 = 2 \times 10^{-5}$ Pa，那么，音强定义如下：

$$\text{Intensity} = 10\log_{10}\frac{1}{NP_0}\sum_{i=1}^{N} x_i^2 \tag{7.7}$$

图 7.16 是英语句子"Is it a long movie?"的音强曲线图，来自 CallHome 语料库，下面也画出了相应的波形曲线图。

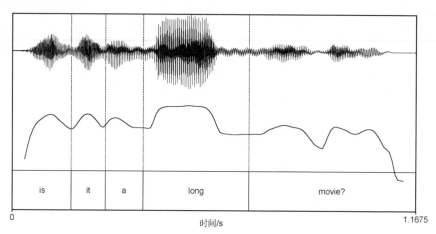

图 7.16　英语句子"Is it a long movie?"的音强曲线图。注意在每
一个元音中音强的峰，特别注意在单词 long 中的高峰

音高(pitch)和**响度**(loudness)是两个重要的感知特性，它们与频率和音强有关。语音的音高是基音频率在心智上的一种感觉，或者说它与感知有关系。一般地说，如果语音的基音频率较高，我们就感觉到它具有比较高的音高。我们这里之所以说"一般"二字，是因为这种关系并不完全是线性的，人的听觉对于不同的频率的敏锐性是不同的。粗略地说，在 100 Hz～1 000 Hz 之间，人的音高感知是最敏锐的，在这个范围内，音高与频率是线性相关的。人的听觉在 1 000 Hz 以上，就变得不够敏锐了，超出这个范围，音高与频率就是对数相关的了。使用对数来表示这样的相关性意味着，高频度之间的差别被压缩了，因此，感知的时候也就不那么敏锐了。对于音高感知的计量，有不同的心理声学模型。有一个常见的计量模型称为"**美**"(mel)(Stevens et al., 1937；Stevens and Volkmann, 1940)。"美"是一个音高的单位，它可以这样确定：如果一对语音在感知上它们的音高听起来是等距离的，那么，它们就是以相同数目的"美"被分开的。"美"的频率 m 可以根据粗糙的声学频率来计算：

$$m = 1127\ln\left(1 + \frac{f}{700}\right) \tag{7.8}$$

在第 9 章中我们介绍在语音识别中语音的 MFCC 表示的时候，再回过头来讨论"美"的度量问题。

语音的**响度**(loudness)与信号**强度**(power)的感知有关。振幅比较高的声音听起来会觉得响一些，但是，它们之间的关系也不是线性的。首先，正如我们在前面定义 μ-律压缩时提到的，在低强度的范围内，人们的分辨率较高，人的耳朵对于强度小的差别更为敏感。其次，已证明，在强度、频率和感知响度之间存在着复杂的关系，在某种频率范围内感知的语音，与在其他频率范围内感知的语音相比，听起来会响一些。

抽取 F0 的算法有很多种，称为**基频抽取**（pitch extraction），这个术语有些滥用。例如，基音抽取的自相关方法把信号与自身在不同的偏移状态下相互关联起来。具有最高的相关性的偏移给出信号的周期。基音抽取的另外一种方法是基于倒谱特征的，我们将在第 9 章介绍。有各种可以公开使用基音抽取的工具包，例如，增强的自相关基音追踪工具包是随 Praat 一起提供的（Boersma and Weenink，2005）。

7.4.4 从波形来解释音子

由于波形是可见的，因此，肉眼直接观察已经足以使我们从中学习到很多东西。例如，元音是非常容易辨认出来的。我们说过，元音是浊音，元音的其他特性是发音比较长，比较响（正如在图 7.16 中的音强曲线看到的）。语音的时间长度直接在 x 轴上表现出来。响度与 y 轴上的振幅的平方有关。在前面一节中我们知道，浊音表现为振幅上有规则的波峰（peaks），如图 7.13 所示。每一个主波峰相应于声带的一个开启状态。图 7.17 是短句 "she just had a baby" 的波形。我们给这个波形加上了单词和音子标记。注意，图 7.17 波形中的 6 个元音 [iy]，[ax]，[ae]，[ax]，[ey] 和 [iy]，它们中的每一个的振幅都有规则的波峰表明它们是浊音。

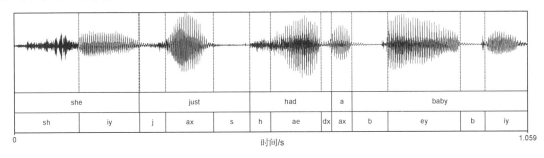

图 7.17　Switchboard 语料库中，句子 "she just had a baby" 的波形（4325 号会话）。发音者是一个女性，在1991年录音时，她大约有20岁，带美国中南部的方言

塞辅音包括一个成阻，成阻之后是一个除阻，这时我们通常可以看到一个沉静的间歇或者一个接近沉静的间歇，然后跟随着是在振幅上出现一个轻微的爆破。在图 7.17 中，我们从 baby 的两个 [b] 的波形中都可以观察到这种情况。

在波形上可以容易地观察到的另外一种音子是擦音。我们知道，当发擦音（特别是如 [sh] 的非常粗糙的擦音）的时候，气流从狭窄的声道经过，形成噪音，引起空气震动。由此而产生特殊的"摩擦声"，相应的波形是不规则的噪声波形。我们也可以从图 7.17 中的波形上看出一些来。在图 7.18 中，我们把第一个单词 she 的波形放大了，可以更加清晰地看出来。

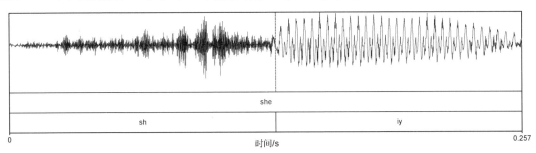

图 7.18　从图 7.17 的声波文档中抽出的第一个单词 "she" 的更加细致的波形。请注意在擦音 [sh] 的随机噪声和元音 [iy] 的规则浊音之间的差别

7.4.5 声谱和频域

某些比较宽泛的语音特征(例如,能量、基音、浊音的出现、塞音的成阻、擦音,等等)可以直接从波形上来解释,但是,在语音识别(以及人的听觉处理)等很多计算机应用中,要求对于组成声音的频率作出不同的表示,并以此作为这些应用的基础。

傅里叶分析(Fourier analysis)指出,每一个复杂波都可以表示为很多频率不同的正弦波的总和。我们来研究图 7.19 中的波形。这个波形是在 Praat 中把两个正弦波相加而形成的,一个正弦波的频率是 10 Hz,另一个的频率是 100 Hz。

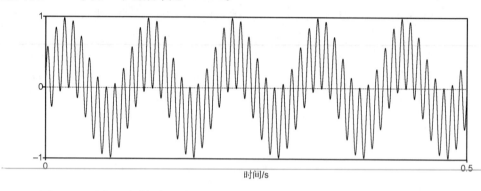

图 7.19   两个正弦波相加形成的波形,一个频率为 10 Hz(注意,在半秒钟的窗口内,
出现5个重复的振动),一个频率为100 Hz,两个正弦波的振幅都是1

我们可以用**声谱**(spectrum)来表示这两个频率成分。一个信号的声谱可以代表这个信号的频率成分和这些频率成分的振幅。图 7.20 是图 7.19 的声谱。频率以 Hz 为单位在 x 轴上表示,振幅在 y 轴上表示。注意,图中有两个穗状曲线,一个是 10 Hz 的曲线,一个是 100 Hz 的曲线。因此,声谱是原来波形的另外一种表示方法。我们使用声谱作为一种工具来研究在特定时刻声波的频率成分。

现在我们来看语音波形中的频率成分。图 7.21 是单词 had 中的元音[ae]波形的一部分,这个波形是从图 7.17 句子的波形中切出来的。

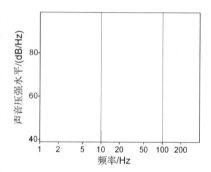

图 7.20   图 7.19 中的波形的声谱

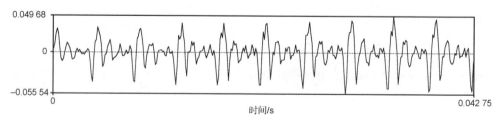

图 7.21   从图 7.17 的波形中切出的单词 had 中的元音[ae]部分的波形图

注意,图中是一个重复了 10 次的复杂波形,而且在每一个大的波中,又包括 4 个小的重复的波(注意在每一个重复的波中有 4 个小的波峰)。整个复杂波的频率是 234 Hz(我们可以计算出来,因为在 0.0427 s 内重复 10 次,所以频率为:10 周/0.0427 秒 =234 Hz)。

小波的频率约等于大波频率的 4 倍,约为 936 Hz。如果你细心观察,还可以看到,在 936 Hz

波的波峰内,又包括两个很小的波峰。这些很微小的波的频率应该是 936 Hz 波的频率的两倍,因此,它们的频率等于 1 872 Hz。

图 7.22 是图 7.21 中的波形使用离散傅里叶变换(Discrete Fourier Transform, DFT)计算后得到的一个平滑的声谱。

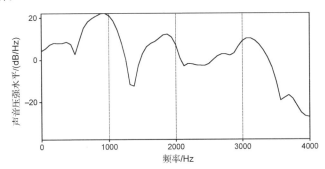

图 7.22　图 7.17 中的句子"she just had a baby"波形中的单词 had 中元音[ae]的声谱

声谱的 x 轴表示频率,y 轴表示每一个频率成分的振幅的测度(我们在前面看到,振幅的对数测度用分贝 dB 表示)。因此,在图 7.22 中显示,有意义的频率成分分别在大约 930 Hz、1 860 Hz、3 020 Hz 等处,其他很多都是一些低振幅的频率成分。头两个频率成分恰恰就是我们在观察图 7.21 中的声波的时间区域时特别注意到的两个频率!

为什么说声谱是有用的呢?在声谱中最容易看到的声谱峰是区别不同语音的最明显的特征,声谱峰是音子的声谱特征的"签名"。这种情况,正如当化学元素加热时,它们会显示出不同的光波长度,使得我们可以利用光波长度,根据光谱来探测星体上的元素。类似地,我们也可以通过观察波形的声谱,来探测不同音子的具有"签名"作用的区别性特征。不论对于人的语音识别还是对于机器的语音识别,对于声谱信息的利用都是非常重要的。当人在听声音的时候,**耳蜗**(cochlea)或**内耳**(inner ear)的功能就是计算接收的波形的声谱。与此类似,在语音识别中,作为 HMM 的观察值就是声谱信息的所有不同表示的特征。

现在来看不同元音的声谱。因为某些元音是随着时间的改变而改变的,我们要使用各种类型的图形来表示它们,这些图形称为**频谱**(spectrogram)。声谱表示在某一时刻的声波的频率成分,而频谱则表示这些不同的频率是怎样使波形随着时间的改变而改变的。在频谱上,x 轴表示时间,这与波形的 x 轴表示的是一样的,但 y 轴则表示频率的赫兹数。频谱一个点上的暗度表示频率成分振幅的大小。很暗的点具有较高的振幅,而亮点则具有较低的振幅。这样一来,频谱就成为把声波的三个维(时间维、频率维、振幅维)可视化的一种非常有用的办法。

图 7.23 是美国英语元音[ih],[ae],[ah]的频谱。注意,每一个元音在不同的频带上有一些暗色的条纹,每一个元音的频带有一些小的区别。频带上的这些条纹与我们在图 7.21 中看到的声谱峰表示的内容是相同的。

每一个暗色条纹(或声谱峰)称为**共振峰**(formant)。我们下面将要讨论到,共振峰是被声腔特别地放大的一个频带。由于不同的元音是在声腔的不同的位置而产生的,它们放大或共鸣的情况也各不相同。让我们来看一下前两个共振峰,它们分别称为 F1 和 F2,三个元音靠近底部的暗色条纹 F1 所处的位置不同,[ih]的位置低(其中心处于 470 Hz 左右),而[ae]和[ah]的位置较高(处于 800 Hz 左右)。与之对比,从底部算起的第二个暗色条纹 F2 的位置也不同,[ih]的位置最高,[ae]的位置居中,而[ah]的位置最低。

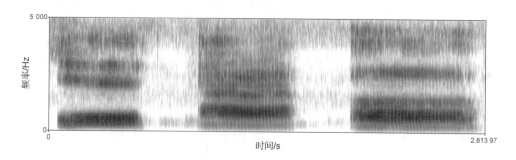

图 7.23　本书第一作者发的三个美国英语的元音[ih], [ae], [ah] ①的频谱

　　在连续的语流中，我们也可以看到同样的共振峰，由于弱化和协同发音等过程的影响，观察起来比较困难。图 7.24 是"she just had a baby"的频谱，其波形如图 7.17 所示，在图 7.24中，just 中的[ax]、had 中的[ae]、baby 中的[ey]，它们的 F1 和 F2(及 F3)都是很清楚的。

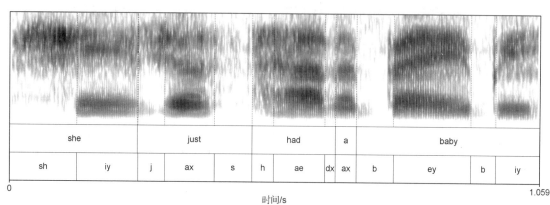

图 7.24　句子"she just had a baby"的频谱，其波形如图 7.17 所示。频谱
可以想象成是图7.22中的声谱按时间片一段一段地结合而成的

　　在辨识音子的时候，这样的频谱表示图可以给我们提供什么样的启示呢？首先，由于不同的元音在特征位置具有不同的共振峰，因此，频谱可以把不同的元音彼此区别开来。我们已经说过，在波形样本中，元音[ae]在 930 Hz、1 860 Hz、3 020 Hz 处有共振峰。我们现在来看图 7.17 中语段开始时的元音[iy]。这个元音的声谱如图 7.25 所示。元音[iy]的第一个共振峰在 540 Hz，它比元音[ae]的第一个共振峰的频率低得多，而它的第二个共振峰的频率(2 581 Hz)又比[ae]的第二个共振峰的频率高得多。如果我们仔细观察就可以看出，这个共振峰的位置就在图 7.24 的 0.5 s 附近，它们形成暗色条纹。

　　前两个共振峰的位置(称为 F1 和 F2)对于元音的辨别起着很大的作用，尽管不同说话人的共振峰不尽相同。较高的共振峰大多数是由于说话人声腔的普遍特征引起的，而不是由个别的元音引起的。共振峰还可以用于区分鼻音音子[n], [m]和[ng]，以及用于区分边音音子[l]和[r]。

---

①　原文为[uh]，与正文的叙述矛盾，显然有错。

——译者注

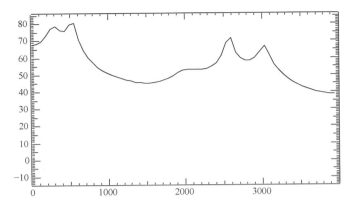

图 7.25　句子"she just had a baby"开始处的元音[iy]用 LPC 平滑后的声
　　　　谱①。注意,元音[iy]的第一个共振峰在 540 Hz,它比图 7.22
　　　　中所示的元音[ae]的第一个共振峰的频率低得多,而它的第二个
　　　　共振峰的频率(2 581Hz)又比[ae]的第二个共振峰的频率高得多

7.4.6　声源滤波器模型

　　为什么不同的元音会有不同的声谱特征呢? 我们在前面曾经简要地说过,共振峰是由口腔的共鸣引起的。**声源滤波器模型**(source-filter model)是一种解释声音的声学特性的方法,这种模型可以模拟怎样由声门[也就是**声源**(source)]产生脉冲以及怎样由声腔[也就是**滤波器**(filter)]使脉冲成型的过程。

　　我们来看声源滤波器模型是如何工作的。每当由于声门的脉冲引起空气振动的时候,就可以产生一个波,这个波也会有一些**谐波**(harmonics)。一个谐波是其频率为基本波倍数的另一种波。例如,由声门振动形成的 115 Hz 的基波(fundamental wave)可以导致频率为 230 Hz、345 Hz、460 Hz 等的谐波。一般地说,这样形成的谐波都比基波弱一些,也就是说,它们的振幅比处于基频的波要低一些。

　　不过,已经证明,声腔就像一个滤波器或放大器,任何的声腔就像一个管子,可以把某些频率的波放大,也可以把其他频率的波减弱。这种放大的过程是由声腔形状的改变引起的,一种给定的形状会引起某种频率的声音产生共鸣,从而使其得到放大。因此,只要改变声腔的形状,我们就能使不同频率的声音得到放大。

　　当我们发特定的元音的时候,把舌头和其他的发音器官放到特定的位置,从而改变声腔的形状。其结果使得不同的元音引起不同的谐波得到放大。这样一来,具有同样基频的一个波,在通过不同的声腔位置的时候,就会引起不同的谐波得到放大。

　　我们只要观察声腔形状和其相应的声谱之间的关系,就可以看到这种放大的结果。图 7.26显示了三个元音的声腔位置以及它们引起的典型的声谱。在频谱图中,共振峰处于声腔放大特定的谐振频率的位置。

---

① LPC(Linear Predictive Coding)的意思是"线性预测编码",这是声谱的一种编码方法,它可以让我们比较容易地看到
　声谱峰(spectral peak)的位置。
　　——译者注

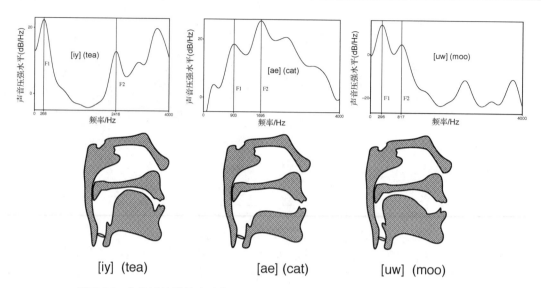

[iy]　(tea)　　　　　　　[ae]　(cat)　　　　　　　[uw]　(moo)

图 7.26　作为滤波器的声腔位置的可视化图示:英语中三个元音的舌位以及
它们相应地形成的经过平滑后的声谱,图中显示了共振峰F1和F2

7.5　语音资源

可以把各种不同的语音资源抽取出来进行计算。一种最重要的语音资源是**发音词典**(Pronunciation Dictionaries)。这些在线的发音词典对于其中的每一个单词都给出相应的语音转写。通用的在线英语发音词典有三部,它们是 PRONLEX,CMUdict 和 CELEX;语言数据联盟 LDC 还可以提供埃及阿拉伯语、德语、日语、韩国语、汉语普通话和西班牙语的发音词典。所有的这些发音词典既可以用于语音识别,也可以用于语音合成。

CELEX 发音词典(Baayen et al ., 1995)是标注的信息最为丰富的一部词典。它包括 1974 年版的《牛津高级英语学习词典》(41 000 个原形词)和 1978 年版的《朗文现代英语词典》(53 000 个原形词)的全部单词,总共包含 160 595 个词形的发音。这些词形的发音(是英国英语的发音,不是美国英语的发音)使用 IPA 的一个 ASCII 版本来转写,这个版本称为 SAM。对于每一个单词,除了标出诸如音子串、音节和每一个音节的重音级别等基本的语音信息外,还标出形态、词类、句法和频率等信息。CELEX(CMU 和 PRONLEX 也一样)把重音表示为三层:主重音、次重音和无重音。例如,在 CELEX 中,单词 dictionary 的信息包括各种发音信息('dIk-S@ n-rI 和 'dIk-S@ -n@ -rI分别对应于 ARPAbet 的[d ih k sh ax n r ih]和[d ih k sh ax n ax r ih])、与这些发音信息相应的元辅音的 CV 构架([CVC][CVC][CV]和[CVC][CV][CV][CV])、这个单词的频率,以及这个单词是名词,它的形态结构为 diction + ary 等信息。

免费使用的 CMU 发音词典(CMU, 1993)收录了大约 125 000 个词形的发音,使用了基于 ARPAbet 的 39 个音子推导出的音位集合来标注,按照音位来进行转写,没有标注诸如闪音化、弱化元音等表层的弱化特征,但是,CMU 对于每一个元音都标注了数字 0(无重音)、1(重音)或 2(次重音)。因此,单词 tiger 标注为[T AY1 G ER0],单词 table 标注为[T EY1 B AH0 L],单词 dictionary 标注为[D HI1 K SH AH0 N EH2 R IY0],等等。尽管 CMU 发音词典没有标注音节,但是,使用带数字的元音隐性地标出了音节的核心。

PRONLEX 发音词典(LDC, 1995)是为语音识别而设计的,包含 90 694 个词形的发音。它可覆盖多年来在 Wall Street 杂志(Wall Street Journal)和 Switchboard 语料库(Switchboard Corpus）中使用的单词。PRONLEX 的优点是它收录了大量的专有名词（大约收录了 20 000 个专有名词，而 CELEX 只收录了大约 1 000 个专有名词）。在实际的应用中，专有名词是很重要的，它们的使用频率较高，处理起来难度较大。在第 8 章中，我们将再讨论如何推导专有名词发音的问题。

另外一种有用的语音资源是**语音标注语料库**（phonetically annotated corpus），在语音标注语料库中，所有的语音波形都是使用相应的音子串手工标注的。重要的英语语音标注语料库有三个，它们是 TIMIT 语料库、Switchboard 语料库和 Buckeye 语料库。

TIMIT 语料库（NIST，1990）是美国的德州仪器公司（Texas Instruments，TI）、MIT 和 SRI 联合研制的。这个语料库包括 6 300 个朗读的句子，由 630 个发音人来朗读，每一个发音人朗读 10 个句子。这 6 300 个句子是从事先设计好的 2 342 个句子中抽取出来的，有的抽取出来的句子带有特殊的方言语音惯用色彩，其他的一些句子尽可能地把双音素的语音也包含进来。语料库中的每一个句子都是用手工进行语音标注的，音子的序列自动地与句子的波形文件对齐，然后再对于已经自动标注过的音子的边界进行手工修正（Seneff and Zue，1988）。修正的结果形成**时间对齐的转写**（time-aligned transcription）。在这种时间对齐的转写中，每一个音子都与波形的开始时间和结束时间相对应。图 7.17 就是这种时间对齐的转写的一个实例。

下面是 TIMIT 语料库和 Switchboard 转写语料库中的音子集，它比 ARPAbet 的最小的音位版本更加细致。具体地说，这个语音转写使用了图 7.1 和图 7.2 中提到的各种弱化的音子或少见的音子。例如，颤音[dx]，喉塞音[q]，弱化元音[ax]、[ix]和[axr]，音位[h]的浊化变体[hv]，成阻的塞音音子[dcl]和[tcl]等，除阻的塞音音子[d]和[t]等。图 7.27 是一个转写的例子。

she	had	your	dark	suit	in	greasy	wash	water	all	year
sh iy	hv ae dcl	jh axr	dcl d aa r kcl	s ux q	en	gcl g r iy s ix	w aa sh	q w aa dx axr q	aa l	y ix axr

图 7.27　取自语料库 TIMIT 中的语音转写例子。注意：had 中[d]的腭化，dark 中的最后一个塞音没有除阻，suit 中的最后一个音[t]腭化为[q]，water 中的[t]读为颤音。TIMIT 语料库中的每一个音子也是时间对齐的（此图中没有显示出来）

TIMIT 语料库是建立在朗读语音的基础之上的，最近研制的 Switchboard 转写语料库课题则是建立在对话语音的基础之上的。语音标注的部分包括从各种对话中抽取出来的大约 3.5 个小时的句子（Greenberg et al.，1996）。这个语料库与 TIMIT 语料库一样，每一个标注的话段也包含时间对齐的转写。不过，Switchboard 语料库是在音节的平面上进行转写，而不是在音子的平面上进行转写，因此，一个转写包含一个音节序列以及在相应的波形文件中每一个音节的开始时间和结束时间。图 7.28 是 Switchboard 转写语料库课题中句子 they're kind of in between right now 的语音转写：

0.470	0.640	0.720	0.900	0.953	1.279	1.410	1.630
dh er	k aa	n ax	v ih m	b ix	t w iy n	r ay	n aw

图 7.28　Switchboard 语料库中句子 they're kind of in between right now 的语音转写。注意：they're 和 of 的弱化，在 kind 和 right 中音节尾的消失，以及再音节化现象（of 由于与 in 的音节头相连接而变为[v]）。从句子开始时到每一个音节的开头都以秒为单位给出了数字来表示时间

Buckeye 语料库（Pitt et al.，2007，2005）是新近研制的美国英语自发语音的一个语音转写语料库，包含来自 40 个谈话者的 300 000 个单词。其他的语言也建立了语音转写语料库。例如，德国建立了通用的德语 Kiel 语料库，中国社会科学院建立了若干个汉语普通话的转写语料库（Li et al.，2000）。

除了语音词典和语音语料库类的语言资源外,还有很多有用的语音软件工具。其中用途最广、功能最丰富的是免费的 Praat 软件包(Boersma and Weenink, 2005)。这个 Praat 软件包可以做声谱和频谱的分析、音高的抽取、共振峰的分析,还可以作为自动控制中的嵌入式脚本语言(embedded scripting language)。Praat 软件包可以在 Microsoft、Macintosh 和 UNIX 等环境下使用。

7.6　高级问题:发音音系学与姿态音系学

我们在 7.3.1 节中已经知道,可以使用**区别特征**(distinctive features)来捕捉音子类别的共通性。尽管[粗糙性]和元音的[高音性]这些特征还属于声学方面的特征,但是,音子类别的这些共通性主要还是属于发音方面的特征。

把发音看成是语音产生的基础这样的思想能够以更加精妙的方式应用于**发音音系学**(articulatory phonology)的研究中,其中**发音姿态**(articulatory gesture)是音位抽取的基础(Browman and Goldstein, 1992, 1995)。发音姿态可以定义为参数化的**动态系统**(dynamical systems)。由于语音的产生要求舌头、嘴唇、声门等协同动作,发音音系学把口头的话段表示为一个潜在地覆盖着的发音姿态序列。图 7.29 说明了产生单词 pan [p ae n]时要求的发音姿态序列[**姿态评分**(gestural score)]。首先闭紧嘴唇,然后打开声门,然后,舌体对着咽腔壁向后向下运动,以产生元音[ae],软腭下垂以产生鼻音,最后,舌尖靠紧并对着齿龈脊。图中的直线表示发音姿态彼此之间的分段。使用这样的发音姿态表示方法,元音[ae]的鼻化现象可以通过发音姿态的时间调整而得到解释:由于软腭的下垂先于舌尖的紧闭,从而产生了元音[ae]的鼻化。

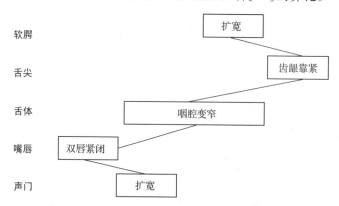

图 7.29　在 Browman and Goldstein(1995)中,单词 pan 发音为[p ae n]时的姿态评分

隐藏在这种发音音系学后面的直觉是:这样的发音姿态评分抓住了语音的连续性这一性质,把连续的语音表示为隐藏状态的集合,显然比把语音表示为离散的音子序列好得多。此外,使用这样的发音姿态作为基本单元,有助于对相邻发音姿态的协同发音进行颗粒度更加精细的建模。我们在介绍**双音子**(diphones, 8.4 节)和**三音子**(triphones, 10.3 节)时将进一步讨论这个问题。

这种发音音系学现在已经在语音识别中在计算上实验成功了。这些实验都采用发音姿态作为表示隐藏变量的基础,而不采用音子。由于多个发音器官(舌头、嘴唇等)可以同时运动,使用发音姿态来表示隐藏变量就是一种多重的隐藏变量表示。图 7.30 是 Livescu and Glass(2004b)和 Livesscu(2005)在他们的研究中使用的发音姿态特征集。

特 征	描 述	特征值＝含义
LIP-LOC	嘴唇位置	LAB＝嘴唇(中等位置)；PRO＝突出(圆唇)；DEN＝牙齿
LIP-OPEN	嘴唇开启程度	CL＝关闭；CR＝严密(嘴唇摩擦-唇齿摩擦)；NA＝狭窄；WI＝扩宽
TT-LOC	舌尖位置	DEN＝齿间；ALV＝齿龈；P-A＝腭龈；RET＝卷舌
TB-OPEN	舌尖开启程度	CL＝关闭(塞音)；CR＝严密(摩擦)；NA＝狭窄(齿龈滑移)；M-N＝中窄；MID＝中等；WI＝硬腭
TB-LOC	舌体位置	PAL＝硬腭(辅音)；VEL＝软腭；UVU＝小舌(中等位置)；PHA＝咽腔
TB-OPEN	舌体开启程度	CL＝关闭(塞音)；CR＝严密(摩擦)("legal"中的擦音[g])；NA＝狭窄(齿龈滑移)；M-N＝中窄；MID＝中等；WI＝硬腭
VEL	软腭状态	CL＝关闭(非鼻化)；OP＝开启(鼻化)
GLOT	声门状态	CL＝关闭(喉塞音)；CR＝严密(声带振动)；OP＝开启(声带不振动)

图 7.30　Livescu(2005)使用的基于发音音系学的特征集

图 7.31 说明了怎样把音子映射为发音姿态的特征集。

音子	LIP-LOC	LIP-OPEN	TT-LOC	TT-OPEN	TB-LOC	TB-OPEN	VEL	GLOT
aa	LAB	W	ALV	W	PHA	M-N	CL(.9),OP(.1)	CR
ae	LAB	W	ALV	W	VEL	W	CL(.9),OP(.1)	CR
b	LAB	CR	ALV	M	UVU	W	CL	CR
f	DEN	CR	ALV	M	VEL	M	CL	OP
n	LAB	W	ALV	CL	UVU	M	OP	CR
s	LAB	W	ALV	CR	UVU	M	CL	OP
uw	PRO	N	P-A	W	VEL	N	CL(.9),OP(.1)	CR

图 7.31　Livescu(2005)，把音子映射为发音姿态的特征值，注意：有的特征值是概率性的

7.7　小结

本章介绍了不少语音学和计算语音学的重要概念。

- 我们可以使用称为**音子**(phones)的单元来表示单词的发音。表示音子的标准系统是**国际音标**(International Phonetic Alphabet，IPA)。最常用的英语语音计算机转写系统是 ARPA-bet，它可以很方便地使用 ASCII 字符来表示英语语音。

- 音子可以通过它们是怎样由发音器官在**发音上**(articulatorily)产生出来的而得到描述；辅音可以通过发音的**部位**(place)和发音的**方法**(manner)以及**声带是否振动**(voicing)来确定；元音可以通过舌位的**高低**(height)、舌位的**前后**(backness)以及**嘴唇是否圆**(roundness)来确定。

- **音位**(phoneme)是对不同语音情况的一般化和抽象。**音位变体规则**(allophonic rules)描述一个音位在给定的上下文环境中的实现情况。

- 语音也可以**从声学的角度**(acoustically)进行描述。声波可以使用**频率**(frequency)和**振幅**(amplitude)来描述，或者也可以使用与频率和振幅在感知上对应的**音高**(pitch)和**响度**(loudness)来描述。

- 语音的**声谱**(spectrum)用于描述语音的不同的频率成分。在从声波的波形来识别某些语音特性的同时，不论是人还是机器都可以根据声谱分析来进行音子的探测。

- **频谱**(spectrogram)是声谱在时间上分布情况的描述。元音可以通过称为**共振峰**(formants)的具有特征性的谐波来描述。

- **发音词典**(Pronunciation Dictionaries)有着广泛的用途，既可以用于语音识别，也可以用于语音合成，这些发音词典包括英语的 CMU 发音词典，英语、德语和荷兰语的 CELEX 发音词典。其他发音词典还可以由语言数据联盟 LDC 提供。

- 语音转写语料库是很有用的语言资源，可以用于建立音子变异和自然语音弱化的计算模型。

7.8　文献和历史说明

发音语音学的主要研究工作可以追溯到公元前 800 到公元前 150 年的印度语言学家。他们提出了发音部位和发音方法的概念,揭示了浊音清音的区分的声门机制,探索了语音同化的概念。直到两千多年以后,也就是 19 世纪后期,欧洲在语音科学研究方面还没有赶上印度的语音学家。希腊人只具有一些最起码的语音学知识,例如,在柏拉图(Plato)的 Theaetetus 和 Cratylus 时代,他们能区分元音和辅音、停顿辅音和连续辅音。斯多葛学派发展了关于音节的思想,认识到了语音对于可能单词的制约关系。12 世纪一个不知名的冰岛学者探索了音位的概念,提出了冰岛语的一个书写系统,其中包括用于表示音长和鼻音化的变音符号。但是他的文章直到 1818 年还没有发表,以至到现在,在斯堪的纳维亚半岛之外的大多数学者,对于此事还一无所知(Robins, 1967),普遍认为现代语音学是从 Sweet 开始的。他在《语音学手册》(Handbook of Phonetics, 1877)一书中,已经从本质上说明了什么是音位。他还设计了音标字母,区分了宽式音标和严式音标,他提出的很多建议现在都纳入了 IPA。在 Sweet 的那个时代,我们可以说,Sweet 是最优秀的语音学实践家,他第一次把语言进行了科学的录音,以便于语音学的研究,他还推进了语音发音描写的技术。在戏剧家肖伯纳(George Bernard Shaw)的剧本中,有一个称为 Henry Higgins 的角色就是按照 Sweet 的形象塑造的,可是,在戏剧家笔下,他却被描写成一个性格古怪、难于接近并且名声不太好的家伙。"音位"(phoneme)这个术语是波兰学者 Baudouin de Courtenay 在 1894 年提出的理论中首先命名的。

对于音标和发音语音学有兴趣的学生,可以参看 Ladefoged(1993)和 Clark and Yallop(1995)有关语音学的导论性教科书。Pullum and Ladusaw(1996)是关于 IPA 的所有符号和变音符的非常全面的指导读物。关于英语口语中的弱化和其他语音过程的细节描述,可参看 Shockey(2003),这是一个很好的语言资源。Wells 的三卷本著作(1982)提供了关于英语方言的清楚而明确的资源。

20 世纪 50 年代末到 20 世纪 60 年代初进行了很多声学语音学的经典性研究,其中引人注目的成果有:声音频谱的技术研究(Koenig et al ., 1946),声源滤波器理论以及发音与声学之间的映射关系研究这样的理论探索(Fant, 1960; Stevens et al ., 1953; Stevens and House, 1955; Heinz and Stevens, 1961; Stevens and House, 1961),元音共振峰的 F1 × F2 空间的研究(Peterson and Barney, 1952),重音的语音学特性的理解研究以及使用音长和音强作为语音理解的线索的研究(Fry, 1955),音子感知中的某些问题的深入探索(Miller and Nicely, 1955; Liberman et al ., 1952)。Lehiste(1967)是一本关于声学语音学经典性论文的文集。Gunnar Fant 语音学讨论班的很多文章收集在 Fant(2004)一书中。

关于声学语音学最优秀的教科书有 Johnson(2003)和 Ladefoged(1996)。Coleman(2005)一书包括了一篇关于声学计算机处理的导论性文章以及从语言学背景来研究语音处理的其他课题的文章。Stevens(1998)提出了一种关于话语语音产生的很有影响的理论。从信号处理和电子工程的背景来研究语音的书籍异彩纷呈。其中覆盖面最广的关于计算语音学的书籍是 Huang et al. (2001), O'shaughnessy(2000)和 Gold and Morgan(1999)。关于数字信号处理最好的教科书是 Lyons(2004)和 Rabiner and Schafer(1978)。

现在已经有了不少用于声学语音分析的软件包。其中使用最广的软件包可能就是 Praat(Boersma and Weenink, 2005)。

与计算有关的很多语音学文章可以在 Journal of the Acoustical Society of America(美国声学学会期刊), Computer Speech and Language(计算语音和语言)以及 Speech Nommunication(语音通信)中找到。

第8章 语音合成

Wolfgang von Kempelen 于 1769 年在维也纳为 Maria Theresa 女皇制造了一个称为 Turk 的机器，这个 Turk 机器一时名扬天下。这个 Turk 机器是一个会下象棋的自动机，Turk 的前面是一个充满了齿轮的大木箱，在这个大木箱的后面，坐着一个机器人，他在下象棋的时候，会用自己的机械手来移动棋子。这个称为 Turk 的机器数十年间在欧洲和美国进行巡回比赛，打败了法国皇帝拿破仑（Napolean Bonaparte），甚至还和英国数学家巴贝奇（Charles Babbage）进行过对弈。但是，后来发现，这竟然是一个恶作剧，原来 Turk 机器的全部动作都是由藏在大木箱内部的一个会下象棋的活生生的人控制着的。不然，这个 Turk 机器也许可以看成是人工智能的最早的一个成就呢！

不过，关于这个 von Kempelen 还有一些不太为人知晓的事情：他是一个极不平凡的多产的发明家，在 1769 年至 1790 年间，他还做了一件确实不是恶作剧的大事，发明了第一台能够合成完整句子的语音合成器。他的这个装置包括一个模拟肺部的鼓风器、一个橡胶制成的嘴、一个鼻子孔、一个模拟声带的簧片、用于产生摩擦音的各种不同的哨子，以及用于给塞音提供喷出气流的一个附加的小鼓风器。这种语音合成器实际上是一个共鸣箱。操作员用双手移动操作杆来打开或关闭鼻子孔，调节有弹性的皮制"声腔"，就可以产生各种不同的元音和辅音。

两百多年过去之后，我们不再使用木头或皮革来制造语音合成器了，也不再需要人来亲自担任操作员了。现代**语音识别**（speech synthesis）的任务就是从文本产生语音（声学的波形），也可以称为**文本-语音转换**（Text-to-Speech，TTS）。

现代语音合成有着多种多样的、非常广泛的用途。语音合成器可以用于基于电话的会话智能代理系统，这种智能代理可以与人进行对话和交谈（见第 24 章）。语音合成器也在那些不是会话的场合用来对人说话，例如，用于给盲人大声朗读的装置中、用于视频游戏中，或用于儿童玩具中。最后，语音合成还可以用于帮助神经受损的病人说话。例如，天体物理学家霍金（Steven Hawking）由于得了肌萎缩性脊髓侧索硬化症（ALS）而失去了使用自己语音的能力，他可以通过打字给语音合成器并让语音合成器说出单词的方式来进行说话。目前，最先进的语音合成系统可以在各种不同的输入环境下产生优质的自然语音，尽管甚至最好的系统产生出来的声音还显得有些呆板，并且只能局限于它们所使用的那些语音的范围之内。

语音合成的任务是把文本映射为波形。例如，我们有如下的文本：

(8.1) PG&E will file schedules on April 20.

语音合成器要把这个文本映射为如下的波形：

语音合成器把这样的映射分为两个步骤来实现：首先把输入文本转换成**语音内部表示**（phonemic internal representation），然后再把这个语音内部表示转换成波形。我们把第一个步骤称为**文本分析**

(text analysis)，把第二个步骤称为**波形合成**(waveform synthesis)，不过，对于这些步骤还有其他不同的叫法。

图 8.1 是这个句子的语音内部表示的一个样本。注意，这个句子中的首字母缩写词 PG&E 扩充为 P G AND E 4 个单词，数字 20 扩充为 twentieth，对于每一个单词都给出了它们的音子序列，这个样本中还有韵律信息和短语信息(标注为 *)，我们以后再讨论这些信息。

P	G	AND	*E	WILL	FILE	*SCHEDULES	ON	APRIL	*TWENTIETH L-L%
p iy	jh iy	ae n d	iy	w ih l	f ay l	s k eh jh ax l z	aa n	ey p r ih l	t w eh n t iy ax th

图 8.1　在一个单元选择语音合成器中，句子"PG&E will file schedules on April 20."的中间输出。
数字和首字母缩写词都进行了扩充，单词被转换为音子序列，并且标注出了韵律特征

文本分析算法已经有了相对稳定的标准，而波形合成目前还有 3 个彼此有很大区别的范式，这 3 个范式是：**毗连合成**(concatenative synthesis)、**共振峰合成**(formant synthesis)和**发音合成**(articulatory synthesis)。最现代的商业化 TTS 系统的体系结构是建立在毗连合成的基础之上的，在毗连合成时，语音样本先被切分为碎块，存储在数据库中，然后把它们结合起来进行重新组合，造出新的句子。在本章中的大多数论述中，我们都集中于讲解毗连合成，不过，在本章的结尾部分，我们也简短地介绍一下共振峰合成与发音合成。

图 8.2 说明了毗连单元选择合成的 TTS 体系结构，其中使用了 Taylor(2008)的**玻璃漏壶比喻**(hourglass metaphor)，把 TTS 体系结构分为两个步骤。在下面的各节中，我们将仔细地考察这个体系结构中的每一个部分。

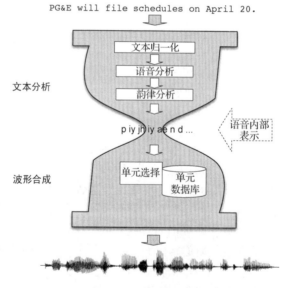

图 8.2　单元选择(毗连)语音合成的 TTS 体系结构

8.1　文本归一化

为了生成语音内部表示，首先我们必须对于形形色色的、自然状态的文本做前处理或**归一化**(normalize)。我们需要把输入的文本分解为句子，处理缩写词、数字等特异问题。下面的文本是从 Enron 语料库(Klimt and Yang, 2004)中抽取出来的，我们来考虑一下这个文本在处理上的困难究竟有多大：

He said the increase in credit limits helped B. C. Hydro achieve record net income of about ＄1 billion during the year ending March 31. This figure does not include any write-downs that may occur if Powerex determines that any of its customer accounts are not collectible. Cousins, however, was insistent that all debts will be collected："We continue to pursue monies owing and we expect to be paid for electricity we have sold."

文本归一化的第一个任务就是**句子的词例还原**（sentence tokenization）。为了把上面这个文本的片段切分成彼此分开的话段以便语音合成，我们需要知道，第一个句子是在 March 31 后面的那个小圆点处结尾，而不是在 B. C 后面的小圆点处结尾。我们还需要知道，在单词 collected 处是一个句子的结尾，尽管 collected 后面的标点符号是一个冒号，而不是小圆点。归一化的第二个任务是处理**非标准词**（non-standard words）。非标准词包括数字、首字母缩写词、普通缩写词，等等。例如，March 31 的发音应当是 March thirty-first，而不是 March three one；＄1 billion 的发音应当是 one billion dollars，在 billion 的后面应当加一个单词 dollars。

8.1.1　句子的词例还原

我们在上面看到了两个例子，说明句子的词例还原是很困难的，因为句子的边界不总是用小圆点来标识，有时也可以用如冒号的标点符号来标识。当以一个缩写词来结束句子的时候，还会出现一个附带的问题，这时，缩写词结尾处的小圆点会起双重的作用：

（8.2）He said the increase in credit limits helped B. C. Hydro achieve record net income of about ＄1 billion during the year ending March 31.

（8.3）Cousins, however, was insistent that all debts will be collected："We continue to pursue monies owing and we expect to be paid for electricity we have sold."

（8.4）The group included Dr. J. M. Freeman and T. Boone Pickens Jr. ①

句子的词例还原的一个关键部分就是小圆点的排歧问题，我们在第 3 章中曾经看到过用 Perl 语言写的用于小圆点排歧的一个简单的确定性算法的片段。不过，大多数句子词例还原的算法都比这个确定性算法要更加复杂一些，特别是这些算法都是通过机器学习的方法来训练，而不是用手工建立的。在进行这样的训练时，我们首先要手工标注带有句子边界的一个训练集，然后使用任何一种有指导的机器学习方法（决策树、逻辑回归、支持向量机 SVM 等）训练一个分类器来判定并标注句子的边界。

更加具体地说，在开始的时候，我们可以把输入文本还原成彼此之间有空白分隔开的词例，然后，选择包含"！""．"或者"？"三个符号中的任何一个符号（也可能包含冒号"："）的词例作为句子的结尾。在手工标注了一个包含这样的词例的语料库之后，我们就训练一个分类器，对于这些词例内的潜在句子边界字符，进行二元判定，判定某个词例是 EOS（end-of-sentence，句子结尾），还是 not-EOS（非句子结尾）。

这种分类器成功与否依赖于在分类时抽出的特征。让我们来研究在给句子边界排歧的时候可能用得着的某些特征模板，其中的句子边界符号 **candidate**（候选成分）表示在我们训练的少量数据中可能标注为句子边界的某个符号：

- Prefix：前缀（处于 candidate 之前的候选词例部分）
- Suffix：后缀（处于 candidate 之后的候选词例部分）

---

① "Jr."最后的小圆点，既可以表示 Junior 的缩写（T. Boone Pickens Jr. 表示"小 T. Boone Pickens"），也可以表示句末的句号。这个小圆点有歧义。

——译者注

- Prefix Abbreviation 或 Suffix Abbreviation：前缀或后缀是不是(一串符号中的)缩写词
- PreviousWord：处于 candidate 之前的单词
- NextWord：处于 candidate 之后的单词
- PreviousWordAbbreviation：处于 candidate 之前的单词是不是一个缩写词
- NextWordAbbreviation：处于 candidate 之后的单词是不是一个缩写词

我们来研究下面的例子：

(8.5) ANLP Corp. chairman Dr. Smith resigned.

对于上面的特征模板，在例(8.5)的单词"Corp."中的小圆点"."的特征值是：

```
PreviousWord = ANLP              NextWord = chairman
Prefix = Corp                    Suffix = NULL
PreviousWordAbbreviation = 1     NextWordAbbreviation = 0
```

如果训练集足够大，那么，我们也可以找到一些关于句子边界的词汇方面的线索。例如，某些单词可能倾向于出现在句子的开头，某些单词可能倾向于出现在句子的结尾。这样，我们又可以加进去如下的特征：

- Probability[candidate occurs at end of sentence]：表示 candidate 出现于句子结尾的概率。
- Probability[word following candidate occurs at beginning of sentence]：表示跟随在出现于句子开头的 candidate 的单词的概率。

上面所述的特征，大部分是与具体的语言无关的，此外还可以使用一些针对具体语言的特征。例如，在英语中，句子一般是以大写字母开头的，所以，我们还可以使用如下的特征：

- case of candidate：candidate 的大小写情况，例如，Upper，Lower，AllCap，Numbers
- case of word following candidate：跟随在 candidate 后面的单词的大小写情况，例如，Upper，Lower，AllCap，Numbers

类似地，我们还可以使用缩写词的某些次类的信息，例如，尊称或头衔(Dr.，Mr.，Gen.)、公司名称(Corp.，Inc.)、月份名称(Jan.，Feb.)。

任何的机器学习方法都可以用来训练 EOS 分类器。逻辑回归(见 6.6.2 节)和决策树是两种最普通的方法，逻辑回归的精确度高一些，不过，在图 8.3 中，我们还是介绍了一个决策树，因为从决策树中比较容易看出各种特征是如何使用的。

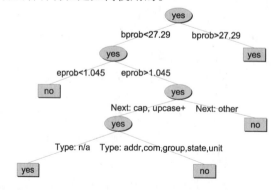

图 8.3　此图来自 Richard Sproat，这是一个决策树，它可以预测一个小圆点"."是句子的结尾(YES)，或者不是句子的结尾(NO)。在判定时使用了一些特征，例如，当前词是句子开头的对数似然度(bprob)，前一词是句子结尾的对数似然度(eprob)，下一词的首字母是大写，缩写词的次类(公司名称、国家名称、测量单位)等

8.1.2 非标准词

文本归一化的第二个步骤是非标准词(Non-Standard Word, NSW)的归一化。非标准词是诸如数字或缩写词之类的词例,在语音合成中,在计算机读出它们之前,需要把它们扩充为英语单词的序列。

非标准词的处理是很困难的,因为它们总是存在歧义。例如,在不同的上下文中,1750 这个数字至少可以有 4 种不同的读法:

seventeen fifty: (in *'The European economy in 1750'*)
one seven five zero: (in *'The password is 1750'*)
seventeen hundred and fifty: (in *'1750 dollars'*)
one thousand, seven hundred, and fifty: (in *'1750 dollars'*)

相似的歧义问题也发生在罗马数字 IV 或 2/3 等非标准词的读音中。IV 可以读为 four,或者读为 fourth,也可以按照字母 I 和 V 分别来读,这时,IV 的含义是"intravenous"(静脉内的)。2/3 可以读为 two thirds, February third, March second, 或者 two slash three。

某些非标准词是由字母构成的,例如,**缩写词**(abbreviation)、**字母序列**(letter sequences)、**首字母缩写词**(acronyms)等。缩写词读音时,一般都要进行**扩充**(expanded),所以,Wed 要读为 Wednesday, Jan 1 要读为 January first。如 UN, DVD, PC, IBM 这样的字母序列(letter sequences)读音时,要按照字母在序列中的顺序,一个一个地来读,所以 IBM 的读音是[ay b iy eh m]。如 IKEA, MoMA, NASA 和 UNICEF 这样的首字母缩写词读音时,要把它们看成一个单词来读,MoMA 的读音是[m ow m ax]。这里也会出现歧义问题。Jan 按照一个单词来读呢(人名 Jan)?还是扩充为月份名称 January 来读?图 8.4 把数字和字母组成的非标准词归纳为不同的类型。

	EXPN	缩写词	adv, N. Y., mph, gov't
字母非标准词	LSEQ	字母序列	DVD, D. C., PC, UN, IBM
	ASWD	按一个单词读音	IKEA, unknown words/names
	NUM	基数词	12, 45, 1/2, 0.6
	NORD	序数词	May 7, 3rd, Bill Gates III
	NTEL	电话号码(或电话号码的一部分)	212 – 555 – 4523
	NDIG	数字号码	Room 101
	NIDE	识别号码	747, 386, I5, pc110, 3A
	NADDR	街道地址号码	747, 386, I5, pc110, 3A
数字非标准词	NZIP	邮政编码或信箱号码	91020
	NTIME	(复合)时间	3.20, 11:45
	NDATE	(复合)日期	2/28/05, 28/02/05
	NYER	年代	1998, 80s, 1900s, 2008
	MONEY	货币(美元或其他货币)	$3.45, HK $300, Y20,200, $200K
	BMONEY	万亿/百万/十亿的货币	$3.45 billion
	PRCT	百分比	75% 3.4%

图 8.4   在文本归一化中的非标准词的某些读音类型,选自 Sproat et al.(2001)的表 1;URL、电子邮件、标点符号的某些复杂用法没有在这里列出

每种类型非标准词都有一个或几个特定的实际读法。例如,年代(NYER)通常按**双对式读法**(paired method)来读,其中每一对数字按照一个整数来读音(例如,1750 读为 seventeen fifty);而美国的邮政编码(NZIP)通常按**顺序式读法**(serial method)来读,序列中的每一个数字单独读音

(例如，94110 读为 nine four one one zero)。货币(BMONEY)这种类型的读法要处理一些特异的表达形式。例如，$3.2 billion 在读音的时候要在结尾加一个单词 dollars，读为 three point two billion dollars。对于字母非标准词 NSWs 的读法，我们有 EXPN，LSEQ 和 ASWD 等类型。EXPN 用于诸如"N. Y."的缩写词，读的时候要进行扩充；LSEQ 用于读那些要按照字母序列来读音的首字母缩写词；ASWD 用于读那些要按照单词来读音的首字母缩写词。

非标准词的处理至少有三个步骤：**词例还原**(tokenization)、**分类**(classification)、**扩充**(expansion)。词例还原用于分割和识别潜在的非标准词；分类用于给非标准词标上图 8.4 中的读音类型；扩充用于把每一个类型的非标准词转换为标准词的符号串。

在词例还原这个步骤，我们可以使用空白把输入文本还原成词例，在词例与词例之间用空白分开，然后假定在发音词典中没有的单词都是非标准词。一些更加细致的词例还原算法还可以处理某些词典中已包含某些缩写词这样的事实。例如，CMU 发音词典就包含了缩写词 st，mr，mrs 的发音(尽管这些发音不正确)以及诸如 mon，tues，nov，dec 等日期和月份的缩写词。因此，除了那些没有看到的单词之外，我们还有必要给首字母缩写词标注发音，并把单字母的词例作为潜在的非标准词来处理。词例还原算法还需要对于那些包含两个词例的组合分隔成不同的单词，例如，2-car 或 RVing 等。我们可以使用简单的启发式推理方法来分隔单词，例如，把破折号作为分割的标志，把大写字母与小写字母转换之处作为分割的标志，等等。

下一个步骤是分类，也就是标注非标准词(NSW)的类型。使用简单的正则表达式就可以探测出很多非标准词的类型。例如，NYER 可以使用如下的正则表达式来探测：

$/(1[89][0-9][0-9])|(20[0-9][0-9])/$

其他类型的规则写起来比较困难，所以，使用带有很多特征的机器学习分类器来进行分类将会更加有效。

为了区分字母非标准词 ASWD，LSEQ 和 EXPN 等不同的类型，我们可以使用组成成分的字母的一些特征。我们在这里举例简单地说一下：全是大写字母的单词(IBM，US)可以归入 LSEQ 类，带有单引号的全是小写字母组成的一些比较长的单词(gov't，cap'n)可以归入 EXPN 类，带有多个元音的全是大写字母组成的单词(NASA，IKEA)可以归入 ASWD 类。

另外一个很有用的特征是相邻单词的辨识。我们来研究如 3/4 这样的歧义字符串，它可以归入 NUM(three-fourths)或归入 NDATE(march third)。归入 NDATE 时，它的前面可能出现单词 on，后面可能出现单词 of，或者在周围单词的某个地方出现单词 Monday。与此不同，归入 NUM 时，它的前面可能是另外一些数字，后面可能出现如 mile 和 inch 类的单词。类似地，如 VII 的罗马数字，当前面出现 Chapter，part 或者 Act 等单词时，可能倾向于归入 NORD(seven)，当在相邻单词中出现 king 或者 Pope 类的单词时，就可能倾向于归入 NUM(seventh)。这些上下文单词可以通过手工的方式选择作为特征，也可以通过诸如**决策表**(decision list)算法这样的机器学习技术选择作为特征，我们将在第 20 章介绍决策表算法。

我们可以把上述的各种办法结合起来，建立一个机器学习的分类器，这样就能大大地提高分类的效能。例如，Sproat et al.(2001)的 NSW 分类器使用了 136 个特征，其中包括诸如"全是大写字母""含有两个元音""含有斜线号""词例长度"等基于字母的特征，还包括诸如 Chapter，on，king 等特殊的单词是否在周围的上下文中出现的二元特征。Sproat et al.(2001)还提出了一个基于规则的粗分类器(rough-draft classifier)，其中使用手写的正则表达式来给很多表示数字的 NSW 分类。这个粗分类器的输出可以在主分类器(main classifier)中作为另外的特征来使用。

为了建立这样的主分类器，我们需要一个手工标注的训练集，其中的每一个词例都标出它们的 NSW 分类范畴；Sproat et al.(2001)就建立了一个这样的手工标注数据库。给出了标注训练集，我们就可以使用任何一种有监督的机器学习算法，例如，前面讨论过的逻辑回归算法、决策树算法等。然后，我们训练分类器来使用这些特征，从而预测图 8.4 所示的手工标注的 NSW 分类范畴。

非标准词处理的第三个步骤是把 NSW 扩充为一般的单词。EXPN 这种 NSW 的类型扩充起来是非常困难的。EXPN 类型包括缩写词和如 NY 的首字母缩写词。一般地说，扩充时需要借助于缩写词词典，并且要使用下一节将要讨论的同音异义词的排歧算法来处理歧义问题。

其他的 NSW 类型的扩充一般都是确定性的。很多的扩充都是简单易行的。例如，LSEQ 把 NSW 中的每一个字母扩充为单词序列；ASWD 把 NSW 读为一个单词，等于把 NSW 扩充为它自己；NUM 把数字扩充为表示基数的单词序列；NORD 把数字扩充为表示序数的单词序列；NDIG 和 NZIP 都分别把数字扩充为相应的单词序列。

其他类型的扩充要稍微复杂一些，NYER 把年代按两对数字来扩充，如果年代以 00 结尾，那么，年代的 4 个数字则按照基数词来读音（2000 读为 two thousand），或者按照**百位式读法**（hundreds method）来读音（1800 读为 eighteen hundred）。NTEL 把电话号码扩充为数字序列，也可以把电话号码的最后 4 个数字按照**双对式数字读法**（paired digit）来读音，每一对数字读为一个整数。电话号码还可以采用所谓的**跟踪单位读法**（trailing unit）来读音，以若干个零为结尾的数字，非零的数字部分按顺序式读法来读音，零的部分按适当的进位制来读音（例如，876-5000 的读音为 eight seven six five thousand）。NDATE，MONEY 和 NTIME 等类型的扩充留给读者作为练习。

当然，这些扩充很多是与方言有关的。在澳大利亚的英语中，电话号码 33 这个数字序列通常读为 double three。在其他语言中，非标准词的归一化会出现一些特殊的困难问题。例如，在法语或德语中，除了上述的情况之外，归一化还与语言的形态性质有关。在法语中，1 fille（一个姑娘）这个短语归一化为 une fille，而 1 garçon（一个小伙子）这个短语却归一化为 un garçon。与此类似，在德语中，由于名词的格的不同，Heinrich IV（亨利四世）这个短语可以分别归一化为 Heinrich der Vierte，Heinrich des Vierten，Heinrich dem Vierten，或 Heinrich den Vierten（Demberg，2006）。

8.1.3　同形异义词的排歧

上节所述的 NSW 算法的目的在于对于每一个非标准词（NSW）确定一个标准词的序列，以便把它们读出来。然而，有的时候，尽管是一个标准词，要想确定它的读音仍然还是非常困难的事情。同形异义词（homograph）的情况就是如此。同形异义词是拼写相同而读音不同的词。下面是英语同形异义词 use，live 和 bass 的几个例子：

(8.6) It's no use (/y uw s/) to ask to use (/y uw z/) the telephone.

(8.7) Do you live (/l ih v/) near a zoo with live (/l ay v/) animals?

(8.8) I prefer bass (/b ae s/) fishing to playing the bass (/b ey s/) guitar.

法语中的 fils 是同形异义词，含义为"儿子"时，读为[fis]，含义为"线绳"时，读为[fil]；法语的 fier 和 est 有多个发音，fier 的含义为"骄傲"或"信赖"时，发音各不相同；est 的含义为"是"或"东方"时，发音也各不相同（Divay and Vitale，1997）。

幸运的是，同形异义词的排歧可以利用词类信息。在英语（以及法语和德语这些类似的语言）中，同形异义词的两个不同的形式往往倾向于分属不同的词类。例如，上例中 use 两个形式分别属于名词和动词，live 的两个形式分别属于动词和名词。图 8.5 说明了某些"名词-动词"同形异义词和"形容词-动词"同形异义词与它们的读音之间的这种具有系统性的有趣关系。Liberman and Church(1992)说明,在 AP newswire 语料库的4 400 万单词中,出现频率最高的同形异义词都可以使用词类信息来排歧(用来排歧的 15 个频率最高的单词是 use, increase, close, record, house, contract, lead, live, lives, protest, survey, project, separate, present, read)。

	词末浊音化		重音转移				在-ate中的词末元音	
	N (/s/)	V (/z/)	N (init. stress)	V (fin. stress)			N/A (final /ax/)	V (final /ey/)
use	y uw s	y uw z	record	r eh1 k axr0 d	r ix0 k ao1 r d	estimate	eh s t ih m ax t	eh s t ih m ey t
close	k l ow s	k l ow z	insult	ih1 n s ax01 t	ix0 n s ah1 l t	separate	s eh p ax r ax t	s eh p ax r ey t
house	h aw s	h aw z	object	aa1 b j eh0 k t	ax0 b j eh1 k t	moderate	m aa d ax r ax t	m aa d ax r ey t

图 8.5　同形异义词之间某些具有系统性的有趣关系:词末辅音(名词/s/对动词/z/),重音
　　　　转移(名词词首重音对动词词末重音),在-ate中词末元音弱化(名词对形容词)

由于词类知识已经足够处理很多同形异义词的排歧问题,所以,在实际应用中,我们对于标有词类信息的这些同形异义词存储不同的发音,以便进行同形异义词的排歧,然后,对于上下文中给定的同形异义词,运行词类标注程序来选择正确的读音。

然而,还有一些同形异义词的不同发音只对应于同样的词类。在上面的例子中,我们看到 bass 的两个不同的发音,但它们都对应于名词(一个含义表示"鱼",一个含义表示"乐器")。另一个这样的例子是 lead(对应于两个名词的发音各不相同,表示"导线"的名词发音为/l iy d/,表示"金属"的名词的发音为/l eh d/)。我们也可以把某些缩写词的排歧(前面把这样的排歧看成 NSW 的排歧)看成同形异义词的排歧。例如,"Dr."具有 doctor(博士)或 drive(驾驶)歧义;"St."具有 Saint(神圣)或 Street(街道)歧义。最后,还有一些单词的大写字母有差别,如 polish/Polish,这些单词仅只在句子开头或全部字母都大写的文本中才可以看成同形异义词。

在实际应用中,后面这几种同形异义词是不能使用词类信息来解决的,在 TTS 系统中通常可以忽略。另外,我们也可以尝试使用词义排歧算法来解决这样的问题,例如,可以使用 Yarowsky(1997)的**决策表**(decision-list)算法来排歧,详见第 20 章。

8.2　语音分析

语音合成的下面一个阶段是针对在文本分析中得到的已经归一化的单词符号串中的每一个单词,产生出单词的发音。这里,最重要的一个组成部分是大规模的发音词典。但是,仅仅依靠词典还是不够的,因为实际的文本中总是包含有一些在词典中没有出现的单词。例如,Black et al. (1998)把牛津高级英语学习词典(OALD)用于检验宾州 Wall Street Journal 的树库的第一部分。在这一部分中共包括39 923 个单词(词例),有 1 775 个单词(词例)是词典中没有的,占 4.6%,这 1 775 个词例(token)包括 943 个词型(type)。这些在词典中看不到的单词分布如下:

名　　　称	未　知　词	其他类型
1360	351	64
76.6%	19.8%	3.6%

因此必须从两个方面来加强词典的功能,一方面是处理名称(names),一方面是处理其他的未知词(unknown words)。下面三节中,我们将顺次讨论这些问题:词典、名称、其他未知词的字位-音位转换(grapheme-to-phoneme)规则。

8.2.1 查词典

我们在 7.5 节中介绍了发音词典。在 TTS 中使用得最广的、可以免费使用的发音词典是 CMU 发音词典(CMU, 1993), 这部词典记录了 120 000 个单词的发音。单词的标音大致是音位标音, 标音时使用了从包含 39 个音子的 ARPAbet 中推出的音位集。使用音位标音就意味着, 在标音的时候不关注诸如弱化元音[ax]或[ix]这样的表层弱化现象, CMU 发音词典使用重音标记来标注每一个元音: 0(无重音)、1(主重音)、2(次重音)。因此, 标有 0 重音的(非双)元音一般就对应于[ax]或[ix]。大多数的单词都只有一个单独的读音, 不过, 其中大约有 8 000 个单词有两个读音甚至三个读音, 并且在这些读音中还标出了语音弱化的某些类型。这部发音词典中的单词没有分音节, 不过, 音节的核心用(标有数字的)元音暗示地加以注明。图 8.6 是标音的一些样本。

ANTECEDENTS	AE2 N T IH0 S IY1 D AH0 N T S	PAKISTANI	P AE2 K IH0 S T AE1 N IY0
CHANG	CH AE1 NG	TABLE	T EY1 B AH0 L
DICTIONARY	D IH1 K SH AH0 N EH2 R IY0	TROTSKY	T R AA1 T S K IY2
DINNER	D IH1 N ER0	WALTER	W AO1 L T ER0
LUNCH	L AH1 N CH	WALTZING	W AO1 L T S IH0 NG
MCFARLAND	M AH0 K F AA1 R L AH0 N D	WALTZING(2)	W AO1 L S IH0 NG

图 8.6 CMU 发音词典中标音的一些样本

CMU 发音词典是为语音识别而编写的, 而不是为语音合成而编写的, 因此, 它不说明在多个读音中, 哪一个读音是在语音合成时要使用的, 也没有标明音节的边界, 又由于 CMU 词典中的中心词都用大写字母标出, 因此, 就不能区分如 US 和 us(US 这个形式有[AH1 S]和[Y UW 1 EH1 S]两个不同的读音)。

UNISYN 发音词典包含 110 000 个单词, 可以免费提供做研究之用, 这部发音词典是专门为语音合成而编制的, 因此, 它可以解决上述的很多问题(Fitt, 2002)。UNISYN 给出了音节、重音以及形态边界。另外, UNISYN 中单词的读音还可以用很多方言读出来, 包括通用的美式英语、RP 英式英语、澳大利亚英语等。UNISYN 使用的音子集稍微有些不同, 这里是一些例子:

```
going:        { g * ou }.> i ng >
antecedents:  { * a n . t^ i . s ~ ii . d n! t }> s >
dictionary:   { d * i k . sh @ . n ~ e . r ii }
```

8.2.2 名称

前面我们讨论的未知词的分布情况说明了名称的重要性, 名称包括人名(人的名字和人的姓氏)、地理名称(城市名、街道名和其他的地名)和商业机构名称等。我们这里仅考虑人名, Spiegel(2003)估计, 仅仅在美国, 大约有 200 万个不同的姓氏和 10 万个名字。200 万是一个非常大的数字, 比 CMU 发音词典的整个容量大一个多的数量级。正是由于这样的原因, 大规模的 TTS 系统都包含一部很大的名称发音词典。正如我们在图 8.6 中看到的, CMU 发音词典本身就包含了各种不同的名称, 特别是还包含了频率最高的 50 000 个姓氏的发音和 6 000 个名字的发音, 其中, 姓氏频率统计的数据是根据老 Bell 实验室对于美国人名的频率统计的一些结果得出的。

究竟需要多少个名称才足够呢? Liberman and Church(1992)发现, 在容量为 4 400 万单词的 AP newswire 语料库中, 包含 5 万个名称的词典覆盖名称的词例数可以达到 70%。有趣的是, 很多不包含在词典中的其他名称(占这个语料库中的词例高达 97.43%)可以通过简单地修改这 5 万个名称而得到, 例如, 给词典中的名称 Walter 或 Lucas 加上带中重音的后缀, 就可以得到新的名称 Walters 或 Lucasville。其他的发音还可以通过韵律类推的方法得到。例如,如果我们知道名称 Trotsky 的发音,而不知道名称 Plotsky 的发音,用词首的/pl/来替换 Trotsky 词首的/tr/,就可以得到 Plotsky 的发音。

诸如此类的技术,包括形态分解、类推替换,以及把未知的名称映像到已经存储在词典中的拼写变体的技术(Fackrell and Skut, 2004),已经在名称发音研究中取得了一定的成绩。但是,总的来说,名称的发音仍然是一个困难的问题。很多现代的系统采用我们将在8.2.3 节中介绍的字位-音位转换的方法来处理未知的名称,通常需要建立两个预测系统,一个预测名称,一个预测非名称。Spiegel(2003, 2002)对专有名词发音的很多问题进行了综述。

8.2.3　字位-音位转换

当我们对非标准词进行了扩充,并且在发音词典中查找它们的时候,需要把剩下的未知的单词读出音来。这种把字母序列转换成音子序列的过程称为**字位-音位转换**(grapheme-to-phoneme conversion),有时简称为 **g2p**。所以,字位-音位转换算法的目标在于把如 cake 的字母串转换成如[K EY K]的音子串。

早期的算法就是一些如第7章的公式(7.1)中描述的手写规则,它们都是 Chomsky-Halle 重写规则。这样的规则通常称为字母-语音规则(letter-to-sound rules)或者 LTS 规则。有时,我们还会用到这样的规则。LTS 规则是按照顺序来使用的,仅当前面规则的上下文条件不符合的时候,就可以使用下面一条规则(默认规则)。例如,我们可以用如下一对规则来描述字母 c 的发音规则:

$$c \rightarrow [k] / \_ \{a,o\}V \qquad ;依赖于上下文的规则 \qquad (8.9)$$

$$c \rightarrow [s] \qquad\qquad ;独立于上下文的规则 \qquad (8.10)$$

实际的规则应该比这样的规则复杂得多(例如,在 cello 或 concerto 中,c 也可以读为[ch])。更加复杂的规则是描述英语重音的规则,众所周知,英语中的重音是非常复杂的。我们来考察一下 Allen et al. (1987)描写的很多重音规则中的一个,在这个规则中,符号 X 表示所有可能的音节头:

$$V \rightarrow [+stress] / X \_C^* \{V_{short}\ C\ C?|V\} \{V_{short}\ C^*|V\} \qquad (8.11)$$

这个规则表示了如下两种情况:

1. 如果一个音节后面跟着一个弱音节,在这个弱音节的后面跟着一个由一个短元音和0 个到多个辅音组成的位于语素结尾的音节,那么,就给该音节中的元音的重音标注为1(例如,difficult)。

2. 如果一个音节的前面是一个弱音节,后面跟着的元音是语素结尾,那么,就给该音节中的元音的重音标注为1(例如, oregano)。

很多现代的系统还在使用这些复杂的手写规则,但是,很多系统不使用这样的手写规则而依赖于自动或半自动的机器学习,取得了更加精确的成果。Lucassen and Mercer(1984)首次把这种概率性的字位-音位转换问题加以形式化,把这个问题表述为:对于给定的一个字母序列 L,我们要搜索出概率最大的音子序列 P:

$$\hat{P} = \underset{P}{\mathrm{argmax}}\, P(P|L) \qquad (8.12)$$

这种概率方法要建立一个训练集和一个测试集,它们二者中的单词都来自发音词典,每一个单词都要标出它的拼写和读音。下面我们分两个小节说明怎样训练一个分类器来估计概率 $P(P|L)$,并且用这样的方法产生出一个未知词的读音。

对于训练集进行字母-音子的对齐

大多数的字母-音子转换算法都假定我们已经进行了**对齐**(alignment),知道了每一个字母与什么样的音子相对应。在训练集中,对于每一个单词,我们都需要这样的对齐。一个字母可能与多个音子对齐(例如,x 通常与 k s 对齐),或者也可能根本不与任何音子对齐(例如,在下面对齐中,cake 的最后一个字母不与任何音子对齐,标为 ε)。

$$
\begin{array}{llll}
\text{L:} & \text{c} & \text{a} & \text{k} & \text{e} \\
& | & | & | & | \\
\text{P:} & \text{K} & \text{EY} & \text{K} & \varepsilon
\end{array}
$$

发现这种字母-音子对齐的方法之一是 Black et al. (1998)提出的半自动方法。之所以说他们的方法是半自动的,是因为这种方法要依靠手写的**可容许音子**(allowable phones)表,其中描写出每一个字母的可容许音子。这里是字母 c 和 e 的可容许音子表:

> c:k ch s sh t-s ε
> e:ih iy er ax ah eh ey uw ay ow y-uw oy aa ε

为了对于训练集中的每一个单词都得到一个字母-音子对齐,我们对所有的字母都要做出这样的可容许音子表,并且对于训练集中的每一个单词,我们都要找出符合于可容许音子表要求的发音和拼写之间的所有的对齐。从这个很大的对齐表出发,我们把所有单词的所有对齐加起来,计算出与每一个音子(可能是多音子或 ε)对齐的每一个字母的总计数。对于这些计数进行归一化之后,对于每一个音子 p_i 和字母 l_j,我们得到概率 $P(p_i|l_j)$:

$$
P(p_i|l_j) = \frac{\text{count}(p_i, l_j)}{\text{count}(l_j)} \tag{8.13}
$$

现在,我们可以使用这样的概率,对字母和音子进行再对齐,使用 Viterbi 算法对于每一个单词产生出最佳的 Viterbi 对齐结果,其中每一个对齐的概率就是所有个别的音子/字母对齐概率的乘积。这样一来,对于每一个训练偶对 (P, L),其结果就得到一个单独的最佳对齐 A。

对于测试集选出最佳的音子串

如果给出一个新的单词 w,现在我们需要把这个单词的字母映像为一个音子串。我们需要在已经对齐的训练集的基础上来训练一个机器学习分类器。这样的分类器观察到单词中的一个字母,然后把它相应地转换成概率最大的音子。显而易见,如果我们把观察的范围扩大到围绕该字母前后的一个窗口,就可能把预测音子的工作做得更好一些。例如,我们来考察字母 a 的转换问题。在单词 cat 中,字母 a 读音为 AE,但是,在单词 cake 中,字母 a 的读音却为 EY,这是因为单词 cake 有一个词末的 e,因此,知道是否有一个词末的 e 是一个很有用的特征。典型地说,在窗口中,我们一般要观察前面的 k 个字母和后面的 k 个字母。

另外一个很有用的特征,就是我们要正确地识别前面的音子。知道了前面已经正确地识别的音子,我们就可以把某些关于音子配列的信息加入到概率模型中。当然,我们不可能真正地识别前面的音子,但是,可以使用我们的模型来预测前面的音子,通过观察前面的音子来大致地进行估计。为了做到这一点,我们需要从左到右运行分类器,一个一个地顺次生成音子。

总体来说,在大多数通用的分类器中,当前面已经生成了 k 个音子的时候,每一个音子的概率 p_i 要从包含前面 k 个字母和后面 k 个字母的窗口中来进行估计。

图 8.7 大致地说明了分类器如何给单词 Jurafsky 中的字母 s 选择音子的从左到右的处理过程。我们可以在音子集合中加入重音信息,把重音的预测也结合到音子的预测中。例如,我们可以给每一个元音做两个复件(例如,AE 和 AE1),或者甚至可以采用 CMU 发音词典中把重音分为三个级别 AE0、AE1、AE2 的方法。另外一个有用的特征是单词的词类标记(大多数的词类标

注器都可以估计出单词的词类标记,甚至可以估计出未知词的词类标记),此外,还可以使用前面的元音是否重读的信息,甚至还可以使用字母的类别信息(字母大致对应于辅音、元音、流辅音等)。

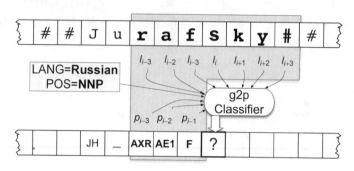

图 8.7　在判定 Jurafsky 中的字母 s 时,从左到右把字位转换为音位的过程。特征用阴影显示出来,上下文窗口的 $k=3$,在实际的TTS系统中使用的窗口的大小,$k=5$ 或者更大

在某些语言中,我们还必须注意下面一个单词的特征。在法语中有一种称为**连音变读**(liaison)的现象,某些单词的词末音子的读音与该单词后面是否还有单词,或者后面的单词是否以辅音开头或以元音开头有关。例如,法语单词 six 可以读为[sis][在 j'en veux six(我要 6 个)中],[siz][在 six enfants(6 个孩子)中],[si][在 six filles(6 个女孩)中]。

最后,大多数的语音合成系统都分别建立两个字位-音位分类器:一个分类器用于未知的人名,另一个分类器用于其他的未知词。对于人名的发音来说,使用一些附加的特征指明该人名来自哪一种外语,显然是很有帮助的。这些特征可以作为基于字母序列的外语分类器的输出。

决策树和逻辑回归都是条件分类器,它们要对于给定的字符序列,计算出那些具有最高条件概率的音位串。目前很多的字位-音位转换都使用一种联合分类器,其中的隐藏状态称为**字位音位**(graphone),这种字位音位是音子和字符的结合体,参看本章最后的"文献和历史说明"一节。

8.3　韵律分析

语音合成的语言学分析的最后一个阶段是**韵律分析**(prosody analysis)。在诗学中,prosody 这个词是指对于诗歌的格律结构的研究,汉语可以翻译成"诗体"。但是,在语言学和自然语言处理中,我们却使用 prosody 这个术语来表示对于语言的声调和韵律方面的研究,汉语可以翻译成**"韵律"**。说得更带技术性一些,根据 Ladd(1996),"韵律"(prosody)可以定义为"使用超音段特征来表示句子级的语用意义"。这里**"超音段"**(suprasegmental)这个术语是"超出音段或音子之上"的意思。这个术语还特别地指明在韵律分析中要使用诸如共振峰 F0、音延(duration)、能量(energy)等独立于音子串的声学特征。

Ladd 的定义中所说的"**句子级的语用意义**(sentence-levelpragmatic meaning)"是指涉及句子及其话语或外部上下文之间的关系的各种意义。例如,韵律可以用来标识**话语结构**(discourse structure)或**话语功能**(discourse function),诸如陈述句和疑问句之间的差别,以及如何把一个对话从结构上加入到语段或次一级对话当中去的途径等。韵律还可以用来标识话语中的**突出之处**(saliency),指出某个特殊的单词或短语是重要的或突出的。最后,韵律还可以用来表示快乐、幸福、惊讶和恐惧等情感意义和情绪意义。

在下一节中,我们将介绍韵律的三个主要方面:**韵律的结构**(prosodic structure)、**韵律的突显**

度（prosodic prominence）、**音调**（tune），它们中的每一个方面对于语音合成都是很重要的。韵律分析一般分两步来进行。首先，我们要计算文本的韵律结构、韵律突显度和音调的抽象表示。对于单元选择合成来说，这就是我们在文本分析部分所要做的一切。对于双音子和 HMM 合成来说，我们还要继续再做一步，从这些韵律结构中预测**音延**（duration）和 **F0** 的值。

8.3.1 韵律的结构

口语句子的韵律结构是指某些词似乎自然地结合在一起，而某些词似乎有明显的间隔或彼此分开。韵律结构通常用**韵律短语**（prosodic phrasing）来描述，具有同样的韵律短语结构的一段话语应该具有同样的句法结构。例如，句子"I wanted to go to London，but could only get tickets for France"似乎包含两个主要的**语调短语**（intonation phrases），它们的边界就在逗号处。另外，在第一个短语中，似乎还有更小的韵律短语边界［通常称为**中间短语**（intermediate phrases）］，它们把单词做如下的分割："I wanted | to go | to London"。

韵律短语可以给语音合成很多启发。韵律短语的最后一个元音比通常的元音要长一些，常常会在一个语调短语之后插入一个间歇，另外，我们在 8.3.6 节中将要讨论到，从一个语调短语的开始到结尾，F0 往往会有一个轻微的下降，然后，在一个新的韵律短语开始的时候，F0 又会复位。

我们可以把短语边界的预测当成一个二元分类问题来对待，对于一个给定的单词，要判定在它后面是否存在一个韵律边界。边界预测的简单模型是基于确定性规则的。精确度最高的规则就是我们在句子切分时看到的规则：在标点符号之后都插入一个韵律边界。另外一个规则也是很常见的：在实词之后如果有一个虚词，那么，就在虚词之前插入一个短语边界。

更加精致和复杂的规则要建立在机器学习分类器的基础上。为了给分类器建立一个训练集，首先我们要选择一个语料库，然后在语料库中标出韵律边界。标注韵律边界的一个办法是使用诸如 ToBI 和 Tilt 这样的声调模型（参看 8.3.4 节），让标注人员一边听口语，一边根据理论上定义的边界事件进行转写，在文本中标注出韵律边界。由于这样的韵律标注是一种非常费时间的工作，所以，通常不是一边听口语一边标注文本，而是只标注文本。使用这样的方法，标注人员只需要看训练语料库中的文本而不必听口语。这时，标注人员需要标出单词与单词之间的任何的结合点，如果说的是口语，那么，韵律边界很可能就会理所当然地发生在这些结合点上。

给定一个标注好的训练语料库，我们就能训练一个分类器，这个分类器在单词与单词之间的每一个结合点上进行二元判定（是"边界"，还是"非边界"），从而在测试集中确定韵律边界（Wang and Hirschberg，1992；Ostendorf and Veilleux，1994；Taylor and Black，1998）。

在分类时通常使用如下的特征：

- **长度特征**（length feature）
  韵律短语倾向于具有大致相等的长度，因此，我们可以使用能够反映短语长度的各种特征来预测韵律边界（Bechenko and Fitzpatrick，1990；Grosjean et al.，1979；Gee and Grosjean，1983）。这些特征是：
  —话语中的单词和音节总数；
  —从句子的开始到句子的结尾的结合点的距离（按单词或音节计算）；
  —单词离最后一个标点符号的距离。
- **相邻的词类和标点**（Neighboring part of speech and punctuation）
  —包围结合点的单词窗口的词类标记。通常使用结合点前的两个单词与结合点后的两个单词；
  —后面一个标点符号的类型。

在韵律结构与句法结构（syntactic structure）之间还存在着一些对应关系（Price et al., 1991）。因此，如 Collins（1997）的鲁棒性强的句法剖析器可以用来粗略地给句子标注句法信息，从中我们可以抽取诸如以某个词为结尾的最长句法短语的长度等句法特征（Ostendorf and Veilleux, 1994; Koehn et al., 2000）。我们将在第 12 章至第 14 章中介绍句法结构和句法剖析。

8.3.2　韵律的突显度

在任何的话语语段中，某些单词的发音总是比其他的单词更加**突显**（prominent）。对于听话人来说，这些突显的单词在感知上要更加突出，在英语中，说话人把一个单词说得更响一些，说得更慢一些（因而它就具有更长的音延），这个单词就可以突显出来，说话人也可以改变单词的共振峰 F0，使它变得更高一些，可变性更大一些，从而把这个单词突显出来。

一般地说，我们通过把语言学标记与突显词联系起来的办法来抓住**突显度**（prominence）的核心概念，这个语言学标记称为**基音重音**（pitch accent）。如果一个单词被突显了，那么，我们就说，它**带有**（bear）一个基音重音，也就是说，它联想到一个基音重音。因此，基音重音是在话语语段中使用上下文来对一个单词进行音位学描述的一个部分。

基音重音与我们在第 7 章中讨论过的**重读**（stress）有联系。一个单词的重读音节的所在地也就是基音重音实现的地方。换言之，如果说话人决定使用基音重音来强调一个单词，那么，这个基音重音必定出现在这个单词的重读音节上。下面的例子用大写字母显示有重音的单词，其中带有基音重音的重读音节（它们是更响、更长的音节）用黑体字母表示：

(8.14) I'm a little SUR**PRISED** to hear it **CHAR**ACTERIZED as UPBEAT.

我们一般还需要颗粒度更细的词典，词典中不仅仅是只对重读词和非重读词进行二元的区分。例如，在短语中的最后一个重音在感知的时候往往会觉得比其他的重音更加突显。这个突显的最后的重音称为**核重音**（nuclear accent）。在一般情况下，这些强调重音的使用都有语义方面的目的，例如，表示某一个单词是句子的**语义焦点**（semantic focus）（见第 21 章），或者表示某一个单词与其他单词相对比，或者表示某一个单词在某个方面显得重要。在 SMS、电子邮件或《爱丽丝漫游奇境记》中，这些被强调的单词通常都写成**大写字母**（in capital letters），或者在单词的前后加星号 ＊＊stars＊＊，这里是《爱丽丝漫游奇境记》中的一个例子：

(8.15) "I know SOMETHING interesting is sure to happen," she said to herself.

有些单词也会比通常的情况少一些突显度。例如，虚词的读音常常**弱化**（reduced）（参看第 7 章）。重音会由于与它们相关的**音调**（tune）的不同而出现差异。例如，音高特别高的重音与音高特别低的重音常常具有不同的功能，我们在 8.3.4 节中讲 ToBI 模型时将讨论怎样给这种现象建模。

现在如果不管语音的调，我们可以把语音合成系统中使用的突显度分为四个平面：**强调重音**（emphatic accent）、**基音重音**（pitch accent）、**非重音**（unaccented）、**弱化音**（reduced）。不过，在实际的应用中，很多语音合成系统只考虑其中的两个平面或三个平面。

在考虑两个平面时，基音重音的预测是一个二元分类问题，在预测时，我们必须决定，某个给定的单词是否重读。一般地说，信息量大的单词（实词，特别是那些承载新信息或意料之外的信息的单词）倾向于带有重音（Ladd, 1996; Bolinger, 1972），最简单的重音预测系统只关注所有实词的重音，而不关注虚词。

一些比较好的模型似乎要求提供一些更加细致的语义知识，例如，要理解话语中的某个单词是新的还是旧的，这个单词是否可以对比着来使用，这个单词所包含的新信息精确地说究竟有多少，这样的信息在前面的系统中是否使用过，等等（Hirschberg，1993）。Hirschberg 和其他的研究者还指出，如果使用与这些细致的语义知识相关的简单而可靠的特征，将有助于更好地进行重读的预测。

例如，新的信息或未预见到的信息倾向于重读这个事实可以使用诸如 N 元语法或 tf-idf 等可靠的特征来模拟（Pan and Hirschberg，2000；Pan and McKeown，1999）。单词的一元概率 $P(w_i)$ 和二元概率 $P(w_i|w_{i-1})$ 都与重读有关；单词的出现概率越高，越不好预测，因而往往就需要重读。与此类似，在信息检索中有一种称为 **tf-idf**（term-frequency/inverse-document frequency，项频率-逆向文档频率，见第 23 章）的测度方法可以用来进行重读的预测。tf-idf 把在包含总数为 N 个文档的语料库中，不同单词所出现的不同文档的数目，按照递减的顺序排列起来，就可以抓住在特定文档 d 中不同单词的语义重要性。tf-idf 有不同的版本，其中的一个版本可以形式地表示如下：假定 $tf_{i,j}$ 是单词 w_i 在文档 d_j 中的频率，n_i 是包含单词 w_i 的语料库中全部的文档数，我们有：

$$idf_i = \log\left(\frac{N}{n_i}\right)$$

$$\text{tf-idf}_{i,j} = = tf_{i,j} \times idf_i \qquad (8.16)$$

对于那些在训练集中出现次数足够多的单词，我们可以使用**重读率**（accent ratio）这个特征来描述。重读率可以模拟一个单词单独地被重读的概率。一个单词的重读率恰恰就是该单词被重读的概率（如果这个概率明显地不同于 0.5，否则，重读率就是 0.5）。更加形式地说：

$$\text{AccentRatio}(w) = \begin{cases} \frac{k}{N}, & B(k,N,0.5) \leqslant 0.05 \\ 0.5, & \text{其他} \end{cases}$$

这里，N 是单词 w 在训练集中出现的总次数，k 是单词 w 被重读的次数，$B(k,N,0.5)$ 表示是二项式分布概率，它表示在成功和失败的概率相等的时候，在 N 个试验中成功 k 次的概率（Nenkova et al.，2007；Yuan et al.，2005）。

诸如词类、N 元语法、if-idf 以及重读率等特征可以结合在一个分类器中来预测重读。这些特征都比较可靠，相对地来说还算工作得比较好，与此同时，在重读预测中仍然还有一些问题需要研究。

例如，在形容词-名词或名词-名词等双词的组合中，很难预测哪一个单词应当重读。当然也存在一个规则。例如，像 new truck（新卡车）这样的形容词-名词组合其重音在右侧（new TRUCK），而像 TREE surgeon（树木医生）这样的名词-名词组合的重音则在左侧。不过，一般地说，这样的规则都有例外，所以，名词组合中的重音的预测就是一个非常复杂的问题。例如，名词-名词组合 APPLE cake（苹果蛋糕）的重音在第一个单词，而名词-名词组合 apple PIE（苹果馅饼）或 HALL city（市政厅）的重音则在第二个单词（Liberman and Sproat，1992；Sproat，1994，1998a）。

另外一个困难的问题与节奏（rhythm）有关。在一般情况下，说话人总是避免把重读离得太近［这种现象称为**重读冲突**（clash）］，或者总是避免把重读离得太远［这种现象称为**重读错位**（lapse）］。因此，city HALL（市政厅）和 PARKING lot（停车区）结合成 CITY hall PARKING lot（市政厅停车区）的时候，重读从 HALL 往回转移到 CITY 是为了避免 HALL 的重读与 PARKING 的重读发生冲突（Liberman and Prince，1977）。

可以使用图 8.7 中所示的序列建模方法来捕捉诸如此类的节奏约束，我们可以从左到右地运行一个分类器来处理一个句子，处理时，把前面一个单词的输出作为特征。此外，我们还可以使用诸如 MEMM（见第 6 章）或条件随机场（Conditional Random Field，CRF）（Gregory and Altun，2004）等更精致的机器学习方法。

8.3.3　音调

具有相同的突显度和短语模式的两个语段，如果它们的**音调**(tune)不同，那么，这两个语段在韵律上仍然还是不同的。一个语段的音调表示该语段的 F0 随着时间而升高和降低的情况。音调的一个非常鲜明的例子是英语中陈述句和是非疑问句的差别。同样一个句子如果句末的 F0 升高，那么，它就是一个是非疑问句；如果句末的 F0 降低，那么，它就是一个陈述句。图 8.8 说明，同样一些单词组成的语段，作为陈述句来说或作为疑问句来说的时候，它们的 F0 的轨迹。注意，在疑问句的句末提升的音调，通常称为**疑问升调**(questions rise)。在陈述句的句末下降的音调，通常称为**句末降调**(final fall)。

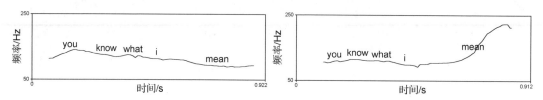

图 8.8　同样的文本读为陈述句"You know what I mean."(左侧)和读为疑问句"You know what I mean?"(右侧)时的F0轨迹。注意，英语中是非疑问句有一个很明显的F0句末升调

英语中广泛使用音调来表示意义。除了上面众所周知的是非疑问句的疑问升调之外，一个包含一串名词的英语短语中，在用逗号隔开的每一个名词之后，音调往往会有一个短暂的提升，称为**接续升调**(continuation rise)。此外，英语中表示**矛盾**(contradiction)和表示**惊讶**(surprise)的音调曲线也是很有特色的。

在英语中，意义和音调之间的映射关系是极为复杂的，如 ToBI 这样的关于语调的语言学理论也仅只是刚刚开始研制这种映射关系的某些精巧的模型。因此，在实际上，大多数的语义合成系统只区分两个或三个音调，例如，**接续升调(**(continuation rise)(在逗号处)、**疑问升调**(question rise)(在是非问句的问号处)、**句末降调**(final fall)。

8.3.4　更精巧的模型：ToBI

当前的语音合成系统通常使用如上所述的一些简单的韵律模型，与此同时，新近的一些研究集中于研制更加精巧的模型。这里，我们讨论 ToBI 模型和 Tilt 模型。

ToBI

ToBI(Tone and Break Indices)是一个使用最广的关于韵律的语言学模型(Silverman et al., 1992；Beckman and Hirschberg，1994；Pierrehumbert，1980；Pitrelli et al., 1994)。ToBI 也是音调的音系学理论，它可以为突显度、音调和语音边界建模。ToBI 的突显度模型和音调模型是建立在 5 个**基音重音**(pitch accents)和 4 个**边界音调**(boundary tones)的基础之上的，参看图 8.9。

在 ToBI 中，一个语段包括由音调短语组成的一个序列，其中的每一个音调短语用上述 4 种**边界音调**(boundary tones)中的一种来结尾。这样的边界音调可以表示 8.3.3 节中讨论的语段音调的最终面貌。在语段中的每一个单词也可能随选地与上述 5 种基音重音中的某一种发生联系。

每一个音调短语包括一个或多个**中间短语**(intermediate phrase)。这些短语也可以用某种边界音调来标注，包括使用**%H**这样的高句首边界音调来标注，这个边界音调表示一个短语在说话人的音高范围内发音特别高，此外，还可以使用句末短语重音 **H-** 和 **L-** 来标注。

	基音重音		边界音调
H *	峰重音	L-L%	"句末降调"：美式英语"陈述句调形"
L *	低重音	L-H%	接续升调
L * + H	勺状重音	H-H%	"疑问声调"：典型的是非疑问句调形
L + H *	上升峰重音	H-L%	句末高音区（因为H-引起下面语音进入"提升阶段"，所以用"高音区"这个术语）
H + ! H *	分步降重音		

图8.9　用于转写美式英语音调ToBI系统的重音和边界音调标记
（Beckman and Ayers, 1997; Beckman and Hirschberg, 1994）

除了重音和边界音调之外，ToBI还区分4个层次的短语，使用不同层次的**分割度**（break index）来标注短语。分割度最大的短语是上面讨论过的音调短语（分割度为4）和中间短语（分割度为3）。单词之间的音渡或停顿用分割度2来标注，它们比中间短语的分割度小一些，一般的短语中间的单词边界用分割度1来标注。

图8.10是用Praat程序做出的音调、拼写和短语层次的ToBI转写。同样一个句子用两种不同的音调读出来。在图8.10（a）中，单词Marianna用高H*重音读出来，句子具有陈述句的边界音调L-L%。在图8.10（b）中，单词Marianna用低L*重音读出来，句子具有是非疑问句的边界音调H-H%。ToBI的目标之一是对于不同类型的重音表示不同的意义。这里，L*重音给句子加上一个惊讶（surprise）的意义[其隐含的意义是"Are you really saying it was Marianna?"（你确实是说它就是Marianna吗？）]（Hirschberg and Pierrehumbert, 1986; Steedman, 2007）。

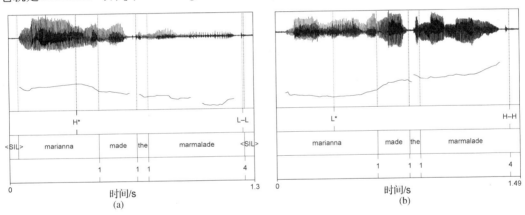

图8.10　Mary Beckman用两种不同的音调模式读出的同一个句子，并转写为
ToBI。（a）表示出H*重音以及典型的美式英语陈述句末降调L-L%，
（b）表示出L*重音以及典型的美式英语是非疑问句升调H-H%

ToBI模型也可以用于其他的语言（Jun, 2005），例如，用于描述日语的J_TOBI系统（Venditti, 2005）。

其他的音调模型

Tilt模型（Taylor, 2000）与ToBI模型相似，Tilt模型也使用诸如重音和边界音调这样的音调事件序列。但是，Tilt不使用像ToBI那样的离散语音类别来表示重音。在Tilt模型中，每一个事件都使用表示重音的F0形状的一些连续的参数来建模。Tilt模型不像ToBI模型那样对每一个事件都给一个范畴标记，在Tilt模型中，每一个韵律事件都用3个声学参数构成的集合来描述，这3个声学参数是：音延（duration，用D表示）、振幅（amplitude，用A表示）、**tilt**参数。这些声学参数通过训练语料库得到，在语料库中，要用手工标注基音重音（用a表示）和边界音调（用b

表示)。人工标注时要标出音节的重音或音调,然后根据声波文件来自动地训练声学参数。图 8.11 是这种 Tilt 表示的一个样本。

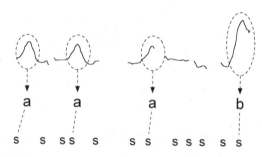

图 8.11　Tilt 模型中事件的图示(Taylor, 2000):每一个基音重音 a 和边界音调 b 都与一个音节核 s 相对应

在 Tilt 中,每一个重音具有一个**升高成分**(rise component)上升到峰顶,这个升高成分可能为零,然后跟随着一个**下降成分**(fall component),这个下降成分也可能为零。自动重音探测器在声波文件中发现每一个重音的开始点、峰顶、结束点,这些都决定了上升成分和下降成分的音延和振幅。tilt 参数是对于重音事件的 F0 音节坡的抽象描述,可以通过比较重音事件的上升成分和下降成分的相对幅度来计算。tilt 值为 1.0 表示上升,tilt 值为 −1.0 表示下降,tilt 值为 0 表示上升和下降的幅度相等,tilt 值为 −0.5 表示重音有一个上升和一个很大的下降,等等。

$$\text{tilt} = \frac{\text{tilt}_{\text{amp}} + \text{tilt}_{\text{dur}}}{2}$$
$$= \frac{|A_{\text{rise}}| - |A_{\text{fall}}|}{|A_{\text{rise}}| + |A_{\text{fall}}|} + \frac{D_{\text{rise}} - D_{\text{fall}}}{D_{\text{rise}} + D_{\text{fall}}} \tag{8.17}$$

式中,A 表示振幅(amplitude),D 表示音延(duration)。

关于其他的音调模型,请参阅本章"文献和历史说明"一节。

8.3.5　从韵律标记计算音延

迄今所描述的文本分析过程的结果是一个音位串,这个音位串用在相关单词上标有基音重音和边界音调的单词来标注。对于我们将在 8.5 节描述的**单元选择**(unit selection)合成方法来说,这样的文本分析结果已经是从文本分析成分得到的相当充分的输出了。

对于**双音子**(diphone)合成以及如共振峰合成等其他的方法来说,我们还需要确切地说明每一个片段的**音延**(duration)和 **F0** 值。

音子在音延方面是极为多变的。某些音延是音子本身固有的,这样的音延有助于音子的辨别。例如,元音的音延一般比辅音的音延要长一些,在关于电话语音的 Switchboard 语料库中,音子[aa]的音延平均为 118 ms,而音子[d]的音延平均为 68 ms。不过,音子的音延还受到各种上下文因素的影响,这些上下文因素可以用基于规则的方法或统计方法来建模。

最著名的基于规则的方法是 Klatt 法(1979)。这种方法使用规则来模拟一个音子 $\bar{d}$ 的平均的音延或"上下文中立"的音延是怎样随着上下文的不同而变长或缩短的,但这个音延仍然高于最小音延 $d_{\min}$。每一个 Klatt 规则都与一个音延乘法因子(duration multiplicative factor)有关。下面是一些例子:

停顿前的延长(prepausal lengthening):音节中的元音或成音节的辅音在停顿之前延长,其音延乘法因子为 1.4。

非短语结尾的缩短(non-phrase-final shortening)：非短语结尾的片段缩短，其音延乘法因子为 0.6。元音后的流辅音和鼻辅音延长，其音延乘法因子为 1.4。

非重读片段缩短(unstressed shortening)：非重读片段的可压缩性更强，因此，它们的最小音延 d_{min} 减半，对于大多数类型的音子要缩短，其音延乘法因子为 0.7。

重读延长(lengthening for accent)：带有重读的元音延长，其音延乘法因子为 1.4。

辅音丛缩短(shortening in cluster)：一个辅音后面跟着另一个辅音的辅音丛缩短，其音延乘法因子为 0.5。

清辅音前的元音缩短(pre-voiceless shortening)：在轻塞音前的元音缩短，其音延乘法因子为 0.7。

给出 N 个音延乘法因子 f 作为权重，一个音子的音延的 Klatt 公式为：

$$d = d_{min} + \prod_{i=1}^{N} f_i \times (\bar{d} - d_{min}) \tag{8.18}$$

最近的机器学习系统使用 Klatt 手写规则作为确定特征的基础，例如，他们使用了如下的特征：

- 左侧和右侧的上下文音子的等同性；
- 当前音子的词汇重音和重读值；
- 音子在音节、单词和短语中的位置；
- 后面是否有停顿。

我们可以使用诸如决策树或**乘积累加模型**(sum-of-product model, van Santen, 1994, 1997, 1998)这样的分类器，把这些特征结合起来预测语音片段最后的音延。

8.3.6 从韵律标记计算 F0

为了进行双音子研究、发音研究、HMM 研究和共振峰合成，我们需要对于每一个语音片段详细地描述 F0 的值。对于如 ToBI 或 Tilt 的音调序列模型，我们可以分两步进行 F0 的生成。首先，我们要详细地描述每一个基音重音和边界音调的 F0 **目标点**(target points)，然后在这些目标点中进行插值，从而做出整个句子的 F0 升降曲拱(Anderson et al., 1984)。

为了详细地描述一个目标点，我们首先需要说明这个目标点是什么(它的 F0 值是多少)，它是什么时间发生的(它的峰顶出现的精确时间或穿过整个音节的时间)。在一般情况下，目标点的 F0 值不用赫兹的绝对值来描述，而根据它们与**音域**(pitch range)的相对关系来确定。说话人的音域是他的话语在一个特定语段中的最低频率[**基线频率**(baseline frequency)]与在该话段中的最高频率[**顶线**(topline)]之间的范围。在某些模型中，目标点是根据**参照线**(reference line)之间的相对关系来描述的。

例如，如果我们写了一个规则说明，每当一个话段开始的时候，它的目标点为 50%(位于基线和顶线之间各取一半之处)。在 Jilka et al. (1999)的基于规则的系统中，H * 重音的目标点是100%(处于顶线位置)，L * 重音的目标点是 0%(处于基线位置)，L + H * 重音有 20% 和 100% 两个目标点。最后的边界音调 H-H% 和 L-L% 分别处于最高位置和最低位置，它们的目标点分别是 120% 和 -20%。

其次，我们必须精确地说明这个目标点在重读音节中的什么位置起作用，这就是所谓的**重音对齐**(accent alignment)问题。在 Jilka et al. (1999)的基于规则的系统中，H * 重音是在通过重音音节带声部分 60% 的路径上对齐的(尽管 IP 起始重音在音节中对齐得晚一些,而 IP 结尾重音在音节中对齐得早一些)。

除了手写规则这样的办法之外,另外一种办法就是让机器自动地学习怎样从基音重音序列映射到 F0 值。例如,Black and Hunt(1996)使用线性回归给每一个音节指派一个目标值。对于有基音重音或边界音调的每一个音节,他们分别在音节头、音节中、音节尾预测 3 个目标值。他们训练了 3 个彼此独立的线性回归模型,每一个模型用于处理音节中 3 个位置中的一个位置。所包含的特征如下:

- 当前音节的重音类型,两个前面的音节,两个后面的音节;
- 该音节和周围音节的词汇重音;
- 短语开始的音节数和短语结尾的音节数;
- 短语结尾的重读音节数。

这样的机器学习模型要求一个有重音标记的训练集,现在已经有了一些这样的做过韵律标注的语料库,尽管这些模型对于未知语料库的概括能力如何现在还不十分清楚。

最后,由于在整个句子中的音高有衰变的倾向,F0 的计算模型必须为这样的语言事实建模,在贯穿整个的语段中音高的这种细微的减弱,称为音高的**衰变**(declination),图 8.12 是音高衰变的例子。

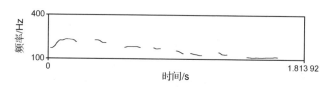

图 8.12　在句子"I was pretty goofy for about 24 hours afterwards"中的 F0 衰变

关于这种衰变的本质,进行了很多的探讨。某些模型认为这是由于要容许在整个语段上基线(或者基线与顶线二者)慢慢地减少所致。在如 ToBI 的模型中,F0 的这种下降趋势分别用两个独立的成分来建模,除了衰变之外,某些高的语调被标注为带**下行步**(downstep)的高语调。每一个带有下行步的高语调会引起音域压缩,从而使得每一个这样的重音的顶线变低。

8.3.7　文本分析的最后结果:内部表示

文本分析的最后结果是输入文本句子的**内部表示**(internal representation)。对于单元选择合成,这种内部表示非常简单,就是带有韵律边界和突显音节的音子串,如图 8.1 所示。对于使用非毗连合成算法的双音子合成,其内部表示还包括每一个音子的音延和 F0 值。

图 8.13 是双音子合成系统 Festival(Black et al.,1999)中句子"Do you really want to see all of it?"的 TTS 输出。这个输出再加上图 8.14 中显示的 F0 值,就可以作为 8.4 节中描述的**波形合成**(waveform synthesis)成分的输入。这里的音延是使用具有 CART 风格的决策树来计算的(Riley,1992)。

		H*								L*		L- H%	
do	you	really			want			to	see	all		of	it
d	uw	r	ih	l	iy	w	aa	n	t	t	ax	s	iy	ao	l	ah	v	ih	t
110	110	50	50	75	64	57	82	57	50	72	41	43	47	54	130	76	90	44	62	46	220

图 8.13　句子"Do you really want to see all of it?"在 Festival 生成器(Black et al.,1999)中的
　　　　　输出,这个输出还带有图 8.14 中显示的 F0 曲拱(感谢 Paul Taylor 提供了这个图)

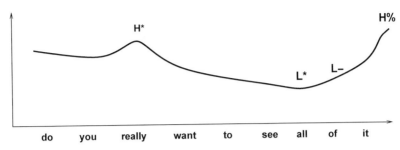

图 8.14 Festival 语音合成系统生成的图 8.13 中的示例句子的 F0 曲拱。感谢 Paul Taylor(提供了这个图)

如上所述,确定一个句子的韵律模式是很困难的,因为我们需要有真实世界的知识和语义学的信息来判别要重读什么样的音节,要应用什么样的语调。这一类的信息很难从文本中抽取出来,因此,韵律模式通常只是产生输入文本的"中性的陈述句",并且假定在说这样的句子的时候,不需要参照话语的历史或者现实世界的事件,它是一个默认值。这就是为什么在 TTS 系统中语调总是显得有些"呆板"的一个主要原因。

8.4 双音子波形合成

现在我们准备看一看内部表示是怎样转换成波形的。我们介绍两种类型的**毗连合成**[①]:一种是**双音子合成**(diphone synthesis),在本节介绍,一种是**单元选择合成**(unit selection synthesis),在下一节介绍。

我们知道,在双音子合成时,其内部表示如图 8.13 和图 8.14 所示,图中还包含一个音子表,每一个音子标出它的音延和 F0 目标点的集合。

双音子毗连合成模型从音子序列生成一个波形,生成时,从事先录制好的**双音子**(diphones)数据库中选择单元并把这些单元毗连起来。一个双音子是一个类似于音子的单元,它大致地从一个音子的中部到下一个音子的中部。双音子毗连合成可以通过如下步骤来描述:

训练(training):

1. 把一个单独的说话人所说的每一个双音子作为例子进行录音;
2. 从话语中把每一个双音子切分出来,并把所有的双音子都存储在一个数据库中。

合成(synthesis):

1. 从数据库中取出与所期望的音子序列相对应的一个双音子序列;
2. 把双音子毗连起来,并在边界处进行轻微的信号处理;
3. 使用信号处理技术把双音子序列韵律(F0,音延)改变为所期望的韵律。

由于语言中存在**协同发音**(coarticulation)现象,我们在毗连合成中倾向于使用双音子而不用音子。在第 7 章中,我们把**协同发音**定义为发音器官为了预期下一个发音动作或者保持上一个发音动作而进行的一种运动。由于协同发音的存在,每一个音子的发音都会受到它前面的音子和它后面的音子的影响而出现轻微的差异。因此,如果我们只是把一个一个的音子毗连起来,那么,在音子的边界上将会出现非常严重的不连续现象。

在一个双音子中,当我们给协同发音建模的时候,应当考虑到这个单元内到下一个音子的转移。例如,双音子[w-eh]要考虑从音子[w]到音子[eh]的转移。因为我们把一个双音子定义为

---

① 原文为 concatentative,拟错,应改为 concatenative synthesis。 ——译者注

从一个音子的中部到下一个音子的中部，所以，当我们毗连双音子的时候，就要毗连音子的中部，因为音子的中部常常较少地受到周围上下文的影响。图8.15说明了这样的直觉，其中，元音[eh]的开头和结尾比它的中部出现更多的偏移运动。

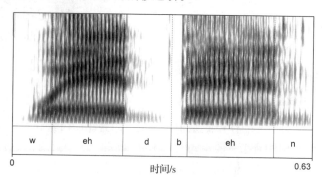

图8.15　在单词 wed 和单词 Ben 中，元音[eh]处于不同上下文的包围之中。注意，在[eh]的开头和结尾处，第二个共振峰F2出现差异，而在其中心标志处的中间部分则处于相对的稳定状态

8.4.1　建立双音子数据库的步骤

我们可以分为6个步骤来建立双音子数据库：

1. 建立库存目录；
2. 招募一个发音人；
3. 建立一个文本，让发音人读每一个双音子；
4. 给发音人读出的每一个双音子录音；
5. 对双音子进行切分、标注，并做音高标记；
6. 删除双音子。

我们需要为系统建立的库存目录是什么呢？如果我们有43个音子[如 Olive et al.(1998)的 AT&T 系统]，那么，在理想的情况下，就可能有 $43^2 = 1\,849$ 个双音子组合。不过，在实际上，并不是所有这些双音子组合都会出现。例如，根据英语**音位配列规则**(phonotactic)的约束就可能去掉一些不可能出现的双音子组合，如[h]，[y]，[w]的音子只能出现在元音之前，根据这个规则就可以排除一些双音子组合。除此之外，如果在音子之间不可能出现协同发音，那么，某些双音子系统就不会干扰双音子的存储，例如，当穿过若干个连续的轻塞音之间的默音的时候，就不可能出现协同发音。所以，Olive et al.(1998)系统虽然有43个音子，但是，在实际上，该系统只有 1\,162 个双音子，而不是在理想情况下估计可能出现的 1\,849 个双音子。

然后，要招募发音人，通常我们把发音人称为**读音专家**(voice talent)，把这个发音人的双音子数据库称为**读音**(voice)。商用的语音合成系统通常有若干个读音，例如，一个是男性的读音，一个是女性的读音。

现在，我们来给读音专家建立一个文本，把他读的每一个双音子都录下来。在给双音子录音时，最重要的事情就是尽可能保持一致性。如果可能的话，这些双音子应该有恒定的音高、能量和音延，使得它们容易粘合在一起而看不出明显的破绽。我们把每一个双音子封闭在一个**承载短语**(carrier phrase)中录音，就可以提升录音的一致性。当双音子被其他的音子包围住的时候，我们要保持话段最后的延长或初始音子效应，而不让任何的双音子读得比其他的音子更响或更轻。我们需要不同的承载短语来处理辅音-元音、元音-辅音、音子-默音、默音-音子等序列。例如，诸如[b aa]或[b ae]这样的辅音-元音序列可以嵌入到音节[t aa]和[m aa]之间：

停顿 t aa b aa m aa 停顿

停顿 t aa b ae m aa 停顿

停顿 t aa b eh m aa 停顿

…

如果我们手头有语音合成器先前已经合成的读音，那么，就可以使用这些读音来大声地朗读提示，然后再让读音专家来重读这些提示。这是使每一个双音子保持发音一致性的另外一种途径。使用高质量的扩音器和安静的房间，特别是使用隔音间，也是很重要的。

在录音之后，还需要对双音子进行标注，并把每一个双音子切分为两个音子，通常我们可以采用**强制对齐模式**（forced alignment mode）运行语音识别器来做这样的工作。在使用强制对齐模式的时候，语音识别器要精确地告诉我们，什么是音子序列，语音识别器的任务就是在波形中找出精确的音子边界。目前，语音识别器还不可能精确地找到音子的边界，所以，音子的自动切分通常还需要进行手工修正。

现在我们有经过手工修正边界的两个音子（例如，[b aa]）。我们有两个方法为数据库造出双音子/b-aa/。一个方法是使用规则来判断，需要多长的路径才可以把双音子边界置入到音子之中。例如，对于塞音，需要在30%的路径处才可以把双音子边界置入音子，对于大多数其他的音子，需要在50%的路径处才可以把双音子边界置入音子。

另外一种发现双音子边界的方法是把双音子所含的两个音子全都存储起来，当我们确切地知道了要毗连的音子究竟是哪一个音子的时候，就可以删除这个双音子。这种方法称为**优化耦合**（optimal coupling），我们取两个需要毗连的双音子（完全但还没有切开的双音子），对每一个双音子检查所有可能的切分点，选取两个切分点作为第一个双音子的最后框架，它们在声学上与第二个双音子的最终框架最为相似（Taylor and Isard，1991；Conkie and Isard，1996）。声学上的相似性可以使用9.3节中定义的**倒谱**（cepstral similarity）相似性来度量。

8.4.2 双音子毗连和用于韵律的 TD-PSOLA

现在我们看一看独立话段合成的其他步骤。假定我们已经进行了完全的文本分析，已经有了双音子序列和韵律目标点，并且已经从双音子数据库中攫取了适合的双音子序列。下一步，我们就要把这些双音子毗连起来，调整双音子序列的韵律（基音、能量和音延），以便适应中间表示对于韵律的要求。

对于给定的两个双音子，我们怎样才能把它们成功地毗连起来呢？如果穿过接合点的这两个双音子边缘的波形有很大的差异，那么，会引起在感觉上的**咔嗒声**（click）。因此，我们需要在两个双音子的边缘使用一个**加窗函数**（windowing function），使得在接合点的样本的振幅降低或振幅为零。另外，如果两个双音子都是浊音，我们就需要确保这两个双音子连接时是**基音同步的**（pitch-synchronously）。这意味着，在第一个双音子结尾处的基音周期必须与在第二个双音子开始处的基音周期同步，否则，在接合点处就会感觉到由此而引起的不规则的基音周期。

对于给定的毗连的双音子序列，我们怎样修正基音和音延才能满足在韵律上的要求呢？有一种简单的算法可以满足这样的要求，这种算法称为**时域基音同步叠加算法**（Time-Domain Pitch-Synchronous OverLap-and-Add，TD-PSOLA）。

我们刚才说过，**基音同步算法**（pitch-synchronous）需要在每一个基音间隔或**基音周期**（epoch）上进行工作。对于这样的算法，最重要的问题是精确进行基音标记：精确地测定每一个基音脉冲或**基音周期**（epoch）发生在什么地方。基音周期可定义为最大声门压力的瞬时间隔，或者定义为声门关闭的瞬时间隔。注意区分**基音标记**（pitch marking）或**基音周期探测**（epoch detection）

与**基音跟踪**(pitch tracking)之间的差别。基音跟踪要给出在每一个特定的时间点上的 F0 的值(也就是声门每秒钟的平均循环数),对相邻的音子求其平均。基音标记要找出当声带达到某个特定的点(基音周期)时,在每一个振动循环中的精确的时间点。

　　基音周期的标注有两种方法。传统的方法仍然还是最精确的方法,这种方法使用**电子声门记录仪**(Electro Glottograph, EGG)来进行工作,电子声门记录仪可以称为**喉音记录仪**(laryngograph, Lx)。EGG 这种仪器可以绑在发音人颈部的喉头附近,并且发出微弱的电流穿过小舌。EGG 的转换器测量通过声带的电流的阻抗来探测喉头开启或关闭的状态。某些现代的语音合成数据库仍然使用 EGG 来录音。EGG 的问题是,在发音人为数据库录音的时候,仪器必须捆绑在男女发音人的颈部。尽管 EGG 的捆绑面积不是特别大,但仍然还是打扰了发音人,使用起来不够方便。此外,EGG 要在录音的时候才可以使用,如果要给已经录制好的语音材料作基音标记,就不能使用 EGG。现代的基音周期探测仪已经接近 EGG 的精确度的水平,所以,在大多数的商用 TTS 引擎中,已经不再使用 EGG 了。关于基音周期探测的算法可参阅 Brookes and Loke (1999) 和 Veldhuis(2000)。

　　我们从直观上来说明 TD-PSOLA 的功能,给定一个做过基音周期标注的语料库,我们可以使用 TD-PSOLA 来修改波形的基音和音延,修改时,从每一个基音周期中抽取一个框架(由于使用加窗处理,使得框架的边缘不太尖锐),然后,把经过加窗处理的基音周期进行简单的叠加,就可以把这些框架以各种方式结合起来(在 9.3.2 节中介绍加窗的思想)。首先抽取框架,然后以某种方式处理这些框架,最后采用叠加信号的方法把这些框架结合起来,我们使用这样的手段来修改语音信号,这样的思想称为**叠加算法**(OverLap-and-Add algorithm, OLA 算法)。TD-PSOLA 是叠加算法的一种特殊情况,在 TD-PSOLA 中,框架是基音同步的,而且,整个的过程是在时域之内进行的。

　　例如,为了给双音子指派一个特定的音延,我们就要增长已经录过音的双音子。为了使用 TD-PSOLA 来增长一个信号,我们只要复制一个基因同步的框架,把它插入信号中,从而把某一段信号基本上进行了复制。直观的说明请参看图 8.16。

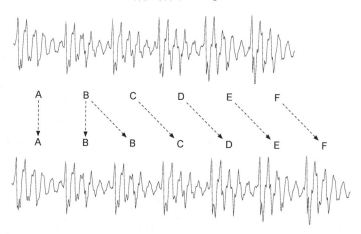

图 8.16　用 TD-PSOLA 修改音延。可以复制单独的基音同步框架从而增
加信号的长度(如图中所示),也可以删除或缩短某个信号

　　TD-PSOLA 还可以用来改变已经录音的双音子的 F0 值,从而使 F0 值提高或降低。为了增加 F0 的值,我们从原来已经录音的双音子信号中抽取出每一个基音同步框架,根据由所期望的基音周期决定的叠加幅度和频率的大小,把这些框架紧密地组合在一起(也就是把它们重叠起

来），然后把这些重叠的信号相加，产生出最后的信号。但是，应当注意，把这些框架紧密地组合到一起的时候，我们要使信号在时间上变短！因此，为了在改变基音时保持音延的时长不变，我们必须增加并复制一些框架。

图 8.17 说明了这样的直觉，在这个图中，我们清楚地说明了抽出的基音同步框架是怎样叠加的。注意，当框架紧密地组合在一起的时候（增加基音的 F0 值），需要添加一些框架以保持音延不变。

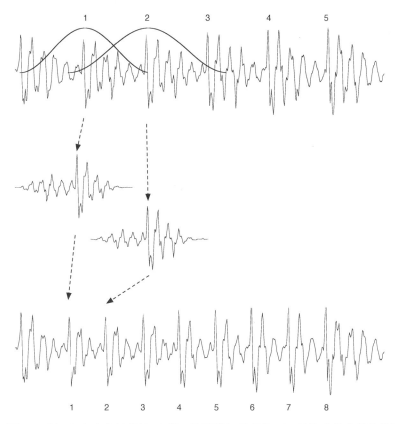

图 8.17　用 TD-PSOLA 来改变基音的 F0 值。为了增加基音的 F0，抽取出单独的基音同步框架，
　　　　进行 Hanning 加窗，把它们紧密地组合在一起，然后相加。为了减少基音的 F0，我们
　　　　把框架移动得开一些。增加基音的 F0 将引起信号的缩短（因为框架靠得更加紧密），
　　　　因此，如果想在改变基音的同时仍然保持音延不变，我们还需要复制一些框架

8.5　单元选择（波形）合成

双音子波形合成在两个问题上显得美中不足：第一个问题，为了产生我们想要的韵律，必须使用如 DT-PSOLA 的信号处理方法来修改存储的双音子数据库。对于所存储的语音进行任何形式的信号处理都会在语音中留下一些人为的因素，使得语音不自然。第二个问题，双音子合成仅仅能够捕捉到涉及单个相邻语音的协同发音。但是，在产生语音时，还存在很多全局性的影响因素，包括距离更远的音子、音节结构、周围音子的重音模型，甚至还包括单词平面上的影响因素。

由于这样的原因，现代商业化的语音合成系统都是建立在把双音子合成加以泛化（generalization）的基础之上的，这样的泛化称为**单元选择合成**（unit selection synthesis）。正如双音子合成一样，单元选择合成也是一种毗连合成算法。**单元**(unit)这个单词意味着任何可以毗连在一起形成输出的语音的存储片段。单元选择合成的直观解释就是：我们可以以不同的大小来存储语音单元，这样的语音单元可以比双音子大得多。因此，单元选择合成与经典的双音子合成在如下两方面存在区别：

1. 在双音子合成中，对于每一个双音子，数据库只存储一个副本；而在单元合成中，数据库可以大到有若干个小时长的规模，对于每一个双音子，可以存储很多副本。
2. 在双音子合成中，语音单元的韵律要使用 PSOLA 或类似的算法来修改，而单元选择合成中，对于毗连的单元，不进行信号处理，或者只进行很小规模的信号处理。

单元选择合成的优势在于它有很大的单元数据库。在足够大的数据库中，我们想合成话段的整个的单词或短语都可能已经存在于数据库中，这样，合成的这些单词或短语的波形就是非常自然的。因此，我们不言而喻地选择那些连续地在数据库中出现的双音子来创造更大的单元。此外，当我们找不到大的语块而不得不回退到个别的双音子的时候，由于每一个双音子都有很多的副本，在很多情况下，我们就很容易找到在自然度方面非常适合的单元。

单元选择合成的体系结构可以总结如下。给定一个规模很大的单元数据库，我们假定它们都是双音子(尽管我们也可以使用诸如半音子、音节、半音节等其他类型的单元来进行单元选择)。再给定目标"内部表示"的特征，也就是带有诸如重音值、单词标识、F0 信息等的一个音子串，就如图 8.1 所描述的那样。

这样的语音合成器要从数据库中选择与目标表示符合的最好的双音子单元系列。什么是"最好的"单元序列呢？从直观上说，最好的单元序列要满足如下技术要求：

- 我们选择的每一个双音子单元都要恰好满足目标双音子的各个特征(F0、重音级别、相邻音)。
- 每一个双音子单元都能够平滑地与相邻的单元相毗连，没有感知上的破绽。

显而易见，在实际上我们不可能保证选择的单元完全符合上述的技术要求，也不大可能找到一个单元序列，其中的每一个结合处都是天衣无缝、难以察觉的。在实际上，单元选择算法使用了一种使这些约束逐步递减的方法，试图找出**目标开销**(target cost)和**结合开销**(join cost)都减到最小的单元序列。

> **目标开销** $T(u_t, s_t)$：　目标的技术指标 s_t 与潜在单元的技术指标 u_t 的匹配程度。
> **结合开销** $J(u_t, u_{t+1})$：潜在单元 u_t 与它潜在的临近单元 u_{t+1} 之间可感知的结合程度。

T 和 J 的值表示**开销**(cost)的大小，开销 T 越大，表示匹配得不好，开销 J 越大，表示结合得不好(Hunt and Black, 1996)。

从形式上说，对于给定的具有目标 T 技术指标的序列 S，单元选择合成的任务是从数据库中找出单元 T 的序列 $\hat{U}$，使得开销的总和最小：

$$\hat{U} = \underset{U}{\operatorname{argmin}} \sum_{t=1}^{T} T(s_t, u_t) + \sum_{t=1}^{T-1} J(u_t, u_{t+1}) \tag{8.19}$$

在讲述解码和训练的问题之前，让我们首先更细致地定义目标开销和结合开销。

目标开销要度量单元与目标双音子的技术指标匹配的好坏程度。我们可以把每一个双音子目标的技术指标想象成一个特征向量，这里是 3 个目标双音子技术指标的 3 个特征向量的样本，其中使用了诸如"该音节是否重读""双音子来自语调短语中的哪一部分"这样的维度特征：

```
/ih-t/, +stress, phrase internal, high F0, content word
/n-t/, -stress, phrase final, high F0, function word
/dh-ax/, -stress, phrase initial, low F0, word 'the'
```

我们把目标技术指标 s 和单元之间的距离看成是每一个维度上的单元与技术指标的差距的函数。假定对于每一个维度 p，我们都能够提供一个**子开销**（subcost）$T_p(s_t[p], u_j[p])$。这个子开销具有二元特征，例如，重音的特征可以是 1 或 0。如 F0 的连续性特征的子开销就是技术指标 F0 和单元 F0 之间的差（或对数差）。由于某些维度在语音感知中比其他的维度更加重要，我们也可以给每一个维度加权。把所有这些子开销结合起来的最简单的方法就是假定它们都是彼此独立的并且是可以相加的。使用这个模型，对于给定的目标/单元偶对的全部的目标开销就是对于每一个特征/维度的所有子开销的加权的总和：

$$T(s_t, u_j) = \sum_{p=1}^{P} w_p T_p(s_t[p], u_j[p]) \tag{8.20}$$

目标开销是所期望的双音子技术指标和来自数据库中的一个单元的函数。**结合开销**（join cost）与目标开销不同，它是来自数据库中的两个单元的函数。结合开销的目的在于：当这两个单元结合得非常自然时，结合开销变低（为 0），当这两个单元的结合可以让人感觉到或者让人感到不舒适时，结合开销变高。为了达到这个目的，我们需要测定所结合的两个单元的边缘部分在声学上的相似性。如果这两个单元具有相似的能量、F0 值、声谱特征，那么，它们大概就能很好地结合起来。模仿计算目标开销的公式，我们使用加权子开销求和的方法来计算结合开销：

$$J(u_t, u_{t+1}) = \sum_{p=1}^{P} w_p J_p(u_t[p], u_{t+1}[p]) \tag{8.21}$$

在经典的 Hunt and Black（1996）算法中使用的 3 个子开销是毗连点上的**倒谱距离**（cepstral distance）、对数幂的绝对差和 F0 的绝对差。我们将在 9.3 节中介绍倒谱。

此外，如果要毗连的两个单元 u_t 和 u_{t+1} 在单元数据库中是连续的双音子（也就是说，它们在原来的语段中是前后彼此相随的），那么，我们就把结合开销置为 0：$J(u_t, u_{t+1}) = 0$。这是单元选择合成的一个重要的特点，正是由于这个特点，就可以从数据库中选择出大量的自然单元序列。这显然是很鼓舞人心的。

我们怎样找到最佳的单元序列并把公式（8.19）中所示的目标开销和结合开销的总和减到最小呢？标准的方法是把这样的单元选择问题看成一个隐马尔可夫模型。我们的任务就是找出最佳的隐藏状态序列。我们可以使用 Viterbi 算法（第 6 章）来解决这个问题。图 8.18 说明了搜索空间的大致情况以及确定最佳单元序列的最佳 Viterbi 路径。

结合开销和目标开销的权重通常是由人给出的，因为权重的数目太小（有 20 级），机器学习算法不可能总是达到人那样的效果。系统的设计者听由机器造出的整个句子，选择权重的值使得合成话段的读音是合理的。现在有多种自动设置权重的方法，很多这样的方法都假定，两个句子在声学方面存在着某种距离函数，这样的距离函数大概是以倒谱距离为基础的。例如，Hunt and Black（1996）的方法可从选择单元数据库中提供句子的测试集。对于每一个这样的测试句子，我们从单词的序列合成一个句子波形（使用从训练数据库的其他句子中得到的单元）。然后，我们把合成句子的声学方面与真人说出的句子的声学方面进行比较。现在，我们得到合成句子的一个序列，每一个句子都带着它与相应的真人说出的句子的距离函数。然后，在这些距离的基础上，使用线性回归设置目标开销的权重，使得距离最小。

还有更加先进的方法来指派目标开销和结合开销。例如，上面我们计算两个单元之间的目标开销时，采用的方法是检查两个单元的特征，求特征开销的加权总和，选择开销最低的单元。

另外的方法是把目标单元映射到一个声学空间，然后搜寻一个在声学空间中最接近目标的单元（新的读者可能需要在学习了下一章的语音识别导论之后，再回过头来研究这部分内容）。例如，Donovan and Woodland(1995)和Donovan and Eide(1998)的方法是使用10.3节图10.14中所描述的决策树算法来对所有的训练单元进行聚类。决策树根据的还是上述同样的特征，但是对于特征的每一个集合，我们顺着决策树中的路径往下走到叶子结点，而这个叶子结点应当包含具有这些特征的单元的一个聚类。正如在语音识别中那样，这种单元聚类可以使用高斯模型来求其参数，使得我们可以把特征的一个集合映像到倒谱值上的概率分布之中，这样，我们就可以计算在数据库中目标和单元之间的距离。至于结合开销的计算，更加细致的一些度量方法要使用到某个特定的结合是怎样被感知的这样的知识(Wouters and Macon, 1998；Syrdal and Conkie, 2004；Balyko and Ostendorf, 2001)。

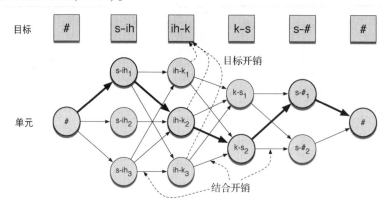

图8.18　单元选择合成中的解码过程。图中说明了单词six的目标(技术指标)双音子序列以及我们必须搜索的在数据库中的各种可能的双音子单元。最佳的Viterbi路径能够把目标开销和结合开销减到最小，在图中用粗箭头表示

8.6　评测

语音合成系统目前是由听音人来进行评测的。如果我们能够研制出一种语音合成评测的优良的自动度量系统，那么，就可以不再需要又费金钱、又费时间的人力听音实验，然而，这终究还是一个有待进行的、引人入胜的研究课题。

语音合成系统评测的最低的度量指标是合成语音的**可理解性**(intelligibility)，检验听音人正确地解释单词和合成话语含义的能力。进一步的度量指标是合成语音的**质量**(quality)，要对合成语音的自然度、流畅度和清晰度进行抽象的测量。

可理解性最局部的测试是检验听音人分辨两个音子的能力。**诊断性韵律测试法**(Diagnostic Rhyme Test, DRT)(Voiers et al., 1975)用于检验处于开始部位的辅音的可理解性。RDT根据96对容易混淆的韵律词来进行测试，这些词的开头的辅音只有一个语音特征不同，例如，dense/tense或bond/pond(分辨浊音与清音的不同)，mean/beat或neck/deck(分辨鼻音与非鼻音的不同)。对于每一对韵律词，听音人要听其中的一个韵律词并要求他指出听到的这个韵律词是这对韵律词中的哪一个。正确回答的百分比就可以作为可理解性的度量结果。**修正的韵律测试法**(Modified Rhyme Test, MRT)(House et al., 1965)与DRT类似，不过，MRT是根据300个单词来进行测试的，MRT把这300个单词分成50个集合，每一个集合包括6个单词。每一个集合中的6个单词或是开头的辅音不同，或者是结尾的辅音不同(例如，went, sent, bent, dent, tent, rent 为一个集合，bat, bad, back, bass, ban, bath 为另一个集合）。让听音人听一个单独的单词，要求听音人从包含 6 个单词的集合中辨别出他听到的是哪一个单词，辨别正确的百分比也可以作为可理解性的度量结果。

由于上下文的影响是很重要的，因此，DRT 和 MRT 测试时都把单词嵌入到**负载短语**（carrier phrases）中，如下所示：

```
Now we will say <word> again.
```

如果测试的单元大于一个单独的音子，我们可以使用**语义不可预测句**（Semantically Unpredictable Sentences, SUS）（Bonoît et al ., 1996）。我们使用诸如 DET ADJ NOUN VERB DET NOUN 由词类符号 POS 组成的简单模板，对于模板每一个槽中的 POS 随机地代入任意的单词，构成如下的语义不可预测句：

```
The unsure steaks closed the fish.
```

采用诸如 DRT/MRT 和 SUS 这样的因素来测试可理解性，不管上下文在测试可理解性中的作用。这样的方法在严格控制的系统可理解性的测试中是可行的，但是，这种不管上下文的句子或语义不可预测的句子并不适合于测试在商业应用中的 TTS 系统的运行情况。因此，在商业应用中，并不采用 DRT 或 SUS，我们一般是在惟妙惟肖地模仿有关应用的环境下来测试 TTS 系统的可理解性，例如，大声地朗读一篇讲话稿，阅读报纸文本的某些段落，等等。

为了进一步评测合成话语的质量（quality），我们可以给若干个听音人放送一个合成的句子，然后要他们给出**平均评价分**（Mean Opinion Score, MOS），MOS 可以用于评价合成话语的好坏程度，一般分为 1~5 个等级进行评价。然后我们就可以比较同一批测试的句子的 MOS 等分，从而对参评的系统进行比较［使用 t-测试（t-tests）来测试系统之间有意义的区别］。

如果我们要精确地对两个系统进行比较（例如，如果想了解我们做的某种特定的修改是否在实际上改善了系统），那么，就可以使用 **AB 测试**（AB tests）。在 AB 测试中，我们给听音人放送由两个不同的系统（分别称为 A 和 B）合成的同一个句子。听音人从中选择出他们认为最优的一个句子。我们可以使用 50 个句子来做 AB 测试，比较每一个系统中优选出的句子的数量。为了避免听音人的偏误，对于每一个测试的句子，我们都要按照随机的顺序给出两个合成的波形。

8.7 文献和历史说明

我们在本章的开头已经说过，语音合成是语音和语言处理中最早的研究领域。在 18 世纪，就出现了关于发音过程的一些物理模型，例如，前面提过的 Kempelen 的模型以及 1773 年 Kratzenstein 在哥本哈根使用管风琴的管子模拟的元音模型。

不过，可以明确地说，语音合成的现代化的新时代是在 20 世纪 50 年代初才到来的，在这个时候，提出了波形合成的三种主要的范型——共振峰合成、发音合成、毗连合成。

毗连合成似乎最早是由 Harris（1953）在 Bell 实验室提出的，他的方法是把与音子对应的磁带片段按照字面的顺序拼接在一起。Harris 提出的这种方法实际上更接近于单元选择合成，而不同于双音子合成，他建议，对于每一个音子都要存储多个复本，并且使用连接代价来进行选择（选择转移到相邻单元时具有最为平滑的共振峰的那些单元）。Harris 的模型是建立在单音子基础上，而不是建立在双音子基础上的，由于存在协同发音，显然会产生一些问题。Peterson et al. （1958）对于单元选择合成提出了一些基础性的思想，他们提出，要使用双音子，使用数据库，对于每一个音子都要存储多个具有不同韵律的复本，而每一个复本都要标注韵律特征，如 F0、重音、时延等,并且还要使用基于 F0 和相邻单元共振峰距离的连接代价来进行选择。他们还提出了给波形加窗的微毗连技术。Peterson 等人的模型是纯理论的模型,直到 20 世纪 60 年代和 20 世纪 70 年代,毗连合成还没有得到实现,而与此同时,双音子合成却首次得到实现了(Dixon and Maxey, 1968;Olive, 1977)。后来的双音子合成系统可以包含如辅音聚类这样大的单元(Olive and Liberman, 1979)。现代的单元选择合成技术,包括非均匀长度大单元的思想,使用目标代价的思想,是由 Sagisaka(1988)和 Sagisaka et al. (1992)提出的。Hunt and Black(1996)把这样的模型形式化了,并且在 ATR CHATR 系统(Black and Taylor, 1994)的背景下,把它表示为我们在本章中所描述的那种形式。使用聚类方法来自动生成合成单元的思想首先是由 Nakajima and Hamada(1988)提出的,后来主要由 Donovan(1996)加以发展。Donovan 把语音识别中使用的决策树聚类算法引入了语音合成。很多关于单元选择的创新都作为 AT&T 的 NextGen 语音合成器(Syrdal et al ., 2000;Syrdal and Conkie, 2004)的一部分被采用了。

本章着重讨论毗连合成,此外,还有两个语音合成的范型:一个是**共振峰合成**(formant synthesis),一个是**发音合成**(articulatory synthesis)。在共振峰合成中,我们试图建立规则来生成人工声谱,特别是其中包括生成共振峰。在发音合成中,我们试图直接地给声道和发音过程的物理机制建模。

共振峰合成器(formant synthesizers)来源于用生成人工声谱的方法来惟妙惟肖地模仿人类话语的尝试。Haskin 实验室的模式反演机器使用在运动的透明带子上印出声谱模式的方法以及使用反光过滤波形谐波的方法来生成声音的波形(Cooper et al ., 1951)。其他早期的共振峰合成器还有 Lawrence(1953)的合成器和 Fant(1951)的合成器。最为著名的共振峰合成器大概应当算 **Klatt 共振峰合成器**(Klatt formant synthesizer)及其后续系统,例如,MITalk 系统(Allen et al ., 1987),数字设备公司 DECtalk 使用的 Klattalk 软件(Klatt, 1982)。详细情况可参阅 Klatt(1975)。

发音合成器(articulatory synthesizer)试图把声道作为一个开放的管道模拟其物理机制,从而合成语音。早期的以及较为近期的有代表性的模型有 Stevens et al. (1953)的模型、Flanagan et al. (1975)的模型、Fant(1986)的模型。详细情况可参阅 Klatt(1975)和 Flanagan(1972)。

TTS 中的文本分析部分的研制出现得比较晚,作为一种技术,文本分析是从自然语言处理的其他领域中借用过来的。早期的语音合成系统的输入不是文本,而是一些音位(使用穿孔卡片键入)。第一个采用文本作为输入的 TTS 系统似乎是 Umeda 和 Teranishi 的系统(Umeda et al ., 1968;Teranishi and Umeda, 1968;Umeda, 1976)。这个系统包括一个词汇化的剖析器,可以给文本指派韵律边界以及重读和重音;在 Coker et al. (1973)扩充的系统中,还增加了更多的规则,例如无重读的轻动词规则,以及所研制的发音模型规则等。这些早期的 TTS 系统使用带有单词发音的发音词典。为了进一步扩充使其具有更多的词汇,诸如 MITalk(Allen et al ., 1987)这样的早期基于共振峰的 TTS 系统,还使用字母-发音的转换规则来代替发音词典,因为存储大型的发音词典,计算机的存储开销是非常大的。

现代的字符-音位转换模型来自 Lucassen and Mercer(1984)早期的概率字符-音位转换模型,这个模型本来是在语音识别的背景下提出来的。不过,目前广为使用的机器学习模型出现得比较晚,这是因为早期传闻的一些证据认为,手写的规则会工作得更好,例如,Sejnowski and Rosenberg(1987)的神经网络。Damper et al. (1999)经过仔细的比较之后说明,在一般情况下,机器学习方法更具优越性。一些这样的模型使用类比方法来发音(Byrd and Chodorow, 1985;Dedina and Nusbaum, 1991;Daelemans and van den Bosch, 1997;Marchand and Damper, 2000),此外还提出了潜在类比的方法(Bellegarda, 2005)、HMM 的方法(Taylor, 2005)。最新的研究是使用**联合字符模型**(joint graphone model),在联合字符模型中,隐藏变量是音位-字符偶对,概率模型与其说是基于联合概率，不如说是基于条件似然度（Deligne et al ., 1995；Luk and Damper, 1996；Galescu and Allen, 2001；Bisani and Ney, 2002；Chen, 2003）。

关于韵律研究的文献数不胜数，例如，有一个重要的计算模型称为 **Fujisaki 模型**（Fujisaki model, Fujisaki and Ohno, 1997）。IViE（Grabe, 2001）是 ToBI 的扩充，其重点在于标注英语的各种变体（Grabe et al ., 2000）。关于语调结构的单元存在着不少的争论，包括**语调短语**（intonational phrase）（Beckman and Pierrehumbert, 1986）、**语调单元**（intonation units）（Du Bois et al ., 1983），或者称为**调单元**（tone units）（Crystal, 1969）的争论，它们与从句和其他句法单元的关系的争论（Chomsky and Halle, 1968；Langendoen, 1975；Streeter, 1978；Hirschberg and Pierrehumbert, 1986；Selkirk, 1986；Nespor and Vogel, 1986；Croft, 1995；Ladd, 1996；Ford and Thompson, 1996；Ford et al ., 1996）。语音合成的一些最新的工作重点是研究如何生成有感情的话语（Cahn, 1990；Bulut et al ., 2002；Hamza et al ., 2004；Eide et al ., 2004；Lee et al ., 2006；Schroder, 2006, 等等）。

语音合成的一个极为引人注目的新的范式是 HMM 合成，这个新范式首先是由 Tokuda et al. (1995b)提出的，并且在 Tokuda et al. (1995a)、Tokuda et al. (2000)和 Tokuda et al. (2003)的研究中，对这个范式做了进一步的加工。关于 HMM 合成，在 Taylor(2008)和 Huang et al. (2001)等教材中做了综述。Gibbon et al. (2000)提供了关于 TTS 评测的丰富信息。还可以参看一年一度的语音合成比赛，这个比赛称为**暴风雪挑战**（Blizzard Challenge）（Black and Tokuda, 2005；Bennett, 2005）。

在 Allen et al. (1987)和 Sproat(1998b)中介绍了两个经典的文本-语音合成系统：前者介绍了 MITalk 系统，后者介绍了贝尔实验室系统。最新的教科书有 Dutoit(1997)，Huang et al. (2001) 和 Taylor(2008)。Allan Black 的在线讲义可参看 http：//festvox. org/festtut/notes/festtut_toc. html。影响比较大的文集有 van Santen et al. (1997)，Sagisaka et al. (1997)和 Narayanan and Alwan (2004)。会议出版物有主要的语音工程会议（INTERSPEECH, IEEE ICASSP）的会议录以及语音合成研讨会（Speech Synthesis Workshop）的会议录。杂志有 *Speech Communication*，*Computer Speech and Language*，*IEEE Transaction on Audio*，*Speech and Language* 以及 *ACM Transactions on Speech and Language Processing* 等。

第9章 语音自动识别

当 Frederic 还是一个年轻小伙子的时候，他又勇敢又胆大，

他的父亲想让他当学徒去学习航海。

我是他的保姆，好啊！于是我开始为此事忙活起来，

以便使这个有希望的小伙子学习当海员(pilot)，

对于这个勇敢的小伙子，这是一种不错的生活，尽管这个职业还不是那么体面。

然而作为保姆的我，却可能帮你做了一件阻碍你的孩子成为海员的蠢事。

我确实是一个笨头笨脑的保姆，我老是把东西打破，

而且因为我有耳聋失聪之症，我总是听不清楚单词的发音，

主人的这个命令在我的脑子里转了又转，

于是我安排这个有希望的小伙子去学习当海盗(pirate)。

《Penzance 的海盗》，Gilbert 和 Sullivan[①]，1877

    保姆 Ruth 这个错误使得 Frederic 签订了一个很长时间的师徒合同去学习当海盗，后来又由于 21 岁生日和闰年的问题，把事情弄得更加复杂，致使这个师徒合同差不多又增加了 63 年。在 Gilbert 和 Sullivan 看来，出现这样的错误是很自然的，正如 Ruth 后来说的："这两个单词的发音确实太相似了！"。说得一点不错，口语的理解确实是一件非常困难的事情，值得注意的是，人们常常会犯类似的错误。**语音自动识别**(Automatic Speech Recognition，ASR)研究的目标就是用计算机来解决这样的问题，建立语音识别系统把声学信号映射为单词串。**语音自动理解**(Automatic Speech Understanding，ASU)把这个目标扩展到不仅仅是产生单词，还要产生句子，并且在某种程度上理解这些句子。

    任何说话者和任何环境下的语音自动转写的一般问题还远远没有解决。但是，近年来，ASR 的技术在某些限定的领域内还是可行的，显示了 ASR 技术的成熟。ASR 的一个重要的应用领域是人和计算机的交互。很多任务已经可以采用可视的和可指的界面来解决，但是，对于完全用自然语言交际的任务，对于不适合使用键盘的任务，与键盘相比，语音是一个潜在的和比较好的界面。这些任务包括手和眼用得多的领域，这时用户要用手或眼来操作目标或装备目标以便控制

---

① 这段故事中，保姆 Ruth 把主人说的 pilot(海员)错听为 pirate(海盗)，从而铸成大错，翻译成中文后已经看不出这种错误了，因此，我们把英文原文照录如下，以便读者玩味。

When Frederic was a little lad he proved so brave and daring,

His father thought he'd 'prentice him to some career seafaring.

I was, alas！ his nurs'rymaid, and so it fell to my lot

To take and bind the promising boy apprentice to a **pilot**——

A life not bad for a hardy lad, though surely not a high lot,

Though I'm a nurse, you might do worse than make your boy a pilot.

I was a stupid nurs'rymaid, on breakers always steering,

And I did not catch the word arright, through being hard of hearing；

Mistaking my instructions, which within my brain did gyrate,

I took and bound this promising boy apprentice to a **pirate**.

The Pirates of Penzance，Gilbert and Sullivan，1877

——译者注

它们。ASR 的另外一个应用领域是电话。在这个领域，语音识别已经在一些方面得到使用，例如，数字输入、识别"yes"以便接收集体呼叫、查找有关飞机或火车的信息，还有呼叫路径选择["Accounting, please"（请结账），"Prof. Regier, Please"（Regier 教授，请）]。在某些应用中，结合语音和指示的多模态界面比没有语音的图形用户界面更加有效（Cohen et al., 1998）。最后，ASR 正在应用于自动听写（dictation），也就是把一个特定的单独的说话人口授的比较长的独白转写成文字。口授在法律领域使用很普遍，它也可以作为增强交际的一个重要部分，在计算机和不能打字或不能说话的残疾人之间进行交互。Milton（弥尔顿）失明之后，曾经给他女儿口授了《失乐园》（Paradise Lost），这已经成为迩遐闻名的佳话。Henry James 在受重伤之后，口授了他晚期的一些小说，这也是众所周知的事实。

在详细介绍语音识别的总体结构之前，我们来讨论一下有关语音识别工作的某些参数。语音识别工作一个可变的维度是词汇量的多少。如果我们要识别的不同的单词的数量比较少，语音识别就会容易一些。只有两个单词的词汇量的语音识别，例如，辨别 yes 还是 no，或者识别只包括 11 个单词的词汇量的数字序列（从 zero 到 nine 再加上 oh），也就是所谓的**数字识别工作**（digit task），这样的语音识别是相对地容易的。另一方面，对于包含 20 000 到 60 000 个单词的大词汇量语音识别，例如，转写人与人之间的电话会话，或者转写广播新闻，这样的语音识别就困难得多。

语音识别的第二个可变的维度是语音的流畅度、自然度和是否为会话语音。在**孤立单词**（isolated word）的识别中，每一个单词被某种停顿所包围，孤立单词的识别就比**连续语音**（continuous speech）的识别容易得多，因为在连续语音的识别中，单词是前后彼此连续的，必须进行分割。连续语音识别的工作本身其困难程度也各有不同。例如，人对机器说话的语音识别就比人对人说话的语音识别容易得多。识别人对机器说话的语音，或者是以**阅读语音**（read speech）的方式来大声地朗读（模拟听写的工作），或者用语音对话系统来进行转写，都是相对地容易的。识别两个人以**对话语音**（conversational speech）的方式彼此谈话的语音，例如，转写商业会谈的语音，这样的语音识别就困难得多。当人对机器讲话的时候，他们似乎总是把他们的语音加以简化，尽量说得慢一些，说得清楚一些。

语音识别的第三个可变的维度是信道和噪声。**听写**（dictation）工作（以及语音识别的很多实验室研究）是在高质量的语音以及头戴扩音器的条件下进行的。由于头戴扩音器就可以消除把扩音器放在桌子上时所发生的语音失真，因为把扩音器放在桌子上时，说话人的头会动来动去而造成语音失真。任何类型的噪声都会使语音识别的难度加大。因此，在安静的办公室中识别说话人的口授比较容易，而识别开着窗子在高速公路上行驶的充满噪声的汽车中说话人的声音，就要困难得多。

语音识别的最后一个可变的维度是说话人的口音特征和说话人的类别特征。如果说话人说的是标准的方言，或者在总的情况下，说话人的语音与系统训练时的数据比较匹配，那么，语音识别就比较容易。如果说话人带陌生的口音，或者是小孩的语音，那么，语音识别就比较困难（除非语音识别系统是特别地根据这些类型的语音来训练的）。

图 9.1 中的数据来自一些最新的语音识别系统，说明了在不同的语音识别任务中，识别错误的单词的大致百分比，这个百分比称为**词错误率**（Word Error Rate, WER, 参见 9.8 节）。

由于噪声和口音而造成的变化会使错误率增加很多。据报道，对于相同的识别任务，带有浓重日本语口音或西班牙语口音的英语的词错误率比说母语的英语的词错误率大约高出 3 至 4 倍（Tomokiyo, 2001）。把汽车的噪声提高 10 dB 信噪比（Signal-to-Noise Ratio, SNR）可能导致语言识别错误率上升 2 至 4 倍。

一般来说，语音识别的词错误率每年都在降低，这是因为语音识别的性能的改进非常稳定。

由于算法改进和摩尔定律(Moor's law)双重因素结合起来的影响,有人估计,在过去的十年内,这种性能的改进大约是每年10%左右(Deng and Huang,2004)。

任务	单词	错误率 %
TI Digits	11 (zero-nine, oh)	0.5
Wall Street Journal read speech	5000	3
Wall Street Journal read speech	20 000	3
Broadcast News	64 000+	10
Conversational Telephone Speech (CTS)	64 000+	20

图9.1　2006年公布的ASR在不同的任务中的粗略词错误率(错误识别的单词的百分比);广播新闻和电话对话(Conversational Telephone Speech,CTS)的错误率是根据特定的训练和测试方案得到的,可以作为一种粗略的估计数字;在这些以不同方式确定的任务中,词错误率的数值变化范围可以达到两倍之多

在本章中描述的算法应用范围广泛,可以应用于语音识别的各个领域,在本章中,我们选择把重点放在**大词汇量连续语音识别**(Large-Vocabulary Continuous Speech Recognition, LVCSR)这个关键性领域的基础性问题。一般来说,所谓"**大词汇量**"的意思是:系统包含20 000个到60 000个单词的词汇。所谓"**连续**"的意思是:所有单词是自然地、一起说出来的。另外,我们将讨论的算法一般是"**不依赖于说话人**"(speaker-independent)的,这就是说,这些算法可以识别人的语音,而这样的语音是系统在过去从来没有遇到过的。

在LVCSR中占统治地位的范式是HMM,在本章中,我们也重点介绍这种方法。前面几章我们已经介绍过HMM的大多数核心算法,这些算法在基于HMM的语音识别中都用得着。我们在第7章中介绍过**音子**(phone)、**音节**(syllable)和**语调**(intonation)等语音学和音系学的关键概念。在第5章和第6章中介绍过**贝叶斯规则**(Bayes' rule)、**隐马尔可夫模型**(HMM)、**Viterbi算法**(Viterbi algorithm)和Baum-Welch训练算法(向前-向后算法)。在第4章中介绍过 **N元语法**(N-gram)的语言模型和**困惑度**(perplexity)的计算方法。在本章中,我们首先对HMM语音识别的总体结构进行概述,接着介绍用于特征抽取的信号处理以及重要的梅尔倒谱系数 MFCC(Mel Frequency Cepstral Coefficients)特征的抽取,并介绍高斯声学模型(Gaussian acoustic model)。然后,我们在ASR背景下继续讨论Viterbi解码的工作,对ASR的整个训练过程进行总结,这种训练称为**嵌入训练**(embedded training)。最后,我们介绍词错误率,这是标准评测的计算指标。第10章我们将继续讨论ASR中一些更高级的问题。

9.1　语音识别的总体结构

语音识别的任务是取声学波形作为输入,产生单词串作为输出。基于HMM的语音识别系统使用噪声信道的比喻来看这个任务。噪声信道模型(noisy-channel model)的直觉是(参见图9.2):把语音的声学波形看成是单词串的一个"噪声"版本,这个版本通过了一个有噪声的通信信道。由于这个信道导入了"噪声",使得系统在识别"真正"的单词串时产生困难。我们的目标在于建立一个信道的模型,通过计算了解到这个信道究竟是怎样修改了"真正"的句子,从而恢复这个句子。

噪声信道模型深刻的洞察力在于:如果我们知道了信道是怎样把源句子改变了样子,那么我们就能够针对某一个波形,使用我们的噪声信道模型来运行每一个句子,检查语言中一切可能的句子,看它是否与输出的句子相匹配,从而找到正确的源句子。这样一来,我们就可以选择最佳匹配的源句子作为我们期望的源句子。

如图9.2所示,建立噪声信道模型需要解决两个问题:第一个问题是,为了挑选出与噪声输

入匹配得最佳的句子，我们需要对于"最佳匹配"有一个完全的度量。因为语音是变化多端的，一个声学输入句子不可能与我们对这个句子的任何模型都匹配得天衣无缝。在前面几章中已经指出，我们将使用概率作为度量。因此，我们把语音识别问题看成是**贝叶斯推理**(Bayesian inference)的一个特殊情况，贝叶斯推理是 1763 年贝叶斯(Bayes)提出的一种方法。贝叶斯推理或贝叶斯分类在 20 世纪 50 年代被成功地应用于解决光学字符识别中的语言问题(Bledsoe and Browning, 1959)，并用来解决作者的分布问题，例如，Mosteller and Wallace(1964)确定了联邦主义者文章的原作者的工作，对后来的发展产生了深远影响。我们的目标是把各种不同的概率模型结合起来，完全地估计出受到噪声干扰的声学观察序列对于给定的候选源句子的概率。我们可以在所有的句子空间中进行搜索，选出具有最高概率的源句子。

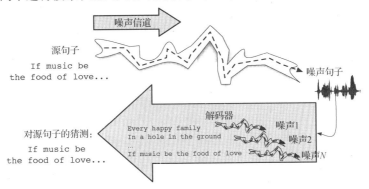

图 9.2　噪声信道模型。我们搜索一个很大的潜在的"源"句子空间，并选择在生成"噪声"句子时具有
　　　　最大概率的句子。我们需要给源句子的先验概率(N元语法)建模，给实现为一定的音子串的
　　　　单词的概率建模(HMM词表)，给实现为声学特征或声谱特征的音子的概率建模(高斯混合模型)

　　第二个问题是，因为所有英语句子的集合非常大，我们需要一个有效的算法使得我们用不着对所有可能的句子都进行搜索，而只搜索那些有机会与输入匹配的句子。这就是**解码**(decoding)问题或**搜索**(search)问题，在第 5 章和第 6 章中讲述 HMM 的时候，我们已经使用 Viterbi 解码算法研究过这样的问题。在语音识别中，由于搜索空间太大，有效地进行搜索是非常重要的，我们要把重点聚焦到搜索中的某些领域，而不要求面面俱到。

　　在这个导言的其他部分，我们将在语音识别的背景下，重新考察概率模型或贝叶斯模型，我们在第 5 章中讲述词类自动标注时，曾经介绍过这样的模型。然后，我们将介绍基于 HMM 的现代 ASR 系统的各个组成部分。

　　语音识别的概率噪声信道总体结构的目标可总结如下：

　　　　"对于给定的某个声学输入 O，在语言 $\mathscr{L}$ 的所有句子中，哪一个句子是最可能
　　的句子？"

　　我们可以把声学输入 O 作为单个的"符号"或"观察"的序列来处理。例如，把输入按每10 μs切分成音片，每一个音片用它的能量或频率的浮点值来表示。我们用索引号来表示时间间隔，用有顺序的 o_i 表示在时间上前后相续的输入音片(注意：大写字母表示符号的序列，小写字母表示单个的符号)：

$$O = o_1, o_2, o_3, \cdots, o_t \tag{9.1}$$

　　类似地，我们在表示句子时，也把它看成是由单词简单地构成的单词串：

$$W = w_1, w_2, w_3, \cdots, w_n \tag{9.2}$$

　　无论声学输入还是句子的这种表示，都是简化了的假设。例如，有时把句子切分成单词显得太细(当我们想给单词的组合而不是给单个的词建模的时候)，有时又显得太粗(当我们想讨论形

态的时候)。在语音识别中,单词通常是根据正词法来定义的(当把每一个单词映射为小写字母以后):oak 与 oaks 当作不同的单词来处理,但是,助动词 can("can you tell me …?")与名词 can("I need a can of …")却当作相同的单词来处理。

前面的直觉概率可以表示如下:

$$\hat{W} = \underset{W \in \mathcal{L}}{\operatorname{argmax}} P(W|O) \tag{9.3}$$

函数 $\operatorname{argmax}_x f(x)$ 的意思是"使得 $f(x)$ 为最大值的 x"。等式(9.3)能保证给我们最优的句子 W,但是,现在需要使这个等式运行起来。这就是说,对于给定的句子 W 和声学序列 O,我们需要计算出 $P(W|O)$。我们知道,对于任何给定的概率 $P(x|y)$,可以使用贝叶斯规则,把这个概率 $P(x|y)$ 分解如下:

$$P(x|y) = \frac{P(y|x)P(x)}{P(y)} \tag{9.4}$$

我们在第 5 章中已经知道,可以用公式(9.4)来替换公式(9.3)中的有关项,得到:

$$\hat{W} = \underset{W \in \mathcal{L}}{\operatorname{argmax}} \frac{P(O|W)P(W)}{P(O)} \tag{9.5}$$

公式(9.5)中右侧的大部分概率同概率 $P(W|O)$ 相比,计算起来更加容易。例如,$P(W)$ 是单词串本身的先验概率,我们可以根据第 4 章中的 N 元语法的语言模型来估计。下面我们将会看到,$P(O|W)$ 也是容易估计出来的。但是,声学观察序列的概率 $P(O)$ 却是很难估计的。不过,如在第 5 章指出的,幸运的是,我们可以忽略 $P(O)$。为什么呢?因为我们现在要对所有可能的句子求最大值,将对语言中的每个句子计算 $\left(\frac{P(O/W)(PW)}{P(O)} \right)$。但是每一个句子的 $P(O)$ 是不会改变的!因为对于每一个潜在的句子,我们总是要检查同样的观察 O,而这样的观察必定都有同样的概率 $P(O)$。因此,我们有:

$$\hat{W} = \underset{W \in \mathcal{L}}{\operatorname{argmax}} \frac{P(O|W)P(W)}{P(O)} = \underset{W \in \mathcal{L}}{\operatorname{argmax}} P(O|W)P(W) \tag{9.6}$$

总体来说,对于给定的某个观察 O,具有最大概率的句子 W 可以用每一个句子的两个概率的乘积来计算,并且选乘积最大的句子为所求的句子。这两个项的名称如下:$P(W)$ 是**先验概率**(prior probability),使用**语言模型**(Language Model,LM)来计算;$P(O|W)$ 是**观察似然度**(observation likelihood),使用**声学模型**(Acoustic Model,AM)来计算。

$$\hat{W} = \underset{W \in \mathcal{L}}{\operatorname{argmax}} \overbrace{P(O|W)}^{\text{观察似然度}} \overbrace{P(W)}^{\text{先验概率}} \tag{9.7}$$

语言模型(LM)的先验概率 $P(W)$ 表示一个英语句子中给定的单词串的概率。我们在第 4 章中已经知道怎样使用 N 元语法来计算语言模型的先验概率 $P(W)$,计算时要给句子指派概率,计算公式如下:

$$P(w_1^n) \approx \prod_{k=1}^{n} P(w_k|w_{k-N+1}^{k-1}) \tag{9.8}$$

本章将说明如何使用第 6 章中的 HMM 来计算似然度 $P(O|W)$,从而建立声学模型(AM)。给定了声学模型 AM 和语言模型 LM 的概率之后,概率模型的计算就是可以操作的了,对于给定的声学波形,使用一个搜索算法,就可以计算出具有最大概率的单词串。图 9.3 说明了在处理一个单独的话段时,HMM 语音识别系统的各个组成部分,并指出了先验概率和似然度的计算过

程。图中显示，一个语音识别系统可以分为三个阶段：特征抽取阶段（feature extraction stage）、声学建模阶段（acoustic modeling stage）、解码阶段（decoding stage）。**特征抽取阶段**（feature extraction stage）又称为**信号处理阶段**（signal processing stage），在这个阶段，语音的声学波形按照音片的时间框架（通常是 10 ms，15 ms 或 20 ms）来抽样，把音片的时间框架转换成**声谱特征**（spectral feature）。每一个时间框架的窗口用矢量来表示，每一个矢量包括大约 39 个特征，用以表示声谱的信息以及能量大小和声谱变化的信息。在 9.3 节中将给出特征抽取过程的大致描述。

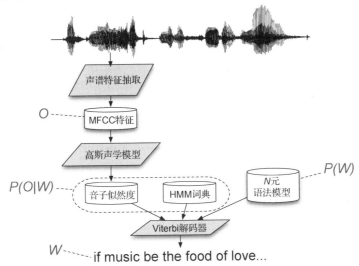

图 9.3　给一个单独句子解码的简化语音识别系统的总体结构图示。实际的语音识别系统
　　　　比这复杂得多，因为还需要进行剪枝（pruning）和快速匹配以提高系统的效率。
　　　　这个体系结构只是用于解码的，此外我们还需要一个用于训练参数的体系结构

声学建模阶段（acoustic modeling stage）又称为**音子识别阶段**（phone recognition stage）。在这个阶段，对于给定的语言单位（单词、音子、次音子），要计算观察到的声谱特征矢量的似然度。例如，我们使用高斯混合模型（Gaussian Mixture Model，GMM）分类器，对于 HMM 中与一个音子或一个次音子对应的每一个状态 q，计算给定音子与给定特征矢量的似然度 $p(o|q)$。在这个阶段的输出可以用一种简化的方法把它想象成概率矢量的一个序列，在这个序列中，每一个概率矢量对应于一个时间框架，而每一个时间框架的每一个矢量就是在该时刻生成的声学特征矢量观察与每一个音子单元或次音子单元的似然度。

最后是**解码阶段**（decoding stage），在这个阶段，我们取一个声学模型（AM），其中包括声学似然度的序列，再加上一个 HMM 的单词发音词典，再取一个语言模型（LM，一般是一个 N 元语法），把声学模型与语言模型结合起来，输出最可能的单词序列。我们在 9.2 节中将说明，一个 HMM 词典就是单词的发音表，其中每一个发音用一个音子串来表示。因此，每一个单词可以被想象成一个 HMM，其中，音子（有时是次音子）是 HMM 的状态，对于每一个状态，高斯似然度评估器给出 HMM 的输出似然度函数。大多数 ASR 系统使用 Viterbi 算法来解码，还采用各种精心设计的提升方法来加快解码的速度，这些方法有剪枝、快速匹配、树结构的词典等。

9.2　隐马尔可夫模型应用于语音识别

现在我们来讨论怎样把隐马尔可夫模型应用于语音识别。在第 6 章中，我们讲过，一个隐马尔可夫模型可以使用如下的部分来描述：

$Q = q_1 q_2 \cdots q_N$	**状态**(state)的集合。
$A = a_{01} a_{02} \cdots a_{n1} \cdots a_{nn}$	**转移概率矩阵**(transition probability matrix)A，每一个 a_{ij} 表示从状态 i 到状态 j 的转移概率，使得 $\sum_{j=1}^{n} a_{ij} = 1$，$\forall i$。
$O = o_1 o_2 \cdots o_N$	**观察**(observation)的集合，集合的每一个元素从词典 $V = v_1, v_2, \cdots, v_N$[①]中提取。
$B = b_i(o_t)$	**观察似然度**(observation likelihoods)的集合，也称为**发射概率**(emission probabilities)，每一个观察似然度表示从状态 i 生成的观察 o_t 的概率。
q_0, q_{end}	特殊的**初始状态**(start state)和**终极状态**(end state)，它们与观察没有联系。

在本章中，我们还要进一步介绍用于 HMM 解码的 **Viterbi 算法**(Viterbi algorithm)以及用于 HMM 训练的 **Baum-Welch 算法**(Baum-Welch algorithm)或**向前-向后算法**(Forward-Backward algorithm)。

HMM 范型的所有这些方面在 ASR 中都起着关键的作用。我们首先从讨论如何把状态、转换和观察映射到语音识别的任务开始。然后，在 9.6 节中讨论 Viterbi 解码算法在 ASR 中的应用。为了处理有声语言，必须对 Baum-Welch 算法进行扩充，在 9.4 节和 9.7 节中，我们来讨论这样的问题。我们知道，在本书前面的章节中，曾经介绍过 HMM 的一些应用实例。在第 5 章中，HMM 的隐藏状态是词类，HMM 的观察是单词，HMM 的解码任务是把单词序列映射为词类序列。在第 6 章中，HMM 的隐藏状态是天气，HMM 的观察是"吃冰淇淋的数量"，HMM 的解码任务是从吃冰淇淋数量的序列来判定天气的序列。在语音识别中，HMM 的隐藏状态是音子、音子的部分或单词，HMM 的每一个观察是在一个时点上关于波形的声谱和能量的信息，HMM 的解码过程是把声学信息的序列映射为音子或单词。

语音识别的观察序列是**声学特征矢量**(acoustic feature vectors)的序列。每一个声学特征矢量代表在某一个特定的时间点上的不同频带的能量大小的信息。我们在 9.3 节中将讨论这些观察的性质，不过，现在只是简单地说明，每一个观察包含一个矢量，每个矢量包含 39 个实数值特征来表示声谱信息。观察一般每 10 ms 一个，所以，1 s 的语音就要求有 100 个声谱特征矢量，而每一个矢量的长度为 39。

隐马尔可夫模型的隐藏状态可以采用各种不同的途径来给语音识别建模。对于一些小规模的任务，我们可以建立其状态可以包含所有单词的 HMM。例如，**数字识别**(digit recognition，只识别从 zero 到 nine 等数字再加上 oh，一共 11 个单词)，**yes-no 识别**(yes-no recognition，只识别 yes 和 no 两个单词)。不过，对于一些大规模的任务，HMM 的隐藏状态就要对应于类音子单元(phone-like unit)和单词，这些单词表示由这些类音子单元组成的序列。

让我们从描述 HMM 模型开始，在这个模型中，HMM 的每一个状态对应于一个单独的音子(如果你忘记了什么是一个音子，请看第 7 章关于音子的定义)。在这样的模型中，一个单词的 HMM 是由 HMM 的状态前后毗连的序列组成的。图 9.4 是单词 six 的基本音子状态 HMM 的结构图示。

注意，在图 9.4 中，只有某些音子之间存在关联。在第 6 章所描述的 HMM 中，在不同的状态

---

① 此处原文为 v_V，显然有错，应改为 v_N。　　　　　　　　　　　　　　　　　　　　　　——译者注

之间，可以随便地发生转移，任何一个状态都可以随意地转移到其他的状态。这种情况，在第 5 章讲述的词类标注的 HMM 中也同样存在，尽管某些标记的转移概率比较低，但是，从原则上来说，每一个标记都可以跟随其他的任何标记。用于语音识别的 HMM 与其他应用中的 HMM 不一样，在这样的 HMM 中，状态之间不允许任意的转移。鉴于语音具有顺序性，对于状态之间的转移有很强的约束。除了某些特别的场合，用于语音识别的 HMM 不容许在一个单词中从一个状态转移到它前面的状态中去，换言之，状态只可以转移到它自身或转移到它的后续状态中去。我们在第 6 章中已经知道，这种从左向右(left-to-right)的 HMM 结构称为 **Bakis 网络**(Bakis network)。

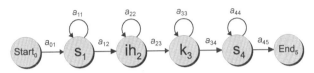

图 9.4　单词 six 的 HMM，包含 4 个发射状态、2 个非发射
状态以及转移概率 A。图中没有画出观察概率 B

图 9.4 中以一种简化的形式描述的用于语音识别的最普通的 HMM 具有更强的约束，这个模型只容许一个状态转移到它自身，或者转移到它后续的下一个状态中去。在这个 HMM 中使用自反圈，容许一个单独的音子重复多次，从而使得这个声学单元的覆盖量是可变的。音子音延的变化依赖于音子的同一性、说话人的语速、语音上下文、单词中韵律凸显的级别。在 Switchboard 语料库的某些话段中，音子[aa]的长度在 7 ms 至 387 ms(1 到 40 帧)之间变化，音子[z]的音延在 7 ms 至 1.3 s(130 帧)之间变化。由此可见，自反圈可以容许一个单独的状态重复很多次。

对于简单的语音识别任务(识别诸如数字这样的少量的单词)，使用一个 HMM 状态来表示一个音子已经足够了。但是，在通用的 LVCSR 这样的任务中，就需要颗粒度更加细致的表示。这是因为，在这种情况下，音子可能会持续到 1 s，也就是 100 帧，然而，这 100 个帧在声学上并不是完全等同的。一个音子的声谱特征和贯穿这个音子的能量的大小会发生戏剧性的变化。例如，我们在第 7 章中知道，在发音过程中，塞辅音有一个成阻阶段，成阻部分的声学能量很小，而在成阻之后，跟随着的是一个除阻阶段的爆破。类似地，在二合元音中，元音的 F1 和 F2 有明显的变化。图 9.5 说明了在单词"Ike"(ARPAbet 为[ay k])的两个音子中，声谱特征随着时间的改变而出现很大的改变。

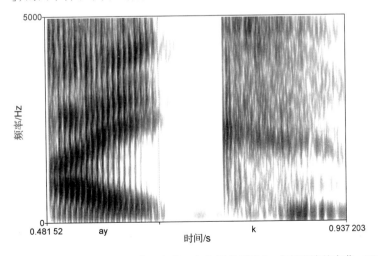

图 9.5　单词"Ike"的发音为[ay k]。注意，在左侧的元音[ay]有连续的变化，F2 上升，
F1 下降，在塞音[k]的成阻部分和除阻部分之间存在着非常明显的差异

　　为了捕捉音子在时间上的非同质特性这种事实，在 LVCSR 中，我们通常使用一个以上的 HMM 状态来给音子建模。最普通的格局安排是使用 3 个 HMM 状态：一个开始状态，一个中间状态，一个最后状态。这样一来，每一个音子就不是只包含一个发射的 HMM 状态(再加上两个非发射状态)，而是包含 3 个发射的 HMM 状态了，如图9.6 所示。在通常情况下，我们使用**模型**(word model)或者**音子模型**(phone model)这样的词语来称呼具有 5 个状态的音子 HMM，使用 **HMM 状态**(HMM state)或只用**状态**(state)这样的词语来称呼单独的次音子的状态。

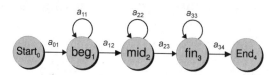

图9.6　用于表示一个音子的标准的具有 5 个状态的 HMM 模型，其中包含 3 个发射
　　　　状态(相应于这个音子的移入状态、平稳状态、移出状态)和2个非发射状态

　　使用这种更加复杂的音子模型来给一个完整的单词建立 HMM 时，我们只要简单地使用 3 个状态的音子 HMM 来替换该单词中的每一个音子。对于每一个音子中非发射的开始状态和最后状态，分别把它们转换成前面一个音子的发射状态和后面一个音子的发射状态，只要留下整个单词首尾的两个非发射状态就行了。图9.7 说明了单词的这种扩充情况。

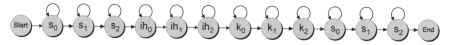

图9.7　"six"[s ih k s]的组合式单词模型，该模型由 4 个音
　　　　子模型毗连而成，每一个音子模型有3个发射状态

　　总体来说，语音识别的 HMM 模型的参数如下：

$Q = q_1 q_2 \cdots q_N$	与次音子对应的**状态**(state)的集合。
$A = a_{01} a_{02} \cdots a_{n1} \cdots a_{nn}$	**转移概率矩阵**(transition probability matrix)A，每一个 a_{ij} 表示每一个次音子的转移概率，转移时，或者形成一个**自反圈**(self-loop)，或者转移到下面一个次音子。
$B = b_i(o_t)$	**观察似然度**(observation likelihoods)的集合，也称为**发射概率**(emission probabilities)，每一个观察似然度表示从次音子状态 i 生成一个倒谱特征矢量(观察 o_t)的概率。

　　另外一种方法是把概率 A 和状态 Q 合起来看，用它们来表示一个**词库**(lexicon)。这个词库是单词发音的集合，其中的每一个发音由次音子的一个集合构成，次音子的顺序由转移概率 A 来说明。

　　现在，我们已经知道了在语音识别中用于表示音子和单词的 HMM 状态的基本结构。在本章的下面部分，我们将把这样的 HMM 模型做进一步的提升，使之能表示三音子和特殊的不发音的音子。首先我们要讨论用于语音识别的 HMM 的下一个组成部分：观察似然度。为了讨论观察似然度，我们首先需要介绍实际的声学观察：特征矢量。在 9.3 节中讨论了特征矢量之后，在 9.4 节中我们将讨论声学模型和观察似然度的计算。然后，我们介绍 Viterbi 解码，说明怎样把声学模型和语言模型结合起来选择最佳的句子。

9.3　特征抽取：MFCC 矢量

在本节中，我们的目标是描述怎样把输入的波形转换成声学**特征矢量**（feature vector）的序列，使得每一个特征矢量代表在一个很小的窗口内的信号的信息。有多种可能的方法来表示这样的信息。迄今最为普通的方法是 **mel 频率倒谱系数**（Mel Frequency Cepstral Coefficients, MF-CC）。MFCC 是建立在**倒谱**（cepstrum）这个重要的思想的基础之上的。我们将在比较高的水准上来描述从波形抽出 MFCC 的过程，那些有兴趣更加详细地了解这个问题的学生，我们建议他们进一步阅读语音信号处理的教程。

首先，我们来复习一下 7.4.2 节中讲过的模拟语音波形的数字化和量化过程。我们知道，语音处理的第一步是把模拟信号的表示（首先是空气的压强，其次是扩音器的模拟电信号）转化为数字信号。这个**模拟信号-数字信号转换**（analog-to-digital conversion）的过程分为两步：第一步是**抽样**（sampling），第二步是**量化**（quantization）。信号是通过测定它在特定时刻的幅度来抽样的；每秒钟抽取的样本数称为**抽样率**（sampling rate）。为了精确地测量声波，在每一轮抽样中至少需要有两个样本：一个样本用于测量声波的正侧部分，另一个样本用于测量声波的负侧部分。每一轮抽样中的样本多于两个的时候，可以增加抽样幅度的精确性，但是，如果每一轮的样本数目少于两个，将会导致声波频率的完全遗漏。因此，可能测量的最大频率的波就是频率等于抽样率一半的波（因为每一轮抽样须要两个样本）。对于给定抽样率的最大频率称为 **Nyquist 频率**（Nyquist frequency）。大多数人类语音的频率都低于 10 000 Hz，因此，为了保证完全的精确，必须有 20 000 Hz 的抽样率。但是，电话的语音是由开关网络过滤过的，所以电话传输的语音频率都低于 4 000 Hz。这样，对于如 Switchboard 语料库这种**电话带宽**（telephone-bandwidth）的语音来说，8 000 Hz 的抽样率已经足够了。对于扩音器的语音，通常使用 16 000 Hz 的抽样率，这样的抽样率有时称为**宽带**（wideband）抽样率。

8 000 Hz 的抽样率要求对于每一秒钟的语音度量 8 000 个幅度，所以，有效地存储幅度的度量是非常重要的。这通常以整数来进行存储，或者是 8 比特（其值为 - 128 ~ 127），或者是 16 比特（其值为 - 32 768 ~ 32 767）。这个把实数值表示为整数的过程称为**量化**（quantization），因为这是一个最小的颗粒度（量程规模），所有与这个量程规模接近的值都采用同样的方式来表示。

我们把经过数字化和量化的波形记为 $x[n]$，其中 n 是对于时间的指标。现在我们有了波形的数字化和量化的表示，就可以来抽取 MFCC 特征了。这个过程可以分为 7 步，如图 9.8 所示，我们将在下面各节中分别地加以描述。

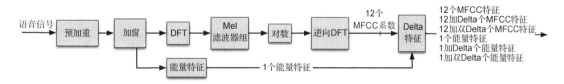

图 9.8　从经过数字化和量化的波形中抽取 39 维的 MFCC 特征矢量序列的过程

9.3.1　预加重

MFCC 特征抽取的第一个阶段是加重高频段的能量，称为**预加重**（preemphasis）。已经证明，如果我们观察如元音这样的有浊音的语音片段的声谱，可以发现，低频端的能量比高频端的能量要高一些。这种频率高而能量下降的现象称为**声谱斜移**（spectral tilt），这是由于声门脉冲的特性造成的。加重高频端的能量可以使具有较高的共振峰的信息更加适合于声学模型,从而改善音子探测的精确性。

这种预加重使用滤波器来进行[①]。图9.9是本书第一作者发单独的元音[aa]时,在预加重之前和预加重之后的声谱片段。

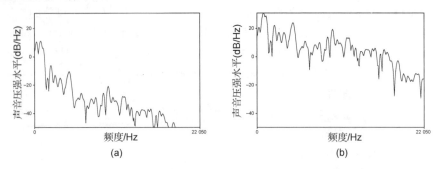

图9.9　元音[aa]在(a)预加重之前和(b)预加重之后的声谱片段

9.3.2　加窗

我们知道,特征抽取的目的是为了得到能够帮助我们建立音子或次音子分类器的声谱特征。我们不想从整段的话语或会话中抽取声谱特征,因为在整段的话语或会话中,声谱的变化非常快。从技术上说,语音是**非平稳信号**(non-stationary signal),因此,语音的统计特性在时间上不是恒定的。所以,我们只想从语音的一个小**窗口**(window)上抽取声谱特征,从而描述特定的次音子,并大致地假定在这个窗口内的语音信号是**平稳的**(stationary),也就是假定语音的统计特性在这个区域内是恒定的。

我们使用**加窗**(windowing)的方法,使用窗口抽取这种大致平稳的语音部分,在窗口内的某个区域内语音信号不为零,否则为零,对语音信号运行这个窗口,抽出在这个窗口内的波形。

可以使用 3 个参数来刻画这种加窗的过程:窗口的**宽度**(width,用 ms 表示)、连续窗口之间的**偏移**(offset)、窗口的**形状**(shape)。我们把从每一个窗口抽出的语音称为一个**帧**(frame),把帧持续的毫秒数称为**帧长**(frame size),把连续窗口的左边沿之间相距的毫秒数称为**帧移**(frame shift)。

为了抽出信号,我们把时间 n 的信号值 $s[n]$ 与时间 n 的窗口值 $w[n]$ 相乘:

$$y[n] = w[n]s[n] \tag{9.9}$$

图9.10 说明,因为抽取出的加窗的信号与原始的信号恰好是相同的,所以,这种窗口的形状是矩形的。最简单的窗口就是这种**矩形窗**(rectangular window)。不过,这样的矩形窗会引起一些问题,在矩形窗的边界处会支离破碎地切掉一些信号,使得信号不连续。当我们进行**傅里叶分析**(Fourier analysis)的时候,这种不连续性会导致一些问题。由于这样的原因,在 MFCC 抽取中更加普遍使用的窗口是**汉明窗**(Hamming window),这种汉明窗在窗口的边界处把信号值收缩到零,从而避免了信号的不连续性。图9.11 同时说明了这两种窗口,公式如下(假定一个窗口的长度为 L 帧):

$$矩形窗:w[n] = \begin{cases} 1, & 0 \leqslant n \leqslant L-1 \\ 0, & 其他 \end{cases} \tag{9.10}$$

---

① 学习过信号处理的学生知道,预加重滤波器是一种一阶高通滤波器。在时域内,如果输入为 $x[n]$,$0.9 \leqslant \alpha \leqslant 1$,则滤波器等式为 $y[n] = x[n] - \alpha x[n-1]$。

$$汉明窗: w[n] = \begin{cases} 0.54 - 0.46\cos(\frac{2\pi n}{L}), & 0 \leqslant n \leqslant L-1 \\ 0, & 其他 \end{cases} \qquad (9.11)$$

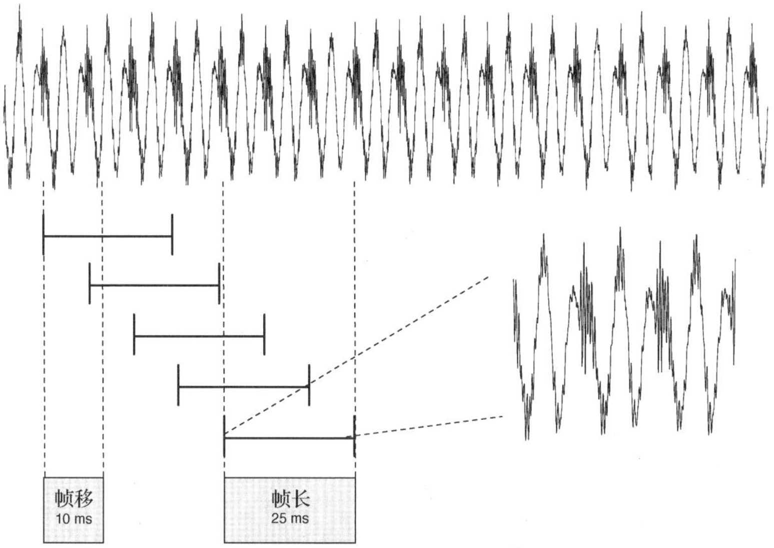

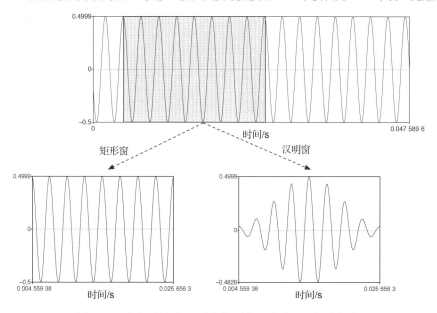

图 9.10　加窗过程,其中说明了帧移和帧长,假定帧移是 10 ms,帧长是 25 ms,窗口是矩形窗

图 9.11　用矩形窗和汉明窗分别给正弦波的一部分加窗

9.3.3　离散傅里叶变换

下一步是抽取加窗信号的声谱信息,我们需要知道在不同频带上信号所包含的能量有多少。对于抽样的离散时间信号的离散频带,抽取其声谱信息的工具是**离散傅里叶变换**(Discrete Fourier Transform, DFT)。

DFT 的输入是加窗信号 $x[n] \cdots x[m]$,对于 N 个离散频带中的每一个频带,输出是一个复杂的数 $X[k]$,表示原信号中频率成分的振幅和相位。如果我们把频率和振幅之间的关系描画出来,就可以看到在第 7 章中介绍过的**声谱**(spectrum)。例如，图 9.12 说明了由汉明窗加窗的一个 25 ms的信号，经过 DFT 计算之后得到的声谱(做了某些平滑处理)。

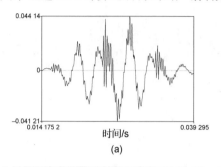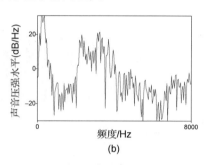

图 9.12　(a)元音[iy]经过汉明窗加窗的一个 25 ms 的信号；(b)使用 DFT 计算之后得到的声谱

这里不介绍 DFT 的数学细节，我们只是说明，傅里叶分析一般是根据**欧拉公式**(Euler's formula)来进行计算的，计算时采用 j 作为一个虚拟的单位，欧拉公式如下：

$$e^{j\theta} = \cos\theta + j\sin\theta \tag{9.12}$$

对于学过信号处理的学生，我们在这里简单地提醒一下，DFT 可定义如下：

$$X[k] = \sum_{n=0}^{N-1} x[n]e^{-j2\frac{\pi}{N}kn} \tag{9.13}$$

计算 DFT 的常用算法是**快速傅里叶变换**(Fast Fourier Transform，FFT)。用 FTT 算法来实现 DFT 是很有效的，不过，这时窗口的长度 N 的值必须是 2 的幂。

9.3.4　Mel 滤波器组和对数

FFT 的计算得到的结果是关于每一个频带上的能量大小的信息。然而，人类的听觉并不是在所有的频带上都是同样地敏感的。它在高频部分就不太敏感(1 000 Hz 左右)。已证明，在特征抽取时针对人类的这种听觉特性来建模，有助于改善语音识别的性能。在 MFCC 中使用的这种模型的形式就是把 DFT 输出的频率改变为第 7 章中提到的"美"(mel)标度，"美"有时也可以直接写为 mel。根据定义，如果一对语音在感知上的音高听起来是等距离的，那么，它们就可以用相同数目的"美"(mel)分开。在低于 1 000 Hz 时，用 Hz 表示的频率与"美"(mel)标度之间的映射是线性关系，在高于 1 000 Hz 时，这种映射是对数关系。"美"(mel)的频率 m 可以根据粗糙的声学频率来计算：

$$\text{mel}(f) = 1127\ln\left(1 + \frac{f}{700}\right) \tag{9.14}$$

在计算 MFCC 时，我们建立一个滤波器组(filter bank)来实现这样的直觉。在这个滤波器组中，收集了来自每一个频带的能量，低于 1 000 Hz 的频带的 10 个滤波器，按照线性分布；其他的高于 1 000 Hz 的频带的滤波器，按照对数分布。图 9.13 说明了实现这种思想的三角形滤波器组。

最后，我们使用对数来表示 mel 声谱的值。在一般情况下，人类对于信号级别的反应是按照对数来计算的。在振幅高的阶段，人类对于振幅的轻微差别的敏感性比在振幅低的阶段小得多。此外，使用对数来估计特征的时候，对于输入的变化也不太敏感。例如，由于说话人口部运动的收缩或由于使用扩音器等功率变化而导致的输入变化，使用对数来估计时，都是不敏感的。

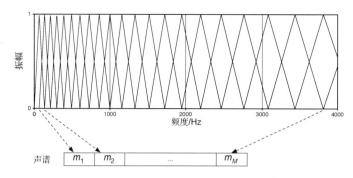

图 9.13　Davis and Mermelstein(1980)的 mel 滤波器组①。每一个三角形滤
　　　　波器收集来自给定频率范围的能量。低于 1 000 Hz 的频带的滤
　　　　波器按照线性分布,高于 1 000 Hz 的频带的滤波器按照对数分布

9.3.5　倒谱:逆向傅里叶变换

　　使用 Mel 声谱作为语音识别的特征表示是可能的,但是,这样的声谱仍然存在下面我们将描述的某些问题。因此,MFCC 特征抽取的下一步就是计算**倒谱**(cepstrum)。倒谱在语音处理时具有很多优势,它可以改善语音识别的性能。

　　把**声源**(source)和**滤波器**(filter)分开,是理解倒谱的一种有用的途径。在 7.4.6 节中讲过,当带有特定的基本频率的声门的声源波形通过声腔的时候,其形状会带上特定的滤波器特征。但是,声门所产生的声源的很多特征(它的基频和声门脉冲的细节,等等),对于区别不同的音子并不是重要的。正是由于这个原因,对于探测音子最有用的信息在于**滤波器**(filter),也就是声腔的确切位置。如果我们知道了声腔的形状,也就知道将会产生出什么样的音子。这意味着,如果找到一种途径把声源和滤波器区别开来,只给我们提供声腔滤波器,那么,我们就可以找到音子探测的有用特征。已经证明,倒谱是达到这个目的的一种途径。

　　为了简单起见,我们忽略 MFCC 中的预加重和 mel 变形等部分,而只研究倒谱的基本定义。倒谱可以被想象成声谱对数的声谱(spectrum of the log of the spectrum)。这样的表达似乎有些晦涩。我们首先来解释比较容易的部分:声谱对数(log of the spectrum)。倒谱是从标准的振幅声谱开始的,正如图 9.14(a)中所示的元音声谱,此图来自 Taylor(2008)。然后我们对于这个振幅声谱取对数,也就是说,对于振幅声谱中的每一个振幅的值,用它们相应的对数值来表示,如图 9.14(b)所示。

　　下一步我们把这个对数声谱本身也看成似乎是一个波形(as if itself were a waveform)。换句话说,我们这样来考虑图 9.14(b)中的对数声谱:把轴上的标记(x 轴上的频率)去掉,使我们不至于把它想象成声谱,而想象成我们正在处理一个正规的语音信号,它的 x 轴表示时间,而不是表示频率。那么,对于这个"假的信号"(pseudo-signal)的声谱,我们能够说些什么呢?我们注意到,在这个波中,存在着高频的重复成分:对于 120 Hz 左右的频率,小波沿着 x 轴每 1000 个大约重复 8 次。这个高频成分是由信号的基频引起的,在信号的每一个谐波处,表示为声谱的一个小波峰。此外,在这个"假的信号"中还存在着某些低频成分,例如,对于更低的频率,包络结构或共振峰结构在窗口中有大约 4 个大的波峰。

　　图 9.14(c)是**倒谱**(cepstrum):倒谱是对数声谱的声谱,我们刚才已经描述过了。这个倒谱的英文单词 cepstrum 是由 spectrum(**声谱**)前 4 个字母倒过来书写而造出来的,所以称为倒谱。图

中的倒谱在 x 轴上的标记是**样本**(sample)。这是因为倒谱是对数声谱的声谱,我们不再理会声谱的频率域,而回到了时间域。已经证明,倒谱的正确单位是样本。

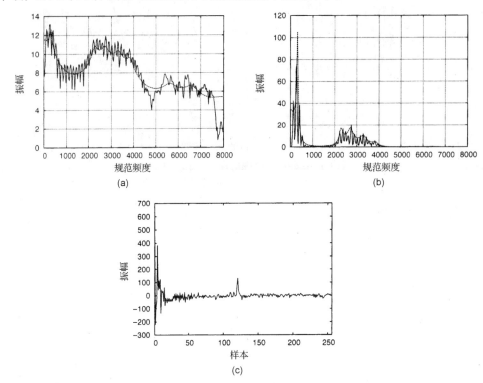

图 9.14　(a)振幅表示的声谱,(b)对数表示的声谱,(c)倒谱。引自 Taylor(2008)并
得到允许。为了有助于看清楚声谱,有两个声谱的上部进行了声谱的平滑

　　细心地检查这个倒谱,我们会看到,120 附近有一个大的波峰,相当于 F0,表示声门的脉冲。在 x 轴的低值部分,还存在着其他的各种成分。它们表示声腔滤波器(舌头的位置以及其他发音器官的位置)。因此,如果我们对于探测音子有兴趣,那么,就可以使用这些比较低的倒谱值。如果我们对于探测音高有兴趣,那么,就可以使用较高的倒谱值。

　　为了抽取 MFCC,我们一般只取前 12 个倒谱值。这 12 个参数仅仅表示关于声腔滤波器的信息,它们与关于声门声源的信息的区别是泾渭分明的。

　　已经证明,倒谱系数有一个非常有用的性质:不同的倒谱系数之间的方差(variance)倾向于不相关。而这对于声谱是不成立的,因为不同频带上的声谱系数是相关的。我们在下一节中将说明,倒谱特征不相关这个事实意味着,高斯声学模型或高斯混合模型(Gaussian Mixture Model,GMM)不必表示各个 MFCC 特征之间的协方差(covariance),这就大大地降低了参数的数目。

　　那些做过信号处理的读者应该知道,倒谱可以更加形式化地定义为**信号的 DFT 的对数振幅的逆向 DFT**(Inverse DFT of the log magnitude of the DFT of a signal),因此,对于语音的一个窗口帧 $x[n]$,有:

$$c[n] = \sum_{n=0}^{N-1} \log \left(\left| \sum_{n=0}^{N-1} x[n] \mathrm{e}^{-\mathrm{j}\frac{2\pi}{N}kn} \right| \right) \mathrm{e}^{\mathrm{j}\frac{2\pi}{N}kn} \tag{9.15}$$

9.3.6　Delta 特征与能量

　　从 9.3.5 可知,在用逆 DFT 抽取倒谱时,每一个帧有 12 个倒谱系数。下面我们再加上第 13 个特征：帧的能量。能量与音子的识别是相关的，因此，它是探测音子的一个有用的线索(元音和咝音比塞音具有更多的能量)。一个帧的**能量**(energy)是该帧在某一时段内的样本幂的总和，因此，从时间样本 t_1 到时间样本 t_2 的窗口内，信号 x 的能量是

$$\text{Energy} = \sum_{t=t_1}^{t_2} x^2[t] \tag{9.16}$$

语音信号的另外一个重要的事实是：从一个帧到另一个帧，语音信号是不恒定的。共振峰在转换时的斜坡的变化，塞音从成阻到爆破的变化，这些都可能给语音的探测提供有用的线索。由于这样的原因，我们还可以加上倒谱特征中与时间变化有联系的一些特征。

我们使用对于 13 个特征的每一个特征都加上 **Delta 特征**(Delta feature)或**速度特征**(velocity feature)，以及加上**双 Delta 特征**(double Delta feature)或**加速度特征**(acceleration feature)的办法来做到这一点。这 13 个 Delta 特征中的每一个特征表示在相应的倒谱/能量特征中帧与帧之间的变化，这 13 个双 Delta 特征中的每一个特征表示在相应的 Delta 特征中帧与帧之间的变化。

计算 Delta 特征的一种简单方法是仅仅计算帧与帧之间的差。因此，在时间 t 的特定的倒谱值 $c(t)$ 的 Delta 值 $d(t)$ 可以根据如下公式来估计

$$d(t) = \frac{c(t+1) - c(t-1)}{2} \tag{9.17}$$

除了这种简单的估计方法之外，更为普遍的做法是使用各个帧的更加广泛的上下文信息，对于帧与帧之间的倾斜程度进行更加精细的估计。

9.3.7 总结：MFCC

在我们给 12 个倒谱特征加了能量特征并进一步加了 Delta 特征和双 Delta 特征之后，最后得到 39 个 MFCC 特征：

12 个倒谱系数
12 个 Delta 倒谱系数
12 个双 Delta 倒谱系数
1 个能量系数
1 个 Delta 能量系数
1 个双 Delta 能量系数

_____

39 个 MFCC 特征

关于 MFCC 特征的最有用的事实之一就是倒谱系数倾向于不相关。这一事实使得我们的声学模型变得更加简单。

9.4 声学似然度的计算

9.3 节中，我们说明了怎样从波形抽取表示声谱信息的 MFCC 特征，并在每 10 ms 内产生 39 维的矢量。现在，我们来研究怎样计算这些特征矢量与给定的 HMM 状态的似然度。从第 6 章可以知道，这个输出的似然度是通过 HMM 的概率函数 B 来计算的。对于给定的单独状态 q_i 和观察 o_t，在矩阵 B 中的观察似然度给出 $p(o_t|q_i)$，我们把它称为 $b_t(i)$。

在第 5 章的词类标注中,每一个观察 o_t 是一个离散符号(一个单词),我们只要数一数在训练集中某个给定的词类标记生成某个给定的观察的次数,就可以计算出一个给定的词类标记生成一个给定观察的似然度。不过,在语音识别中,MFCC 矢量是一个实数值,我们不可能使用数每一个这样的矢量出现的次数的方法,来计算给定的状态(音子)生成 MFCC 矢量的似然度,因为每一个矢量几乎都是唯一的,它们各不相同。

不论在解码时还是在训练时,我们都需要一个能够对于实数值的观察计算 $p(o_t|q_i)$ 的观察似然度函数。在解码时,有一个观察 o_t,我们需要对于每一个可能的 HMM 状态,计算概率 $p(o_t|q_i)$,使得我们能够选择出最佳的状态序列。一旦有了这样的观察似然度 B 的函数,我们就需要具体地说明,怎样修改第 6 章中的 Baum-Welch 算法,以便作为训练 HMM 的一部分来训练它。

9.4.1 矢量量化

有一个办法可以使 MFCC 矢量看起来像可以记数的符号,这个办法就是建立一个映射函数把每一个输入矢量映射为少量符号中的一个符号。然后我们就可以使用数这些符号的方法来计算概率,正如在进行词类标注时所做的那样。这种把输入矢量映射为可以量化的离散符号的思想,称为**矢量量化**(Vector Quantization,**VQ**)(Gray,1984)。虽然矢量量化做起来像现代的 LVC-SR 系统中的声学模型那样非常地简单,但是,这是一个行之有效的教学步骤,在 ASR 各色各样的领域中起着重要的作用,所以,我们使用矢量量化作为讨论声学模型的开始。

在矢量量化时,我们通过把每一个训练特征矢量映射为一个小的类别数目的方法,建立起一个规模很小的符号集,然后,分别使用离散符号来表示每一个类别。更加形式地说,一个矢量量化系统是使用三个特征来刻画的,这三个特征是:**码本**(codebook)、**聚类算法**(clustering algorithm)、**距离测度**(distance metric)。

码本(codebook)是可能类别的表,是组成词汇 $V = \{ v_1, v_2, \cdots, v_n \}$ 的符号的集合。对于码本中的每一个代码 v_k,我们要列出**模型矢量**(prototype vector),称为**码字**(vector word),码字是一个特定的特征矢量。例如,如果我们选择使用 256 个码字,就可以使用从 0 到 255 的数值来表示每一个矢量。由于我们使用一个 8 比特的数值来表示每一个矢量,所以称为 8 比特的矢量量化(8-bit VQ)。这 256 个数值中的每一个数值都与一个模型化的特征矢量相关联。

我们使用**聚类算法**(clustering algorithm)来建立码本,聚类算法把训练集中所有的特征矢量聚类为 256 个类别。然后,我们从这个聚类中选择一个有代表性的特征矢量,并把它作为这个聚类的模型矢量或码字。**K-均值聚类**(K-means clustering)经常使用,不过我们在这里不给这样的聚类作定义,更详细的描述可参看 Huang et al.(2001)或 Duda et al.(2000)。

一旦我们建立了这样的码本,就可以把输入的特征矢量与 256 个模型矢量相比较,使用某种**距离测度**(distance metric)来选择最接近的模型矢量,用这个模型矢量的索引来替换输入矢量。这个过程如图 9.15 所示。

矢量量化 VQ 的优势在于,由于类别的数目是有限的,当使用状态来标注和归一化的时候,对于每一个类别 v_k,我们通过简单地数该类别在某一个训练语料库中出现次数的方法,就可以计算出给定的 HMM 状态或次音子生成该类别的概率。

聚类过程和解码过程都要求进行**距离测度**(distance metric)或**失真测度**(distortion metric),从而说明两个声学特征矢量的相似程度。距离测度用于建立聚类,找出每一个聚类的模型矢量,并对输入矢量与模型矢量进行比较。

声学特征矢量的最简单的距离测度是**欧几里德距离**(欧几里德 distance)。欧几里德距离是在 N 维空间中由两个矢量定义的两个点之间的距离,如图 9.16 所示。在实际应用中,我们使用"欧几里德距离"这个短语经常意味着欧几里德距离的平方。所以,给定距离为 D 的矢量 $\boldsymbol{x}$ 和矢量 $\boldsymbol{y}$,它们之间的欧几里德距离(的平方)可以定义如下:

$$d_{\text{euclidean}}(\boldsymbol{x},\boldsymbol{y}) = \sum_{i=1}^{D}(x_i - y_i)^2 \tag{9.18}$$

公式(9.18)中描述的(平方)欧几里德距离[这个公式是公式(9.16)的二维表示]使用了误差的平方和来计算,也可以使用矢量转值算子表示如下:

$$d_{\text{euclidean}}(\boldsymbol{x},\boldsymbol{y}) = (\boldsymbol{x}-\boldsymbol{y})^{\text{T}}(\boldsymbol{x}-\boldsymbol{y}) \tag{9.19}$$

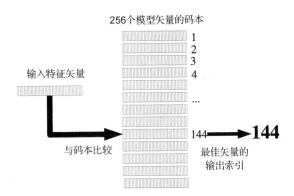

图 9.15　为每一个输入的特征矢量选择一个符号 v_q 的(训练过的)矢量量化(VQ)过程的图示。把矢量与码本中的每一个码字相比较,使用某种距离测度选择出最接近的条目,输出最接近的码字的索引

图 9.16　具有两个维度的欧几里德距离。根据 Pythagorean 定理(毕达哥拉斯定理),在平面 $\boldsymbol{x}=(\boldsymbol{x}_1, \boldsymbol{x}_2)$ 和 $\boldsymbol{y}=(\boldsymbol{y}_1, \boldsymbol{y}_2)$ 上的两个点之间的距离是 $d(x,y)=\sqrt{(x_1-y_1)^2+(x_2-y_2)^2}$

欧几里德距离测度假定特征矢量的每一个维度都是同样地重要的。但是,在实际上,每一个维度都有不同的方差。如果某一个维度的方差太大,在进行距离测度时,我们就宁愿少考虑这个维度。我们将更多地考虑具有较低方差的维度中的差别,而较少地考虑具有较高方差的维度中的差别。**Mahalanobis 距离**(Mahalanobis distance)是一个稍微复杂的距离测度,它就考虑到每一个维度中不同的方差。

如果我们假定声学特征矢量的每一个维度 i 的方差为 σ_i^2,那么,Mahalanobis 距离为:

$$d_{\text{mahalanobis}}(x,y) = \sum_{i=1}^{D}\frac{(x_i-y_i)^2}{\sigma_i^2} \tag{9.20}$$

对于具有更多线性代数背景的读者,我们在这里提供 Mahalanobis 距离的一个更加一般的形式,其中包含一个完全的协方差(协方差测度定义如下):

$$d_{\text{mahalanobis}}(x,y) = (x-y)^T \Sigma^{-1}(x-y) \tag{9.21}$$

总体来说,当给一个语音信号解码时,为了使用矢量量化来计算对于给定的 HMM 状态 q_j 特征矢量 o_t 的声学似然度,我们要计算 N 个码字中的每一个码字的特征矢量之间的欧几里德距离或 Mahalanobis 距离,选择最接近的码字,得到码字索引 v_k。然后,我们先计算 HMM 定义的似然度矩阵 B,找出对于给定 HMM 的状态 j,码字索引 v_k 的似然度:

$$\hat{b}_j(o_t) = b_j(v_k) \text{ s.t. } v_k \text{ is codeword of closest vector to } o_t \tag{9.22}$$

　　由于很少使用 VQ，我们这里不再给出用于修正 EM 算法以处理 VQ 数据的公式，在下一节中介绍高斯的方法时，我们暂时不讨论连续输入参数的 EM 训练。

9.4.2　高斯概率密度函数

　　矢量量化的优点是计算起来非常容易，而且只需要很小的存储。尽管有这样的优点，矢量量化还不是语音处理的一个好模型。因为在矢量量化中，数量很小的码字不足以捕捉变化多端的语音信号。而且，语音并不简单地是一个范畴化的、符号化的过程。

　　因此，现代语音识别算法不使用矢量量化来计算声学似然度，而是直接根据实数值的、连续的输入特征矢量来计算观察概率。这些声学模型是基于在连续空间上计算**概率密度函数**(probability density function, pdf)的基础之上的。目前最常用的计算声学似然度的方法是**高斯混合模型**(Gaussian Mixture Model, GMM)的**概率密度函数**(pdf)，尽管也可使用神经网络、支持向量机(Support Vector Machines, SVM)和条件随机场(Condition Random Fields, CRF)等方法。

　　让我们从高斯概率估计的最简单的使用开始，慢慢地建立起越来越精致的实用模型。

单变量高斯分布

　　高斯分布(Gaussian distribution)又称为**正态分布**(normal distribution)，这是来自基础统计学的一种铃状曲线函数。高斯分布函数使用参数**均值**(mean, 或者 average value)和**方差**(variance)来描述，如图 9.17 所示，高斯分布描述了函数从均值平均地扩散和弥散的情况。

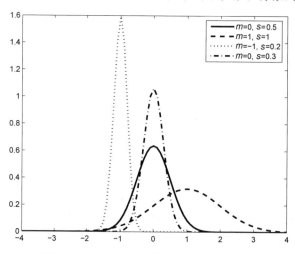

图 9.17　具有不同均值和方差的高斯函数

　　我们用 μ 表示均值，用 σ^2 表示方差，使用如下的公式来表示高斯函数：

$$f(x|\mu,\sigma) = \frac{1}{\sqrt{2\pi\sigma^2}}\exp\left(-\frac{(x-\mu)^2}{2\sigma^2}\right) \qquad (9.23)$$

　　我们知道，在基础统计学中，随机变量 X 的均值是 X 的数学期望值。对于离散随机变量 X，它的均值就是 X 值的加权和(对于连续变量，这个加权和就是积分)：

$$\mu = E(X) = \sum_{i=1}^{N} p(X_i)X_i \qquad (9.24)$$

　　随机变量 X 的方差是随机变量可能取值与均值的平均偏离的加权平方：

$$\sigma^2 = E(X_i - E(X))^2 = \sum_{i=1}^{N} p(X_i)(X_i - E(X))^2 \tag{9.25}$$

当把高斯函数作为概率密度函数来使用的时候，函数曲线下面的区域应约束为等于 1。这样一来，我们就能够通过把特定取值范围内曲线下面的区域加起来求和的方法，计算任意随机变量在任何一个特定的取值范围内的概率。图 9.18 说明了如何通过在一个区间内高斯分布的区域来表示这样的概率。

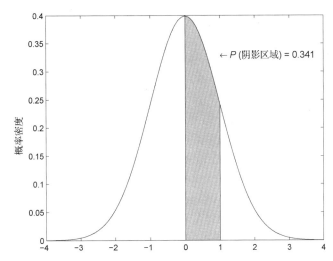

图 9.18　这是一个高斯概率密度函数，它说明在从 0 到 1 的区域内的总概率为 0.341。
因此，对于这个简单的高斯分布来说，X 轴上在 0 到 1 之间的概率的值为 0.341

如果我们假定，在 HMM 中，观察特征矢量 o_t 的一个维度的可能的值是正态分布的，那么，我们就可以使用单变量高斯概率密度函数来估计 HMM 的一个特定的状态 j 生成一个单独维度的特征矢量的值。换句话说，我们可以把声学矢量的一个维度的观察似然度函数 $b_j(o_t)$ 表示为高斯概率密度函数。现在，我们的观察是一个单独的实数值的数（一个单独的倒谱特征），假定每一个 HMM 的状态 j 与均值 μ_j 和方差 σ_j^2 相联系，我们就可以使用如下公式来计算似然度 $b_j(o_t)$：

$$b_j(o_t) = \frac{1}{\sqrt{2\pi\sigma_j^2}}\exp\left(-\frac{(o_t - \mu_j)^2}{2\sigma_j^2}\right) \tag{9.26}$$

公式（9.26）告诉我们如何来计算 $b_j(o_t)$：对于给定的单变量高斯概率密度函数，只要知道 HMM 的状态 j 以及它的均值和方差，就能够计算出似然度 $b_j(o_t)$。这样一来，我们就可以在 HMM 的解码中使用这个概率密度函数了。

不过，首先我们必须解决训练的问题：对于每一个 HMM 的状态 j，怎样来计算高斯概率密度函数的均值和方差呢？开始时，让我们想象完全标注的训练集这种比较简单的情况，其中每一个声学观察都标记上产生它的 HMM 状态。在这样一个训练集中，我们只要把对应于状态 i 的每一个 o_t 的值取平均，就可以计算出每一个状态的均值，如公式（9.27）所示。方差可根据每一个观察和均值之间误差的平方和来计算，如公式（9.28）所示。

$$\hat{\mu}_i = \frac{1}{T}\sum_{t=1}^{T} o_t \text{ s.t. } q_t \text{ 是状态 } i \tag{9.27}$$

$$\hat{\sigma}_i^2 = \frac{1}{T}\sum_{t=1}^{T} (o_t - \mu_i)^2 \text{ s.t. } q_t \text{ 是状态 } i \tag{9.28}$$

不过，由于 HMM 的状态是隐藏的，我们不能准确地知道什么样的观察矢量 o_t 是由什么样的状态产生的。我们希望做的事情就是根据 HMM 在时刻 t 和状态 i 的概率，按照一定的比例，把每一个观察矢量 o_t 指派给每一个可能的状态 i。幸运的是，我们已经知道怎样来得到这样的比例，在第 6 章中，我们把在时刻 t 和状态 i 的概率定义为 $\xi_t(i)$，并且知道怎样使用向前和向后概率，把 $\xi_t(i)$ 作为 Baum-Welch 算法的一个部分来进行计算。Baum-Welch 算法是一种迭代算法，我们需要迭代地计算 $\xi_t(i)$ 的概率，因为如果得到越来越好的观察概率 b，将有助于我们确信这个概率 ξ 确实是在一定的时刻某一状态的概率。这样一来，我们得到计算均值 $\hat{\mu}_i$ 和方差 $\hat{\sigma}_i^2$ 的新公式如下：

$$\hat{\mu}_i = \frac{\sum_{t=1}^{T} \xi_t(i) o_t}{\sum_{t=1}^{T} \xi_t(i)} \tag{9.29}$$

$$\hat{\sigma}_i^2 = \frac{\sum_{t=1}^{T} \xi_t(i)(o_t - \mu_i)^2}{\sum_{t=1}^{T} \xi_t(i)} \tag{9.30}$$

在用向前-向后(Baum-Welch)算法来训练 HMM 模型时，就可以使用公式(9.29)和公式(9.30)。我们把 μ_i 和 σ_i 开始置为初始的估值，然后不断地重新进行估值，直到数值收敛为止。

多变量高斯分布

公式(9.26)告诉我们怎样使用高斯分布对于一个单独的倒谱特征计算声学似然度。由于声学观察是一个 39 维的矢量，我们有必要使用**多变量高斯分布**(Multivariate Gaussian)，从而给有 39 个值的矢量指派概率。单变量高斯分布是使用一个均值 μ 和一个方差 σ^2 来定义的，而多变量高斯分布则使用 D 维的均值矢量 $\vec{\mu}$ 和协方差矩阵 Σ 来定义，这个定义有如下所述。在前面的讨论中我们知道，在 LVCSR 中，典型的倒谱特征矢量 D 的维度是 39。

$$f(\vec{x}|\vec{\mu}, \Sigma) = \frac{1}{(2\pi)^{\frac{D}{2}} |\Sigma|^{\frac{1}{2}}} \exp\left(-\frac{1}{2}(x-\mu)^T \Sigma^{-1}(x-\mu)\right) \tag{9.31}$$

协方差矩阵 Σ 既表示了每一个维度上的方差，也表示了任何两个维度之间的协方差。

从基础统计学我们还知道，两个随机变量 X 和 Y 的协方差是它们与均值的平均偏差乘积的期望值：

$$\Sigma = E[(X - E(X))(Y - E(Y))] = \sum_{i=1}^{N} p(X_i Y_i)(X_i - E(X))(Y_i - E(Y)) \tag{9.32}$$

因此，对于均值矢量为 μ_j，协方差矩阵为 Σ_j 的给定 HMM 的状态，以及给定的观察矢量 o_t，多变量高斯概率估计为：

$$b_j(o_t) = \frac{1}{(2\pi)^{\frac{D}{2}} |\Sigma|^{\frac{1}{2}}} \exp\left(-\frac{1}{2}(o_t - \mu_j)^T \Sigma_j^{-1}(o_t - \mu_j)\right) \tag{9.33}$$

协方差矩阵 Σ_j 表示的是每两对特征维度之间的方差。如果我们简单地假设不同维度的特征不是协变的，也就是说，在特征矢量的不同维度的方差之间没有联系。在这种情况下，就可以对每一个特征维度只简单地保持一个有区别性的方差。已证明，如果对于每一个维度只保持一个独立的方差，就意味着这个协方差矩阵是**对角矩阵**(diagonal matrix)，在这样的对角矩阵中，非零的成分只出现在矩阵的主对角线上。这样的对角协方差矩阵的主对角线包含一个维度的方差：$\sigma_1^2, \sigma_2^2, \cdots, \sigma_D^2$。

让我们使用图形对于多变量高斯分布做一些解释，着重说明完全的协方差矩阵与对角协方差矩阵的作用。在这里，我们只以二维的多变量高斯分布来说明，而不以 ASR 中典型地使用的

39 维的多变量高斯分布来说明。在图 9.19 中，我们看到三个不同的二维多变量高斯分布。在最左边的图形是对角协方差矩阵的高斯分布，其中，每两个维度之间的协方差都是相等的。图 9.20 说明了与图 9.19 中的高斯分布相对应的 3 个围线图，每个围线图是相应高斯分布的切片。图 9.20 中最左的切片是方差相等的对角协方差矩阵高斯分布的切片。这个切片是圆形的，因为在 X 和 Y 两个方向上的方差都是相等的。

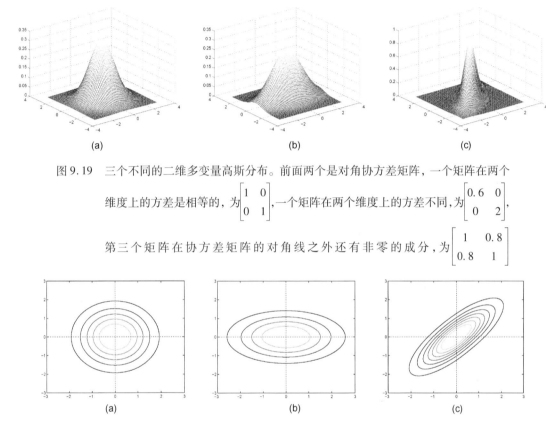

图 9.19　三个不同的二维多变量高斯分布。前面两个是对角协方差矩阵，一个矩阵在两个维度上的方差是相等的，为 $\begin{bmatrix} 1 & 0 \\ 0 & 1 \end{bmatrix}$，一个矩阵在两个维度上的方差不同，为 $\begin{bmatrix} 0.6 & 0 \\ 0 & 2 \end{bmatrix}$，第三个矩阵在协方差矩阵的对角线之外还有非零的成分，为 $\begin{bmatrix} 1 & 0.8 \\ 0.8 & 1 \end{bmatrix}$

图 9.20　图 9.19 中三个不同的二维多变量高斯分布的围线图。从左到右分别是方差相等的对角协方差矩阵、方差不相等的对角协方差矩阵、非对角协方差矩阵。根据非对角的协方差，X 维度上的值能够告诉我们关于 Y 维度上的值的某些信息

　　图 9.19 中间的图说明了方差不相等的对角协方差矩阵的高斯分布。从图中可以看出，特别是从图 9.20 中相应的围线图的切片可以清楚地看出，一个维度上的方差比另外一个维度上的方差大 3 倍。

　　图 9.19 和图 9.20 右边的图说明非对角协方差矩阵的高斯分布。注意，在图 9.20 的围线图中，两个轴上的围线是不均衡的，这与其他两个高斯分布的围线图不一样。由于这个缘故，知道了一个维度上的值，就有助于预测另外一个维度上的值。因此，非对角的协方差矩阵可以帮助我们模拟多个维度的特征值之间的相互联系。

　　因此，与对角协方差矩阵的高斯分布比较起来，完全协方差矩阵的高斯分布是模拟声学似然度的一个功能更加强大的模型。显而易见，与对角协方差高斯分布比较起来，使用完全协方差高斯分布将会使语音识别的性能好一些。然而，有两个问题使得完全协方差高斯分布在实际的使用中出现困难。第一，完全协方差高斯分布计算起来很慢。完全协方差矩阵有 D^2 个参数，而对角协方差矩阵只有 D 个参数。这使得实际的语音识别系统的运行速度出现很大的差别。第二，

与对角协方差矩阵相比,完全协方差矩阵的参数多得多,因此需要更多的数据用以训练。这意味着,如果使用对角协方差模型,我们就可以节省参数,把力量用于其他方面,例如,用于 10.3 节中将介绍的三音子(依赖于上下文的音子)。

正是由于这样的原因,在实际应用中,大多数的 ASR 系统都使用对角协方差矩阵。在本节的下面论述中,我们都假定使用的是对角协方差矩阵。

这样一来,公式(9.33)可以简化成公式(9.34),把公式(9.34)看成公式(9.33)的一种简化的版本,其中对于协方差矩阵进行了替换,只保留了公式(9.33)中每一个维度的均值和方差。因此,公式(9.34)描述了怎样使用对角协方差多变量高斯分布来估计对于给定的 HMM 状态 j,D 维特征矢量 o_t 的观察似然度 $b_j(o_t)$:

$$b_j(o_t) = \prod_{d=1}^{D} \frac{1}{\sqrt{2\pi\sigma_{jd}^2}} \exp\left(-\frac{1}{2}\left(\frac{(o_{td} - \mu_{jd})^2}{\sigma_{jd}^2}\right)\right) \tag{9.34}$$

对角协方差多变量高斯分布的训练是单变量高斯分布训练的一种简单的泛化。我们仍然使用同样的 Baum-Welch 训练方法,其中 $\xi_t(i)$ 的值告诉我们在时刻 t 状态 i 的似然度。当然,这时我们正好使用与公式(9.30)同样的公式,只不过我们现在处理的是矢量而不是标量,观察 o_t 是倒谱特征的矢量,均值矢量 $\vec{\mu}$ 是倒谱均值的矢量,方差矢量 σ_i^2 是倒谱方差的矢量。

$$\hat{\mu}_i = \frac{\sum_{t=1}^{T} \xi_t(i)o_t}{\sum_{t=1}^{T} \xi_t(i)} \tag{9.35}$$

$$\hat{\sigma}_i^2 = \frac{\sum_{t=1}^{T} \xi_t(i)(o_t - \mu_i)(o_t - \mu_i)^{\mathrm{T}}}{\sum_{t=1}^{T} \xi_t(i)} \tag{9.36}$$

高斯混合模型

前面各小节说明,我们可以使用多变量高斯模型来给声学特征矢量观察指派一个似然度。这个模型把特征矢量的每一个维度作为正态分布来建模。但是,一个特定的倒谱特征很可能是非正态分布,我们关于正态分布的假定可能是一个太强的假定。由于这样的原因,通常我们给观察似然度建模时,不是使用一个单独的多变量高斯分布来建模,而是把若干个多变量高斯分布加权混合来建模。这样的模型称为**高斯混合模型**(Gaussian Mixture Model,GMM)。公式(9.37)是表示 GMM 函数的公式,最后得到的函数是 M 个高斯分布的总和。图 9.21 直观地说明把若干个高斯分布混合起来可以给任意的函数建模。

$$f(x|\mu, \Sigma) = \sum_{k=1}^{M} c_k \frac{1}{\sqrt{2\pi|\Sigma_k|}} \exp[(x - \mu_k)^{\mathrm{T}} \Sigma^{-1}(x - \mu_k)] \tag{9.37}$$

公式(9.38)说明了输出似然度函数 $b_j(o_t)$ 的定义。

$$b_j(o_t) = \sum_{m=1}^{M} c_{jm} \frac{1}{\sqrt{2\pi|\Sigma_{jm}|}} \exp[(x - \mu_{jm})^{\mathrm{T}} \Sigma_{jm}^{-1}(o_t - \mu_{jm})] \tag{9.38}$$

现在我们来讨论 GMM 似然度函数的训练问题。这个问题做起来似乎很困难。如果我们事先不知道每一个分布中的哪一部分支持哪一种混合,我们怎样来进行 GMM 的训练呢?不过我们知道,只要使用 Baum-Welch 算法求出在时刻 t 的每一个状态 j 的似然度,尽管我们不知道每一个输出要考虑哪一个状态,我们也可以训练一个单独的多变量高斯分布。已经证明,在 GMM 中也可以使用同样的技巧,我们可以使用 Baum-Welch 算法计算出观察对某种混合的概率,并且迭代地更新这个概率。

我们使用上面的 ξ 函数帮助我们来计算状态的概率。根据这个函数类推,我们定义 $\xi_{tm}(j)$ 为输

出观察 o_t 的第 m 个混合成分在时刻 t 状态 j 的概率的均值。我们可以使用如下公式来计算 $\xi_{tm}(j)$：

$$\xi_{tm}(j) = \frac{\sum_{i=1} N\alpha_{t-1}(j)a_{ij}c_{jm}b_{jm}(o_t)\beta_t(j)}{\alpha_T(F)} \tag{9.39}$$

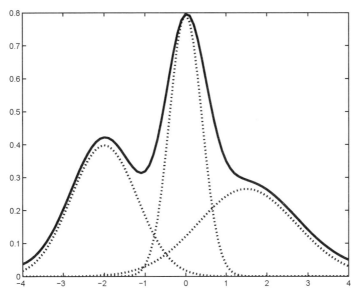

图 9.21 把 3 个高斯分布混合起来近似地表示一个任意的函数

如果前面所述的 Baum-Welch 迭代得到 ξ 的值，我们就可以使用 $\xi_{tm}(j)$ 来重新计算均值、混合权重和协方差，计算时使用如下公式：

$$\hat{\mu}_{im} = \frac{\sum_{t=1}^{T} \xi_{tm}(i)o_t}{\sum_{t=1}^{T} \sum_{m=1}^{M} \xi_{tm}(i)} \tag{9.40}$$

$$\hat{c}_{im} = \frac{\sum_{t=1}^{T} \xi_{tm}(i)}{\sum_{t=1}^{T} \sum_{k=1}^{M} \xi_{tk}(i)} \tag{9.41}$$

$$\hat{\Sigma}_{im} = \frac{\sum_{t=1}^{T} \xi_t(i)(o_t - \mu_{im})(o_t - \mu_{im})^T}{\sum_{t=1}^{T} \sum_{k=1}^{M} \xi_{tm}(i)} \tag{9.42}$$

9.4.3 概率、对数概率和距离函数

迄今为止，声学模型的所有公式中都是使用概率。但是，已经证明，使用**对数概率**（log-probability 或 logprob）工作起来比使用概率更加容易。所以，在语音识别（以及相关领域）实际工作中，我们都使用对数概率来计算，而不使用概率。

我们不使用概率的一个主要原因是为了避免数字下溢。为了计算一个完整句子的似然度，我们需要把很多很小的概率值相乘，每帧（10 ms）一个概率值。把很多的概率值相乘会使得相乘的结果的数字越来越小，从而导致数字下溢。另一方面，如 $0.00000001 = 10^{-8}$ 这样的小数字的对数使用 -8 这样的数字来计算，计算起来简单易行。使用对数概率的另一个原因是可以加快计算速度。在计算对数概率时，不是把概率相乘，而是把对数概率相加，相加就比相乘快得多。当我们使用高斯模型的时候，使用对数概率特别有效，因为可以避免乘幂运算。

例如，在计算多变量对角协方差高斯模型时，我们不计算

$$b_j(o_t) = \prod_{d=1}^{D} \frac{1}{\sqrt{2\pi\sigma_{jd}^2}} \exp\left(-\frac{1}{2}\frac{(o_{td}-\mu_{jd})^2}{\sigma_{jd}^2}\right) \tag{9.43}$$

而是计算

$$\log b_j(o_t) = -\frac{1}{2}\sum_{d=1}^{D}\left[\log(2\pi) + \sigma_{jd}^2 + \frac{(o_{td}-\mu_{jd})^2}{\sigma_{jd}^2}\right] \tag{9.44}$$

对于公式中的各项重新进行调整,从中抽出常数 C,公式可重写如下:

$$\log b_j(o_t) = C - \frac{1}{2}\sum_{d=1}^{D}\frac{(o_{td}-\mu_{jd})^2}{\sigma_{jd}^2} \tag{9.45}$$

其中的常数 C 可以使用如下公式先计算出来:

$$C = -\frac{1}{2}\sum_{d=1}^{D}\left(\log(2\pi) + \sigma_{jd}^2\right) \tag{9.46}$$

总体来说,使用对数来计算声学模型,计算起来更加简易,其中的很多部分还可以预先计算出来,加快了计算的速度。

敏锐的读者也许会注意到,公式(9.45)看起来很像计算 Mahalanobis 距离的公式(9.20)。不言而喻,我们可以把高斯分布的 logprob 想象成一种如 Mahalanobis 距离的加权距离测度。

对于熟悉微积分的读者,还可以注意高斯概率密度函数的更进一步的问题。尽管如公式(9.26)这样计算观察似然度的公式是为了使用高斯概率密度函数而提出来的,作为观察似然度 $b_j(o_t)$ 返回的值,在技术上并不是概率,这些值在实际上可能大于1。这是因为我们只是在一个单独的点上来计算 $b_j(o_t)$ 的值,而不是在一个区域内求积分。当高斯概率密度函数曲线下面的整个区域约束为1的时候,在任何一个点上实际的值可能会大于1。(想象一个瘦而高的高斯曲线,在中心部分的值可能大于1,但是,这个曲线下面的区域仍然为1.0)。如果我们在这个区域上求积分,我们要把宽度 dx 的每一个点上的值相乘,这样得到的值将小于1。高斯估计不是真概率这样的事实与是否能选择到最优的 HMM 的状态无关,因为我们在比较不同的高斯分布的时候,都会忽略 dx 这个因素。

总结:前面几个小节介绍了语音识别中用于声学训练的高斯模型。首先介绍单变量高斯分布,接着把它扩充到多变量高斯分布,以处理多维的声学特征矢量。然后介绍简化的对角协方差高斯模型,并介绍高斯混合模型(GMM)。

9.5　词典和语言模型

在前面的几章中,我们详细地讨论过 N 元语法的语言模型(第4章)和发音词典(第7章),因此,在本节中,我们只是简短地再给读者提一提这些问题。

在 LVCSR 中倾向于使用三元语法甚至四元语法的语言模型,为此已经开发了很好的工具包,并可以处理这样的语言模型(Stolcke, 2002; Young et al., 2005)。在大词汇量语音识别的应用中,已经很少使用一元语法或二元语法。由于三元语法要求很大的空间,而在如手机的实际应用中,对于存储空间的约束很严格,因而倾向于使用较小的上下文(或者使用压缩技术)。我们在第24章中将要讨论,某些简单的对话系统往往局限于有限的领域,这时我们只需要使用简单的有限状态语法或加权有限状态语法。

词典就是一个简单的词表,其中的每一个单词要标出发音,发音用音子序列来表示。如

CMU 词典(CMU，1993)这样的公众使用的词典，可以从中抽取 60 000 个单词的词汇作为 LVC-SR 之用。尽管某些单词是同义词或常用的虚词或有若干个发音，大多数的单词只有一个发音，在大多数 LVCSR 系统中，每一个单词平均的发音数其范围大约是从 1 到 2.5。10.5.3 节将讨论发音模型的问题。

9.6　搜索与解码

　　现在我们离描述一个完整的语音识别系统的所有部分已经不远了。我们已经知道，怎样从语音帧(frame)中抽取倒谱特征，怎样对这个帧计算声学似然度 $b_j(o_t)$。还知道怎样来表示词汇知识，使得每一个单词的 HMM 包含音子模型的序列，而每一个音子模型又包含次音子状态的一个集合。最后，在第 4 章中，还知道了怎样使用 N 元语法建造一个模型来预测单词。

　　在本节中，我们要说明，怎样使用所有这些知识来解决**解码**(decoding)问题：这时，要把所有的这些概率估计结合起来，从而产生出概率最大的单词串。我们可以把这个解码问题用一句话说出来，这就是："对于给定的声学观察串，我们怎样选出单词串，使得这个单词串具有最大的后验概率？"

　　在本章的开始，我们曾经介绍了用于语音识别的噪声信道模型。在介绍这个模型时，我们使用贝叶斯规则得到的结果是：单词的最佳序列是语言模型的先验概率和声学似然度两个因素的乘积的最大值：

$$\hat{W} = \underset{W \in \mathcal{L}}{\mathrm{argmax}} \ \overbrace{P(O|W)}^{\text{声学似然度}} \ \overbrace{P(W)}^{\text{先验概率}} \tag{9.47}$$

　　现在，已经定义了声学模型和语言模型，因此，我们需要去了解如何找出这个具有最大概率的单词序列。首先，需要修改上面的公式(9.47)，因为这个公式依赖于某些不正确的独立性假设。我们知道怎样训练一个多变量的高斯混合分类器来计算在特定状态下(次音子)，一个特定的声学观察(也就是"帧")的似然度。在对于每一个声学帧计算不同的分类器并且把计算得到的概率相乘以得到整个单词的概率的时候，往往会严重地低估每一个帧的概率。这是因为在帧与帧之间存在着连续性，如果我们考虑声学上下文，那么，对于一个给定的帧，就可以得到一个更大的期望值，因而也就可能给它指派一个更大的概率。为了做到这一点，我们给它加上一个**语言模型标度因子**(Language Model Scaling Factor，LMSF)，也可以称为**语言权值**(language weight)。这个语言模型标度音子作为语言模型先验概率 $P(W)$ 的指数加上去。因为 $P(W)$ 小于 1，所以 LMSF 大于 1(在很多系统中处于 5 和 15 之间)，其结果将会降低语言模型概率的值：

$$\hat{W} = \underset{W \in \mathcal{L}}{\mathrm{argmax}} P(O|W)P(W)^{\text{LMSF}} \tag{9.48}$$

　　用这样的方法给语言模型加权要求我们还要做进一步的改变。这是因为 $P(W)$ 对于单词的插入具有一种惩罚的副作用。在一个均匀的语言模型中，很容易看出这样的情况，对于这样的语言模型，容量为 $|V|$ 的词汇中的每一个单词都具有相同的概率 $\frac{1}{|V|}$。在这种情况下，对于包含 N 个单词的句子，这 N 个单词中的每一个的语言模型概率将为 $\frac{1}{|V|}$，所以，整个句子的惩罚值为 $\frac{N}{|V|}$。

N 越大(句子中的单词越多)，这个 $\frac{1}{|V|}$ 的惩罚值相乘的次数也就越多，这样句子的概率就越小。因此，平均地说，如果语言模型的概率减小了(这将会产生很大的惩罚值)，那么，解码器将期望

单词少一些，长一些。如果语言模型的概率增加了(惩罚值大)，那么，解码器将期望单词多一些，短一些。所以，我们使用 LMSF 来平衡声学模型的副作用是增加了单词插入的惩罚值。为了补偿这一点，我们需要在公式的后面再增加**单词插入惩罚值**(Word Insertion Penalty，WIP)：

$$\hat{W} = \underset{W \in \mathscr{L}}{\operatorname{argmax}} P(O|W) P(W)^{\text{LMSF}} \text{WIP}^N \tag{9.49}$$

由于在实践中是使用对数概率(logprob)，我们需要使用对数概率的公式如下：

$$\hat{W} = \underset{W \in \mathscr{L}}{\operatorname{argmax}} \log P(O|W) + \text{LMSF} \times \log P(W) + N \times \log \text{WIP} \tag{9.50}$$

现在得到了一个求最大值的公式，让我们来看一看如何进行解码？解码器的工作就是把话语切分成单词并同时地辨认出这些单词中的每一个单词是什么。这项工作由于语音的变异而变得非常困难，怎样由音子发出单词的读音来存在着变异，怎样由声学特征发出音子来也存在着变异。为了对这个问题的困难性得到直观的认识，我们可以想象语音识别工作的一个数量巨大而且经过简化的版本，在这样的语音识别中，解码器可给出一个离散的音子序列。在这种情况下，尽管我们对于每一个音子了解得非常准确，解码的工作仍然非常困难。例如，我们来给下面的句子解码，这个句子来自 Switchboard 语料库(请读者不要提前偷看答案!)：

[ay d ih s hh er d s ah m th ih ng ax b aw m uh v ih ng r ih s en 1 ih]

答案在脚注中[1]。这个问题之所以困难，部分原因是由于协同发音(coarticulation)和快速发音(例如，just 中的第一个音子[d])所造成的。但是主要的原因在于缺乏空白来指出单词的边界所在，从而使这个问题变得很困难。我们知道，英语的口语与英语的书面语不同，口语中没有空白来表示单词的边界。在一个真正的解码工作中，我们必须在识别音子的同时，识别并切分单词，这当然是更加困难的工作。

为了进行解码，我们首先从第 6 章介绍过的 Viterbi 算法开始。在**数字识别**(digit recognition)这个领域中，词汇的容量只有 11 个单词(数字 one 到 nine，再加上 zero 和 oh)，这是一个比较简单的语音识别工作。因此，我们以数字识别作为例子。

我们知道，语音识别的 HMM 模型的基本组成如下：

$Q = q_1 q_2 \cdots q_N$	与**次音子**(subphones)对应的**状态**(states)的集合。
$A = a_{01} a_{02} \cdots a_{n1} \cdots a_{nn}$	**转移概率矩阵**(transition probability matrix)A，每一个 a_{ij} 表示每一个次音子的转移概率，在转移时，可以走自返圈(self-loop)，或者转移到下一个次音子。由于 Q 和 A 结合起来形成了一部**发音词典**(pronunciation lexicon)，而且每一个单词都有一个 HMM 的状态图结构，这些都使得这样的系统有能力进行识别。
$B = b_i(o_t)$	**观察似然度**(observation likelihoods)的集合，也称为**发射概率**(emission probabilities)，每一个观察似然度表示从次音子状态 i 生成的倒谱特征矢量(观察值 o_t)的概率。

每一个单词的 HMM 结构来自单词发音词典。一般地说，我们使用诸如向公众开放的 CMU-dict 类的发音词典，这样的词典是不放在书架上的。关于 CMUdict，我们在第 7 章已经介绍过了。

---

[1] I just heard something about moving recently. (我刚才听到关于目前的电影的一些事情。)

在本章的前面我们还讲过，语音识别中的单词的 HMM 结构是音子 HMM 的简单毗连，每一个音子包括 3 个次音子状态，每一个状态恰好有两个转移：一个转移是自返圈，另一个是到下一个音子的转移[①]。这样一来，在数字识别器中，计算每一个数字单词的 HMM 结构时，我们只要简单地从词典中取出音子串，把每一个音子扩充为 3 个次音子，并把它们毗连起来。此外，我们一般还在每一个单词的结尾加上一个随选的哑音子(silence phone)。在通常的情况下，我们根据 ARPAbet 的某个版本，再加上哑音子，对于每一个音子再建立 3 个次音子，把这些合起来定义状态 Q 的集合。

HMM 的矩阵 A 和 B 是使用 Baum-Welch 算法来训练的，这个**嵌入训练**(embedded training)的过程，我们将在 9.7 节中介绍。

图 9.22 说明了用于数字识别的 HMM。注意，我们加了非发射的初始状态和最后状态，加了每一个单词的结尾到最后状态的转移，还加了从最后状态返回到初始状态的一个转移，以便描述数字序列。还要注意，在每一个单词的结尾都有一个随选的哑音子。

数字识别器通常不使用单词的概率，因为在使用数字的很多场合(电话号码中的数字或信用卡中的数字)，每一个数字是等概率出现的。不过，我们在图 9.22 中给每一个数字单词都加了转移概率，这主要是为了说明这些概率对于其他类型的语音识别还是用得着的。在数字概率起作用的地方就会出现这样的情况，例如，在地址中的数字常常以 0 或 00 结尾，在文化方面，某些数字由于表示吉祥而使用频率更高，例如，在汉语中的"八"(8)这个数字表示吉祥，因而人们都乐于使用这个数字。

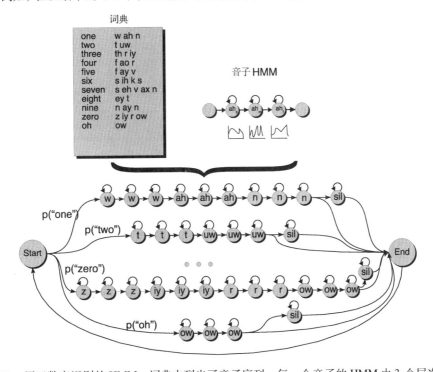

图 9.22　用于数字识别的 HMM。词典中列出了音子序列。每一个音子的 HMM 由 3 个层次音子以及高斯发射似然度模型组成。把这些组合起来，再加上每一个单词结尾的随选的哑音子(用 sil 表示)，其结果就形成了用于整个数字识别任务的一个单独的 HMM。注意，从最后状态到开始状态的转移使得这个 HMM 可以识别任意长度的数字序列

现在，我们已经有了一个 HMM，可以使用 Viterbi 算法来进行解码，使用向前算法作为训练

---

① 原文为 loop，拟错，应为 transition。

的一部分并进行栈解码,这些在第 6 章中已经介绍了。首先,我们来看怎样使用向前算法来生成 $P(O|\lambda)$,这是对于给定的 HMM,观察序列 O 的似然度。为了说明这个问题,我们使用只包含一个单词"five"的做做样子的 HMM,而不使用包含 11 个数字的真正的 HMM。为了计算这个似然度,我们需要对所有可能的状态序列求和,并且假定,five 具有状态[f],[ay]和[v],因此,具有 10 个观察的一个序列就包含如下所示的很多序列:

```
f  ay ay ay ay v  v  v  v  v
f  f  ay ay ay ay v  v  v  v
f  f  f  f  ay ay ay ay v  v
f  f  ay ay ay ay ay v  v  v
f  f  ay ay ay ay ay ay ay v
f  f  ay ay ay ay ay ay v  v
...
```

这些序列的数量很大,达到 $O(N^2T)$。向前算法能够有效地在这样大数量的序列上求和。

让我们快速地回顾一下向前算法。向前算法是一种动态规划算法,这种算法使用一个表来存储中间值以计算观察序列的概率。向前算法在计算观察概率的时候,要把能够生成这个观察序列的所有可能的路径的概率加起来求和。

对于给定的自动机 λ,向前算法网格的每一个单元 $\alpha_t(j)$ 或 forward$[t,j]$ 表示在看了前 t 个观察之后在状态 j 的概率。每一个单元 $\alpha_t(j)$ 的值是这样来计算的:把通往这个单元的每一条路径的概率加起来求和,就可以得出单元 $\alpha_t(j)$ 的值。形式地说,每一个单元表达如下的概率:

$$\alpha_t(j) = P(o_1, o_2 \ldots o_t, q_t = j | \lambda) \tag{9.51}$$

其中,$q_t = j$ 的意思是:"在状态序列中经过前面 t 个观察之后的第 t 个状态记为状态 j 时的概率"。我们计算每一个单元 $\alpha_t(j)$ 的值的方法是:把通往这个单元的每一条路径的概率加起来求和。对于给定的状态 q_j,在时刻 t 的时候 $\alpha_t(j)$ 的值可通过如下公式来计算:

$$\alpha_t(j) = \sum_{i=1}^{N} \alpha_{t-1}(i) a_{ij} b_j(o_t) \tag{9.52}$$

在公式(9.52)中,我们是通过延伸前面路径的方法来计算在时刻 t 的向前概率的,计算时要把下面的三个因素相乘:

$\alpha_{t-1}(i)$	从前面时间步开始的**前面的向前路径的概率**(previous forward path probability)。
a_{ij}	从前面状态 q_i 到当前状态 q_j 的**转移概率**(transition probability)。
$b_j(o_t)$	对于给定的当前状态 j 观察符号 o_t 的**状态观察似然度**(state observation likelihood)。

图 9.23 是这个算法的描述。

我们在一个简化的 HMM 上运行这样的向前算法来看一看这种算法运行过程的踪迹。这是一个关于单词 five 的 HMM,有 10 个观察,假定帧移是 10 ms,10 个观察共 100 ms。HMM 的结构如图 9.24 左侧的纵向所示,图中描述了向前网格的前 3 个时间步的情况。整个的向前网格如图 9.25 所示。对于每一个帧,B 的值给出了观察似然度的一个矢量。这些似然度可以使用任何的声学模型(高斯混合模型 GMM 或其他模型)来计算,为了教学的方便,在这个例子中我们提供的这些简单的数值都是随手做出来的。

```
function FORWARD(observations of len T, state-graph of len N) returns forward-prob

create a probability matrix forward[N+2,T]
for each state s from 1 to N do                    ; initialization step
    forward[s,1] ← a₀,ₛ * bₛ(o₁)
for each time step t from 2 to T do                ; recursion step
    for each state s from 1 to N do
        forward[s,t] ← Σₛ'₌₁ᴺ forward[s',t-1] * aₛ',ₛ * bₛ(oₜ)

    forward[qF,T] ← Σₛ₌₁ᴺ forward[s,T] * aₛ,qF         ;termination step
    return forward[qF,T]
```

图 9.23 　对于给定的单词模型计算观察序列似然度的向前算法。$a[s, s']$ 是从当前状态 s 到下一个状态 s' 的转移概率，$b[s', o_t]$ 是对于给定的 o_t, s' 的观察似然度。观察似然度 $b[s', o_t]$ 要使用**声学模型**（acoustic model）来计算

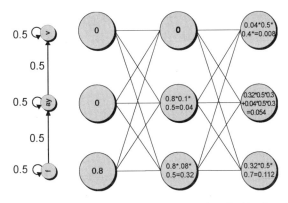

图 9.24 　用于计算单词 five 的向前网格的前 3 个时间步。左侧注明了转移概率；观察似然度 B 记录在图 9.25 中

V	0	0	0.008	0.0093	0.0114	0.00703	0.00345	0.00306	0.00206	0.00117
AY	0	0.04	0.054	0.0664	0.0355	0.016	0.00676	0.00208	0.000532	0.000109
F	0.8	0.32	0.112	0.0224	0.00448	0.000896	0.000179	4.48e-05	1.12e-05	2.8e-06
Time	1	2	3	4	5	6	7	8	9	10
B	*f* 0.8 *ay* 0.1 *v* 0.6 *p* 0.4 *iy* 0.1	*f* 0.8 *ay* 0.1 *v* 0.6 *p* 0.4 *iy* 0.1	*f* 0.7 *ay* 0.3 *v* 0.4 *p* 0.2 *iy* 0.3	*f* 0.4 *ay* 0.8 *v* 0.3 *p* 0.1 *iy* 0.6	*f* 0.4 *ay* 0.8 *v* 0.3 *p* 0.1 *iy* 0.6	*f* 0.4 *ay* 0.8 *v* 0.3 *p* 0.1 *iy* 0.6	*f* 0.4 *ay* 0.8 *v* 0.3 *p* 0.1 *iy* 0.6	*f* 0.5 *ay* 0.6 *v* 0.6 *p* 0.1 *iy* 0.5	*f* 0.5 *ay* 0.5 *v* 0.8 *p* 0.3 *iy* 0.5	*f* 0.5 *ay* 0.4 *v* 0.9 *p* 0.3 *iy* 0.4

图 9.25 　单词 five 的 10 个帧的向前网格，包括 3 个发射状态（f, ay, v），再加上非发射的初始状态和最后状态（图中没有给出）。这个表的下半部给出了在每一个帧中观察 o 的观察似然度矢量 B 的一些部分，对于每一个音子 q，其观察似然度为 $p(o|q)$。B 的值是为了教学的方便随手做出来的。这个表还假定单词 five 的 HMM 结构是由图 9.24 给出的，其中每一个发射状态还具有自反圈，其概率为 0.5

　　现在我们回过头来讨论解码问题。在第 6 章中，我们在描述 HMM 时已经介绍过 Viterbi 解码算法。Viterbi 算法能够在时间 $O(N^2 T)$ 返回最可能的状态序列（它与最可能的单词序列还不一样，但是，在通常情况下，它与最可能的单词序列充分地近似）。

　　Viterbi 网格的每一个单元 $v_t(j)$ 表示，对于给定的自动机 λ，HMM 在看了前 t 个观察，并且通过了最可能的状态序列 $q_1 \cdots q_{t-1}$ 之后，在状态 j 的概率。我们通过引导达到这个单元的概率最

大的路径,递归地计算每一个单元的 $v_t(j)$ 的值。形式地说,每一个单元表示如下的概率:

$$v_t(j) = P(q_0, q_1 \cdots q_{t-1}, o_1, o_2 \cdots o_t, q_t = j|\lambda) \qquad (9.53)$$

就像其他的动态规划算法一样,Viterbi 算法递归地填充每一个单元。假定我们已经计算了在时刻 $t-1$ 每一个状态所具有的概率,通过延伸引导到当前单元的最可能的路径,我们就可以计算出 Viterbi 概率。在时刻 t,对于给定的状态 q_j,值 $v_t(j)$ 可按如下公式计算:

$$v_t(j) = \max_{i=1}^{N} v_{t-1}(i)\, a_{ij}\, b_j(o_t) \qquad (9.54)$$

为了延伸前面的路径来计算在时刻 t 的 Viterbi 概率,我们需要把公式(9.54)中的 3 个因素相乘,这 3 个因素是:

$v_{t-1}(i)$	从前面时间步开始的**前面的 Viterbi 路径的概率**(previous Viterbi path probability)。
a_{ij}	从前面状态 q_i 到当前状态 q_j 的**转移概率**(transition probability)。
$b_j(o_t)$	对于给定的当前状态 j 观察符号 o_t 的**状态观察似然度**(state observation likelihood)。

图 9.26 是 Viterbi 算法,此算法来自第 6 章。

```
function VITERBI(observations of len T, state-graph of len N) returns best-path

create a path probability matrix viterbi[N+2,T]
for each state s from 1 to N do                        ;initialization step
    viterbi[s,1] ← a_{0,s} * b_s(o_1)
    backpointer[s,1] ← 0
for each time step t from 2 to T do                    ;recursion step
    for each state s from 1 to N do
        viterbi[s,t] ← max_{s'=1}^{N} viterbi[s',t-1] * a_{s',s} * b_s(o_t)
        backpointer[s,t] ← argmax_{s'=1}^{N} viterbi[s',t-1] * a_{s',s}
viterbi[q_F,T] ← max_{s=1}^{N} viterbi[s,T] * a_{s,q_F}    ; termination step
backpointer[q_F,T] ← argmax_{s=1}^{N} viterbi[s,T] * a_{s,q_F}    ; termination step
    return the backtrace path by following backpointers to states back in time from
backpointer[q_F,T]
```

图 9.26 找出最优的隐藏状态序列的 Viterbi 算法。给定单词的一个观察序列和一个 HMM(用矩阵 A 和矩阵 B 来定义),HMM 把最大的似然度指派给观察序列,算法返回状态路径。$a[s',s]$ 是从前面状态 s' 到当前状态 s 的转移概率,$b_s(o_t)$ 是对于给定的 o_t,状态 s 的观察似然度。注意:状态 0 和状态 F 是非发射的初始状态和最后状态

我们知道,Viterbi 算法的目的是对于给定的观察的集合 $o = (o_1 o_2 o_3 \cdots o_T)$ 找出最好的状态序列 $q = (q_1 q_2 q_3 \cdots q_T)$。它也需要找出这个状态序列的概率(状态和观察序列的联合概率)。注意:Viterbi 算法是要取前面路径概率中的 MAX,而向前算法则是要取 SUM,除此之外,Viterbi 算法和向前算法是等同的。

图 9.27 说明了在 Viterbi 网格中前 3 个时间步的计算,可以与图 9.24 的向前网格中的情况相对比。我们再次使用了倒谱观察的概率,我们也遵守了在左上角不显示零单元的共同约定。注意:只有在第 3 列中间的单元中,Viterbi 网格与向前网格不同。

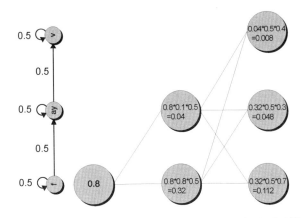

图 9.27　用于计算单词 five 的 Viterbi 网格的前 3 个时间步。左侧注明了转移概率，观察似然
度 B 记录在图9.28中。这里我们简单地假定在状态1（音子[f]）开始时的概率为1.0

图 9.28① 显示了整个网格的情况。

V	0	0	0.008	0.0072	0.00672	0.00403	0.00188	0.00161	0.000667	0.000493
AY	0	0.04	0.048	0.0448	0.0269	0.0125	0.00538	0.00167	0.000428	8.78e-05
F	0.8	0.32	0.112	0.0224	0.00448	0.000896	0.000179	4.48e-05	1.12e-05	2.8e-06
Time	1	2	3	4	5	6	7	8	9	10
B	f　0.8 ay　0.1 v　0.6 p　0.4 iy　0.1	f　0.8 ay　0.1 v　0.6 p　0.4 iy　0.1	f　0.7 ay　0.3 v　0.4 p　0.2 iy　0.3	f　0.4 ay　0.8 v　0.3 p　0.1 iy　0.6	f　0.4 ay　0.8 v　0.3 p　0.1 iy　0.6	f　0.4 ay　0.8 v　0.3 p　0.1 iy　0.6	f　0.4 ay　0.8 v　0.3 p　0.1 iy　0.6	f　0.5 ay　0.6 v　0.6 p　0.1 iy　0.5	f　0.5 ay　0.5 v　0.8 p　0.3 iy　0.5	f　0.5 ay　0.4 v　0.9 p　0.3 iy　0.4

图 9.28　单词 five 的 10 个帧的 Viterbi 网格，包括 3 个发射状态（f, ay, v），再加上非发射
的初始状态和最后状态（图中没有给出）。这个表的下半部给出了在每一个帧中
观察 o 的观察似然度矢量 B 的一些部分，对于每一个音子 q，其观察似然度为
$p(o|q)$。B 的值是为了教学的方便随手做出来的。这个表还假定单词 five 的
HMM 结构是由图 9.27 给出的，其中每一个发射状态还具有自反圈，其概率为0.5

注意：在这个例子中，由 Viterbi 算法和向前算法得出的最后的值之间是有差别的。向前算
法给出的观察序列的概率是 0.001 28，这是我们把最后一列的值加起来求和算出的结果。而 Vit-
erbi 算法给出的观察序列的概率是 0.000 493，这是我们从 Viterbi 矩阵的最佳路径中得出的。
Viterbi 概率比向前概率小得多，这当然在我们的预料之中，因为 Viterbi 概率是从一条单独的路
径算出的，而向前概率则需要计算全部路径的总和。

当然，Viterbi 解码器的真正用处在于它对于单词中的一个符号串的解码能力。为了对交叉
的单词（cross-word）进行解码，我们还需要进一步提升矩阵 A，使它不仅具有单词内各个状态之
间的转移概率，也具有单词与单词之间从一个单词的结尾到另一个单词的开头的转移概率。
图 9.22中的处理数字的 HMM 模型说明，我们只能独立地处理每一个单词，而且只能使用一元语
法概率。但是，高阶的 N 元语法更为常见。作为例子，我们在图 9.29 中说明，如何使用二元语
法来提升处理数字的 HMM 模型。

图 9.30 是执行这种多词解码任务的 HMM 的图示。图 9.27 说明了词内的精确的转移概率。
不过现在我们还要加上词与词之间的转移概率。图中在弧上的转移概率不是来自在每一个单词
内部的转移矩阵 A，而是来自语言模型 $P(W)$。

---

① 原文为9.25，显然有错。　　　　　　　　　　　　　　　　　　　　　　　　　　　——译者注

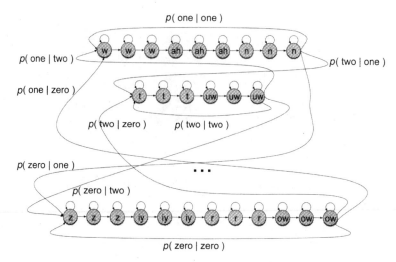

图 9.29　用于数字识别任务的二元语法网络。二元语法给出了
从一个单词的结尾到下一个单词的开头的转移概率

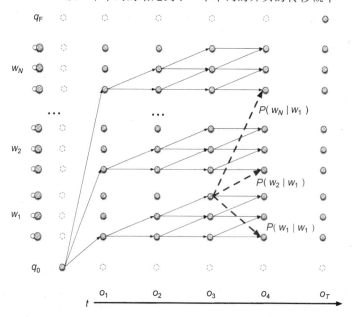

图 9.30　来自二元语法模型的 HMM 的 Viterbi 网格图示。词内的转移与图 9.27 相同。在单词与单词之
间,加上了从每一个单词的最后状态到每一个单词的开始状态的潜在的转移概率(只在单
词 w_1 中用黑体的虚线标出),这些转移概率用每一对单词之间的二元语法概率来标注

　　一旦输入话段的整个的 Viterbi 网格都计算过了,我们就可以从最后一个时间步的概率最大
的状态开始,根据回溯的指针进行回溯,以便得到概率最大的状态串,这个概率最大的状态串也
就是概率最大的单词串。图 9.31 说明了回溯指针从最佳状态出发进行回溯的情况,最后恰巧到
达单词 w_2,回溯通过了 w_N 和 w_1,最后得到的单词串就是 $w_1 w_N \cdots w_2$。

　　向前算法要对每一个可能的单词串进行操作,其运行复杂度呈指数增长,因此,使用 Viterbi
算法比使用向前算法具有更高的效率。然而,Viterbi 算法的运行速度还是不够快,因此,现代语
音识别的研究就把注意力集中在如何加快解码过程的速度方面。例如,在大词汇量的语音识别
的实践中,当算法从一个状态列向下一个状态列延伸路径的时候,我们不考虑所有可能的单词,

而是在每一个时间步上，对于那些概率低的路径进行**剪枝**（pruned），不再延伸到下一个状态列中去。

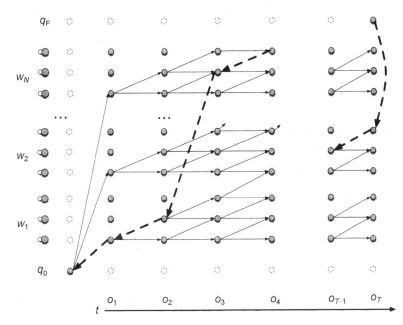

图 9.31　在 HMM 网格中的 Viterbi 回溯。回溯从最后状态开始，结果得
到最佳的音子串，从这个音子串就可以推出最佳的单词串

这种剪枝一般使用**柱状搜索**（beam search，Lowerre，1968）的方法来实现。在柱状搜索中，在每一个时刻 t，我们首先计算最佳的（可能性最大的）状态/路径 D 的概率。然后，我们使用某个固定的阈值 θ［称为**柱宽**（beam width）］，对于那些比 D 差的状态进行剪枝。我们可以从概率域的角度和从负对数概率域的角度来讨论柱状搜索。从概率域的角度，我们可以对概率小于 $\theta * D$ 的路径/状态进行剪枝；从负对数概率域的角度，可以对运行开销大于 $\theta + D$ 的路径进行剪枝。柱状搜索是使用状态的**活动表**（active list）来实现的，对于每一个时间步都有一个活动表。当运行到下一个时间步的时候，只有从这些没有剪枝的单词出发的转移才可以进行延伸。

使用这种柱状搜索的近似方法会明显地加快由于解码性能的退化而产生的开销。Huang et al.（2001）建议，从经验上说，柱的大小为搜索空间的 5% ～10% 就足够了，因此，90% ～95% 的状态是不考虑的。因为在实践中大多数的 Viterbi 算法都使用柱状搜索，所以，有的文献使用**柱状搜索**（beam search）或**时间同步柱状搜索**（time-synchronous beam search）这样的术语来代替 Viterbi 这个术语。

9.7　嵌入式训练

现在，回过头来研究怎样训练一个基于 HMM 的语音识别系统。我们已经知道关于训练的某些方面。第 4 章讨论了怎样来训练一个语言模型。9.4 节讨论了怎样通过提升 EM 算法的方法来训练 GMM 声学模型，处理均值、方差和权重等的训练问题。

本节要说明这种提升的 EM 训练算法怎样去适应声学模型训练的全过程，从而完成对 HMM 训练的整个图景的描述。首先回顾**声学模型**（acoustic model）的 3 个组成部分：

$Q = q_1 q_2 \cdots q_N$ 把**次音子**(subphones)表示为**状态**(states)的集合。

$A = a_{01} a_{02} \cdots a_{n1} \cdots a_{nn}$ **次音子转移概率矩阵**(subphone transition probability matrix)A，每一个 a_{ij} 表示每一个次音子的转移概率，在转移时，可以走**自返圈**(self-loop)，或者转移到下一个次音子。由于 Q 和 A 结合起来形成了一部**发音词典**(pronunciation lexicon)，而且每一个单词都有一个 HMM 的状态图结构，这些都使得这样的系统有能力进行识别。

$B = b_i(o_t)$ **观察似然度**(observation likelihoods)的集合，也称为**发射概率**(emission probabilities)，每一个观察似然度表示从次音子状态 i 生成的倒谱特征矢量(观察值 o_t)的概率。

我们假定，发音词典和每一个单词的基本 HMM 状态图结构都已经事先被描述为简单的线性 HMM 结构，其中的每一个状态都有自反圈，如图 9.7 和图 9.22 所示。一般地说，语音识别系统并不想学习个别单词的 HMM 结构。所以，我们只需要训练矩阵 B，并且还需要训练矩阵 A 中那些非零(自反圈和转移到下一个次音子)的转移概率。矩阵 A 中的其他概率都置为零，并且永远不改变。

最简单的可能的训练模型是**手工标注孤立单词**(hand-labeled isolated word)训练，我们需要分别地训练 HMM 的矩阵 B 和矩阵 A，其中的每一个单词都要根据手工对齐的训练数据来进行处理。我们已经有一个关于数字的训练语料库，这个语料库中口说数字的各种实例以波形文件存储，每一个单词都有开始时间和结束时间，并用手工标注了音子。有了这样的一个数据库，我们只要在训练数据中计数，就能够算出 B 的高斯观察似然度和 A 的转移概率！A 的转移概率是因单词的不同而各有差异的，但是，如果同样的音子在多个单词中出现，B 的高斯观察似然度就可以为不同的单词所共享。

遗憾的是，在连续语音的训练系统中，这种手工切分的训练数据是很少使用的。其原因之一在于，使用人来手工标注语音的边界是非常昂贵的，手工标注所花的时间是实际语音时间的 400 倍(也就是说，标注 1 小时的语音需要 400 小时)。另外一个原因在于，对于比音子更小的语音单元，人是做不好语音标注的；人在找次音子的边界时，其一致性是非常差的。ASR 系统找边界也并不比人好，但是，ASR 系统的错误在训练集和测试集之间至少是一致的。

正是由于这样的原因，语音识别系统嵌入到一个完整的句子中去训练每一个音子的 HMM，而且切分和音子的对齐是作为训练过程的一个部分自动地实现的。因此，这种完整的声学模型训练过程称为**嵌入式训练**(embedded training)。不过，手工音子切分仍然起着一定的作用，例如，对于分辨性(SVM，非高斯模型)似然度评估的初始系统的自举，或者对于音子辨识这样的工作，手工音子切分还是有用处的。

为了训练简单的数字识别系统，我们需要口语数字序列的训练语料库。为简单起见，我们假定，这个训练语料库被分隔成一个一个的波形文件，每一个波形文件包含口语数字的一个序列。对于每一个波形文件，我们需要数字单词的正确序列。这样，我们可以把一个波形文件与一个转写(单词的一个符号串)联系起来。我们还需要一个发音词典和一个音子集(phoneset)，在这个音子集中，要确定未经训练的音子 HMM 的集合。从这样的转写、发音词典和音子的 HMM 出发，对于每一个句子，我们可以构建一个"完整句子"的 HMM，如图 9.32 所示。

现在我们来训练 HMM 的转移矩阵 A 和输出似然度估计 B。使用基于 Baum-Welch 算法的范型来进行 HMM 的嵌入式训练是非常漂亮的，它可以给我们提供所有的训练数据。具体地说，我们不再需要语音转写数据，甚至不再需要知道每一个单词的开始和结尾。Baum-Welch 算法将使用在时间 t 和状态 j 的概率 $\xi_j(t)$，对单词和音子的所有可能的切分进行求和运算，并生成观察序列 O。

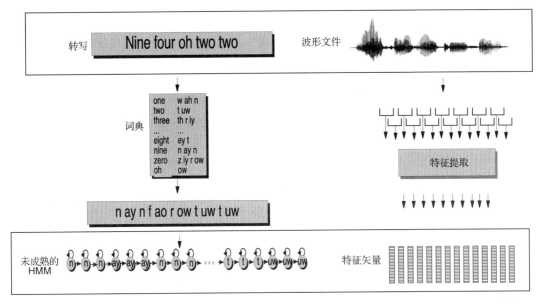

图 9.32　嵌入式训练算法的输入：口语数字的波形文件及相应的转写。这个转写被转化为一个未成
熟的 HMM，根据从波形文件抽取出来的倒谱特征，这个未成熟的HMM可用于对齐和训练

不过，我们仍然需要转移概率和观察概率的初始估值 a_{ij} 和 $b_j(o_t)$。最简单的途径就是使用**单调开始**（flat start）的方法。使用单调开始的方法，我们首先给认为"在结构上为零"的 HMM 转移置零，例如，从后面的音子返回到前面音子的转移，就可以置零。在 Baum-Welch 算法中，概率 γ 的计算包含 a_{ij} 前面的值，所以，这些置零的值是永远不会改变的。然后，我们把所有非零的 HMM 转移置为等概率的。这样，自反圈的转移和到下一个次音子的转移将有 0.5 的概率。对于高斯函数，这种单调开始的办法将同等地把均值和方差初始化，从而得到全体训练数据的总的均值和方差。

现在，我们得到了 A 和 B 的概率的初始估计。对于标准的高斯 HMM 系统，我们在整个训练集上对 Baum-Welch 算法进行多重迭代。每一次迭代都修正 HMM 的参数，当整个系统收敛时就停止。第 6 章中讨论过，在每一次迭代中，对于给定的初始的 A 和 B 的概率，我们要计算向前和向后概率，并且使用计算得到的概率来重新估计 A 和 B 的概率。对于多变量的高斯函数，我们也可以应用在前一节中讨论过的各种对于 EM 的修正来更新高斯函数的均值和方差。在第 10 章的 10.3 节，我们将讨论怎样修改嵌入式训练算法来处理高斯混合模型。

总体来说，基本的**嵌入式训练过程**（embedded training procedure）如下：

1. 给定成分：音子集、发音词典以及转写好的波形文件。
2. 对于每一个句子，建立"完整句子"的 HMM，如图 9.32 所示。
3. 把 A 的概率初始化为 0.5（对于自返圈或转移到下一个次音子的概率），或者初始化为零（对于其他的转移）。
4. 初始化 B 的概率，对于全体的训练数据的集合，从每一个高斯模型的均值和方差计算出总的均值和方差。

对 Baum-Welch 算法进行多次迭代。重复地使用 Baum-Welch 算法，把它作为嵌入式训练的一个组成部分。Baum-Welch 算法计算在状态 i 和时间 t 的概率 $\xi_t(i)$，使用向前-向后算法对于在状态 i 和时间 t 发射符号 o_t 的所有可能的路径求和。这使得我们有可能把所有这些计数累加起来，以便重新估计在时间 t 通过状态 j 的所有路径的发射概率 $b_j(o_t)$。不过，Baum-Welch 算法是很消耗时间的。

使用 Viterbi 算法可以得到与 Baum-Welch 训练类似的效果。在 **Viterbi 训练**(Viterbi training)中，我们并不是把在时间 t 通过状态 j 的所有路径加起来求和，而是只选择概率最大的 Viterbi 路径作为 Baum-Welch 算法的一种近似结果。因此，我们不是在嵌入式训练的每一步都运行 EM 算法，而是反复地运行 Viterbi 算法。

在训练数据上运行 Viterbi 算法的这种方式称为**强制 Viterbi 对齐**(forced Viterbi alignment)或者简单地称为**强制对齐**。在 Viterbi 训练中(与在测试集上的 Viterbi 解码不一样)，我们知道，对于每一个观察序列指派什么样的单词符号串，因此，我们可以适当地置 a_{ij} 的值，"强制"Viterbi 算法通过某些单词。因此，强制 Viterbi 对齐是正规的 Viterbi 解码算法的一种简化，因为它只需要把正确的状态序列(次音子序列)显示出来，而不必发现单词序列。其结果就是一种**强制对齐**(force alignment)：与训练观察序列对应只是一条单独最佳状态路径。现在，我们就可以把这种 HMM 状态的对齐应用于观察序列，把计数累加起来，重新估计 HMM 的参数。前面已经看到，强制对齐也可以在其他的语音技术中得到应用，如在文本-语音转换中，我们只要有单词的转写以及想发现其边界的波形文件，就可以进行强制对齐。

用 Viterbi 对齐训练非混合的高斯模型的公式如下：

$$\hat{\mu}_i = \frac{1}{T}\sum_{t=1}^{T} o_t \text{ s.t. } q_t \text{ 是状态 } i \tag{9.55}$$

$$\hat{\sigma}_i^2 = \frac{1}{T}\sum_{t=1}^{T} (o_t - \mu_i)^2 \text{ s.t. } q_t \text{ 是状态 } i \tag{9.56}$$

它们就是在前面已经看到过的公式(9.27)和公式(9.28)，当时我们把它们"想象成完全标注的训练集一种比较简单的情况"。

已经证实，这种强制 Viterbi 算法也可以在诸如 HMM/MLP 和 HMM/SVM 等混合模型的嵌入式训练中得到应用。我们从一个没有训练过的 MLP 开始，使用噪声输出作为 HMM 的 B 的值，对训练数据执行强制 Viterbi 对齐。由于 MLP 是随机的，这种对齐将会错误百出。目前，这种错误百出的 Viterbi 对齐给我们提供了一个带有音子标记的特征矢量的标注结果，可以利用这样的标注结果对 MLP 进行再次的训练。强制对齐得到的转移矩阵可以用来估计 HMM 的转移概率。我们不断地进行这种神经网络训练和 Viterbi 对齐的爬山过程，一直到 HMM 开始收敛为止。

9.8　评测：词错误率

语音识别系统的标准评测指标是词错误率(Word Error Rate，WER)。词错误率的计算是根据语音识别系统返回的单词串[通常称为**假定单词串**(hypothesized word string)]与正确的转写或参照转写(reference transcription)的差别的大小来进行的。给定一个正确的转写，计算词错误率的第一步是计算在假定单词串和正确单词串之间的单词的**最小编辑距离**(minimum edit distance)。我们在第 3 章介绍过。这个计算的结果将是在正确单词串和假定单词串之间映射时单词**替代**(substitution)、单词插入(insertion)和单词脱落(deletion)的最小数目。这样，词错误率可以定义如下(注意，由于等式中包含插入，错误率可能会大于100%)：

$$词错误率 = 100 \times \frac{插入单词数 + 替代单词数 + 脱落}{参与转写的全部单词数}$$

有时我们也会谈到句子错误率(sentence error rate,SER),表示多少句子中至少有一个错误:

$$句子错误率 = 100 \times \frac{至少有一个单词错误的句子数\#}{全部句子数\#}$$

下面是来自 CallHome 语料库中的一个例子,参照语段和假定语段上下对齐,同时还给出了用于计算词错误率的计数:

参照语段:	i	***	**	UM	the	PHONE	IS		i	LEFT	THE	portable	****	PHONE	UPSTAIRS	last	night
假定语段:	i	GOT	IT	TO	the	*****	FULLEST	i	LOVE	TO		portable	FORM	OF	STORES	last	night
评估:		I	I	S	D	S		S	S				I	S	S		S

这个语段的 13 个词中有 6 个替代、3 个插入、1 个脱落,故得:

$$词错误率 = 100 \frac{6+3+1}{13} = 76.9\%$$

用于计算最小编辑距离和词错误率的标准方法称为 sclite,这是美国国立标准和技术研究所(NIST)造出来的一个术语(NIST,2005)。sclite 给出了一系列参照句子(手工转写的句子、黄金标准的句子)和假定句子的匹配集。除了进行对齐和计算词错误率之外,sclite 还可以做一些其他的很有用的工作。例如,对于**错误分析**(error analysis),sclite 可以提供混淆矩阵的信息说明什么词经常被错误地识别为其他词,并且总结哪些词经常被错误地插入或错误地删除的统计规律。sclite 还可以给出说话者的错误率(如果说话者把句子标注为 ID),还可以给出诸如**句子错误率**(sentence error rate)等有用的统计结果,句子错误率是至少有一个词错误的句子的百分比。

最后,sclite 还可以用来做一些有意义的测试。假如我们对 ASR 系统做了一些改变,并且发现词错误率降低了 1%。为了了解这样的改变是否真正地改进了 ASR 系统,我们就需要进行统计测试,以便确认这 1% 的差异不是偶然发生的。确定两个词错误率是否有差异的标准的统计测试称为"句子片段偶对词错误匹配"(MAtched-Pair Sentence Segment Word Error,MAPSSWE)测试,sclite 也可以用来做这样的测试(尽管有时也用 McNemar 来测试)。

MAPSSWE 测试是一种参数测试,这种测试要检查两个系统产生的词错误数的差异,平均交叉片断数。片断可能很短,或者也可能如整个话语一样长,一般地说,我们试图得到最大数量的(短)片断以便调整正常的假定,并使系统的能力最大化。MAPSSWE 测试要求在一个片断中的错误在统计上独立于在另一个片断中的错误。由于 ASR 系统倾向于使用三元的 LM,我们可以近似地满足这种要求,把一个片断定义为两侧被正确地识别了的单词包围的一个区域,或者定义为被话语边界包围的一个区域。这里是来自 NIST(2007b)的一个例子,共有 4 个区域。

```
              I           II          III             IV
     REF:  |it was|the best|of|times it|was the worst|of times|  |it was
           |      |        |  |        |             |        |  |
     SYS A:|ITS   |the best|of|times it|IS the worst |of times|OR|it was
           |      |        |  |        |             |        |  |
     SYS B:|it was|the best|  |times it|WON the TEST |of times|  |it was
```

在区域 I,系统 A 有两个错误(一个脱落错误、一个插入错误),系统 B 有零个错误;在区域 III,系统 A 有一个错误(一个替代错误),系统 B 有两个错误(两个都是替代错误)。我们来定义如下的变量序列 Z,以便表示两个系统中错误之间的差异:

N_A^i 片断 i 在系统 A 中的错误数;

N_B^i 片断 i 在系统 B 中的错误数;

Z　　　　　　　$N_A^i - N_B^i, i = 1, 2, \cdots, n$, 其中 n 是片断的编号。

在上面的例子中, 序列 Z 的值为 $\{2, -1, -1, 1\}$。从直觉上说, 如果两个系统是等同的, 那么, 它们之间的平均差异也就是 Z 值的平均差异, 应该为零。如果把这种差异的真正的平均称为 mu_z, 那么, 我们就要想知道 $mu_z = 0$ 是不是成立。下面我们严格根据 Gillick and Cox(1989) 的建议和记法, 可以从有限的样本中用 $\hat{\mu}_z = \sum_{i=1}^{n} Z_i / n$ 来估计真正的平均。

Z_i 的方差估计公式为:

$$\sigma_z^2 = \frac{1}{n-1} \sum_{i=1}^{n} (Z_i - \mu_z)^2 \tag{9.57}$$

令

$$W = \frac{\hat{\mu}_z}{\sigma_z / \sqrt{n}} \tag{9.58}$$

对于足够大的 $n(>50)$, W 将随方差近似地呈正态分布。零假设为 $H_0 : \mu_z = 0$, 如果 $2 * P(Z \geq |w|) \leq 0.05$(双尾)或 $P(Z \geq |w|) \leq 0.05$(单尾), 这里 Z 是标准正态, w 是 W 实现的值, 这些概率都可以在正态分布的标准表中查到。

我们是否可以把词错误率改进成为一种度量的尺度呢? 这显然是一个好主意。例如, 当不能给每一个单词都给出相等的权重时, 我们大概就可以给如 Tuesday 的实词比如 a 和 of 的虚词以更大的权重。研究者一般会同意这是一个好主意, 不过, 他们很难同意在 ASR 的一切的应用中都使用这样的度量尺度。然而, 在会话系统中, 语义输出会更加清楚, 人们使用一种称为概念错误率(concept error rate)的度量尺度, 被证明是非常有用处的, 我们将在第 24 章中讨论这个问题。

9.9　小结

本章与第 4 章和第 6 章一起, 介绍**大词汇量连续语言识别**(Large-Vocabulary Continuous Speech Recognition)的基本算法。

- 语音识别器的输入是声波序列。**波形**(waveform)、**频谱**(spectrogram)、**声谱**(spectrum)都是一些可视化工具, 可以帮助我们理解语音信号的信息。

- 语音识别的第一步是对声波进行**抽样**(sampled)、**量化**(quantized), 并把它们转换成某种**声谱表示**(spectral representation); 最常见的声谱表示方法是**梅尔倒谱**(mel cepstrum)或 MFCC, MFCC 可以对于每一个输入的帧提供一个特征矢量。

- GMM 声学模型用于对每一个帧的这些**特征矢量**(feature vectors)估计其**语音似然度**(phonetic likelihoods), 语音似然度也称为**观察似然度**(observation likelihoods)。

- 发现输入的观察序列与模型状态的最佳序列是否匹配的过程, 称为**解码**(decoding)、**搜索**(search)或**推理**(inference)。顺便提一句, 这个过程用这 3 个不同的术语来描述意味着, 语音识别本来就是交叉学科, 它做出的比喻来自一个以上的学科, **解码**(decoding)来自信息论, **搜索**(search)和**推理**(inference)来自人工智能。

- 我们介绍了时间同步的 **Viterbi** 解码算法, 这种算法通常使用剪枝的技术来实现, 因此, 又可称为**柱状搜索**(beam search)。Viterbi 算法把倒谱特征矢量序列、GMM 声学模型和 N 元语法的语言模型作为输入, 把单词串作为输出。

- 训练语言识别器的正规方法是**嵌入式训练**(embedded training)范式。给定由手工标注发音结构的一部初始词典, 使用嵌入式训练就可以训练出 HMM 的转移概率和 HMM 的观察概率。

9.10　文献和历史说明

世界上能够识别语音的第一台机器大概应该是一个名字叫"Radio Rex"的商品玩具，这种玩具在 20 世纪 20 年代开始在市场上出售。Rex 是一个赛璐洛的狗，这个狗（通过一个弹簧）会动起来，弹簧在 500 Hz 的声音能量的作用下放松，当弹簧一放松，狗就动起来。由于 500 Hz 粗略地相当于"Rex"中的元音的第一个共振峰的频率，所以，当人们说"Rex"的时候，就好像是人在叫唤狗，狗就会在人的叫唤声的控制下走过来（David Jr. and Selfridge, 1962）。

在 20 世纪 40 年代末 50 年代初，建立了一系列的机器语音识别系统。早期的 Bell 实验室的系统可以识别一个单独说话人的 10 个数字中的任何一个（Davis et al., 1952）。这个系统存储了不依赖于说话人的 10 个模式，每个数字一个模式，每个模式代表数字中的前两个元音的共振峰。他们通过选择与输入存在最高相关系数的模式的方法，识别正确率达到了 97% ~ 99%。Fry（1959）和 Denes（1959）在伦敦大学院建立了一个音位识别系统，根据一个类似的模式识别原则，该系统能够识别 4 个元音和 9 个辅音。Fry 和 Denes 的系统首次使用音位转移概率来对语音识别系统进行约束。

在 20 世纪 60 年代末 70 年代初，产生了一些重要的创新性研究成果。首先，出现了一系列的特征抽取算法，包括高效的快速 Fourier 变换（Fast Fourier Transform, FFT）（Cooley and Tukey, 1965）、倒谱处理在语音中的应用（Oppenheim et al., 1968），以及在语音编码中线性预测编码（Linear Predictive Coding, LPC）的研制（Atal and Hanauer, 1971）。其次，提出了一些处理**翘曲变形**（warping）的方法，在与存储模式匹配时，通过展宽和收缩输入信号的方法，来处理说话速率和切分长度的差异。解决这些问题的最自然的方法是动态规划，如在第 6 章中看到的，在研究这个问题的时候，同样的算法被多次地重新发明。首先把动态规划应用于语音处理技术的是 Vintsyuk（1968），尽管他的成果没有被其他的研究人员提及，但是，Velichko and Zagoruyko（1970），Sakoe and Chiba（1971, 1984）都再次重复了他的发明。稍后，Itakura（1975）把这种动态规划的思想和 LPC 系数相结合，并首先在语音编码中使用。他建立的系统可以抽取输入单词中的 LPC 特征，并使用动态规划的方法把这些特征与所存储的 LPC 模板相匹配。这种动态规划方法的非概率应用是对输入语音进行模板匹配，称为**动态时间翘曲变形**（dynamic time warping）。

在这个时期的第三项创新是 HMM 的兴起。1972 年前后，分别在两个实验室独立地应用隐马尔可夫模型 HMM 来研究语音问题。一方面的应用是由一些统计学家的工作引起的，Baum 和他的同事们在 Princeton 的国防分析研究所研究 HMM，并把它应用于解决各种预测问题（Baum and Petrie, 1966；Baum and Eagon, 1967）。James Baker 在 CMU 做研究生期间，他学习了 Baum 他们的工作，并把这样的算法应用于语音处理（Baker, 1975）。与此同时，在 IBM Thomas J. Watson 研究中心，Frederick Jelinek, Robert Mercer 和 Lalit Bahl（Jelinek et al., 1975）独立地把 HMM 应用于语音研究［他们在信息论模型方面的研究受到 Shannon（1948）的影响］。IBM 的系统和 Baker 的系统非常相似，特别是他们都使用了在本章中所描述的贝叶斯方法。他们之间早期工作的一个不同之处是解码算法。Baker 的 DRAGON 系统使用了 Viterbi（动态规划）解码，而 IBM 系统则应用 Jelinek 的栈解码算法（Jelinek, 1969）。Baker 在建立语音识别公司的 Dragon 系统之前，曾经短期参加过 IBM 小组的工作。IBM 的语音识别方法在 20 世纪末期完全地支配了这个领域。IBM 实验室确实是把统计模型应用于自然语言处理的推动力量，他们研制了基于类别的 N 元语法模型，研制了基于 HMM 的词类标注系统，研制了统计机器翻译系统，他们还使用熵和困惑度作为评测的度量。

HMM 逐渐在语音处理界流传开来。这种流传的原因之一是由于美国国防部高级研究计划署
(Advanced Research Projects Agency of the U. S. Department of Defense, ARPA)发起了一系列的
研究和开发计划。第一个五年计划开始于 1971 年, Klatt(1977)对此做了评述。第一个五年计划
的目标是建立基于少数说话人的语音理解系统, 这个系统使用了一个约束性的语法和一个词表
(1 000 单词), 要求语义错误率低于 10% 。ARPA 资助了 4 个系统, 而且对它们进行了比较。
这 4 个系统是: 系统开发公司的系统(System Development Corporation, SDC)、Bolt, Beranek &
Newman (BBN)的 HWIM 系统、Carnegie-Mellon 大学的 Hearsay-II 系统、Carnegie-Mellon 大学的
Harpy 系统(Lowerre, 1968)。其中, Harpy 系统使用了 Baker 的基于 HMM 的 DRAGON 系统的
一个简化版本, 在评测系统时得到了最佳的成绩。根据 Klatt 的评述, 这是唯一达到了 ARPA 计
划原定目标的系统(对于一般的任务, 这个系统的语义正确率达到94%)。

从 20 世纪 80 年代中期开始, ARPA 资助了一些新的语音研究计划。第一个计划的任务是
"资源管理"(Resource Management, RM)(Price et al., 1988)。这个计划的任务与 ARPA 早期的
课题一样, 主要是阅读语音(说话人阅读的句子的词汇量有 1 000 个单词)的转写(也就是语音识
别), 但这个系统还包括一个不依赖于说话人的语音识别装置。其他的任务包括华尔街杂志
(Wall Street Journal, WSJ)的句子阅读识别系统, 这个系统开始时的词汇量限制在 5 000 个单词
之内, 最后的系统已经没有词汇量的限制了(事实上, 大多数系统已经可以使用大约 60 000 个单
词的词汇量)。后来的语音识别系统识别的语音已经不再是阅读的语音, 而是可以识别更加自然
的语音了。其中有识别广播新闻的系统(LDC, 1998; Graff, 1997), 这个系统可以转写广播新
闻, 包括转写非常复杂的广播新闻, 例如, 街头现场采访的新闻, 等等; 还有 CallHome, Call-
Friend 和 Fisher 等系统(Godfrey et al., 1992; Cieri et al., 2004), 这些系统可以识别朋友之间或
陌生人之间在电话中的自然对话。空中交通信息系统(Air Traffic Information System, ATIS)这个
课题(Hemphill et al., 1990)是一个语音理解的课题, 它可以帮助用户预订飞机票, 回答用户关于
可能乘坐的航班、飞行时间、日期等方面的问题。

ARPA 课题大约每年进行一次**汇报**(bakeoff), 参加汇报的课题除了 ARPA 资助的课题之外,
还有来自北美和欧洲的其他"志愿者"系统, 在汇报时, 彼此测试系统的单词错误率和语义错误
率。在早期的测试中, 赢利的公司一般都不进行比赛, 但是, 后来很多公司却开始进行比赛(特
别是 IBM 公司和 ATT 公司)。ARPA 比赛的结果, 促进了各个实验室之间广泛地彼此借鉴和技
术交流, 因为在比赛中, 很容易看出, 在过去一年的研究里, 什么样的思想有助于减少错误, 而
这后来大概就成为了 HMM 模型传播到每一个语音识别实验室的重要因素。ARPA 的计划也造
就了很多有用的数据库, 这些数据库原来都是为了评估而设计的训练系统和测试系统(如 TIM-
IT, RM, WSJ, ATIS, BN, CallHome, Switchboard, Fisher), 但是, 后来都在各个总体性的研究
中得到了使用。

除了语音识别之外, 语音研究还包括很多其他的领域, 例如, 我们在第 7 章中介绍过的计算音
系学, 在第 8 章介绍过的语音合成, 以及将在第 24 章讨论的口语对话系统。另外一个重要的领域是
说话人识别(speaker recognition), 在其中我们要辨识说话人。一般我们把说话人识别分为两个子领
域, 一个子领域是**说话人检验**(speaker verification), 在其中我们要对说话人进行二元判断(该说话
人是不是 X?), 这可以保证在电话中访问个人信息时的安全性; 另一个子领域是**说话人认同**(speak-
er identification), 在其中, 我们要把说话人的语音与多个说话人的数据库中的语音进行匹配, 从而
在 N 个判定中认同一个(Reynolds and Rose, 1995; Shriberg et al., 2005; Doddington, 2001)。这些
工作都与**语言认同**(language identification)有关, 在其中, 给我们一个波形文件, 系统要辨别这个波
形文件说的哪一种语言, 这可以自动地把打电话的人引导到说相应语言的电话操作员。

在语音识别方面，有很多的教材和参考书可供想进一步更深刻地理解本章所讲的内容的读者选择。Huang et al. (2001)是最全面和最新的参考书，值得我们大力推荐。Jelinek(1997)，Gold and Morgan(1999)，Rabiner and Juang(1993)都是很全面的教材。后面两本教科书广泛地讨论了这个领域的发展历史，书中还有综述性文章 Levinson(1995)，这篇文章对于本章在历史方面的介绍是有影响的。O'Shaughnessy(2000)介绍了人以及机器的语音处理过程。关于数字信号处理的最好的教材是 Lyons(2004)和 Rabiner and Schafer(1978)。我们对于向前 - 向后算法的描述来自 Rabiner(1989)。其他有用的教材性的文章是 Knill and Young(1997)。关于语音识别领域的研究经常发表在每年举行一次的 INTERSPEECH 会议的论文集中，也发表在隔年举行的口语处理国际会议(International Conference on Spoken Language Processing，ICSLP)和 EUROSPEECH 的论文集中，还发表在一年一次的 IEEE 声学、语音和信号处理国际会议(International Conference on Acoustics，Speech，and Signal Processing，ICASSP)的论文集中。关于这个领域的期刊有 *Speech Communication*(语音通信)，*Computer Speech and Language*(计算机语音和语言)，*IEEE Transaction on Audio*，*Speech and Language Processing*(音频、语音和语言处理 IEEE 学报)，*IEEE Transaction on Speech*，*and Language Processing*(语音和语言处理 IEEE 学报)。

第10章 语音识别：高级专题

> 遗憾的是，他们的声音图谱印制机器实在太粗糙了。这种机器只能分辨很少的几个频率，并用难于分辨的小黑点来表示振幅。从来没有想到要用这种机器来做这样与生命有关的重要工作。
>
> Aleksandr. I. Solzhenitsyn, *The First Circle*, p.505

封建中国的"科举"考试制度延续了差不多 1 300 年的时间。从公元 606 年开始，到公元 1905 年废除。在科举考试的鼎盛时期，数百万想做官的人从中国的各地参加统一的考试，目的是在政府中谋取到一个高官的位置。这个科举考试的最后一轮称为"会试"（metropolitan），是在京城举行的。据说，应试者们被锁在考场中度过九天九夜，他们要回答关于历史、诗歌、儒家经典和政治的各种问题，考试的管理是非常严格的。

自然，数百万的应试者不是都要到京师来参加考试。考试是分级进行的。应试者首先在他们居住的县城通过为时一天的童生试，通过了童生试的应试者再参加两年一次的乡试，只有那些通过了乡试的人才有资格到京城去参加会试。

中国科举制度选择有能力的官员这种算法是多阶段搜索的一个实例。最后九天会试的过程要求使用很多的资源（既包括时间资源，也包括空间资源）来检查每一个应试者。因此，中国的科举考试不直接这样做，而是首先使用不太紧张的一天童生试的过程产生出参加下一轮应试者的初步名单，逐级筛选，根据最后确定的名单来决定谁可以参加最后的会试[①]。

这种科举考试的方法也可以应用于语音识别。我们想使用开销非常大的算法来进行语音识别，比如，使用 5 元语法和基于剖析的语言模型或者音子模型，这样的模型需要看前面 4 个音子的上下文。然而，如果对于每一个音子的候选者都使用这样强大的算法，其中每一个波形的潜在转写量是非常大的，其开销也是异常可观的（不论是时间开销、空间开销，还是两者兼备的开销）。所以，我们不使用这样的方法，而使用**多遍解码**（multipass decoding）的方法，在多遍解码中，使用有效而简易的知识源产生潜在候选者的一个简表，然后再使用一个速度不快但是很好用的算法进行再打分，就可以选出满意的结果。在本章中，我们介绍这样的解码器以及诸如**独立于上下文的声学模型**（context-dependent acoustic model），它们对于大词汇量的语音识别都是非常关键的。我们还要介绍其他各种模型和分辨训练等重要的问题。

10.1 多遍解码：N-最佳表和格

在第 9 章中，我们使用 Viterbi 算法来做 HMM 的解码。但是，Viterbi 解码算法有两个主要的限制。首先来讨论第一个限制，对于给定的声学输入，Viterbi 解码算法实际上不计算具有最大概率的单词序列，而计算与这样的单词序列近似的、对于给定的输入具有最大概率的状态（state）序列 [也就是音子（phones）序列或次音子（subphones）序列]。例如，我们来考虑任何特定的单词序列 W。如果使用向前算法，对于给定 W 的观察序列的真实似然度，可以通过计算所有路径的和得到：

---

① 实际上，通过了会试的应试者还要参加殿试，殿试的试题由内阁预拟，由皇帝审定。　　　　——译者注

$$P(O|W) = \sum_{S \in S_1^T} P(O, S|W) \tag{10.1}$$

如果使用 Viterbi 近似算法，可以不计算这个和，而计算通过 W 的最佳状态路径的概率：

$$P(O|W) \approx \max_{S \in S_1^T} P(O, S|W) \tag{10.2}$$

已经证实，这种 **Viterbi 近似算法**（Viterbi approximation）并不差，因为概率最大的音子序列一般总是与概率最大的单词序列相对应的。不过，这样的对应并不永远如此，在有的时候，概率最大的音子序列并不总是对应于概率最大的单词序列。我们来考虑词典中的每一个单词具有多个发音的语音识别系统。假定正确的单词序列包括一个具有多个发音的单词。由于离开每一个单词开始弧的全部概率的总和必须为 1.0，通过这个多重发音 HMM 单词模型的发音路径与通过只有一个单独发音路径的单词的路径将具有较小的概率。这样一来，因为 Viterbi 解码器只能够选择这些发音路径当中的某一条路径，它可能会忽略具有多重发音的单词，而选择只有一个发音路径的单词，而这些单词是不正确的。从本质上说，Viterbi 近似算法惩罚具有多个发音的单词。

Viterbi 解码器的第二个问题是，它不可能采纳很多有用的知识源的优点，或者认为采纳这些知识源的优点开销太大。事实上，在我们定义 Viterbi 算法的时候，它就不能完全地采用比二元语法模型更复杂的其他语言模型的优点。其原因在于我们已经提过的事实，例如，三元语法破坏了**动态规划恒定**（dynamic programming invariant）的假定，而动态规划恒定才使动态规划算法成为可能。我们前面说过，动态规划恒定是一个简化的假定。动态规划恒定假设，如果整个观察序列的最终的最佳路径恰好通过了状态 q_i，那么，这个最佳路径一定包含状态 q_i 并且也包含 q_i 的最佳路径。由于在三元语法中，一个单词的概率要根据前面两个单词来决定，这样，一个句子的最佳三元语法概率的路径就可能会通过没有包括在该单词的最佳路径中的某个单词。对于给定的单词 w_y 和 w_z，如果一个特定的单词 w_x 具有较高的三元语法概率，但是 w_y 的最佳路径却不包含 w_z〔也就是说，对于一切的 q，概率 $P(w_y|w_q, w_z)$ 比较低〕，就会发生这样的情况。对于只有 50 个标记的词类标注 HMM 系统这样规模较小的领域，我们可以考虑前面所有可能的两个状态或三个状态的组合，这样的问题是可能得到解决的。但是，在语音识别中，这样的办法是行不通的。这是因为，在语音识别系统中，状态的数量太多，而且，前面的单词可能只出现在前面的很多状态中。诸如 PCFG 类的高级概率 LM 也会同样地破坏这个动态规划恒定的假定。

对于 Viterbi 解码算法的这些问题，存在着两种解决办法。第一种解决办法是：修改 Viterbi 解码算法，返回多个潜在的语段，而不是只输出一个最佳的语段，然后，再使用其他高水平的语言模型或发音模型算法，重新对多个输出的语段进行排序（Schwartz and Austin, 1991; Soong and Huang, 1990; Murveit et al., 1993）。第二种解决办法是使用完全不同的解码算法，诸如**栈解码算法**（stack decoder），或者 A* 解码算法（Jelinek et al., 1969, 1975）。

在本节中，我们首先讨论多遍解码（multiple-pass decoding）算法，然后再回过头来讨论栈解码算法。在这种多遍解码算法中，我们把解码过程分解为两个阶段。在第一个阶段，使用快速而有效的知识源或算法来进行非最优的搜索。例如，我们可以先使用二元语法这样不太复杂但是还有效的语言模型或使用简化的声学模型来进行搜索。然后，在第二阶段的解码过程中，我们再使用更加复杂但是速度比较慢的解码算法来进行搜索，降低速度的目的大约是为了减少搜索空间。而这两个阶段之间的界面是 **N-最佳表**（N-best list）或**单词格**（word lattice）。

多遍解码（multipass decoding）的最简便的算法是修改 Viterbi 算法，这种算法对于一个给定的语音输入，能够返回 **N-最佳**（N-best）的句子（单词的序列），这种算法称为 N-最佳 Viterbi 算法。例如，假定使用二元语法，这种 N-最佳 Viterbi 算法将给我们返回 1 000 个概率最高的句子，每个句子带有它们的 AM(声学模型)似然度和 LM(语言模型)的先验概率打分(prior score)。然后把由这 1 000 个最佳的句子构成的 N-最佳表(N-best list)送给一个更加复杂的诸如三元语法的语言模型去处理。这个新的语言模型 LM 代替了原来的二元语言模型 LM，并使用新的三元语法 LM 的概率给 N-最佳表中的每一个假定的句子打分。这些先验概率与每个句子的声学似然度相结合，生成每个句子的新的后验概率(posterior probability)。根据新的更加复杂的概率，对于每一个句子进行**再打分**(rescored)和再排序，最后得到一个最佳的语段，称为 **1-最佳语段**(1-best utterance)。图 10.1 是这个算法的直观说明。

图 10.1 把 N-最佳解码算法用来作为两阶段解码模型的一部分。使用有效但并不复杂的知识源返回 N-最佳语段。这明显地减小了第二阶段解码模型的搜索空间，第二阶段的模型比较复杂，速度比较慢

有不少的算法可以扩充 Viterbi 算法使之能生成 N-最佳假设。如果在搜索 N 个最佳的假设时，算法不存在多项式时间可容许性的限制(Young, 1984)，那么，(非可容许)的近似的算法是很多的。这里。我们介绍其中的一种算法，称为"精确 N-最佳算法"(Exact N-best algorithm)，这种算法是 Schwarz 和 Chow 提出的(Schwarz and Chow, 1990)。在这种精确 N-最佳算法中，每一个状态不是保持一个单独的路径或回溯，而是对于每一个状态都保持 N 个不同的路径。不过，我们希望这些路径都与不同的单词的路径相对应，而不希望把这 N 个路径浪费到映射于相同单词的不同的状态序列上。为了做到这一点，我们需要保持每一条路径的**单词历史**(word history)，所谓单词历史，就是每一个单词从开始一直到当前单词状态的整个的序列。如果具有相同的单词历史的两条路径在同一个时刻汇合到同一状态，我们就把这两条路径合并，并计算该路径的概率之和。为了保持最佳的 N 个单词序列，在最后的算法中，要求正规的 Viterbi 时间复杂度为 $O(N)$。在统计机器翻译中，也会发生路径的合并问题，这个问题称为**假设重组**(hypothesis recombination)。

这些算法最后得到的结果都是一个 N-最佳表，如图 10.2 所示。在图 10.2 中，正确的假定恰巧处于第一行，当然，使用 N-最佳表的动因并不总要求得到这样的结果。在 N-最佳表中，每一个句子还标注了声学模型概率(AM logprob)和语言模型概率(LM logprob)，这就使得第二个阶段的知识源有可能使用更好的估计值来替代这两个概率当中的某一个。

序号	路径	声学模型概率	语言模型概率
1.	it's an area that's naturally sort of mysterious	−7193.53	−20.25
2.	that's an area that's naturally sort of mysterious	−7192.28	−21.11
3.	it's an area that's not really sort of mysterious	−7221.68	−18.91
4.	that scenario that's naturally sort of mysterious	−7189.19	−22.08
5.	there's an area that's naturally sort of mysterious	−7198.35	−21.34
6.	that's an area that's not really sort of mysterious	−7220.44	−19.77
7.	the scenario that's naturally sort of mysterious	−7205.42	−21.50
8.	so it's an area that's naturally sort of mysterious	−7195.92	−21.71
9.	that scenario that's not really sort of mysterious	−7217.34	−20.70
10.	there's an area that's not really sort of mysterious	−7226.51	−20.01

图 10.2 具有 10 个最佳句子的 N-最佳表，来自 CUHTK BN 系统的 Broadcast News 语料库(感谢 Phil Woodland)。Logprob 采用以 10 为底的对数 $\log_{10}$；语言模型标度因子 LMSF 为 15

　　N-最佳表的一个问题在于，当 N 很大的时候，要用这样的表列出所有的句子是一件效率很低的、费力不讨好的事情。N-最佳表的另外一个问题在于，它往往不能给出我们在第二阶段的解码中所需要的足够充分的信息。例如，对于每一个单词的假设，我们可能需要有区别性的声学模型信息，以便为该单词再次使用一个新的声学模型，或者我们可能需要每一个单词的不同的开始时间和终结时间，以便把这些信息应用于一个新的时长模型。

　　由于这样的原因，第一阶段解码算法的输出一般是一个更加复杂的表示，称为**单词格**（word lattice，Murveil et al.，1993；Aubert and Ney，1995）。单词格是单词的有向图（directed graph），它能表示关于可能的单词序列的更多的信息。① 在某些系统中，图上的结点表示单词，而弧表示单词之间的转移；在另一些系统中，弧表示单词的假设，而结点则表示时间点。让我们就用这样的格模型，每一个弧表示关于单词假设（word hypotheses）的大量信息，包括单词的开始时间和结束时间、单词的声学模型概率和语言模型概率、音子序列（单词的发音），甚至音子的时长。图 10.3 是图 10.2 中的 N-最佳表相应的单词格的一个例子。注意，在单词格中，对于同一个单词还包含了一些不同的记录，每一记录的开始时间和终结时间都稍微有一些差别。这样的单词格不是从 N-最佳表直接产生出来的，而是在第一阶段解码过程中，在每一个时间步，从在柱状搜索中活动着的单词假设所包含的信息产生出来的。由于声学模型和语言模型都是依赖于上下文的，不同的连接需要根据不同的上下文产生出来，所以，同样的单词由于时间和上下文的不同就会产生大量的连接。我们也可以首先构造图 10.3 中这样的单词格来产生图 10.2 中的 N-最佳表，然后跟踪单词的路径，产生出 N 个单词串。

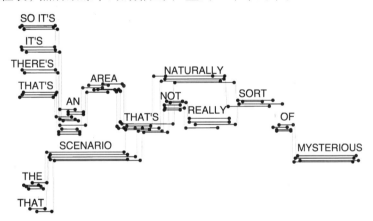

图 10.3　相应于图 10.2 中的 N-最佳表的单词格。在单词格，每一个单词下方的弧
　　　　　线表示每一个单词假设的不同的开始时间和结束时间；在某些弧线中还用
　　　　　图式说明了每一个单词假设必须开始于前面一个单词假设的终点。注意，
　　　　　在这个图中，对于每一个弧还注明了它的声学模型概率和语言模型概率

　　在单词格中，每一个单词假设都可以分别根据它的声学模型似然度和语言模型概率来加以改进，这样，我们就可以使用更加复杂的语言模型或更加精致的声学模型来对单词格中的任何路径进行重新打分。正如使用 N-最佳表一样，这种重新打分的目的在于，用 1-最佳语段（1-best ut-terance）来代替在第一阶段的解码过程中的分数可能比较低的不同语段。这些第二阶段的知识源

---

　① 实际上，ASR 中的格并不是数学中所熟悉的这种格，因为 ASR 中的格并不要求具有数学中的格的那些性质（例如，
　　格是一个具有特定性质的偏序集，每一对元素都具有唯一的连接）。ASR 中的格实际上只是一个图，不过习惯上把
　　它称为格而已。

可以帮助我们得到很满意的词错误率，实际正确的句子可能就在单词格或 N-最佳表中。如果正确的句子不在其中，这些重新打分的知识源就不能发现它。因此，在使用单词格或 N-最佳表的时候，考虑它的基线(baseline)也是很重要的，这种基线称为**格错误率**(lattice error rate, Woodland et al., 1995；Ortmanns et al., 1997)，格错误率就是单词格中的词错误率的下界。如果我们在单词格中选择格路径(lattice path，也就是句子)，使得词错误率最低，那么，这时的词错误率就是格错误率。由于格错误率与选择路径时的知识的完善程度有关，我们也把格错误率称为**谕示错误率**(oracle error rate)，因为这时我们需要某些**谕示**(oracle)来启发我们，从而决定应当选择什么样的句子路径。

另外一个单词格的概念称为**格密度**(lattice density)。格密度等于单词格中的弧数与参照转写中的单词数之比。我们在图 10.3 中看到，实际的单词格的密度是非常高的，因为只要开始时间和终结时间稍微不同，同一个单词假设就要被复制很多次。根据格密度的情况，单词格经常要进行剪枝。

除了剪枝以外，这种单词格还经常被简化为一种不同的、更具有图形特点的格，这种格有时又称为**单词图**(word graph)或**有限状态机器**(finite state machine)，尽管它也常常以"单词格"这个名称被人们提及。在这样的单词图中，不再有时间的信息，同一个单词被多次交叠地复制时也要合并为一个单词。单词的时间信息在单词图的结构中隐含地留下来，单词图中只剩下了语言模型的概率信息。这样最后形成的单词图就是一个加权的有限状态机器(FSA)，它是 N-元语法语言模型的自然扩充，与图 10.3 对应的单词图如图 10.4 所示。在另外一个解码阶段，这种单词图事实上可以作为语言模型来使用。由于这样的单词图语言模型大大地限制了搜索的空间，这就使得我们有可能使用复杂的声学模型，而这样复杂的声学模型在第一阶段的解码过程中运行得非常慢。

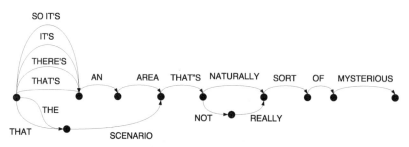

图 10.4　与图 10.2 中的 N-最佳表对应的单词图。在单词格中，每一个单词假设也有一个语言模型概率(在这个图中没有表示出来)

当我们需要表示在单词格中的个别单词的后验概率时，就可以使用后面这种类型的单词格。已经证明，在语音识别中，我们几乎看不到任何真正的后验概率，尽管语音识别的目标正是为了通过计算求出具有最大后验概率的句子。这是因为在语音识别的基本公式中，在计算最大值的时候，我们忽略了分数中的分母：

$$\hat{W} = \operatorname*{argmax}_{W \in \mathcal{L}} \frac{P(O|W)P(W)}{P(O)} = \operatorname*{argmax}_{W \in \mathcal{L}} P(O|W)P(W) \tag{10.3}$$

似然度和先验概率的乘积**并不是**话段的后验概率[而只是 $P(O, W)$，即观察和单词序列的联合概率]。这个联合概率对于选择最好的假设是相当好的，但是，联合概率并没有告诉我们这个假设好到什么程度。也许最好的假设事实上并不是那么好，我们需要请求用户自己去重复试验。如果我们有了单词的后验概率，那么，就可以把它作为**置信度**(confidence)的度量，因为后验概率是一种绝对的度量而不是相对的度量。语音识别系统往往把置信度的问题交给更加高级的过程去处理(见第24章,对话管理),在这些更加高级的过程中,语音识别系统要指出它返回的单词序列究竟好到什么程度,也就是它的置信度。

为了计算单词的后验概率,我们需要在话段的某个特定点上,对于适合条件的所有不同的单词假设进行归一化。在每一个点上,我们需要知道,哪一个单词是有竞争力的,哪一个单词是含混的。这种表示单词含混程度序列的单词格称为**含混网络**(confusion network)、**网格**(meshes)、**肠状网格**(sausages),或者**夹层格**(pinched lattice)。包括单词位置的序列的含混网络如图 10.5 所示。在这个图中,每一个位置都记录了彼此排斥的单词假设的一个集合。这个含混网络表示句子的集合,这些句子可以通过从每一个位置选择一个单词的方式构造出来。注意,当我们建造这样的含混网络的时候,暗中加了一些在原来的单词格中不存在的路径,这是含混网络与单词格或单词图的不同之处。

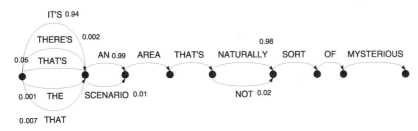

图 10.5　相应于图 10.3 中单词格的含混网络。每一个单词都标有一个后验概率。注意:
单词格中的某些单词被剪枝了(概率是使用SRI-LM工具包计算出来的)

我们使用彼此对齐在单词格中不同的单词假设路径的方法来建造含混网络。在计算每一个单词的后验概率时,我们把通过该单词的所有路径相加,把所有参与竞争的单词的概率加起来求和。详情请参阅 Mangu et al. (2000), Evermann and Woodland(2000), Kumar and Byrne (2002)和 Doumpiotis et al. (2003b)。含混网络还可以用来计算最小错误率(最大限度地改进单词的后验概率,而不是把句子的似然度最大化),并可以用来训练分辨分类器,以把不同的单词区分开来。

标准的可公开使用的语言建模工具包 SRI-LM(Stolcke,2002)(http://www.speech.sri.com/projects/srilm/)和 HTK 语言建模工具包(Young et al.,2005)(http://htk.eng.cam.ac.uk/)可以用来生成和处理单词格、N-最佳表和含混网络。

其他类型的多阶段搜索算法还有**向前-向后搜索算法**(forward-backward search algorithm),不要把这种算法与 HMM 中置参数的向前-向后算法相混淆(Austin et al.,1991),这种算法首先使用简单的向前搜索,然后再使用较为精细的向后搜索,也就是进行时间反演(time-reversed)。

10.2　A*解码算法("栈"解码算法)

我们知道,Viterbi 算法计算的是向前算法的近似值。Viterbi 算法计算通过 HMM 的一个最佳(MAX)路径的观察似然度,而向前算法则计算通过 HMM 的所有路径的总和(SUM)的观察似然度。A*解码算法允许我们使用完全的向前概率,而避免使用 Viterbi 算法的近似值。另外,A*解码算法还容许我们使用任何的语言模型。因此,A*解码算法是一遍解码,而不是多遍解码。

A*解码算法是对于树(tree)的一种最佳优先搜索,而树隐含地定义了一种语言中可容许单词的序列。我们来考虑图 10.6 中的树,这个树的根在左边的 START 这个结点上。这个树中的每一条路径①定义了该语言的一个句子。沿着从 START 到叶子的路径,把路径中所有的单词毗连起来,就可形成一个句子。我们这里对于树的表示不很明显,但是,这种算法隐含地使用树作为构造解码搜索的一种手段。

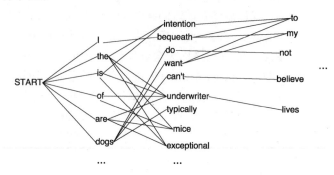

图 10.6 定义一种语言的可容许单词序列的隐含单词格的可视表示。一种语言
中句子的集合很大,不可能都明显地表示出来,但是,这个单词
格作为一个比喻,可以帮助我们探索这些句子中前面的部分(prefix)

A* 解码算法从树的根开始向叶子进行搜索,查找概率最大的路径,而概率最大的路径就代表概率最大的句子。当我们从根向叶子进行搜索时,离开给定单词的结点的每一个枝所表示的单词可能就跟随在这个给定的当前单词之后。每一个这样的枝上都有概率,这个概率表示在我们前面所看到句子给定部分的条件下,下一个单词出现的条件概率。此外,我们将使用向前算法给每一个单词指派一个产生所观察声学数据的某个部分的似然度。因此,A* 解码算法必须找出从根到概率最大的叶子之间的路径(单词序列),而该路径的概率就可以由语言模型的先验概率和它与声学数据匹配的似然度的乘积来确定。这可以通过保持部分路径**优先队列**(priority queue)的办法来实现。这个优先队列也就是句子中带有分数(score)标注的前面部分(prefix of sentence)。在一个优先队列中,每一个成分都打了一个分数,上托操作(pop)返回分数高的成分。A* 解码算法反复地选择最佳的句子前面部分,对于这个最佳的句子前面部分,计算它后面所有可能出现的下一个单词,把句子加以延伸,并且把这些延伸了的句子,加到优先队列中去。图 10.7 给出了一个完全的算法。

```
function STACK-DECODING() returns min-distance

    Initialize the priority queue with a null sentence.
    Loop until queue is empty.
    Pop the best (highest score) sentence s off the queue.
    If (s is marked end-of-sentence (EOS) ) output s and terminate.
    Get list of candidate next words by doing fast matches.
    For each candidate next word w:
        Create a new candidate sentence s + w.
        Use forward algorithm to compute acoustic likelihood L of s + w
        Compute language model probability P of extended sentence s + w
        Compute "score" for s + w (a function of L, P, and etc.).
        If (end-of-sentence) set EOS flag for s + w.
        Insert s + w into the queue together with its score and EOS flag.
```

图 10.7 A* 解码算法[根据 Paul(1991)和 Jelinek(1997)修改]。这里没有完全地
定义用于计算句子分数的评估函数,可能的评估函数将在下面讨论

---

① 原文为 leaf,拟有误。

——译者注

我们来研究 A^* 解码算法应用的一个追求时尚的例子，这个例子处理的波形所对应的正确的转写是半句时髦话："If music be the food of love"（如果音乐是爱情的食粮）。图 10.8 说明了解码算法检查了从根开始的第一段长度为 1 的路径之后的搜索空间的情况。我们使用**快速匹配**（fast match）的办法来选择下面一个或多个最可能的单词。快速匹配是一种试探性的方法，用于筛选下面可能的单词的数目，在通常的情况下，要计算出前面概率的近似值（参阅后面对快速匹配的讨论）。在例子中的这个点上，我们使用快速匹配的办法，从后面可能的单词中选择出一个子集合，并且给每一个选择出的单词打一个分数。单词 Alice 的分数最高。我们还没有讲怎样来精确地计算分数。

图 10.9（a）说明搜索的下一个阶段。我们把结点 Alice 向前延伸，这意味着，Alice 不再处于队列中，但是它的后继单词（儿子结点）进入了队列。注意，这时标记为 if 的结点成为了分数最高的结点，它的分数比 Alice 的所有后继单词（儿子结点）的分数都高。图 10.9（b）说明在延伸了结点 if 之后的搜索状态，这时，if 被移走，队列中增加了 if music，if muscle 和 if messy。

显而易见，我们总是希望，给单词假设打分的标准与它的概率有关系。现在来具体说明这个问题。对于给定的声学符号串 y_1^j，单词串 w_1^i 的分数似乎应该等于先验概率和似然度的乘积：

$$P(y_1^j|w_1^i)P(w_1^i)$$

可惜的是，我们不能使用这样计算出来的概率作为

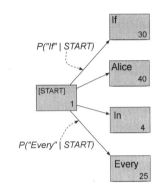

图 10.8 搜索句子 If music be the food of love 开始时的搜索空间。在开始阶段，Alice 是最可能的假设（与其他假设相比，它的分数最高）。

分数来打分，因为如果这样计算，越长的路径概率会越小，而越短的路径概率会越大。这是由于概率和子符号串的简单事实导致的：因为符号串的任何前面的部分将会具有比符号串本身更大的概率［例如，概率 $P(\text{START the } \cdots)$ 将会大于概率 $P(\text{START the book})$］。在这种情况下，如果我们采用这个概率作为分数来打分，在遇到只有一个单词的单词假设时，A^* 解码算法将会停滞不前。

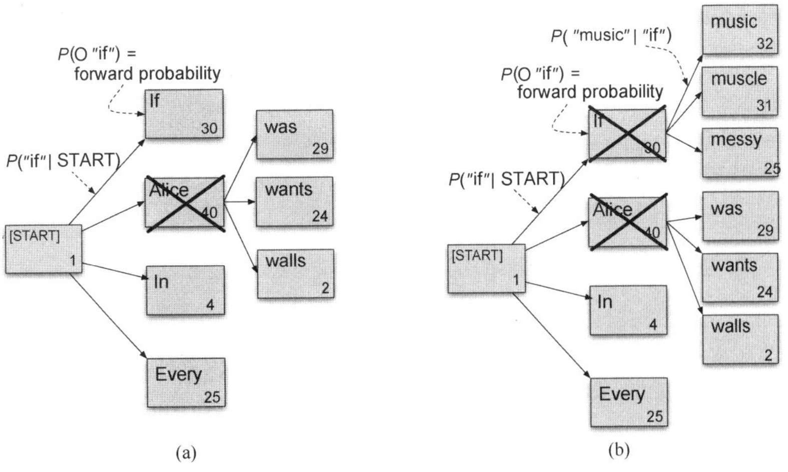

(a)

(b)

图 10.9 搜索句子 If music be the food of love 的下一个阶段。在图（a）中，我们现在延伸结点 Alice，并且把它的三个分数比较高的后继（was，wants 和 walls）加入队列中，注意，现在分数最高的结点是 START if，顺着 START Alice 的这条路径已经不复存在了。在图（b）中，我们延伸结点 if，单词假设 START if music 这条路径的分数最高

因此，我们不采用上面的办法，而采用 A* 评估函数来计算(Nilsson，1980；Pearl，1984)。A* 评估函数称为 $f^*(p)$，对于给定的局部路径 p，有：

$$f^*(p) = g(p) + h^*(p)$$

其中，$f^*(p)$ 是从部分路径 p 开始的最佳完全路径(完全句子)的估计得分。换言之，对于给定的部分路径 p，$f^*(p)$ 能够估计出，如果继续通过这个句子，这条路径的好坏程度。A* 算法使用两个部分来进行这样的估计：

- $g(p)$ 是从语段的起点到部分路径 p 的终点的估计得分。对于前面给定的声学特征，函数 g 可以通过部分路径 p 的概率来很好地估计[也就是计算对于构成部分路径 p 的单词串 W 的 $P(O|W)P(W)$]。

- $h^*(p)$ 是从部分路径延伸到语段终点的最佳得分的估计。

如何很好地估计 h^* 还是一个没有解决的问题，也是一个很有意思的问题。有一种方法是根据在句子中剩下的单词数来估计 h^* 的值(Paul，1991)。还有一种稍微好一些的办法是根据剩下帧的每一帧所期望的似然度来估计，用这个似然度乘以剩下时间的期望值，就可以估计 h^* 的值。我们还可以对训练集中每一个帧的似然度求平均，用这个平均值来计算所期望的似然度。进一步的讨论可参阅 Jelinek(1997)。

树结构化词表(Tree-Structured Lexicons)

我们前面讲过，不论是 A* 解码算法，还是其他的两阶段解码算法，都要求使用**快速匹配**(fast match)，以便很快地找出词表中哪些单词可以作为与声学输入中的某个部分相匹配的最佳候选。很多快速匹配算法都是基于使用一种**树结构化词表**(tree-structured lexicon)，在词表中存储着所有单词的发音，存储的方式要使得在向前方推进计算概率的时候，可以与相同音子开头的单词共享，做到前后连接。树结构化词表是首先由 Klovstad and Mondshein(1975)提出的；这种树结构化词表使用于 A* 解码算法中(Gupta et al.，1988；Bahl et al.，1992)，也可以使用于 Viterbi 算法中(Ney et al.，1992；Nguyen and Schwarz，1999)。图 10.10 是在 Sphinx-II 的语音识别系统中使用的树结构化词表的一个例子(Ravishankar，1996)。在这个树结构化词表中，每个树的根表示所有单词开头的第一个音子，单词开头的上下文与音子有关(音子上下文可以穿过单词的边界，也可以不穿过单词的边界)，每一个叶子与一个单词相关联。

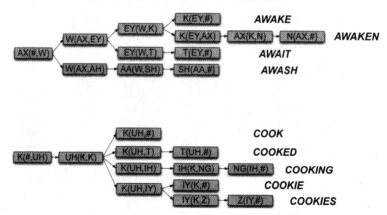

图 10.10　在 Sphinx-II 的语音识别系统中使用的一个树结构化词表(根据 Ravishankar，1996)。每个结点对应于一个特定的三音子，因此，EY(W，K)表示前面为 W 后面以 K 结尾的音子 EY

10.3　依赖于上下文的声学模型：三音子

在 9.4 节讲述 HMM 模型在 ASR 中的应用时，曾经说明怎样为每一个音子建立一个 HMM 模型，相应于音子的开头、中间和结尾的次音子，我们使用了 3 个发射状态。我们使用高斯混合模型 GMM 来表示每一个次音子（[eh] 的开头、[t] 的开头、[ae] 的中间）。

不过，使用高斯混合模型 GMM 处理诸如"[eh] 的开头"这样的次音子的问题在于，一个音子在很大的程度上会依赖于相邻的音子而发生变化。这是由于在语音产生过程中发音器官（舌头、嘴唇、软腭）的运动是连续不断的，它会受到如动量的物理因素的制约。因此，在一个音子发音的过程中，发音器官在时间上就可能开始向下面一个音子运动了。在第 7 章中，我们把**协同发音**（coarticulation）定义为发音器官为了预期下一个发音动作或保持上一个发音动作而进行的一种运动。图 10.11 说明了发元音 [eh] 时，由于相邻音子上下文的影响而产生的协同发音情况。

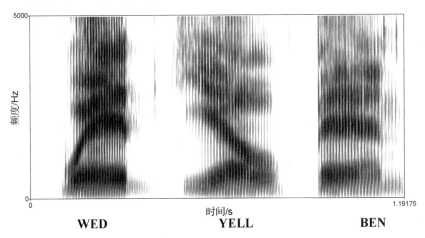

图 10.11　元音 [eh] 在三个不同的三音子上下文中，也就是在单词 wed，yell 和 ben 的发音频谱中。注意，在这三种不同的场合，[eh] 的开头和结尾的第二共振峰 F2 的明显差异

为了模拟音子在不同的上下文中的这种明显的变化，大多数 LVCSR 系统使用**依赖于上下文音子**（Context-Dependent phone，或 CD phone）的 HMM 来代替**独立于上下文音子**（Context-Independent phone，或 CI phone）的 HMM。最常见的依赖于上下文的模型就是三音子隐马尔可夫模型（triphone HMM，Schwarz et al.，1985；Deng et al.，1990）。三音子模型表示在特定的左侧上下文和特定的右侧上下文中的音子。例如，三音子 [y-eh + l] 表示"前面为 [y] 后面为 [l] 的音子 [eh]"。一般地说，[a-b + c] 的意思是"前面为 [a] 后面为 [c] 的音子 [b]"。当没有完整的三音子上下文的时候，我们用 [a-b] 表示"前面为 [a] 的音子 [b]"，用 [b + c] 表示"后面为 [c] 的音子 [b]"。

这种依赖于上下文音子的模型抓住了语音变异的一个重要来源，它是现代语音 ASR 系统的一个关键部分。不过，这种不受拘束的对于上下文的依赖也会引起语言模型建模中出现同样的问题：训练数据的稀疏问题。我们试图训练的模型越复杂，从训练中获得的对于每一个音子的观察数据就越少。对于有 50 个音子的音子集来说，原则上需要 50^3 或 125 000 个三音子。但是在实际上，并不是每一个三音子序列都是可能存在的（英语中似乎不容许如 [ae-eh + ow] 或 [m-j + t] 这样的三音子序列）。Young et al.（1994）发现，对于 20K 的《华尔街杂志》（Wall Street Journal，WSL）的语音识别任务，大约需要 55 000 个三音子就够了。但是他们后来又发现，实际出现在 WSJ 训练数据 SI84 这一部分中的三音子只有 18 500 个，还不到 55 000 个三音子的一半。

　　鉴于这样的数据稀疏问题，有必要减少需要训练的三音子参数的数量。最普通的办法是对于某些上下文进行聚类，把上下文落入同样聚类中的次音子**捆绑**（tying）起来（Young and Woodland, 1994）。例如，左侧以[n]开头的音子与左侧以[m]开头的音子看起来很相近，因此可以把三音子[m-eh + d]和三音子[n-eh + d]中开头的第一个次音子加以捆绑。如果把两个状态加以捆绑就意味着它们将共享同样的高斯模型。这样一来，对于三音子[m-eh + d]和三音子[n-eh + d]中开头的第一个次音子，我们就只要训练一个单独的高斯模型就行了。同样已经证明，左侧的上下文音子[r]和[w]对于下一个音子的开头次音子也会产生类似的效应。

　　作为例子，图10.12 是前面为辅音[w]，[r]，[m]和[n]的元音[iy]。注意，在[w]和[r]之后，元音[iy]开头的共振峰 F2 的提升是相似的。还请注意[m]和[n]的开头也是相似的，这位发音人（本书的第一作者）具有一个鼻化的共振峰（N2），其频率约为 1 000 Hz。

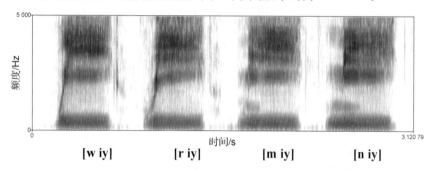

图10.12　单词 we, re, me 和 knee 的发音频谱。在元音[iy]前面，滑流音
　　　　　[w]和[r]具有相似的效应，鼻音[m]和[n]也具有相似的效应

　　图10.13 是使用聚类算法进行三音子捆绑学习的一个实例。不同的三音子 HMM 模型的次音子状态共享了高斯混合模型。

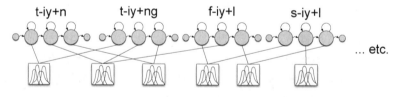

图10.13　四个三音子的聚类结果。注意，[t-iy + n]和[t-iy + ng]的开头的次音子被捆绑在
　　　　　一起，也就是说，它们共享了同一个高斯混合声学模型。根据Young et al. (1994)

　　我们怎样决定究竟要聚类什么样的上下文呢？最普通的方法就是使用决策树（decision tree）。对于每一个音子的每一个状态（次音子）都分别建立一棵树。图10.14 是音子/ih/的第一个开头状态的决策树的一个样本，这个决策树是根据 Odell（1995）修改而成的。我们从这棵树的根结点开始，这个结点上有一个很大的聚类，包括以/ih/为中心的全部的三音子的开始状态。在这棵树的每一个结点上，根据对于上下文的提问，我们都把当前的聚类分离为两个较小的聚类。例如，在图10.14 中，我们把初始聚类首先分离为两个聚类，一个聚类的上下文是左侧有鼻音音子，另一个聚类是没有鼻音音子。我们从树的根往下走，逐渐地对于聚类进行分离。图10.14 中的决策树把/ih/三音子的所有开始状态分离为 5 个聚类，图中标为 A ~ E。

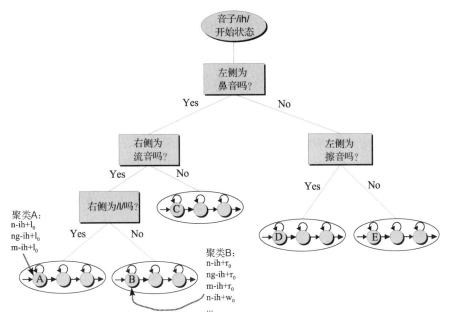

图 10.14　选择什么样的三音子状态(次音子)可以捆绑在一起的决策树。这个决策树把三音子/n-ih + l/，
/ ng-ih + l/，/m-ih + l/聚类为A类，把其他的三音子聚类为B ~ E类。此图来自Odell(1995)

　　在决策树中所提的问题是关于音子的左侧或右侧是否具有某种**语音特征**(phonetic feature)。关于这些语音特征的类型，我们在第 7 章中已经介绍过了。图 10.15 列举了决策树提的一些问题，注意，元音或辅音的问题是分开的。实际的决策树的问题比这里列举的多得多。

特　征	音　子
塞音	b d g k p t
擦音	m n ng
流音	ch dh f jh s sh th v z zh
元音	l r w y
前元音	aa ae ah ao aw ax axr ay eh er ey ih ix iy ow oy uh uw
央元音	ae eh ih ix iy
后元音	aa ah ao axr er
高元音	ax ow uh uw
圆唇元音	ih ix iy uh uw
弱化元音	ao ow oy uh uw w
轻辅音	ax axr ix
舌面前辅音	ch f hh k p s sh t th
	ch d dh jh l n r s sh t th z zh

图 10.15　Odell(1995)在决策树中关于语音特征问题的样本

　　图 10.14 中那样的决策树是怎样训练出来的呢？通过迭代的方式，决策树从根部开始自顶向下逐渐生长。在每一轮迭代时，算法要考虑树中每一个可能的问题 q 和每一个可能的结点 n。对于每一个问题，算法要考虑新的分离对于训练数据的声学似然度的影响。如果由于问题 q 而引起了被捆绑模型基础的分离，那么，算法还要计算出训练数据的当前声学似然度与新的似然度之间的差别。算法选取给出最大似然度的结点 n 和问题 q。这个过程不断迭代，直到每一个叶子结点的实例数都达到最大的阈值为止。

　　我们也需要修改在9.7 节中的嵌入式训练算法以便处理依赖于上下文的音子，并处理高斯混合模型。在这两种场合，我们要使用包含**克隆**(cloning)的更为复杂的过程，并使用 EM 迭代，Young et al.(1994)对此有所描述。

例如,为了训练依赖于上下文的模型,我们首先使用标准的嵌入式算法来训练独立于上下文的模型,多次使用 EM,对于单调音子/aa/和/ae/中的每一个次音子,最后各自形成不同的高斯模型。然后,**克隆**(clone)每一个单调音子模型,也就是说,我们等同地复制有三个次状态的高斯模型,对于每一个潜在的三音子都进行一次克隆。转移矩阵 A 不克隆,但是它们要把一个单调音子的所有的三音子克隆捆绑在一起。然后,我们再次运行 EM 迭代,再次训练三音子高斯模型。现在,对于所有的单调音子,我们使用前面描述的聚类算法,把所有的依赖于上下文的三音子都进行了聚类,得到捆绑状态聚类的一个集合。选出一个典型的状态作为这种聚类的例子,其他的状态与这个状态进行捆绑。

我们使用同样的克隆过程来训练高斯混合模型。首先使用具有多次 EM 迭代的嵌入式训练,对于上述的每一个捆绑的三音子状态,训练一个单独的高斯混合模型。然后,把每一个状态克隆(分离)到两个等同的高斯模型中,使用某个 ε 来干扰并调整每一个值,再次运行 EM,并对这些值再次进行训练。继续这个过程,直到我们对于每一个状态中的观察,都得到一个恰当的高斯混合模型为止。

我们顺次使用克隆和再训练这两个过程,得到了一个完全的依赖于上下文的 GMM 三音子模型,如图 10.16 所示。

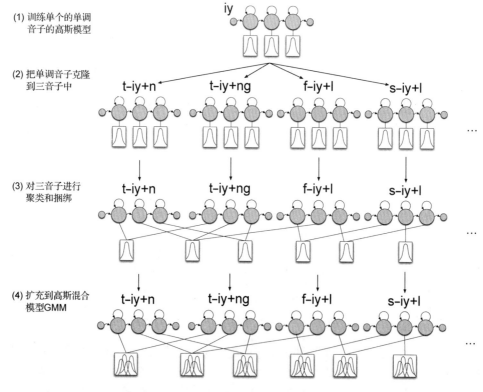

图 10.16 训练捆绑混合三音子声学模型的四个阶段。来自 Young et al. (1994)

10.4 分辨训练

我们在训练 HMM 参数(矩阵 A 和矩阵 B)时使用的 Baum-Welch 算法和嵌入训练模型的基础都是力求把训练数据的似然度最大化。另外还有一种**最大似然估计**(Maximum Likelihood Estimation, MLE)的方法,其重点不是放在最佳模型与训练数据是否符合的程度上,而是放在最佳模型与其他模型如何**分辨**（discrimination）的程度上，称为分辨训练。这样的分辨训练过程包括最大互信息估计（Maximum Mutual Information Estimation, MMIE）（Woodland and Povey, 2002）、神经网络／支持向量机 SVM 分类器（Bourlard and Morgan, 1994）的使用，以及诸如最小分类错误训练（Minimum Classification Error training, Chou et al., 1993；McDermott and Hazen, 2004）以及最小贝叶斯风险估计（Minimum Bayes Risk estimation, Doumpiotis et al., 2003a）。这里我们分两个小节对上述前两种分辨训练模型加以综述性的介绍。

10.4.1 最大互信息估计

我们知道，在最大似然估计（MLE）中，我们训练声学模型参数（A 和 B），以便使训练数据的似然度最大化。我们来考虑一个特定的观察序列 O、一个相应于单词序列 W_k 的特定的 HMM 模型 M_k 和输出的所有可能的句子 $W' \in \mathscr{L}$。这样，MLE 最大化的条件为：

$$\mathscr{F}_{\text{MLE}}(\lambda) = P_\lambda(O|M_k) \tag{10.4}$$

由于在语音识别中，我们的目的是使得最大数量的句子得到正确的转写，平均来说，要使**正确**（correct）单词符号串 W_k 的概率达到最大，一定要使它高于**错误**（wrong）单词符号串 W_j 的概率，但是此时，上述的 MLE 条件不能保证做到这一点。因此，我们希望找到一些其他的条件能够选择模型 λ，从而把最大的概率指派给正确的模型，也就是把 $P_\lambda(M_k|O)$ 最大化。这种把单词符号串的概率最大化而不把观察序列的概率最大化的方法称为**条件最大似然度估计**（Conditional Maximum Likelihood Estimation, CMLE）。

$$\mathscr{F}_{\text{CMLE}}(\lambda) = P_\lambda(M_k|O) \tag{10.5}$$

使用贝叶斯公式，可以把上式表示为：

$$\mathscr{F}_{\text{CMLE}}(\lambda) = P_\lambda(M_k|O) = \frac{P_\lambda(O|M_k)P(M_k)}{P_\lambda(O)} \tag{10.6}$$

现在，我们通过求边缘值的办法［对于能够产生 $P_\lambda(O)$ 的所有序列求和］来展开 $P_\lambda(O)$。对于给定的单词符号串，其观察序列的总概率要在该观察似然度的所有单词符号串上加权求和：

$$P(O) = \sum_{W \in \mathscr{L}} P(O|W)P(W) \tag{10.7}$$

这样，公式（10.6）可进一步展开为：

$$\mathscr{F}_{\text{CMLE}}(\lambda) = P_\lambda(M_k|O) = \frac{P_\lambda(O|M_k)P(M_k)}{\sum_{M \in \mathscr{L}} P_\lambda(O|M)P(M)} \tag{10.8}$$

在这里，术语的命名稍微有些混乱，我们一般不使用条件最大似然度估计（CMLE）这个术语，而使用最大互信息估计（Maximum Mutual Information Estimation, MMIE）这个术语。正如前面通常做的假定，这样做的原因在于，如果我们假定，在声学训练中，每一个序列 W 的语言模型概率是一个常数（是恒定的），那么，把后验概率 $P(W|O)$ 最大化，也就等于把互信息 $I(W, O)$ 最大化，二者是等价的。因此，我们采用 MMIE 条件作为条件，而不采用 CMLE 条件作为条件。这样一来，公式（10.8）就可以写成如下形式：

$$\mathscr{F}_{\text{MMIE}}(\lambda) = P_\lambda(M_k|O) = \frac{P_\lambda(O|M_k)P(M_k)}{\sum_{M \in \mathscr{L}} P_\lambda(O|M)P(M)} \tag{10.9}$$

直截了当地说，采用 MMIE 估计的目的是为了使用公式（10.9）来求最大值，而不使用公式（10.4）。如果我们的目的是求 $P_\lambda(M_k|O)$ 的最大值，那么，我们不仅需要把公式（10.9）中的分子最大化，而且，还要把其中的分母也最大化。注意，这里可以改写分母，使它不仅包括一个我们试图最大化的模型的项，还包括所有其他模型的项，这样就更加清楚了：

$$P_\lambda(M_k|O) = \frac{P_\lambda(O|M_k)P(M_k)}{P_\lambda(O|M_k)P(M_k) + \sum_{i \neq k} P_\lambda(O|M_i)P(M_i)} \quad (10.10)$$

因此，为了使 $P_\lambda(M_k|O)$ 最大化，我们需要递增地改变 λ 的值，使得在正确模式的概率逐渐增加的同时，每一个不正确模式的概率也在不断地减少。这样，用 MMIE 来训练，显然就可以达到把正确的序列与其他的所有序列**分辨开来**(discriminating)这个重要的目的。

要实现 MMIE 是很复杂的，我们这里不详细讨论这个复杂问题，只是想说明，MMIE 依赖于 Baum-Welch 训练的一种变体，称为扩充的 Baum-Welch 训练，这种训练不计算公式(10.4)，而计算公式(10.9)的最大值。简要地说，可以把它看成两步算法：首先，使用标准的 MLE Baum-Welch 来计算训练话段的向前-向后计数；然后，使用所有其他可能的话段来计算另外一轮的向前-向后计数，并且从总的计数中减去这个计数。当然，已经证明，要对全部的分母进行这样的计算，在计算上的开销是非常大的，因为这样的计算要求对全部的训练数据的全过程进行完整的识别。我们知道，在正规的 EM 中，不需要对训练数据进行解码，因为我们只想把正确(correct)单词序列的似然度最大化；而在 MMIE 中，我们需要计算所有(all)可能单词序列的概率。由于语言模型复杂，解码过程是非常耗费时间的。因此，在实践中，MMIE 算法只对于出现在单词格中的路径求和，把这看成全部可能路径集合的近似值，以此来估计分母的值。

CMLE 是 Nádas(1983)首次提出的，MMIE 是 Bahl et al.(1986)提出的。不过，在实际使用中，使用这些方法真正降低了语音识别的单词错误率则是很久之后的事了。详情可参阅 Woodland and Povey(2002)或 Normandin(1996)。

10.4.2　基于后验分类器的声学模型

其他种类的分辨训练模型还有高斯声学似然度分类器，这种分类器或者配备了具有分辨功能的帧分类器，或者能够给出后验估计，诸如多层感知器(Multi-Layer Perceptrons，MLP)、支持向量机(Support Vector Machines，SVM)等。如果一个 HMM 的 GMM 分类器被 SVM 或 MLP 所替代，那么，我们就把这样的方法称为 **HMM-SVM 混合法**或 **HMM-MLP 混合法**(HMM-SVM or HMM-MLP hybrid approaches，Bourland 和 Morgan，1994)。就如高斯模型，SVM 或 MLP 混合法也要估计在单独的时刻 t 的倒谱特征矢量的概率。这种后验的方法常常使用比 GMM 模型更大的声学信息窗口，其中包括来自相邻时间段的倒谱特征矢量。这样一来，典型的声学 MLP 或 SVM 的输入就不仅包括当前的帧的特征矢量，而且还要加上前 4 帧和后 4 帧的特征矢量，因此，它一共有 9 个倒谱特征矢量，而不是如 GMM 模型只是用一个单独的特征矢量。由于涉及的上下文很宽，SVM 或 MLP 模型通常使用音子而不使用次音子或三音子，计算每一个音子的后验概率。

对于给定的观察矢量，SVM 或 MLP 分类器需要计算在状态 j 的后验概率，也就是 $P(q_j|o_t)$。这样的计算当然也要考虑上下文条件，在此我们忽略不计。但是，对于 HMM，我们需要的观察似然度 $b_j(o_t)$ 是 $P(o_t|q_j)$。贝叶斯公式可以帮助我们从其中的一个计算另一个。分类器计算的是：

$$p(q_j|o_t) = \frac{P(o_t|q_j)p(q_j)}{p(o_t)} \quad (10.11)$$

移项后，得到：

$$\frac{p(o_t|q_j)}{p(o_t)} = \frac{P(q_j|o_t)}{p(q_j)} \quad (10.12)$$

公式(10.12)中的右侧的两个项可以通过后验分类器直接计算，计算结果就是 SVM 或 MLP 的输出，分母是给定状态的总概率，需要在所有观察上求和[也就是 $\xi_j(t)$ 在全部时间 t 上的和]。

因此，尽管我们不能直接计算似然度 $p(o_t|q_j)$，但是，可以使用公式（10.12）来间接计算 $\dfrac{p(o_t|q_j)}{p(o_t)}$，这样计算出来的似然度称为**分级似然度**（scaled likelihood），它是用观察概率来除似然度所得的值。在事实上，这种分级似然度与正规的似然度一样好，因为观察概率 $p(o_t)$ 在语音识别中是恒定的，它出现在公式中对于整个结果没有影响。

为了训练 SVM 或 MLP 分类器，对于每一个观察 o_t，我们需要知道正确的音子标记 q_j。可以使用在 GMM 中已经知道的**嵌入训练**（embedded training）算法来得到这个音子标记；可以从分类器的某个初始版本和单词转写来训练句子。我们对于训练数据运行强制对齐算法，产生出一个音子串，然后再训练分类器，如此反复进行。

10.5　语音变异的建模

在本章的开头已经提到，语音变异是语音识别获得成功的一个最大的障碍。我们说过，语音变异的原因可能是来自说话人发音特点的差异或方言的差异，也可能来自语类（genre）的差异（例如，自发语音与阅读语音的差别），还可能来自环境的差异（例如，噪声环境与安静环境的差别）。处理这些类型的语音变异，是现代语音研究的一个重要主题。

10.5.1　环境语音变异和噪声

在语音处理文献中，环境语音变异受到特别的重视，提出了很多技术来处理环境噪声问题。例如，使用**声谱衰减**（spectral subtraction）技术来抵抗**添加性噪声**（additive noise）。添加性噪声是从外部声源来的噪声，例如，引擎、风或冰箱的噪声都是比较稳定的，因而可以作为噪声信号加以模拟，只要把它们加到语音波形的时域中，就可以产生出观察信号。使用声谱衰减技术时，我们要估计在非语音区域的平均噪声，然后从语音信号中减去这个平均值。有趣的是，说话人常常提高他们声音的振幅、F0 和共振峰频率，以补偿高背景噪声的水平。由于噪声而引起的语音生成过程中的这种变化称为 Lombard 效应（Lombard effect），这个名称来自在 1911 年首次描述这种效应的 Etienne Lombard（Junqua，1993）。

另外一种鲁棒的噪声技术是用来处理**卷积噪声**（convolutional noise）的，这种卷积噪声是由诸如各种不同的扩音器这样的信道特征引起的。例如，在**倒谱均值归一化**（cepstral mean normalization）中，我们计算时间上的倒谱均值，并从每一帧中减去这个均值，平均倒谱可给扩音器和室内语音的固定的声谱特征建模（Atal，1974）。

最后，如咳嗽的声音、很响的呼吸的声音、清嗓子的声音等非语言的声音，或者如汽车喇叭和电子设备发出的嘟嘟声、电话铃声、关门的巨响等周围环境的声音，都是可以很清晰地建模的。对于每一个这样的声音，我们都可以创造一个特殊的音子来表示它，并把它作为只包含该音子的一个单词加到词典中。然后，我们给这些非语言的单词加上标记，并把它们放到训练数据转写中去，使用 Baum-Welch 训练算法对这些特殊的音子进行正规的训练（Ward，1989）。这样的单词也可以加到语言模型中去，容许它们以某个不变的小概率出现在任何两个单词之间。

10.5.2　说话人变异和说话人适应

在一般情况下，语音识别系统在设计的时候是不依赖于说话人的，因为如果我们收集大量充分的训练数据，只是为了给某个特定的用户设计语音识别系统，这样做似乎有些得不偿失，所以是很鲜见的。但是，我们有了足够的数据，依赖于说话人的系统显然会比不依赖于说话人的系统运行效果更好。因此，如果我们的测试数据看起来更像训练数据，就可以减少模型的变化花样，增加模型的精确度，这样做显然是有意义的。

目前，我们还没有充分的数据来训练为某一个说话人的特定系统，尽管有也是很鲜见的。不过，我们有充分的数据来为两个重要的说话人群训练不同的系统：男人的系统和女人的系统。由于男人和女人具有不同的声道构造，其他的声学特征和语音特征也不同，因此，我们可以根据性别来划分训练数据，为男人和女人分别训练不同的声学模型。这样，当出现一个测试句子的时候，我们就使用性别测试器来判定，应该使用哪一个声学模型。这样的性别测试器可以使用基于倒谱特征的二元 GMM 分类器来建造。在大多数 LVCSR 系统中，都使用了这种**依赖于性别的声学模型**(gender-dependent acoustic modeling)。

让不依赖于说话人的声学模型**适应于**(adapt)新的说话人也是很重要的。例如，使用**最大似然线性回归**(Maximum Likelihood Linear Regression, MLLR)技术使 GMM 声学模型适应于某一个新的说话人的少量数据(Leggetter and Woodland, 1995)。其思想是使用少量的数据来训练一个线性转换以便使高斯函数的均值产生翘曲。近年来，MLLR 和其他的**说话人适应**(speaker adaption)技术已经成为改善 ASR 性能的最大的来源之一。

MLLR 算法从一个训练好的声学模型和来自新的说话人的少量适应数据集开始。这个适应数据集可以小到只有三个句子或只有十分钟的说话。其思想在于学习到一个线性转换矩阵(W)和一个偏移矢量(ω)来转换声学模型高斯函数的均值。如果高斯函数的老旧值为 μ，计算新均值 $\hat{\mu}$ 的公式为：

$$\hat{\mu} = W\mu + \omega \tag{10.13}$$

在最简单的情况下，我们可以学习到一个单独的全局转换并把它应用每一个高斯模型。这样，声学似然度的最后公式只需做很小的修改就行了：

$$b_j(o_t) = \frac{1}{\sqrt{2\pi|\Sigma j|}} \exp\left(-\frac{1}{2}(o_t - (W\mu_j + \omega))^T \Sigma_j^{-1}(o_t - (W\mu_j + \omega))\right) \tag{10.14}$$

这样的转换是使用线性回归把适应数据集的似然度最大化而自动地学习得到的。我们首先在适应数据集上运行向前-向后算法来计算状态的占有概率 $\xi_j(t)$。然后通过解包含 $\xi_j(t)$ 的联立方程组的办法来计算 W。如果可以得到充分的数据，也有可能自动地学习到大量的转换。

MLLR 算法是说话人适应的**线性转换**(linear transform)方法中的一个类型。这是说话人适应的三种主要方法中的一种。其他两种方法分别是：**MAP 适应法**(MAP adaptation)和**说话人聚类法**(Speaker Clustering)。详细的介绍可参阅 Woodland(2001)。

MLLR 算法和其他的说话人适应算法还可以用来处理 LVCSR 中另外一种大量出现的错误，这就是外国人说话者或方言音重的说话者的语音识别问题。当测试集的说话人说的是方言或说的是带有不同于通常的标准训练集的口音的时候(例如，说带有西班牙口音的英语或带有中国南方口音的汉语普通话)，单词错误率会上升。这时，我们可以从比如 10 个说话人中抽取少量的句子建立适应集，并且把这些句子作为一组进行适应训练，做出一个 MLLR 转换来表示方言或口音的特征(Huang et al., 2000; Tomokiyo and Waibel, 2001; Wang et al., 2003)。

还有一种有用的说话人适应技术是控制说话人不同的声道长度，而声道长度是说话人之间语音变异的一个主要来源。说话人声道长度差别往往会在信号中表现一些线索，例如，声道长的说话人的语音往往倾向于具有较低的共振峰。因此，声道长度是可以检查出来的，并且可以在称为**声道长度归一化**(Vocal Tract Length Normalization, VTLN)的过程中进行归一化。这方面的详细情况和要点，请参阅本章最后的文献和历史说明。

10.5.3　发音建模：由于语类的差别而产生的变异

为什么谈话的语音识别起来比阅读的语音更加困难呢？是由于词汇或语法的差别吗？还是由于录音环境的差别造成的？

这两方面的差别似乎都不能成为其原因。Weintraub et al.（1996）比较了谈话语音和阅读语音这两种不同的语类（genre），研究了 ASR 系统的性能，研究时除了考虑谈话语音和阅读语音的差异之外，还使用了其他一些因素来控制。他们使用电话的谈话作为研究的对象并构成实验室中可对比的反题。然后，Weintraub et al.（1996）用手工转写全部的谈话，并把参与谈话的人叫回来在同样的电话线上阅读转写下来的材料，就像他们在做听写一样。原来自然的谈话和后来阅读的谈话都要录音。现在 Weintraub et al.（1996）既有了自然谈话录音的语料，又有了阅读谈话录音的语料，而且这些语料的转写、说话人和使用的扩音器都是一样的。他们发现，阅读语音比谈话语音容易识别，阅读语音识别的词错误率 WER＝29%，而谈话语音识别的词错误率 WER＝53%。由于在这个实验中，说话人、单词和信道都是在控制之下的，在声学模型和词典方面，这样的差别都是可以建模的。

Saraclar et al.（2000）假定，谈话语音识别之所以困难是由于发音的改变造成的，也就是由于发音词典中的音子串与谈话人实际说出来的音子串不一样而造成的。他们通过实验来验证了这个假定。我们在第 7 章中已经知道，在谈话语音中存在着大量的发音变异（在 Switchboard 中，because 有 12 个不同的发音，the 有数百个不同的发音）。Saraclar et al.（2000）通过谕示实验说明，在 Switchboard 的识别中，如果告诉识别器每一个单词使用的发音是什么，那么，词错误率 WER 就会从 47% 下降到 27%。

如果知道了什么样的发音可以用来改进识别的精确度，那么，我们是不是只要对于词典中每一个单词加上更多的发音，就可以改善识别效果呢？可惜的是，已经证明，给单词加上很多的发音实际上并不可行，因为这样会引起很多混淆，使得识别时举棋不定；如果单词 of 的一个普通发音是一个单独的元音[ax]，它就很容易与单词 a 的发音混淆（Cohen，1989）。这样的多重发音还会引起 Viterbi 解码的困难。我们在前面说过，Viterbi 解码器发现的最好的**音子串**（phone string）比最好的**单词串**（word string）要多一些。这意味着 Viterbi 解码会由于单词具有过多的发音而产生困惑，因为这时 Viterbi 算法要把概率值在多个发音之间进行分解。最后，使用多重发音来给协同发音效应建模也是不必要的，因为 CD 音子（三音子）已经可以成功地给诸如闪音化和元音弱化等协同发音现象建模了（Jurafsky et al.，2001b）。

当前大多数的 LVCSR 都不使用多重发音而对于每一个单词只使用很少数量的发音。我们通常从词典中或从第 7 章所描写的那些类型的音位规则中导出一个带有发音的词表。然后使用这个词表运行训练集的强制 Viterbi 音子对齐程序。对齐的结果得到训练语料库的一个语音转写，其中说明所用的发音以及每一个发音的频率。然后我们可以把相似的发音加以压缩（例如，如果两个发音的差别只是表现为一个音子发生替换，那么，我们就可以选择频率较高的发音）。这样一来，对于每一个单词就可以选择似然度最大的发音。只是对于某些具有多重高频率发音而且本身的出现频率也很高的单词，我们才给它们加上第二个或第三个发音。这样的单词一般是虚词，我们在发音词典中给它们标注发音概率，这些发音概率在计算声学似然度时会派得上用场（Cohen，1989；Hain et al.，2001；Hain，2002）。

怎样找到一种较好的方法来处理发音变异，至今仍然是一个没有解决的研究课题。其中一个可行的途径是关注影响发音的非语音因素。例如，单词往往具有很高的预测性，一个单词在声调短语的开头或者结尾的发音都是有差别的，单词后面如果跟着一个不流利话段，其发音也很不同（Fosler-Lussier and Morgan，1999；Bell et al.，2003）。Fosler-Lussier（1999）的研究表明，使用这一类的因素来减少单词的错误可以预测该单词使用怎样的发音。使用动态贝叶斯网络来给产生语音弱化的复杂的发音重叠建模,是发音建模研究中另外一个激动人心的途径(Livescu and Glass, 2004b, 2004a)。

发音建模研究中的另外一个重要的问题是未知词(unseen words)的处理。在使用电话与互联网(Web)交互的一些基于互联网的应用中,语音识别器的词典必须自动地补充数以百万计的未知词的发音,特别是补充出现在互联网中的名称(人名、地名等)的发音。在8.2.3节中描写的字位-音位转换技术可以用来解决这些问题。

10.6　元数据:边界、标点符号和不流利现象

迄今为止,我们在前面所描述的语音识别过程的输出还只是一个粗单词串(raw words string)。下面是一个对话的样本的转写结果(Jones et al., 2003)。这样的转写结果被称为"黄金标准",也就是假定单词识别是非常完美的:

> yeah actually um i belong to a gym down here a gold's gym uh-huh and uh exercise
> i try to exercise five days a week um and i usually do that uh what type of exercising do
> you do in the gym

上面的粗转写读起来很困难,我们也可以转写成如下的清楚的样式,对比一下就可以看出它们之间的差别:

A:Yeah I belong to a gym down here. Gold's Gym. And I try to exercise five days a week. And I usually do that.

B:What type of exercising do you do in the gym?

粗转写(raw transcript)没有区分不同的说话人,没有标点符号,也没有大写字母,而且有些不流利现象,这些使得我们读起来很困难(Jones et al., 2003, 2005)。在转写中加入标点符号就可以改善它的可读性,并且还可以改善转写文本的信息抽取算法的准确度(Makhoul et al., 2005;Hillard et al., 2006)。ASR输出的后处理包括如下的任务:

区分说话人(diarization):在诸如会议转写这样的出现多个说话人的场合,给说话人指派不同的标记(如上面的"A:"和"B:")。

切分句子(sentence segmentation):切分句子的目的是发现句子的边界。在文本中切分句子是简单易行的事(第3章和第8章),因为诸如句号这样的标点符号是很有帮助的。在口语中找出句子的边界就比较困难,因为没有标点符号,也因为转写得到的单词常常有错误,不过,口语也有其优越之处,口语中诸如停顿这样的韵律特征以及句末语调可以用来作为句子边界的提示。

确定大小写(truecasing):确定大小写的目的是给单词指派一个正确的写法,例如,句子开头的单词的第一个字母要大写、名称的首字母要大写,等等。在词类标注中,这经常是HMM分类的一个任务,例如,确定隐藏的状态是 all-lower-case(全部小写)、upper-case-initial(首字母大写)、all-caps(全部大写),等等。

探测标点符号(punctuation detection):探测标点符号的目的是指派句末标点(句号、问号、感叹号)以及指派逗号、引号等。

探测不流利现象(disfluency detection):探测不流利现象的目的是为了从转写中去掉不流利现象,以便提高识别输出的可读性,或者至少用逗号或改变字体的方式把不流利处标出来。不流利现象探测的算法在避免由于单词分割而导致的误识别词方面也起着重要的作用。

在文本输出中标出标点符号、句子边界和区分说话人之后的数据称为**元数据**（metadata），或者称为**富转写**（rich transcription）。让我们稍微详细地讨论一下这些问题。**句子切分**（sentence segmentation）可以看成一个二元分类来建模，其中，每两个单词之间的连接处可以标注为"句子边界"或标注为"句子中间"两种情况。图 10.17 说明了句子样本中的边界候选位置。

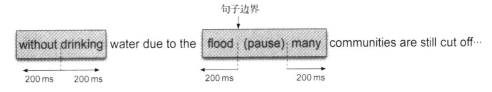

图 10.17　在单词之间的每一个边界处计算候选句子边界，图中显示了韵律特征抽出区域，来自 Shriber et al.（2000）的算法

这样的分类器可以使用 8.3.1 节中讨论的特征，诸如围绕每一个候选边界的单词和词类标记特征、与前面一个已经找到的边界的距离远近的长度特征，以及如下的韵律特征：

时长（duration）：因为句末单词的读音倾向于延长，所以，候选边界前面的音子的时长和韵位（韵核加上韵尾）有助于确定句子的边界。每一个音子通常要归一化为该音子的平均时长。

停顿（pause）：在候选边界处单词之间停顿的长短。

F0 特征（F0 features）：通过边界的**音高变化**（change in pitch）。句子边界常常会出现音高重置（pitch reset），这是音高的一种突变，而非边界部分的音高常常是连续地穿过这一部分的。另外一个有用的 F0 特征是边界前面的单词的**音域**（pitch range）；句子常常以**后降**（final fall）结尾（参见 8.3.3 节），这很接近于说话人的 F0 基线。

对于**标点符号探测**（punctuation detection），可以使用与句子边界切分相似的特征，不过，标点符号探测的不只是边界和非边界两个类别，而是要探测多个隐藏的类别（逗号、句末问号、引号、非标点，等等）。在标点符号探测中，不使用简单的二元分类，而要介入序列信息，把句子的切分作为一个 HMM 来建模，其中隐藏的状态相当于句子边界的判定。在 24.5.2 节中，我们要把韵律特征和词汇特征结合起来，进一步讨论对话行为的探测。

会话中的**不流利现象**（disfluencies）或**修正**（repair）包括如下的现象：

不流利现象的类型	例　　子
填入（或停顿填入）	But, *uh*, that was absurd
单词片段	A guy went to a *d-*, a landfill
重复	it was just a *change of*, *change of* location
重新开始	it's – I find it very strange

图 10.18 中取自 ATIS 的句子提供了重新开始和填入 uh 和 I mean 的例子，说明了**编辑阶段**（editing phase）开始的**间断点**（interruption point）。

图 10.18　不流利现象的例子，取自 ATIS 中的句子

不流利现象的探测与句子边界的探测相似，需要训练一个分类器使用文本和韵律特征来判定每一个单词的边界。这些特征包括：相邻的单词、词类标记、在单词边界处停顿的时长、边界

前的单词和音子的时长、通过边界的音高值的差异，等等。片断的探测依赖于探测语音音质的特征（Liu，2004），包括**抖动性**（jitter）、**声谱斜移**（spectral tilt）、**开放系数**（open quotient）等。抖动性是在音高周期中扰动情况的度量（Rosenberg，1971），声谱斜移表示声谱的斜率（参见 9.3.1 节），开放系数是声带开放时喉头周期的百分比（Fant，1997）。

10.7　人的语音识别

　　人的语音识别当然要比机器的语音识别好得多。对于清楚的语音，目前机器的语音识别大约比人的语音识别差 5 倍，对于有噪声的语音，这个差距还要加大。

　　ASR 的有些特征与人的语音识别的特征是共同的，ASR 有的特征是从人的语音识别借来的。例如，如 PLP 分析这样的信号处理算法（Hermansky，1990）的设计，实际上明显地受到人的听觉系统特性的启发。此外，人的**词汇存取**（lexical access，也就是人从心理词典中检索单词的过程）的三个特性在 ASR 中也是存在的，这三个特性是：**频率**（frequency）、**平行性**（parallelism）、**基于提示的处理**（cue-based processing）。与 N-元语法模型的 ASR 一样，人的词汇存取也是对于单词**频率**（frequency）敏感的。与低频率的口语单词相比，高频率的口语单词存取的速度比较快或存取时需要的刺激信息比低频单词少。在噪声环境下，或者在单词中只有局部的部分呈现出来的时候，高频率的单词比低频率的单词更容易成功地被识别（Howes，1957；Grosjean，1980；Tyler，1984）。正如 ASR 一样，人的词汇存取是**并行**（parallel）的：在同样的时刻可以激活多个单词（Marslen-Wilson and Welsh，1978；Salasoo and Pisoni，1985，等等）。

　　最后，人的语音感知还是基于提示的（cue-based）：语音输入要结合很多不同层次的提示来解释。例如，已经证明，人对于单个音子的感知要把很多不同的提示结合起来进行，包括声学提示，如共振峰的结构、发音的确切时间（Oden and Massaro，1978；Miller，1994），视觉提示，如嘴唇的运动（McGurk and Macdonald，1976；Massaro and Cohen，1983；Massaro，1998），以及词汇提示（Warren，1970；Samuel，1981；Connine and Clifton，1987；Connine，1990）。还有一个通常称为**音位复原效应**（phoneme restoration effect）的例子。Warren（1970）取一个语音样本并且在咳嗽声的背景下替换其中的一个音子（例如，替换 legislature 中的［s］音子）。Warren 发现，受试者在听到这样录制的磁带时，在典型的情况下，他听到的仍然是包含［s］在内的整个的单词 legislature，而且还感到有咳嗽背景的存在。McGurk and Macdonald（1976）提出了 McGurk 效应（McGurk effect），他们指出，视觉输入会干扰音子的感知，引起受试者感到完全不同的音子。他们给受试者用视频显示某人说音节 ga，但是音频信号却是某人说音节 ba。而受试者却报告他听到了第三个音 da。我们建议读者观看一下互联网上的视频演示，网址：http://www.haskins.yale.edu/featured/heads/mcgurk.html。

　　在人的语音感知中的其他提示还有语义方面的**单词联想**（word association）和**重复优先**（repetition priming）。所谓"单词联想"，就是如果同时还听到一个语义上相关的词，单词的存取就比较快。所谓"重复优先"，就是刚才听到的单词，再听的时候，其存取速度就比较快。这两种语义上提示研究结果的直觉，已经被应用到一些新近的语言模型中去，例如，Kuhn and DeMori（1990）的存储模型就使用了重复优先的原理；Rosenfeld（1996）的触发器模型，Coccaro and Jurafsky（1998）的 LSA 模型，以及 Bellegarda（1999）都使用单词联想的原理（见第 4 章）。值得注意的是，这些卓越思想绝不是现在才提出的，Cole and Rudnicky（1983）在他们一篇引人入胜的回顾文章中指出，对于单词和音子处理的上下文效应这种深刻的关系，事实上早就被 William Bagley（1901）发现了。Bagley 的成就，除了单词和音子的上下文效应之外，还包括对于音位复原效应的早期研究，这些成果在爱迪生（Edison）留声机滚筒的录音中得到应用，后来又进行过修改，并且把它们公之于众。可惜 Bagley 的这些成果被遗忘了，很久以后才被再次发现。

现代 ASR 模型和人的语音识别之间的一个差别是 ASR 模型的时间导向性（time-course）。在执行 ASR 算法时，解码搜索的过程是在整个的语段上进行优化的，有充分的证据说明，人的语音处理时**在线的**（on-line）：人们把一个语段一步一步地切分成若干个单词，当他们听到相应单词的时候就指派给该单词一个解释，这个过程是递增地进行的。例如，Marslen-Wilson（1973）曾经研究过所谓"**紧密背影**"（close shadowers）：当人们听到一个语音片段的时候，会在250 ms 的短时间内，留下该语音片段的背影（即向后重复）。Marslen-Wilson 还发现，当这些背影出现错误的时候，它们会根据上下文，利用句法和语义特征来进行矫正，在这250 ms 内，进行单词的切分、剖析以及解释。Cole（1973），Cole and Jakimik（1980）发现，在他们关于错误发音检查的研究中，也存在着类似的效应。在这些研究成果的基础上，学者们研制了一些关于人类语音感知的心理模型。例如，神经网络模型 TRACE（McClelland and Elman，1986）。在这个模型中，独立的计算单元被组织为三个平面：特征平面、音位平面和单词平面。每一个单元表示关于它在输入中出现的一个假设。输入时，各个单元被并行地激活，在单元之间的激活可以流动；不同平面的单元之间的连接是可激发的，而同一平面上单元之间的连接是抑制的。所以，一个单词被激活之后，就可能稍微抑制所有其他单词的激活。人的词汇存取还表现出**邻近效应**（neighborhood effects），相邻的单词往往是一些密切相关的单词的集合。带有较高频率权值邻近词的单词，它的存取速度比邻近词比较少的单词要慢一些（Luce et al.，1990）。ASR 模型不太关注这些单词平面的问题。最后，人还使用韵律知识来进行单词识别（Cutler and Morris，1988；Gutler and Carter，1987）。在 ASR 中使用韵律是将来的一个重要的研究方向。

10.8 小结

- 我们介绍了两种先进的解码算法：多道（*N*-最佳表或单词格）解码算法和栈（stack）解码算法或 A* 解码算法。
- 先进的声学模型是基于依赖于上下文的**三音子**（triphones）的，而不是基于音子的。因为完全的三音子太大，我们使用较少的自动聚类的三音子来代替它。
- 声学模型可以**适应于**（adapted）新的说话人。
- 发音变异是人和人之间语音识别中的错误的来源之一，但是，当前的技术还不能成功地解决这个问题。

10.9 文献和历史说明

前面一章中我们介绍了很多与语音识别有关的历史。注意，虽然栈解码等价于在人工智能中发展起来的 **A* 搜索**（A* search），但是，栈解码算法是独立地在各种信息理论文献中研制出来的，并且与后来才提到的人工智能（AI）中最佳优先搜索有密切的联系（Jelinek，1976）。关于声腔长度归一化的有用的参考材料可在 Cohen et al.（1995），Wegmann et al.（1996），Eide and Gish（1996），Lee and Rose（1996），Welling et al.（2002）以及 Kim et al.（2004）文献中找到。

当前语音识别研究的很多新的方向是与 HMM 模型相交替的，其中包括作为动态贝叶斯网络的新的**图示模型**（graphical models）和阶乘 HMM（factorial HMM，Zweig，1998；Bilmes，2003；Livescu 等, 2003; Bilmes and Bartels, 2005; Frankel et al., 2007), 这些新方向还试图使用**基于片段的识别器**(segment-based recognizer)来代替**基于帧的 HMM**(frame-based HMM)声学模型, 基于帧的 HMM 声学模型可以对于每一个帧做出一个判定, 而基于片段的识别器则试图探测可变长度的片段(音子)(Digilakis, 1992; Ostendorf et al., 1996; Glass, 2003)。新的**基于界标的**(landmark-based)识别器和基于发音音系学的识别器特别注意使用区别特征, 这些区别特征是分别根据声学原理或发声原理来确定的(Niyogi et al., 1998; Livescu, 2005; Hasegawa-Johnson, 2005; Juneja and Espy-Wilson, 2003)。

关于语音识别元数据研究的评论, 可参阅 Shriberg(2005)。Shriberg(2002)以及 Nakatani and Hirschberg(1994)从计算机的角度集中地进行了不流利现象的声学特性和词汇特性的语料库研究。早期关于口语中句子切分的文献可参阅 Wang 和 Hirschberg(1992)以及 Ostendorf and Ross (1997)。关于句子切分的当前研究可参阅 Shriberg et al. (2000)和 Liu et al.(2006), 关于标点符号探测的研究可参阅 Kim and Woodland(2000)以及 Hillard et al. (2006)。Nakatani and Hirschberg (1994), Honal and Schultz(2003, 2005), Lease et al. (2006)以及其他一些文章都讨论了多重元数据的抽取工作(Heeman and Allen, 1999; Liu et al., 2005, 2006)。

第11章 计算音系学

音系学(phonology)探讨语音研究的系统性的方法,它研究在不同环境下语音的不同的实现,并研究语音的这种系统与语法其他部分的关系。我们在前面几章讨论过音系学的某些方面,包括第 7 章的音位、语音变异、发音音系学,第 8 章的韵律和声调音系学。在这一章,我们将介绍**计算音系学**(computational phonology),介绍如何在音系学理论中使用计算模型。

在非计算的音系学中的各种模型通常局限于生成语言学术语的框架之内,这些模型要说明底层的音系形式如何映射为表层的音系形式。与此不同,在计算音系学中,我们对于**音系剖析**(phonological parsing)中的反方向问题更感兴趣,我们要从表层结构出发来研究底层结构。其中包括**音节化**(syllabification)研究这样的任务,我们要确定一个表层的单词在底层中的正确的音节结构,或者确定音位或语素在底层中的符号串形式。除了在理论方面的兴趣之外,音节化这样的处理过程对于语音的自动处理也是很有用的。本章还讨论诸如有限状态转录机这样的计算音系学方法、各种版本的**优选理论**(optimality theory),并介绍一些算法来处理在音系表示和形态表示的机器学习中的关键问题。

11.1 有限状态音系学

第 3 章中,我们曾经使用有限状态转录机来处理拼写规则和形态学问题。音位规则同样也可以通过这样的自动机来实现;事实上,这样的研究很早就出现了(Kaplan and Kay, 1981)。图 11.1 是一个有说服力的例子,它描述了一个模拟简单的颤音化规则(11.1)的转录机:

$$/t/ \rightarrow [dx] / \acute{V} \_V \tag{11.1}$$

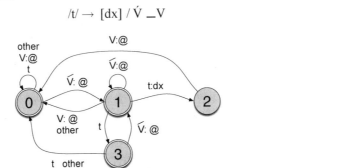

图 11.1   表示英语颤音化的转录机:ARPAbet"dx"表示颤音,符号 other 表示"在该转录机中的其他地方没有用过的任何合理的偶对",符号@表示"在弧的任何地方都没有用过的任何符号"

图 11.1 中的转录机接收颤音发生在正确位置(处于重读元音之后,非重读元音之前)的任何符号串,并且拒绝不发生颤音化的符号串,或者拒绝颤音发生在不正确位置的符号串。[①]

[①]   为了便于教学,这个例子忽略了其他影响颤音化的重要因素,例如,社会阶级的差异、单词频率、口语语速,等等。

使用转录机来表示音位规则的一种方法是第 3 章中介绍过的 Koskenniemi(1983)的**双层形态学**(**two-level morphology**)。直观地说,双层形态学就是把音位规则的记录方式表示为转录机,使它更加自然。我们首先使用**规则顺序**(rule ordering)的记法来说明这种思想。在传统的音位系统中,很多不同的音位规则在词汇形式与表层形式之间使用。有时,这些规则彼此之间会发生相互作用,一个规则的输出会影响到另一个规则的输入。在一个转录机系统中,实现规则相互作用的一个途径就是使该系统内的各个转录机进行**层叠式连接**(cascade)。例如,用于处理英语名词复数后缀-s 的各个规则就要进行这样的层叠式连接。这个后缀在[s/sh/z/zh/ch/jh]之后的发音为[z](因此,peaches 要读为[p iy ch ix z]),这个后缀-s 在清音后的发音为[s](cats 要读为[k ae t s])。我们写出音位规则来描述不同上下文中语素的情况从而模拟这样的变化。

首先,从这三个形式([s],[z]和[ix z])中,选出一个这个后缀的"词汇"发音,为了简化规则的写法,我们只选择[z]作为词汇发音。然后,我们写两条音位规则。一条规则与前面一章中的 E-插入拼写规则相似,在语素末尾的咝音之后和复数语素[z]之前,插入一个[ix]。另一条规则用于确保这个后缀-s 在清辅音之后读为[s]。

$$\varepsilon \rightarrow \text{ix} / [\text{+sibilant}] \,\hat{}\, \_ z \# \tag{11.2}$$

$$z \rightarrow s / [\text{-voice}] \,\hat{}\, \_ \# \tag{11.3}$$

其中,[+ sibilant]表示"是咝音",[-voice]表示"不是浊音"(即"是清音")。

这两个规则必须是**有序的**(ordered),规则(11.2)必须在规则(11.3)之前使用。这是因为规则(11.2)的环境中包含 z,而规则(11.3)却要改变 z。我们来考虑词汇形式 fox 与复数后缀-s 毗连时使用这两个规则的情况。

词汇形式:f aa k ^z
使用规则(11.2):f aa k s^ix z
不能使用规则(11.3):f aa k s^ix z

如果把清音化规则(11.3)的顺序排在前,我们就会得到错误的结果。在这种情况下,一个规则破坏了另一个规则的使用环境,使得另一个规则无以逞其能,这样的情况称为**釜底抽薪**(bleeding)。[①]

词汇形式:f aa k s^z
使用规则(11.3):f aa k s^s
不能使用规则(11.2):f aa k s^s

正如我们在第 3 章中讲过的,每一个这样的规则都可以用一个转录机来表示。由于规则是有序的,所以转录机也有必要排序。例如,如果按照层叠式连接的方式来安排转录机的顺序,那么,第一个转录机的输出,就要送入第二转录机,作为第二个转录机的输入。通过这样的办法,很多规则可以进行层叠式连接。在第 3 章中我们说过,这样的层叠式连接,特别是当它的层级太多的时候,是很不容易使用和运行的,所以,若干个转录机的层叠式连接通常是采用**组合**(composing)这些不同的转录机的方式,使它们构成一个比较复杂的单独的转录机来取而代之。

我们在第 3 章中介绍过的 Koskenniemi 的**双层形态学**(two-level morphology)是解决规则顺序问题的另一个办法。Koskenniemi(1983)注意到,在一种语法中,绝大多数音位规则是彼此独立的,也就是说,规则之间的雪中送炭(feeding)和釜底抽薪(bleeding)的情况并不常见。基于这样

---

① 如果我们选择-s 的词汇发音为[s],而不是[z],那么,我们就会反过来写规则,把浊音之后的-s 浊音化,不过,这个规则也要排序,把顺序简单地翻转一下。另外一种规则称为**雪中送炭**(feeding),在雪中送炭的规则中,一个规则给另一个的规则创造使用的环境,这时,这个规则必须在另一个规则之前运行。

的考虑，Koskenniemi 提出，音位规则可以并行地（in parallel）运行，而不必串行地（in series）运行。当规则之间出现交互（即出现"雪中送炭"和"釜底抽薪"的情况）时，我们可以通过稍微修改某些规则的办法来解决。Koskenniemi 的双层规则可以被看成是在词汇-表层映射的良构（well-formedness）的情况下，表示**陈述式约束**（declarative constraints）的一种方法。双层规则也不同于传统的音位规则，它运用 4 个不同的**规则算符**（rule operators）来清楚地区分规则是**必选的**（obligatory）还是**随选的**（optional）。⇔规则相当于传统的**必选**（obligatory）音位规则，= > 规则相当于传统的**随选**（optional）音位规则：

规则类型	解　释
a：b⇐c_d	在上下文 c_d 中，a **总是**（always）实现为 b
a：b⇒c_d	**仅仅**（only）在上下文 c_d 中，a 才可以实现为 b
a：b⇔c_d	在上下文 c_d 中，a **必须**（must）实现为 b，其他情况下都不行
a：b/⇐c_d	在上下文 c_d 中，a **永远不能**（never）实现为 b

　　双层规则的最重要的直觉以及它们之所以能够避免雪中送炭和釜底抽薪等情况的机制在于它们具有表示双层（two levels）约束的能力。这种能力是由于使用了冒号（"："），关于冒号我们曾经在第 3 章中简略地接触过。符号 a：b 意味着一个词汇 a 映射到表层 b。所以，a：b ⇔ ：c_的意思是：在**表层**（surface）c 之后，a 实现为 b。反之，a：b ⇔ c：_的意思是：在**词汇**（lexical）c 之后，a 实现为 b。在第 3 章中我们曾经讨论过，没有冒号的符号 c 等价于 c：c，它的意思是：映射到表层 c 的词汇 c。

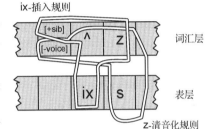

图 11.2　ix-插入规则和 z-清音化规则两者都只涉及词汇的（lexical）z，而不涉及表层的（surface）z

　　图 11.2 直观地说明了双层规则的方法怎样避免了 ix-插入规则和 z-清音化规则的排序问题。其基本思路是，z-清音化规则把词汇的（lexical）z-插入规则映射到表层（surface）s，而 ix 规则只涉及词汇的（lexical）z。模拟这种约束的双层规则如式（11.4）和式（11.5）所示：

$$\varepsilon：ix \ \Leftrightarrow \ [+sibilant]：\ \hat{}\ \_\ z：\# \tag{11.4}$$

$$z：s \ \Leftrightarrow \ [-voice]：\ \hat{}\ \_\ \# \tag{11.5}$$

　　我们在第 3 章中说过，规则可以自动地编译到自动机。详情可参考 Kaplan and Kay（1994）和 Antworth（1990）。与两条规则相应的自动机如图 11.3 和图 11.4 所示。图 11.3 是基于第 3 章的图 3.17 制作的，关于自动机的工作情况，请参看前面第 3 章中的有关内容。注意，图 11.3 中，复数语素是用 z 来表示的，这意味着，这里的约束 z 只在词汇层上表示，而不在表层上表示。

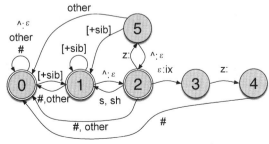

图 11.3　与 ix-插入规则（11.2）相应的转录机。这个规则的意思是：当语素以咝音结尾并且后面一个语素是词尾 z 时，插入 [ix]

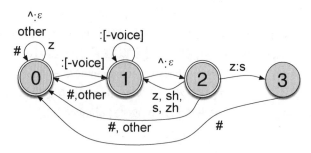

图 11.4　与 z-清音化规则(11.3)相应的转录机。这个规则可总结为：如果语素 z 跟随着一个以清辅音结尾的语素，那么，这个语素 z 变为清音

图 11.5 说明，当输入为[f aa k s^z]时，两个自动机并行运行的情况。注意，在两个自动机中都假定存在着默认值映射^：ε 以消除语素的边界，并且两个自动机都以一个可接收状态终结。

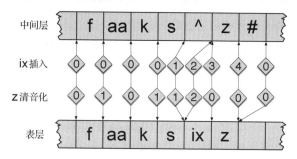

图 11.5　用于 ix-插入规则(11.2)和 z-清音化规则(11.3)的转录机并行地运行的情况

11.2　高级有限状态音系学

音系学的状态模型也可以应用于描述诸如**元音和谐**(harmony)和**模板式形态学**(templatic morphology)等更加细致的音位现象和形态现象。

11.2.1　元音和谐

我们来研究怎样使用有限状态模型来处理在 Yokuts 语的 Yawelmani 方言中的三个音位规则复杂交互的现象。Yokuts 语的 Yawelmani 方言是加利福尼亚州讲的一种美洲土著语言，这种语言具有非常复杂的音位系统。[①] 首先，Yokuts 语(以及其他一些语言，例如，土耳其语和匈牙利语)中，有一种语音现象，称为**元音和谐**(vowel harmony)。元音和谐是元音随着它邻近的其他元音而改变其发音形式使得看起来像邻近元音的过程。在 Yokuts 语中，做后缀的元音要改变其形式以便在舌位移后(backness)和圆唇化(roundness)等方面同它前面的词干的元音取得一致。也就是说，如果词干的元音是后元音/u/，那么，后缀中的前元音/i/的发音要发得像后元音一样，发为后元音/u/，以便同词干中的后元音取得和谐。如果后缀和词干的元音的音高性质相同，就可以应用这样的**元音和谐**(harmony)规则(例如，/u/和/i/二者都是高元音，/o/和/a/二者都是低元音)：

---

① 这些规则是 Kisseberth(1969)在 Newman(1944)的研究工作的基础上首先提出来的。我们的例子取自 Cole and Kisseberth(1995)，为了便于教学，这里忽略了诸如元音的次级特征的说明等细节(Archangeli，1984)。

	词干是高元音			词干是低元音		
	词 汇 层	表 层	解 释	词 汇 层	表 层	解 释
有和谐	dub + hin →	dubhun	"处于混乱状态"	bok' + al →	bok'ol	"想吃"
无和谐	xil + hin →	xilhin	"用手带领"	xat' + al →	xat'al	"想找"

元音和谐的第二个规则是**元音低化**（lowering），这个规则使得长高元音变为低元音。例如，在下面的第一个例子中，/u: /变为[o:]，/i: /变为[e:]；元音和谐的第三条规则是**元音短化**（Shortening），这个规则使得出现在闭音节中的长元音变短：

元音低化			元音短化		
?u: t' + it →	?o: t'ut	"偷窃，被动式不定过去时"	s:ap + him →	saphin	
mi: k' + it →	me: k' + it	"吞咽，被动式不定过去时"	sudu: k + hin →	sudokhun	

正如英语中的 ix-插入规则和 z-清音化规则一样，Yokuts 语的这三个规则也是有顺序的。元音和谐规则应该在元音低化规则之前，因为在词汇形式/?u: t' + it/中的/u: /引起/i/变为/u/之后，才能使用元音低化规则得到表层形式[?o: t'ut]。元音低化规则应该在元音短化规则之前，因为在/sudu: k + hin/中的[u:]要先低化之后才能短化为/o/，如果先短化，那么在表层中就应该是[u]。

Yokuts 语的数据可以用转录机类的工具来建立模型，或者可以用三个规则的串行层叠式连接来表示，或者把三个规则用双层形式化方法并行地加以表示。图 11.6 说明了这两种不同的结构方式（Lakoff，1993；Kartunen，1998）。正如前面介绍过的有关双层模型的例子，这些规则工作时，有时涉及词汇的上下文，有时涉及表层的上下文。作为练习，读者可以自己写出这样的规则来。

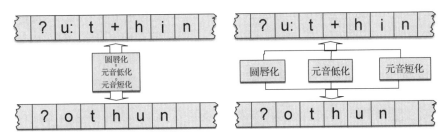

图 11.6　把圆唇化、元音低化和元音短化规则结合起来处理 Yokuts 语的 Yawelmani 方言

11.2.2　模板式形态学

有限状态模型也可以用于模板式形态学（templatic morphology），模板式形态学是一种非毗连性的形态学，它是诸如阿拉伯语、希伯来语、叙利亚语等闪美特语言中的共同现象。模板式形态学的模型可以用 McCarthy（1981）提出的辅音-元音法（CV approach，CV 法）来描述，在 CV 法中，如/katab/的单词可以用三个不同的语素来表示：**词根语素**（root morpheme）、**元音语素**（vocalic morpheme）和 **CV 模式语素**（CV pattern morpheme）。词根语素由辅音组成（如 ktb），元音语素由元音组成（如元音 a），CV 模式语素由语音类别符号组成，CV 模式语素有时又称为**语音类别**（binyan）或 **CV 框架**（CV skeleton）。McCarthy 把这些语素用不同的形态**层级**（tiers）来表示。

例如，Kay（1987）使用不同的带子（tapes）来表示 McCarthy 的层级，提出了一种很有影响的模型。Kay 模型的高水平的直观表示如图 11.7 所示，他使用了一个特殊的转录机，这种转录机读的带子不是两个而是四个：

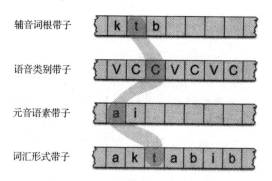

图 11.7 Kay(1987)提出的模板式(非毗连)形态学的有限状态模型

这种具有多个带子的模型的技术难点是怎样正确地把带子上的不同的符号串对应起来。在 Kay 模型中,使用语音类别带子(binyan tape)来指导整个的对应。Kay 的这种使用多个带子的直觉引出了一系列的关于闪美特语形态学的有限状态模型的研究工作,关于这种模型更加详细的介绍以及其他各种不同的模型,请参看本章文献和历史说明一节。

11.3 计算优选理论

在传统的音位推导中,我们使用底层词汇形式和表层形式。因此音位系统包含规则的一个系列,这个规则系列把底层形式映射到表层形式。**优选理论**(Optimality Theory,OT)(Prince and Smolensky,1993)提出了关于音位推导的另外一种思路,这种思路是基于过滤这样的比喻而不是基于转换这样的比喻。优选理论模型包括两个功能(GEN 和 EVAL)与一套有等级而又可违背的约束(CON)。给定一个底层形式,功能 GEN 就产生所有可想象的表层形式,尽管它们可能是从输入而来的不合法的表层形式。然后功能 EVAL 把 CON 中的每一个约束应用于表层形式,从而对约束等级进行排序。最后优选出最能满足约束要求的表层形式。

我们使用 Yawlemani 语的一些数据来简单地介绍 OT,然后讨论计算上的不同[1]。

除了上面讨论过的元音和谐现象之外,Yawlemani 语还有辅音序列规则中的音位顺序约束。具体地说,在一个表层的词中,不允许出现连续的三个辅音(CCC)。但是,有时一个词可包含两个连续的语素,第一个语素以两个辅音结尾,第二个语素以一个辅音开头(或者反过来)。在语言上怎样来解决这个问题呢? Yawlemani 语采用删除其中的一个辅音,或者在两个辅音之间插入一个元音的办法来解决这个问题。

例如,如果词干以 C 结尾,后缀以 CC 开头,那么,就要把后缀 CC 中的第一个 C 删除(" + "表示语素边界):

$$\text{C-删除规则}: C \to \varepsilon / C + \_\_ C \tag{11.6}$$

这里是一个例子,其中语音结构为 CCVC"被动结果补足语"的语素 hne：l,如果前面的语素以一个辅音结尾,那么,它就要丢失开头的辅音 C。这样,在 diyel("警戒")之后,语素 hne：l 变为 ne：l,我们得到 diyel-ne：l-aw("警戒-被动结果补足语-方位")。

如果词干以 CC 结尾,后缀以 C 开头,那么,语言中不是去掉 C,而是插入一个元音来切断前面两个辅音的连接,这就是 V-插入规则:

---

[1] 下面以 Yawlemani 语为例子对优选理论(OT)的解释,大部分来自 Archangeli(1997)和 Jennifer Cole 在 1999 年 LSA 语言研究所的讲义。

V-插入规则：$\varepsilon \to V / C \underline{\quad} C + C$ (11.7)

例如，当词根 ʔilk-"唱歌"后面接一个以 C 开头的后缀-hin（"过去时"），而不是以 V 开头的后缀-en（"将来时"）的时候，在词根 CC 结尾的两个辅音之间，要插入一个元音 i，得到 ʔilik-hin（"唱过歌了"）。如果后面接一个以 V 开头的后缀-en（"将来时"），那么，就不能插入元音 i，得到 ʔilken（"将要唱歌"）。

Kisseberth（1970）认为，Yawlemani 语中出现这两个特殊的规则都具有相同的功能：避免出现连续的三个辅音 CCC 的语音结构。让我们从音节结构的角度来看问题。Yawlemani 语的音节只容许 CVC 或 CV 的形式（C 表示辅音，V 表示元音），不容许复杂的音节头（complex onset）或复杂的音节尾（complex codas）的多辅音结构。由于 CVCC 这样的音节是不能容许在表层中出现的，所以，当 CVCC 词根在表层中出现时，它必须进行**再音节化**（resyllabified），重新构成音节。从再音节化的观点来看，上面的插入规则或删除规则都是为了使 Yawlemani 语的单词具有恰当的音节。这里是再音节化的一些例子，它们分别说明，再音节化时，可以不进行改变，可以使用插入规则，还可以使用删除规则：

底层语素	表层再音节化	解 释
ʔilk-en	ʔil. ken	"将要唱歌"
ʔilk-hin	ʔi. lik. hin	"唱过歌了"
diyel-hnil-aw	di. yel. neẓ. law	"警戒-被动结果补足语-方位"

从直觉上说，优选理论试图直接地表示对于音节结构的各种约束，而不用特异地插入规则或删除规则。一个约束称为 *COMPLEX，它的意思是："没有复杂的音节头和音节尾"。另一类约束要求表层形式等同于（忠实于）底层形式。因此，FAITHV 的意思是："不要删除或插入元音"，FAITHC 的意思是："不要删除或插入辅音"。给定一个底层形式，功能 GEN 产生一切可能的表层形式（也就是每种可能的音节形成时所具有的一切语音片段的删除和插入的可能情况），并且它们要按照使用这些（可违背的）约束的功能 EVAL 来排等级。总体来说，优选理论的思想在于：尽量不用插入规则和删除规则，因为在某些语言中和某些场合下，这样的规则可能会违背诸如音节结构等其他一些约束。具体说明如图 11.8 所示。

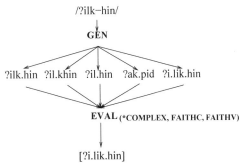

图 11.8 在优选理论中一个派生的示意图

功能 EVAL 工作时，对于每一个候选要根据等级的顺序来使用各种约束，如下表所示：

/ʔilk-hin/	*COMPLEX	FAITHC	FAITHV
ʔilk.hin	*!		
ʔil.khin	*!		
ʔil.hin		*!	
☞ ʔi.lik.hin			*
ʔak.pid		*!	

我们从级别最高的约束开始，如果一个候选或是不违背约束的候选，或者是比其他候选违背约束较少的候选，那么，这个候选就被宣布为优选的候选。如果两个候选都是同样具有最高级别的违背候选，它们就被捆绑起来，那么，就可以考虑具有次高级别违背的候选。

这样的评价通常使用**场景图**（tableau，复数形式为 tableaux）来表示。在场景图中，左上边的项表示输入,约束按照等级的高低排在最顶一行中,可能的输出写在最左一列中。① 如果一个形式违背了一个约束,就在相关的项中标以 * 号, *! 号表示致命的违背,它会引起一个候选被取消。无关的约束的项(由于它们已经违背了等级最高的约束)都画了阴影。

优选理论的派生研究值得注意的地方在于,这种理论假定派生中的约束具有跨语言的一般性。也就是说,一切语言中都有等同性(忠实性)的问题,都有简单符号优先性的问题,等等,只不过各种语言的表现形式不同而已。不同的语言在约束的等级方面是有差异的。这里假定,在英语中,FAITHC 的等级高于 * COMPLEX 的等级(我们怎么知道这一点?),在第 25 章讨论**语言的普遍性**(language universals)时,我们还要再讨论这个问题。

11.3.1　优选理论中的有限状态转录机模型

我们已经对于优选理论的语言学方面做了大致的说明,现在,来讨论两种计算 OT 模型:有限状态模型和随机模型。Frank and Satta(1999)在 Ellison(1994)的奠基性研究的基础上,说明了:①如果 GEN 是一个正则关系(例如,其中不包含某种上下文无关的树),并且②如果在任何约束中所允许的违背约束的数量不能超过某个有限的数目,那么,OT(优选理论)的派生就可以用有限状态的方式来计算。这里的第二条约束是相对的,因为 OT 理论中有一个我们尚未提到的性质:如果两个候选的犯规所涉及的约束数目恰好相同,那么,就选择相关约束的犯规数目较小的候选作为取胜的候选。Karttunen(1998)根据前述的工作以及 Hammond(1997)的工作提出了使用有限状态转录机实现 OT 的一种方法,这种方法给出一个底层形式,并产生一系列的候选形式。例如,在上面的音节化例子中,GEN 要根据辅音删除、元音插入和它们的音节化规则,生成输入变体的一切符号串。

每一个约束都用一个过滤转录机(filter transducer)来实现,过滤转录机只容许通过满足约束条件的符号串。对于合法的符号串,转录机鉴别之后就用映射的方式来实现它。例如, * COMPLEX这个约束要通过一个转录机来实现,实现时映射任何的输入符号串到它自身,对于以两个辅音为音节头或音节尾的输入符号串,由于它们映射为空符号,不满足约束条件,将被转录机过滤。这些约束可以按照层叠的方式来排列,其中级别高的约束先运行,如图 11.9 所示。

在图 11.9 中的层叠模型的流程是很严格的,凡是违背约束的任何候选,都要被这个约束转录机过滤掉。然而,在很多派生中,包括像 ?i. lik. hin 这样的派生中,甚至最佳的形式也会违背约束。图 11.8 中的层叠将会不正确地把它过滤掉,结果使得任何一个表层形式都被过滤得一干二净,什么也留不下来!因此,有时我们应该强制地执行某个约束,使得它不至于把候选集减少到零(Frank and Satta, 1998;Hammond, 1997)。

Karttunen(1998)提出了**宽容组合算符**(lenient composition operator)的概念,把这样的直觉形式化了。宽容组合把正则组合与一种称为**优先合并**(priority union)的运算结合起来,其基本思想在于,只要有任何的候选满足约束,那么,这些候选就可以如通常的情况那样通过过滤转录机。如果没有输出满足这样的约束,那么,宽容组合将保持所有(all)的候选。图 11.10 说明了这种思想的一般情况。有兴趣的读者可以参看 Karttunen(1998),从中可以了解到这种思想的细节。

---

① 尽管有无限数目的候选,传统上只显示最"接近"的候选;在场景图的下端,我们还写出了输出 ?ak. pid,只是为了说明,甚至相当不同的表层形式也可以包括在我们的场景图中。

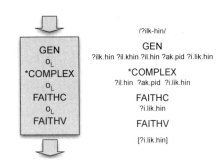

图 11.9　Karttunen 用层叠来实现 OT 的第一个
版本 Version #1（"严格的层叠"）

图 11.10　Karttunen 用层叠来实现 OT 的第二个版本
Version #2（"宽容的层叠"），其中可以
看到有一个候选通过了 FST 的每一个约束

11.3.2　优选理论的随机模型

经典的 OT 对于每一个输入都指派一个单独的最为和谐的输出，因此，它不是为了处理我们在 7.3 节中看到的语音变异而设计的。处理变异的一个途径是使用**随机 OT**（Stochastic OT）中的约束分级这个更加动态的概念（Boersma and Hayes，2001）。在随机 OT 中，约束不再按照等级来排序，而是把每一个约束都与连续标度上的一个值联系起来。连续标度提供出一个东西是不能分级的：两个约束的相对重要性和权重与它们之间的距离存在着比例关系。图 11.11 是这种连续标度的一个略图。

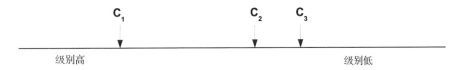

图 11.11　随机 OT 中 Boersma and Hayes（2001）的连续标度

在评测时，约束之间的距离怎样起作用呢？随机 OT 对于约束的值做出了进一步的假设。不是如图 11.11 中的每一个约束都有一个固定的值，随机 OT 中的约束有一个以固定值为中心的高斯分布，如图 11.12 所示。在评测的时候，约束的一个值要根据与每一个约束有联系的高斯分布的均值和方差所定义的概率选出它的**选择点**（selection point）。

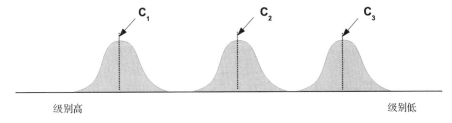

图 11.12　在随机 OT 中的三个约束，它们是严格地分级的，因此，非随机 OT 只是随机 OT 的一种特殊情况

如果两个约束的分布相距很远，如图 11.12 所示，那么，级别低的约束的概率将会很小或为零，从而进入了级别高的约束的区域，超出了其原有的级别。因此，随机 OT 包括了非随机 OT，并把非随机 OT 作为一种特殊的情况。

在随机 OT 中，当两个约束的分布出现交叉，级别低的约束就会越到级别高的约束中，这是

很有趣的现象。例如，在图 11.13 中，约束 C_2 一般超出约束 C_3 的排序，但偶尔也就是约束 C_2 本身。这就使得随机 OT 可以模拟语音变异，因为对于同样的底层形式，不同的选择点会引起不同的表层变异，以致使变异达到最高的级别。

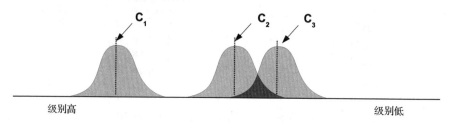

图 11.13　随机 OT 中的三个约束，其中，C_3 有时会跨越到 C_2 的级别中去

除了给语音变异建模这样的优点之外，随机 OT 与非随机 OT 的不同之处还在于，随机 OT 有一种随机学习的理论，关于随机学习，我们将在 11.5.3 节中讨论。最后注意，我们还可以把随机 OT 看成第 6 章中的一般线性模型的一种特殊情况。

11.4　音节切分

把音子序列切分为音节的工作称为**音节切分**(syllabification)。音节切分对于各种各样的语音应用是非常重要的。在语音合成中，音节对于预测诸如重音这样的韵律因素是很重要的；音子的实现也与该音子在音节中的位置有关(音节头的[1]与音节尾的[1]发音有差异)。在语音识别中，音节切分有助于采用音节表示发音，而不是采用音子来表示发音，这对于语音识别器是有好处的。音节切分还可以找出不能音节化的单词，从而帮助发现发音词典中的错误。在语料库语言学的研究中，音节切分帮助标注语料库的音节边界。最后，在生成音系学的理论研究中，音节切分也起着很重要的作用。

音节切分是一项困难的计算机处理工作，其原因在于，对于音节边界至今还没有一个完全公认的定义。不同的联机音节切分词典(例如，CMU 词典和 CELEX 词典)有时会选择不同的音节切分方式。正如 Ladefoged(1993)指出的，一个单词究竟有多少个音节有时是很不清楚的，有的单词(meal, teal, seal, hire, fire, hour)可以看成是单音节的，也可以看成是双音节的。

正如语音和语言处理中的很多工作一样，音节切分器可以基于手写的规则来构建，也可以根据手工标注的训练集进行机器学习来构建。在构建任何一种音节切分器的时候，我们可以使用什么样的知识来进行约束呢？一种可能的约束是**音节头最大化**(maximum onset)原则。这个原则是说，当在单词中间的元音之前出现一序列辅音的时候(如 VCCV)，对于给定的语言的其他约束，应当尽可能多地在第二个音节的音节头进行音节切分，而不是在第一个音节的音节尾进行音节切分。因此，根据音节头最大化原则，在对 VCCV 进行音节切分时，切分为 V. CCV 要优先于切分为 VC. CV 或 VCC. V。

音节切分的第二原则是语音的**响度**(sonority)原则。响度用于度量一个语音在感知上的显著程度、响亮程度，或如元音的程度。**响度层级**(sonority hierarchy)有各种不同的确定方法。一般地说，在其他所有的东西都相等的情况下，元音比半元音(w, y)更响，半元音比流音(l, r)更响，流音比鼻音(n, m, ng)更响，鼻音比擦音(z, s, sh, zh, v, f, th, dh)更响，擦音比塞音更响。音节结构的响度约束告诉我们，音节的核心必定是最响亮的音子，它们构成一个序列，称为**响度峰**(sonority peak)。从音节的核心，响度分别向音节尾和音节头两侧单调地降低。这样，在音节 C_1

$C_2VC_3C_4$ 中，音节的核心 V 是最响亮的成分，辅音 C_2 比辅音 C_1 更响亮，辅音 C_3 比辅音 C_4 更响亮。

Goldwater and Johnson(2005)仅仅根据音节头最大化原则和响度排序，实现了一个基于规则的、不依赖于语言的分类器。给定处于两个音节核心之间的一个辅音聚类，响度对音节边界进行约束，使得音节边界或在响度最低的辅音之前，或者在响度最低的辅音之后。把响度与音节头最大化原则结合起来，Goldwater and Johnson 的分类器预测出，音节的边界恰好处于响度最低的辅音之前。这个简单的音节切分器能够对于英语和德语的多音节单词进行音节切分，正确率为86% ~ 87%，仍然有13% ~ 14%的错误率。

出现这样的错误率不是没有道理的，进一步语言学和心理语言学的证据说明，这些原则在音节结构中是起作用的，但是，不论是音节头最大化原则还是响度排序都存在例外。例如，在英语单词的音节开始的聚类/sp st sk/中，如单词 spell，响度比较低的/p/出现在响度比较高的/s/ 和元音之间，这就破坏了响度排序的原则(Blevins, 1995)。我们还没有办法除掉由于语言的特殊性而不允许的音节头聚类，如英语中的/kn/，如果把响度排序和音节头最大化原则结合起来，就可能预测到，如 weakness 的单词的音节应当切分为 wea. kness，而不是切分为 weak. ness。这样的预测显然是错误的。此外，还有一些约束对于音节切分似乎也是重要的，例如，音节中的重音(重读音节倾向于更多的复杂音节尾)，形态边界的出现或缺失，甚至单词的拼写方式(Titone and Connine, 1997; Treiman et al., 2002)。

使用这些语言针对性很强的知识可以使音节切分器达到很高的性能。最常使用的基于规则的音节切分器是建立在 Kahn 的论文(Kahn, 1976)的基础之上的，后来 Fisher(1996)把它付诸实现了。Kahn 的算法使用了语言针对性很强的一些信息，例如，可容许的英语开头聚类表、可容许的英语结尾聚类表、"通用性差"的聚类表，等等。算法取音子串连同其他可行的信息，诸如单词边界信息、重音信息等，并在音子之间指派音节边界。音节根据图 11.14 中所示的三条规则渐进地建立。规则 1 在每一个音节片断处形成核心，规则 2a 把音节头辅音连接到核心上，规则 2b 把音节尾辅音连接到核心上。[1]

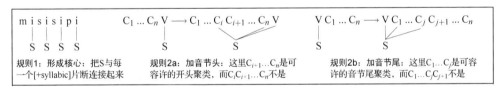

图 11.14　Kahn(1976)的前三个音节切分规则，规则 2b 不能应用在跨单词边界的场合

规则 2a 和规则 2b 使用了合法的音节头辅音序列表(例如，[b]，[b l]，[b r]，[b y]，[ch]，[d]，[d r]，[d w]，[d y]，[dh]，[f]，[f l]，[f r]，[f y]，[g]，[g l]，[g r]，[g w])以及合法的音节尾聚类表。英语有大量的音节尾辅音聚类，其中较长的(4 个辅音)的聚类如下：

k s t s	l f th s	m f s t	n d th s	n k s t	r k t s	r p t s
k s th s	l k t s	m p f t	n t s t	n k t s	r l d z	r s t s
	l t s t	m p s t	n t th s	n k th s	r m p th	r t s t

这个算法还使用了一些参数指出语音的快慢，或语音的非正式程度。语音说得越快，包含的信息越多，音节切分发生得也就越多，这些规则将作进一步说明。

除了手工写规则之外，我们还可以使用机器学习方法来进行音节切分，机器学习时，采用手

---

[1] 注意，规则 2a 在规则 2b 之前执行，可以看成是落实了音节头最大化原则。

工切分了音节的一部词典作为有指导的训练集。例如，在7.5节中讨论过的CELEX切分了音节的词典就常常使用这种方法，从中选出某些单词作为训练集，保留下其他单词作为调试测试集和测试集。使用统计分类器来预测音节切分，这些统计分类器包括决策树(van den Bosch，1997)、加权有限状态转录机(Kiraz and Möbius，1998)以及概率下文无关语法(Seneff et al.，1996；Müller，2002，2001；Goldwater and Johnson，2005)。

例如，Kiraz and Möbius(1998)算法就是一个加权的有限状态转录机，在音子序列中插入音节边界(与我们在第3章中看到的语素边界很相似)。**加权的FST**(Weighted FST，Pereira et al.，1994)是有限状态转录机的简单的提升，其中每一个弧与一个概率以及一对符号相联系。概率指出所取路径的可能性的大小，离开一个结点的所有的弧上的概率之和为1。

Kiraz and Möbius(1998)的音节切分自动机由三个彼此分开的加权转录机组成，一个用于音节头，一个用于音节核心，一个用于音节尾，把它们毗连到一个FST中，在音节尾的终点之后插入一个音节标记。Kiraz and Möbius(1998)根据训练集中的频率来计算路径的权重；对于频率f的每一条路径(例如，音节核心[iy])指派一个值为$1/f$的权重。另外一种办法是把频率转化为开销(cost)，以便于使用对数概率来计算。图11.15是这种自动机的一个样本，来自Kiraz and Möbius(1998)并做了简化。我们只是在某些音节核心处标出了权重。每一个可能的音节头、音节核心和音节尾的弧是根据与语言相关的表中的数据做出的，这与上述的Kahn算法中使用的表是一样的。

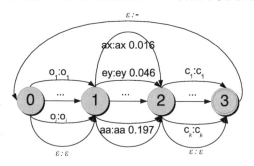

图11.15　Kiraz and Möbius(1998)的音节切分自动机的一个简化版本，其中显示了音节头(o)、音节尾(c)和音节核心的弧。只是在某几个音节核心的弧上示例性地标注了开销。在每一个非终点的音节上都标出了音节边界标记"-"

图11.15的自动机能够用来把诸如weakness的语音表示[w iy k n eh s]这样的输入序列映射为包括诸如"-"这样的音节切分标记的输出序列[w iy k - n eh s]。如果一个单词可能的切分有多个，那么，就可以使用Viterbi算法选择通过FST的最可能的路径，从而得到可能性最大的切分。例如，德语单词Fenster(窗子)有三种可能的音节切分：[fɛns-tɐ]<74>、[fɛn-stɐ]<75>、[fɛnst-ɐ]<87>(尖括号内是开销的值)。音节切分器根据训练集当中的音节头和音节尾的概率，选择开销最小的切分[fɛns-tɐ]作为正确的切分结果。注意，由于形态边界在音节切分中起着重要的作用，Kiraz and Möbius(1998)的音节切分转录机安排在形态剖析转录机之后运行，使得音节切分可以在形态结构的影响下进行工作。

最近研制的一些音节切分器是基于概率上下文无关语法(PCFG)的，它们能够给音节之间更加复杂的层级概率依存关系建模(Seneff et al.，1996；Müller，2002，2001；Goldwater and Johnson，2005)。van den Bosch(1997)把其他的机器学习方法结合起来，提高了音节切分器的性能，现代的统计音节切分方法正确地切分单词的准确率已经达到了97%~98%的水平，这些音节结构的概率模型能够预测人对于不正确单词可接受性的判断(Coleman and Pierrehumbert，1997)。

音节切分还有很多其他的研究方向。一个方向是使用无指导的机器学习算法(Ellison，1992；

Müller et al., 2000；Goldwater and Johnson, 2005）。另一个方向是使用音节切分的其他线索，例如，利用严式音标转写时音位变体的一些细节来进行音节切分（Church, 1983）。

11.5 音位规则和形态规则的机器学习

音位结构的机器学习（machine learning）是计算音系学中一个活跃的研究领域，其活跃程度甚至超过了前一节中讨论过的音节结构的归纳研究。有指导的机器学习（supervised learning）是建立在训练集的基础之上的，在训练集中要清楚地标注音位结构和形态结构，以便进行归纳。无指导的机器学习（unsupervised learning）试图不使用标注过的训练集就归纳音位结构和形态结构。下面我们来讨论三个有代表性的机器学习领域：音位规则的机器学习、形态规则的机器学习、OT 约束排序的机器学习。

11.5.1 音位规则的机器学习

在本节中，我们简要地综述音位规则机器学习的一些早期的文献，一般来说，这些文献或是用双层音系学的有限状态模型来表述，或者是用经典的 Chomsky-Halle 规则来表述。

Johnson（1984）给出了一个音位规则归纳算法，这个算法是最早的音位归纳算法之一。他的算法工作的规则形式是：

$$a \rightarrow b/C \tag{11.8}$$

这里的 C 是 a 周围的语音片段的特征矩阵。Johnson 的算法可建立限制性等式的系统，其中 C 必须同时满足正上下文 C_i 和负上下文 C_j，正上下文 C_i 是指在表层中 b 出现的上下文，负上下文 C_j 是指在表层中 a 出现的上下文。Touretzky et al（1990）扩充了 Johnson 的方法，例如，他们使用了增音规则和删除规则。

Gildea and Jurafsky（1996）的算法试图归纳出前面讨论过的表示双层规则的转录机。Glidea 和 Jurafsky 的有指导算法是在底层形式和表层形式偶对的语料上训练出来的。例如，他们试图学习英语闪音化规则（只关注语音上下文，不管社会因素或其他因素）。训练集包括底层/表层偶对，或者是底层的/t/和表层的[dx]，或者是底层的/t/和表层的[t]，如下所示：

闪 音 化	非闪音化
butter /b ah t axr/ → [b ah dx axr]	stop /s t aa p/ → [s t aa p]
meter /m iy t axr/ → [m iy dx axr]	cat /k ae t/ → [k ae t]

该算法是根据 OSTIA（Oncina et al., 1993）算法提出来的，OSTIA 算法是**亚序列转录机**（subsequential transducers）的一种通用的学习算法。Gildea 和 Jurafsky 说明，OSTIA 算法的通用性非常强，给出含有底层形式和表层形式偶对的大规模语料库，OSTIA 算法自己就可以通过学习形成音位转录机。例如，给出 25 000 个如上面实例的底层/表层偶对，算法最后就可以得到一个巨大但未必正确的自动机，如图 11.16（a）所示。然后，Gildea 和 Jurafsky 使用自然语言音系学中特有的学习偏爱（learning biases）来提升 OSTIA 的性能。例如，他们增加了学习偏爱的**忠实性**（Faithfulness），即底层片段实现时倾向于同表层尽量相似（也就是说，所有的东西都是相同的，底层的/p/出现时倾向于与表层[p]相同），他们还增加了关于语音特征的知识。这样的学习偏爱使得 OSTIA 学习之后得到图 11.16（b）的自动机，以及与其他规则相应的正确的自动机。

这项工作说明，成功的机器学习要求把学习的偏爱与数据的经验归纳两个因素结合起来。在下面的几节中，我们将看到怎样把这两个因素应用于形态规则的学习和 OT 约束的排序。

11.5.2 形态规则的机器学习

我们在第3章讨论过使用有限状态转录机来进行形态剖析的问题。尽管这些形态剖析器也采用了某些有指导的机器学习方法，但是，它们通常都是通过手工来建造的，因而有较高的精确度(van den Bosch, 1997)。不过，目前的研究主要关注无指导的机器学习方法，自动地引导出形态结构。由于很多语言还没有手工建造的形态剖析器，或者没有经过了形态切分的训练语料库，所以，无指导的(或者弱指导的)机器学习问题有其实际应用价值。此外，语言结构可学习性在语言学中是一个讨论得很多的学术论题，无指导的形态学习可以帮助我们理解是什么使得语言的机器学习成为可能。

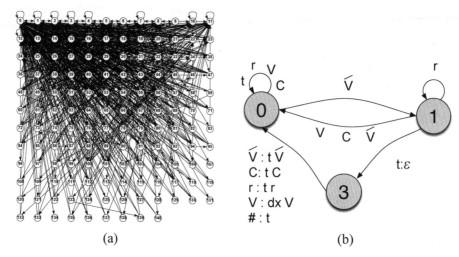

图 11.16　闪音化规则转录机的归纳(根据 Gildea and Jurafsky, 1996)。(a)中的转录机是机器学习时的初始阶段得到的；(b)中的转录机是根据学习忠实度的偏爱归纳出的正确的转录机

无指导的形态归纳方法有广泛的应用领域，它可以给形态的自动剖析提供线索。早期的方法基本上都是基于形态切分的，这些方法试图使用无指导的启发式策略，把每一个单词切分出它的词干以及词缀。例如，早期的一些研究假定单词的形态边界处于该单词中对于下面一个字符的出现不确定性最大的点上(Harris, 1954, 1988；Hafer and Weiss, 1974)。例如，图 11.17 是一个**搜索树**(trie[①])。图 11.17 中的搜索树(trie)存储了单词 car, care, cars, cares, cared, 等等。注意，图 11.17 搜索树中的某些结点后面出现的分支的因素有多个(例如，在 car 之后，或者在 care 之后)。如果我们把这种情况想象成根据搜索树中前面已经知道的字母预测下面一个字母的工作，那么，就可以说，这些分界点具有最高的条件熵，在这些分界点之后，存在着多个可能的后续选择[②]。在单词切分中，这当然是一种非常有用的启示，不过，这样的启示还是不充分的。在上述例子中，我们还需要一种方法来排除语素 car，并且把语素 care 作为单词 careful 的组成部分，这需要做复杂的阈值计算。

另外一种基于切分的形态归纳方法关注的是在整个语法中单个判别准则的全局性优化，这种准则称为**最小描述长度**(Minimum Description Length, MDL)。MDL 准则广泛地应用于语言机

---

① **搜索树**(trie)是用来存储符号串的一个树结构，其中符号串可表示为从根到叶的一条路径。搜索树中的每一个非终极结点存储一个符号串的前件(prefix)，每一个共用的前件用一个结点来表示。**trie** 这个单词来自 retrieval，它的读音为[t r iy]或[t r ay]。

② 有趣的是，这种把可预见性低的区域作为边界所在之处的思想在儿童切分单词时也同样存在(Saffran et al., 1996b)。

器学习中，我们在第 14 章讲述语法归纳时还要再提到它。MDL 准则的基本思想是：我们力图从某些数据中学习到最优的概率模型。对于任何提出的模型，我们都可以指派一个似然度说明这个模型与全部数据集的似然程度，也可以使用这个提出的模型，给这些数据指派一个压缩长度。通过概率模型，可以把数据压缩长度在直觉上与熵联系起来，而我们是可以使用对数概率来估计熵的。我们也可以给提出的模型本身指定一个长度。MDL 准则告诉我们，在选择模型时，要使数据长度以及模型长度之和为最小。MDL 准则通常可以从贝叶斯模型的角度来考察。如果我们试图根据某些数据 D，从所有的模型 M 中学习最佳模型 $\hat{M}$，使得后验概率 $P(M|D)$ 达到最大值，使用贝叶斯规则，最佳模型 $\hat{M}$ 可表示如下：

$$\hat{M} = \mathrm{argmax}_M P(M|D) = \mathrm{argmax}_M \frac{P(D|M)P(M)}{P(D)} = \mathrm{argmax}_M P(D|M)P(M)$$

所以，最佳的模型就是使得如下两个项达到最大值的模型，这两个项是：数据的似然度 $P(D|M)$、模型的先验概率 $P(M)$。这个最大描述长度准则可以看成是在模型的后验项与模型的长度之间建立联系。

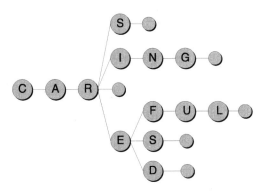

图 11.17　字母搜索树(trie)的一个例子。使用一个 Harris 风格的算法，在
car 和 care 之后插入语素边界。根据 Schone and Jurafsky(2000)

这个用于切分归纳的 MDL 方法是由 Marcken(1996)、Brent(1999)和 Kazakov(1997)最早提出来的，我们根据 Goldsmith(2001)的一些最新的实验实例在这里做总结性的介绍，从图 11.18 中提供的图示中，可以直观地理解这种方法。

$$\left\{\begin{array}{l}\text{cooked cooks cooking}\\ \text{played plays playing}\\ \text{boiled boils boiling}\end{array}\right\} \qquad \left\{\begin{array}{l}\text{cook}\\ \text{play}\\ \text{boil}\end{array}\right\}\left\{\begin{array}{l}\text{ed}\\ \text{s}\\ \text{ing}\end{array}\right\}$$

(a) 不考虑结构时的词表　　　　　　(b) 考虑结构时的词表字
字母总数：54个字母　　　　　　　母总数：18个字母

图 11.18　MDL 的朴素版本。这个模型说明，如果考虑到形态结构，
就可以降低词表的描述长度，取自 Goldsmith(2001)

从图 11.18 中可以看出，如果使用形态结构，就有可能通过比较少的字母来表示词表。当然，这个例子并没有说明形态表示中的真正的复杂性，因为在现实中并不是每一个单词与每一个词缀之间都可以联系起来的。我们可以使用**特征标记**(signature)来改善这样的表示方法。特征标记是能够与特定的词干一起出现的一个后缀表，下面是来自 Goldsmith (2001)的实例：

特征标记	例　子
NULL. ed. ing. s	remain remained remaining remains
NULL. s	cow cows
e. ed. es. ing	notice noticed notices noticing

这个 MDL 的 Goldsmith(2001)版本考虑了把每一个单词切分为词干和后缀的全部切分的可能性。然后，为全部的语料库选择切分的集合，把语料库的压缩长度和模型的长度联合起来取最小值。模型的长度就是词缀、词干和特征标记的长度的总和。算法把概率指派给语料库来估计语料库的压缩长度，然后对于给定的模型，计算语料库的交叉熵。

在形态的机器学习中，词干和词缀的统计做得非常成功，与此同时，还提出了一些其他的特征来处理 MDL 切分过分的情况(把单词 ally 切分为 all ＋ y)或切分不足的情况(无法找到 dirt 和 dirty 之间的联系)。例如，联系 Schone and Jurafsky(2000, 2001)注意到，all 和 ally 之间在语义上没有联系，而 dirt 和 dirty 之间在语义上有联系，因此，他们指出，语义在切分中起着作用。Schone and Jurafsky(2000)算法使用搜索树(trie)提供"潜在形态变体偶对"(Pairs of Potential Morphological Variants, PPMVs)的单词，这些单词只是在潜在词缀方面存在差别。对于每一个偶对，他们使用**潜伏语义分析**(Latent Semantic Analysis, LSA)算法(第 20 章)来计算单词之间的语义相似性。LSA 是一种单词相似性计算的无指导算法模型，它直接根据单词在上下文中的分布来归纳单词的相似性。Schone and Jurafsky(2000)说明，单独使用语义相似性来预测形态结构，其效果与 MDL 一样好。下面的表说明了基于 LSA 的 PPMV 之间的相似性，在这个例子中，只有形态上有联系的单词，其相似性比较高。

PPMV	得　分	PPMV	得　分	PPMV	得　分	PPMV	得　分
ally/allies	6.5	dirty/dirt	2.4	car/cares	−0.14	car/cared	−0.096
car/cars	5.6	rating/rate	0.97	car/caring	−0.71	ally/all	−1.3

Schone and Jurafsky(2001)把这个算法进一步加以扩充，使得它能够自动地学习前缀和环境成分，并可加入其他有用的特征，包括句法特征和其他影响相邻单词上下文的特征(Jacquemin, 1997)，以及 PPMVs 之间的 Levenshtein 距离(Gaussier, 1999)。

上面介绍的算法主要关注学习规则的形态。Yarowsky and Wicentowski(2000)研究了学习不规则(irregular)形态的更加复杂的问题。他们的思想是把屈折形式(例如，英语的 took 或西班牙语的 juegan)与每一个潜在的词干(例如，英语的 take 或西班牙语的 jugar)从统计上进行对齐。他们的这种基于对齐的算法的结果是屈折-词根之间的一个映射，二者都有一个可选的词干变化和一个后缀，如下表所示。

英　语				西班牙语			
词　根	屈折词干	变　化	后　缀	词　根	屈折词干	变　化	后　缀
take	took	ake→ook	+ε	jugar	juega	gar→eg	+a
take	taking	e→ε	+ing	jugar	jugamos	ar→ε	+amos
skip	skipped	ε→p	+ed	tener	tienen	ener→ien	+en

Yarowsky and Wicentowski(2000)算法假定，语言的规则屈折词缀的知识以及开放的类别词根表二者都可以使用上述的一个算法归纳出来。给定一个屈折形式，Yarowsky and Wicentowski (2000)算法使用各种各样的知识源来给潜在的词干加权，这些知识源包括屈折形式和潜在词干的相对频率、词汇上下文的相似性，以及它们之间的 Levenshtein 距离。

11.5.3　优选理论中的机器学习

我们这里简要地描述一下在优选理论(OT)中的机器学习问题。OT 机器学习的大部分研究都假定，约束是已经给定的，机器学习的任务仅仅是排序。机器学习排序的两种算法都进行了细致的研究，一种是 Tesar and Smolensky(2000)的**约束递减算法**(constraint demotion algorithm)，一种是 Boersma and Hayes(2001)的**逐级学习算法**(gradual learning algorithm)。

约束递减(constraint demotion)算法有两个假设。一个假设是我们已经知道语言中所有可能的 OT 约束，一个假设是每一个表层形式都已经用它的完全剖析和底层形式作了标注。从直觉上解释，这种算法意味着每一个表层的观察都给我们提供了关于约束排序的隐含证据。

对于给定的底层形式，我们能够使用 GEN 算法隐含地形成竞争者的集合，然后就可以构造偶对的集合，偶对包含正确地观察到的语法形式以及它的每一个竞争者。机器学习器必须找出约束排序，选择学习中观察到的胜利者(winner)，不选择未观察到的竞争者，即失败者(loser)。因为约束的集合是给定的，所以我们可以使用标准的 OT 剖析体系结构，对于每一个胜利者或失败者来精确地判定，它们究竟违背了哪一个约束。

例如，学习算法已经观察到候选者 1，但是当前的约束排序选择了候选者 2。这个例子以及下面的表来自 Boersma and Hayes(2001)，并做了修改。

/底层形式/	C_1	C_2	C_3	C_4	C_5	C_6	C_7	C_8
候选者1（学习中的观察）	*!	**	*		*			*
☞　候选者2（学习器的输出）			*	*	*		*	*

对于给定的胜利者/失败者偶对的集合，在观察到的形式(候选者 1)被选择之前，约束递减算法需要逐步删除被作为胜利者的候选者 2 违背的约束。算法首先取消在两个候选者之间都同样地违背了的那些标记。

/底层形式/	C_1	C_2	C_3	C_4	C_5	C_6	C_7	C_8
候选者1（学习中的观察）	*!	**	*		*			*
☞　候选者2（学习器的输出）			*	*	*		*	*

这些约束在层级体系中逐级下推，一直到它们被失败者违背的约束所支配。算法把约束分别送入**层级**(strata)和搜索树(trie)中，以便找到更低的层级从而把约束移入到这个层级中。这里是这种直觉的简化描述，约束 C_1 和 C_2 都被移入到 C_8 后面的层级中：

/底层形式/	C_3	C_4	C_5	C_6	C_7	C_8	C_1	C_2
☞　候选者1（学习中的观察）				*			*	*
候选者2（学习器的输出）		*!		*				

Boersma 和 Hayes 在 2001 年提出的**逐级学习算法**(Gradual Learning Algorithm，GLA)是约束递减算法的泛化，GLA 算法要使用随机 OT 学习约束的排序。由于 OT 是随机 OT 的一种特殊情况，这种算法也可以学习 OT 的排序。GLA 算法在对约束递减算法进行泛化时，要使得这种算法也要能够根据自由变异的情况进行学习。从 11.3 节我们知道，在随机 OT 中，每一个约束都与一个在连续标度上的**排序值**(ranking value)相关联。这个排序值可定义为约束高斯分布的均值。GLA 的目标是给每一个约束指派一个排序值。这种算法是约束递减算法的简单扩充，因此，它总是严格地遵循同样的步骤，直到最后一个步骤。GLA 不是把约束递减到较低的层级中去，在 GLA 中，与学习中的观察(候选者 1)相违背的每一个约束的排序值会稍微减少一些，而与学习器的输出(候选者 2)相违背的每一个约束则会稍微增加一些。

/底层形式/	C_1	C_2	C_3	C_4	C_5	C_6	C_7	C_8
候选者1（学习中的观察）	*!→	*→			*→			
☞　候选者2（学习器的输出）				←*		←*		

11.6　小结

这一章介绍了语音学和计算音系学的很多重要的概念。

- **转录机**（transducers）可以用来给音位规则建模，正如在第 3 章中可以使用转录机来给拼写规则建模一样。使用**双层形态学**（two-level morphology）建模时，因为规则被模拟为有限状态的**良构约束**（well-formedness constraints），它在词汇形式和表层形式之间进行映射。
- **优选理论**（optimality theory）是一种在音系学上良构的理论，这种理论可以在计算上实现，并且与转录机存在联系。
- 存在着**音节切分**（syllabification）的计算模型，它可以把音节边界插入到音子串中。
- 音位规则的机器学习和形态规则的机器学习都存在着一些算法，它们可以是有指导的算法，也可以是无指导的算法。

11.7　文献和历史说明

Johnson（1972）提出了用正则关系来模拟音位规则的思想，他说明了，任何不能容许规则用于其本身输出的音位系统（也就是没有递归规则的音位系统）都能够用正则关系来建模。从本质上说，至今所有被形式化的音位规则都具有这样的性质（除了某些具有诸如前重音和语调规则的整合值特征的规则之外）。可惜 Johnson 的思想没有引起学术界的注意，后来被 Ronald Kaplan and Martin Kay 独立地发现了；关于双层形态学的其他历史问题，可参看第 3 章。早期用于处理诸如阿拉伯语这样的语言中的模板式形态学的可计算的有限状态模型可参看 Kataja and Koskenniemi（1988），Kornai（1991），Bird and Ellison（1994），以及 Beesley（1996）。关于 Kay 模型（1987）的扩充情况可参看 Kiraz（1997, 2000, 2001）。关于在扩充的有限状态计算的基础上建立的一些新模型，可参看 Beesley and Kartunen（2000）。Karttunen（1993）写了一个关于双层形态学的教材性的导论，其中一些最新的研究进展和资料的详细说明是我们在这里没有介绍的，关于有限状态形态学的权威性文章可参看 Beesley and Karttunen（2003）。关于音系学的其他 FSA 模型可参看 Bird and Ellison（1994）。

优选理论是 Prince and Smolensky 研制出来的，曾经作为技术报告流传（Prince and Smolensky, 1993），直到 10 年以后才正式发表（Prince and Smolensky, 2004）。关于 OT 的有限状态模型的文献可参看 Eisner（1997, 2000b, 2002a），Gerdemann and van Noord（2000），以及 Riggle（2005）。

关于音位规则机器学习的一些新近的研究集中于某些新领域。其中一个研究是关于语言中可容许的词内序列的**音位结构约束**（phonotactic constraints）的机器学习，包括概率的音位结构约束（Coleman and Pierrehumbert, 1997；Frisch et al., 2000；Bailey and Hahn, 2001；Hayes and Wilson, 2008；Albright, 2007）和非概率的音位结构约束（Hayes, 2004；Prince and Tesar, 2004；Tesar and Prince, 2007）。与此有关的研究是**底层形式**（underlying form）的机器学习以及给定观察到的表层形式和约束集合的音位交替的机器学习。很多算法机器学习底层形式的无指导算法是建立在满足约束条件方法的基础上的，这种方法通过检查交替的表层形式，提出可能的底层形式的集合，然后反复迭代，排除不可能[①]的底层形式（Tesar and Prince，2007；Alderete et al.，2005；Tesar，2006a，2006b）。Jarosz（2006，2008）最近提出的无指导的词表和语法的最大似然度机器学习模型（Maximum Likelihood Learning of Lexicons and Grammar，MLG），使用第 6 章描述过的期望最大（Expectation Maximization，EM）算法，对于 OT 概率版本中的给定的表层形式，学习底层形式和约束排序。

当然，除了 Jarosz（2008）的这个概率模型之外，还有本章前面描述过的随机 OT 模型，计算音系学很多新近的研究关注使用加权约束的模型，其中包括**和谐语法**（Harmonic Grammar）和**最大熵模型**（maximum entropy models）。例如，和谐语法是优选理论的扩充（或者更恰当地说，是由原来的优选理论发展起来的一种理论），在和谐语法中，一个形式的优选程度是通过最大**和谐**（harmony）来定义的。而和谐又可以通过加权约束的总和来定义（Smolensky and Legendre，2006）。由于使用加权的总和而不使用 OT 风格的排序，这种和谐理论（Harmony Theory）很像第 6 章中的对数线性模型。最新的计算音系学研究还有：把最大熵模型应用于 OT（Goldwater and Johnson，2003），以及 Pater et al.（2007）和 Pater（2008）提出的与和谐语法关联的模型。

单词切分是计算语言学早期研究的问题之一，单词切分模型的研究可以追溯到 Harris（1954）。现代的单词切分模型有诸如 Brent（1999）和 Goldwater et al.（2006）的贝叶斯模型。单词切分问题对于正在发展的计算心理语言学研究也是很重要的，有代表性的一些新近的研究可参看 Christiansen et al.（1998），Kuhl et al.（2003），Thiessen and Saffran（2004），以及 Thiessen et al.（2005）。当前关于形态归纳的研究包括 Baroni et al.（2002），Clark（2002），Albright and Hayes（2003）。

建议对于音系学有进一步兴趣的读者参看音系学教科书，如 Odden（2005）和 Kager（2000）。

[①]　原文为 possible，拟错，应为 impossible。

第三部分

句法的计算机处理

第 12 章　英语的形式语法

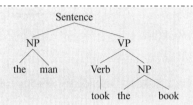

第一个上下文无关语法的剖析树(Chomsky, 1956)

《如果在冬天的夜里，一个旅行者》(Italo Calvino)

《核与放射化学》(Gerhart Friedlander et al.)

《下一次的火焰》(James Baldwin)

《小男孩超重了，可是紫罗兰的眼光却消逝了》(G. B. Trudeau)

《有时，一个伟大的观念》(Ken Kesey)

《从舞会来的舞者》(Andrew Holleran)

　　　　　书名中成分不全的六本英文书，取自 Pullum(1991, p. 195)[1]

　　语法的研究源远流长，关于梵语的 Panini 语法是两千多年以前写成的，至今它还是梵语教学的重要参考书。不过，与此形成鲜明对照的是，Geoff Pullum 在他最近的谈话中却说，"大多数受过教育的美国人认为英语语法中的几乎一切的东西都是错误的"。在本章中，将尽力简单地说明，在我们的语法知识与句法之间存在的这种差距，并且介绍某些形式化的机制，以便捕捉到这些语法知识。

　　"句法"(syntax)这个单词来自希腊语的 sýntaxis，它的意思是"放在一起或者安排"，指把单词安排在一起的方法。在前面几章，我们已经看到了各种句法观念。在第 2 章中介绍的正则语言给我们提供了一种表示单词符号串顺序的简单方法；第 4 章中介绍了怎样计算这些单词序列的概率；第 5 章中说明了词类范畴可以作为单词的等价类来讨论。本章以及后面几章我们将介绍关于句法和语法的一些更加复杂的概念，这些概念超出了上述的简单概念，而且行之有效。在本章中，我们要介绍三个主要的新思想：**组成性**(constituency)、**语法关系**(grammatical relations)以及**次范畴化和依存关系**(subcategorization and dependency)。

　　组成性的基本思想在于，单词的组合可以具有如一个单独的单位或短语那样的功能，这样的单词

---

[1]　这是六本英文书的书名，它们的英文原文在语法上成分不全，为便于读者理解，我们把英文照录如下：

If on a winter's night a traveler by Italo Calvino

Nuclear and Radiochemistry by Gerhart Friedlander et al.

The Fire Next Time by James Baldwin

A Tad Overweight, but Violet Eyes to Die For by G. B. Trudeau

Sometimes a Great Notion by Ken Kesey

Dancer from the Dance by Andrew Holleran

Six books in English whose titles are not constituents,from Pullum (1991, p.195)

　　　　　　　　　　　　　　　　　　　　　　　　　　　　　　　——译者注

组合称为成分(constituent)。例如,我们可以看到,称为**名词短语**(noun phrase)的单词组合通常作为一个单位来使用。名词短语包括单独的单词,如 she 或 Michael;还包括短语,如 the house, Russian Hill 以及 a well-weathered three-story structure(耐风雨的三层结构)。本章将介绍**上下文无关语法**(context-free grammar)的使用,这种形式化的语法可以帮助我们为这种组成性的事实建立模型。

语法关系(grammatical relations)是传统语法关于主语(SUBJECTS)、宾语(OBJECTS)以及其他相关的概念的形式化。在下面的句子中,名词短语 she 是主语,a mammoth breakfast 是宾语。

(12.1) She ate a mammoth breakfast.
　　　(她吃了一顿丰盛的早餐)

次范畴化(subcategorization)和**依存关系**(dependency relation)涉及单词和短语之间的某种关系。例如,动词 want 后面可以跟不定式(I want to fly to Detroit)或名词短语(I want a flight to Detroit),而动词 find 后面不能跟不定式(*I found to fly to Dallas)。这样的事实,称为动词的次范畴化。

我们知道,在迄今讨论过的句法机制中,目前还没有一种句法机制能够很容易地捕捉到这些现象。上述的这些现象可以通过基于上下文无关语法的各种语法来更加自然地建立模型。因此,上下文无关语法是自然语言(以及计算机语言)的很多句法模型的支柱(backbone)。在语法检查、语义解释、对话理解、机器翻译等很多的计算机应用中,上下文无关语法都是不可缺少的重要组成部分。上下文无关语法对于句子中单词之间的复杂关系有足够强大的表达能力,采用上下文无关语法剖析句子的各种有效算法也是计算机可循的(我们将在第 13 章中看到这一点)。然后在第 14 章中,我们将把概率加入到上下文无关语法中,这样的语法可以建立词义排歧的模型,并可以帮助我们给人的剖析的某些方面建立模型。

除了介绍语法的形式化方法之外,本章还将对英语语法做一个鸟瞰式的概述。我们将采用航空旅行信息系统(Air Traffic Information System, ATIS)中的句子作为例子来建模,这些句子都是比较简单的。ATIS 系统是一个能够帮助订飞机票的口语对话系统,它是这种对话系统中的一个早期的例子。用户可以通过与系统对话的方式预订飞机票,对话的语句有一定的限制,例如,用户可以说这样的语句:"I'd like to fly from Atlanta to Denver"。在 20 世纪 90 年代初建设 ATIS 系统的时候,美国政府资助了其中一些困难的研究项目,并因此而收集了大量的数据。本章中用来建立模型的句子,都是从用户与这个系统对话的语料库中抽取出来的。

12.1　组成性

英语中的单词是怎样组合到一起的呢?让我们来考虑**名词短语**(noun phrase),有时称为名词词组(noun group),这是包围着名词的单词序列,这个单词序列中至少有一个名词。这里是一些名词短语的例子(由 Damon Runyon 提供)[①]:

Harry the Horse	a high-class spot such as Mindy's
the Broadway coppers	the reason he comes into the Hot Box
they	three parties from Brooklyn

我们怎样知道这些单词组合在一起(或者"形成一个成分")呢?一个明显的根据是它们全都可以出现在相同的句法环境中,例如,它们都可以出现在动词之前。

---

① 对于下面章节中的外语例子,我们一般不再给出汉语译文,只是一些比较复杂的句子,我们才给出汉语译文。

——译者注

> three parties from Brooklyn *arrive*…
> a high-class spot such as Mindy's *attracts*…
> the Broadway coppers *love*…
> they *sit*

但是，整个名词短语出现在动词之前，并不意味着构成名词短语的每一个单独的单词都具有这种性质。下面都是不合英语语法的句子（我们说过使用星号"＊"来表示不合英语语法的单词片段）：

> ＊form *arrive*…　　　　　＊as *attracts*…
> ＊the *is*…　　　　　　　 ＊spot *is*…

所以，为了正确地描述关于英语中这些单词的顺序的事实，我们必须这样来表述这个事实："名词短语能够出现在动词之前"。

另一个关于组成性的根据来自称为**前置**（preposed）或**后置**（postposed）的结构。例如，前置短语 on September seventeenth 在下面的例子中可以放在不同的位置，包括在句子的开头前置和在句子的结尾后置：

> *On September seventeenth*, I'd like to fly from Atlanta to Denver
>
> I'd like to fly *On September seventeenth* from Atlanta to Denver
>
> I'd like to fly from Atlanta to Denver *On September seventeenth*

但是，尽管整个短语可以放在不同的位置，组成这个短语的个别的一个或多个单词并不能放在不同的位置：

> ＊On September, I'd like to fly seventeenth from Atlanta to Denver
>
> ＊On I'd like to fly September seventeenth from Atlanta to Denver
>
> ＊I'd like to fly on September from Atlanta to Denver seventeenth

在 12.6 节中，我们将根据上下文无关语法模拟递归结构的能力，说明上下文无关语法的其他问题。关于单词组合可以作为一个单独的组成成分起作用的这种功能进一步的例子，可参阅 Radford（1988）。

12.2　上下文无关语法

模拟英语和其他自然语言成分结构的最常用的数学系统是**上下文无关语法**（Context-Free Grammar，CFG），上下文无关语法又称为**短语结构语法**（phrase structure grammar），而它的形式化方法等价于 **Backus-Naur 范式**（Backus-Naur Form，BNF）。把一种语法建立在成分结构基础上的这种思想，可以追溯到心理学家 Wilhelm Wundt（1900），但是直到 Chomsky（1956）才把这种思想形式化，Backus（1959）也独立地进行了相同的工作。

一个上下文无关语法由一套**规则**（rules）或**产生式**（productions），以及单词和符号的一个**词表**（lexicon）组成。每一个规则表示语言中的符号的组成和排序方式。下面的产生式表示一个 NP（或者名词短语）可以由一个专有名词（ProperNoun）组成，或者由一个限定词（Det）后面跟着一个名词性成分（Nominal）组成。一个名词性成分可以是一个或多个名词。

$$NP \rightarrow Det\ Nominal$$
$$NP \rightarrow ProperNoun$$

Nominal→ Noun | Nominal Noun

上下文无关规则可以按层级嵌套，所以，前面的规则可以同下面表示词汇事实的规则结合起来：

Det→ a

Det→ the

Noun→ flight

我们把上面的上下文无关规则，统称为规则（12.2）。

在 CFG 中所使用的符号分两类。与语言中的单词相对应的符号（如"the""nightclub"）称为**终极符号**（terminal symbols），词表是引入这些终极符号的规则的集合。表示这些终极符号的聚类或者概括性的符号称为**非终极符号**（non-terminals）。在每一个上下文无关规则中，箭头（→）右边的项是一个或者多个终极符号和非终极符号构成的有序表，而箭头的左边是一个单独的非终极符号，这是表示某种聚类或概括性的符号。注意，在词表中，同每一个单词相关联的非终极符号是它们的词类范畴，或者是我们在第 5 章中定义的词类。

通常可以按两种方式来考虑 CFG：把它想象成一个生成句子的装置，或者把它想象成一个对于给定的句子指派一个结构的装置。我们在第 3 章中讨论有限状态转录机时，也同样地使用了这种二元的原则（dualism）。如果把 CFG 看成一个生成装置，我们就可以把箭头"→"读为"用右边的符号串来重写左边的符号"。

这样，如果开始时的符号是：　　　　　　　　　　　　　　　NP

我们可以使用规则（12.2），把 NP 重写为：　　　　　　　　Det Nominal

然后使用规则（12.2），继续重写为：　　　　　　　　　　　Det Noun

最后，使用规则（12.2）两次，重写为：　　　　　　　　　　a flight

这时，我们说符号串 a flight 可以从非终极符号 NP 推导（derived）出来。因此，CFG 可以用来生成一系列的符号串。这种规则展开的序列称为单词符号串的一个**推导**（derivation）。通常我们用一个**剖析树**（parse tree）来表示一个推导（一般是倒过来把树的根置于上方）。图 12.1 是表示上述推导的一个剖析树。

在图 12.1 表示的剖析树中，可以说，结点 NP **支配**（dominate）这个树中的所有的结点（Det，Nom，Noun，a，flight），还可以进一步说，结点 NP 直接支配结点 Det 和 Nom。

CFG 定义的形式语言是从指定的**初始符号**（start symbol）开始推导出来的符号串的集合。每一个语法必须有一个指定的初始符号，这个初始符号通常称为 S。由于上下文无关语法通常用

图 12.1　"a flight"的剖析树

来定义句子，所以 S 通常可以解释为"句子"（sentence）结点。在某个简化的英语语法中，由 S 推导出的符号串的集合就是句子的集合。

现在，让我们给语法增加几个展开 S 的级别较高的规则以及几个其他的规则。一个规则用来表示一个句子可以由一个名词短语和一个**动词短语**（verb phrase）构成的事实：

S → NP VP　I prefer a morning flight

英语中的一个动词短语可以由一个动词后面跟着有关的其他成分组成，例如，有一种动词短语可以由一个动词后面跟着一个名词短语组成：

VP → Verb NP　prefer a morning flight

或者动词后面跟着一个名词短语和一个介词短语：

VP → Verb NP PP　leave Boston in the morning

或者动词后面只跟着一个介词短语：

$$VP \rightarrow Verb\ PP\qquad leaving\ on\ Thursday$$

介词短语一般由一个介词后面跟着一个名词短语组成。例如，在 ATIS 语料库中最常见的介词短语类型用于表示位置和方向：

$$PP \rightarrow Preposition\ NP\qquad from\ Los\ Angeles$$

在 PP 内 NP 不一定总是表示方位的，PP 经常还可以用来表示时间和日期，PP 中也可以使用其他的名词，这些名词可以是非常复杂的。下面是 ATIS 语料库中的 10 个例子：

to Seattle	on these flights
in Minneapolis	about the ground transportation in Chicago
on Wednesday	of the round trip flight on United Airlines
in the evening	of the AP fifty seven flight
on the ninth of July	with a stopover in Nashville

图 12.2 给出了词表的一个样例，图 12.3 总结了我们前面研究过的语法规则，我们把这个语法称为 $\mathscr{L}_0$。注意，我们可以使用表示"或者"的符号"|"来表示非终极符号的不同的展开方式。

Noun	$\rightarrow$	flights | breeze | trip | morning
Verb	$\rightarrow$	is | prefer | like | need | want | fly
Adjective	$\rightarrow$	cheapest | non-stop | first | latest
		| other | direct
Pronoun	$\rightarrow$	me | I | you | it
Proper – Noun	$\rightarrow$	Alaska | Baltimore | Los Angeles
		| Chicago | United | American
Determiner	$\rightarrow$	the | a | an | this | these | that
Preposition	$\rightarrow$	f rom | to | on | near
Conjunction	$\rightarrow$	and | or | but

图 12.2　$\mathscr{L}_0$ 的词表

语法规则			例　子
S	$\rightarrow$	NP VP	I + want a morning flight
NP	$\rightarrow$	Pronoun	I
	|	Proper – Noun	Los Angeles
	|	Det Nominal	a + flight
Nominal	$\rightarrow$	Nominal Noun	morning + flight
	|	Noun	flights
VP	$\rightarrow$	Verb	do
	|	Verb NP	want + a flight
	|	Verb NP PP	leave + Boston + in the morning
	|	Verb PP	leaving + on Thursday
PP	$\rightarrow$	Preposition NP	from + Los Angeles

图 12.3　$\mathscr{L}_0$ 的语法，每一个规则有短语示例

我们可以使用这个语法来生成"ATIS 语言"中的句子。从 S 开始，我们把它展开为 NP VP，然后随机地展开 NP（例如，把 NP 展开为 I），随机地展开 VP（例如，把 VP 展开为 Verb NP），一直到生成符号串 I prefer a morning flight 为止。图 12.4 是一个剖析树，它表示了句子 I prefer a morning flight 的整个推导过程。

有时我们用更为简洁的形式来表示剖析树会更加方便，这种简洁形式称为**括号表示**（bracketed notation），这种表示法实质上是树的 LISP 表示法。图 12.4 中的剖析树的括号表示如下：

(12.2) $[_S[_{NP}[_{Pro}$ I$]][_{VP}[_V$ prefer$]$ $[_{NP}[_{Det}$ a$][_{Nom}[_N$ morning$]$ $[_{Nom}[_N$ flight$]]]]]]$

一个如 $\mathscr{L}_0$ 的 CFG 定义了一个形式语言。我们在第 2 章中讲过，形式语言是符号串的集合。如果由一个语法推导出的句子处于由该语法定义的形式语言之中，那么，我们就说，这个句子是**合语法的**（grammatical）。不能被给定的形式语法推导出的句子不处于由该语法定义的形式语言之中，这个句子就是**不合语法的**（ungrammatical）。对于所有的形式语言的句子来说，要描述它们是处于形式语言"之内"或是"之外"，其界限是很难划清楚的，不过，形式语法还是描述自然语言实际工作情况的一种最简单的模型。这是因为，确定一个给定的句子是不是给定的自然语言（如英语）的一部分通常要依赖于上下文。在语言学中，

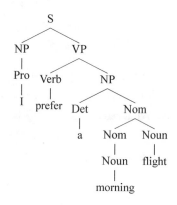

图 12.4　根据语法 $\mathscr{L}_0$ 形成的句子"I prefer a morning flight"的剖析树

使用形式语言来模拟自然语言的语法称为**生成语法**（generative grammar），因为语言是通过由语法"生成"的一切可能的句子的集合来确定的。

12.2.1　上下文无关语法的形式定义

在本节结束时，我们采用一种简练的方式来描述上下文无关语法以及它生成的语言。一个上下文无关语法 G 有四个参数[技术上称为"四元组"(4-tuple)]：N, Σ, R, S。

N	**非终极符号**的集合(或者**变量**)
Σ	**终极符号**的集合(与 N 不相交)
R	**规则**的集合或**生成式**，每一个生成式的形式为 A→β，其中 A 是非终极符号，β 是由符号串的无限集$(\Sigma \cup N)*$中的符号构成的符号串
S	一个指定的**初始符号**

在本书的下面部分，当讨论上下文无关语法的形式特性的时候，我们应该遵守如下的规定（这些规定不适用于解释英语或其他语言的特定的事实）：

诸如 A，B 和 S 的大写字母	非终极符号
S	初始符号
诸如 α，β 和 γ 的小写希腊字母	从$(\Sigma \cup N)*$中推出的符号串
诸如 u，v 和 w 的小写罗马字母	终极符号串

语言通过推导的概念来定义。如果通过一系列的规则应用，一个符号串可以被重写为另外一个符号串，那么，我们就说，这个符号串推导出另外一个符号串。根据 Hopcroft and Ullman（1979），可以更加形式地说：

如果 A→β 是 R[①] 中的一个产生式，α 和 γ 是 $(\Sigma \cup N)*$ 中任意的符号串，那么，我们就说，αAγ **直接推导出** αβγ，或者 αAγ $\Rightarrow$ αβγ。

推导可以由直接推导概括出来：

设 α_1，α_2，$\cdots$，α_m是$(\Sigma \cup N)*$中的符号串，$m \geqslant 1$，使得

$$\alpha_1 \Rightarrow \alpha_2, \alpha_2 \Rightarrow \alpha_3, \cdots, \alpha_{m-1} \Rightarrow \alpha_m$$

那么，我们说，α_1 **推导出** α_m，或者 $\alpha_1 \overset{*}{\Rightarrow} \alpha_m$。

这样，我们可以把由语法 G 生成的语言 $\mathscr{L}_G$形式地定义为由指定的初始符号 S 推导出的终极符号构成的符号串的集合。

$$\mathscr{L}_G = \{w | w \text{ is in } \Sigma* \text{ and } S \overset{*}{\Rightarrow} w\}$$

把单词的符号串映射到剖析树的问题称为 **句法剖析**（syntactic parsing），我们将在第 13 章中研究剖析算法。

12.3　英语的一些语法规则

本章的以下部分将介绍英语短语结构的一些更加复杂的问题。为了前后一致，我们继续研究 ATIS 领域中的句子。由于篇幅的限制，我们的讨论仅限于把原理讲清楚，不展开讨论。我们强烈建议读者参看 Huddleston and Pullum（2002），这是很好的英语语法参考书。

12.3.1　句子一级的结构

在前面很小的语法 $\mathscr{L}_0$中，我们只给出陈述句中的一个句子级的结构，如 I prefer a morning flight。在英语中，还存在着大量的可能的句子结构，不过，最常见和最重要的有 4 种：陈述式结构（declarative structure）、命令式结构（imperative structure）、yes-no 疑问式结构（yes-no questing structure）、wh 疑问式结构（wh-question structure）。

陈述式（declarative）结构的句子有一个主语名词短语，后面跟着一个动词短语，如 I prefer a morning flight。陈述式结构的句子有很多不同的用法，我们将在第 24 章中讨论。这里只举出 ATIS 语料库中的一些例子：

The flight should be eleven a. m. tomorrow

The return flight should leave at around seven p. m.

I'd like to fly the coach discount class

I want a flight from Ontario to Chicago

I plan to leave on July first around six thirty in the evening

命令式（imperative）结构的句子通常以一个动词短语开头，并且没有主语。之所以把它们称为命令式句子，是因为这样的句子总是用于表示命令和建议，在 ATIS 领域中，它们是对于系统的命令。

Show the lowest fare

Show me the cheapest fare that has lunch

Give me Sunday's flights arriving in Las Vegas from New York City

---

① 原文为 P，拟错，应为 R。　　　　　　　　　　　　　　　　　　　　　　　　——译者注

List all flights between five and seven p. m.

Show me all flights that depart before ten a. m. and have first class fares

Please list the flights from Charlotte to Long Beach arriving after lunch time

Show me the last flight to leave

为了模拟这一类的句子结构,我们可以加另外一个规则来展开 S:

$$S \rightarrow VP$$

yes-no 疑问式(yes-no question)结构句子经常(尽管不是在一切情况下)用于提问(疑问式由此而得名),并且它以一个助动词开头,后面紧跟着一个主语 NP,再后面跟着一个 VP。这里是一些例子。注意,第三个例子实际上不是一个提问,而是一个命令或建议。第 24 章将讨论这种形式的句子的各种语用(pragmatic)功能,例如,询问、请求、建议等。

Do any of these flights have stops?

Does American's flight eighteen twenty five serve dinner?

Can you give me the same information for United?

规则如下:

$$S \rightarrow Aux\ NP\ VP$$

各种 **wh 疑问式**结构句子是在句子一级的结构中最为复杂的。之所以称为 wh 疑问式是由于其中的一个成分是 **wh 短语**,也就是说,其中包括一个 **wh 疑问词**(who, whose, when, where, what, which, how, why)。这些疑问词被广泛地组合到两类句子一级的结构中。**wh 主语疑问式结构**(wh-subject-question)与陈述式结构相同,不过其中的第一个名词短语包括某个 wh 词。

What airlines fly from Burbank to Denver?

Which flights depart Burbank after noon and arrive in Denver by six p. m?

Whose flights serve breakfast?

Which of these flights have the longest layover in Nashville?

规则如下:

$$S \rightarrow Wh\text{-}NP\ VP$$

在 **wh 非主语疑问式结构**(we-non-subject-question)句子中,wh 短语不是句子的主语,句子中还包含另外一个主语。在这种类型的句子中,与 yes-no 疑问式结构一样,助动词出现在主语的前面。下面是一个例子:

What flights do you have from Burbank to Tacoma Washington?

规则如下:

$$S \rightarrow Wh\text{-}NP\ Aux\ NP\ VP$$

如非主语疑问式这样的结构中包含着称为**长距离依存**(long-distance dependencies)这样的关系,因为 what flights 这个疑问名词短语(Wh-NP)距离与它在语义上有关系的谓语比较远,这个谓语就是 VP 中的主要动词 have。在与上述语法规则相容的剖析和理解的模型中,在 flight 和 have 之间的这种长距离依存关系被看成是一种语义关系。在这样的模型中,当进行语义解释的时候,要说明 flight 的作用是充当 have 的论元(argument)。在其他的剖析模型中,flight 与 have 之间的关系被看成是一种句法关系,需要对语法做些修改,以便在动词之后插入一个小标记,这样的小标记称为**踪迹**(trace)或**空范畴**(empty category)。后面我们介绍宾州树库(Penn Treebank)的时候,还要讨论这种空范畴模型。

还有其他的句子级的结构我们在这里没有涉及。例如，**主题化**结构（topicalization）和其他的前置结构（fronting），这种主题化结构中（在宾州树库中被处理为长距离依存），由于话语方面的原因，某些短语被放到句子的开头：

On Tuesday, I'd like to fly from Detroit to Saint Petersburg

12.3.2 子句与句子

在讨论下面的问题之前，有必要阐明 S 规则在我们刚才描述的语法中的作用。S 规则考虑的是整个句子，它独自挺立，作为话语的基础性单元。但是，我们知道，句子也可以出现在语法规则的右手边，因而它能够嵌入到更大的句子中。显而易见，S 除了独自挺立作为话语单元之外，还有更多的作用。

把句子结构（也就是句子规则）与语法的其他部分区别开来的是关于完整性（complete）的概念。按照这样的办法，这种区分就相当于**子句**（clause）的概念，在传统语法中，它通常被描述为是否形成完整的思想。有一种更加精确地描述"完整的思想"（complete thought）这个概念的办法是说，S 是剖析树中的一个结点，在这个结点之下，S 的主要动词具有它全部的**论元**（arguments）。我们以后再给动词的论元下定义，现在，只是来看一看图 12.4 中 I prefer a morning flight 这个句子的树。动词 prefer 有两个论元：一个是主语 I，另一个是宾语 a morning flight。做宾语的论元出现在 VP 结点的下方，而另外一个做主语的论元只出现在结点 S 的下方。

12.3.3 名词短语

我们的语法 $\mathcal{L}_0$ 介绍了在英语中使用频率最高的三种名词短语，它们是：代词、专有名词、NP→Det Nominal 结构。代词和专有名词本身有其复杂之处，本节主要关注最后一种类型的名词短语，因为这种名词短语的句法复杂性很高。我们可以把这种名词短语看成由一个中心语（head）和各种修饰语（modifiers）组成的，中心语就是名词短语中的中心名词（central noun），修饰语可以出现在中心名词之前，也可以出现在中心名词之后。让我们更加仔细地来观察它的各个部分。

限定词

名词短语可能以简单的**限定词**（determiner）开头。如下面的例子所示：

a stop   the flight   this flight
those flights   any flights   some flights

英语名词短语中限定词的角色可以使用更加复杂的表达语来填充，如下所示：

United's flight
United's pilot's union
Denver's mayor's mother's canceled flight

在这些例子中，限定词的角色由表示领属的表达语来填充，这些表达语包括一个名词短语后面跟着"'s"作为领属的标记，规则如下：

$$Det \rightarrow NP's$$

这个规则是递归的（因为 NP 还可以用 Det 开头），这个事实帮助我们给上面的后两个例子建模，其中领属表达语序列的作用相当于一个限定词。

在某些场合下，英语中的限定词是随选的。例如，如果所修饰的名词是复数时，就可以省略限定词：

(12.3) Show me *flights* from San Francisco to Denver on weekdays

我们在第 5 章中说过，**物质名词**(mass nouns)不要求限定词。我们知道，物质名词经常(不是在一切情况下)包括某些作为实体处理的词(例如，water 和 snow)，这些词前面不能有不定冠词"a"，不能有复数。很多抽象名词(如 music，homework)也具有物质名词的这种性质。在 ATIS 中的物质名词包括 breakfast，lunch 和 dinner：

(12.4) Does this flight serve dinner?
　　　　读者可以自己用 CFG 语法来表示这样的事实。

名词性成分

名词性成分(nominal)跟在限定词之后，包括任何的中心名词前修饰语(pre-head noun modifiers)和中心名词后修饰语(post-head noun modifiers)。语法 $\mathscr{L}_0$ 指出，名词性成分的最简单的形式可能只包含一个单独的名词：

$$Nominal \rightarrow Noun$$

将会看到，这个规则也为各种递归规则的底层提供了基础，我们可以用它来处理更加复杂的名词性成分的结构。

中心名词前的成分

在一个名词性成分中，有很多不同的词类可以出现在中心名词之前，它们是"后限定词"(postdeterminers)。后限定词包括**基数词**(cardinal numbers)、**序数词**(ordinal numbers)和**数量修饰语**(quantifiers)。

基数词的例子：

two friends　　　　　one stop

序数词包括 first，second，third 等，还包括 next，last，past，other 和 another 这样的单词：

the first one　　　　　the next day　　　　　the second leg
the last flight　　　　　the other American flight

有些数量修饰语(many，(a) few，several)只与复数名词一起出现：

many fares

数量修饰语 much 和 a little 只与不可数名词一起出现。
形容词出现在数量修饰语之后，中心语名词之前：

a *first-class* fare　　　　　a *non-stop* flight
the *longest* layover　　　　　the *earliest* lunch flight

形容词也可以构成短语，称为**形容词短语**(Adjective Phrase，AP)。在 AP 中，形容词前面可以出现副词(参看第 5 章中关于形容词和副词的定义)：

the *least expensive* fare

我们可以把所有随选的名词前修饰语结合起来，用一个规则表示如下：

$$NP \rightarrow (Det)\ (Card)\ (Ord)\ (Quant)\ (AP)\ Nominal$$

这个简化的名词短语规则的结构扁平，因而它比大多数现代生成语法理论中的结构表示要简单得多。我们在 12.4 节中将会讨论，由于扁平结构的简单性，因而在很多计算的应用领域中常常得到使用(当然,对于名词短语来说,没有普遍存在的内部组成关系的一致性问题)。

注意,这里我们用括号"( )"来表示**随选成分**(optional constituent)。一个带有一套括号的规则事实上表示了两个规则:一个规则是带括号的,一个规则没有括号。

中心名词后的成分

一个中心语名词的后面可以跟随**后修饰语**(postmodifiers)。在英语中,常见的后修饰语有三种:

介词短语   all flights *from Cleveland*

非限定从句   ant flights *arriving after eleven a. m.*

关系从句   a flight *that serves breakfast*

在 ATIS 语料库中,介词短语后修饰语特别普遍,因为它们可以用来表示飞机的出发地和目的地。这里是一些例子,其中插入括号是为了表示每一个 PP 的边界,注意,可以把一个以上 PP 捆绑在一起:

any stopovers [*for Delta seven fifty one*]

all flights [*from Cleveland*] [*to Newark*]

arrival [*in San Jose*] [*before seven p. m.*]

a reservation [*on flight six oh six*] [*from Tampa*] [*to Montreal*]

这里是一个新的名词性成分的规则,名词性成分后有 PP 后修饰语:

$$\text{Nominal} \rightarrow \text{Nominal PP}$$

最常见的**非限定**(non-finite)后修饰语有三种:动名词(-ing)、-ed 动词、不定式动词。

之所以称为**动名词**(gerundive)后修饰语,是因为这种后修饰语由一个以动名词形式(-ing)开头的动词短语所组成,在这个动词短语中的动词的后面,全都是介词短语,一般来说,动词后面的介词短语可以是任何东西(所谓"任何东西"是指它们在语义上和在句法上应该与动名词相容):

any of those [*leaving on Thursday*]

any flights [*arriving after eleven a. m.*]

flights [*arriving within thirty minutes of each other*]

我们使用一个新的非终极符号 GerundVP 来定义动名词修饰语的名词性成分:

$$\text{Nominal} \rightarrow \text{Nominal GerundVP}$$

我们可以使用前面的 VP 产生式规则,把其中的 V 替换为 GerundV,造出成分 GerundVP 的规则:

$$\text{GerundVP} \rightarrow \text{GerundV NP}$$
$$| \text{ GerundV PP} | \text{ GerundV} | \text{ GerundVNP PP}$$

而 GerundV 可以定义为:

$$\text{GerundV} \rightarrow \text{being} | \text{ arriving} | \text{ leaving} | \cdots$$

下面例子中的斜体部分表示另外两种最常见的非限定从句后修饰语:动词不定式和-ed 形式。

the last flight *to arrive in Boston*

I need to have dinner *served*

Which is the aircraft *used by this flight*?

名词后关系从句[更正确地说,**限制性关系从句**(restrictive relative clause)]是那些通常以**关系代词**(relative pronoun,以 that 和 who 最常见)开头的从句。在下面的例子中,关系代词的功能是做嵌入动词的主语[是**主语关系代词**(subject relative)]：

a flight *that serves breakfast*

flights *that leave in the morning*

the United flight *that arrives in San Jose around ten p. m.*

the one *that leaves at ten thirty five*

我们可以加入下面的规则来处理这些例子：

$$\text{Nominal} \rightarrow \text{Nominal RelClause}$$
$$\text{RelClause} \rightarrow (\text{who} \mid \text{that}) \text{ VP}$$

在下面的例子中，关系代词也可以作为嵌入动词的宾语。作为练习，读者自己可以写出语法规则来处理关于这一类的更加复杂的从句。

the earliest American Airline flight that I can get

下面的例子说明，可以把若干个名词后修饰语结合起来：

a flight [*from Phoenix to Detroit*] [*leaving Monday evening*]

I need a flight [*to Seattle*] [*leaving from Baltimore*] [*making a stop in Minneapolis*]

evening flights [*from Nashville to Houston*] [*that serve dinner*]

a friend [*living in Denver*] [*that would like to visit me here in Washington DC*]

名词短语前的成分

出现在 *NP* 之前并且修饰 *NP* 的词称为**前限定词**(predeterminers)。很多前限定词表示数目或数量，最常见的前限定词是 all：

all the flights   all flights   all non-stop flights

图 12.5 中给出的名词短语的例子说明了当把这些规则结合在一起的时候所产生的复杂性。

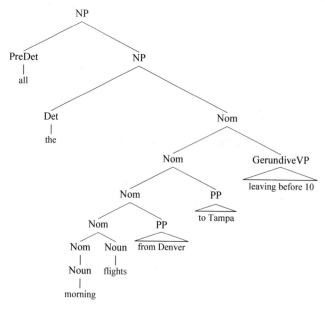

图 12.5　句子"all the morning flights from Denver to Tampa leaving before 10"的剖析树

12.3.4 一致关系

我们在第 3 章中曾经讨论过英语的屈折形态学。我们知道，在英语中现在时态有两种形式：用于第三人称单数主语的形式（the flight does）和用于其他类型主语的形式（all the flights do，I do）。第三人称单数（3sg）形式一般以 -s 为结尾，而非第三人称单数（non-3sg）形式没有 -s 结尾。我们仍然以 do 为例，它的各种形式的主语的例句如下：

Do [$_{NP}$ all of these flights] often first class service?

Do [$_{NP}$ I] get dinner on the flight?

Do [$_{NP}$ you] have a flight from Boston to Forth Worth?

Does [$_{NP}$ this flight] stop in Dallas?

下面是动词 leave 的一些例子：

What flights *leave* in the morning?

What flight *leaves* from Pittsburgh?

每当动词有一个名词作为它的主语的时候，就会发生这样的**一致关系**（agreement）的现象。注意，凡是主语和它的动词不一致的句子都是不合语法的句子。

∗ [What flight] leave in the morning?

∗ Does [$_{NP}$ you] have a flight from Boston to Forth Worth?

∗ Do [$_{NP}$ this flight] stop in Dallas?

我们怎样修改原来的语法，使得它能够处理这种一致关系的现象呢？一个办法是使用多个规则的集合来扩充我们原来的语法，一个规则的集合表示 3sg 主语，另一个规则的集合表示 non-3sg 主语。例如，原来处理 yes-no 疑问式的规则是：

$$S \rightarrow Aux\ NP\ VP$$

我们可以用如下形式的两个规则来替代这个规则：

$$S \rightarrow 3SgAux\ 3SgNP\ VP$$

$$S \rightarrow Non3SgAux\ Non3SgNP\ VP$$

然后在词表中增加如下的规则：

$$3SgAux \rightarrow does \mid has \mid can \mid \cdots$$

$$Non3SgAux \rightarrow do \mid have \mid can \mid \cdots$$

不过，我们还需要把每一个 NP 规则都改写为两个规则，增加 3SgNP 和 Non3SgNP 的规则。代词有第一人称、第二人称和第三人称之分，而全是词汇的名词短语只有第三人称，所以对于全是词汇的名词短语，我们只需要区分单数和复数就可以了（作为练习，读者可以自己处理一下第一人称代词和第二人称代词）：

$$3SgNP \rightarrow Det\ SgNominal$$

$$Non3SgNP \rightarrow Det\ PlNominal$$

$$SgNominal \rightarrow SgNoun$$

$$PlNominal \rightarrow PlNoun$$

$$SgNoun \rightarrow flight \mid fare \mid dollar \mid reservation \mid \cdots$$

$$PlNoun \rightarrow flights \mid fares \mid dollars \mid reservations \mid \cdots$$

用这种办法处理"数"的一致关系产生的问题是会增加语法的规模。每一个涉及名词或动词的规则都要有"单数"版本和"复数"版本。遗憾的是,主语-动词的这种一致关系仅仅是冰山一角。我们还需要引进一些规则来捕捉中心名词和它们的修饰语之间在数方面的一致关系的事实:

this flight　　　　　　* this flights
those flights　　　　　* those flight

在处理名词或代词的**格**(case)的时候也会发生这种规则的增殖现象,例如,英语代词有**主格**(nominative,如 I, she, he, they)和**宾格**(accusative,如 me, her, him, them)之分。对于这些格,我们需要给每一个 NP 和 N 都增加新的规则来处理。

在德语和法语中,还会发生一些更加有意思的问题。因为在德语和法语中,不仅有英语那样的名词-动词一致关系问题,而且还有**性的一致关系**(gender agreement)问题。在第 3 章中我们曾简要地说过,名词的性必须和修饰它的形容词和限定词的性保持一致关系。这将成倍地增加语言的规则集合的数量。

在第 15 章中,我们将介绍一种办法来处理这些一致关系问题,而不至于使语法的规模过分增大而发生爆炸。这种办法就是使用**特征结构**(feature structures)和**合一**(unification)来把语法中的每一个非终极符号**参数化**(parameterizing)。不过,在很多实用的计算语法中,我们还是只依靠 CFG 语法,这就需要写大量的规则。

12.3.5　动词短语和次范畴化

动词短语中包括动词和其他一些成分。在前面建立的简单规则中,这些其他成分包括 NP、PP 以及二者的组合。

VP→ Verb　　　　　　　disappear
VP→ Verb NP　　　　　 prefer a morning flight
VP→ Verb NP PP　　　 leave Boston in the morning
VP→ Verb PP　　　　　 leaving on Thursday

动词短语可以比这种情况还要复杂得多。很多其他类型的成分,例如,整个的嵌入句子,都可以跟随在动词之后,这样的成分称为**句子补语**(sentential complements)。

You [vp[v said [s there were two flights that were the cheapest]]]
You [vp[v said [s you had a two hundred sixty six dollar fare]]]
[vp[v Tell] [NP me] [s how to get from the airport in Philadelphia to downtown]]
I [vp[v think [s I would like to take the nine thirty flight]]]

下面的一个规则可以处理这些句子:

VP → Verb S

VP 中的另一个潜在的成分是另一个 VP。当动词是 want, would like, try, intend, need 等的时候,就会发生这种情况:

I want [vp to fly from Milwaukee to Orlando]
Hi, I want [vp to arrange three flights]
Hello, I'm trying [vp to find a flight that goes from Pittsburgh to Denver after two p. m.]

我们在第 5 章中说过,动词后面也可以跟随一个小品词(particle),这样的小品词有点儿类似于介词,但是,它与动词组合在一起构成一个短语动词(如 take off)。这些小品词一般可以看成是动词的不可分割的组成部分, 而其他的动词后成分不是动词的不可分割的组成成分。这时, 我们把短语动词作为由两个单词组成的一个单个的动词来处理。

动词短语可以有很多种可能的成分, 但是, 并不是每一个动词和动词短语都是相容的。例如, 动词 want 可以带 NP 补语(I want a flight …), 也可以带不定式 VP 补语(I want to fly to …)。与此相反, 动词 find 却不能带这种类型的 VP 补语(∗ I found to fly to Dallas)。

动词与不同类型的补语相容的这种思想很久以前就提出来了。传统语法区分**及物动词**(transitive)和**不及物动词**(intransitive), 及物动词, 如 find, 它可以带直接宾语 NP(I found a flight), 不及物动词, 如 disappear, 它不能带直接宾语(∗ I disappeared a flight)。

传统语法把动词**次范畴化**(subcategorize, 也就是"再分类")为两个范畴(及物动词和不及物动词), 而现代语法已经把动词区分为 100 个次范畴。[事实上, 已经存在的很多标记集都有这样的次范畴化框架。对于 COMLEX 标记集, 可参看 Macleod et al. (1998); 对于 ACQUILEX 标记集, 可参看 Sanfilippo(1993), 我们将在第 15 章中进一步讨论这个问题。]我们说, 一个如 find 的动词按 NP **次范畴化**, 一个如 want 的动词或按 NP 次范畴化, 或者按不定式的 VP 次范畴化。我们也可以把这些成分称为动词的**补语**(complement)[因此我们在上面用了**句子补语**(sentential complement)这个术语]。这样, 我们说, want 可以有一个 VP 补语。动词的这些可能的补语的集合称为该动词的**次范畴化框架**(subcategorization frame)。讨论动词和这些其他成分之间的关系的另外一种办法是把动词想象成一个逻辑谓词(predicate), 把这些成分想象成这个谓词的逻辑论元(arguments)。所以我们可以把这样的谓词-论元关系看成 FIND (I, A FLIGHT)或 WANT (I, TO FLY)。我们在第 17 章中讨论动词语义的谓词演算表示的时候, 将更详细地讨论关于动词和论元的这种思想。

带有示例的动词次范畴化框架如图 12.6 所示。注意, 一个动词可以被次范畴化为一个特殊类型的动词短语, 例如, 动词是不定式的动词短语(VPto), 或者动词是光杆动词(bare stem)的动词短语(VPbrst)。还要注意, 一个动词可以采用不同的次范畴化框架。例如, 动词 find 可以采用 NP NP 框架(find me a flight), 也可以采用 NP 框架。

框 架	动 词	例 子
∅	eat, sleep	I ate
NP	prefer, find, leave	Find [NP the flight from Pittsburgh to Boston]
NP NP	show, give	Show [NP me] [NP airlines with flights from Pittsburgh]
PP$_{from}$ PP$_{to}$	fly, travel	I would like to fly [PP from Boston] [PP to Philadelphia]
NP PP$_{with}$	help, load	Can you help [NP me] [PP with a flight]
VPto	prefer, want, need	I would prefer [VPto to go by United airlines]
VPbrst	can, would, might	I can [VPbrst go from Boston]
S	mean	Does this mean [S AA has a hub in Boston]

图 12.6 带有示例的动词次范畴化框架

我们怎样用上下文无关语法来表示动词和它的补语之间的这些关系呢? 我们能做的一件事就是应用上下文无关语法来表示一致关系特征, 这时, 我们要区分动词的各个次类(例如, Verb-with-NP-complement, Verb-with-Inf-VP-complement, Verb-with-S-complement, 等等):

$$\text{Verb-with-NP-complement} \rightarrow \text{find} \mid \text{leave} \mid \text{repeat} \mid \cdots$$

$$\text{Verb-with-S-complement} \rightarrow \text{think} \mid \text{believe} \mid \text{say} \mid \cdots$$

$$\text{Verb-with-Inf-VP-complement} \rightarrow \text{want} \mid \text{try} \mid \text{need} \mid \cdots$$

这样, 我们的 VP 规则就可以修改为要求某个适当的动词次类:

$$VP \rightarrow \textit{Verb-with-no-complement} \quad \text{disappear}$$

VP → Verb-with-NP-comp NP prefer a morning flight

VP → Verb-with-S-comp Ssaid there were two flights

使用这样的方法,也会产生在解决一致关系特征问题时同样的问题,将会引起规则数目的爆炸。解决这两个问题的标准办法,是使用**特征结构**(feature structure)。我们将在第 15 章中介绍特征结构。在第 15 章中,我们还将如本章中讨论动词这样,讨论名词、形容词和介词的次范畴化补语问题。

12.3.6 助动词

动词有一个次类称为**助动词**(auxiliaries)或称为**辅助动词**(helping verbs)。助动词具有特殊的句法约束,这种句法约束也可以看成是一种次范畴化。助动词包括**情态**动词(modal verb)can,could,may,might,must,will,would,shall 和 should;**完成式**助动词(perfect auxiliary)have;**进行式**助动词(progressive auxiliary)be;**被动式**助动词(passive auxiliary)be。每一个助动词都给它后面的动词形式一个约束,而且它们之间要按照一定的顺序进行结合。

情态动词给 VP 次范畴化时,VP 的中心动词是光杆动词,例如,can go in the morning,will try to find a flight。完成式助动词 have 给 VP 次范畴化时,VP 的中心动词要用过去分词形式,例如,have booked 3 flights。进行式助动词 be 给 VP 次范畴化时,VP 的中心动词要用动名词分词形式,例如,am going from Atlanta。被动式助动词 be 给 VP 次范畴化时,VP 的中心动词要用过去分词形式,例如,was delayed by inclement weather。

一个句子可以有多个助动词,不过,这些助动词出现时,要按特定的顺序:

情态动词 < 完成式助动词 < 进行式助动词 < 被动式助动词

下面是多个助动词的例子:

情态 + 完成	*could have been* a contender
情态 + 被动	*will be* married
完成 + 进行	*have been* feasting
情态 + 完成 + 被动	*might have been* prevented

助动词常常被当作诸如 want,seem,或者 intend 这样的动词来处理,它们次范畴化时要求特定的 VP 补语。这样,can 在词表中可以算为 verb-with-bare-stem-VP-complement 这一类。关于助动词之间的顺序约束,通常使用 Halliday(1985)的**系统语法**(systemic grammar)来处理,系统语法引入了一种称为**动词组合**(verb group)的特殊成分,它的次成分就包括所有的助动词以及主要动词。某些顺序约束也可以通过其他的方法来处理。例如,由于情态助动词不具备进行式或分词形式,它们从来不容许跟随在进行式或被动式 be 以及完成式 have 的后面。建议读者自己为助动词写一套语法规则。

被动式结构具有一些特性使得处理起来与其他的助动词不同。一个主要的困难是语义方面的;非被动句[**主动句**(active sentence)]的主语通常是事件在语义上施事(I prevented a catastrophe),而被动句的主语通常是事件的经受者或受事(a catastrophe was prevented)。这将在第 19 章中进一步讨论。

12.3.7 并列关系

这里讨论的主要的短语类型是与诸如 and,or 或 but 这样的**连接词**(conjunctions)结合到一起,结合之后,它们可以形成一个更大的结构。例如,一个**并列的**(coordinate)名词短语可以包括两个其他的名词短语,它们中间用连接词分开:

Please repeat $[_{NP}[_{NP}$ the flight$]$ *and* $[_{NP}$ the costs$]]$

I need to know $[_{NP}[_{NP}$ the aircraft$]$ *and* $[_{NP}$ the flight number$]]$

下面是关于这些结构的规则:

$$NP \rightarrow NP \text{ and } NP$$

注意,使用连接词构成并列短语的能力通常可以用来检验成分的组成性(constituency)。我们来考虑下面的例子,它们与上面的句子的不同之处在于,它们没有第二个限定词:

Please repeat the $[_{Nom}[_{Nom}$ flights$]$ *and* $[_{Nom}$ costs$]]$

I need to know the $[_{Nom}[_{Nom}$ aircraft$]$ *and* $[_{Nom}$ flight number$]]$

这样的短语可以连接起来的事实是显而易见的,这是因为这里出现了我们曾经使用过的底层的名词性成分(Nominal)。新的规则如下:

$$\text{Nominal} \rightarrow \text{Nominal and Nominal}$$

下面的例子说明,其他类型的短语(包括动词短语 VP 和句子 S)也可以使用连接词连接起来:

What flights do you have $[_{VP}[_{VP}$ leaving Denver$]$ *and* $[_{VP}$ arriving in San Francisco$]]$

$[_{S}[_{S}$ I'm interested in a flight from Dallas to Washington$]$ *and* $[_{S}$ I'm also interested in going to Baltimore$]]$

对于 VP 和 S 的这种并列连接,我们也可以做出相似的连接规则,这种规则比上面的 NP 连接规则要少一些:

$$VP \rightarrow VP \text{ and } VP$$

$$S \rightarrow S \text{ and } S$$

由于所有主要的短语类型都可以使用这样的方式连接起来,因此,就可能用更加具有概括性的方式把这种连接词的事实表示出来。诸如 Gazdar et al.(1985)提出的语法的形式化方法使用如下的**元规则**(metarules)来处理这样的事实:

$$X \rightarrow X \text{ and } X$$

这样的元规则简单地表明,任何非终极符号都可以与同样的非终极符号用连接词连接起来,形成一个相同类型的成分。当然,这里的变量 X 必须作为一个变量加以标识,它表示任何一个非终极符号,而不是表示某个非终极符号自身。

12.4　树库

迄今我们在本章中研究的这种类型的上下文无关语法规则在原则上可以用来给任何的句子指派一个剖析树。这意味着,有可能建造出一个语料库,其中的每一个句子都用一个剖析树(在句法上加以标注。这种经过句法标注的语料库称为**树库**(treebank)。我们将在第 13 章中讨论,树库在剖析中起着重要的作用,而且在各种句法现象的经验研究中也起着重要的作用。

现在已经建立各种各样的树库,这些树库通常使用剖析器(我们将在下面两章描述其中的几种)自动地剖析每一个句子,然后使用人力(语言学家)来手工修正自动剖析的结果。宾州树库(Penn Treebank)课题(我们在第 5 章中介绍过它的 POS 标注器)根据 Brown,Switchboard,ATIS 和 Wall Street Journal 等英语的语料库建造了英语的树库,同时还建造了阿拉伯语的树库和汉语的树库。其他的树库还有捷克语的布拉格依存树库、德语的 Negra 树库、英语的 Susanne 树库。

12.4.1 树库的例子: 宾州树库课题

图 12.7 是宾州树库中来自 Brown 语料库和 ATIS 语料库的句子的剖析树。[①] 注意: 词类标记的格式有些差别, 这样的一些小差别是常见的, 有必要在树库加工的过程中进行处理。宾州树库的词类标记集已经在第 5 章中做了定义。使用 LISP 风格的括号表示法来表示树的结构是很常见的, 这很像我们在上面的规则(12.2)中看到的括号表示法。对于那些不熟悉此方法的读者, 我们在图 12.8 中做出了一个用结点和线条来表示的标准的树形图, 可作为对照。

```
((S                                    ((S
   (NP-SBJ (DT That)                       (NP-SBJ The/DT flight/NN )
      (JJ cold) (, ,)                      (VP should/MD
      (JJ empty) (NN sky) )                   (VP arrive/VB
   (VP (VBD was)                                 (PP-TMP at/IN
      (ADJP-PRD (JJ full)                           (NP eleven/CD a.m/RB ))
         (PP (IN of)                            (NP-TMP tomorrow/NN )))))))
            (NP (NN fire)
               (CC and)
               (NN light) ))))
   (. .) ))
              (a)                                          (b)
```

图 12.7　LDC 树库 III 版本中经过剖析的句子, (a)中的句子
来自 Brown 语料库, (b)中的句子来自 ATIS 语料库

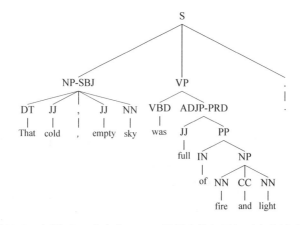

图 12.8　与图 12.7 中来自 Brown 语料库的句子相对应的树形图

图 12.9 中的树形图来自 Wall Street Journal 语料库。这个树说明了宾州树库的另外一个特征: 使用**踪迹**(trace, 用结点-NONE-表示)来标记**长距离依存关系**(long-distance dependencies)或**句法移位**(syntactic movement)。例如, 引语通常出现在诸如 say 这样的引语动词之后。但是在这个句子中, 引语 "We would have to wait until we have collected on those assets"(我们必须一直等到收集了这些有用的东西为止)却出现在 "he said" 等单词之前。只包含结点-NONE-的空 S 标示出在 said 之后引语句子出现的位置。在树库 II 和树库 III 中, 这个空结点用索引号 2 来标示, 表示引语 S 就在这个句子的开头。在某些剖析器中, 这种相互索引的办法, 可以使我们比较容易地重

---

① 宾州树库课题对于多种语言在不同的阶段发布各种树库。例如, 发布的英语树库有树库 I(Marcus et al., 1993)、树库 II(Marcus et al., 1994)、树库 III。我们的例子来自树库 III。

新找到那些已经提到句子前面或者已经主题化的引语原来就是动词 said 的补语这样的事实。类似的结点-NONE-标示的事实是：在动词 to wait 的直接前面没有句法主语，代替句法主语的是更前面的名词短语（NP）We。这个结点用索引号 1 来标示，它与索引号为 2 的结点之间存在相互索引关系。

```
( (S (`` '')
   (S-TPC-2
     (NP-SBJ-1 (PRP We) )
     (VP (MD would)
       (VP (VB have)
         (S
           (NP-SBJ (-NONE- *-1) )
           (VP (TO to)
             (VP (VB wait)
               (SBAR-TMP (IN until)
                 (S
                   (NP-SBJ (PRP we) )
                   (VP (VBP have)
                     (VP (VBN collected)
                       (PP-CLR (IN on)
                         (NP (DT those) (NNS assets))))))))))))))
   (, ,) ('' '')
   (NP-SBJ (PRP he) )
   (VP (VBD said)
     (S (-NONE- *T*-2) ))
   (. .) ))
```

图 12.9　LDC 宾州树库中来自 Wall Street Journal 语料库部分的句子。注意：空结点-NONE-的用法

宾州树库 II 和宾州树库 III 还进一步增加了一些信息以便表示谓词和论元之间的关系。某些短语也可以用一些标记来标注，表示该短语的语法功能（例如，表层主语、逻辑主题、强调、非 VP 谓词），它们在特定文本范畴中的表现（例如，标题、题目），它们的语义（例如，时间短语、方位）（Marcus et al., 1994；Bies et al., 1995）。例如，图 12.9 中的标记-SBJ（表层主语）、-TMP（时间短语）。图 12.8 中增加了标记-PRD，表示不是 VP 的谓语（在图 12.8 中是 ADJP）。在后面的图 12.20 的 NP-UNF 中还有标记-UNF 表示"未结束的短语"或"不完全短语"。

12.4.2　作为语法的树库

在树库中的句子隐含地构成了语言中的一部语法。例如，从图 12.7 和图 12.9 中的三个经过剖析的句子，我们可以分别抽出 CFG 规则。为了简单起见，我们可以不管规则的后缀（如-SBJ），最后可以得到图 12.10 中的语法。

用来剖析宾州树库的语法相对地来说比较扁平，这就使得语法的规则又多又长。例如，展开 VP 的规则就达 4 500 条之多，其中有很多带有任意长度的 PP 序列的规则，而动词论元排列的可能的规则也是各种各样的：

```
VP → VBD PP
VP → VBD PP PP
VP → VBD PP PP PP
VP → VBD PP PP PP PP
VP → VB ADVP PP

VP → VB PP ADVP
VP → ADVP VB PP
```

语　法	词　表
S→NP VP.	PRP→we | he
S→NP VP	DT→the | that | those
S→"S"，NP VP.	JJ→cold | empty | full
S→-NONE-	NN→sky | fire | light | flight | tomorrow
NP→DT NN	NNS→assets
NP→DT NNS	CC→and
NP→NN CC NN	IN→of | at | until | on
NP→ CD RB	CD→eleven
NP→ DT JJ, JJ NN	RB→a.m.
NP→PRP	VB→arrive | have | wait
NP→-NONE-	VBD→was | said
VP→ MD VP	VBP→have
VP→ VBD ADJP	VBN→collected
VP→VBD S	MD→should | would
VP→VBN PP	TO→to
VP→VB S	
VP→VB SBAR	
VP→VBP VP	
VP→VBN PP	
VP→TO VP	
SBAR→IN S	
ADJP→JJ PP	
PP→IN NP	

图 12.10　从图 12.7 和图 12.9 的三个树库的句子中抽出的 CFG 语法规则以及词表条目的一个样例

还有一些很长的规则，例如：

```
VP → VBP PP PP PP PP PP ADVP PP
```

在下面的例句中，来自 VP 的规则用斜体字母标示出来：

(12.5) This mostly happens because we *go from football in the fall to lifting in the winter to football again in the spring*.

下面是数以千计的 NP 规则的一部分：

```
NP → DT JJ NN
NP → DT JJ NNS
NP → DT JJ NN NN
NP → DT JJ JJ NN
NP → DT JJ CD NNS
NP → RB DT JJ NN NN
NP → RB DT JJ JJ NNS
NP → DT JJ JJ NNP NNS
NP → DT NNP NNP NNP NNP JJ NN
NP → DT JJ NNP CC JJ JJ NN NNS
NP → RB DT JJS NN NN SBAR
NP → DT VBG JJ NNP NNP CC NNP
NP → DT JJ NNS , NNS CC NN NNS NN
NP → DT JJ JJ VBG NN NNP NNP FW NNP
NP → NP JJ , JJ `` SBAR '' NNS
```

后面两个规则来自如下的两个 NP：

(12.6) [DT The] [JJ state-owned] [JJ industrial] [VBG holding] [NN company] [NNP Instituto] [NNP Nacional] [FW de] [NNP Industria]

(12.7) [NP Shearson's] [JJ easy-to-film] , [JJ black-and-white] " [SBAR Where We Stand] " [NNS commercials]

我们用这样的方式把树库看成一个大规模的语法，Wall Street Journal 语料库的宾州树库 III

的语法包括大约 1 百万单词, 其中大约有 1 百万条非词汇的形符(token)规则, 17500 条不同的类符(type)规则。

关于树库语法的这些情况, 例如, 树库语法中存在数目巨大的扁平规则, 给概率剖析算法带来了许多问题。由于这个原因, 从树库中抽取出语法之后, 往往需要对这样的语法进行修改。我们在第 14 章中还将进一步讨论这个问题。

12.4.3 树库搜索

通过树库的搜索从而找出特定语法现象的实例, 以便利用这些实例进行语言学研究, 或者回答计算应用中的一些分析性问题, 这常常是十分重要的。但是, 不论是文本搜索中使用的正则表达式, 还是网络搜索中使用的单词的布尔表达式, 都不是很充分的搜索工具。因此我们需要一种描述语言能够说明对于结点的约束以及剖析树中的各种链接关系, 从而能够帮助我们搜索到特定的模式。

目前, 在不同的工具中都有这种用于树搜索的语言。tgrep(Pito, 1993)和 TGrep2(Rohde, 2005)是公认的适用于树库搜索的工具, 它们使用相似的语言来表示树的约束。这里我们描写一种TGrep2 使用的最新的语言, 有关内容来自联机的手册(Rohde, 2005)。

在 tgrep 和 TGrep2 的模式中, 包含对于某一个结点后面通过链接可能跟随的其他结点的规格说明。结点规格说明可以使用以这个结点为根返回的子树来表示。例如, 模式

NP

返回在语料库中以 NP 为根的所有的子树。结点可以使用一个名称来进行规格说明, 这个名称是一个包含斜线(/)或间隔线(|)的正则表达式。例如, 我们可以使用宾州树库的表示法, 对于单数或复数的名词做出如下的规格说明:

/NNS?/   NN|NNS

如果一个结点或是单词 bush, 或者是符号串 tree 的结尾, 那么可以表示如下:

/tree$/|bush

tgrep 或 TGrep2 模式的威力在于, 它们有能力说明关于结点之间链接的信息。算符"<"表示**直接支配**(immediately dominates), 下面的模式可以与直接支配 PP 的 NP 相匹配:

NP < PP

关系"<<"表示**支配**(dominance), 这个模式可以与支配 PP 的 NP 相匹配:

NP << PP

前面的模式可以与如下的树中的某一个相匹配:

```
(12.8)(NP (NP (NN reinvestment))
       (PP (IN of)
           (NP (NNS dividends)))))
(12.9)(NP (NP
           (DT the) (JJ austere) (NN company) (NN dormitory))
       (VP (VBN run)
           (PP (IN by
               (NP (DT a) (JJ prying) (NN caretaker)))))))
```

关系"·"表示**线性前于**(linear precedence)。下面的模式与直接支配 JJ 的 NP 相匹配, 并且

后面直接跟着 PP。例如，它与例(12.9)中支配 the austere company dormitory 的 NP 相匹配①：

```
NP < JJ . VP
```

在 tgrep 或 TGrep2 表达式中的每一个关系是参照第一个结点或根结点来解释的。因此，下面例子中的表达式的意思是：前于 PP 并且支配 S 的 NP。

```
NP . PP < S
```

如果我们要说明 PP 支配 S，可以使用括号，如下所示：

```
NP . (PP < S)
```

图 12.11 中给出了 TGrep2 的主要链接运算。

链　接	解　释
A < B	A is the parent of (immediately dominates) B.
A > B	A is the child of B.
A <N B	B is the Nth child of A (the first child is <1).
A >N B	A is the Nth child of B (the first child is >1).
A <, B	Synonymous with A <1 B.
A >, B	Synonymous with A >1 B.
A <-N B	B is the Nth-to-last child of A (the last child is <-1).
A >-N B	A is the Nth-to-last child of B (the last child is >-1).
A <- B	B is the last child of A (synonymous with A <-1 B).
A >- B	A is the last child of B (synonymous with A >-1 B).
A <` B	B is the last child of A (also synonymous with A <-1 B).
A >` B	A is the last child of B (also synonymous with A >-1 B).
A <: B	B is the only child of A
A >: B	A is the only child of B
A << B	A dominates B (A is an ancestor of B).
A >> B	A is dominated by B (A is a descendant of B).
A <<, B	B is a left-most descendant of A.
A >>, B	A is a left-most descendant of B.
A <<` B	B is a right-most descendant of A.
A >>` B	A is a right-most descendant of B.
A <<: B	There is a single path of descent from A and B is on it.
A >>: B	There is a single path of descent from B and A is on it.
A . B	A immediately precedes B.
A , B	A immediately follows B.
A .. B	A precedes B.
A ,, B	A follows B.
A $ B	A is a sister of B (and A ≠ B).
A $. B	A is a sister of and immediately precedes B.
A $, B	A is a sister of and immediately follows B.
A $.. B	A is a sister of and precedes B.
A $,, B	A is a sister of and follows B.

图 12.11　Rohde(2005)归纳的 TGrep2 中的链接运算

12.4.4　中心词与中心词的发现

前面我们曾经非形式化地提出，句法成分可能与一个词汇**中心词**(head)相关联，N 是 NP 的中心词，V 是 VP 的中心词。每一个成分都有一个中心词的这种思想可以追溯到 Bloomfield (1914)。这种思想是中心词驱动的短语结构语法(Pollard and Sag, 1994)之类的语言学形式化理论的核心，并且随着词汇化语法的兴起，在计算语言学中非常流行。

在词汇中心词的一个简单的模型中，每一个上下文无关规则都与一个中心词相关联(Charniak, 1997; Collins, 1999)。中心词是短语中在语法上最为重要的词。中心词贯穿剖析树，因此，

---

① tgrep 和 TGrep2 之间对于线性前于关系的定义稍有不同。详情可参看 Rohde(2005)。

在剖析树中的每一个非终极符号都可以用一个单独的单词来标注，这个单词就是词汇中心词。图 12.12 是来自 Collins(1999) 的一个树形图，其中的每一个非终极符号都用它的中心词加以标注了。"Workers dumped sacks into a bin" 这个句子来自 WSJ(Wall Street Journal) 语料库，经过了适当的简化缩短了一些。

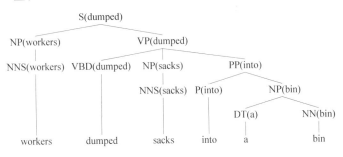

图 12.12　词汇化了的树形图，来自 Collins(1999)

为了生成这样的树形图，必须提升 CFG 语法的规则使得规则的右侧成分为中心词的子女结点(head daughter)。然后，把作为结点中心词的单词置为该中心词子女结点的中心单词。从教科书的实例中选择这样的中心词子女结点是轻而易举的事情(NP 的中心词就是 NN)，但是，对于大多数的短语来说，这就是十分复杂而且会引起争议的事情了。例如，不定式动词短语的中心词是标补语 to 呢？还是动词呢？因此，现代语言学中的句法理论中通常都包括如何确定中心词这样的部分(Pollard and Sag, 1994)。

在更加实用的一些计算系统中，使用另外一种方法来发现中心词。这种方法不是在语法中说明中心词本身的规则，而是针对特定的句子在树形图的上下文中，动态地辨识中心词。换句话说，一旦对句子进行了剖析，在所形成的树形图中，就要给每一个结点标注上适合的中心词。当前大多数系统依赖于一个手写的规则集，Collins(1999) 就给宾州树库的语法写过规则集，不过这个规则集原本是 Magerman(1995) 研制的。例如，在名词短语 NP 发现中心词的规则如下(Collins, 1999, p.238)：

- 如果最后一个单词已经做过 POS 标注，那么，返回到最后的单词。
- 否则，从左到右搜索标记为 NN、NNP、NNPS、NX、POS 或 JJR 的第一个儿子结点。
- 否则，从右到左搜索标记为 NP 的第一个儿子结点。
- 否则，从右到左搜索标记为 $，ADJP 或 PRN 的第一个儿子结点。
- 否则，从右到左搜索标记为 CD 的第一个儿子结点。
- 否则，从右到左搜索标记为 JJ、JJS、RB 或 QP 的第一个儿子结点。
- 否则，返回到最后一个单词。

在这个规则集中选择的其他规则如图 12.13 所示。

父母结点	搜索方向	优 先 表
ADJP	Left	NNS QP NN $ ADVP JJ VBN VBG ADJP JJR NP JJS DT FW RBR RBS SBAR RB
ADVP	Right	RB RBR RBS FW ADVP TO CD JJR JJ IN NP JJS NN
PRN	Left	
PRT	Right	RP
QP	Left	$ IN NNS NN JJ RB DT CD NCD QP JJR JJS
S	Left	TO IN VP S SBAR ADJP UCP NP
SBAR	Left	WHNP WHPP WHADVP WHADJP IN DT S SQ SINV SBAR FRAG
VP	Left	TO VBD VBN MD VBZ VB VBG VBP VP ADJP NN NNS NP

图 12.13　从 Collins(1999) 中选出来的中心词规则。中心词规则集通常称为**中心词渗透表**(head percolation table)

例如，对于形式为 VP→$Y_1 \cdots Y_n$ 的 VP 规则，算法从 $Y_1 \cdots Y_n$ 的左端出发，逐步渗透地进行搜索，首先查找类型为 TO 的第一个 Y_i，如果找不到 TO，就搜索类型为 VBD 的第一个 Y_i，如果找不到 VBD，就进一步搜索 VBN，等等。详情可参看 Collins(1999)。

12.5 语法等价与范式

形式语言被定义为单词的符号串的集合(这个集合可能是无限的)。这意味着，如果我们要问两个语法是否等价，就可以问这两个语法生成的符号串的集合是否相同。事实上，两个不同的上下文无关语法可能生成同样的语言。

一般来说，我们要区分两种不同的语法等价：一种是**强等价**(strong equivalence)，一种是**弱等价**(weak equivalence)。如果两个语法生成相同的符号串集合，而且它们对于每一个句子都指派同样的短语结构(只容许改变非终极符号的名字)，那么，我们就说，这两个语法是强等价的。如果两个语法生成相同的符号串集合，但是不给每一个句子都指派同样的短语结构，那么，我们就说，这两个语法是弱等价的。

如果语法都使用一个**范式**(normal form)，在范式中每一个产生式都使用一个特定的形式，有时这是很有用的。例如，如果一个上下文无关语法是 ε-自由(ε-free)的，并且如果它的每一个产生式或有形式 A→B C，或者有形式 A→a，也就是说，每一个规则的右部或是两个非终极符号，或者是一个终极符号，那么，这个上下文无关语法就是 **Chomsky 范式的**(Chomsky Normal Form, CNF)。凡是 Chomsky 范式的语法都是**二叉的**(binary branching)，具有二叉树的形式(一直到前词汇结点都是二叉的)。在第 13 章的 CKY 剖析算法中，我们将使用这种二叉的性质。

任何上下文无关语法都可以转变成一个弱等价的 Chomsky 范式语法。例如，形式为

    A → B C D

的规则，可以转变成如下两个 CNF 规则(作为练习，请读者自己写一个完整的算法)：

    A → B X

    X → C D

有时，我们可以使用二叉性质实际上做出规模更小的语法。例如，某个句子可以使用规则描述如下：

```
VP -> VBD NP PP*
```

在宾州树库中，这可以使用一系列的规则表示为：

```
VP → VBD NP PP
VP → VBD NP PP PP
VP → VBD NP PP PP PP
VP → VBD NP PP PP PP PP
...
```

不过，这些规则可以使用下面只包含两个规则的语法来生成：

```
VP → VBD NP PP
VP → VP NP PP
```

使用形式为 A→A B 的规则，生成符号 A 后面跟着符号 B 的潜在无限的序列，这样的规则称为 **Chomsky 邻接规则**(Chomsky-adjunction)。

12.6 有限状态语法和上下文无关语法

我们在 12.1 节中曾经说过，一个适合的语法模型要能够表示关于组成性、次范畴化以及依存关系的相互关联的事实，这意味着至少上下无关语法需要有能力完成这个任务。但是，为什么我们不能仅仅使用有限状态方法来捕捉到这些句法事实呢？对于这个问题的回答是非常棘手的，因为如果从正则语言转换到上下文无关语言，我们必须在处理时间方面付出可观的代价，在第 13 章中将进一步说明这个问题。

对于这个问题的回答有两个。第一个从数学上来回答，我们在第 16 章将给出一定的假设说明，在英语和其他一些语言中出现的某些句法结构使得这些语言不能成为正则语言。第二个回答比较主观，它使用表达性的概念来回答，尽管有限状态方法可以处理有关的句法事实，但是，这样的方法常常不能用一般性的显而易见的方式来表达这些句法事实，从而导致可以理解的形式化理论，或者产生出可以在之后的语义处理中直接使用的结构。

在第 16 章中，我们将更加充分地讨论这个问题的数学方面，这里我们只简要地提一提它。我们在第 2 章中说过，有限状态机器和正则表达式彼此是完全等价的，它们都称为正则语法，都可以用于描述正则语言。正则语法的规则是上下文无关规则的一个受限形式，因为正则语法的规则具有右线性或左线性的形式。例如，在一个右线性语法中，规则的形式或为 $A \to w*$，或为 $A \to w*B$，也就是说，非终极符号或可以展开为一个终极符号串，或展开为一个终极符号串后面跟着一个非终极符号。这些规则看起来很像我们在本章中所用的规则，那么，这些规则不能做什么呢？它们不能做的事是：不能表达递归的**中心自嵌入**（center-embedding）规则，在这样的规则中，被（非空的）符号串包围的非终极符号可以重写为它本身：

$$A \overset{*}{\Rightarrow} \alpha A \beta \tag{12.10}$$

换言之，一种语言 L 能够被有限状态机器生成，当且仅当生成语言 L 的语法不具有任何的**中心自嵌入递归形式**（Chomsky，1959a；Bar-Hillel et al.，1961；Nederhof，2000）。从直觉上说，这是因为语法规则中的非终极符号总是或在规则的右侧，或在规则的左侧，它们可以重复地处理，但是不能递归地处理。在处理如 $a^n b^n$ 这样的人造语言问题时，或在程序语言和标记语言中检查定界符的匹配是否正确时，都需要这种中心自嵌入规则。尽管在英语中没有很确切的例子具有这种中心自嵌入形式，但是，如下的一些例子也可以说明这个问题：

(12.11) The luggage arrived.

(12.12) The luggage that the passengers checked arrived.

(12.13) The luggage that the passengers that the storm delayed checked arrived.

至少在理论上说，这样的嵌入可以继续进行下去，尽管这样的例子处理起来会越来越困难，幸好在本书之外，我们很少能看到这样的例子。在第 16 章中我们将对与此有关的议题进行一些讨论，例如，上下文无关语法是否能处理这些问题。

这样一来，有限状态方法在句法分析中是不是就没有作用了呢？只要浏览一下本章中用于名词短语的规则以及在宾州树库中使用的规则，可以发现，这些规则中的很大一部分都是可以用有限状态模型来处理的。我们来考虑如下的**名词组合**（noun group）的规则，它们包括名词短语的前名词性成分和名词性成分：

Nominal → (Det) (Card) (Ord) (Quant) (AP) Nominal

假定我们把这个规则中的前名词性成分一个一个地转换成终极符号，那么，这个规则就可以有效地右线性地执行, 而且可以用有限状态机器来描述。当然, 有可能自动地构造一个正则语法, 使得它与给定的上下文无关语法近似, 请看本章后面的参考材料。因此, 在很多实际的应用中, 句法规则和语义规则的匹配是没有必要的, 有限状态规则已经足够了。

12.7　依存语法

我们在这一章中关注上下文无关语法, 这是因为现在使用的很多树库和剖析器都能够产生这一类的句法表达式。但是, 语法形式化还有一个重要类别称为**依存语法**(dependency grammar), 这种语法在语音和语言处理中变得越来越重要, 在这种语法中, 成分和短语结构规则不再起根本性的作用。在依存语法中, 一个句子的句法结构完全由单词和这些单词之间的二元语义或句法关系来描写。依存语法主要来自 Tesnière(1959)的工作, 而**依存**(dependency)这个名字可以认为首先是由早期的计算语言学家 David Hays 使用的。不过, 语法的词汇依存概念事实上比相对现代的短语结构或组成性语法要早一些, 这样的概念在古希腊和印度的语言学传统中就有了。传统语法关于"把一个句子剖析为主语和谓语"的概念显然是建立在词汇关系的基础之上, 而不是建立在成分关系的基础之上的。

图 12.14 是使用 Marneffe et al.(2006)的依存语法形式化方法来剖析句子"They hid the letter on the shelf"的有标记的依存剖析结果。注意, 这里没有非终极结点或短语结点; 在剖析树中的每一个链接只在两个词汇结点之间存在。这是一个**有标记的依存剖析**(typed dependency parse), 因为其中的链接是从包含 48 种语法关系的一个固定的清单中提取来的, 而且都做了标注(有标记)。图 12.15 是这个清单的一个子集。其他基于依存的计算语法, 例如**链语法**(Link Grammar, Sleator and Temperley, 1993), 使用了不同的但是大致交叠的链接。在非类型化的依存剖析中, 链接是没有标注的。

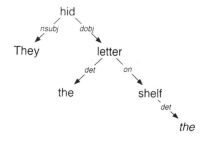

图 12.14　来自 Stanford 剖析器的一个典型的依存剖析结果(de Marneffe et al.,2006)

论元依存关系	描　　述
nsubj	名词性主语
csubj	从句主语
dobj	直接宾语
iobj	间接宾语
pobj	介词宾语
修饰语依存关系	**描　　述**
tmod	时间修饰语
appos	同位修饰语
det	限定语
prep	介词修饰语

图 12.15　来自 Marneffe et al.(2006)的某些语法关系

在第 14 章中将说明, 依存语法形式化方法的一个优点是它对于单词及其依存关系有很强的预示分析能力。只要知道动词的身份, 就有助于决定哪一个名词是主语, 哪一个名词是宾语。依存语法的研究者主张, 依存语法的另一个优点是它们有能力来处理具有相对**自由词序**(free word order) 的语言。例如，如捷克语的语言的词序比英语灵活得多，一个宾语可以处于地点状语 (location adverbial) 或**谓语体词** (comp) 之前，也可以处于它们之后。当剖析树中出现这种状语短语的时候，对于每一个可能的不同位置，短语结构语法都需要分别用不同的规则来处理。而对于这种特定的状语关系，依存语法只需要一个链接类型就可以代表这种特定的状语关系了。可见，依存语法对不同的词序变化进行了抽象，只需要表示对于剖析必不可少的信息。

已经有一些在计算机上实现依存语法的研究成果 (对于英语的): 链语法 (Link Grammar, Sleator and Temperley, 1993)、约束语法 (Constraint Grammar, Karlsson et al., 1995)、MINIPAR (Lin, 2003)，以及 Stanford 剖析器 (Stanford Parser, de Marneffe et al., 2006)。依存语法也用于处理其他语言。例如，Hajič (1998) 描写了含有 500 000 个单词的捷克语的 Prague 依存树库 (Prague Dependency Treebank)，这个树库被用于训练概率依存剖析器 (Collins et al., 1999)。

12.7.1　依存和中心词之间的关系

读者也许会注意到，图 12.14 中的依存图和图 12.12 中的中心词结构之间存在着相似性。事实上，使用中心词规则，一个无标记的依存图可以自动地由上下文无关的剖析树推出来，这里是 Xia and Palmer (2001) 的一个算法:

1. 使用中心词渗透表，标示出短语结构树中每一个结点的中心词儿子结点；
2. 在依存结构中，把每一个非中心词儿子结点的中心词依存到中心词儿子结点的中心词上。

把这个算法应用于图 12.16 中的剖析树，就可以产生出图 12.17 中的依存结构。然后之后用手写的模式来做依存关系的标记 (de Marneffe et al., 2006)。

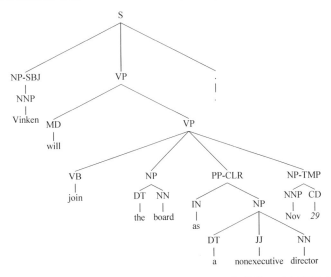

图 12.16　来自宾州树库Ⅲ的 Wall Street Journal 部分的一个短语结构树

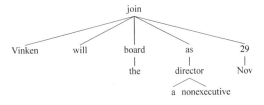

图 12.17　使用上面的算法从图 12.16 的短语结构树产生的依存树

在第 14 章讨论词汇化剖析时以及在第 15 章介绍中心词特征和次范畴化时，我们将要回过头来讨论中心词与依存的问题。

12.7.2　范畴语法

范畴语法(category grammar)是早期的词汇化语法模型(Adjukiewicz，1935；Bar-Hillel，1953)。在本节中，我们要简单地回顾范畴语法的一种最重要的扩充：**组合范畴语法**(combinatory categorical grammar, CCG)(Steedman，1996，1989，2000)。范畴语法有两个组成部分：**范畴词表**(category lexicon)把每一个单词与一个句法语义范畴联系起来；**组合规则**(combinatory rules)把函数(function)与论元(argument)结合起来。范畴有两种类型：一种类型是函子(functors)，一种类型是论元(argument)。名词就是论元，它们只具有如 N 这样的简单的范畴。动词和限定词是函子。例如，限定词可以想象成一个函数，这个函数应用于它右侧的名词 N 形成一个 NP。这样的复杂范畴可以使用运算符 X/Y 和 X\Y 来建立。X/Y 是从 Y 到 X 的一个函数，它的意思是：某种东西的右侧有一个 Y，它和这个 Y 结合之后形成一个 X。因此，限定词的范畴可以定为 NP/N，其意思是：限定词在其右侧与 N 相结合，形成一个 NP。及物动词的范畴为 VP/NP，其意思是：及物动词在其右侧与 NP 相结合，形成一个 VP。如 give 的双及物动词的范畴是(VP/NP)/NP，其意思是：双及物动词在其右侧与一个 NP 相结合，形成一个及物动词(VP/NP)。最简单的**组合规则**(combination rules)是：把一个 X/Y 在其右侧与 Y 结合起来，形成一个 X；把一个 X\Y 在其左侧与 Y 结合起来，形成一个 X。

我们来研究来自 Steedman(1989)的一个简单句子 Harry eats apples。我们不像过去那样使用 VP 这个原始范畴，而假设定式动词短语 eats apples 的范畴是(S\NP)，其含义是：这个定式动词短语在其左侧与一个 NP 结合起来，形成一个句子 S。Harry 和 apples 两者都是 NP。eats 是一个定式及物动词，在其右侧与一个 NP 结合，形成一个定式动词短语 VP，故写为(S\NP)/NP。句子 S 的推导过程如下：

$$(12.14)\quad \begin{array}{ccc} \underline{\text{Harry}} & \underline{\text{eats}} & \underline{\text{apples}} \\ \text{NP} & \text{(S\textbackslash NP)/NP} & \text{NP} \\ \hline & \text{S\textbackslash NP} & \\ \hline \text{S} & & \end{array}$$

现代的范畴语法包含更加复杂的组合规则以满足处理并列结构和其他语言现象的需要，现代范畴语法还包括语义范畴以及句法范畴的合成。请参看本章的文献和历史说明中的参考材料。

12.8　口语的句法

英语书面语的语法和会话口语的语法有很多共同的特征，但是，在很多方面也不尽相同。本节将简洁地介绍英语口语句法的一些特征。

我们一般使用**话段**(utterance)而不使用**句子**(sentence)作为口语的单位。图 12.18 是 ATIS 的口语话段的一个样本，它展示了口语语法的一些特点。

这里使用的是一种在语音识别中用于转写口语语料库的标准风格的转写方式。逗号"，"表示短暂的停顿，句号"."表示长停顿，破折号"-"表示**单词片段**(fragments，诸如 wha-这样的不完全的单词，它是一个不完全的 what)，方括号"[smack]"表示非话语事件(**咂嘴声**[lipsmack]、**呼气声**[breaths]，等等)。

---

the . [exhale] . . . [inhale] . . uh does American airlines . offer any . one way flights . uh one way fares, for one hundred and sixty one dollars

[mm] i'd like to leave i guess between um . [smack] . five o'clock no, five o'clock and uh, seven o'clock . P M

all right, [throat_clear] . . . i'd like to know the . give me the flight . times . in the morning . for September twentieth . nineteen ninety one

uh one way

. w- wha- what is the lowest, cost, fare

[click] . i need to fly, betwee- . leaving . Philadelphia . to, Atlanta [exhale]

on United airlines . . give me, the . . time . from New York . [smack] . to Boise-, to . I'm sorry . on United airlines . [uh] give me the flight, numbers, the flight times from . [uh] Boston . to Dallas

---

图 12.18 用户与 ATIS 系统交互时口语话段的样本

这些话段在很多方面与书面的英语句子不同。一个不同点在词汇统计方面,例如,英语口语中的代词比书面语的代词频率高得多;口语中的主语几乎完全都是代词。口语句子中还经常出现一些书面语中不常见的片段或短语(one way,around four p. m.)。口语的句子还带有书面语中没有的特定的语音、韵律和声学特征。我们在第 8 章中讨论过这样的问题。最后,口语句子中常出现各种各样的不流畅现象(犹豫、修正、重说等),我们将在下面讨论这个问题。

12.8.1 不流畅现象与口语修正

区别口语和书面语的最突出的句法特征大概就是口语的**不流畅现象**(disfluencies)和总体上的口语修正现象。

这种不流畅现象包括使用单词"啊"(uh)和单词"嗯"(um)、单词重复、**重新开始**(restarts),以及单词片段。图 12.19 中的 ATIS 语料库中的句子是使用重新开始和"嗯"声的一个例子。当说话人开始问 one-way flight 的时候,他停了下来,自己改正这个提问,然后重新开始,并且问 one-way fares,这就是"重新开始"。

图 12.19 取自 ATIS 句子中不流畅现象的一个例子(来自图 10.18)

在图 12.19 中,one-way flights 这个片段称为**待修正片段**(reparandum)、用来替换的序列 one-way fares 称为**修正片段**(repair);说话者打断原来的单词序列的地方,称为**停顿点**(interruption point),它正好处于单词 flights 之后。在口语的编辑阶段,我们还可以看到一些称为**编辑词语**(edit terms)成分,例如,you know,I mean,uh 和 um 等。

单词 uh 和 um[有时称为**有声停顿**(filled pauses)或**填空成分**(fillers)]在语音识别的词表和语法中可以当成正规的单词那样来处理。

图 12.18 中诸如 wha-和 betwee-的不完全单词称为**单词片段**(fragments)。对于语音识别系统来说,这种单词片段很容易引起问题,因为它们往往会不正确地附着在前面的单词或后面的单词上,造成单词切分的错误。

不流畅现象是最常见的。根据 Switchboard 树库语料库的统计发现,有两个以上的单词存在某种程度的不流畅现象的句子占了 37%。当然,单词 uh 是 Switchboard 中出现频率最高的单词之一。

在语音理解中，我们的目的是弄清楚输入句子的意思，如果我们能够把这样的"重新开始"探察出来，从而对说话者认为可能"正确"的单词进行编辑。例如，在上面的句子中，如果能够探察出重新开始的地方在哪里，我们就能够删除"待修正片段"(one-way flights uh)，而只对句子剩下的部分进行剖析:

Does United offer any <u>one-way flights uh I mean</u> one-way fares for 160 dollars?

这种不流畅现象与句子中的成分结构有什么关系呢? Hindle(1983)指出，repair 通常都与停顿点前面的成分具有同样的结构。因此，在上面的例子中，repair 是一个 NP，它正如"待修正片段"。这意味着，我们如果能够自动地找出停顿点，那么，通常也就能够自动地探察出待修正片段的边界。

在不流畅现象和句法结构之间还存在一些其他的相互作用。例如，当一个不流畅现象直接出现在做主语的 NP 之后，那么，修正片段总是重复这个主语，而不会重复前面的话语标记;如果修正片段出现在助动词或主要动词之后，那么，这个动词和主语几乎总是在一起循环(Fox and Jasperson, 1995)。我们在 10.6 节中曾经讨论过不流畅现象的自动探察问题。

12.8.2　口语树库

如 Switchboard 的口语语料库的树库要使用增强的标记来处理不流畅的口语语言现象。图12.20 是 Switchboard 树库中句子(12.15)的剖析树。这个句子说明了树库中怎样来标记不流畅现象:用方括号描画出整个的修正片段区域，包括待修正片段、编辑阶段和修正片段，用加号标出待修正片段的结尾。

(12.15) But I don't have 〔 any, + ｛ F uh, ｝ any 〕 real idea

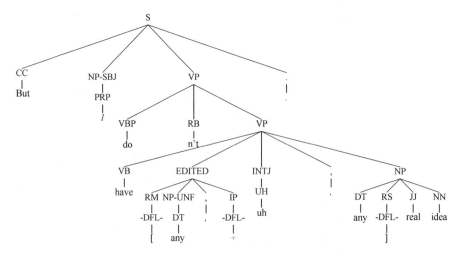

图 12.20　在宾州树库 III 中 Switchboard 句子的剖析树，说明了怎样在剖析树中表示不流畅现象的信息。注意:. EDITED 这个结点下面，有. RM 和. RS 等结点，表示修正片段的开始和结尾，还要注意使用了有声停顿 uh

12.9　语法和人的语言处理

人们在心理上处理语言的时候是不是也使用上下文无关语法呢? 已经证明，要找到对于这个问题的确凿证据是非常困难的。例如，某些早期的实验要求受试人判断在句子中哪些单词更紧密地集合在一起(Levelt,1970),结果发现,受试人在直觉上划分出的单词的组合与句法成分是对应的。其他的一些实验是检查句法成分在听觉理解中的作用,让受试人听句子的同时,也听在不同时刻发出的短促的"喀嚓"声。Fodor 和 Bever(1965)发现,当"喀嚓"声出现在句子成分的边界时,受试人常常会听错。他们主张,由此可以认为句法成分是一个"感知单位"(perceptual u-nit),这个感知单位具有"抵抗干扰"的能力。可惜的是,这种采用"喀嚓"声的实验在方法论上存在着严重的问题[请参看 Clark H. and Clark(1977)的讨论]。

这些早期的研究的一个普遍问题是它们没有认识到,这些成分是句法单位的同时,也是语义单位。因此,正如我们将在第 18 章讨论的,a single odd block 是一个成分(NP),但是,它也是一个语义单位(表示"具有某种特征的 BLOCK 类型的客体")。人们发现成分的边界的实验可以简单地测定的是语义的事实,而不是句法的事实。

因此,需要找到证据来说明那些不是一个语义单位的成分。另外,由于存在着很多不是基于成分而是基于词汇依存关系的语法理论,因此,重要的是要找到不能作为一个词汇(lexical)事实来解释的证据,也就是要证明,组成性(constituency)不是建立在特定单词的基础之上的。

Kathryn Bock 和她的同事们的一系列有启发性的实验支持组成性的观点。例如,Bock and Loebell(1990)避开所有这些早期的实验的缺点,早期的实验只研究受试人是否使用某一特定的句法成分(例如,像 V NP PP 这样的特定的成分),而 Bock 则研究受试人是否更加倾向于使用下面一个句子的成分。换言之,她们向受试人提的问题是,成分的使用是否优先于(primes)该成分对于下一个句子的使用。我们在前面的章节可以看到,优先性是检验心理结构存在的一个常见的方法。Bock 和 Loebell 依靠的是对英语**双及物关系的不同解释**(ditransitive alternation)。双及物动词是如 give 的可以具有两个论元的动词:

(12.16)The wealthy widow gave [NP the church] [NP her Mercedes].
　　　　(有钱的寡妇把她的 Mercedes 汽车给了教堂)

这个动词 give 还有另外一个可能的次范畴化框架,称为**介词给格**(prepositional dative),其中的间接宾语用介词表示:

(12.17)The wealthy widow gave [NP her Mercedes] [PP to the church].

我们在讨论动词的次范畴化时曾经指出,除了 give 之外还有很多动词也有这样的不同解释(如 send,sell 等,参看 Levin(1993),他对各种不同解释的模式进行了总结)。Bock 和 Loebell 根据这些不同解释,她们给受试人一张图画,然后要求受试人用一个句子描述出图画的内容。设计图画时,要考虑到如何向受试人显示一个事件。例如,一个男孩把一个苹果给老师;使受试人能够抽取出 give 或 sell 之类的动词。因为这些动词都是具有不同解释的双及物动词,受试人可能选择 The boy gave the apple to the teacher,也可能选择 The boy gave the teacher an apple。

在描述图画之前,要求受试人大声地朗读一个无关的"优先"句子,这个优先句子的结构可以是 V NP NP 或 V NP PP。更为关键的是,这些优先句子尽管具有相同的成分结构(例如,给格的不同解释的句子),但是它们并不具有相同的语义。例如,优先的句子可能是介词方位格,而不是介词给格:

(12.18)IBM moved [NP a bigger computer] [PP to the Sears store].

Bock 和 Loebell 发现,如果受试人刚刚读过 V NP PP 的句子,他就更倾向于使用 V NP PP 结构的句子来描述图画。这意味着,对于特定成分的使用会使后来对于该成分的使用变得优先,因此,我们可以说,成分必定要在心理上表示出来以便确定它是优先还是非优先。

在最近的研究中,Bock 和她的同事们试图继续发现对于这种组成性结构的证据。

12.10　小结

本章通过使用**上下文无关语法**(context-free grammars),介绍了句法的一些基本概念。

- 在很多语言中,前后相续的单词的组合功能就像一个组或一个**成分**(constituent),我们可以用**上下文无关语法**[context-free grammar,也称为**短语结构语法**(phrase-structure grammar)]来为它们建立模型。
- 一个上下文无关语法由一套**规则**(rules)或**产生式**(productions)组成,这些规则在**非终极**(non-terminal)符号的集合和**终极符号**(terminal)的集合上进行表示。
- **生成语法**(generative grammar)是形式语言中的一个传统名称,它用于给自然语言的语法建立模型。
- 在英语中,句子一级有很多语法结构:**陈述式结构**(declarative)、**命令式结构**(imperative)、**yes-no 疑问式结构**(yes-no question)、**wh 疑问式结构**(wh-question)是 4 种最常见的类型,它们可以用上下文无关规则来建模。
- 在英语**名词短语**(noun phrase)中,**中心语名词**(head noun)前面的修饰成分有**限定词**(determiners)、**数词**(numbers)、**数量修饰语**(quantifiers)和**形容词短语**(adjective phrase),中心语名词后面可以跟随**后修饰成分**(postmodifiers),经常可能出现的后修饰成分有:**动名词**(gerundive)VP、**不定式**(infinitives)VP 和**过去分词**(past participial)VP 等。
- 英语中的**主语**(subject)与主要动词在人称和数方面保持**一致关系**(agree)。
- 动词可以根据它所期望的**补语**(complements)的类型来进行**次范畴化**(subcategorized)。简单的次范畴是**及物动词**(transitive)和**不及物动词**(intransitive),大多数语法还包括除此之外的更多的范畴。
- 在口语中,**句子**(sentences)的连接一般称为**话段**(utterances)。话段可能是**不流畅**的(disfluent),包括如 uh 和 um 这样的**有声停顿**(filled pauses)、**再开始**(restarts)、**修正**(repairs)等。
- 由经过剖析的树可以建造**树库**(treebank)。英语和很多其他的语言已经建立了不同体裁的树库。树库可以使用树搜索工具来进行搜索。
- 任何的上下文无关语法都可以转变为 **Chomsky 范式**(Chomsky normal form),在 Chomsky 范式中,每一个规则的右手边或是两个非终极符号,或者是一个终极符号。
- 上下文无关语法比有限状态语法更强,但是,有限状态语法可以使用 FSA 来**近似地**(approximate)表示上下文无关语法。
- 有一些证据说明,在人的语言处理中,组成性在起作用。

12.11　文献和历史说明

下面是 Wundt 给句子下的定义(Wundt, 1900),这是关于短语组成性的思想源头,引自 Percival(1976):

"*den sprachlichen Ausdruck für die willkürliche Gliederung einer Gesammtvorstellung in ihrein logische Beziehung zueinander gesetzten Bestandteile*"

(句子是把完整的思想任意分为它的组成成分并把它们置于逻辑关系之中的语言表示)①

---

① 原文是 Wundt 著作中的德文,我们按德文照录,并给出了中文译文。　　　　　　　　　　　　　　　——译者注

Percival(1976)的最新研究阐明，把句子分割为成分层次的思想最早出现于实验心理学的奠基人 Wilhelm Wundt 的《大众心理学》(Völkerpsychologie，1900)一书中。Wundt 关于组成性的思想被 Leonard Bloomfield 在他早期的著作《语言研究导论》(An Introduction to the Study of Language)(Bloomfield，1914)中引入了语言学。后来在他的著作《语言论》(Language)(Bloomfield，1933)发表的时候，"直接成分分析法"(immediate-constituent analysis)成为了美国语言学研究中的相当完善的方法。与此相反，从古典时期开始的传统的欧洲语法研究如何确定单词之间的关系，而不是研究确定成分之间的关系。欧洲的句法学家们在诸如**依存语法**(dependency grammar)等语法中，仍然强调以词为基础。

美国结构主义提出了关于直接成分的一些定义，把他们的研究说成是"发现程序"(discovery procedure)，这是描写语言句法的一种有方法论色彩的算法。总体来说，这些研究都试图印证"直接成分的首要标准就是一个组合作为简单的单位起作用的程度"这样的直觉(Bazell，1966，p. 284)。其中最有名的定义是 Harris 关于使用可替换性(substitutability)试验来检验单独的单位分布的相似性(distributional similarity)的思想。从实质上说，这种方法是把一个结构分解为若干个成分，把它替换为可能成分的简单结构。如果可以用一个简单形式(如 man)来替换一个比较复杂的结构(如 intense young man)，那么，这个比较复杂的结构 intense young man 就可能是一个成分。Harris 的试验成为了把成分看成是一种等价类(equivalence class)的这种直觉的开端。

这种层次成分思想的最早的形式化描述是 Chomsky(1956)定义的**短语结构语法**(phrase structure grammar)，后来在 Chomsky(1957)和 Chomsky(1975)中又做了进一步的扩充(并提出反对的理由来论证)。从此以后，大多数的生成语法理论都建立在上下文无关语法的基础之上，至少也是部分地建立在上下文无关语法或它的泛化的基础之上。例如，中心语驱动的短语结构语法(Head-Driven Phrase Structure Grammar，Pollard and Sag，1994)、词汇功能语法(Lexical-Functional Grammar，Bresnan，1982)、管辖与约束理论(Government and Binding，Chomsky，1981)、构式语法(Construction Grammar，Kay and Fillmore，1999)，等等。其中很多理论使用了称为 **X 阶标图式**(X-Bar schemata)的图式上下文无关模板，这种模板也是依赖于句法中心词的概念的。

就在 Chomsky 的开创性研究不久之后，上下文无关语法又再次被 Backus(1959)和 Naur et al. (1960)在他们描述 ALGOL 程序语言的工作中独立地发现了；Backus(1999)说明，他受到了 Emil Post 的产生式(productions)思想的影响，而 Naur 的工作和他本人(Backus)的工作是彼此独立的。(请回忆一下我们前面对于科学中多重发现的讨论)。在这些早期的研究工作之后，因为在这个时期研制了很多上下文无关语法的高效剖析算法，所以自然语言处理的大多数计算模型都是建立在上下文无关语法的基础之上的(参见第 13 章)。

我们已经说过，建立在上下文无关规则基础上的语法并不是无所不在的(ubiquitous)。上下文无关语法的各种扩充特别是为了处理长距离依存关系的问题。前面我们说过，某些处理长距离依存关系的语法都牵涉到语义，而没有牵涉到句法，表层句法并不表示长距离的链接(Kay and Fillmore，1999；Culicover and Jackendoff，2005)。除此之外还有其他的与此不同的语法，上下文无关语法形式化方法的一个扩充是**树邻接语法**(Tree Adjoining Grammar，TAG)(Joshi，1985)。树邻接语法的基本数据结构是树，而不是规则。有两种树：一种是**初始树**(initial trees)，一种是**附加树**(auxiliary trees)。例如，初始树表示简单的句子结构，附加树用于在树中增加递归。树通过两种运算结合起来：一种运算称为**替换**(substitution)，一种运算称为**邻接**(adjunction)。邻接运算可以处理长距离依存关系。详细情况可参看 Joshi(1985)。树邻接语法的一种扩充称为词汇化的树邻接语法(Lexicalized Tree Adjoining Grammar)，我们将在第 14 章讨论这种语法。树邻接语法是第 16 章中将要介绍的**柔性上下文有关语言**(mildly context-sensitive language)家族的一个成员。

　　我们在前面还提到了另外一种处理长距离依存关系的方法，这种方法是建立在使用空范畴和相互索引的基础上。宾州树库使用了这种模型，它是在宾州树库的各个语料库中，从扩充的标准理论(Extended Standard Theory)和最简单主义(Minimalism)抽取出来的(Radford，1997)。

　　另外一种语法理论不是建立在组成性的基础之上的，而是以单词之间的关系为基础的。这些语法理论中最著名的有 Mel'čuk(1979)的依存语法(Dependency Grammar)、Hudson(1984) 的词语法(Word Grammar)和 Karlsson et al.(1995)的约束语法(Constraint Grammar)。

　　还有各种各样的建立正则语法的算法，它们是上下文无关语法(CFG)的近似(Pereira and Wright，1997；Johnson，1998a；Langendoen and Langsam，1987；Nederhof，2000；Mohri and Nederhof，2001)。

　　对于英语语法有兴趣的读者可以阅读关于英语语法的三部大作：Huddleston and Pullum (2002)，Biber et al.(1999)，Quirk et al.(1985)。另外一个有用的参考书是 McCawley(1998)。

　　已经有许多从不同的背景介绍句法的优秀的入门教科书。Sag et al.(2003)是从**生成**(generative)的背景来介绍句法的，集中于中心语驱动的短语结构语法中对短语结构、合一以及类型层级的使用。Van Valin, Jr. and La Polla(1997)从**功能**(functional)的角度，集中介绍了句法结构的跨语言数据和功能动机。

　　基本范畴语法的介绍可参看 Bach(1988)。关于范畴语法的各种扩充可参看 Lambek(1958)，Dowty(1979)以及 Ades and Steedman(1982)，等等；在 Oehrle et al.(1988)的其他文章中给出了关于范畴语法扩充研究的一个综述。在 Steedman(1989，2000)中介绍了组合范畴语法；关于组合范畴语法的指导性介绍可参看 Steedman and Baldridge(2007)。关于语义部分的讨论请参看第18 章。

第13章 句法剖析

调查并发现真理的方法有两种。一种方法是匆忙地从感觉和特殊事物到最普遍的公理，然后从这些公理出发推导并发现中间的公理。另外一种方法是从感觉和特殊事物来构造它们的公理，不断地逐渐地往上升，最后达到最普遍的公理。

Francis Bacon, *Noyum Organum* Book I. 19（1620）

在第 3 章中，我们把剖析定义为识别一个输入符号串并给它指派一个结构的过程。因此，句法剖析就是识别一个句子并给句子指派一个结构的过程。本章着重介绍由第 12 章的上下文无关语法指派的结构。因为上下文无关语法是一种陈述式的形式化方法，这种语法不具体地说明如何从一个句子计算出它的剖析树。因此，本章将具体说明如何给一个输入句子自动地指派一个上下文无关树（短语结构树）的各种可能的算法。本章将介绍三种使用最广泛的剖析算法，这些算法可以自动地给一个输入句子指派一个完全的上下文无关树（短语结构树）。

这一类剖析树可以直接应用于词语处理系统中进行**语法检查**（grammar checking）；如果一个句子不能被剖析，它就很可能有语法错误（或者至少阅读起来有困难）。此外，剖析是**语义分析**（semantic analysis）表示的一个重要的中间阶段（我们将在第 18 章讨论这个问题），因此，剖析在**问答系统**（question answering）、**信息抽取**（information extraction）的应用中，都起着重要的作用。例如，为了回答下面的问题：

What books were written by British women authors before 1800？

如果我们知道这个句子的主语是 what books，by-附接语是 British women authors，就可以帮助我们了解到，用户需要的是图书的列表（而不是作者的列表）。

在介绍剖析算法之前，我们先描述研究标准算法需要的一些因素。首先回顾一下过去在第 2 章介绍有限自动机时把剖析和识别看作**搜索的比喻**（search metaphor），讲解**自顶向下**（top-down）和**自底向上**（bottom-up）的搜索策略。然后讨论歧义问题怎样在句法处理中重新抬头，歧义问题最终又怎样使得基于回溯的简单化方法到处碰壁。

然后本节将介绍 Cocke-Kasami-Younger 算法（CKY 算法，Kasami，1965；Younger，1967）、Earley 算法（Earley，1970）、线图剖析法（Kay，1982；Kaplan，1973）。这些方法把自底向上和自顶向下剖析的洞察力与动态规划结合起来，从而有效地处理复杂的输入。在前面几章中，我们已经知道了动态规划算法的一些应用，例如，最小编辑距离算法、Viterbi 算法、向前算法。最后，我们还要讨论**局部剖析方法**（partial parsing methods），在输入的表层句法分析已经可以满足需要的场合，这些方法是有用武之地的。

13.1　剖析就是搜索

在第 2 章和第 3 章中，我们曾经说明，通过有限状态自动机发现正确的路径，或者发现对于输入的正确的转录，可以看成一个搜索问题。例如，对于有限状态自动机来说，剖析就是在这个自动机中搜索一切可能的路径空间。在句法剖析中，剖析可以看成是对于一个句子搜索一切可能的剖析树空间从而发现正确的剖析树。搜索一切可能的路径空间可以用自动机的结构来定义,所以,搜索一切可能的剖析树空间也可以用语法来定义。例如,我们来考虑如下的 ATIS 中的句子:

(13.1) Book that flight.

图 13.1 引入了语法 $\mathscr{L}_1$,这个语法包括第 12 章中的语法 $\mathscr{L}_0$,再加上少量的附加规则。给出了这样的语法,它就可以给这个例子中的句子指派正确的剖析树,如图 13.2 所示。

语 法	词 表
S → NP VP	Det → that | this | a
S → Aux NP VP	Noun → book | flight | meal | money
S → VP	Verb → book | include | prefer
NP → Pronoun	Pronoun → I | she | me
NP → Proper – Noun	Proper – Noun → Houston | NWA
NP → Det Nominal	Aux → does
Nominal → Noun	Preposition → from | to | on | near | through
Nominal → Nominal Noun	
Nominal → Nominal PP	
VP → Verb	
VP → Verb NP	
VP → Verb NP PP	
VP → Verb PP	
VP → VP PP	
PP → Preposition NP	

图 13.1　英语微型语法 $\mathscr{L}_1$ 和词表

我们怎样使用语法 $\mathscr{L}_1$ 来给例(13.1)指派图 13.2 中的剖析树呢?剖析搜索的目标是发现以初始符号 S 为根并且恰好覆盖整个输入符号串的一切剖析树。不管我们选择的搜索算法如何,这里明显地存在着两种约束有助于指导这种搜索。第一种约束来自数据,这就是输入句子本身。如果最后的剖析树是正确的,它必须有三个叶子,而且这三个叶子应该分别是 book,that 和 flight。第二种约束来自语法。如果最后的剖析树是正确的,它必须有一个根,这个根就是初始符号 S。

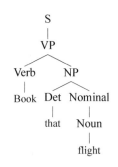

图 13.2　根据语法 $\mathscr{L}_1$ 得出的句子 Book that flight 的正确的剖析树

回顾在本章开始时引用的 Bacon 的那些话,我们可以认识到,这两种约束同时也就产生了大多数剖析算法使用的两种搜索策略:一种是**自顶向下**(top-down)或**目标制导的搜索**(goal-directed search),一种是**自底向上**(bottom-up)或**数据制导的搜索**(data-directed search)。这反映了西方哲学传统中的两个重要的观点:**理性主义**(rationalist)传统和**经验主义**(empiricist)传统。理性主义强调先验知识的使用,而经验主义则强调我们面前的数据。

13.1.1　自顶向下剖析

自顶向下的剖析在搜索时试图从根结点 S 到叶子构造剖析树。让我们来考虑自顶向下剖析的搜索空间,现在假定剖析要并行地构造出所有可能的树。算法开始时假定,给初始符号指派 S,输入就可以从 S 开始被推导出来。下一步要搜索所有能够以 S 为顶点的树,查找在语法的所有规则中,左手边为 S 的规则。在图 13.1 的语法中,有三条规则可以展开 S,所以,在图 13.3 的搜索空间第二层(ply,或者 level)中,我们造出了三个局部树。

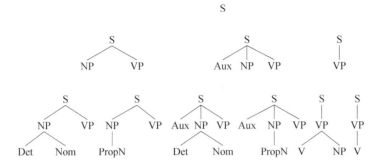

图 13.3　自顶向下搜索空间的展开。每一层的树都是由上一层的树构造而成的,用可能的展开来代替最左的非终极符号,把这些树集中起来构成一个新的层

　　然后,我们来展开这三个新的树中的成分,展开的方法与展开 S 时一样。第一个树告诉我们,可以把 S 展开为 NP 后面跟着一个 VP;第二个树告诉我们,可以把 S 展开为 AUX 后面跟着一个 NP 和一个 VP;第三个树告诉我们,可以把 S 展开为一个 VP。为了便于在书页上表示搜索空间,我们在图 13.3 的第三层中,只画出了每一个树的可展开的最左叶子的展开结果。在搜索空间的每一层,我们使用规则的右手边来提供剖析所期待的新的集合,使用它们来递归地生成树的余下部分。这样,树不断地向下生长,一直生长到树底部的词类范畴。当生长到这种程度的时候,叶子不能完全与输入中的单词匹配的树就被拒绝,最后留下的树就代表成功的剖析结果。在图 13.3 的第三层中,只有第五个剖析树(由规则 VP→Verb NP 展开的树)最后与输入句子 Book that flight 相匹配。

13.1.2　自底向上剖析

　　自底向上(bottom-up)剖析是最早提出的剖析算法[Yngve(1955)首次提出],这种算法在计算机语言的移进-归约剖析中得到普遍的使用(Aho and Ullman, 1972)。在自底向上剖析中,剖析从输入的单词开始,每次都使用语法中的规则,试图从底部的单词向上构造剖析树。如果剖析器成功地构造了以初始符号 S 为根的树,而且这个树覆盖了整个的输入,那么,剖析就获得成功。图 13.4说明了从句子 Book that flight 开始的自底向上剖析的搜索空间。剖析器开始时在词表中查找每一个单词(book, that 和 flight),并且用每一个单词的词类构造三个局部树。不过,单词 book 是有歧义的,它可能是名词,也可能是动词。这样,剖析器就必须考虑两个可能的树的集合。图 13.4中的头两层说明了搜索空间刚开始时分叉的情况。

　　然后展开第二层中的每一个树。在剖析左侧的树时(其中的一个 book 被错误地考虑为名词),规则 Nominal→Noun 被应用于两个名词(book 和 flight)。这个规则也被应用于剖析右侧的树的单个名词(flight),构造出第三层的树。

　　一般来说,当剖析器从一个层到下一个层时,它要查找被剖析的成分是否与某个规则的右手边相匹配。这与前面的自顶向下剖析正好相反,它要查找某个规则的左手边是否与某个还没有展开的非终极符号相匹配。

　　因此,在第四层,在第一个和第三个剖析树中,序列 Det Nominal 被识别为规则 NP→Det Nominal 的右手边。

　　在第五层,把 book 解释为名词的树枝在搜索空间中被剪除。这是因为语法中没有以 Nominal NP 为右手边的规则,因而剖析无法进行下去。搜索空间的最后一层(在图 13.4 中没有出现)是正确的剖析树(参见图 13.2)。

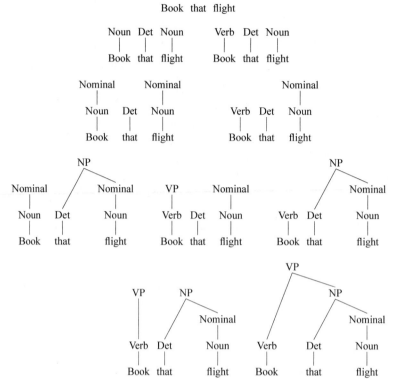

图 13.4　句子 Book that flight 自底向上搜索空间的展开。这个图没有表示出正确的剖析树的搜索的最后一层(参见图13.2)。从这个图中的搜索空间,你可以理解最后的剖析树是怎样构造出来的

13.1.3　自顶向下剖析与自底向上剖析比较

这两种剖析方法各有自己的优点和缺点。自顶向下的策略绝不会浪费时间去搜索一个不可能以 S 为根的树,因为它恰恰是从 S 开始来生成树的。这意味着,自顶向下剖析绝不会去搜索在以 S 为根的树中找不到位置的子树。与此相反,在自底向上的策略中,没有希望导致 S 的树,或者与它们匹配的相邻成分,都会毫无控制地被大量滋生出来。

自顶向下的方法也有它的不足之处。虽然自顶向下方法不会浪费时间去剖析不可能推导出 S 的树,可是,这种方法却花费大量的努力去滋生与输入不一致的而根为 S 的树。注意,在图 13.3第三层的六个树中前四个树的左支都不能与单词 book 匹配。因此这些树都不可能被用来剖析这个句子。自顶向下剖析的这个弱点是由于这种剖析方法在还没有检查输入符号之前就开始生成树了。反之,自底向上剖析绝不会去搜索不是以实际的输入为基础的树。

13.2　歧义

One morning I shot an elephant in my pajamas. How he got into my pajamas I don't know.

　　　　　　　　　　　　　　　　　　Groucho Marx, *Animal Crackers*, 1930①

---

①　这是一个歧义句。一个意思是:"一个早晨我指责在我的睡衣上的大象。我不明白,它是怎么到我的睡衣上的。"另一个意思是:"一个早晨我穿着睡衣向大象开枪。我不明白,它是怎么冲到我的睡衣上来了。"　　　——译者注

歧义可能是剖析面临的最为严重的问题。在第 5 章中我们已经介绍了**词类歧义**(part-of-speech ambiguity)和**词类排歧**(part-of-speech disambiguation)的概念。在这一节中，我们介绍一种的新的歧义，这种歧义称为**结构歧义**(structural ambiguity)，它是在剖析句法结构时发生的。当语法可以给一个句子指派一个以上的剖析时，就会发生结构歧义。我们在本节开头引用的 Groucho Marx 关于 Spaulding 上尉的有名的句子就是有结构歧义的，因为其中的 in my pajamas 这个短语可以是以 elephant 为中心语的名词短语 NP 的一部分，也可以是以 shot 为中心语的动词短语 VP 的一部分。图 13.5 描绘了 Marx 这个歧义句子的两种分析结果。

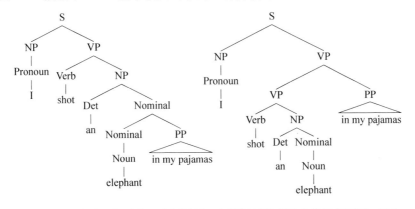

图 13.5　一个歧义句子的两个剖析树。左侧剖析的意思有些异想天开，睡衣
上居然有大象；右侧剖析的意思是 Spaulding 上尉穿着他的睡衣射击

粗略地说，结构歧义有很多种形式。英语中最常见的结构歧义有两种：**附着歧义**(attachment ambiguity)、**并列连接歧义**(coordination ambiguity)。

如果一个特定的成分可以附着在剖析树的一个以上的位置，那么，句子就可能出现附着歧义。上面 Groucho Marx 书中的句子就是 PP 附着歧义的一个例子。各种类型的状语短语也会出现附着歧义。例如，在下面的例子中，动名词 VP "flying to Paris" 可以作为以 Eiffel Tower 为主语的动名词从句的一个部分(意思是："我们看见 Eiffel 铁塔飞向了 Paris")，也可以作为一个附加语(adjunct)来修饰以 saw 为中心语的 VP(意思是："当我们飞向 Paris 时看见了 Eiffel 铁塔")：

(13.2) We saw the Eiffel Tower flying to Paris.

另外一种结构歧义是**并列连接歧义**(coordination ambiguity)。在这种歧义结构中，存在着不同的短语，这些短语之间用 and 这样的连接词相连接。例如，old men and women 这个短语的括号式层次可以是 [old [men and women]]，意思是 "old men and old women"(年老的男人和年老的女人)；也可以是 [old men] and [women]，意思是 "only the men who are old"(只有男人是年老的，而女人不一定都是年老的)。

在现实的句子中，这些歧义又都能以很复杂的方式结合起来。下面是来自 Brown 语料库中关于新闻综述节目的一个例子，需要我们对句子进行剖析：

(13.3) President Kennedy today pushed aside other White House business to devote all his time and attention to working on the Berlin crisis address he will deliver tomorrow night to the American people over nationwide television and radio.

这个句子有若干个歧义，其中有的歧义在语义上是不合理的。要细心地阅读这个句子才能发现这些歧义。最后一个名词短语可以剖析为 [nationwide [television and radio]]，或 [[nationwide television] and radio]。pushed aside 的直接宾语可以是 other White House business,但是也可以是[other White House business to devote all his time and attention to working]这个意思有点儿古怪的短语(这个结构如 Kennedy affirmed [his intention to propose a new budget to address the deficit])。on the Berlin crisis address he will deliver tomorrow night to the American people 这个短语可以作为动词 pushed 的附加修饰语。over nationwide television and radio 这个 PP 可以附着于前面的任何一个 VP 或 NP(例如,这个 PP 可以修饰 people 或 night)。

如果一个句子有很多不合理的剖析结果,这是一个非常令人头痛的问题,它会影响到所有的剖析算法。在实际上,剖析一个句子需要进行**句法排歧**(syntactic disambiguation)。所谓句法排歧就是从多个可能的剖析中选择一个正确的剖析。可惜的是,有效的排歧算法一般需要统计知识、语义知识和语用知识,而这些知识在句法分析的过程中是得不到的。(使用这些类型的知识的技术将在第 14 章和第 18 章中介绍)

对于没有进行过排歧的剖析,可以简单地把所有可能的剖析树都返回给一个给定的输入。可惜的是,如果要从一个鲁棒的、高度歧义的、覆盖广泛的语法出发(例如,第 12 章描述的宾州树库的语法)来生成所有可能的剖析结果,还存在着很多问题。其原因在于,从一定的输入出发得到的各种可能的剖析结果的潜在数量是指数级的。我们来研究 ATIS 的例(13.4):

(13.4) Show me the meal on Flight UA 386 fromSan Francisco to Denver.

当把递归规则 VP→VP PP 和 NP→NP PP 加进我们的很小的语法中后,在这个句子后面的三个介词短语凑合起来一共能够给这个句子造出 14 个剖析树。例如,from San Francisco 这个介词短语还可能成为以 show 为中心语的 VP 的一部分(不过,对这种剖析结果的解释有些怪怪的:从 San Francisco 告诉我飞机上的用餐情况)。图 13.6 是例(13.4)的一个合理的剖析结果。Church and Patil(1982)说明,这种类型的句子的剖析的数目的增长速率与算术表达式插入括号(parenthesization)数量的增长速率相同,是按指数增长的。

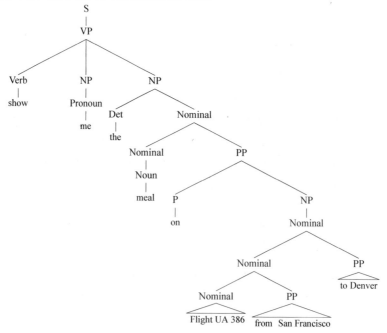

图 13.6　例(13.4)的一个合理的剖析结果

尽管整个的句子不是歧义的(也就是说,这个句子最终只有一个剖析结果),由于句子中存在**局部歧义**(local ambiguity),其剖析的效率也可能不高。当句子中的某个部分有歧义时,就会产生这样的局部歧义。在这种情况下,尽管整个句子是没有歧义的,还是会出现一个以上的剖析。例如,句子 Book that flight 是没有歧义的,但是,当剖析到第一个单词 Book 的时候,剖析器不知道这个单词是一个动词还是一个名词,还需要继续往后剖析才知道,因此,就必须看成是存在两种可能的剖析。

13.3　面对歧义的搜索

为了全面理解局部歧义和全部歧义给句法剖析造成的问题,让我们回到前面对于自顶向下剖析和自底向上剖析的描述中去。假定我们要并行地搜索所有可能的剖析树。因此,在图 13.3 和图 13.4 的每一层,都要说明对前面一层的剖析树的所有可能的展开情况。虽然实现这样的方法一定是可能的,但是还需要使用一个非现实的存储器来存储在剖析过程中构造出来的树空间。由于实际的语法要比我们使用的微型语法存在更多的歧义,这样做是特别重要的。

另外一种常用的展开复杂的搜索空间的方法是使用基于项目表(agenda)的回溯策略。我们在第 2 章和第 3 章中曾经使用这样的策略来实现各种有限状态机器。这种回溯的方法递增地展开搜索空间,系统地在一个时刻搜索一个状态。选择展开的状态可以使用基于诸如深度优先或者宽度优先的方法,或者使用基于概率或考虑语义这样的更加复杂的方法。如果给定的策略达到的树与输入符号串不一致,就返回到项目表中还没有被搜索过的树继续进行搜索。这种策略的纯效应就是剖析只是一心一意地紧追着树,在返回到搜索过程的前一步已经生成的树继续进行剖析之前,一直在试探搜索是成功或者是失败。

遗憾的是,在典型的语法中处处充斥着歧义,这使得任何一种回溯方法的效率都非常低,令人难以容忍。使用回溯方法的剖析器经常会对于输入的某个局部构造出正确的树,在回溯的时候把这个树抛弃,但后来又发现还应该重新构造这些已经被抛弃的树。我们来研究给例(13.5)中的 NP 发现一个正确剖析的过程:

(13.5)a flight from Indianapolis to Houston on NWA

优先而完全的剖析结果如图 13.7 最下面的剖析树所示。这个名词短语存在着若干个不同的剖析,现在我们只集中讨论在扩展路径来搜索这个优先的剖析结果过程中出现的大量的重复工作问题。

因为我们使用自顶向下、深度优先、从左向右的回溯策略,剖析器首先得到一个小的剖析树,但是由于这个小剖析树不能覆盖整个的输入,剖析失败。一系列连续的失败导致不断地进行回溯,使得剖析递增地覆盖越来越多的输入。用这种自顶向下的方法正确地进行剖析的路径中构造出来的一系列的树如图 13.7 所示。

这个图清楚地描绘了由于使用回溯方法而造成的这种无聊而笨拙的重复工作。除了最顶端的成分之外,最后形成的剖析树的每一个部分都要被推导一次以上。显而易见,如果是在动词短语一级或者在句子一级的歧义而导致的工作量,将比这个名词短语的例子所做的工作量还要大得多。注意,尽管这个例子是针对自顶向下剖析的,但是,这种白费力气的工作在自底向上剖析中也是存在的。

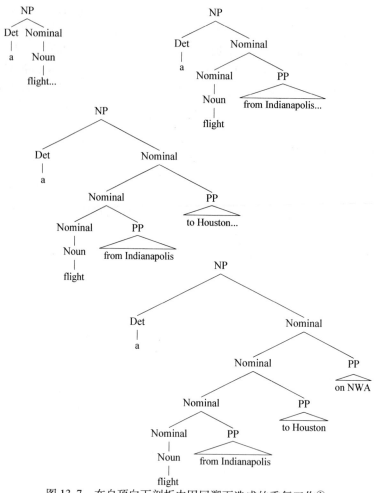

图 13.7 在自顶向下剖析中因回溯而造成的重复工作①

13.4 动态规划剖析方法

在前面一节我们介绍了使标准的自底向上剖析或自顶向下剖析感到棘手的歧义问题。幸运的是，有一类简单算法能够解决所有这些问题，这个算法就是动态规划算法。**动态规划**(dynamic programming)曾经在最小编辑距离、Viterbi 算法、向前算法中帮助过我们，现在，动态规划又为解决上述问题提供了框架。我们知道，动态规划方法系统地把对于子问题的解填到表中。当填完表的时候，动态规划的表中包含了对所有子问题的解，而这些子问题是解决整个问题所必须的。

在剖析的场合，这样的表用来存储输入中各个成分的子树，当这些成分被发现的时候，就把它们的子树存储到表中。一旦发现这些子树，就马上存储到表中，然后，在整个剖析过程中调用这些成分，从而提高了剖析的功效。这样就解决了重复剖析的问题(只需要查找子树，而不必重新剖析)和歧义问题(剖析表隐含地存储着所有可能的剖析结果，因为表中存储了所有的成分连同它们可能导致的剖析)。我们前面讨论过，使用最广泛的三种动态规划方法是 Cocke-Kasami-Younger 算法(CKY 算法)、Earley 算法和线图分析法。

---

① 图中 TWA 有错，应为 NWA，以便与正文保持一致。　　　　　　　　　　　　　　　　　　——译者注

13.4.1 CKY 剖析

我们开始研究 CKY 算法，首先来研究这种算法的一个主要的要求：CKY 算法使用的语法必须具有 Chomsky 范式（Chomsky Normal Form，CNF）。从第 12 章我们知道，CNF 语法的规则被限制为只具有 A→BC 或 A→w 这样的形式。这就是说，每一个规则的右手边或扩展为两个非终极符号，或者扩展为一个单独的终极符号。我们还知道，把一个语法限制为 CNF 并不会在表达能力方面造成任何的损失，因为任何的上下文无关语法都可以转换为相应的 CNF 语法，这个 CNF 语法接受的符号串的集合与原来的语法是完全一样的。这个单独的限制使得基于表（table-based）的剖析方法变得非常简单和优美。

转换为 Chomsky 范式

首先我们来研究把一般的 CFG 转换为 CNF 的过程。假定我们处理的是 ε-自由的语法，在任何一个一般的语法中，我们必须注意三种情况：在规则的右手边混合了终极符号和非终极符号的规则，在规则的右手边只有一个单独的非终极符号的规则，规则右手边的符号串长度大于 2 的规则。

为了转换在规则的右手边混合了终极符号和非终极符号的规则，只需要简单地导入一个作为哑元的非终极符号来覆盖原来的终极符号。例如，不定式动词短语的规则 INF-VP→ to VP 可以使用 INF-VP→ TO VP 和 TO→to 两个规则来替换，从而把这个规则转换为 Chomsky 范式。

只带有一个单独的非终极符号的规则称为**单位产生式**（unit production）。我们可以消除这些单位产生式，办法是使用单位产生式最终导致的所有非单位产生式规则的右手边，来重写原来的单位产生式的右手边。更加形式地说，如果由一个或多个单位产生式的链得到 $A \stackrel{*}{\Rightarrow} B$，并且在我们的语法中，B→γ 是非单位产生式，那么，我们对于该语法中的每一个这样的规则加上 A→γ，并删除全部与之有关的单位产生式。从我们在前面的玩具式的语法中可以看出，这样做的结果将会导致该语法实体的**扁平化**（flattening），在最后形成的树形图中，带终极符号的结点会提升到比较高的位置。

对于右手边的符号串长度大于 2 的规则，可以通过导入新的非终极符号的方法来归一化，从而把比较长的符号串序列展开为若干个新的规则。形式地说，如果有如下的规则：

$$A \rightarrow B\,C\,\gamma$$

我们用一个新的非终极符号 X1 来替换最左的非终极符号偶对 BC，并导入一个新的产生式，形成如下两个新的规则：

$$X1 \rightarrow BC$$
$$A \rightarrow X1\,\gamma$$

如果右手边的符号串更长，我们只要简单地重复这个过程，直到原来触及的那个规则被若干个长度为 2 的规则取代为止。替代非终极符号最左偶对的选择完全是随意的，只要能够最后形成二元规则，任何一种系统性的办法都能充分地满足要求。

在当前的规则中，规则 S→Aux NP VP 被 S→X1 VP 和 X1→Aux NP 两个规则所替代。

整个的转换过程可总结如下：

1. 把所有出现的规则都原封不动地复制到新的语法中；
2. 把规则中的终极符号转换为哑元非终极符号；
3. 转换单元生成式；
4. 把所有的规则都做成二元规则，并把它们加到新的语法中。

图 13.8 是对前面介绍的语法 $\mathcal{L}_1$ 应用整个转换过程的结果。注意，这个图没有说明原来的词

汇规则,因为原来的词汇规则在 CNF 中已经写出来了,它们在新的语法中被原封不动地继续保留下来。例如,在最后转换成的 CNF 语法中,所有原来的动词都提升到 VP 规则和 S 规则中。

语法 $\mathscr{L}_1$	CNF 中的 $\mathscr{L}_1$
S → NP VP	S → NP VP
S → Aux NP VP	S → X1 VP
	X1 → Aux NP
S → VP	S → book|include|prefer
	S → Verb NP
	S → X2 PP
	S → Verb PP
	S → VP PP
NP → Pronoun	NP → I|she|me
NP → Proper – Noun	NP → TWA|Houston
NP → Det Nominal	NP → Det Nominal
Nominal → Noun	Nominal → book|flight|meal|money
Nominal → Nominal Noun	Nominal → Nominal Noun
Nominal → Nominal PP	Nominal → Nominal PP
VP → Verb	VP → book|include|prefer
VP → Verb NP	VP → Verb NP
VP → Verb NP PP	VP → X2 PP
	X2 → Verb NP
VP → Verb PP	VP → Verb PP
VP → VP PP	VP → VP PP
PP → Preposition NP	PP → Preposition NP

图 13.8 语法 $\mathscr{L}_1$ 及其到 CNF 的转换。注意,$\mathscr{L}_1$ 中原来的全部词汇条目都原封不动地继续保留下来,尽管这里没有加以说明①

CKY 识别

现在我们的语法已经是 CNF 形式,剖析树中在词类符号这一层次之上的每一个非终极结点都有两个女儿结点。我们使用一个简单的二维矩阵来给整个的树结构进行编码。更加具体地说,对于一个长度为 n 的句子,我们取矩阵 $(n+1) \times (n+1)$ 上部的三角形部分来进行工作。在这个矩阵的每一个单元 $[i, j]$ 中,包含着非终极符号的一个集合,这个集合表示在输入句子中横跨在位置 i 到 j 之间的所有组成成分。因为我们作索引的方法是以 0 开始的,所以我们自然就会把这个索引看成是输入单词之间的间隔的指针(例如,索引 $_0$ Book $_1$ that $_2$ flight $_3$)。由此可以推论出,在矩阵中表示整个输入的单元的位置应当处于 $[0, n]$ 之间。

因为我们的语法具有 CNF 的形式,在这个矩阵表中的非终极符号的项目(entry)应该在剖析树中恰好有两个女儿。所以,对于在这个矩阵表中项目 $[i, j]$ 所表示的每一个成分,在输入中必定有一个位置 k,k 能够把这个成分分离成两个部分,使得 $i < k < j$。给定这样的位置 k,第一个组成成分 $[i, k]$ 必定沿着矩阵的行 i,并处于项目 $[i, j]$ 的左侧,第二个组成部分 $[k, j]$ 沿着矩阵的列 j,并处于其下。

为了把这个问题叙述得更加具体,我们来考虑下面的例子:

(13.6) Book the flight through Houston.

这个例子具有完整的剖析矩阵,如图 13.9 所示。

---

① 图中 TWA 有错,应为 NWA,以便与正文保持一致。

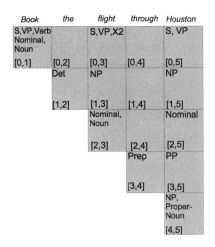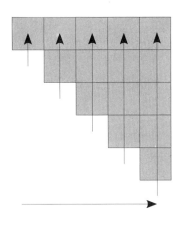

图 13.9　句子 Book the flight through Houston 的完整的剖析表

这个矩阵的上对角线的行中包含输入句子中每一个输入单词的词类。处于这个上对角线上方的各个对角线所包含的成分，随着输入长度的增加，可以逐次覆盖所有跨接的成分。

给出了所有的东西之后，CKY 识别就成为一件非常简单的事情，我们只要用正确的方式来填充这个剖析表就可以了。为了做到这一点，我们采用自底向上的方式来进行处理，使得在填充任何单元[i,j]的点上，该单元所包含已经被填充了的部分（也就是左侧的单元和下方的单元）能够对于这个单元有所贡献。有各种办法可以做到这一点，如图 13.9 的右侧部分所示，图 13.10 中给出的算法在从左到右工作的时刻填充上三角形的一个列。然后，自底向上填充每一个列。这样的办法可以保证在每一个点上我们能够及时地获得所需要的全部的信息（使用左侧的信息是因为左侧所有列的信息都已经被填充了，使用下方的信息是因为填充过程是自底向上的）。这也是一种镜像的在线剖析，因为从左到右地填充列，相当于在一个时刻处理一个单词。

```
function CKY-PARSE(words, grammar) returns table

    for j ← from 1 to LENGTH(words) do
        table[j − 1, j] ← {A | A → words[j] ∈ grammar }
        for i ← from j − 2 downto 0 do
            for k ← i + 1 to j − 1 do
                table[i,j] ← table[i,j] ∪
                          {A | A → BC ∈ grammar,
                               B ∈ table[i,k],
                               C ∈ table[k,j] }
```

图 13.10　CKY 算法

图 13.10 中给出的算法的最外层的循环在一个列上反复迭代，第二个循环在一个行上反复迭代，剖析自底向上进行。最内层的循环是为了对于输入中横跨在 i 和 j 之间子符号串的所有位置都可以把它们分离为两部分。当 k 的位置处于符号串能够被分离的位置时，就可以移动我们所考虑的单元偶对，顺着行 i 向右，顺着列 j 向下，最后进入锁定步骤。图 13.11 说明了填充单元[i, j]的一般情况。在每一次分离的时候，算法都要考虑两个单元的内容的结合是否能够得到相应语法中某一个规则的认可。如果存在这样的规则，那么，这个规则左手边的非终极符号就可以填入到矩阵表中。

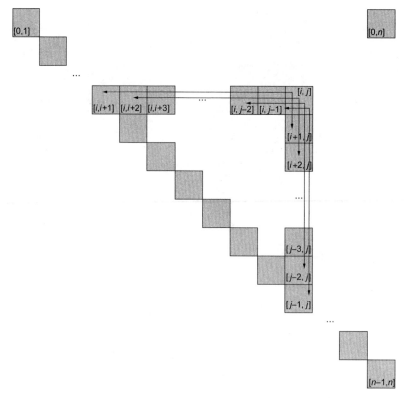

图 13.11　在 CKY 表中填充第$[i, j]$个单元所有方式

图 13.12 说明了在读到单词 Houston 之后,表的第 5 列中的 5 个单元的填充情况。箭头指出了用于给这个表添加一个项目的两个跨接。注意,单元$[0, 5]$的这种操作过程表明,对于这个输入,存在着 3 个不同的剖析结果,一个是 PP 修饰 flight,一个是 PP 修饰 book(预定)这个动作,一个是捕捉到了在原来的规则 VP→Verb NP PP 中的第二个论元,现在是使用 VP→X2 PP 这个规则间接地捕捉到的。

实际上,由于我们当前的算法是把非终极符号的集合作为单元项目来处理的,并不包括对于表中这种同样的非终极符号进行多次的复制;在处理$[0, 5]$时发现的第二个 S 和 VP 并没有什么作用。在下一节中,我们还要再讨论这个问题。

CKY 剖析

图 13.10 中给出的算法是一个识别程序,而不是一个剖析程序,为了得到成功,这个算法只要简单地在单元$[0, n]$①中找出一个 S 就可以了。为了把这个识别程序改变成一个剖析程序,使它能够对于给定的输入返回所有可能的剖析结果,我们可以对于这个算法做两个简单的改变:第一个改变是提升表中的项目,使得每一个非终极符号都与指向表中项目的指针配对,而表中的项目又是从非终极符号推导出来的(或多或少如图 13.12 所示)。第二个改变是允许进入表中的同一个非终极符号有多个版本(如图 13.12 所示)。做了这样的改变之后,对于给定的输入,在最后完成的表中就可以包含所有可能的剖析结果。返回从单元$[0, n]$中选择 S 的某个任意的剖析结果,然后,从表中递归地搜索它的组成成分。

---

① 此处原文为$[0, N]$,可能有误。　　　　　　　　　　　　　　　　　　　　　——译者注

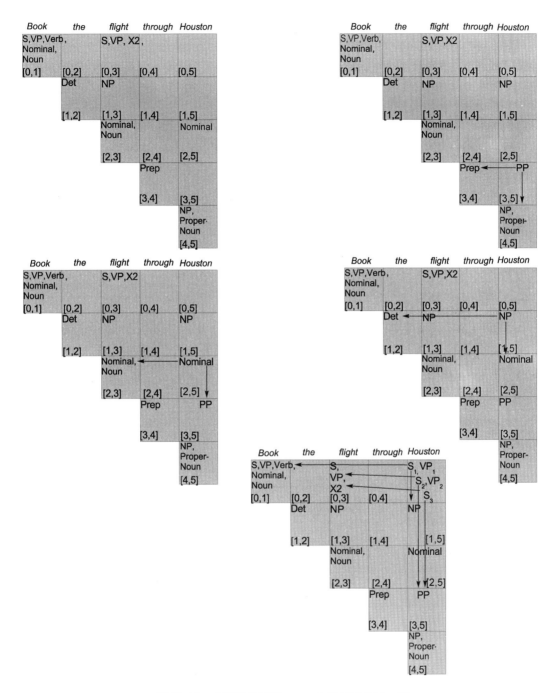

图 13.12 在读到单词 Houston 之后填充最后一列

　　显而易见, 对于给定的输入返回所有的剖析结果可能会付出可观的开销。我们在前面已经看到, 一个给定的输入, 与之联系的剖析结果的数目可能是指数型的。在这样的情况下, 如果要返回所有的剖析结果将会不可避免地导致指数型的巨大开销。在第 14 章中我们将会看到, 如果进一步提升 CKY 的表, 使它的每一个项目都包含概率, 那么, 对于给定的输入, 我们就有可能搜索到最佳的剖析结果。搜索概率最大的剖析结果时, 需要对于所得到的完全的剖析表, 运行第 5 章中介绍过的一个经过适当修改的 Viterbi 算法的版本。

CKY 实用中的问题

最后,我们还应注意到,尽管对于 CNF 的限制在理论上是不成问题的,但是,在实际使用中却会出现某些不寻常的问题。显而易见,CKY 剖析器返回的树形图与句法专家开始给我们提供的语法并不一致。这除了会让语法研究者感到不快之外,如果把原始的语法转换成 CNF,还会使任何句法驱动的方法到语义分析变得复杂。

我们花力气去解决这些问题的方法是在剖析过程中增加一个后处理的步骤,以便在把 CKY 得到的树形图转换为原始的语法时保持住尽可能充分的信息。在使用长度大于 2 的规则时,进行这样的转换是很平常的事情。在恢复原始的树形图时,还要简单地删除新的哑元非终极符号并提升它们的女儿结点。

在单位产生式的场合,采用改变基本的 CKY 算法直接处理单位产生式的方法与采用存储需要恢复正确的树形图的信息的方法相比,前者更加方便。在第 14 章中讲的介绍概率剖析算法正是使用这样的方法来改变 CKY 算法的。另外的解决方法是使用更加复杂的动态规划使得算法可以接受随意的 CFG。下一节将介绍这样的方法。

13.4.2   Earley 算法

与使用 CKY 算法实现的自底向上搜索方法相比,Earley 算法(Earley, 1970)使用动态规划的方法有效地实现了 13.1.1 节中讨论过的并行的**自顶向下搜索**(top-down search)。Earley 算法的核心是一个从左到右的传递,它填充一个称为**线图**(chart)的数组,如果输入有 N 个单词,则线图含有 $N+1$ 个项目(entry)。对于句子中每一个单词的位置,线图包含一个状态表来表示已经生成的部分剖析树。与 CKY 算法一样,使用索引号来表示在输入中单词之间的位置(例如,索引 $_0$ Book $_1$ that $_2$ flight $_3$)。在句子的结尾,线图把对于给定输入的所有可能的剖析结果简洁地进行编码。每一个可能的子树只表示一次,并且这个子树表示可以被需要它的所有的剖析共享。

包含在每一个线图项目(chart entry)中的状态含有三种信息:关于与语法的一个规则相对应的子树的信息,关于完成这个子树已经通过的进程的信息,关于这个子树相对于输入的位置的信息。用图形来表示,我们将在某一状态的语法规则的右手边中,使用一个点(dot)"·"来标志识别这个状态所走过的进程。这样形成的结构称为**点规则**(dotted rule)。一个状态对于输入的位置用两个数来表示,分别说明该状态开始的位置以及点所在的位置。

我们来研究下面三个状态的例子,它们是使用 Earley 算法在剖析例(13.7)的过程中产生的:

(13.7) Book that flight.

$$S \rightarrow \bullet VP, [0,0]$$
$$NP \rightarrow Det \bullet Nominal, [1,2]$$
$$VP \rightarrow V\,NP \bullet, [0,3]$$

在第一个状态中,点处于成分的左侧,表示以自顶向下的方式预测这个特定的开始结点 S。第一个 0 表示这个状态所预测的成分开始于输入符号串的开头;第二个 0 表示点也在开始的位置。第二个状态是在处理这个句子的下一个阶段产生的,它说明,NP 开始于位置 1,Det 已经被成功地剖析,期待下一步处理 Nominal。在第三个状态中,点处于规则中两个成分的右侧,表示已经成功地找到了与 VP 相对应的树,而且这个 VP 横跨在整个的输入符号串上。

Earley 剖析算法的基本操作是以从左向右的方式走过线图中的 $N+1$ 个由状态组成的集合,按顺序处理每一个集合中的各个状态。在每一步,根据具体情况应用下面描述的三个操作中的一个于每一个状态。在每一个场合,这样的操作的结果会增加一个新的状态,这个新的状态或加在当前状态的后面，或者加在该线图的下一个状态的集合中。这样的算法始终通过线图向前移动，每向前移动一步增加一个新的状态，这些状态从来不会被抹掉，当算法向前移动之后，它就再也不会回溯到前面已经走过的线图项目中去。在最后一个线图项目的状态表中的状态 $S{\rightarrow}\alpha\cdot$，$[0, N]$ 表示剖析已经成功。图 13.13 给出了一个完全的算法。

```
function EARLEY-PARSE(words, grammar) returns chart
    ENQUEUE((γ → • S, [0,0]), chart[0])
    for i ← from 0 to LENGTH(words) do
      for each state in chart[i] do
        if INCOMPLETE?(state) and
              NEXT-CAT(state) is not a part of speech then
            PREDICTOR(state)
        elseif INCOMPLETE?(state) and
              NEXT-CAT(state) is a part of speech then
            SCANNER(state)
        else
            COMPLETER(state)
      end
    end
    return(chart)

procedure PREDICTOR((A → α • B β, [i, j]))
    for each (B → γ) in GRAMMAR-RULES-FOR(B, grammar) do
        ENQUEUE((B → • γ, [j, j]), chart[j])
    end

procedure SCANNER((A → α • B β, [i, j]))
    if B ⊂ PARTS-OF-SPEECH(word[j]) then
        ENQUEUE((B → word[j], [j, j+1]), chart[j+1])

procedure COMPLETER((B → γ •, [j, k]))
    for each (A → α • B β, [i, j]) in chart[j] do
        ENQUEUE((A → α B • β, [i, k]), chart[k])
    end

procedure ENQUEUE(state, chart-entry)
    if state is not already in chart-entry then
        PUSH(state, chart-entry)
    end
```

图 13.13　Earley 算法

下面三节详细地描述在线图中处理状态的三个操作。每一个操作取一个单独的状态作为输入，并从这个状态推导出一个新的状态。只要新的状态不再是当前状态，就把它们加到线图中去。"预测"（PREDICTOR）和"完成"（COMPLETER）操作把状态加到正在处理的线图项目中，而"扫描"（SCANNER）操作把状态加到下一个线图项目中。

预测

预测操作的名称是 PREDICTOR。从名称可以知道，PREDICTOR 的任务是造出一个新的状态来表示在剖析过程中生成的自顶向下的预测。PREDICTOR 应用于点规则中点的右侧为非终极符号但又不是词类范畴的任何状态。使用 PREDICTOR 的结果，对于语法提供的这个非终极符号的每一个不同的展开，都造出一个新的状态。这些新的状态作为生成的状态被放到同样一个线图项目中。它们从同一个点开始，在同一个点结束，这个点就处于输入中生成状态结束的地方。

例如，使用 PREDICTOR 于状态 S→·VP，$[0, 0]$，其结果是在第一个线图项目中增加以下 5 种状态：

$$VP \rightarrow \bullet Verb, [0, 0]$$

$$VP \rightarrow \bullet Verb\ NP, [0, 0]$$

$$VP \rightarrow \bullet Verb\ NP\ PP, [0, 0]$$

$$VP \rightarrow \bullet Verb\ PP, [0, 0]$$

$$VP \rightarrow \bullet VP\ PP, [0, 0]$$

扫描

扫描操作的名称是 SCANNER。当在点规则中点的右侧是词类范畴的时候,就调用 SCAN-NER 来检查输入符号串,并把对应于所预测的词类范畴的状态加入到线图中。使用 SCANNER 操作之后,从输入状态中造出一个新的状态,并且点规则中的点跨过所预见的输入范畴,向前移动一个位置。注意,与 CKY 算法不同,Earley 剖析算法使用自顶向下输入来帮助对于词类歧义进行排歧;只有被某一个状态所预见的单词的词类才能在线图中找到它们的路径。

再回到我们的例子,当处理状态 VP→ · Verb NP, [0, 0]的时候,因为点后面的范畴是词类,所以,SCANNER 要在输入中查找当前的单词。这时,SCANNER 注意到,book 可能是一个 verb,它与当前状态中的预测相匹配。其结果是造出一个新的状态 Verb→book · , [0, 1],然后把这个新的状态加到线图项目中,跟随在当前处理过的状态之后。Book 的名词含义("书")绝不可能进入到这个线图中,因为在输入中的这个位置,没有任何的规则预测这样的含义。

应该注意,这个 SCANNER 和 PREDICTOR 版本与 Earley 原来的算法形式的相应操作(Earley, 1970)稍微有些不同。在 SCANNER 和 PREDICTOR 两个操作中,这些终极符号都统一地被处理为语法的正常部分。使用这样的方法,如 VP→ · Verb NP, [0, 0]这样的状态将激活一些预测状态,与这些预测状态相应的任何规则,Verb 都处于规则的左手边。在当前的例子中,预测状态就是 Verb→ · book。因此,原来的 SCANNER 将面临这个预测状态,把当前的输入符号与预测的符号相匹配,其结果产生一个新的状态,规则中的点也向前推进一步,这个新的状态就是 Verb →book · 。

遗憾的是,对于大规模的词表,这个方法并不实用,因为当预测到某个单词的类别的时候,表示给定单词类别的每一个单词的状态势必都要进入到线图中。在当前的例子中,表示每一个已知动词的状态将被加到 book 的状态中。由于这样的原因,PREDICATOR 版本没有建立状态来表示对于单个的词汇项目的预测。SCANNER 清清楚楚地插入一些状态来表示完整的词汇项目,通过这样的方法来弥补上述的不足,尽管在线图中没有预测它们的状态也要插入。

完成

完成操作的名称是 COMPLETER。当一个状态中的点到达规则的右端的时候,就进行完成操作。从直观上说,这样的状态说明剖析算法已经成功地找到了在输入的某个跨接(span)上的一个特定的语法范畴。COMPLETER 的目标就是查找输入中在这个位置的语法范畴,发现并且推进前面造出的所有状态。COMPLETER 造新的状态时,可以**复制**(copying)老的状态,但是要把点规则中的点跨过所预测的范畴向前推进,并把这个新的状态安置在当前的线图项目中。

在当前的例子中,当处理状态 NP→Det Nominal · , [1, 3]的时候,COMPLETER 要查找以 1 为结尾并预测 NP 的状态。它要找到状态 VP→Verb · NP, [0, 1]和 VP→Verb · NP PP, [0, 1]。其结果是在线图中加入一个新的完成状态 VP→Verb NP · , [0, 3]以及一个新的未完成状态 VP →Verb NP · PP, [0, 3]。

一个完整的例子

图 13.14 说明了在剖析例(13.7)的整个过程中造出的状态序列。每一个行中要说明所涉及

的状态的编号、点规则、开始点和结束点，最后还要说明把该状态加到线图中时进行了什么样的操作。

开始时，算法播下一个种子线图，自顶向下地预测 S。这个种子线图的种植是通过在 Chart[0]中加入哑状态(dummy state)γ→ · S, [0, 0]来实现的。当处理这个状态时，算法转入 PRE-DICTOR，造出三个状态来表示对于 S 的每一个可能的类型的预测，并逐一地造出这些树的所有左角的状态。当处理状态 VP→ · Verb, [0, 0]时，调用 SCANNER 并查找第一个单词。这时，代表 book 的动词意义的状态被加入到线图项目 Chart[1]中。注意，当处理状态 VP→ · Verb, [0, 0]时，还要再次调用 SCANNER。但是，这一次没有必要再加一个新的状态，因为在线图中已经有一个等同于 Verb 的状态了。

Chart[0]	S0	γ → • S	[0,0]	Dummy start state
	S1	S → • NP VP	[0,0]	Predictor
	S2	S → • Aux NP VP	[0,0]	Predictor
	S3	S → • VP	[0,0]	Predictor
	S4	NP → • Pronoun	[0,0]	Predictor
	S5	NP → • Proper-Noun	[0,0]	Predictor
	S6	NP → • Det Nominal	[0,0]	Predictor
	S7	VP → • Verb	[0,0]	Predictor
	S8	VP → • Verb NP	[0,0]	Predictor
	S9	VP → • Verb NP PP	[0,0]	Predictor
	S10	VP → • Verb PP	[0,0]	Predictor
	S11	VP → • VP PP	[0,0]	Predictor
Chart[1]	S12	Verb → book •	[0,1]	Scanner
	S13	VP → Verb •	[0,1]	Completer
	S14	VP → Verb • NP	[0,1]	Completer
	S15	VP → Verb • NP PP	[0,1]	Completer
	S16	VP → Verb • PP	[0,1]	Completer
	S17	S → VP •	[0,1]	Completer
	S18	VP → VP • PP	[0,1]	Completer
	S19	NP → • Pronoun	[1,1]	Predictor
	S20	NP → • Proper-Noun	[1,1]	Predictor
	S21	NP → • Det Nominal	[1,1]	Predictor
	S22	PP → • Prep NP	[1,1]	Predictor
Chart[2]	S23	Det → that •	[1,2]	Scanner
	S24	NP → Det • Nominal	[1,2]	Completer
	S25	Nominal → • Noun	[2,2]	Predictor
	S26	Nominal → • Nominal Noun	[2,2]	Predictor
	S27	Nominal → • Nominal PP	[2,2]	Predictor
Chart[3]	S28	Noun → flight •	[2,3]	Scanner
	S29	Nominal → Noun •	[2,3]	Completer
	S30	NP → Det Nominal •	[1,3]	Completer
	S31	Nominal → Nominal • Noun	[2,3]	Completer
	S32	Nominal → Nominal • PP	[2,3]	Completer
	S33	VP → Verb NP •	[0,3]	Completer
	S34	VP → Verb NP • PP	[0,3]	Completer
	S35	PP → • Prep NP	[3,3]	Predictor
	S36	S → VP •	[0,3]	Completer
	S37	VP → VP • PP	[0,3]	Completer

图 13.14　用 Earley 算法剖析 Book that flight 时在线图中造出的状态序列。每一项中都要说明
　　　　状态编号、它的开始位置和结束位置，以及把它放在这个线图中的算法的功能

当在 Chart[0]中的所有的状态都处理之后，算法就转移到 Chart[1]，在这里，它找到了代表 book 的动词意义的状态。由于这个状态中的点处于它的成分的右侧，显然这是一个完成的状态，因此调用 COMPLETER。然后，COMPLETER 找到 4 个前面存在的 VP 状态，在输入中的这个位置上预测 Verb。复制这些状态并把它们的点向前推进，然后把它们加入到 Chart[1]中。完成的状态对应于一个不及物动词 VP，这将导致造出一个表示命令句 S 的状态。另外，在及物动词短语中的点后面还可以导致造出三个状态，其中有的状态用来预测不同形式的 NP。最后，状态 NP → ·Det Nominal，[1,1]引起 SCANNER 去读单词 that，并把相应的状态加入到 Chart[2]中。

移动到 Chart[2]时，算法发现代表 that 的限定词意义的状态。这个完成状态导致在 Chart[1]预测的 NP 状态中把点向前推进一步，并预测各种类型 Nominal。其中的第一个 Nominal 引起最后一次调用 SCANNER 去处理单词 flight。

最后，移动到 Chart[3]时，出现了代表 flight 的状态，这个状态导致一系列快速的 COMPLETER 操作，分别完成一个 NP、一个及物的 VP，以及一个 S。在这个最后的 Chart 中出现了状态 S → VP·，[0,3]，这意味着，算法已经找到了成功的剖析。

把这个例子与前面给出的 CKY 的例子加以对比是很有用的。虽然 Earley 算法尽量避免加入 book 的名词含义的项目，但是，这种算法的行为明显地比 CKY 算法更加随意。这种随意性来自 Earley 算法的预测操作具有纯粹的自顶向下的特征。建议读者自己改进算法来消除某些不必要的预测。

从线图中检索剖析树

正如 CKY 算法是一个识别器一样，Earley 算法的这个版本实际上也是一个识别器，而不是一个剖析器。在处理完成之后，正确的句子也就离开线图中的状态 S → α·，[0,N]了。为了从线图中把有关的剖析抽取出来，每一个状态的表示必须再增加一个区域来存储关于生成句子中各个成分所完成的状态的信息。

这种信息只要简单地修改一下 COMPLETER 就可以收集到。我们知道，当状态中的点后面的成分被找到以后，COMPLETER 通过推进已经存在的未完成状态的办法，造出了一个新的状态。我们只需要改变 COMPLETER，让它给老的状态在新状态的前面一个状态的表中增加一个指针。当算法从线图检索剖析树的时候，只要从在最后的线图项目中代表一个完全 S 的那个状态(或一些状态)开始进行检索，就能够把剖析树从线图中检索出来。图 13.15 说明了，只要适当地修改参与这个例子最后剖析的 COMPLETER，就可以构造出线图的项目。

Chart[1]	S12	Verb → book ·	[0,1]	Scanner
Chart[2]	S23	Det → that ·	[1,2]	Scanner
Chart[3]	S28	Noun → flight ·	[2,3]	Scanner
	S29	Nominal → Noun ·	[2,3]	(S28)
	S30	NP → Det Nominal ·	[1,3]	(S23, S29)
	S33	VP → Verb NP ·	[0,3]	(S12, S30)
	S36	S → VP ·	[0,3]	(S33)

图 13.15 参加最后剖析 Book that flight 的状态，状态中包括结构剖析的信息

13.4.3 线图剖析

不论在 cKY 算法还是在 Earley 算法中，事件在时间上发生的顺序(例如，在表中增加一个项目、读单词、做预测，等等)都是由这些算法规定的过程静态地确定的。但是，令人头疼的是，由于各方面的原因，我们常常需要根据当前的信息来动态地确定所发生的事件的顺序。值得庆幸

的是，Martin Kay 和他的同事们（Kaplan，1973；Kay，1982）提出的**线图剖析**方法（chart parsing）使得我们有可能更加灵活地来确定所处理的线图事件发生的顺序。这可以通过使用一个明确而清晰的项目表（agenda）来完成。采用这样的策略，当状态［在线图剖析中称为**边**（edges）］建立起来的时候，它们就被加到项目表中，根据与主要剖析算法分开的策略所规定的顺序被保存起来。这可以看成是过去我们多次讲过的状态空间搜索的另一个实例：在第 2 章和第 3 章中介绍过的 FSA 和 FST 识别算法和剖析算法使用过简单静态策略的项目表，第 9 章中介绍过的 A* 解码算法也是用一个项目表驱动的，不过其中的各个项目是根据概率来排序的。

图 13.16 是基于这种方法的一个剖析算法的原创版本。该算法的主要部分包括一个单独的回路（loop），该回路从项目表的前端移动一个边，对这个边进行处理，然后转到项目表中的下一个项目。当项目表变空时，剖析终止，返回线图。这样一来，项目表中给这些成分排序使用的策略就决定了进一步创建新的边以及进行预测的顺序。

```
function CHART-PARSE(words, grammar, agenda-strategy) returns chart

    INITIALIZE(chart, agenda, words)
    while agenda
        current-edge ← POP(agenda)
        PROCESS-EDGE(current-edge)
    return(chart)

procedure PROCESS-EDGE(edge)
    ADD-TO-CHART(edge)
    if INCOMPLETE?(edge)
        FORWARD-FUNDAMENTAL-RULE(edge)
    else
        BACKWARD-FUNDAMENTAL-RULE(edge)
    MAKE-PREDICTIONS(edge)

procedure FORWARD-FUNDAMENTAL((A → α • B β, [i,j]))
    for each(B → γ •, [j,k]) in chart
        ADD-TO-AGENDA(A → α B • β, [i,k])

procedure BACKWARD-FUNDAMENTAL((B → γ •, [j,k]))
    for each(A → α • B β, [i,j]) in chart
        ADD-TO-AGENDA(A → α B • β, [i,k])

procedure ADD-TO-CHART(edge)
    if edge is not already in chart then
        Add edge to chart

procedure ADD-TO-AGENDA(edge)
    if edge is not already in agenda then
        APPLY(agenda-strategy, edge, agenda)
```

图 13.16　线图剖析算法

使用这个方法处理边的关键性原则就是 Kay 命名的线图剖析的**基本规则**（fundamental rule）。这个基本规则可以这样来表述：当线图包含两个相继的边，其中的一个边给另一个边提供该边所需要的成分，这时，就造出一个新的边，这个新的边横跨在原来的边上，并且把原来的边所提供的材料纳入其中。可以把这个基本规则更加形式地表述如下：如果线图包含 A→αB · β，$[i,j]$ 和 B→γ · ，$[j,k]$ 两个边，那么，就在线图中增加一个新的边 A→αB · β，$[i,k]$。显而易见，线图剖析的基本规则是 CKY 算法和 Earley 算法中基本的填表运算方法的泛化。

当一个边从项目表中移走并且转入到 PROCESS-EDGE 过程中的时候，图 13.16 中的基本规则就被激活。注意，这个基本规则本身并没有说明这两个边中的哪一个边激活了这个过程。在两种情况下都需要检查有关的边是否已经完成从而处理 PROCESS-EDGE。如果已经完成,那么,算法就要检查线图中的前面部分,看是否存在任何的边可以向前推进;如果还没有完成,那么,算法就要检查线图中的后面部分,看是否可以通过后面的线图中原先已经存在的边来向前推进。

这个算法的下一部分说明,如何根据已经处理过的边来进行预测的方法。在线图剖析中,有两个关键的成分来进行预测:一个成分是激活预测的事件,一个成分是预测的性质。这些成分由于我们采用的是自顶向下策略还是自底向上策略而发生变化。在 Earley 算法中,进行自顶向下的预测时,要观察是否有未完成的边进入线图中来激活预测;进行自底向上预测时,要发现已经完成的成分来激活预测。图 13.17 说明如何把这两种策略结合到线图剖析的算法中。

```
procedure MAKE-PREDICTIONS(edge)
    if Top-Down and INCOMPLETE?(edge)
        TD-PREDICT(edge)
    elsif Bottom-Up and COMPLETE?(edge)
        BU-PREDICT(edge)
procedure TD-PREDICT((A → α • B β, [i, j]))
    for each(B → γ) in grammar do
        ADD-TO-AGENDA(B → • γ, [j, j])
procedure BU-PREDICT((B → γ •, [i, j]))
    for each(A → B β) in grammar
        ADD-TO-AGENDA(A → B • β, [i, j])
```

图 13.17　线图剖析算法的进一步说明

十分明显,这里没有详述把这种方法应用于实际的剖析的很多细节。例如,如何 INITIAL-IZE(启动)过程从而开始线图剖析,如何读单词以及何时读单词,如何组织线图,如何说明项目表的策略,等等。当然,Kay(1982)在描述这个方法的时候,他是把这种方法作为**算法图**(algorithm schema)来描述,而不是作为算法来描述的,因为算法图可以更加精确地说明一个完整的剖析算法的家族,而不是某一个特殊的剖析算法。在实现各种线图剖析算法的时候,读者可以自己进行选择。

13.5　局部剖析

自然语言处理的很多工作并不要求对于所有的输入都产生复杂而完全的剖析树。对于这些工作,给输入的句子进行**局部剖析**(partial parse)或**浅层剖析**(shallow parse)就足够了。例如,信息抽取(information extraction)系统一般不必抽取在文本中所有可能的信息,只要简单地对包含有用信息的文本片段进行辨识和分类就足够了。与此类似,信息检索(information retrieval)系统根据文本中找到的成分的子集进行索引就可以了。

局部剖析有各种不同的方法。有的方法使用在第 3 章中讨论过的层叠式 FST,产生类似于树形图的表示形式。这些方法典型地产生出扁平的树形图,这种扁平的树形图不同于我们在本章以及前面一章讨论的树形图。树形图之所以出现这种扁平性,其原因在于层叠式 FST 方法通常不进行要求语义因素或上下文因素的判定,诸如介词短语附着歧义的判定、并列结构歧义的判定、名词性复合结构的分析,等等。不过,这种方法的目的仍然是产生出剖析树从而把输入中的所有的主要成分都联系起来。

另外一种风格的局部剖析是**组块分析**(chunking)。组块分析是对于句子中扁平的、不重叠的片段进行辨识和分类的过程,这样的片段组成了一些基本、非递归的短语,它们与覆盖面广的大多数语法中的主要词类相对应。这些短语的集合典型地包括了名词短语、动词短语、形容词短语以及介词短语。换言之,这些短语与带有实在内容的词类相对应。当然,并非所有的应用都要求辨识这些全部的范畴,最常见的组块分析的任务只要求简单地发现文本中全部的名词短语就可以了。

由于经过组块的文本中缺乏层次结构,使用一种简单的括号标记法就足以表示给定例子中的组块的位置和类型。下面的例子说明了这种典型的括号标记法:

(13.8)$[_{NP}$ The morning flight$]$ $[_{PP}$ from$]$ $[_{NP}$ Denver$]$ $[_{VP}$ has arrived. $]$

这样的括号标记法可以清楚地表示组块分析中的两个基本任务:一个任务是找出不重叠的组块,另一个任务是给所发现的组块指派正确的标记。

注意,在这个例子中,所有的单词都分别包含到某一个组块中。但是,并不是在组块分析的一切应用中都要这样做。输入中的很多单词经常会处于组块之外。例如,在文本中搜索基本 NP 的系统中,组块分析的结果如下:

(13.9)$[_{NP}$ The morning flight$]$ from $[_{NP}$ Denver$]$ has arrived.

在任何一个给定的系统中,基本的句法短语究竟由什么构成的具体细节是可变的,这种变化由于相应系统所依据的句法理论的不同而不同,还与这样的短语是否由树库中推导出来有关。不过,在大多数系统中,还是应当遵从某些标准的指导原则。首先,给定类型的基本短语不能递归地包含同种类型的任何成分。消除了这样的递归性,我们就可以避免确定非递归短语的边界问题。在很多方法中,基本短语包括该短语的中心词以及该成分之内任何处于中心词之前的材料,同时要彻底地排除任何处于中心词之后的材料。如果从主要范畴中排除了处于中心词之后的修饰语,就可以自动地把解决附着歧义的必要性排除在外了。注意,这样的排除会导致某些奇怪的后果,例如,PP 和 VP 等短语中常常只包含它们的中心词而没有其他成分。这样,前面例句 a flight from Indianapolis to Houston on NWA 就会得到如下奇怪的分析结果:

(13.10)$[_{NP}$ a flight$]$ $[_{PP}$ from$]$ $[_{NP}$ Indianapolis$]$ $[_{PP}$ to$]$ $[_{NP}$ Houston$]$ $[_{PP}$ on$]$ $[_{NP}$ NWA$]$

13.5.1 基于规则的有限状态组块分析

我们在这里研究的基本句法短语都可以使用在第 2 章和第 3 章中讨论过的有限状态自动机(或者有限状态规则,或者正则表达式)来刻画。在基于有限状态规则的组块分析中,规则是手工编制的,这样可以捕捉到与特定的应用有关的短语。在大多数基于规则的系统中,组块分析从左到右进行,首先从句子开头找到最长匹配的组块,然后从前面已经识别的组块的尾部开始,继续从第一个单词进行组块。这样的过程一直继续进行到句子的结尾。这是一种贪心分析的过程,并不能保证对于任何给定的输入都可以找到最好的、全局性的分析结果。

这种组块规则的最主要的局限性在于,它们不能包含任何的递归:规则的右手边不能够直接地或间接地引用原先设计该规则来捕捉的范畴。换言之,形式为 NP → Det Nominal 的规则是好的,但是,形式为 Nominal → Nominal PP 的则是不好的。请研究下面的组块规则,它们来自 Abney(1996):

$$NP \rightarrow (DT) NN * NN$$
$$NP \rightarrow NNP$$
$$VP \rightarrow VB$$
$$VP \rightarrow Aux VB$$

把这些规则转换成一个单独的有限状态转录机的过程与我们在第 3 章介绍的转换英语的拼写规则和音位规则的过程相同。首先根据每一个规则建立不同的有限状态转录机,然后,把这些转录机组合在一起,形成一个单独的转录机,然后把这个转录机变成确定性转录机,并且将其最小化。

我们在第 3 章知道,这种有限状态方法的主要好处是能够使用前面的转录机的输出作为后面的转录机的输入,从而形成**层叠式**(cascades)的转录机。在**局部剖析**(partial parsing)中,这种技术可以用来更好地逼近真正的上下文无关剖析程序的输出,作为其近似值。根据这样的方法,使用转录机的一个初始集合,按照刚才描述的途径,找到基本句法短语的一个子集合。然后,这些基本短语传给下面的转录机,作为下面的转录机的输入,探测越来越大的结构成分,诸如介词短语、动词短语、从句和句子。我们来研究如下的规则,这些规则也来自 Abney(1996):

$$FST_2 \quad PP \quad \rightarrow \quad IN \ NP$$
$$FST_3 \quad S \quad \rightarrow \quad PP* \ NP \ PP* \ VP \ PP*$$

把这两个转录机与前面的规则集合结合起来,结果可以得到三个转录机组成的层叠式转录机。图 13.18 说明了如何使用这个层叠式转录机来分析例(13.8)。

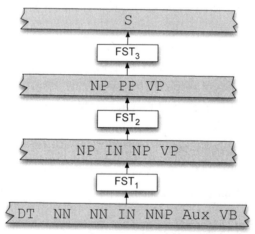

图 13.18　使用层叠式有限状态转录机进行基于组块的局部剖析。转录机 FST_1 把词类标注的
标记转录为基本名词短语和动词短语。FST_2 探测到介词短语,FST_3 探测到句子

13.5.2　基于机器学习的组块分析方法

正如词类标注一样,另外一种基于规则的处理是使用有指导的机器学习技术,利用标注数据作为训练集,来训练(train)一个组块分析器。在第 6 章中说过,我们可以把这个任务看成**一个序列分类**(sequential classification)问题来处理,其中要训练一个分类器按照序列来标注输入中的每一个成分。任何一种标准的训练分类器的方法都可以应用于这个问题。在第 5 章中,我们介绍过 Ramshaw and Marcus(1995)提出的使用基于转换的学习方法,这种方法是研究中的具有开创意义的工作。

这种方法的关键性的第一步是要使我们有可能把组块过程理所当然地看成一个序列分类过程。把组块分析作为类似于词类标注的标注问题来处理,是一种特别有成效的方法(Ramshaw and Marcus, 1995)。在这种方法中,使用一个小标记集给输入中的组块同时地进行切分和标注。这种方法的标准做法称为 **IOB 标注**(IOB tagging),需要引进几个标记来表示每一个组块的开始

部分(Beginning，标记为 B)、中间部分(Internal，标记为 I)，以及在输入中处于任何组块之外
(Outside，标注为 O)的部分。使用这样的策略，标记集的容量为$(2n+1)$，其中 n 是用来分类的
范畴的数量。下面的例子说明了如何把例(13.8)中用括号标记法得出的结果重新表示为一个标
注问题：

(13.11) *The   morning   flight   from   Denver   has   arrived*
        B_NP   I_NP   I_NP   B_PP   B_NP   B_VP   I_VP

如果只标注基本 NP 并说明标记 O 的作用，同一个句子可以标注如下：

(13.12) *The   morning   flight   from   Denver   has   arrived.*
        B_NP   I_NP   I_NP   O   B_NP   O   O

注意，这样的编码策略没有明确地标注出组块的结尾部分，因为任何一个组块的结尾部分都
可以从标记 I 或 B 到标记 B 或 O 的转换中隐含地看出来。这种编码策略反映这样的概念：当给
单词进行序列标注的时候，探测新组块的开始部分与探测组块何时结尾比较起来，探测新组块的
开始部分一般要容易一些(至少在英语中是如此)。还有各种各样的其他的组块标注策略，它们
都采用了不同的独具匠心的方法，其中有的方法要清楚地标注出成分的结尾部分，对此我们没有
必要大惊小怪。Tjong Kim Sang and Veenstra(1999)提出了三种不同的基本标注策略，并调查了
这些策略在各种各样的组块分析任务中的性能。

给出了这样的标注策略，就可以建造一个组块分析器，其中包括训练一个分类器，使用标记
集中的一个 IOB 标记来标注输入句子中的每一个单词。当然，这样的训练要求训练的数据中包
含了使用适当的范畴进行了有意义的分界和标注短语。最直接的方法是来标注一个有代表性的
语料库。遗憾的是，这样的标注工作费用高昂、耗费时间。事实证明，找到这种组块分析的数据
的最佳的地方存在于现有的树库中，例如，我们在第 12 章描述的宾州树库(Penn Treebank)中就
可以找到这样的数据。

这样的树库可以对于语料库中的每一个句子提供完整的剖析结果，容许我们从剖析的成分
中抽取出基本的句法短语。为了找到我们感兴趣的短语，只需要知道语料库中哪些非终极符号
的名字是适合的就行了。如果要找到组块的边界，就要求找到中心词，然后把材料加到中心词的
左侧，忽略中心词右侧的文本。不过，这样的方法容易出错，因为这种方法依赖于第 12 章描述的
查找中心词规则的精确度的高低。

从树库中抽取出一个训练语料库之后，我们还需要把训练数据浇注到一个便于用来训练分
类器的形式中。在这种情况下，每一个输入可以被表示为从上下文窗口中抽出的特征的集合，而
且这个上下文的窗口可以把被分类的单词包容起来。如果使用的窗口可以延伸到前面两个被分
类的单词以及后面两个被分类的单词，那么，这样的窗口看来就可以正常地执行其功能了。从这
样的窗口抽取出来的特征包括单词本身、单词的词类，以及在该窗口中对于前面输入所做的组块
标记。

图 13.19 通过一个前面举出的例子来说明这样的组块分析方法。在训练过程中，分类器提供
出包括 13 个特征值的训练矢量：判定点左侧的两个单词，这两个单词的词类以及组块标记，待做
组块标记的带有词类标记的单词，判定点后面的两个单词以及它们的词类标记，在这种情况下，
最后得到的正确的组块标记是 I_NP。在分类过程中，分类器给出同样的矢量，但是不带答案，然
后，从这个标记集中指派最合适的标记。

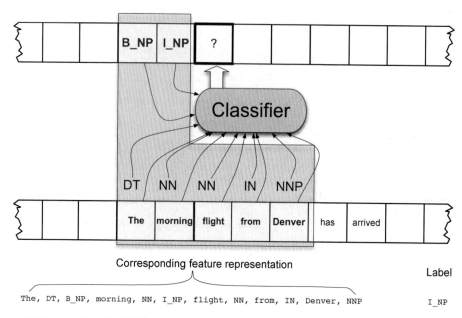

图 13.19　基于序列分类器的组块分析方法。组块分析器从句子中取出一个上下文窗口,窗口中的单词已经进行了分类。在图中所示的点上,该分类器正试图给单词flight做标注。从这个上下文中推导出来的特征是很典型的,包含了单词本身、单词的词类标记,以及前面已经指派的组块标记

13.5.3　组块分析系统的评测

与词类标注系统的评测相同,组块分析系统的评测也是通过把组块分析系统的输出与人工标注的黄金标准答案相比较的方式来进行的。但是,与词类标注系统不同的是,组块分析系统不适于采用单词与单词的精确测度来评测。组块分析系统是根据信息检索领域的准确率、召回率和 F-测度等概念来进行评测的。

准确率(precision)用于度量系统提供的正确组块的百分比。这里所谓的"正确"是指组块的边界和组块的标记二者都正确。因此,准确率可以定义如下:

$$准确率 = \frac{系统提供的正确组块数}{系统中组块数}$$

召回率(recall)用于度量系统正确识别的组块与输入中实际存在的组块的百分比。召回率可以定义如下:

$$召回率 = \frac{系统正确识别的组块数}{输入中实际存在的组块数}$$

F 测度(F-measure, van Rijsbergen, 1975)提供了准确率和召回率两种度量结合为一种单独的度量的途径。F-测度可以定义如下:

$$F_\beta = \frac{(\beta^2 + 1)PR}{\beta^2 P + R}$$

公式中,参数 β 是衡量召回率和准确率重要性差别的权重,大概可以根据实际应用的需要而定。当值 $\beta > 1$ 时倾向于召回率,当值 $\beta < 1$ 时,倾向于准确率。当 $\beta = 1$ 时,准确率和召回率彼此平衡,重要性旗鼓相当,这种情况,有时记为 $F_{\beta=1}$,或者直接记为 F_1:

$$F_1 = \frac{2PR}{P + R} \tag{13.13}$$

F-测度来自准确率和召回率的加权调和平均数(harmonic mean)。数的集合的调和平均数是这些数的倒数的算术平均数的倒数：

$$\text{HarmonicMean}(a_1,a_2,a_3,a_4,\cdots,a_n)=\frac{n}{\frac{1}{a_2}+\frac{1}{a_3}+\cdots+\frac{1}{a_n}} \quad (13.14)$$

因此，F-测度为

$$F=\frac{1}{\alpha\frac{1}{P}\times(1-\alpha)\frac{1}{R}} \quad \text{or}\left(\text{with }\beta^2=\frac{1-\alpha}{\alpha}\right) \quad F=\frac{(\beta^2+1)PR}{\beta^2P+R} \quad (13.15)$$

对于发现基本 NP 组块这样的任务，目前最好的系统的 F-测度的值可达到 0.96 左右。如果设计基于机器学习的系统来发现更加复杂的基本短语(如图 13.20 中给出的短语)，这种系统的 F-测度的值可达到 0.92 至 0.94 这样的范围。选择机器学习的方法似乎有些促进作用，更大范围的机器学习方法也达到了相似的结果(Cardie et al., 2000)。对于这样的任务，基于 FST 的系统(见 13.5.1 节)的 F-测度可达到 0.85 至 0.92 的范围。

Label	Category	Proportion (%)	Example
NP	Noun Phrase	51	The most frequently cancelled flight
VP	Verb Phrase	20	may not arrive
PP	Prepositional Phrase	20	to Houston
ADVP	Adverbial Phrase	4	earlier
SBAR	Subordinate Clause	2	that
ADJP	Adjective Phrase	2	late

图 13.20　在 2000 CONLL 的共享任务中使用频率最高的基本
短语。这些组块对应于宾州树库中包含的主要范畴

组块分析结果的统计意义可以使用诸如 McNemar 测试类的偶对匹配的方式来计算，也可以使用它的各种变体来计算，例如，使用前面描述过的偶对匹配句子片段单词错误(Matched-Pair Sentence Segment Word Error, MAPSSWE)测试来计算。

使当前系统的性能受到限制的主要因素包括：词类标注的精确度，由于从剖析树中抽取组块的过程而导致的训练数据的不一致性，含有连接词的歧义消解的困难性。我们来研究下面的例子，这些例子中包含名词前修饰语和连接词。

(13.16) [$_{NP}$ Late arrivals and departures] are commonplace during winter.

(13.17) [$_{NP}$ Late arrivals] and [$_{NP}$ cancellations] are commonplace during winter.

在例(13.16)中，late 既修饰 arrivals，又修饰 departures，为它后面的两个名词所共享，构成一个较长的单独的基本 NP。在例(13.17)中，late 不为它后面的两个名词所共享，它只修饰 arrivals，这样就构成两个基本 NP。要区分这两种不同的情况以及其他类似的情况，要求引进语义信息和上下文信息，而当前的组块分析器还做不到。

13.6　小结

本章中最重要的两个思想是关于剖析(parsing)的思想和关于局部剖析(partial parsing)的思想。下面是本章中这些思想的要点：

● 剖析可以看成一个搜索(search)问题。

● 两种最常见的搜索是自顶向下搜索(top-down，从根 S 开始朝着输入单词向下长出树形图)和自底向上搜索(bottom-up，从单词开始朝着树根 S 向上长出树形图)。

- **歧义**(ambiguity)和**子树的重复剖析**(repeated parsing of subtrees)给简单的回溯算法提出了问题。
- 如果语法给一个句子指派一个以上可能的剖析,那么,这个句子就是有**结构歧义**的(structurally ambiguous)。常见的结构歧义有 **PP 附着歧义**(PP-attachment)、**并列连接歧义**(coordination ambiguity)、**名词短语括号分层歧义**(noun-phrase bracketing ambiguity)。
- 动态规划(dynamic programming)剖析算法使用一个局部剖析的表来有效地剖析歧义句子。**CKY 算法**、**Earley 算法**和线图剖析(chart parsing)都使用动态规划来解决子树的重复剖析问题。
- CKY 算法把语法的形式局限于 Chomsky 范式(CNF);Earley 算法和线图剖析接受无限制的上下文无关语法。
- 很多实际的问题,包括**信息抽取**(information extraction)问题,不需要完全的剖析可以解决。
- **局部剖析**(partial parsing)和**组块分析**(chunking)都是辨别文本中浅层句法成分的方法。
- 可以使用基于规则的方法或基于机器学习的方法实现高精确度的局部剖析。

13.7　文献和历史说明

Knuth 在谈到编译技术的历史时曾经写道:"在这个领域,同样的技术被各自独立地工作的人们并行地发现的事情是屡见不鲜的。"

如果多重发现是一个规律的话,那么,这样的事情大概就不能仅仅说成是"屡见不鲜"的了。不过,尽管有足够的并行地发表的算法,为了简明起见,在历史上一般只说明每一个算法中最早提及那一个,这显然是历史的错误。有兴趣的读者请参阅 Aho and Ullman(1972)。

自底向上算法似乎最早是由 Yngve(1955)提出的,Yngve 提出了一种广度优先、自底向上的算法,并把这种算法作为机器翻译过程的一个部分来描述。用于剖析和翻译的自顶向下方法最早是由 Glennie(1960),Irons(1961),Kuno and Oettinger(1963)分别提出的(假定他们是各自独立地提出的)。动态规划剖析也有这种多重独立发现的历史。根据 Martin Kay(私人通信)的意见,以 CKY 算法为核心的动态规划剖析最早是由 John Cocke 于 1960 年实现的。后来,这个算法进行了进一步扩充和形式化,并且论证了它的时间复杂性(Kay, 1967;Younger, 1967;Kasami, 1965)。有关**良构子串表**(Well-Formed Substring Table, WFST)的概念,似乎是由 Kuno(1965)独立地提出的,他把良构子串表作为一种数据结构来存储在剖析过程中前面的计算结果。基于对 Cocke 工作的进一步泛化,Kay(1967, 1973)的论文都独立地描述了类似的数据结构。把动态规划应用于自顶向下的剖析是 Earley 在他的博士论文(Earley, 1968, 1970)中提出的。Sheil(1976)证明了 WFST 和 Earley 算法的等价性。Norvig(1991)说明,所有这些动态规划算法的效率,在任何语言中,都可以使用备忘(memoization)功能(如 LISP)来实现,这时,只要给简单的自顶向下剖析增加一个备忘操作就行了。

在剖析的早期历史上,曾经普遍使用层叠式的有限状态自动机(Harris, 1962),后来,研究的重点很快就转移到完全 CFG 剖析方面去了。Church(1980)提出,应该回过头去使用有限状态语法作为自然语言理解的处理模型。早期的其他有限状态剖析模型可参看 Ejerhed(1988)。Abney(1991)强调,浅层剖析(shallow parsing)在实际应用方面有重要的作用。最近关于浅层剖析的许多工作应用机器学习的方法来研究模式学习问题,有关例子,请参看 Ramshaw and Marcus(1995),Argamon et al. (1998),Munoz et al. (1999)。

关于剖析算法的经典参考书是 Aho and Ullman(1972),尽管这本书的重点是计算机语言,但是,大多数算法可应用于自然语言。另外,如 Aho et al. (1986)的优秀的程序语言教科书也是很有用的。

第14章 统 计 剖 析

> 道路在树林中分叉为两条，而我呢-我选择游人少一些的那一条…
>
> Robert Frost, *The Road Not Taken*①

  Damon Runyon 的短篇小说中的人物喜欢对任何的问题都打赌，正如 Runyon 在《Sarah Brown 小姐的田园诗》中关于 Sky Masterson 所说的那样，他们背靠背地从奇数中猜测结果是幺点的概率，他们也猜测把一颗花生米从第二个地基扔到房屋平台上的概率。"根据足够多的知识，我们能够求出任何事物的概率"，这是语言处理中的一条格言。在前面两章，我们介绍了关于句法结构以及剖析的复杂的模型。在这一章中将说明，我们也可以给这些复杂的句法信息建立概率模型，并且在有效的概率剖析中使用这些概率信息。

  概率剖析器的一个重要用处就是它能够进行**排歧**(disambiguation)。我们从第 13 章中知道，由于句子中存在**并列歧义**(coordination ambiguity)和**附着歧义**(attachment ambiguity)等问题，平均来说，句子的歧义倾向于句法方面的歧义。CKY 算法和 Earley 算法可以有效地表示这种歧义，但是，它没有给我们提供手段来排除歧义。概率语法可以给我们提供对这个问题的解决办法：计算歧义的每一种解释的概率，然后从中选择概率最大的解释。由于歧义非常普遍，因此，很多现代的剖析器在自然语言理解的工作中(例如，题元角色标注、自动文摘、问答系统、机器翻译等)，都需要使用概率。

  概率语法和剖析器的另一个重要的用处是为语音识别建立**语言模型**(language modeling)。我们已经看到，在帮助语音识别预测即将来临的单词方面，在帮助约束声学模型搜索单词方面，N 元语法都是非常有用的。更加复杂的概率语法可以给语音识别提供更多的预测能力。因为人也要像语音识别器那样处理同样的歧义问题，所以，寻找心理学的证据来证明，在人类的语言处理中，人们也使用类似的概率语法(例如，比较人的阅读与机器的语音理解)，这也是非常有意义的事情。

  最经常使用的概率语法是**概率上下文语法**(Probabilistic Context-Free Grammar, PCFG)，这是上下文无关语法在概率方面的提升，其中的每一条规则都与概率有关。在下一节中介绍 PCFG 时，我们还要说明，怎样在手工标注的树库语法中训练 PCFG，以及怎样使用 PCFG 进行剖析。我们将介绍最基本的 PCFG 剖析算法，这种算法是第 13 章中 **CKY 算法**(CKY algorithm)的概率版本。

  然后我们还将介绍改进这种基本的概率模型(根据树库语法训练得到的 PCFG)的一些办法。改进训练得到的树库语法的一种方法是改变非终极符号的名字。改变非终极符号的时候，有时会改变得过于专门化，有时会改变得过于一般化，我们能得到一个具有更好的概率模型的语法，从而改进剖析的得分。提升 PCFG 的另外一种方法是添加一些更加细致的条件因素，使 PCFG 扩充到能够处理带概率的**次范畴化**(subcategorization)信息和带概率的**词汇依存**(lexical dependencies)信息。

---

  ① 这首诗的英文原文如下，供读者参考：
   Two roads diverged in a wood, and I-I took the one less traveled by …

Robert Frost, The Road Not Taken

最后,我们还要描述一种用于评测剖析器的标准的 PARSEVAL 计量方法,并讨论关于人的剖析的一些心理学研究结果。

14.1 概率上下文无关语法

对于上下文无关语法的最简单的提升就是**概率上下文无关语法**(PCFG),这种语法也称为**随机上下文无关语法**(Stochastic Context-Free Grammar, SCFG),这种语法是由 Booth(1969)最早提出来的。我们知道,上下文无关语法 G 是由 4 个参数(N, Σ, R, S)来定义的,概率上下文无关语法也使用 4 个参数来定义,不过对于 R 中的规则稍微有一些加强:

> N 非终极符号(或变量)的集合
>
> Σ 终极符号的集合(与 N 不相交)
>
> R 规则或产生式的集合,每一个规则的形式为 $A \rightarrow \beta[p]$,其中 A 是单个的非终极符号,β 是从无限的符号串($\Sigma \cup N$)* 中的符号构成的符号串,p 是 0 到 1 之间的数,表示 $P(\beta|A)$
>
> S 指定的**初始符号**

概率上下文无关语法与标准的 CFG 语法的不同之处在于,它给 R 中的每一个规则都加上一个条件概率,从而增强了这些规则:

$$A \rightarrow \beta \ [p] \tag{14.1}$$

这里,p 表示给定的非终极符号 A 展开为符号串序列 β 的概率。也就是说,P 是对于给定左手边(LHS)的非终极符号 A 展开为给定的 β 时的条件概率,我们把这个概率通常表示为:

$$P(A \rightarrow \beta)$$

或者表示为:

$$P(A \rightarrow \beta|A)$$

或者表示为:

$$P(RHS|LHS)$$

因此,如果我们考虑一个非终极符号的全部可能的展开情况,那么,这些概率的综合应当为 1:

$$\sum_{\beta} P(A \rightarrow \beta) = 1$$

图 14.1 中是英语 CFG 微型语法和词表 $\mathscr{L}_1$ 用概率增强后形成的 PCFG。注意,每一个非终极符号展开得到的总概率之和为 1。还要注意,这些概率是为了教学的目的而编出来。在真实的语法中,每一个非终极符号的规则要比这多得多,因此,任何一个规则的概率可能都要比这里的概率小得多。

在一个 PCFG 中,如果一种语言的所有句子的概率之和为 1,那么,就说这个 PCFG 是**坚固的**(consistent)。有些递归规则会导致语法变得不坚固,因为这时这些递归规则会对某些句子进行无限循环的推导。例如,概率为 1 的规则 S→S 将会导致概率量的丧失,因为推导永远不会终止。关于坚固语法和非坚固语法的详细情况,请参看 Booth and Thompson(1973)。

怎样使用 PCFG 呢?PCFG 可以用来估计一个句子及其剖析树中的有用概率的数量,包括特定的剖析树的概率(在排歧时有用)、句子的概率、句子片段的概率(在语言建模时有用)。我们来看一看怎样来做这些事。

语　法		词　表
S → NP VP	[0.80]	Det → that [0.10] | a [0.30] | the [0.60]
S → Aux NP VP	[0.15]	Noun → book [0.10] | flight [0.30]
S → VP	[0.05]	| meal [0.15] | money [0.05]
NP → Pronoun	[0.35]	| flights [0.40] | dinner [0.10]
NP → Proper-Noun	[0.30]	Verb → book [0.30] | include [0.30]
NP → Det Nominal	[0.20]	| prefer; [0.40]
NP → Nominal	[0.15]	Pronoun → I [0.40] | she [0.05]
Nominal → Noun	[0.75]	| me [0.15] | you [0.40]
Nominal → Nominal Noun	[0.20]	Proper-Noun → Houston [0.60]
Nominal → Nominal PP	[0.05]	| NWA [0.40]
VP → Verb	[0.35]	Aux → does [0.60] | can [40]
VP → Verb NP	[0.20]	Preposition → from [0.30] | to [0.30]
VP → Verb NP PP	[0.10]	| on [0.20] | near [0.15]
VP → Verb PP	[0.15]	| through [0.05]
VP → Verb NP NP	[0.05]	
VP → VP PP	[0.15]	
PP → Preposition NP	[1.0]	

图 14.1　图 13.1 的英语 CFG 微型语法和词表 $\mathscr{L}_1$ 用概率增强后形成的 PCFG。
这些概率是为了教学的目的而编出来的,不是从语料库统计出来的(因为真实语料库中的规则要多得多,每一条规则的概率要比这里的小得多)

14.1.1　PCFG 用于排歧

一个 PCFG 可以对于一个句子 S 的每一个剖析树 T[也就是每一个**推导**(derivation)结果]都指派一个概率。PCFG 的这个性质在**排歧**(disambiguation)中是非常有用的。例如,我们来研究图 14.2 中的歧义句子"Book a dinner flight"的两个剖析结果。左边剖析结果的意思是成立的:"Book a flight that serves dinner"(请预定提供正餐的航班)。不过,右边剖析结果的意思却有问题,它的意思似乎是"Book a flight on behalf of the dinner"(以正餐的名义订机票),因为"Can you book John a flight?"这个结构与之相似的句子的意思是"Can you book a flight on behalf of John"(你能以 John 的名义订机票吗?)。

一个特定的剖析 T 的概率定义为在该剖析树 T 中用来展开 n 个非终极结点中的每一个结点所用的 n 个规则的概率的乘积,其中的每一个规则 i 可以表示为 $\mathrm{LHS}_i \rightarrow \mathrm{RHS}_i$:

$$P(T,S) = \prod_{i=1}^{n} P(\mathrm{RHS}_i | \mathrm{LHS}_i) \tag{14.2}$$

作为结果的概率 $P(T,S)$ 既是剖析和句子的联合概率,又是剖析 $P(T)$ 的概率。怎么来证实这个公式的正确性呢?

首先,根据联合概率的定义:

$$P(T,S) = P(T)P(S|T) \tag{14.3}$$

但是,因为剖析包含了句子中的所有的单词,所以 $P(S|T)$ 等于 1。因此有:

$$P(T,S) = P(T)P(S|T) = P(T) \tag{14.4}$$

为了计算图 14.2 中的每一个剖析树的概率,只要把在推导中使用的每一个规则概率相乘就可以得到计算的结果。例如,图 14.2(a)的剖析树(称为 T_{left})的概率以及图 14.2(b)的剖析树(称为 T_{right})的概率可以计算如下:

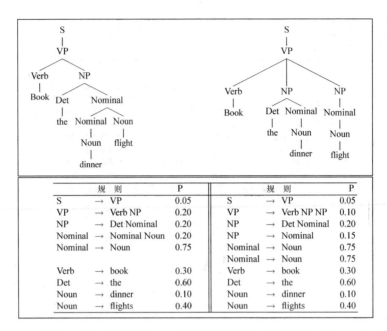

规　则			P
S	→	VP	0.05
VP	→	Verb NP	0.20
NP	→	Det Nominal	0.20
Nominal	→	Nominal Noun	0.20
Nominal	→	Noun	0.75
Verb	→	book	0.30
Det	→	the	0.60
Noun	→	dinner	0.10
Noun	→	flights	0.40

规　则			P
S	→	VP	0.05
VP	→	Verb NP NP	0.10
NP	→	Det Nominal	0.20
NP	→	Nominal	0.15
Nominal	→	Noun	0.75
Nominal	→	Noun	0.75
Verb	→	book	0.30
Det	→	the	0.60
Noun	→	dinner	0.10
Noun	→	flights	0.40

图 14.2　歧义句子的两个剖析树。左边的剖析树中的动词是及物动词,对应于意思
　　　　成立的句子"Book a flight that serves dinner",右边剖析树中的动词是
　　　　双及物动词,对应于意思不成立的句子"Book a flight on behalf of 'the dinner'"

$$P(T_{\text{left}}) = 0.05 * 0.20 * 0.20 * 0.20 * 0.75 * 0.30 * 0.60 * 0.10 * 0.40 = \mathbf{2.2 \times 10^{-6}}$$

$$P(T_{\text{right}}) = 0.05 * 0.10 * 0.20 * 0.15 * 0.75 * 0.75 * 0.30 * 0.60 * 0.10 * 0.40 = \mathbf{6.1 \times 10^{-7}}$$

我们可以看出,在图 14.2 中左侧的剖析树(及物动词的剖析树)比右侧的剖析树(双及物动词的剖析树)具有比较高的概率。如果排歧算法选择具有最大 PCFG 概率的剖析结果,那么,这个剖析便可以通过这样的排歧算法选择到正确的结果。

可见,选择具有最大概率的剖析是进行排歧的一个正确方法,现在,让我们把这样的直觉加以形式化。对于给定的句子 S,让我们来考虑它的一切可能的剖析树的集合。S 的单词符号串称为 S 上的任何剖析树的剖析产出(yield)。排歧算法在句子 S 剖析产出的所有剖析树中,选择对于这个给定的句子 S 具有最大可能的树作为剖析结果。

$$\hat{T}(S) = \underset{T \,\text{s.t.}\, S=\text{yield}(T)}{\text{argmax}} P(T|S) \tag{14.5}$$

根据定义,概率 $P(T|S)$ 可以改写为 $P(T, S)/P(S)$,这样可以得出:

$$\hat{T}(S) = \underset{T \,\text{s.t.}\, S=\text{yield}(T)}{\text{argmax}} \frac{P(T,S)}{P(S)} \tag{14.6}$$

因为我们要最大限度地考虑同一个句子可能有的一切剖析树,所以,对于每一个树,$P(S)$ 将是一个常数,我们可以删除它,得到:

$$\hat{T}(S) = \underset{T \,\text{s.t.}\, S=\text{yield}(T)}{\text{argmax}} P(T,S) \tag{14.7}$$

还有,由于我们在上面曾经说明 $P(T, S) = P(T)$,所以,选择最佳剖析的最后的等式巧妙地简化为选择具有最大概率的剖析:

$$\hat{T}(S) = \underset{T \,\text{s.t.}\, S=\text{yield}(T)}{\text{argmax}} P(T) \tag{14.8}$$

14.1.2 PCFG 用于语言建模

PCFG 的另一个特性是它可以给构成句子的单词符号串指派一个概率。在语音识别、机器翻译、拼写更正、增强通信或其他应用中，这个特性对于**语言建模**（language modeling）有重要意义。非歧义句子的概率等于 $P(S, T) = P(T)$，或者说，这个概率恰好是该句子的单个剖析树的概率。歧义句子的概率等于该句子所有剖析树的概率之和：

$$P(S) = \sum_{T \text{s.t.} S = \text{yield}(T)} P(T, S) \tag{14.9}$$

$$= \sum_{T \text{s.t.} S = \text{yield}(T)} P(T) \tag{14.10}$$

PCFG 对语言建模的另外一个有用的特征是它可以给一个句子中的子符号串指派一个概率。例如，在一定给定的句子中，如果我们想知道已经看了前面的 $w_1, \cdots, w_{i-1}$ 之后下面一个单词 w_i 的概率是多少。通用的计算公式为：

$$P(w_i | w_1, w_2, \cdots, w_{i-1}) = \frac{P(w_1, w_2, \cdots, w_{i-1}, w_i, \cdots)}{P(w_1, w_2, \cdots, w_{i-1}, \cdots)} \tag{14.11}$$

我们在第 4 章中知道，使用 N 元语法可以简单地计算这个概率的近似值，如果不考虑全部的上下文，而只考虑最后一个单词或者两个单词，那么，我们可以使用如下的**二元语法的近似公式**（bigram approximation）来计算：

$$P(w_i | w_1, w_2, \cdots, w_{i-1}) \approx \frac{P(w_{i-1}, w_i)}{P(w_{i-1})} \tag{14.12}$$

然而，在事实上，如果 N 元语法模型仅只使用上下文中的两个相邻的单词，那就意味着它忽略了那些潜在的有用的预示信息。我们来研究下面句子中的单词 after 的预示问题，这个例子来自 Chelba and Jelinek（2000）：

(14.13) the contract ended with a loss of 7 cents after trading as low as 9 cents

如果使用三元语法，那么，必须根据"7 cents"这两个单词来预示 after，不过，前面的动词 ended 和主语 contract 显然也都是非常有用的预示信息，而基于 PCFG 的剖析器就能够帮助我们使用这样的信息。这当然也就证实了，PCFG 使得我们可以使用 w_i 前面的全部上下文 $w_1, w_2, \cdots, w_{i-1}$ 的信息，如公式（14.11）所示。在 14.9 节中，我们还要详细地讨论使用 PCFG 的方法以及在语言建模中如何提升 PCFG。

总而言之，本节和前面的部分说明，PCFG 可以用来在句法剖析中排歧，还可以用来在语言建模中预示单词。这两方面的应用都要求我们能够对于给定的句子 S 计算它的剖析树 T 的概率。下面几节中，将介绍计算之中概率的一些算法。

14.2 PCFG 的概率 CKY 剖析

PCFG 的剖析问题是对于一个给定的句子 S 产生最佳剖析树 $\hat{T}$ 的问题，也就是计算：

$$\hat{T}(S) = \underset{T \text{s.t.} S = \text{yield}(T)}{\text{argmax}} P(T) \tag{14.14}$$

计算最佳剖析的算法只不过是标准剖析算法的简单扩充。第 13 章中我们介绍的 CKY 算法和 Earley 算法, 二者都有它们的概率版本。大多数现代的概率剖析器都是基于**概率 CKY**(probabilistic CKY)算法的, Ney(1991)最早描述过这种算法。

正如 CKY 算法那样, 首先要假定, 概率 CKY 算法中的 PCFG 是具有 Chomsky 范式(CNF)的。我们从前面的介绍中知道, 具有 Chomsky 范式(CNF)的语法, 其规则是有限制的, 规则的形式或为 A→BC, 或者为 A→w。也就是说, 每一个规则的右手边必须展开, 或者展开为两个非终极符号, 或者展开为一个单独的终极符号。

对于 CKY 算法, 我们把每一个句子表示为单词与单词之间带有索引号的句子形式。因此, 句子

(14.15)　　Book a flight through Houston

可假定其中的单词与单词之间有索引号, 表示如下:

(14.16) ⓪ Book ① the ② flight ③ through ④ Houston ⑤

使用这样的索引号, CKY 剖析树中每一个成分可用一个二维的矩阵来编码。特殊地说, 对于一个长度为 n 的句子以及一个包含 V 个非终极符号的语法, 我们使用$(n+1) \times (n+1)$矩阵的上三角形部分来表示。对于 CKY, 每一个单元中包含一个表$[i, j]$, 表中成分横跨在索引号从 i 到 j 的单词序列上。对于概率 CKY, 可以简单地想象为在每一个单元的成分中还存在着第三维, 其最大长度为 V。这个第三维相当于可以放在这个单元中的每一个非终极符号。而这个单元的值就是非终极符号/成分的概率, 而不是成分的表。总体来说, 在这个$(n+1) \times (n+1) \times V$的矩阵中的每一个单元$[i, j, A]$的值就是输入中横跨在从 i 到 j 的位置上的成分 A 的概率。

图 14.3 给出了概率 CKY 算法的伪代码, 它是图 13.10 中的基本 CKY 算法的扩充。

```
function PROBABILISTIC-CKY(words, grammar) returns most probable parse
                                              and its probability
  for j ← from 1 to LENGTH(words) do
    for all { A | A → words[j] ∈ grammar }
       table[j−1, j, A] ← P(A → words[j])
    for i ← from j−2 downto 0 do
       for k ← i+1 to j−1 do
          for all { A | A → BC ∈ grammar,
                      and table[i, k, B] > 0 and table[k, j, C] > 0 }
             if (table[i,j,A] < P(A → BC) × table[i,k,B] × table[k,j,C]) then
                table[i,j,A] ← P(A → BC) × table[i,k,B] × table[k,j,C]
                back[i,j,A] ← {k, B, C}
  return BUILD_TREE(back[1, LENGTH(words), S]), table[1, LENGTH(words), S]
```

图 14.3　对于具有 Chomsky 范式的 *num_rules* 规则的语法, 用于发现符号
串 *num_words* 最大概率剖析的概率CKY算法。*back*是用于发现
最佳剖析的回溯指针的数组。*build_tree*的功能请读者自己补充

与 CKY 算法一样, 图 14.3 中的概率 CKY 算法也要求其语法具有 Chomsky 范式(CNF)。转换概率语法到 Chomsky 范式要求我们也要修改概率, 使得每一个剖析的概率仍然与新的 CNF 语法中的概率是一样的。建议读者修改第 13 章中的 CNF 转换算法, 使其能够正确地处理概率。

在实用中, 我们更多地使用通用的 CKY 算法来直接处理单位产生式, 而不把它们转换成 CNF 形式。请读者自己修改图 13.10 中的 CKY 算法, 使其能直接处理单位产生式, 并对于概率 CKY 算法也进行这样的修改。

我们来看下面的概率 CKY 线图的例子, 其中使用了一个微型语法, 已经是 CNF 的形式:

S→ NP VP	0.80	Det→the	0.40
NP→ Det N	0.30	Det→a	0.40
VP→ V NP	0.20	N→meal	0.01
V→ includes	0.05	N→flight	0.02

给出这个语法来剖析下面的句子:

(14.17) The flight includes a meal

图 14.4 说明了使用 CKY 算法剖析这个句子的第一步。

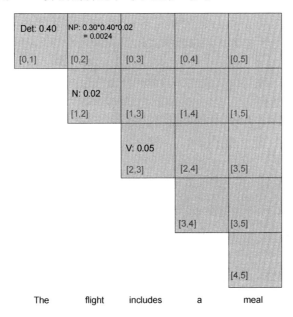

图 14.4　概率 CKY 矩阵开始时的情况。请读者自己填写该线图中的其他部分

14.3 PCFG 规则概率的学习途径

PCFG 规则的概率是从哪里来的? 存在两种途径可以学习语法规则的概率。最简单的途径是使用树库(treebank), 树库就是其中的句子已经进行过剖析的语料库。在第 12 章中我们已经介绍过树库的思想和**宾州树库**(Penn treebank, Marcus et al., 1993), 其中包括英语、汉语和其他语言的剖析树, 这个树库由语言数据联盟(linguistic data consortium)发布。给定一个树库, 一个非终极符号的每一个展开的概率都可以通过展开发生的次数来计算, 然后将其归一化。

$$P(\alpha \rightarrow \beta | \alpha) = \frac{\text{count}(\alpha \rightarrow \beta)}{\sum_{\gamma} \text{count}(\alpha \rightarrow \gamma)} = \frac{\text{count}(\alpha \rightarrow \beta)}{\text{count}(\alpha)} \qquad (14.18)$$

当没有现成的树库可供使用而我们有一个(非概率的)剖析器的时候, 计算 PCFG 规则的概率所需的数据可以通过先剖析一个语料库来生成。如果句子是没有歧义的, 那么做法就很简单: 剖析语料库, 在剖析中为每一个规则都增加一个计数器, 然后进行归一化处理, 就可以得到概率。

但是, 请等一等! 由于大多数句子都是有歧义的, 也就是说, 大多数的句子都有多个剖析结果, 我们不知道在规则中应当用哪一个剖析结果来计数。

在实际上我们必须为一个句子的每一个剖析都分别保持一个记数,并且根据剖析的概率给每一个局部的记数加权。但是,为了得到这样的剖析概率来给规则加权,我们又需要一个现成的概率剖析器。这是一个"鸡生蛋-蛋生鸡"的问题。

从直觉上说,为了解决这个"鸡生蛋-蛋生鸡"的问题,我们需要一步一步递增地改善我们的估计值。首先从一个具有相同规则概率的剖析开始,然后来剖析句子,对于每一个剖析计算概率,使用这些概率给计数加权。再重新估计规则的概率,这样不断地进行,一直到我们的概率收敛为止。计算这种解的标准算法称为**向内-向外算法**(inside-outside algorithm),这种算法是 Baker(1979)作为第 6 章中讲过的向前-向后算法的一种泛化算法而提出来的。与向前-向后算法一样,向内-向外算法也是期望最大算法(Expectation Maximization,EM)的一种特殊情况,因此,这种算法分为两步:**期望步**(expectation step)和**最大化步**(maximization step)。关于这种算法的全面描述,可参看 Lari and Young(1990)或 Manning and Schütze(1999)。

使用向内-向外算法来估计一个语法的规则的概率实际上是向内-向外算法的一种受限的使用。事实上,向内-向外算法不仅可以用来获取规则的概率,还可以用来让语法规则本身自行进行归纳。不过,已经证明,这样的语法归纳是非常困难的,原因在于,向内向外本身并不是一种非常有成效的语法归纳器;如果要了解其他的语法归纳算法,请参看本章末的文献和历史说明。

14.4 PCFG 的问题

由于概率上下文无关语法是上下文无关语法的自然扩充,这样的语法在概率估计方面会出现两个主要的问题:

糟糕的独立性假设(poor independence assumption):CFG 规则把独立性假设强加给概率,使得剖析树中的结构依存关系的建模变得很糟糕。

缺乏词汇制约条件(lack of lexical conditioning):CFG 规则不能给特定单词的句法事实建模,从而导致次范畴化歧义、介词附着、并列结构歧义等问题。

正因为这些问题,所以,当前大多数的概率剖析模型都使用某些增强了的 PCFG 版本,或者使用某种方法来修改基于树库的语法。在下面几节中,我们首先讨论这些问题,然后介绍增强 PCFG 的方法。

14.4.1 独立性假设忽略了规则之间的结构依存关系

让我们更加细致地来看一看这些问题。我们知道,在 CFG 中,任何一个非终极符号的展开是与上下文无关的,也就是说,这样的展开是独立于剖析树中的任何其他邻近的非终极符号的。这种独立性假设也带到了 PCFG 中来,每一个诸如 NP→Det N 这样的规则被假定为独立于树形图中的其他的每一个规则。而且根据定义,一组独立事件的概率等于这些独立事件概率的乘积。从这两个事实就可以解释,为什么在 PCFG 中,我们把每一个非终极符号展开式的概率相乘,就可以计算出剖析树的概率。

遗憾的是,CFG 的这个独立性假设导致 PCFG 中概率估计的结果很糟糕。这是因为,在英语中,一个结点的展开最终还依赖于该结点在剖析树中的位置。例如,在英语中,充当一个句子的句法**主语**(subjects)的 NP 往往是代词,而充当句子的句法**宾语**(object)的 NP 往往是非代词(例如,专有名词或"限定词 + 名词"序列)。在 Switchboard 语料库中 NP 的统计结果如下(Francis et al.,1999):

	代　　词	非　代　词
主语	91%	9%
宾语	34%	66%

遗憾的是，还没有方法来表示 PCFG 中上下文在概率上的这些差别。考虑到非终极符号 NP 可以展开为代词或者展开为"限定词 + 名词"，我们怎样来给这两个规则加概率呢？如果我们根据它们在 Switchboard 语料库中的总体的概率来加概率，那么，这两个规则的概率几乎是相等的：

$$NP \rightarrow DT\ NN\quad 0.28$$
$$NP \rightarrow PRP\qquad 0.25$$

因为 PCFG 不容许规则的概率受到周围上下文的条件制约，所以，这个几乎相等的概率就是我们所能得到的全部东西，在这样的情况下，我们没有办法捕捉到这样的事实：如果在主语位置，规则 NP→PRP 的概率可达到 0.91，如果在宾语位置，规则 NP→DT NN 的概率可达到 0.66。

如果 NP 展开为代词(例如，NP→PRP)的概率对应于展开为实词性名词或名词短语(例如，NP→DT NN)的概率的制约条件(conditioned)是取决于 NP 是主语还是宾语，那么，就可以捕捉到这样的依存关系。14.5 节将介绍的**父结点标注**(parent annotation)技术就可以加上这样的制约条件。

14.4.2　缺乏对词汇依存关系的敏感性

PCFG 的第二个问题是在剖析树中缺乏对单词的敏感性。由于在 PCFG 中，剖析概率包括单词对于给定的词类的概率(也就是说，从 V→sleep，NN→book 等规则中可以得到这样的概率)。

不过已经证明，词汇信息在语法的其他地方是有用的，例如，在解决介词短语 PP 的附着歧义时，就需要词汇信息。在英语中，由于介词短语可以修饰名词，也可以修饰动词，当剖析器发现了一个介词短语的时候，必须决定是把这个介词短语附着在树形图中的哪一个部分：

(14.19) Workers dumped sacks into a bin.

图 14.5 说明了这个句子两种可能的剖析树。左侧的剖析树的剖析结果正确，图 14.6 从另外一个角度来观察介词附着问题，说明了图 14.5 中的歧义消解等价于判定介词短语是附着于剖析树中其他部分的 NP 结点上，还是 VP 结点上。我们说，这个句子的正确的剖析要求 **VP 附着**(VP attachment)，而不正确的剖析隐含着 **NP 附着**(NP attachment)。

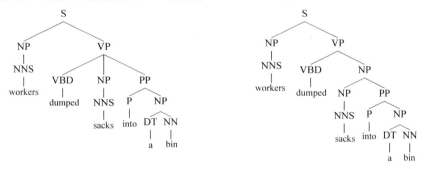

图 14.5　说明**介词短语附着歧义**(prepositional phrase attachment ambiguity)的两个可能的剖析树。左侧的剖析在意思上是合理的，其中的 into a bin(在箱子里)描写 sacks(袋子)放置的最后位置。右侧的剖析是不正确的，要卸载的 sacks 是一些已经 into a bin(在箱子里)的 sacks，也可能会有这样的意思

为什么 PCFG 处理不了 PP 附着歧义问题呢？我们注意到，在图 14.5 中的两个剖析树中的规则几乎是完全相同的。不同之处仅仅在于，左侧的剖析具有规则：

$$VP \rightarrow VBD\ NP\ PP$$

而右侧的剖析具有规则:

$$VP \rightarrow VBD\ NP$$
$$NP \rightarrow NP\ PP$$

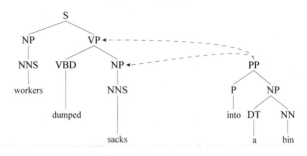

图 14.6　从另外一个角度观察介词附着问题。右侧的 PP 是附着
在左侧局部剖析树的VP结点上,还是附着在NP结点上

根据这些概率的配置情况, PCFG 总是(always)或选择 NP 附着, 或者选择 VP 附着。在英语中, NP 附着出现得更加经常, 因此, 如果我们在一个语料库上训练这些规则的概率, 可能更加经常地选择 NP 附着, 从而导致我们错误地剖析这个句子。

但是, 假定把概率加到这个句子上选择 VP 附着, 我们将会错误地剖析如下要求 NP 附着的句子:

(14.20)fishermen caught tons of herring. (渔民捕捉了数吨鲱鱼)

输入句子中究竟是什么样的信息使得我们知道例(14.20)要求 NP 附着, 而例(14.19)要求 VP 附着呢?

显而易见, 这样的优先关系来自动词、名词和介词本身。看来动词 dumped 和介词 into 之间的亲和力要大于名词 sacks 和介词 into 之间的亲和力。另一方面, 在例(14.20)中, tons 和 of 之间的亲和力要大于 caught 和 of 之间的亲和力, 从而导致 NP 附着。

因此, 为了正确地剖析这一类例子, 我们需要 PCFG 概率的一些论据来对不同的动词和介词之间的**词汇依存关系**(lexical dependency)进行统计计算。

词汇依存关系是选择正确剖析的关键, 这一点还表现在并列结构歧义(coordination ambiguity)的问题上。图 14.7 是来自 Collins(1999)的一个例子, 短语 dogs in houses and cats 有两个不同的剖析。由于 dogs 在语义上更容易与 cats 结合, 而不与 houses 结合(并且也由于大多数的 dogs 不可能处于 cats 的体内), 所以[dogs in [ₙₚ houses and cats]]这个剖析在直觉上就是不自然的, 因而不能选择为剖析结果。然而, 图 14.7 中的两个剖析使用的 PCFG 规则完全相同, 所以, PCFG 将给它们指派相同的概率。

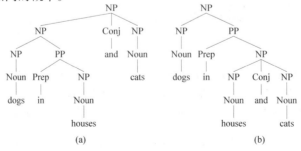

图 14.7　并列结构歧义的一个例子。尽管左边的结构在直觉上是正确的, 可是, PCFG 将给左右
两个结构都指派相同的概率,因为两个结构使用的规则完全相同。根据Collins(1999)

总而言之，在本节和前面一节中，我们说明了概率上下文无关语法不能给**结构依存**（structural dependency）和**词汇依存**（lexical dependency）等重要的关系建模。在下一节，我们将简要地介绍当前研制出的一些提升 PCFG 来处理这两种依存关系的新方法。

14.5　使用分离非终极符号的办法来改进 PCFG

首先，我们来研究上面提到的 PCFG 的两个问题中的第一个问题：PCFG 不能给结构依存关系建模的问题。例如，在主语位置的 NP 倾向于是代词，而在宾语位置的 NP 则倾向于是实词性词汇形式（非代词形式）。我们怎样提升 PCFG，使得它能够正确地给这样的事实建模呢？一种想法是把 NP 这个非终极符号**分离**（split）为两个版本，一个版本是做宾语的非终极符号，一个版本是主语的非终极符号。如果有了两个不同的结点（例如，结点 $NP_{subject}$ 和结点 NP_{object}），我们就有可能针对它们不同的分布特性正确地建模，因为这时对于规则 $NP_{subject} \rightarrow PRP$ 和规则 $NP_{object} \rightarrow PRP$，我们将会有不同的概率。

实现这种分离非终极符号的直觉的一种办法是进行**父结点标注**（parent annotation，Johnson，1998b），在剖析树中，我们给每一个结点标注上它的父结点，这样，对于做句子主语的 NP 结点，它的父结点是 S，因此这个结点就被标注为 NP^S；而对于直接宾语的 NP，它的父结点是 VP，因此这个结点就被标注为 NP^VP。图 14.8 中的例子是使用这样的语法产生的一个树形图，在这种语法中，表示短语的非终极符号上都进行了父结点标注。

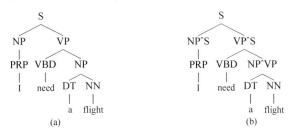

图 14.8　标准的 PCFG 剖析树（a）和在非前终极符号的结点上都做了**父结点标注**（parent annotation）的剖析树（b）。所有的非终极符号（除了表示词类的前终极符号结点之外）都标注上了它们的父结点名称

除了分离这些短语结点之外，我们还可以通过分离前终极的词类结点的办法来改进 PCFG（Klein and Manning，2003b）。例如，不同类型的副词（RB）倾向于出现在句子中不同的句法位置：also 和 now 等副词通常带有 ADVP 父结点，n't 和 not 等副词通常带有 VP 父结点，only 和 just 等动词通常带有 NP 父结点。因此，增加 RB^ADVP，RB^VP 和 RB^NP 这样的标记，将会有助于改进 PCFG 的建模。

与此类似，宾州树库中的 IN 这个标记表示的词类范围非常广泛，包括从属连接词（while，as，if），标补语（that，for），介词（of，in，from）。其中的某些差别可以使用父结点标注的办法捕捉到（从属连接词出现在父结点 S 之下，介词出现在父结点 PP 之下），而其中的另外一些差别却要求特别地分离前终极结点。图 14.9 是来自 Klein and Manning（2003b）的一个例子，在这个例子中，尽管使用了父结点标注的语法，在剖析 see if advertising works（看一看广告是不是可行）的时候，也错误地把 works 标注为名词。如果使用分离前终极符号的办法，使得 if 倾向于优选一个小句补语，那么，其结果就得到一个正确的剖析结果，把 works 标注为动词。

在使用父结点标注仍然不充分的情况下，我们也可以手工写一些规则来描述要根据树形图中的其他特征来分离特定的结点。例如,为了区分做标补语的 IN 和做从属连接词的 IN,这两种 IN 都会有相同的父结点,我们可以根据树形图中的其他方面来写规则,例如,可以根据词汇的特性来区分(词汇 that 更倾向于做标补语,而 as 更倾向于做从属连接词)。

这种分离结点的方法并不是没有问题。这种方法会增加语法的容量,因而也就降低了可用于每一个语法规则的训练数据的数量,造成过度拟合。因此,对于一个特定的训练集要使这样分离的颗粒度达到正确的水准,使之恰到好处,便是非常重要的了。早期的一些模型使用手工书写规则的办法来寻找非终极符号的最佳数量(Klein and Manning,2003b),而现在的一些模型则自动地搜索最佳的分离。例如,Petrov et al.(2006)提出的**分离与合并**(split and merge)算法,从一个简单的 X-阶标语法(X-bar grammar)开始,交替地对非终极符号进行分离与合并,搜索重新标注过的结点的集合,使之与训练集树库的似然度达到最大值。在本书写到这里的时候,Petrov et al.(2006)的算法的性能仍然是宾州树库上运行的所有已知的剖析算法中最好的。

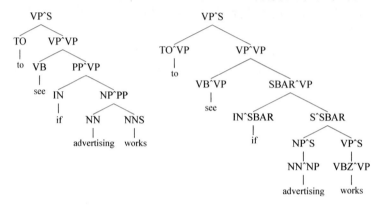

图 14.9　尽管使用了父结点标注的办法,还是得到了错误的剖析结果(左侧)。正确的剖析结果(右侧)是一个分离了前终极结点的语法产生的,由于分离了前终极结点,使得概率语法捕捉到了if优先选择小句补语的信息,从而判断works是动词。根据Klein and Manning(2003b)

14.6　概率词汇化的 CFG

从 14.5 中可以看出,如果使用自动分离与合并的算法来重新设计语法规则的符号,那么,在剖析未经加工的 PCFG 时,一个简单的概率 CKY 算法可以达到非常高的剖析精度。

在本节中,我们要讨论另外一类不同的模型,这类模型不是修改语法规则,而是修改剖析器的概率模型,使得可以对规则进行**词汇化**(lexicalized)。这一类的词汇化剖析器包括著名的 **Collins 剖析器**(Collins,1999)和 **Charniak 剖析器**(Charniak,1997),这两个剖析器都被公认为是行之有效的,并且在自然语言处理中得到了广泛的使用。

在12.4.4 节中我们讲过,句法成分可以跟一个词汇**中心词**(head)联系起来,这样我们就可以定义一个**词汇化的语法**(lexicalized grammar),在这种语法中,树形图的每一个的非终极符号都标注上它的词汇中心词,这样,如 VP→VBD NP PP 这样的规则将扩展为如下的形式:

$$VP(dumped) \rightarrow VBD(dumped)\ NP(sacks)\ PP(into) \tag{14.21}$$

在这种词汇化语法的标准形式中,我们在实际上还要做进一步的扩充,使得**中心词标记**(head tag,也就是中心单词的词类标记)与非终极符号联系起来。这样,每一个规则既被中心的单词词汇化,也被每一个成分的中心语标记词汇化,从而使得这样的词汇化规则具有如下的格式:

VP(dumped, VBD)→VBD(dumped, VBD) NP(sacks, NNS) PP(into, IN)　（14.22）

图 14.10 中是一个带有中心语标记的词汇化的剖析树，这个剖析树是从图 12.12 中的剖析树扩充而成的。

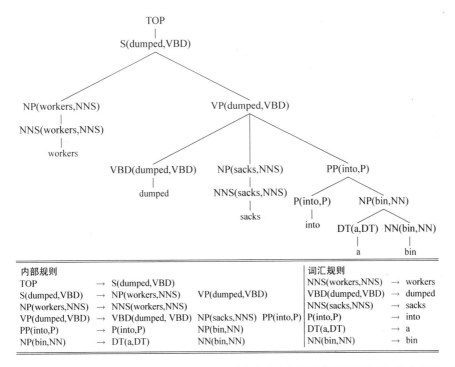

内部规则			词汇规则	
TOP	→ S(dumped,VBD)		NNS(workers,NNS)	→ workers
S(dumped,VBD)	→ NP(workers,NNS)	VP(dumped,VBD)	VBD(dumped,VBD)	→ dumped
NP(workers,NNS)	→ NNS(workers,NNS)		NNS(sacks,NNS)	→ sacks
VP(dumped,VBD)	→ VBD(dumped, VBD)	NP(sacks,NNS) PP(into,P)	P(into,P)	→ into
PP(into,P)	→ P(into,P)	NP(bin,NN)	DT(a,DT)	→ a
NP(bin,NN)	→ DT(a,DT)	NN(bin,NN)	NN(bin,NN)	→ bin

图 14.10　WSJ 中句子（workers dumped sacks into a bin）包含中心词标记的词汇化的树，取自 Collins（1999）。下面我们在讲述 PCFG 的规则时需要引用这个剖析树、下面左侧的内部规则以及右侧的词汇规则

为了生成这种词汇化的树，每一个 PCFG 规则需要加以提升，使之能鉴别右手边的成分是不是中心词子女结点。这样，一个结点的中心单词被置为它的中心词子女结点的中心单词，并且中心词标记被置为这个中心单词的词类标记。我们曾经在图 12.13 中给出了一套手写规则，用来鉴别特定成分的中心词。

把一个词汇化的语法想象成一种父结点标注是很自然的，也就是说，把这个词汇化语法想象成一个简单的上下文无关语法，这个语法的每一个规则都有很多复本，每一个复本表示每一个成分的每一种可能的"中心单词/中心词标记"偶对。按照这样的思路来看概率词汇化 CFG，就可以得到一套简单的 PCFG 规则的集合，如图 14.10 中的树形图下方所示。

注意，在图 14.10 中显示了两种类型的规则：一种是**词汇规则**（lexical rules），这种规则把一个前终极符号扩充到单词，一种是**内部规则**（internal rules），这种规则表示其他规则的扩充情况。我们有必要在词汇化语法中区分这两种不同的规则，因为与它们相关联的概率类型是非常不同的。词汇规则是确定性的，也就是说，它们的概率为 1.0，因为一个如 NN（bin, NN）的词汇化的前终极符号，只能扩展成单词 bin。但是，对于内部规则，我们需要估计它们不同的概率。

假定我们处理概率词汇化 CFG 时就像处理非常大的一个 CFG 一样，这个 CFG 有大量的非常复杂的非终极结点，并且它要从最大似然估计（MLE）的角度来估计每一个规则的概率。因此，根据公式（14.18），对于规则 P（VP（dumped, VBD）→VBD（dumped, VBD）NP（sacks, NNS）PP（into, P））概率的最大似然估计 MLE 是：

$$\frac{Count(VP(dumped,VBD) \rightarrow VBD(dumped,VBD)\, NP(sacks, NNS)\, PP(into, P))}{Count(VP\ dumped,VBD))} \quad (14.23)$$

不过我们没有办法很好地估计公式(14.23)中的计数,因为这些计数太过于特殊了:很不容易看到一个句子以 dumped 为动词短语的中心词,而且这个动词的一个论元是以 sacks 为中心词的 NP,另一个论元是以 into 为中心词的 PP。换句话说,像这样完全地词汇化的 PCFG 规则的计数的数据是非常稀疏的,而且大多数规则的概率几乎为零。

词汇化剖析的思想是做进一步的独立性假设,把每一个规则剖开从而估计下面公式的概率

$$P(\ VP(dumped,VBD) \rightarrow VBD(dumped,VBD)\ NP(sacks,NNS)\ PP(into,P)\ ) \quad (14.24)$$

把这个概率看成是较小单位的独立的概率估计的乘积,而对于这些较小单位的独立概率我们有可能得到合理的计数。下一节将对于其中的一个方法加以总结,这种方法就是 Collins 剖析法。

14.6.1　Collins 剖析器

现代的统计剖析器在细节上是与它们所根据的独立性假设有区别的。在本节中,我们将描述 Collins 模型 1(1999)的一个简化版本,不过其他的剖析器也是值得了解的,读者可参看本章后面的小结。

Collins 剖析器第一个直观感觉是把每一个(内部的)CFG 规则的右手边想象成是由非终极符号的中心语(head)以及这个中心语左边的非终极符号和这个中心语右边的非终极符号组成的。我们可以把这个规则想象成如下的公式:

$$LHS \rightarrow L_n L_{n-1} \cdots L_1\, H\, R_1 \cdots R_{n-1} R_n \quad (14.25)$$

因为这是一个词汇化的语法规则,每一个诸如 L_1,R_3,H 或者 LHS 这样的符号实际上都是一个复杂符号,用来表示范畴、范畴的中心语(head)以及中心语的标记,诸如 VP(dumped,VP)或 NP(sacks,NNS)等。

现在,对于这个规则,我们不去单独地计算它的 MLE 概率,而是把这个规则通过整齐而有序地生成记述的方式逐步加以分解,把它转化成一个稍微简化的形式,称为 Collins 模型 1。对于规则中给定的左手边 LHS,我们首先生成该规则的中心语(head),然后从内到外一步一步地生成这个中心语的从属成分(dependents)。而每一个这样的生成步骤都有它们本身的概率。

我们还在规则的左边缘和右边缘加上一个特殊的非终极符号 STOP。这个非终极符号使得 Collins 模型知道,什么时候在某一个给定的地方停止生成从属成分。我们在中心语的左侧生成从属成分直到在这个中心语的左侧生成了 STOP,在这个点上,我们移动到这个中心语的右侧,开始生成从属成分,直到生成了 STOP 为止。这有点儿像我们把规则加以提升从而生成如下的规则:

$$P(\ VP(dumped,VBD) \rightarrow STOP\ VBD(dumped,VBD)\ NP(sacks,NNS)\ PP(into,P)\ STOP\ ) \quad (14.26)$$

让我们来看一看这个提升规则的生成记述。我们使用了三种概率:用于生成中心语的概率 P_H,用于生成左侧从属成分的概率 P_L,用于生成右侧从属成分的概率 P_R。

使用概率 $P(H\|LHS) = P(VBD(dumped, VBD) \| VP(dumped,VBD))$,生成中心语 VBD(dumped,VBD)	VP(dumped,VBD) | VBD(dumped,VBD)
使用概率 $P(STOP \| VP(dumped, VBD)\ VBD(dumped, VBD))$,生成左侧从属成分(因为左侧没有其他的从属成分,这个从属成分就是 STOP)	VP(dumped,VBD) ／＼ STOP　VBD(dumped,VBD)

使用概率 P_r(NP(sacks, NNS) | VP(dumped, VBD), VBD(dumped, VBD)), 生成右侧从属成分 NP(sacks, NNS)

使用概率 P_r(PP(into, P) | VP(dumped, VBD), VBD(dumped, VBD)), 生成右侧从属成分 PP(into, P)

使用概率 P_r(STOP | VP(dumped, VBD), VBD(dumped, VBD)), 生成右侧从属成分 STOP

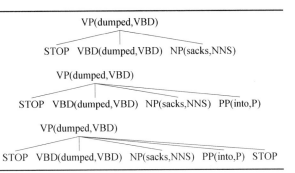

总体来说，规则

$$P(\text{VP(dumped,VBD)} \rightarrow \text{VBD(dumped,VBD)} \; \text{NP(sacks,NNS)}\,\text{PP(into,P)}) \quad (14.27)$$

的概率可以使用如下的方法来估计：

$$
\begin{aligned}
P_H(\text{VBD}|\text{VP,dumped}) \;&\times\; P_L(\text{STOP}|\text{VP,VBD,dumped}) \\
&\times\; P_R(\text{NP(sacks,NNS)}|\text{VP,VBD,dumped}) \\
&\times\; P_R(\text{PP(into,P)}|\text{VP,VBD,dumped}) \\
&\times\; P_R(\text{STOP}|\text{VP,VBD,dumped})
\end{aligned} \quad (14.28)
$$

这些概率中的每一个都可以使用小量的数据来进行估计，其数据量比公式(14.27)中的完全的概率要小得多。例如，其中的概率 P_R(NP(sacks, NNS)|VP, VBD, dumped)的最大似然估计为：

$$\frac{\text{Count(VP(dumped,VBD) with NNS(sacks)as a daughter somewhere on the right)}}{\text{Count(VP(dumped,VBD))}} \quad (14.29)$$

与公式(14.27)中复杂的计数比较起来，这些计数的数据稀疏问题要小得多。

更加概括地说，如果我们用 h 表示中心语及其标记(headword + tag)，用 l 表示中心语左侧的单词及其标记(word + tag)，用 r 表示中心语右侧的单词及其标记(word + tag)，那么，整个规则的概率可以表示如下：

1. 生成短语 H(hw, ht)的中心语，其概率为

$$P_H(\text{H(hw, ht)}|\text{P, hw, ht})$$

2. 生成中心语左侧的修饰语，其总概率为

$$\prod_{i=1}^{n+1} P_L(\text{L}_i(\text{lw}_i, \text{lt}_i)|\text{P,H,hw,ht})$$

使得 $\text{L}_{n+1}(\text{lw}_{n+1}, \text{lt}_{n+1})$ = STOP，并且在我们生成了词例 STOP 的地方停止再一次的生成。

3. 生成中心语右侧的修饰语，其总概率为

$$\prod_{i=1}^{n+1} P_P(\text{R}_i(\text{rw}_i, \text{rt}_i)|\text{P,H,hw,ht})^{①}$$

使得 $\text{R}_{n+1}(\text{rw}_{n+1}, \text{rt}_{n+1})$ = STOP，并且在我们生成了词例 STOP 的地方停止再一次的生成。

14.6.2 高级问题：Collins 剖析器更多的细节

实际的 Collins 剖析器在很多方面比 14.6.1 节介绍的这个简单模型要复杂得多。Collins 模型

---

① 原文公式中的 P_R 为 P_P，显然有错，今改正。   ——译者注

1 包含一个**距离特征**(distance feature)。Collins 模型 1 不计算下面的 P_L 和 P_R:

$$P_L(L_i(lw_i, lt_i)|P,H,hw,ht) \tag{14.30}$$

$$P_R(R_i(rw_i, rt_i)|P,H,hw,ht) \tag{14.31}$$

而是以距离特征作为条件:

$$P_L(L_i(lw_i, lt_i)|P,H,hw,ht,distance_L(i-1)) \tag{14.32}$$

$$P_R(R_i(rw_i, rt_i)|P,H,hw,ht,distance_R(i-1)) \tag{14.33}$$

距离测度是处于前面修饰语之下的单词序列的函数,也就是我们已经在左侧生成的每一个非终极修饰语产出的合格单词。图 14.11 取自 Collins(2003),说明了概率 $P(R_2(rh_2, rt_2)|P, H,$ hw, ht, distance$_R$(1))的计算方法。

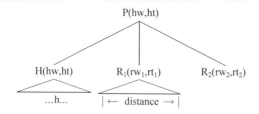

图 14.11 R_2 是使用概率 $P(R_2(rh_2, rt_2) | P, H, hw, ht, distance_R(1))$生成的。
距离就是前面从属的非终极符号R_1产出的合格单词。如果还有其他
介入的从属单词,也可以包含到产出的合格单词之中 Collins(2003)

这种距离测度的最简单的版本就是基于前面从属单词之下的表层符号串的两个二元特征的组合:(1)这个符号串是不是长度为零的符号串(也就是说,前面没有生成单词)?(2)这个符号串是不是包含一个动词?

Collins 模型 2 增加了一些更加细致的特征,考虑每一个动词的次范畴框架以及临近词的突出论元,并把这些作为条件。

最后,正如在 N 元语法模型中那样,对于统计剖析器来说,平滑也是非常重要的。对于词汇化的剖析器来说,其重要性更是不言而喻的,因为词汇化的规则是以很多词汇项作为条件的,而这些词汇项可能在训练语料中从来也不出现(尽管使用了 Collins 剖析器或其他的独立性假设方法)。

我们来考虑概率 $P_R(R_i(rw_i, rt_i) | P, hw, ht)$。如果右手边的成分从来也不与它的中心语一起出现,我们应当怎样办呢? Collins 模型通过内插三个回退模型来解决这个问题。这三个模型是:(1)全词汇化模型(取决于中心词),(2)仅针对中心语标记的回退模型,(3)连带非词汇化成分的模型。

回退模型	$P_R(R_i(rw_i,rt_i)\|...)$	例子
1	$P_R(R_i(rw_i,rt_i)\|P,hw,ht)$	$P_R(NP(sacks),NNS)\|VP,VBD, dumped)$
2	$P_R(R_i(rw_i,rt_i)\|P,ht)$	$P_R(NP(sacks),NNS)\|VP,VBD)$
3	$P_R(R_i(rw_i,rt_i)\|P)$	$P_R(NP(sacks),NNS)\|VP)$

对于 P_L 和 P_H,也可以建立类似的回退模型。尽管我们前面使用了"回退"这个单词,事实上这些模型并不是回退模型而是插值模型。上面的三个模型都是线性插值的,其中,e_1,e_2 和 e_3 是上面三个回退模型的最大似然估计:

$$P_R(...) = \lambda_1 e_1 + (1 - \lambda_1)(\lambda_2 e_2 + (1 - \lambda_2)e_3) \tag{14.34}$$

根据 Bikel et al.(1997),λ_1 和 λ_2 的值可用于 Witten-Bell 打折(Witten and Bell, 1991)。

Collins 模型通过替换测试集中未知词的方法来处理未知词，如果在训练集中任何单词的出现次数小于 6 次，那么，就给它的词例以一个 UNKNOWN 的标记。在 Ratnaparkhi（1996）标注器的前处理阶段，测试集当中的未知词被指派一个特殊的词类标记，其他的所有的单词都作为剖析过程的一个部分来进行标注。

Collins 模型的剖析算法是概率 CKY 算法的进一步扩充，可参看 Collins（2003）。读者可把 CKY 算法做进一步的扩充来处理基本的词汇概率。

14.7 剖析器的评测

评测剖析器和语法的标准技术称为 PARSEVAL 测度，这是 Black et al.（1991）提出的，这种技术基于来自信号探测理论的同样的思想，这种思想，我们在前面几章已经讲过了。从直觉上说，PARSEVAL 测度就是测定在假设的剖析树中究竟有多少**成分**（constituents）看起来像手工标注的，作为黄金标准的剖析树中的成分。因此，PARSEVAL 假定，在测试集中，对于每一个句子，我们都有一个经过人工标注的剖析树作为"黄金标准"。通常我们是从如宾州树库（Penn treebank）这样的树库中抽取这种可作为黄金标准的剖析结果的。

对于一个测试集，给定了这些作为黄金标准参照的剖析结果，那么，对于在句子 s 的假设剖析结果 C_h 中的一个给定的成分，如果在参照剖析结果 C_r 中的某个成分与它具有相同的起点、相同的终点、相同的非终极符号，那么，这个成分就可以标注为"正确的"（correct）。

这样一来，我们就可以像前一章中对于组块分析所做的那样，来测定准确率和召回率了。

$$\text{标注召回率（labeled recall）} = \frac{\text{在句子 } s \text{ 的假设剖析结果中的正确成分数}\#}{\text{在句子 } s \text{ 的参照剖析结果中的正确成分数}\#}$$

$$\text{标注准确率（labeled precision）} = \frac{\text{在句子 } s \text{ 的假设剖析结果中的正确成分数}\#}{\text{在句子 } s \text{ 的假设剖析结果中的全部成分数}\#}$$

正如准确率和召回率在其他方面的用法那样，我们不是分别地报告它们，而是通常地报告一个单独的数：F-测度（F-measure，van Rijsbergen，1975）。F-测度可以定义如下：

$$F_\beta = \frac{(\beta^2 + 1)PR}{\beta^2 P + R}$$

公式中，参数 β 是衡量召回率和准确率重要性差别的权重，大概可以根据实际应用的需要而定。当值 $\beta > 1$ 时倾向于召回率，当值 $\beta < 1$ 时，倾向于准确率。当 $\beta = 1$ 时，准确率和召回率彼此平衡，它们的重要性旗鼓相当，这种情况，有时记为 $F_{\beta=1}$，或者直接记为 F_1：

$$F_1 = \frac{2PR}{P + R} \tag{14.35}$$

F-测度来自准确率和召回率的加权调和平均数（harmonic mean）。数的集合的调和平均数是这些数的倒数的算术平均数的倒数：

$$\text{HarmonicMean}(a_1, a_2, a_3, a_4, \cdots, a_n) = \frac{n}{\frac{1}{a_1} \frac{1}{a_2} \frac{1}{a_3} \cdots \frac{1}{a_n}} \tag{14.36}$$

因此，F-测度为

$$F = \frac{1}{\frac{1}{\alpha P} \times \frac{1}{(1-\alpha)R}} \quad , \quad \left(\text{with } \beta^2 = \frac{1-\alpha}{\alpha}\right) \quad F = \frac{(\beta^2 + 1)PR}{\beta^2 P + R} \tag{14.37}$$

对于每一个句子 s，我们还可以附加地使用一个如下新的测度：

交叉括号数（cross-brackets）：在参照剖析结果中括号形式为（（A B）C）而在假设剖析结果中括号形式为（A（B C））的成分的数目。

本书写到这里的时候, 在 Wall Street Journal 树库中训练和测试的现代剖析器中, 剖析器的性能高于90%的召回率和90%的准确率, 每一个句子的交叉括号数大约为1%。

为了比较使用不同语法的剖析器, PARSEVAL 测度包括一个公认的算法, 用来消除语法针对性太强的信息(例如, 助动词、不定式动词之前的 to 等), 以便计算出一个简化的得分。有兴趣的读者可以参看 Black et al. (1991)。公众认可的、可行的 PARSEVAL 测度的实现称为 **evalb** (Sekine and Collins, 1997)。

读者也许会感到奇怪, 为什么我们不通过测定正确剖析的句子数, 而是测定成分的精确度来评价剖析器呢? 我们使用成分的原因在于, 测定成分可以给我们颗粒度更细的测度结果。这一点对于长句子的评测尤为重要, 因为大多数的剖析器都不能对长句子给出满意的剖析结果。如果我们只是测定句子的精确度, 我们就没有能力把那些大多数成分都错误的剖析结果与只有一个成分错误的剖析结果区分开来。

不过, 成分并不总是评测剖析器的最佳单元。例如, 使用 PARSEVAL 测度时, 要求剖析器严格按照与黄金标准相同的格式(format)来产生树形图。这意味着, 如果我们想评测产生风格与宾州树库(Penn Treebank)不同的剖析结果的一个剖析器(比如说, 剖析结果为依存剖析或剖析结果为 LFG 特征结构), 那么, 我们就有必要把剖析结果映射到宾州树库的格式中。与此相关的是, 组成性可能并不是我们最为关心的层次。我们更加感兴趣的问题可能是剖析器是否能够重新找出语法的依存关系(主语、宾语等), 这也许将有助于我们更好地估计, 这样的剖析器对于语义理解究竟有多大的用处。为了达到这样的目的, 我们可以根据所标注的依存关系(其中的标记要指出语法关系)的准确率和召回率, 使用不同的评测度量方法(Lin, 1995; Carroll et al., 1998; Collins et al., 1999)。例如, Kaplan et al. (2004)把 Collins 剖析器(1999)与 Xerox XLE 剖析器(Reizler et al., 2002)做过比较, 把二者的剖析树转换为依存表示, 从而产生出更加丰富的语义表示。

14.8　高级问题: 分辨再排序

迄今我们看到的剖析模型, 包括 PCFG 剖析器和 Collins 词汇化剖析器在内, 都是生成性的剖析器。这就意味着, 在生成过程中, 这些剖析器使用的概率模型给我们提供概率来生成一个特定句子, 在选择每一个剖析器时给它们分别指派一个概率。

这样的生成性模型有一些鲜明的优点: 它们便于使用最大似然度进行训练; 它们给我们的模型, 清楚地说明了不同来源的各种证据是怎样结合起来的。但是, 这种生成性模型也使得我们很难随便地把信息介入到概率模型中。这是因为概率是建立在句子的生成推导的基础之上的, 这就很难把那些不局限于特定 PCFG 规则的特征加进概率模型中去。

例如, 我们来考虑一下, 怎样表示关于树结构的全局性的事实呢? 英语的剖析树倾向于右分支结构(right-branching), 因此我们总是希望模型给右分支结构的树指派较高的概率, 而使其他的树保持平衡。英语中的重成分(heavy constituents, 包含单词很多的成分)倾向于出现在句子的后面, 其情况也是如此。或者我们还想使用这些全局性的事实作为辨认说话人的条件(例如, 某些说话人喜欢使用复杂的关系从句, 某些说话人喜欢使用被动式)。这类全局性的因素并不是琐琐碎碎的, 它们可以介入到我们的生成性模型之中。例如, 一个非常简单的模型可以说明每一个非终极依存成分在前面的剖析中树所呈现出的右分支倾向, 或者可以说明在前面的句子中, 每一个 NP 非终极符号对于说话人或写作者使用的关系从句的数量的敏感程度, 但是, 这些因素在计数时, 数据都是非常稀疏的。

我们在第 6 章中曾经讨论过这个问题, 在 POS 标注中, 对于这些全局性特征, 需要使用对数线性模型(MEMM)来代替 HMM 模型。在剖析时,可以使用两种分辨模型:一种是动态程序设计模型,一种是使用分辨再排序方法的两阶段的剖析模型。我们在这一节的其他地方讨论分辨再排序;本章的结尾讨论分辨动态程序设计的方法,供参看。

在分辨再排序系统的第一个阶段,我们可以运行一个前面描述过的正规的统计剖析器。但是,我们不产生单个的最佳的剖析结果,而是产生剖析结果的排序表,表中要说明每一个剖析结果的概率。我们把 N 个剖析结果的排序表称为 **N-最佳表**(N-best list,我们在第 9 章中讨论语音识别的多道解码模型时,曾经首次介绍过 N-最佳表)。有很多办法可以用来修改统计剖析器从而产生出剖析结果的 N-最佳表,请参看文献和历史说明所指出的文献。对于训练集和测试集中的每一个句子,我们运行这样的 N-最佳剖析器,并产生出包含 N 个剖析/概率偶对的集合。

分辨再排序模型的第二个阶段是一个分类器,这个分类器把每一个句子以及它们的 N 个剖析/概率偶对作为输入,抽取大量特征的集合,从 N-最佳表中选出一个单独的最佳的剖析结果。我们可以使用任何类型的分类器进行再排序,例如,使用第 6 章中介绍的对数-线性分类器进行再排序。

在再排序中,可以使用各种各样的特征。一个很重要的特征是第一阶段统计模型所指派的剖析概率。另外的特征是树形图中的所有 CFG 规则、平行并列成分的数量、每一个成分的重要性、剖析树中右分支倾向的程度、不同的树片段出现的次数、树形图中相邻非终极符号的二元语法,等等。

这种两阶段的体系结构的弱点是:整个体系结构的精确度绝不会高于在第一阶段的最佳剖析的精确度。其原因在于,这种再排序的方法只是选取 N-最佳剖析结果中的一个结果。即使是我们已经选取了这个表中的最佳的剖析结果,但是如果正确的剖析结果没有包括在这个表中,我们也不可能得到 100% 的精确度!因此,考虑 N-最佳表中顶端的**谕示精确度**(oracle accuracy,通常用 F-测度来度量)就显得特别重要了。在一个特定的 N-最佳表中的谕示精确度就是我们选择具有最高精确度的剖析结果的精确度。我们之所以把它称为谕示精确度,是因为,在选取剖析结果时,这种精确度要依赖于完善的知识(仿佛这种知识是从谕示中得到的一样)[1]。显而易见,在进行分辨再排序时,如果 N-最佳的 F-测度高于 1-最佳的 F-测度,这种方法才是有意义的。幸运的是,很多情况都是这样的。例如,Charniak(2000)剖析器对于宾州树库第 23 段的剖析结果的 F-测度为 0.897,而 Charniak and Johnson(2005)算法产生出 50 个最佳的剖析结果,其谕示 F-测度高得多,为 0.968。

14.9 高级问题:基于剖析器的语言模型

我们前面说过,统计剖析器与 N 元语法比较起来,其优点在于可以处理长距离的信息,这意味着统计剖析器可能在语言模型或单词预测方面做出比较好的成绩。已证明,如果我们有了很大数量的训练数据,四元语法或五元语法当然是建立语言模型的最好途径。但是,在没有足够的数据可以建立这样大规模的模型的情况下,基于剖析的语言模型会比 N 元语法具有更高的精确度,现在,已经开始研制这种基于剖析的语言模型。

语言建模有两方面最为普遍的应用:语音识别和机器翻译。在这两种应用领域中使用统计剖析器给语言建模的最简单的途径是采用两阶段算法,这种算法我们在 10.8 节和 10.1 节中都讨论过。在第一个阶段,我们使用正规的 N 元语法运行一个正规的语音识别解码器,或者一个机器

---

[1] 在第 9 章中,我们在讨论**格错误率**(lattice error rate)的时候,曾经介绍过这种谕示的思想。

翻译解码器。但是不仅仅只产生一个单独的、最佳的转写或翻译的句子,而是对解码器进行修改,使之能产生转写或翻译句子的 N-最佳表,而且是排过序的,每一个转写或句子都有它们的概率[或者也可以用数学上的"格"(lattice)来表示]。

在第二个阶段,运行我们的统计剖析器,在 N-最佳表或"格"中,给每一个句子指派一个剖析概率。然后,根据这个剖析概率进行再排序,选择出单独的、最佳的句子。这个算法工作起来,其效果比使用三元语法好一些。例如,在使用这种两个阶段的体系结构来识别《华尔街杂志》(Wall Street Journal)的口语句子的任务中,通过 Charniak(2001)算法指派的概率改进了词错误率大约2%的绝对值,这些都是在4千万单词的语料中借助于一个简单的三元语法计算出来的(Hall and Johnson,2003)。我们或可以使用这种剖析器指派的剖析结果概率,或者可以把这样的概率与原来的 N 元语法概率线性地结合起来。

除了这样的双通道(two-pass)技术之外,至少对于语音识别来说,还可以修改剖析器,使之严格地从左向右运行,这样,这种剖析器就能递增地给出句子中下一个单词的概率。这就使得剖析器直接地填充到第一通道解码的通道中去,就不再需要第二个通道了。尽管现在已经出现了这种从左向右的、基于剖析器的语言建模算法(Stolcke,1995;Jurafsky et al.,1995,Roark,2001;Xu et al.,2002),平心而论,基于剖析器的统计语言模型,现在还处在早期阶段。

14.10　人的剖析

当人在进行剖析的时候,他们是不是也在使用我们刚才讨论的概率统计模型类的东西呢?对于这个问题的回答属于**人类句子处理**(human sentence processing)的领域。当前的研究说明,人类在使用概率剖析算法时,至少存在两个途径,尽管对于这种说法的细节还有一些不同的看法。

一组研究说明,当人在阅读的时候,单词的预测似乎会影响到**阅读时间**(reading time),预测的单词越多,阅读就越快。根据简单的二元语法测度来定义单词可预测性是一种可行的办法。例如,Scott and Shillcock(2003)使用眼睛追踪器(eye-tracker)来追踪受试者的眼睛在每一个单词上徘徊的时间。他们构造了一些句子,使得某些句子的动词-名词偶对具有较高的二元语法概率[如例(14.38a)],而另外一些句子的动词-名词偶对具有较低的二元语法概率[如例(14.38b)]。

(14.38)　(a) **HIGH PROB**(概率高):One way to **avoid confusion** is to make the changes during vacation.

　　　　　(b) **LOW PROB**(概率低):One way to **avoid discovery** is to make the changes during vacation.

他们发现,单词的二元语法可预测性越高,被试者看这个单词所用的时间就越短。这种时间称为**初始固定时长**(initial fixation duration)。

这样的实验只是提供了 N 元语法概率的证据。更为新近的实验说明,在给定的句子前面部分的句法剖析中,后面将要阅读的单词的概率也可以预测单词的阅读时间(Hale,2001;Levy,2008)。

有趣的是,这种阅读时间概率的效应也可以在形态结构中看到。某个单词的识别时间会受到该单词的熵以及该单词形态变化的熵的影响(Moscoso del Prado Martín et al.,2004b)。

另外一组研究是检验人怎样给句子排歧,这时人会采取多种可能的剖析方式,这样的研究说明,人往往愿意选择概率较高的剖析。这样的研究通常依据一种临时的歧义句,称为**花园幽径句**

（garden-path sentence）。Bever（1970）首先描述了花园幽径句，这种句子的构造很巧妙，具有三个性质，这三个性质结合起来，使得人们在剖析这种花园幽径句时感到非常困难。这三个性质是：

1. 花园幽径句是**临时的歧义句**（temporarily ambiguous），整个句子是没有歧义的，但是句子的前一部分是有歧义的。
2. 对于人的剖析机制来说，在句子的前一部分的两个或多个的歧义剖析之间存在优先性。
3. 但是优先性低的剖析结果恰恰是这个句子的正确剖析结果。

这三个性质综合作用的结果，使得人们在理解这样的句子时，一开始就像进入了“花园的幽径”之中，朝着错误的剖析走去，当他们发现这是错误的剖析时，会感到迷惑不解。有时，这样的迷惑是有意识的，如 Bever 的例（14.39）中那样，事实上，这样的句子很难剖析，以至于通常都要给读句子的人显示正确的结构。在正确的结构中，raced 是简化的关系从句的一部分，它修饰 The horse，意思是：“The horse［which was raced past the barn］fell”，这种类型的结构也出现在句子“Students taught by the Berlitz method do worse when they get to France”中。

（14.39）The horse raced past the barn fell.

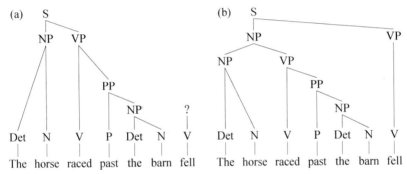

在 Marti Hearst 的例子（14.40）中，读者通常会错误地把动词 houses 分析为名词（把 complex house 分析为名词短语，而不是分析为一个名词短语加上一个动词）。有的时候，花园幽径句引起的这种困惑会使人感到扑朔迷离，以至于在读这样的句子时不得不多花些时间才能正确理解它们。在例（14.41）中，读者常常会把 solution 错误地分析为 forgot 的直接宾语，而不是把它分析为后面的嵌入句子的主语。这样的错误分析是扑朔迷离的，因为参加实验的受试者需要比读控制句子更长的时间来读单词 was。单词 was 的“微型花园幽径”（mini garden path）的效应对于单词 was 的影响说明，在剖析这个句子时，受试者首先选择直接宾语的剖析，误入了“花园幽径”之中，这样，受试者就不得不重新进行分析，重新安排他们原来的剖析，最后他们终于认识到应该把剖析引导到一个句子补语中，从而得到正确的剖析结果。

（14.40）The complex houses married and single students and their families.

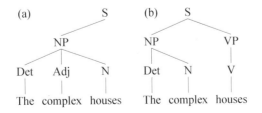

（14.41）The student forgot the solution was in the back of the book.

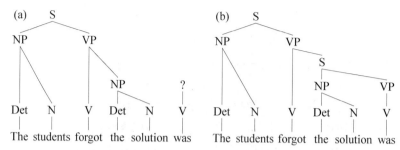

在对一个特定的(不正确的)剖析结果各种优先性的选择中,很多因素似乎都在起作用,其中至少有一个因素似乎是句法概率,特别是词汇化(次范畴化)的概率。例如,动词 forgot 带直接宾语的概率(VP→V NP)似乎高于动词带句子补语(VP→V S)的概率。这样的差别导致阅读者在 forgot 之后期望出现一个直接宾语,而当他们遇到一个句子补语的时候就会感到惊讶(需要更长的阅读时间)。与此相反,对于那些优先要求句子补语的动词(如 hope),就不会如 was 需要多余地花费阅读时间。

例(14.40)中的花园幽径现象可能是由于 $P(\text{houses}|\text{Noun})$ 高于 $P(\text{houses}|\text{Verb})$ 以及 $P(\text{complex}|\text{Adjective})$ 高于 $P(\text{complex}|\text{Noun})$ 这样的事实引起的。例(14.39)中的花园幽径现象至少部分是由于关系从句结构的概率比较低而造成的。

除了语法知识外,人的剖析还受到很多其他的因素的影响,以后我们将要描述这些因素。这些因素包括资源的限制(如记忆的局限性,我们将在第16章讨论),题元结构(如一个动词是否要求语义施事或受事,我们将在第19章讨论)以及话语约束(我们将在第21章讨论)。

14.11　小结

在本章中,我们给**概率剖析**(probabilistic parsing)的基础画出了一个轮廓,着重介绍了**概率上下文无关语法**(probabilistic context-free grammar)和**概率词汇化上下文无关语法**(probabilistic lexicalized context-free grammar)。

- 概率语法给一个句子或单词的符号串指派一个概率,从而捕捉比第4章中的 N 元语法更加细致的句法信息。
- 概率上下文无关语法(PCFG)是一种上下文无关语法,其中的每一个规则都标上选择该规则的概率。处理每一个 PCFG 规则时,假定它们是**条件独立的**(conditionally independent),因此,一个句子的概率使用剖析该句子时每一个规则的概率的**乘积**(multiplying)来计算。
- 概率 **CKY 算法**(Cocke-Kasami-Younger 算法)是 CKY 剖析算法的概率版本。其他算法,例如 Earley 算法也有概率版本。
- PCFG 的概率可以通过在一个已经剖析好的语料库中进行计数而学习到,或者通过直接剖析一个语料库而学习到。当剖析的句子有歧义的时候,可以使用**向内向外**(inside-outside)算法来处理。
- 由于规则之间的独立性假设的影响,未经加工的 PCFG 常常显得捉襟见肘,并且缺乏对于词汇依存关系的敏感性。
- 解决这种问题的一个途径是分离与合并非终极符号(自动地进行或使用手工进行)。
- **概率词汇化的 CFG**(probabilistic lexicalized CFG)是解决这种问题的另外一个途径,其中的每一个规则都要使用**词汇中心语**(lexical head)来增强。这样,规则的概率就要以词汇中心语和邻近的中心语作为它的条件。

- 词汇化 PCFG 的剖析器（如 Charniak 剖析器和 Collins 剖析器）是建立在扩充概率 CKY 剖析器的基础之上的。
- 剖析器可以使用三个测度来评价：**标记的召回率**（labeled recall）、**标记的准确率**（labeled precision）、**交叉括号**（cross-bracket）。
- **花园幽径句**（garden-path sentence）和其他的联机句子处理试验证明，人的剖析要使用某种关于语法的概率信息。

14.12　文献和历史说明

概率上下文无关语法的很多形式特性是首先由 Booth（1969）和 Salomaa（1969）揭示出来的。Baker（1979）提出了向内-向外算法来无指导地训练 PCFG 概率，他使用了一个具有 CKY 风格的剖析算法来计算向内概率。Jelinek and Lafferty（1991）扩充 CKY 算法，用这种算法来计算前缀的概率。Stolcke（1995）改进了这两种算法，使 Earley 算法能够用于 PCFG。

在 20 世纪 90 年代初期，很多研究人员开始探索给 PCFG 增加词汇依存关系的问题，以便使 PCFG 的概率对于周围的句法结构具有更大的敏感性。例如，Schabes et al.（1988）和 Schabes（1990）介绍了关于使用中心语的早期的工作。很多关于使用词汇依存关系的论文发表在 1990 年 6 月召开的 DARPA 语音和自然语言讨论会上。Hindle and Rooth（1990）发表的一篇文章应用词汇依存关系来解决介词短语附着问题，在对这篇文章提问的会议上，Ken Church 建议把这样的方法全面地应用到整个剖析中去（Marcus，1990）。关于使用概率依存信息来增强概率 CFG 剖析的早期工作可参看 Magerman and Marcus（1991），Black et al.（1992），Bod（1993）和 Jelinek et al.（1994）。此外，Collins（1996），Charniak（1997），Collins（1999）也讨论了上述的问题。新近的其他的 PCFG 剖析模型可参看 Klein and Manning（2003a）以及 Petrov et al.（2006）。

这些早期的词汇概率研究首先导致学者们来解决一些特定的剖析问题，例如，使用基于转换的学习方法（TBL，Brill and Resnik，1994）、最大熵方法（Ratnaparkhi et al.，1994）、基于记忆的学习方法（Zavrel and Daelemans，1997）、对数线性模型（Franz，1997）、利用中心语之间的语义距离的决策树方法（根据 WordNet 来计算，Stetina and Nagao，1997），以及递进自举（boosting）的方法（Abney et al.，1999b）来解决介词短语附着问题。

除了 PCFG 之外，扩充词汇概率剖析方法的形式化算法的其他的研究：基于第 12 章中介绍过的 TAG 语法的概率 TAG 语法（Resnik，1992；Shabes，1992）、概率 LR 剖析（Briscoe and Carroll，1993），概率链语法（Lafferty et al.，1992）。一种称为**超级标注**（supertagging）的概率剖析方法把词类标注的比喻扩展到使用非常复杂标记的剖析，这样的标记在实际上就是基于 Schabes et al.（1988）的词汇化 TAG 语法的词汇化剖析树的片段（Bangalore and Joshi，1999；Joshi and Srinivas，1994）。例如，purchase（购买）这个名词作为名词组合中的第一个名词（这里，它可能处于由一个名词性成分支配的小树的左侧）的标记与作为名词组合中的第二个名词（这里，它可能处于小树的右侧）的标记是不同的。超级标注也应用于 CCG 剖析和 HPSG 剖析（Clark and Curran，2004a；Matsuzaki et al.，2007；Blunsom and Baldwin，2006）。用于 CCG 的非超级标注剖析器可参看 Hockenmaier and Steedman（2002）。

关于基于特征的语法的概率处理的早期的讨论，可参看 Goodman（1997），Abney（1997），以及 Johnson et al.（1999）。当前在诸如 HPSG 和 LFG 等特征语法形式化方法的基础上建立统计模型的工作可参看 Riezler et al.（2002），Kaplan et al.（2004），以及 Toutanova et al.（2005）。

前面我们说过，剖析的分辨方法可以广义地分为两类：动态程序设计方法和分辨再排序方法。我们知道,分辨再排序方法要求 N 个最佳的剖析结果。基于 A* 搜索的剖析器可以容易地加以修改从而生成 N-最佳表,这只要在得到第一个最佳的剖析结果之后,继续进行搜索就可以了(Roark, 2001)。在本章中我们曾经描述过一个动态程序设计算法,使用强剪枝(heavy pruning)来消除动态程序(Collins, 2000;Collins and Koo, 2005;Bikel, 2004),或者通过一些新的算法(Jiménez and Marzal, 2000;Charniak and Johnson, 2005;Huang and Chiang, 2005),就可以修改这种算法,有的算法是从诸如 Schwartz and Chow(1990)等语音识别算法改编而成的(参见 10.1 节)。

在动态程序设计方法中,用不着先输出然后再重新排序,最后得到一个 N-最佳表,而是把剖析结果凝练地在线图(chart)中表示出来,对数-线性方法以及其他方法都可以从线图直接地用来解码。这种现代方法可参看 Johnson(2001), Clark and Curran(2004b),以及 Taskar et al. (2004)。还有一种其他的再排序方法就是通过改变最优化标准来进行再排序(Titov and Henderson, 2006)。

当前的研究中还有一个重要的领域就是依存剖析。依存剖析算法有 Eisner 的双词汇算法(Eisner, 1996b, 1996a, 2000a)、最大跨度树方法(使用联机学习)(McDonald et al. , 2005a, 2005b)、基于给剖析器行为建立分类器的方法(Kudo and Matsumoto, 2002;Yamada and Matsumoto, 2003;Nivre et al., 2006;Titov and Henderson, 2007)。通常还要区分**投射性依存**(projective dependencies)和**非投射性依存**(non-projective dependencies)。非投射性依存是依存线出现交叉的依存,这种依存在英语中不常见,但是在很多自由词序的语言中很常见。非投射性依存算法可参看 McDonald et al. (2005b)和 Nivre(2007)。Klein-Manning 剖析器可以把依存信息和成分信息结合起来(Klein and Manning, 2003c)。

Collins(1999)的博士论文中有一篇可读性很强的关于这个领域的概述以及他的剖析器的介绍。Manning and Schütze(1999)详尽地讲述了概率剖析问题。

语法归纳(grammar induction)的领域与统计剖析密切相关,剖析器常常可以当作语法归纳算法的一个部分来使用。语法归纳中最早的统计研究是 Horning(1969)进行的,他说明了,不使用反面证据也可以归纳出 PCFG 来。现代概率语法的早期研究表明,简单地使用 EM 是不充分的(Lari and Young, 1990;Carroll and Charniak, 1992)。诸如 Yuret(1998), Clark(2001), Klein and Manning(2002),以及 Klein and Manning(2004)最近在概率方面做的工作,在 Klein(2005) and Adriaans and van Zaanen(2004)中做了综述。在这个综述之后做的研究工作,可参看 Smith and Eisner(2005), Haghighi and Klein(2006),以及 Smith and Eisner(2007)。

第15章 特征与合一

> **Friar Francis**：*如果你们两人有内心的烦扰，为什么你们不把这些烦扰合在一起，加载到你们的心灵上，然后把它吐露出来呢。*
>
> 莎士比亚，《小题大做》①

根据还原主义者(reductionist)的观点，近百年来自然科学发展的历史可以看成是探索如何使用较小基原(primitives)的行为结合起来解释较大结构的行为的历史。在生物学中，遗传的性质用基因的行为来解释，而基因的性质用脱氧核糖核酸(DNA)的行为来解释。在物理学中，物质被还原为原子，而原子又被还原为比原子更小的粒子。在计算语言学中，也逃不出这种还原主义思想的影响。本章我们将介绍如 VPto, Sthat, Non3SgAux 或 3SgNP 的语法范畴的思想，还要介绍使用这些范畴构成如 S→NP VP 的语法规则的思想，所有这些都可以把客观事物(object)想象成是由上述特性(properties)关联而成的复杂特征的集合。在这些特性中的信息用**约束**(constraints)来表示，所以这一类的模型通常称为**基于约束的形式化方法**(constraint-based formalism)。

为什么我们需要颗粒度更小的表达并且把约束加到语法范畴上去呢？我们在第 12 章看到，就是像一致关系和次范畴化这样的语法现象的非常朴素的模型也会导致过度生成(overgeneration)的问题。例如，为了避免如 this flights 这样不合语法的名词短语以及如 disappeared a flight 这样不合语法的动词短语，我们不得不使用增殖的方法，创造大量的基本语法范畴，如 Non3sgVPto, NPmass, 3sgNP 和 Non3sgAux 等。反过来，这些新的语法范畴又会导致语法规则数目的爆炸性的激增，并使这样的语法失去一般性。基于约束的表示策略将使我们能够表示细颗粒的信息，例如，关于数、人称、一致关系、次范畴化的信息，以及诸如"质量/可数"这样的语义范畴信息。

基于约束的形式化方法还有本章没有提到的其他的优点，例如，这种形式化方法能够模拟比上下文无关语法更加复杂的现象，能够有效地和方便地计算句法表示的语义。

我们现在来简单地说明如何使用这种方法来处理语法的数。从第 12 章我们知道，this flight 和 those flights 这样的名词短语可以根据它们是单数还是复数来区分。如果我们使用称为 NUMBER 的性质，并使 NUMBER 具有单数和复数的值，把它们与 NP 范畴的适当的成员结合起来，就可以实现这样的区分。如果有了这样的能力，我们就可以说，this flight 是 NP 范畴的一个成员，并且对于 NUMBER 这个性质，它具有单数的值。相同的性质也可以按相同的方式应用来区分 VP 范畴的单数成员和复数成员，如 serves lunch 和 serve lunch。

显而易见，如果只是简单地把这样的性质与各个单词和短语结合起来，并不能解决过度生成的问题。为了使这样的性质变得有用，还需要具有某些运算的能力，例如，检验这些性质是否相等的能力。把这样的检验与核心语法规则配合起来，我们就能够加上各种各样的约束来确保语法只能生成一个合语法的符号串。例如，如果我们需要知道给定的名词短语和动词短语在 NUMBER 的性质方面是否具有相同的值，就可以进行这样的检验。这样的检验可以用如下形式的规则来表示：

---

① 这是莎士比亚《小题大做》中的一段话，英文原文如下：

　　Friar Francis：*If either of you know any inward impediment why you should not be conjoined, charge you, on your souls, to utter it.*

William Shakespeare, Much Ado About Nothing

S→ NP VP

仅当 NP 的 number 与 VP 的 number 相等。

在本章的其他部分，我们将根据特征结构(feature structure)和合一(unification)，描述这种基于约束的形式化方法的计算机实现的细节。下一节描述特征结构，采用特征结构来表示我们心目中的语法性质的类别。15.2 节介绍合一运算(unification operator)，用合一运算来实现对于特征结构的基本操作。15.3 节把这些结构结合起来描写形式化的语法。15.4 节介绍合一算法和它所要求的数据结构。15.5 节研究如何把特征结构与合一运算结合起来，应用到剖析中去。最后，15.6 节讨论这种基于约束的形式化方法的最有意义的扩充、类型(types)和继承关系(inheritance)的应用以及其他方面的扩充。

15.1　特征结构

把我们心目中的性质的类型进行编码的一个最简单的办法是使用特征结构。**特征结构**(feature structures)是"特征-值"(feature-value)偶对的简单集合，其中，"特征"是从某个有限集合中抽出来的不能再分析的原子符号，"值"或是原子符号，或是特征结构。这样的特征结构用下面的矩阵来表示，这样的矩阵表示称为**特征-值矩阵**(Attribute-Value Matrix，AVM)：

$$\begin{bmatrix} \text{FEATURE}_1 & \text{value}_1 \\ \text{FEATURE}_2 & \text{value}_2 \\ \vdots & \vdots \\ \text{FEATURE}_n & \text{value}_n \end{bmatrix}$$

为了具体说明这种 AVM，我们来研究上面讨论过的"数"这个性质。为了描述这个性质，我们使用符号 NUMBER 来表示这个语法属性，用 sg 和 pl 来表示它在英语中能取的值(在第 3 章中介绍过)。由这样的符号串特征组成的特征结构表示如下：

$$\begin{bmatrix} \text{NUMBER} & \text{sg} \end{bmatrix}$$

再增加一个特征-值偶对来表示人称的语法概念，得到如下的特征结构：

$$\begin{bmatrix} \text{NUMBER} & \text{sg} \\ \text{PERSON} & \text{3rd} \end{bmatrix}$$

然后，我们还可以使用特征 CAT，给这个结构相应的成分的语法范畴进行编码。例如，我们可以指出，这些特征是与名词短语 NP 相关联的。特征结构如下：

$$\begin{bmatrix} \text{CAT} & \text{NP} \\ \text{NUMBER} & \text{sg} \\ \text{PERSON} & \text{3rd} \end{bmatrix}$$

这个特征结构可以用来表示第 12 章中介绍的范畴 3sgNP，它反映了名词短语的一个受限制的次范畴。

前面我们在定义特征结构时说过，特征的值不仅限于原子符号，也可以是其他的特征结构。如果我们想把一个特征-值偶对的集合与相似的处理方式捆绑在一起的时候，取特征结构为值是特别有用的。例如，NUMBER 和 PERSON 这两个特征常常捆绑在一起，因为句子中的语法主语总是与谓语在数和人称的性质方面保持一致关系。这种捆绑在一起的情况可以引入 AGREE-

MENT 这个特征来表示，这个特征取由 NUMBER 和 PERSON 的特征-值偶对组成的特征结构为其值。用这样的特征来表示第三人称单数的名词短语，特征结构如下：

$$
\begin{bmatrix}
\text{CAT} & \text{NP} \\
\text{AGREEMENT} & \begin{bmatrix} \text{NUMBER} & \text{sg} \\ \text{PERSON} & \text{3rd} \end{bmatrix}
\end{bmatrix}
$$

做了这样的安排之后，我们就可以通过检验两个成分的 AGREEMENT 特征的相等性来检验两个成分的 NUMBER 和 PERSON 的值的相等性。

一个特征可以取特征结构为值的这种能力使我们能够直接导出**特征路径**(feature path)的概念。特征路径就是在特征结构中引导到一个特定的值的各个特征所组成的一个表。例如，在最后一个特征结构中，我们可以说，特征路径⟨AGREEMENT，NUMBER⟩引导到值 sg，而特征路径⟨AGREEMENT PERSON⟩引导到值 3rd。这个特征路径的概念自然地使我们想到特征结构的图形表示方法，如图 15.1 所示。我们在 15.4 节中将

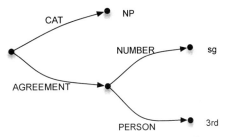

图 15.1　用有向图来表示特征结构①

会看到，这样的图形表示方法对于研究它们的具体实现方法是很有启发的。在这种图形表示中，特征结构被描写为一个有向图，图中，特征标在边上，值标在结点上。

特征路径的概念在很多方面被证明是很有用的，在这里介绍这个概念来帮助我们解释一种重要的特征结构，这种特征结构所包含的特征共享某些作为值的特征结构。这样的特征结构称为**重入结构**(reentrant structure)。现在不是我们心目中的两个特征可能会有相同的值的简单的想法，而是它们正好共享同样的特征结构(或者共享图中的结点)。如果我们通过图中的路径来仔细地想一想，就能非常清楚地把这两种情况区别开来。在简单相等的场合，两条特征路径通向图中的不同的结点，而这个图锚定了相同的而不是相异的结构。在重入结构的场合，两条特征路径通向结构上完全相同的结点。

图 15.2 是重入结构的一个简单的例子。在这个结构中，特征路径⟨HEAD SUBJECT A-GREEMENT⟩与特征路径⟨HEAD AGREEMENT⟩通向同样的位置。在 AVM 矩阵图示中，共享的结构加上一个数码索引符号来表示共享的值。图 15.2 中的特征结构的 AVM 矩阵表示如下，我们在这里采用了 PATR-II 系统中的表示方法(Shieber，1986)，这种表示方法根据 Kay(1979)。

$$
\begin{bmatrix}
\text{CAT} & \text{S} \\
\text{HEAD} & \begin{bmatrix} \text{AGREEMENT} & \boxed{1} \begin{bmatrix} \text{NUMBER} & \text{sg} \\ \text{PERSON} & \text{3rd} \end{bmatrix} \\ \text{SUBJECT} & \begin{bmatrix} \text{AGREEMENT} & \boxed{1} \end{bmatrix} \end{bmatrix}
\end{bmatrix}
$$

我们将会看到，这种简单的结构使我们能够以非常精练和漂亮的方式来表示语言中概括性的现象。

---

① 原文中图 15.1 说明文字误用了图 15.2 的说明文字，完全错了，现根据第 1 版的说明文字改正。　　　　——译者注

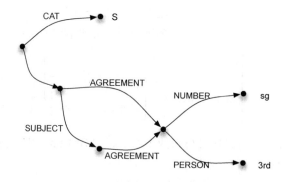

图 15.2　带有共享值的特征结构。顺着路径〈HEAD SUBJECT AGREEMENT〉找到的位置（特征值）与顺着路径〈HEAD AGREEMENT〉找到的位置（特征值）是一样的

15.2　特征结构的合一

前面说过，如果只是有特征结构，而我们不能对它们进行合理的、有效的、有力的运算，这样的特征结构是没有多少用处的。我们将会看到，为达到这样的目标，需要两种主要的操作，一种操作是合并两个结构的信息内容，一种操作是拒绝合并不相容的结构。幸运的是，有一种简单的计算技术可以满足这两个操作的要求，这种运算称为**合一**(unification)。本节的大部分内容将通过一系列的实例来说明，合一运算怎样把合并和相容等概念具体化。对于合一的算法和它的实现方法我们将推迟到 15.4 节讨论。

首先，我们从合一算子(unification operators)的简单应用开始。

$$\begin{bmatrix} \text{NUMBER} & \text{sg} \end{bmatrix} \sqcup \begin{bmatrix} \text{NUMBER} & \text{sg} \end{bmatrix} = \begin{bmatrix} \text{NUMBER} & \text{sg} \end{bmatrix}$$

正如这个等式说明的，合一算子是一个二元算子(用 ⊔ 表示)，它接受两个特征结构作为运算单元，当合一成功时，返回一个特征结构作为合一的结果。在这个例子中，合一被用来进行简单的相等关系的检查。因为在每一个结构中相应的特征 **NUMBER** 以及它们的值是一致的，合一成功。在这种场合，因为原来的结构是等同的，所以，输出与输入相等。下面相似的检查却失败了(fails)，因为在两个结构中的特征 **NUMBER** 具有不相容的值。

$$\begin{bmatrix} \text{NUMBER} & \text{sg} \end{bmatrix} \sqcup \begin{bmatrix} \text{NUMBER} & \text{pl} \end{bmatrix} \text{ Fails!}$$

下面的合一运算说明了在合一运算中相容(compatibility)概念的一个重要方面。

$$\begin{bmatrix} \text{NUMBER} & \text{sg} \end{bmatrix} \sqcup \begin{bmatrix} \text{NUMBER} & [] \end{bmatrix} = \begin{bmatrix} \text{NUMBER} & \text{sg} \end{bmatrix}$$

在这种情况下，特征结构也看成是相容的，所以就可以进行合并，尽管每一个 **NUMBER** 特征的给定值是不同的。在第二个特征结构中的"[ ]"这个值说明，这个值是没有内容的。带有"[ ]"值的特征可以同在另一个结构中的相应特征的任何的值相匹配。因此，在这个场合，第一个结构中的值 sg 可以同第二个结构中的值"[ ]"相匹配，正如输出所显示的，这种类型的合一的结果是一个结构，这个结构的值由另一个参与合一的更特殊的、非零的值来提供。

下面一个例子说明了合一运算中相容概念的另外一个方面。

$$\begin{bmatrix} \text{NUMBER} & \text{sg} \end{bmatrix} \sqcup \begin{bmatrix} \text{PERSON} & \text{3rd} \end{bmatrix} = \begin{bmatrix} \text{NUMBER} & \text{sg} \\ \text{PERSON} & \text{3rd} \end{bmatrix}$$

这时，合一的结果是把原来两个结构合并为一个更大的结构。这个更大的结构包含原来每一个结构中存储的所有信息。尽管这是一个简单的例子，但是它对于理解为什么这些结构可以判断为相容的这个问题是非常重要的：这些结构之所以相容，是由于它们当中不包含明显地不相容的特征。这些结构中的每一个结构所包含的特征-值偶对都是另外一个结构所没有的，这样的事实并不会导致合一运算的失败。

现在，我们来研究更加复杂的重入结构的合一的各种情况。下面的例子说明了当第一个运算单元中出现重入结构时，相等性检查的复杂情况。

$$
\begin{bmatrix}
\text{AGREEMENT} & \boxed{1}\begin{bmatrix} \text{NUMBER} & \text{sg} \\ \text{PERSON} & \text{3rd} \end{bmatrix} \\
\text{SUBJECT} & \begin{bmatrix} \text{AGREEMENT} & \boxed{1} \end{bmatrix}
\end{bmatrix}
$$
$$
\sqcup \begin{bmatrix}
\text{SUBJECT} & \begin{bmatrix} \text{AGREEMENT} & \begin{bmatrix} \text{PERSON} & \text{3rd} \\ \text{NUMBER} & \text{sg} \end{bmatrix} \end{bmatrix}
\end{bmatrix}
$$
$$
= \begin{bmatrix}
\text{AGREEMENT} & \boxed{1}\begin{bmatrix} \text{NUMBER} & \text{sg} \\ \text{PERSON} & \text{3rd} \end{bmatrix} \\
\text{SUBJECT} & \begin{bmatrix} \text{AGREEMENT} & \boxed{1} \end{bmatrix}
\end{bmatrix}
$$

这个例子中的重要成分是在第二个输入结构中的特征 SUBJECT。这些特征可以成功地进行合一，因为在第一个运算单元的数码索引 $\boxed{1}$ 之后所发现的值与直接出现在第二个运算单元中的值是完全匹配的。注意，在第一个运算单元中的特征 AGREEMENT 的值对于这个合一的成功是没有意义的，因为第二个运算单元的最外一个层级没有 AGREEMENT 特征。它们之间的唯一关系是因为特征 AGREEMENT 的值与特征 SUBJECT 共享。

下面的例子说明合一运算的复制（copying）功能。

(15.1)
$$
\begin{bmatrix}
\text{AGREEMENT} & \boxed{1} \\
\text{SUBJECT} & \begin{bmatrix} \text{AGREEMENT} & \boxed{1} \end{bmatrix}
\end{bmatrix}
$$
$$
\sqcup \begin{bmatrix}
\text{SUBJECT} & \begin{bmatrix} \text{AGREEMENT} & \begin{bmatrix} \text{PERSON} & \text{3rd} \\ \text{NUMBER} & \text{sg} \end{bmatrix} \end{bmatrix}
\end{bmatrix}
$$
$$
= \begin{bmatrix}
\text{AGREEMENT} & \boxed{1} \\
\text{SUBJECT} & \begin{bmatrix} \text{AGREEMENT} & \boxed{1}\begin{bmatrix} \text{PERSON} & \text{3rd} \\ \text{NUMBER} & \text{sg} \end{bmatrix} \end{bmatrix}
\end{bmatrix}
$$

这里，特征结构的值是通过第二个运算单元中的路径〈SUBJECT AGREEMENT〉的特征发现的，这个值被复制到第一个运算单元中的相应位置。此外，第一个运算单元中的特征 AGREEMENT 也接受了一个值，由于数码索引的作用，这个值与路径〈SUBJECT AGREEMENT〉的终点是彼此链接的。

下面一个例子说明实际共享值的特征与只是具有相同值的特征之间的重要区别。

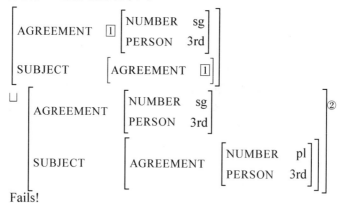

(15.2)

$$
\begin{bmatrix}
\text{AGREEMENT} & \begin{bmatrix} \text{NUMBER} & \text{sg} \end{bmatrix} \\
\text{SUBJECT} & \begin{bmatrix} \text{AGREEMENT} & \begin{bmatrix} \text{NUMBER} & \text{sg} \end{bmatrix} \end{bmatrix}
\end{bmatrix}^{①}
$$

$$
\sqcup
\begin{bmatrix}
\text{SUBJECT} & \begin{bmatrix} \text{AGREEMENT} & \begin{bmatrix} \text{PERSON} & \text{3rd} \\ \text{NUMBER} & \text{sg} \end{bmatrix} \end{bmatrix}
\end{bmatrix}
$$

$$
=
\begin{bmatrix}
\text{AGREEMENT} & \begin{bmatrix} \text{NUMBER} & \text{sg} \end{bmatrix} \\
\text{SUBJECT} & \begin{bmatrix} \text{AGREEMENT} & \begin{bmatrix} \text{NUMBER} & \text{sg} \\ \text{PERSON} & \text{3rd} \end{bmatrix} \end{bmatrix}
\end{bmatrix}
$$

在例(15.2)的第一个运算单元中,路径〈SUBJECT AGREEMENT〉和路径〈AGREEMENT〉的终点的值是相同的,但是并不共享。两个运算单元中的 SUBJECT 特征进行合一,在结果中增加一个来自第二个运算单元的 PERSON 信息。不过,由于没有数码索引把 AGREEMENT 特征和〈SUBJECT A-GREEMENT〉特征链接起来,所以这个 PERSON 信息不会被加到 AGREEMENT 特征的值中去。

最后,我们来研究合一运算失败的例子。

$$
\begin{bmatrix}
\text{AGREEMENT} & \boxed{1} & \begin{bmatrix} \text{NUMBER} & \text{sg} \\ \text{PERSON} & \text{3rd} \end{bmatrix} \\
\text{SUBJECT} & \begin{bmatrix} \text{AGREEMENT} & \boxed{1} \end{bmatrix}
\end{bmatrix}
$$

$$
\sqcup
\begin{bmatrix}
\text{AGREEMENT} & \begin{bmatrix} \text{NUMBER} & \text{sg} \\ \text{PERSON} & \text{3rd} \end{bmatrix} \\
\text{SUBJECT} & \begin{bmatrix} \text{AGREEMENT} & \begin{bmatrix} \text{NUMBER} & \text{pl} \\ \text{PERSON} & \text{3rd} \end{bmatrix} \end{bmatrix}
\end{bmatrix}^{②}
$$

Fails!

顺次通过特征进行运算,首先我们发现,在这两个运算单元中的 AGREEMENT 特征可以成功地匹配。但是,当我们移动到 SUBJECT 特征的时候,发现在每一个〈SUBJECT AGREEMENT NUMBER〉路径终点的值是不相等的,从而导致合一的失败。

特征结构用于表示某些语言学实体的局部信息的一种方法,也是用于把信息约束加到可以接受该信息的语言学实体上的一种方法。合一运算可以看成是合并各个特征结构中的信息的一种方法,或者是描述满足两个约束集合的语言学实体的一种方法。从直觉上说,把两个特征结构进行合一,产生一个新的特征结构,这个新的特征结构或比原来的输入特征结构更加特殊(具有更多的信息),或者与原来的输入特征结构等同。我们可以说,不够特殊(更加抽象)的特征结构**蕴涵于**(subsume)等同的或更加特殊的特征结构。**蕴涵于**(subsumption)用算子⊑表示。特征结构 F 蕴涵于特征结构 G(记为 $F \sqsubseteq G$),当且仅当:

1. 对于 F 中的任何特征 x,$F(x) \sqsubseteq G(x)$(这里,$F(x)$ 表示"特征结构 F 中的特征 x 的值")。
2. 对于 F 中的一切路径 p 和 q,如果有 $F(p) = F(q)$,那么,在 G 中,$G(p) = G(q)$ 成立。

---

① 在下面的特征矩阵中,3 后面都没有 rd,与前面不一致,译者把所有的 3 都用 3rd 表示,这样就前后一致了。

② 矩阵中的 PL 为大写,与前面不一致,译者改为小写 pl,与前面保持一致。 ——译者注

例如，我们来研究如下的特征结构：

$$(15.3) \quad \begin{bmatrix} \text{NUMBER} & \text{sg} \end{bmatrix}$$

$$(15.4) \quad \begin{bmatrix} \text{PERSON} & \text{3rd} \end{bmatrix}$$

$$(15.5) \quad \begin{bmatrix} \text{NUMBER} & \text{sg} \\ \text{PERSON} & \text{3rd} \end{bmatrix}$$

$$(15.6) \quad \begin{bmatrix} \text{CAT} & \text{VP} \\ \text{AGREEMENT} & \boxed{1} \\ \text{SUBJECT} & \begin{bmatrix} \text{AGREEMENT} & \boxed{1} \end{bmatrix} \end{bmatrix}$$

$$(15.7) \quad \begin{bmatrix} \text{CAT} & \text{VP} \\ \text{AGREEMENT} & \boxed{1} \\ \text{SUBJECT} & \begin{bmatrix} \text{AGREEMENT} & \boxed{1} \begin{bmatrix} \text{PERSON} & \text{3rd} \\ \text{NUMBER} & \text{sg} \end{bmatrix} \end{bmatrix} \end{bmatrix}$$

下面的"蕴涵于"关系成立：

$$15.3 \sqsubseteq 15.5$$
$$15.4 \sqsubseteq 15.5$$
$$15.6 \sqsubseteq 15.7$$

"蕴涵于"关系是偏序关系（partial order），有一些特征结构对彼此之间既不"蕴涵于"，也不"蕴涵"：

$$15.3 \not\sqsubseteq 15.4$$
$$15.4 \not\sqsubseteq 15.3$$

因为每一个特征结构都蕴涵空结构[ ]，特征结构之间的关系可以定义为**半格**（semilattice）。半格通常可以用图形来表示，最普通的特征[ ]处于半格的顶端，特征结构之间的"蕴涵于"关系用它们之间的连线来表示。这样一来，就可以用"蕴涵于"关系的半格来定义合一。给定两个特征结构 F 和 G，合一 $F \sqcup G$ 定义为更加特殊的特征结构 H，使得 $F \sqsubseteq H$ 并且 $G \sqsubseteq H$。因为用合一所确定的信息的顺序是半格，所以，合一运算就是**单调的**（monotonic）（Pereira and Shieber, 1984；Rounds and Kasper, 1986；Moshier, 1988）。这意味着，如果一个特征结构的描述是正确的，那么，把这个特征结构与其他的特征结构合一的结果所形成的新的特征结构仍然满足原来描述的要求。因此，合一运算就是与顺序无关的（associative）。给定特征结构的一个集合来进行合一，我们可以按任意的顺序来检查它们，所得到的结果都是相同的。

总体来说，合一是整合来自不同约束的知识的一种实现方法。给定两个相容的特征结构作为输入，合一能够产生出更加特殊的特征结构，并且，这个新的特征结构包含了输入中的全部的信息。给定两个不相容的特征结构，合一就失败。

15.3 语法中的特征结构

前面我们介绍的特征结构和合一运算，为出色地表达那些仅只使用上下文无关语法的机制难于表达语法约束提供了一条有效的途径。因此，在下一步，我们将把特征结构和合一运算结合起来，说明如何使用它们来描述语法的途径。为了实现这样的目标，我们要把普通的上下文无关语法的规则加以提升(augmentation)，对于规则中的成分都加上特征结构的说明，并且使用适当的合一运算来表达对于这些成分的约束。从语法的角度来说，加上特征结构和合一运算，可以用来实现下面的目标：

- 把复杂特征结构与词典条目和语法范畴的示例联系起来。
- 根据语法成分的组成部分的特征结构，指导如何把这些特征结构组合成更大的语法成分。
- 加强语法结构各部分之间的相容性约束。

我们使用下面的表示方法来说明对于语法的这种提升，提升之后的语法将可能实现上述的目标，我们的表示方法参考了在 Shieber(1986) 中描述的 PATR-II 系统：

$$\beta_0 \rightarrow \beta_1 \cdots \beta_n$$
$$\{约束的集合\}$$

具体的约束具有如下的形式：

$$\langle \beta_i \text{ feature path} \rangle = \text{Atomic value}$$
$$\langle \beta_i \text{ feature path} \rangle = \langle \beta_j \text{ feature path} \rangle$$

$\langle \beta_i \text{ feature path} \rangle$ 这样的记法表示通过与规则中的上下文无关部分的组成成分 β_i 相关联的特征结构的一条特征路径。第一种约束形式说明，在给定路径终点发现的值必须与特定的原子值进行合一。第二种约束形式说明，在两条给定的路径的终点发现的值必须是可以合一的。

为了说明这些约束的用法，让我们回过头去讨论本章开始时提出的关于数的一致关系问题的非形式解决办法。当时我们是这样描述的：

$$S \rightarrow NP\ VP$$
$$仅当 NP 的 NUMBER 与 VP 的 NUMBER 相等。$$

现在我们使用新的记法，把这个规则表示如下：

$$S \rightarrow NP\ VP$$
$$\langle NP\ \text{NUMBER} \rangle = \langle VP\ \text{NUMBER} \rangle$$

注意，如果在规则中，两个或多个成分具有同一个句法范畴，我们就给相应的成分加下标，并按顺序加以排列，如规则 $VP \rightarrow V\ NP_1\ NP_2$。

除了记法之外，重要的是应该注意，在这样的方法中，上下文无关语法的简单的生成特性由于这样的提升而发生了根本性的变化。普通的上下文无关语法是基于"毗连"(concatenation)的简单概念。一个 NP 的后面跟着 VP 就是一个 S，或者用生成的概念来说，生成一个 S，我们所要做的一切就是把一个 NP 和一个 VP 毗连起来。在新方法中，这种毗连必须伴随着成功的合一运算才可以实现。这种情况，自然就会导致合一运算的计算复杂性问题，以及合一运算对于这种新语法的生成能力的影响问题。我们将在第 16 章讨论这些问题。

总体来说，这种新方法的基本点有两个：

- 上下文无关语法规则的成分增加了与它们相关的基于特征的约束。这反映了从原子式的单纯语法范畴到表示该成分各种性质的更加复杂的范畴的转移。
- 与单个的规则相联系的约束可以参照并且处理与带有这些约束的规则的部分相联系的特征结构。

下面几节将介绍合一约束在处理 4 种有趣的语言现象中的应用。这 4 种语言现象是：一致关系(agreement)、语法中心语(grammatical heads)、次范畴化(subcategorization)、长距离依存关系(long-distance dependencies)。

15.3.1　一致关系

在第 12 章中讨论过，英语中的不同地方都存在一致关系。本节介绍怎样使用合一来处理英语中两种主要的一致现象：主语-动词一致关系和限定词-名词性成分一致关系。我们在讨论中，自始至终都使用如下的 ATIS 中的句子来说明这些现象：

(15.8) This flight serves breakfast.

(15.9) Does this flight serve breakfast?

(15.10) Do these flights serve breakfast?

注意，上面给出的用于说明主语-动词一致关系的约束的不足之处在于这种约束忽略了 PERSON 这个特征。下面使用特征 AGREEMENT 的约束注意到了这个问题。

$$S \rightarrow NP\ VP$$

$$\langle NP\ \text{AGREEMENT} \rangle = \langle VP\ \text{AGREEMENT} \rangle$$

例(15.9)和例(15.10)中表示的主语-动词一致关系有些微小的差别。在这些 yes-no 疑问句中，主语 NP 必须与助动词相一致，而不是与句子的主要动词相一致，这时，主要动词是以不定形式出现的。这种一致约束可以用如下规则处理：

$$S \rightarrow Aux\ NP\ VP$$

$$\langle Aux\ \text{AGREEMENT} \rangle = \langle NP\ \text{AGREEMENT} \rangle$$

在名词短语中，限定词和名词性成分之间的一致关系可以用相似的办法来处理。这种办法的基本任务是允许出现上面给定的形式，防止出现 * this flights 和 * those flight 这样的错误形式，其中限定词与名词性成分在数的特征上出现冲突。把这样的约束加到语法规则中，并且把它们组合到一起构成一个完整的规则：

$$NP \rightarrow Det\ Nominal$$

$$\langle Det\ \text{AGREEMENT} \rangle = \langle Nominal\ \text{AGREEMENT} \rangle$$

$$\langle NP\ \text{AGREEMENT} \rangle = \langle Nominal\ \text{AGREEMENT} \rangle$$

这个规则的意思是，Det 的 AGREEMENT 特征必须与 Nominal 的 AGREEMENT 特征合一，并且，NP 的 AGREEMENT 特征也受到约束，它必须与 Nominal 的 AGREEMENT 特征合一。

上面我们描述了加在主语-动词之间的一致关系以及限定词和名词性成分之间的一致关系上的约束，现在，我们来研究如何使这样的约束工作起来的机制。具体地说，我们必须考虑参与这种约束的各个成分(Aux，VP，NP，Det 和 Nominal)对于各种一致特征要求什么样的值。

首先，我们注意到，这些约束既涉及词汇成分，也涉及非词汇成分。如 Aux 和 Det 的比较简单的词汇成分，可以直接从词典中得到它们各自的一致关系特征。如下面的规则所示：

$$Aux \rightarrow do$$

$$\langle Aux\ \text{AGREEMENT NUMBER} \rangle = pl$$

$$\langle Aux\ \text{AGREEMENT PERSON} \rangle = 3rd$$

$$Aux \rightarrow does$$

$$\langle Aux\ \text{AGREEMENT NUMBER} \rangle = sg$$

$$\langle Aux\ \text{AGREEMENT PERSON} \rangle = 3rd$$

$$Det \rightarrow this$$
$$\langle Det\ AGREEMENT\ NUMBER \rangle = sg$$

$$Det \rightarrow these$$
$$\langle Det\ AGREEMENT\ NUMBER \rangle = pl$$

我们再回到第一个 S 规则，首先我们来研究非词汇成分 VP 的 AGREEMENT 特征。这个 VP 的成分结构可以用下面的规则来描述：

$$VP \rightarrow Verb\ NP$$

从规则可以看出，对于这个非词汇成分 VP 的一致关系的约束必须以词汇成分 Verb 为基础。而从前面关于词汇成分条目可以看出，这个 Verb 所要求的一致关系特征直接来自词典，如下面的规则所示：

$$Verb \rightarrow serve$$
$$\langle Verb\ AGREEMENT\ NUMBER \rangle = pl$$

$$Verb \rightarrow serves$$
$$\langle Verb\ AGREEMENT\ NUMBER \rangle = sg$$
$$\langle Verb\ AGREEMENT\ PERSON \rangle = 3rd$$

这种情况说明，父结点 VP 的一致关系特征所受的约束与它的动词成分所受的约束是相同的：

$$VP \rightarrow Verb\ PN$$
$$\langle VP\ AGREEMENT \rangle = \langle Verb\ AGREEMENT \rangle$$

换言之，非词汇语法成分至少可以从它们的组成成分获得某些特征的值。

同样的方法对于 NP 和 Nominal 范畴也是适用的。这些非词汇范畴的一致关系特征也可以从名词 flight 和 flights 的特征推导出来：

$$Noun \rightarrow flight$$
$$\langle Noun\ AGREEMENT\ NUMBER \rangle = sg$$

$$Noun \rightarrow flights$$
$$\langle Noun\ AGREEMENT\ NUMBER \rangle = pl$$

与此类似，非词汇成分 Nominal 的特征所受的约束与它的组成成分 Noun 具有相同的特征值：

$$Nominal \rightarrow Noun$$
$$\langle Nominal\ AGREEMENT \rangle = \langle Noun\ AGREEMENT \rangle$$

注意，本节的论述仅仅涉及英语一致关系系统的表层，是非常粗略的，其他语言的一致关系系统可能会比英语中的情况复杂得多。

15.3.2 中心语特征

为了对于诸如名词短语、名词性成分(nominals)和动词短语这样的组成性的语法成分的一致关系特征的构成方式做出解释，我们在前面引入了把所需要的特征结构从子女结点上复制(copy)到它们的父结点上的概念。这样的拷贝是基于约束的语法的更有概括性的现象的一个实例。具体地说，大多数语法范畴的特征都是从它们的子女结点复制到父结点上的。贡献特征的子女结点称为短语的中心语(head of the phrase)，而被复制的特征称为**中心语特征**(head feature)。

我们在 12.4.4 节中首次介绍了中心语的概念，这个概念在基于约束的语法中起着重要的作用。我们来研究上面提到的三个规则：

$$VP \rightarrow Verb\ NP$$
$$\langle VP\ \text{AGREEMENT} \rangle = \langle Verb\ \text{AGREEMENT} \rangle$$

$$NP \rightarrow Det\ Nominal$$
$$\langle Det\ \text{AGREEMENT} \rangle = \langle Nominal\ \text{AGREEMENT} \rangle$$
$$\langle NP\ \text{AGREEMENT} \rangle = \langle Nominal\ \text{AGREEMENT} \rangle$$

$$Nominal \rightarrow Noun$$
$$\langle Nominal\ \text{AGREEMENT} \rangle = \langle Noun\ \text{AGREEMENT} \rangle$$

在这些规则中，把一致关系特征结构向上贡献给父结点的成分就是短语的中心语。更加具体地说，动词是动词短语的中心语，名词性成分是名词短语的中心语，名词是名词性短语的中心语。因此，我们就可以说，一致关系特征结构是一个中心语特征。我们可以重新写我们的规则，使它们能够反映出上述的概括性，重写时，把一致关系特征结构放到 HEAD 特征的下面，然后向上复制这个特征，其约束情况如下：

$$VP \rightarrow Verb\ NP$$
$$\langle VP\ \text{HEAD} \rangle = \langle Verb\ \text{HEAD} \rangle \tag{15.11}$$

$$NP \rightarrow Det\ Nominal$$
$$\langle NP\ \text{HEAD} \rangle = \langle Nominal\ \text{HEAD} \rangle \tag{15.12}$$
$$\langle Det\ \text{HEAD AGREEMENT} \rangle = \langle Nominal\ \text{HEAD AGREEMENT} \rangle$$

$$Nominal \rightarrow Noun$$
$$\langle Nominal\ \text{HEAD} \rangle = \langle Noun\ \text{HEAD} \rangle \tag{15.13}$$

与此类似，引入这些特征的词汇规则也必须反映 HEAD 的概念，规则重写如下：

$$Noun \rightarrow flights$$
$$\langle Noun\ \text{HEAD AGREEMENT NUMBER} \rangle = pl$$

$$Verb \rightarrow serves$$
$$\langle Verb\ \text{HEAD AGREEMENT NUMBER} \rangle = sg$$
$$\langle Verb\ \text{HEAD AGREEMENT PERSON} \rangle = 3rd$$

15.3.3 次范畴化

我们前面说过，次范畴化（subcategorization）这个概念是指动词对于与它一起出现的论元模式的更加苛刻的要求。在第 12 章中，为了防止生成与动词和动词短语不匹配的不合语法的句子，我们不得不把动词的范畴分解成多个次范畴（sub-categories），然后，把这些更加特殊的动词范畴应用来定义允许与它们共同出现的特殊的动词短语。如下面的规则所示：

$$Verb\text{-}with\text{-}S\text{-}comp \rightarrow think$$
$$VP \rightarrow Verb\text{-}with\text{-}S\text{-}comp\ S$$

显而易见，这样的方法将导致范畴的大量增长，而这是我们所不期望的，但是范畴增长之后，解决各种问题的办法却相差不大。为了避免这种我们不期望的范畴数目的大量增长，可以导入特征结构来区分各种不同的动词范畴。把一个称为 SUBCAT 的原子特征与适当的值和词典中的每一个动词结合起来,就可以实现这个目标。例如,在词典中,可以给及物动词 serves 指派如下的特征结构:

$$Verb \rightarrow serves$$
$$\langle Verb\ HEAD\ AGREEMENT\ NUMBER \rangle = sg$$
$$\langle Verb\ HEAD\ SUBCAT \rangle = trans$$

特征 SUBCAT 说明,这个动词在动词短语中出现时,在语法上要求一个单独的名词短语作为它的论元。这样的约束还可以加上语法中所有动词短语规则的相应的约束来进一步强化,这些约束如下:

$$VP \rightarrow Verb$$
$$\langle VP\ HEAD \rangle = \langle Verb\ HEAD \rangle$$
$$\langle VP\ HEAD\ SUBCAT \rangle = intrans$$

$$VP \rightarrow Verb\ NP$$
$$\langle VP\ HEAD \rangle = \langle Verb\ HEAD \rangle$$
$$\langle VP\ HEAD\ SUBCAT \rangle = trans$$

$$VP \rightarrow Verb\ NP\ NP$$
$$\langle VP\ HEAD \rangle = \langle Verb\ HEAD \rangle$$
$$\langle VP\ HEAD\ SUBCAT \rangle = ditrans$$

在这些规则中的第一个合一约束说明动词短语从它的动词组成成分中获得它 HEAD 特征,而第二约束说明,这个 SUBCAT 的值应该是什么。任何要求动词与一个不适合的动词短语一起使用的企图都是注定要失败的,因为这时 VP 的 SUBCAT 的特征的值都不能与在第二个约束中给定的原子符号进行合一。注意,这种方法要求英语的 50~100 个动词短语框架中的每一个,都要有一个特定的符号。

这个方法有些不透明,因为这些 SUBCAT 符号是不可分析的,它们既不能对于动词期望采用的论元的数目直接进行编码,也不能对于动词期望采用的论元的类型直接进行编码。为了看清这一点,请你注意,你不能以为只要简单地检查一下词典中的动词条目,就可以知道它的次范畴化框架是什么了。你必须间接地使用 SUBCAT 特征的值,把它作为一个指针指向在语法上能够接受有关动词的动词短语规则。

一个比较漂亮的解决方法是更好地利用特征结构的表达能力,允许动词条目能够直接说明它们所要求的论元的顺序和范畴。下面关于 serves 的条目是使用这种方法的一个例子。在这个条目中,动词的次范畴特征用它的宾语和补语的一个表(list)来表示。

$$Verb \rightarrow serves$$
$$\langle Verb\ HEAD\ AGREEMENT\ NUMBER \rangle = sg$$
$$\langle Verb\ HEAD\ SUBCAT\ FIRST\ CAT \rangle = NP$$
$$\langle Verb\ HEAD\ SUBCAT\ SECOND \rangle = end$$

这个条目使用了 FIRST 这个特征来表示动词后的第一个论元必须是一个 NP,又使用 SECOND 这个特征来表示这个动词只要求一个论元。像 leave 这样的动词(在“leave Boston in the morning”中)具有两个论元,它的条目如下:

Verb → leaves

$\langle$ Verb HEAD AGREEMENT NUMBER $\rangle$ = sg

$\langle$ Verb HEAD SUBCAT FIRST CAT $\rangle$ = NP

$\langle$ Verb HEAD SUBCAT SECOND CAT $\rangle$ = PP

$\langle$ Verb HEAD SUBCAT THIRD $\rangle$ = end

当然，这样的方法要对一个表进行编码，显得太奢侈了。我们也可以使用15.6节中定义的类型（type）来定义一个类型表，这样会更加清楚一些。

现在单独的动词短语规则必须检查动词所要求的成分是不是都准确地出现了。下面是关于及物规则：

VP → Verb NP

$\langle$ VP HEAD $\rangle$ = $\langle$ Verb HEAD $\rangle$

$\langle$ VP HEAD SUBCAT FIRST CAT $\rangle$ = $\langle$ NP CAT $\rangle$　　　　　　(15.14)

$\langle$ VP HEAD SUBCAT SECOND $\rangle$ = end

在这个规则约束中的第二个约束说明，动词的 SUBCAT 表中的第一个成分必须与直接处于动词之后的成分的范畴相匹配。第三个约束说明，这个动词短语规则只要求一个单独的论元。

我们前面的例子只代表了一些非常简单的动词的次范畴化结构。事实上，动词的次范畴化可表示为非常复杂的**次范畴化框架**（Subcategorization frames）（例如，NP PP，NP NP，或者 NP S S），并且这些框架可以成为很多不同的短语类型的组成部分。为了给英语的动词构造可能的次范畴化框架表，我们首先需要列出可以构成这些框架的可能的短语类型的表。图 15.3 是英语中构成动词次范畴化框架的一个可能的短语类型的简单的表。这个表是根据 FrameNet 课题（Johnson，1999；Baker et al.，1998）中的动词次范畴化框架修改而成的，表中包括诸如 there 和 it 这样的动词特殊主语的短语类型，以及宾语和补语的短语类型。

名词短语类型		
There	nonreferential there	**There** is still much to learn
It	nonreferential it	**It** was evident that my ideas
NP	noun phrase	As he was relating **his story**
介词短语类型		
PP	preposition phrase	couch their message **in terms**
PPing	gerundive PP	censured him **for not having intervened**
PPpart	particle	turn it **off**
动词短语类型		
VPbrst	bare stem VP	she could **discuss it**
VPto	to-marked infin. VP	Why do you want **to know?**
VPwh	wh-VP	it is worth considering **how to write**
VPing	gerundive VP	I would consider **using it**
补语从句类型		
Sfin	finite clause	maintain **that the situation was unsatisfactory**
Swh	wh-clause	it tells us **where we are**
Sif	whether/if clause	ask **whether Aristophanes is depicting a**
Sing	gerundive clause	see **some attention being given**
Sto	to-marked clause	know **themselves to be relatively unhealthy**
Sforto	for-to clause	She was waiting **for him to make some reply**
Sbrst	bare stem clause	commanded **that his sermons be published**
其他类型		
AjP	adjective phrase	thought it **possible**
Quo	quotes	asked **"What was it like?"**

图 15.3　可以构成动词的潜在次范畴化框架的潜在短语类型的一个小的集合。根据FrameNet的标记集修改而成（Johnson，1999；Baker et al.，1998）。样本句子的片段来自英国国家语料库（British National Corpus，BNC）

为了在合一语法中使用图 15.3 的短语类型, 每一个短语类型都要使用特征来描述。例如, VPto 这个短语类型形式, 在动词 want 次范畴化时可以表示如下:

$$\text{Verb} \rightarrow \text{want}$$

$$\langle \text{Verb HEAD SUBCAT FIRST CAT} \rangle = \text{VP}$$

$$\langle \text{Verb HEAD SUBCAT FIRST FORM} \rangle = \text{infinitive}$$

英语中的 50 到 100 个动词的可能的次范畴化框架将被描述为短语类型的集合, 而所有的短语类型都来自上述的这些短语类型。我们以带有两个补语的动词 want 为例子来说明这里存在着两种不同的可能的标记方法。第一种可能的方法是采用带尖括号 " < " 和 " > " 的表来标记, 第二种可能的方法是不使用带路径等式的重写规则来标记, 而把词汇条目表示为一个单独的特征结构:

$$
\begin{bmatrix}
\text{ORTH} & \text{want} \\
\text{CAT} & \text{Verb} \\
\text{HEAD} & \begin{bmatrix} \text{SUBCAT} & \left\langle \begin{bmatrix} \text{CAT NP} \end{bmatrix}, \begin{bmatrix} \text{CAT VP} \\ \text{HEAD} \begin{bmatrix} \text{VFORM infinitival} \end{bmatrix} \end{bmatrix} \right\rangle \end{bmatrix}
\end{bmatrix}
$$

我们把短语类型的一个有限集合组合起来, 最后形成的所有可能的次范畴化框架的集合将会非常庞大。再说, 每一个动词还可能具有不同的次范畴化框架。例如, 图 15.4 是动词 ask 的次范畴化框架的一部分, 例句来自 BNC 语料库:

次 范 畴	例 句
Quo	asked [Quo "What was it like?"]
NP	asking [NP a question]
Swh	asked [Swh what trades you're interested in]
Sto	ask [Sto him to tell you]
PP	that means asking [PP at home]
Vto	asked [Vto to see a girl called Evelyn]
NP Sif	asked [NP him] [Sif whether he could make]
NP NP	asked [NP myself] [NP a question]
NP Swh	asked [NP him] [Swh why he took time off]

图 15.4 动词 ask 的次范畴框架样本, 例句来自 BNC

现在已经存在一些具有相当规模的次范畴化框架的标记集, 例如, COMLEX 标记集 (Macleod et al., 1998), 这个标记集包括动词、形容词和名词的次范畴化框架; ACQUILEX 标记集 (Sanfilippo, 1993), 这个标记集包括动词的次范畴化框架。很多次范畴化的标记集还增加了有关补语的其他信息, 诸如关于在没有明显主语的下层动词短语中主语的等同性信息, 这种信息称为**控制信息**(control information)。例如, 句子"Temmy promised Ruth to go"(至少在某些方言中可以这样说)的含义是 Temmy 将做"going"(去)这样的动作, 而句子"Temmy persuaded Ruth to go"的含义则是 Ruth 将做"going"(去)这样的动作。一个动词可能具有若干个次范畴化框架, 这些框架可以部分地通过动词本身的语义预测出来, 例如, 很多具有及物语义的动词(give, send, carry)可以预示它们可能具有 NP NP 和 NP PP 两个次范畴化框架:

NP NP sent FAA Administrator James Busey a letter

NP PP sent a letter to the chairman of the Armed Services Committee

动词各个类的次范畴化框架之间的这些关系称为**论元结构交替**(argument-structure alternation）。在第 19 章中我们讨论动词论元结构的语义的时候将进一步研究这个问题。在动词具有它们所容许的不同的次范畴化框架之间，一般都存在优先关系（preference），第 14 章中，我们将介绍模拟这种优先关系的概率方法。

其他词类的次范畴化

次范畴化的概念通常称为**配价**（valence），这个概念本来是为研究动词而提出来的，但是，最近的研究工作的热点发现，动词之外的很多其他的词类也表现出与配价相似的行为。我们来对比介词 while 和 during 的如下的不同用法：

（15.15）Keep your seatbelt fastened while *we are taking off*.

（15.16）∗ Keep your seatbelt fastened while *takeoff*.

（15.17）Keep your seatbelt fastened during *takeoff*.

（15.18）∗ Keep your seatbelt fastened during *we are taking off*.

尽管这些单词看起来似乎是相似的，但是，它们对于各自的论元的要求却有很大的不同。作为练习，请读者把具有不同的次范畴化框架的这两个介词的特征结构表示出来。

很多形容词和名词也具有次范畴化框架。这里是形容词 apparent，aware，unimportant 以及名词 assumption，question 次范畴化框架的一些例子。

It was **apparent** [$_{Sfin}$ that the kitchen was the only room ...]

It was **apparent** [$_{PP}$ from the way she rested her hand over his]

aware [$_{Sfin}$ he may have caused offense]

it is **unimportant** [$_{Swheth}$ whether only a little bit is accepted]

the **assumption** [$_{Sfin}$ that wasteful methods have been employed]

the **question** [$_{Swheth}$ whether the authorities might have decided]

请参看 Nomlex（Macleod et al.，1998），FrameNet，Johnson （1999）以及 NomBank（Meyers et al.，2004）关于名词和形容词的次范畴化框架的描述。

动词要表示出对于它们的主语以及补语的次范畴化约束。例如，我们要表示动词 seem 能够以 **Sfin** 作为主语的词汇事实（That she was affected seems obvious），而动词 paint 却不能。我们可以用 SUBJECT 这个特征来表示这样的限制。

15.3.4　长距离依存关系

迄今我们研制的次范畴化模型有两个组成部分。每一个中心语都有一个 SUBCAT 特征，这个特征包括一个由该中心语所期望的补语组成的表。然后如例（15.14）这样的 VP 规则把实际的组成成分与 SUBCAT 表中所期望补语相匹配。当动词的补语与在动词短语中所发现的事实一致的时候，这样的机制会工作得相当好。

但是，在有的时候，动词次范畴化的成分在局部的范围内并不出现，它们与谓语之间保持着一种**长距离关系**（long-distance）。下面是这种**长距离依存关系**（long-distance dependencies）的一些例子：

What cities does Continental service？

What flight do you have from Boston to Baltimore？

What time does that flight leave Atlanta？

在第一个例子中，what cities 这个成分是动词 service 次范畴化的补语，但是，由于这个句子是 Wh-非主语疑问式结构,宾语要放在句子的前面。从第 12 章我们知道,**wh-非主语疑问式结构**(wh-non-subject-question)的(简单的)短语结构规则如下:

$$S \rightarrow \text{Wh-NP Aux NP VP}$$

现在我们有了特征,可以增强这个短语结构规则,要求 Aux 与 NP 保持一致关系(因为 NP 是主语)。但是,我们也需要某种办法来增强规则,使得规则能够将 Wh-NP 填充到 VP 的某个次范畴化的槽(slot)中去。这种长距离依存关系的表示是一个非常困难的问题,因为动词的次范畴化要求填充的成分与填充的位置的距离可能会相当长。在下面的例子中,wh-短语 which flight 要填充到动词 book 次范畴化要求的位置,而它们之间隔着两个动词(want 和 have),相距甚远。

Which flight do you want me to have the travel agent book?

在合一语法中提出了表示长距离依存关系的不少的解决办法,其中的一个办法是使用**间隔表**(gap list),这种间隔表体现为特征 GAP,在剖析树中,特征 GAP 从一个短语转移到另外一个短语,从而处理长距离依存关系的问题。在间隔表中,可以设立一个**填充成分**(filler,例如,上面例子中的 which flight),使这个填充成分与某个动词的次范畴化框架进行合一。对于这种策略的详细解释,请参看 Sag and Wasow(1999),其中也讨论了给这种长距离依存关系建模的很多其他的复杂问题。

15.4　合一的实现

前面我们讨论过,合一算子取两个特征结构作为输入,如果合一成功,则返回一个合并后单独的特征结构,如果两个输入不相容,则宣告失败。输入的特征结构用非成圈有向图(DAG)来表示,在 DAG 中,特征作为标记记录在有向的边上,特征值或是原子符号,或者是 DAG。我们知道,这种合一运算的实现是一个相对简单的递归的图匹配算法,不过要对这种算法加以适当的裁剪,使之满足合一的各种要求。粗略地说,算法要把一个输入中的特征都走一遍,试着去发现在另一个输入中相匹配的特征。如果所有的特征都匹配,则合一成功。只要有一个特征不匹配,则合一失败。显而易见,为了正确地对于那些以特征结构为其值的特征进行匹配,需要使用递归。

这种算法的一个不寻常的方面在于,它不是使用由两个参与合一项目的全部信息合一而成的信息,而是破坏性地改变这些项目,使得在最后它们恰好指向相同的信息。因此,成功地调用合一运算的结果也必定要适当地改变它的项目。在下一节中我们将讨论,这种算法的破坏性的性质要求我们有必要稍微地把我们原来假定的 DAG 扩充为一种简单的特征结构图。

15.4.1　合一的数据结构

为了对付算法的这种破坏性的归并,我们增加代表输入特征结构的 DAG 的复杂性,在使用 DAG 来表示特征结构时,增加一些边(edges)或一些域(fields)。具体地说,每一个特征结构包括两个域:一个称为内容域(content field),一个称为指针域(pointer field)。内容域可以为空,或者可以包含一个普通的特征结构。类似地,指针域可以为空,或者包含一个指向其他特征结构的指针。如果 DAG 的指针域为空,那么 DAG 的内容域就包含实际被处理的特征结构。另一方面,如果指针域不空,则指针的方向就代表了实际被处理的特征结构。合一运算的合并可以通过在处理过程中改变 DAG 的指针域来实现。

为了具体说明我们的方法,我们来研究下面熟悉的特征结构的扩充 DAG 表示方法。

$$(15.19) \begin{bmatrix} \text{NUMBER} & \text{sg} \\ \text{PERSON} & \text{3rd} \end{bmatrix}$$

图 15.5 是这样的扩充的 DAG 表示图。注意，这个扩充的 DAG 表示在特征的最上层既包括内容域，也包括与内容域相连接的指针域，对于每一个嵌入的特征结构，也采用同样的表示方法，一直表示到原子值。

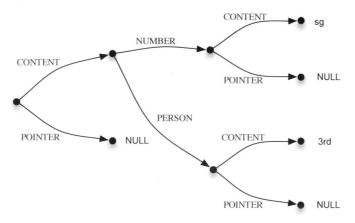

图 15.5　例(15.19)的扩充 DAG 表示

在研究合一算法的细节之前，我们将采用这样的扩充 DAG 来表示如下简单的例子。

$$(15.20)\begin{bmatrix} \text{NUMBER} & \text{sg} \end{bmatrix} \sqcup \begin{bmatrix} \text{PERSON} & \text{3rd} \end{bmatrix} = \begin{bmatrix} \text{NUMBER} & \text{sg} \\ \text{PERSON} & \text{3rd} \end{bmatrix}$$

合一的结果造出了一个新的结构，这个结构包含来自原来的两个项目的信息的并。从扩充 DAG 表示可以看出，怎样对原来的项目进行相加，怎样把某些指针从一个结构改变到另一个结构中去，使得它们最后都包含相同的内容。在这个例子中，首先给第一个项目加上一个 PERSON 特征，然后把它的指针指向第二个项目中的适当位置并填充第一个项目的 PERSON 特征的指针域，从而给它指派一个值，如图 15.6 所示。

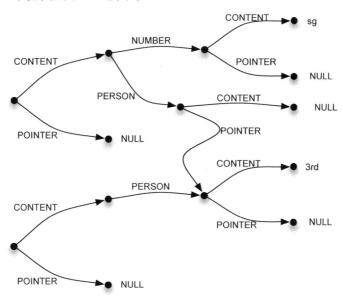

图 15.6　把第一个项目中新的 PERSON 特征指派到第二项目中的适当的值之后形成的新的项目

不过，处理过程还没有完成。从图 15.6 可以清楚地看出，第一个项目现在已经包含了所有正确的信息，但是，第二个项目还没有包含所有的正确信息，这个项目还缺少 NUMBER 特征。当然，这时我们大概可以把指针指向第一个项目中的适当位置给第二个项目增加 NUMBER 特征。这样的改变的结果将引起两个项目具有从合一得到的全部正确信息。

可惜这样的解决办法是不恰当的，因为这种办法并不能满足把两个项目真正合一的要求。由于这两个项目在最顶一层没有完全地合一，其中一个项目的进一步的合一将不会在另一个项目中表现出来。对于这个问题的解决办法是简单地把第二个项目的指针域指向第一个项目的顶端。这样做的结果，使得两个项目中进一步的任何改变都可以马上在它们二者中同时得到反应。这种改变的结果如图 15.7 所示。

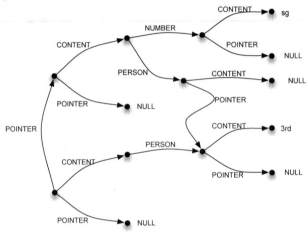

图 15.7　f1 与 f2 合一的最后结果

15.4.2　合一算法

我们刚才讨论的这种算法如图 15.8 所示。这个算法接受用扩充的 DAG 表示的两个特征结构，返回两个项目中的一个经过修正的项目作为其值，或者在特征结构不相容的时候，返回一个失败的信号。

```
function UNIFY(f1-orig, f2-orig) returns f-structure or failure

  f1 ← Dereferenced contents of f1-orig
  f2 ← Dereferenced contents of f2-orig

  if f1 and f2 are identical then
     f1.pointer ← f2
     return f2
  else if f1 is null then
     f1.pointer ← f2
     return f2
  else if f2 is null then
     f2.pointer ← f1
     return f1
  else if both f1 and f2 are complex feature structures then
     f2.pointer ← f1
     for each f2-feature in f2 do
       f1-feature ← Find or create a corresponding feature in f1
       if UNIFY(f1-feature.value, f2-feature.value) returns failure then
          return failure
     return f1
  else return failure
```

图 15.8　合一算法

这个算法的第一步是获取两个项目的真实内容。我们知道,如果在扩充的特征结构中的指针域为非空,那么,这个结构的真实内容就要顺着在指针域中的指针去查找。变量 f1 和变量 f2 就是顺着指针查找的结果,这种结果通常称为**解除参照**(dereferencing)。

就像所有的递归算法一样,下一步是在进入原来项目某个部分的递归调用之前检查递归的各种基本情况。这时,存在三种可能的基本情况:

- 两个项目相同;
- 两个项目中的一个项目的值为零,或者两个项目的值都为零;
- 这些项目既不为零,也不等同。

如果两个结构相同,那么,第一个项目的指针将指向第二个项目,并且返回第二个项目。重要的是要理解为什么在这种场合要改变这个指针。由于项目毕竟是相等的,返回其中的任何一个看起来都可以。在单一的合一时,这是可行的,但是我们知道,我们是想让两个项目使用合一算子进行真正的合一运算。指针的改变之所以必要是因为我们想让两个项目都参与真正的合一运算,使得之后进行合一时,只要任何一个项目中增加了信息,这个信息都可以同样地增加到每一个项目中去。

如果两个项目都为零,那么,零项目的指针域就要改变去指向其他的项目,然后再返回。结果两个项目都指向相同的值。

如果前面两种情况的检查结果都不行,那么,就存在两个可能:或者它们是不等同的原子值,或者它们是不等同的复杂特征结构。如果它们是不等同的原子值,那么,就意味着这两个项目不相容,这将导致算法返回失败的值。如果它们是不等同的复杂特征,则需要进行递归调用,以确认这些复杂特征中的组成成分是否相容。在这个过程中,递归的关键是对第二个项目 f2 中的所有特征进行循环(loop)。这种循环的目的在于把 f2 中的每一个特征的值与 f1 中相应的特征进行合一。在这个循环中,如果在 f2 中的特征在 f1 中不存在,就把这个特征加到 f1 中去,并且给该特征赋以 NULL 值。这个过程继续进行,就像刚开始时处理特征那样。如果这些合一中的每一个合一都获得成功,那么,f2 的指针域就指向 f1,完成结构的合一运算,并把合一的值返回到 f1。

一个例子

为了说明这个算法,让我们把下列的例子看一遍。

$$(15.21) \quad \begin{bmatrix} \text{AGREEMENT} & \boxed{1}\begin{bmatrix} \text{NUMBER} & \text{sg} \end{bmatrix} \\ \text{SUBJECT} & \begin{bmatrix} \text{AGREEMENT} & \boxed{1} \end{bmatrix} \end{bmatrix}$$
$$\sqcup \begin{bmatrix} \text{SUBJECT} & \begin{bmatrix} \text{AGREEMENT} & \begin{bmatrix} \text{PERSON} & \text{3rd} \end{bmatrix} \end{bmatrix} \end{bmatrix}$$

图 15.9 是这个合一运算的项目的扩充表示。注意,在第一个项目中重入结构是通过使用指针域(PTR 域)来表示的。这两个原来的项目既不是等同的,又不是空的,也不是原子的,所以进入主循环。在特征 f2 上循环时,算法试图递归地相应于 SUBJECT 特征 f1 和 f2 的值进行合一。

$$\begin{bmatrix} \text{AGREEMENT} & \boxed{1} \end{bmatrix} \sqcup \begin{bmatrix} \text{AGREEMENT} & \begin{bmatrix} \text{PERSON} & \text{3rd} \end{bmatrix} \end{bmatrix}$$

这两个项目不是等同的,又不是空的,也不是原子的,所以再次进入循环,导致递归地检查特征 AGREEMENT 的值。

$$\begin{bmatrix} \text{NUMBER} & \text{sg} \end{bmatrix} \sqcup \begin{bmatrix} \text{PERSON} & \text{3rd} \end{bmatrix}$$

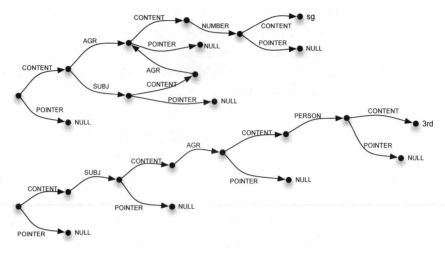

图 15.9 例(15.21)开始时的项目 f1 和 f2

在循环检查第二个项目的特征的时候,发现了在第一个项目中没有 PERSON 特征。因此,在第一个项目中加上一个 PERSON 特征,开始时置这个特征的初值为 NULL。这样一来,我们可以把前面的合一改成如下形式:

$$\begin{bmatrix} \text{NUMBER} & \text{sg} \\ \text{PERSON} & \text{null} \end{bmatrix} \sqcup \begin{bmatrix} \text{PERSON} & \text{3rd} \end{bmatrix}$$

在创建了这个新的 PERSON 特征之后,下面一个递归调用将导致把在第一个项目中新特征的值 NULL 与第二个项目中的 3rd 这个值进行合一。这个递归调用的结果,是把 f2 中的 3rd 这个值指派到第一个项目的指针域中去。由于在项目 f2 中的任何递归层级,没有更多的特征可以被检查出来,在递归的每一轮,都返回到 UNIFY。结果如图 15.10 所示。

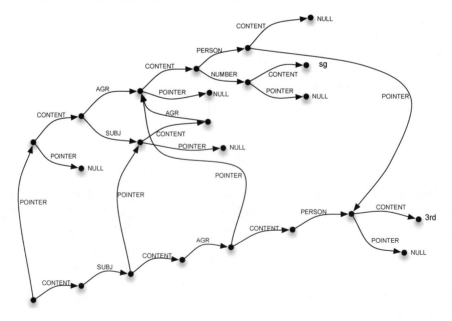

图 15.10 f1 和 f2 的最终结构

15.5　带有合一约束的剖析

现在，我们已经有足够的必要知识把特征结构与合一结合在一个剖析器中了。幸运的是，合一运算是与合一的顺序无关的，合一运算的这种特性使得我们可以放心大胆地不管剖析器中使用的具体的搜索策略。只要我们有了和语法的上下文无关规则相联系的合一约束，以及和搜索状态有关的特征结构，那么，我们就可以使用第 13 章中描述的任何标准的搜索算法。

当然，这种情况给我们留下了非常广阔的空间来实现各种各样的策略。例如，我们可以在使用规则的上下文无关成分之前就进行简单的剖析，然后根据事实来建立结果树的特征结构，对于包含合一特征的剖析进行过滤。尽管使用这种方法最后的结果形成的结构都是良构的（well-formed），但是，它不能以合一的力量来减少在搜索过程中剖析器的搜索空间。

下面一节描述的方法可以更好地利用合一的力量，把合一约束直接地结合到 Earley 算法的剖析过程中去，当非良构的（ill-formed）结构出现时，就被很快地清除。我们将会看到，这种方法只要求对于 Earley 的基本算法做最小限度的改变。然后，我们简单地介绍一种与标准的上下文无关方法差别较大的合一剖析方法。

15.5.1　把合一结合到 Earley 剖析器中

我们把特征结构与合一运算结合到 Earley 算法中的目的有两个：第一，使用特征结构可以给剖析的组成成分提供更加丰富的表达方式；第二，使用特征结构可以阻止成分进入破坏合一约束的非良构成分的线图中。我们将会看到，只要最小限度地改变原来的 Earley 算法，就可以达到这样的目的。

第一个改变是对于在原来的代码中使用的各种表达方法进行修改。我们知道，Earley 算法在运算时，要使用一套无装饰的上下文无关语法的规则，来填充一种称为线图的数据结构，这种线图由状态的集合组成。在剖析的终点，构成线图的状态可以表示对于输入的一切可能的剖析结果。因此，我们要进行的改变首先从改变上下文无关语法规则和线图中的状态两方面开始。

在改变规则的时候，除了它们当前的成分之外，还包括从它们的合一约束推导出的特征结构。更加具体地说，我们将使用由规则列出的约束来建立特征结构，把特征结构表示为 DAG，以便在剖析过程中同规则一起使用它们。

我们来研究如下的带有合一约束的上下文无关规则：

$$S \rightarrow NP\ VP$$
$$\langle NP\ \text{HEAD AGREEMENT} \rangle = \langle VP\ \text{HEAD AGREEMENT} \rangle$$
$$\langle S\ \text{HEAD} \rangle = \langle VP\ \text{HEAD} \rangle$$

把这些约束转变为特征结构，得到如下的结构：

$$\begin{bmatrix} S & [\text{HEAD} \quad \boxed{1}] \\ NP & [\text{HEAD} \quad [\text{AGREEMENT} \quad \boxed{2}]] \\ VP & [\text{HEAD} \quad \boxed{1}[\text{AGREEMENT} \boxed{2}]] \end{bmatrix}$$

在这个推导中，首先对于上下文无关规则中的每一个部分创建顶层特征，在我们的例子中，这些顶层特征是 S，NP 和 VP。使用这样的办法，把各种不同的约束结合到一个单独的结构中去。

然后，顺着约束中的路径等式，进一步再把各种成分加到这个结构中去。注意，这只是一种纯粹的表记法的变换，DAG 和约束等式中包含的信息都是完全一样的。不过，把各种约束捆绑到一个单独的特征结构中，这样的形式就可以直接地放到我们的合一算法中去。

第二个改变是改变用于表示 Earley 算法中局部剖析的状态。原来的状态包括所使用的上下文无关规则、表示规则已经完成部分的点的位置、状态的开始和终止位置，以及表示状态中已完成子部分的其他状态的一个表。现在我们再加上一个附加的区域，这个区域包含表示与状态相应的特征结构的 DAG。注意，当一个规则首次被 PREDICTOR 用来建立一个状态时，与状态相联系的 DAG 将由规则中检索出来的 DAG 所组成。例如，当 PREDICTOR 使用上面的 S 规则而进入到线图中的一个状态时，上面给出的 DAG 将是初始的 DAG。我们把状态表示如下，其中 DAG 表示上面给出的特征结构：

$$S \rightarrow \bullet \ NP \ VP, \ [0,0], [], Dag$$

给出了这些新增加的表示之后，我们就可以来改变算法本身了。在行动方面的最重要的改变是：当通过扩充现有的状态建立一个新的状态的时候，在 COMPLETER 程序中发生变化的情况。我们知道，当一个完成的成分加到线图中的时候，就要调用 COMPLETER。COMPLETER 的任务是发现并扩充线图中现存的状态，这个状态正在查找与新完成的成分相容的成分。因此，COMPLETER 是一种结合两个状态中的信息建立新状态的功能，它要使用合一的操作。

更加具体地说，COMPLETER 通过发现现存状态的方式，把一个新的状态加到线图中，并把现存状态中的"·"由新的完成状态向前推进。当直接在"·"后面的成分的范畴与新完成的成分的范畴相匹配的时候，就可以把"·"向前推进。为了便于使用特征结构，我们可以改变这样的做法，而把与新的完成状态相联系的特征结构与被推进的特征结构中的适当部分进行合一。如果这样的合一取得成功，那么，新状态的 DAG 就接受合一后的结构，并进入线图之中。如果合一失败，则没有新的状态进入线图之中。COMPLETER 的这种改变情况如图 15.11 所示。

我们通过剖析 That flight 来研究这个过程。假定在 That flight 中，That 已经识别，当时的状态如下：

$$NP \rightarrow Det \bullet Nominal \ [0,1], [S_{Det}], Dag_1$$

$$Dag_1 \begin{bmatrix} NP & \begin{bmatrix} HEAD & \boxed{1} \end{bmatrix} \\ DET & \begin{bmatrix} HEAD & \begin{bmatrix} AGREEMENT & \boxed{2} \begin{bmatrix} NUMBER & sg \end{bmatrix} \end{bmatrix} \end{bmatrix} \\ NOMINAL & \begin{bmatrix} HEAD & \boxed{1} \begin{bmatrix} AGREEMENT & \boxed{2} \end{bmatrix} \end{bmatrix} \end{bmatrix} ①$$

现在我们来研究下面的情况，这时，剖析器已经处理了 flight，并由此而产生了如下的状态：

$$Nominal \rightarrow Noun \bullet, [1,2], [S_{Noun}], Dag_2$$

$$Dag_2 \begin{bmatrix} NOMINAL & \begin{bmatrix} HEAD & \boxed{1} \end{bmatrix} \\ NOUN & \begin{bmatrix} HEAD & \boxed{1} \begin{bmatrix} AGREEMENT & \begin{bmatrix} NUMBER & sg \end{bmatrix} \end{bmatrix} \end{bmatrix} \end{bmatrix} ②$$

---

① 原书括号中的 sg 为大写字母 SG，估计是作者的笔误，为与其他部分统一，这里使用小写字母 sg。　　——译者注
② 原书括号中的 sg 为大写字母 SG，估计是作者的笔误，为与其他部分统一，这里使用小写字母 sg。　　——译者注

为了推进 NP 规则，分析器把在 DAG_2 的 NOMINAL 特征中发现的特征结构与在 NP 的 DAG_1 的 NOMINAL 特征中发现的特征结构进行合一。正如在原来的算法中那样，我们建立起一个新的状态来表示现存的状态已经被向前推进这样的事实。这个新状态的 DAG 也就是上面合一的结果所形成的 DAG。

```
function EARLEY-PARSE(words, grammar) returns chart
  ADDTOCHART((γ → • S, [0,0], dagγ), chart[0])
  for i ← from 0 to LENGTH(words) do
    for each state in chart[i] do
      if INCOMPLETE?(state) and
            NEXT-CAT(state) is not a part of speech then
        PREDICTOR(state)
      elseif INCOMPLETE?(state) and
            NEXT-CAT(state) is a part of speech then
        SCANNER(state)
      else
        COMPLETER(state)
    end
  end
  return(chart)

  procedure PREDICTOR((A → α • B β, [i,j], dagA))
    for each (B → γ) in GRAMMAR-RULES-FOR(B, grammar) do
        ADDTOCHART((B → • γ, [j,j], dagB), chart[j])
    end

  procedure SCANNER((A → α • B β, [i,j], dagA))
    if B ∈ PARTS-OF-SPEECH(word[j]) then
        ADDTOCHART((B → word[j]•, [j,j+1], dagB), chart[j+1])

  procedure COMPLETER((B → γ •, [j,k], dagB))
    for each (A → α • B β, [i,j], dagA) in chart[j] do
      if new-dag ← UNIFY-STATES(dagB, dagA, B) ≠ Fails!
        ADDTOCHART((A → α B • β, [i,k], new-dag), chart[k])
    end

  procedure UNIFY-STATES(dag1, dag2, cat)
    dag1-cp ← COPYDAG(dag1)
    dag2-cp ← COPYDAG(dag2)
    UNIFY(FOLLOW-PATH(cat, dag1-cp), FOLLOW-PATH(cat, dag2-cp))

  procedure ADDTOCHART(state, chart-entry)
    if state is not subsumed by a state in chart-entry then
        PUSH-ON-END(state, chart-entry)
    end
```

图 15.11　修改 Earley 算法使之包括合一运算

对于原来算法的最后一个改变是关于检查已经包含在线图中的状态的问题。在原来的算法中，ENQUEUE 这个功能拒绝进入线图中与该线图已经有的状态等同的（identical）任何状态。所谓"等同"意味着规则相同、开始位置和结束位置相同、点"·"的位置相同。这种检查使得算法可以避免同左递归规则相关的无穷递归问题。

在带合一约束的剖析中，我们的状态当然会更加复杂，因为这时的状态中具有与其相关联的特征结构。在原来的标准看来似乎等同的状态，现在事实上可能是不同的，因为与它们联系的 DAG 可能有所不同。要解决这样的问题显然只要扩充等同性的检查，使得这种检查包含同状态有关联的 DAG，不过我们还可以改善这种解决办法。

之所以要求改善，是因为要进行等同性的检查。这种改善的目的在于阻止把无用的状态加到线图中，以免造成浪费，这种改善对于剖析的影响可由已经存在的状态来实现。换言之，我们希望阻止那些造成重复工作的状态进入线图之中,这些工作最终可以由其他状态来完成。当然,非常清楚,这是关于等同状态的问题,但是,这也是线图中状态的问题,这个问题比研究新的状态更具有一般性(more general)。

我们来研究下面的情况,其中线图包含的状态的 DAG 没有对 Det 进行约束。

$$NP \rightarrow \bullet Det\ NP, [i, i], [], Dag$$

这样的状态只是说,它期待在位置 i 处有一个 Det,任何的 Det 都可以做到这一点。

现在我们来研究如果剖析器试图把一个新的状态插入到线图中,而线图中的状态与这个状态完全等同,只是 DAG 限制 Det 为单数时的情况。在这样的场合,尽管有关状态不等同,但是在线图中增加新的状态不能得到什么东西,因此,这样的插入被阻止。

为了看到这一点,我们来考虑所有的情况。如果增加一个新状态,则单数 Det 在两个状态中都是匹配的,而且两个状态都要向前推进。由于特征的合一,两个状态都有 DAG 指出它们的 Det 是单数,其结果是线图中的状态成倍地增加。如果遇到复数的 Det,那么新状态将拒绝这个 Det,并且不向前推进,而这时老的规则将向前推进,进入线图中的一个新的状态。另一方面,如果不把新的状态放入线图中,复数或单数的 Det 将与更一般的状态相匹配,并且向前推进,这将导致把一个新的状态加到线图中。注意,除了避免成倍增加状态的数目之外,这种情况与把新状态加到线图中的情形是完全一样的。总而言之,把一个比在线图中的状态更加特殊的状态加到线图中,最后还是一无所获。

可喜的是,我们可以使用前面讨论过的"蕴涵于"(subsumption)的概念,来形式化地描述特征结构中的"一般化"(generalization)和"特殊化"(specialization)之间的关系。这意味着,改变 ENQUEUE 的一种合适的办法是检查一个新建立的状态是不是蕴涵于线图的任何存在的状态之中。如果是,那么,就不允许它进入线图中。更加具体地说,如果一个新的状态与存在的状态的规则相同,开始和结束位置相同,子部分相同,点"·"的位置相同,并且如果存在状态的 DAG 蕴涵于新状态的 DAG(也就是说,$DAG_{old} \sqsubseteq DAG_{new}$),那么,这个新状态就不能加到线图中。对于原来的 Earley 的 ENQUEUE 过程的必要的改变,可参看图 15.11。

复制的必要性

在 UNIFY-STATE 过程中调用 COPYDAG 需要费些力气。我们知道,Earley 算法(以及一般的动态规划算法)的一个优势在于,当状态进入线图之后,它们可以作为不同推导的部分被一而再、再而三地使用,包括最后不能导致剖析成功的部分。这种能力使我们认识到,当那些已经处于线图中的状态还没有得到更新来反映它们的点"·"的进展情况的时候,我们可以先复制它们,然后再进行更新,让原来的状态保持不变,以便它们能够在进一步的推导中得到使用。

由于我们的合一算法具有破坏性,在 UNIFY-STATE 中的 COPYDAG 要求保持这样的做法。如果我们只是单纯地把与现有状态相关的 DAG 进行合一,这些状态将会由于合一而发生改变,由于使用了 COMPLETER 功能,因此后面在同样的形式中就不能使用。注意,不论合一是成功还是失败,这都是一种负面的后果,因为原来状态的任何情况都被改变了。

我们来研究一下,在下面的例子中,前面的合一尝试失败了,如果不能调用 COPYDAG 将会发生什么样的情况。

(15.22) Show me morning flights.

假定对于双及物动词 show,我们的剖析器含有如下的条目以及如下的及物动词规则和双及物动词规则:

Verb → show

$\langle$ Verb HEAD SUBCAT FIRST CAT $\rangle$ = NP

$\langle$ Verb HEAD SUBCAT SECOND CAT $\rangle$ = NP

$\langle$ Verb HEAD SUBCAT THIRD $\rangle$ = END

VP → Verb NP

$\langle$ VP HEAD $\rangle$ = $\langle$ Verb HEAD $\rangle$

$\langle$ VP HEAD SUBCAT FIRST CAT $\rangle$ = $\langle$ NP CAT $\rangle$

$\langle$ VP HEAD SUBCAT SECOND $\rangle$ = END

VP → Verb NP NP

$\langle$ VP HEAD $\rangle$ = $\langle$ Verb HEAD $\rangle$

$\langle$ VP HEAD SUBCAT FIRST CAT $\rangle$ = $\langle$ NP$_1$ CAT $\rangle$

$\langle$ VP HEAD SUBCAT SECOND CAT $\rangle$ = $\langle$ NP$_2$ CAT $\rangle$

$\langle$ VP HEAD SUBCAT THIRD $\rangle$ = END

当读到单词 me 的时候，表示及物动词短语的状态将被完成，因为它的点已经移动到终点。因此，在把这个完成状态加入到线图之前，COMPLETER 要调用 UNIFY-STATES。这将会失败，因为这两条规则的 SUBCAT 结构不能合一。当然，这正是我们所想到的，因为 show 是一个双及物动词。遗憾的是，因为合一算法具有破坏性，这时我们已经改变了附着在表示 show 的状态上的 DAG，以及附着在 VP 的状态的 DAG，这样一来，就破坏了这些状态，使得它们没有可能在之后的正确的动词短语结构中得到使用。因此，为了保证这些状态能够在多次的推导中一而再、再而三地得到使用，在试图对这些状态进行合一运算之前，必须对与这些状态相关的 DAG 进行复制。

进行各种这样的复制的开支是很高的。为了把复制的开支降到最低限度，研制了各种不同的技术（Pereira，1985；Karttunen and Kay，1985；Tomabechi，1991；Kogure，1990）。Kiefer et al.（1999）和 Penn and Munteanu（2003）描写了用于加快基于合一的大型剖析系统的一系列有关技术。

15.5.2 基于合一的剖析

让我们来观察表示增强语法规则的另外一种方法，这是一种在剖析中使用合一运算的更加根本的办法。我们来研究下面的 S 规则，这个规则是我们在本章中自始至终都在使用的：

S → NP VP

$\langle$ NP HEAD AGREEMENT $\rangle$ = $\langle$ VP HEAD AGREEMENT $\rangle$

$\langle$ S HEAD $\rangle$ = $\langle$ VP HEAD $\rangle$

改变这个规则中上下文无关部分的一个有趣的办法是改变语法范畴的表示方法。具体地说，我们可以把关于规则部分的范畴信息放在特征结构之内，而不是放在规则的上下文无关部分之内。下面是这种方法的一个典型的具体实例（Shieber，1986）。

X_0 → X_1 X_2

$\langle X_0$ CAT $\rangle$ = S

$\langle X_1$ CAT $\rangle$ = NP

$\langle X_2$ CAT $\rangle$ = VP

$\langle X_1$ HEAD AGREEMENT $\rangle$ = $\langle X_2$ HEAD AGREEMENT $\rangle$

$\langle X_0$ HEAD $\rangle$ = $\langle X_2$ HEAD $\rangle$

我们现在只是集中讨论规则中的上下文无关成分，这个规则的含义只是说，成分 X_0 包含两个组成成分 X_1 和 X_2，成分 X_1 直接位于成分 X_2 的左侧。关于这些成分的实际的范畴的信息放在规则的特征结构之内。在这种情况下，要指出 X_0 是一个 S，X_1 是一个 NP，X_2 是一个 VP。修改 Earley 算法来处理这种记法上的改变是轻而易举的。这时不必在规则的上下文无关成分中去查找成分的范畴，而只需要简单地在同规则相关的 DAG 的 CAT 特征中进行查找就行了。

当然，由于这两种规则包含着完全相同的信息，这样的改变究竟有什么明显好处，一时可能还看得不是十分清楚。为了明白这样的改变带来的潜在的好处，我们来研究如下的例子。

$$X_0 \rightarrow X_1 \; X_2$$
$$\langle X_0 \; CAT \rangle = \langle X_1 \; CAT \rangle$$
$$\langle X_2 \; CAT \rangle = PP$$

$$X_0 \rightarrow X_1 \; and \; X_2$$
$$\langle X_1 \; CAT \rangle = \langle X_2 \; CAT \rangle$$
$$\langle X_0 \; CAT \rangle = \langle X_1 \; CAT \rangle$$

第一个规则试图把我们已经见过的规则 NP→NP PP 和 VP→VP PP 等加以概括。这个规则的意思只是说，任何范畴的后面都可以跟着一个介词短语 PP，而最后构成的新的成分与原来的成分具有相同的范畴。类似地，第二个规则试图把规则 S→S and S 和 NP→NP and NP 等加以概括[①]。这个规则的意思是说，任何成分都可以跟范畴相同的成分结合起来，形成具有相同类型的新范畴。这些规则的共同之处在于，它们使用上下文无关规则，而这些规则包含带有约束的但是没有具体说明的范畴，因此，这些东西是旧的规则格式不能实现的。

由于这些规则使用了 CAT 这个特征，这样使用的效果在旧的格式中可以通过简单地枚举各种实例的方式近似地表示出来。当存在这样的规则或结构时，它们所包含的成分，是现存的任何句法范畴都很难描述出来的，在这种情况下，这种新方法当然也更加引人注目了。

我们来研究下面来自华尔街杂志语料库 WSJ 的关于英语中 HOW-MANY 结构的例子(Jurafsky, 1992)：

(15.23) **How early** does it open?

(15.24) **How deep** is her Greenness?

(15.25) **How papery** are your profits?

(15.26) **How quickly** we forget?

(15.27) **How many of you** can name three famous sporting Blanchards?

正如例子中所显示的，HOW-MANY 结构包含两个成分：一个成分是词汇项目 how，一个成分是很难使用句法描述的某个项目或短语。我们感兴趣的是这里的第二个成分。从例子可以看出，这个成分可以是形容词、副词或是某种表示数量的短语(尽管并不是其中的所有成分都可以从语法上说得十分清楚)。显而易见，比较好的办法是把第二个成分作为一个"分等级的概念"(scalar)来处理，把它记为 scalar，使用特征结构，我们可以把这样的约束表示如下：

$$X_0 \rightarrow X_1 \; X_2$$
$$\langle X_1 \; ORTH \rangle = \langle how \rangle$$
$$\langle X_2 \; SEM \rangle = \langle SCALAR \rangle$$

---

① 考虑到具体的语言现象，这些规则还可以加以改进和完善，从而避免错误。

这种包含语义成分的规则的完全说明要等到第 17 章介绍。这里的关键是要明白，使用特征结构，一个语法规则可以对它的成分加上各种约束，也可以包括用句法范畴的概念不能描述的约束。

处理这一类的规则要求改变我们原来的剖析方案。我们过去研究的所有剖析方法都是由输入中各种成分的句法范畴驱动的。特殊地说，它们的基本方法，都是把预测到的范畴同已经发现的范畴相匹配。例如，我们来考虑图 15.11 中的 COMPLETER 功能的操作。这个功能在线图中搜索能够由新完成的状态向前推进的状态。把新完成的状态的范畴同现存状态中跟随在点"·"之后的成分的范畴相匹配，就可以实现这样的功能。显而易见，当不存在这样的范畴可以匹配的时候，这种方法就会遇到麻烦。

补救 COMPLETER 这个问题的办法是，在线图中搜索那些其 DAG 与新完成状态的 DAG 进行合一的状态，这就不必要求状态或规则必须有一个范畴。PREDICTOR 按同样的方式来修改，使它把状态加到线图的状态中，其中成分 X_0 DAG 可以同跟随在所预测状态的点"·"之后的成分相匹配。作为练习，请读者对图 15.11 中的伪代码做些改变，以便实现这种风格的剖析。

15.6　类型与继承

我感到非常惊讶的是，不论是古代的作家还是现代的作家都没有注意到继承法的极端重要性。

Alexis de Tocqueville，美国的民主，1840

迄今介绍过的基本的特征结构有两个问题，使得我们要把这种形式化方法加以扩充。第一个问题是：这样的特征结构没有办法把一个约束准确地放到它应该具有的特征值的位置。例如，我们曾经含蓄地假定，NUMBER 这个特征只可以取 sg 和 pl 为它的值。但是，在现在的系统中，这并不能阻止 NUMBER 取 3rd 或 feminine 为它的值：

[NUMBER　feminine]

这个问题导致很多基于合一的语法理论增加各种机制，试图约束特征可能取的值。例如，功能合一语法（Functional Unification Grammar，FUG）（Kay，1979，1984，1985）和词汇功能语法（Lexical Functional Grammar，LFG）（Bresnan，1982）都设法使如 sneeze（打喷嚏）这样的不及物动词不与直接宾语进行合一（例如，Marin sneezed Toby）。在 FUG 中，增加了一个特殊的原子 **none**，这个原子不容许进行任何的合一。在 LFG 中，增加的**连贯性条件**（coherence），这个条件要说明，在什么时候不能填写特征。广义短语结构语法（Generalized Phrase Structure Grammar，SPSG）（Gazdar et al.，1985，1988）增加了一种**特征共现限制**（feature co-occurrence restriction）来阻止带有某种动词特征的名词，等等。

这种简单特征结构的第二个问题是：这样的特征结构没有办法从众多的特征中捕捉到贯穿这些特征的一般性的东西。例如，在前面讨论次范畴化时描述了英语动词短语的很多类型，这些类型共享了很多的特征，因此，我们可以给英语动词做出很多种次范畴化框架。句法研究者正在探索表达这种一般性的途径。

上述两个问题的总的解决办法是使用**类型**（types）。合一语法的类型系统具有如下的特点：

1. 每一个特征结构用一个类型来标记。
2. 反之，每一个类型具有**适切性条件**（appropriateness condition）来表示什么样的特征对于这个类型是适切的。

3. 各种类型被组织成一个**类型层级体系**(type hierarchy),在这个层级体系中,比较具体的类型继承比较抽象的类型的性质。

4. 对合一运算进行修改,使得合一运算除了对特征和特征值进行合一之外,还能对特征结构的类型进行合一。

在这种**类型化的特征结构**(typed feature structure)系统中,类型是一种新的类别,它与标准特征结构中的属性和值很相似。类型可以分为两种:一种是**简单类型**(simple types),也称为**原子类型**(atomic types),一种是**复杂类型**(complex types)。我们先来讨论简单类型。一个简单类型是一个原子符号,如 **sg** 或 **pl**(我们使用**黑体字母**来表示类型),我们用这种简单类型来代替标准特征结构中的简单原子值。所有的类型组织成一个有多种继承关系的**类型层级体系**(type hierarchy)这是一种**偏序**(partial order),称为**格**(lattice)。图 15.12 是新类型 **agreement**(**arg**)的类型层级体系,这是一个原子类型,它可以作为特征 AGREE 的值。

在图 15.12 的层级体系中,**3rd** 是 **arg** 的**子类型**(subtype),**3-sg** 是 **3rd** 和 **sg** 的**子类型**。在类型层级体系中,类型可以进行合一,任意两个类型的合一的结果是更加具体的类型,它比输入的两个类型更加具体。因此,我们有:

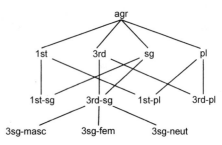

$$3rd \sqcup sg = 3sg$$
$$1st \sqcup pl = 1pl$$
$$1st \sqcup agr = 1st$$
$$3rd \sqcup 1st = 不确定$$

图 15.12 类型 **agr** 的子类型的一个简单的类型层级体系,**agr** 可以做特征 AGREE 的值。根据 Carpenter(1992)

没有定义的合一项的两个类型进行合一,其结果是不确定的,尽管我们也可以使用符号"⊥"来表示这个**失败的类型**(fail type)(Aït-Kaci, 1984)。

第二种类型是复杂类型,它要说明:

- 与类型相适应的一组特征。
- 对于这些特征的值的限制(用类型的项来表示)。
- 在这些值之间的相等性约束。

我们来研究对于复杂类型 **verb** 的一种简化的表示,这种表示正好可以表达一致关系和动词形态形式的信息。定义一个 **verb** 的时候,要定义两个相应的特征,一个特征是 AGREE,一个特征是 VFORM,还要定义这两个特征的值的类型。我们假定特征 AGREE 取在图 15.12 中定义的类型 **arg** 的值,特征 VFORM 取类型 **vform** 的值。这里,假定 **vform** 有 7 个子类型:**finite**、**infinitive**、**gerund**、**base**、**present-participle**、**past-participle** 及 **passive-participle**。这样,**verb** 可定义如下(这里,按惯例把类型记录在 AVM 的顶部,或者记录在左括号的左下部):

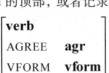

$$\begin{bmatrix} \textbf{verb} \\ \text{AGREE} \quad \textbf{agr} \\ \text{VFORM} \quad \textbf{vform} \end{bmatrix}$$

与此相反,复杂类型 **noun** 可以用特征 AGREE 来定义,但是,不用特征 VFORM 来定义:

$$\begin{bmatrix} \textbf{noun} \\ \text{AGREE} \quad \textbf{agr} \end{bmatrix}$$

除了运算组成成分特征合一的值之外，只需要能够对两个结构的类型也能进行合一运算，就可以把合一运算提升到能够运算类型化的特征结构了。

$$
\begin{bmatrix} \textbf{verb} \\ \text{AGREE} \quad \textbf{1st} \\ \text{VFORM} \quad \textbf{gerund} \end{bmatrix}
\sqcup
\begin{bmatrix} \textbf{verb} \\ \text{AGREE} \quad \textbf{sg} \\ \text{VFORM} \quad \textbf{gerund} \end{bmatrix}
=
\begin{bmatrix} \textbf{verb} \\ \text{AGREE} \quad \textbf{1-sg} \\ \text{VFORM} \quad \textbf{gerund} \end{bmatrix}
$$

复杂类型也是类型层级体系的一个部分。复杂类型的子类型继承了它们的父母的全部特征以及对它们的值的约束。例如，Sanfilippo(1993)使用类型层级体系来给词表的层级结构进行编码。图 15.13 是这个层级体系的一个很小的部分，这个部分为要求句子补语的动词的各个次范畴建立模型，它们可以分为及物动词和不及物动词两种。及物动词带直接宾语(ask yourself whether you have become better informed)，不及物动词不带直接宾语(Monsieur asked whether I wanted to ride)。类型 **trans-comp-cat** 可导入所要求的直接宾语，这个直接宾语被约束为类型 **noun-phrase**，而类型 **sbase-comp-cat** 则导入动词的基本形式补语(光杆的词干)，并约束它的 vform 必须是动词的基本形式。

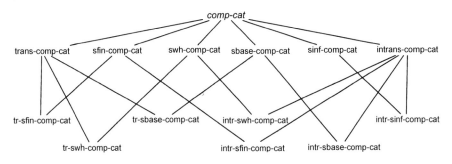

图 15.13　这是 Sanfilippo(1993)动词类型 **verb-cat** 的类型层级体系的一部分，说明了类型**comp-cat**的子类型。它们全都是要求句子补语的动词的次范畴

15.6.1　高级问题：类型的扩充

如果容许具有**默认值合一**(default unification)的继承，那么，就可以扩充类型化的特征结构。前面我们说过，默认值系统主要使用于词汇类型的继承，以便进行一般化的编码和处理不十分正规的例外。在早期的默认值合一运算中，运算是与顺序有关的，而且这种运算是建立在**优先并运算**(priority union operation)(Kaplan，1987)的基础之上的。最近的一些体系结构(Lascarides and Copestake，1997；Young and Rounds，1993)是与顺序无关的，这样的研究与 Reiter 的默认值逻辑(default logic)有联系(Reiter，1980)。

很多基于合一的语法理论，包括 HPSG(Pollard and Sag，1987，1994)和 LFG(Bresnan，1982)，除了使用继承关系来处理词汇的一般化问题之外，还使用一种附加的机制：**词汇规则**(lexical rule)。词汇规则(Jackendoff，1975)使用一个小词汇量的词表，因此，它是一种冗余度很少的词表，词汇的扩充是通过规则来自动地进行的。关于词汇规则的例子，可参看 Pollard and Sag(1994)；关于计算复杂性的讨论，可参看 Carpenter(1991)；关于实现词汇规则的一些最新研究，可参看 Meurers and Minnen(1997)。还有一些相反的意见，例如，有些学者提出使用类型层级体系来代替词汇规则，可参看 Krieger and Nerbonne(1993)。

类型也可以用来表示组成关系(constituency)。规则(15.11)使用了一般的短语结构规则模板，再通过路径等式的方法加上特征。不使用这样的办法，我们也可以把整个的短语结构规则表示为类型。为此,根据 Sag and Wasow(1999)提出的方法,我们采用 **phrase** 类型,这个类型有一个称为 DTRS("daughters","女儿")的特征,这个特征的值是一个 **phrase** 的表(list)。例如,短语"I love New York"可以表示如下(这里只说明 DTRS 特征):

$$
\begin{bmatrix}
\textbf{phrase} \\
\\
\text{DTRS} \left\langle \begin{bmatrix} \text{CAT PRO} \\ \text{ORTH } I \end{bmatrix}, \begin{bmatrix} \text{CAT VP} \\ \\ \text{DTRS} \left\langle \begin{bmatrix} \text{CAT Verb} \\ \text{ORTH love} \end{bmatrix}, \begin{bmatrix} \text{CAT NP} \\ \text{ORTH New York} \end{bmatrix} \right\rangle \end{bmatrix} \right\rangle
\end{bmatrix}
$$

15.6.2 合一的其他扩充

除了类型(typing)之外,合一还有很多其他方面的扩充,其中包括**路径不等式**(path inequation)(Moshier, 1988; Carpenter, 1992; Carpenter and Penn, 1994)、**否定**(negation)(Johnson, 1988, 1990)、**集合值特征**(set-valued feature)(Pollard and Moshier, 1990)、**析取**(disjunction)(Kay, 1979, Kasper and Round, 1986)等。在一些合一系统中,这些运算被使用到特征结构中。与此相反,Kasper 和 Round(1986)等则在一种用于描写(describes)特征结构的元语言中实现了这些运算。这种思想来自 Pereira and Shieber(1984)以及 Kaplan and Bresnan(1982),他们都把描写特征结构的元语言和实际的特征结构本身区分开来。这样的描述可以使用否定和析取来描写特征结构的集合(也就是说,一个确定的特征不一定必须包含一个确定的值,它也可以包含值的集合中的任意一个值),但是,满足这种描述的特征结构的实际的例子不能有否定或析取的值。

迄今所描述的合一语法还没有排歧的机制。合一语法最近的很多工作集中研究了排歧问题,特别是通过概率提升的方法来排歧。一些重要的参考材料可参看文献和历史说明一节。

15.7 小结

本章介绍了特征结构与将这些特征结构彼此结合起来的合一运算。

- 特征结构是特征-值偶对的集合,其中特征是来自某个有限集合的不可分析的原子符号,特征的值是原子符号或特征结构。特征结构用**属性-值矩阵**(Attribute-Value Matrix, AVM)表示,或者用**有向非成圈图**(Directed Acyclic Graph, DAG)表示。在 DAG 中,特征是有向的、有标记的边,特征的值是图中的结点。
- **合一**(unification)是一种运算,这种运算既可以结合信息(把两个特征结构的信息内容合并),也可以比较信息(拒绝合并不相容的信息)。
- 短语结构规则可以用特征结构以及表示短语结构规则成分的特征结构之间的关系的特征约束来增强和提升。**次范畴化**(subcategorization)约束可以表示为关于中心语动词(或其他谓词)的特征结构。一个动词的次范畴化成分或者可以出现在动词短语之中,或者也可以离开动词很远,成为一种**远距离依存关系**(long-distance dependency)。
- 特征结构可以**类型化**(typed)。所形成的**类型化的特征结构**(typed feature structure)对给定特征结构能够取值的类型进行约束,也可以把类型组织到类型层级体系之中,以捕捉贯穿这些类型的一般化的东西。

15.8 文献和历史说明

从源头上说，在语言学理论中使用特征起源于音系学。Anderson（1985）指出，Jakobson（1939）首先把特征（也称为区别特征）作为他的理论中的一种知识本体类型（ontological type）来使用，在他之前曾经有 Trubetskoi（1939）和其他人使用过特征这个术语。此后不久就开始在语义学中使用特征，关于语义的组成分析，可参看第 19 章。句法中的特征是 20 世纪 50 年代建立起来的，Chomsky（1965）把特征推广开来。

语言学中的合一运算是分别由 Kay（1979）和 Colmerauer（1970，1975）独立地发展起来的。Kay 提出了特征结构的合一运算，Colmerauer 提出了"合一"这个术语（参看 1.6 节）。他们两人都从事机器翻译研究，都试图探索一种形式化方法把语言信息结合起来，并且要求这种结合是可逆的。Colmerauer 原来的 Q 系统是一个自底向上剖析器，它是建立在包含逻辑变量的一系列重写规则基础上的，使用 Q 系统，Colmerauer 设计了一个英语到法语的机器翻译系统。这样的重写规则是可逆的，既可以用于剖析，也可以用于生成。Colmerauer，Fernand Didier，Robert Pasero，Philippe Roussel 和 Jean Trudel 设计了 Prolog 语言，Prolog 语言的基础是完全合一的、扩充的 Q 系统，使用了 Robinson（1965）的"决定原则"（resolution principle），在 Prolog 语言的基础上，他们还实现了一个法语分析器（Colmerauer and Roussell，1996）。在自然语言中使用 Prolog 与合一，提出了**定子句语法**（definite clause grammar），定子句语法的基础是 Colmerauer（1975）的变形语法（metamorphosis grammar），而定子句语法本身是由 Pereira and Warren（1980）研制和命名的。与此同时，Martin Kay 和 Ron Kaplan 研制了扩充转移网络（Augmented Transition Netwirk，ATN）语法。ATN 是经过改进的递归转移网络（Recursive Transition Network，RTN），其中的结点用特征寄存器来加以扩充。在用 ATN 分析英语被动式句子时，第一个 NP 首先被指派到主语寄存器中，然后，当遇到被动式动词时，它的值就被移动到宾语寄存器中。为了使这个过程成为可逆的，他们对寄存器的指派进行限制，使得某些寄存器只能填写一次，因此，在写了一次之后，就不能再重新写了。他们还研究了逻辑变量的概念，但是没有实现它。Kay 原来的合一算法是针对特征结构来设计的，而不是针对项目来设计的（Kay，1979）。在 15.5 节中介绍的把合一运算结合到 Earley 算法中的内容主要根据 Shieber（1985b）。

关于合一算法的简明易懂的介绍，请参看 Shieber（1986），关于合一运算的多学科的介绍，请参看 Knight（1989）。

在 KL-ONE 知识表示系统的背景下（Brachman and Schmolze，1985），Bobrow and Webber（1980）首先提出了语言知识的继承（inheritance）和适切性条件（appropriateness conditions）。一些学者提出了没有适切性条件的简单的继承关系，早期使用这种继承关系的是 Jacobs（1985，1987）。Aït-Kaci（1984）从逻辑程序学界借用了合一运算中的继承的概念。包括继承和适切性条件的特征结构的类型化（typing），是由 Calder（1987），Pollard and Sag（1987），Elhadad（1990）首先提出的。类型化的特征结构是由 King（1989）和 Carpenter（1992）加以形式化的。关于语言学中如何使用类型继承，特别是关于如何捕捉词汇的一般化东西的问题，有大量的文献进行过研究；除了前面讨论过的文章之外，有兴趣的读者请参阅更多的文献；DATR 语言是为了定义语言知识表示的继承网络而设计的，关于 DATR 语言的描述请参阅 Evans and Gazdar（1996）；关于在依存语法中继承关系的使用情况，请参阅 Fraser and Hudson（1972）；Daelemans et al.（1992）对此做了一个总的评述。通过类型化的特征结构实现基于约束的语法的形式化方法和系统，包括使用 TDL

语言的 PAGE 系统(Krieger and Schäfer, 1994), ALE(Carpenter and Penn, 1994), ConTroll(Götz et al., 1997), LKB(Copestake, 2002)。

关于合一剖析的效率问题, 在 Kiefer et al. (1999), Malouf et al. (2000), Munteanu and Penn (2004)中进行过讨论。

基于合一的语法理论有词汇功能语法(Lexical Functional Grammar, LFG)(Bresnan, 1982)、中心语驱动的短语结构语法(Head-Driven Phrase Structure Grammar, HPSG)(Pollard and Sag, 1987, 1994)、构式语法(construction grammar)(Kay and Fillmore, 1999)、合一范畴语法(unification categorial grammar)(Uszkoreit, 1986)。

关于合一语法的许多新近的工作主要集中在研究如何使用概率方法来提升排歧效果的问题。关键性的一些相关论文有: Abney(1997), Goodman(1997), Johnson et al. (1999), Riezler et al. (2000), Geman and Johnson(2002), Riezler et al. (2002, 2003), Kaplan et al. (2004), Miyao and Tsujii(2005), Toutanova et al. (2005), Ninomiya et al. (2006), 以及 Blunsom and Baldwin (2006)。

第16章 语言和复杂性

This is the dog, that worried the cat, that killed the rat, that ate the malt, that lay in the house that Jack Built.

Mother Goose, *The House that Jack Built.* ①

This is the malt that the rat that the cat that the dog worried killed ate.

Victor H. Yngve (1960) ②

很多音乐喜剧和滑稽小歌剧的幽默故事都是根据寓言般的复杂而曲折的情节编写而成的。Casilda 是威尼斯水城贡都拉的 Gilbert 和 Sullivan 地区 Plaza-Toro 公爵的女儿，她爱上了她父亲的仆人 Luiz。遗憾的是，Casilda 发现，根据一份委托书，当她还是六个月的婴儿的时候，她已经被许配给"有着财富的 Barataria 国王陛下的儿子和继承人，而这个人当时也是个婴儿"。可是后来这个国王的儿子遭到大法官的诱拐，由一个威尼斯的"备受尊敬的贡都拉船夫"抚养。这个贡都拉船夫有一个儿子，其年龄与国王儿子相同。这个贡都拉船夫从来都记不清这两个儿子谁是谁。这样，当 Casilda 认识到"她已经同贡都拉船夫的两个儿子中的一个结婚，但是她又不知道究竟是其中的哪一个"的时候，她便坠入了一个极为难堪的处境之中。大法官为了安慰可怜的 Casilda，只好对她说："这种复杂情况是经常发生的"。

幸运的是，这样复杂的情况在自然语言中并不是经常发生的。不过，它们或许会发生呢？事实上，在自然语言中有些句子是非常复杂的，以至于理解起来非常困难，上面例举 Yngve 的句子就是这样的，下面的句子也是非常复杂的：

"The Republicans who the senator who she voted for chastised were trying to cut all benefits for veterans".

（"她投票支持的议员责罚的共和党人试图取消退伍军人的福利"）

对于这些复杂性很高的句子进行研究，并且更加广泛地了解在自然语言中发生的这种复杂性的程度，是自然语言处理的一个重要领域，这种复杂性起着重要的作用。例如，当我们需要使用某种特定的形式化方法的时候，就必须知道这种形式化方法的复杂性。自然语言中的形式化方法，诸如有限状态自动机、Markov 模型、转录机、音位重写规则、上下文无关语法等，都可以用它们的**能力**（power）来描述，这种能力也就等价于它们所描写的现象的**复杂性**（complexity）。本章将介绍 Chomsky 层级（Chomsky hierarchy），这是一种理论工具，它使得我们可以比较这些形式化方法的表达能力或复杂性。我们手里有了这样的工具，就有可能对于自然语言句法的正确的形式能力进行总结，具体地说，我们除了研究英语之外，还要研究德语的一种著名的瑞士方言，这种方言具有一种称为**交叉序列依存关系**（cross-serial dependencies）的非常有趣的句法性质。这种性

---

① 英语原文是个多层嵌套的句子，翻译成蹩脚汉语译文后已经失去了原来的结构。译文仅供参考：
  "这是为咬死偷吃放在 Jack 建造的房子里的麦芽的老鼠的那只猫感到焦躁不安的那条狗。"

Mother Goose，《Jack 建造的房子》

② 这是另一种结构的嵌套句子，翻译成蹩脚汉语译文后也失去了原来的结构。译文仅供参考：
  "这是为咬死偷吃麦芽的老鼠的那只猫感到焦躁不安的那条狗。"

Victor H. Yngve（1960）

质可以用来证明,上下文无关语法没有足够的能力来模拟自然语言的形态和句法。

除了使用复杂性作为理解自然语言和形式模型之间的关系的度量之外,复杂性的领域还要研究究竟是什么使得一个单独的结构或句子变得难于理解。例如,我们上面举出的**嵌套句**(nested sentences)或**中心嵌入句**(center-embedded sentences),人们处理起来就是很困难的。了解究竟是什么使得某些句子处理起来特别困难,这是理解人的剖析的一个重要部分。

16.1　Chomsky 层级

自动机、上下文无关语法以及音位重写规则之间究竟有什么联系呢? 它们之间的共同之处在于,它们都描写一种**形式语言**(formal language),而我们知道,形式语言是在有限字母表上的符号串的集合。但是,我们用每一个形式化方法写的语法的类别具有不同的**生成能力**(generative power)。如果一个语法能够定义一种语言,而另外一种语法不能,那么,我们就说,这种语法比另外一种语法具有更强的生成能力或更大的**复杂性**(complexity)。例如,我们将说明,上下文无关语法能够描述的形式语言是有限状态自动机不能描述的。

我们可以建立语法的层级,其中具有较强能力的语法描述的语言的集合蕴涵具有较弱能力的语法描述的语言。存在着很多可能的语法层级,在计算语言学中最常用的是 **Chomsky 层级**(Chomsky, 1959a),Chomsky 层级包含 4 种语法。图 16.1 说明了 Chomsky 层级中的这 4 种语法以及一种很有用的第 5 种类型:柔性上下文有关语言(mildly context-sensitive languages)。

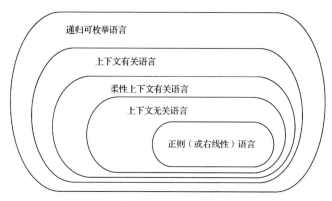

图 16.1　Chomsky 层级中包括 4 种语言的文氏图(Venn diagram),再加上第 5 种语言:柔性上下文有关语言

在直觉上不太明显的是:随着加在可以重写的语法规则上的约束的增加,语言的生成能力从最强降到最弱。图 16.2 说明了扩充的 Chomsky 层级中的语法的 5 种类型,这些语法是通过规则形式的约束来定义的。在这些例子中,A 是一个简单的非终极符号,α,β,γ 是由终极符号和非终极符号构成的任意符号串。除了特别提出不允许之外,它们可以为空,x 是任意的终极符号串。

类　型	通用名称	规则基干	语言学例子
0	Turing 等价	α→β, s. t. α≠ε	中心语驱动的短语结构语法、词汇功能语法、最简方案
1	上下文有关	αAβ→αγβ, s. t. γ≠ε	
-	柔性上下文有关		树邻接语法、组合式范畴语法
2	上下文无关	A→γ	短语结构语法
3	正则	A→xB 或 A→x	有限状态自动机

图 16.2　使用柔性上下文有关语法提升后的 Chomsky 层级

Turing 等价语法(Turing-equivalent)、**0 型语法**(Type 0)或**无限制语法**(unrestricted)除了要求规则的左部不能是空符号串 ε 之外，对于它们的规则的形式没有限制。任何非零的符号串都可以重写为任何其他的符号串(或者 ε)。0 型语法刻画了**递归可枚举语言**(recursively enumerable languages)，也就是说，0 型语法生成的符号串可以由 Turing 机(Turing machine)列出(或枚举)。

上下文有关(context-sensitive)语法的规则可以把在上下文 $\alpha A\beta$ 中非终极符号 A 重写为任意的非空符号串。规则可以写为 $\alpha A\beta\rightarrow\alpha\gamma\beta$ 的形式，或者 A $\rightarrow\gamma$ / α_β 的形式。后面一种形式我们在 Chomsky-Halle 的音位规则表达式中曾经介绍过(Chomsky and Halle, 1968)，颤音化(flapping)的规则表示如下：

$$/t/ \rightarrow [dx] / \acute{V} \_ V$$

这些规则的形式看起来都像上下文有关的，在第 7 章中我们说过，没有递归的音位规则系统的能力实际上等价于正则语法。

理解上下文有关语法中的规则的另一个办法是：把这种规则想象成以"非递减"(nondecreasing)的方式把符号串 δ 重写为符号串 ϕ，使得 ϕ 中的符号至少与 δ 中的符号一样多。

在第 12 章中，我们曾经讨论过**上下文无关**(context-free)语法。上下文无关规则可以把任何一个单独的非终极符号重写为由终极符号和非终极符号构成的符号串。这个单独的非终极符号也可以重写为 ε，尽管我们在第 12 章中没有使用过这种形式的规则。

正则语法与正则表达式等价。也就是说，一个给定的正则语言可以用我们在第 2 章中介绍过的正则表达式来刻画，也可以用正则语法来刻画。正则语法可以是**右线性的**(right-linear)，也可以是**左线性的**(left-linear)。右线性语法规则的右边只有一个单独的非终极符号，左边最多只有一个非终极符号。如果在右边只有一个非终极符号，它必定是符号串中的最后一个符号。左线性语法的右边是可逆的(右边必须至少以一个单独的非终极符号开始)。所有的正则语言既有左线性语法，也有右线性语法。在我们下面的讨论中，只考虑右线性语法。

例如，我们来研究下面的正则(右线性)语法：

$$S \rightarrow aA$$
$$S \rightarrow bB$$
$$A \rightarrow aS$$
$$B \rightarrow bbS$$
$$S \rightarrow \varepsilon$$

这是一个正则语法，因为每一个规则的左边是一个单独的非终极符号，每一个规则的右边至多只有一个(最右的)非终极符号。下面是这种语言中一个推导的样本：

$$S \Rightarrow aA \Rightarrow aaS \Rightarrow aabB \Rightarrow aabbbS \Rightarrow aabbbaA$$
$$\Rightarrow aabbbaaS \Rightarrow aabbbaa$$

我们可以看出，每次展开 S 时，它或产生 aaS，或产生 bbbS，因此，读者可以相信，这个语言对应于正则表达式 $(aa\cup bbb)^*$。

我们在这里没有证明：一个语言是正则的，当且仅当它是由一个正则语法生成的。这样的证明首先是由 Chomsky and Miller(1958)给出的，我们可以在 Hopcroft and Ullman(1979)和 Lewis and Papadimitriou(1988)的教科书中找到。我们从直觉上可以感到，由于非终极符号总是处于一个规则的最右边或最左边，它们可以迭代地进行处理，而不可以递归地进行处理。

第 5 种语言或语法是很有用的，值得我们考虑，这就是**柔性上下文有关语法**(mildly context-sensitive grammars)或**柔性上下文有关语言**(mildly context-sensitive language)。柔性上下文有关语言是上下文有关语言的一个真子集(proper subset)，同时又是上下文无关语言的一个真超集(proper superset)。柔性上下文有关语言的规则有很多途径来描述,其中包括不同的语法形式化方法:树邻接语法(tree-adjoining grammar, Joshi, 1985)、中心词语法(head grammar, Pollard, 1984)、组合式范畴语法(Combinatory Categorial Grammar, CCG)、(Steedman, 1996, 2000),以及最简语法(minimalist grammar, Stabler, 1997)的一个特殊版本,所有这些语法都是弱等价的(Joshi et al., 1991)。

16.2　怎么判断一种语言不是正则的

我们怎样才能知道,对于给定的问题,可以使用什么类型的规则?我们可以使用正则表达式来为英语写一个语法吗?我们真的需要使用上下文无关规则或甚至使用上下文有关规则来写英语语法吗?已经证明,对于形式语言来说,存在着进行这样判定的方法。也就是说,对于一个给定的形式语言,我们可以说,它是不是可以由正则表达式来表达,或者是不是需要上下文无关语法来表达,等等。

因此,如果想知道自然语言的某一部分(例如,英语的音位,或者土耳其语的形态)是不是由某种语法来表示,我们需要找到一种形式语言来模拟相关的现象,并且说明哪一种语法适合于这种形式语言。

为什么要关心英语的句法是不是可以由正则语言来表示呢?一个主要的原因是我们希望知道,什么类型的规则可以用来做英语的计算语法。如果英语是正则的,就要写正则表达式,并且使用有效的自动机来处理这些规则;如果英语是上下文无关的,就要写上下文无关规则,并且使用CKY算法来剖析句子,等等。

关心这个问题的另外一个原因是,它可以告诉我们自然语言的不同方面的某些形式特性;如果我们知道,语言究竟在哪些地方"保持"着它的复杂性,一种语言的音位系统是不是比句法系统更简单,某些类型的形态系统是不是比另一些类型的形态系统更简单,那么,这将是非常好的事情。例如,如果我们能够说明,英语的音系学可以使用有限状态自动机来描述,而不是由传统的上下文有关规则来描述,这就意味着,英语的音系学具有非常简单的形式特性。当然,这些情况 Johnson(1972)都做过说明,而且可以帮助我们了解第3章和第11章中关于有限状态方法的最新研究成果。

16.2.1　抽吸引理

证明一种语言是正则语言的最普通的方法是为这种语言实际地建立起正则表达式。我们可以根据正则语言对于并运算、毗连运算、Kleene*运算、补运算、交运算等都是封闭的这种特性来做这样的证明。在第2章中,我们曾经看到过并运算、毗连运算、Kleene星号运算的一些例子。因此,如果能够为一种语言中的两个不同部分独立地建立起正则表达式,那么,我们就可以使用并运算的运算子为整个的语言建立正则表达式,并且证明这种语言是正则语言。

有时,我们试图证明,一种语言不是正则语言。证明这种情况的最有用的工具是**抽吸引理**(pumping lemma),这个引理的后面有两种直觉。对于抽吸引理的描述来自 Lewis and Papadimitriou(1988)以及 Hopcroft and Ullman(1979)。第一个直觉是:如果一种语言能够被有限状态自动机模拟,那么,我们必定能够根据这种记忆约束量来判定任何符号串是不是在该语言中。这个记忆约束量对于不同的符号串不会增长得很大(因为对于给定的自动机,它的状态数目是固定的),因此,这个记忆量不一定与输入的长度成比例。这意味着,例如,如 a^nb^n 的语言不可能是正则语言,因为这时我们需要某种办法来记住 n 的数目,以便保证符号串中 a 的数量与 b 的数量相等。第二个直觉依赖于这样的事实:如果一个正则语言具有任意长的符号串(比自动机中的状态数还长），那么，在该语言的自动机中必定会存在某种回路（loop）。我们可以使用这样的事实说明，如果一种语言没有这样的回路，那么，它就不是正则语言。

让我们来研究一种语言 L 和与它相应的确定有限自动机（FSA）M，M 具有 N 个状态。考虑输入符号串的长度也是 N。这个机器从状态 q_0 开始；在读了一个符号之后，进入状态 q_1；读了 N 个符号之后，进入状态 q_n。换言之，长度为 N 的符号串将通过 $N+1$ 个状态（从状态 q_0 到状态 q_N）。但是，在机器中只有 N 个状态。这意味着，在接收的路径上，至少有两个状态必须是相同的（把它们称为 q_i 和 q_j）。换句话说，在从开始状态到最后状态的接收路径上，必定存在回路。图 16.3 说明了这种情况。设 x 是机器从开始状态 q_0 到回路起点的状态 q_i 读的符号串，y 是机器通过回路时读的符号串，z 是从回路终点 q_j 到最后的接收状态 q_N 读的符号串。

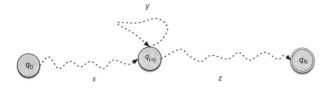

图 16.3　具有 N 个状态并且接收含有 N 个符号的符号串 xyz 的机器

机器接收由这三个符号 x，y，z 构成的毗连。但是，如果机器接收了 xyz，那么，它一定也接收 xz！这是因为机器在处理 xz 时，可以跳过回路，y 就像被抽水机抽吸了一样。另外，机器也可以在回路上打任意次数的圈儿，这样，它也可以接收 $xyyz$，$xyyyz$，$xyyyyz$ 等；这时，y 又被放出来了。事实上，当 $n \geqslant 0$ 时，它可以接收形式为 $xy^n z$ 的任何符号串。

我们这里给出的抽吸引理是有限状态语言中的一种简化版本。比较强的版本也可以应用于有限状态语言，但是，它体现出来的抽吸引理的味道更强烈。

抽吸引理：设 L 是一个有限的正则语言。那么，必定存在着符号串 x，y 和 z，使得对于 $n \geqslant 0$，有 $y \neq \varepsilon$ 并且 $xy^n z \in L$。

抽吸引理告诉我们，如果一种语言是正则语言，那么，就存在着一个符号串 y，这个 y 可以被适当地抽吸。然而，这并不意味着，如果一种语言能够对于某个符号串进行抽吸，那么，这种语言就是正则语言。非正则的语言也会有符号串被抽吸。因此，这个抽吸引理不能用来证明一种语言是正则语言。然而，抽吸引理可以用来证明某种语言不是正则语言，这时我们只须证明，在某种语言中不能用适当的办法对符号串进行抽吸。

现在，让我们来证明，语言 $a^n b^n$（也就是由 n 个 a 后面跟着同样数目的 b 构成的语言）不是正则语言。这时，必须证明，我们取的任何符号串 s 都不可能被分成 x，y 和 z 三个部分，使得 y 能够被抽吸。随意给一个由 $a^n b^n$ 构成的符号串 s，我们可以用三种办法来分割 s，并且证明，不论我们用哪一种办法，都不可能找到某个 y 能够被抽吸。

1. y 由若干个 a 构成。（这意味着，x 也全都是 a 组成的，z 包含了全部 b，而 z 的前面可能有若干个 a）。但是如果 y 全都是 a，这就意味着 $xy^n z$ 中 a 比 xyz 中的多。不过，这就意味着 s 中 a 的数目比 b 的数目大，因而它不能成为 $a^n b^n$ 的成员！

2. y 只由若干个 b 构成。这种情况与 1 相似。如果 y 全都是 b，这就意味着 $xy^n z$ 中 b 比 xyz 中的多，因此，s 中 b 的数目比 a 的数目多。

3. y 由若干个 a 和若干个 b 构成。（这意味着 x 只包含 a，y 只包含 b）。这时，$xy^n z$ 必定有一些 b 在 a 之前，因此，它不能成为 $a^n b^n$ 的成员！

由此可见，在 $a^n b^n$ 中没有符号串能够被分割为 x, y, z，使得 y 能够被抽吸。所以，$a^n b^n$ 不是正则语言。

尽管 $a^n b^n$ 不是正则语言，不过 $a^n b^n$ 是上下文无关语言。在实际上，上下文无关语法只需要两条规则就可以给 $a^n b^n$ 建立模型，这两条规则是：

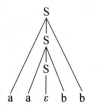

图 16.4　aabb 的上下文无关剖析树

$$S \rightarrow a\,S\,b$$
$$S \rightarrow \varepsilon$$

图 16.4 是使用这个语法推导句子 aabb 的剖析树。

上下文无关语言也有一个抽吸引理，这个引理可以用来鉴别一种语言是不是上下文无关的。详细的讨论可参看 Hopcroft and Ullman(1979) 以及 Partee et al. (1990)。

16.2.2　证明各种自然语言不是正则语言

"How's business?" I asked.

"Lousy and terrible." Fritz grinned richly. "Or I pull off a new deal in the next month or I go as a gigolo."

"Either . . . or . . . ," I corrected, from force of professional habit.

"I'm speaking a lousy English just now," drawled Fritz, with great self-satisfaction. "Sally says maybe she'll give me a few lessons."

Christopher Isherwood, "Sally Bowles", from Goodbye to Berlin, 1935[①]

我们来考虑把英语作为单词符号串的集合来建模的一种形式模型。这种语言是正则语言吗？用这样的观点看来，一般都会同意，但如英语这样的自然语言不是正则语言，尽管众所周知的大多数对于这个问题的证明都是不正确的。

经常提到的一种论据不是形式化的论据，这种论据认为，英语中数的一致关系不能使用正则语法来表达，因为句子中主语和动词之间的距离是潜在地无界的。例如：

(16.1) Which *problem* did your professor say she thought *was* unsolvable?

(16.2) Which *problems* did your professor say she thought *were* unsolvable?

事实上，Pullum and Gazdar(1982) 说明，使用一个简单的正则语法就能给数的一致关系建模。这里是他们为这些句子建模给出的正则语法(右线性语法)：

S→Which problem did your professor say T

S→ Which problems did your professor say U

T→ she thought T | you thought T | was unsolvable

U→ she thought U | you thought U | were unsolvable

因此，看来正则语法是能够给英语的一致关系建模的。这个语法不是很漂亮，并且可能导致语法规则数量的爆炸式的增长，但是，这些与英语是否具有正则性的问题没有关系。

---

① 这段对话是讲改正英语语法错误的，翻译成中文后已经看不出语法错误的所在了。译文如下，仅供参考：

"你的情况怎样?"我问道。

"又糟糕，又可怕。"Fritz 露着牙齿爽朗地笑着说。"我在下一个月可以得到一个新的工作，或者我将去当舞男。"

"应该说"或者……，或者……。"出于职业的习惯，我改正了 Fritz 的语法错误。

"刚才我的英语说得很糟糕，"Fritz 慢条斯理地说着，显得非常自信。"Sally 说，今后她大概会给我讲些课。"

Christopher Isherwood, "Sally Bowles", from Goodbye Berlin, 1935

Mohri and Sproat(1998)指出，前面试图证明的另外一个共同的纰漏之处在于：一种语言 L 包含了在 Chomsky 层级的位置 P' 的子语言 L'，并不意味着该语言 L 也在位置 P'。例如，正则语言可以作为上下文无关语言的一个真子集而被包含在上下文无关语言中，L_1 是上下文无关语言：

$$L_1 = \{a^n b^n : n \in N\} \tag{16.3}$$

而 L_1 被包含在正则语言 L 中：

$$L = \{a^p b^q : p, q \in N\} \tag{16.4}$$

因此，一种语言 L 包含了一种子语言这样的事实是非常复杂的，对于语言 L 的总体上的复杂性，几乎什么都不能说。

在抽吸引理的基础上，给出了一些正确的证明。证明了英语（或者"作为一种形式语言的英语单词符号串的集合"）不是正则语言。例如，Partee et al.(1990)给出的证明是建立在带有**中心嵌套结构**(center-embedded structure)(Yngve，1960)的一类著名句子的基础之上的，这里是这种句子的一个变体：

The cat likes tuna fish.

The cat the dog chased likes tuna fish.

The cat the dog the rat bit chased likes tuna fish.

The cat the dog the rat the elephant admired bit chased likes tuna fish.

当这种句子变得更加复杂的时候，理解起来也就更加困难了。不过，现在让我们假定，英语语法容许无限数目的嵌套。这样，为了证明英语不是正则语言，我们就需要证明，这一类的句子是与某种非正则语言同态的。在这些句子中，因为每一个在前面的 NP 都必须与一个动词相联系，这些句子的形式可以表示为：

(the + noun)^n(transitive verb)$^{n-1}$ likes tuna fish.

要进行这种证明的基本思想是：证明这种句子的结构可以通过把英语与一个正则表达式相交而产生出来，然后，我们使用抽吸引理证明，这样形成的句子不是正则表达式。

为了建立一个简单的正则表达式，以便把它与英语相交从而产生出这样的句子，我们来给名词组(A)和动词(B)定义如下的正则表达式：

A = {the cat, the dog, the rat, the elephant, the kangaroo, ...}

B = {chased, bit, admired, ate, befriended, ...}

现在，如果取正则表达式 /$A^* B^*$ likes tuna fish/，并且把它与英语（把英语看成符号串的集合）相交，结果形成如下的语言：

$$L = x^n y^{n-1} \text{ likes tuna fish}, \; x \in A, y \in B$$

通过抽吸引理，我们可以证明语言 L 不是正则语言。因为英语与正则语言的交不是正则语言，所以，英语不是正则语言，这是由于正则语言在交运算下是封闭的。

然而，这个证明存在一个众所周知的纰漏，或者至少是一个过强的假设，这就是假设这些句子都可以无限地嵌套。但是，显而易见，英语的句子是受到某个有限长度的制约的。我们可以很有把握地说，英语中的所有句子的长度大概不会超过 1 万亿个单词。如果句子的集合是有限的，那么，所有的自然语言当然也就是有限状态的了。关于自然语言形式复杂性的所有证明，都存在这样的纰漏。现在不管这样的反对意见，因为如果我们适当地想象英语具有无限数量的句子，那么，在理解有限英语的各种特性时，这样的想象证明是有启发性的。

这种证明的另外一个令人担心的潜在的纰漏在于, 这样的证明依赖于对于客体的双重的相对性的假设, 而这样的假设在语法上是严格的(尽管难于处理)。Karlsson(2007)的研究说明, 某些类型的中心-嵌入是合乎语法的, 而客体的双重的相对化在事实上是不合乎语法的。在任何情况下, 超过 1 万亿的单词的句子在多重嵌套之后是非常难于理解的。在 16.4 节我们再讨论这个问题。

16.3　自然语言是上下文无关的吗

前面一节说明, 英语(把它看成符号串的集合)看起来不是正则语言。接着我们当然会问如下的问题: 英语是不是上下文无关语言。这个问题首先是由 Chomsky(1956)提出的, 研究这个问题的历史也很有意思, 很多已经发表的论文都试图证明英语和其他的自然语言不是上下文无关语言, 但是, 除了两个论据之外, 其他已经发表的论据都被证明是不成立的。这两个正确的论据(或者至少目前还没有被推翻的论据)中, 一个论据来自瑞士德语的一种口语方言, 另一个论据是 Bambara 语的形态, Bambara 语是在马里及其邻国讲的一种称为 Mande 语的西北方言(Culy, 1985)。有兴趣的读者可参看 Pullum(1991, pp. 131 ~ 146), 其中对于这样的论据是否正确的, 都进行了非常有趣而诙谐的讨论, 这是一段饶有趣味的历史。本节中只总结性地介绍一下其中的一种论据, 即根据瑞士德语的论据。

正确的论据和大部分不正确的论据都使用了如下的语言事实, 即下面语言的相似特性在于, 这种语言不是上下文无关语言:

$$\{xx \mid x \in \{a, b\}^*\} \tag{16.5}$$

这种语言的句子是由前后两个完全等同的符号串毗连而成的。与下面形式有联系的语言也不是上下文无关的:

$$a^n b^m c^n d^m \tag{16.6}$$

这些语言的上下文无关的特性, 可以使用上下文无关语言的抽吸引理来加以证明。

为了证明这些语言不是上下文无关语言的子集合, 我们来证明这样的自然语言具有 xx 语言的特性, 这种特性称为**交叉序列依存**(cross-serial dependencies)。在交叉序列依存中, 语言中的单词或更大的结构按从左向右的顺序联系为图 16.5 中的形式。如果一种语言具有任意长的交叉序列依存, 那么, 它就可以映射为 xx 语言。

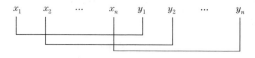

图 16.5　交叉序列依存的图示

Huybregts(1984)和 Shieber(1985a)都成功地证明, 在苏黎世(Zürich)地区的瑞士德语口语方言具有交叉序列约束, 这使得这种语言的某些部分等价于非上下文无关语言 $a^n b^m c^n d^m$(他们的证明工作印证了我们前面提到的科学中的多重发现的规律)。从直觉上说, 瑞士德语容许这样的句子: 一个给格名词的符号串后面跟着一个宾格名词的符号串, 后面又跟着一个要求给格的动词的符号串, 再跟着一个要求宾格的动词的符号串。

我们这里介绍 Shieber(1985a)的证明。首先, Shieber 注意到, 在瑞士德语中, 容许动词和它们的论元按照交叉序列的顺序排列。假定我们下面介绍的所有例子前面都有符号串"Jan säit das"("Jan says that"), 它们是"Jan säit das"的从句:

(16.7)··· *mer em Hans 　　es huus 　　hälfed aastriiche.*
　　　　···we Hans/DAT 　the house/ACC helped paint.
　　　　我们 Hans/给格　　　　　房子/宾格帮助粉刷。
　　　　"··· we helped Hans paint the house."
　　　　"···我们帮助 Hans 粉刷房子。"

注意语义关系的交叉序列性质：两个名词出现在两个动词的前面，em Hans(Hans 的给格)是动词 hälfed(帮助)的论元，es huus(huus 的宾格)是动词 aastriiche(粉刷)的论元。此外，在名词和动词之间还存在着交叉序列的格依存关系：hälfed(帮助)要求给格，所以 em Hans 是给格，aastriiche(粉刷)要求宾格，所以 es huus 是宾格。

Shieber 指出，这种格标记还会发生在三重嵌套交叉序列从句的场合，如下所示：

(16.8)···*mer d' chind　　em Hans　　　　es huus haend wele laa hälfe　　aastriiche.*
　　　　···we the children/ACC Hans/DAT the　house/ACC have wanted to let　help paint.
　　　　我们小孩们/宾格 Hans/给格房子/宾格 想让帮助粉刷。
　　　　"··· we have wanted to let the children help Hans paint the house."
　　　　"···我们想让孩子们帮助 Hans 粉刷房子。"

Shieber 指出，在这些句子中，如果所有给格的名词词组 NP 位于所有宾格的名词词组 NP 之前，所有要求给格次范畴化的动词 V 位于所有要求宾格次范畴化的动词 V 之前，那么，这样的句子就是可以接受的。例如，

(16.9)Jan säit das mer (d' chind) * (em Hans) * es huus haend wele laa * hälfe * aastriiche.

现在我们来考虑上面的这个正则表达式，把它记为 R。由于这是一个正则表达式(你可以看出，它只有毗连运算和 Kleene * 运算)，它必须定义一个正则语言，并且我们可以把 R 与瑞士德语求交，如果求交的结果是上下文无关的，那么，瑞士德语就是上下文无关的。

然而，事实说明，瑞士德语要求带给格宾语(hälfe)的动词的数目必须等于给格名词词组 NP 的数目(em Hans)，相似地，带宾格宾语的动词的数目也必须等于宾格名词词组的数目。此外，在这种类型的从属从句中，可以出现任意数目的动词(取决于使用的约束情况)。这意味着，把这种正则语言与瑞士德语求交，可得到如下的语言：

(16.10) L = Jan säit das mer (d' chind) ^{n} (em Hans) ^{m} es huus haend wele (laa) ^{n} (hälfe) ^{m} aastriiche.

但是，这种语言的形式为 $wa^n b^m xc^n d^m y$，这是一种非上下文无关的语言！
所以，我们的结论是：瑞士德语是非上下文无关语言。

16.4　计算复杂性和人的语言处理

从前面所讲的内容可以看出，我们用来论证英语是非有限状态语言的句子(例如，"中心嵌套句子")，理解起来是很困难的。如果你是一个说瑞士德语的人(或者你有一个说瑞士德语的朋友)，那么，你会发现，在瑞士德语中那些很长的交叉序列句子也是很难理解的。因此，Pullum and Gazdar(1982)指出：

"确切地说，在证明英语不是上下文无关时所引用的那些结构类型，在人处理语言的系统中看来会引起巨大的困难……"

这使我们再次使用**计算复杂性**(complexity)这个术语。在前面一节中，谈到了语言的计算复杂性。在这里，我们转而研究既带有计算色彩，也带有更多的心理色彩的问题：单个句子的计算复杂性问题。为什么有的句子理解起来很困难呢？这种情况是否能告诉我们关于计算过程的某些信息呢？

很多因素都会造成句子理解的困难：意思太复杂、句子的歧义特别严重、使用罕用单词、书写质量太差，等等。第14章介绍的**花园幽径句**(garden path sentence)是很复杂的，如果存在着多种可能的剖析结果，读句子的人(或听话的人)有时会选择不正确的剖析而导致扑朔迷离，然后只好回过头来重新选择其他的剖析。影响句子理解困难的其他的因素还有意思晦涩难懂或者书写字迹不清。

句子理解的另一类困难似乎与人的记忆的有限性有关。这是另一种特殊的复杂性(通常称为"语言复杂性"或"句法复杂性")，这种复杂性与我们在16.3节中介绍的形式语言的复杂性存在着有趣的关系。

我们来考虑取自 Gibson(1998)的一些例句，当人们在阅读这些例句的时候，往往会出现困难(我们用#来表示会引起特殊处理困难的句子)。在下面的例句中，(ii)中的例句比(i)中的例句更加复杂：

(16.11)(i) The cat likes tuna fish.

    (ii) #The cat the dog the rat the goat licked bit chased likes tuna fish.

(16.12)(i) The child damaged the pictures which were taken by the photographer who the professor met at the party.

    (ii) #The pictures which the photographer who the professor met at the party took were damaged by the child.

(16.13)(i) The fact that the employee who the manager hired stole office supplies worried the executive.

    (ii) #The executive who the fact that the employee stole office supplies worried hired the manager.

关于这一类句子的早期研究就注意到，这些句子都存在嵌套(nesting)或中心嵌套(center-embedding)(Chomsky, 1957；Yngve, 1960；Chomsky and Miller, 1963；Miller and Chomsky, 1963)。这就是说，它们包含的结构全都是一个句法范畴 A 嵌入到另一个范畴 B 中，并且被其他的单词(X 和 Y)所包围：

$$[_B X [_A] Y]$$

在上面的每一个例子中，(i)有零个或一个嵌套，而(ii)则有两个或更多的嵌套。例如，在上面的例(16.11ii)中，有三个简化的关系从句一个嵌套在另一个之中：

(16.14)# $[_S$ The cat $[_{S'}$ the dog $[_{S'}$ the rat $[_{S'}$ the goat licked$]$ bit$]$ chased$]$ likes tuna fish$]$.

在例(16.12ii)中，关系从句 who the professor met at the party 嵌套在 the photographer 和 took 之间。关系从句 which the photographer…took 嵌套在 The pictures 和 were damaged by the child 之间：

(16.15)#The pictures $[$ which the photographer $[$ who the professor met at the party $]$ took $]$ were damaged by the child.

这些嵌套结构的困难不是因为它们不合语法而引起的。因为在例(16.11ii)～例(16.13ii)中的复杂句子所用的结构与在例(16.11i)～例(16.13i)中的比较容易的句子所用的结构是相同的。在容易句子和复杂句子之间的差别似乎是根据嵌套的数目来调节的。然而，我们没有一种自然的办法在语法中规定只容许 N 个嵌套而不容许 $N+1$ 个嵌套。进一步说，这些句子的复杂性看来是一种语言处理中的现象；关于人的剖析机制的某些事实不能处理在英语和在其他语言中的这种多重嵌套的现象(Cowper, 1976; Babyonyshev and Gibson, 1999)。

这些句子理解的困难似乎都与记忆的局限性(memory limitation)有关。早期的形式语法学家认为，这可能与剖析时怎样处理嵌入结构有关。例如，Yngve(1960)提出，人的剖析是基于一个容量有限的栈(satck)来进行的，这种不完全的短语结构规则越多，人在剖析时就需要把它们存储到栈中，因而句子也就越复杂。Miller and Chomsky(1963)假定，**自嵌入结构**(self-embedded)是特别困难的。在自嵌入结构中，一个句法范畴 A 被嵌入到另外一个 A 中，而周围被其他单词包围(下面的 x 和 y)。由于这种基于栈的剖析可能会把栈中规则的两个复制混淆起来而无所适从，所以，这样的结构处理起来就很困难：

$$
\begin{array}{c}
\mathrm{A} \\
\overset{\displaystyle\uparrow}{\overbrace{x\ \ \mathrm{A}\ \ y}}
\end{array}
$$

这些早期的模型在直觉上具有吸引力，尽管我们已经不再相信，这种计算复杂性问题需要使用一个实际的栈来处理。现在我们已经认识到，在具有同样数目嵌套的句子之间，它们的复杂性还有明显的差别。例如，在抽取主语的关系从句(16.16ii)和抽取宾语的关系从句(16.16i)之间的差别是众所周知的：

(16.16)(i) [$_s$ The reporter [$_{s'}$ who [$_s$ the senator attacked]] admitted the error].
　　　　　"议员攻击的那个记者承认了错误。"
　　　(ii) [$_s$ The reporter [$_{s'}$ who [$_s$ attacked the senator]] admitted the error].
　　　　　"攻击议员的那个记者承认了错误。"

抽取宾语的关系从句处理起来更加困难。例如，可以根据阅读这些句子所需要时间的多少来测量困难的大小，还可以根据其他的因素来测量(Mac Whinney, 1977, 1982; Mac Whinney and Csaba Pléh, 1988; Ford, 1983; Wanner and Maratsos, 1978; King and Just, 1991; Gibson, 1998)。Karlsson(2007)对 7 种语言的研究说明，判断中心嵌入是否合乎语法，与被嵌入的特定的句法结构有关(例如，关系从句与客体的双重相对化有关)。老式的基于栈的模型的另外一个问题是：话语的因素可能会使某些双重的嵌入从句变得容易处理。例如，下面是双重嵌入的例子：

(16.17) The picture [that the photographer [who I met at the party] took] turned out very well.

由于在一个嵌入的 NP 中有单词 I，使得这个句子的计算复杂性降低了。如 I 和 you 的代词似乎比较容易处理，大概是因为这样的代词没有把新的实体引入到话语当中。

根据这样的数据提出了一种人的剖析模型，称为依存定位理论(Dependency Locality Theory, DLT)(Gibson, 1998, 2003)。DLT 认为，客体的相对性判断之所以困难，是由于在句子中动词的前面出现了两个名词，由于读句子的人不知道它们当中的哪一个适合于参加到句子之中，因而只好面对这两个名词而举棋不定。

更加具体地说，DLT 提出，把一个新的单词 w 结合到句子之中的处理开销是与单词 w 以及该单词 w 所结合的句法项目之间的距离成正比的。这个距离不仅根据单词本身来测定，而且还要根据同一时刻在记忆中存在的新的短语和话语参照的多少来测定。因此，如果引入很多新的话语参照(new discourse referents)来预测某个单词，这个单词的记忆负荷就会变高。这样一来，依存定位理论 DLT 就可以预测，如果在 NP 的一个序列中出现一个代词，而且这个代词在前面的话语中已经被激活，那么，就可以使处理的过程变得容易一些，具体的解释请参看例(16.17)。

总体来说，这些中心嵌入以及其他例子的计算复杂性看来似乎是与记忆有关的，尽管我们现在不像 40 年前把这种复杂性与剖析栈的大小直接地联系起来。当前研究的焦点集中于研究计算复杂性与概率剖析之间的关系，这些研究说明，计算复杂性可能是由一些不期望的(概率低、熵值高)结构所引起的(Hale, 2006；Levy, 2008；Moscoso del Prado Martín et al., 2004b；Juola, 1998)。探索由于记忆因素引起的计算复杂性与由于信息论和统计剖析因素引起的计算复杂性之间的关系，是一个激动人心的研究领域，而这方面的研究才刚刚开始。

16.5　小结

本章介绍了两种不同的关于**计算复杂性**(complexity)的思想：形式语言的计算复杂性和人的句子的计算复杂性。

- 语言可以用它的**生成能力**(generative power)来刻画。如果一种语法能够定义的语言用其他的语法不能定义，那么，就说这种语法比其他的语法具有更大的生成能力或**计算复杂性**(complexity)。**Chomsky 层级**(Chomsky hierarchy)是建立在语法生成能力基础上的不同语法的层级。这些语法包括 **Turing 等价语法**(Turing equivalent grammar)、**上下文有关语法**(context-sensitive grammar)、**上下文无关语法**(context-free grammar)和**正则语法**(regular grammar)。
- **抽吸引理**(pumping lemma)可以用于证明一种给定的语言**不是正则的**(not regular)。尽管有些导致英语成为非正则语言的句子类型使得人们在分析这些句子类型时感到非常困难，英语仍然不是正则语言。虽然数十年来人们试图证明英语不是这样的，但是，英语看起来似乎是一种上下文无关语言。与此相反，瑞士德语的句法和 Bambara 语的形态却不是上下文无关的，它们似乎需要柔性上下文有关语法来描述。
- 某些**中心嵌套**(center-embeclded)句子人们在剖析时感到很困难。很多理论都一致认为，这种困难是由人们剖析时的**记忆的有限性**(memory limitation)引起的。

16.6　文献和历史说明

Chomsky(1956)首先提出这样的问题：有限状态语法或上下文无关语法是不是可以充分地描述英语的句法。他在文章中提出，英语句法包含"一些例子是不容易用短语结构语法来解释的"，这促使他去研究句法转换的问题。

Chomsky 是根据语言 $\{xx^R : x \in \{a, b\}^*\}$ 来证明的。x^R 的意思是："x 的逆"，因此这种语言的每一个句子包含若干个 a 和若干个 b 组成的符号串，后面跟着这个符号串的"逆"或"镜像"。这种语言不是正则的，Partee et al. (1990)把这种语言与正则语言 aa^*bbaa^* 求交，得到的语言是 $a^n b^2 a^n$，然后再用抽吸引理来证明这种语言不是正则语言。

Chomsky 的证明说明，英语具有镜像的特性，其根据是，下面的英语句法结构是多重嵌套的，其中 $S_1, S_2, \cdots, S_n$ 是英语中的陈述句：

- If S_1, then S_2
- Either S_3, or S_4

- The man who said S_5 is arriving today

详情请参考 Chomsky(1956)。

Pullum(1991，p. 131 ~ 146)在历史上明确地研究关于自然语言的非上下文无关性质(non-context-free-ness)。证明自然语言的非上下文无关性质的早期历史在 Pullum and Gazdar(1982)中做了总结。抽吸引理首先是由 Bar-Hillel et al. (1961)提出的，他们也给出了关于有限状态语言或上下文无关语言的封闭性和可判定性的一些重要的证明。关于上下文无关语言的抽吸引理的详细说明，可以参看诸如 Hopcroft and Ullman(1979)关于自动机理论的教科书，这些说明也包括在 Bar-Hillel et al. (1961)中。

Yngve 认为，如果人的剖析是有限状态的，那么，中心嵌套句子的困难性就可以得到解释；Church 在他的硕士论文 Church(1980)中注意到 Yngve 的这个观点。他证明了，实现这种思想的有限状态剖析器也能够解释很多其他的语法现象和心理语言学现象。在认知模型的研究领域转向研究更加细致的计算复杂性模型的时候，Church 的工作可以看成是在语音处理和语言处理的领域向有限状态模型回归的开始，这成为了 20 世纪 80 年代和 90 年代自然语言处理研究的一个特点。

还有一些其他的方法来研究计算复杂性，我们没有更多的篇幅在这里讨论这些问题。其中的一个问题是：语言处理是不是一个 **NP 完全**(NP-complete)问题。NP 完全问题是一类问题的名字，它是指那些估计处理起来特别困难的问题。Barton, Jr. et al. (1987)证明了关于自然语言识别和剖析的计算复杂性的一些结果。其中，他们指出了如下两点：

1. 在一个潜在地无限长的句子中，为了保持词汇和一致关系的特征歧义而引起的在某些基于合一的形式化方法中(如词汇功能语法)识别句子的问题，是 NP 完全问题。
2. 双层形态剖析(或者甚至只是词汇形式和表层形式之间的映射)也是 NP 完全问题。

最后，当前对于不同类型的概率语法的表达能力的研究说明，加权上下文无关语法(其中的每一个规则有一个权重)和概率上下文无关语法(其中，非终极符号的规则的权重之和为 1)都具有相等的表达能力(Smith and Johnson，2007；Abney et al.，1999a；Chi，1999)。

第四部分

语义和语用的计算机处理

第17章 意义的表示

ISHMAEL: *Surely all this is not without meaning.* ①

Herman Melville, *Moby Dick*

本章及后面四章中将进一步探讨的语义学方法是建立在可通过形式化结构来捕捉语言语段意义这一基础之上的，我们称这种形式化结构为**意义表示**（meaning representation）。相应地，用来指定意义表示的句法和语义框架被称为**意义表示语言**（meaning representation language）。这些意义表示与前几章中提到的音位表示、形态表示和句法表示起到同样至关重要的作用。

我们之所以需要这样的语义表示，是因为不论是没有加工过的语言输入，还是用之前研究过的任何转录机推导出来的结构，都不能帮助我们进行所希望的语义处理。更具体地说，我们需要语义表示能够在自然语言输入和与自然语言输入意义有关的具体应用所需的各种非语言世界知识之间架起一座桥梁。为说明这一概念，我们来研究下面这些需要自然语言语义处理的日常语言活动：

- 在考试时回答文章中的问题
- 在饭店中查看菜单并决定点什么菜
- 通过阅读说明书来学习使用一种新的软件
- 意识到你被冒犯了
- 根据菜谱做菜

简单地使用之前讨论过的音位表示、形态表示和句法表示并不能提供关于完成这些任务的核心信息。为了完成这些任务，需要更多地把包含在这些问题中的语言元素与完成这些任务所需的非语言世界知识成功结合起来。例如，为解决上面的问题，需要如下的世界知识：

- 回答并评价文章中的问题需要一系列的背景知识、比如与问题主题相关的背景知识、学生所需达到知识水平的背景知识，以及通常这些问题如何回答的背景知识等。
- 阅读菜单并决定点什么菜、给出到哪里吃饭的建议、根据菜谱做菜以及编写一个新菜谱，都需要与食品相关的知识、怎样做菜的知识、人们喜欢吃什么的知识、人们喜欢什么样的饭店的知识，等等。
- 通过阅读说明书来学习一种软件，或者针对如何使用该软件给出建议，需要有关当前计算机、该特定软件以及类似软件的相关知识，以及关于普通用户的知识。

在本章以及后面四章所阐述的表示方法中，我们假设语言表述的意义表示的构成材料与日常生活中常识性世界知识表示的构成材料是相同的。创建意义表示并将其指派给语言输入的过程被称为**语义分析**（semantic analysis）。

为具体描述这个概念，图 17.1 中展示了句子"I have a car"使用四种常见意义表示语言的语义表示。第一行是该句子的**一阶逻辑**（first-order logic）表示，将在 17.3 节中详细讨论；中间是该句子的**语义网络**（semantic network）表示，将在 17.5 节中进一步讨论；第三行包含一个**概念依存**

---

① ISHMAEL: 所有的这一切并非没有意义。

（conceptual dependency）图表示和一个**基于框架**（frame-based）的表示，将在第 19 章中详细讨论概念依存理论，在 17.5 节以及第 22 章中介绍基于框架的表示。

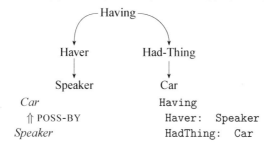

$$\exists e,y \, Having(e) \wedge Haver(e,Speaker) \wedge HadThing(e,y) \wedge Car(y)$$

图 17.1　句子"I have a car"的意义表示的样本：一个符号表、两个有向图、一个记录结构

尽管这些方法之间存在显著差异，但是在一定的抽象层次上这些方法都基于相同的基础，也就是：一个意义表示由特定符号集或表达性词汇表上组合结构组成。如果我们适当地安排这些符号，那么这些符号结构可对应到对象、对象的属性以及这些对象在特定状态下的关系。在这种情况下，这四种表示都使用了分别对应于说话人、汽车以及指定彼此之间所属关系的符号。

值得注意的是，我们至少可以从两个不同的视角来看这四种意义表示方法：一方面可以把它们看成是特定语言输入"I have a car"的意义表示；另一方面可以把它们看成是某个世界中事件状态的表示。这种双重视角使得意义表示可以将语言输入与世界及我们关于世界的知识联系起来。

本书这一部分的结构与之前部分类似。我们将交替讨论意义表示的本质以及生成这些表示的计算过程。更具体地说，这一章将介绍在意义表示中需要的一些基础知识，第 18 章介绍一些能够给语言输入指派意义的技术。第 19 章探讨一些与单词意义有关的复杂表示，第 20 章探讨用于揭示这些词汇表示的鲁棒的计算方法。

本章主要关注意义表示的基础要求，因此我们会将一些重要问题放到后续章节中讨论。具体地，本章的重点是句子**字面意义**（literal meaning）的表示。因此，我们的重点是那些与单词的常规意义紧密联系的表示，而不反映它们出现的上下文环境。当涉及成语和比喻等现象时，这种表示就会显得不足，这一点我们将在第 19 章中讨论。同时我们将在第 21 章讨论如何生成更大片段的话语表示。

本章有 5 个主要部分。17.1 节介绍意义表示语言所需的一些关键计算要求。17.2 节讨论如何确保这些表示能完成我们需要它做的事——即提供到被表示的事件状态的映射。17.3 节介绍一阶逻辑（FOL），历史上自然语言语义研究中的首要技术。17.4 节描述 FOL 如何表示英语中事件和状态的语义。

17.1　意义表示的计算要求

我们首先考虑为什么需要意义表示以及意义表示应该为我们做些什么。为了关注这个问题，我们将详细研究给旅行者提供饭店建议这一任务。在这个讨论中，假定已经有一个计算机系统能够接收旅行者的口语提问，并能使用相关的领域知识库构造出恰当的回答。我们将用一系列的例子来介绍意义表示中必须满足的基本要求，以及在生成意义表示过程中不可避免会碰到的各种复杂问题。在每一个例子中，我们将考察需求的意义表示在满足该需求过程中所起的作用。

17.1.1　可验证性

首先让我们来研究下面的简单提问：

(17.1)Does Maharami serve vegetarian food?

这个例子展示意义表示的最基本要求：即意义表示必须能够用于确定句子意义与我们所知世界之间的关系。换句话说，我们需要能够确定意义表示的真实性。17.2 节将对于这一主题进行深入探讨。现在，我们假定已有一个计算系统能够将语言表达的意义表示与存储着世界信息的**知识库**(knowledge base)中的表示进行比较或匹配。

在这个例子中，假定该问题的意义包含了(作为一个组成部分)命题"Maharani serves vegetarian food"的内在意义。从现在开始，我们把这个表示简单地注释为：

$$Serves(Maharani, VegetarianFood) \tag{17.2}$$

这个意义表示将与包含一组饭店事实的知识库进行匹配。如果系统能够在知识库中找到一个与输入命题相匹配的表示，那么它就可以返回一个肯定的回答。如果系统没有找到匹配且系统关于当地饭店的知识是完备的，系统就回答"否"；如果有理由证实系统关于饭店的知识是不完备的，系统就回答"不知道"。

这个概念被称为**可验证性**(verifiability)，关注于系统将意义表示所描述的情况与知识库中所建模的世界状态进行比较的能力。

17.1.2　无歧义性

与我们研究过的其他领域一样，语义学领域也存在歧义问题。具体来说，根据出现环境的不同，单个语言表达可以被合法指派到不同的意义表示上。考虑下面来自 BERP 语料库的例子：

(17.3)I wanna eat someplace that's close to ICSI.

给定动词 eat 允许的论元结构，这个句子的意思可以是说话人想在某一个比较近的地方吃东西，也可以是说话人想吞食某个附近的地方[如果把说话人解释为哥斯拉怪兽(Godzilla)的话]。系统对该提问生成的答案将依赖于系统选择何种解释为正确的解释。

由于这样的歧义在所有语言、各种类型中都普遍存在，因此需要一些方法来确定某种解释比其他的解释更合适(或者更不合适)。引起歧义的各种语言现象及处理这些语言现象的技术将在下面四章讨论。

在本章中我们只关注意义表示如何处理有歧义的情况，而不考虑如何获得正确解释的方法。由于我们要对语言输入的语义内容进行推理，并且要根据它来进行后续分析，因此一个输入的最终意义表示必须是无歧义的。[①]

与歧义性密切相关的概念是**模糊性**(vagueness)。正如歧义性一样，对于特定的输入，在根据其意义表示确定其究竟是什么意思时，模糊性也会造成困难。不过，模糊性不会产生多个意义表示。作为例子，我们来研究如下的提问：

(17.4) I want to eat Italian food.

当使用短语"Italian food"的时候，**饭店**服务人员已经获得了足以为顾客提供合理建议的信

---

① 这并不排除在一个单独的无歧义表示的过程中，使用中间语义表示保持某些层面的歧义。这种表示的例子将在第 18 章中讨论。

息，但是从顾客真正想吃的东西这个角度看，这个短语的意义仍然是非常模糊的。因此，该短语的模糊意义表示对于某些特定目的来说是恰当的，而对于其他一些目的则需要更加具体的表示。因此，能够表示一定程度模糊性的意义表示语言是有优点的。注意，区别歧义性和模糊性并不总是那么容易。Zwicky and Sadock(1975)提供了一套判断它们之间区别的有用的测试集。

17.1.3　规范形式

一个句子可被指派多个意义，与此相关，不同输入也可以被指派到同样的意义表示上。考虑如下例句(17.1)的不同表达方式：

(17.5) Does Maharani have vegetarian dishes?

(17.6) Do they have vegetarian food at Maharani?

(17.7) Are vegetarian dishes served at Maharani?

(17.8) Does Maharani serve vegetarian fare?

由于这些表达方式使用了不同的单词以及不同的句法结构，希望这些句子具有不同的意义表示也是合理的。但是，这将不利于我们验证意义表示的真实性。如果系统的知识库对所提问题的事实只有一个意义表示，那么除此之外的所有意义表示都将不能被正确匹配。当然，我们也可以把同一事实的各种不同意义表示都存储在知识库中，但是这会导致与保持知识库一致性相关的数不胜数的问题。

为解决上述两难困境，观察到所有情况下这些不同提问都具有相同答案(至少对向顾客给出饭店建议这个目的来说)，因此我们认为这些提问都具有相同意义。换言之，至少在当前领域内，可以合理地为每个不同提问所蕴涵的命题指派同样的意义。采用这种方法可以保证简单(意义表示)方案能够回答"是"或"否"这样的提问。

表达同样事情的所有输入应该具有相同意义表示的概念被称为**规范形式**(canonical form)理论。这种方法大大简化了各种推理任务，因为对于潜在各种各样的表达方式，系统只需要处理一种意义表示。

当然，规范形式使语义分析任务变得复杂。从上述例子中就可以看到这一点，这几种表达使用了完全不同的单词和句法来说明素食食品以及有哪些饭店做素食食品。更具体地，为了给所有这些提问指派相同的意义表示，我们的系统必须能够判定 vegetarian fare，vegetarian dishes，vegetarian food 在当前上下文环境指向同一个事物，having 和 serving 的用法在这里是等价的，这些提问的不同句法都与同一意义表示兼容。

给具备如此多样性的输入赋予相同的意义表示是一个艰巨的任务。幸好，我们可以通过利用单词意义之间以及语法结构之间一些系统化的意义关系来简化该任务。考虑这些例子中单词 food，dish，fare 意义的例子，只要稍微看一看或者查一下词典，就会发现这些单词都有许多不同的用法。然而，我们也可以看到这些单词至少共享了一个相同的意义。如果一个系统能够在不同用法中选取出这个相同的意义，那么该系统就可以把同样的意义表示指派给包括这些单词的短语。

通常，我们说这些单词具有不同**词义**(word sense)，同时一些词义之间具有同义关系。基于上下文选取正确词义的过程称为**词义排歧**(word sense disambiguation)，或者与词性标注相似，称为词义标注。关于同义词、词义标注以及其他与单词意义有关的问题，我们将在第 19 章和第 20 章讨论。在这里只需知道使用不同词的输入并不妨碍给它们指派同样的意义。

正如不同单词意义之间存在系统化关系那样，给句子指派意义时句法分析也起到类似的作用。具体地,可替换的句法分析(单元)常常具有即使不是完全相同,至少也是系统化地彼此关联的一些意义。我们来研究下面一对例句:

(17.9) Maharani serves vegetarian dishes.

(17.10) Vegetarian dishes are served by Maharani.

尽管这两个句子中动词 serve 论元的位置不同,我们仍能够给两个句子中的 Maharani 和 dishes 指派相同的角色,因为我们具有主动句结构和被动句结构之间相互关系的知识。具体来说,基于这些结构中语法主语和直接宾语所处位置的知识,我们可以给在这两个句子中 Maharani 指派服务者的角色,给 vegetarian dishes 指派服务品的角色,尽管它们出现在句中的不同位置。我们将在第 18 章中讨论语法在构造意义表示时的确切作用。

17.1.4　推理与变量

我们来继续研究意义表示所需支持的计算目的这一主题,考虑如下更加复杂的提问:

(17.11) Can vegetarians eat at Maharani?

在这里,如果使用规范形式来强制系统给这个提问指派与前面那些例子相同的意义表示,我们可能会犯错误。事实是:这个提问的答案与之前其他提问的答案相同并不是因为它们有相同的意义,而是因为在素食者所吃食品和素食饭店提供的东西之间存在着一种常识性的联系。这是一种关于世界的事实,而不是一种关于任何特定语言学规则的事实。这种情况也暗示基于规范形式和简单匹配的方法不能给出这个提问的合适答案。这里需要有一种系统的方法能够把该提问的意义表示和知识库中表示的世界事实彼此联系起来。

我们使用**推理**(inference)这个术语来表示系统根据输入的意义表示以及它存储的背景知识做出可靠结论的能力。即使一些命题在知识库中没有显式的表示,具有推理能力的系统也能通过基于当前已知命题进行逻辑推导的方式对其真假做出判断。

考虑如下更加复杂的提问:

(17.12) I'd like to find a restaurant where I can get vegetarian food.

与前面例子不同,这个提问没有提及任何特定的饭店。用户的需求是一个他不知道且没有名字的出售素食的饭店。由于这个提问没有提及任何特定的饭店,所以前面提到的基于简单匹配的方法在这里都行不通。回答这类提问要求进行更加复杂的匹配,这种匹配涉及变量的使用。这种包含变量的表示可按如下的形式来表示:

$$Serves(x, VegetarianFood) \tag{17.13}$$

为成功匹配这样的一个命题,变量 x 需要能够被知识库中某个已知实体替换,且替换后的命题与知识库中的某个命题完全匹配。用于替换变量 x 的概念就可以用来回答用户的提问。当然,这个简单的例子只是说明了这类变量的使用。可以肯定地说,语言输入具有多种多样的不确定性提及(reference),处理这些提及的能力对任何一种意义表示语言都至关重要。

17.1.5　表达能力

最后,一个意义表示的框架应该具备足够的表达能力来处理各种广泛的题材。最理想的情况是一种意义表示语言就可以充分地表达任何有意义自然语言语段的意义。尽管这对任何一个表示系统来说都有点期望太高,但在 17.3 节中将要描述的一阶逻辑在某种程度上可以表达意义表示出现的许多情况。

17.2 模型论语义学

前两节关注的是意义表示的各种要求以及自然语言表达意义的一些手段。目前我们并没有正式介绍如何用意义表示语言做任何我们想让它们做的事情。更具体的，我们希望能确保这些表示能完成我们要求它们做的工作：架起从形式化表示到告知我们当前世界中事件的一些状态的一座桥梁。

为理解如何提供这样一种保证，让我们从大多数意义表示方案的共享基本概念开始介绍。这些方案的共同点在于它们表示事物、事物的属性以及事物间关系的能力。这种观点可以被形式化为**模型**（model）的概念。其基本思想是：模型是一种形式化结构，这种结构可以用于代表我们一直尝试表示的世界事件的特定状态。一种使用特定意义表示语言的表达式能够被系统地映射为该模型的元素。如果这个模型准确地捕捉到了相关世界中一些我们感兴趣事件的某些状态的事实，那么意义表示和模型之间的这种系统映射将为意义表示和我们所关注的世界之间架起一座必要的桥梁。如我们所述，模型提供了一个简单且强大的方法来支撑我们采用意义表示语言来进行意义表达。

在开始前，这里先介绍一些术语。意义表示的词汇分为两部分：分别是**非逻辑词汇**（non-logical vocabulary）和**逻辑词汇**（logical vocabulary）。非逻辑词汇包含开放的名称集合，用于代表我们试图表示的世界中的事物、属性以及关系。这些词汇在各种（意义表示）方案中以谓词、结点、链接标记或框架槽标记等形式出现。逻辑词汇是一个封闭集合，包含符号、运算符、量词、链接等。在意义表示语言中，逻辑词汇提供了对表达进行组合的形式化手段。

作为开始，我们要求非逻辑词汇中的每个元素在模型中都有一个**指示**（denotation）。简单来说，在这里指示指的是非逻辑词汇中的每个元素都与模型中固定且定义明确的一部分对应。让我们从事物（object）这个大多数意义表示方案中最基本的概念开始。简单来说，一个模型的**域**（domain）是待表示应用或事件状态中的事物集合。应用中每一个独立的概念、类别或个体都表示了域中的一个特定元素。因此，一个域通常也就是一个集合。注意，在我们的意义表示中并不强制要求每个元素都有一个对应的概念；在域中出现意义表示中没有被提及或想到的元素是完全可以接受的。我们同时也不要求域中的元素在意义表示有单一的概念表示。域中一个给定的元素可以有多种不同的表示来指示它，如 *Mary*，*WifeOf*（*Abe*）或 *MotherOf*（*Robert*）。

我们可以列出具备问题中特定属性的域元素来捕捉模型中事物的属性，也就是，属性意味着集合。类似地，事物间的关系就是域元素的有序列表集合或"元组"（tuple）集合，这些列表或元组中的域元素都参与了对应关系。这种属性和关系的表示方法是一种**外延式**（extensional）的方法。像红色的这样的属性被表示为我们认为是红色的事物的集合，像已婚这样的关系被简单地表示为已婚的域元素对集合。可以归纳为：

- 事物指向域中的元素
- 属性指向域中元素的集合
- 关系指向由域中元素组成的元组的集合

为使上述方案可行，还需要一个额外的元素。即我们需要一种映射机制，使系统能将我们的意义表示映射到相应的所指上。更正式地，我们需要一个函数，能将意义表示中的非逻辑词映射到其在模型中恰当的所指上。我们称这种映射为**一种解释**（interpretation）。

为了使这些概念更具体，让我们回到第 4 章介绍的饭店的例子。假设我们的应用涉及：一个顾客和饭店的特定集合、顾客喜欢和不喜欢的各种事实以及有关这些饭店的一些事实，比如它们的菜肴、典型成本以及噪音等级等。

为了生成域 $\mathscr{D}$，假设目前我们需要处理 4 个顾客的情况，这四个顾客分别用非逻辑符号 *Matthew*、*Franco*、*Katie* 和 *Caroline* 表示。这 4 个符号将指向 4 个独一无二的域元素。我们使用常量 a、b、c 和 d 来代表这些域元素。注意，我们特意为域元素使用了无意义、非助记符的名字来强调这样一个事实，即不管我们要了解这些实体的什么信息，这些信息都应该来自于模型的属性，而不是来自于其符号名字。接下来，假设我们的应用中包括三家饭店，在意义表示中分别用 *Frasca*、*Med*、*Rio* 表示，分别指向域中的 e、f、g 元素。最后，假设有三个菜系 *Italian*、*Mexican*、*Eclectic*，在我们的模型中分别指向 h、i、j。

有了生成的域，让我们来建立在这个特定事件状态中我们认为真实存在的一些属性和关系。假设我们需要在应用中表示饭店的一些属性，如其中有些饭店存在噪声或价格昂贵。噪声(*Noisy*)属性表示饭店的一个子集，这个子集由域中已知存在噪声的饭店组成。两两间的关系概念表示为域中事物的有序对或元组，如某个顾客喜欢(*Like*)的饭店。类似地，由于我们将菜系表示为模型中的事物，我们也可以用元组集合来表示哪家饭店服务(*Serve*)哪个菜系。图 17.2 给出了基于这种方案表示的一个特定事件的状态。

域	$\mathscr{D} = \{a,b,c,d,e,f,g,h,i,j\}$
Matthew, Franco, Katie and Caroline	a,b,c,d
Frasca, Med, Rio	e,f,g
Italian, Mexican, Eclectic	h,i,j
属性	
Noisy	$Noisy = \{e,f,g\}$
Frasca, Med and Rio are noisy	
关系	
Likes	$Likes = \{\langle a,f\rangle,\langle c,f\rangle,\langle c,g\rangle,\langle b,e\rangle,\langle d,f,\rangle,\langle d,g\rangle\}$
Matthew likes the Med	
Katie likes the Med and Rio	
Franco likes Frasca	
Caroline likes the Med and Rio	
Serves	
Med serves eclectic	
Rio serves Mexican	$Serves = \{\langle e,j\rangle,\langle f,i\rangle,\langle e,h\rangle\}$
Frasca serves Italian	

图 17.2 饭店领域的一个模型

给定这种简单方案，我们就能简单地通过参照图 17.1 中的任何表示在相应模型中合适的所指来确定其意义。我们可以评估一个声称如 *Matthew likes the Rio*(顾客 *Matthew* 喜欢饭店 *Rio*)，*The Med serves Italian*(饭店 *Med* 提供 *Italian* 菜)这样的表示，只需要将意义表示中的事物映射到它们相应的域元素以及将任何链接、谓词或意义表示中的槽映射到模型中恰当的关系上。更具体的，对于一个论断 *Matthew likes Frasca*(顾客 *Matthew* 喜欢饭店 *Frasca*)的表示，我们可以通过如下方式进行验证：首先使用解释函数，将符号 *Matthew* 映射到指示 a，*Frasca* 映射到指示 e，并将喜欢(*Like*)关系映射到恰当的元组集。然后我们简单地检查元组集中元组 $\langle a, e\rangle$ 是否存在。如果正如例子所示，模型中存在这样的元组，我们可以认为 *Matthew likes Fransca*(顾客 *Matthew* 喜欢饭店 *Frasca*)的论断是正确的；如果不存在，则不能确定这个论断。

上述过程相当直截了当——在意义表示中我们简单地使用集合和集合操作来确定意义表达式。当然，当我们思考下面更复杂的例子时，会遇到更有趣的问题：

（17.14）Katie likes the Rio and Matthewlikes the Med（顾客 *Katie* 喜欢饭店 *Rio*，顾客 *Matthew* 喜欢饭店 *Med*）

（17.15）Katie and Caroline like the same restaurants（顾客 *Katie* 和 *Caroline* 喜欢相同的饭店）

（17.16）Franco likes noisy, expensive restaurants（顾客 *Franco* 喜欢有噪音的、昂贵的饭店）

（17.17）Not everybody likes Frasca（不是每个人都喜欢饭店 Frasca）

显然，我们确定表示意义的简单方案并不适用于这些例子。这些例子的合理意义表示并不能直接映射到单个的实体、属性或关系上。相反，它们涉及一些复杂因素，比如连词、等价关系、量化变量以及否定。为了评估这些表述是否与我们的模型一致，我们不得不将它们分解，对分解出来的部分逐个分析，再根据整体如何由这些部分组成的细节，组合每个部分的意义来确定整体表述的意义。

考虑上面给出的第一个例子。这样一个例子的典型意义表示应当包括两个不同论断，分别表示单个顾客偏好，然后通过某种隐式或显式的连接运算符关联起来。显然，我们的模型中不存在这样一种编码模型中所有顾客与饭店间的成对偏好的关系，显然也不需要这样一种关系。从模型中我们得知，顾客 *Matthew* 喜欢饭店 *Med*，顾客 *Katie* 喜欢饭店 *Rio*［即，我们已知元组〈*a*, *f*〉和〈*c*, *g*〉是喜爱（*Likes*）关系所指示的集合中的成员］。我们真正需要知道的是如何处理连接运算符的语义。对于英语单词 and，其最简单的可能语义假设是：模型中每个组成部分为真时，则整个陈述为真。在这个例子中，因为存在恰当的元组使这两个组成部分都为真，因此作为一个整体的句子也为真。

通过这个例子，我们提供了一些意义表示中针对约定连接运算符的处理，称之为**真值条件语义学**（truth-conditional semantics）。也就是说，我们提供了一种用于确定复杂表达式真值的方法，该方法以组成部分的意义（基于模型参照）及通过参照真值表得到的运算符意义为依据。填充图 17.1 中的各种各样的表示都是真值条件，在这些真值条件的范围内这些表示为我们提供了一个正式规范，使我们可以通过各部分的意义对复杂句子的意义进行评估。特别地，我们需要知道所采用的意义表示方案的全部逻辑词汇的语义。

值得注意的是，尽管意义表示生成的细节依赖于所使用的特定意义表示的细节，但我们同时也必须清楚评估这些例子的真值条件只涉及我们讨论过的简单集合运算符。我们将在下一节一阶逻辑语义中继续讨论这些问题。

17.3　一阶逻辑

一阶逻辑（First-Order Logic，FOL）是一种灵活方便、易于理解、可计算处理的知识表示方法，这种方法满足 17.1 节中提出的各种意义表示语言的要求。具体地，一阶谓词为意义表示提供了一个坚实的可满足可验证性、推理和表达能力的计算基础，同时也基于坚实的模型论语义学。

除此之外，FOL 最吸引人的特征是它对于如何表示事物只有非常小的要求。如我们所示，FOL 所做的说明是相当容易理解的，并且被许多之前提到的（意义表示）方案所共享，它所表达的世界包括事物、事物的性质以及事物之间的关系。

在这一节中，我们将介绍 FOL 的基本句法和语义，然后描述 FOL 在事件表示中的应用。在 17.6 节将讨论 FOL 与一些其他表示方法之间的联系。

17.3.1　一阶逻辑基础

我们将采用自底向上的方式来介绍 FOL：首先查看它的各种原子元素，然后展示如何把这些原子元素组合起来构成更大的意义表示。图 17.3 提供了我们使用的 FOL 语法的一个完整上下文无关语法，本节将使用它作为路线图。

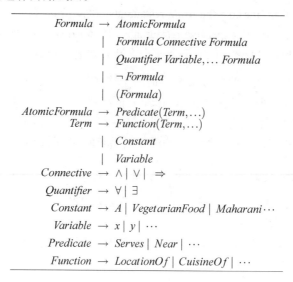

$$Formula \rightarrow AtomicFormula$$
$$|\ Formula\ Connective\ Formula$$
$$|\ Quantifier\ Variable,\dots\ Formula$$
$$|\ \neg\ Formula$$
$$|\ (Formula)$$
$$AtomicFormula \rightarrow Predicate(Term,\dots)$$
$$Term \rightarrow Function(Term,\dots)$$
$$|\ Constant$$
$$|\ Variable$$
$$Connective \rightarrow \wedge\ |\ \vee\ |\ \Rightarrow$$
$$Quantifier \rightarrow \forall\ |\ \exists$$
$$Constant \rightarrow A\ |\ VegetarianFood\ |\ Maharani\cdots$$
$$Variable \rightarrow x\ |\ y\ |\ \cdots$$
$$Predicate \rightarrow Serves\ |\ Near\ |\ \cdots$$
$$Function \rightarrow LocationOf\ |\ CuisineOf\ |\ \cdots$$

17.3　一阶逻辑表示的句法的上下文无关语法规范。取自 Russell and Norvig(2002)

首先让我们来检查**项**(term)的概念。术语是 FOL 用于表示事物的一种手段。从图 17.3 中可以看出，FOL 提供了三种手段来表示这些基本信息块：常量、函数和变量。每一个这样的手段都可以想象成一种命名或指向所研究世界中一个事物的方法。

FOL 中的**常量**(constant)指向所描述世界中的特定事物。按照惯例，常量通常用一个单独的大写字母描述，如 A 和 B 等，也可以用一个首字母大写的单词来描述，这使我们经常想起诸如 *Maharani* 和 *Harry* 这样的专有名词。如同程序设计语言中的常量，FOL 的常量指向一个确定事物。但是，可以用多个常量来指向同一个事物。

FOL 中的**函数**(functions)相当于英语中经常用所属格表示的概念，如 *Frasca's location*。该表达式可翻译成如下 FOL 表示：

$$LocationOf(Frasca) \tag{17.18}$$

FOL 函数在句法上与单论元谓词结构相同。不过我们需要特别记住虽然函数有与谓词相同的表示，但实际上它们是指向特定事物的项。函数提供了除命名常量关联引用之外的一种引用特定事物的方便途径。这种方法在多个已命名事物都有与其关联的独一无二概念时格外方便，比如饭店都有独一无二的地点与其关联。

变量(variable)是 FOL 引用事物机制中的最后一种手段。变量一般用单个的小写字母表示，使我们能够在不指向任何特定已命名事物的情况下对事物做出判断并进行推论。这种对匿名事物进行论断的能力有两个好处：一是能对特定未知事物进行论断，二是能对某个任意世界中的一切事物进行论断。我们将在介绍了量词之后再回过头来讨论变量，FOL 的量词是一种让变量有用的元素。

现在有了引用事物的方法，我们可以研究如何用 FOL 机制来描述事物之间存在的关系。谓词是引用或命名给定域内的一定数量事物之间关系的符号。回到 17.1 节中的非正式例子，"Maharani serves vegetarian food"可以使用如下的 FOL 公式表示：

$$Serves(Maharani, VegetarianFood) \tag{17.19}$$

这个 FOL 句子表示 *Serves* 是一个具有两个变量位置的谓词，表示由常量 *Maharani* 和 *Vegetarian-Food* 指示的事物之间的关系。

另外一种稍微不同的谓词用法可通过句子"Maharani is a restaurant"的如下典型表示进行说明：

$$Restaurant(Maharani) \tag{17.20}$$

这个例子中的谓词只有一个位置，它不涉及多个事物，而只是确认一个单独事物的某种性质。在上述例子中，谓词编码了 Maharani 的所属类别。

基于引用事物的能力、对事物的事实做出论断的能力，以及把事物相互联系的能力，我们就能构造出初步的组合表示。这些表示对应于图 17.3 中的原子公式层。当然，这种组成复杂表示的能力并不局限于只使用单个的谓词。通过**逻辑连词**（logical connectives），我们可以把更大的组合表示结合到一起。从图 17.3 可以看出，逻辑连词通过使用三个运算符中的任何一个把逻辑公式连接起来，使我们有了构造更大的意义表示的能力。例如，考虑如下来自 BERP 语料库的例子以及这个句子的一个可能意义表示：

(17.21) I only have five dollars and I don't have a lot of time.

$$Have(Speaker,FiveDollars) \land \neg Have(Speaker,LotOfTime) \tag{17.22}$$

这个例子的语义表示是通过使用运算符 $\land$ 和 $\neg$，直接从各个从句的语义构造而成的。注意，由于图 17.3 中的语法具有递归性，我们可以使用这些逻辑连词构造出无限数目的逻辑公式。因此，基于这样的句法，我们就可以使用有限的手段构造出无限数目的意义表示。

17.3.2　变量和量词

现在我们已经具备所有必须的意义表示机制来讨论前面说过的变量了。我们在前面曾经指出，在 FOL 中变量有两种用法：一种用法是引用特定的匿名事物，另一种用法是笼统地引用一个集合中的全部事物。这两种用法都可以通过被称为**量词**（quantifiers）的运算符来实现。有两个量词运算符是 FOL 的基础，一个是存在量词，记为 $\exists$，读为"存在"，一个是全称量词，记为 $\forall$，读为"对于所有的"。

需要使用存在量词的变量在英语中通常表现为一个不确定名词短语。考虑下面的例子：

(17.23) a restaurant that serves Mexican food near ICSI.

这里名词短语指向一个特定类别具有特定性质的一个匿名事物。下面是这个短语的一个合理的意义表示：

$$\exists x Restaurant(x) \land Serves(x,MexicanFood)$$
$$\land Near((LocationOf(x),LocationOf(ICSI))) \tag{17.24}$$

这个句子开头的存在量词告诉我们如何在该句上下文中解释变量 x。非正式地说，该表示说明应该至少存在一个可用来替换变量 x，且使结果句子为真的事物。例如，如果 Ay Caramba 是在 ICSI 附近的墨西哥饭店，那么，用 Ay Caramba 替换 x 就可以得到如下的逻辑公式：

$$Restaurant(AyCaramba) \land Serves(AyCaramba,MexicanFood)$$
$$\land Near((LocationOf(AyCaramba),LocationOf(ICSI))) \tag{17.25}$$

根据运算符 $\land$ 的语义，如果它的三个子成分的原子公式都为真，那么这个句子就为真。这又要求这三个原子公式要么在系统的知识库中存在，要么它们可以从知识库中的其他事实推导得出。

全称量词用法的解释同样基于用已知事物来替换变量的方法。全称量词的替换语义非常接近于字面上的"for all"（"对于一切"）解释；运算符 $\forall$ 的用法是：如果用知识库中的任何事物来替换全称量词变量的结果都为真, 那么这个逻辑公式就为真。而运算符∃与此形成鲜明的对照, 它只需一个单独的可用替换就可以使句子为真。

考虑如下的例子:

(17.26) All vegetarian restaurant serve vegetarian food.

这个句子的一个合理表示如下:

$$\forall x VegetarianRestaurant(x) \Rightarrow Serves(x, VegetarianFood) \qquad (17.27)$$

为使该句子为真, 需要在用任何已知事物来替换 x 时句子都为真。我们可以把所有可能的替换分成两个集合: 一个集合包含素食饭店, 一个集合包含其他饭店。首先我们来研究使用素食饭店集合进行替换的情况; 一个这样的替换可得到如下的句子:

$$VegetarianRestaurant(Maharani) \Rightarrow Serves(Maharani, VegetarianFood) \qquad (17.28)$$

如果我们假定已经知道表示结果的从句

$$Serves(Maharani, VegetarianFood) \qquad (17.29)$$

为真, 那么整个的句子必定为真。由于前提和结果都为真, 根据图 17.4 中的前两行, 那么这个蕴涵句子本身的值也为真。这个结果对所有用表示素食饭店的项来替换 x 时都是一样的。

不过要记住, 要使这个句子为真需要对所有可能的替换该句子都为真。如果我们从非素食饭店的集合中选出一个来进行替换, 将会发生什么样的情况呢? 我们来研究把 $Ay Caramba$ 作为非素食**饭店**来替换 x 的情况:

$$VegetarianRestaurant(AyCaramba) \quad \Rightarrow \quad Serves(AyCaramba, VegetarianFood)$$

因为这个蕴涵的前提为假, 根据图 17.4 我们可以确认, 这个句子总是为真, 再次满足∀的约束。

注意也可能存在这样的情况, 即 $Ay Caramba$ 出售素食但是它不一定是一家素食饭店。同时还要注意, 尽管在我们选择的例子中使用了类别限制, 但在这类推理中对替换 x 的事物并没有隐式的类别限制。换句话说, 对于 x 是否是饭店或是否与饭店有关, 是不存在限制的。我们来研究下面的替换:

$$VegetarianRestaurant(Carburetor) \Rightarrow Serves(Carburetor, VegetarianFood)$$

这时, 前提仍然为假, 在这种无关替换的情况下, 规则仍然为真。

总体来说, 逻辑公式中的变量必须用存在量词(∃)或全称量词(∀)来限定。为了满足存在量词限定的变量, 必须至少有一个替换使句子为真。对于全称量词限定的变量, 所有可能的替换都必须使句子为真。

17.3.3 λ表示法

为完成一阶谓词逻辑(FOL)的讨论, 我们最后需要讨论λ**表示法** (λ notation) (Church, 1940)。λ 表示法提供一种从具体的 FOL 公式进行抽象的方法, 该方法对于语义分析特别有用。λ表示法扩充了 FOL 句法, 通过引如下的表达形式:

$$\lambda x.P(x) \qquad (17.30)$$

该表达式由三部分组成, 首先是希腊符号λ, 接着是一个或多个变量, 最后是使用这些变量的 FOL 表达式。

λ 表达式的有用之处在于将它们用于逻辑项时可以生成新的 FOL 表达式这一能力, 在这些新的 FOL 表达式中形参变量就由指定的项来绑定。这种处理被称为λ**化简**(λ-reduction), 这种

处理仅仅是将 λ 变量用指定的 FOL 项来进行字面替换，并随之去掉 λ 的过程。下面表达式说明如何将一个 λ 表达式用于常量 A，接着展示了对该表达式进行 λ 化简的结果：

$$\lambda x.P(x)(A)$$
$$P(A) \tag{17.31}$$

这项技术的一种重要且实用的变形就是将一个 λ 表达式作为另一个 λ 表达式的一部分，如下所示：

$$\lambda x.\lambda y.Near(x,y) \tag{17.32}$$

上面抽象的表达式可以解释为某些东西与另一些东西接近的状态。下面表达式说明了一个单独的 λ 应用，及对这种嵌入式 λ 表达式后续化简：

$$\lambda x.\lambda y.Near(x,y)(Bacaro)$$
$$\lambda y.Near(Bacaro,y) \tag{17.33}$$

这里很重要的一点是化简后的表达式仍是一个 λ 表达式。第一次化简绑定了变量 x，去掉了外面的 λ，显现出内部的表达式。正如我们所期望的，这个化简后的 λ 表达式还可以接着化简生成如下完全确定的逻辑公式：

$$\lambda y.Near(Bacaro,y)(Centro)$$
$$Near(Bacaro,Centro) \tag{17.34}$$

这个技术被称为**柯里化**（currying[①]）（Schönfinkel，1924），一种将多论元谓词转换为一系列单论元谓词的技术。

如第 18 章中将介绍的那样，当在分析树中一个谓词的论元并不都作为谓词的子结点出现时，λ 符号提供了一种增量式的收集一个谓词论元的方法。

17.3.4 一阶逻辑的语义

一阶逻辑（FOL）知识库中的各种事物、属性以及关系的意义通过它们与知识库所建模外界世界中的事物、性质和关系之间的对应关系获得。我们可以借助 17.2 节所介绍的模型论方法来帮助理解。回顾模型论，这种方法使用简单的集合理论符号来提供一个从意义表达式到被模拟事物状态的真值条件映射。我们将可以将这种方法应用于 FOL，通过对图 17.3 的所有元素进行逐条分析的方式。

我们先做如下的论断：真实世界中的事物和 FOL 项都指向一个域中的元素；原子公式通过域元素集合来捕捉属性或通过元素的元组集合来捕捉关系。考虑下面的例子：

（17.35）Centro is near Bacaro.

捕捉这个例子在 FOL 中的意义包括辨认与句子中的各种语法成分相对应的"项"和"谓词"，并构造逻辑公式来捕捉这个句子的单词和句法中所蕴涵的关系。对于这个例子来说，通过这些工作可以得到如下的结果：

$$Near(Centro,Bacaro) \tag{17.36}$$

这个逻辑公式的意义基于 $Centro$ 和 $Bacaro$ 两个项所表示的域元素是否被包含在"$Near$"所指示的集合的元组中。

对于包含逻辑连词的公式，可以把公式中的成分的意义与它们包含的逻辑连词的意义结合起来，从而解释整个公式的意义。图 17.4 是对图 17.3 中的每一个逻辑运算符的具体解释。

---

① Currying 是一个标准术语，尽管 Heim and Kratzer（1998）中提出了用术语 Schönkfinkelization 来替代 currying 的有趣的观点，但 Curry 后来是基于 Schönfinkel 的工作的。

P	Q	$\neg P$	$P \wedge Q$	$P \vee Q$	$P \Rightarrow Q$
False	False	True	False	False	True
False	True	True	False	True	True
True	False	False	False	True	False
True	True	False	True	True	True

图 17.4 真值表给出了各种逻辑连接符的语义

运算符 $\wedge$ (and，和)与 $\neg$ (not，非)的语义非常直接，并且至少与它们在英语中相应的意义有联系。但是，应该指出，$\vee$ (or，或)运算符在某种情况下并不与英语中的"或"这个析取意义相对应，$\Rightarrow$ (imply，蕴涵)运算符与英语中的"蕴涵"或"因果"的常识概念只有很松弛的联系。

我们必须说明的最后一些内容牵扯到变量和量词。回顾我们基于集合的模型中并没有变量，只有域元素和元素之间的关系。通过应用 17.3.2 节中介绍的替换概念，我们可以提供一个基于模型的方法来表示使用变量的公式。如果模型中存在一个使公式为真的变量替换，那么包含 ∃ 的公式就为真。包含 ∀ 的公式则必须在所有可能替换都成立的情况下才为真。

17.3.5 推理

在 17.1 节中对于意义表示语言的一个最重要要求是意义表示语言必须支持推理(inference)或推论。也就是给知识库增加可靠的新命题，或者确定没有显式包含在知识库中的命题的真假的能力。本节简短地讨论**取式推理**(modus ponens)，这是 FOL 提供的被最广泛实现的推论方法。取式推理的应用将在第 21 章讨论。

取式推理是一种我们非常熟悉的推理形式，它相当于非形式化的"if-then"推理。我们可以抽象地把取式推理按如下定义，其中 α 和 β 是 FOL 的公式：

$$\frac{\begin{array}{c}\alpha \\ \alpha \Rightarrow \beta\end{array}}{\beta} \tag{17.37}$$

上述方案说明横线下面的公式可以从横线上面的公式通过某种形式的推理得出。取式推理简单的声明，如果蕴涵规则左手边为真，那么这个规则的右手边也为真。在下面的讨论中，我们把蕴涵的左手边作为前提，把蕴涵的右手边作为结论。

作为取式推理的一个典型应用例子，我们来研究下面使用了上一节规则的例子：

$$\frac{\begin{array}{l}VegetarianRestaurant(Leaf) \\ \forall x VegetarianRestaurant(x) \Rightarrow Serves(x, VegetarianFood)\end{array}}{Serves(Leaf, VegetarianFood)} \tag{17.38}$$

这里，公式 *VegetarianRestaurant* (*Leaf*) 与规则的前提相匹配，这样我们就可以使用取式推理，得出结论 *Serves* (*Leaf*, *VegetarianFood*)。

取式推理有两种典型的应用方式：正向链和反向链。在**正向链**(forward chaining)系统中，取式推理按照刚才所描述的方法来使用。当一个单独的事实加到知识库中的时候，取式推理用这种事实来激发所有可应用的蕴涵规则。在这类安排中，每当一个新的事实被加到知识库中，就可以找到并应用所有可应用的蕴涵规则，每一个结果都把新的事实加到知识库中。然后依次使用知识库中新的命题去激发那些可以应用于它们的蕴涵规则。这个过程继续进行直到没有新的事实可以被推导出来。

正向链方法的优点是，在需要时有关事实都已经表示在知识库中，因为在正向链方法中所有的推论都已经事先进行。这样可以充分地减少回答下一个问题所需要的时间，因为这时只需要进行简单的查询。这种方法的缺点是所引用或存储的事实可能是以后永远用不上的。

　　产生式系统(production system)就是一种在认知模型研究中被大量使用的正向链推理系统,该系统增加了额外的控制知识,用来决定哪些规则需要激发。

　　在**反向链**(backward chaining)中,取式推理按相反的方向来证明特定的命题(被称为查询)。第一步首先根据查询是否已经存储在知识库中来判定其是否为真。如果查询不在知识库中,那么,下一步就搜索在知识库中有没有可应用的蕴涵规则。如果一条规则的结果部分与查询公式相匹配,那么这条规则就是可应用的规则。如果存在着任何一条这样的规则,并且如果该规则的前提为真,那么该查询就被证明为真。如果把前提作为一个新的查询,那么递归地进行反向链也就不足为奇了。Prolog 程序语言就是实现这种策略的一个反向链系统。

　　为了展示上述系统如何工作,假定给定式(17.38)中直线上方的事实,我们需要证实命题 *Serves* (*Leaf*, *VegetarianFood*)是否为真。由于这个命题在知识库中不存在,因此,我们需要开始搜索一个可应用的规则,使得我们能够得到上面给定的规则。在用常量替换变量 *x* 之后,我们的下一个任务就是证明规则前提 *VegetarianRestaurant* (*Leaf*),这已经是我们给定的事实之一。

　　注意,重要的是应该区分从查询到已知事实的反向链推理和从已知结果到未知前提的向后推理。具体地说,所谓"向后推理",就是说,如果一个规则的结果为真,那么,我们就假定其前提也为真。例如,假定我们知道了 *Serves* (*Leaf*, *VegetarianFood*)为真,由于这个事实与我们规则中的结果相匹配,我们就可以使用向后推理,得出 *VegetarianRestaurant* (*Leaf*)也为真的结论。

　　反向链是一种可靠的推理方法,而向后推理则是不可靠的,尽管向后推理是一种经常使用的、似是而非的推理形式。从结果推导出前提的这种似是而非的推理,称为**诱导法**(abduction)或"溯因推理"。我们在第 21 章中将会看到,当人们在分析扩展的话语的时候,在很多推论的计算中,诱导法还是经常被使用的。

　　正向链和反向链二者都是可靠的,但是它们又都是非完备(complete)的。这意味着,还有一些可靠的推论是不可能通过单独使用正向链或反向链的方法的系统来发现的。不过,幸运的是,有一种称为**归结法**(resolution)的替换推理技术是可靠且完备的。不过,这种基于归结法的推理系统的计算代价远比正向链和反向链系统高。因此,在实际应用中,大多数系统还是采用某种链的形式,而把系统的负担放到建模能够支持必要推理的知识开发上。

17.4　事件与状态的表示

　　事件和状态的表示构成了语言中所需捕获的大部分语义信息。粗略地说,状态是在一定时间段内保持不变的状况或属性,事件则表示一些事务状态的改变。状态和事件的表示都可包含许多参与者、道具、时间和地点。

　　迄今为止我们使用的事件和状态表示包括一个单独具有足够多论元的谓词,用于关联给定例子的所有角色。例如,*Leaf serves vegetarian fare* 的表示包括一个单独的谓词以及两个表示供应者和被供应事物的论元。

$$Serves(Leaf, VegetarianFare) \tag{17.39}$$

　　这种方法简单地假定,表示动词意义的谓词的论元数目与该动词的句法子类框架的论元数目相同。可惜的是,这种方法存在以下 4 个方面使得它在实际应用中显得捉襟见肘:

- 确定一个给定事件的正确角色数目
- 表示与一个事件相联系的角色的事实

- 保证可以直接从一个事件的表示得出所有正确的推论
- 保证从一个事件表示得出所有的推论都是正确的

我们将通过一系列的事件表示来探索这些以及其他相关的问题。我们将集中讨论下面这些动词 eat 的例子:

(17.40) I ate.

(17.41) I ate a turkey sandwich.

(17.42) I ate a turkey sandwich at my desk.

(17.43) I ate at my desk.

(17.44) I ate lunch.

(17.45) I ate a turkey sandwich for lunch.

(17.46) I ate a turkey sandwich for lunch at my desk.

显而易见,在这些例子中,如动词 eat 论元数目可变的谓词给我们提出了一个非常棘手的问题。我们原来想象的是由于所有这些例子都表示同样一类事件,因此在 FOL 中的谓词应该有固定的**元数**(arity),也就是,它们应该有固定数目的论元。

可以通过参照句法对上述这样的例子的处理来提出上述问题的一种可行解决方案。例如,在第 15 章中给出的解决办法是为动词所容许的每一种论元结构建立一个子类框架。把这种办法类推到语义方面,就是为 *eating* 建立不同的谓词,用来处理动词 eat 的各种可能的行为方式。这种方法可以把例(17.40)到例(17.46)表示如下:

$$Eating_1(Speaker)$$
$$Eating_2(Speaker, TurkeySandwich)$$
$$Eating_3(Speaker, TurkeySandwich, Desk)$$
$$Eating_4(Speaker, Desk)$$
$$Eating_5(Speaker, Lunch)$$
$$Eating_6(Speaker, TurkeySandwich, Lunch)$$
$$Eating_7(Speaker, TurkeySandwich, Lunch, Desk)$$

通过为每一个子类框架建立不同的谓词,这种方法巧妙地回避了谓词 *Eating* 究竟有多少个论元的问题。可惜的是,这种方法的代价太高了。除了谓词的名字能够给些许暗示之外,这种方法并不能给我们提供任何这些事件之间的关系,尽管在逻辑上这些事件之间存在明显的关系。具体地说,如果例(17.46)为真,则其他的例子也为真。类似地,如果例(17.45)为真,则例(17.40)、例(17.41)和例(17.44)也为真。这样的逻辑联系不能根据这些谓词单独地得出。此外,我们还希望建立一个常识知识库,它能够把概念 *Eating* 与 *Hunger* 和 *Food* 这些相关的概念也包含进来。

解决这些问题的一个办法是使用所谓的**意义假设**(meaning postulates)。我们来研究下面关于意义假设的例子:

$$\forall w, x, y, z \ Eating_7(w, x, y, z) \Rightarrow Eating_6(w, x, y) \tag{17.47}$$

这个假设把我们谓词中的两个语义联系在一起了。其他的意义假设可以被建立用来处理其他的 *Eating* 之间的逻辑关系,及它们与相关观念的联系。

尽管这个方法在小领域中还行得通,但是它明显地存在规模扩展性问题。另外一种更合理的办法是认为例(17.40)到例(17.46)全都涉及同样的谓词,只是某些论元在表面中缺失。使用这种方法,很多的论元都被包含在谓词的定义中,就像它们在输入中出现时那样。例如,如 Eating$_7$给我们的谓词是含有 4 个论元的，它们是：吃的人、吃的东西、吃的哪一顿饭、吃的地点。下面的公式表现了例子的语义：

$$\exists w, x, y \, Eating(Speaker, w, x, y)$$
$$\exists w, x \, Eating(Speaker, TurkeySandwich, w, x)$$
$$\exists w \, Eating(Speaker, TurkeySandwich, w, Desk)$$
$$\exists w, x \, Eating(Speaker, w, x, Desk)$$
$$\exists w, x \, Eating(Speaker, w, Lunch, x)$$
$$\exists w \, Eating(Speaker, TurkeySandwich, Lunch, w)$$
$$Eating(Speaker, TurkeySandwich, Lunch, Desk)$$

这个方法可以直接表示出这些公式之间的逻辑联系，而无须用到意义假设。具体地说，所有带有确定论元项的句子在逻辑上都暗示了具有存在量词约束变量作为论元的句子的真值。

可惜的是，这种方法至少有两个明显的不足：第一，这种方法做了太多的假设；第二，这种方法使得无法将事件个体化。为了说明这种方法为什么做了太多假设，我们来研究例(17.44)到例(17.46)中关于 *for lunch* 这个补语的处理方式，这种方法把 *for lunch* 作为第三个论元，即"吃的哪一顿饭"，加到谓词 *Eating* 中。这个论元的存在使我们对于任何的 *Eating* 事件都必须和"吃的哪一顿饭"联系起来，也就是说，凡是 *Eating* 事件，都必须说明这是中饭、午饭还是晚饭。更加具体地说，在上面的例子中，关于吃饭(*Eating*)的论元的存在量词的变量必须在形式上都和"吃的哪一顿饭"联系起来。这种做法是有缺陷的，因为人们在吃东西的时候，不一定都要说明这是哪一顿饭，人们也可以在早饭、中饭和晚饭的时间之外进食。

为了看出这种方法为何无法个体化事件，我们来研究下面的公式：

$$\exists w, x \, Eating(Speaker, w, x, Desk)$$
$$\exists w, x \, Eating(Speaker, w, Lunch, x)$$
$$\exists w, x \, Eating(Speaker, w, Lunch, Desk)$$

如果我们知道前面两个公式描述了同一事件，那么，就可以把它们合并起来造出第三个表示。可惜的是，使用当前的表示方法，我们不能指出这样做是否可行。I ate at my desk 和 I ate lunch 这两个独立的事实不容许我们得出 I ate lunch at my desk 的结论。这种方法缺少的是引用问题中特定事件的办法。

我们可以用如下方法解决这个问题：通过具体化事件来将事件提升为能够量词化的实体。为了完成这种提升，我们增加**事件变量**(event variable)作为任何事件表示的第一个论元。考虑使用该方法的例(17.46)的表示。

$$\exists e \, Eating(e, Speaker, TurkeySandwich, Lunch, Desk) \tag{17.48}$$

现在变量 e 给我们一种处理问题中事件的句柄(handle)。如果我们需要对这个事件做出额外声明，可以通过使用这一变量来完成。例如，我们接着需要确定 *Eating* 事件发生在 *Tuesday*，我们可以做出如下声明：

$$\exists e \, Eating(e, Speaker, TurkeySandwich, Lunch, Desk) \wedge Time(e, Tuesday) \tag{17.49}$$

这种表示事件的方式被称为 **Davidsonian** 事件表示，该技术是由哲学家 Donald Davidson 提出的(Davidson, 1967)。

这种方法仍然不能解决所有问题：我们必须为每个谓词确定一组固定的语义角色，接着借助额外的谓词捕获其他辅助的事实。例如，在例(17.49)中，我们捕获了事件的地点作为谓词 *Eating* 的第 4 个论元，并且利用 *Time* 关系捕获时间。我们可以通过利用额外的关系捕获事件的所有论元来消除歧义。

$$\exists e \, Eating(e) \quad \land \quad Eater(e,Speaker) \land Eaten(e,TurkeySandwich)$$
$$\land \quad Meal(e,Lunch) \land Location(e,Desk) \land Time(e,Tuesday) \tag{17.50}$$

这种风格的表示方式通过将事件表示抽取为表示事件本身的一个单独论元来进行。其他的所有事实都通过额外的谓词来捕捉。这种表示方法通常被称为 **neo-Davidsonian** 事件表示(Parsons,1990)。总结使用 neo-Davidsonian 方法的事件表示:

- 对于一个给定的表层谓词,无须预先确定论元的具体数目,不管在输入中出现多少角色和填充项都可以被连接到表层谓词上。
- 只要在输入中提到角色,不需要再对角色进行意义假设。
- 在有密切联系的例子之间,只要使用逻辑连接就可以把它们联系起来,无须意义假设。

17.4.1　时间表示

在对于事件的讨论中,我们没有认真考虑如何表示某时间所设想发生的事件。如何用一个有用的形式来表示时间信息是属于**时序逻辑**(temporal logic)领域的研究内容。这里我们将讨论时间逻辑的最基本概念,并简单地讨论人类语言传达时间信息的手段,主要包括**时态逻辑**(tense logic)这种动词时态传达时间信息的手段。第 22 章讨论了时间表达式的表示与分析的鲁棒方法的更多细节。

关于时间的最简单理论认为,时间一直向前流动,事件与时间线上的一个点或一个片段相联系。根据这样的概念,我们可以把不同的事件放在这个时间线上,从而形成事件顺序。更具体地说,如果时间流把第一个事件引导到第二个事件,我们就说第一个事件先于(precedes)第二个事件。在大多数理论中,与这些概念有关的还有在时间中的当前时刻的概念。把这些概念与时间顺序的概念结合起来,就产生了我们所熟知的关于现在、过去和将来的概念。

毫不奇怪现在已经有很多表示时间信息的方法。其中一种相当简单的时间表示法存在于我们刚才说的具体化事件的 FOL 框架内。我们来研究下面的例子:

(17.51) I arrived in New York.

(17.52) I am arriving in New York.

(17.53) I will arrive in New York

这些句子讲的都是同一种类型的事件,它们的区别仅仅在于动词的时态不同。按照我们现有的事件表示方法,这三个句子都共享如下缺少时间信息的表示:

$$\exists e \, Arriving(e) \land Arriver(e,Speaker) \land Destination(e,NewYork) \tag{17.54}$$

由动词时态提供的关于时间的信息,可以通过给事件变量 e 附加额外的谓词信息来表达。具体地,我们可以增加时间变量来表示对应于事件的时间段、事件的终点以及由动词时态说明的关于这个终点与当前时间关系的时间谓词。使用这样的方法可以得到关于 *arriving* 的下列意义表示:

$$\exists e,i,n,t \, Arriving(e) \quad \land \quad Arriver(e,Speaker) \land Destination(e,NewYork)$$
$$\land \quad IntervalOf(e,i) \land EndPoint(i,e) \land Precedes(e,Now)$$

$$\exists e,i,n,t \, Arriving(e) \quad \land \quad Arriver(e,Speaker) \land Destination(e,NewYork)$$
$$\land \quad IntervalOf(e,i) \land MemberOf(i,Now)$$

$$\exists e,i,n,t \, Arriving(e) \quad \land \quad Arriver(e,Speaker) \land Destination(e,NewYork)$$
$$\land \quad IntervalOf(e,i) \land EndPoint(e,n) \land Precedes(Now,e)$$

这个意义表示引入了一个表示这个事件的相关时间段的变量,以及一个表示这个时间段终点的变量。二元谓词 *Precedes* 表示第一个论元表示的时间点先于第二个论元表示的时间点，常量 *Now* 表示当前时间。对于过去发生的事件，时间段的终点必须先于当前时间。类似地，对于将来的事件，当前时间必须先于事件的终点。对于发生在现在的事件，当前时间包含在事件的时间段之内。

可惜的是，简单动词的时态和时间点之间的关系并不是直截了当的。我们来研究下面的例子：

(17.55) Ok, we fly from San Francisco to Boston at 10.

(17.56) Flight 1390 will be at the gate an hour now.

在例(17.55)中，动词 fly 的现在时态用于说明一个将来的事件，在例(17.56)中，动词的将来时态用于说明一个过去的事件。

如果考虑到其他一些动词时态，情况就更加复杂。我们来研究下面的例子：

(17.57) Flight 1902 arrived late.

(17.58) Flight 1902 had arrived late.

尽管这两个句子都是讲的过去的事件，但是用相同的方式来表示似乎不对。例(17.58)似乎在背景上隐藏着另外一个没有命名的事件(例如，当 1902 航班晚点到达时，某件其他事情已经发生了)。为了处理这些语言现象，Reichenbach(1947)提出**参照点**(reference point)的概念。在简单时间处理方法中，时间流中的当前时刻等于说话的时间这个当前时刻作为事件发生时的参照点(在之前、在当时、在之后)。在 Reichenbach 的方法中，参照点的概念是与说话时间和事件时间分开的。下面的例子可说明这种方法的基本内容：

(17.59) When Mary's flight departed, I ate lunch.

(17.60) When Mary's flight departed, I had eaten lunch.

在这两个例子中，"吃饭"这个事件发生在过去，也就是说，发生在说话之前。在例(17.59)中的动词时态说明，当吃饭事件开始时，飞机就起飞了；而在例(17.60)中，吃饭事件发生在飞机起飞之前。这样，在 Reichenbach 的术语中，"起飞"这个事件是参照点。考虑了"吃饭"事件和"起飞"事件有关的附加约束，就可以确认这些事实。在例(17.59)中，参照点和吃饭事件发生在同一时间；而在例(17.60)中，吃饭事件发生在参照点之前。图 17.5 用英语的简单时态来说明 Reichenbach 的方法。

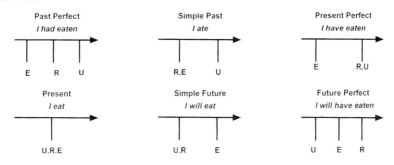

图 17.5　把 Reichenbach 的方法应用于英语时态。在这个图中，时间流是
从左到右的，**E**表示事件的时间，**R**表示参照时间，**U**表示发话时间

这里的讨论只局限在过去、现在和将来这些比较广泛的概念以及怎样把它们用英语动词时态表现出来。语言当然还有很多其他的更加直接和更加专门的方式来表现时间信息，包括使用各种各样的时间表达方式，下面是 ATIS 中的一些例子：

(17.61) I'd like to go at 6:45, in the morning.

(17.62) Somewhere around noon, please.

我们将在第 22 章中可以看到，在信息抽取和问答系统等实际应用中，这种时间表达的语法是非常重要的。

最后，我们还要注意，这些例子还反映了系统化的概念组织结构。具体地说，英语中的时间表达常常反映在空间方面，如在这些例子中 at, in, somewhere and near 的各种用法(Lakoff and Johnson, 1980; Jackendoff, 1983)。在这些例子中时间和空间存在着比喻性的概念组织结构，其中一个领域可以系统地用另外一个领域来表示，这些问题我们将在第 19 章中详细讨论。

17.4.2 体

在上一节中，我们讨论了参照方法的时间来表示事件时间的方法。在这一节中，我们将讨论**体**(aspect)的概念。"体"涉及相关话题的一个聚类，包括一个事件是否结束，一个事件是否进行，一个事件是发生在一个时间点上还是在一个时间段上，是否世界上的某一个特定状态会由于这个事件的到来而发生。根据这些概念及其相关概念，传统上将事件的表示分为 4 个体，如下所示：

静态体(Stative)：I know my departure gate.

行动体(Activity)：John is flying.

完成体(Accomplishment)：Sally booked her flight.

达成体(Achievement)：She found her gate.

尽管亚里士多德已经讨论过该分类的最早版本，我们这里的分类来自 Vendler(1967)。在下面的讨论中，我们将简要地描述这 4 种体，同时也介绍 Dowty(1979)提出的用于分辨例子应该属于哪一类的诊断技术。

静态体表达(Stative expression)表示事件的参与者在一个给定时间点具有特定的属性，或者处于一个状态之中。因此，静态体表示可以想象成一个单独的时间点上的世界被捕捉的特定侧面。我们来研究下面来自 ATIS 的例子：

(17.63) I like Flight 840 arriving at 10:06.

(17.64) I need the cheapest fare.

(17.65) I want to go first class.

在这些例子中，作为句子主语的事件参与者在一个特定的时间点上对于某个事情有经验。而这个经验者之前或之后是否处于相同的状态在句子中都没有进行说明。

有许多诊断测试方法可用于辨别这种静态体表示。例如，如果静态体动词使用进行时形式，会明显地感到句子很古怪。

(17.66) * I am needing the cheapest fare on this day.

(17.67) * I am wanting to go first class.

注意到在这里及以后的例子中，我们使用"*"号来标志那些非良构的(ill-formedness)概念，既包括句法因素，也包括语义因素。

当使用命令式时，静态体表示也会使人感到古怪：

(17.68) * Need the cheapest fare!

最后，静态体表示难以如 deliberately 和 carefully 等动词来修饰。

（17.69）＊I deliberately like flight 840 arriving at 10∶06.

（17.70）＊I carefully like flight 840 arriving at 10∶06.

行动体表达（activity expression）表示参与者所参与的事件，同时该事件没有特定的结束时间点。与静态体不同，行动体的行动是发生在时间的某一个片段上的，因此它不与一个单独的时间点关联。我们来考虑下面的例子：

（17.71）She drove a Mazda.

（17.72）I live in Brooklyn.

这两个例子表示其主语在某个时间段内从事于或从事过某种动词所描述的行动。

与静态体不同，动作体表达可以很好地使用进行时形式和命令式形式。

（17.73）She is living in Brooklyn.

（17.74）Drive a Mazda！

但是，与静态体表示一样，行动体表示如果使用带 in 的时间短语来做时间方面的修饰，会使句子变得古怪。

（17.75）＊I live in Brooklyn in a month.

（17.76）＊She drove a Mazda in an hour.

不过，这些句子可以成功地使用带 for 的时间状语来修饰。如下面的例子所示：

（17.77）I live in Brooklyn for a month.

（17.78）She drove a Mazda for an hour.

与行动体表示不同，**完成体表达**（accomplishment expression）描写的事件有一个自然的结束点，并且导致特定的状态。我们来考虑下面的例子：

（17.79）He booked me a reservation.

（17.80）United flew me to New York.

在这些例子中，事件可以看成是发生在某个时期之内，当期望状态达到的时候，事件就结束了。

有一些诊断方法可以用来区分完成体事件和行动体事件。考虑下面的例子，它们使用动词 stop 来测试：

（17.81）I stopped living in Brooklyn.

（17.82）She stopped booking my flight.

第一个例子是一个行动体，因为我们可以很保险地得出结论 I lived in Brooklyn，即使这个行动已经结束了。然而，从第二个例子，我们并不能得出结论说，She booked my flight 是一个成立的命题①，因为行动在所希望的状态完成之前已经结束了。因此，尽管停止一个行动可以推演出这个行动曾经发生过，但是，停止一个完成的事件就说明这个事件没有成功。

行动体和完成体也可以根据它们是不是可以用各种时间状语来修饰而加以区别。考虑下面的例子：

（17.83）＊I lived in Brooklyn in a year.

（17.84）She booked a flight in a minute.

---

① 原文为 She booked her fliht，拟错，应将 her 改为 my。　　　　　　　　　　——译者注

一般地说,完成体可以用带 in 的时间表达式来修饰,而简单的行动体不行。

最后一种体是**达成体表示**(achievement expression)。达成体和完成体都以一个状态作为结束,这是它们的相似之处。考虑下面的例子:

(17.85) She found her gate.

(17.86) I reached New York.

与完成体不同,达成体事件可以想象成是立即发生的,它不等同于任何导致某种状态的特定行动。更加具体地说,这些例子中的事件可能前面会有 searching 或 traveling 这样的事件,当前事件是这样的事件的扩展;不过直接相应于 found 和 reach 的事件被设想为一个时间点,而不是一个时间段。

这种事件具有的时间点特性隐含地表现在它们被时间状语修饰的情况中。我们来具体地考虑如下的例子:

(17.87) I lived in New York for a year.

(17.88) * I reached New York for a few minutes.

与行动体表示和完成体表示不同,达成体表示不能用带 for 的状语来修饰。

如前面所述,达成体表示还可以使用单词 stop 与完成体表示区分开来。考虑下面的例子:

(17.89) I stopped booking my flight.

(17.90) * I stopped reaching New York.

前面我们看到,完成体表示如果使用 stop,可以导致不能达到预想状态的结果。不过应该注意,这样所得到的表示仍然是完全良构的。另一方面,如果达成体表示使用 stop,所得到的表示则是不可接受的。

我们还要注意,因为完成体表示和达成体表示的结果都导致特定状态,有时可以把它们结合起来作为一类单独的体。这种结合而成的类的成员被称为**终结体可能事件**(telic eventualities)。

在我们继续讲下面的内容之前,关于分类的策略,我们还要提两点。第一点,事件表示可以很容易地从一个类移动到另一个类。我们来看下面的例子:

(17.91) I flew.

(17.92) I flew to New York.

第一个例子是简单的行动体,它没有自然的终止点,也不能用带 in 的时间表达式来做时间方面的修饰。另一方面,第二个例子显然是一个完成体事件,因为它有一个终止点,导致了一个特定的状态,并且可以用完成体能够用的各种方式来做时间方面的修饰。显而易见,对于一个事件的分类不仅仅是由动词支配的,而且也受到在上下文中整个表达的语义的支配。

第二点,尽管像这样的分类常常很有用,但它们并不解释为什么用自然语言表达的这种状态要归到某个特定的类别。在第 19 章中我们还要讨论这个问题,并且根据 Dowty(1979)对这些分类的研究,给表示方法勾画出一个轮廓。

17.5　描述逻辑

经过这么多年,为了在自然语言处理系统中捕捉语言话段的意义,已经有很多种不同的表示方法被提取出来。除 FOL 方法之外应用最广泛的是**语义网络**(semantic networks)方法和**框架**(frames)方法,框架方法也称为**槽填充**(slot-filler)表示法。

在语义网络中，事物用图的结点来表示，事物之间的关系用有名字的连接边来表示。在基于框架的系统中，事物用类似于第 15 章中讨论过的特征结构来表示，因此，它当然也可以很自然地用一个图来表示。在这样的表示方法中，特征叫做槽，而这些槽的值，或者填充值可以用原子值来表示，也可以用另一个嵌套的框架来表示。

目前广泛的观点是这些方法表示的意义原则上可以相对容易地被转换为等价的 FOL 表示。难点在于多数方法对一个语句的语义是程序化定义的。也就是说，意义来自于阐释它的系统用它做些什么。

描述逻辑可以被理解为了更好地理解和说明这些早期结构化网络表示的语义的一种努力，它同时也提供了特别适合于特定类型的领域建模的一种概念框架。正式地说，描述逻辑这一术语指的是逻辑方法的一个族系，对应 FOL 的一个变化子集。对描述逻辑表达施加的各种限制用于确保各种重要类型推论的可行性。但这里我们重点关注描述逻辑的建模能力，而不是计算复杂度问题。

使用描述逻辑对一个应用领域进行建模时，我们着重表达类别、属于类别的个体、个体间的关系这些知识。构成一个特定应用领域的类别或概念的集合，被称为**专业术语**（terminology）。一个知识库中专业术语的部分通常被称为 **TBox**；相对地，包含关于个体事实的部分被称为 **ABox**。专业术语通常被组织成名为**本体知识体系**（ontology）的层次结构，用于捕获类别之间包含与被包含的关系。

为了说明这种方法，我们回到之前提到的烹饪领域，这一域包含如饭店、菜系、顾客等概念。我们通过使用如 $Restaurant(x)$ 这样的一阶谓词来在 FOL 中表示这样的概念。描述逻辑直接省略变量，因此与一个饭店概念相对应的类别被简单地写成 Restaurant[①]。为了捕获特定领域元素，诸如 $Frasca$ 是一个饭店这样的概念，我们简单地声明 Restaurant（Frasca），该方法与在 FOL 中所使用方法类似。这些类别的语义通过 17.2 节中所介绍的同样方法进行确定：如 Restaurant 这样的一个类别简单的表示作为饭店的领域元素的集合。

得到一个事务状态中感兴趣的类别后，下一步要做的是将这些类别安排到层次结构中。有两种方法可用于捕获术语间的层次关系：一种是通过直接声明类别之间的层次化关系，或者首先为概念提供完整的定义，然后通过这些定义来推导层次关系。选择哪种方法取决于使用哪种结果分类以及对自然产生的分类进行明确叙述来进行定义的可行性。我们将在这里先讨论前者，之后再回到定义的概念。

为了直接确定层次化的结构，我们可以声明专业术语中适当概念之间的**包含**（subsumption）关系。包含关系按惯例写作 $C \sqsubseteq D$，读作 C 被 D 包含；也就是说，类别 C 中的所有成员同样也是类别 D 中的成员。容易得到，这种关系的正式语义由一个简单的集合关系提供，也就是，任何在集合 C 中的域元素也在集合 D 中。

继续我们的饭店主题，在 TBox 中加入下面这些句子声明如下信息：所有的饭店都是商业机构，并且存在许多饭店的子类型：

$$\text{Restaurant} \sqsubseteq \text{CommercialEstablishment} \tag{17.93}$$

$$\text{ItalianRestaurant} \sqsubseteq \text{Restaurant} \tag{17.94}$$

$$\text{ChineseRestaurant} \sqsubseteq \text{Restaurant} \tag{17.95}$$

$$\text{MexicanRestaurant} \sqsubseteq \text{Restaurant} \tag{17.96}$$

如这样的知识本体通常由如图 17.6 所示的框图表示，其中包含关系由类别结点间的连接表示。

---

① 描述逻辑表述依据惯例用 sans serif 字体排字。在这里我们将遵循这一惯例，当给出的 FOL 等价于描述逻辑表述时，恢复到标准数学符号。

　　但是请注意，正是上述网络图的模糊性推动了描述逻辑的发展。例如，从这个图中我们不能得知给定的分类集是否完全，以及是否相交。也就是说，我们不能确定这些类别的饭店就是我们将在域中处理的所有饭店，还是存在其他类别的饭店需要处理。我们同样不能得知一家特定的饭店是否必须仅仅对应一个类别，或者，如果可能的话，同时对应若干个类别。举例来说，一家饭店是否可同时对应意大利饭店和中国饭店两个类别。上面给出的描述逻辑表述意义更加清晰，这些句子简单地声明了类别之间的一组包含关系，并且允许覆盖和相互排斥的情况。

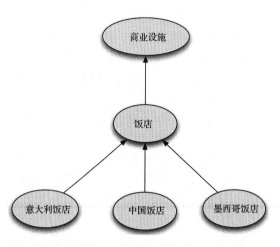

图17.6　饭店领域中一组包含关系的网络表示图

　　如果一个应用需要覆盖和不相交的信息，那么这些信息必须被明确地说明。捕获这类信息的最简单方法是借助"否定运算符"和"或关系运算符"。举例来说，如下的声明告诉我们，中国饭店不可能同时是意大利饭店。

$$\text{ChineseRestaurant} \sqsubseteq \textbf{not}\ \text{ItalianRestaurant} \tag{17.97}$$

指定覆盖一个类别的一组子概念可以通过或关系得到，如下面的例子所示：

$$\text{Restaurant} \sqsubseteq (\textbf{or}\ \text{ItalianRestaurant ChineseRestaurant MexicanRestaurant}) \tag{17.98}$$

　　当然，如图17.6所示的层次结构几乎没有向我们提供任何跟概念相关的信息。我们并不知道究竟是什么使一家饭店成为一家饭店，更不用说是意大利饭店、中国饭店，还是昂贵的饭店。我们所需要的是一些额外的论断，它能够声明作为任意类别的一个成员的意义。在描述逻辑中，这样的论断以被描述的概念和域中其他概念之间的关系的形式存在。为了与其结构化网络表示的起源一致，描述逻辑中的关系是典型的二元关系，通常被称为角色或角色关系。

　　为了弄清楚这些关系是如何运作的，让我们考虑本章之前讨论过的关于饭店的一些事实。我们将用 hasCuisine 关系表示饭店提供的食物类型信息，用 hasPriceRange 关系来表示特定饭店的价格情况。我们可以使用这些关系来说明关于这些不同类型饭店的更具体的信息。让我们从概念 ItalianRestaurant 开始。作为第一个估计，我们可以说明一些不存在争议的信息，例如，意大利饭店提供意大利菜。为了捕获这些概念，让我们首先将一些新概念添加到专业术语中，以便表示菜系的不同种类。

$$\text{MexicanCuisine} \sqsubseteq \text{Cuisine} \qquad \text{ExpensiveRestaurant} \sqsubseteq \text{Restaurant}$$
$$\text{ItalianCuisine} \sqsubseteq \text{Cuisine} \qquad \text{ModerateRestaurant} \sqsubseteq \text{Restaurant}$$
$$\text{ChineseCuisine} \sqsubseteq \text{Cuisine} \qquad \text{CheapRestaurant} \sqsubseteq \text{Restaurant}$$
$$\text{VegetarianCuisine} \sqsubseteq \text{Cuisine}$$

　　接下来，让我们修正 ItalianRestaurant 的较早版本，以便表示菜系信息。

$$\text{ItalianRestaurant} \sqsubseteq \text{Restaurant} \sqcap \exists \text{hasCuisine.ItalianCuisine} \tag{17.99}$$

这个表达式的正确读法是 ItalianRestaurant 类中的个体同时被包括在类 Restaurant 和一个未命名的类中，这个未命名的类由一个存在子句定义，即提供意大利菜的实体集合。FOL 中一个等价的表述是

$$\forall x ItalianRestaurant(x) \rightarrow Restaurant(x)$$
$$\land (\exists y Serves(x,y) \land ItalianCuisine(y)) \tag{17.100}$$

FOL 转换必须弄清楚上面给出的描述逻辑声明意味着什么和不意味着什么。特别地，它并没有规定类别为意大利饭店的域实体不能被加入其他关系，例如，昂贵的，甚至是提供中国菜。更关键的，它并没有提供有哪些可提供意大利菜的域实体的信息。事实上，对 FOL 转换的检验表明，我们不能通过任意新实体的特点推断出它们属于某个类别。我们能做的是在被告知一个饭店是某个类别的成员之后，推断关于该饭店的新的事实。

当然，推断具备某些特点的个体的类别是一项普通且重要的推理任务。我们必须支持这项任务。这就将我们带回到创建专业术语层次化结构的另一种替代性方法中：通过以类别成员充分必要条件的形式来实际提供类别的一个定义。在这种情况下，我们必须显式地为 ItalianRestaurant 提供一个定义，即提供意大利菜的饭店，同样的，需要为 ModerateRestaurant 提供一个定义，即那些价格适中的饭店。

$$\text{ItalianRestaurant} \equiv \text{Restaurant} \sqcap \exists \text{hasCuisine.ItalianCuisine} \tag{17.101}$$

$$\text{ModerateRestaurant} \equiv \text{Restaurant} \sqcap \text{hasPriceRange.ModeratePrices} \tag{17.102}$$

先前的表达式只提供了这些类别中成员的必要条件，上面的式子则提供了充分必要条件。

最后，让我们考虑表面上类似的素食饭店的情况。显然，素食饭店提供素食。但它们并不是简单地提供素食，素食应该是它们唯一提供的。为适合这种类型的约束，我们添加一个额外的限制到 VegetarianRestaurants 的原有描述中。这个额外的限制表示为一个全局量词的形式。整个表示如下所示：

$$
\begin{aligned}
\text{VegetarianRestaurant} \equiv\ &\text{Restaurant} \\
&\sqcap \exists \text{hasCuisine.VegetarianCuisine} \\
&\sqcap \forall \text{hasCuisine.VegetarianCuisine}
\end{aligned}
\tag{17.103}
$$

推理

描述逻辑中的重点在于类别、关系以及个体，随之而来的是逻辑推理的一个受限子集。描述逻辑推理系统强调包含和实例检验这两个紧密耦合问题，而不是使用 FOL 允许的全套推理。

包含(subsumption)作为推理的一种形式，是基于专门术语中的事实声明两个概念间是否存在子集/超集关系的一项决策任务。对应的，**实例检验**(instance checking)决定一个个体是否是一个特定类别的成员，给定关于这个个体和这个类别的事实。包含和实例检验隐含的推理机制不仅仅是对专门术语中显式包含关系的简单检验。它必须使用专门术语的关系型声明来显式地推理，以得到适当的包含关系和成员关系。

回到饭店领域，让我们使用如下声明增加一家新类型的饭店：

$$\text{IlFornaio} \sqsubseteq \text{ModerateRestaurant} \sqcap \exists \text{hasCuisine.ItalianCuisine} \tag{17.104}$$

基于这个声明，我们可能会问，IlFornaio 饭店连锁店将被归到意大利饭店类还是素食饭店类。更准确地，我们对推理系统中提出如下问题：

$$\text{IlFornaio} \sqsubseteq \text{ItalianRestaurant} \tag{17.105}$$

$$\text{IlFornaio} \sqsubseteq \text{VegetarianRestaurant} \tag{17.106}$$

第一个问题的答案是肯定的，因为 IlFornaio 满足我们对确定 ItalianRestaurant 类别的准则：首先它是一个餐馆，英文我们将它明确分到 ModerateRestaurant 类中，而 ModerateRestaurant 是 Restaurant 的一个子类型；同时它也满足 hasCuisine 约束，因为我们对其进行了直接的声明。

第二个问题的答案是否定的。回想我们为素食饭店所定的标准包含两个要求：必须提供素食且只提供素食。我们当前对 IlFornaio 的定义在两点上都是失败的：第一，我们没有声明任何关系用以表明 IIFornaio 提供素食；第二，我们声明的关系 hasCuisine.ItalianCuisine 与第二条标准相抵触。

　　一个基于基础包含推理的相关推理任务，是在给定专门术语类别事实的条件下获取专门术语的**隐含层级结构**(implied hierarchy)。这项任务大致相当于专门术语中成对概念的包含符号的重复应用。给出了我们当前表达式的集合，便可以推断出图 17.7 中扩展的层次化结构。你必须说服自己这个图包含了基于我们当前知识所能推出的所有包含关系信息。

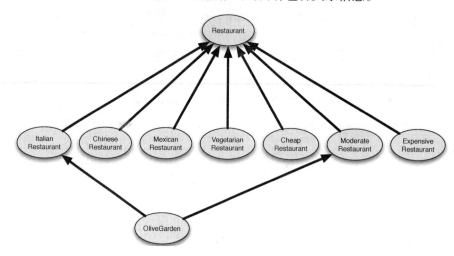

图 17.7　饭店领域中完整包含关系的网络表示图，其中给出了 TBox 中当前声明组

　　实例检验是判定一个特定个体是否可以被分到一个特定类别的一项任务。这个过程给定以关系和显式类别声明表示的个体信息，接着借助对当前专业术语的了解来比较信息。其后返回一个该个体所属的最具体的类别列表。

　　作为分类问题的一个例子，考虑这样一个我们称之为饭店并提供意大利菜的机构：

$$\text{Restaurant(Gondolier)} \tag{17.107}$$

$$\text{hasCuisine(Gondolier, ItalianCuisine)} \tag{17.108}$$

在这里，我们被告知 Gondolier 表示的实体是一家饭店，并提供意大利菜。给出了这个新信息以及当前 TBox 的内容后，我们可以据此知道这是否是一家意大利饭店、是否是一家素食饭店、价格是否适中。

　　假设定义表达式已经给出，我们确实可以将 Gondolier 归类为意大利饭店。也就是说，我们给出的相关信息满足了作为这个类别成员的充分必要条件。同样的，对于 IIFornaio 类别，这个个体没有满足 VegetarianRestaurant 所要求的条件。最后，Gondolier 也被证明是一个价格适中的饭店，但是我们目前还不知道关于价格的任何信息，因此不能在此下断言。也就是说，由于缺乏所需的 hasPriceRange 关系，基于我们当前的知识论断 ModerateRestaurant(Gondolier)有可能是错的。

　　包含、实例检验的实现，与特定应用所需要的其他类型的推理一样，随着所使用的描述逻辑的表达能力而变化。无论如何，对一个描述逻辑来说即使是比较小的力度，主要的实现技术也是建立在可满足性的基础之上的方法。该方法最终还是要依赖本章已经介绍过的基于模型的表层语义。

网络本体语言与语义网

　　目前描述逻辑最引人注目的作用是作为语义网络开发的一部分。语义网络是为提供一种正式描述网络内容语义的方法所做的不断努力（Fensel et al., 2003）。这项工作的关键组成部分包括对于感兴趣的不同应用领域中本体知识的创建与开发。其中被用来表示知识的意义表示语言就是 **Web 本体语言**（Web Ontology Language，OWL）（McGuiness and van Harmelen, 2004）。OWL 包含了一种与我们这里描述的大致相当的描述逻辑。

17.6 意义的具体化与情境表示方法

把语言表达转换为由能恰当地捕捉其意义的离散符号组成的形式化表示是一项引起了很多争论的研究。下面，我们将简短扼要地介绍一种替换方法，该方法试图运用各种方式确定语言表达的意义。

当我们考虑到命令句的语义的时候，"**意义即行动**"（meaning as action）这样的观点就有很大的吸引力。根据这样的观点，话语被看成行动，而这些话语的意义存在于听者听到这些话语之后所导致的行为步骤。在设计历史上很重要的 SHRDLU 系统的时候，就遵循了这样的观点。SHRDLU 的设计人 Terry Winograd（1972b）把这种观点总结如下：

> "这个模型的一个基本观点是：所有的语言使用都可以想象成激发听者行动程序的一种手段。我们可以把话语想象成一个程序，这个程序间接地引起听者的认知系统内的一系列被执行的操作。"

遗憾的是，尽管在 SHRDLU 中使用的这种方法是过程性的，但它仅仅由任意的符号组成，这些符号不能通过任何有意义的方式确定。

一种更先进的过程性语义模型是 Bailey et al.（1997）、Narayanan（1997a，1997b）和 Chang et al.（1998）的执行图式（executing schema）模型或 **x 图式**（x-schema）模型。这个模型的直觉是，事件语义的各个部分，包括 17.4.2 节中描述过的"体"的因素，都是基于感知-行动过程的图式描述的，如初始化、重复、完成、驱动和施力等。这个模型通过一个称为 **Petri 网**（Petri Net，Murata，1989）的概率自动机来表示事件在"体"方面的语义。在这个模型中的 Petri 网具有诸如"准备、处理、结束、延缓、结果"等状态。

例如，Jack is walking to the store 这个句子可以激发 walking 事件的一个 process 状态，Jack walked to the store 这样的完成事件可以激发一个 result 状态。Jack walked to the store every week 这样的重复性行动在模型中通过迭代式地触发 process 和 result 状态来模拟。这种方法的关键之处在于这些处理直接模拟了人类行动控制系统。

使用感知和行动基元作为语义描述基础思想的另一个根源是 Regier（1996）在学习空间介词语义的计算模型中视觉基元作用的研究工作。Siskind（2001）提出了一种与 Talmy（1988）提出的动态动力学具有相似目标的方法。

当然，我们所讨论的大多数内容是抽象的，不能直接应用于视觉、触觉或控制处理。无论如何，正如第 19 章中所示，即使不是大多数，也有很多抽象概念能通过隐喻表示。这些隐喻可以在以感知或行动基元为基础的概念间建立联系。考虑 Narayanan（1999）的下面一个例子。

(17.109) In 1991, in response to World Bank pressure, India boldly set out on a path of liberalization.

利用 Lakoff 和 Johnson（1980）的隐喻工作，Narayanan 提出了一个能分析隐喻表达式的系统。如这样的表达式说明，它可以得出适当的推论，而这些推论基于从概念域到低层感知或行动基元的一个映射。

这项工作的主要焦点集中在确定事件、状态以及行动的表示上。但是,这些系统中事物以及事物属性的表示与基于逻辑的方法中的表示非常相似,即用来表示讨论中的事物的未经分析的常量。Roy(2005b)提出了一种架构,该架构扩展了一个已确定模式的概念,用来提供一种对事件、状态、事物以及属性的统一处理。简而言之,使用这种方法,事物及其属性的表示直接从确定模式的集合中产生。例如,对于球这个概念,它的意义由涉及球的确定模式组所表示的约束构成,而不是依赖于如 BALL 的一个泛泛的逻辑常量来表示我们所知道的球的相关信息。

Roy 的确定架构方法中一个令人印象深刻的方面是它基于一系列语言处理机器人的设计与实现,这些机器人可以在现实世界中进行感知和行动(Roy et al., 2004;Roy, 2005a;Roy and Mukherjee, 2005)。在这些机器人中,有确定的架构来表示机器人世界中的模型,引导其行为,并驱动语言的理解和处理。

17.7 小结

本章介绍意义表示的方法。下面是本章的主要内容:

- 在计算语言学中意义表示的主要方法是建立**形式化意义表示**(formal meaning representation),以便捕捉与语言输入内容有关的意义。这些意义表示的目的是建立一座语言到世界常识之间的桥梁。
- 说明这种意义表示的语法和语义的构架称为**意义表示语言**(meaning representation language)。这种语言有各种各样的变体,它们广泛地应用于自然语言处理和人工智能中。
- 这样的意义表示需要能够支持语义处理的计算要求,包括需要确定**命题的真值**(the truth of propositions)、支持**无歧义的表示**(unambiguous representations)、表达**变量**(variables)、支持**推理**(inference),以及具有充分的**描述力**(expressive)。
- 人类语言具有各种各样的特征来传达意义。其中最为重要的特征是表达**谓词论元结构**(predicate-argument structure)的能力。
- **一阶逻辑**(First-Order Logic)是一种容易理解的、在计算上可循的意义表示语言,它能够提供意义表示语言需要的很多东西。
- 包括**状态**(states)和**事件**(events)在内的语义表示的重要元素可以被 FOL 捕获。
- **语义网络**(semantic networks)和**框架**(frames)能够在 FOL 的构架之内来表达。
- 现代**描述逻辑**(Description Logics)由完整的一阶逻辑中有用的计算上可处理的子集构成。

17.8 文献和历史说明

早期自然语言处理中声明式意义表示的计算机应用是在问答系统(Green et al., 1961;Raphael, 1968;Lindsey, 1963)的环境下进行的。这些系统都使用针对性很强的意义表示来表达回答问题时所需要的各种事实。然后把问题转写为能够与知识库中的事实相匹配的一种形式。Simmons(1965)对于早期学者们在这个方面的努力做了回顾和总结。

Woods(1967)研究了在问答系统中类似于 FOL 的表示方法,并用这种方法代替当时这个领域内针对性很强的表示方法。后来 Woods(1973)在具有里程碑意义的 Lunar 系统的研究中进一步发展并扩充了这种方法。有趣的是,在 Lunar 系统中的表示方法既使用了真值条件,也使用了语义。Winograd(1972b)在他的 SHRDLU 系统中也使用了基于 Micro-Planner 语言的类似的表示方法。

在同一个时期,对于语言的认知模型和记忆有兴趣的研究人员在各种形式的联想网络表示方法的研究方面做了很多工作。Masterman(1957)大概是把语义网络之类的知识表示方法应用在计算方面的第一个学者，尽管一般都认为语义网络是 Quillian(1968)提出来的。在这个时期，在语义网络的框架内进行了大量的研究工作(Norman and Rumelhart, 1975; Schank, 1972; Wilks, 1975c, 1975b; Kintsch, 1974)。在这个时期，Fillmore 关于格角色的概念(Fillmore, 1968)开始被很多研究人员引进的他们的意义表示研究中。Simmons(1973)是早期把格角色作为自然语言处理表示的一个部分的学者。

Woods(1975) and Brachman(1979)对于语义网络的实际含义的精细研究导致了人们去研究更加精致的类似于语义网络的语言，其中包括 KRL(Bobrow and Winograd, 1977) 和 KL-ONE (Brachman and Schmolze, 1985)。随着这些研究的进一步发展和定义的更加精确，人们清楚地发现，这些表示方法只不过是 FOL 再加上一些特殊推理过程的具有不同约束的变体而已。Brachman and Levesque(1985)把这方面的很多研究论文编写成文集，对后来的研究起到了很大的作用。Russell and Norvig(2002)对于意义表示的一些最新的研究做了很好的描述。

在生成语法时期，把语义结构指派给自然语言句子的语言学研究是从 Katz and Fodor(1963)的工作开始的。他们这种简单的基于特征的表示方法的局限性以及这种方法对当时很多语言学问题在逻辑上的适应性很快引导人们使用各种谓词-论元结构作为优先的语义表示方法(Lakoff, 1972; McCawley, 1968)。后来 Montague(1973)把真值条件模型理论的框架引进语言学理论中，Montague 的工作把形式句法理论和各种各样的形式语义框架更加紧密地结合起来。对于 Montague 语义学以及它在语言学理论中的作用可看(Dowty et al., 1981; Partee, 1976)。

把事件表示为具体化的事物的研究工作应该归功于 Davidson(1967)。这里介绍的把事件的参与者具体化的方法应该归功于 Parsons(1990)。当前在时态推理方面的大多数计算方法都是基于 Allen 关于时间间隔的概念(Allen, 1984)，具体参见第 22 章。Meulen(1995)提出了一种关于时态和体的现代处理方法。Davis(1990)描述了如何用 FOL 来表示在常识领域的各种广泛的知识，包括量词、空间、时间和信念。

当前关于逻辑与语言的全面处理的问题，可以参看(van Benthem andter Meulen, 1997)。经典的语义学读本可参看(Lyons, 1977)。McCawley(1993)是一本不可缺少的教科书，它涉及关于语言和逻辑的非常广泛的论题。Chierchia and McConnell-Ginet(1991)从语言学的角度介绍了有关语义学的各种知识。Heim and Kratzer(1998)从当前生成理论的角度论述了一些内容更加新近的问题。

第 18 章　计算语义学

"Then you should say what you mean," the March Hare went on.

"I do," Alice hastily replied; "at least-at least I mean what I say-that's the same thing, you know."

"Not the same thing a bit!" said the Hatter. "You might just as well say that 'I see what I eat' is the same thing as 'I eat what I see'!"

Lewis Carroll, *Alice in Wonderland*[①]

本章介绍**语义分析**(semantic analysis)问题的一种原则性计算方法。语义分析是一个将第 17 章讨论的意义表示进行组合并指派给语言表达式的过程。自动地创建准确且有描述力的意义表示需要引入广泛的知识源和推理技术。常用的知识源包括词的意义、语法结构所蕴含的常规意义、话语的结构知识、与话题相关的常识以及与话语中事件状态相关的知识。

本章的重点是**句法驱动的语义分析**(syntax-driven semantic analysis)方法,该方法范围相对适中。在给句子指派意义表示时,该方法仅仅依赖于词典和语法知识。在这里当提到一个表达式的意义或意义表示时,我们需要意识到这是一个独立于上下文并与推理无关的表示。这类表示对应于我们第 17 章所讨论的传统字面意义概念。

我们遵循上述线索讲述的动机有两个:首先,对给一些包括问答在内的给定领域提供有效输入而言,即使这些简单的表示也足以产生有用的结果;其次,这些相对简单的表示可以作为后续处理的输入,进而产生更丰富、更完整的意义表示。第 21 章和第 24 章将讨论这些意义表示怎样用于扩展的话语和对话处理。

18.1　句法驱动的语义分析

本节详细介绍的方法基于**组合性原则**(principle of compositionality)。这种方法的核心思想是一个句子的意义可以从其组成部分的意义构建而成。从表面理解时,这个原则似乎不大有用处。我们都知道句子是由词构成的,而词是语言中意义的基本载体。因此,这个原则告诉我们的全部似乎不过是应该由句子中词的意义来组成句子的意义。

幸运的是,Mad Hatter 给出了让这个原则有用的提示:一个句子的意义并不仅仅依赖于句中的词汇,它还依赖于句中词汇的顺序、词汇所形成的群组以及词汇间的关系。该提示还可以理解为:句子的意义部分依赖于句法结构。因此,在句法驱动的语义分析中,意义表示的组成是由在第 12 章讨论的语法所提供的句法成分和关系来引导的。

首先,我们假定语义分析器的输入是输入句的句法分析结果。图 18.1 直观展示了遵循上述假设的一个管道流方法。输入句首先通过句法分析器得到它的句法分析结果。接着这个句法分

---

① "那你怎么想就怎么说,"三月兔继续说。

　　"我正是这样的,"爱丽丝急忙回答,"至少……至少凡是我说的就是我想的——这是一回事,你知道。"

　　"根本不是一回事,"帽匠说,"那么,你说'凡是我吃的东西我都能看见'和'凡是我看见的东西我都能吃',也算是一样的了?"

Lewis Carroll,《爱丽丝漫游记》

析结果被传给**语义分析器**(semantic analyzer)来产生意义表示。尽管在本图中句法分析树作为输入，但实际上其他的句法表示，如组块、特征结构或依存结构等都可以使用。本节的后续部分将假定以树形结果作为输入。

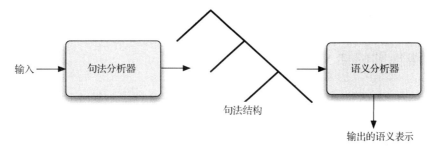

图 18.1 用于语义分析的简单的管道流方法

在继续讲述之前，我们需要了解这个过程中歧义所起的作用。正如我们所看到的，歧义表示来源众多，包括彼此竞争的句法分析、歧义词项、彼此竞争的复指语，以及将在本章后面介绍的模糊量词范围。在这里，我们假设句法、词汇以及复指语的歧义都不是问题。也就是说，我们认为一些更大的系统能够对所有可能的歧义表达进行迭代，并逐一地将它们传送给这里所描述的这种语义分析器。

让我们以下句为例来介绍如何进行语义分析：

(18.1) Franco likes Frasca.

在图 18.2 中给出了一个该例句的简化句法分析树(缺少特征附着)，以及该例子的一个合理意义表示。如虚线箭头所示，以该句法分析树为输入的语义分析器首先通过动词 likes 对应的子树来获取意义表示的骨架。接着分析器获取或组合句中两个名词所对应的意义表示。然后以从动词获取的意义表示作为一类模板，分析器用名词短语的意义表示来填充动词表示中合适的变元，最终生成句子整体的意义表示。

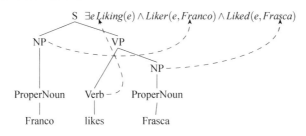

图 18.2 语句 Franco likes Frasca 的句法分析树

遗憾的是，上述简单的过程有许多严重困难。如前所述，用于解释图 18.2 中句法分析树的函数至少需要知道：动词所蕴含的用于表示最终意义的模板，该模板所对应的论元位置，每个论元应填充的又是什么角色等。换言之，为生成上述意义表示，这个函数需要关于这个特例及它的句法分析树的丰富的特定知识。考虑到任何合理的语法都存在无限多的句法分析树，基于一个语义函数来分析所有句法分析树的任何方法都是不可行的。

幸运的是我们以前也遇到过类似的问题。语言并不是通过枚举所允许的字符串或句法分析树来定义的，而是通过描述可生成期望输出集合的有限工具来定义的。因此，在面向句法的方法中语义知识应当面向产生句法分析树的有限工具集(语法规则和词典条目)。这被称为**规则到规则假设**(rule-to-rule hypothesis，Bach，1976)。

设计基于该方法的分析器将我们带回了成分及其意义的部分。本节之后的内容是对下面两个问题的回答:

- 句法成分具有意义到底意味着什么?
- 为了能组成更大粒度的意义,这些(句法成分所带有的)意义必须具备哪些特征?

18.2 句法规则的语义扩充

沿用第15章所用的方法,我们将给上下文无关语法规则扩充**语义附着**(semantic attachments)。这些附着是确定如何利用句法结构成分的意义来计算整体意义表示的规则。理论上,语义扩充规则应具有下面的形式:

$$A \rightarrow \alpha_1 \cdots \alpha_n \qquad \{f(\alpha_j.sem, \cdots, \alpha_k.sem)\} \qquad (18.2)$$

基本上下文无关规则的语义附着位于规则的句法成分右边的{…}中。该表示法表示结构 A 的意义表示(将以 A. sem 表示)可以通过将 A 的某些组成成分的语义附着输入函数 f 运行得到。

有无数途径可以实例化这类规则到规则的方法。例如,我们的语义附着可以以任意编程语言片段的形式存在。我们接着可以通过如下的方式来构建一个给定来源的语义表示:将适当的片段以一种自底向上的方式传递给一个解释程序,然后将相关非终结符号的值存储为最终的意义表示。[①] 这种方法可让我们创建任何喜欢的意义表示。遗憾的是,由于这种方法的无限制性,我们有可能创建与上一章描述的形式逻辑表达式毫无联系的意义表示。此外,在如何给语法规则设计语义附着方面,这种方法几乎不能给我们提供任何指导。

由于这些原因,通常情况下需要使用更原则性的方法来实例化规则到规则的方法。这一章将介绍两种这样的带约束方法。第一种方法直接使用了第17章介绍的 FOL 和 λ 算子符号。这种方法实质上以一种原则性的方式使用逻辑表示来指导逻辑结构的创建。在18.4节中将要描述的第二种方法主要基于第15章介绍的特征结构以及统一形式方法。

让我们从一个基本例子及其简单的目标语义表示开始。

(18.3) Maharani closed.

$$Closed(Maharani) \qquad (18.4)$$

让我们自底向上地纵览上述例子推导过程所需的规则。从专有名词开始,最简单的可行方法是给它指派一个特定的 FOL 常量,如下所示。

$$ProperNoun \rightarrow Maharani \qquad \{Maharani\} \qquad (18.5)$$

支配它的无分支 NP 规则并不添加任何语义信息。因此,我们只将 ProperNoun 的语义原样复制给 NP。

$$NP \rightarrow ProperNoun \qquad \{ProperNoun.sem\} \qquad (18.6)$$

现在到了 VP,动词的语义附着需要提供谓词的名称,说明它的论元数量,以及提供在发现论元后如何将这些论元合并的方法。我们可以使用一个 λ 表达式来完成这些任务。

$$VP \rightarrow Verb \qquad \{Verb.sem\} \qquad (18.7)$$

$$Verb \rightarrow closed \qquad \{\lambda x.Closed(x)\} \qquad (18.8)$$

---

① 诸如 YACC、Bison 的编译工具将识别这种方法。

如上所示，这个附着规定动词 closed 有一个一元谓词 Closed。λ 表示让我们保留未确定的内容，也就是 x 变量，一个闭合的实体。同之前的 NP 规则相似，支配着动词的不及物 VP 规则只是简单地复制其下动词的语义。

接着上面的内容，S 规则通过将主语 NP 的语义表示作为谓词的第一个论元插入组合得到最终的语义附着。

$$S \rightarrow NP\ VP \qquad \{VP.sem(NP.sem)\} \qquad\qquad (18.9)$$

由于 $VP.sem$ 的值是一个 λ 表达式，而 $NP.sem$ 的值是一个简单的 FOL 常量，我们可以将 λ 的化简运用于 $VP.sem$ 和 $NP.sem$ 得到最终的意义表示。

$$\lambda x.Closed(x)(Maharani) \qquad\qquad (18.10)$$

$$Closed(Maharani) \qquad\qquad (18.11)$$

这个例子展示了一种通用模式，这种模式将在本章中不断重复。语法规则的语义附着主要由 λ 化简组成，其中 λ 表达式的一个元素用作一个算子，其他元素用作算子的论元。正如我们所示，真正的工作在于引入大部分意义表示的词典。

尽管这个例子说明了基本方法，但完整的任务更为复杂。作为开始，让我们将之前的目标表示替换为与上一章中介绍的 neo-Davidsonian 表示更相似的表示；同时考虑主语为更复杂的名词短语的例子。

（18.12）Every restaurant closed.

这个例子的目标表示如下：

$$\forall x Restaurant(x) \Rightarrow \exists e Closed(e) \wedge ClosedThing(e,x) \qquad\qquad (18.13)$$

在例（18.13）中，主语名词短语的语义贡献远远大于例（18.12）。在例（18.12）中，表示主语的 FOL 常量可简单地通过一个 λ 简化式被插入到 Closed 谓词中的正确位置。在这里，最终的结果涉及 NP 提供的内容和 VP 提供的内容的复杂结合。我们需要额外的措施来从 λ 的化简式推导出想要的东西。

第一步是准确地确定每个餐馆这个词组的意义应当如何表示。假设"每个"将触发 $\forall$ 量词，"餐馆"确定了量词将要进行量化计算的概念范围，我们将其称之为名词短语的**约束**（restriction）。综合以上所述，我们希望意义的表示呈现出类似 $\forall x\ Restaurant(x)$ 的形式。这是一个有效的 FOL 表达式，但并不非常有用，因为它表示任何事物都是一个餐馆。这里缺少的是说明像 Every restaurant（"每个餐馆"）这样的名词短语通常被嵌入到一些表达式中，而这些表达式会对这个通用量化变量做出相关约定。也就是说，我们可能对所有的餐馆说一些什么。这个概念通常被指为 NP 的**核心范围**（nuclear scope）。在这里，名词短语的核心范围是 closed。

我们可以通过在目标表示中采取如下措施来表示上述概念：增加一个表示范围的假谓词 Q，并使用逻辑连接符 $\Rightarrow$ 将谓词连接到限制谓词，其结果表达式如下：

$$\forall x Restaurant(x) \Rightarrow Q(x)$$

最后，需要用与核心范围相关的逻辑表达式替换 Q 来使表达式有意义。幸运的是，这里又可以使用 λ 算子。唯一需要的是允许 λ 变量可以像词一样遍历 FOL 谓词。下面这个表达式完全表示了我们所需要的信息。

$$\lambda Q.\forall x Restaurant(x) \Rightarrow Q(x)$$

下面一系列含有语义附着的语法规则提供了生成这种类型 NP 的意义表示所需要的规则。

$$NP \rightarrow Det\ Nominal \qquad \{Det.Sem(Nominal.Sem)\} \qquad\qquad (18.14)$$

$$\text{Det} \rightarrow \text{every} \qquad \{\lambda P.\lambda Q.\forall x P(x) \Rightarrow Q(x)\} \qquad (18.15)$$

$$\text{Nominal} \rightarrow \text{Noun} \qquad \{Noun.sem\} \qquad (18.16)$$

$$\text{Noun} \rightarrow \text{restaurant} \qquad \{\lambda x Restaurant(x)\} \qquad (18.17)$$

上述过程中的关键步骤是 NP 规则中的 λ 化简。这条规则将附着于 Det λ 表达式运用于 Nominal 的语义附着，同时该语义附着本身也是一个 λ 表达式。下面是这一过程的中间步骤，如图 18.3 所示。

$$\lambda P.\lambda Q.\forall x P(x) \Rightarrow Q(x)(\lambda x.Restaurant(x))$$

$$\lambda Q.\forall x \lambda x.Restaurant(x)(x) \Rightarrow Q(x)$$

$$\lambda Q.\forall x\, Restaurant(x) \Rightarrow Q(x)$$

第一个表达式是扩展了 NP 规则的 *Det. Sem*(*Nominal. Sem*) 语义附着。第二个表达式是 λ 化简式的结果。同时我们注意到第二个表达式本身包含了一个 λ 应用。适当地简化这个表达式，我们就得到了最终的形式。

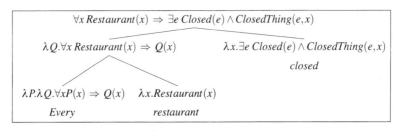

图 18.3　Every restaurant closed 语义解释的中间步骤

修正完例子中主语名词短语部分的语义附着后，让我们转向 S、VP 以及动词规则，了解它们如何改变以适应这些修正。让我们从 S 规则开始继续我们的工作。由于主语 NP 的意义现在是一个 λ 表达式，那么把它作为一个算子而把 VP 的意义作为参数的想法也是合理的。下面的附着完成了这一任务。

$$\text{S} \rightarrow \text{NP VP} \qquad \{NP.sem(VP.sem)\} \qquad (18.18)$$

注意到，我们替换了最初的 S 规则中算子和论元的角色。

最后一个附着的修正是针对动词 close 的。我们将其更新为能提供合适面向事件的表示，并确保它能很好地与 S 和 NP 规则接合。下面的附着同时达成了这两个目标。

$$\text{Verb} \rightarrow \text{close} \qquad \{\lambda x.\exists e Closed(e) \wedge ClosedThing(e,x)\} \qquad (18.19)$$

借助不及物 VP 规则，这个附着毫无改变地被传递给 VP 成分。接着作为已经给出的 S 的语义附着所指示的内容，这个附着与每个餐馆这个词组的语义表示合并。下面的表达式说明了这个过程的中间步骤。

$$\lambda Q.\forall x Restaurant(x) \Rightarrow Q(x)(\lambda y.\exists e Closed(e) \wedge ClosedThing(e,y))$$

$$\forall x Restaurant(x) \Rightarrow \lambda y.\exists e Closed(e) \wedge ClosedThing(e,y)(x)$$

$$\forall x Restaurant(x) \Rightarrow \exists e Closed(e) \wedge ClosedThing(e,x)$$

这些步骤达到了取得 VP 的意义表示的目标，该意义表示将作为 NP 的表示的核心范围。图 18.3 是图 18.2 中潜在的句法分析树的内容体现。

正如各种语法工程的情况一样，现在我们必须确保先前提出的简单例子仍然有效。首先需要重新审视的是专有名词的表示。让我们考虑之前给出例子的情况。

（18.20）Maharani closed.

规则 S 现在要求主语 NP 的语义附着能作为一个算子，且该算子必须能应用于 VP 的语义，因此我们之前将专有名词当作 FOL 常量的表示已经不能满足这一要求。幸运的是，我们可以再次利用 λ 算子的灵活性来完成我们的目标：

$$\lambda x.x(Maharani)$$

这种做法在将常量加入到一个较大的表达式中的同时，把一个简单的 FOL 常量变换为 λ 表达式。你必须利用所有的新语义规则来解决我们最初的例子，并确保可以得到下面这种期望的表示：

$$\exists e\ Closed(e) \wedge ClosedThing(Maharani)$$

举最后一个例子，让我们看看这种方法如何扩展到一个含有及物动词短语的表达式。如下所示：

（18.21）Matthew opened a restaurant.

如果我们所做是正确的，就应该可以为及物动词短语、动词 open 以及限定词 a 指明语义附着，而不用理会剩下的规则。

首先在早前 every（"每个"）的附着上对限定词 a 进行语义建模。

$$Det\ \rightarrow\ a\qquad \{\lambda P.\lambda Q.\exists x P(x) \wedge Q(x)\}\qquad\qquad (18.22)$$

这条规则与 every（"每个"）的附着有两点不同。第一，我们使用存在量词 $\exists$ 来捕获 a 的语义。第二，我们用逻辑符 $\wedge$ 替换蕴含符 $\Rightarrow$。整个框架与之前相同，即 λ 变量 P、Q 分别代表限制和核心范围，并由后面步骤填充。使用这些新增内容，我们现有的 NP 规则将为"一个餐馆"这个词组构建合适的表示：

$$\lambda Q.\exists x Restaurant(x) \wedge Q(x)$$

接下来是 Verb 与 VP 规则。潜在语义表示必须将两个论元合并进来。其中一个论元应用在及物动词 VP 规则层，另一个论元则应用在 S 规则层。假设 VP 的语义附着形式如下：

$$VP\ \rightarrow\ Verb\ NP\qquad \{Verb.Sem(NP.Sem)\}\qquad\qquad (18.23)$$

这个附着假设动词的语义附着将被作为一个算子并将名词短语论元的语义应用于该算子。同时我们假设前面为量化名词短语及专有名词设计的表示没有改变。基于这些假设，动词 opened 的下面这个附着将完成我们想做的事。

$$Verb\ \rightarrow\ opened\{\lambda w.\lambda z.w(\lambda x \exists e\ Opened(e) \wedge Opener(e,z) \wedge OpenThing(e,x))\}\ (18.24)$$

基于这条语义附着规则，及物 VP 规则将表示"一个餐馆"的变量作为 opened 的第二个论元，将表示 opening 事件的整个表达式作为"一个餐馆"的核心范围，并最终创建一个适用于 S 规则的 λ 表达式。与上一个例子相似，你必须一步步地执行这个例子以确保得到如下期望的意义表示。

$$\exists x Restaurant(x) \wedge \exists e Opened(e) \wedge Opener(e,Matthew) \wedge OpenedThing(e,x)$$

图 18.4 展示了为这个小语法片段开发出的语义附着列表。

在这些例子的分析过程中，我们已经介绍了三种实例化在本节开头介绍的规则到规则方法的技术：

1. 将词项与复杂的与函数相似的 λ 表达式关联。

2. 在无分支规则中，将子结点语义值复制到父结点。

3. 通过 λ 化简，将一条规则的一个子结点的语义应用于该条规则的其他子结点的语义。

这些技术描述了组合语义框架中引导语义附着设计的一大部分工作。一般来说，词项规则将量词、谓语以及术语引入我们的意义表示中。语法规则的语义附着将这些元素正确地组织在一起，且通常不在已经创建的表示中引入新元素。

语法规则	语义附着
S → NP VP	$\{NP.sem(VP.sem)\}$
NP → Det Nominal	$\{Det.sem(Nominal.sem)\}$
NP → ProperNoun	$\{ProperNoun.sem\}$
Nominal → Noun	$\{Noun.sem\}$
VP → Verb	$\{Verb.sem\}$
VP → Verb NP	$\{Verb.sem(NP.sem)\}$
Det → every	$\{\lambda P.\lambda Q.\forall x P(x) \Rightarrow Q(x)\}$
Det → a	$\{\lambda P.\lambda Q.\exists x P(x) \wedge Q(x)\}$
Noun → restaurant	$\{\lambda r.Restaurant(r)\}$
ProperNoun → Matthew	$\{\lambda m.m(Matthew)\}$
ProperNoun → Franco	$\{\lambda f.f(Franco)\}$
ProperNoun → Franco	$\{\lambda f.f(Frasca)\}$
Verb → closed	$\{\lambda x.\exists eClosed(e) \wedge ClosedThing(e,x)\}$
Verb → opened	$\{\lambda w.\lambda z.w(\lambda x.\exists eOpened(e) \wedge Opener(e,z)$ $\wedge Opened(e,x))\}$

图 18.4   英语语法及词典片段的语义附着

18.3   量词辖域歧义及非确定性

上一节开发的语法片段需要能够处理类似下面这个带有多个量化名词短语的例子。

(18.25) Every restaurant has a menu.

系统地将图 18.4 给出的规则用于这个例子产生了下面这个完全合理的意义表示：

$$\forall x\, Restaurant(x) \Rightarrow \exists y(Menu(y) \wedge \exists e(Having(e) \wedge Haver(e,x) \wedge Had(e,y)))$$

这个式子或多或少地与所有的餐馆都有菜单这个常识概念有关。

遗憾的是，这并不是对这个例子的唯一可能解释。下面的表示也是可能的：

$$\exists y\, Menu(y) \wedge \forall x(Restaurant(x) \Rightarrow \exists e(Having(e) \wedge Haver(e,x) \wedge Had(e,y)))$$

这个公式说明了在外在真实世界中只有一个菜单，并且所有的餐馆都共享它。虽然这不符合常识，但是请记住我们的语义分析器只能使用语法和词典的语义附着来创建意义表示。当然，我们也可以基于世界知识和上下文信息来对这两种不同的解释(readings)进行选择，但这种选择的前提是我们能够创建这两种不同的解释。

这个例子说明了，即使在没有句法、词法、复指语歧义的情况下，包含量化词的表达式也可能引起歧义表示。这就是**量词辖域**(quantifier scoping)问题。上面两种解释的差异在于哪个量化变量有外部辖域(即，在表达式中哪种解释处于另一种的外部)。

18.2 节中描述的方法不能处理这种现象。其得出的解释与语法及其语义附着所指示的 λ 表达式化简顺序有关。为了修正这个问题，我们需要如下能力。

- 有效创建非确定性表示的能力，该表示需要在不显示枚举所有可能解释的情况下包含它们。
- 从上述表示中生成或抽取所有可能解释的手段。
- 对所有可能的解释进行选择的能力。

下面的章节重点介绍了解决前两个问题的方法。对最重要的最后一个问题，其解决方法需要上下文和世界知识的使用。遗憾的是，该问题在很大程度上仍未解决。

18.3.1 存储与检索方法

处理量化辖域问题的一种方法是重新考虑哪些句法成分相关的语义表达式应该被包含进来。为了解这一点，让我们检查在例(18.25)的两种表示中具有共同作用的各个部分。忽略 λ 表达式，由 has，every restaurant 和 a menu 提供的表示如下：

$$\exists e\ Having(e) \land Haver(e,x) \land Had(e,y)$$

$$\forall x Restaurant(x) \Rightarrow Q(x)$$

$$\exists x Menu(x) \land Q(x)$$

对这个句子而言，其非确定性意义表示需要说明这些表示如何结合在一起的手段，同时不应包括其他内容。具体而言，它需要说明 restaurant 填充 Haver 角色，menu 填充 Had 角色。但是，最终表示中这些量词如何放置仍然未知。图 18.5 以图示方式说明了这些事实。

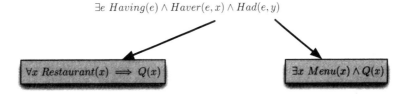

图 18.5 一个关于成分意义表示如何作用于例(18.25)的意义的抽象描述

为了提供这种功能，我们在此引入**库珀存储**[Copper storage，（Cooper，1983）]的概念，并再一次使用了 λ 表达式的力量。回顾我们最初的语义分析方法，它给句法分析树的每个结点只指派一个单独的 FOL 公式。在新方法中，我们用存储替换这个单独的语义附着。一个存储包括一个核心的语义表示，以及一个量化表达式的索引列表，这些量化表达式都是从树中该结点的子结点中收集的。这些量化表达式以 λ 表达式的形式存在，这些 λ 表达式可以通过与核心意义表示结合，从而正确地合并量化表达式。

下面的存储将与例(18.25)中句法分析树顶端的结点相关。

$$\exists e\ Having(e) \land Haver(e,s_1) \land Had(e,s_2)$$

$$(\lambda Q.\forall x\ Restaurant(x) \Rightarrow Q(x),1)$$

$$(\lambda Q.\exists x\ Menu(x) \land Q(x),2)$$

这个存储准确地包含了我们所需要的——如同前面方法那样已经被正确指派的 Haver 和 Had 角色，同时我们还可以通过变量 s_1 和 s_2 的索引获取原始的量化表达式。这些索引可从存储中挑选出相关的量化表达式。请注意存储的内容与图 18.5 中的表示直接相关。

为了从存储中获取一个完全确定的表示，我们首先从存储中选择一个元素，然后通过 λ 化简将其作用于核心表示。作为例子，假设我们先从存储中获得第二个元素，所得结果是如下的一个 λ 应用。

$$\lambda Q.\exists x\ (Menu(x) \land Q(x))$$

$$(\lambda s_2.\exists e\ Having(e) \land Haver(e,s_1) \land Had(e,s_2))$$

化简之后，得到：

$$\exists x\ (Menu(x) \land \exists e\ Having(e) \land Haver(e,s_1) \land Had(e,x))$$

注意到我们也可以使用索引变量 s_2 作为核心表示 λ 表达式的 λ 变量。这样做确保了从存储中检索到的量化表达式将被指派给核心表示中的正确角色。

现在存储中包含了这个新的核心表示以及一个剩余的量化 λ 表达式。从存储中取出这个表达式并将它作用于下面这个 λ 应用的核心结果,得到:

$$\lambda Q.\forall x \, (Restaurant(x) \Rightarrow Q(x))$$

$$(\lambda.s_1 \exists y \, (Menu(y) \wedge \exists e \, Having(e) \wedge Haver(e,s_1) \wedge Had(e,x))$$

化简之后,得到:

$$\forall x \, Restaurant(x) \Rightarrow \exists y \, Menu(y) \wedge \exists e \, Having(e) \wedge Haver(e,x) \wedge Had(e,y))$$

这个过程产生了与我们原有方法相同的表达式。为了得到另一种解释,即 menu 有外部辖域,我们只需简单地以相反的顺序从存储中取出元素。

在分析这个例子的过程中,我们假设已经有了关于这个句子内容的存储。但这些存储是如何生成的?对于存储中的核心表示,我们可以简单地以我们惯用的方式应用语义附着得到。也就是,要么我们将语义附着从句法分析树上的子结点到父结点进行原样复制,要么按照语法中的语义附着指示的方式,将一个子结点的核心表示应用于其他结点的表示。我们将这个结果存储为父结点中的核心表示。任何存储中的量化索引表达式都被简单地复制到父结点的存储中。

为展示整个工作过程,考虑例(18.25)中的 VP 结点。图 18.6 展示了这个例子中所有结点的存储情况。VP 的核心表示由图 18.4 中提出及物 VP 的应用产生。在这种情况下,我们将 Verb 的表示应用于论元 NP 的表示。NP 存储中的索引量化表达式被复制到 VP 存储中。

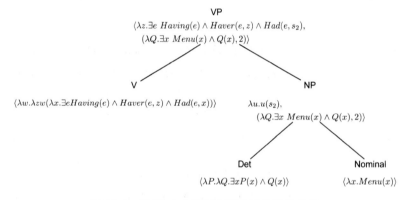

图 18.6　图 18.2 中动词短语子树的语义存储

Menu 存储的计算就更加有趣了。图 18.4 中的相关规则指示我们在 Nominal 的表示中应用 Det 的意义表示,这样我们就得到了图 18.6 中 NP 存储中第二个元素的表示。现在,如果我们想要将表达式作为 NP 的核心表示存储,就必须回到最初的表达式。它将随后被 VP 结点消耗,在这个过程中需要对量化术语的放置做一个硬性的规定。

为了避免这种情况,我们使用早前用来将 FOL 常量转变为 λ 表达式的表示手段。在引入一个量化的 NP 后,我们创建了一个类似 s_2 的新索引变量,并用 λ 应用包装该变量。该变量中的索引指向存储中的相关量化表达式。这个新的 λ 表达式被用于新 NP 的核心表示。同时,如图 18.6 所示,这个变量随后将被绑定为事件表示中合适的语义论元。

18.3.2　基于约束的方法

遗憾的是,基于存储的方法有两个问题。第一,它只能解决由量化的名词短语引起的辖域歧义问题。但是,大量的句法构建过程及词项同样会引起类似的歧义。考虑下面的例子以及它的相关解释。

(18.26) Every restaurant did not close.

$$\neg(\forall x\, Restaurant(x) \Rightarrow \exists e\, Closing(e) \wedge Closed(e,x))$$

$$\forall x\, Restaurant(x) \Rightarrow \neg(\exists e\, Closing(e) \wedge Closed(e,x))$$

上面的存储-检索方法不能帮助我们解决这个问题。当然，我们可以加入新增的机制来处理这个否定问题。但是这样的话，一旦遇到额外的问题，方法就会变得越来越特例化。

即使我们可以通过扩展存储-检索方法来处理新增歧义来源，这里也还存在第二个更严重的缺陷。尽管这样做允许我们枚举一个给定的表达式所有可能的范围，但并不允许我们在可能的范围上施加额外的约束。对想要应用特定的词汇、句法和实用知识来缩小任何给定表达式的可能范围来说，这种施加约束的能力是至关重要的。

这些问题的解决之道在于转变视角。与其关注从存储中检索出完全确定的表示所必须的过程，不如将注意力转移到如何有效地表示非确定性的表述，以及这些最终表示必须满足的所有约束。基于这种观点，只要一个完全确定的 FOL 表达式与这些约束一致，那么这个表达式就符合要求。

已有一些方法从基于约束的角度处理了非确定性问题。我们在这里讨论的**孔语义学**[hole semantics，（Bos，1996）]方法是这个领域的典型代表。本章最后的文献和历史说明部分综述了其他基于约束的方法。

为了对这种方法有更感性的认识，我们观察图 18.5。量化表达式中的谓词 Q 是一个占位符，它最终会通过一系列 λ 化简被任意 FOL 表达式所取代。在孔语义学方法中，我们用**孔**（hole）来代替 λ 变量。我们首次向所有的候选 FOL 子表达式添加**标记**（labels），以此替代使用 λ 化简填充这些孔的做法。在一个完全确定的式子中，所有的孔都将被已标记的子表达式填充。

当然，我们不能简单地用任意标记的表达式来填充孔，所以还需要在孔和标记间添加**支配约束**（dominance constraints）来限定哪个标记可以填充哪个孔。更正式的，形如 $l \leqslant h$ 的声明表示包含 h 的表达式支配了带标记 l 的表达式。简单来说，就是包含 h 的表达式最终必须将 l 作为子表达式，而不是任何其他的方式。

让我们通过例(18.25)的上下文简单了解这种方式的过程。如图 18.5 所示，在这个例子中有三个量化表达式起作用：*restaurant*，*menu* 以及 *having*。这里分别将它们标记为 l_1、l_2 和 l_3。我们将使用孔 h_0 作为最终表示的占位符。为了替换 λ 变量，我们将用 h_1 表示 *restaurant* 的核心范围，h_2[①]表示 *menu* 的核心范围。

由于 h_0 代表整个表达式，它毫无疑问支配了未确定表示中的所有表达式。此外，我们知道在两个可能的解释中，孔 h_1 和 h_2 都在被 l_3 标记的事件范围之外。此外，为了保留关于 l_1 与 l_2 如何互相关联的未确定性，我们不确定它们之间的支配关系。这就给出了下面例(18.25)的未确定表示：

$$l_1 : \forall x\, Restaurant(x) \Rightarrow h_1$$
$$l_2 : \exists x\, Menu(y) \wedge h_2$$
$$l_3 : \exists e\, Having(e) \wedge Haver(e,x) \wedge Had(e,y)$$
$$l_1 \leqslant h_0, l_2 \leqslant h_0, l_3 \leqslant h_1, l_3 \leqslant h_2$$

图 18.7 通过图表展示了这些事实。

现在我们有一个未确定的表示，那么如何能检索到一个完全确定的 FOL 表示呢？显然，我们需要的是一个**插入**（plugging），也就是用标记的表达式来填充所有的孔，并保证符合所有指定

---

① 原文 h_1，此处应是作者笔误。 ——译者注

的约束。更正式地说,插入是从孔到标签的一对一映射,且该映射满足所有给定的约束。当我们把所有的孔一致地插入后,就得到了完全确定的表示。

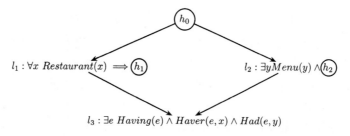

图18.7 Every restaurant has a menu 的孔语义表示

让我们从填充h_0开始。针对这个孔的两个插入候选是l_1和l_2。由于h_0同时支配l_1和l_2,并且l_1、l_2之间没有支配关系,因此可以任意选择。假设我们用l_1填堵h_0,表示为$P(h_0)=l_1$。一旦做出了这个选择,接下来的赋值完全由约束决定,即$P(h_1)=l_2$和$P(h_2)=l_3$。当$\forall x\ Restaurant(x)$有外部范围时,这样的填堵与下面的解释相关:

$$\forall x Restaurant(x) \Rightarrow \exists y(Menu(y) \wedge \exists e Having(e) \wedge Haver(e,x) \wedge Had(e,y))$$

图18.8 用图表说明了这个过程中的步骤。不足为奇的是,menu 具有外部范围的解释可以通过初始赋值$P(h_0)=l_2$得到。

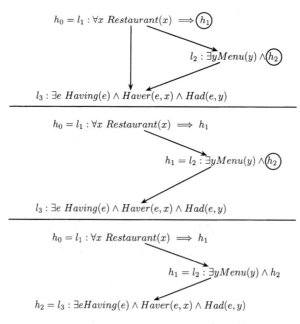

图18.8 Every restaurant has a menu 的有效填堵步骤

为了实现这种方法,我们必须用 FOL 表达式来定义一种将标签和孔联系起来的语言,同时还必须表述孔和标签之间的支配关系。Blackburn and Bos(2005)描述了一种用来完成上述工作的基于 FOL 和 λ 表达式的元语言。这些 FOL 语句在语法规则中扮演语义附着相同的作用。

这种基于约束的非确定性表示方法解决了许多这一节开始时提到的存储-检索方法所不能解决的问题。首先,这种方法并不特定于语法结构或歧义来源。随之而来的是 FOL 规则的任意组成部分都可以被标记或指定为孔。其次,也可能更重要的是,支配约束赋予我们表达约束的能力，这些约束可用于排除不必要的解释。这些约束的来源可能来自特定的词汇和句法知识，并且可以针对词汇条目和语法规则在语义附着中直接表达。

18.4 基于合一的语义分析方法

正如 18.2 节中提到的，特征结构和合一运算提供了一种有效的方法来实现句法驱动的语义分析。回顾第 15 章，我们将复杂的特征结构与单独的上下文无关语法规则组成对，以此来对诸如数一致关系和次范畴化这样的句法约束进行编码，且这些约束通常难以（甚至在一些情况下不能）与上下文无关语法一起直接传送。例如，下面的规则被用来捕捉英语名词短语的一致约束：

$$\text{NP} \rightarrow \text{Det Nominal}$$

$$\langle \text{Det AGREEMENT} \rangle = \langle \text{Nominal AGREEMENT} \rangle$$

$$\langle \text{NP AGREEMENT} \rangle = \langle \text{Nominal AGREEMENT} \rangle$$

这样的规则同时提供了两个功能：确保语法丢弃违背约束的表达式；对于我们当前话题更重要的，创建与语法推导部分相关的复杂结构。例如，下面的结构由上述单个名词短语规则应用产生：

$$\left[\text{AGREEMENT} \quad \left[\text{NUMBER} \quad \text{Sg} \right] \right]$$

我们将使用这种新能力来组合意义表示，并将其与句法分析中的短语相关联。

在基于合一的方法中，我们的 FOL 表示与基于 λ 的语义附着被复杂特征结构及合一等式所取代。为了展示整个过程，我们从头到尾分析与 18.2 节中已讨论过的内容相似的一些例子。我们从一个简单的含有不及物动词的句子开始，该句子有一个专有名词充当其主语。

(18.27) Rhumba closed

使用面向事件的方法，得到的意义表示应当与如下表示相似：

$$\exists e \, Closing(e) \wedge Closed(e, Rhumba)$$

第一项任务是表明我们可以使用一个特征结构的框架来编码这样的表示。完成这项任务的最直接方法是简单地遵循第 17 章给出的 FOL 语句的 BNF 风格定义。该定义的相关元素规定 FOL 公式以三种变体出现：包含谓词及一定数量论元的原子公式；通过运算符 $\wedge$、$\vee$ 和 $\Rightarrow$ 与其他公式相连接的公式；包含一个量词、一些变量和一个规则的量化公式。利用这些定义作为指导，我们可以用下面的特征结构表示这个 FOL 表达式。

$$\left[\begin{array}{ll} \text{QUANT} & \exists \\ \text{VAR} & \boxed{1} \\ \text{FORMULA} & \left[\begin{array}{ll} \text{OP} & \text{AND} \\ \text{FORMULA1} & \left[\begin{array}{ll} \text{PRED} & \text{CLOSING} \\ \text{ARG0} & \boxed{1} \end{array} \right] \\ \text{FORMULA2} & \left[\begin{array}{ll} \text{PRED} & \text{CLOSED} \\ \text{ARG0} & \boxed{1} \\ \text{ARG1} & \text{RHUMBA} \end{array} \right] \end{array} \right] \end{array} \right]$$

图 18.9 用第 15 章介绍的 DAG 风格标记表示了该表达式。该图展示了如何处理变量。在不

引入显式的 FOL 变量的情况下，我们使用了特征结构的基于路径、特征共享能力来完成相同的目标。在这个例子中，事件变量 e 通过指向相同共享结点的三条路径被捕获。

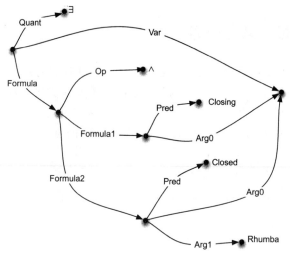

图 18.9　语义特征结构的一个直接图标记

下一步是要将这个例子推导过程中的语法规则与合一等式关联起来。从顶端的 S 规则开始。

$$S \rightarrow NP\ VP$$

$$\langle S\ \text{SEM} \rangle = \langle NP\ \text{SEM} \rangle$$

$$\langle VP\ \text{ARG0} \rangle = \langle NP\ \text{INDEXVAR} \rangle$$

$$\langle NP\ \text{SCOPE} \rangle = \langle VP\ \text{SEM} \rangle$$

第一个等式将 NP 的意义表示(在 SEM 特征下编码)和顶层的 S 画上等号。第二个等式将主语 NP 指派为 VP 意义表示内的适当角色。更具体地说，该式通过合一 ARG0 特征及指向 NP 语义表示的路径来填充 VP 语义表示中的适当角色。最后，第三个等式将 NP 的 SCOPE 特征和一个指向 VP 意义表示的指针合一。如我们所述，这是将一个事件表示放置到表示中合适位置的一种有些令人费解的方法。接下来当我们考虑量化的名词短语时，这样做的动机就变得清晰了。

继续讨论这个推导中 NP 和 ProperNoun 部分的附着。

$$NP \rightarrow ProperNoun$$

$$\langle NP\ \text{SEM} \rangle = \langle ProperNoun\ \text{SEM} \rangle$$

$$\langle NP\ \text{SCOPE} \rangle = \langle ProperNoun\ \text{SCOPE} \rangle$$

$$\langle NP\ \text{INDEXVAR} \rangle = \langle ProperNoun\ \text{INDEXVAR} \rangle$$

$$ProperNoun \rightarrow Rhumba$$

$$\langle ProperNoun\ \text{SEM PRED} \rangle = \text{RHUMBA}$$

$$\langle ProperNoun\ \text{INDEXVAR} \rangle = \langle ProperNoun\ \text{SEM PRED} \rangle$$

如我们之前所见，这种方法并没有对专业名词的语义进行过多的分析。我们只是引入了一个常量并提供一个索引变量指向这个常量而已。

接下来，我们讨论 VP 和 Verb 规则的语义附着。

$$VP \rightarrow Verb$$

$$\langle VP\ \text{SEM} \rangle = \langle Verb\ \text{SEM} \rangle$$

$$\langle VP\ \text{ARG0} \rangle = \langle Verb\ \text{ARG0} \rangle$$

Verb → closed

　　$\langle$Verb SEM QUANT$\rangle$ = ∃

　　$\langle$Verb SEM FORMULA OP$\rangle$ = ∧

　　$\langle$Verb SEM FORMULA FORMULA1 PRED$\rangle$ = CLOSING

　　$\langle$Verb SEM FORMULA FORMULA1 ARG0$\rangle$ = $\langle$Verb SEM VAR$\rangle$

　　$\langle$Verb SEM FORMULA FORMULA2 PRED$\rangle$ = CLOSED

　　$\langle$Verb SEM FORMULA FORMULA2 ARG0$\rangle$= $\langle$Verb SEM VAR$\rangle$

　　$\langle$Verb SEM FORMULA FORMULA2 ARG1$\rangle$ = $\langle$Verb ARG0$\rangle$

　　VP 规则的附着与我们早期对无分支语法规则的处理相似。这些合一等式只是简单地使 Verb 的适当语义片段在 VP 层可用。与此形成对比，Verb 的合一等式引入了大量的事件表示，这些事件表示是这个例子的核心。特别的是，该等式还引入了量词、事件变量以及谓词，它们共同构成了最后的表达式的主体。FOL 中的事件变量由合一 Verb SEM VAR 路径及公式主体中谓词的合适论元的等式捕获。最后，它通过$\langle$Verb ARG0$\rangle$等式指出缺少的单个论元(实体处于关闭状态)。

　　回退一步，我们可以看到这些等式与 18.2 节中的 λ 表达式起到了相同的基本功能；它们提供了被创建的 FOL 公式的内容，指出并命名外部论元，这些论元在其后将被填充到语法的更高层。

　　最后的几条规则同样展示了分工的不同，这一点现在我们已经深有体会了；词汇规则引入大量的语义内容，而更高层的语法规则以一种正确的方式组合这些片段，而不是引入内容。

　　当然，与基于 λ 表达式的方法类似，当我们关注包含量词的表达式时，事情变得复杂许多。为了搞清楚这一点，考虑下面这个例子。

（18.28）Every restaurant closed.

　　表达式的意义表示依然如下：

$$\forall x Restaurant(x) \Rightarrow (\exists e Closing(e) \wedge Closed(e,x))$$

该表示被如下的特征结构捕获：

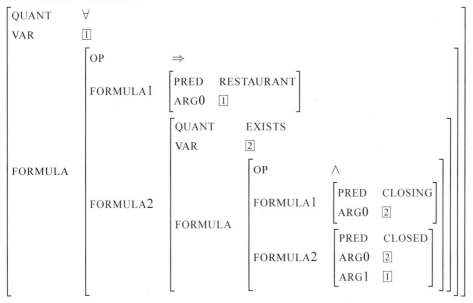

　　正如我们早前在基于 λ 的方法中所见，像这样的表达式的外部结构大部分来自于主语名词短语。粗略地回想这个语义结构具有 $\forall x\ P(x) \Rightarrow Q(x)$ 的形式，其中 P 表达式通常作为限定器，由头名词提供，而 Q 作为核心范围，来自动词短语。

这个结构引起了语义附着的两个不同任务：VP 的语义必须与主语名词短语的核心范围合一，同时表示名词短语的变量必须指派给事件结构中 CLOSED 谓词的 ARG1 角色。下面用于推导 Every restaurant 的规则解决了这两项任务：

$$NP \rightarrow Det\ Nominal$$

⟨ NP SEM⟩ = ⟨Det SEM ⟩

⟨ NP SEM VAR ⟩ = ⟨ NP INDEXVAR ⟩

⟨ NP SEM FORMULA FORMULA1 ⟩ = ⟨ Nominal SEM ⟩

⟨ NP SEM FORMULA FORMULA2 ⟩ = ⟨ NP SCOPE ⟩

$$Nominal \rightarrow Noun$$

⟨ Nominal SEM ⟩ = ⟨ Noun SEM ⟩

⟨ Nominal INDEXVAR ⟩ = ⟨ Noun INDEXVAR ⟩

$$Noun \rightarrow restaurant$$

⟨ Noun SEM PRED ⟩ = ⟨ RESTAURANT ⟩

⟨ Noun INDEXVAR ⟩ = ⟨ Noun SEM PRED ⟩

$$Det \rightarrow every$$

⟨ Det SEM QUANT ⟩ = ∀

⟨ Det SEM FORMULA OP ⟩ = ⟹

作为最后一个例子，让我们考虑下面包含及物动词短语的例句。

(18.29) Franco opened a restaurant.

这个例子的意义表示如下。

$\exists x\ Resaurant(x) \wedge \exists e\ Opening(e) \wedge Opener(e, Franco) \wedge Opened(e, x)$

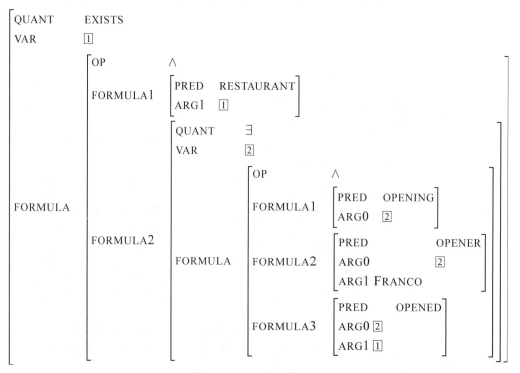

在这个例子中, 仅有的需要处理的新情况是下面这个及物 VP 规则。

$$VP \rightarrow Verb\ NP$$
$$\langle VP\ \text{SEM} \rangle = \langle Verb\ \text{SEM} \rangle$$
$$\langle NP\ \text{SCOPE} \rangle = \langle VP\ \text{SEM} \rangle$$
$$\langle Verb\ \text{ARG1} \rangle = \langle NP\ \text{INDEXVAR} \rangle$$

这个规则有两个主要的与我们的 S 规则相似的任务: 必须用 VP 的语义填充宾语 NP 的核心范围, 同时必须将表示宾语的变量插入 VP 意义表示的正确角色中。

我们刚才讨论的这种方法带来的一个明显问题是它不能生成由量词辖域歧义引起的所有可能的歧义表示。幸运的是, 早在 18.3 节所描述的解决描述不足的方法可以改写以用于合一的方法。

18.5 语义与 Earley 分析器的集成

在 18.1 节, 我们介绍了语义分析器的一个简单管道流结构, 在这种结构中一个完全的句法分析结果被输入给语义分析器。这样做的动机源于组合方法在处理之前就需要句法分析这一事实。然而, 语义分析与句法处理同时进行也是可能的。这是因为在我们的组合框架中, 只要一个成分的所有成分部件已经给出, 这个成分的意义表示也就可以创建出来。本节我们介绍这样一种方法, 它可以把语义分析结合到第 13 章讨论过的 Earley 分析器中。

把语义分析结合到 Earley 分析中的方法相对直接, 其与第 15 章把合一运算结合到算法中的处理方法采用完全相同的思路。对原来的算法需要做三处修改:

1. 将一个新的域引入语法规则以包含它们的语义附着。
2. 将一个新的域引入线图状态中, 用以容纳成分的意义表示。
3. 改变 ENQUEUE 函数, 使得当一个完全状态进入线图时, 在状态的语义场中能够计算和存储语义。

在图 18.10 中我们给出了为生成意义表示而对 ENQUEUE 函数所做的修改。当一个完全状态通过 ENQUEUE 并且这个状态能成功地合并它的合一约束时, ENQUEUE 调用 APPLY-SEMANTICS 来为这个状态计算并存储意义表示。注意, 在语义分析之前进行特征合一处理的重要性。这样可以确保语义分析处理只是使用有效的句法分析树, 并且确保能给出语义分析所需的特征。

```
procedure ENQUEUE(state, chart-entry)
    if INCOMPLETE?(state) then
        if state is not already in chart-entry then
            PUSH(state, chart-entry)
    else if UNIFY-STATE(state) succeeds then
        if APPLY-SEMANTICS(state) succeeds then
            if state is not already in chart-entry then
                PUSH(state, chart-entry)

procedure APPLY-SEMANTICS(state)
    meaning-rep ← APPLY(state.semantic-attachment, state)
    if meaning-rep does not equal failure then
        state.meaning-rep ← meaning-rep
```

图 18.10 修改后便于处理语义的 ENQUEUE 函数。如果状态是完全的并且合一成功,
则 ENQUEUE 调用 APPLY-SEMANTICS 来计算并存储完全状态的意义表示

这种结合方法相对于管道流方法的首要优点在于 APPLY-SEMANTICS 能以与合一失败类似的方式失败这一事实。如果发现一个语义的非良构形式，在生成意义表示时，则这个相关的状态就能够被阻塞以防止进入线图。借助这个方法，在句法处理时就可以考虑语义。第 19 章将详细介绍几种识别非良构形式的方法。

可惜的是，这同时也是把语义结合到语法分析中所带来的一个根本缺点，也就是大量的精力将耗费在孤立(orphan)成分的语义分析上，而这最终对一个成功的分析并没有多少贡献。早期关于引入语义带来的益处是否大于引入其带来的耗费这个问题，只能基于每个具体的情况来回答(不同情况的回答很可能不同)。

18.6　成语和组成性

Ce corps qui s'appelait et qui s'appelle encore le saint empire romain n'était en aucune manière ni saint, ni romain, ni empire.

This body, which called itself and still calls itself the Holy Roman Empire, was neither Holy, nor Roman, nor an Empire. [1]

Voltaire[2], 1756

正如看起来那样的支离破碎，当用真实语言检验时，组合性原则很容易就陷入困境。在许多情况下一个成分的意义表示并不是基于组成它的词的意义，至少不是直接组合的。研究下面 WSJ 的例子：

(18.30) Coupons are just the tip of the iceberg.

(18.31) The SEC's allegations are only the tip of the iceberg.

(18.32) Coronary bypass surgery, hip replacement and intensive-care units are but the tip of the iceberg.

显然这些例子中的每个 the tip of the iceberg 短语都与 tip 或 iceberg 无关。而是大致对应于开始(the beginning)这类的意思。对这种成语结构而言，最直接的处理方法就是引入为处理这些成语而特意设计的新语法规则。这些成语规则将词项与语法成分相混合，并引入不是源于组成成语的任何部分的语义内容。在下面规则中我们给出了该方法的示例：

NP　→　the tip of the iceberg
{Beginning}

该规则右边的小写字母项精确地表示输入的词。尽管常量 *Beginning* 严格说不应该看成这个成语的意义表示，但是它确实反映出这个成语的意义不是以组成它的单词的意义为基础。注意当遇到这个短语，Earley 风格的分析器采用这个规则将产生两个短语：一个代表这个成语，另一个代表组合的意义。

就像其余的语法一样，为得到正确的规则，我们需要进行一些尝试。研究下面 WSJ 语料库中的 iceberg 的例子：

(18.33) And that's but the tip of Mrs. Ford's iceberg.

(18.34) These comments describe only the tip of a 1000-page iceberg.

(18.35) The 10 employees represent the merest tip of the iceberg.

---

① 这个团体，以前称自己并且现在仍然称自己为神圣罗马帝国，既不是神圣的，也不是罗马的，也不是一个帝国。

② 由 Y. Sills 译为英文，在 Sills and Merton(1991)中作为引用。

很明显上面给出的规则的通用性还不足以处理这些例子。这些例子表明对这个成语存在一个不完全的句法结构，这个句法结构允许使用限定词中的一些变体，也允许对 Iceberg 和 tip 加形容词性修饰语。一个更有希望的规则应该类似于下面的公式：

$$NP \rightarrow TipNP \ of \ IcebergNP$$
$$\{Beginning\}$$

这里范畴 TipNP 和 IcebergNP 被给予一个内部的类似名词的结构，也就是允许一些形容词修饰语和一些限定词的变体，但仍然严格保持这些名词短语的中心语是词项 tip 和 iceberg。注意这个句法解决方案忽略了棘手的情况，也就是修饰语 mere 和 1000-page 似乎表明事实上 tip 和 iceberg 两者都可能在成语的意义中起到某种组合角色的作用。当我们在第 19 章介绍隐喻时，将再回到这个话题。

概括来说，处理成语至少需要对普通的组合框架做下面的改变：

- 允许词典项与传统语法成分的混合。
- 为了能够处理成语多样性的正确范围，允许生成额外的特定成语的成分。
- 准许在语义附着引入与规则中的任何成分无关的逻辑项和谓词。

显然，这里的讨论也只是冰山一角（the tip of an enormous iceberg）。成语比我们通常所认识更常见，也更加多样，这给许多应用，包括我们将在第 25 章讲述的机器翻译，带来了严重的困难。

18.7　小结

本章探讨了句法驱动的语义分析。下面是本章的主要内容：

- **语义分析**（semantic analysis）是生成意义表示并将这些意义表示指派给语言输入的过程。
- 利用词典和语法中的静态知识，**语义分析器**（semantic analyzer）能够生成上下文无关的字面的或传统意义。
- **组合性原则**（principle of compositionality）说明一个句子的意义可以由它的组成部分的意义组合而成。
- 在**句法驱动的语义分析**（syntax-driven semantic analysis）中，部分是指输入的一个句法成分。
- 通过一些符号扩展，如 λ **表达式**（λ-expression）和**复杂项**（complex-term），可以以组合方式创建 FOL 公式。
- 基于特征结构和合一提供的机制同样可以合成 FOL 公式。
- **自然语言中的量词**（natural language quantifier）会带来一种很难通过组合方法处理的歧义。
- **非确定性表示**（underspecified representations）可以被用来有效地处理由辖域歧义引起的多重解释。
- **成语**（idiomatic language）不受组合性原则左右，但设计语法规则和其语义附着的技术的适应作用可以轻松处理它。

18.8　文献和历史说明

前面曾提及，组合性原则传统上是归功于 Frege，Janssen（1997）讨论了这个归属问题。利用第 12 章介绍过的范畴语法框架，Montague（1973）证实组合的方法可以系统地应用于自然语言的一个有趣片断。规则到规则(rule-to-rule)的假设是 Bach(1976)首次阐述的。从可计算的系统看，Woods 的 LUNAR 系统(Woods, 1977)是一个基于管道流的首先进行句法分析的组合分析系统。基于 Gazdar 的 GPSG 方法(Gazdar, 1981, 1982; Gazdar et al., 1985), Schubert and Pelletier (1982)开发了一个增量式的规则到规则的系统。Main and Benson(1983)将 Montague 的方法扩展到问答领域。

作为不同领域对同一问题平行发展的示例之一，为便于辅助编译器的设计，程序语言领域的研究者开发出了本质上相同的组合性技术。特别是，Knuth(1968) 提出的属性语法的概念使得语义结构和句法结构建立起了一一对应的关系。因此，本章所用的语义附着的风格对于使用 YACC 风格(Johnson and Lesk, 1978)的编译器工具的用户来说是非常熟悉的。

不可避免地，本章没能涵盖许多重要的主题。处理出现远距离依赖时语义理解的标准的 gap-threading 方法，请参见 Alshawi(1992)。ter Meulen(1995)给出了对时态、体和时间信息表示的一种现代方法。许多诸如对话代理这样的受限领域系统使用一种替换方法，用于称之为**语义语法**(semantic grammer, Brown and Burton, 1975)的句法语义解释。语义语法与其他早期的模型相关，如语用语法(Woods, 1977)和性能语法(Robinson, 1975)。它们都是关于如何重塑句法语法以满足语义处理的需要。第 24 章将介绍这种方法的细节。

针对量词辖域的存储-检索方法源于 Cooper(1983)。Keller(1988)引入嵌套存储来扩展这种方法，进而处理各种量化名词短语。处理未确定性描述的孔语义学方法来自 Bos(1996, 2001, 2004)。Blackburn and Bos(2005)对孔语义学进行了详细描述，包括它如何在 Prolog 中实现以及如何集成到语义分析系统中。其他基于约束的方法包括未确定性的语篇表示理论(Reyle, 1993)、最小递归语义学(MRS)(Copestake et al., 1995)以及 Lambda 结构的约束语言(CLLS)(Egg et al., 2001)。Player(2004)认为这些方法适用于所有使用意图的记法不变式。

在 Hobbs and Shieber(1987) 和 Alshawi(1992) 中可以找到有关量词辖域的实用计算方法。Van Lehn(1978)给出了对量词辖域的一组优先选择的资料。Higgins and Sadock(2003)使用这些优先选择作为特征来训练一个分类器，进而预测量词歧义的正确辖域。

多年来，有许多针对复合名词理解的成果。语言学方面的资料包括 Lees(1970)，Downing (1977)，Levi(1978)和 Ryder(1994)；描述计算方法的资料有 Gershman(1977)，Finin(1980)，McDonald(1982)，Pierre(1984)，Arens et al. (1987)，Wu (1992)，Vanderwende (1994)和 Lauer (1995)。

有关成语的文献历史久远，内容广博。Fillmore et al. (1988)描述了一种称为构式语法(Construction Grammar)的通用语法框架，成语被置于该基础理论的中心。Makkai(1972)对许多英语成语给出了全面的语言学分析。针对第二外语的学习者也出版了许许多多的成语词典。从计算的角度看，Becker(1975)是首先提出在分析器中使用成语规则的学者之一。Wilensky and Arens (1980)首先将这一思想成功地用于他们的 PHRAN 系统。Zernik(1987)演示了一个可以从上下文中学习这种短语成语的系统。文献 Fass et al. (1992)是有关成语计算方法的论文集。

我们还需说明，本章忽略了语义分析中关于通过深层意义表示的预期来驱动分析处理的整个分支。这类系统避免了直接表示和使用句法，也几乎用不到类似句法分析树这样的知识。在这条研究分支中，最早和最成功的系统有：Simmons(1973, 1978, 1983)和 Wilks(1975a, 1975c)。一些类似的方法由 Roger Schank 及他的学生提出(Riesbeck, 1975; Birnbaum and Selfridge, 1981; Riesbeck, 1986)。在这些方法中，语义处理是通过与单独的词典项相关联的逐条的处理程序来引导的。

最后，近期的工作关注如下任务：基于带语义标注的训练例句、自动学习从句子到逻辑形式的映射。

第 19 章   词汇语义学

前面两章的内容着重论述了整句的意义表示。在以前的讨论中，我们做了一个简单假设，即将单词意义表示成未经分析的符号，如 EAT、JOHN 或者 RED。但是，用一个单词大写来表示它的意义是一个难以让人满意的模型。本章我们将介绍一个更丰富的词汇语义模型，它借鉴了词义的语言学研究成果，也就是被称为**词汇语义学**(lexical semantics)的研究领域。

在下一节给出词意义的定义之前，我们首先必须清楚词(word)所代表的内容，因为在本书中多次以不同的方式使用了词这个术语。

我们可以使用**词位**(lexeme)这个词来表示一个特定形式(正字的或音韵的)及其意义组成的对，**词表**(lexicon)则是由有限个词位组成的表。从词汇语义学，特别是字典和辞典的角度，我们用**词目**(lemma)表示一个词位。**词目**或**引用形式**(citation form)是用来表示词位的语法形式，因此，carpet 是 carpets 的词目。sing，sang，sung 的词目或基本形式是 sing。在许多语言中，不定式被作为动词的词目。例如，在西班牙语中，dormir"睡觉"是诸如 duermes"你睡了"这类动词形式的词目。sung、carpets、sing 或 duermes 这样的词的具体形式被称为**词形**(wordforms)。

从词形到词目的映射过程被称为**词形还原**(lemmatization)。由于依赖于上下文，词形还原并不总是确定的。例如，在下面的 WSJ 语料例子中，词形 found 可以映射到词目 find(意思是"找到")，也可以映射到词目 found(意思是"创立一个机构")：

(19.1) He has looked at 14 baseball and football stadiums and **found** that only one-private Dodger Stadium-brought more money into a city than it took out.

(19.2) Culturally speaking, this city has increasingly displayed its determination to **found** the sort of institutions that attract the esteem of Eastern urbanites.

另外，词目还具有特定词性。例如，词形 tables 有两个可能的词目，名词 table 和动词 table。

词形还原的一种方法是利用第 3 章介绍的形态分析算法。形态分析能够从一个诸如 cats 的表层形式分析出其形式为 cat + PL。但是，词目与形态分析后的词干并不一定相同。例如，单词

---

① "当我用一个词的时候，其意思与我所想说的总是丝毫不差，既不多，也不少。"矮胖子相当傲慢地说。

Lewis Carroll,《爱丽丝漫游记》

② 如果把一只狗的尾巴当作是一条腿，那么它总共有几条腿？
4 条。
把尾巴称为腿，并不会因此多了一条腿。

Abraham Lincoln，喜欢的谜语

celebrations 经过形态分析可能产生带词缀-ion 和-s 的词干 celebrate，而 celebrations 的词目是较长的形式 celebration。一般来说，词目可能大于形态词干(例如，New York 或 throw up)。直觉上，每当我们需要一个带有自身意义表示的完全不同的字典条目的时候，我们就需要一个不同的词目。我们希望 celebrations 和 celebration 共享一个条目，因为它们之间的意义差异主要是语法上的，但并不希望它们与 celebrate 共享条目。

在这一章剩下的部分，当我们提及"词"的意义的时候，一般指的是词目而不是词形。

现在我们已经定义好了单词意义的概念，接下来就能继续探讨意义表示的不同方法。在下一节我们将介绍词义(word sense)的概念，词义是表示单词意义的词位的一部分。在后续的章节，我们将描述定义和表示这些词义的方法，并将介绍在第 17 章定义的事件的词汇语义体。

19.1 词义

词目的意义可以随着给定上下文不同有极大的变化。考虑下面词目 bank 的两种用法，其意义分别为"金融机构"和"倾斜的堤岸"：

(19.3) Instead, a *bank* can hold the investments in a custodial account in the client's name.

(19.4) But as agriculture burgeons on the east *bank*, the river will shrink even more.

我们通过说词目 bank 具有两个含义(senses)[①]来表示 bank 的意义随上下文变化。含义或**词义**(word sense)是单词特定意义侧面的离散表示。简单地遵循字典惯例，我们通过在词目的字形上添加不同的上标来表示每个含义，如 bank^1 和 bank^2。

一个词的不同含义间可能并不具有任何特定的联系，而只是巧合地共享了同一个拼写形式。例如，bank 的两个含义"金融机构"和"倾斜的堤岸"看起来完全无关。在这种情况下，我们称这两个含义是**同形(同音)异义词**(homonyms)，含义间关系是**同形关系**(homonymy)的一种。因此，bank^1(金融机构)和 bank^2(倾斜的堤岸)是同形异义词。

但是有时候一个词的含义间也可能存在语义联系。考虑下面 WSJ 中"bank"的例子：

(19.5) While some *banks* furnish sperm only to married women, others are much less restrictive.

很显然在该句中 bank 的意义不是"倾斜的堤岸"，也很明显 furnish sperm 不可能是指一个金融机构里促销的赠品。而且，bank 有一批与各式各样生物实体的存储有关的用法，比如 blood bank(血库)，egg bank(蛋库)和 sperm bank(精子库)等。因此，我们可以称之为"生物库"含义的 bank^3。现在这个新含义的 bank^3 与 bank^1 之间存在某种联系；bank^1 与 bank^3 都是用于存储和取出实体的仓库。对于 bank^1 来说，其目标是货币实体；而对于 bank^3 来说，其目标是生物学实体。

当两个含义的语义相关时，我们称它们之间的关系为**多义关系**(polysemy)，而不是同形关系。很多多义关系中，含义间的语义关系是系统化、结构化的。例如，考虑下面句子中 bank 的另外一个含义：

(19.6) The bank is on the corner of Nassau and Witherspoon.

我们称这个含义为多义关系 bank^4，表示"属于特定金融机构的大厦"。这两种含义间的关系(一个组织机构和与该组织机构相关的建筑物)在许多其他词(学校、大学、医院等)的含义中也

---

① 令人费解的是，单词 lemma 本身就有歧义。它有时候也被用来表示不同的含义，而不是单词的引用形式。在本书中两种用法都会出现。

经常同时出现。因此，我们可以将该系统化的含义间关系表示为如下形式：

BUILDING ↔ ORGANIZATION

多义关系的特定子类型通常被称为**借喻**（metonymy）。借喻是使用概念或实体的一个方面（aspect）来指代这个实体的其他方面或这个实体本身。例如，当我们使用短语 White House（白宫）来指代在白宫中办公的政府时，就使用了借喻。借喻的另外一些常见例子包括下面的含义配对间的关系：

> 作家（Jane Austen wrote Emma）↔ 作家的作品（I really love Jane Austen）
> 动物（The chicken was domesticated in Asia）↔ 动物的肉（The chicken was overcooked）
> 树（Plums have beautiful blossoms）↔ 果实（I ate a preserved plum yesterday）

尽管区分多义关系和同形关系是很有用的，但并没有硬性的阈值来取得两个含义有多相关才能被认为是一词多义。因此，含义间的区别只是重要因素之一。这个事实使得确定一个词具有多少含义极为困难，也就是，是否为一个词的相近用法创建不同的含义。有很多标准用于决定一个词的不同使用是否应该被区分为不同的含义。当两个含义有独立的真值条件、不同的句法行为、独立的含义关系，或者它们显示出相反的意义，我们就认为这两个含义需要区分开。

考虑 WSJ 语料库中动词 serve 的下面的用法：

（19.7）They rarely *serve* red meat, preferring to prepare seafood, poultry or game birds.

（19.8）He *served* as U. S. ambassador to Norway in 1976 and 1977.

（19.9）He might have *served* his time, come out and led an upstanding life.

很明显，上述例子中 serving red meat 中的 serve 和 serving time 中的 serve 有不同的真值条件与预先假定；serve as ambassador 中的 serve 具有 serve as NP 这个不同次范畴结构。这些启发式线索暗示 serve 可能存在三种不同的含义。判定两个含义是否不同的一种实用技术是将一个词的两种用法合成到一个句子中，这种将相反含义结合的方法称为**共轭搭配法**（zeugma）。考虑下面这个 ATIS 的例子：

（19.10）Which of those flights serve breakfast?

（19.11）Does Midwest Express serves Philadelphia?

（19.12）? Does Midwest Express serve breakfast and Philadelphia?

我们用（?）来标记语义上有形式错误的例子。虚构出的第三个例子（共轭搭配法的一个实例）的奇怪之处说明了并不存在一种合理的方法能够创造出 serve 的一个单独的含义供 breakfast 和 Philadelphia 同时使用。我们可以将此作为证据，证明 serve 在这里有两个不同的含义。

字典倾向于使用许多细粒度的含义以便于捕获细微的意义差别，该方法之所以合理的一个重要原因是字典的传统作用是帮助学习者学习单词。但是如果为了计算的目的，通常并不需要如此细微的区分，因此我们可能想要将这些含义进行分组和聚类，这些工作已经在本章的一些例子中完成了。

通常称共享同一个发音和拼写的两个含义为**同形关系**（homonym）。经常引发语音识别和拼写更正问题的一个特殊多义例子是同音异义。**同音异义**（homophones）是具有相同发音但词目拼写不同的含义，如 wood/would 或 to/two/too。与此相关在语音合成中的一个问题是同形异义词（第 8 章）。**同形异义**（homographs）是同一词目的不同含义，这些含义具有相同的字形，但发音不同，如 bass：

（19.13）The expert angler from Dora, Mo., was fly-casting for **bass** rather than the traditional trout.

（19.14）The curtain rises to the sound of angry dogs baying and ominous **bass** chords sounding.

我们如何定义一个词义的意义？仅仅通过查字典吗？下面是从 American Heritage Dictionary（Morris, 1985）摘出的关于 right, left, red 和 blood 的定义的片段：

right	*adj.*	located nearer the right hand esp. being on the right when facing the same, direction as the observer.
left	*adj.*	located nearer to this side of the body than the right.
red	*n.*	the color of blood or a ruby.
blood	*n.*	the red liquid that circulates in the heart , arteries and veins of animals.

注意到这些定义中存在着回环(circularity)的问题。right 的定义里有两处直接指向本身，而 left 的条目包括一个隐含的自引(self-reference)定义：短语 this side of body 就隐含着左侧(left side)的意思。虽然 red 和 blood 的条目里没有这种直接的自引定义，但是它们的定义里都提及了对方。当然，这种回环在词典的所有定义中都存在，这只是几个极端的例子。对人而言，这些条目仍然是可用的，因为字典用户有足够的能力来理解这些被查条目中包含的其他词语。

对计算目的而言，一种定义含义的方法类似于字典中的定义方法，也就是，通过目标含义与其他含义间的关系对其进行定义。例如，上面的定义很明显地表明，right 和 left 是相似类型的词目，二者间有类似替换或反义的关系。类似地，我们可以发现 red 是一种可以用于 blood 和 ruby 的颜色，并且 blood 是一种液体。这种**词义关系**(sense relations)包含在如 **WordNet** 的在线数据库中。基于一个足够大的关系数据库，许多应用就有足够的能力实现复杂的意义分析任务(即使这些应用并不真正了解左右的概念)。

第二种意义表示的计算方法是创建一个小规模的有限语义基元组，即意义的原子结构。然后基于这些基元创建它们之外的含义定义。这种方法在定义事件意义的各个侧面时格外普遍，如语义角色。

在这一章中，我们同时讨论这两种意义表示的方法。下一节，我们介绍含义间的不同关系，然后对 WordNet 这个义项关系资源库进行讨论。接着将介绍一些基于包括语义角色在内的语义基元的意义表示方法。

19.2　含义间的关系

这一节研究单词含义之间存在的一些关系，并重点考察那些被认可有计算研究价值的关系：**同义关系**(synonymy)、**反义关系**(antonymy)以及**上下位关系**(hypernymy)，并简要地提及其他关系，如**整体部分关系**(meronymy)。

19.2.1　同义关系和反义关系

当两个不同的词(词目)的两个含义相同或几乎相同时，我们称这两个含义是**同义**(synonyms)。同义的例子包含如下几对：

couch/sofa　vomit/throw up　filbert/hazelnut　car/automobile

同义关系(指词间的关系而并非含义)的一个更正式的定义是：如果两个词在任意一个句子

中可以互相替换，且并不影响句子的真值条件，那么这两个词是同义关系。我们通常称这种情况下的两个词有相同的**命题意义**（propositional meaning）。

当如 car/automobile 或 water/H_2O 这样的词对间的替换是保真的时候，仍然不能说这些词在意义上相同。事实上，几乎没有两个词在意义上绝对相同。如果我们将同义关系定义为在所有的上下文中具有相同的意义和含义，那么绝对的同义词很可能不存在。除了命题意义，意义的很多其他能在词间做出区分的方面也很重要。例如，H_2O 通常更适合在科学性的上下文中使用，而不适合出现在旅行指导的文字中，这种风格上的差异只是词义的一部分。实际上，单词 synonym 通常被用来描述一种大约或粗糙同义的关系。

在这一章中，我们并不讨论两个词的同义关系，而是将同义关系（以及其他关系，例如，上下位关系和整体部分关系）定义为含义间而非词间的关系。我们可以通过考察词 big 和 large，来了解这样做的有效性。在下面 ATIS 的句子中它们看起来是同义词，因为我们可以在任意一个句子中交换 big 和 large 而不改变原意：

(19.15) How big is that plane?

(19.16) Would I be flying on a large or small plane?

但是，在下面的 WSJ 句子中，我们不能将 big 替换为 large：

(19.17) Miss Nelson, for instance, became a kind of big sister to Benjamin.

(19.18) ? Miss Nelson, for instance, became a kind of large sister to Benjamin.

这是由于 big 有年长或长大的含义，而 large 没有。因此，更合适的说法是 big 和 large 的某些含义（几乎）是同义的，而另一些含义并不是。

同义词是具有相同或相似意义的词。与此相反，**反义词**（antonyms）是具有相反意义的词。如下面例子所示：

long/short　big/little　fast/slow　cold/hot　dark/light

rise/fall　up/down　in/out

很难给反义关系一个正式的定义。如果两个含义定义了一个二元相反值或是位于某个尺度的两个相反的极点上，那么就可以称这两个含义为反义词。这种情况包括 long/short, fast/slow 或 big/little，它们位于长度或大小两种尺度的两个相反极点上。另一种反义词是**可逆的**（reversives），它描述某种反向的改变或运动，例如，rise/fall 或 up/down。

从某个角度看，反义词具有非常不同的意义，因为它们是相反的。但从另一个角度看，除了在某个尺度或方向上的位置不同外，反义词共享它们意义的几乎所有其他方面，因此它们具有非常相似的意义。这样一来，很难自动地区分同义词和反义词。

19.2.2　上下位关系

一个含义是另一个含义的**下位词**（hyponym）指的是第一个含义比第二个含义更具体，并且它是第二个含义的子类。例如，car 是 vehicle 的一个下位词，dog 是 animal 的一个下位词，mango 是 fruit 的一个下位词。相对地，我们称 vehicle 是 car 的一个**上位词**（hypernym），animal 是 dog 的一个上位词。遗憾的是，这两个词（上位词和下位词）非常相似并且很容易混淆。因此，通常用单词 **superordinate** 来代替 **hypernym**。

上位词（Superordinate）	vehicle	fruit	furniture	mammal
下位词（Hyponym）	car	mango	chair	dog

我们可以更正式地将上位关系定义为上位词表示的类在外延上包含了下位词表示的类。例如，动物类包含所有的狗作为类成员，运动行为类包含所有的步行行为。上位关系也可以用蕴涵(entailment)这个术语来定义。基于这个定义，如果是 A 的每个对象也都是 B，因而 A 蕴涵了 B，或者表示为 $\forall x\, A(x) \Rightarrow B(x)$，那么含义 A 是含义 B 的一个下位词。上下位关系通常是一种传递关系。如果 A 是 B 的下位词，并且 B 是 C 的下位词，那么 A 是 C 的下位词。

上下位关系的概念与计算机科学、生物学、人类学中扮演核心角色的其他概念紧密相关。如第 17 章所述，**本体**(ontology)通常是指对单一领域或**微世界**(microworld)进行分析而获得的不同客体的集合。**分类体系**(taxonomy)是指把本体知识体系中的元素排列成树状分类结构的一种特别方式。通常，对分类体系而言，在成分类的包含关系之外，还需要定义一系列良好定义的限制条件。例如，词位 hound(猎犬)，mutt(杂种狗)和 puppy(小狗)都是 dog(狗)的下位词，而 golden retriever(黄金猎犬)和 poodle(贵宾犬)也是 dog(狗)，但是通常并不直接使用所有这些上下位关系来构成一个分类体系，因为上面每一个上下位关系对中激发关系的概念都不相同。不过，我们通常还是可以使用分类体系来描述 poodle(贵宾犬)和 dog(狗)之间的上下位关系，基于这种定义，分类体系是上下位关系的一个子类型。

19.2.3　语义场

到目前为止，我们已经了解了同义关系、反义关系、上位关系和下位关系。另一个常见的关系是**整体部分关系**(meronymy)，描述了**部分-整体**(part-whole)的关系。腿(leg)是椅子(chair)的一部分，轮子(wheel)是汽车(car)的一部分。我们称 wheel 是 car 的**部分词**(meronym)，car 是 wheel 的**整体词**(holonym)。

但是，存在一个更一般的方法来考虑词义和词义之间的关系。尽管到目前为止我们定义的关系都是两个含义间的二元关系，**语义场**(semantic field)是一个针对某个特定领域所有词间的关系集合的更综合更整体的模型。考虑下面这些词：

reservation, flight, travel, buy, price, cost, fare, rates, meal, plane

我们可以确认上述个体之间的词汇关系：上下位关系、同义关系以及列表中词之间的其他关系。然而，这样形成的关系集并不能完整描述从整体上这些词之间是如何相关的信息。也就是，很明显这些词全都与飞机旅行背景信息相关的常识相关。这类背景知识在各式各样的框架下得到了研究，包括**框架**(Fillmore, 1985)、**模型**(Johnson-Laird, 1983)或**脚本**(Schank and Abelson, 1977)，并在许多计算框架中起到了中心的作用。

我们将在 19.4.5 节中讨论 **FrameNet**(框架网)工程(Baker et al., 1998)，FrameNet 提供了一个健壮的框架知识的计算资源。在 FrameNet 表示中，框架中的每个词都针对不同的框架定义，并且与框架中的其他词共享意义的各个方面。

19.3　WordNet：词汇关系信息库

最常用的英语义项关系资源是 **WordNet** 词汇信息库(Fellbaum, 1998)。WordNet 由三个独立的信息库组成：名词库、动词库以及形容词和副词共同库。WordNet 中不包括封闭词类的词汇。每个库都由一组词目组成，每个词目由一组义项注解。WordNet 3.0 包含 117 097 个名词、11 488 个动词、22 141 个形容词和 4 601 个副词。平均每个名词有 1.23 个义项，平均每个动词有 2.16 个义项。WordNet 可以从网上访问或下载后从本地访问。

图 19.1 展示了一个名词和形容词 bass 的典型词条。注意到图中有 8 个名词义项、1 个形容词义项，每个义项都有一个**注解**（gloss，字典风格的释义）、针对这个义项的同义词列表［称为**同义集**（synset）］，某些义项还有用例（图中的名词义项）。与字典不同，WordNet 没有表示发音信息，因此无法区分 **bass⁴**、**bass⁵** 以及 **bass⁸** 中的发音［b ae s］与其他义项的发音［b ey s］。

名词 "bass" 在WordNet中有8种涵义
1. bass^1 - (the lowest part of the musical range)
2. bass^2, bass part^1 - (the lowest part in polyphonic music)
3. bass^3, basso^1 - (an adult male singer with the lowest voice)
4. sea bass^1, bass^4 - (the lean flesh of a saltwater fish of the family Serranidae)
5. freshwater bass^1, bass^5 - (any of various North American freshwater fish with lean flesh (especially of the genus Micropterus))
6. bass^6, bass voice^1, basso^2 - (the lowest adult male singing voice)
7. bass^7 - (the member with the lowest range of a family of musical instruments)
8. bass^8 - (nontechnical name for any of numerous edible marine and freshwater spiny-finned fishes)

形容词 "bass" 在WordNet中有1种涵义
1. bass^1, deep^6 - (having or denoting a low vocal or instrumental range)
  "a deep voice"; "a bass voice is lower than a baritone voice"; "a bass clarinet"

图 19.1　WordNet 3.0 中名词 bass 词条的一部分

WordNet 中一个义项的一组近乎同义词被称为一个同义集（synset，synonym set）；同义集是 WordNet 中重要的基础性成分。Bass 词条包括同义集，如 bass^1、deep^6 或 bass^6、bass voice^1、basso^2。我们可以将一个同义集看成一个概念，这种概念的类型我们在第 17 章中讨论过。因此，摒弃用逻辑词表示概念的方法，WordNet 将概念表示为可以用来诠释概念的词义列表。下面是另一个同义集的例子：

{chump^1, fool^2, gull^1, mark^9, patsy^1, fall guy^1,
sucker^1, soft touch^1, mug^2}

这个同义集的注释描述该同义集是：a person who is gullible and easy to take advantage of（易受欺骗并容易被人利用的人）。包含在同义集中的每个词汇条目都可以被用来表述这个概念。像这样的同义集在实际上构成了与 WordNet 词条相关的含义，并且 WordNet 中所有词义关系的主体是同义集，而非词形、词目或个体的义项。

现在让我们研究这些词义关系，图 19.2 和图 19.3 表示了其中的一些关系。WordNet 上下位关系与 19.9.2 节讨论的上下位关系的概念直接相关。每个同义集通过上位关系和下位关系与紧靠的更普遍化或更具体化的同义集相关联。沿着这些关系，我们可以创建更长的关系链，表示同义集之间更普遍或更具体化的关系。图 19.4 展示了 **bass³** 和 **bass⁷** 的上下位关系链。

在上下位关系的描述中，连续的更一般的同义集展示在连续的缩进行中。第一条链从一个男低音歌手这个概念开始。它的直接上位词是与歌手这个一般化概念相关的一个同义集。顺着这条链到达的概念是表演者（entertainer）和人（person）。从乐器开始的第二条链有一条完全不同的路径，最后通往乐器、器材、物体这些概念。这两条路径最终都在非常抽象的同义集整体（whole）、单位（unit）处连接，接着都到达名次层级的顶点（根结点）实体（entity）［在 WordNet 中根结点通常被称为**独立起始概念**（unique beginner）］。

关　系	别　名	定　义	示　例
Hypernym	Superordinate	From concepts to superordinates	$breakfast^1 \rightarrow meal^1$
Hyponym	Subordinate	From concepts to subtypes	$meal^1 \rightarrow lunch^1$
Instance Hypernym	Instance	From instances to their concepts	$Austen^1 \rightarrow author^1$
Instance Hyponym	Has-Instance	From concepts to concept instances	$composer^1 \rightarrow Bach^1$
Member Meronym	Has-Member	From groups to their members	$faculty^2 \rightarrow professor^1$
Member Holonym	Member-Of	From members to their groups	$copilot^1 \rightarrow crew^1$
Part Meronym	Has-Part	From wholes to parts	$table^2 \rightarrow leg^3$
Part Holonym	Part-Of	From parts to wholes	$course^7 \rightarrow meal^1$
Substance Meronym		From substances to their subparts	$water^1 \rightarrow oxygen^1$
Substance Holonym		From parts of substances to wholes	$gin^1 \rightarrow martini^1$
Antonym		Semantic opposition between lemmas	$leader^1 \Longleftrightarrow follower^1$
Derivationally Related Form		Lemmas w/same morphological root	$destruction^1 \Longleftrightarrow destroy^1$

图 19.2　WordNet 中的名词关系

关　系	定　义	示　例
Hypernym	From events to superordinate events	$fly^9 \rightarrow travel^5$
Troponym	From events to subordinate event (often via specific manner)	$walk^1 \rightarrow stroll^1$
Entails	From verbs (events) to the verbs (events) they entail	$snore^1 \rightarrow sleep^1$
Antonym	Semantic opposition between lemmas	$increase^1 \Longleftrightarrow decrease$
Derivationally Related Form	Lemmas with same morphological root	$destroy^1 \Longleftrightarrow destruction^1$

图 19.3　WordNet 中的动词关系

```
Sense 3
bass, basso --
(an adult male singer with the lowest voice)
=> singer, vocalist, vocalizer, vocaliser
   => musician, instrumentalist, player
      => performer, performing artist
         => entertainer
            => person, individual, someone...
               => organism, being
                  => living thing, animate thing,
                     => whole, unit
                        => object, physical object
                           => physical entity
                              => entity
               => causal agent, cause, causal agency
                  => physical entity
                     => entity

Sense 7
bass --
(the member with the lowest range of a family of
musical instruments)
=> musical instrument, instrument
   => device
      => instrumentality, instrumentation
         => artifact, artefact
            => whole, unit
               => object, physical object
                  => physical entity
                     => entity
```

图 19.4　词位 bass 的两个独立义项的上下位关系链。注意这两个
　　　　链完全不同，只是会聚于非常抽象的层次 whole、unit

19.4 事件参与者

词汇意义的一个重要的方面与事件的语义相关。在第 17 章关于事件的讨论中，我们介绍了用谓词-论元结构来表示一个事件的重要性，事件的 Davidsonian 具体化在区分事件本身以及每个不同参与者上的作用。现在来表示这些参与者或论元的意义。我们介绍事件论元上的两种语义约束：语义角色（semantic roles）和选择限制（selectional restrictions）。我们从一个特定的语义角色模型——题旨角色（thematic roles）开始。

19.4.1 题旨角色

考虑在第 17 章中，我们如何表示如下句子中论元的意义：

（19.19）Sasha broke the window.

（19.20）Pat opened the door.

这两个句子的 neo-Davidsonian 事件表示是：

$$\exists e,x,y \, Breaking(e) \wedge Breaker(e,Sasha)$$
$$\wedge BrokenThing(e,y) \wedge Window(y)$$
$$\exists e,x,y \, Opening(e) \wedge Opener(e,Pat)$$
$$\wedge OpenedThing(e,y) \wedge Door(y)$$

在这个表示中，动词 break 和 open 的主语的角色分别为 Breaker 和 Opener。这些**深层角色**（deep role）特定于不同的事件，比如 Breaking 事件中的 Breakers，Opening 事件中的 Openers 等。

如果想回答问题、进行推理或利用这些事件完成进一步的自然语言理解任务，我们就需要更多地了解这些论元的语义。Breaker 和 Opener 存在一些共同点，它们都是有意志的行为人，常常是有生命的，并且对它们的事件负有直接的因果责任。

题旨角色（thematic role）试图捕获 Breakers 和 Eaters 之间的语义共性。我们把这两个动词的主语称为**施事**（agent）。因此，AGENT 是表示如意志的因果关系这样的抽象概念的题旨角色。类似地，两个动词的直接宾语 BrokenThing 和 OpenedThing，都是典型的受动作的某种影响且无生命的宾语。这些参与者的题旨角色就是**主题**（theme）。

题旨角色是最早的语言学模型之一，由印度语法学家 Panini 在公元前 7 世纪到 4 世纪之间提出。它们的现代定义来自于 Fillmore（1968）和 Gruber（1965）。尽管没有普遍认同的语义角色集合，图 19.5 和图 19.6 列出了一些在各种计算文献中普遍使用的语义角色，以及这些语义角色的粗略定义及例子。

题旨角色	定 义
AGENT	The volitional causer of an event
EXPERIENCER	The experiencer of an event
FORCE	The non-volitional causer of the event
THEME	The participant most directly affected by an event
RESULT	The end product of an event
CONTENT	The proposition or content of a propositional event
INSTRUMENT	An instrument used in an event
BENEFICIARY	The beneficiary of an event
SOURCE	The origin of the object of a transfer event
GOAL	The destination of an object of a transfer event

图 19.5　一些常用的题旨角色及它们的定义

题旨角色	例　　　句
AGENT	*The waiter* spilled the soup.
EXPERIENCER	*John* has a headache.
FORCE	*The wind* blows debris from the mall into our yards.
THEME	Only after Benjamin Franklin broke *the ice*...
RESULT	The French government has built a *regulation-size baseball di-amond*...
CONTENT	Mona asked *"You met Mary Ann at a supermarket?"*
INSTRUMENT	He turned to poaching catfish, stunning them *with a shocking device*...
BENEFICIARY	Whenever Ann Callahan makes hotel reservations *for her boss*...
SOURCE	I flew in *from Boston*.
GOAL	I drove *to Portland*.

图 19.6　各种题旨角色的典型例句

19.4.2　因素交替(Diathesis Alternations)

计算系统使用题旨角色以及一般的语义角色的最大原因是为了将其用作一个浅层的意义表示。这个表示能让我们做出一些简单的推断,且这些推断不能从单纯的表层词串中获得,甚至也不能由句法分析树中得到。例如,如果一个文档宣称 Company A acquired Company B(公司 A 收购了公司 B),那么我们就希望知道它能回答问题 Was Company B acquired(公司 B 被收购了吗?),尽管这两个句子有完全不同的表层句法。类似地,这个浅层语义可能在机器翻译中扮演一个有用的中间语言的角色。

这样,题旨角色帮助我们泛化谓词论元的不同表层实现。例如,尽管 AGENT 通常被认为是句子的主语,但在其他情况下 THEME 也可以作为主语。考虑下面这些动词 break 的题旨论元可能的实现:

(19.21) *John* 　　　*broke the window.*
　　　　　AGENT 　　　　　THEME

(19.22) *John* 　　　*broke the window with a rock.*
　　　　　AGENT 　　　　　THEME 　　　　　　INSTRUMENT

(19.23) *The rock* 　　　*broke the window.*
　　　　INSTRUMENT 　　　　　THEME

(19.24) *The window broke.*
　　　　THEME

(19.25) *The window was broken by John.*
　　　　THEME 　　　　　　　　　AGENT

这些例子暗示 break 的论元包括(至少包括)AGENT、THEME 和 INSTRUMENT。动词支配的题旨角色论元组通常被称为**题旨格**(thematic grid)、θ-格或**格框架**(case frame)。下面是 break 论元可能的实现:

- AGENT:Subject, THEME:Object
- AGENT:Subject, THEME:Object, INSTRUMENT:PP$_{with}$
- INSTRUMENT:Subject, THEME:Object
- THEME:Subject

这说明了许多动词允许它们的题旨角色在不同的句法位置出现。例如,动词 give 可以以两种不同的方式来实现 THEME 和 GOAL 论元:

（19.26）a.　*Doris　gave the book to Cary.*
　　　　　　AGENT　　　THEME　　GOAL
　　　　b.　*Doris　gave Cary　the book.*
　　　　　　AGENT　　　GOAL　　THEME

这种多论元结构的实现（break 可以使用 AGENT、INSTRUMENT 或 THEME 作为主语，give 可以以任意顺序实现它的 THEME 和 GOAL）被称为**动词交替**（verb alternations）或**因素交替**（diathesis alternations）。这种转换体现在上述 give 的用法上，**格交替**（dative alternation）似乎与动词的特定语义类同时出现，包括“未来拥有的动词”（advance，allocate，offer，owe）、“传送动词”（kick，pass，throw）等。Levin（1993）是一本包含大量英语动词及这些动词所述类别，以及这些动词参与的各种交替的参考书。这本书中列出的动词类别也已经被加入在线的 VerbNet 资源中（Kipper et al.，2000）。

19.4.3　题旨角色的问题

题旨角色层的意义表示似乎能有效地用在处理句法转换这样复杂的问题上。但尽管有这些潜在的好处，提出一组标准的角色被证明还是很困难的，同样困难的还有创建如 AGENT、THEME 或 INSTRUMENT 这样角色的正式定义。

例如，试图定义角色集合的学者们常常发现他们必须将如 AGENT 或 THEME 这样的角色分割成许多具体的角色。Levin and Rappaport Hovav（2005）总结了许多这样的情况，事实证明至少存在两种不同类型的 INSTRUMENTS，作为主语出现的媒介工具以及不能作为主语的被使用的工具。

（19.27）a.　The cook opened the jar with the new gadget.

　　　　b.　The new gadget opened the jar.

（19.28）a.　Shelly ate the sliced banana with a fork.

　　　　b.　＊The fork ate the sliced banana.

除了分割问题之外，在一些情况下我们需要分析和泛化语义角色，但有限的离散角色让我们难于这样做。

最终，事实证明难以正式地定义语义角色。考虑 AGENT 角色，大部分情况下 AGENT 都是有生命的、主动的、有情感的、事件的引起者，但是任意一个单独的名词短语都有可能不具备上述所有的特性。

这些问题引发了语义角色的大部分替代模型研究。其中一个模型基于抽象化具体题旨角色的**广义语义角色**（generalized semantic roles）。例如，PROTO-AGENT 和 PROTO-PATIENT 是广义的角色，它们粗略地表示了类似施事和类似受事的意义。这些角色并不是通过充分必要条件定义的，而是通过一组伴随着更类似施事或更类似受事的意义的启发式特征定义的。因此，一个论元显示出越多的类似施事的属性（意图、情感、因果等），这个论元被标记为 PROTO-AGENT 的可能性越高。类似地，一个论元显示出越多的类似受事的属性（经历状态的变化，受其他参与者的影响，与其他参与者有稳定联系等），这个论元被标记为 PROTO-PATIENT 的可能性越高。

除了原型角色（proto-roles）的使用，许多计算模型通过定义特定于特定动词或动词和名词的特定集合的语义角色来解决题旨角色所引起的问题。

在接下来的两节中，我们将描述两种基于上述语义角色的不同替换版本的常用词汇资源。**命题库**（PropBank）同时使用了原型角色（proto-roles）和动词特定的（verb-specific）语义角色。**框架网**（FrameNet）使用框架特定的（frame-specific）语义角色。

19.4.4　命题库

命题库(Proposition Bank)，一般被称为 PropBank，是一个包含标注了语义角色的句子的资源。英文 PropBank 标记了宾州树库(Penn TreeBank)中的所有句子；中文 PropBank 标记了宾州中文树库中的句子。由于难以定义一套通用的题旨角色，PropBank 中的语义角色针对每个特定的动词含义定义。因此，每个动词的每个含义就有一套特定的角色，这套角色用数字而非名称标识：Arg0、Arg1、Arg2 等。一般而言，Arg0 表示 PROTO-AGENT，Arg1 表示 PROTO-PATIENT；其他角色的语义通常特定于动词的意义。因此，一个动词的 Arg2 与另一个动词的 Arg2 通常少有共同之处。

下面是动词 agree 和 fall 的每个含义的简化 PropBank 条目。每个角色的定义("Other entity a-greeing""Extent, amount fallen")是为了便于人们阅读的非正式注释，而不是正式的定义。

(19.29) **agree.01**

　　　Arg0：　Agreer

　　　Arg1：　Proposition

　　　Arg2：　Other entity agreeing

　　　Ex1：　$[_{Arg0}$ The group$]$ *agreed* $[_{Arg1}$ it wouldn't make an offer unless it had Georgia Gulf's consent$]$.

　　　Ex2：　$[_{ArgM-TMP}$ Usually$]$ $[_{Arg0}$ John$]$ *agrees* $[_{Arg2}$ with Mary$]$ $[_{Arg1}$ on everything$]$.

(19.30) **fall.01**

　　　Arg1：　Logical subject, patient, thing falling

　　　Arg2：　Extent, amount fallen

　　　Arg3：　start point

　　　Arg4：　end point, end state of arg1

　　　Ex1：　$[_{Arg1}$ Sales$]$ *fell* $[_{Arg4}$ to \$ 251.2 million$]$ $[_{Arg3}$ from \$ 278.7 million$]$.

　　　Ex2：　$[_{Arg1}$ The average junk bond$]$ *fell* $[_{Arg2}$ by 4.2%$]$.

注意到 fall 没有 Arg0 角色，因为 fall 的规范主语是 PROTO-PATIENT。

PropBank 的语义角色在恢复动词论元的浅层语义信息方面是有用的。考虑动词 increase：

(19.31) **increase.01** "go up incrementally"

　　　Arg0：　causer of increase

　　　Arg1：　thing increasing

　　　Arg2：　amount increased by, EXT, or MNR

　　　Arg3：　start point

　　　Arg4：　end point

PropBank 的语义角色标注让我们可以推断下面这三个例子在事件结构上的共性。也就是说，尽管表层形式不同，每个例子中的 Big Fruit Co. 是 AGENT，the price of banana 是 THEME。

(19.32) $[_{Arg0}$ Big Fruit Co. $]$ increased $[_{Arg1}$ the price of bananas$]$.

(19.33) $[_{Arg1}$ The price of bananas$]$ was increased again $[_{Arg0}$ by Big Fruit Co. $]$.

(19.34) $[_{Arg1}$ The price of bananas$]$ increased $[_{Arg2}$ 5%$]$.

19.4.5 FrameNet

推断包含词 increase 的不同句子之间的语义共性有一定的用处，进一步，如果我们能在更多的情况下，涉及不同动词的情况下，甚至在动词与名词之间做这样的推断，就会有更大的用处。

例如，我们有可能希望抽取下面 3 个句子中的相似之处：

(19.35) [$_{Arg1}$ The price of bananas] increased [$_{Arg2}$ 5%].

(19.36) [$_{Arg1}$ The price of bananas] rose [$_{Arg2}$ 5%].

(19.37) There has been a [$_{Arg2}$ 5%] rise [$_{Arg1}$ in the price of bananas].

注意到第二个例子使用了不同的动词 rise，第三个例子使用了名词 rise 而不是动词 rise。我们希望有一个系统能识别出上涨的东西是 the price of bananas，上涨的幅度是 5%，无论 5% 出现在动词 increased 的宾语位置还是作为名词 rise 名词性的修饰词。

FrameNet（框架网）工程是另一个语义角色标注项目，它正是试图解决这类问题的一个方案（Baker et al., 1998；Lowe et al., 1997；Ruppenhofer et al., 2006）。在 PropBank 中语义角色特定于动词，在 FrameNet 中语义角色特定于**框架**（frame）。框架是一个类似脚本的结构，它实例化一组称之为**框架元素**（frame elements）的特定于框架的语义角色。每个词唤起一个框架并描述这个框架及其元素的一些方面。例如，**change_position_on_a_scale** 框架被如下定义：

This frame consists of words that indicate the change of an Item's position on a scale (the Attribute) from a starting point (Initial_value) to an end point (Final_value).

[这个框架所包含的词指示了一个物品的位置从起始点（初始值）到终点（终值）在某个规模（属性）上的改变]。

这个框架中的一些语义角色（框架元素）被划分为**核心角色**（coreroles）和**非核心角色**（non-core roles），其定义如下[定义来自 FrameNet Labelers Guide（Ruppenhofer et al., 2006）]：

核心角色	
ATTRIBUTE	The ATTRIBUTE is a scalar property that the ITEM possesses.
DIFFERENCE	The distance by which an ITEM changes its position on the scale.
FINAL_STATE	A description that presents the ITEM's state after the change in the ATTRIBUTE's value as an independent predication.
FINAL_VALUE	The position on the scale where the ITEM ends up.
INITIAL_STATE	A description that presents the ITEM's state before the change in the ATTRIBUTE's value as an independent predication.
INITIAL_VALUE	The initial position on the scale from which the ITEM moves away.
ITEM	The entity that has a position on the scale.
VALUE_RANGE	A portion of the scale, typically identified by its end points, along which the values of the ATTRIBUTE fluctuate.
一些非核心角色	
DURATION	The length of time over which the change takes place.
SPEED	The rate of change of the VALUE.
GROUP	The GROUP in which an ITEM changes the value of an ATTRIBUTE in a specified way.

下面是一些例句：

(19.38) [$_{ITEM}$ Oil] *rose* [$_{ATTRIBUTE}$ in price] [$_{DIFFERENCE}$ by 2%].

(19.39) [$_{ITEM}$ It] has *increased* [$_{FINAL\_STATE}$ to having them 1 day a month].

(19.40) $\big[$ ITEM Microsoft shares $\big]$ *fell* $\big[$ FINAL_VALUE to 7 5/8 $\big]$.

(19.41) $\big[$ ITEM Colon cancer incidence $\big]$ *fell* $\big[$ DIFFERENCE by 50% $\big]$ $\big[$ GROUP among men $\big]$.

(19.42) a steady *increase* $\big[$ INITIAL_VALUE from 9.5 $\big]$ $\big[$ FINAL_VALUE to 14.3 $\big]$ $\big[$ ITEM in dividends $\big]$.

(19.43) a $\big[$ DIFFERENCE 5% $\big]$ $\big[$ ITEM dividend $\big]$ *increase*. . .

注意到这些例句中的框架包括目标词 rise、fall 和 increase。事实上,完整的框架包括下面这些词:

动词:	dwindle	move	soar	escalation	shift
advance	edge	mushroom	swell	explosion	tumble
climb	explode	plummet	swing	fall	
decline	fall	reach	triple	fluctuation	副词:
decrease	fluctuate	rise	tumble	gain	increasingly
diminish	gain	rocket		growth	
dip	grow	shift	名词:	hike	
double	increase	skyrocket	decline	increase	
drop	jump	slide	decrease	rise	

FrameNet 同样编码了框架和框架元素间的关系。框架间可以彼此继承,不同框架的元素间的泛化关系也可以通过继承来捕获。框架间的其他关系,如因果关系,也同样被表示。因此,**Cause_change_of_position_on_a_scale** 框架通过因果(cause)关系与 **Change_of_position_on_a_scale** 框架连接,但前者增添了 AGENT 角色并且用于表示如下使动的例子:

(19.44) $\big[$ AGENT They $\big]$ *raised* $\big[$ ITEM the price of their soda $\big]$ $\big[$ DIFFERENCE by 2% $\big]$.

同时使用这两个框架允许一个理解系统抽取所有的动词、名词的使动或非使动用法的公共事件语义。

第 20 章将讨论抽取不同类型语义角色的自动方法;事实上,PropBank 和 FrameNet 的一个主要目标就是给这样的语义角色标注算法提供训练数据。

19.4.6 选择限制

语义角色给我们提供了一种表示论元语义的方法,它通过论元与谓词之间的关系来表示论元的语义。在这一节我们使用另外一种方法来表示论元的语义限制。**选择限制**(selectional restriction)是一种语义类型限制,它表示一个动词对允许填充到它的论元角色的概念类别的限制。考虑与下面例子相关的两种意义:

(19.45) I want to eat someplace that's close to ICSI.

该句有两种可能的分析结果及语义解释。在合理的解释下,eat 是不及物动词,而短语 someplace that's close to ICSI 是一个修饰语,给出了 eat 这个事件发生的地点。另外一种无意义的解释是:eat 是及物动词,短语 someplace that's close to ICSI 是直接宾语,是 eat 的 THEME,就如下面句子中的名词 Malaysian food 一样。

(19.46) I want to eat Malaysian food.

我们如何得知 someplace that's close to ICSI 不是句子的直接宾语呢? 一个有用的线索是这样的一个语义事实:EATING 事件的 THEME 通常是可食用的。这种动词 eat 对其 THEME 论元填充词施加的限制就是一个选择限制。

选择限制与含义相关而不是与整个词位相关。我们可以从下面词位 serve 的例子中了解这一点：

（19.47）Well，there was the time they served green-lipped mussels from New Zealand.

（19.48）Which airlines serve Denver?

例（19.47）说明的是 serve 的"烹饪"含义，该含义限制它的 THEME 角色必须为某种食品。例（19.48）说明的是 serve 的"提供商业服务"（provides a commercial service to sense of serve）含义，该含义限制它的 THEME 必须是某个适当的地理位置。我们将在第 20 章中利用与含义相关的选择限制作为帮助词义消歧的线索。

选择限制在特定性上面有很大的差异。以动词 imagine（想象）为例，它对 AGENT 角色施加了严格的限制（必须是人类以及其他有生命的实体），但对 THEME 角色的语义要求非常少。另一方面，如 diagonalize（对角化）这样的动词，对 THEME 角色的填充词有非常明确的限制：必须是一个 matrix（矩阵）。而形容词 odorless（无味的）的论元被限制为有气味的概念：

（19.49）In rehearsal，I often ask the musicians to *imagine* a tennis game.

（19.50）Radon is an *odorless* gas that can't be detected by human senses.

（19.51）To *diagonalize* a matrix is to find its eigenvalues.

这些例子说明我们用于表示选择限制（是一个矩阵，拥有气味等）的概念集合是非常开放的。这一点将选择限制与其他表示词汇知识的特征区分出来，例如，词性标注的数量通常极其有限。

选择限制的表示

一种捕获选择限制语义的方法是使用和扩展第 17 章的事件表示。通常，一个事件的 neo-Davidsonian 表示包括表示事件的单个变量、代表事件种类的谓词及事件角色的变量和关系。忽略 λ 结构的问题，同时采用论元角色而非深层事件角色，如 eat 这样的动词的语义贡献可表示为：

$$\exists e,x,y\ Eating(e) \land Agent(e,x) \land Theme(e,y)$$

利用上面的表示，我们知道的所有关于 y（THEME 角色的填充者）的信息是：通过 THEME 关系它与 Eating 事件相关联。为加入 y 必须是可食用的东西这一选择限制，我们可以通过简单地添加一个新的项来实现：

$$\exists e,x,y\ Eating(e) \land Agent(e,x) \land Theme(e,y) \land EdibleThing(y)$$

当遇到如 ate a hamburger 的短语时，语义分析器能够形成如下的表示：

$$\exists e,x,y\ Eating(e) \land Eater(e,x) \land Theme(e,y) \land EdibleThing(y) \land Hamburger(y)$$

这个表示是完全合理的，因为 y 在范畴 Hamburger 中的成员属性与它在范畴 EdibleThing 中的成员属性是一致的，假设知识库中已经有一个合理的事实集就行了。相应地，如 ate a takeoff 这样的短语的表示则是非良构的，因为在一个类似 Takeoff 事件的范畴中的成员属性与范畴 EdibleThing 中的成员属性是不一致的。

尽管这个方法足以捕捉选择限制的语义，但直接使用时还存在两个问题。首先，采用 FOL 来施加选择限制这样的简单任务有"牛刀杀鸡"之嫌。而且完全可以采用更简单的形式体系，通过较少的计算开销来实现。第二个问题是，该方法预先假定存在一个大规模的逻辑知识库，这个库中包含了组成选择限制的相关概念的事实。可惜的是，尽管这类知识库正在建设，但是当前还没有达到任务所需规模的知识库。

一种更实际的表示语义角色的选择限制的方法是使用 WordNet 的同义集而非逻辑概念。每个谓词简单地指定 WordNet 的一个同义集作为它的每个论元的选择限制。如果填充语义角色的词是同义集的一个上位词,则这个意义表示就是良构的。

以 ate a hamburger 为例,我们可以将动词 eat 的 THEME 角色的选择限制设为同义集{ food, nutrient },注释为:any substance that can be metabolized by an animal to give energy and build tissue (任何能够被生物体新陈代谢以供给能量和构建组织的物质)。幸运的是,图 19.7 中 hamburger 的上位关系链,显示 hamburger 确实是食物。同样的,并不需要角色的填充者与限定的同义集之间严格匹配,只要填充者把限定的同义集作为它的一个上位词。

```
Sense 1
hamburger, beefburger --
(a fried cake of minced beef served on a bun)
=> sandwich
   => snack food
      => dish
         => nutriment, nourishment, nutrition...
            => food, nutrient
               => substance
                  => matter
                     => physical entity
                        => entity
```

图 19.7 WordNet 中有关 hamburger 可食用的根据

我们可以将这种方法用于早先讨论过的动词 imagine、lift 和 diagonalize 的 THEME 角色。让我们将 imagine 的 THEME 角色限制为同义集{entity},lift 的 THEME 角色限制为同义集{physical entity},以及 diagonalize 限制为{matrix}。这种处理正确地容许 imagine a hamburger 和 lift a hamburger 的存在,而且也正确地排除了 diagonalize a hamburger。

当然,WordNet 不可能为所有英文词汇提供完全合适的同义集来指定选择限制,这里也可以使用其他分类体系。此外,从语料库中自动地学习选择限制也是可行的。

在第 20 章,我们将回到选择限制的话题,将介绍选择优先这个选择限制的扩展,即一个谓词可以定义概率化的优先权而非严格地决定性论元限制。

19.5　基元分解

回到本章的开始,我们说定义词的一种方法是将词的意义分解成基元语义元素或特征组。这里我们已经通过题旨角色(施事、受事、手段等)有限集合的讨论看到了这种方法的一个方面。现在我们简单地讨论这种称为**基元分解**(primitive decomposition)或**成分分析**(componential analysis)的模型如何可以应用于所有词的意义。Wierzbicka(1992,1996)表明这种方法至少要追溯到如 Descartes 和 Leibniz 这样的欧洲大陆哲学家。

考虑试图定义如 hen, rooster 或 chick 的词。这些词都存在共同之处(它们都用来描述鸡),也存在不同之处(它们的年龄及性别)。这可以用**语义特征**(semantic features)来表示,即用来表示某种基元意义的符号:

hen　　+female, +chicken, +adult
rooster　-female, +chicken, +adult
chick　　+chicken, -adult

各种关于分解语义的研究,特别是计算相关的文献都关注动词的意义。考虑动词 kill 的一些例子:

（19.52）Jim killed his philodendron. ①

（19.53）Jim did something to cause his philodendron to become not alive.

从真值条件（"命题语义"）观点，这两个句子有相同的意义。基于上述等价假设，我们可以如下表示 kill 的意义：

（19.54）KILL(x, y)⇔CAUSE(x, BECOME(NOT(ALIVE(y))))

上式使用了如 do, cause, become, not 以及 alive 的语义基元。

事实上，这样的潜在语义基元组已经被用来表示 19.4.2 节中讨论的动词交替（Lakoff, 1965; Dowty, 1979）。考虑下面的例子：

（19.55）John opened the door. ⇒CAUSE(John(BECOME(OPEN(door))))

（19.56）The door opened. ⇒BECOME(OPEN(door))

（19.57）The door is open. ⇒OPEN(door)

这种分解方法认为所有例句中的 open 都与一个表示特定状态的谓词关联。这些例句间的不同意义源于该谓词与 CAUSE 和 BECOME 基元间的组合。

尽管这种基元分解方法可以解释状态和行为之间或使动与非使动谓词之间的相似性，但它仍依赖于先拥有大量的如 open 的谓词。更激进的方法是对这些基本谓词也进行分解。一种这样的动词性谓词分解方法是**概念依存**（Conceptual Dependency，CD）。图 19.8 中表示了十个基元谓词。

下面是一个例句及其概念依存表示。动词 brought 被转换为 ATRANS 和 PTRANS 两个基元，表示服务员（waiter）不但在物理上将支票（check）交给了 Mary，而且也把支票的控制权传给了她。注意在 CD 中每个基元都与固定的题旨角色相关联以表示动作中各式各样的参与者。

（19.58）The waiter brought Mary the check.

$$\exists x,y\, Atrans(x) \wedge Actor(x,Waiter) \wedge Object(x,Check) \wedge To(x,Mary)$$
$$\wedge Ptrans(y) \wedge Actor(y,Waiter) \wedge Object(y,Check) \wedge To(y,Mary)$$

基　元	定　义
ATRANS	The abstract transfer of possession or control from one entity to another.
PTRANS	The physical transfer of an object from one location to another
MTRANS	The transfer of mental concepts between entities or within an entity.
MBUILD	The creation of new information within an entity.
PROPEL	The application of physical force to move an object.
MOVE	The integral movement of a body part by an animal.
INGEST	The taking in of a substance by an animal.
EXPEL	The expulsion of something from an animal.
SPEAK	The action of producing a sound.
ATTEND	The action of focusing a sense organ.

图 19.8 一个概念依存基元集

语义基元组覆盖的范围不止是简单的名词和动词。下面的列表来自于 Wierzbicka(1996)。

---

① philodendron 是一种被称为喜林芋的植物。 　　　　　　　　　　　　——译者注

substantives:	I, YOU, SOMEONE, SOMETHING, PEOPLE
mental predicates:	THINK, KNOW, WANT, FEEL, SEE, HEAR
speech:	SAY
determiners and quantifiers:	THIS, THE SAME, OTHER, ONE, TWO, MANY (MUCH), ALL, SOME, MORE
actions and events:	DO, HAPPEN
evaluators:	GOOD, BAD
descriptors:	BIG, SMALL
time:	WHEN, BEFORE, AFTER
space:	WHERE, UNDER, ABOVE
partonomy and taxonomy:	PART(OF), KIND(OF)
movement, existence, life:	MOVE, THERE IS, LIVE
metapredicates:	NOT, CAN, VERY
interclausal linkers:	IF, BECAUSE, LIKE
space:	FAR, NEAR, SIDE, INSIDE, HERE
time:	A LONG TIME, A SHORT TIME, NOW
imagination and possibility:	IF… WOULD, CAN, MAYBE

由于难以提出可以表示所有可能意义的基元集合,大多数现有的计算语言学工作都没有使用语义基元。实际上,大部分计算工作倾向于使用 19.2 节提到的词汇关系来定义词。

19.6 高级问题:隐喻

当我们用意义来自完全不同领域的词和短语来提及或探讨另一个领域的概念或领域的时候,就使用了**隐喻**(metaphor)。隐喻与**借喻**(metonymy)类似,后者我们已经介绍过,可以用概念或实体的一个方面来提及这个实体的其他方面。在 19.1 节中,我们介绍了这样的借喻:

(19.59)作家(Jane Austen wrote Emma)↔作家的作品(I really love Jane Austen).

其中一个多义词 Austen 的两个含义是系统相关的。与此相对照的是,在隐喻中两个完全不同的意义领域之间存在系统化的关系。

隐喻是普遍存在的。考虑下面这个 WSJ 的例句:

(19.60) That doesn't **scare** Digital, which has grown to be the world's second-largest computer maker by poaching customers of IBM's mid-range machines.

动词 scare 表示"使惊恐"(to cause fear in)或"使丧失勇气"(to cause to lose courage)。在这里要使这个句子有意义,公司就必须像人一样拥有害怕(fear)或勇气(courage)这样的情感。虽然它们实际上并不具备这样的能力,但是我们在这里通过假定它们有这样的能力来表达和探讨它们。在这里我们说 scare 的使用基于把一个公司作为人来看待的隐喻,称之为"公司比作人"(CORPORATION AS PERSON)的隐喻。

这个隐喻算不上是 scare 的新颖的用法,也不是什么特殊的用法,而只是把公司比作人的一种传统的方式。在下面 WSJ 的例句中还可以看到单词 resuscitate(复苏)、hemorrhage(大出血)和 mind(意见)的类似的用法:

(19.61) Fuqua Industries Inc. said Triton Group Ltd., a company it helped **resuscitate**, has begun acquiring Fuqua shares.

(19.62) And Ford was **hemorrhaging**; its losses would hit ＄1.54 billion in 1980.

(19.63) But if it changed its **mind**, however, it would do so for investment reasons, the filing
said.

上述每个例子都显示出了对基本的"公司比作人"的隐喻的精巧的使用。前两个例子把健康
的概念扩展为对一个公司财政状况的表达，而在第三个例子中把 mind 用于公司以捕捉公司策略
的概念。

如"公司比作人"这样的隐喻构造被称为**惯用隐喻**(conventional metaphor)。Lakoff 和 Johnson
(1980) 令人信服地证明了我们每天所遇到的许多(如果不是大部分)隐喻的表达都是由少数简单
而且常见的模式来激发的。

19.7　小结

本章介绍了与词汇意义有关的各式各样的问题。下面是本章的主要内容：

- **词汇语义学**(lexical semantics)是一门研究词的意义以及词之间系统化的意义关联的研究。
- **词义**(word sense)是词的意义的体现，定义以及关系通常在词义的层面定义，而非在词形
  层面定义。
- **同形关系**(homonymy)是指共享一个词形但无关联的含义间的关系，而**多义关系**(polyse-
  my)是共享一个词形的相关含义间的关系。
- **同义关系**(synonymy)指具有相同意义的不同词间的关系。
- **上下位关系**(hyponymy)指具有**类别包含**(class-inclusion)关系的词间的关系。
- **语义场**(semantic field)被用于捕捉某个单独领域的整个词位集之间的语义关系。
- **WordNet** 是一个大规模的英语词汇信息库。
- **语义角色**(semantic roles)从特定深层语义角色出发，通过归纳各类动词之间的相似角色抽
  象得出。
- **题旨角色**(thematic roles)是基于一个有限角色列表的语义角色模型。其他语义角色模型包
  括动词特定的语义角色列表和**原型施事**(proto-agent)/**原型受事**(proto-patient)，二者都在
  PropBank 中被实现了，而 **FrameNet** 中实现了框架特定的角色列表。
- **语义选择限制**(selectional restriction)容许词(特别是谓词)对它们的论元词设置某些语
  义限制。
- **基元分解**(primitive decomposition)是词意义表示的另一种方法，基于基元词汇的有限
  集合。

19.8　文献和历史说明

Cruse(2004)是关于词汇语义学的入门性语言学文献。Levin and Rappaport Hovav(2005)是
涵盖论元实现和语义角色的研究综述。在 Pustejovsky and Bergler(1992)、Saint-Dizier and Viegas
(1995)以及 Klavans (1995)等文献中包含对词汇语义学计算性工作的介绍。

Fellbaum(1998)是关于 WordNet 的最全面的文献集。有许多研究者使用现有的词典作为词
汇资源。使用 Merriam Webster 词典的 Amsler(1980,1981)是最早的研究者之一。电子版的现代
英语朗文词典(Longman's Dictionary of Contemporary English)也被使用(Boguraev and Briscoe,

1989)。对多义表示的计算方法，参考 Pustejovsky(1995)，Pustejovsky and Boguraev(1996)，Martin(1986)以及 Copestake and Briscoe(1995)。Pustejovsky 的**生成词库**(generative lexicon)理论，特别是他的词的**物性结构**(qualia structure)理论是另外一种解释上下文中词的动态系统多义性的方法。

正如我们之前所提到的，题旨角色是最早的语言学模型之一，由印度语法学家 Panini 在公元前7世纪到4世纪之间提出。它们的现代模型来自于 Fillmore(1968)和 Gruber(1965)。Fillmore 的研究对自然语言处理工作具有深远和直接的影响，许多早期的自然语言理解的工作都是使用 Fillmore 格角色的某个版本(例如，Simmons(1973，1978，1983))。Baker et al. (1998)，Narayanan et al. (1999)和 Baker et al. (2003)描述了针对 FrameNet 工程的 Fillmore 工作的扩展。

Katz and Fodor(1963)首次把选择限制作为一种刻画语义的良构性的方法。McCawley(1968)第一个指出选择限制不能局限于有限的语义特征，而是需要从大规模的无约束的世界知识中获取。

Lehrer(1974)是关于语义场的经典文献。最近有关这个话题的论文是 Lehrer and Kittay(1992)。

使用语义基元来定义词的意义可以追溯到 Leibniz。在语言学中，对语义成分分析的关注来自于 Hjelmslev(1969)。Nida(1975)是对成分分析研究给出了一个全面的综述。长期以来 Wierzbicka(1996)一直倡导在语言的语义中使用基元。Wilks(1975a)在机器翻译及自然语言理解领域提出了类似的论元来完成基元的计算使用。另外一个突出的成果是 Jackendoff 的概念语义(Conceptual Semantic，1983，1990)，这一理念同样被使用在机器翻译工作中(Dorr，1993，1992)。

用来解释隐喻的计算方法包括基于惯例的方法和基于推理的方法。基于惯例的方法对一个相对小的与常规隐喻相关的核心组特定知识进行编码。这些表示接下来将在理解过程中使用，其具体做法是用一个合适的隐喻来替换一个意义(Norvig，1987；Martin，1990；Hayes and Bayer，1991；Veale and Keane，1992；Jones and McCoy，1992；Narayanan，1999)。基于推理的方法回避了常规的隐喻表示，转而通过一般的推理能力对比喻语言处理进行建模，例如，类比推理不是一个特定的与语言相关的现象(Russell，1976；Carbonell，1982；Gentner，1983；Fass，1988，1991，1997)。

Ortony(1993)是关于隐喻的很有影响力的论文集。Lakoff and Johnson(1980)是有关隐喻和换喻的经典理论研究。Russell(1976)给出了一个有关隐喻的最早的计算方法。其他早期的研究包括：DeJong and Waltz(1983)，Wilks(1978)和 Hobbs(1979b)。近期有关隐喻分析的计算研究包括：Fass(1988，1991 1997)，Martin(1990)，Veale and Keane (1992)，Iverson and Helmreich(1992)以及 Chandler(1991)。在文献 Martin(1996)中给出了关于隐喻以及其他类型的比喻语言的计算方法的综述。Gries and Stefanowitsch(2006)是最近有关隐喻的基于语料库方法的论文集。

第20章　计算词汇语义学

To get a single right meaning is better than a ship-load of pearls, to resolve a single doubt is like the bottom falling off the bucket[①]

Yuen Mei (1785) (translation by Arthur Waley)

　　洛杉矶借以成名的沥青通常出现在高速公路上。但是城市的中央有另一部分沥青——拉布雷亚沥青坑，这部分沥青保存了数以百万计的化石，这些化石来自更新世最后的冰川期。这些化石当中有一种是美洲剑齿虎，或者称为剑齿虎，你可以通过它们长长的尖牙立刻认出它们。大约500万年前，在阿根廷和南美其他地区生活着另一种完全不同的剑齿虎——袋剑齿虎。袋剑齿虎是有袋动物而剑齿虎是胎生的哺乳动物，不过它们上颚都长有长长的犬齿，下颚有保护性的骨头凸缘。这两种哺乳动物之间的相似性仅仅是众多平行进化或者趋同进化实例中的一种，在趋同进化中特定的背景或环境能导致不同物种进化出相似的结构(Gould，1980)。

　　在判断非生物种类有机体系：词的相似性方面，上下文背景的作用也很重要。假设我们想要判断两个词是否具有类似的词义。那么我们一点也不奇怪具有相似词义的词语通常出现在相似的语境中，不论是就语料库而言(在句子中具有相似的邻近词语或相似的句法结构)，还是就词典和同义词词库而言(具有相似的定义或在同义词词库的层次结构中位于邻近位置)。因此，语境的相似性是检测语义相似性的重要途径。语义相似性在多种应用中发挥重要作用，这些应用包括信息检索、问答系统、自动摘要和自然语言生成、文本分类、自动作文评分以及剽窃检测。

　　在这一章我们将介绍一系列和词义计算或**计算词汇语义学**(computational lexical semantics)相关的主题。与第19章的主题顺序大致相似，我们将介绍和词义、词之间的关系以及以谓语为核心的主题结构等相关计算任务。我们将展示语境和词义相似性在这些方面的重要作用。

　　我们首先从**词义排歧**(word sense disambiguation)开始，词义排歧是一项检查语境中的词例并决定每个单词在该语境下的义项的任务。词义排歧在计算语言学中有悠久的历史，这是一项不容小视的任务，因为许多词义从本质上都是有些难以捉摸的。然而，基于某些合理假设，一些鲁棒性的算法仍能够获得很高的准确性。这些算法中的大多数都是依靠语境的相似性来选择正确的词义。

　　这让我们很自然地去思考**词语相似性**(word similarity)计算以及词语之间的其他关系，包括在第19章介绍的 WordNet 关系——**上位词**(hypernym)、**下位词**(hyponym)和**部分词**(meronym)。我们将同时介绍纯粹依靠语料相似性的方法以及依靠类似 WordNet 的结构化资源的方法。

　　最后我们将介绍**语义角色标注**(semantic role labeling)的相关算法，语义角色标注也被称为**格角色**(case role)或者**题旨角色指派**(thematic role assignment)。这些算法通常使用从句法分析中得到的特征去指派语义角色，把语义角色如 AGENT，THEME 和 INSTRUMENT 指派到句子中特定谓语对应的短语上。

---

① 得到一个正确解释(的喜悦)堪比发现整船珍宝,消除一个长久疑问(的释然)犹如打通木桶的底。

袁枚(1785) (阿瑟·韦利翻译)

20.1　词义排歧：综述

我们在第 18 章讨论的组合语义分析器基本忽略了词语歧义的问题。现在可以清楚地看出这是一个不合理的方法。如果没有为输入的词语选择正确词义的措施，那么词典中海量的同义词和歧义词会使任何方法对于接踵而来的潜在语义解释应接不暇。

为词语选择正确词义的任务被称为**词义排歧**(word sense disambiguation)或 **WSD**。对词义进行排歧有助于提高其他自然语言处理任务的能力。正如我们将在第 25 章描述的，词语歧义能够在**机器翻译**(machine translation)领域产生严重问题，同样在**问答系统**(question answering)、**信息检索**(information retrieval)以及**文本分类**(text classification)领域产生问题。WSD 在上述应用及其他应用中的使用方式随着应用的特定需要而变化。本章所讨论的词义排歧忽略了它在特定应用下的不同之处，而只把词义排歧作为一个单独的任务来考虑。

在 WSD 最基本的形式中，WSD 算法把出现在一定语境中的词语以及固定的潜在词义目录作为输入，并返回词语在该语境下的正确词义作为输出。输入的形式和词义的目录都依赖于具体任务。对于把英语翻译成西班牙语的机器翻译来说，英语单词的词义标签目录可能是该词的西班牙单词翻译候选集合。如果语音合成是我们的任务，目录可能就限制在具有不同发音的同形词中，如 bass 和 bow。如果我们的任务是对医学文章进行自动标引，那么语义标签目录可能就是 MeSH(Medical Subject Headings)词典中的集合。当我们仅仅是评价 WSD 时，我们可以使用来自如 WordNet、LDOCE 字典或同义词辞典的语义集合。图 20.1 展现了关于词语 bass 的例子，词语 bass 有两个意思——一种乐器或者一种鱼①。

WordNet 中的词义	西班牙语译文	词典中的语义范畴	上下文中的目标词语
bass^4	lubina	FISH/INSECT	. . . fish as Pacific salmon and striped **bass** and. . .
bass^4	lubina	FISH/INSECT	. . . produce filets of smoked **bass** or sturgeon. . .
bass^7	bajo	MUSIC	. . . exciting jazz **bass** player since Ray Brown. . .
bass^7	bajo	MUSIC	. . . play **bass** because he doesn't have to solo. . .

图 20.1　bass 词义标签条目的可能定义

在这里有必要区分两种不同的 WSD 任务。在**词汇采样**(lexical sample)任务中，一小组预先定好的词语被选择出来，同时每一个词语在特定词典中的目标语义集合也被选择出来。因为词的集合和词义的集合都很小，监督机器学习方法通常被用来处理词汇采样任务。对每个单词，一定数量的语料实例(上下文句子)被选择出来，并对每一实例中目标词语的准确词义进行手工标注。这些标注好的实例可以用来训练一个分类系统。然后上述训练好的分类器可以对上下文中未标注的目标词语进行标注。词义排歧早期的工作都集中在词汇采样这一类任务上，主要构建针对特定词语的消歧算法，对单个词语如 line, interest 和 plant 进行词义排歧。

相比之下，在**全词**(all-word)(全词排歧)任务中，系统的输入为整个文本，以及对每个单词都标注了对应词义目录的词典，全词排歧系统要对文本中的每一个词进行排歧。全词排歧任务与词性标注任务很相似，主要区别在于标记集更大，以及每个单词都拥有自己的标记集合。大量标记造成的后果就是严重的数据稀疏问题，因为不大可能对测试集中每个词语都构建大量可用

---

① WordNet 数据库中包含 8 种意思，我们任意选择两种作为例子，也任意选择众多可能翻译成英语 sea bass 的西班牙语中的一种作为示例。

的训练数据。另外，考虑到合适大小的词典中多义词的数量，为每个词建立一个分类器的方法在实际中是不可行的。

在接下来的章节中我们将探讨不同机器学习模型在词义排歧中的应用。我们首先探讨一下监督学习，然后用一个章节探讨如何对系统进行标准的评价。然后将探讨多种排歧方法，这些方法可以用来解决完全监督学习中的数据缺失问题，这些方法包括基于字典的方法和自举（Bootstrapping）技术。

最后，在 20.7 节中介绍词语分布相似度的必要概念之后，在 20.10 节中接着讨论无监督词义排歧方法的相关问题。

20.2　有监督词义排歧

如果已经有手工标注正确词义的数据，那么我们就可以用**监督学习**（supervised learning）方法去解决词义排歧的问题：从文本中抽取对于预测特定词义有帮助的特征，然后利用这些特征训练一个分类器用来给词语指定一个正确的词义。上述训练的结果输出是一个能给文本中未标注词语指定词义标签的分类器。

对**词汇采样**（lexical sample）任务，目前有许多面向单个词语的标注语料库。这些语料包含目标词语的上下文句子及该目标词语的正确语义标注。这些语料包括 line-hard-serve 语料和 interest 语料，其中 line-hard-serve 语料包含 4 000 个 line 作为名词出现、hard 作为形容词出现，以及 serve 作为动词出现并带有语义标签的例子（Leacock et al., 1993），interest 语料包含了 2 369 个 interest 作为名词出现并带有语义标签的例子（Bruce and Wiebe, 1994）。SENSEVAL 项目也产生了一定数量的带有语义标签的词汇采样语料（SENSEVAL-1 从 HECTOR 字典和语料中产生了 34 个单词的例子（Kilgarriff and Rosenzweig, 2000; Atkins, 1993），SENSEVAL-2 和 SENSEVAL-3 分别产生了 72 和 57 个目标词语的例子（Palmer et al., 2001; Kilgarriff, 2001））。

对**全词**（all-words）排歧任务，我们使用 **semantic concordance** 语料，该语料中每一个句子中的开放性词语都标注有来自特定字典或者同义词词典的正确词义。一个常用的语料是 SemCor，它是 Brown Corpus 的一部分，包含了超过 234 000 个人工标注了 WordNet 意义的词语（Miller et al., 1993; Landes et al., 1998）。另外，SENSEVAL all-word 评测任务也构建了带有语义标签的语料。SENSEVAL-3 英语全词测试数据包含 2 081 个带有语义标签的词语，这些词语从 WSJ 和 Brown corpora 的 5 000 个连续英语词语中选出（Palmer et al., 2001）。

20.2.1　监督学习的特征抽取

监督训练的第一步就是抽取对词义具有预测性的特征。正如 Ide and Véronis（1998b）指出的，Weaver（1955）在机器翻译的背景下首先清楚地指出了所有现代词义排歧算法的内在本质：

> 如果某人要检查书中的单词，假设他带了一个不透明的面具，面具上只有一个单词宽度的小孔，他一次只能看到一个单词，那么显然他不能在一个时刻决定该时刻看到单词的意思。[…] 但是如果不断地加宽不透明面具上的小孔，直到他不但能看到问题中的中心词而且还能看到该中心词两边的 N 个词语，那么如果 N 足够大的话他就能毫无歧义地决定中心词语的意思。[…] 实际问题在于："至少在容忍一定程度错误的情况下，能够正确地选择中心词语词义的 N 的最小值是多少？"

首先我们对包含窗口的句子进行一些处理，通常包括词性标注、词形还原或词干还原，在某些情况下还要进行句法分析以便显示中心词以及它们之间的依赖关系。因此和目标词语相关的上下文特征可以从这种包含丰富信息的输入中抽取。这种由数值或者名义上的值构成的**特征向量**(feature vector)编码了语言学信息,并作为输入提供给大部分的机器学习算法。

通常从这种邻近的上下文中抽取两类特征:搭配特征和词袋特征。**搭配**(collocation)特征是指与目标词语有特定位置关系的词语或短语(例如,右边的一个词语或者左边的 4 个词语,等等)。因此**搭配特征**(collocational features)包含了目标词语左右特定位置的信息。从这些上下文词语中抽取的典型特征包括单词本身、单词的原形以及该单词的词性。这些特征能有效地包含局部词汇和语法信息,而这些信息通常能准确地区分给定的词义。

作为这类特征编码的例子,假设我们需要排歧如下 WSJ 句子中的目标词语 bass:

(20.1) An electric guitar and **bass** player stand off to one side, not really part of the scene, just as a sort of nod to gringo expectations perhaps.

从一个目标词语左右两个词的窗口中抽取出来的搭配特征向量如下所示,其中特征包括词语本身和它们对应的词性:①

$$[w_{i-2}, POS_{i-2}, w_{i-1}, POS_{i-1}, w_{i+1}, POS_{i+1}, w_{i+2}, POS_{i+2}] \tag{20.2}$$

上述句子将产生如下的向量:

[guitar, NN, and, CC, player, NN, stand, VB]

词袋特征包含了邻近词语的**词袋**(bag-of-words)信息。**词袋**(bag-of-words)意味着词语的无序集合,即忽略了词语的位置信息。最简单的词袋方法将目标词语的上下文表示为特征向量,向量中的每个二元特征指示词汇 w 是否出现在上下文中。词汇集通常是从训练集中预先选择出来词语的有用子集。在大部分 WSD 应用中,目标词语周围的上下文区域通常是以目标词语为中心的很小的对称的固定大小窗口。词袋特征能有效地捕捉到目标词语所在上下文的一般主题信息,进而就能容易地确定属于特定领域词语的意思。我们通常不使用停用词作为特征,同时我们也可以把词袋限制在一小部分经常使用的词语上。

例如,从 WSJ 语料中抽出包含单词 bass 的句子集合,然后从集合中选出使用频率最高的12 个词组成一个词袋向量,那么词袋向量将由如下有序的词语特征集合:

[*fishing, big, sound, player, fly, rod, pound, double, runs, playing, guitar, band*]

在大小为 10 的窗口内使用这些词的特征,那么式(20.1)将表示成如下的二元向量:

[0,0,0,1,0,0,0,0,0,0,1,0]

我们在第 23 章会重新提到词袋技术,那里词袋技术形成了现代搜索引擎中**向量空间模型**(vector space model)的基础。

大部分词义排歧方法同时使用了搭配特征和词袋特征,使用时要么把它们合并在一起形成一个大的向量,要么对每一种类型的特征建立一个不同的分类器,然后使用某种方式把分类器组合起来。

20.2.2 朴素贝叶斯分类器和决策表分类器

给定训练语料以及抽取出来的特征,任何监督的机器学习模式都可以用来训练一个意义分类器。因为研究者已经在词义排歧的朴素贝叶斯方法和决策表方法上做了大量的工作,且这两种方法在前面的章节中没有介绍,因此在这里我们主要讨论这两种方法。

---

① POS 表示词性。   ——译者注

用**朴素贝叶斯分类器**(naive Bayes classifier)方法进行词义排歧的前提假设是从可能的意义集合 s 中为特征向量 $\vec{f}$ 选择最佳意义 $\hat{s}$，这意味着在给定向量的情况下选出概率最大的意义。换句话说：

$$\hat{s} = \underset{s \in S}{\operatorname{argmax}} P(s|\vec{f}) \tag{20.3}$$

与大部分情况相同，通常难于收集到可直接得出等式(20.3)的合理统计数据。为了能够清晰地说明这一情况，考虑一个定义在 20 个词汇上的简单的二元词袋向量，该向量有 2^{20} 种可能的特征向量。现实中不太可能有语料能够充分地覆盖所有这些特征向量。为了绕开这个问题，我们使用常用的贝叶斯方法对问题进行转化，其结果如下：

$$\hat{s} = \underset{s \in S}{\operatorname{argmax}} \frac{P(\vec{f}|s)P(s)}{P(\vec{f})} \tag{20.4}$$

因为特定向量 $\vec{f}$ 和每种意思 s 相关联的数据依旧很稀疏，所以即使是等式(20.4)也不足以解决问题。不过在训练集中每个特定意义的上下文中都大量冗余存在单个特征及其值的组合可以利用。因此，我们可以提出特征独立假设——**朴素地**(naively)假设各特征之间相互独立，朴素贝叶斯方法这个名字来源于该假设，并且该假设在词性标注、语音识别以及统计句法分析中表现良好。**给定词义特征之间是条件独立的**(conditionally independent given the word sense)，那么条件概率 $P(\vec{f} \mid s)$ 可以用下面的式子去近似得到：

$$P(\vec{f}|s) \approx \prod_{j=1}^{n} P(f_j|s) \tag{20.5}$$

换句话说，我们可以通过对给定词义的单个特征概率进行连乘来估计给定词义条件下整个特征向量的概率。因为概率 $P(\vec{f})$ 对所有可能的词义来说都是一样的，它不影响词义最后的排名，这样我们就可以得到**词义排歧的朴素贝叶斯分类器**(naive Bayes classifier for WSD)的形式，如下：

$$\hat{s} = \underset{s \in S}{\operatorname{argmax}} P(s) \prod_{j=1}^{n} P(f_j|s) \tag{20.6}$$

给定上面公式，**训练**(training)一个贝叶斯分类器就可以分解为估计每一个特征在给定意义下的概率。公式(20.6)首要要求估计每个意义 $P(s)$ 的先验概率。我们可以在带有语义标注的训练数据中计算目标词语 w_j 的词义 s_i 出现的次数，然后除以目标词语 w_j 的出现次数，从而得到先验概率的极大似然估计。用公式表示出来如下：

$$P(s_i) = \frac{\operatorname{count}(s_i, w_j)}{\operatorname{count}(w_j)} \tag{20.7}$$

我们也需要知道每个单独特征的概率 $P(f_j \mid s)$。它的极大似然估计形式如下：

$$P(f_j|s) = \frac{\operatorname{count}(f_j, s)}{\operatorname{count}(s)} \tag{20.8}$$

因此，如果训练语料中词义 $bass^1$ 和搭配特征如 $w_{i-2} = guitar$ 一共出现了 3 次，而词义 $bass^1$ 出现了 60 次，那么其最大似然估计为 $P(f_j \mid s) = 0.05$。二元词袋特征采用类似的方式去计算概率，也就是简单地计算给定词语和每种可能的词义共同出现的次数，然后再除以每种词义的出现次数。

在给定必要的概率估计之后，我们就可以用公式(20.6)来为上下文中的词语指定词义。更具体的步骤是，我们为上下文中的目标词语抽取特定特征，计算每种词义的概率 $P(s) \prod_{j=1}^{n} P(f_j \mid s)$，然后返回概率最大的词义。注意在实际应用中，因为计算过程中出现了连续的乘积，所以即使是概率最大的词义的概率得分也是非常低，针对这一情况常用的解决办法是把其映射到 log 空间中，这样就可以使用连续加法代替连续乘法。

简单地使用最大似然估计意味着如果测试时遇到一个没有在训练集中和目标词语中共现的词语，那么目标词语所有词义概率都将为 0，因此有必要对这一方法进行平滑。用来词义排歧的朴素贝叶斯方法通常使用第 4 章讨论的拉普拉斯平滑方法（加 1 或加 K）进行平滑。

朴素贝叶斯分类器以及其他某些分类器的一个问题是人们很难检查它们的工作以及理解它们做出的决定。决策列表和决策树是一类清晰透明的方法，能让人检查它们的工作过程以及理解它们做出的决策。**决策表分类器**（decision list classifier）等同于大多数程序设计语言中的简单选择语句。在决策列表分类器中，一系列的测试被用于每个目标词语的特征向量上。每个测试表明了一个特定的词义。如果一个测试成功，那么和该测试相对应的词义将被返回。如果测试失败，那么将进行序列中的下一个测试。这一过程将持续到列表的尾部，然后一个默认的测试将简单的返回主要词义作为结果。

图 20.2 向我们展示了用来区别词语 bass 的鱼类意思和音乐意思的决策列表的一部分。第一条测试表明如果词语 fish 出现在输入的上下文中的任何位置，那么 bass[1] 就是正确的词义。如果 fish 不出现在上下文中，那么将依次去检验列表中的其他测试直到有一个测试返回答案。如同选择语句，在列表的尾部有一个默认的测试能够返回答案。

规　　则		词　　义
fish within window	⇒	**bass**[1]
striped bass	⇒	**bass**[1]
guitar within window	⇒	**bass**[2]
bass player	⇒	**bass**[2]
piano within window	⇒	**bass**[2]
tenor within window	⇒	**bass**[2]
sea bass	⇒	**bass**[1]
play/V *bass*	⇒	**bass**[2]
river within window	⇒	**bass**[1]
violin within window	⇒	**bass**[2]
salmon within window	⇒	**bass**[1]
on bass	⇒	**bass**[2]
bass are	⇒	**bass**[1]

图 20.2　用来区别词语 bass 的鱼类意思和音乐意思的简单决策列表（Yarowsky，1997）

训练一个决策列表分类器包含两部分，依据训练数据的特征产生独立的测试并对这些测试进行排序。大量的方法可以用来得到这样的列表。在 Yarowsky（1994）用来对二元同音异义词进行排歧的方法中，每一个特征及其值的组合构成一个测试。我们可以通过计算给定特征的条件下语义出现的概率来衡量该特征指定词义的可信度。两种词义概率之间的比值向我们展示了一个特征对该两种词义的区分度：

$$\left| \log \left(\frac{P(\text{Sense}_1 | f_i)}{P(\text{Sense}_2 | f_i)} \right) \right| \tag{20.9}$$

我们对列表中的测试按照它们的对数似然比进行排序，这样就得到了决策列表。按照顺序进行每条测试返回适合的词义。这种训练方法和标准的决策列表学习算法有很大的不同。想要了解这些方法的细节和理论动机，请查看 Rivest（1987）或 Russell and Norvig（2002）。

20.3　WSD 评价方法、基准线和上限

评价如 WSD 这样的组件技术是一件很复杂的事情。从长远来看，我们主要是对 WSD 能够把如信息检索、问答系统或机器翻译类的端到端应用（end-to-end application）的表现提高到何种

程度感兴趣。评价嵌入到端到端应用的组件 NLP 任务称为**外在评价**（extrinsic evaluation）、**基于任务**（task-based）的评价、**端到端**（end-to-end）的评价，或**体内**（in vivo）评价。只有使用外在评价我们才能辨别如 WSD 这样的技术是否能够真正地提高某些真实任务的表现。

　　然而，因为外在评价需要把 WSD 技术和端到端的技术结合在一起形成一个完整的工作系统，因此外在评价非常困难并且对应用来说非常耗时。更进一步，外在评价可能仅仅告诉我们 WSD 在某一特定应用背景下的一些情况，而不可能推广到其他应用上。

　　由于这些原因，WSD 系统通常是内在开发和评价的。在**内在**（intrinsic）评价或**体外**（in vitro）评价中，我们把 WSD 组件看成一个独立于任何给定应用的单独系统。在该评价方式中，系统通过其精确匹配**词义准确率**（sense accuracy）来评价，即在测试集中系统标注与人工标注一致的词义所占的百分比，如果允许系统忽略某些实例的标注，那么也可以通过标准的准确率和召回率来评价系统。通常情况下，我们从训练集中预留词义标注数据，如上面讨论的 SemCor 数据集或由 SENSEVAL 产生的各种数据集来评价系统。

　　词义评价的许多方面都已经被 SENSEVAL 和 SEMEVAL（Palmer et al.，2006；Kilgarriff and Palmer，2000）标准化。该框架提供了一个共享任务及该任务的训练和测试语料以及针对多种语言下的全词排歧和词汇采样任务的语义清单（sense inventories）。

　　无论做哪一个 WSD 任务，理想情况下都需要两个额外的标准去评价我们做得有多好：一个**基准线**（baseline）标准告诉我们与一个相对简单的方法相比我们做得有多好，一个**上限**（celing）告诉我们当前与最佳性能距离多远。

　　最简单的基准线就是从标注好的语料中选择每个词语使用次数**最频繁的词义**（most frequent sense）作为该词语的词义（Gale et al.，1992a）。因为词义在 WordNet 中按照频率从高到低排列，因此对于 WordNet 来说选择基准线就是**取出词语的第一条词义**（take the first sense）。WordNet 中词义的频率来自上面提到的带有语义标注的 SemCor 语料。

　　遗憾的是 WordNet 中的许多词义没有出现在 SemCor 中，这些没有出现的词义因此也就被随意地排在了那些出现的词义之后。例如，名词 plant 的 4 种 WordNet 词义排列如下：

频率	同义词集	注释
338	plant[1]，works，industrial plant	buildings for carrying on industrial labor
207	plant[2]，flora，plant life	a living organism lacking the power of locomotion
2	plant[3]	something planted secretly for discovery by another
0	plant[4]	an actor situated in the audience whose acting is rehearsed but seems spontaneous to the audience

　　当没有充足的训练数据对监督算法进行训练时，用频率最高词义的基准线相当准确，因此这也经常被用作默认的基准线。第二种常用的基准线是下一节要讨论的 **Lesk 算法**（Lesk algorithm）。人工标注的一致程度通常被用作词义排歧评价的上限，或者顶部边界。在给定相同标注准则条件下，人工标注一致程度通过比较两个人工标注员在相同的数据上进行的标注来衡量。对于许多使用 WordNet 格式的语义清单进行标注的全词分歧的语料，上限（标注一致程度）的范围似乎是从 75% 到 80%（Palmer et al.，2006）。在粗颗粒度的，通常是二元的，语义清单上一致度接近 90%（Gale et al.，1992a）。

　　尽管使用手工标注的测试集对 WSD 进行测试是目前最好的办法，但是标注大规模的语料依然非常昂贵。对有监督方法来说，不管怎样我们都需要这样的数据来进行训练，因此标注大规模的语料看起来是合理的。但是对于类似在 20.10 节将要讨论的无监督方法来说，我们想要一种避免手工标注的评价方法。使用伪词就是这样一种简化的评价方法（Gale et al.，1992c；Schütze，

1992a)。一个**伪词**(pseudoword)是把两个随机选取的词语链接在一起构成的人造词语(如 banana 和 door 构成了 banana-door)。测试语料中原来的两个词语都被替换成新造的词语,这个新造的词语现在有 banana 和 door 的意思了,也就有歧义了。正确的词义是由原来的词语决定的,因此我们可以使用词义排歧算法并如平时一样计算准确率。因为伪词比平均的歧义词更容易排歧,因此一般来说,使用伪词进行评价获得了一个过分乐观的结果。这是因为真实词语的不同义项之间是相似的,然而伪词的词义之间一般没有语义相似性,就如同义词而不是多义词(Gaustad,2001)。Nakov and Hearst(2003)指出可以通过精心选择伪词来提高伪词评价的准确性。

20.4　WSD:字典方法和同义词库方法

基于语义标注数据集的监督算法在词义排歧任务中有最好的表现。然而,标注这样的训练集是昂贵且有限的,并且有的监督方法不能有效地处理训练集中未出现的词语。因此这一节和下一节将描述从其他资源中获取非直接监督的不同方法。在这一节中,我们将描述使用字典或同义词库作为一类非直接监督的方法,下一节将展示自举方法。

20.4.1　Lesk 算法

到目前为止研究最透彻的基于字典的词义排歧算法是 **Lesk 算法**(Lesk algorithm),Lesk 算法泛指一系列算法,这些算法计算词义的字典注释或定义和目标词语邻近词语的交集,然后把交集最大的词义赋给目标词语。图 20.3 展示了最简单版本的 Lesk 算法,也称为**简化的 Lesk**(simplified Lesk)算法(Kilgarriff and Rosenzweig,2000)。

```
function SIMPLIFIED LESK(word, sentence) returns best sense of word

    best-sense ← most frequent sense for word
    max-overlap ← 0
    context ← set of words in sentence
    for each sense in senses of word do
        signature ← set of words in the gloss and examples of sense
        overlap ← COMPUTEOVERLAP(signature, context)
        if overlap > max-overlap then
            max-overlap ← overlap
            best-sense ← sense
    end
    return(best-sense)
```

图 20.3　简化的 Lesk 算法。函数 COMPUTEOVERLAP 返回两个集合的交集中词的个数,忽略了功能词和停用列表中的其他词语。原始的Lesk算法用一种更复杂的办法去定义上下文。Corpus Lesk算法对重叠词语w使用$\log P(w)$进行加权并且在signature中保存带有标签的训练数据

作为 Lesk 算法的工作实例,考虑排歧下面上下文中的词语 bank:

(20.10) The **bank** can guarantee deposits will eventually cover future tuition costs because it invests in adjustable-rate mortgage securities.

给定如下两个 WordNet 词义:

bank[1]	Gloss:	a financial institution that accepts deposits and channels the money into lending activities
	Examples:	"he cashed a check at the bank", "that bank holds the mortgage on my home"
bank[2]	Gloss:	sloping land (especially the slope beside a body of water)
	Examples:	"they pulled the canoe up on the bank", "he sat on the bank of the river and watched the currents"

词义 bank¹ 有两个非停用词和例(20.10)上下文中的词语重叠：deposits 和 mortgage，而词义 bank² 和例(20.10)上下文没有重叠词，因此这里选择词义 bank¹ 作为例(20.10)中 bank 的意思。

简化的 Lesk 算法存在多种明显的变种。原始的 Lesk 算法(Lesk, 1986)采用了相对不直接的方式。它不是将目标词语的注记(signature)与上下文中的词语进行比较，而是将目标词语的注记与上下文中每一个词语的注记进行比较。例如，在给定词语 pine 和 cone 如下定义的情况下，考虑使用 Lesk 算法为在短语 pine cone 中的单词 cone 选择合适词义的例子。

pine　1 kinds of evergreen tree with needle-shaped leaves

　　　 2 waste away through sorrow or illness

cone　1 solid body which narrows to a point

　　　 2 something of this shape whether solid or hollow

　　　 3 fruit of certain evergreen trees

在这个例子中，Lesk 方法将选择 cone³ 作为正确的词义，因为该词义的解释和单词 pine 的定义有两个重叠的词语：evergreen 和 tree，而其他词义的解释和 pine 的定义则没有重叠的词语。一般来说简化的 Lesk 算法的表现似乎比原始的 Lesk 算法要好。

然而，不论是原始的方法还是简化的方法都面临着一个主要问题，那就是字典中对于每个目标词语的解释相对简短，因此可能不能提供足够的与上下文存在重叠词语的机会。[①] 一种完善的方法是扩充分类器使用的词语列表，使该列表包含那些和目标词语的词义定义相关但没出现在词义定义中的词语。但是如果有任何带有语义标注的数据如 SemCor 可以利用，那么最好的解决方法是把一个词义在标注语料中的句子中的所有词语添加到该词义的注记中。这一版本的算法称为 **Corpus Lesk** 算法，是所有 Lesk 变种算法中表现最好的(Kilgarriff and Rosenzweig, 2000；Vasilescu et al., 2004)，并在 SENSEVAL 竞赛中作为基准线使用。**Corpus Lesk** 算法不仅仅计算重叠词语的个数，而且为每一个重叠词语赋予一个权重。权重是**逆文档频率**(inverse document frequency, IDF)，IDF 是将在第 23 章介绍的标准的信息检索衡量标准。IDF 衡量一个词语出现在多少个不同的"文档"(在这样的情况下，注释和例子)中，因此是对功能词语打折的一种方法。因为功能词如 the、of 等出现在很多的文档中，它们的 IDF 就很低，而实义词语的 IDF 就很高。Corpus Lesk 因此使用 IDF 代替停用词列表。

词语 i 的 IDF 可以定义为如下形式的公式：

$$\text{idf}_i = \log\left(\frac{N\text{doc}}{nd_i}\right) \tag{20.11}$$

式中，$N\text{doc}$ 是文档(注释和实例)的总数量，nd_i 是这些文档中包含词语 i 的文档数量。

最后，我们可以通过添加类似 Lesk 的词袋特征把 Lesk 方法和监督方法结合起来。例如，WordNet 中针对目标词义的注释和实例句子可以用来计算监督学习的词袋特征，连同 SemCor 上下文中的词语去计算词义(Yuret, 2004)。

20.4.2　选择限制和选择优先度

第 19 章中定义的**选择限制**(selectional restriction)是词义排歧最早使用的知识资源之一。例如，动词 eat 限制其主题变元必须是[+FOOD]。基于这样的想法，早期系统排除违反邻近词语选择限制的词义(Katz and Fodor, 1963；Hirst, 1987)。考虑如下一对关于词语 dish 的 WSJ 的例子：

---

① 确实，Lesk(1986)指出他系统的表现似乎粗略地和字典中解释的长度有关。

(20.12)"In our house, everybody has a career and none of them includes washing **dishes**, " he says.

(20.13)In her tiny kitchen at home, Ms. Chen works efficiently, stir-frying several simple **dishes**, including braised pig's ears and chicken livers with green peppers.

这两个分别对应 WordNet 中的 **dish**^{1}(一种餐具,通常用来盛或上饭菜),有类似 artifact 的上位词和 **dish**^{2}(一种特定的食品类别),有类似 food 的上位词。

在这些例子中我们察觉不到歧义的事实可以解释为由 wash 和 stir-fry 在它们的主题语义角色上施加的选择限制。由 wash 施加的限制(可能是[+ WASHABLE])和 **dish**^{2} 相冲突。由 stir-fry 施加的限制(可能是[+ EDIBLE])和 **dish**^{1} 相冲突。在早期的系统中,谓词通过排除那些违背其某一选择限制的词义来严格选择歧义词语的正确意思。但是如此硬性的限制带来了一些问题,主要问题是在合法的句子中也经常出现与选择限制发生冲突的情况,其原因要么是因为如例(20.14)中那样它们被否定词修饰,要么是因为如例(20.15)中那样选择限制被夸大了:

(20.14)But it fell apart in 1931, perhaps because people realized you can't **eat** gold for lunch if you're hungry.

(20.15)In his two championship trials, Mr. Kulkarni **ate** glass on an empty stomach, accompanied only by water and tea.

正如 Hirst(1987)所观察到的,像这样的例子经常导致所有的意思都被排除,从而使语义分析停止。因此现代模型把选择限制当作参考而不是严格的必要条件。尽管这些年已经出现了许多该方法的实例(如 Wilks, 1975c, 1975b, 1978),我们将讨论流行的概率或信息论方法家族中的一个成员:Resnik(1997)的**选择关联性**(selectional association)模型。

Resnik 首先把**选择优先度**(selectional preference strength)定义为一个谓词告诉我们关于其变量语义类别的大体信息量。例如,动词 eat 能告诉我们很多关于它的直接宾语的语义类别信息,因为它们倾向于是可以吃的。相反动词 be 告诉我们很少关于它的直接宾语的信息。选择关联度可以定义为两个分布之间的信息差异:期望语义类别 $P(c)$ 的分布(直接宾语落入到类别 c 的可能性)和给定特定动词的期望语义类别 $P(c|v)$ 的分布(动词 v 的直接宾语落入到类别 c 的可能性)。这两个分布之间的差异越大,动词告诉我们关于其宾语的信息就越多。这两个分布之间的差异可以用**相对熵**(relative entropy)或 **Kullback-Leibler 散度距离**(Kullback-Leibler 散度距离)(Kullback and Leibler, 1951)来衡量。Kullback-Leibler 或 KL 散度距离 $D(P||Q)$ 表述了两个概率分布 P 和 Q 之间的不同,当我们在 20.7.3 节讨论词之间的相似性时将进一步讨论它。

$$D(P||Q) = \sum_x P(x) \log \frac{P(x)}{Q(x)} \tag{20.16}$$

选择优先度 $S_R(v)$ 使用 KL 散度距离,以比特位单位来描述动词 v 提供的关于其变元可能语义类别的信息量。

$$\begin{aligned} S_R(v) &= D(P(c|v)||P(c)) \\ &= \sum_c P(c|v) \log \frac{P(c|v)}{P(c)} \end{aligned} \tag{20.17}$$

然后 Resnik 定义一个特定类和动词的**选择关联性**(selectional association)作为该类别对动词一般选择优先度的相对贡献。

$$A_R(v,c) = \frac{1}{S_R(p)} P(c|v) \log \frac{P(c|v)}{P(c)} \tag{20.18}$$

因此选择关联性是一个概率度量，用来度量谓词和支配谓词变元的类别的关联程度。Resnik 通过解析语料，计算每个谓词和每个变元词语共现的次数，并假设每个词语是 WordNet 中包含该词的所有概念的部分出现，来估计这些关联性的概率。下表来自 Resnik(1996)，展示了动词和它们直接宾语的一些 WordNet 语义类别的高和低的选择关联度的一些样例。

动词	直接对象语义类	关联度	直接对象语义类	关联度
read	WRITING	6.80	ACTIVITY	-0.20
write	WRITING	7.26	COMMERCE	0
see	ENTITY	5.79	METHOD	-0.01

Resnik(1998)展示了这些选择关联性可以用来完成有限的词义排歧。一般来说算法会选择在它祖先上位词和谓词之间具有最大选择关联性的词义作为一个变元的正确词义。

尽管我们只展现了选择优先性的 Resnik 模型，最近有许多其他模型使用概率方法和除直接宾语之外的关系；可查看本章末的文献和历史说明来获取一个简要概括。一般来说，在词义排歧方面，选择限制方法的表现和其他无监督方法一样好，但是不如 Lesk 或有监督方法。

20.5　最低限度的监督 WSD：自举法

WSD 的有监督方法和基于字典的方法都需要大量手工构建的资源：一种情况下需要监督训练集，另一种情况是大规模的词典。我们可以使用**自举**(bootstrapping)算法，通常也被称为**半监督学习**(semi-supervised learning)或**最低限度的监督学习**(minimally supervised learning)，来代替这些方法，它只需要一个非常小的人工标注训练集。WSD 中最被广泛效仿的自举算法是**Yarowsky 算法**(Yarowsky algorithm)(Yarowsky, 1995)。

Yarowsky 算法的目标是为特定目标词语建立一个分类器(在词汇采样任务中)。该算法的输入是包含每个词义标注实例的一个小种子集 Λ_0 和大量未标注数据集 V_0。该算法首先在种子集 Λ_0 上训练一个初始的决策列表分类器，然后使用该分类器对未标注的数据集 V_0 进行标注。然后算法选出 V_0 中置信度最高的例子，把它们从 V_0 中移除，并加入到训练集中(现在称它为 Λ_1)。接着算法在 Λ_1 上训练一个新的决策列表分类器(新的规则集合)，把该分类器用到新的较小的不带标签的集合 V_1 上，从中抽取新的训练集 Λ_2，这样一直循环迭代。该过程的每一次迭代都会增大训练集并减少未标注的语料。上述过程一直重复，直到在训练集上取得充分小的错误率或未标注的语料中没有更多的例子能达到阈值，如图 20.4 所示。

任何自举法的关键是它由小的种子集合构造一个较大训练集的能力。这需要一个准确的初始种子集合以及一个好的置信度衡量，从而使系统能够选出好的新例子添加到训练集中。Yarowsky(1995)使用的置信度衡量是早些在 20.2.2 节中描述的衡量机制——对例子进行分类的决策列表规则的对数似然比率。

产生初始种子的一种方法是手工标注一小部分实例(Hearst, 1991)。除手工标注之外，我们也可以启发式地选择正确的种子。Yarowsky(1995)使用**一个搭配一个词义**(one sense per collocation)的假设，该假设基于下面的直觉：和目标词义有很强联系的特定词语或短语不太可能与其他词义共现。Yarowsky 为每一个词义选择一个单独的搭配来确定它的种子集。为了说明这项技术，考虑为词语 bass 的鱼义项和音乐义项生成种子句子。无须过多考虑，我们或许选择 fish 作为词义 **bass**[1] 的合理指示词而选择 play 作为词义 **bass**[2] 的合理指示词。图 20.5 展示了从 WSJ 含 bass 例子的语料中搜索字符串"fish"和"play"的部分结果。

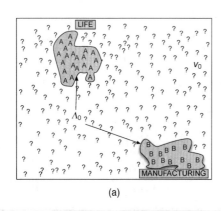 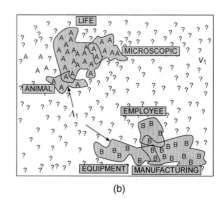

(a)　　　　　　　　　　　　　　　　(b)

图 20.4　Yarowsky 算法分两阶段对"plant"排歧,"?"表示未标注的数据,A 和 B 分别是
带有标签SENSE-A和SENSE-B的数据。初始阶段(a)展示了只有种子句子Λ_0
被配置("life"和"manufacturing")所标记。(b)展示了接下来的阶段,在这一阶
段中更多的配置("equipment""microscopic"等)被发现并且V_0中更多的
实例被移到Λ_1中,剩下了一个较小的未标注集V_1。该图由Yarowsky(1995)改编

> We need more good teachers – right now, there are only a half a dozen who can **play** the free **bass** with ease.
>
> An electric guitar and **bass play**er stand off to one side, not really part of the scene, just as a sort of nod to gringo expectations perhaps.
>
> When the New Jersey Jazz Society, in a fund-raiser for the American Jazz Hall of Fame, honors this historic night next Saturday, Harry Goodman, Mr. Goodman's brother and **bass play**er at the original concert, will be in the audience with other family members.
>
> The researchers said the worms spend part of their life cycle in such **fish** as Pacific salmon and striped **bass** and Pacific rockfish or snapper.
>
> And it all started when **fish**ermen decided the striped **bass** in Lake Mead were too skinny.
>
> Though still a far cry from the lake's record 52-pound **bass** of a decade ago, "you could fillet these **fish** again, and that made people very, very happy," Mr. Paulson says.

图 20.5　使用简单的相关词 play 和 fish 从 WSJ 中抽取的包含 bass 的句子的样例

　　我们也建议自动选择搭配,例如,从可以机读的字典条目中抽取词语并且利用如 20.7 节(Yarowsky,1995)描述的搭配统计信息去选择种子。

　　原始的 Yarowsky 算法也使用另一个假设——**一段话语一个词义**(one sense per discourse),该假设基于 Gale et al.(1992b)的工作,他们注意到如果一个特定词语在一段正文或一篇文章中多次出现,那么它们通常具有相同的意思。例如,Yarowsky(1995)展示了在包含 37 232 个例子的语料中,每当一篇文章中 bass 出现的次数超过一次,那么整篇文章中它的粗粒度词义,要么只是 fish 词义,要么只是 music 词义。这个假设的有效性依赖于语义的粒度并且不是在每一篇文章中都有效。大部分情节下语义粒度越粗越有效,并且相对于多义词该假设更适用于同形异义词(Krovetz,1998)。不管怎样,它依旧适用于大量的词义排歧情况。

20.6　词语相似度:语义字典方法

　　现在我们转向计算词语之间的各种语义关系。在第 19 章我们看到了包括同义关系、反义关系、下位关系、上位关系和部件关系在内的词语之间的关系。在这些关系中,词语的**同义关系**

（synonymy）和**相似度**（similarity）在计算方面得到最充分的发展并拥有最多的应用。

同义关系是词语之间的二元关系，两个词语要么是同义关系要么不是。对于大多数计算目的来说，我们使用一个松散的**词语相似度**（word similarity）或**语义距离**（semantic distance）度量来代替同义关系。两个词拥有的相同意思特征越多或两个词是近义词，则两个词的相似度就越高。如果两个词拥有的相同意思特征越少，那么两个词的相似度就越低或语义距离就越大。尽管我们把同义关系、相似度以及语义距离描述成词语之间的关系，但实际上它们是词义之间的关系。例如，对于 bank 的两个词义，我们可以说它的财政的义项和 fund 的一个义项相近，而河岸的义项和 slope 的一个义项相近。在本章接下来的部分，我们将同时在词语和义项上计算这些关系。

计算词语相似度的能力是许多自然语言理解应用中有用的一部分。在**信息检索**（information retrieval）或**问答系统**（question answering）中，我们有可能想要检索包含与查询词义相近的词的文档。在**摘要**（summarization）、**生成**（generation）和**机器翻译**（machine translation）中，我们需要知道两个词语在语义上是否相似，从而是否可以在特定的上下文中替换另一个。在**语言模型**（language modeling）中，我们可以使用语义相似度对词语进行聚类从而建立一个基于类的模型。词语相似度的一类有趣应用是对学生的回答进行自动评分。例如，**自动作文评分**（automatic essay grading）算法使用词语相似度去判定一篇作文是否在意思上和正确答案相近。我们同样可以把词语相似度用作参加考试算法的一部分，例如，用来解决像词汇多选这样的测试。自动考试对考试设计是非常有用的，它可以用来判定一个多选题或考试的难易程度。

有两类算法可以用来度量词语相似度。本节主要讨论**基于语义字典**（thesaurus-based）的算法，在此类算法中我们使用类似 WordNet 或 MeSH 这样的在线语义字典来度量两个义项之间的距离。下一节将讨论**分布**（distributional）算法，在此类算法中我们通过寻找在语料中具有相似分布的词语来计算词语相似度。

基于语义词典的算法使用语义词典的结构来定义词语相似度。原则上，我们可以使用语义字典中的任何可用信息（如部件关系、注释等）来度量词语相似度。但实际中，基于语义字典的词语相似度算法通常仅仅使用上位关系/下位关系（继承关系或包含关系）的层次结构。在 WordNet 中，动词和名词分别处在不同的上位关系层次结构中，因此基于 WordNet 的算法只能计算名词和名词之间的或动词和动词之间的相似度，而不能计算名词和动词、形容词或其他词性之间的相似度。

Resnik（1995）以及 Budanitsky and Hirst（2001）指出**词语相似度**（word similarity）和**词语相关度**（word relatedness）之间的重要差别。两个词相似指的是两个词是近义词或在上下文中可以近似替代。词语相关度则刻画一大类词语之间的潜在关系。例如，反义词之间相关度很高但是相似度很低。词语 car 和 gasoline 紧密相关但不相似，而 car 和 bicycle 是相似的。因此词语相似性是词语相关性的一个子情况。一般来说，本节中描述的 5 个算法不会区分相似性和相关性之间的区别，为了方便这里把它们都称为相似度度量，尽管称一些为相关度度量更适合，在 20.8 节我们将继续讨论这个问题。

直觉上，在语义字典层次结构图中的两个词语或义项之间的**路径**（path）越短，则它们就越相似，最古老和最简单的基于语义字典的算法就是依赖该直觉。因此，一个词语/义项和它的父母或者它的兄弟姐妹非常相似，而和网络中离它很远的词语不相似。我们可以通过计算语义图中两个概念结点之间边的数目来实现此想法。图 20.6 展示了该直觉，概念 dime 与 nickel 和 coin 最相似，和 money 不太相似，和 Richter scale 则更不相似。我们把路径长度表示成如下形式：

$\text{pathlen}(c_1, c_2) = $ 语义图中意思结点 c_1 和 c_2 之间最短路径上的边的数目

基于路径的相似度可以仅仅定义为路径长度，或者通常进行一次对数变换(Leacock and Chodorow, 1998)，产生如下常用的**基于路径长度的相似度**(path-length based similarity)定义：

$$\mathrm{sim_{path}}(c_1, c_2) = -\log \mathrm{pathlen}(c_1, c_2)$$

$$(20.19)$$

对大多数应用来说，没有带有词义标注的数据，因此需要算法给我们提供词语之间的相似度而不是义项或概念之间的相似度。对任何基于语义字典的算法来说，依照 Resnik(1995)的观点，我们可以通过使用两个词语义项之间的最大相似度来近似正确的相似度(正确的相

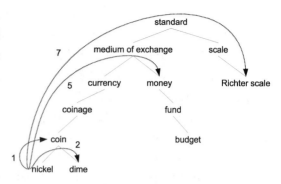

图 20.6　WordNet 中上位关系层次结构图的片段，展示了从 nickel 到 coin，dime，money 和 Richter scale 的路径长度为 1，2，5 和 7

似度通常需要词义排歧)。因此，基于词义相似度，我们可以定义**词语相似度**(word similarity)，如下：

$$\mathrm{wordsim}(w_1, w_2) = \max_{\substack{c_1 \in \mathrm{senses}(w_1) \\ c_2 \in \mathrm{senses}(w_2)}} \mathrm{sim}(c_1, c_2)$$

$$(20.20)$$

基本的路径长度算法包含一个隐含假设，该假设认为网络中每一个链接代表的距离相同，在实际中这个假设并不恰当。一些链接(如 WordNet 层次结构中的深层链接)从直观上看似乎表示一个短的距离，而另一些链接(如 WordNet 层次结构中的顶层链接)从直观上看似乎表示一个更长的距离。例如，在图 20.6 中，从 nickel 到 money 的距离直观上似乎比从 nickel 到抽象词语 standard 的距离短得多；medium of exchange 和 standard 之间的链接似乎比 coin 和 coinage 之间的链接有更长的距离。

依据在层次结构中的深度对路径长度进行归一化有可能改善基于路径的算法(Wu and Palmer, 1994)，但是一般来说我们希望有一种方法能够独立地表示每条边相关的距离。

基于语义字典的第二类相似度算法正是试图提供这样细粒度的衡量。这些**信息量词语相似度**(information-content word-similarity)算法仍然依赖于语义字典的结构，但是添加了从语料库中提取出来的概率信息。

使用定义柔性选择限制时介绍的概念，沿用 Resnik(1995)的做法，我们首先定义 $P(c)$ 是从语料中随机选取的一个词语，是概念 c(例如，一个独立的随机变量，该随机变量在词语上变化，和每个概念相关)的一个实例的概率。因为每个词语都包含于根(root)概念中，所以 $P(root) = 1$。直觉上，一个概念在层次结构中的位置越低，那么它的概率就越小。我们通过对语料中的数据计数来训练这些概率，语料中的每一个词语都算作包含该词的概念出现一次。例如，在图 20.6 中，词语 dime 出现一次将计入 coin，currency 和 standard 等的频率中。正式地，Resnik 采用如下的公式计算 $P(c)$：

$$P(c) = \frac{\sum_{w \in \mathrm{words}(c)} \mathrm{count}(w)}{N}$$

$$(20.21)$$

其中 words(c) 是概念 c 包含的词语集合，N 是语料中出现的语义词典中的词语的总数。

来自 Lin(1998b)的图 20.7 展示了一个增加了概率 $P(c)$ 的 WordNet 概念层次结构的片段。

现在我们需要两个额外的定义。首先，遵循基本的信息理论，我们定义一个概念 c 的信息量(IC)为：

$$\mathrm{IC}(c) = -\log P(c)$$

$$(20.22)$$

第二，我们定义两个概念的**最低公共包含结点**（lowest common subsumer）或称为 **LCS**：

　　LCS(c_1, c_2) = 最低公共包含结点，也就是在层次结构图中同时包含（是一种上位关系）c_1 和 c_2 的最低结点。

目前在词语相似度的度量中有多种方式去使用一个结点的信息量。最简单的使用方式首先由 Resnik（1995）提出。我们认为两个词语之间的相似度和它们的共同信息相关；它们拥有越多的共同信息，它们就越相似。Resnik 提出利用**两个结点的最低公共包含结点的信息量**（information content of the lowest common subsumer of the two nodes）去估计它们共同的信息量。更正式的，**Resnik 相似度**（Resnik similarity）度量公式是：

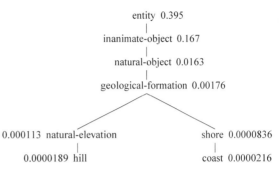

图 20.7　每一内容带有概率 $P(c)$ 的 WordNet 层次结构图的一部分，该图改编自 Lin（1998b）

$$\text{sim}_{\text{resnik}}(c_1, c_2) = -\log P(\text{LCS}(c_1, c_2)) \tag{20.23}$$

Lin（1998b）发展了 Resnik 的想法，指出对度量物体 A 和 B 之间的相似度需要采取更多的措施，而不是仅仅度量 A 和 B 之间共同的信息量。例如，他又指出 A 和 B 之间的**差异**（differences）越大，则它们越不相似。总结一下：

- **共同点**（commonality）：A 和 B 拥有的共同信息越多，它们就越相似。
- **不同点**（difference）：A 和 B 之间的信息差异越大，它们就越不相似。

Lin 利用声明 A 和 B 之间共同点的论断的信息量来度量 A 和 B 之间的共同点：

$$\text{IC}(\text{common}(A,B)) \tag{20.24}$$

他采用如下公式度量 A 和 B 之间的不同点：

$$\text{IC}(\text{description}(A,B)) - \text{IC}(\text{common}(A,B)) \tag{20.25}$$

其中 description(A, B) 是描述 A 和 B 的论断。给定关于相似度的额外假设，Lin 证明了如下定理：

　　相似度定理：A 和 B 之间的相似度可以通过表示 A 和 B 共同点所需的信息量和描述整个 A 和 B 所需信息量的比率来度量。

$$\text{sim}_{\text{Lin}}(A, B) = \frac{(\text{common}(A,B))}{(\text{description}(A,B))} \tag{20.26}$$

把这个想法应用到语义字典领域，Lin 指出（对 Resnik 的假设做了一点改动）两个概念之间的共同信息量是最低公共包含结点 LCS(c_1, c_2) 所包含的信息量的两倍。结合上文提到的语义字典中概念信息量的定义，最终的 **Lin 相似度**（Lin similarity）函数如下：

$$\text{sim}_{\text{Lin}}(c_1, c_2) = \frac{2 \times \log P(\text{LCS}(c_1, c_2))}{\log P(c_1) + \log P(c_2)} \tag{20.27}$$

例如，Lin（1998b）指出使用 sim_{Lin} 计算图 20.7 中 hill 和 coast 两个概念之间的相似度为：

$$\text{sim}_{\text{Lin}}(\text{hill}, \text{coast}) = \frac{2 \times \log P(\text{geological-formation})}{\log P(\text{hill}) + \log P(\text{coast})} = 0.59 \tag{20.28}$$

一个类似的公式，**Jiang-Conrath 距离**（Jiang-Conrath distance）（Jiang and Conrath，1997），尽

管以和 Lin 不同的方式推导出来并且表示成距离而不是相似度函数，也被表明和其他基于语义字典的方法一样好，甚至更好。

$$\mathrm{dist}_{\mathrm{JC}}(c_1,c_2) = 2 \times \log P(\mathrm{LCS}(c_1,c_2)) - (\log P(c_1) + \log P(c_2)) \tag{20.29}$$

我们可以把 $\mathrm{dist}_{\mathrm{JC}}$ 的倒数作为相似度。

　　最后，描述一种**基于字典**(dictionary-based)的方法，它是在 20.4.1 节提到的用来做词义排歧的 Lesk 算法的扩展。在这里我们把该方法称为基于字典的方法而不是基于语义字典的方法是因为该方法使用了注释，而一般来说注释是字典的属性而不是语义字典的属性(尽管 WordNet 中也有注释)。如同 Lesk 算法一样，这种**扩展的注释交集**(extended gloss overlap)或**扩展的 Lesk**(Extended Lesk)算法(Banerjee and Pedersen, 2003)的直观想法是：如果字典中两个概念或义项的注释包含相同的词语，则它们就相似。我们首先大致展示如何求两个注释的交集。考虑下面两个概念以及它们的注释：

- drawing paper：<u>paper</u> that is <u>specially prepared</u> for use in drafting
- decal：the art of transferring designs from <u>specially prepared</u> <u>paper</u> to a wood or glass or metal surface.

　　对于每个同时出现在两个注释中的 n 元组，扩展的 Lesk 算法对相似度增加 n^2 的分数(之所以不采用线性的关系是因为短语的长度和它们在语料中出现的频率符合 Zipfian 定律，重叠的短语越长越稀少，因此它们的权重应该增大)。在这个例子中，两个注释的重叠短语为 paper 和 specially prepared，相似度的总分为 $1^2 + 2^2 = 5$。

　　给定上述重叠函数，当对两个概念(同义词集合)进行比较时，扩展的 Lesk 算法不仅寻找它们注释的交集，同时也寻找与两个概念具有上位关系、下位关系、部件关系和其他关系的概念的注释之间的交集。例如，如果我们仅仅考虑下位关系并且定义 gloss(hypo(A)) 为 A 的所有下位意思的所有注释的组合，那么两个概念 A 和 B 之间总相关性可能是：

$$\begin{aligned}
\mathrm{similarity(A,B)} = {} & \mathrm{overlap(gloss(A), gloss(B))} \\
& + \mathrm{overlap(gloss(hypo(A)), gloss(hypo(B)))} \\
& + \mathrm{overlap(gloss(A), gloss(hypo(B)))} \\
& + \mathrm{overlap(gloss(hypo(A)), gloss(B))}
\end{aligned}$$

　　让 RELS 表示需要进行注释比较的 WordNet 关系的集合。假定存在一个基本的重叠度量函数，就像上面提到的重叠函数一样，我们就可以定义**扩展的 Lesk**(Extended Lesk)重叠度量函数为：

$$\mathrm{sim}_{\mathrm{eLesk}}(c_1,c_2) = \sum_{r,q \in \mathrm{RELS}} \mathrm{overlap(gloss}(r(c_1)), \mathrm{gloss}(q(c_2))) \tag{20.30}$$

　　图 20.8 概括了本节所讲述的 5 种相似度度量公式。Pedersen et al. (2004) 描述了实现上述所有相似度度量的可公开获取的软件包 Wordnet::Similarity。

$$\begin{aligned}
\mathrm{sim}_{\mathrm{path}}(c_1,c_2) &= -\log \mathrm{pathlen}(c_1,c_2) \\
\mathrm{sim}_{\mathrm{Resnik}}(c_1,c_2) &= -\log P(\mathrm{LCS}(c_1,c_2)) \\
\mathrm{sim}_{\mathrm{Lin}}(c_1,c_2) &= \frac{2 \times \log P(\mathrm{LCS}(c_1,c_2))}{\log P(c_1) + \log P(c_2)} \\
\mathrm{sim}_{\mathrm{JC}}(c_1,c_2) &= \frac{1}{2 \times \log P(\mathrm{LCS}(c_1,c_2)) - (\log P(c_1) + \log P(c_2))} \\
\mathrm{sim}_{\mathrm{eLesk}}(c_1,c_2) &= \sum_{r,q \in \mathrm{RELS}} \mathrm{overlap(gloss}(r(c_1)), \mathrm{gloss}(q(c_2)))
\end{aligned}$$

图 20.8　5 种基于语义字典(和基于字典)的相似度度量公式

基于语义字典的相似度评价（Evaluating Thesaurus-Based Similarity）：在这些相似度度量方法中，哪一种方法最好？有两种方式可对词语相似度度量方法进行评价。一种内在评价方法是计算算法得出的词语相似度分数和人工标注的词语相似度排序的相关系数，Rubenstein and Goodenough（1965）已经获得 65 个词对的人工排序数据，Miller and Charles（1991）获得 30 个词对的人工排序数据。另一种更加外在的评价方法是把相似度度量方法嵌入到某些终端应用中，如**文字误用**（malapropisms）（词语拼写错误）检测（Budanitsky and Hirst，2006；Hirst and Budanitsky，2005），或者其他 NLP 应用，如词义排歧（Patwardhan et al.，2003；McCarthy et al.，2004），并且评价它对端到端性能的影响。所有这些评价显示上面所有的度量方法都表现相当好，根据应用的不同，这些方法中 Jiang-Conrath 和 Extended Lesk 相似度度量方法是表现最好的两种方法。

20.7　词语相似度：分布方法

前一节介绍了如何计算语义字典中任意两个义项之间的相似度，同时也可以扩展到计算语义字典层次结构中任意两个词之间的相似度。但是显然不是每种语言都有这样的语义字典。即使对拥有这样资源的语言来说，基于语义字典的方法也存在诸多限制。最明显的限制就是语义字典中经常缺少词语，尤其是那些新的或领域特定的词语。另外，基于语义字典的方法需要语义字典中存在丰富的下位关系信息。尽管对名词来说我们已经具备了这样的条件，但是动词的下位关系信息似乎很稀疏，并且不存在这样的形容词和副词下位信息资源。最后，基于语义字典的方法很难比较不同层次结构之间词语的相似度，例如，名词和动词之间。

鉴于这些原因，一些提出的方法已经能够从语料中自动抽取同义关系和其他词语关系。在本节我们将介绍此类的**分布**（distributional）方法，这些方法可以直接为 NLP 任务提供词语相关性度量。分布方法也可以用来**自动生成语义字典**（automatic thesaurus generation），自动给如 WordNet 的在线语义字典添加新同义关系以及其他关系，如下位关系和部件关系，我们将在 20.8 节中涉及这些。

分布方法直觉上的出发点是一个词语的意思和它周围词语的分布相关；用一句 Firth（1957）的名言表达就是："由词之伴可知其意！"（You shall know a word by the company it keeps!）。考虑下面的例子，由 Lin（1998a）从（Nida，1975，p.167）改编而来：

（20.31）　A bottle of *tezgüino* is on the table.

　　　　　Everybody likes *tezgüino*.

　　　　　Tezgüino makes you drunk.

　　　　　We make tezgüino out of corn.

tezgüino 出现的上下文暗示它可能是某种由粮食制造的发酵的酒精饮料。分布方法通过把表示 tezgüino 的上下文特征，使该特征表示与类似词语如 beer、liquor、tequila 等的上下文特征有重叠来捕捉上面描述的直觉。例如，这些特征可能是<u>出现在 drunk 之前</u>、<u>出现在 bottle 之后</u>，或者是 <u>likes 的直接宾语</u>。

至此，同在 20.2 节中看到的使用词袋特征向量一样，我们可以把词语 w 表示成特征向量。例如，假设对词典中 N 个词语每个都有一个二元的特征 f_i，表示词 w 出现在词语 v_i 的邻近位置，因此如果 w 和 v_i 共同出现在一定的上下文的窗口中，则特征的值为 1 否则为 0。我们就可以把词语 w 的意思表示为特征向量

$$\vec{w} = (f_1, f_2, f_3, \cdots, f_N)$$

如果 $w = tezgüino$，$v_1 = bottle$，$v_2 = drunk$，以及 $v_3 = matrix$，从上面的语料中可以得到 w 的共现向量为：

$$\vec{w} = (1, 1, 0, \cdots)$$

给定两个用这样的稀疏特征向量表示的词语，我们可以使用某种向量距离度量方法，如果两个向量通过这种度量方法计算的距离很近，那么我们就认为这两个词语是相似的。图 20.9 给出了关于 4 个词语 apricot，pineapple，digital，information 的向量相似度的直观说明。我们希望有一种度量方法，该方法依据这 4 个词语的意思能够得出 apricot 和 pineapple 是相似的，digital 和 information 是相似的，而其他四对则具有较低的相似度。图 20.9 展示了每个(二元)词语共现特征向量的一个小片段(八维)，向量是从 Brown 语料中计算词语的共现得到，窗口大小设定为两行上下文。读者应该能够确定 apricot 和 pineapple 之间的向量距离确实比其他的(如 apricot 和 information)近。作为教学目的，我们已经展示了对于排歧来说有区分度的上下文词语。请注意，由于字典是相当大的(10 000 ~ 100 000 词语)，并且大多数词语不会在任何语料中同时近距离出现，因此实际上向量非常稀疏。

	arts	boil	data	function	large	sugar	summarized	water
apricot	0	1	0	0	1	1	0	1
pineapple	0	1	0	0	1	1	0	1
digital	0	0	1	1	1	0	1	0
information	0	0	1	1	1	0	1	0

图 20.9　4 个词语的共现向量，从 Brown 语料中计算得到，仅仅展示了 8 个(二元)维度(这是手工挑选出来的例子，仅仅为了教学目的而展示词义排歧)。注意：特征 large 出现在所有的上下文中，而特征 arts 没有出现在任何上下文中，真实的向量将极其稀疏

现在我们有一些直观想法，我们继续检查这些方法的细节。指定一个分布相似度度量方法需要确定三个参数：①如何定义一个共现的词语(例如，什么算作邻居)；②如何给这些词语赋予权重(二元、频率或互信息?)；③我们使用何种向量距离度量方法(余弦距离或欧几里得距离)。我们在接下来的三节中看看这些具体的要求。

20.7.1　定义词语的共现向量

在我们例子的特征向量中，使用 w 出现在词语 v_j 的邻近区域中作为特征。对于一个大小为 N 的字典，每个词语 w 有 N 个特征，表示字典中的词 v_j 是否出现在邻近区域。邻近区域可以是一个包含少量词语(两边各一个或者两个词语)的窗口，也可以是两边各有 500 个词语的大窗口。在小窗口设定下，对于字典中的每一个词语 v_j 我们可能有两个特征，词语 v_k 紧接地出现在词语 w 的前面和词语 v_k 紧跟在词语 w 的后面。

为了保持上下文的有效性，我们通常忽略没有高区分度的高频词，例如，a，am，the，of，1，2 等功能词。

在使用一个很大的语料时，即使把停用词都去掉，这些共现向量依然很大。与其使用邻近区域中的每一个词语，我们不如按照 Hindle(1990)建议的方法，选择使用和目标词语具有某种**语法关系**(grammatical relation)或**依存关系**(dependency)的词语。Hindle 指出和相同动词具有相同语法关系的名词可能是相似的。例如，词语 tea，water 和 bear 都是动词 drink 的高频直接宾语。词语 senate，congress，panel 和 legislature 似乎都是动词 consider，vote 和 approve 的主语。

Hindle 的直觉来自于 Harris(1968)的早期工作，他指出如下的观点：

实体的意义以及实体间语法关系的意义，和这些实体相对于其他实体的结合限制相关。

自此以后，Hindle 的想法有多种实现方式。一般来说，这些方法对大规模语料中的句子做句法分析并且把依存句法关系抽取出来。在第 12 章我们看到了一系列由依存句法分析得到的语法关系，包括名词-动词关系如主语、宾语、直接宾语，名词-名词关系如所有格、名词补语，等等。下面的句子可能产生的依存关系集合展示如下。

(20.32) I discovered dried tangerines：

discover（subject I）　　　　　　　　I（subj-of discover）

tangerine（obj-of discover）　　　　　tangerine（adj-mod dried）

dried（adj-mod-of tangerine）

因为每个词语同其他词语存在大量不同的依存关系，我们需要扩大特征空间。现在每一个特征是词和关系的对，因此原来的 N 维向量变成了 $N \times R$ 维向量，其中 R 是可能的关系数目。图 20.10 展示了一个这样向量的图表实例，该例子来自 Lin（1998a），是词语 cell 的特征向量实例。我们把特征和词语 cell 同时出现的频率作为每个属性的值，下一节我们将讨论对每一个属性使用何种值和赋予何种权重。

	subj-of, absorb	subj-of, adapt	subj-of, behave	...	pobj-of, inside	pobj-of, into	...	nmod-of, abnormality	nmod-of, anemia	nmod-of, architecture	...	obj-of, attack	obj-of, call	obj-of, come from	obj-of, decorate	...	nmod, bacteria	nmod, body	nmod, bone marrow
cell	1	1	1		16	30		3	8	1		6	11	3	2		3	2	2

图 20.10　词语 cell 的共现特征向量，取自 Lin（1998a），展示了具有依存语法
关系的特征。每个属性的值是从包含 64 000 000 个词语的语料
中计算频率得到的，语料通过早期版本的 MINIPAR 进行句法分析

因为进行完全句法分析的代价很大，我们通常使用组块分析或者使用在 13.5 节中定义的类型的浅层句法分析，目的是抽取一小部分关系，如主语、直接宾语和特定介词的介词宾语（Curran, 2003）。

20.7.2　度量与上下文的联系

现在我们定义了词语上下文向量的特征或者维度，我们准备讨论和这些特征相关的值。这些值通常被认为是目标词语 w 和给定特征 f 之间的**权重**（weights）或**关联度**（association）。在图 20.9 的例子中，每个特征的关联度为一个二元值，如果相关词语出现在上下文中则为 1，否则为 0。在图 20.10 的例子中，我们使用一个更丰富的关联度，也就是特定上下文特征和目标词语共同出现的相对频数。

频数或概率通常是一种比简单二元值要好的关联度度量；经常和目标词语共现的特征更可能是一个该词语意思的好指示器。为使用一个关联度的概率度量，让我们首先定义一些术语。对一个目标词语 w，它的共现向量的每个元素为特征 f，包含一个关系 r 和一个相关词语 w'，我们可以说 $f = (r, w')$。例如，在图 20.10 中词语 cell 的一个特征为 $f = (r, w') = (obj\text{-}of, attack)$。给定目标词语 w，特征 f 的概率为 $P(f|w)$，它可以通过如下极大似然估计得到：

$$P(f|w) = \frac{\text{count}(f, w)}{\text{count}(w)} \tag{20.33}$$

类似地，联合概率 $P(f, w)$ 的极大似然估计为

$$P(f, w) = \frac{\text{count}(f, w)}{\sum_{w'} \text{count}(w')} \qquad (20.34)$$

$P(w)$ 和 $P(f)$ 的计算方法类似。

因此,如果我们定义一个简单的概率作为关联度的度量,则它可能有如下形式:

$$\text{assoc}_{\text{prob}}(w, f) = P(f|w) \qquad (20.35)$$

然而,已经证明对于词语相似度计算,简单概率的表现不如更复杂的关联度度量方法。

为什么频数或者概率不是词语和上下文特征之间的好关联度度量方法呢?直观上看,如果我们想知道某种上下文是词语 apricot 和 pineapple 共有的,但不是 digital 和 information 共有的,那么我们就不会从如 the, it, 或者 they 这样的词语中获得有用的排歧信息,因为它们可以和各种词语共同出现,不能提供关于目标词语的足够信息。我们想要的是具有目标词语特定信息的上下文词语。因此我们需要的权重或是关联度要能够提供在通常情况下特征和目标词语共现的频率。正如 Curran(2003) 所指出的那样,这样的权重也是我们寻找好的搭配所需要的,因此,用来计算语义相似度的上下文词语权重赋予方法,也正是寻找词语搭配所使用的权重赋予方法。

最重要的关联度度量方法之一首先由 Hanks(1989, 1990) 提出,该方法基于**互信息**(mutual information)的概念。随机变量 X 和 Y 之间的互信息为:

$$I(X, Y) = \sum_x \sum_y P(x, y) \log_2 \frac{P(x, y)}{P(x)P(y)} \qquad (20.36)$$

点间互信息(Pointwise Mutual Information, PMI)(Fano, 1961)[1]用来度量两个事件 x 和 y 的共现频数,与假设二者相互独立时它们共现的期望频数的比值:

$$I(x, y) = \log_2 \frac{P(x, y)}{P(x)P(y)} \qquad (20.37)$$

我们可以通过定义目标词语 w 和特征 f 之间的点间互信息为关联度,从而把这一想法应用到共现向量中:

$$\text{assoc}_{\text{PMI}}(w, f) = \log_2 \frac{P(w, f)}{P(w)P(f)} \qquad (20.38)$$

PMI 度量的直观解释是:分子表示两个词语同时出现的频率(假设使用上面描述的最大似然方法计算概率),分母表示如果两个词语的出现相互独立,我们**期望**(expect)它们共现的频率,因此只需要把它们的概率连乘起来即可。因此,该比率是对目标词语和特征共现频率比它们的随机共现频率大多少的一个估计。

因为 f 本身就是由两个变量 r 和 w' 组成,所以来自 Lin(1998a) 的该模型稍微有些变化,它对 $P(f)$ 的期望值进行了稍微不同的分解,我们把它称为 **Lin 关联度度量**(Lin association measure)assoc$_{\text{Lin}}$,注意不要把它和我们在前几节讨论的 WordNet 度量 sim$_{\text{Lin}}$ 相混淆:

$$\text{assoc}_{\text{Lin}}(w, f) = \log_2 \frac{P(w, f)}{P(w)P(r|w)P(w'|w)} \qquad (20.39)$$

对于 assoc$_{\text{PMI}}$ 和 assoc$_{\text{Lin}}$ 来说,因为负的 PMI 值(这表示共同出现的频数要小于随机出现的期望频数)在训练数据非巨大(Dagan et al., 1993;Lin, 1998a)的情况下是不可靠的,所以只有当

---

[1] Fano 实际使用短语 mutual information 来代指现在被我们称为 pointwise mutual information;使用短语 expectation of the mutual information 来代指现在被称为 mutual information;词语 mutual information 依然用来代指 pointwise mutual information。

assoc 的值为正数时，我们才会使用词语 w 的特征 f。另外，当我们使用 assoc 权重特征去比较两个目标词语时，只使用同时和两个目标词语共现的特征。

来自 Hindle(1990) 的图 20.11 展示了动词 drink 的某些直接宾语的原始频数计数关联度和 PMI 风格关联度之间的不同。

最成功的词语相似度的关联度度量法之一试图使用和互信息一样的想法，但是使用 **t 检验**（t-test）来度量关联度比随机出现的频数大多少。这一度量方法首先由 Manning and Schütze(1999) 提出，用于搭配检测，随后被 Curran and Moens(2002) 以及 Curran(2003) 用于计算词语相似度。

Object	Count	PMI Assoc	Object	Count	PMI Assoc
bunch beer	2	12.34	wine	2	9.34
tea	2	11.75	water	7	7.65
Pepsi	2	11.75	anything	3	5.15
champagne	4	11.75	much	3	5.15
liquid	2	10.53	it	3	1.25
beer	5	10.20	<SOME AMOUNT>	2	1.22

图 20.11　动词 drink 的宾语，按照 PMI 排序，来自 Hindle(1990)

t 统计检验计算观察值和期望值之间的差异，并用方差进行归一化。t 的值越大，我们拒绝观察值和期望值相同这一假设的可能性就越大。

$$t = \frac{\bar{x} - \mu}{\sqrt{\frac{s^2}{N}}} \tag{20.40}$$

当把它用于词语之间的关联度时，null 假设是两个词语相互独立，因此 $P(f, w) = P(f)P(w)$ 正确地刻画了两个词语之间的关系。我们想知道真实的极大似然概率 $P(f, w)$ 和该 null 假设值之间的差异有多大，并用方差进行归一化。注意该方法和上面描述的 PMI 度量方法的乘积模型的相似之处。方差 s^2 可以通过 $P(f)P(w)$ 的期望概率来近似估计［请看 Manning and Schütze(1999)］。忽略 N（因为它是常数），最终来自 Curran(2003) 的 t 检验关联度度量公式为：

$$\text{assoc}_{\text{t-test}}(w, f) = \frac{P(w, f) - P(w)P(f)}{\sqrt{P(f)P(w)}} \tag{20.41}$$

在文献和历史说明这一节中，概述了其他多种已经在词语相似度上进行过测试的权重赋予因素。

20.7.3　定义两个向量之间的相似度

基于前几节，我们现在可以计算目标词语的共现向量，其中每个共现特征由关联度度量赋予权重。该共现向量可以给我们一个目标词语意义的分布定义。

为了定义两个目标词语 v 和 w 之间的相似度，我们需要一种度量方法，它以上面描述的向量为输入并输出向量之间的相似度。两个向量之间距离可能的最简单度量方法是曼哈顿距离和欧几里德距离。图 20.12 展示了两个二维向量 $\vec{a}$ 和 $\vec{b}$ 之间的欧几里德距离和曼哈顿距离的直观图示。**曼哈顿距离**（Manhattan distance）也被称为 **Levenshtein 距离**（Levenshtein distance）或 **L1 norm**，定义如下：

$$\text{distance}_{\text{manhattan}}(\vec{x}, \vec{y}) = \sum_{i=1}^{N} |x_i - y_i| \tag{20.42}$$

欧几里德距离（Euclidean distance）也被称为 **L2 norm**，在第 9 章介绍过。

$$\text{distance}_{\text{euclidean}}(\vec{x}, \vec{y}) = \sqrt{\sum_{i=1}^{N} (x_i - y_i)^2} \tag{20.43}$$

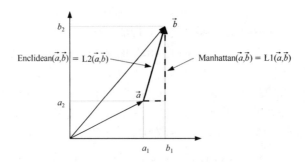

$$\text{图 20.12}\quad \text{向量 } \vec{a}=(a_1,a_2)\text{ 和 } \vec{b}=(b_1,b_2)\text{ 的欧几里德距离和曼哈顿距离度量,}$$
仅仅是给读者关于向量之间距离的图形的直观的解释;这些特定的方
法通常不用来计算词语相似度。查看第9章以获得更多的距离计算方法

　　尽管欧几里德距离和曼哈顿距离为向量相似度和距离提供了一个很好的几何上的直觉,但是这两种度量方法很少用在词语相似度上。这是因为这两种度量方法对于极值特别敏感。相比这些简单的距离度量方法,词语相似度的计算基于**信息检索**(information retrieval)和**信息理论**(information theory)中的紧密相关的度量方法。信息检索中的词语相似度计算方法似乎能够取得更好的效果,因此在本节中我们定义一些这类模型。

　　让我们从图20.9中相似度度量的直觉开始,在这里两个二元向量之间的相似度就是两个词语所共有特征的数目。如果假设特征向量是**二元向量**(binary vector),我们就可以使用线性代数中的**点乘**(dot product)或**内积**(inner product)来定义它们的相似度计算方法,如下:

$$\text{sim}_{\text{dot-product}}(\vec{v},\vec{w})=\vec{v}\cdot\vec{w}=\sum_{i=1}^{N}v_i\times w_i \tag{20.44}$$

　　然而正如在前几节中看到的那样,在大多数情况下向量的值不是二元的。我们假设本节余下部分中共现向量每一维度的值是目标词语和对应特征的**关联度**(association)。换句话说,我们定义带有 N 个特征 $f_1\cdots f_N$ 的目标词语 $\vec{w}$ 的向量为

$$\vec{w}=(\text{assoc}(w,f_1),\text{assoc}(w,f_2),\text{assoc}(w,f_3),\cdots,\text{assoc}(w,f_N)) \tag{20.45}$$

　　现在,为了得到加权值之间的点乘相似度,我们可以对元素值为关联度的向量使用 $\text{sim}_{\text{dot-product}}$。然而,这种原始的点乘作为相似度度量方法存在一个问题:有利于**长的**(long)向量。**向量长度**(vector length)的定义如下:

$$|\vec{v}|=\sqrt{\sum_{i=1}^{N}v_i^2} \tag{20.46}$$

　　一个向量可以比另一个向量更长,如果它有更多的非零值或每一维都有很大值。这两种情况都能增大内积。已经证明这两种情况都能作为词频的副产品发生。高频词的向量有更多的非零共现关联度值,并且可能每一个值都很大(即使我们使用关联度权重对频率做了一定的控制)。

　　我们需要对点乘做一些修改来归一化向量长度。最简单的方法就是用两个向量长度分别除点乘。可以证明这种**归一化的点乘**(normalized dot product)实际上就是两个向量之间夹角的余弦。**余弦**(cosine)相似度或归一化的点乘相似度的公式如下:

$$\text{sim}_{\cos}(\vec{v},\vec{w})=\frac{\vec{v}\cdot\vec{w}}{|\vec{v}||\vec{w}|}=\frac{\sum_{i=1}^{N}v_i\times w_i}{\sqrt{\sum_{i=1}^{N}v_i^2}\sqrt{\sum_{i=1}^{N}w_i^2}} \tag{20.47}$$

　　因为我们已经把向量转化为单位向量,cos 方法也就不像欧几里德方法和曼哈顿方法那样对

高频词的长向量敏感。余弦的值域为 −1 到 1，其中当向量指向同一方向时值为 1，垂直时为 0，方向相反时为 −1，实际应用中余弦值一般是正的。

让我们讨论来自信息检索的另外两种相似度计算方法。**Jaccard** 度量方法（Jaccard，1908，1912）［也称 **Tanimoto** 或**最小/最大**（min/max）度量方法（Dagan，2000）］原本是为二元向量设计的。Grefenstette（1994）把它扩展到加权关联度的向量上，如下：

$$\text{sim}_{\text{Jaccard}}(\vec{v}, \vec{w}) = \frac{\sum_{i=1}^{N} \min(v_i, w_i)}{\sum_{i=1}^{N} \max(v_i, w_i)} \tag{20.48}$$

Grefenstette/Jaccard 函数的分子使用 min 函数，本质上是计算重叠特征的个数或者权重（因为只要有一个向量的某个属性的关联度值为 0，则结果为 0）。分母可以看成是一个归一化因子。

一个类似的度量方法，**Dice** 度量方法，采用类似的方式从二元向量扩展到加权关联度向量。来自 Curran（2003）的扩展版本使用 Jaccard 分子，但是使用两个向量中全部的非零加权值的和作为分母归一化因子。

$$\text{sim}_{\text{Dice}}(\vec{v}, \vec{w}) = \frac{2 \times \sum_{i=1}^{N} \min(v_i, w_i)}{\sum_{i=1}^{N} (v_i + w_i)} \tag{20.49}$$

最后介绍的一族信息论中的分布相似度度量，同样基于条件概率 $P(f|w)$（Pereira et al.，1993；Dagan et al.，1994，1999；Lee，1999）。这些模型的直观想法是如果两个向量 $\vec{v}$ 和 $\vec{w}$ 的概率分布 $P(f|w)$ 和 $P(f|v)$ 是相似的，则这两个向量在一定程度上是相似的。比较两个分布 P 和 Q 的基础方法是 **Kullback-Leibler 散度距离**（Kullback-Leibler divergence）、**KL 散度距离**（KL divergence）或**相对熵**（relative entropy）（Kullback and Leibler，1951）：

$$D(P\|Q) = \sum_x P(x) \log \frac{P(x)}{Q(x)} \tag{20.50}$$

遗憾的是，当 $Q(x) = 0$ 并且 $P(x) \neq 0$ 时 KL 散度距离没有定义，考虑到词语的分布向量通常相当稀疏，这就是一个问题。一种替换方法（Lee，1999）是使用 **Jenson-Shannon 散度距离**（Jenson-Shannon divergence），它表示每个分布和两个分布的均值之间的散度距离，同时不存在分母为 0 的问题。

$$JS(P\|Q) = D\left(P\Big|\frac{P+Q}{2}\right) + D\left(Q\Big|\frac{P+Q}{2}\right) \tag{20.51}$$

使用向量 $\vec{v}$ 和 $\vec{w}$ 的方式重新改写如下，

$$\text{sim}_{\text{JS}}(\vec{v}\|\vec{w}) = D\left(\vec{v}\Big|\frac{\vec{v}+\vec{w}}{2}\right) + D\left(\vec{w}\Big|\frac{\vec{v}+\vec{w}}{2}\right) \tag{20.52}$$

图 20.13 概括了我们设计的关联度度量法和向量相似度度量法。文献和历史说明部分对其他向量相似度度量法进行了概括说明。

最后，我们看一下分布式词语相似度的一些结果。下面显示了与不同词性的 hope 以及 brief 最相近的十个词语，通过利用在线的基于依存关系的相似度计算工具（Lin，2007）获得；该工具使用全部 minipar 语法关系来定义共现特征向量，使用 assoc$_{\text{Lin}}$ 关联度度量方法，并且使用 Lin（1998a）中提到的向量相似度度量方法。

- **hope**（N）：optimism 0.141，chance 0.137，expectation 0.137，prospect 0.126，dream 0.119，desire 0.118，fear 0.116，effort 0.111，confidence 0.109，promise 0.108
- **hope**（V）：would like 0.158，wish 0.140，plan 0.139，say 0.137，believe 0.135，think 0.133，agree 0.130，wonder 0.130，try 0.127，decide 0.125

- **brief（N）**：legal brief 0.139，affidavit 0.103，filing 0.0983，petition 0.0865，document 0.0835，argument 0.0832，letter 0.0786，rebuttal 0.0778，memo 0.0768，article 0.0758
- **brief（A）**：lengthy 0.256，hour-long 0.191，short 0.174，extended 0.163，frequent 0.163，recent 0.158，short-lived 0.155，prolonged 0.149，week-long 0.149，occasional 0.146

$$\text{assoc}_{\text{prob}}(w,f) = P(f|w) \tag{20.35}$$

$$\text{assoc}_{\text{PMI}}(w,f) = \log_2 \frac{P(w,f)}{P(w)P(f)} \tag{20.38}$$

$$\text{assoc}_{\text{Lin}}(w,f) = \log_2 \frac{P(w,f)}{P(w)P(r|w)P(w'|w)} \tag{20.39}$$

$$\text{assoc}_{\text{t-test}}(w,f) = \frac{P(w,f)-P(w)P(f)}{\sqrt{P(f)P(w)}} \tag{20.41}$$

$$\text{sim}_{\cos}(\vec{v},\vec{w}) = \frac{\vec{v}\cdot\vec{w}}{|\vec{v}||\vec{w}|} = \frac{\sum_{i=1}^{N} v_i \times w_i}{\sqrt{\sum_{i=1}^{N} v_i^2}\sqrt{\sum_{i=1}^{N} w_i^2}} \tag{20.47}$$

$$\text{sim}_{\text{Jaccard}}(\vec{v},\vec{w}) = \frac{\sum_{i=1}^{N} \min(v_i, w_i)}{\sum_{i=1}^{N} \max(v_i, w_i)} \tag{20.48}$$

$$\text{sim}_{\text{Dice}}(\vec{v},\vec{w}) = \frac{2 \times \sum_{i=1}^{N} \min(v_i, w_i)}{\sum_{i=1}^{N} (v_i + w_i)} \tag{20.49}$$

$$\text{sim}_{\text{JS}}(\vec{v}||\vec{w}) = D(\vec{v}|\frac{\vec{v}+\vec{w}}{2}) + D(\vec{w}|\frac{\vec{v}+\vec{w}}{2}) \tag{20.52}$$

图 20.13 定义词语相似度：度量目标词语 w 和另一个词语 w' 的关系特征 $f =$（r,w'）的关联度，以及度量词语共现向量 $\vec{v}$ 和 $\vec{w}$ 之间的向量相似度

20.7.4　评价分布式词语相似度

可以使用与评价基于语义字典相似度一样的方法来评价分布式相似度：我们可以通过内在方式和人工标注的相似度分数进行比较或以外在方式把它放到端到端的应用中进行评价。除词义排歧和文字误用检测应用之外，相似度计算也已经用作考试和作文自动评分（Landauer et al.，1997），或者托福多选考试系统的一部分（Landauer and Dumais，1997；Turney et al.，2003）。

分布式算法也通常使用第三种内在方式进行评价：与一个标准的语义字典进行比较。我们可以直接与一个单一的语义字典进行比较（Grefenstette，1994；Lin，1998a），或者可以利用准确率和召回率与语义字典的组合进行比较（Curran and Moens，2002）。让 S 代表语义字典中相似词语的集合：在相同的同义词集合中或可能拥有相同的上位词或处于上位-下位的关系中。让 S' 表示由某种分类算法得到的相似词语的集合。我们可以定义准确率和召回率为：

$$\text{precision} = \frac{|S \cap S'|}{|S'|} \quad \text{recall} = \frac{|S \cap S'|}{|S|} \tag{20.53}$$

Curran（2003）通过和语义字典进行比较评价了一部分分布式算法，发现 Dice 和 Jaccard 方法衡量向量相似度表现是最好的，t 检验方法计算关联度表现最好。因此，最佳的方法是用 t 检验来对关联度进行加权，然后用 Dice 或 Jaccard 算法去度量向量相似度。

20.8　下位关系和其他词语关系

相似度仅仅是词语语义关系中的一种。正如我们在第 19 章讨论的那样，WordNet 和 MeSH 都包含**下位关系/上位关系**（hyponymy/hypernymy），对其他语言来说也存在许多这样的语义字典，例如，汉语中的 CiLin[①]。WordNet 中也包含**反义关系**（antonymy）、**部件关系**（meronymy）以及其他关系。因此，如果我们想知道两个意思之间是否存在这些关系中的一种，同时这些关系也

---

① 《同义词词林》。

——译者注

出现在 WordNet 或者 MeSH 中，我们可以在语义字典中查找它们。但是由于很多词语没有包含在这些语义字典中，因此自动学习新的上位关系和反义关系也是非常重要的。

在自动学习语义关系上所做的大量工作基于一个关键的想法，该想法首先由 Hearst(1992)阐述表明：一定的词汇-句法模式能够指示两个名词之间的特定语义关系。考虑下面的句子，该句子是 Hearst 从 Groliers 百科全书中抽取出来的。

(20.54) Agar is a substance prepared from a mixture of red algae, such as Gelidium, for laboratory or industrial use.

Hearst 指出大多数读者并不知道 Gelidium 是什么，但他们很容易就能推断出它是一种[**下位关系**(hyponym)]红水藻，而不论实际上它是什么。她指出如下的**词汇-句法模式**(lexico-syntactic pattern)：

$$NP_0 \text{ such as } NP_1\{, NP_2, \cdots, (\text{and}|\text{or})NP_i\}, i \geqslant 1 \qquad (20.55)$$

暗示了如下的语义：

$$\forall NP_i, i \geqslant 1, \text{hyponym}(NP_i, NP_0) \qquad (20.56)$$

因此可以推断：

$$\text{hyponym}(Gelidium, red\ algae) \qquad (20.57)$$

图 20.14 展示了用来推断下位关系的五种模式(Hearst，1992，1998)，我们把 NP_H 作为父结点/上位词。另外有其他一些方法使用这些模式试图抽取不同的 WordNet 关系；查看文献和历史说明一节以了解更多的细节。

NP{, NP} $*$ {,} (and|or) other NP$_H$	…temples, treasuries, and other important civic buildings.
NP$_H$ such as {NP,}$*$ (or|and) NP	red algae such as Gelidium
such NP$_H$ as {NP,}$*$ (or|and) NP	works by such authors as Herrick, Goldsmith, and Shakespeare
NP$_H$ {,} including {NP,}$*$ (or|and) NP	All common-law countries, including Canada and England
NP$_H$ {,} especially {NP,}$*$ (or|and) NP	…most European countries, especially France, England, and Spain

图 20.14 手工构建的为了寻找上位关系的词汇-句法模式(Hearst，1992，1998)

当然，这些基于模式的方法的使用范围受到可用模式的数量和准确性的限制。遗憾的是，一旦一个明显的例子被找到，手工创建模式的过程变得非常困难和缓慢。幸运的是，我们已经找到了解决此类问题的方法。我们可以使用在信息抽取中普遍使用(Riloff，1996；Brin，1998)的**自举法**(bootstrapping)来发现新的模式，自举法同时也是 20.5 节中描述的 Yarowsky 方法的核心。

在关系模式挖掘中使用自举法的核心思想是：在大规模语料中具备某种关系的词语能够同时出现在这种关系的多种不同模式中。因此，至少在理论上，我们仅仅需要从一小部分准确的模式去获取具备给定关系的词语集合。然后这些词语可以用来在大规模语料中查询以某种依赖关系包含这些词语的句子；新的模式可以从这些新的句子中抽取出来。这一过程可以一直重复直到模式集合足够大。

作为这一过程的实例，考虑一下先前用 Hearst 简单模式集合发现的词语"red algae"和"Gelidium"。在 Google 搜索引擎中使用这些词语作为查询项进行搜索，下面展示了搜索结果中的若干例子：

(20.58) One example of a red algae is Gelidium.

把种子词语从句子中移除，使用简单的通配符代替就是一种粗糙的模式生成方式。在这种情况下，用 Google 搜索模式"One example of a $*$ is $*$"可以获得大概 500 000 个结果，包括如下的例子：

(20.59) One example of a boson is a photon.

我们可以通过对抽取出来的句子进行句法分析,并且把通配符放到句法树中来生成一些稍微复杂的模式。

自举法成功的关键是避免语义漂移,语义漂移往往在自举法重复应用的过程中发生。离原始种子词语或者模式集合越远,我们找到的模式和想要找到的模式之间的差异可能就越大。我们将在第 22 章应用自举法进行信息抽取时讨论几种处理语义漂移的方法。

自举法的一种替代方法是使用大规模的词汇资源如 WordNet 作为训练信息的来源,WordNet 中的每一对上位/下位关系告诉我们处于这种关系中的词语的某些信息,然后训练一个分类器,用来寻找具备这种关系的词语。

作为上述方法的一个例子,Snow et al. (2005) 的下位关系学习算法依靠 WordNet 来学习大量弱下位关系模式,然后通过如下 5 步把它们融合到一个监督分类器中:

1. 收集 WordNet 中所有拥有上位关系/下位关系的名词概念对 c_i, c_j。
2. 对于每一个名词对,收集所有包含两个名词的句子(在包含 6 百万词语的语料中)。
3. 对句子进行句法分析,然后从句法树中自动抽取每一个可能的 Hearst 风格的词汇-句法模式。
4. 在逻辑回归分类器中使用这些模式作为特征。
5. 给定测试集中一对名词,抽取特征并且使用分类器去判断名词对是否具有上位关系/下位关系。

这种算法自动发现的 4 种新模式如下:

NP_H like NP　　　　　　NP_H called NP

NP is a NP_H　　　　　　NP, a NP_H (appositive):

通过使用这些模式作为弱特征并利用逻辑回归分类器结合在一起,Snow et al. (2005) 展示这一方法可以在上位关系检测中取得良好性能。

另一种使用 WordNet 解决上位关系问题的方法是把任务看成选择未知词语在一个完整层次结构中的插入位置。可以在不使用词汇-句法模式的情况下完成该任务。例如,我们可以使用诸如 K 近邻等相似度分类器(使用分布信息或词形学上的信息)去寻找层次结构中和未知词语最相似的词语,然后把未知词语插入到该位置(Tseng, 2003)。或者我们可以把寻找上位关系看成一个类似命名实体识别的标注任务。Ciaramita and Johnson(2003) 采用这种方法,使用 WordNet 中的 26 种"字典编纂者类别"广义分类标签(人、地点、事件、数量等)的 26 种**上位义项**(supersenses)作为标签。他们抽取特征,如周围的词性、词汇的二元和三元特征、拼写,以及语形学特征,并且使用一个感知器分类器。

寻找**部分关系**(meronyms)似乎比寻找下位关系更困难些,下面展示了来自 Girju et al. (2003) 的一些例子:

(20.60) The car's mail messenger is busy at work in the <PART> mail car </PART> as the <WHOLE> train </WHOLE> moves along.

(20.61) Through the open <PART> side door </PART> of the <WHOLE> car </WHOLE>, moving scenery can be seen.

部分关系之所以很难发现是因为表示该关系的词汇-句法模式极具歧义。例如,指示部分关系的两种最常见模式是英语中的所有格结构[NP_1 of NP_2]和[NP_1's NP_2],但它们同时也能表达许多其他意思如所有关系,可以查看 Girju et al. (2003, 2006) 来进行讨论和了解可能的算法。

学习词语之间的关系是**字典归纳**(thesaurus induction)任务的一个重要组成部分。在字典归纳中，我们把词语间的相似度估计、上下位关系和其他关系整合起来构造一个完全的知识本体或字典。例如，Caraballo(1999，2001)的两阶段字典归纳算法首先利用自底向上的**聚类**(clustering)算法，将语义上类似的词语聚到不带标签的词语层次结构中。正如在 20.10 节中看到的，在凝聚式聚类中，我们首先是把每一个词语当成一个类，然后算法以自底而上的方式把最相似的两个类合并形成一个新类，我们可以使用任何标准来度量语义相似度，例如，前面章节描述的分布式相似度计算方法中的一种。在第二阶段，给定不带标签的层次结构，算法使用基于模式的下位关系分类器去为每一类中的词语指定上位关系标签。文献和历史说明一节中有更多字典归纳方面的最近工作信息。

20.9 语义角色标注

本章讨论的最后一个任务将词语的意义与句子的语义进行链接，也就是**语义角色标注**(semantic role labeling)，有时也被称为**主题角色标注**(thematic role labeling)、**格角色赋值**(case role assignment)，或者**浅层语义分析**(shallow semantic parsing)。语义角色标注是自动发现句子中谓语的**语义角色**(semantic roles)的任务。更具体地，这意味着找出句子中哪一成分是给定谓语的语义变元，然后为每一个变元选择一个合适的角色。语义角色标注有改善所有语言理解任务的潜在能力，尽管目前它主要用于问答系统和信息抽取中。

目前的语义角色标注方法基于有监督机器学习，因此需要大量的训练和测试资源。在过去的几年中，在第 19 章讨论的 FrameNet 和 PropBank 资源一直作为这种资源。也就是，用来确定什么是谓词，定义任务中所用的角色集合，以及提供训练和测试数据。SENSEVAL-3 评测使用了FrameNet，CONLL 评测在 2004 年和 2005 年使用了 PropBank。

下面的例子展示了这两个语言资源所使用的不同表示。FrameNet 例(20.62)使用了大量框架特定的元素作为角色，PropBank 例(20.63)则使用一小部分带有编号的可以解释为特定动词标签的变元作为角色。

(20.62) [You]　　can't　[blame]　[the program]　[for being unable to identify it]
　　　　COGNIZER　　　　TARGET　EVALUEE　　REASON

(20.63) [The San Francisco Examiner] issued　　[a special edition]　　[yesterday]
　　　　ARG0　　　　　　　　　　　　　TARGET　ARG1　　　　　　　ARGM-TMP

图 20.15 中简要描述了一个简化的语义角色标注算法。遵循语义角色分析(Simmons，1973)方面的非常早期的工作，语义角色标注的大部分工作都从句法分析开始。广泛且公开可得的句法分析器[如 Collins(1996)和 Charniak(1997)]通常被用来对输入的字符串进行句法分析。图 20.16 展示了例(20.63)的句法分析结果。接着系统遍历句法分析的结果来寻找所有的谓语承接语。对每一个这样的谓语，树再一次被遍历以决定句法分析树中每一个成分对应到谓语的哪一个角色，如果这样的角色存在的话。算法首先把句法成分描述成谓语对应的特征集合，然后利用一个在合适训练集上训练得到的分类器来基于这些特征做出正确的判断。

让我们仔细观察一下由 Gildea and Jurafsky(2000，2002)提供的简单特征集合，这些特征已经被大多数的角色标注系统所使用。我们将为图 20.16 中的首个 NP，NP-SBJ 元素 The San Francisco Examiner，抽取这些特征。

- **管辖谓语**(predicate)，在本实例中也就是动词 issued。对于 PropBank 来说，谓语总是动词；

FrameNet中也包括名词和形容词。因为 PropBank 和 FrameNet 中的标签仅仅由对应的特定谓语决定,所以谓语是一个重要的特征。

```
function SEMANTICROLELABEL(words) returns labeled tree

    parse ← PARSE(words)
    for each predicate in parse do
        for each node in parse do
            featurevector ← EXTRACTFEATURES(node, predicate, parse)
            CLASSIFYNODE(node, featurevector, parse)
```

图 20.15　一个普通的语义角色标注算法。部件 CLASSIFYNODE 是一个简单的 1-of-*N* 分类器,用来指定语义角色(或者是为没有角色的成分指定 NONE)。CLASSIFYNODE可以在带有标签的数据上如FrameNet或PropBank进行训练

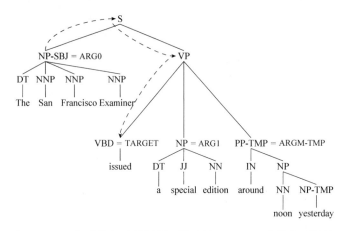

图 20.16　一个 PropBank 句子的句法分析树,展示了 PropBank 中的变元标签。虚线显示了 ARG0 , NP - SBJ 成分 The San Francisco Examiner 的路径特征 NP ↑ S ↓ VP ↓ VBD

- 句法成分的**短语类型**(phrase type),在本例中是 NP(或者 NP-SBJ)。这也就是句法分析树中管辖这一成分的结点名字。一些语义角色通常以 NP、S 或 PP 等短语类型呈现。
- 句法成分的**中心词**(headword),在本例中是 Examiner。成分的中心词可由标准的中心词规则,如第 12 章图 12.13 中给出的规则一样,计算获得。特定中心词(如代词)可对它们可能的语义角色施加很强的限制。
- 句法成分的**中心词词性**(headword part of speech),本例中为 NNP。
- 在句法分析树中从成分到谓词之间的**路径**(path)。这条路径在图 20.16 中用虚线标出。遵循(Gildea and Jurafsky, 2000),我们使用路径的简单线性表示-NP ↑ S ↓ VP ↓ VBD,其中 ↑ 和 ↓ 相应地表示在树中的向上和向下移动。作为成分和谓词之间多种语法功能关系的简要表示,路径具有非常大的作用。
- 成分所在从句的**时态**(voice),在本例中为**主动**(active)[和**被动**(passive)相对应]。和主动时态的句子相比,被动时态的句子中语义角色与表面形式间的链接有很大的不同。
- 句法成分和谓词之间的二元**线性位置**(linear position),其值或是**前面**(before)或是**后面**(after)。
- 谓语的**次范畴化**(subcategorization)。在第 12 章中动词的次范畴化是指出现在动词词组中的期望变元的集合。我们可以使用谓语的直接父结点的短语结构展开规则来抽取这样的信息,图 20.16 中的谓词的短语结构规则为 VP→NP PP。

语义角色标注系统也通常抽取许多其他的特征，例如，命名实体标签（例如，这对知道成分是否是一个地点或者人物很有用），更复杂的路径特征（向上或向下各占一半，一个特定的结点是否出现在路径中），成分最左边或最右边的词语，等等。

现在我们有如下面示例一样的一系列观察，每一个都是一个特征向量。我们把特征按照上面提到的顺序进行排列（因为句法分析树中的大多数成分不带有语义角色，所以，除了 ARG0 之外，大多数观测值为 NONE）：

ARG0：[issued, NP, Examiner, NNP, NP↑S↓VP↓VBD, active, before, VP→NP PP]

正如在词义排歧看到的那样，我们可把这些观测值分成训练部分和测试部分，在任何有监督机器学习算法中使用这些训练数据并构造一个分类器。在这类任务的标准评测中，支持向量机和最大熵分类器能够取得好的成绩。一旦训练完毕，分类器就可以用来为不带标签的句子中的每一个成分指定角色。更准确地说，首先对输入的句子进行句法分析，然后把和前面描述的训练过程相似的过程应用到处理中。

一些角色标注算法不是训练一个单一过程分类器，而是为了提高效率训练一个多阶段分类器：

- **剪枝**（pruning）：基于简单规则排除一些角色的成分以便加快运行速度。
- **识别**（identification）：对每个结点进行二元分类，是 ARG 或 NONE。
- **分类**（classification）：对前一阶段标上 ARG 标签的成分使用 1-of-N 分类器进行分类。

所有的语义角色标注系统都要解决许多难题。FrameNet 和 PropBank 中的成分不能重叠。因此，如果系统错误地把两个重叠的成分标记为变元，则必须决定哪一个是正确的。另外，成分的语义角色是相互依赖的，因为 PropBank 禁止标识多个同一变元，因此把一个成分标识成 ARG0 将会使另一个变元被标识成 ARG1 的概率增大。所有这些问题都可通过基于格框架或是在第 9 章讨论的 N-best 重打分技术的两阶段方法来解决。N-best 重打分技术首先利用分类器为每个成分指定多个标签，每个标签都有一定的概率，然后第二阶段使用全局最优的算法从中挑选最好的标签序列。

通过使用在命名实体抽取或部分句法分析中所用的组块技术，我们也可以不使用句法分析的结果作为输入，直接对原始（或者带有词性标注）文本进行语义角色标注。这样的技术对特定领域如生物信息学特别有用，因为在特定领域中，在新闻语料中训练的句法分析器的表现通常不会太好。

最后，在评价语义角色标注系统时要求把每一个变元正确地指派到相应的词语序列或句法分析成分上。因此可以计算准确率、召回率和 F 值。一个简单的基于规则的系统可以用来做基准系统，例如，把谓词前面第一个 NP 标为 ARG0，把谓词后面第一个 NP 标为 ARG1，如果动词短语是被动语态，则转换它们的顺序。

20.10　高级主题：无监督语义排歧

让我们回到 WSD 任务。构建一个每个词语都标注了词义的大规模语料是昂贵和困难的。因为这个原因，无监督的词义排歧方法是一个令人振奋和重要的研究领域。

在无监督方法中，我们不使用人工定义的词义。相反，每个词语的词义是从训练集中的词语实例中自动创建的。这里让我们介绍 Schütze（Schütze，1992b，1998）的无监督词义排歧方法的一个简化版本。在 Schütze 的方法中，我们首先把训练集中的词语实例表示成上下文分布特征的向量，该向量是我们在20.7节中定义的特征向量的稍微泛化的版本。（正是这个原因，我们才在介绍词语相似度之后再介绍无监督词义排歧。）

与20.7节中的做法相同，我们把词语 w 表示成基于 w 邻近词语频率的向量。例如，对于给定的目标词语（类型）w，我们可能选择在 w 的实例的大小为25的词语窗口中出现最频繁的1 000个词语。这1 000个词语就构成了向量的维度。用 f_i 表示词语 i 出现在 w 的上下文中的频数。我们可以定义词语的向量 $\vec{w}$［给定 w 的符号（观测）］为：

$$\vec{w} = (f_1, f_2, f_3, \cdots, f_{1000})$$

到目前为止，这仅仅是我们在20.7节中看到的分布式上下文的情况。我们也可以使用一个稍微复杂一点的分布式上下文的特征向量。例如，Schütze 不是用第一向量而是用**第二共现向量**（second order co-occurrence）来定义词语 w 的**上下文向量**（context vector）。也就是说，我们要为词语 w 构建上下文向量，首先要计算出现在 w 上下文中的每一个词语 x 的向量 $\vec{x}$，然后取这些向量 $\vec{x}$ 的中心作为 w 的向量。

让我们看看如何使用这些上下文向量为词语 w 进行无监督排歧（不论是第一向量还是第二向量）。训练阶段只包含三步：

1. 对于词语 w 在语料中的每一个符号 w_i，计算一个上下文向量 $\vec{c}$。
2. 利用**聚类算法**（clustering algorithm）把这些词语符号的上下文向量 $\vec{c}$ **聚成**（cluster）预先设定数目的类。每一类定义了 w 的一个意义。
3. 计算每一个类的**向量中心**（vector centroid）。每个向量中心 $\vec{s_j}$ 是 w 相应词义的**意义向量**（sense vector）。

因为这是无监督算法，所以我们不知道 w 的每一个意思的名称，我们仅仅把它称为 w 的第 j 个意义。

现在如何对 w 的特定符号 t 进行排歧呢？我们还可以通过三步实现：

1. 采用上面讨论的方法计算 t 的上下文向量 $\vec{c}$。
2. 取出 w 的所有意义向量 s_j。
3. 把 t 标识为和 t 距离最近的意义向量 s_j 所表示的意义。

我们所需要的就是聚类算法和向量间的距离度量方法。幸运的是，聚类是一个已经被深入研究的问题，存在大量的标准算法可以用来处理输入为数值型的结构化向量（Duda and Hart，1973）。在语言应用中使用最频繁的技术是**凝聚式聚类**（agglomerative clustering）算法。在这种技术中，在开始时 N 个训练实例中的每一个都是一个单独的类。然后以自底向上的方式合并两个最相似的类，从而形成一个新的类。这一过程一直持续到类的个数已经达到了指定数目，或者类之间的某些全局标准已经达到。如果训练数据的规模很大使得此类算法非常耗时，在这种情况下，对原始训练数据进行随机采样（Cutting et al.，1992b）也可以取得类似的结果。

我们如何评价无监督的词义排歧方法呢？像往常一样，最好的方法是做外在或体内测试，就是把 WSD 算法嵌入到某些端到端的系统中。如果存在某种方法把自动获取的词义类映射到手工标注的标准答案上，那么内在评价也是有用的，因为这样我们可以对手工标注的测试集和由非监督算法标注的测试集进行比较。一种映射方法是把词义类映射到预先定义好的意义上，选择（在某些训练集上）和类具有最大词语符号重叠数目的意思作为该类的意思。另一种方法是考虑测试集中所有的词对，查看系统标注的和手工标注的是否处于同一个类中。

20.11 小结

本章介绍了语义计算的三个领域:

- **词义排歧**(Word-Sense Disambiguation, WSD)是决定特定上下文中词语正确义项的任务。监督方法利用单个词语[**单词任务**(lexical sample task)]或所有词语[**全词任务**(all-words task)]出现的句子,这些句子是用类似 WordNet 的资源中的义项进行标注的。监督 WSD 的分类器包括**朴素贝叶斯**(naive Bayes)分类器、**决策列表**(decision list)分类器及许多其他的分类器,分类器是在描述词语上下文的词的**搭配**(collocational)特征和**词袋**(bag-of-words)特征上进行训练的。
- WSD 的一个重要基准系统是选用**最频繁词义**(most frequent sense),在 WordNet 中等价于**取词语的第一个意义**(take the first sense)。
- **Lesk 算法**(Lesk algorithm)选择字典定义中和目标词语的上下文重叠词语最多的义项作为目标词语的词义。
- **词语相似度**(word similarity)可以通过度量语义字典中的**链接距离**(link distance),通过语义字典中的**信息含量**(information content),通过使用语料中的**分布相似度**(distributional similarity),或者通过使用**信息论方法**(information-theoretic methods)来计算。
- 分布式相似度的关联度度量方法包括 PMI、Lin 和 t-test。向量相似度的度量方法包括余弦、Jaccard、Dice 和 Jiang-Conrath。
- 词汇间的关系如**下位关系**(hyponymy)可以通过词汇-句法模式发现并识别。
- **语义角色标注**(semantic role labeling)通常是从对句子进行句法分析开始,然后自动地为句法分析树中的每一个结点标识一个语义角色(或者 NONE)。

20.12 文献和历史说明

词义排歧的源头可以追溯到电子计算机的某些早期应用。我们在上文中可以看到,在机器翻译背景下,Warren Weaver's(1955)提出在包含目标词语的一个小窗口下对词语进行排歧。在早期时代首先提出的其他概念包括使用语义字典进行排歧(Masterman, 1957),使用监督方法训练一个贝叶斯模型进行排歧(Madhu and Lytel, 1965),以及在词义分析方面使用聚类算法(Sparck Jones, 1986)。

排歧方面的大量工作是在早期面向人工智能的自然语言处理系统的背景下进行的。尽管大部分这种类型的自然语言分析系统展示了某种形式的词汇辨别能力,一些努力却使词义排歧成为工作的重心。最有影响力的努力是 Quillian(1968)和 Simmons(1973)所做的语义网络,Wilks 关于优先语义(Wilks, 1975c, 1975b, 1975a)的工作,以及 Small and Rieger(1982)和 Riesbeck(1975)关于基于词语的理解系统的工作。Hirst 的 ABSITY 系统(Hirst and Charniak, 1982;Hirst, 1987, 1988)使用了一种被称为基于语义网络的标记传递技术,是这种类型系统中最先进的系统。就跟这些大量的符号方法一样,用来进行词义排歧的大部分链接方法依赖于基于手动编写表示的少量词汇(Cottrell, 1985;Kawamoto, 1988)。

词义排歧方面的大量工作同时也在认知科学和语言心理学的领域展开。这项工作也顺理成章地用不同的名字来描述:词汇歧义消解。Small et al.(1988)从这个角度写了多篇论文。

Kelly and Stone(1975)最先实现了一种鲁棒性的实用的词义排歧方法,他领导一个团队为 1 790 个英语歧义词语手工制定了排歧规则。Lesk(1986)首次使用机读词典来进行词义排歧。Wilks et al.(1996)描述了对使用机读词典的方法的扩展式探索。这种使用词典来确定词义的方法存在一些问题,一是义项的粒度太细,二是缺乏合适的组织结构,这些问题都可以通过聚类词义模型来解决(Dolan, 1994; Peters et al., 1998; Chen and Chang, 1998; Mihalcea and Moldovan, 2001; Agirre and de Lacalle, 2003; Chklovski and Mihalcea, 2003; Palmer et al., 2004; McCarthy, 2006; Navigli, 2006; Snow et al., 2007)。用来训练聚类算法的带有聚类词义的语料包括 Palmer et al. (2006)和**OntoNotes**(Hovy et al., 2006)。

Black(1988)首先对用监督机器学习算法进行词义排歧产生了兴趣,他首先把决策树学习法应用到这样的任务中。这些方法所需的大量标注语料导致了对使用自举法的研究(Hearst, 1991; Yarowsky, 1995)。如何对不同语料的证据进行加权和结合的问题在 Ng and Lee(1996), McRoy(1992)和 Stevenson and Wilks(2001)中进行了探讨。

在半监督的方法中,最新的选择优先性模型包括 Li and Abe(1998), Ciaramita and Johnson(2000), McCarthy and Carroll(2003)和 Light and Greiff(2002)。Diab and Resnik(2002)给出了一个基于对齐的双语平行语料的词义排歧的半监督算法。例如,法语单词 catastrophe 在一个实例中可能翻译成英语词语 disaster,而在另一个实例中被翻译成英语词语 tragedy,这样的事实可以用来对两个英语词语进行排歧(例如,选择 disaster 和 tragedy 相似的意思)。Abney(2002, 2004)探讨了 Yarowsky 算法的数学基础以及它和协同训练的关系。使用频率最高的词义启发式排歧是一种极其有效的方法,但是需要大量的监督训练语料。McCarthy et al. (2004)提出了一种非监督方式,可以自动估计使用频率最高的词义,该方法依赖于在 20.6 节中定义的语义字典相似度度量方法。

最早把聚类算法用于语义研究的是 Sparck Jones(1986)。Zernik(1991)成功地把一个标准的信息检索聚类算法用到词义排歧的问题上,并且依据检索结果的表现对该方法进行了评价。在聚类算法方面近期所做的大量的工作可以在 Pedersen and Bruce(1997)和 Schütze(1997, 1998)中找到。

一小部分算法试图利用句子中所有词语相互的排歧信息,或者通过多次传递利用容易排歧的词语(Kelly and Stone, 1975),或者通过并行搜索(Cowie et al., 1992; Véronis and Ide, 1990)来利用这种信息。

最近的工作集中在利用网络来构建词义排歧的训练数据,或者使用非监督算法(Mihalcea and Moldovan, 1999),或者是由志愿者进行标注。

Resnik(2006)描述了 WSD 的潜在应用。最近的应用就是用来改善机器翻译的结果(Chan et al., 2007; Carpuat and Wu, 2007)。

Agirre and Edmonds(2006)是一本综合编纂的书籍,总结了最先进的 WSD 方法。Ide and Véronis(1998a)广泛地回顾了直到 1998 年的 WSD 的历史。Ng and Zelle(1997)更多的是从机器学习的视角回顾了这段历史。Wilks et al. (1996)描述了在字典和语料方面的实验,同时也提供了非常早期的工作的细节。

我们讨论的分布式词语相似度模型起源于 20 世纪 50 年代语言学家和心理学家的研究。词义和上下文中词语的分布相关的想法在 20 世纪 50 年代的语言学理论中得到广泛传播,即使在著名的 Firth(1957)和 Harris(1968)格言出现之前,Joos(1950)就指出:

语言学家的语素的"意思"是通过它同其他语素出现在上下文中的一系列条件概率来确定的。

词语的意思可以看成是欧几里德空间中的一点,两个词语意思之间的相似度可以看成是两个点之间的距离,这些相关的想法是由 Osgood et al. (1957)在心理学中提出的。Sparck Jones(1986)首先将这些想法应用到计算的框架中,并且成为信息检索的核心原则,从那里开始它被广泛地应用到语音和语言处理中。

存在多种对词语相似度进行加权和计算的方法。本章没有讨论的最大一类方法是**信息论**(information-theoretic)方法的变种和细节,信息论方法包括我们简要介绍的 Jensen-Shannon 散度距离、KL

散度距离以及 α-skew 散度距离(Pereira et al., 1993；Dagan et al., 1994, 1999；Lee, 1999, 2001)，也有来自 Hindle(1990)和 Lin(1998a)的其他方法。替换的模式包括**共现检索**(co-occurrence retrieval)模型(Weeds, 2003；Weeds and Weir, 2005)。Manning and Schütze(1999，第 5 章和第 8 章)给出词搭配的度量方法和其他相关的相似度度量方法。一种常用的权重是**加权的互信息**(weighted mutual information)(Fung and McKeown, 1997)，也就是用联合概率对点互信息进行加权。在信息检索中，**tf-idf** 权重被广泛使用，正如我们将在第 23 章讨论的那样。查看 Dagan(2000)，Mohammad and Hirst(2005)，Curran(2003)和 Weeds(2003)，可以得到对分布式相似度的一个精辟总结。

另一种语义相似度的向量空间模型是**潜层语义索引**(Latent Semantic Indexing, LSI)或**潜层语义分析**(Latent Semantic Analysis, LSA)，它们使用**奇异值分解**(singular value decomposition)对向量空间进行降维以期望发现高次的规律(Deerwester et al., 1990)。我们已经讨论过 Schütze (1992b)，他提出了另一种基于奇异值分解的语义相似度模型。

最近有多种关于词汇间的其他关系和语义字典归纳的文章。把分布式词语相似度用到语义字典归纳方面的问题，由 Grefenstette(1994)系统地进行了探讨。许多分布式聚类算法已经应用到对具有语义相似性的词语进行分类的任务上，包括硬聚类算法(Brown et al., 1992)、软聚类算法(Pereira et al., 1993)，以及类似**委员会投票聚类算法**(Clustering By Committee, CBC)的新算法(Lin and Pantel, 2002)。对于特定关系，Lin et al. (2003)使用手工制定的模式去寻找**反义词**(antonyms)，最终目标是改善同义词检测的效果。20.7 节中的分布式词语相似度算法通常会不正确地为反义词赋予一个高的相似度。Lin et al. (2003)指出出现在类似 from X to Y 或者 either X or Y 的模式中的词语有可能是反义词。Girju et al. (2003, 2006)指出通过对两个名词的语义超类进行归纳可以提高部件关系词抽取的表现。Chklovski and Pantel(2004)使用手工构建的模式去抽取细粒度的关系，如动词间的**强度**(strength)关系。最近的工作集中在通过结合不同关系抽取器来进行语义字典归纳。例如，Pantel and Ravichandran(2004)为了结合相似度和下位关系信息而扩展了 Caraballo 的算法，同时 Snow et al. (2006)结合了多种关系抽取器来计算最有可能的语义字典结构。最近在相似度方面的工作集中在利用网络来计算相似度，如依靠维基百科计算相似度(Strube and Ponzetto, 2006；Gabrilovich and Markovitch, 2007)。这些基于网络的工作和无监督的信息抽取紧密相关，查看第 22 章和参考文献，如 Etzioni et al. (2005)。

尽管语义角色标注不像词语相似度和语义排歧一样是一个古老的研究领域，但语义角色标注在计算语言学中也有很长的历史。在语义角色标注(Simmons, 1973)方面最早期的工作是首先利用 ATN 分析器对句子进行句法分析。每个动词有一系列的规则用来指定如何把分析结果映射成语义角色。这些规则主要依照语法(主语、宾语、介词的补充)制定，但是也会检查成分的内在特征，如中心名词的生命度(animacy)。

在 FrameNet 和 PropBank 包含足够多且一致的数据后，使用这些数据进行训练和测试成为可能，这使得统计方法在这一领域重新开始发挥作用。Gildea and Jurafsky(2002)，Chen and Rambow(2003)，Surdeanu et al. (2003)，Xue and Palmer(2004)，Pradhan et al. (2003, 2005)中定义了语义角色标注所用的许多常见特征。

为了避免使用大规模的人工标注的训练集，最近的工作集中在语义角色标注的无监督方法上(Swier and Stevenson, 2004)。

上面描述的语义角色标注的工作集中在对语料中每个句子中的符号指定一个角色上。语义角色标注的一种替换方式是词汇学习，根据动词可能的语义角色或变元变换模式，在语料上使用非监督学习方法去学习动词可能属于的语义类别(Stevenson and Merlo, 1999；Schulte im Walde, 2000；Merlo and Stevenson, 2001；Merlo et al., 2001；Grenager and Manning, 2006)。

第 21 章　计算话语学

Orson Welles 的电影公民 Kane 做了多个方面的开创性贡献，其中最显著的可能是它的结构。影片讲述了一个虚拟媒体巨头 Charles Foster Kane 一生的故事，影片不是按照 Kane 一生的正常时间顺序来叙述的。相反，影片是从 Kane 的死亡开始的（Kane 在临死之前潺潺地发出"Rosebud"这个词的著名场景），采用倒叙的方式讲述 Kane 的一生，中间插叙调查他死亡的场景。影片的结构可以不必按照真实的时间轴来叙述，这一新颖的想法出现在 20 世纪无限可能的电影制片术中，并且对各种连贯性叙述结构产生了影响。

但是连续性结构不仅仅存在于影片和艺术作品中。到目前为止，本书集中讨论的都是单词和句子层面出现的语言现象。就像电影一样，通常语言并不是由孤立无关的句子组成的，而是由搭配在一起、具有一定结构并且**连贯**（coherent）的句子群组成的。我们将这种句子群称为**话语**（discourse）。

现在你所读的章节本身就是一个话语的例子。实际上它是话语的一种特殊类型：**独白**（monologue）。独白是以一个说话人（speaker 这个词语可以用于表示作者，就像这里的用法）和一个听话人（类似地，hearer 这个术语也可以用于表示读者）为特征的。独白中的交流是单向的，即从说话人到听话人。

在读完本章后，也许你会和一个朋友一起谈论本章，这是一种非常自由的交流。这种话语形式被称为**对话**（dialogue），更具体的讲是**人和人的对话**（human-human dialogue）。在这种情形下，每个参与者轮流充当说话人和听话人。与典型的独白不同，对话通常由许多不同类型的交流行为组成：提问、回答、更正等。

为了某些目的，如订一张机票或火车票，你可能同一个电脑**会话代理**（conversational agent）

---

① Gracie：哦，是的… Jones 先生和太太的婚姻出现了问题，我哥哥被雇来监视 Jones 太太。

　　George：喔，在我想象中她是一个非常迷人的女人。

　　Gracie：的确是，我哥哥对她日夜不停地监视了六个月。

　　George：那，发生了什么事？

　　Gracie：她最终离婚了。

　　George：Jones 太太？

　　Gracie：不，我哥哥的妻子。

　　　　　　　　　　　　　　　　　　　　　　《女售货员》中 George Burns 和 Gracie Allen 的对话

进行交流。我们把这种人机交互行为(Human-Computer Interaction，HCI)，称为**人机对话**(human-computer dialogue)，这与普通的人和人的对话是不同的，部分原因在于目前计算机系统在参与自由无约束会话时存在一定的局限性。

尽管这三种话语形式具有许多话语处理的共同问题，但是它们各自的特点使得常常需要对它们采用不同的处理技术。本章将集中讲述常用于独白解释的技术，而会话代理和其他对话的技术将在第 24 章介绍。

语言中充满了丰富的存在于话语层上的语言现象。研究例(21.1)所示的话语。

(21.1) The Tin Woodman went to the Emerald City to see the Wizard of Oz and ask for a heart. After he asked for it, the Woodman waited for the Wizard's response.

代词 he 和 it 分别代表什么？读者无疑会很容易领会到 he 代表 Tin Woodman 而不是 Wizard of Oz，it 代表 the heart 而不是 Emerald City。此外，读者很清楚的知道 the Wizard 和 the Wizard of Oz 是同一个实体，同样的 the Woodman 和 the Tin Woodman 指的也是一个实体。

但是自动完成上述排歧是件困难的任务。决定代词以及其他名词短语指代内容的任务被称为**指代消解**(coreference resolution)。指代消解对**信息抽取**(information extraction)、**摘要**(summarizaing)以及**会话代理**(conversational agents)来说是至关重要的。事实上，已经证明任何可想到的语言处理应用都需要能够解决代词及相关表述所指代内容的方法。

除了代词和其他名词之间的关系外，还存在其他一些重要的话语结构。考虑对下面片段进行**摘要**(summarizing)的任务：

(21.2) First Union Corp is continuing to wrestle with severe problems. According to industry insiders at Paine Webber, their president, John R. Georgius, is planning to announce his retirement tomorrow.

我们可能想要抽取类似如下的摘要：

(21.3) First Union President John R. Georgius is planning to announce his retirement tomorrow.

为了得到这样的摘要，我们需要知道第二个句子是两个句子中相对重要的那个，第一个句子附属于第二个句子，仅仅提供背景信息。话语中句子的这种关系被称为**连贯关系**(coherence relations)，决定话语中句子间的这种连贯结构是话语的一个重要任务。

因为**连贯性**(coherence)也是好文章应有的特点，自动地检测连贯关系对于评价文章的质量，如**自动作文评分**(automatic essay grading)这样的任务也非常有用。自动作文评分通过度量文章的内在连贯性，并把它的内容和原始资料以及手工标注的高质量作文进行比较来对学生的短文进行评分。连贯性还用来评价自然语言生成系统输出结果的质量。

话语结构和指代是深层次相关的。例如，为了得到上面的摘要，系统必须正确地识别出 their 所指的是 First Union Corp(而不是 Paine Webber)。类似地，已经证明确定话语结构有助于决定共指关系。

连贯性

让我们以讨论**连贯性**(coherent)对一篇文章的意义来作为介绍小节的结束。假设我们已经收集了任意一些组织良好且可以被独立理解的语句，例如，从本书前面的每一章中随机抽取一个句子。那么，能够说你就获得了一个话语吗？当然不是。原因在于将这些句子列在一起并不能体现**连贯性**(coherence)。例如，考虑一下片段(21.4)和片段(21.5)之间的差别。

(21.4)John hid Bill's car keys. He was drunk.

(21.5)?? John hid Bill's car keys. He likes spinach.

大部分人都会发现段落(21.4)很自然,而段落(21.5)就有些奇怪。为什么呢? 与段落(21.4)一样,组成段落(21.5)的句子也是组织良好且易于理解的。但将这些句子并列在一起似乎出现了一些问题。听话人也许会问,比如,藏起某人的车钥匙与喜欢菠菜有什么关系。通过这个问题可以看出,听话人是在质疑该段落的连贯性。

另外,听话人也可能构建一种解释使得该话语连贯起来,比如,推测也许有人给 John 菠菜以交换 Bill 被藏起的车钥匙。事实上,如果我们在一个已知的上下文中考虑,就会发现该段落现在变得好理解了。为什么会如此呢? 因为通过这个推测允许听话人将 John 喜欢菠菜作为他藏起了 Bill 车钥匙的原因,这就可以解释为什么这两个句子被连接在一起。听话人尽可能去识别出这种连接的事实表明:我们需要将确立连贯作为话语理解的一部分。

在段落(21.4)中或在段落(21.5)的新模式中,第二个句子为读者提供了第一个句子的解释或原因。这些例子说明了一个连贯话语中的句子之间必须有语义上的联系,像解释这样的联系通常称为**连贯关系**(coherence relations)。21.2 节将介绍连贯性关系。

考虑下面两段来自 Grosz et al.(1995)的文字,我们将介绍连贯性的另外一面:

(21.6)a. John went to his favorite music store to buy a piano.

　　　　b. He had frequented the store for many years.

　　　　c. He was excited that he could finally buy a piano.

　　　　d. He arrived just as the store was closing for the day.

(21.7)a. John went to his favorite music store to buy a piano.

　　　　b. It was a store John had frequented for many years.

　　　　c. He was excited that he could finally buy a piano.

　　　　d. It was closing just as John arrived.

尽管这两段文字的不同之处仅仅在于句子叙述两个实体(John 和 store)的不同方式,但例(21.6)中的话语从直觉上比例(21.7)中的更连贯。正如 Grosz et al.(1995)所指出的那样,这是因为例(21.6)中的话语明显地集中于一个个体 John,描述了他的行为和感受。相比之下,例(21.7)中的话语首先集中在 John 上,然后是 store,再然后又回到 John 上,最后回到了 store 上。它缺少第一个话语中的"关于性"。

这些例子表明一个连贯的话语与涉及在话语中实体之间必须表现出一定关系,并采用一种集中的方式来介绍和跟进它们。这种连贯性被称为**基于实体的一致性**(entity-based coherence)。我们将在 21.6.2 节中介绍基于实体一致性的**中心**(Centering)算法。

在接下来的章节中,我们将研究话语结构和话语实体方面的内容。我们从 21.1 节中的最简单的话语结构开始:简单**话语分割**(discourse segmentation),就是把一篇文档分割成线性序列的多个段落的篇章。然后在 21.2 节中,我们将介绍粒度更细的话语结构、**连贯性关系**(coherence relation),并且给出解释这些关系的算法。最后,在 21.3 节中,我们转向实体,介绍能够解释类似代词的指代表述的方法。

21.1　话语分割

我们研究的第一类话语任务是抽取文本、话语的全局或高层次的结构。文本的许多类型和特定的常规结构相关。学术文章可以分成如摘要、介绍、方法、结果和结论这样的几部分。新闻故事通常采用倒金字塔结构来进行讲述，在新闻故事中第一段[线索(lede)]包含了最重要的信息。医生口述的病人报告按照标准的 SOAP 格式分成四部分：主观性资料(Subject)、客观性资料(Object)、临床诊断(Assessment)和治疗方案(Plan)。

自动检测一个大型话语中所有类型的结构是一个困难且尚未解决的问题，但是已经存在一些话语结构检测算法。本节就介绍一个这样的算法，它被用来处理**话语分割**(discourse segmentation)的简单问题：把一篇文档切分成一个线性的子主题序列。这样的分割算法不能找出复杂的层次结构。不管怎样，线性话语分割对**信息检索**(information retrieval)而言十分重要，例如，自动分割一个电视新闻直播或把一个长的新闻分割成具有相关性的一系列故事，对**文本摘要**(text summarization)来说需要确认文档中的每一个片段都已经正确地归纳了，或者对**信息抽取**(information extraction)算法来说它试图从单一的话语片段中抽取信息。

在接下来的两节中我们将介绍话语分割的无监督和监督算法。

21.1.1　无监督话语分割

让我们回顾一下把文本分割成多个多段单元的任务，其中每个单元表示原文中的一个子主题或者段落。正如我们上面建议的那样，为了和抽取更复杂的层次话语结构相区别，我们通常把这个任务称为**线性分割**(linear segmentation)。给定原始文本，分割器的目标就是把原始文本按照子主题进行分组，就如 Hearst(1997)为下面 21 段科学文摘所做的，该篇科学文章名为"Stargazers"，讲述了地球和其他星球上的生命存在(数字表示段落)：

1~3　　 Intro… the search for life in space（介绍-在太空中寻找生命）

4~5　　 The moon's chemical composition（月亮的化学成分）

6~8　　 How early earth-moon proximity shaped in moon（地球-月亮接近体多早塑造了月亮）

9~12　 How the moon helped life evolve on earth（月亮如何帮助地球上的生命进化）

13　　　 Improbability of the earth-moon system（地月系统的不可能性）

14~16　 Binary/trinary star systems make life unlikely（二元/三元星球系统不适合生命）

17~18　 The low probability of nonbinary/trinary systems（非二元/三元系统的低可能性）

19~20　 Properties of earth's sun that facilitate life（地球上太阳的特点有利于生命）

21　　　 Summary（总结）

线性话语分割的一类重要无监督算法基于**内聚性**(cohesion)的概念(Halliday and Hasan，1976)。**内聚性**(cohesion)是指用一定的语言学手段将文本单元联系或连接在一起。**词汇内聚性**(Lexical cohesion)是指两个语言单元中基于词语间关系表现出来的内聚性，例如，相同的词语、同义词或上位关系。例如，词语 house、shingled 和 I 同时出现在例(21.8)的两个句子中，这表明这两个句子联系在一起形成一个话语：

(21.8) Before winter **I** built a chimney, and **shingled** the sides of my **house**…

　　　　 I have thus a tight **shingled** and plastered **house**

在例(21.9)中，两个句子之间的内聚性是由 fruit，pears 及 apples 之间的上位关系展现出来的。

(21.9) Peel, core and slice **the pears and the apples**. And **the fruit** to the skillet.

另外也存在非词汇内聚性关系，例如，使用**指代**(anaphora)，例(21.10)展示了 Woodhouses 和 them 之间的指代关系(我们将在 21.6 节中定义和讨论指代的细节)。

(21.10)**The Woodhouses** were first in consequence there. All looked up to **them**.

除了两个词语间的词汇内聚性的例子外，我们还给出**内聚链**(cohesion chain)的例子，在内聚链中内聚性是通过相关词语的一个序列展现出来的：

(21.11)Peel, core and slice **the pears and the apples**. Add **the fruit** to the skillet. When **they** are soft⋯

连贯性(coherence)和**内聚性**(cohesion)通常被混淆，我们回顾它们的不同。**内聚性**(cohesion)指的是文本单元联系在一起的方式。内聚关系就像胶水一样把两个单元聚成一个单元。连贯则涉及两个单元意义之间的关系。**连贯性**(coherence)用来解释不同文本单元的意义如何结合在一起以表达一个更大粒度的话语意义。

基于内聚性的分割方法的出发点是同一个子主题中的句子或段落之间具有内聚性，而相邻子主题之间的段落则没有这种内聚性。因此，如果我们度量每对相邻句子间的内聚性，我们希望在子主题边界内聚性会有一个突然下降。

我们看一个基于内聚性的方法：**TextTiling** 算法(Hearst, 1997)。该算法包含三部分：**分词**(tokenization)、**词汇分值确定**(lexical score determination)和**边界识别**(boundary identification)。在分词阶段，系统按空格将输入切分为词语，同时每一个词语被小写，去除停用词列表中的停用词，并且对剩下的词语词干化。词干化后的词语被切分为长度 w 为20(使用等长的伪句子而不是真实的句子)的伪句子。

现在我们计算横跨每一对伪句子间边界的**词汇内聚性打分**(lexical cohesion score)。内聚性打分是边界前伪句子中词语到边界后伪句子中词语的相似度的平均。我们通常在边界两边各取10个伪句子。为了计算相似度，我们分别构建边界前和边界后句子块的词语向量 $\vec{b}$ 和 $\vec{a}$，其中向量的维度为 N(文档中非停用词的总数)，向量中第 i 个元素为词语 w_i 的频数。现在我们可以利用第 20 章中等式(20.47)定义的余弦度量(归一化的点乘)来计算相似度，重写如下：

$$\text{sim}_{\cos}(\vec{b}, \vec{a}) = \frac{\vec{b} \cdot \vec{a}}{|\vec{b}||\vec{a}|} = \frac{\sum_{i=1}^{N} b_i \times a_i}{\sqrt{\sum_{i=1}^{N} b_i^2}\sqrt{\sum_{i=1}^{N} a_i^2}} \tag{21.12}$$

我们在伪句子间的每个边界 i 都计算上述相似度打分(衡量包含第 $i-k$ 个到第 i 个伪句子的句块和包含从第 $i+1$ 个到第 $i+k+1$ 个伪句子的句块间的相似度)。观察图 21.1 中的例子，其中 $k=2$。图 21.1(a)展示了 4 个伪句的简要示意图。每个拥有 20 个词语的伪句可能包含多个真实的句子，在这个例子中每个伪句包含了两个真实的句子。本图也显示了相邻两个伪句之间的点乘结果。例如，第一个伪句包含了第一个和第二个句子，词语 A 出现了两次，B 出现一次，C 出现两次，等等。前两个伪句之间的点乘结果为 $2 \times 1 + 1 \times 1 + 2 \times 1 + 1 \times 1 + 2 \times 1 = 8$。假设没有出现的词语计数都为零，那么前两个伪句之间的余弦距离是多少呢？

最后，我们为每一个边界计算一个**深度分数**(depth score)，度量边界的"相似度山谷"深度。深度分数是计算从山谷两边的山峰到谷底的深度，在图 21.1(b)中，就是 $(y_{a1} - y_{a2}) + (y_{a3} - y_{a2})$。

如果一个山谷的深度超过了一定的阈值(例如，$\bar{s} - \sigma$ 等，标准差要大于山谷的平均深度)，我们就给这个山谷分配一个边界。

最近的基于内聚性的分割器不是使用深度分数阈值，而是使用**自顶向下的划分式聚类**(divisive clustering)(Choi, 2000; Choi et al., 2001)。查看本章结束部分的文献和历史说明以获取更多的信息。

21.1.2 有监督话语分割

我们已经展示了没有手工标注分割边界的语料时的一种话语分割方法。然而，对于某些话语分割任务来说，很容易就能得到带有边界标签的训练语料。

考虑一下直播新闻的口语话语分割任务。为了对无线或电视广播做摘要，我们首先需要确定新闻故事间的边界。这是一个简单的话语分割任务，并且存在人工标注的新闻故事边界训练语料。类似地，对如讲座或演讲这样的独白进行语音识别时，我们通常想要自动地将文本划分成段落。对于**段落分割**（paragraph segmentation）任务来说，可以非常容易地从 Web 上（用标志 <p>分割）或其他资源中寻找标注语料。

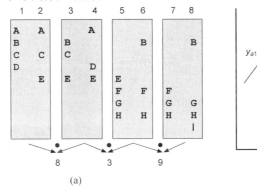

图 21.1　TextTiling 算法。(a)展示了两个句子(1 和 2)和随后的两个句子(3 和 4)之间的相似度点乘计算，大写字母(A，B，C 等)表示词语；(b)展示了山谷深度分数的计算。根据 Hearst(1997)

任意一种分类器都可被用来完成这类有监督话语分割任务。例如，我们可以使用一个二元分类器(如 SVM 和决策树)并在任意两个句子之间做出是否是边界的决定。我们同样也可以使用一个序列分类器(如 HMM 和 CRF)，这样可以更容易地集成顺序限制。

在监督分割算法中使用的特征通常是无监督分类使用特征的超集。我们毫无疑问可以使用内聚性特征，例如，词语重叠度、词语的余弦距离、LSA、词汇链、共指，等等。

有监督分割方法中经常使用的一个重要的额外特征是**话语标记**(discourse markers)或**提示词**(cue word)是否存在。话语标记是能够表现话语结构的词语或短语。在本章中话语标记起着非常重要的作用。在新闻分割任务中，重要的话语标记可能包含类似 good evening，I'm 〈PERSON〉的短语，这样的短语通常出现在新闻的开始，或者是词语 joining，通常出现在短语 joining us now is 〈PERSON〉中，这通常出现在特定分割的开始。类似地，提示短语 coming up 通常出现在分割的结尾(Reynar，1999；Beeferman et al.，1999)。

话语标记经常是领域特定的。例如，对于 Wall Street Journal 新闻文章的分割任务来说，单词 incorporated 是很有用的特征，因为 Wall Street Journal 的文章通常以全名 XYZ incorporated 介绍公司作为开始，虽然后来只使用 XYZ。对于房地产广告分割任务来说，Manning(1998)使用话语提示特征，如"is the following word a neighborhood name？""is previous word a phone number？"，甚至是标点提示，如"is the following word capitalized？"。

对于特定领域，可以利用手写规则或正则表达式去确定给定领域内的话语标志。这样的规则通常涉及命名实体(就如上面关于 PERSON 的例子)，因此在预处理阶段必须进行命名实体识别。自动寻找有助于分割话语的话语标志的方法也已经存在。它们首先把所有可能的词或短语作为分类器的特征，然后在训练集上使用某种**特征选择**(feature selection)算法来找出边界的最好指示器词(Beeferman et al.，1999；Kawahara et al.，2004)。

21.1.3 话语分割的评价

我们通常使用人工标注话语边界的测试集对话语分割算法进行评价：首先运行算法，然后使用 WindowDiff(Pevzner and Hearst, 2002)或 P_k(Beeferman et al., 1999)方法对自动标注边界和人工标注边界进行比较。

我们通常不使用准确率、召回率以及 F 值来评价分割算法，因为它们对分割边界的距离误差不敏感。如果分割算法在指定边界时偏离了一个句子，那么它的 F 值分数将和指定边界在任何地方和正确位置都不接近的算法一样差。WindowDiff 和 P_k 则赋予局部准确度。我们将介绍作为 P_k 最新改进的 WindowDiff 算法。

WindowDiff 通过在系统输出的分割上滑动一个探测器，也就是一个大小为 k 的滑动窗口，来对参考(人工标注的)分割和系统输出分割进行比较。在系统输入串上的每一个位置，我们比较**正确**(reference)边界落入指针(r_i)中的数目和**系统输入**(hypothesized)边界落入指针(h_i)中的数目之间的差别。算法惩罚任何 $r_i \neq h_i$，也就是 $|r_i - h_i| \neq 0$ 的假设。窗口大小 k 设为参考串中平均分割长度的一半。图 21.2 给出了一个计算过程的示意图。

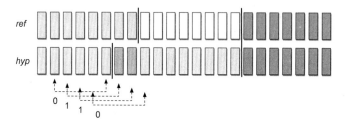

图 21.2 WindowDiff 算法，展示了移动的窗口在假设串上滑动，以及在
4 个位置上 $|r_i - h_i|$ 的计算结果。根据 Pevzner and Hearst(2002)

更加形式地说，如果 $b(i, j)$ 是文本中位置 i 和 j 之间的边界数目，N 是文本中句子的数目，则

$$\text{WindowDiff}(ref, hyp) = \frac{1}{N-k} \sum_{i=1}^{N-k} (|b(\text{ref}_i, \text{ref}_{i+k}) - b(\text{hyp}_i, \text{hyp}_{i+k})| \neq 0) \qquad (21.13)$$

WindowDiff 返回一个 0 到 1 之间的值，其中 0 表示所有边界的位置都是正确的。

21.2 文本连贯性

前几节展示了如词汇复现这样的内聚机制可以用来寻找话语结构。然而，仅仅存在这样的机制不能满足话语必须达到的更高要求，也就是连贯。我们在本章开始简要地介绍了连贯。在本节中我们给出文本连贯意义的更多细节，并且描述决定文本是否连贯的计算机制。我们集中在**连贯关系**(coherence relations)，并把**基于实体的连贯**(entity-based coherence)放到 21.6.2 节中讲解。

回想在前面介绍中例(21.14)和例(21.15)之间的不同。

(21.14)John hid Bill's car keys. He was drunk.

(21.15)?? John hid Bill's car keys. He likes spinach.

例(21.14)更加连贯是因为读者能够找到两句话之间的联系，其中第二句话为第一句话提供了可能的原因或解释。例(21.15)中很难找到这样的联系。话语的话段之间所有可能的连接被称为**连贯关系**(coherence relation)集。下面给出的是 Hobbs(1979a)提出的一些连贯关系。符号 S_0 和 S_1 分别表示两个相关句子的意义。

结果(Result):推测 S_0 声明的状态或事件导致或可能导致了 S_1 声明的状态或事件。

(21.16) The Tin Woodman was caught in the rain. His joints rusted.

说明(Explanation):推测 S_1 声明的状态或事件导致或可能导致 S_0 声明的状态或事件。

(21.17) John hid Bill's car keys. He was drunk.

平行(Parallel):推测 S_0 声明的 $p(a_1, a_2, \cdots)$ 和 S_1 声明的 $p(b_1, b_2, \cdots)$,对所有 i,a_i 和 b_i 是类似的。

(21.18) The Scarecrow wanted some brains. The Tin Woodman wanted a heart.

细化(Elaboration):推测 S_0 和 S_1 声明的是同一命题 P。

(21.19) Dorothy was from Kansas. She lived in the midst of the great Kansas prairies.

时机(Occasion):推测从 S_0 声明的状态到 S_1 声明的最终状态的状态变化,或推测从 S_1 声明的状态到 S_0 声明的最初状态的状态变化。

(21.20) Dorothy picked up the oil-can. She oiled the Tin Woodman's joints.

我们也可以通过考虑连贯关系之间的层次结构来讨论整个话语的连贯。考虑段落 21.21。

(21.21) John went to the bank to deposit his paycheck. (S1)

　　　　He then took a train to Bill's car dealership. (S2)

　　　　He needed to buy a car. (S3)

　　　　The company he works for now isn't near any public transportation. (S4)

　　　　He also wanted to talk to Bill about their softball league. (S5)

直观上,段落(21.21)的结构不是线性的。这个话语主要与句子 S1 和句子 S2 描述的事件序列相关,其中句子 S3 和句子 S5 同句子 S2 直接相关,句子 S4 和句子 S3 直接相关。形成话语结构的句子间的连贯关系如图 21.3 所示。

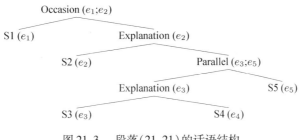

图 21.3　段落(21.21)的话语结构

树中的每一个结点代表一组局部连贯的从句或句子,称之为**话语片断**(discourse segment)。粗略地说,话语中的话语片断与句法中的成分相似。

我们已经看到了几个连贯性的例子,现在可以更清楚地看到连贯关系如何在摘要或信息抽取中起重要作用。例如,基于细化关系而具备连贯性的话语通常具有这样的特点——一个总结的句子后面接着多个解释的句子,正如例(21.19)中的那样。尽管本段中有两个句子描述事件，细化关系告诉我们两个句子描述的是同一件事情。自动标注的细化关系能够告诉信息抽取或者摘要系统需要合并两个句子中的信息，并且只产生一个描述事件的句子，而不是原来的两个。

21.2.1 修辞结构理论

另外一种获得广泛应用的连贯关系理论是**修辞结构理论**(Rhetorical Structure Theory，RST)，一种首先在文本生成(Mann and Thompson，1987)研究领域被提出的文本组织模型。

RST 基于一个包含 23 种修辞关系(rhetorical relation)的集合，用于表示话语中不同跨度的文本之间的关系。大部分修辞关系保持在两个文本跨度(通常是从句或句子)之间，一个作为**核心**(nucleus)，一个作为**外围**(satellite)。核心是更接近作者意图的并且能独立解释的单元，外围是离作者意图远些并且通常需要和对应的核心一起解释。

考虑一下**证据**(Evidence)关系，在证据关系中外围为核心表述的观点或情况提供证据：

(21.22) Kevin must be here. His car is parked outside.

RST 关系通常使用图形来表示，非对称核心-外围关系使用一根从外围到核心的箭头来表示。

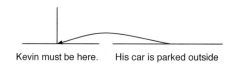

Kevin must be here.　　His car is parked outside

在原始(Mann and Thompson，1987)形式中，RST 关系是由核心和外围上的一系列**限制**(constraints)来形式化定义的，这些限制必须处理作者(W)和读者(R)的目标和观点，以及对读者(R)的**影响**(effect)。例如，证据关系的定义如下：

Relation Name：	Evidence
Constraints on N：	R might not believe N to a degree satisfactory to W
Constraints on S：	R believes S or will find it credible
Constraints on N + S：	R's comprehending S increases R's belief of N
Effects：	R's belief of N is increased

在 RST 及其相关的理论和应用中，存在多种不同的修辞关系集合。例如，RST TreeBank 定义了 78 个性质不同的关系，分成 16 个类(Carlson et al.，2001)。这里是一些普通的 RST 关系，从 Carlson and Marcu(2001)改编而来。

细化(Elaboration)：存在多种细化关系，在每一种细化关系中，外围都是对核心内容做进一步的补充说明：

[N The company wouldn't elaborate,] [S citing competitive reasons]

属性(Attribution)：外围给出核心中转述语实例的属性来源：

[S Analysts estimated] [N that sales at U. S. stores declined in the quarter, too]

对照(Contrast)：这是一个多核心的关系，两个或多个核心在某些重要的维度上进行对比：

[N The priest was in a very bad temper,] [N but the lama was quite happy.]

并列(List)：在这种多核心关系中，给定一系列核心，但是不对它们进行对比或明显的比较：

[N Billy Bones was the mate；] [N Long John, he was quartermaster]

背景(Background)：外围给出解释核心的上下文：

[_S_ T is the pointer to the root of a binary tree.] [_N_ Initialize T.]

正如我们所看到的 Hobbs 连贯关系一样，RST 关系也可以组织成层次结构来形成整个话语树。图 21.4 展示了来自杂志 Scientific American 的文本(21.23)的 RST 关系层次结构示例，该示例取自 Marcu（2000a）。

（21. 23）With its distant orbit-50 percent farther from the sun than Earth-and slim atmospheric blanker, Mars experiences frigid weather conditions. Surface temperatures typically average about -60 degrees Celsius（-76 degrees Fahrenheit）at the equator and can dip to -123 degrees C near the poles. Only the midday sun at tropical latitudes is warm enough to thaw ice on occasion, but any liquid water formed in this way would evaporate almost instantly because of the low atmospheric pressure.

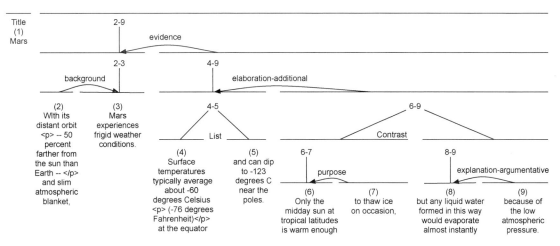

图 21.4 例(21.23)中的杂志 Scientific American 中的文章的话语树，取自 Marcu（2000a）。注意不对称关系是用从外围到核心的弯曲箭头表示的

查看本章末尾的文献和历史说明部分，可以得到关于连贯关系和相关语料的其他理论说明。在第 23 章我们将介绍 RST 和相关连贯关系在归纳上的应用。

21.2.2　自动连贯指派

给定一个句子串，我们如何自动确定句子之间的连贯关系？不论使用 RST，Hobbs 或许多其他连贯关系集合中的一种，我们都把这个任务称为**连贯关系指派**（coherence relation assignment）。如果我们进一步扩展这个任务，让它从指派两个句子间的关系扩展到抽取能够表示整个话语的树或图，我们就把它称为**话语分析**（discourse parsing）。

上述两个任务都非常困难，都是尚未解决的开放研究问题。不管怎样，已经有一些方法被提出来，在这一节我们介绍基于**提示短语**（cue phrases）的浅层算法。在接下来的一节中，将描述一种基于**溯因推理**（abduction）的更复杂但缺少鲁棒性的算法。

基于提示短语的浅层连贯抽取算法分三步：

1. 识别文本中的提示短语。
2. 基于提示短语把文本分割成话语片段。
3. 利用提示短语对连续话语片段间的关系进行分类。

我们之前说过**提示短语**(cue phrase)[或者**话语标志**(discourse marker),或者**提示词**(cue word)]是能够指示话语结构的词或短语,特别是它能把话语片段联系在一起。在21.1节中我们提到过一些提示短语或特征,如 joining us now is ⟨PERSON⟩(对于广播新闻片段)或 following word is the name of a neighborhood(对于房地产广告片段)。为了抽取连贯关系,我们通常依赖被称为**连接语**(connectives)的提示短语,连接语通常是连词或副词,并且向我们提供了两个片段之间存在的连贯关系的线索。例如,例(21.24)中的连词 because 强烈地暗示了解释关系。

(21.24) John hid Bill's car keys <u>because</u> he was drunk.

其他类似的提示短语包括 although、but、for example、yet、with 和 and。话语标志在**话语**(discourse)使用和非话语相关的**句子的**(sentential)使用之间具有相当的歧义性。例如,词语 with 可以用作提示短语,如例(21.25),或者是在句子中使用,如例(21.26)①。

(21.25) **With** its distant orbit, Mars exhibits frigid weather conditions
(21.26) We can see Mars **with** an ordinary telescope.

一旦确定了句子边界,我们便可以利用简单的正则表达式对提示短语的话语使用和句子使用进行简单的分辨。例如,如果单词 With 或 Yet 首字母大写并且出现在句首,那么它们很可能就是话语标志。如果单词 because 或 where 出现在逗号的后面,则它们很可能就是话语标志。更完整的排歧需要第20章描述的 WSD 技术,这需要许多其他特征。例如,如果语音是可用的,相比句子使用话语标志通常带有某种不同的重音(Hirschberg and Litman, 1993)。

正确决定连贯关系的第二步是把文本分割成**话语片段**(discourse segments)。话语片段通常对应从句或句子,尽管有时候它们比从句短。许多算法把整个句子作为基本单位,使用图3.22中的句子分割算法,或者使用8.11节中的算法来近似地分割。

然而,在通常情况下,对话语分割来说从句或类似从句的单元是更适合的大小,正如我们在下面例子中看到的那样,例子取自 Sporleder and Lapata(2004):

(21.27) [We can't win] [but we must keep trying] (CONTRAST)
(21.28) [The ability to operate at these temperature is advantageous], [because the devices need less thermal insulation] (EXPLANATION)

一种分割这些类似从句的单元的方法是使用基于单个提示短语的手工编写分割规则。例如,如果提示短语 Because 出现在句首并且逗号出现在其后面[如例(21.29)中的情形],它可能表示和逗号后面从句相关的片段(由逗号终止)的开始。如果 because 出现在句子中间,它可能把句子分成前后两个话语片段[如例(21.30)中的情形]。这些例子可以用基于标点和句子边界的手写规则进行排歧。

(21.29) [<u>Because</u> of the low atmospheric pressure,] [any liquid water would evaporate instantly]
(21.30) [Any liquid water would evaporate instantly] [<u>because</u> of the low atmospheric pressure.]

---

① 在这种情况下,或许它可以作为语义角色器具的线索。

如果有句法分析器可用，我们可以通过利用句法短语来制定更复杂的分割规则。

连贯抽取的第三步是对每对相邻片段间的关系进行自动分类。我们可以再一次为话语标志撰写规则，就如我们为决定话语片段边界所作的那样。因此，规则可能确定句首为 Because 的片段是原因关系中的外围，出现在逗号后面的片段是原因关系中的核心。

一般来说，基于规则的连贯抽取方法不会取得很高的准确率。部分原因是由于提示短语带有歧义性，例如，because 可以指示原因关系和证据关系，but 能指示对比关系、对照关系和让步关系，等等。我们需要除提示短语以外的其他特征。但是基于规则的方法更深层的问题是许多连贯关系根本不会有提示短语给出提示。例如，在 Carlson et al.（2001）的 RST 语料中，Marcu and Echihabi（2002）发现 238 个对比关系中只有 61 个，307 个解释-证据关系中只有 79 个能够由显式提示短语给出提示。相反，许多连贯关系是由更加隐式的提示短语给出提示。例如，下面两个句子是对比关系，但是第二个句子的句首没有显式的 in contrast 或 but 连接语。

(21.31) The \$ 6 billion that some 40 companies are looking to raise in the year ending March 31 compares with only \$ 2.7 billion raised on the capital market in the previous fiscal year.

(21.32) In fiscal 1984 before Mr. Gandhi came to power, only \$ 810 million was raised

如果没有提示短语，我们如何抽取话语片段间的连贯关系？当然存在多种可以使用的隐式提示短语。考虑下面两个话语片段：

(21.33) [I don't want a truck；] [I'd prefer a convertible.]

两个片段间的对比关系通过它们的句法对联，在第一个句子中使用否定词，以及词汇 convertible 和 truck 之间的对等关系展示出来。但是许多这样的特征都是词汇级的，需要大量的参数，这就不可能在目前存在的带有连贯关系标签的小数据集上进行训练。

这似乎暗示着可以使用**自举法**（bootstrapping）对大规模语料进行连贯关系自动标注，然后大规模语料可以用来训练那些带有很多特征的算法。我们可以依靠那些对于特定关系来说具有很强以及明确地提示作用的话语标志来完成这个任务。例如，consequently 能够明确地提示因果关系，in other word 能够明确地提示概括关系，for example 能够明确地提示详述关系，以及 secondly 能够明确地提示连续关系。我们制定正则表达式去抽取包围提示短语的话语片段对，然后移除提示短语。最终的句子对不带有提示短语，被用作抽取连贯关系的监督训练集。

给定带有标签的训练集，可以使用任何监督机器学习方法。例如，Marcu and Echihabi（2002）使用仅仅依赖于词对特征（w_1，w_2）的朴素贝叶斯分类器，其中特征中的第一个单词 w_1 出现在第一个话语片段中，并且第二个单词 w_2 出现在随后的话语片段中。该特征捕捉了词汇间的关系，如上面的 convertible/truck。Sporleder and Lascarides（2005）包括了其他的特征，如左右话语片段中的单个词语、词性或词干。例如，他们发现利用特征选择去选择类似 other，still 以及 not 的词语能够作为对比关系的很好的提示短语；选择类似 so，indeed 以及 undoubtedly 的词语能够作为因果关系的提示短语。

21.3　指代消解

and even Stigand, the patriotic archbishop of Canterbury, found it advisable-"

' Found WHAT?' said the Duck.

' Found IT. ' the Mouse replied rather crossly：' of course you know what "it" means. '

'I knew what "it" means well enough, when I fund a thing.' said the Duck: 'it's generally a frog or a worm. The question is, what did the archbishop find?'

Lewis Carroll, *Alice in Wonderland*[①]

为了对任意话语中的句子进行解释，我们需要知道正在讨论谁或什么。考虑下面的片段：

(21.34) Victoria Chen, Chief Financial Officer of Megabucks Banking Corp since 2004, saw her pay jump 20%, to $1.3 million, as the 37-year-old also became the Denver-based financial-services company's president. It has been ten years since she came to Megabucks from rival Lotsabucks.

在这个片段中，说话人所用的每一个带下画线的短语都用于指向一个叫 Victoria Chen 的人。我们把使用类似 her 或 Victoria Chen 的语言表述来指向一个实体或个人的现象称为**指代**(reference)。在本章接下来的几节中，我们将研究**指代消解**(reference resolution)的问题。指代消解是决定哪些实体被哪些语言表述所指代的任务。

首先我们定义一些术语。用于实现指代的自然语言表达被称为**指示语**(referring expression)，它指向的实体被称为**所指对象**(referent)。因此，在段落(21.34)中 *Victoria Chen* 和 *she* 是指示语，而 Victoria Chen 是它们的所指对象(为了区分指示语和它们的所指对象，我们用斜体表示前者)。作为一种方便的简化表达，我们有时说某个指示语指向某个对象，例如，我们可以说 *she* 指向 Victoria Chen。虽然如此，但是读者应该牢记真正的含义是：说话人进行了这样一个动作，即说出 *she* 用于表示 Victoria Chen。两个指示语用于指向同样的实体被称为**共指**(corefer)，因此段落(21.34)中 Victoria Chen 和 s*he* 是共指关系。指示语的另一个术语是先行词(antecedent)，它以一种方式准许使用另一个指示语，例如，在提及 *John* 以后的表达中就容许用 *He* 来表示 John，我们称 *John* 为 *he* 的**先行词**(antecedent)。提及一个先前已经被引入话语的实体被称为**复指**(anaphora)，使用的指示语被称为**复指语**(anaphoric)。因此段落(21.34)中代词 *she* 和 *her* 以及确定的 NP *the 37-year-old* 是复指语。

自然语言给说话人提供了各式各样的指向实体的方式。假如你想想及你朋友的一辆 1961 Ford Falcon 汽车。依赖于实施的**话语上下文**(discourse context)，你有许多可能的提及方式可以选择，如 it, this, that, this car, that car, the car, the Ford, the Falcon 或 my friend's car 等。然而，无论在哪一个上下文中你都不可能在所有这些选项中自由地选择。例如，如果听话人预先对你朋友的汽车没有任何了解，如果该汽车从未被提及，以及如果该汽车并不紧邻话语的参与者[也就是，话语的**情境上下文**(situational context)]，你不能简单地说 it 或 the Falcon。

出现这种情形的原因在于指示语的每种类型都暗含了说话人认为的指示对象在听话人各种信念的集合中所占据的位置。一个具有特定地位的信念子集形成了听话人对正在进行的话语的心理模型，我们称之为**话语模型**[discourse model (Webber, 1978)]。话语模型包括本话语中所指向实体的表示以及它们参与的关系。因此，为了成功地生成并解释指示语，系统需要包含两个部

---

①　中文译文如下：

　　"即使是坎特伯雷的爱国的大主教，Stigand，发现它是可行的-"
　　"发现**什么**?"鸭子问道。
　　"发现**它**，"耗子有点生气地回答道，"你当然知道它是什么意思。"
　　"当我找到一个东西的时候，我当然知道它是什么意思，"鸭子说："它通常是一只青蛙或者一条蠕虫。问题是大主教发现了什么?"

Lewis Carroll,《爱丽丝梦游仙境》

分：构造话语模型的方法，该模型能够随着它所表示的话语的动态变化而演化；各种指示语暗含的信息到听话人的信念集之间的映射方法，后者包括该话语模型。

我们将按照话语模型的两个基本操作来讲述。当话语中首次提及所指对象时，我们称它的表示被**唤起**（evoke）而进入模型。而其后再次提及时，我们称从模型中**访问**（access）它的表示。图 21.5 给出了这两个操作及关系的说明。正如我们在 21.8 节中展示的那样，话语模型在如何评价共指算法时发挥重要作用。

现在我们已经可以介绍两种指代消解任务：**共指消解**（coreference resolution）和**代词消解**（pronominal anaphora resolution）。共指消解任务的目标是找出文中所有的指向同一实体的指示语，也就是找出所有具有共指（corefer）关系的表述。我们把一系列的指示语称为**共指链**（coreference chain）。例如，在例（21.34）的处理中，一个共指消解算法可能需要找出 4 种共指链：

1. ⎱ *Victoria Chen*, *Chief Financial Officer of Megabucks Banking Corp since* 1994, *her*, *the 37-year-old*, *the Denver-based financial-services company's president*, *She* ⎰

2. ⎱ *Megabucks Banking Corp*, *the Denver-based financial-services company*, *Megabucks* ⎰

3. ⎱ *her pay* ⎰

4. ⎱ *Lotsabucks* ⎰

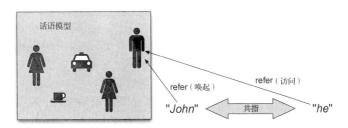

图 21.5　对应话语模型的指代操作和关系

共指消解要求找出话语中的所有指示语并且把它们归成共指链。相比之下，**代词消解**（pronominal anaphora resolution）是找出一个代词的先行词。例如，给定代词 her，我们的任务就是决定 her 的先行词是 Victoria Chen。因此人称代词消解可以看成是共指消解的子任务[①]。

在下一节中将介绍几种不同的指代现象，然后我们给出几种指代消解的算法。代词指代在语音和语言处理中已经有了深入的研究，因此我们将介绍三种代词处理算法：**Hobbs** 算法、**中心**（Centering）算法，以及**对数线性**［log-linear（MaxEnt）］算法。然后我们给出更一般的共指消解算法。

所有这些算法都关注解决实体或个体的指代。然而，需要注意的是，话语不仅仅包括实体的指代，还包括其他多种类型的指代。考虑例（21.35）中的可能性，改编自 Webber（1991）。

(21.35) According to Doug, Sue just bought a 1961 Ford Falcon.

    a. But *that* turned out to be a lie.

    b. But *that* was false.

    c. *That* struck me as a funny way to describe the situation.

    d. *That* caused a financial problem for Sue.

（21.35a）中的 *that* 指代的是言语行为（查看第 24 章），在例（21.35b）中是一个提议，在

---

① 　然而从技术角度讲，有些指代法不是共指。查看 van Deemter and Kibble（2000）可了解到更多的讨论。

例(21.35c)中是一种描述习惯, 在例(21.35d)中是事件。领域期待着研制出能够解释这些指代类型的鲁棒性方法。

21.4 指代现象

自然语言提供了一个非常丰富的指代现象集合。在本节中, 我们将给出几种基本指代现象的简短描述, 并概述 5 种指示语: 不定名词短语(indefinite noun phrase)、有定名词短语(definite noun phrase)、代词(pronoun)、指示词(demonstrative)和名字(names)等。然后我们概括这些指示语用来编码**给定**(given)信息和**新**(new)信息的方式, 以及复杂化指代判定问题的两类所指对象, 推理对象(inferrable)和类属指代(generic)。

21.4.1 指示语的五种类型

不定名词短语(indefinite noun phrase): 不定所指将一个新的实体(对听话人来说)引入了话语环境。不定所指最常见的形式是以限定词 a(或 an)为特征, 但是它也可以以其他的量词, 比如 some 或限定词 this 为特征:

(21.36) a. Mrs. Martin was so very kind as to send Mrs. Goddard *a beautiful goose*.

    b. He had gone round one day to bring her *some walnuts*.

    c. I saw *this beautiful Ford Falcon* today.

这类名词短语在话语模型中唤起一个新的实体, 同时该实体满足给定的描述。

不定冠词 a 并不表示该实体对于说话人是可确认还是不可确认的, 在某些情形下, 这导致特定/非特定的歧义。例(21.36a)只有特定的解释, 因为说话人心里所想的是一个特定的 goose, 就是 Mrs. Martin 送的那只 goose。而在例(21.37)中, 两种解释都有可能。

(21.37) I am going to the butcher's to buy a goose.

更确切地说, 说话人可能已经选定了 goose(特定), 也可能正计划去挑选她喜欢的 goose(非特定)。

有定名词短语(definite noun phrase): 用于确定指示对象为听话人可以确认的实体。一个实体能够被听话人确认是因为该实体在文本中已经被提到过并且已被表示于话语模型中。

(21.38) It concerns a while stallion which I have sold to an officer. But the pedigree of *the white stallion* was not fully established.

另一种解释是, 一个实体之所以能够被确认是因为它包含在听话人关于世界的信念集中, 或者该对象本身的描述就包含了它的唯一性, 在这种情况下它将一个所指表示引入话语模型中, 如例(21.39)所示。

(21.39) I read about it in the *New York Times*.

代词(Pronoun): 确定所指的另一种形式是代词, 如例(21.40)所示。

(21.40) Emma smiled and chatted as cheerfully as *she* could.

使用代词的所指与全部使用有定名词短语的所指相比受到更强的约束, 在话语模型中需要所指对象具有高度的活力或**显著性**(salience)。代词指示的实体被引入的位置通常(但不是总是)

不超过所进行话语向后的一两句，而有定名词短语常常可以指向更远处。这一点可以通过句(21.41d)和句(21.41d')的不同来说明。

(21.41) a. John went to Bob's party, and parked next to a classic Ford Falcon.

b. He went inside and talked to Bob for more than an hour.

c. Bob told him that he recently got engaged.

d. ?? He also said that he bought *it* yesterday.

d.' He also said that he bought *the Falcon* yesterday.

讲到最后一个句子时，Falcon 已经不再具有足够的显著性，而这种显著性对于容许代词指向它是必要的。

代词也可能参与到**提前指代**(cataphora)，如例(21.42)所示，在代词所指对象出现之前就提及代词。

(21.42) Even before *she* saw *it*, Dorothy had been thinking about the Emerald City every day.

这里，代词 she 和 it 都出现在它们所指对象引入之前。

代词也出现在一种量化环境中，认为它们是被**绑定**(bound)的，如例(21.43)所示。

(21.43) Every dancer brought *her* left arm forward.

在贴切的解释中，her 不是指上下文中的一些女人，而是如一个变量绑定于量化表达 every dancer。本章我们将不再研究这种代词的绑定解释。

指示词(Demonstrative)：指示代词(如 this 和 that)的表现，与如 it 这样简单的确定代词的表现有些不同。它们既可以单独出现，也可以作为限定词，如 *this* ingredient，*that* spice。*This* 和 *that* 在词汇上的意思有所不同：*this* 是**近端指示词**(proximal demonstrative)，表示文字上或隐喻上比较接近；*that* 是**远端指示词**(distal demonstrative)，表示文字上或者隐喻上较远(时间上比较远)。请看如下的例子：

(21.44) I just bought a copy of Thoreau's Walden. I had bought one five years ago. *That one* had been very tattered; *this one* was in much better condition.

注意 *this* 是有歧义的，在通俗化的口语中，它可能是不确定的，如例(21.36)所示，或者是确定的，如例(21.44)所示。

名字(Names)：名字是指示语的常见形式，包括人名、机构名和地名，如在 22.1 节的命名实体讨论中介绍的那样。在话语中名字可以用来指代新的和旧的实体：

(21.45) a. **Miss Woodhouse** certainly had not done him justice.

b. **International Business Machines** sought patent compensation from Amazon; **IBM** had previously sued other companies.

21.4.2 信息状态

从上面的描述中，我们注意到相同的指示语(如许多不定名词短语)能够用来表示新的所指对象，其他的指示语(如许多确定名词短语)可以用来指向旧的所指对象。对不同所指形式提供新的或旧的信息的方式的研究被称为**信息状态**(information status)或**信息结构**(information structure)。

有许多理论阐述了话语中不同种类的所指形式和所指对象的信息度或显著性之间的关系。例如，**约定层级**(givenness hierarchy)(Gundel et al., 1993)是一种表示6种信息状态的尺度，每一种信息状态由不同的指示语指示。

约定层级：

in focus >	activated >	familiar >	uniquely identifiable >	referential >	type identifiable
{it}	$\left\{\begin{array}{l} that \\ this \\ this\ N \end{array}\right\}$	{that N}	{the N}	{indef. *this* N}	{*a* N}

Ariel(2001)的相关**接受度尺度**(accessibility scale)则基于这样的想法，即越显著的所指对象越容易唤醒听者的回忆，因此可用具有较少语言材料的内容来指代。相反，不显著的实体需要较长的和较显著的指示语来帮助听者回复所指对象。下面展示了一个从低到高接受度的样例刻度：

Full name > long definite description > short definite description > last name > first name > distal demonstrative > proximate demonstrative > NP > stressed pronoun > unstressed pronoun

注意接受度和长度相关，具有较少接受度的 NP 似乎越长。事实也是如此，如果我们跟着话语中的一条共指链，通常会发现话语前部的 NP 越长(如利用相关从句进行长的定义描述)，在话语后面的越短(如代词)。

另一种基于(Prince, 1992)工作的观点使用两个相互交叉的部分——听者状态和话语状态来分析信息状态。所指的听者状态表明所指对听者来说是已经知道的或者是新的。话语状态表明所指在话语的前面部分是否被提到。

指示语形式和信息状态间的关系可能会很复杂。我们在下面归纳了三种复杂因素的使用：**推理对象**(inferrables)、**类属指代**(generics)和**无所指形式**(non-referential forms)。

推理对象(inferrables)：在某些情况下，指示语并不指向文中已经被明显唤起的实体，而是指向与唤起实体具有推理性关系的实体。这种所指对象被称为**推理对象**(inferrables)、**桥接推理**(bridging inferences)或**中间物**(mediated)(Haviland and Clark, 1974; Prince, 1981; Nissim et al., 2004)。研究例句(21.46)中的表达 *a door* 和 *the engine*。

(21.46) I almost bought a 1961 Ford Falcon today, but *a door* had a dent and *the engine* seemed noisy.

非确定的名词短语 *a door* 通常会把一个新的门(door)引入话语环境，但是在这个例子中，听话人可以推理出更多的东西：它不是指任何一个门，而是指 Falcon 的其中一个门。类似地，使用确定名词短语 *the engine* 通常假定一个引擎(engine)之前已经被唤起了，或者是可以唯一地被识别。这里，没有明确地提及到引擎，但是听话人可以利用**桥接推理**(bridging inference)来推理出所指对象是前面所提及的 Falcon 的引擎。

类属指代(generics)：另一种不指向文中已经被明显唤起的实体的指示语是类属指代。考虑(21.47)中的例子。

(21.47) I'm interested in buying a Mac laptop. *They* are very stylish.

在这里，*they* 指代的不是特定的笔记本电脑(或者甚至不是笔记本电脑的特定集合)，相反地却指向一般的 Mac 笔记本类别。相似地，代词 *you* 在下面的例子中可以在类属上指代如 you 这一类的人：

(21.48) In March in Boulder *you* have to wear a jacket.

无所指使用(non-referential uses)：最后，某些无所指形式与指示语在表面上很相似。例如，it 除了它的指代使用外，它还可以在**冗言**(pleonastic)的情况下使用，如 *it is raining*，在成语中使用，如 *hit it off*，或者在特定的句法情况下使用，如**分裂句**(clefts)(21.49a)和**外置结构**(extraposition)(21.49b)：

(21.49) a. *It* was Frodo who carried the ring.
　　　　b. *It* was good that Frodo carried the ring.

21.5 代词指代消解所使用的特征

现在我们转向代词指代消解的任务。这个问题的一般形式化描述如下。给定一个代词(he, him, she, her, it 和 they/them)，以及代词前面的上下文，我们的任务就是找出代词在该上下文中的先行词。我们将展示用来完成该任务的三个系统，但是我们首先总结可能指代对象的一些有用限制。

21.5.1 用来过滤潜在指代对象的特征

我们首先介绍 4 种相关的固定不变的构词特征，这些特征可以用来过滤可能的指代对象集合，这些特征是：数(number)、人称(person)、性(gender)以及约束理论限制(binding theory)。

数的一致(number agreement)。指示语和它们的所指对象在数上必须一致，对英语来说，这意味着对单数所指和复数所指进行区分。英语中的 she/her/he/him/his/it 是单数，we/us/they/them 是复数，并且 you 在数上是未指定的。这里的一些例句用于说明数的一致的约束。

John has a Ford Falcon. It is red. 　　　　 ∗ John has a Ford Falcon. They are red.
John has three Ford Falcons. They are red. 　　 ∗ John has three Ford Falcons. It is red.

我们不能总是执行严格的关于数一致性的语法概念，因为有时语义上的复数实体可以被 *it* 或 *they* 所指代：

(21.50) IBM announced a new machine translation product yesterday. *They* have been working on it for 20 years.

人称一致(person agreement)。英语有三种不同的人称：第一人称、第二人称和第三人称。代词的先行词必须同代词在数上保持一致。特别的是，第三人称代词(he, she, they, him, her, them, his, her, their)必须有第三人称先行词(上面当中的一个或其他任何名词短语)。

性的一致(gender agreement)。所指对象也必须满足指示语所指定的性别。英语中第三人称代词被区分为阳性(he, him, his)、阴性(she, her)和非人类(it)。与某些语言中的情形不同，英语中的阳性和阴性代词只用在有生命的实体上，除了少数例外，无生命实体总是非生命/中性的。例子：

(21.51) John has a Ford. He is attractive. (he = John，不是指 Ford 汽车)
(21.52) John has a Ford. It is attractive. (it = the Ford，不是指 John 这个人)

约束理论限制(binding theory constraints)。当一个指示语和一个可能的先行名词短语出现在同一个句子时，所指关系也可能受到该指示语和先行名词短语之间句法关系的约束。例如，所有下面句子中的代词都服从括号中的约束。

(21.53) John bought himself a new Ford. [himself = John]

(21.54) John bought him a new Ford. [him ≠ John]

(21.55) John said that Bill bought him a new Ford. [him ≠ Bill]

(21.56) John said that Bill bought himself a new Ford. [himself = Bill]

(21.57) He said that he bought John a new Ford. [He ≠ John; he ≠ John]

英语代词如 himself, herself 和 themselves 被称为**反身代词**(reflexive)。大幅度地简化这种情形,我们可以说:反身代词可用于同指包含它的最紧邻从句的主语[见例(21.53)],而非反身代词不能用于同指该主语[见例(21.54)]。这个规则只能应用于例(21.55)和例(21.56)所示的最紧邻从句的主语,相反的所指模式出现在代词与较高一级句子的主语之间。另外,如 John 这样的完全的名词短语并不能同指最紧邻从句的主语,也不能同指较高一级句子的主语,如例(21.57)所示。

这些限制通常被称为**约束理论**(binding theory)(Chomsky, 1981),并且相当复杂的限制已经出现。完整的限制要考虑语义和其他因素,而不能只考虑单纯的句法配置。然而,在本章以后的算法讨论中,我们将假设句子内的同指的约束是由句法引起的。

21.5.2　代词解释中的优先关系

现在我们研究用来预测代词指代对象的特征,这些特征是非硬性的,也不会立竿见影:**新近性**(recency)、**语法角色**(grammatical role)、**重复提及**(repeated mention)、**平行**(parallelism)、**动词语义**(verb semantics)以及**选择限制**(selectional restriction)。

新近性(recency):新近的话段所引入的实体比先前较远的话段所引入的实体具有较高的显著性。因此,在例(21.58)中代词 *it* 的所指对象更可能是 Jim's map,而不是 doctor's map。

(21.58) The doctor found an old map in the captain's chest. Jim found an even older map hidden on the shelf. It described an island.

语法角色(grammatical role):许多理论都规定了通过实体表示的语法位置来排序的实体显著性层级。典型地,我们认为处于主语位置的实体的显著性高于处于宾语位置的实体,而处于宾语位置的实体的显著性又比后续位置的实体高。

比如在例(21.59)和例(21.60)中,就借用了这样的层级支持。尽管在每个例子中第一个句子的命题的内容大致相同,但代词 he 的优先的所指对象在每个例子中都因主语的不同而不同:在例(21.59)中是 Billy,而在例(21.60)中是 Jim。

(21.59) Billy Bones went to the bar with Jim Hawkins. He called for a glass of rum. [He = Billy]

(21.60) Jim Hawkins went to the bar with Billy Bones. He called for a glass of rum. [He = Jim]

重复提及(repeated mention):一些理论引入这样的思想:在前面话语中已经被作为焦点的实体,在其后的话语中更可能被作为焦点,所以它们的所指也更可能被代词化。例如,在例(21.60)中,Jim 是优先的解释,而例(21.61)的最后一个句子中的代词的所指更可能是 Billy Bones。

(21.61) Billy Bones had been thinking about a glass of rum ever since the pirate ship docked. He hobbled over to the Old Parrot bar. Jim Hawkins went with him. He called for a glass of rum. [he = Billy]

平行(parallelism):平行效果会带来明显的优先关系,如例(21.62)所示。

（21.62）Long John Silver went with Jim to the Old Parrot. Billy Bones went with him to the Old Anchor Inn. ［ him ＝ Jim ］

根据前面所述的语法角色的层级思想，Long John Silver 比 Jim 具有更高的显著性，因此应该作为 him 的优先的所指对象。同时，也没有任何语义上的原因使得 Long John Silver 不能作为所指对象。然而，由于平行优先，him 实际上是被理解为 Jim。

动词语义（verb semantics）：有些动词的出现会对它们的其中一个论元的位置产生语义上的强调，这会造成对其后代词理解的偏差。比较例（21.63）和例（21.64）。

（21.63）John telephoned Bill. He lost the laptop.

（21.64）John criticized Bill. He lost the laptop.

这两个例子的不同仅在于第一个句子中所用的动词，而通常例（21.63）的主语代词被判定为 John，而例（21.64）的主语代词被判定为 Bill。不断有争论说这种效果来自动词的所谓"隐含的因果关系"："criticizing"事件的这种隐含的因果被认为是动词的宾语，而"telephoning"事件的这种隐含的因果关系被认为是动词的主语。这使得在这个论元位置的实体具有较高的显著性，从而导致例（21.63）和例（21.64）具有不同的优先关系。

选择限制（selectional restriction）：多种语义知识可以用来确定指代优先级。动词对它的论元所施加的选择限制（见第 19 章）可以用于排除所指对象，如例（21.65）所示。

（21.65）John parked his car in the garage after driving it around for hours.

这里 *it* 有两个可能的所指对象，car 和 garage。然而，动词 *drive* 要求它的直接宾语是某种能够驾驶的事物，比如小轿车（car）、卡车（truck）或公共汽车（bus），但是不能是车库（garage）。因此，代词是作为 *drive* 的宾语这一事实限制了 car 的可能的所指对象的集合。系统可以通过存储动词和潜在指代之间的概率依存字典来利用选择限制。

21.6　指代消解的三种算法

现在我们介绍三种重要的代词指代消解算法：**Hobbs** 算法、**中心**（centering）算法以及**对数线性**（log-linear）算法［或**最大熵**（MaxEnt）算法］。

21.6.1　代词指代基准系统：Hobbs 算法

Hobbs 算法（Hobbs algorithm）［Hobbs（1978）提出的两个算法中稍简单的一个］仅仅依赖一个句法分析器、一个形态性别检查器和一个数字检查器。因为这个原因，Hobbs 算法经常被用作评价新代词指代消解算法的基准系统。

Hobbs 算法以要进行指代消解的代词和当前句子以前的几个句子（包含当前句子）的句法表示为输入。算法在这些句法树中执行先行名词短语的查询。算法的想法是从目标代词开始沿着句法树向上游走直到根结点 S。对于它找到的每一个 NP 或 S 结点，算法对目标代词左边结点的孩子结点进行自左而右的宽度优先的搜索。对于每个候选的名词短语，算法检查它和代词在性别、数量和人称方面的一致性。如果没有找到所指对象，算法将在前面的句子中进行自左而右的宽度优先的搜索。

Hobbs 算法并不遵循上面描述的所有的代词化中的限制和优先级。然而，它在搜索中按顺序执行约束理论、新近性以及语法角色的优先级，并且最后检查一下性别、人称和数量的限制。

　　查询剖析树的算法也必须指定语法,因为与句法树结构有关的假设将影响结果。在图 21.6 中给出了该算法所用的英语语法的片断。

Hobbs 算法的步骤如下:

1. 从紧邻的支配该代词的名词短语(NP)结点开始。

2. 沿剖析树向上到达所遇到的第一个 NP 或句子(S)结点,称该结点为 X,并称到达该结点的路径为 p。

3. 以从左到右、宽度优先的方式遍历路径 p 左侧低于结点 X 的所有分支。对于遇到的任何 NP 结点如果在它与 X 之间存在 NP 或 S 结点,则提议作为先行词。

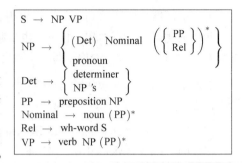

图 21.6　树查询算法的语法片断

4. 如果结点 X 是句中最高的 S 结点,则按照新近顺序(首先是最新近的),遍历文中前述句子的表层剖析树;每个剖析树用从左到右、宽度优先的方式遍历,当遇到一个 NP 结点时,它就被提议为先行词。如果 X 不是句中最高的 S 结点,继续步骤 5。

5. 从结点 X 沿剖析树向上到达最先遇到的 NP 或 S 结点,称它为新的 X 结点,并称到达该结点的路径为 p。

6. 如果 X 是 NP 结点,并且如果到 X 的路径 p 没有穿过紧邻的支配 X 的名词性结点,则提议 X 为先行词。

7. 以从左到右、宽度优先的方式遍历路径 p **左侧**低于结点 X 的所有分支。提议所遇到的任何 NP 结点为先行词。

8. 如果 X 是 S 结点,以从左到右、宽度优先的方式遍历路径 p **右侧**低于结点 X 的所有分支,但是不要遍历低于任何遇到的 NP 或 S 结点的分支。提议所遇到的任何 NP 结点为先行词。

9. 回到步骤 4。

　　读者可根据这个算法以(21.66)句为例来说明搜索中的每一个步骤。

　　大多数的句法分析器会返回关于数的信息(单数或复数),人称信息很容易通过第一和第二人称代词规则得出。但是英语的分析器很少能返回普通名词或专有名词的性别信息。因此,除了一个分析器外,使用 Hobbs 算法唯一额外需要的是一种能决定每个先行名词短语性别的算法。

　　为名词短语指定性别的一种常用方法是抽取中心名词,并且使用 WordNet(第 19 章)去查看它的上位词。类似 person 或 living thing 的上位词暗示这是一个表示有生命的名词。类似 female 的上位词暗示这是一个表示雌性的名词。与性别或如 Mr.这样的模式相联系的一系列人名也可以用来推断性别信息(Cardie and Wagstaff, 1999)。

　　当然也存在更复杂的算法,如 Bergsma and Lin(2006)提出的方法。Bergsma and Lin 有一个很大的名词清单,并注明了它们的性别(自动抽取的),可以方便地利用。

21.6.2　指代消解的中心算法

　　Hobbs 算法并没有采用话语模型的显式表示。相比之下,**中心理论**(Centering theory)(Grosz et al., 1995,今后称为 GJW)是显式采用话语模型表示的模型中的一员。这些模型引入了一个额外的声明:在话语中的任何给定点都有一个单独的实体被作为"中心",该实体与被唤起的其他实体都有所不同。中心理论已经用在话语中的很多问题上，如**基于实体的一致性**（entity-based coherence）计算，在本节我们将介绍它在指代消解中的应用。

在中心理论话语模型中主要跟踪记录了两种表示。在以下的讲述中，以 U_n 和 U_{n+1} 表示相邻的话段。话段 U_n 的**后向中心**（backward looking center），以 $C_b(U_n)$ 表示，代表在 U_n 被解释后，话语中当前所关注的实体。话段 U_n 的**前向中心**（forward looking center），以 $C_f(U_n)$ 表示，形成一个包含 U_n 中提及实体的有序列表，列表中所有实体都可以作为后面话段的 C_b。实际上，$C_b(U_{n+1})$ 被定义为 U_{n+1} 提及的列表 $C_f(U_n)$ 中级别最高的元素（话语中首个话段的 C_b 是未定义的）。至于 $C_f(U_n)$ 中实体排序的方式，出于简化的考虑，我们可以采用如下的语法角色层次结构①。

subject > existential predicate nominal > object > indirect object or oblique > demarcated adverbial PP

作为简写，我们将最高级别的前向中心称为 C_p，即最优先的中心（preferred center）。

我们描述一个由 Brennan et al.（1987，今后称为 BFP）提出的基于中心的算法，可以查看 Walker et al.（1994）以及本章末尾的文献和历史说明以了解其他的中心算法。在该算法中，代词的优先所指对象是通过相邻句子的前向中心和后向中心之间的关系来计算的。算法定义了四种句子间的关系，话段对 U_n 和 U_{n+1} 之间的句间关系是通过 $C_b(U_{n+1})$，$C_b(U_n)$ 和 $C_p(U_{n+1})$ 间的关系来定义的，如图 21.7 所示。

	$C_b(U_{n+1}) = C_b(U_n)$ or undefined $C_b(U_n)$	$C_b(U_{n+1}) \neq C_b(U_n)$
$C_b(U_{n+1}) = C_p(U_{n+1})$	Continue	Smooth-Shift
$C_b(U_{n+1}) \neq C_p(U_{n+1})$	Retain	Rough-Shift

图 21.7　BFP 算法中的转换

算法所用的规则如下：

> **规则 1**：如果 $C_f(U_n)$ 中的所有元素都是由话段 U_{n+1} 中的代词构成的，则 $C_b(U_{n+1})$ 也必须是一个代词。
>
> **规则 2**：转换状态是有优先顺序的。继续（Continue）优先于保持（Retain），保持优先于平滑转移（Smooth-Shift），平滑转移优先于粗糙转移（Rough-Shift）。

在定义了这些概念和规则以后，下面是算法的定义：

1. 为每个所指对象指派的可能集合生成可能的 $C_b - C_f$ 组合。
2. 通过约束（比如句法同指约束、选择限制、中心规则和约束等）进行过滤。
3. 通过转换的顺序给出排序。

如果没有违反规则 1 和其他的同指约束（性、数、句法、选择约束），那么获得指派的代词的所指对象就是在规则 2 中产生的具有最优先关系的所指对象。

让我们以段落（21.66）为例来说明算法的处理过程。

(21.66) John saw a beautiful 1961 Ford Falcon at the used car dealership.　（U_1）

He showed it to Bob.　（U_2）

He bought it.　（U_3）

---

① 这是 Brennan et al.（1987）所用层级的扩展形式，下面给出描述。

利用语法角色的层级对 C_f 进行排序,对句子 U_1 我们得到:

$C_f(U_1)$:{John, Ford, dealership}

$C_p(U_1)$:John

$C_b(U_1)$:undefined

句子 U_2 包含两个代词:he(与 John 一致)以及 it(与 Ford 或 dealership 一致)。这里 $C_b(U_2)$ 指 John,因为 John 是在 U_2 中提及的 $C_f(U_1)$ 的顺序最高的成员(John 是 he 唯一可能的所指对象)。我们比较 it 的每个可能所指对象的转换结果。如果我们假设 it 所指的是 Falcon,则指派将是:

$C_f(U_2)$:{John, Ford, Bob}

$C_p(U_2)$:John

$C_b(U_2)$:John

结果:Continue　　($C_p(U_2) = C_b(U_2)$;$C_b(U_1)$ undefined)

如果我们假设 it 所指的是 dealership,则指派将是:

$C_f(U_2)$:{John, dealership, Bob}

$C_p(U_2)$:John

$C_b(U_2)$:John

结果:Continue　　($C_p(U_2) = C_b(U_2)$;$C_b(U_1)$ undefined)

因为这两种可能性的结果都是继续(Continue)状态,算法不能确定应该接受哪种可能性。为了能够继续说明该算法,我们将假设根据在前面 C_f 中的顺序来打破这个平局。因此,我们将选 Falcon 而不是 dealership 作为 it 的所指对象,即选择上面所列的第一种可能性为当前话语模型的表示。

在第三个句子 U_3 中,he 既与 John 又与 Bob 一致,而 it 与 Ford 一致。如果我们假设 he 指向 John,则 John 是 $C_b(U_3)$,并且指派将是:

$C_f(U_3)$:{John, Ford}

$C_p(U_3)$:John

$C_b(U_3)$:John

结果:Continue　　($C_p(U_3) = C_b(U_3) = C_b(U_2)$)

如果我们假设 he 指向 Bob,则 Bob 是 $C_b(U_3)$,并且指派将是:

$C_f(U_3)$:{Bob, Ford}

$C_p(U_3)$:Bob

$C_b(U_3)$:Bob

结果:Smooth-Shift　　($C_p(U_3) = C_b(U_3)$;$C_b(U_3) \neq C_b(U_2)$)

因为根据规则 2 继续(Continue)优先于平滑转移(Smooth-Shift),所以 John 被正确地选择为所指对象。

中心算法隐藏的主要显著因子包括:语法角色、新近性和重复提及等优先关系。语法层级对显著性影响的方式是间接的,因为确定最终所指对象指派的是作为结果的转换类型。特别是,如果低级语法角色的所指对象导致的转换是较高级别的,它将比高级角色的所指对象优先。因此,中心算法可能不正确地将较低显著性的所指对象判定为一个代词的所指对象。例如,在例(21.67)中,

（21.67）Bob opened up a new dealership last week. John took a look at the Fords in his lot. He ended up buying one.

中心算法将 Bob 指派为第三个句子中主语代词 *he* 的所指对象，因为 Bob 是 $C_b(U_2)$，该指派导致的是继续关系，而指派 John 导致的是平滑转移关系。而 Hobbs 算法会把 John 指派为所指对象。

如 Hobbs 算法一样，中心算法需要整个句法分析以及性别形态侦察器。

中心理论也是实体一致的模型，因此它可以用在其他话语应用中，如归纳；查看本章文献和历史说明一节获取进一步说明。

21.6.3　代词指代消解的对数线性模型

作为这里介绍的最后一个代词指代消解模型，我们介绍一个简单的、使用监督机器学习方法的模型，该方法利用每个代词都标有先行词的语料训练一个对数线性分类器。为了这一目的，我们可以使用任何监督分类器，虽然对数线性模型是常用的，但是朴素贝叶斯以及其他分类器也是可以使用的。

为了训练，系统依赖手工标注的数据集，在数据集中每个代词和相应的正确先行词都由手工建立了联系。系统需要抽取正确的和错误的指代关系实例。正确的实例直接出现在训练集中。错误的实例可由把每个代词和其他名词短语配对找到。系统为训练集中的每个实例抽取特征（将在下一节中介绍），然后训练一个分类器用来预测代词-先行词对，如果是正确的代词-先行词对则值为 1，否则为 0。

对于测试，正如我们在 Hobbs 和中心分类器中看到的那样，多数线性分类器把代词（*he*，*him*，*his*，*she*，*her*，*it*，*they*，*them*，*their*）和当前及前面的句子作为输入。

为了处理没有指代对象的代词，我们首先利用基于常用的词汇模式的手写规则过滤掉冗言的代词（如冗言的 *it is raining*）。

然后分类器通过使用完全句法分析或者简单组块分析对当前及以前的句子进行分析并抽取所有潜在的先行词。接下来考虑分析中的每一个 NP 作为随后出现的代词的潜在先行词的可能性。然后把每个代词和潜在先行词对提交给分类器。

21.6.4　代词指代消解的特征

代词指代消解在代词 Pro_i 和潜在先行词 NP_j 之间常用的一些特征包括：

- **严格的数匹配**（strict number）［**真**（true）或**假**（false）］：如果代词 Pro_i 和潜在先行词 NP_j 的数是严格匹配的（例如，单数的代词和单数的先行词），则为真。
- **相容的数匹配**（compatible number）［**真**（true）或**假**（false）］：如果 Pro_i 和 NP_j 是相容的（例如，单数代词 Pro_i 和数不明确的先行词 NP_j），则为真。
- **严格的性别匹配**（strict gender）［**真**（true）或**假**（false）］：如果性别上是严格匹配的（例如，男性代词 Pro_i 和男性先行词 NP_j），则为真。
- **相容的性别匹配**（compatible gender）［**真**（true）或**假**（false）］：如果 Pro_i 和 NP_j 是相容的（例如，男性代词 Pro_i 和不知性别的先行词 NP_j），则为真。
- **句子距离**（sentence distance）［**0，1，2，3，…**］：代词和潜在先行词之间的句子数目。
- **Hobbs 距离**（Hobbs distance）［**0，1，2，3，…**］：从代词 Pro_i 开始回溯在找到潜在先行词 NP_j 之前，Hobbs 算法必须跳过的名词组的数目。

- **语法角色**(grammatical role)[**主语**(subject)、**宾语**(object)、**介词短语**(PP)]：潜在先行词的角色——句法中的主语、直接宾语或 PP 中的一个嵌入成分。
- **语言学形式**(linguistic form)[**专有的**(proper)、**确定的**(definite)、**不定的**(indefinite)、**代词**(pronoun)]：潜在先行词 NP_j 的形式——专有名词、确定描述、不定的 NP 或代词。

图 21.8 展示了 U_3 中最后的代词 *He* 的潜在先行词的特征值：

(21.68) John saw a beautiful 1961 Ford Falcon at the used car dealership. (U_1)

　　　 He showed it to Bob. (U_2)

　　　 He bought it. (U_3)

	He (U_2)	it (U_2)	Bob(U_2)	John (U_1)
严格的数匹配	1	1	1	1
相容的数匹配	1	1	1	1
严格的性别匹配	1	0	1	1
相容的性别匹配	1	0	1	1
句子距离	1	1	1	2
Hobbs 距离	2	1	0	3
语法角色	subject	object	PP	subject
语言学形式	pronoun	pronoun	proper	proper

图 21.8　例(21.68)中不同代词在对数线性分类器中的特征值

分类器学习这些特征的权重以便利用这些特征能够更好地预测一个准确的先行词(例如，代词附近、在主语的位置、数量和人称一致)。因此，Hobbs 和中心算法依靠手工制定的启发式方法去寻找先行词，而使用机器学习方法的分类器依据特征在训练集中的共现来学习不同特征的权重。

21.7　共指消解

在前几节中，我们重点介绍了在 21.4 节中列出的指代现象的一个特定子类：代词，如 *he*，*she* 和 *it*。但是对于一般的共指任务来说，我们必须决定任意两个名词短语是否是共指。这意味着我们必须处理 21.4 节中的另一种指代表述，最常见的就是确定名词短语和名字。让我们回到共指的例子，重复如下：

(21.69) Victoria Chen, Chief Financial Officer of Megabucks Banking Corp since 2004, saw her pay jump 20%, to ＄1.3 million, as the 37-year-old also became the Denver-based financial-services company 's president. It has been ten years since she came to Megabucks from rival Lotsabucks.

回忆一下我们需要从这个语料中抽取的 4 个共指链：

1. ｛ *Victoria Chen*, *Chief Financial Officer of Megabucks Banking Corp since* 1994, *her*, *the 37-year-old*, *the Denver-based financial-services company's president*, *She*｝
2. ｛ *Megabucks Banking Corp*, *the Denver-based financial-services company*, *Megabucks* ｝
3. ｛ *her pay* ｝
4. ｛ *Lotsabucks* ｝

如同以前,我们必须处理代词指代(指出 *her* 指代 *Victoria Chen*),并且我们依然需要过滤非指代代词,如 *It has been ten years* 中的冗言词 *It*,正如我们为代词指代所作的那样。

但是对于完全 NP 共指,我们需要处理确定名词短语,指出 *the 37-year-old* 和 *Victoria Chen* 是共指,*the Denver-based financial-services company* 和 *Megabucks* 是共指。我们也需要处理名称,指出 *Megabucks* 和 *Megabucks Banking Corp* 是同一个名称。

共指消解算法可以使用和代词指代消解中使用的对数线性分类器一样结构的分类器。因此,我们构造一个二元分类器,该分类器以指代和潜在先行词作为输入,返回真(这两个是共指)或假(不是共指)。我们将在下面的消解算法中使用该分类器。我们自左向右地处理文本。对于遇到的每一个 NP_j,我们向后搜索文档并检查以前的每一个 NP。对于每一个潜在的先行词 NP_i,使用分类器进行分类,如果返回值是真,我们就成功地找到了同指 NP_i 和 NP_j。当我们成功地找到先行词 NP_i 或到达文档的开始处时,就结束对 NP_j 的处理,然后继续处理下一个指代 NP_j。

为了训练二元共指分类器,正如为代词消解所作的那样,我们需要一个带有标签的训练集,训练集中的每一个指代 NP_i 都由人工与正确的先行词相联系。为了构造分类器,我们需要共指关系的正确和错误的训练例子。NP_i 的正确例子是标有和 NP_i 具有同指关系的名词短语 NP_j。我们可以通过对指代 NP_j 和 NP_i 及其正确先行词 NP_i 之间的 $NP-NP_{i+1}$ 和 NP_{i+2} 等进行配对以获取错误例子。

接下来为每一个训练例子抽取特征,并且训练分类器用来预测(NP_j,NP_i)是否是正确的共指对。在二元共指分类器中应该使用何种特征?我们可以使用在指代消解中所用的所有特征:数量、性别、句法位置,等等。但是我们也要添加新的特征用来处理和名称以及确定名词短语特定相关的现象。例如,我们想要一种特征能够展现 *Megabucks* 和 *Megabucks Banking Corp* 共享词语 *Megabucks* 的事实,或者 *Megabucks Banking Corp* 和 *the Denver-based financial-services company* 都是以暗示企业组织的词语(*Corp* 和 *company*)结尾。

这里展现了共指消解在指代 NP_i 和潜在先行词 NP_j 之间常用的一些特征(21.6.4 节中列出的用于代词指代消解的特征除外)。

- **指代编辑距离**(anaphor edit distance)[**0,1,2,**⋯]:从潜在先行词到指代的字符**最小编辑距离**(minimum edit distance)。第 3 章的字符最小编辑距离是指把一个字符串转化为另一个需要的最小字符编辑操作(插入、替换和删除)数目。更一般地表示为:

$$100 \times \frac{m - (s + i + d)}{m}$$

m 表示给定先行词的长度,s 表示替换操作的次数,i 表示插入的次数,d 表示删除的次数。

- **先行词编辑距离**(antecedent edit distance)[**0,1,2,**⋯]:从指代到先行词的**最小编辑距离**(minimum edit distance)。给定指代长度 n,

$$100 \times \frac{n - (s + i + d)}{n}$$

- **别名**(alias)[**真**(true)或假(false)]:由 Soon et al.(2001)提出的需要命名实体标签(named entity tagger)的多重特征。如果 NP_i 和 NP_j 是同种类型的命名实体,并且 NP_i 是 NP_j 的别名,则返回真。别名(alias)的意思依赖于类别,如果两个日期指向同一个日期则它们互为别名。对于类别 PERSON 来说,去掉类似 *Dr.* 和 *Chairman* 的前缀,然后查看 NP 是否是相同的。对于类型 ORGANIZATION,别名函数检查缩写(例如,*IBM* 是 *International Business Machines Corp* 的缩写)。

- **同位语**(appositive)[**真**(true)或假(false)]:如果指代语和先行词处于语法中的同位关系

则返回真。例如，NP *Chief Financial Officer of Megabucks Banking Corp* 和 NP *Victoria Chen* 是同位关系。这些可以由句法分析器识别，或者更浅层地通过寻找逗号，以及满足 NP 都没有动词并且它们中的一个是名称的条件来探查。

- **语言学形式**(linguistic form)[专有的(proper)、确定的(definite)、不定的(indefinite)、代词(pronoun)]：潜在指代 NP_i 的形式——一个专有名称、确定性描述、不定的 NP 或一个代词。

21.8 共指消解的评价

评价共指消解的一类算法是**模型理论的共指评价**(model-theoretic coreference evaluations)，例如 **B-CUBED** 算法(Bagga and Baldwin, 1998)，该算法是早期用来评价 MUC-6 的评价方法(Sundheim, 1995a)的扩展。类似 B-CUBED 的模型理论算法依赖于手工标注的指代短语间的共指标准答案。我们可以把这些标准答案信息表示成一系列和指代表述等价的类。一个等价类是共指链的传递闭包。

例如，我们通过把指代表述 A 和 B 放到同一个类中来表示 A 和 B 是共指关系。我们通过把指代表述 A、B 和 C 放到同一个类中来表示 A、B 和 C 是共指关系。对于每个实体 e，**参考链**(reference chain)或**真实链**(true chain)是实体出现的正确的或真实的共指链，而**假设链**(hypothesis chain)是共指消解算法为实体指派的链/类。

B-CUBED 算法计算的是相对于**参考**(reference)链实体在**假设**(hypothesis)链中的准确率和召回率。对于每一个实体，我们计算准确率和召回率，然后对文档中的所有 N 个实体进行加权求和，从而为整个任务计算准确率和召回率。

$$\text{准确率} = \sum_{i=1}^{N} w_i \frac{\text{包含实体的假设链中的正确成分数 \#}}{\text{包含实体的假设链中的成分数 \#}}$$

$$\text{召回率} = \sum_{i=1}^{N} w_i \frac{\text{包含实体的假设链中的正确成分数 \#}}{\text{包含实体的参考链中的成分数 \#}}$$

每个实体的权重 w_i 可以设成不同的值，由此可产生不同版本的算法。

21.9 高级问题：基于推理的连贯判定

在本章我们已经看到的用于解决连贯性和共指问题的算法仅仅依赖于浅层信息，如提示短语和其他的词汇和简单句法提示。但是判定中的许多问题需要更复杂的知识。考虑如下的共指实例，改编自 Winograd(1972b)：

(21.70) The city council denied the demonstrators a permit because

     a. they feared violence.

     b. they advocated violence.

决定代词 *they* 的正确先行词首先需要知道第二个从句是第一个的**解释**(Explanation)，以及城市委员会比示威者更害怕暴力，示威者比城市委员会更拥护暴力。一种更高级的连贯判定方法是指定这种解释关系，并且用来帮助我们指出两个代词的指代内容。

假设分析器能够为每个从句指派合理的语义，我们可以依靠和每个连贯关系相关的语义限制来执行这种更复杂的连贯判定方法。

应用这些限制需要一种能够进行推理的方法。也许最熟悉的推理类型是**演绎**（deduction），回想我们在 17.3 节讲述过的演绎的中心规则是取式推理：

$$\frac{\alpha \Rightarrow \beta \quad \alpha}{\beta}$$

下面是取式推理的一个例子：

$$\frac{\text{All Falcons are fast.} \quad \text{John's car is a Falcon.} \textcircled{1}}{\text{John's car is fast}}$$

演绎是**可靠推理**（sound inference）的一种形式：如果前提为真，结论必为真。

然而，许多语言理解所依赖的推理是不可靠的。尽管不可靠推理会导致一些有误的解释和错误的理解，但是它们同时允许了更大范围的推理能力。这类推理的一种方法被称为**溯因推理**（abduction）（Peirce，1955）。溯因推理的中心规则是：

$$\frac{\alpha \Rightarrow \beta \quad \beta}{\alpha}$$

尽管演绎是向前推出隐含的关系，而溯因推理是后向推理，也就是从结果中找可能的原因。下面是溯因推理的一个例子：

$$\frac{\text{All Falcons are fast.} \quad \text{John's car is fast.}}{\text{John's car is an Falcon.} \textcircled{2}}$$

显然，这可能是一个不正确的推理：John 的汽车可能是由其他制造商生产的，同时仍可能是速度快的。

一般而言，一个给定的结果 β 可能有许多潜在的原因 α_i。我们需要从一个事实中知道的并不仅仅是对它的一个可能解释，而通常需要知道的是对它的最佳解释。为了实现这个目的，我们需要比较可选择的溯因证据的质量。这种比较可由概率模型（Charniak and Goldman，1988；Charniak and Shimony，1990）来完成，或者由启发式策略（Charniak and McDermott，1985，第 10 章）来完成，如优先选择假设数目最少的解释或最具体的解释。我们将介绍溯因推理的第三种方法，来自 Hobbs et al. (1993)，它采用更全面的基于代价（cost-based）策略，结合了概率特征和启发式方法。然而，为了简化讨论，我们将几乎完全忽略系统中的代价部分，但记住它是必须的。

Hobbs et al. (1993)将他们的方法用于语言理解中的许多问题；这里我们将集中讨论它在确立话语连贯中的应用：世界知识和领域知识被用于确定话段间最合理的连贯关系。让我们一步步通过分析来确立段落(21.4)的连贯。首先，我们需要关于连贯关系本身的公理。公理(21.71)表明一个可能的连贯关系是解释关系，其他关系将有类似的公理。

$$\forall e_i, e_j \ Explanation(e_i, e_j) \ \Rightarrow \ CoherenceRel(e_i, e_j) \tag{21.71}$$

变量 e_i 和 e_j 代表两个相关话段所表示的事件（或状态）。在本公理和以下将给出的公理中，量词总是覆盖它们右边的所有事物。此公理告诉我们，假如我们在两个事件间需要确立一种连贯关系，一种可能性就是基于溯因推理假定该关系是解释关系。

解释关系要求第二个话段表达了第一个话段表达的结果的原因。我们通过下面的公理来陈述：

---

① 原文为 an Falcon，应改为 a Falcon。　　　　　　　　　　　　　　　　　　　　——译者注

② 原文为 an Falcon，应改为 a Falcon。　　　　　　　　　　　　　　　　　　　　——译者注

$$\forall e_i, e_j \ cause(e_j, e_i) \ \Rightarrow \ Explanation(e_i, e_j) \tag{21.72}$$

　　除了连贯关系的公理，我们也需要代表世界常识的公理。我们采用的第一个常识公理表明：如果某人喝醉了，那么我们就不让他开车，前者导致后者(为了简便，用 diswant 表示谓词"不让")

$$\forall x, y, e_i \ drunk(e_i, x) \ \Rightarrow \\ \exists e_j, e_k \ diswant(e_j, y, e_k) \wedge drive(e_k, x) \wedge cause(e_i, e_j) \tag{21.73}$$

　　在继续讲述之前，我们依次补充两个关于该公理及其他我们将讲述公理的注解。第一点，在公理(21.73)中采用全称量词来绑定几个变量，这本质上说明在所有情形下某人喝醉了，所有人都不会让他开车。尽管通常这是我们希望的情形，但是这个陈述还是过于绝对。在 Hobbs 等系统中对这一点的处理是在这种公理的前提中引入另外的关系，称为"etc 谓词"(etc predicate)。etc 谓词代表了为了应用该公理而必须为真的所有其他属性，但是它太含糊而不能清晰地阐述。因此这些谓词不能被证实，而只能被假定为一个相应的代价。具有较高假定代价的规则的优先性低于较低代价的规则，应用该规则的可能性可以根据这个代价来计算。因为我们已经选择通过忽略代价以简化我们的讨论，因此，类似地，我们将忽略 etc 谓词的用法。

　　第二点，每个谓词在论元第一个位置带有一个看起来好像"多余"的变量。例如，谓词 drive 有两个而不是一个变量。该变量被用于具体化由谓词表示的关系，以使得可以在其他谓词的论元位置指向该变量。例如，用变量 e_k 具体化谓词 drive 容许我们通过指向 diswant 谓词最后一个论元来表达不让某人开车的思想。

　　回到我们讲述的正题，我们采用的第二个有关世界常识的公理是：如果某人不想让其他人去开车，那么他们就不愿意让该人拥有他的车钥匙，因为车钥匙能够使人驾驶汽车。

$$\forall x, y, e_j, e_k \ diswant(e_j, y, e_k) \wedge drive(e_k, x) \ \Rightarrow \\ \exists z, e_l, e_m \ diswant(e_l, y, e_m) \wedge have(e_m, x, z) \\ \wedge carkeys(z, x) \wedge cause(e_j, e_l) \tag{21.74}$$

　　第三个公理是：如果某人不想让其他人拥有某件东西，那他可以将它藏起来。

$$\forall x, y, z, e_l, e_m \ diswant(e_l, y, e_m) \wedge have(e_m, x, z) \ \Rightarrow \\ \exists e_n \ hide(e_n, y, x, z) \wedge cause(e_l, e_n) \tag{21.75}$$

　　最后一个公理很简单：原因是可传递的，也就是，如果 e_i 导致 e_j，e_j 导致 e_k，则 e_i 导致 e_k。

$$\forall e_i, e_j, e_k \ cause(e_i, e_j) \wedge cause(e_j, e_k) \ \Rightarrow \ cause(e_i, e_k) \tag{21.76}$$

　　最后，我们引入话段本身的内容，即 John 藏起了 Bill 的汽车钥匙[John hid Bill's car keys (from Bill)]，

$$hide(e_1, John, Bill, ck) \wedge carkeys(ck, Bill) \tag{21.77}$$

并且用代词 he 来描述某人喝醉了。我们将用自由变量 he 表示该代词，

$$drunk(e_2, he) \tag{21.78}$$

　　现在我们能够看到怎样通过话段的内容和前面提及的公理在解释关系下来确立例(21.4)的连贯。图 21.9 对该推导过程进行了总结，方框中所示的是句子的解释。我们从假定存在一个连贯关系开始，利用公理(21.71)推测该关系是说明关系：

$$Explanation(e_1, e_2) \tag{21.79}$$

通过公理(21.72)，我们推测：

$$cause(e_2, e_1) \tag{21.80}$$

成立。通过公理(21.76)我们可以推测这里有一个中间原因 e_3：

$$cause(e_2, e_3) \wedge cause(e_3, e_1) \tag{21.81}$$

并且我们再次重复该公理，将例(21.81)的第一个因子扩展为含有中间原因 e_4：

$$cause(e_2, e_4) \wedge cause(e_4, e_3) \tag{21.82}$$

我们从例(21.77)第一个句子的解释获得 hide 谓词，以及例(21.81)的第二个 cause 谓词，并且，利用公理(21.75)，可以推测 John 不让 Bill 拥有他的汽车钥匙：

$$diswant(e_3, John, e_5) \wedge have(e_5, Bill, ck) \tag{21.83}$$

根据上式，式(21.77)中的 carkeys 谓词以及式(21.82)的第二个 cause 谓词，我们可以利用公理(21.74)推测 John 不让 Bill 驾驶：

$$diswant(e_4, John, e_6) \wedge drive(e_6, Bill) \tag{21.84}$$

根据上式，公理(21.73)以及式(21.82)中第二个 cause 谓词，我们可以推测 Bill 喝醉了：

$$drunk(e_2, Bill) \tag{21.85}$$

现在如果我们简单地假设自由变量 *he* 绑定于 Bill，就可以从第二个句子的解释中"证实"该事实。因此，在我们识别句子的解释之间的推理链的过程中，确立了句子的连贯。本例中的推理链包括关于公理选择和代词指派的无法证实的假设，并生成了确立说明关系需要的 $cause(e_2, e_1)$。

这个推理过程以例子说明连贯确实具有强有力的特性，也就是，它能够导致听话人推导出话语中说话人未说的隐含信息。在这个例子中，推理所需的假设是：John 藏起了 Bill 的钥匙是因为 John 不想让 Bill 开车(大概是由于怕出事故，或被警察逮到)，而不是因为其他的原因，比如对他的恶作剧。这个原因在例(21.4)的任何地方都没有提到，只是出现在确立连贯所需的推理过程中。从这个角度看，话语的意义大于它每一部分意义的相加。也就是说，通常话语所传递的信息远大于组成该话语的单个句子的解释所包括的所有信息。

现在我们回到例(21.5)，这里重新编号为(21.87)。它的特别之处在于缺少例(21.4)的连贯性，现在被重新编号为例(21.86)。

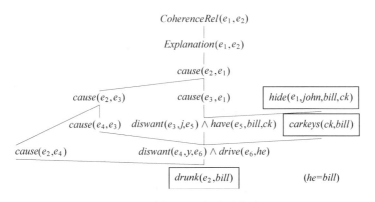

图 21.9　例(21.4)的连贯的确立

(21.86) John hid Bill's car keys. He was drunk.

(21.87) ?? John hid Bill's car keys. He likes spinach.

现在我们看看为什么会这样：它缺少类似的能够连接两个话段表示的推理链，特别是，缺少类似于例(21.73)的原因公理，能够说明喜欢菠菜可能导致某人不能驾驶。在缺乏能够支持推理链的额外信息的情况下(比如前面提及的情节，某人对 John 承诺用菠菜换取 Bill 被藏起的汽车钥匙)，这里就不能确立段落的连贯。

　　因为溯因推理是非可靠推理的一种形式,必须能够在以后的处理中撤销溯因推理所得到的假设,即溯因推理是**可废止的**(defeasible)。例如,如果紧跟段落(21.86)的句子是例(21.88),

　　(21.88)　Bill's car isn't here anyway; John was just playing a practical joke on him.

　　则系统将不得不撤销连接段落(21.86)中两个句子的原先的推理链,并用事实(藏钥匙事件是恶作剧的一部分)来替代。

　　为支持较大范围推理而设计得更全面的知识库需要使用比我们在确立段落(21.86)的连贯时所采用的更概括的公理。例如,研究公理(21.74):如果你不想让某人驾驶汽车,你就不想让他拥有他的车钥匙。该公理的一个更概括的形式是:如果你不想让某人进行某个行为,而某个物体能够让他进行该行为,则你就不想让他拥有该物体。则汽车钥匙能够让某人驾驶汽车的事实被分离出来,而实践中存在许多其他类似的事实。同样地,公理(21.73)称如果某人喝醉了,则不让他去驾驶。我们可以用下面的公理来替代:如果某人不想让某件事发生,则他不愿意让可能导致该事件的原因发生。再次,我们将人们不让其他人卷入汽车事故的事实与酒后驾车导致事故的事实分离开来。

　　尽管拥有能够阐明连贯确立问题的计算模型是非常重要的,但是该方法和其他类似方法很难覆盖范围广泛的应用。特别是,大量的公理需要对世界中所有必须的事实进行编码,同时还缺少利用这种大规模公理集进行约束推理的鲁棒机制,这使得这些方法在实践中几乎无法实施。然而,对于这类知识和推理规则的方法的近似算法,已经在自然语言理解系统中发挥了重要作用。

21.10　所指的心理语言学研究

　　本章所描述的这些技术在多大程度上模拟了人类话语理解的过程? 我们总结了一些来自大量心理学研究的结果,由于篇幅原因,在这里我们仅仅关注指代消解。

　　许多工作研究了人们进行代词解释时多大程度上使用了 21.5 节所描述的优先关系,但研究结果常常是相互矛盾的。Clark and Sengal(1979)采用**阅读时间实验**(reading time experiment)研究了代词解释中句子新近性的影响。在收到并确认已阅读一段由三个句子组成的上下文后,包含代词的目标句被呈现给受试者。当受试者感到已经理解了这个目标句时,就按下按钮。Clark和 Sengal 发现:当代词的所指对象是从上下文中最近的从句唤起时,所用的阅读时间远远小于所指对象从前面两到三句唤起时的阅读时间。另外,所指对象是从向后两句还是向后三句被唤起并没有太多的差别,因此他们认为:"在工作记忆中,所处理的最后一个从句带给它所提及的实体一种特权地位"。

　　Crawley et al.(1990)比较了指派到前面句子主语位置(由其唤起的指示语)的代词的优先级和语法角色优先关系。他们对两种不同的任务环境:**问题回答任务**(question answering task)和**所指对象指定任务**(referent naming task)进行了研究。从问题回答任务可以看出受试者是如何解释代词的,而在所指对象指定任务中受试者是直接给出代词的所指对象。他们发现受试者将代词判定为前面句子主语的情形远多于判定为宾语的情形。然而,Smyth(1994)采用满足评估平行的更严格要求的数据,发现在所指对象指定任务中受试者在绝大多数情形下遵循了平行优先关系。该实验对主语所指对象优于宾语所指对象提供了微弱的支持,Smyth 将这作为提问句子不是十分平行时默认的策略。

　　Caramazza et al.(1977)研究了代词判定时动词的"隐含的因果关系"的影响。利用**句子完成**

任务(sentence completion task),他们根据动词所具有的主语倾向性和宾语倾向性来划分动词。受试者所看到的是类似下面例(21.89)这样的句子片断。

(21.89) John telephoned Bill because he

从受试者完成的句子中,实验设计者可以看出受试者对该代词所偏爱的所指对象。绝大部分受试者都表明,具有语法主语或宾语优先关系的动词被划分为具有主语倾向性或宾语倾向性。接着对每个具有倾向性的动词构建一对例句:一个"一致"例句,语义上支持由动词倾向性所预示的代词指派;另一个"不一致"例句,语义上支持相反预示。例如,对于具有主语倾向性的动词 "telephone",例(21.90)是一致的,因为第二个从句的语义支持把主语 *John* 指派为 *he* 的先行词,而例(21.91)是不一致的,因为语义支持的指派是宾语 Bill。

(21.90) John telephoned Bill because he wanted some information.

(21.91) John telephoned Bill because he withheld some information.

在所指对象指定任务中,Caramazza 等发现对一致例句的指定时间快于不一致例句。也许令人吃惊,这即使在第一个从句中所提及的两个人的性别不同的情形下(这使得所指对象并没有歧义)也是如此。

Matthews and Chodorow(1988)对句内的所指问题和基于句法的查询策略进行了分析。在问题回答任务中,他们发现,相比先行词占据新近的句法浅层位置的句子,受试者需要更多的时间理解代词先行词占据早期的句法深层位置的句子。这个结果与 Hobbs 的树查询算法所采用的查询处理一致。

也有一些心理语言学的研究是关于中心理论原则的测试。通过一组阅读时间实验,Gordon et al.(1993)发现当前的后向中心指向一个完全由名词组成的短语而不是代词时,阅读时间会变长,即使是在该代词具有歧义且专有名称无歧义的情况下。这个效应被称为**重复名称惩罚**(repeated name penalty),仅出现于主语位置的所指对象,暗示 C_b 被优先实现为主语。Brennan (1995)分析了如何选择与中心原则联系起来的语言学形式。她设计了一组受试者看篮球比赛并将它描述给另一个人的实验。她发现在后续代词化实体之前,受试者倾向于用主语位置的完全由名词组成的短语来指向该实体,即使在宾语位置这个所指对象已经被引入。

21.11 小结

本章我们探讨了自然语言处理系统面临的句子之间(即话语层)的运算。下面是本章主要内容的总结:

- 与句子一样,话语也具有层级结构。在最简单类型的结构检测中,我们假设简单的线性结构,并且我们在主题或其他条件上对文本进行分割。这一过程利用的主要提示是**词汇内聚性**(lexical cohesion)和话语标志/提示短语。
- 话语不是任意收集的一些句子,它们必须是连贯的。保持话语连贯的因素是句子间的连贯关系以及基于实体的连贯关系。
- 已经提出不同的**连贯关系**(coherence relations)以及修辞关系。用于检测这些连贯关系的算法可以使用表层提示(提示短语、句法信息)。
- 话语解释需要我们对话语状态建立一种可演变的表示,即话语模型。话语模型包含对已经提及的实体以及它们所承担的关系的表示。

- 自然语言提供了许多指向实体的方法。所指的每种形式都将有关它自己如何与话语模型和世界看法集一同被加工的信号传递给听话人。
- 代词所指可被用于话语模型中具有足够显著度的所指对象。各式各样的词汇、句法、语义以及话语的因素似乎都会影响显著性。
- Hobbs 算法、中心算法以及对数线性模型提供不同的方式来使用和结合不同的限制。
- 完整的 NP 共指任务必须处理名称和确定的 NP。对于这样的任务来说，字符串编辑距离是有用的特征。
- 建立连贯关系的高级算法使用由一个或多个连贯关系构成的限制，通常能够推出说话者尚未说出的信息。不完全的逻辑溯因规则可以用来进行此类推理。

21.12 文献和历史说明

基于自然语言理解早期系统(Woods et al., 1972；Winograd, 1972b；Woods, 1978)所实现的基础集，话语计算方法中的许多基础性工作是在 20 世纪 70 年代晚期完成的。Webber(1978，1983)的研究工作为话语模型中如何表示实体以及它们容许后续所指的方式提供了研究基础。她给出的许多例子目前仍在继续挑战指代理论。Grosz(1977a)对话语展开时谈话参与者所保持的注意力焦点进行了研究。她定义了焦点的两个层次：与整个话语有关的实体，被称为全局焦点(global focus)；局部关注(大多数为一个特定话段的中心)的实体，被称为实时焦点(immediate focus)。Sidner(1979，1983)描述了一种跟踪话语(实时)焦点的方法，以及这些焦点在代词和指示名词短语的判定中的使用。她给出了当前话语焦点和可能焦点之间的区别，而它们分别是中心理论的后向中心和前向中心的前身。

中心方法源自 Joshi and Kuhn(1979)以及 Joshi and Weinstein(1981)的论文，它给出了实时焦点和集成当前话段到话语模型所需的推理之间的关系。Grosz et al. (1983)将该研究与 Sidner 和 Grosz 早期的研究工作结合在一起。这形成了中心方法的草稿，尽管从 1986 年以来已经广为流传，但是它的发表是在论文 Grosz et al. (1995)中。其后，基于该草稿和论文发表了一系列关于中心方法的文章(Kameyama, 1998；Brennan et al., 1987；Di Eugenio, 1990；Walker et al., 1994；Di Eugenio, 1996；Strube and Hahn, 1996；Kehler, 1997a；等等)。有关中心方法最新的论文集请参见 Walker et al. (1998)；查看 Poesio et al. (2004)以获取更多的关于最近工作的进展。在本章我们集中讨论了中心算法和代词指代消解；对于把中心算法应用到基于实体的连贯性上，Karamanis(2003，2007)，Baizilay and Lapata(2008)，以及在第 23 章对相关论文进行了讨论。

对于信息状态的研究在语言学中有很长的历史(Chafe, 1976；Prince, 1981；Ariel, 1990；Prince, 1992；Gundel et al., 1993；Lambrecht, 1994)。

自 Hobbs(1978)的树查询算法开始，研究者对于能够鲁棒地应用于自然出现文本的基于句法的指代对象识别方法进行了深入研究。采用加权方式结合不同句法特征和其他特征的早期系统是 Lappin and Leass(1994)。Kennedy and Boguraev(1996)描述了一个类似的但不依赖于完全的句法分析器的系统，它所依赖的是一种只识别名词短语并标注它们的语法角色的机制。这两种方法都采用了 Alshawi(1987)的集成显著因子的方案。把该方案用于多通道(也就是，语音和手语)人机交互界面的算法请参阅论文 Huls et al. (1995)。对计算系统中指代的各式各样方法的讨论请参阅 Mitkov and Boguraev(1997)。

基于监督学习的指代消解方法在很早的时候就被提出(Connolly et al., 1994；Aone and Bennett, 1995；McCarthy and Lehnert, 1995；Kehler, 1997b；Ge et al., 1998；等等)。最近用来处理指

代消解(Kehler et al., 2004; Bergsma and Lin, 2006)和完全 NP 共指(Cardie and Wagstaff, 1999; Ng and Cardie, 2002b; Ng, 2005)的有监督和无监督方法都得到了许多研究和关注。对于确定的 NP 指代，存在一般方法(Poesio and Vieira, 1998; Vieira and poesio, 2000)，也存在特定方法，特定方法用来决定一个特定的确定 NP 是否是一个代词指代(Bean and Riloff, 1999, 2004; Ng and Cardie, 2002a; Ng, 2004)。全局最优的利用是目前重要的关注点(Denis and Baldridge, 2007; Haghighi and Klein, 2007)。Mitkov(2002)对代词指代消解做了一个精彩易懂的总结，同时 Branco et al. (2002)收集了大量相关的论文。

利用内聚性来完成线性话语分割的想法隐含在(Halliday and Hasan, 1976)的开创性工作中，但是首先由 Morris and Hirst(1991)显式地使用，随后很快地被其他研究者所使用，包括(Kozima, 1993; Reynar, 1994; Hearst, 1994, 1997; Reynar, 1999; Ken et al., 1998; Choi, 2000; Choi et al., 2001; Brants et al., 2002; Bestgen, 2006)。Power et al. (2003)研究话语结构，Filippova and Strube (2006)，Sporleder and Lapata(2004, 2006)关注段落分割。

在分割中使用提示短语已经获得了广泛的研究，包括在许多文本题材以及语音上的工作(Passonneau and Litman, 1993; Hirschberg and Litman, 1993; Manning, 1998; Kawahara et al., 2004)。

许多研究者对话语的话段之间能够持有的连贯关系进行了假定(Halliday and Hasan, 1976; Hobbs, 1979a; Longacre, 1983; Mann and Thompson, 1987; Polanyi, 1998; Hobbs, 1990; Sanders et al., 1992; 等等)。Hovy(1990)给出了曾在文献中提出的超过 350 个此类关系的概览。

多种不同的方法可以用来进行连贯性抽取。在 21.2.2 节中描述的基于提示短语的模型是由 Daniel Marcu 和同事提出来的(Marcu, 2000b, 2000a; Carlson et al., 2001, 2002)。语言学话语模型(Polanyi, 1988; Scha and Polanyi, 1988; Polanyi et al., 2004a, 2004b)是一种更强调话语句法的理论框架，在该方法中，基于"从句对从句"建立了话语的剖析树，直接对应于基于"成分对成分"建立的句子的剖析树。Corston-Oliver(1998)也探讨了句法和基于分析器的特征。最近的研究方向是把树邻接语法体系应用于话语剖析(Webber et al., 1999; Webber, 2004)。这个模型也用来对宾州(Penn)话语树库(Miltsakaki et al., 2004b, 2004a)进行标注。查看 Asher and Lascarides (2003) and Baldridge et al. (2007)关于分割话语表示结构(Segmented Discourse Representation Structure, SDRT)的部分。Wolf and Gibson(2005)认为连贯结构包括交叉的括号，这就使得它不可能用一棵树来表示，他提出使用图表示来替代树表示。

除了确定话语结构和意义，话语连贯理论也被用于话语层语言现象解释的算法，这些语言现象包括代词判定(Hobbs, 1979a; Kehler, 2000)，动词短语省略与间隙(Prüst, 1992; Asher, 1993; Kehler, 1993, 1994a)，以及时态解释(Lascarides and Asher, 1993; Kehler, 1994b, 2000)。对连贯关系和话语连接词之间关系的深入研究请参阅 Knott and Dale(1994)。

第五部分

应　　用

第 22 章　信息抽取

> *I am the very model of a modern Major-General,*
> *I've information vegetable, animal, and mineral,*
> *I know the kings of England, and I quote the fights historical*
> *From Marathon to Waterloo, in order categorical…*
>
> Gilbert and Sullivan, *Pirates of Penzance*①

假设你是一家跟踪航空股票的投资公司的分析师。你承担如下任务：判断航空公司的机票涨价公告与第二天该公司股票走势之间的关系（如果存在关系的话）。股票价格的历史数据可以很容易得到，但是如何得到航空公司的公告信息呢？为了很好地完成这项任务，你至少需要知道这家航空公司的名称、建议票价上涨的性质、公告的日期以及其他航空公司可能的反应。幸运的是，这些信息都保存在与航空公司相关的新闻报道中，下面就是最近的一个例子。

> Citing high fuel prices, United Airlines said Friday it has increased fares by $6 per round trip on flights to some cities also served by lower-cost carriers. American Airlines, a unit of AMR Corp., immediately matched the move, spokesman Tim Wagner said. United, a unit of UAL Corp., said the increase took effect Thursday and applies to most routes where it competes against discount carriers, such as Chicago to Dallas and Denver to San Francisco.

显然，从真实文本中提取名称、日期和数量不是一个简单任务。本章将阐述一系列用于从文本中提取有限类的语义内容的方法。这个将文本中包含的非结构化信息转换为结构化数据的**信息抽取**（Information Extraction，IE）过程，也被称为**文本分析**（text analytics）。更具体地说，信息抽取是生成关系数据库内容的一项有效手段。一旦信息被显式编码，我们就可以利用数据库系统，统计分析工具包，或是其他形式的决策支持系统提供的所有功能，以解决我们面临的问题。

在本章的内容中，我们会看到信息抽取问题的鲁棒性解决方法实际上是本书之前所介绍技术的一个巧妙结合。具体来说，最新的信息抽取方法核心包括第 2 章和第 3 章描述的有限状态机方法，第 4 章和第 6 章介绍的概率模型，以及第 13 章的句法组块分析。在深入了解这些技术的应用细节之前，我们先快速介绍信息抽取的主要问题，并描述如何解决这些问题。

大多数信息抽取任务的第一步是发现并分类文本中所提及的专有名词，这个任务被称为**命名实体识别**（Named Entity Recognition，NER）。毫无疑问，专有名词的组成以及具体的分类策略是依具体应用而定的。通用的 NER 系统倾向于识别普通新闻文本中的人名、地名和机构名，但也有实际应用程序被开发出来用于识别基因名、蛋白质名（Settles，2005），以及大学课程名（McCallum，2005）等各种名称。

---

① 我是个现代化的少将，
　　我知道蔬菜、动物和矿产，
　　我知道英格兰国王，还了解战争史
　　从马拉松到滑铁卢，都归我掌管……

　　　　　　　　　　　　　　　　　吉尔伯特和沙尔文，《潘赞斯海盗》

我们的示例中包含了 13 个专有名词实例，将其称为**命名实体提及**（named entity mentions），它们可以划分到机构名、人名、地名、时间以及数量这几个类别下。

在确定文本中所有命名实体提及之后，对这些命名实体提及进行链接或将其聚类，使每一个提及集合指向其真实所指实体将是非常有意义的。这个任务就是我们在第 21 章中已经介绍过的**指代消解**（reference resolution），指代消解也是信息抽取中的重要组成部分。在上面的示例文本中，我们可以看出，第一句中提到的 United Airlines 和第三句中提到的 United 指向同一个真实世界实体。这个指代消解问题还将复指消解（anaphora resolution）作为一个子问题包含进来，在当前例子中需要确定 it 分别指向 United Airlines 和 United 的两次情形。

关系识别和分类（relation detection and classification）任务的目的是找出给定文本中实体间的语义关系，并将这些关系进行分类。在大多数实际情况下，关系识别关注的焦点仅为一个小规模的二元关系集合。在标准系统评测中出现的一般关系包括家庭、雇佣、部分-整体、成员和地理关系。关系识别和分类任务是与关系数据库构建紧密相关的问题之一。检测实体之间的关系还与第 20 章介绍的词之间的语义关系发现紧密相关。

我们的示例文本中包含三个显式的一般性关系的提及：United 是 UAL 的一部分，American Airlines 是 AMR 的一部分，而 Tim Wagner 是 American Airlines 的一名雇员。航空业相关的领域特定关系还包括：United 提供 Chicago，Dallas，Denver 和 San Francisco 四地的航线。

为了进一步了解文本中的实体以及它们之间的语义关系，我们必须找到实体参与的事件，并对其进行分类；这就是**事件识别与分类**（event detection and classification）问题。上面的示例文本中，关键事件为 United 和 American 两家公司的涨价事件。另外，正如两次使用"said"和使用"cite"所指示的那样，还有若干事件报道了这个主要事件。同实体识别一样，事件识别带来了复指消解问题，我们同样需要找到文本中指向同一个事件的不同提及。在本示例中，第二句和第三句中出现的"the move"和"the increase"指代的事件与第一句中"increase"指代的事件相同。

找出文本中事件发生的时间以及这些事件之间的时序关系，引起了一个孪生问题——**时间表达式识别**（temporal expression recognition）问题和**时序分析**（temporal analysis）问题。时间表达式检测告诉我们示例文本中包含"Friday"和"Thursday"这两个时间表达式。时间表达式包括日期表达式，如一周中的几天、月份、节假日，等等；也可以是相对表达式，如短语"two days from now or next year"；也可以是钟表上的时间表达式，如"3：30 PM"和"noon"。

时序分析（temporal analysis）的总体问题就是将时间表达式映射到一个确定日期或一天中的某个时间上，然后使用这些信息建立事件的时序关系。它包含以下几个子任务：

- 确定时间表达式相对于锚定日期或锚定时间的关系，在新闻故事中通常就是确定故事发生的时间线；
- 找出时间表达式与文中事件的关联关系；
- 将事件按照完整一致的时间线排序。

在示例文本中，考虑与文章本身相关的日期栏，时间表达式"Friday"和"Thursday"应该被确定为锚定日期。我们还知道"Friday"指的是 United 发布通告的日期，"Thursday"指的是涨价生效的时间（即周四在周五之前）。最后，我们可以使用这些信息，构造一个时间线，表明 United 的公告紧随涨价行为，American 的公告则紧随前述两起事件。在任一项涉及意义的 NLP 应用中这类时序分析都非常有用，包括问答系统、自动摘要和对话系统。

最后，许多文本都描述了一些固定的场景，这些固定的场景在特定领域会以较高频率重复出现。**模板填充**（template filling）是找出描述这种场景发生的文档，并使用适当的语言单元完成填充模板的任务。这类槽填充可能由文本中直接抽取的文本段组成，或通过一些额外处理，从文本元素(一个本体的时间、数量、实体等)推断出来的概念组成。

本章的示例文本就是这种固定模式场景的一个例子，因为航空公司经常试图提高费用，然后观察竞争者是否跟风。在这种情况下，我们可以认为 United 是一家领头的航空公司，首先提高了价格，" $6"是涨价幅度，"Thursday"是涨价的生效时间，"American"则是一家跟风的航空公司。从原始的报道中归纳出一个如下的填充模板：

FARE-RAISE ATTEMPT:	LEAD AIRLINE:	UNITED AIRLINES
	AMOUNT:	$6
	EFFECTIVE DATE:	2006-10-26
	FOLLOWER:	AMERICAN AIRLINES

后面的章节将回顾目前在一般性新闻报道中上述每个问题的一些解决方法。在 22.5 节则将阐述在生物学文本中(运用这些方法)所出现的问题。

22.1　命名实体识别

多数信息抽取程序的首要任务都是检测和分类文本中的命名实体。我们简单地认为**命名实体**(named entity)是任何一个可以被专有名称指代的事物。**命名实体识别**(named entity recognitior)过程由两个任务结合而成，即找出构成专有名称的文本片段，并根据它们所指向的实体类别进行分类。

一般的面向新闻报道的命名实体识别系统主要关注人名、地名和机构名的识别。图 22.1 和图 22.2 列出了典型的命名实体类别以及各自的示例。专有程序有可能会关注其他类别的实体，包括商品、武器、工艺品，或如我们将在 22.5 节介绍的蛋白质、基因和其他的生物学实体。这些应用的共同之处在于都关注专有名称，专有名称在不同的语言和不同风格文本中出现的标识方式和特征，以及特定目标领域的特定实体类别集合。

类别	标签	对应实体类别
People	PER	individuals, fictional characters, small groups
Organization	ORG	companies, agencies, political parties, religious groups, sports teams
Location	LOC	physical extents, mountains, lakes, seas
Geo-Political Entity	GPE	countries, states, provinces, counties
Facility	FAC	bridges, buildings, airports
Vehicles	VEH	planes, trains and automobiles

图 22.1　一般命名实体类别列表，以及其对应实体的类别

类别	例子
People	*Turing* is often considered to be the father of modern computer science.
Organization	The *IPCC* said it is likely that future tropical cyclones will become more intense.
Location	The *Mt. Sanitas* loop hike begins at the base of *Sunshine Canyon*.
Geo-Political Entity	*Palo* Alto is looking at raising the fees for parking in the University Avenue district
Facility	Drivers were advised to consider either the *Tappan Zee Bridge* or the *Lincoln Tunnel*.
Vehicles	The updated *Mini Cooper* retains its charm and agility.

图 22.2　命名实体类别及示例

我们可以简单地认为名称会用一种不同于普通文本的方式标识。例如，如果我们正在处理标准英文文本，那么文本中出现的两个相邻首字母大写的单词就可能组成一个名字。另外，如果

他们有一个 Dr. 的前驱或是后面跟着一个 MD，那么我们非常有可能正在处理一个人名。相反地，如果前驱是 arrived in 或者后面跟有 NY，那么我们很可能在处理一个地名。注意这些名称的标识方式不仅包括专有名称，也包括其上下文。

命名实体的定义通常也会扩展到本身并不是实体的事物，如日期、时间、有名事件，以及其他种类的**时间表达式**（temporal expression）；还有尺寸、数量、价格和其他类别的**数值表达式**（numerical expression）。这种扩展仍然具有实际价值，而且这些实体也有特殊的标志标识。我们将在 22.3 节考虑其中的一些命名实体。

让我们再看一下已经做好命名实体标注的本章开始的示例文本（分别用 TIME 和 MONEY 标记时间和货币表达式）。

Citing high fuel prices, [$_{ORG}$ United Airlines] said [$_{TIME}$ Friday] it has increased fares by [$_{MONEY}$ \$6] per round trip on flights to some cities also served by lower-cost carriers. [$_{ORG}$ American Airlines], a unit of [$_{ORG}$ AMR Corp.], immediately matched the move, spokesman [$_{PERS}$ Tim Wagner] said. [$_{ORG}$ United], a unit of [$_{ORG}$ UAL Corp.], said the increase took effect [$_{TIME}$ Thursday] and applies to most routes where it competes against discount carriers, such as [$_{LOC}$ Chicago] to [$_{LOC}$ Dallas] and [$_{LOC}$ Denver] to [$_{LOC}$ San Francisco].

如上所示，这个文本包含 13 个命名实体提及，其中包括 5 个机构提及、4 个地点提及、2 个时间表达式、1 个人名和 1 个货币提及。5 个机构名提及对应 4 个不同的机构，因为 United 和 United Airlines 两个提及指向同一个实体。

22.1.1　命名实体识别中的歧义

命名实体识别系统须面对两类歧义。第一类歧义是同一个名称可以指向同一个类型的不同实体。例如，JFK 可以指代前总统，也可以指代他的儿子。这是一个基本的共指消解问题，这类问题的解决方法已经在第 21 章介绍。

第二种歧义是同一个名称可以指代完全不同类型的实体。例如，除了表示人名，JFK 还可以指代纽约的机场，或者美国的许多学校、桥梁和街道。图 22.3 和图 22.4 中给出了这种跨类别歧义的一些示例。

我们看到图 22.3 中的一些歧义完全是因为巧合而引起的。作为金融名和机构名的 IRA 之间是没有任何关系的，仅仅是因为它们恰巧可以从不同的源名称缩略而来（Individual Retirement Account 和 International Reading Association）。另一方面，作为机构名使用的 Washington 和 Downing St. 是 LOCATION-FOR-ORGANIZATION 类型的一种**转喻**（metonymy），如第 19 章讨论的。

名称	可能的类别
Washington	Person, Location, Political Entity, Organization, Facility
Downing St.	Location, Organization
IRA	Person, Organization, Monetary Instrument
Louis Vuitton	Person, Organization, Commercial Product

图 22.3　各种专有名称的常见类别歧义

[$_{PERS}$ Washington] was born into slavery on the farm of James Burroughs.
[$_{ORG}$ Washington] went up 2 games to 1 in the four – game series.
Blair arrived in [$_{LOC}$ Washington] for what may well be his last state visit.
In June, [$_{GPE}$ Washington] passed a primary seatbelt law.
The [$_{FAC}$ Washington] had proved to be a leaky ship, every passage I made...

图 22.4　名称 Washington 在使用中的类别歧义

22.1.2　基于序列标注的命名实体识别

命名实体识别的标准解决方法是逐词进行序列标注。标注的标签同时表示了边界和该命名实体的类别信息。从这个角度看，命名实体识别非常像基于短语的句法组块分析。实际上，命名实体识别的主流方法通常基于统计序列标注技术，与第 5 章介绍的词性标注和第 13 章介绍的分块句法分析所使用的方法相同。

在命名实体识别的序列标注方法中，需要训练一个分类器标注文本中的词，该分类器使用指示特定类别实体是否出现的标签。这种方法使用了与句法组块分析中相同的 IOB 编码方式。我们知道，在句法组块分析中，标记 I 用于表示词在一个块中，B 用于表示块的开始，而 O 表示块之外的词。试看下面的例句：

(22.1) [ORG American Airlines], a unit of [ORG AMR Corp.], immediately matched the move, spokesman [PERS Tim Wagner] said.

上句的括号表示法给我们标出了文本中命名实体的范围和类别。图 22.5 给出了一个标准的逐字 IOB-style 标注过程，表示了与上述例句同样的信息。与句法组块分析一样，这种编码方式下的标签集包括$(2 \times N) + 1$个标签，其中每个命名实体类别包含 2 个标签，外加一个标签 O 用于标注非命名实体词。

在将训练数据使用 IOB 标签编码之后，下一步就是选择一个与输入语句(即图 22.5 中每一个待标注词)相关联的特征集。这些特征应该可以合理地预测分类标签，同时易于从源文本中抽取。注意这些特征不仅基于待标注本身，也可以基于临近窗口中的文本特征。

图 22.6 列出了目前最好的命名实体识别系统所采用的标准特征。在之前词性标注和基于短语的句法组块分析中，我们已经见过了其中的很多特征。然而，有几个特征在命名实体识别中是非常重要的。**形态特征**(shape feature)包括常见的大写体、小写体和首字母大写，以及用于捕捉表达式更复杂模式的特征，如使用数字(A9)、包含标点符号(Yahoo!)以及非典型的交替大小写特征(eBay)。在针对英文新闻报道的命名实体识别系统中，事实证明形态特征起到了非常重要的作用。如同我们将在 22.5 节中所介绍的，形态特征对于在生物文本中的蛋白质名和基因名识别也起到了重要作用。图 22.7 描述了一些常见的形态特征取值。

包含在已有命名实体列表中(presence in a named entity list)是具备高度预测能力的特征。可以从公共资源或商业渠道获取各种各样事物名称的大量列表。地名的列表，称为**地名词典**(gazetteers)，包含数以百万计的各种地点，以及具体的地理、地址和政治信息[①]。美国人口普查局(United States Census Bureau)提供了大量名和姓的列表，均来源于美国的十年普查[②]。类似的公司名列表、商品列表和各种各样的生物和矿产名的列表都可以从许多来源获得。

单词	标签
American	B_ORG
Airlines	I_ORG
,	O
a	O
unit	O
of	O
AMR	B_ORG
Corp.	I_ORG
,	O
immediately	O
matched	O
the	O
move	O
,	O
spokesman	O
Tim	B_PERS
Wagner	I_PERS
said	O
.	O

图 22.5　IOB 编码

---

① www. geonames. org

② www. census. gov

命名实体列表特征一般通过一个二值向量表示，向量中每一位针对一个可用的名称列表。遗憾的是，这些列表难以创建和维护，而且列表的实用性极度依赖于命名实体的类别。一般地名词典非常有效，但广大的人名和机构名列表则效果有限（Mikheev et al., 1999）。

特　征	说　明
Lexical items	The token to be labeled
Stemmed lexical items	Stemmed version of the target token
Shape	The orthographic pattern of the target word
Character affixes	Character-level affixes of the target and surrounding words
Part of speech	Part of speech of the word
Syntactic chunk labels	Base-phrase chunk label
Gazetteer or name list	Presence of the word in one or more named entity lists
Predictive token(s)	Presence of predictive words in surrounding text
Bag of words/Bag of N-grams	Words and/or N-grams occurring in the surrounding context

图 22.6　训练命名实体识别系统时常用的特征

形　态	举　例
Lower	cummings
Capitalized	Washington
All caps	IRA
Mixed case	eBay
Capitalized character with period	H.
Ends in digit	A9
Contains hyphen	H-P

图 22.7　选择的形态特征

最后，上下文窗口中基于**预测词**和 N-grams 的特征通常也包含了丰富的信息。下面这些特征，包括前驱或尾随的头衔、尊称，或者其他的标记，如 Rev. ，MD 和 Inc. 的出现通常可以准确地预测实体的类别。与名称列表和地名词典不同，这些列表相对较短也较稳定，因此易于开发和维护。

无论是单独特征或是联合特征，其对于命名实体识别的相对有效性在很大程度上依赖于具体的应用、类型、媒体、语言和文本编码方式。例如，形态特征对于英文新闻报道中的实体识别起到关键作用，但在通过自动语音识别转换得到的文本中，或在博客或讨论版等非正规编辑场合的文本中，以及类似中文的不存在大小写格式的文字语言中，形态特征几乎没有任何作用。因此，图 22.6 给出的特征集仅仅是特定应用的出发点。

一旦合适的特征集被确定，这些特征就会从一个具有代表性的训练集中被抽取，并按适合于序列分类器训练的方式编码。编码这些特征的一种标准做法是简单地扩展前面的 IOB 模式，即增加更多的特征列。图 22.8 解释了增加词性标签、基于短语的分块句法分析标签和形态信息等特征之后的结果。

给定这样一个训练集之后，即可训练一个序列分类器对新的句子进行标注。在现有的词性标注和句法组块分析的基础上，这个问题可以映射为使用 HMM 或 MEMM 优化的马尔可夫风格（Markov-style）问题，如第 6 章所介绍，也可以映射为一个采用滑动窗口标注器的多向分类任务，如第 13 章所介绍。图 22.9 说明了这样一个序列标注器在标注 Corp. 时所进行的操作。如果我们假设上下文窗口包含两个前驱和尾随的词，那么这个分类器可用的特征如图 22.9 框内所示。图 22.10 则从整体上总结了如何使用序列标注方法，创建一个命名实体识别系统。

特　征				标　签
American	NNP	B_{NP}	cap	B_{ORG}
Airlines	NNPS	I_{NP}	cap	I_{ORG}
,	PUNC	O	punc	O
a	DT	B_{NP}	lower	O
unit	NN	I_{NP}	lower	O
of	IN	B_{PP}	lower	O
AMR	NNP	B_{NP}	upper	B_{ORG}
Corp.	NNP	I_{NP}	cap_punc	I_{ORG}
,	PUNC	O	punc	O
immediately	RB	B_{ADVP}	lower	O
matched	VBD	B_{VP}	lower	O
the	DT	B_{NP}	lower	O
move	NN	I_{NP}	lower	O
,	PUNC	O	punc	O
spokesman	NN	B_{NP}	lower	O
Tim	NNP	I_{NP}	cap	B_{PER}
Wagner	NNP	I_{NP}	cap	I_{PER}
said	VBD	B_{VP}	lower	O
.	PUNC	O	punc	O

图 22.8　命名实体识别中，简单的逐字特征编码

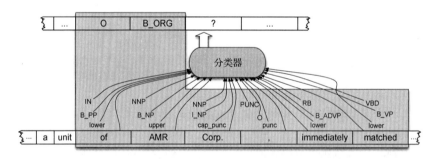

图 22.9　把命名实体识别看作序列标注。灰色框中的特征是供分类器在训练和分类时使用的特征

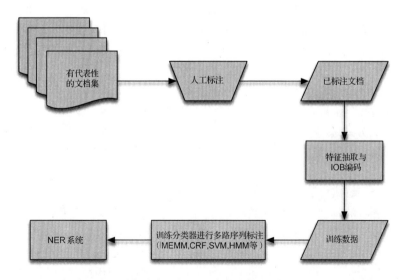

图 22.10　创建一个基于统计序列标注的命名实体识别系统所需要的基本步骤

22.1.3 命名实体识别的评价

第 13 章已介绍的**召回率**、**准确率**和 F_1 **Measure** 指标可用来评价 NER 系统。读者应该记得召回率是指系统的正确标注的实体占所有应标注实体的比例，正确率是指系统的正确标注实体占系统所有标注的实体的比例。F-measure (van Rijsbergen，1975) 提供了一种综合考虑上述两种指标的方法。其定义为：

$$F_\beta = \frac{(\beta^2 + 1)PR}{\beta^2 P + R} \qquad (22.2)$$

参数 β 可以根据具体应用的需要，用于调整正确率和召回率在指标中所占的比重。$\beta > 1$ 时倾向于召回率，$\beta < 1$ 时倾向于准确率，$\beta = 1$ 时，正确率和召回率是平衡的，有时把该值称为 $F_{\beta=1}$ 或 F_1：

$$F_1 = \frac{2PR}{P + R} \qquad (22.3)$$

与句法组块分析相同，区分开训练时使用的评价指标和应用时的指标至关重要。在应用时，召回率和准确率都用实际检测出的命名实体来评价。另一方面，在 IOB 编码模式中，学习算法尝试着在标注阶段进行优化。这两个级别的表现可能大大不同，因为在给定文本中，大多数标签都是在实体之外的，简单地标出标签 O 可以大大提高标签级的性能。

在最近的标准评测中，高性能系统在识别人名和地名时，F-measure 可以达到 0.92 左右，机构名可以达到 0.84 (Tjong Kim Sang and De Meulder，2003)。

22.1.4 实用 NER 架构

商用的 NER 系统通常是一个基于词典、规则和有监督的机器学习的实用组合 (Jackson and Moulinier，2002)。一个常用的方法就是在一段文本上多次扫描，允许前一次扫描的结果影响下一次扫描的判定。通常第一个步骤是采用规则的方法，该方法具有极高的准确率，但是召回率低。之后的步骤则采用错误驱动的统计方法，并把第一步的输出结果考虑进去。

1. 首先，使用高正确率的规则标注无歧义的实体提及；
2. 然后，基于字符串概率化匹配相似度，搜索能匹配之前检测出的名称的子字符串 (如第 19 章所述)；
3. 查看特殊领域的名称列表，确定该领域可能的命名实体提及；
4. 最后，应用概率序列标注技术，该技术使用前述步骤的标签作为额外的特征。

这种分阶段方法给人的直观感受是双重的。第一，文本中的一些命名实体提及会明显地被归为某一类命名实体，而非其他的类别。第二，一旦一个无歧义实体提及在文本中被提到，那么其后面的缩写形式就很可能指向同一个实体 (也是相同类别的实体)。

22.2 关系识别和分类

我们的下一个任务是识别文本中已检测出的实体之间所存在的关系。为了说明，我们再次回到已标注所有实体的航空公司例子中。

Citing high fuel prices, [ORG United Airlines] said [TIME Friday] it has increased fares by [MONEY $6] per round trip on flights to some cities also served by lower-cost carriers. [ORG American Airlines], a unit of [ORG AMR Corp.], immediately matched the move, spokesman [PERS Tim Wagner] said. [ORG United], a unit of [ORG UAL Corp.], said the increase took effect [TIME Thursday] and applies to most routes where it competes against discount carriers, such as [LOC Chicago] to [LOC Dallas] and [LOC Denver] to [LOC San Francisco].

这段文本表述了文中命名实体之间的一系列关系。如 Tim Wagner 是 American Airlines 的新闻发言人,United 是 UAL Corp. 的一个部门,American 是 AMR 的一个部门。这些都是二元关系,可以看成新闻报道中常见的更通用的关系,如**部分关系**(part-of)、**雇佣关系**(employs)的实例。图 22.11 列出了在最近标准评测中使用的通用关系种类①。我们还可以从例子中抽取一个包含航线的特定领域关系。例如,我们可以从例文中得知 United 有一条航线经过 Chicago, Dallas, Denver 和 San Francisco。

关　系		举　例	类　别
隶属关系			
	Personal	*married to*, *mother of*	PER → PER
	Organizational	*spokesman for*, *president of*	PER→ORG
	Artifactual	*owns*, *invented*, *produces*	(PER|ORG)→ART
空间关系			
	Proximity	*near*, *on outskirts*	LOC → LOC
	Directional	*southeast of*	LOC → LOC
部分关系			
	Organizational	*a unit of*, *parent of*	ORG → ORG
	Political	*annexed*, *acquired*	GPE → GPE

图 22.11　语义关系举例,以及其中命名实体的类别

这些关系很好地与第 17 章所介绍的模型理论概念相吻合,并形象地解释了其逻辑形式的意义。即一个关系由基于某领域元素的有序变量集组成。在大多数标准信息抽取应用中,领域元素对应文本中出现的命名实体,经过共指消解的潜在实体,或者是从一个领域本体中选出的实体。图 22.12 展现了从基于模型的角度可以从例文中抽取出来的实体和关系集。注意该模型理论的观点是如何包含 NER 任务的;命名实体识别对应于某类一元关系的识别。

22.2.1　用于关系分析的有监督学习方法

用于关系识别和分类的有监督机器学习方法遵循一个大家已经熟悉的模式。首先基于一个人工选择出来的关系集合,文本所有存在的关系被标注出来。这些标注过的文本会用于训练系统,同时系统被用于对新来文本进行类似的标注。这些标注可以指示两个关系角色的文本跨度,每个角色所起的作用,以及两者之间关系的类别。

解决这个问题的最直接方法是将其切分为两个子任务:首先检测两个实体之间是否存在关系,然后对已检测出的关系进行分类。在第一阶段,训练过的分类器被用来进行特定命名实体之间是否存在关系的二元判断。正样例可直接从标注语料中抽取,负样例则由出现在同一句话中,但未被标注关系的实体对生成。

---

① http://www.nist.gov/speech/tests/ace/

地域	$\mathscr{D} = \{a,b, c,d, e, f, g,h, i\}$
United, UAL, American Airlines, AMR	a,b, c,d
Tim Wagner	e
Chicago, Dallas, Denver, and San Francisco	f, g,h, i
分类	
United, UAL, American and AMR are organizations	$Org = \{a,b, c,d\}$
Tim Wagner is a person	$Pers = \{e\}$
Chicago, Dallas, Denver and San Francisco are places	$Loc = \{ f, g,h, i\}$
关系	
United is a unit of UAL	$PartOf = \{\langle a,b\rangle, \langle c,d\rangle\}$
American is a unit of AMR	
Tim Wagner works for American Airlines	$OrgAff = \{\langle c, e\rangle\}$
United serves Chicago, Dallas, Denver and San Francisco	$Serves = \{\langle a, f\rangle, \langle a,g\rangle, \langle a,h\rangle, \langle a, i\rangle\}$

图 22.12　从基于模型的角度看例文中的关系和实体

在第二阶段，训练过的分类器被用来标注实体对之间的关系。与第 6 章讨论的一样，可使用决策树、朴素贝叶斯或 MaxEnt 等技术直接处理多类标注。也可基于超平面切分的二元方法，如 SVM，采用一对多的分类策略来解决多类分类问题。采用这种方法需要训练一个分类器集合，其中每个分类器在训练时将某一标签当成正类别，将所有其他标签当成负类别。最终的分类过程为：将每个待标注的实例用所有分类器标注，然后从结果中选择最可信的分类，或者返回一个给出正分类结果的分类器打分排序。图 22.13 展示了对话文本中命名实体关系发现和分类的基本方法。

```
function FINDRELATIONS(words) returns relations

    relations ← nil
    entities ← FINDENTITIES(words)
    forall entity pairs ⟨e1, e2⟩ in entities do
        if RELATED?(e1, e2)
            relations ← relations + CLASSIFYRELATION(e1, e2)
```

图 22.13　查找并把分类文本中实体间的关系进行分类

与命名实体识别相同，该过程中最重要的步骤是确定哪些外在特征对于关系分类是有效的（Zhou et al., 2005）。第一个考虑的信息源是**命名实体本身的特征**（features of the named entities）：

- 两个候选参数的命名实体类别；
- 两个实体类别的拼接；
- 关系角色的头词；
- 每个关系角色的词袋子表示。

下一个特征集来源于文本中被分类的词。考虑以下可抽取有用特征的位置：两个候选参数之间的文本，第一个参数之前固定窗口内的词，第二个参数之后固定窗口内的词。给定这些位置后，以下是一些被证明有效的基于词的特征：

- 实体间文本的词袋和二元词袋；
- 上述特征的词干还原版本；
- 直接位于实体之前和之后的词及其词干；
- 两个参数之间的词间距；
- 两个参数之间的实体数量。

最后，句子的**句法结构**(syntactic structure)也可以标志实体之间存在的许多关系。下面的特征来源于多个层次的句法分析，包括基于短语的分块分析、依赖性分析和全成分分析。

- 在某成分结构中，一些特定结构的出现与否；
- 基于短语的组块分析路径；
- 组块的中心词词袋；
- 依存树路径；
- 成分树路径；
- 两个参数之间的树距离。

使用解析树的一种方法是构建用于检测某一特定句法结构是否存在的检测器，然后将二值特征与这些检测器关联。作为该方法的一个例子，考虑图 22.14 中的子图，它支配着 American 和 AMR Inc. 两个命名实体。支配这两个命名实体的 NP 结构称为一个同位语结构，通常与英语中的**"部分"关系**(part-of)或**"类属"关系**(a-kind-of)相联系。用来指示该结构是否出现的二值特征能对检测这些关系起到有效的作用。

这种特征抽取方法依赖于一定数量的先验语言学分析，以确定这些句法结构是否是有效预测某一类别的特征。另一个方法是自动地将树结构的各方面编码成特征值，并允许机器学习算法决定哪些值对哪些类别是有益的。一个简单有效的方法是采用树上的**句法路径**(syntactic path)。再次考虑之前讨论的支配 American Airlines 和 AMR Inc. 的那棵树，这些参数之间的句法关系可以根据从一个成分到另一个成分的横渡路径来描述：

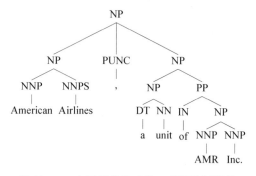

图 22.14　表示部分关系的一种同位语结构

$$NP \downarrow NP \downarrow NP \downarrow PP \downarrow NP$$

定义在句法依存树的以及基于短语组块分析之上的类似路径特征，也被证实是关系识别和分类的有效特征(Culotta and Sorensen, 2004；Bunescu and Mooney, 2005)。在第 20 章语义角色标注的上下文中，句法路径特征也是很有效的。

图 22.15 列举了将例文中 American Airlines 和 Tim Wagner 之间的关系分类时，会被抽取的一些特征。

基于实体特征	
Entity$_1$ type	ORG
Entity$_1$ head	*airlines*
Entity$_2$ type	PERS
Entity$_2$ head	Wagner
Concatenated types	ORGPERS
基于单词特征	
Between-entity bag of words	{ *a, unit, of, AMR, Inc., immediately, matched, the, move, spokesman* }
Word(s) before Entity$_1$	NONE
Word(s) after Entity$_2$	*said*
句法特征	
Constituent path	NP $\uparrow$ NP $\uparrow$ S $\uparrow$ S $\downarrow$ NP
Base syntactic chunk path	NP→NP→PP→NP→VP→NP→NP
Typed-dependency path	*Airlines* $\leftarrow_{subj}$ *matched* $\leftarrow_{comp}$ *said* $\rightarrow_{subj}$ *Wagner*

图 22.15　将 < American Airlines, Tim Wagner > 之间关系分类时抽取的特征

22.2.2 用于关系分析的弱监督学习方法

有监督机器学习方法建立在我们已有可直接使用的大规模已标注语料来训练分类器的假设之上。遗憾的是，这个假设在很多情况下并不符合实际情况。在不使用大规模标注语料的条件下，一个简单的关系抽取方法是使用正则表达式来匹配可能包含我们感兴趣关系表达式的文本段。

考虑如下问题：建立一个包含所有多个航空公司使用的航空枢纽城市的表格。假设我们能够使用包含通配符的短语查询来搜索某些搜索引擎，我们可能会尝试构造下面这样的查询：

```
/ * has a hub at * /
```

访问一定数量的语料之后，这个搜索会产生大量正确的答案。在最近的 Google 中使用这个模板进行搜索得到的返回结果中有如下几个相关的句子。

(22.4) Milwaukee-based Midwest has a hub at KCI.

(22.5) Delta has a hub at LaGuardia.

(22.6) Bulgaria Air has a hub at Sofia Airport, as does Hemus Air.

(22.7) American Airlines has a hub at the San Juan airport.

当然，这类模式可能会以第 2 章中介绍的两种方式失败：找到不符合查询意图的事物，或者找不到所有符合查询意图的事物。作为第一类错误的例子，下面的句子也包含在上述的返回结果中。

(22.8) airline j has a hub at airport k.

(22.9) The catheter has a hub at the proximal end

(22.10) A star topology often has a hub at its center.

我们可以通过构造更特殊的模式来解决这类错误。这种情况下，将不严格的通配符替换为命名实体类别的限制，将会得到这样一个查询：

```
/[ORG] has a hub at [LOC] /
```

第二个问题是指我们无法知道是否已经找到所有航空公司的所有枢纽，因为我们已经将意图限制为一个特殊的模式。考虑下述同样意思但是被我们的模式错过的表述：

(22.11) No frills rival easyJet, which has established a hub at Liverpool...

(22.12) Ryanair also has a continental hub at Charleroi airport (Belgium).

因为这些例子包含较小的变化，导致他们无法匹配原始的模式，使得这些例子都被忽略了。有两种方法可以解决该问题。第一种方法是泛化模式，使其能够捕获包含我们所需信息的表达式。我们可以通过松弛模式，允许其匹配忽略了部分文本的结果。当然，这类方法可能会引入更多我们在第一阶段希望通过模式具体化来排除的不正确结果。

其次，更有效的解决方案是扩展我们的高正确率模式的集合。在一个大规模且离散度较高的文档集合上，一个模式的扩展集合应该会获取更多我们所需的信息。得到这些额外模式的一种方法是，只需要一些具备领域知识的专家，构造更多的具有更高覆盖率的模式。另一种更有趣的自动化方法是使用较小集合的**种子模式**(seed patterns)进行搜索，再从结果结合中使用**自举技术**(bootstrapping)引入新模式。

为了查看该方法如何工作，我们假设已经发现 Ryanair 有一个枢纽设在 Charleroi。我们可以使用这个事实，通过从语料中查找该关系的其他提及来发掘新模式。最简单的方法是在临近的文档中查找词 Ryanair，Charleroi 和 hub。下面是从 Google News 最近的一个查询中挑选的部分结果。

（22.13）Budget airline Ryanair, which uses Charleroi as a hub, scrapped all weekend flights out of the airport.

（22.14）All flights in and out of Ryanair's Belgian hub at Charleroi airport were grounded on Friday …

（22.15）A spokesman at Charleroi, a main hub for Ryanair, estimated that 8000 passengers had already been affected.

从这些结果中，我们可以抽取下面这样的模式，以在合适的位置找出多种类型相关的命名实体。

```
/[ORG], which uses [LOC] as a hub /
/[ORG]'s hub at [LOC] /
/[LOC] a main hub for [ORG] /
```

之后，这些新的模式就可以用来搜索新的关系元组。

图 22.16 描述了自举方法的整个过程。该图表现了模式和种子的对偶性，该流程既可以从较小的**种子元组**(seed tuples)集开始，也可以从较小的**种子模式**(seed patterns)集开始。这类基于自举和基于模式的关系抽取方法与第 20 章介绍的词汇上下位关系和部分整体关系的抽取方法紧密相关。

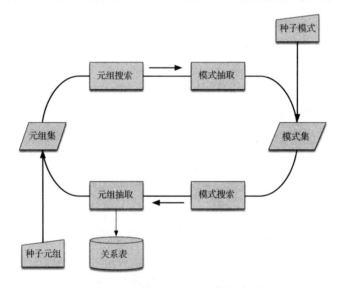

图 22.16　基于模式和基于自举的关系抽取

当然，为了实现该方法，还有许多的技术细节需要解决。下面就是其中的一些关键问题：

- 搜索模式的表示；
- 评价已发现模式的准确性和覆盖率；
- 评价已发现关系元组的可靠性。

模式的表示通常要包含以下 4 个要素：

- 第一个实体提及之前的上下文；
- 两个实体提及之间的上下文；
- 第二个实体提及之后的上下文；
- 模式中参数的顺序。

上下文既可以表示为正则表达式，也可以表示为与之前描述的机器学习方法相近的特征向量。上述表示方式都可以定义于字符串、单词，或是句法和语义结构之上。一般来说，正则表达式方法更加特定，能够产生高正确率的结果；而基于特征的方法，则更可能忽略那些潜在的不重要的上下文元素。

我们的下一个问题是如何评价新发现模式和元组的可靠性呢？通常我们无法得到标注正确答案的语料。因此我们必须基于初始模式集合和/或种子集的准确性来进行评测，同时我们还必须确保在学习新模式和新元组时，不会出现重大的**语义漂移**（semantic drift）。语义漂移发生在一个错误的模式引入一个错误的元组时，反之亦然。

考虑下面这个例子：

(22.16) Sydney has a ferry hub at Circular Quay.

如果将该句子当作正例，这个表达式将引入元组〈*Sydney*, *Circular Quay*〉。基于该元组的模式会传播更多错误到数据库中。

在评价一个新的模式时，有两个因素需要平衡：模式相对当前元组集而言的性能，以及模式在文档集中的生产率，也就是匹配元组的数量。更真实的，给定文档集合 $\mathscr{D}$、当前元组集 T、一个提出的模式 p，我们需要追踪三个要素：

- *hits*：模式 p 在文档集 $\mathscr{D}$ 中可匹配到的元组集 T 的元组集合
- *misses*：模式 p 在文档集 $\mathscr{D}$ 中没有匹配到的元组集 T 的元组集合；
- *finds*：文档集 $\mathscr{D}$ 中所有匹配模式 p 的元组集合。

下面的等式权衡了这几个因素（Riloff and Jones，1999）：

$$\text{Conf}_{\text{R}\log F}(p) = \frac{\text{hits}_p}{\text{hits}_p + \text{misses}_p} \times \log(\text{finds}_p) \tag{22.17}$$

为了将这个度量当成概率来有效使用，我们需要将其归一化。一个简单的方法是在开发集上追踪置信度的范围，然后除以一个之前观察到的最大置信度（Agichtein and Gravano，2000）。

当评价一个新元组的置信度的时候，我们可以综合所有在 $\mathscr{D}$ 匹配该元组的模式 P' 的支撑证据（Agichtein and Gravano，2000）。结合这些证据的一种办法是 **noisy-or** 技术。假设给定的一个元组有 P 的一个子模式集支持，每个模式都按照上述方法估计了其置信度。在 noisy-or 模型中，我们设置了两个基本假设。第一，对于一个错误的新元组，所有支持它的模式都必须是错的；第二，每个个体错误的来源都是完全独立的。如果我们将置信度宽泛的看为概率，那么任意一个模式 p 失败的概率为 $1 - \text{Conf}(p)$；支持一个元组的所有模式都错误的概率为每个模式失败概率的乘积，这样我们就可以得到一个新的元组的置信度为：

$$\text{Conf}(t) = 1 - \prod_{p \in P'} 1 - \text{Conf}(p) \tag{22.18}$$

与 noisy-or 模型结合的独立性假设实际上是非常牢固的。如果模式的失败方式不独立，那么这个方法就会过高估计该元组的置信度。这类过高估计可以通过设置很高的新元组接受阈值来弥补。

有了这些度量，我们就可以随着自举方法的迭代，动态地评价新元组和新模式的置信度。为防止系统找到与目标关系偏离的关系，我们可以为新模式和新元组设置一个保守的接受阈值。

尽管没有针对这种信息抽取的公认的标准评价方法，但是这项技术已经被认为是一种能从如最普遍的 Web 资源这样的开放源语料中快速构建关系表的实用方法（Etzioni et al.，2005）。

22.2.3　关系分析系统的评价

有两种不同的方法可评价关系识别系统。第一种方法关注在给定文本中系统识别并分类所有关系提及的表现。这种方法在手动标注了标准关系的测试集上，使用带标签的和无标签的召回率、正确率和 F-measure 来评价系统的性能。带标签的正确率和召回率要求系统能够正确地将关系分类，而无标签方法只衡量系统是否能够检测出关联的实体。

第二种方法只关注从文本中抽取的元组，而不是关系的提及。在这种方法中，系统不需要检测关系的每一个提及是否被正确评分。取而代之的是，最终的评价仅仅基于系统结束时数据库中的元组集合。也就是，我们想知道系统是否能发现 Ryanair 有一个枢纽在 Charleroi，而不关心它出现了多少次。

这种方法通常用于评价最后一节所讨论的无监督方法。在这些评价中，人工分析专家仅仅检测系统产生的元组集。正确率也就是人类专家判断出的正确元组在所有已识别元组中所占的比例。

这种方法的召回率仍然是一个问题。从一个大规模集合，如 Web 中手动搜索所有能抽取的关系，显然代价是非常高的。一个解决办法是在多个正确率点上计算召回率，如第 23 章所介绍的(Etzioni et al., 2005)。当然，这并不是真正的召回率，因为我们是在已发现的正确元组数目上计算，而不是在理论上可以从文本中抽取的元组数目上计算。

另一种可能性是针对某问题已有提供了大量正确答案的资源，这样我们可以使用这些资源评价该问题的召回率。这样的例子包括面向地点事实的地名词典，关于电影事实的网络电影数据库(Internet Movie Database, IMDB)，或者关于书籍的 Amazon 网站。使用这种方法的问题是，召回率是在数据库的基础上计算的，而数据库可能远比关系抽取系统所使用的文本集宽泛。

22.3　时间和事件处理

目前为止我们抽取的都是关于实体以及实体之间关系的信息。然而，在大多数文本中，引进实体的目的是为了描述他们所参与的事件。找出和分析文本中的事件，并判断它们之间的时序关系，对于抽取文本内容的完整图景是至关重要的。这种时间信息在问答系统和摘要系统等应用中尤为重要。

在问答系统中，一个系统是否找到正确答案，可能会依赖于从问题和可能的答案文本中抽取的时序关系。例如，考虑下面这个问题和可能的答案文本。

When did airlines as a group last raise fares?

　　Last week, Delta boosted thousands of fares by ＄10 per round trip, and most big network rivals immediately matched the increase. ("Dateline" 7/2/2007).

这个片段确实提供了该问题的一个答案，但是抽取该答案要求根据锚文本 last week 进行推理，然后将这个时间关联到涨价事件，最后将启动事件的时间与之关联。

后续的章节将介绍一些方法，用于识别时间表达式，判断这些表达式所指代的时间、检测事件，并将时间与事件相关联。

22.3.1　时间表达式的识别

时间表达式是指向绝对时间点、相对时间、时段，或者它们的集合的表达式。**绝对时间表达式**(absolute temporal expression)是可以直接映射到日历日期、在一天中的时间，或者二者都映射到的表达式。**相对时间表达式**(relative temporal expression)通过其他的参考时间点(如 a week from last Tuesday)指向特定的时间。最后，**时段**(duration)是指在不同粒度等级上(秒、分钟、天、星期、世纪等)的时间跨度。图 22.17 列出了每类时间表达式的一些示例。

绝 对 时 间	相 对 时 间	时 段
April 24, 1916	yesterday	four hours
The summer of '77	next semester	three weeks
10:15 AM	two weeks from yesterday	six days
The 3rd quarter of 2006	last quarter	the last three quarters

图 22.17 绝对时间表达式、相对时间表达式和时段表达式的示例

从语句构造上看，时间表达式以表示时间的词汇触发词作为其中心词。在使用最广泛的标注方案中，**词汇触发词**（lexical triggers）可以是名词、专有名词、形容词和副词；完整的时间表达式由这些词汇的短语搭配组成：名词短语、形容词短语和副词短语。图 22.18 给出了这几类词汇触发器的一些示例。

类　　别	例　　子
Noun	*morning*, *noon*, *night*, *winter*, *dusk*, *dawn*
Proper Noun	*January*, *Monday*, *Ides*, *Easter*, *Rosh Hashana*, *Ramadan*, *Tet*
Adjective	*recent*, *past*, *annual*, *former*
Adverb	*hourly*, *daily*, *monthly*, *yearly*

图 22.18 时间词汇触发器的示例

使用最广泛的标注方案源于 TIDES 标准（Ferro et al., 2005）。本节介绍的方法基于 TimeML 的成果（Pustejovsky et al., 2005）。TimeML 提供了用于标注时间表达式的 XML 标签、TIMEX3 以及对应标签的大量属性。下面的例子解释了这种方案的基本用法（忽略了 22.3.2 节介绍的属性）。

A fare increase initiated < TIMEX3 > last week < /TIMEX3 > by UAL Corp's United Airlines was matched by competitors over < TIMEX3 > the weekend < /TIMEX3 > , marking the second successful fare increase in < TIMEX3 > two weeks < /TIMEX2 > .

时间表达式识别的目的是找出所有时间表达式文本段的开始和结束位置。尽管英语中有无数方法可用于构造时间表达式，但在实际情况下，时间触发词的集合是固定的，用于生成时间短语的集合也非常有规律。这些事实表明，我们已研究的任意一种查找和分类文本片段的主流方法都应该有效。以下是在最近的评测中取得成功的三种方法：

- 基于规则的系统，基于部分句法分析或组块分析；
- 统计序列分类器，基于标准的逐词 IOB 标注；
- 基于成分的分类法，与语义角色标注中使用的方法一样。

基于规则（rule-based approache）的时间表达式识别方法使用串联式的自动机，识别复杂度逐渐增长的模式。因为时间表达式被限制在一个固定的标准句法类型集合内，大多数系统使用基于模式的方法识别句法块。即，首先标注词性，然后从逐步使用之前步骤的结果来识别越来越大的句法块。与常见部分句法分析唯一的不同之处在于，时间表达式必须包含时间触发词。所以，模式必须包含特殊的触发词（如 February）或表示类别的模式（如 MONTH）。图 22.19 用一段具有代表性的基于规则的 Perl 程序片段阐述了这种方法。

序列标注的方法（sequence-labeling approaches）遵从第 13 章介绍的用于句法组块分析的方案。与 TIMEX3 标签界定一样，三个标签 I、O 和 B 被用来标注词是在时间表达式的内部、外部还是在时间表达式的开始。按照这种方案，我们目前的例子被标注为下面这样：

A fare increase initiated last week by UAL Corp's …
O   O   O   O   B   I   O   O   O

如预料的一样，特征首先从待标注词的上下文中抽取，然后这些特征被用来训练一个统计序列标注器。与句法组块分析和命名实体识别一样，任一常用的统计序列标注方法都可以使用。图 22.20 列出了基于机器学习的标注方法使用的标准特征。

```
# yesterday/today/tomorrow
$string =~ s/(($OT+(early|earlier|later?)$CT+\s+)?(($OT+the$CT+\s+)?$OT+day$CT+\s+
$OT+(before|after)$CT+\s+)?$OT+$TERelDayExpr$CT+(\s+$OT+(morning|afternoon|evening|night)
$CT+)?)/<TIMEX2 TYPE=\"DATE\">$1<\/TIMEX2>/gio;

$string =~ s/($OT+\w+$CT+\s+)
<TIMEX2 TYPE=\"DATE\"[^>]*>($OT+(Today|Tonight)$CT+)<\/TIMEX2>/$1$2/gso;

# this/that (morning/afternoon/evening/night)
$string =~ s/(($OT+(early|earlier|later?)$CT+\s+)?$OT+(this|that|every|the$CT+\s+
$OT+(next|previous|following))$CT+\s*$OT+(morning|afternoon|evening|night)
$CT+(\s+$OT+thereafter$CT+)?)/<TIMEX2 TYPE=\"DATE\">$1<\/TIMEX2>/gosi;
```

图 22.19　MITRE's TempEx 时间标注系统中的 Perl 代码片段

特　　征	注　　释
Token	The target token to be labeled
Tokens in window	Bag of tokens in the window around a target
Shape	Character shape features
POS	Parts of speech of target and window words
Chunk tags	Base-phrase chunk tag for target and words in a window
Lexical triggers	Presence in a list of temporal terms

图 22.20　训练 IOB-Style 的时间表达式标注器时使用的典型特征

　　基于成分(constituent-based approaches)的时间表达式识别方法，结合了句法组块分析和逐词标注。在这个方法中，一个完整的成分分析会通过自动的方法产生。然后根据是否包含时间表达式，对结果树中的结点逐个分类。这项任务使用训练好的二元分类器完成，分类器在训练时使用已标注的训练数据，并使用训练 IOB-style 模型相同的许多特征。该方法在句法分析时完成切分问题，从而可将分类问题与切分问题分离开来。由于在目前可用的训练语料里，时间表达式被限定为一个固定的句法类别集合中的句法成分，所以使用句法分析器解决切分问题也是合理的。

　　在标准评测中，时间表达式识别器使用常见的召回率、准确率和 *F*-measure 来评价。在最近的评测中，基于规则和基于统计的方法达到了几乎相同的性能，最好的系统在严格的、精确匹配的标准下，*F*-measure 达到 0.87 左右。而使用较为宽松的标准，只需要与标准答案中时间表达式部分匹配时，最好系统的 *F*-measure 达到 0.94。[①]

　　这几种方法最大的难点就是如何达到合理的覆盖率，如何正确识别出时间表达式的范围，如何处理触发器误判的表达式。误判问题是因为将时间触发词当作专有名词的一部分使用时引起的。例如，下面的几个例子使用基于规则或基于统计的标注器都会造成误判问题。

(22.19) 1984 tells the story of Winston Smith and his degradation by the totalitarian state in which
　　　　 he lives.

---

① http：//www.nist.gov/speech/tests/ace/

（22.20）Edge is set to join Bono onstage to perform U2's classic *Sunday* Bloody *Sunday*.

（22.21）Black *September* tried to detonate three car bombs in New York City in March 1973.

22.3.2　时间的归一化

识别时间表达式的任务通常需要进行进一步的归一化任务。**时间的归一化**（temporal normalization）指将时间表达式映射到某一特定的时间点或时间段的任务。时间点对应日历日期、一天中的某一时刻或二者都对应。时段主要是由一段时间组成，但是当提供了相关信息时，也包含时段的开始点和结束点。

时间表达式的归一化表示被捕捉为一个 VALUE 属性，该属性来自于用于编码时间值的 ISO 8601 标准（ISO8601，2004）。为了解释这个方案的某些方面，我们回到之前的例子，添加 VALUE 属性之后，新产生的结果如图 22.21 所示。

```
<TIMEX3 id=t1 type="DATE" value="2007-07-02" functionInDocument="CREATION_TIME">
July 2, 2007 </TIMEX3>  A fare increase initiated <TIMEX3 id="t2" type="DATE"
value="2007-W26"  anchorTimeID="t1">last week</TIMEX3> by UAL Corp's United  Airlines was
matched by competitors over <TIMEX3 id="t3" type="DURATION" value="P1WE"
anchorTimeID="t1"> the weekend </TIMEX3>, marking the second successful fare increase in
<TIMEX3 id="t4" type="DURATION"  value="P2W" anchorTimeID="t1"> two weeks </TIMEX3>.
```

图 22.21　TimeML 标注，包含时间表达式的归一化值

这段文本中的日期栏（或文档日期）是 July 2，2007。对于这种表达式，按照 ISO 标准的表示方法 YYYY-MM-DD，应该表示为 2007-07-02。示例文本中的所有时间表达式都遵从这个日期的编码方式，也都被表示为 VALUE 属性值。让我们依次考察每个时间表达式。

文本中第一个时间表达式指一年中的某一周。在 ISO 标准里，周从 01 到 53 依次编号，一年中的第一周指当年包含第一个周二的那一周。表示周的模板为 YYYY-Wnn。ISO 标准下，我们文档中的周为第 27 周，所有 last week 的值应表示为 2007-W26。

下一个时间表达式为 the weekend。ISO 标准里，每周从周一开始，所以，周末发生在每周的最后一天，且完整地包含在单独的一周内。周末被理解为一个时段，所以 VALUE 属性值是一个长度。时段根据模式 Pnx 表示，n 是一个整数，指示长度，x 表示单位，例如，P3Y 表示三年，P2D 表示两天。在这个例子中，一个周末表示为 P1WE。在这个例子中，还有充足的信息将这个周末标成某一特定周的锚点。这些信息被编码进 ANCHORTIMEID 属性。最后，短语 two weeks 也指代一个时段，表示为 P2W。

ISO 8601 标准的内容有很多，时间的标注标准也多种多样，在这里不再一一介绍。图 22.22 描述了其他一些表示时间或时段的基本方法。更多的细节请查阅 Consult ISO8601（2004），Ferro et al.（2005）和 Pustejovsky et al.（2005）。

单　位	模　式	示　例
Fully specified dates	YYYY-MM-DD	1991-09-28
Weeks	YYYY-nnW	2007-27W
Weekends	PnWE	P1WE
24 hour clock times	HH:MM:SS	11:13:45
Dates and times	YYYY-MM-DDTHH:MM:SS	1991-09-28T11:00:00
Financial quarters	Qn	1999-3Q

图 22.22　表示各种时间和时段的 ISO 模式示例

目前大部分时间归一化方法都是基于规则的，结合了语义分析程序和匹配特定时间表达式的模式。这是第 18 章介绍的组合规则到规则在特定领域的一个应用实例。在这个方法里，一个成分的意义由其部件的意义计算而来，用于计算意义的方法又特定于被构造的成分。这里唯一的不同就是，语义构造的规则包括简单的时间运算，而不是 λ 演算附着。

为了归一化时间表达式，我们需要以下四类表达式的规则：

- 完全确定的时间表达式
- 绝对时间表达式
- 相对时间表达式
- 时段

完全确定的时间表达式（fully qualified date expressions）包括常规格式的年、月、日。表达式里的特定时间单位必须被检测出来，然后放置在相应 ISO 模式的正确位置上。下面的模式对 *April* 24 , 1916 这样的完全确定的时间表达式进行归一化。

$$\text{FQTE} \rightarrow \text{Month Date , Year} \qquad \{ Year.\,val \ - \ Month.\,val \ - \ Date.\,val \}$$

在这个规则中，非终止符 Month, Date 和 Year 表示已识别并标注语义值，可通过 *.val 标号访问的成分。这些 FQE 成分的值，在进一步的处理中，可以反过来通过 FQTE.val 访问。

完全确定的时间表达式在实际文本中几乎不存在。新闻报道中的大多数时间表达式并不完整，只是隐式的表达，通常相对于该报道的标题时间给出，我们称之为该报道的**时间锚**（temporal anchor）。相对简单的时间表达式的值，如 today，yesterday 或 tomorrow，都可以参照锚时间计算出来。Today 的语义过程直接赋值为锚时间，而 tomorrow 和 yesterday 分别在锚时间的基础上加一天或减一天。当然，由于月、周、日和一天中的时间表示的循环性，我们的时间运算程序必须使用关于时间单位的模数运算。

遗憾的是，即使是简单的表达式，如 the weekend 和 Wednesday，都会引入很高的复杂度。在这个例子中，the weekend 明确地指代文档日期前一周的周末。但实际情况并不总是如此，请看下面这个句子。

(22. 22) Random security checks that began yesterday at Sky Harbor will continue at least through the weekend.

在这里，表达式 last weekend 指锚点日期所在周的周末（即下一个周末）。给出该意义的信号来自于 continue 的时态，这个动词支配着 the weekend。

相对时间表达式采用类似于 today 和 yesterday 使用的时间运算程序得到。为了阐释该计算过程，我们来考察例子中的表达式 the weekend。从文档日期中，我们可以判断该文档发表于 ISO 标准的 27 周，所以 last week 的值就是当前周减去 1。

同样的，英语中即使是这么简单的结构也可能存在歧义。解析包含 next 和 last 的表达式时，必须考虑从锚点时间到最近讨论中的时间单位的距离。例如，短语 next Friday 既可以指下一个周五，也可以指下周的周五。决定因素与邻近的参考时间有关。文档日期越接近周五，则短语 next Friday 越可能略过最近的周五。消解这样的歧义需要将语言和特定领域的启发式规则编码为时间附着。

将高度特殊的时间过程与特定时间结构关联的需要，解释了基于规则的方法在时间表达式识别领域得到广泛应用的原因。尽管高性能统计方法被用于时间表达式识别，基于规则的模式依然被用来做时间归一化。尽管这些模式的结构可能是冗长乏味且充满意外的，但是似乎可以很快地创建能在新闻报道领域提供较高覆盖率的模式集（Ahn et al., 2005）。

最后,许多时间表达式都参照文本中的特定事件提及,而不是直接参照其他的时间表达式。如下面的例子:

(22.23) One week after the storm, JetBlue issued its customer bill of rights.

为判断 JetBlue 何时发布顾客权益清单,我们需要判断事件 the storm 的时间,然后利用表达式 one week after 修改这个时间。等下一节介绍事件检测时,我们再看这个问题。

22.3.3　事件检测和分析

事件检测和分类(event detection and classification) 任务的目的是识别出文本中的事件提及,并将这些事件划分到某一类别。在该任务中,事件提及是指任意一个指代某一事件的表达式,或指代该事件在某一时间点或时间段时状态的表达式。对本章开始的示例文本标注后,就可以看到文本中的所有事件,如下所示:

[EVENT Citing] high fuel prices, United Airlines [EVENT said] Friday it has [EVENT increased] fares by $6 per round trip on flights to some cities also served by lower-cost carriers. American Airlines, a unit of AMR Corp., immediately [EVENT matched] [EVENT the move], spokesman Tim Wagner [EVENT said]. United, a unit of UAL Corp., [EVENT said] [EVENT the increase] took effect Thursday and [EVENT applies] to most routes where it [EVENT competes] against discount carriers, such as Chicago to Dallas and Denver to San Francisco.

在英语里,大部分事件提及对应着动词,而大多数动词也对应着事件。然而,如我们在例子中所见,对应关系并非是绝对的。事件也可通过名词短语引入,如 the move 和 the increase,而一些动词则没有引入事件,如动词短语 took effect,它指代事件什么时候开始,而不是事件本身。类似地,轻动词如 make、take 和 have,常常不指示事件。在这些情况下,动词仅仅为直接宾语表示的事件提供了一个语法结构,如 took a flight。

基于规则和统计机器学习的方法都已经用于事件检测问题。这两种方法使用了表层信息,如词性信息、特殊词汇的出现、动词时态信息。图 22.23 列举了目前事件检测和分类系统中使用的主要特征。

在文本中的事件和时间表达式都被检测出来之后,下一步的工作是利用这些信息把事件放进合适的完整时间表里。这样的时间表对于问答系统和自动摘要系统可能有用。这项富有挑战的任务是目前很多研究的目标,但是又超出了当前系统的能力。

特　　征	说　　明
Character affixes	Character – level prefixes and suffixes of target word
Nominalization suffix	Character level suffixes for nominalizations (eg. – tion)
Part of speech	Part of speech of the target word
Light verb	Binary feature indicating that the target is governed by a light verb
Subject syntactic category	Syntactic category of the subject of the sentence
Morphological stem	Stemmed version of the target word
Verb root	Root form of the verb basis for a nominalization
WordNet hypernyms	Hypernym set for the target

图 22.23　基于规则和统计的事件检测方法中常用的特征

一项稍微简单但是依然有效的任务,是为文本中的事件和时间表达式加上部分顺序。这个顺序可以起到很多与真正时间表相同的作用。在我们的示例文本中就有这样一个例子,用于判定 American Airlines 的涨价行为发生在 United 涨价行为之后。判定这样的顺序与 22.2 节介绍的
二元关系识别和分类任务类似。

针对这个问题,目前的方法都试图去识别 Allen 的 13 种时间关系的一个子集,Allen 的 13 种
时间关系在第 17 章已作讨论,图 22.24 也有说明。最近的评测主要集中于从文本中的时间表达
式、文档日期和事件提及里检测 before, after 和 during 关系(Verhagen et al., 2007)。大多数性能
最高的系统使用的都是 22.2 节介绍的统计分类器,该分类器在 TimeBank 语料库上训练而来
(Pustejovsky et al., 2003b)。

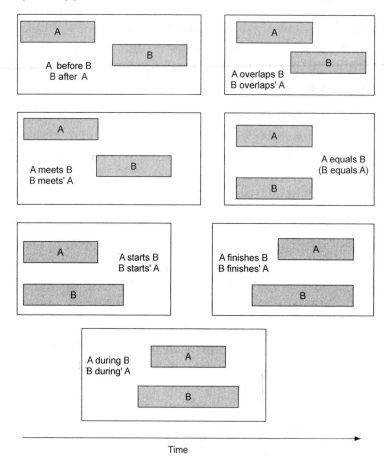

图 22.24　Allen 的 13 种可能的时间表达式

22.3.4　TimeBank

和在其他任务中所见一样,标注我们感兴趣的类别和关系的文本是极为有用的。这些资源
使基于语料库的语言学研究和自动标注系统的训练变得更加容易。TimeBank 语料库由标注了本
节所介绍的大部分信息的文本组成(Pustejovsky et al., 2003b)。目前发行版(TimeBank 1.2)的语
料库由 183 篇新闻报道组成,这些报道从各类资源收集而来,其中有 Penn TreeBank 和 PropBank
集合。

TimeBank 语料库中的每篇文档都通过 TimeML 标注方式显式地标注出了其中的时间表达式
和时间提及(Pustejovsky et al., 2003a)。除了时间表达式和事件,TimeML 标注还提供了事件和
时间表达式之间的时间链接,以明确二者之间的关系信息。考虑下面选自 TimeBank 中的某篇文
章的例句,以及在图 22.25 中对应的标注。

（22.24）Delta Air Lines soared 33% to a record in the fiscal first quarter, bucking the industry trend toward declining profits.

```
<TIMEX3 tid=''t57'' type="DATE" value="1989-10-26"
functionInDocument="CREATION_TIME"> 10/26/89   </TIMEX3>

Delta Air Lines earnings <EVENT eid="e1" class="OCCURRENCE"> soared </EVENT>
33\% to a record in  <TIMEX3 tid="t58" type="DATE" value="1989-Q1" anchorTimeID="t57">
the fiscal first quarter </TIMEX3>, <EVENT eid="e3"  class="OCCURRENCE">bucking</EVENT>
the industry trend toward <EVENT eid="e4" class="OCCURRENCE">declining</EVENT> profits.
```

图 22.25　TimeBank 语料库的例句

在标注中，这个文本包含三个事件和两个时间表达式。事件都是 occurrence 类别，并给定了唯一标识以便后续处理。时间表达式包含文章的创建时间作为文档时间，以及文档中的一句单独的时间表达式。

除了这些标注，TimeBank 提供了 4 种链接，以表示文本中事件和时间的关系。下面就是为该例句标注的句子内部的时间关系：

- soaring$_{e1}$ 在 fiscal first quarter$_{t58}$ 之中
- soaring$_{e1}$ 在 1989-10-26$_{t57}$ 之前
- soaring$_{e1}$ 与 bucking$_{e3}$ 是同时的
- declining$_{e4}$ 包含 soaring$_{e1}$

TimeBank 使用的 13 种时间关系集合基于 Allen 的 13 种关系(1984)，如图 22.24 所介绍。

22.4　模板填充

许多文本包含特定事件或系列事件的报道，这些报道实际上通常对应着一些相当普遍的、固定的形式。这些抽象的形式可以描述为**脚本**(scripts)，脚本里有子事件、参与者、角色和道具的原型序列(Schank and Abelson, 1977)。在语言处理中，这些显式表示的脚本可以帮助解决许多前面讨论的信息抽取问题。特别地，这些脚本带来的强烈期望可以使实体分类、分配实体角色和关系变得更加简单，最关键的是，帮助得到可填补未显式说明内容的推理结论。

在最简单的形式里，脚本可以表示为**模板**(templates)，由固定的**槽**(slots)集合组成，这些槽使用属于特定类别的值进行**槽填充**(slot-fillers)。**模板填充**(template filling)就是找出包含特定脚本内容的文档，然后用从文本中抽取的填充物，填充相关模板的槽的任务。这些槽填充可能由直接从文本中抽取的文本段组成，或者由通过一些额外处理从文本元素中(本体中的时间、数量和实体等)推断出来的概念组成。

从航空公司例文得到的一个已填充的模板，如下所示。

FARE-RAISE ATTEMPT:	LEAD AIRLINE:	UNITED AIRLINES
	AMOUNT:	$6
	EFFECTIVE DATE:	2006-10-26
	FOLLOWER:	AMERICAN AIRLINES

通常例子中的槽填充全都对应着可检测的各种类别的命名实体(机构名、数量和时间)。这

说明模板填充程序通常依赖于命名实体识别、时间表达式和共指算法提供的标注来识别候选的槽填充。

下一节将介绍一种进行槽填充的直观方法,即序列标注技术。接着22.4.2节介绍一个基于层叠式有限状态自动机的系统,以解决更复杂的模板填充任务。

22.4.1 模板填充的统计方法

一个特别有效的模板填充方法是将其看成一个统计序列标注问题。在这个方法里,训练好的系统将词序列标注为某一特定槽的可能填充物。有两种方式可实现这种方法:一种是为每个槽分别训练独立的序列分类器,然后将整个文本发给每个标注器;另一种方式是训练一个大的分类器(通常是 HMM),为每一个待识别的槽赋予标签。这里我们主要介绍第一种方法,而单个的大分类器则在第24章介绍。

在每个槽一个分类器的方法中,槽用其对应分类器识别出的文本段进行填充。和本章之前介绍的其他信息抽取任务一样,所有统计序列分类器的方法都已被用于解决这个问题,同时也使用了同样常用的特征:词、词形、词性、句法组块分析标签以及命名实体标签。

该方法可能会给多个不同文本段贴上相同的槽标签。有两种原因可导致这种情形:一是指向同一个实体但使用不同的指代表达式的冲突文本段;另一种原因是冲突的文本段指向确实不同的可能候选。在例子中,我们期望将文本段 United, United Airlines 标注为 LEAD AIRLINE。这些并不是无法克服的问题,第21章介绍的共指消解技术就可以提供一种解决方案。

真正冲突的假设出现在一个文本包含多个属于同一个槽类别的实体时。在我们的例子中,United Airlines 和 American Airlines 都是航空公司,都能被标为 LEAD AIRLINE,因为它们与训练数据中样本相似。一般来说,大多数系统只采用置信度最高的假说。当然,置信度的计算依赖于具体使用的序列分类器种类。基于马尔可夫方法简单地选择标注概率最高的文本段(Freitag and McCallum, 1999)。

有大量已标注文档集被用于评测这种模板填充的方法,包括招工告示、会议征文、餐馆指南和生物文本等的集合。一个常用的集合是 CMU Seminar Announcement Corpus[①],一共包含485篇从 Web 中检索得到的研讨会公告,并标注出槽 SPEAKER, LOCATION, START TIME 和 END TIME。在这个数据集上,当前最好的 F-measure 值在开始和结束时间槽上约为 0.98,在说话者槽上约为 0.77(Roth and Yih, 2001;Peshkin and Pfefer, 2003)。

与这些结果一样让人印象深刻的是造就该任务成功的原因,即这个任务本身的约束性和其对采用技术的影响。第一,在大多数评测中,集合中的所有文档都是相关且同质的,即已知它们含有我们感兴趣的槽。第二,文档相对较小,为错误的槽填充文本段提供了很小的空间。最后,目标输出只含有将被文本片段填充的槽的集合。

22.4.2 有限状态机模板填充系统

信息理解会议(Message Understanding Conference, MUC)(Sundheim, 1993)是一系列美国政府组织的信息抽取评测,其介绍的任务描绘了一个更为复杂的模板填充问题。考虑下面从 Grishman and Sundheim(1995)MUC-5 语料中选取的例句。

Bridgestone Sports Co. said Friday it has set up a joint venture in Taiwan with a local concern and a Japanese trading house to produce golf clubs to be shipped to Japan.

---

① http://www.isi.edu/info-agents/RISE/

The joint venture, Bridgestone Sports Taiwan Co., capitalized at 20 million new Taiwan dollars, will start production in January 1990 with production of 20,000 iron and "metal wood" clubs a month.

MUC-5 评测任务要求系统产生层次链接的模板，以描述合资企业的参与者、由此产生的公司，以及将要采取的行动、所有权和资本总额。图 22.26 展示了 FASTUS 系统产生的最终结构（Hobbs et al., 1997）。注意模板 TIE-UP 中 ACTIVITY 槽填充，它本身就是一个需要进行槽填充的模板。

TIE-UP-1：	
RELATIONSHIP：	TIE-UP
ENTITIES：	"Bridgestone Sports Co."
	"a local concern"
	"a Japanese trading house"
JOINTVENTURECOMPANY	"Bridgestone Sports Taiwan Co."
ACTIVITY	ACTIVITY-1
AMOUNT	NT $ 20000000
ACTIVITY-1：	
COMPANY	"Bridgestone Sports Taiwan Co."
PRODUCT	"iron and "metal wood" clubs"
STARTDATE	DURING：January 1990

图 22.26 FASTUS(Hobbs et al., 1997)信息抽取引擎根据①

FASTUS 系统产生的上述模板以大量转换机为基础，转换机的每级语言学处理过程都从文本中抽取一定信息，然后传递给更高一级的处理过程，如图 22.27 所示。

大多数系统的大部分处理层级基于有限自动机，尽管实际中大多完整的系统并不是严密的有限状态，尽管个别的自动机使用了特征注册器来增强系统（如 FASTUS 中），但是因为它们只用在完全解析的预处理步骤（Gaizauskas et al., 1995；Weischedel, 1995），或者是因为它们与其他的统计方法的组件结合在一起了（Fisher et al., 1995）。

我们依据 Hobbs et al. (1997) 和 Appelt et al. (1995)，来概略地介绍一下 FASTUS 每一层级的实现。分词之后，第二级处理过程识别多字词，如 set up 和 joint venture，以及名称，如 Bridgestone Sports Co. 命名实体识别器本身是一个转换机，由大量用来处理常见命名实体的特殊的映射集组成。

下面是一些为机构名建模时使用的典型规则，如 San Francisco Symphony Orchestra 和 Canadian Opera Company。因为它们不是迭代的，所以当这些规则出现在上下文无关语法中时，可以自动编译为有限状态机。

序号	步 骤	描 述
1	词例	把输入的字符流转换为词例序列
2	复杂词	识别多词短语、数字和专名
3	基础短语	把句子切分为名词短语、动词短语和助词
4	复杂短语	确定复杂的名词组合和复杂的动词组合
5	语义模板	确定语义实体和事件，并把它们插入到模板中
6	合并	从文本的不同部分把参照合并到同样的实体或事件中

图 22.27 FASTUS 的处理层（Hobbs et al., 1997）。每一级抽取一个类别的信息，并传递给更高层级

---

① 指英文原版第 754 页的例文产生的模板。

Performer-Org	$\rightarrow$	(pre-location) Performer-Noun + Perf-Org-Suffix
pre-location	$\rightarrow$	locname | nationality
locname	$\rightarrow$	city | region
Perf-Org-Suffix	$\rightarrow$	orchestra, company
Performer-Noun	$\rightarrow$	symphony, opera
nationality	$\rightarrow$	Canadian, American, Mexican
city	$\rightarrow$	San Francisco, London

第二步也可能将 forty two 这样的序列转换为适当的数值(回想第 8 章讨论的问题)。

FASTUS 的第三步使用第 13 章介绍的有限状态规则,实现了句法组块分析,并产生一系列基本的组块,如名词词组、动词词组等。FASTUS 基本短语识别器的输出如图 22.28 所示。注意一些特殊领域的基本短语的使用,如 Company 和 Location。

组块类型	词 组	组块类型	词 组
Company	Bridgestone Sports Co.	Noun Group	a local concern
Verb Group	said	Conjunction	and
Noun Group	Friday	Noun Group	a Japanese trading house
Noun Group	it	Verb Group	to produce
Verb Group	had set up	Noun Group	golf clubs
Noun Group	a joint venture	Verb Group	to be shipped
Preposition	in	Preposition	to
Location	Taiwan	Location	Japan
Preposition	with		

图 22.28　FASTUS 第二步基本短语抽取器的输出,使用了 Appelt and Israel(1997)中介绍的有限状态机规则

第 13 章描述了这些基本短语怎样与更复杂的名词词组和动词词组结合。FASTUS 的第四步通过处理以下短语来完成了这项任务。

连词、量词短语,如:

20 000 iron and "metal wood" clubs a month,

介词短语,如:

production of 20 000 iron and "metal wood" clubs a month,

第四步的输出是一个复杂的名词词组和动词词组的列表。第五步接收这个列表,忽略所有未被分块在复杂词组中的输入,识别复杂词组中的实体和事件,并将识别出的对象插入模板中适当的槽中。实体和事件的识别通过手工编写的有限状态机完成,转换机的转移以复杂短语类别为基础,这些类别又用特定中心词或特定特征来标注,如 company, currency 或 date。

举个例子,从上述新闻报道的第一句可以发现一些基于下面两个正则表达式(NG 指名词词组,VG 指动词词组)的语义模式:

- NG(Company/ies) VG(Set-up) NG(Joint-Venture) with NG(Company/ies)
- VG(Produce) NG(Product)

从第二句也可以发现上述第二个模式,以及下面两个模式:

- NG(Company) VG-Passive(Capitalized) at NG(Currency)
- NG(Company) VG(Start) NG(Activity) in/on NG(Date)

处理完这两个句子得到的结果是如图 22.29 所示的 5 个模板草图。这 5 个模板必须合并为一个单独的层次结构，如图 22.26 所示。合并算法决定了两个活动或关系的结构是否是充分一致的，即它们是否描述同一事件，如果是，则将它们合并。合并算法必须实现共指消解，如第 21 章所介绍。

	模块/槽	值
1	RELATIONSHIP：	TIE-UP
	ENTITIES：	"Bridgestone Sports Co."
		"a local concern"
		"a Japanese trading house"
2	ACTIVITY：	PRODUCTION
	PRODUCT：	"golf clubs"
3	RELATIONSHIP：	TIE-UP
	JOINTVENTURECOMPANY：	"Bridgestone Sports Taiwan Co."
	AMOUNT：	NT $ 20000000
4	ACTIVITY：	PRODUCTION
	COMPANY：	"Bridgestone Sports Taiwan Co."
	STARTDATE：	DURING：January 1990
5	ACTIVITY：	PRODUCTION
	PRODUCT：	"iron and "metal wood" clubs"

图 22.29　FASTUS 系统第五步产生的 5 个模板。这些模板在第六步时使用合并算法合并，产生图 22.26 所示的最终的模板

22.5　高级话题：生物医学信息的抽取[①]

最近几年，从生物医学方面的期刊论文中抽取信息已经成为一个重要的应用领域。该工作的动机主要来源于生物学家，他们发现自从现代基因学出现后，该领域的出版物数量急剧增长，以至于许多科学家都无法跟上相关文献的发表进度。图 22.30 充分地说明了这些科学家所面临的问题的严重性。显然，从这些资源中自动抽取并聚合有效信息的应用程序对研究者来说无疑是一项福利。

一个正在成长的针对生物医学领域的信息抽取应用是帮助构建基因和相关信息的大规模数据库。离开基于信息抽取的辅助管理工具，许多手工构造的数据库或许几十年都无法完成——由于时间跨度太大以致无用（Baumgartner, Jr. et al., 2007）。

这种应用的一个好的范例就是 MuteXt 系统。该系统把两类命名实体作为目标——蛋白质突变和两种特别的蛋白质，分别为 G 蛋白耦联受体和核激素受体。MuteXt 用于构建一个包含从 2 008 篇文档中抽取的信息的数据库；通过手工建造同样的数据库则是一件极为耗费时间、代价极高的事情。G 蛋白耦联受体的突变与一系列疾病有联系，包括糖尿病、眼白化病和色素性视网膜炎，所以即使是这个简单的文本挖掘系统，也可以有效地减轻手工劳动的痛苦。

生物学家和生物信息学家最近提出了文本挖掘系统的许多创新性使用，在那里系统输出不再用于给人浏览使用，而是用于高流量化验分析的一部分，这些实验方法产生了大量的数据，在 20 年前简直不可处理。Ng（2006）对这种工作方式进行了综述和深入分析。

---

① 本节主要由 Kevin Bretonnel Cohen 撰写。

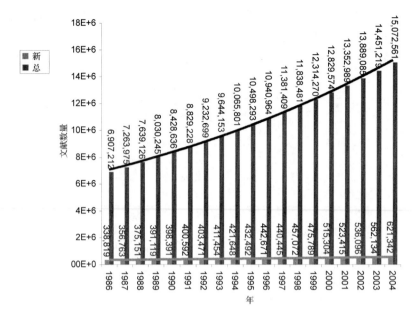

图 22.30　从 1986 年到 2004 年，PubMed 数据库文献数量的
指数增长[数据来源于 Cohen and Hunter(2004)]

22.5.1　生物学命名实体识别

在生物学领域中，信息抽取的特点是比人名、地名和机构名更为广泛的实体类别，这些类别通常出现在新类型文本中。图 22.31 以及下面的例子介绍了多种命名实体语义类别的一个小子集，这些命名实体已经成为生物医学领域 NER 系统的目标。

[$_{\text{TISSUE}}$ Plasma] [$_{\text{GP}}$ BNP] concentrations were higher in both the [$_{\text{POPULATION}}$ judo] and [$_{\text{POPULATION}}$ marathon groups] than in [$_{\text{POPULATION}}$ controls], and positively correlated with [$_{\text{ANAT}}$ LV] mass as well as with deceleration time.

几乎 22.1 节介绍的所有技术都被应用于生物医学的 NER 问题，主要是基因名和蛋白质名的识别问题。这项任务因为基因名格式的多样性而显得异常困难：white，insulin，BRCA1，ether a go-go 和 breast cancer associated 1 全都是基因名。基因名识别算法的选择似乎没有特征选择那么重要；另外，基于知识的特征，如使用一个序列，如 BRCA1 gene 在 Google 上的点击量决定字符串 BRCA1 是否一个基因名，有时会被融入到统计系统中。

出人意料的是，使用大规模的公开的基因名列表对提高基因或蛋白质 NER 系统的性能没有丝毫贡献(Yeh et al., 2005)，实际上反而有可能降低其性能(Baumgartner, Jr. et al., 2006)。由于基因名常常是一个包含许多词的串(如 breast cancer associated 1)，基因名的长度对于 NER 系统性能有明显影响(Kinoshita et al., 2005；Yeh et al., 2005)，因此任意一种能够正确找到多词名称边界的技术都可以提高性能。使用缩写定义检测算法(abbreviation-definition-detection)(Schwartz and Hearst, 2003)通常能够达到这个目的，因为出版物的某些地方有许多名称以缩写或符号定义的形式出现。基本名词词组(base-noun-group)的句法组块分析器在这个场合下也有效，同样一些数量非常少的启发式规则也有用(Kinoshita et al., 2005)。

语义类别	举　　例
Cell lines	T98G, HeLa cell, Chinese hamster ovary cells, CHO cells
Cell types	primary T lymphocytes, natural killer cells, NK cells
Chemicals	citric acid, 1,2 – diiodopentane, C
Drugs	cyclosporin A, CDDP
Genes/proteins	white, HSP60, protein kinase C, L23A
Malignancies	carcinoma, breast neoplasms
Medical/clinical concepts	amyotrophic lateral sclerosis
Mouse strains	LAFT, AKR
Mutations	C10T, Ala64 →Gly
Populations	judo group

图 22.31　已经被生物学 NLP 识别出来的命名实体的语义类别。注意许多实例的表面相似度

22.5.2　基因归一化

识别出文本中所有的生物学实体提及之后，下一步就是要将它们映射到数据库或本体中的唯一标识。针对基因这方面已有很多研究，称为基因归一化（gene normalization）。这个问题的一些复杂性源于实际文本中实体名称提及的高可变性；这个问题最早由 Cohen et al.（2002）发现。这篇论文使用一个基于描写语言学的标准发现程序，判断基因名的哪些变化可以忽略，哪些不能忽略。最近，Morgan et al.（2007）说明了社区特性、基因名惯例等语言学特征如何影响基因名归一化任务的复杂度。基因归一化可以看成一种词义消歧任务，介于目标词词义消歧任务和所有词词义消歧任务之间。

该问题的一项重要任务涉及将命名实体映射到生物医学本体，特别是基因本体（Ashburner et al., 2000）。这项任务已经被证明更具挑战性，基因本体中的术语通常很冗长，有很多可能的词法和句法格式，有时还需要大量的推理。

22.5.3　生物学角色和关系

找出和归一化文本中所有生物实体的提及，是判断实体在文本中所扮演角色的初始步骤。最近的研究专注于两种方式：发现文本中实体之间的二元关系并对其分类；根据文本的中心事件，识别和分类实体的角色。这两种方法大体上对应实体对间关系的分类，如 22.2 节所介绍，还对应着第 20 章介绍的语义角色标注任务。

考虑下面两个表达了实体间二元关系的例文：

（22.25）These results suggest that con A-induced [$_{\text{DISEASE}}$ hepatitis] was ameliorated by pretreatment with [$_{\text{TREATMENT}}$ TJ-135].

（22.26）[$_{\text{DISEASE}}$ Malignant mesodermal mixed tumor of the uterus] following [$_{\text{TREATMENT}}$ irradiation].

每个例子都描述了一对疾病和治疗方法的关系。在第一句中，这个关系可以分类为治愈。第二句中，疾病是治疗方法的后遗症。Rosario and Hearst（2004）开发了一个系统，为 7 类疾病-治疗方法关系进行分类。这个系统成功地使用了一系列基于 HMM 的生成模型，以及一个判别式的神经网络模型。

一般来说，各种基于规则和统计的方法都被用来识别二元关系。其他被广泛研究的生物医学关系识别问题还包括基因和它们的生物学功能（Blaschke et al., 2005）、基因和药品（Rindflesch et al., 2000）、基因和突变（Rebholz-Schuhmann et al., 2004），以及蛋白质-蛋白质之间的相互影响（Rosario and Hearst, 2005）。

现在来看看下面这个相当于语义角色标注问题的例子。

(22.27) $[_{\text{THEME}}$ Full-length cPLA2$]$ was $[_{\text{TARGET}}$ phosphorylated$]$ stoichiometrically by $[_{\text{AGENT}}$ p42 mitogen-activated protein (MAP) kinase$]$ in vitro $\cdots$ and the major site of phosphorylation was identified by amino acid sequencing as $[_{\text{SITE}}$ Ser505$]$

位于文本核心位置的事件 phosphorylation 有三个语义角色与其相关：事件的原因 AGENT，被磷酸化的 THEME 或实体，以及事件的地点或 SITE。问题是要识别输入文本中，扮演这些角色的成分，并将它们贴上正确的角色标签。注意这个例句在第二个事件提及 phosphorylation 中还有另一个难题要解决，即确定 phosphorylation 与第一个 phosphorylated 的同指关系，以用于正确捕获 SITE 角色。

生物医学领域的语义角色标注大部分困难来自于这些文本中大量的名词。如在为 phosphorylation 这样的名词进行标注时，其通常比它们的动词形式提供更少的信息，使得识别任务更加困难。另一个问题是，不同的语义角色论元经常会以相同或主要的名词成分的一部分的形式出现。考虑下面的例子：

(22.28) Serum stimulation of fibroblasts in floating matrices does not result in $[_{\text{TARGET}} [_{\text{ARG1}}$ ERK$]$ translocation$]$ to the $[_{\text{ARG3}}$ nucleus$]$ and there was decreased serum activation of upstream members of the ERK signaling pathway, MEK and Raf,

(22.29) The translocation of RelA/p65 was investigated using Western blotting and immunocytochemistry. The COX-2 inhibitor SC236 worked directly through suppressing $[_{\text{TARGET}} [_{\text{ARG3}}$ nuclear$]$ translocation$]$ of $[_{\text{ARG1}}$ RelA/p65$]$.

(22.30) Following UV treatment, Mcl-1 protein synthesis is blocked, the existing pool of Mcl-1 protein is rapidly degraded by the proteasome, and $[_{\text{ARG1}} [_{\text{ARG2}}$ cytosolic$]$ Bcl-xL$]$ $[_{\text{TARGET}}$ translocates$]$ to the $[_{\text{ARG3}}$ mitochondria$]$

每个例子都包含和其他论元或目标谓词一起组成某些成分的论元。例如，在第二个例句里，成分 nuclear translocation 被标志为 TARGET 和 ARG3 两个角色。

基于规则和统计的方法都已被用于这些语义角色标注问题。与关系查找和 NER 一样，算法的选择没有特征的选择重要，许多特征来源于精确的句法分析。然后，因为没有大型的树库提供生物学文本使用，我们只好使用在基因学新闻报道文本集上训练的现成的句法分析器。当然，这个过程引入的错误可能会使任何源于句法特征的作用失效。所以，一个重要的研究内容是基因学句法工具的领域适用性(Blitzer et al., 2006)。

该领域的关系和事件抽取的程序的目标通常极其受限。这个限制带来的积极意义是，即使是范围窄小的系统对于提高生物学家的生产效率仍有贡献。一个极端的例子是之前讨论的 RLIMS-P 系统。它仅仅处理动词 phosphorylate 和相关的名词 phosphorylization。不过，这个系统成功地被用于产生一个大型的在线数据库，而且在研究团体中广泛使用。

随着生物医学信息抽取程序的目标越来越雄心勃勃，BioNLP 程序的类型相应地也越来越多。计算词汇语义学和语义角色标注(Verspoor et al., 2003；Wattarujeekrit et al., 2004；Ogren et al., 2004；Kogan et al., 2005；Cohen and Hunter, 2006)。摘要(Lu et al., 2006)，以及问答系统在生物医学领域都是活跃的研究课题。类似 BioCreative 的共享任务继续为命名实体识别、问答系统、关系抽取和文档分类提供大规模的数据集(Hirschman and Blaschke, 2006)，并为信息抽取任务的各种方法提供了比试高低优劣的舞台。

22.6 小结

本章探究了一系列从文本中抽取限定格式的语义内容的技术。大多数的技术都可以看成分类后续的检测问题。

- **命名实体**可以使用统计序列标注技术识别和分类。
- **实体间关系**，在有已标注的训练数据可用时，可以使用监督的学习方法检测和分类；当有少量种子元组或种子模式可用时，可以使用轻量级监督的自举方法。
- 关于时间的推理会因为**时间表达式**的检测和归一化变得简单，结合统计学习和基于规则的两种方法来进行时间表达式的检测和归一化。
- 基于规则和统计的方法可以用于检测、分类，并按时间排序事件。**TimeBank 语料库**使时间分析系统的训练和评价更加方便。
- **模板填充**程序可以识别文本中固定模式的情形，并将文本中的元素赋值给由**确定的槽集合**确定的角色。
- 信息抽取技术在处理**生物学领域**的文本上，已经被证明是极其有效的。

22.7 文献和历史说明

信息抽取最早的工作是为了应对模板填充任务，出现在 Frump 系统的背景下（DeJong，1982）。之后的工作由美国政府赞助的 MUC 会议推动（Sundheim，1991，1992，1993，1995b）。Chinchor et al.（1993）描述了 MUC-3 和 MUC-4 会议使用的评测技术。Hobbs（1997）部分地吸取了来自 FASTUS 的灵感，使 University of Massachusetts 的 CIRCUS 系统（Lehnert et al., 1991）在 MUC-3 会议上获得成功。MUC-3 上另一个表现优秀的系统是 SCISOR，它松散地基于层叠式分析和语义期望（Jacobs and Rau, 1990）。

由于从一个领域到另一个领域进行系统重用或移植较为困难，所以研究者的注意力转移到如何从系统中自动获取信息的问题上。最早用于信息抽取的监督学习方法出现在 Cardie（1993），Cardie（1994），Rioff（1993），Soderland et al.（1995），Huffman（1996）和 Freitag（1998）中。

这些早期的研究工作集中于将知识获取过程自动化，几乎全部为基于规则的有限状态机系统。它们的成功，以及之前基于 HMM 的自动语音识别方法，促成了基于序列标注的统计系统的发展。早期将 HMM 应用于信息抽取的工作包括 Bikel et al.（1997，1999）和 Freitag and McCallum（1999）。后来的努力证明了各种统计方法的有效性，包括 MEMM（McCallum et al., 2000），CRF（Lafferty et al., 2001）和 SVM（Sassano and Utsuro, 2000；McNamee and Mayfield, 2002）。

该领域的发展继续由正式的评测和共享的基准数据集推动。20 世纪 90 年代中期，MUC 评测依靠 2000 年到 2007 年举办的自动内容抽取（Automatic Content Extraction，ACE）评测而大获成功。①这些评测关注于命名实体识别、关系识别和时间表达式的检测和归一化等任务。其他的信息抽取评测包括 2002 年和 2003 年 CoNLL 关于语言无关的命名实体识别共享任务（Tjong Kim

---

① http://www.nist.gov/speech/tests/ace/

Sang，2002；Tjong Kim Sang and De Meulder，2003），以及 2007 年 SemEval 的时间分析任务（Verhagen et al.，2007；Bethard and Martin，2007）和好友搜索任务（Artiles et al.，2007；Chen and Martin，2007）。

信息抽取的范畴随着日益增长的对新类型信息的需求而不断扩展。一些新出现的我们未曾探讨的信息抽取任务有性别分类（Koppel et al.，2002）、情绪分类（Mishne and de Rijke，2006）、观点分类、情感分类和意见分类（Qu et al.，2005）。这些工作大多涉及**社交媒体**（social media）背景下**用户生成内容**（user generated content），如博客、讨论区、新闻组等类似的媒体。该领域的研究成果已经成为最近许多研讨会和大会关注的焦点（Nicolov et al.，2006；Nicolov and Galnce，2007）。

第 23 章　问答和摘要

由于网络上,类似于 PubMed 这样的特定集合中,甚至于我们笔记本的电脑硬盘里,都存在非常多的文本信息可供使用,当前语言处理的一个最重要功能就是帮助我们查询和抽取这些大规模文本库中的信息。如果要查询内容的想法可以被结构化地表达出来,我们就可以使用第 22 章中介绍的信息抽取算法。但是很多时候,我们的信息需求是通过非正式的词或句子表达出来的,同时我们希望找到的有可能是一个特定答案、特定文档或介于二者之间的某种信息。

本章我们介绍**问答**(Question Answering, QA)任务和**摘要**(summarization)任务,这些任务生成特定的短语、语句或短小段落,以回答用户用自然语言所表达的信息需求。在研究这些主题时,我们还涵盖了**信息检索**(Information Retrieval, IR)领域的重要内容,信息检索是返回与特定自然语言查询相关文档的任务。信息检索是一个独立完整的领域,我们在这里只作简要介绍,但这对于理解 QA 和摘要是必不可少的。

在我们关注的所有这些子任务背后的核心思想是:从文档或类似于 Web 这样的文档集中直接**抽取**(extracting)满足用户信息需求的段落。

信息检索是一个极为宽泛的领域,包括对各类媒体,如文本、图片、音频和视频,进行的存储、分析和检索等(Baeza-Yates and Ribeiro-Neto, 1999)。本章我们只关心针对用户基于词的查询的文本文档存储和检索。23.1 节将介绍**向量空间模型**(vector space model),它的一些变种被目前的大多数系统所采用,其中也包括大多数的网络搜索引擎。

与让用户通读整篇文章相比,我们常常更希望给出一个单独、明了、简短的答案。在最初研究计算语言学时,研究者们就已经试图把**问答**(question answering)过程自动化(Simmons, 1965)。

---

① "那么",迪普·索特说,"这个问题的答案……"

　　"是的!"

　　"关于宇宙和万物生命的问题的答案……",迪普·索特说。

　　"是的!"

　　"是……"

　　"是的……!!! ……?"

　　"四十二",迪普·索特无比威严和镇定地说……

② 我阅读了《战争与和平》……它是关于俄罗斯的……

　　问答的最简单形式是处理**事实性问题**(factoid question)。顾名思义,事实性问题的答案是可以从较短的文本中找到的简单事实。下面是这类问题的几个经典范例。

(23.1) Who founded Virgin Airlines?

(23.2) What is the average age of the onset of autism?

(23.3) Where is Apple Computer based?

　　上述每个问题可以分别用一段包含人名、时间表达式或地名的文本来直接回答。因此,事实性问题是这样一类问题,它的答案可以从简短文本中找到,且答案对应一个特定的、容易描述和分类的,通常是我们在第 22 章所介绍的命名实体。这些答案可能是从网络上找到的,也可能是从某些较小的文档集中找到的。例如,一个系统为了回答关于某个公司产品线的问题,可能需要在特定公司的网站文档中或内部文档集中寻找答案。23.2 节将介绍回答这类问题的有效技术。

　　有时候我们要寻求一些信息,该信息比单个事实要大,但是又小于整篇文档。这种情况下,我们或许需要文档或文档集的**摘要**(summary)。**文本摘要**(text summarization)的目的是为了生成包含重要或相关信息的删减版文本。例如,我们可能想生成一篇科学论文的**摘要**(abstract)、电子邮件的**概要**(summary)、新闻报道的**提要**(headline),或者网络搜索引擎返回的用来描述每篇结果文档的简短**摘录**(snippet)。例如,图 23.1 展示了一些 Google 对查询"German Expressionism Brücke"返回的前四篇文档的摘录的样例。

图 23.1　Google 查询"German Expressionism Brücke"时的前四篇文档的摘录

　　为了产生各种类型的摘要,我们将介绍对单篇文档进行摘要的算法,以及通过联结不同文本源信息对多篇文档生成摘要的算法。

　　最后,我们转向这样一个领域,尝试借助摘要的技术来回答比事实性问题更为复杂的问题,如:

(23.4) Who is Celia Cruz?

(23.5) What is a Hajj?

(23.6) In children with an acute febrile illness, what is the efficacy of single-medication therapy with acetaminophen or ibuprofen in reducing fever?

　　这些问题的答案并不是由简单的命名实体组成。它们可能包含很长的连贯的文本,这些文本与一系列相互联系的事实编织在一起,构成一篇传记、一个完整定义、当前事件的一个总结,或是采取特殊的医疗方式后，对临床结果进行的比较。除了这些问题的复杂度和风格有所不同之外，答案中的事实可能会依赖于上下文、用户及时间。

目前这类**复杂问题**（complex question）的回答都通过拼接来自较长文档的摘要片段得到。例如，我们会利用从公司报告、医疗研究期刊的文集、相关的新闻报道集或网页中抽取的文本片段来构造一个答案。这种用摘要文本回答用户查询的思想称为**基于查询的摘要**（query-based summarization）或**面向查询的摘要**（query-focused summarization），我们将在 23.6 节进行探究。

最后，我们把问题在对话中所起作用的全部讨论都留在第 24 章进行介绍，本章只关注针对单一查询的响应。

23.1　信息检索

信息检索（Information Retrieval，IR）是一个正在不断发展的领域，它包括对各种媒体存储和检索相关的各种主题。本节关注于文本文档的存储，以及随后响应用户信息请求的检索。本节的目标是对 IR 技术进行充分的概述，为后续关于问答和摘要的章节作铺垫。如果读者对信息检索特别感兴趣，可以阅读本节末尾的文献和历史说明。

目前大多数 IR 系统都基于组合语义的一种极端版本，该版本中文档的含义仅仅由它所包含的词集合决定。让我们回顾第 19 章开头所引用的疯狂的帽匠的对话，对于这些系统来说，由于两个句子包含的单词完全相同，因此 I see what I eat 和 I eat what I see 的意义也就完全相同。单词之间的顺序及群组对决定由其组成的句子及进一步组成的文档的意义不起任何作用。因为忽略了句法信息，这些方法通常被称为"词袋子"（bag of words）模型。

在继续讲述之前，我们首先介绍几个新的术语。在信息检索中，**文档**（document）泛指被系统索引及提供给检索的文本单元。根据应用的不同，文档可以指如新闻文章或百科全书条目的常见定义，也可以指如段落或句子的小文本单元。在基于网络的应用中，文档也可以指网络页面、部分页面或整个网站。**文档集**（collection）表示用于满足用户需要的一组文档。**检索词**（term）指文档集中出现的词汇项，但是也可能包括短语。最后，**查询**（query）表示由一组检索词表达的用户信息需求。

我们将要详细研究的特定信息检索任务被称为**特定型检索**（ad hoc retrieval）。这个任务假定独立用户向检索系统发出一个查询请求，系统随后返回一个按可能有用性顺序排列的文档集合。其高级架构如图 23.2 所示。

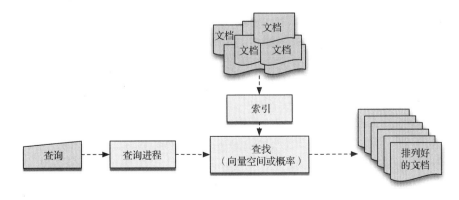

图 23.2　一个特定信息检索系统的架构

23.1.1 向量空间模型

在信息检索的**向量空间模型**(vector space model)中,文档和查询都被表示为一个特征向量,其中特征表示在文档集中出现的词语(Salton,1971)。

每个特征的值被称为**词语权重**(term weight),通常是检索词在文档中出现频率及其他因素的一个函数。

例如,在我们从网络上找到的一个炸鸡食谱中,4 个检索词 chicken,fried,oil 和 pepper 分别出现了 8,2,7 和 4 次。如果我们只简单地使用检索词频率作为权重,并假设文档集中只包含这 4 个词,按照上述顺序安排特征,该文档(记作 j)的向量就可以表示为:

$$\vec{d}_j = (8, 2, 7, 4)$$

更一般地,我们把文档 d_j 表示成向量:

$$\vec{d}_j = (w_{1,j}, w_{2,j}, w_{3,j}, \cdots, w_{n,j})$$

其中,$\vec{d}_j$ 指某一特定的文档,其特征向量对整个文档集中出现的每个词赋予了一个特征权重;$w_{2,j}$ 指第 2 个检索词在文档 j 中的权重。

我们也可以按照同样的方式来表示查询。例如,查询 q: fried chicken 可以表示为:

$$\vec{q} = (1, 1, 0, 0)$$

更一般地,

$$\vec{q} = (w_{1,q}, w_{2,q}, w_{3,q}, \cdots, w_{n,q})$$

注意 N(向量的维数)是整个文档集合中词的总个数。即使(通常这样做)我们不把一些功能词考虑进去,这个集合也可能包含成千上万的词。但是,一个查询甚至一个长文档显然不可能包含这么多的检索词。所以,查询和文档向量的绝大多数值都是 0。实际上,我们并不真正存储所有的 0(我们用哈希和其他的稀疏表示)。

现在考虑一篇不同的文档,水煮鸡的一种食谱,这里的词频数为:

$$\vec{d}_k = (6, 0, 0, 0)$$

直观上我们希望查询 q: fried chicken 匹配文档 d_j(炸鸡食谱)而不是文档 d_k(水煮鸡食谱)。简单的观察一下特征就能发现实际上也应该如此,查询和炸鸡食谱都有词 fried 和 chicken,而水煮鸡食谱没有词 fried。

把模型中用于表示文档和查询的特征看作多维空间中的维度是有用的,其中特征权重用来定义在该空间中文档所处的位置。用户的查询被转换为一个指向该空间中某一点的向量。可以断定,与查询所处位置较近的文档比距离较远的文档更相关。

图 23.3 展示了这三个向量在前两个特征维度(chicken 和 fried)上的关系。注意如果我们用向量之间的夹角来衡量向量的相似度,那么查询与 d_j 的相似度高于与 d_k 的相似度,因为查询和 d_j 的夹角更小。

在基于向量的信息检索中,标准的做法是使用第 20 章介绍的**余弦相似度**(cosine metric),而不是实际的夹角。我们用两个向量之间夹角的余弦值来度量两篇文档的距离。当两篇文档相同时,余弦值为 1;当它们正交时(也就是没有共同的检索词时),它们的余弦值为 0。计算余弦值的公式为:

$$\text{sim}(\vec{q}, \vec{d}_j) = \frac{\sum_{i=1}^{N} w_{i,q} \times w_{i,j}}{\sqrt{\sum_{i=1}^{N} w_{i,q}^2} \times \sqrt{\sum_{i=1}^{N} w_{i,j}^2}} \tag{23.7}$$

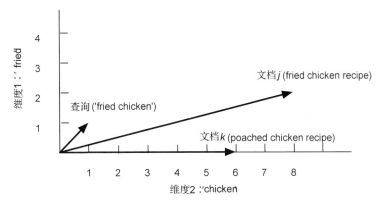

图 23.3　对信息检索向量模型的图形解释，展示了前两个维度的特征（fried
和chicken），并假设我们使用文档中的原始频次作为特征权重

回忆第 20 章中，对余弦值的另一种解释是**归一化的点积**（normalized dot product）。具体来说，余弦值是两个向量的**点积**（dot product）除以每个向量的长度。这是因为余弦值的分子是点积：

$$\text{dot-product}(\vec{x}, \vec{y}) = \vec{x} \cdot \vec{y} = \sum_{i=1}^{N} x_i \times u_i \tag{23.8}$$

而余弦值的分母包含两个向量的长度。**向量长度**（vector length）的定义为：

$$|\vec{x}| = \sqrt{\sum_{i=1}^{N} x_i^2} \tag{23.9}$$

把文档和查询描绘为向量的特性为特定型检索系统奠定了基础。一个文档检索系统可以简单地接受用户查询，创建该查询的向量表示，并与所有已知文档的向量表示进行比较，然后对结果进行排序。结果是根据文档与查询的相似度排序的文档列表。

对向量表示还应注意：把文档表示为词语权重的向量允许我们把整个文档集看成一个（稀疏的）权重矩阵，其中 $w_{i,j}$ 表示检索词 i 在文档 j 中的权重。这个权重矩阵通常称为**词语-文档矩阵**（term-by-document matrix）。按照这种观点，矩阵的列表示文档集中的文档，而矩阵的行表示检索词。上述两篇食谱文档的词语-文档矩阵（采用原始的词语频数作为权重）可表示为：

$$A = \begin{pmatrix} 8 & 6 \\ 2 & 0 \\ 7 & 0 \\ 4 & 0 \end{pmatrix}$$

23.1.2　词语权重计算

在上面的例子中，我们假设检索词权重是该词语在文档中出现的频数。这是我们实际使用权重的一种简化版本。文档向量和查询向量的词语权重指派方法对一个检索系统的性能影响极大。已经证实有两个因素对获取有效的词语权重十分关键。我们已经看到了第一个因素，词频（term frequency）的最简单形式——检索词在一个文档中出现的原始频率（Luhn，1957）。该因素反映了这样一个直观认识，即如果一个词在文档里出现的次数越多，那么它们就比那些在文档中出现次数较少的检索词更能表达该文档的意义，因此应该给予较高的权重。

第二个因素是为只出现在少数文档中的检索词赋予更高权重。只在少数几个文档中出现的检索词可以有效地区分这几个文档与文档集中的其他文档,在整个文档集中经常出现的检索词对区分文档没有太大帮助。**倒排文档频率**(Inverse Document Frequency, IDF)的检索词权重(Sparck Jones, 1972)是一种给高判别性词赋予更高权重的方法。IDF 的定义为分数 N/n_i,其中 N 是集合中文档总数,n_i 是词 i 出现的文档数。一个检索词如果出现在越少的文档中,它的权重越高。最小的权重 1 赋给在所有文档中出现的词。由于许多文档集的文档数目非常巨大,通常我们利用对数函数对该值进行同比缩小。倒排文档频率(IDF)的最终定义为

$$\text{idf}_i = \log\left(\frac{N}{n_i}\right) \tag{23.10}$$

将词频与 IDF 相结合构成了称为 tf-idf 的加权方案:

$$w_{i,j} = \text{tf}_{i,j} \times \text{idf}_i \tag{23.11}$$

在 tf-idf 权重中,在文档 j 的向量中检索词 i 的权重等于它在 j 中的总频率乘以整个文档集中它的倒排文档频率的对数(有时词频也取对数)。因此 tf-idf 偏好于在当前文档 j 出现次数多,而在整个集合中很少出现的词。我们加上 tf-idf 权重之后,再来考虑计算查询-文档相似度的余弦公式。我们会对公式进行微小的修改,如之前所发现的,任一个查询或文档向量的大多数值都为 0。这意味着实际情况下,我们并不计算在所有维度上(大部分是 0)迭代的余弦值。取而代之的是,我们只在已经出现的词上进行计算,如下面用于计算查询 q 和文档 d 之间 **tf-idf 加权余弦值**(tf-idf weighted cosine)的等式所示:

$$\text{sim}(\vec{q}, \vec{d}) = \frac{\sum_{w \in q, d} \text{tf}_{w,q} \text{tf}_{w,d} (\text{idf}_w)^2}{\sqrt{\sum_{q_i \in q} (\text{tf}_{q_i, q} \text{idf}_{q_i})^2} \times \sqrt{\sum_{d_i \in d} (\text{tf}_{d_i, d} \text{idf}_{d_i})^2}} \tag{23.12}$$

通过一些较小的变化,tf-idf 加权方案就可以用来为几乎所有的向量空间检索模型指派检索词权重。tf-idf 方案也被用于语言处理的许多其他方面,我们在 2.3.3 节介绍**摘要**(summary)时会再次提到它。

23.1.3　词语选择和建立

到目前为止,我们还是假定把完整、精确的使用文档集中出现的单词作为文档的索引单元。这个假设的两个常用变体涉及**词干化**(stemming)和**停用词表**(stop list)的使用。

如我们在第 3 章所讨论的,**词干化**(stemming)就是对单词的屈折和形态变化做处理。例如,不进行词干处理,词语 process, processing 和 processed 将被看成独立的词,在词语-文档矩阵中也具有不同的词频;但如果进行词干化处理,它们就将被合并为一个单独的词语,且只有一个相加后的频率值。采用词干化处理的主要优点是可以将特定查询词与任何包含该词形态变体的文档相匹配。第 3 章所描述的 Porter 词干处理器(Porter, 1980)常常被用于英文文档集的检索。

该方法带来的一个问题是它忽略了一些有用的区别。例如,考虑将 Porter 词干化处理器用于单词 stocks(股票)和 stockings(长袜)。在本例中,Porter 词干化处理器将这些表层的形式还原为单个词根 stock。这自然而然地会导致关注 stock prices(股票价格)的查询会返回关于 stockings(长袜)的文档,而针对 stockings(长袜)的查询也将返回有关 stock(股票)的文档。此外,我们可能不希望进行词干处理,例如,单词 Illustrator(一种图形软件)和 illustrate(插图说明),大写形式的 Illustrator 指的是一个软件包。因此多数现代网络搜索引擎需要使用更复杂的方法进行词干处理。

另外一个常用的技术是停用词的使用,它所关注的问题是什么样的单词才容许被索引。**停用词表**(stop list)是一个高频词的简单列表,这些高频词被排除在文档和查询表示之外。有两个

采用停用词表的动机：高频封闭词类中的检索词被认为几乎不具有语义权重，因此对检索的帮助很小；排除这些词可以大大节省用于建立检索词到包含其文档间的映射的倒排索引文件的空间。采用停用词表的不利方面是很难查找包含停用词的短语。例如，按照 Frakes and Baeza-Yates (1992)给出的常用停用词表，短语 to be or not to be 将被转换为短语 not。

23.1.4　信息检索系统的评测

对排序检索系统进行性能评价的两个基本工具是我们之前介绍的**正确率**(precision)和**召回率**(recall)。这里我们假设返回的文档可以分为两类：与检索目的有关的文档和无关的文档。所以，正确率是指返回文档中，相关文档所占比例，召回率是指返回的相关文档占所有可能的相关文档的比例。更正式地说，我们假设在给定某一信息需求时，一共返回了 T 个排序文档，这些文档的一个子集 R，由相关文档组成，它的补集 N，由剩下的无关文档组成。最后，我们假设所有与该信息需求相关的文档集合为 U。给定这些条件后，我们就可以将正确率和召回率定义如下：

$$\text{Precision} = \frac{|R|}{|T|} \tag{23.13}$$

$$\text{Recall} = \frac{|R|}{|U|} \tag{23.14}$$

遗憾的是，这些度量对于衡量一个系统返回文档的排序效果并不充分。即，如果我们比较两个检索系统的性能，我们需要一个指标来反映相关文档的排序，相关文档排得越靠前，该检索系统的性能越好。上面定义的简单的正确率和召回率并不依赖于任何排序，因此我们需要能够衡量一个系统在提高相关文档排名方面做得有多好。在信息检索领域能够达到上述要求的两个标准方法是：基于绘制正确率/召回率曲线的方法和各种基于平均正确率的方法。

我们依次考虑使用图 23.4 所给数据的各种衡量方法。这个表格从上到下列出了特定排名位置处的正确率和召回率。即正确率是在给定排名时，相关文档所占比例，召回率也是由在该排名时发现的所有相关文档计算而来。这个例子中的召回率是该查询在文档集中有 9 篇相关文档的基础上计算的。注意到召回率在我们的处理过程中是非递减的；当相关文档出现时，召回率增加，而无关文档出现时，召回率则保持不变。正确率则不同，忽上忽下，当出现相关文档时就会上升，否则下降。

排名	判断	正确率_排名	召回率_排名	排名	判断	正确率_排名	召回率_排名
1	R	1.0	0.11	14	N	0.43	0.66
2	N	0.50	0.11	15	R	0.47	0.77
3	R	0.66	0.22	16	N	0.44	0.77
4	N	0.50	0.22	17	N	0.44	0.77
5	R	0.60	0.33	18	R	0.44	0.88
6	R	0.66	0.44	19	N	0.42	0.88
7	N	0.57	0.44	20	N	0.40	0.88
8	R	0.63	0.55	21	N	0.38	0.88
9	N	0.55	0.55	22	N	0.36	0.88
10	N	0.50	0.55	23	N	0.35	0.88
11	R	0.55	0.66	24	N	0.33	0.88
12	N	0.50	0.66	25	R	0.36	1.0
13	N	0.46	0.66				

图 23.4　特定于排名的正确率和召回率，按检索结果文档的排名从上到下依次计算而来

处理这类数据的一种常见方法是，利用从一系列查询收集到的数据，在同一个图上描绘正确率随召回率变化的曲线。为了达到这个目的，我们需要一种方法对这一系列查询的召回率和正确率进行平均。标准的做法是在 11 个确定的召回率点(0 到 100，步长为 10)上绘制正确率的值。当然，如图 23.4 所示，我们不可能在评测集中所有(几乎所有)查询的每个召回率点上，都有确切的数据，但是我们可以根据已有的数据点，在 11 个召回率点上使用**插值正确率**(interpolated precision)。我们可以选择在该召回率点上达到的最大正确率值或上一个召回率点上的正确率值作为当前召回率点的插值正确率。换言之，即：

$$\text{Int Precision}(r) = \max_{i \geq r} \text{Precision}(i) \tag{23.15}$$

注意这种插值方案不仅为我们提供了在一系列查询之上计算平均性能的方法，而且提供了一种合理的方法来平滑原始数据中的不规则正确率。通过给在当前召回率位置分配在更高召回率位置上的最大准确率，这种特殊的平滑方法被设计用于给系统一些更高的打分。前述例子的插值数据点如图 23.5 所示，正确率/召回率曲线如图 23.6 所示。

有了如图 23.6 的曲线，我们就可以通过曲线来比较两个系统或方法。很明显，在所有召回率上都有较高正确率的曲线更好。然而，通过这些曲线也可以观察到系统的整体行为。正确率较高的部分在曲线中偏左的系统，可能正确率强过召回率，如果系统更倾向于召回率，那么正确率在较高召回率的位置上较高(即曲线偏右)。

插值正确率	召　回　率
1.0	0.0
1.0	0.10
0.66	0.20
0.66	0.30
0.66	0.40
0.63	0.50
0.55	0.60
0.47	0.70
0.44	0.80
0.36	0.90
0.36	1.0

图 23.5　由图 23.4 计算的插值数据点

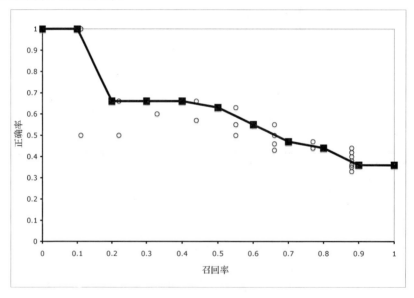

图 23.6　一个 11 点插值正确率-召回率曲线。在 11 个标准召回率上的正确率，是利用上一个召回率点上最大正确率插值得来的。原始的正确率召回率点也标注在图中

第二个流行的评价检索系统的方法称为**平均正确率**(Mean Average Precision，MAP)。在该方法中，我们再次按照结果项的排序依次统计，且只统计一个相关项目出现时的正确率。对某一查询，我们在整个返回集上，用固定的修正值对这些独立的正确率取值进行平均。更形式化的描述为，如果我们假设 R_r 是在 r 或 r 之前的相关文档集，那么对于单一查询的平均正确率就是：

$$\frac{1}{|R_r|} \sum_{d \in R_r} \text{Precision}_r(d) \tag{23.16}$$

其中 $\text{Precision}_r(d)$ 指在文档 d 出现的位置上计算的正确率。对于一组查询，我们对各个查询的平均值再进行平均，就可以得到最终的 MAP 度量。对图 23.5 中的数据应用该技术，可以得出单个检索的 MAP 值为 0.6。

MAP 有个优点，即提供了一个可以比较相互竞争系统或方法的单独清晰的指标。注意 MAP 会青睐于将相关文档排在较前的系统。当然，这并非一个真正的问题，因为将相关文档排在前面本身就是信息检索系统希望达到的一大目标。但因为这个指标忽略了召回率，它会青睐于一些只返回较少且高可信的文档的系统，并以牺牲系统的高召回率和返回结果的全面性为代价。

美国政府资助的文本检索会议（Text REtrieval Conference，TREC）评测，从 1992 年开始每年举行一次，给信息检索的各种任务和技术提供了严格的实验平台。与 MUC 评测一样，TREC 提供了大量的用于训练和评测的文档集以及统一的评分系统。训练资源是由查询条件［TREC 中称为主题（topic）］、相关判断集以及文档集共同组成的。多年来 TREC 的子任务已经囊括了问答、汉语和西班牙语的 IR、交互 IR、语音和视频检索等多个方面，请参考 Voorhees and Harman（2005）。所有会议的详情请参见 NIST（National Institute of Standards and Technology）网站的 TREC 页面。

23.1.5 同形关系、多义关系和同义关系

由于向量空间模型是只基于简单检索词的应用，所以研究各式各样的词汇语义现象对模型的可能影响是有意义的。考虑包含具有 tooth 和 dog 两个含义的单词 canine（大牙、狗）的查询条件。包含 canine 的查询将被判断为与使用这两个含义中的任何一个含义的文档相似。然而，用户很可能只对其中的一个含义感兴趣，包含另外一个含义的文档将被判为无关。因此，同形关系和多义关系可能导致系统返回与用户需求无关的文档，从而造成精度的降低（reducing precision）。

现在考虑包含词位 dog 的查询条件。该查询条件将被判断为与高频出现单词 dog 的文档相似，但是可能无法找出包含如 canine 这样的同义词的文档，以及使用如 Malamute（爱斯基摩狗）这样的下位词的文档。因此，同义关系和上下位关系可能导致系统错过相关文档，从而造成召回率的降低（reducing recall）。

注意，称多义关系导致正确率的降低和同义关系导致召回率的降低都是不准确的，因为精度和召回率都是相对于一个固定的分界点，如 23.1.4 节介绍的。由于多义关系导致处于分界点以上的每个无关的文档都会占用固定数量的返回文档集中的一个位置，这可能将一个相关文档推向分界点以下，从而导致召回率的降低。类似地，因为同义关系错失一个相关文档，则一个无关文档可能占据返回文档集的这个位置，潜在地也可能降低精度。

这些讨论很自然地导出一个问题：词义排歧是否对信息检索有帮助？目前对这个问题的证据是不一致的，一些实验报告称使用词义排歧可以提高检索性能（Schütze and Pedersen，1995），而另外一些报告称没有提高检索性能，甚至降低了检索性能（Krovetz and Croft，1992；Sanderson，1994；Voorhees，1998）。

23.1.6 改进用户查询的方法

信息检索系统性能最有效的改善方法之一是寻找改进用户查询的方法。本节所介绍的这些技术都已被证明可以在不同程度上改进信息检索效果。

在向量空间模型中信息检索系统性能最有效的改善方法是使用**相关反馈**（relevance feedback）（Rocchio，1971）。在该方法中，用户向系统提交一个查询条件，系统返回给用户少量的检索结果文

档。然后要求用户指定哪些文档是满足其需求的。接着系统根据用户指定的相关文档和不相关文档中的检索词分布,重组用户的原始查询条件。重组后的查询条件作为一个新的查询条件提交给系统并给用户返回新的检索结果。通常该技术的第一次循环就能够极大地改善检索性能。

该技术实现的形式化基础直接来自向量模型的一些基本几何学直觉。具体的,我们希望将表示用户原始查询条件的向量推向已经被发现是相关的文档,并且推离已经被判断为无关的文档。我们可以通过加入一个表示原始查询相关文档的平均向量,并减去一个表示无关文档的平均向量来实现上述过程。

更形式化地,让我们假设 $\vec{q}_i$ 表示用户的原始查询条件,R 是基于原始查询条件返回的相关文档数,S 是无关文档数,并且 $\vec{r}$ 和 $\vec{s}$ 分别表示在相关文档集和无关文档集中的文档。另外,假定 β 和 γ 的范围是从 0 到 1,并且 $\beta + \gamma = 1$。基于这些假设,则可用下式表示一个标准的相关反馈的更新公式:

$$\vec{q}_{i+1} = \vec{q}_i + \frac{\beta}{R} \sum_{j=1}^{R} \vec{r}_j - \frac{\gamma}{S} \sum_{k=1}^{S} \vec{s}_k$$

该公式中因子 β 和 γ 表示的参数可以通过实验加以调整。从直觉上看,β 表示新向量应该推向相关文档多远,而 γ 表示应该推离无关文档多远。根据 Salton and Buckley(1990)的报告,$\beta = 0.75$ 和 $\gamma = 0.25$ 时结果较好。

对采用相关反馈的系统进行评测是相当复杂的。第一次重组后的查询条件所产生的结果常常会有很大的改善。这并不令我们意外,因为它包括了用户在第一轮中反馈给系统的相关文档。避免这种性能夸大的最好方法是只计算**剩余文档集**(residual collection)的正确率和召回率,剩余文档集是去除原始文档集中任何一轮提交给用户判断的文档后剩余的文档集。由于现在最相关的文档被去除,这项技术通常使得系统的原始性能低于第一次查询条件时所获得的性能。但是该技术在比较不同的相关反馈机制时非常有效。

另外一种可供选择的查询改进方法着眼于组成查询向量的词语。在**查询扩展**(query expansion)中,用户的原始查询条件用原始检索词的同义词或一些与原始检索词相关的检索词进行扩展。因此,查询扩展是一项提高召回率的技术,但也许会以牺牲正确率为代价。例如,在查询 Steve Jobs 时可以添加 Apple 或 Macintosh 来扩展。

添加到查询的词都是从类属**词典**(thesaurus)中找出来的。在适当的领域,可以使用人工建立的资源,如 WordNet 或 UMLS 作为查询扩展的词典。但通常这些词典都不适合文档集,作为替代,我们进行类属**词典生成**(thesaurus generation)方法,根据集合中的文档自动生成类属词典。可以通过对集合中的词聚类来构建词典,该方法称作**词语聚类**(term clustering)。回忆前面提到的词语-文档矩阵特征:矩阵的列表示文档,矩阵的行表示检索词。因此,在类属词典生成中,矩阵的行可以被聚类形成同义词集,然后这个同义词集被加入查询条件以提高系统的召回率。聚类时计算距离的方法可以是简单的余弦距离,也可以是第 20 章讨论的任意一种其他的计算词汇相关性分布的方法。

类属词典可以从文档集中一次性地生成(Crouch and Yang, 1992),或者从原始查询条件返回的文档集中动态地生成一个类似同义词的检索词集(Attar and Fraenkel, 1977)。注意第二种方法需要花费更多的精力,因为实际上对每个查询条件返回的文档都要重新生成一个小的类属词典,而不是对整个文档集生成一个类属词典。

23.2 事实性问答

很多情况下,用户希望获得一段特定的信息,而不是整篇文档或一个文档集。我们使用术语**问答**(question answering)来指代使用一段特定信息回答用户问题的任务。如果该信息是一个简单的事实,尤其当这个事实是一个**命名实体**(named entity),如人名、组织名或地名时,我们称这个任务为**事实性问答**(factoid question answering)。

事实性问答系统是从网络或其他文档集合,通过查找可能包含答案的较短文本片段,并对其进行重构,最终呈现给用户的任务。图 23.7 列举了一些例子,说明事实性问题和相应的答案。

问	答
Where is the Louvre Museum located?	in Paris, France
What's the abbreviation for limited partnership?	L. P.
What are the names of Odin's ravens?	Huginn and Muninn
What currency is used in China?	the yuan
What kind of nuts are used in marzipan?	almonds
What instrument does Max Roach play?	drums
What's the official language of Algeria?	Arabic
What is the telephone number for the University of Colorado, Boulder?	(303)492-1411
How many pounds are there in a stone?	14

图 23.7　一些关于事实问题和相应答案的例子

因为事实性问答基于信息检索技术来查找这些片段,所以它也要面对信息检索中遇到的困难。事实性问答的基本问题就是问题表达方式和文本中答案表达方式的差异性问题。考虑下面从 TREC 问答任务中挑选的问答对:

用户问题: What company sells the most greeting cards?

可能的文档答案: Hallmark remains the largest maker of greeting cards.

这里用户使用动词短语 sells the most,而文档片段中使用名词短语 the largest maker。这种问题和答案之间的形式不匹配问题的解决,依赖于计算该问题和候选答案之间的相似度时,对问题和候选答案进行处理的方法的鲁棒性。如我们介绍,这种处理包括在前面几章介绍的多种技术,如受限形式的形态分析、词性标注、句法分析、语义角色标注、命名实体识别和信息检索等。

因为在大量文本数据上直接使用 NLP 技术如句法分析和角色标注通常代价相对太高,因此并不实用。所以问答系统一般使用信息检索的方法来先检索出较少数量的可能文档。然后将这些代价较高的技术用于在这些可能相关文本之上的第二次扫描。

图 23.8 说明了现代事实性问答系统的三个阶段:问题处理、段落检索和排名及答案处理。

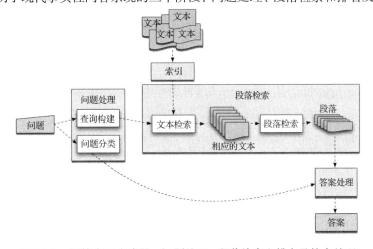

图 23.8　问答有三个步骤:问题处理、段落检索和排名及答案处理

23.2.1 问题处理

问题处理阶段的目的是为了从问题中抽取两项内容：一是符合 IR 系统输入要求的关键词查询，二是**答案类型**(answer type)，即能构成该问题合理答案的实体类别。

查询构建

查询构建(query formulation)类似于其他 IR 查询的处理。我们的目的是根据问题，创建一个关键词列表，以此构造一个 IR 查询。

具体要构建什么样的查询则依赖于问答的具体应用。如果问答系统用在网络上，我们可能直接把问题中的每个词作为关键词，让网络搜索引擎自动移除停用词。通常，我们会移除疑问词(where，when 等)。另外，也可以只用问题中的名词短语包含的检索词作为关键词，使用停用词列表过滤功能词和高频、低信息度的动词。

当问答系统用在一个较小的文档集上时，例如，要回答关于公司信息的问题，我们还是用 IR 引擎来搜索文档。但是在这个较小的文档集上，我们一般要采用查询扩展。网络上问题的答案可能会以各种不同的形式出现，所以如果用问题中的词搜索，我们可能会找到用同种格式书写的答案。相反，在较小的公司网站里，一个答案可能只会出现一次，而且具体的遣词造句可能看上去与问题毫不相关。因此，查询扩展的方法可以向查询中添加检索词，以期望能匹配答案出现的特定格式。

因此，我们可能要向查询中添加问题中每个词的所有形态变化，还要采用基于词典的或以前介绍的其他查询扩展算法，以获取更多的查询关键词。许多系统使用 WordNet 作为词典，还有一些则使用专门为问答系统而人工构建的专用词典。

在向网络提问时，有时会采用另一个查询构建的方法，该方法对查询应用一系列的**查询重构**(query reformulation)规则。这些规则对问题重新措辞，使其看上去类似于某个答案的子串。例如，问题"when was the laser invented?"会被重构为"the laser was invented"；问题"where is the Valley of the Kings"可能会被重构为"the Valley of the Kings is located in"。我们可以对查询多次应用重构规则，并把所有重构后的查询传给搜索引擎。这是 Lin 手写的一些重构规则(2007)：

(23.17) *wh-word* did A *verb* B→... A *verb* + ed B

(23.18) Where is A→A is located in

问题分类

问题处理的第二个任务是根据问题所期望的**答案类型**(answer type)对其分类。例如，类似于"Who founded Virgin Airlines"的问题希望得到一个 PERSON 类型的答案。类似于"What Canadian city has the largest population?"的问题则希望得到一个 CITY 类型的答案。这项任务称为**问题分类**(question classification)或**答案类型识别**(answer type recognition)。如果知道了一个问题的答案类型，我们就不必在整个文档的所有句子或名词短语中寻找答案，而只需注意特定类别的实体，如人名或城市名。知道答案类型对于呈现答案也很重要。类似于"What is a prism"的 DEFINITION 问题，可能使用一个简单的答案模板，如"A prism is…"，而"Who is Zhou Enlai?"这样的 BIOGRAPHY 问题，可能使用一个专用于传记的模板，通常以人物的国籍开头，继以出生日期和其他生平事迹。

如上面几个例子所示，我们需要抽取出问题分类器的可能答案类别，并构建一个**答案类型分类体系**(answer type taxonomy)，或**问题本体**(question ontology)，如第 22 章介绍的 PERSON、LOCATION 和 ORGANIZATION。实际中通常会采用一个稍微复杂的类别体系。这些复杂的标签集一般是层次化的，所以我们常称它们为答案类型分类体系(answer type taxonomy)或问题本体(question ontology)。这种分类体系可以半自动方式动态构建，如根据 WordNet(Harabagiu et al., 2000；Pasca, 2003)构建，或者通过手工设计。

图 23.9 演示了一个手工设计的本体结构，使用层次化的 Li and Roth(2005)标签集。在这个标签集里，每个问题都可以用粗粒度的标签来标注，如 HUMAN，或者一个细粒度的标签标注，如 HUMAN：DESCRIPTION，HUMAN：GROUP，HUMAN：IND 等。类似的标签也用在其他系统里。HUMAN：DESCRIPTION 类型一般称为 BIOGRAPHY 问题，因为答案被限定为某个人的简介，而不仅仅是一个名字。

标　签	例　子
ABBREVIATION	
abb	What's the abbreviation for limited partnership?
exp	What does the "c" stand for in the equation $E = mc2$?
DESCRIPTION	
definition	What are tannins?
description	What are the words to the Canadian National anthem?
manner	How can you get rust stains out of clothing?
reason	What caused the Titanic to sink?
ENTITY	
animal	What are the names of Odin's ravens?
body	What part of your body contains the corpus callosum?
color	What colors make up a rainbow?
creative	In what book can I find the story of Aladdin?
currency	What currency is used in China?
disease/medicine	What does Salk vaccine prevent?
event	What war involved the battle of Chapultepec?
food	What kind of nuts are used in marzipan?
instrument	What instrument does Max Roach play?
lang	What's the official language of Algeria?
letter	What letter appears on the cold-water tap in Spain?
other	What is the name of King Arthur's sword?
plant	What are some fragrant white climbing roses?
product	What is the fastest computer?
religion	What religion has the most members?
sport	What was the name of the ball game played by the Mayans?
substance	What fuel do airplanes use?
symbol	What is the chemical symbol for nitrogen?
technique	What is the best way to remove wallpaper?
term	How do you say "Grandma" in Irish?
vehicle	What was the name of Captain Bligh's ship?
word	What's the singular of dice?
HUMAN	
description	Who was Confucius?
group	What are the major companies that are part of Dow Jones?
ind	Who was the first Russian astronaut to do a spacewalk?
title	What was Queen Victoria's title regarding India?

图 23.9　Li and Roth(2002, 2005)提出的问题分类。例句从他们 5 500 个已标注问题的语料库中摘录。问题都可以用粗粒度的标签来标注，如HUMAN，或者一个细粒度的标签标注，如 HUMAN：DESCRIPTION，HUMAN：GROUP，HUMAN：IND 等

标　　签	例　　子
LOCATION	
city	What's the oldest capital city in the Americas?
country	What country borders the most others?
mountain	What is the highest peak in Africa?
other	What river runs through Liverpool?
state	What states do not have state income tax?
NUMERIC	
code	What is the telephone number for the University of Colorado?
count	About how many soldiers died in World War II?
date	What is the date of Boxing Day?
distance	How long was Mao's 1930s Long March?
money	How much did a McDonald's hamburger cost in 1963?
order	Where does Shanghai rank among world cities in population?
other	What is the population of Mexico?
period	What was the average life expectancy during the Stone Age?
percent	What fraction of a beaver's life is spent swimming?
speed	What is the speed of the Mississippi River?
temp	How fast must a spacecraft travel to escape Earth's gravity?
size	What is the size of Argentina?
weight	How many pounds are there in a stone?

图 23.9(续)　Li and Roth(2002,2005)提出的问题分类。例句从他们 5 500 个已标注问题的语料库中摘录。问题都可以用粗粒度的标签来标注,如 HUMAN,或者一个细粒度的标签标注,如 HUMAN:DESCRIPTION,HUMAN:GROUP,HUMAN:IND 等

问题分类器可以用手工编写的规则来实现,或通过机器学习和融合两种策略。例如,Webclopedia 的 QA Typology,包含 276 个手写规则,以及近 180 个答案类型(Hovy et al., 2002)。用于检测答案类型,如 BIOGRAPHY(假设问题已经标注为命名实体)的正则表达式可能是:

(23.19) who {is | was | are | were} PERSON

但是大多数现代问题分类器都基于有监督机器学习技术。这些分类器在手工标注了答案类型的问题数据库上训练,如 Li and Roth(2002)的语料库。用于分类的典型特征包括问题中的词、每个词的词性以及问题中的命名实体。

通常,问题中的特定词能为答案类型提供额外信息,且它会被用作特征。这个词有时称为问题的**中心词**(head-word)或**答案类型词**(answer type word),可能会被定义为问题中 wh-word 之后第一个出现的 NP 中心词。下面的例子中,中心词用黑体标示处理:

(23.20) Which **city** in China has the largest number of foreign financial companies?
(23.21) What is the state **flower** of California?

最后,问题中词的语义信息通常也会有帮助。单词在 WordNet 的同义词集中的 ID 可以用作特征,问题中每个词的上位词、下位词对应的 ID 也可以用作特征。

总之,问题分类的精度在简单问题类型上相对较高,如在 PERSON,LOCATION 和 TIME 问题上;而检测 REASON 和 DESCRIPTION 问题则较为困难。

23.2.2　段落检索

在问题处理阶段创建的查询下一步将被提交给信息检索系统，或者是私有索引文档集上的 IR 引擎或网络搜索引擎。文档检索阶段的结果是一个返回的文档集。

尽管这个文档集一般按照相关性排序，但排名最高的文档可能并不是我们想要的答案。这是由于考虑到问答系统的目的，文档通常并不是进行排序的合适单位。一个高相关且篇幅较长，但没有显著回答问题的文档，对于后续处理来说不是一个理想的候选。

所以，下一步是从返回的文档集中提取一系列可能的答案段落。段落的定义通常依赖于系统，典型的单元包括节、段落和句子。例如，我们可能要在所有返回文档上，执行第 21 章介绍的分段算法，并把每个段当成一个片段。

接下来要进行**段落检索**（passage retrieval）。在这一步，我们首先过滤返回文档中不包含潜在答案的段落，然后对剩下的段落根据它们包含答案的可能性对它们进行排序。这项处理的第一步便是在检索的段落上执行命名实体或答案类型分类。根据问题确定的答案类型，可以告诉我们期望在答案中看到何种类型的答案（扩展的命名实体）。因此我们可以过滤掉不含这种类型实体的文档。

接下来我们利用手工构建规则或有监督的机器学习算法，对剩下的段落进行排序。这两种情况下，排序都要基于相对较小的、可以方便高效地从大量可能的答案段落中抽取的特征集。下面是众多普通特征中的一部分。

- 段落中该类型**命名实体**（named entities）的个数。
- 段落中**问题关键词**（question keywords）的数量。
- 段落中与问题精确匹配的最长的关键词串。
- 提取该段落的源文档所处排名。
- 原始查询中关键词之间的**距离**（proximity）。
  对每个段落，确定其中能包含该段落中所含关键词的最短文本跨度。系统青睐于在更短的跨度中包含更多的关键词（Pasca，2003；Monz，2004）。
- 段落和问题之间的 **N-gram 重叠**（N-gram overlap）。
  统计问题中的 N-gram 和答案段落中的 N-gram，与问题的 N-gram 重叠越高，该段落越受重视（Brill et al., 2002）。

对于网络上的问答，我们通常并不从所有返回文档中抽取段落，而是利用网络搜索进行段落抽取。我们把搜索引擎的摘要作为返回的段落来使用。例如，图 23.10 展示了 Google 对查询 "When was movable type metal printing invented in Korea?" 返回的前五篇文档所做的摘要。

23.2.3　答案处理

问答的最后一步是从段落中抽取特定的答案，并将其呈现给用户，如 300 million 对应于问题 "What is the current population of the United States"。

有两种算法已被用于答案抽取任务，基于**答案类型模板的抽取**（answer type pattern extraction）和基于 **N-gram 的拼接**（N-gram tiling）。

在基于模板的抽取方法中，我们同时使用期望的答案类型和正则表达式模板。例如，对于一个答案类型为 HUMAN 的问题，我们在候选段落或句子上执行答案类型或命名实体标注程序，返回所有 HUMAN 类型的实体。所以，在下面的例子中，标了下画线的命名实体会从候选的答案段落中抽取出来，作为 HUMAN 和 DISTANCE-QUANTITY 问题的答案：

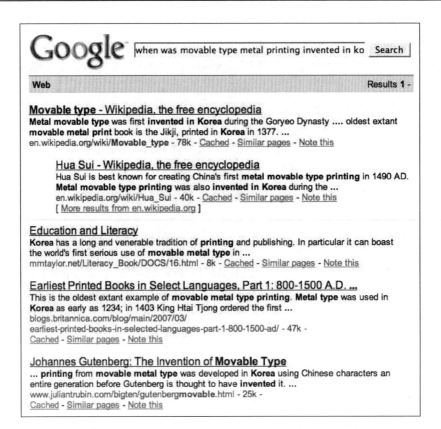

图 23.10   Google 根据查询"When was movable type metal printing invented in Korea?"所做的五篇文档摘录

"*Who is the prime minister of India*"

Manmohan Singh, Prime Minister of India, had told left leaders that the deal would not be renegotiated.

"*How tall is Mt. Everest?*"

The official height of Mount Everest is 29035 feet.

　　遗憾的是,某些问题的答案,如 DEFINITION 问题,并不倾向于某一特定的命名实体类别。对于某些问题我们使用手写的正则表达式模板来取代答案类型,以帮助抽取答案。当一个段落中包含同一命名实体类型的多个实例时,这些模式同样适用。图 23.11 列举了 Pasca(2003)提出的关于定义类问题的问题短语(QP)和答案短语(AP)的一些模式。

模　式	问　题	答　案
< AP > such as < QP >	What is autism?	",developmental disorders such as autism"
< QP >,(a < AP >)	What is a caldera?	"the Long Valley caldera, a volcanic crater 19 miles long

图 23.11   用于定义类问题的一些答案抽取模板(Pasca,2003)

　　模板是特定于问题类型的,既可以手工编写,也可以自动学习得到。

　　例如,Ravichandran and Hovy(2002)和 Echihabi et al.(2005)提出的自动模板学习方法,使用了第 20 章和第 22 章介绍的基于模板的关系抽取方法(Brin,1998;Agichtein and Gravano,2000)。模板学习的目的是要学习某一答案类型,如 YEAR-OF-BIRTH,与问题的某一侧面之间的关系,在这个例子中指我们想知道其出生年份的人的名字。因此我们试着学习一些模板,可以帮助确定两个短语之间的关系(PERSON-NAME/YEAR-OF-BIRTH, TERM-TO-BE-DEFINED /DEFINI-TION 等)。这项任务类似于第 20 章介绍的在 WordNet 同义词集合中学习上位词/下位词关系,以及第 22 章介绍的学习词之间的 ACE 关系。下面是一个用于问答关系抽取的算法概要:

1. 对两个词之间的某一关系(即 person-name→year-of-birth),我们开始手动建立一个正确词对的列表(如"gandhi:1869""mozart:1756"等)。
2. 用这些词对在网络上进行查询(如"gandhi""1869"等),并检查返回的第一篇文档。
3. 把每篇文档分割为句子,并只保留包含检索词的句子(如 PERSON-NAME 和 BIRTH-YEAR)。
4. 提取一个正则表达式的模板,以标识这两个词之间和周围出现的词汇和标点。
5. 保留所有正确率足够高的模板。

在第 20 章和第 22 章,我们讨论了多种衡量模板精度的方法。一种用于问答模板匹配的方法是保留具有**高正确率**(high precision)的模板。正确率通过执行只包含问题词汇,不含答案词汇的查询(即查询中只有"gandhi",没有"mozart")来测量。然后我们用生成的模板在文档的句子上匹配,并抽取出生日期。因为我们知道正确的出生日期,所以我们可以计算该模板产生正确生日的百分比。这个百分比就是模板的正确率。

对于 YEAR-OF-BIRTH 的答案类型,这种方法学习了如下模板:

<NAME> (<BD>-<DD>),

<NAME> was born on <BD>

目前命名实体检测和问答模板抽取这两种方法在答案提取上仍然不理想。不是每个关系都会有无歧义的上下文词汇或标点作标记,并且答案段落中会出现同一类型命名实体的多个实例。最成功的答案抽取方法是综合这些方法,将它们与其他信息一起用作分类器的特征,以对候选答案排序。我们通过命名实体或模板,甚至是从段落检索的每个句子中查找和抽取可能的答案,并使用包含如下特征的分类器对这些答案排序。

答案类型匹配(answer type match):如果候选答案包含一个短语,其符合正确答案的类型,则为真(Pasca, 2003)。

模板匹配(pattern match):匹配候选答案的模板编号。

与问题关键词匹配的数量(number of matched question keywords):候选答案中包含多少个问题关键词。

关键词距离(keyword distance):候选答案与查询关键词之间的距离(用平均词汇数或候选答案中出现在同一个语法片段的关键词数量来表示)。

新颖性因子(novelty factor):如果候选答案中至少有一个单词是新的,即未出现在查询中,则为真。

同位特征(apposition features):如果候选答案是一个包含很多问题检索词的短语的同位语,则为真(Pasca, 2003)。

标点位置(punctuation location):如果候选答案后面紧随一个逗号、句号、引号、分号或感叹号,则为真。

问题检索词的序列(sequences of question terms):候选答案中出现的最长的问题检索词的序列的长度。

另一个仅能用于网络搜索的答案抽取方法是基于 **N-gram 拼接**(N-gram tiling)的,有时被称为**基于冗余的方法**(redundancy-based approach)(Brill et al., 2002;Lin, 2007)。这种简化的方法

从搜索引擎返回的重构查询结果摘要开始。第一步，**N-gram 挖掘**(N-gram mining)抽取摘要中出现的所有 unigram，bigram 和 trigram，并赋予权重。权重是包含该 N-gram 的摘要数量，以及返回该 N-gram 的查询重构模板权重的函数。在 **N-gram 过滤**(N-gram filtering)阶段，根据 N-gram 与预测的答案类型的匹配度，对 N-gram 打分。这些分数由为每个答案类型编写的过滤器计算。最后，N-gram 拼接算法把重叠的 N-gram 片段连接成更长的答案，一个标准的贪心算法从得分最高的候选答案开始，试图将其他候选与该答案拼接。得分最高的连接被添加进候选集，得分低的候选则被移除，这个过程一直持续到只剩下一个唯一的答案为止。

对任意一种答案抽取的方法，准确的答案短语都只能由其自身来呈现给用户。但是实际上，几乎没有用户喜欢只有简单的数字或名词的答案，他们更希望看到的是伴随有足够多佐证段落的答案。因此，我们通常会给用户一整段文本，并将其中的准确答案用高亮或黑体字表示。

23.2.4　事实性答案的评价

有许多技术可被用来评价问答系统。目前最有影响力的评价框架是由 TREC 在 1999 年的 Q/A 评测中首次提出的。

TREC 使用的主要度量是一个**内在的**(intrinsic)或**外在的**(in vitro)评价指标，称为**平均逆排名**(Mean Reciprocal Rank，MRR)。与 23.1 节介绍的特定信息检索一样，MRR 假设有一个已经标注好了正确答案的测试问题集。MRR 还假设系统返回了**排序后的**(ranked)答案列表或包含答案的段落列表。把每个问题的首个正确答案所处的**排序号**(rank)取倒数，作为该问题的得分。例如，如果系统返回了 5 个答案，但是前 3 个答案都是错的，排名最高的正确答案处于第四位，这个问题的逆排名得分就是 $\frac{1}{4}$。返回集中没有正确答案的问题，得分为 0。对集合中每个问题的得分进行平均，即可得到系统的得分。更形式化的，对一个问答系统进行评价时，使用一个包含 N 个问题的测试集，每个问题返回 M 个答案，那么 MRR 就可定义为：

$$\mathrm{MRR} = \frac{\sum_{i=1}^{N} \frac{1}{\mathrm{rank}_i}}{N} \tag{23.22}$$

23.3　摘要

本章我们已介绍的算法可以向用户展现一整篇文档(信息检索)，或一个短小的事实性答案短语(事实性问答)。但是有时候用户希望找到介于这两个极端之间的一些信息，如文档或文档集的**摘要**(summary)。

文本摘要(text summarization)是从文本中提炼最重要的信息，并根据特定任务和用户生成一个缩略版本的过程[Mani and Maybury 的定义(1999)]。现今关于摘要的研究热点包括以下几类：

- 文档的**大纲**(outlines)；
- 科技文献的**摘要**(abstracts)；
- 新闻报道的新闻**提要**(headlines)；
- 搜索引擎对结果网页的**摘录**(snippets)；
- (口头的)商务会议的**实施条目或其他摘要**(action items or other summaries)；
- 电子邮件往来的**摘要**(summaries)；
- **压缩语句**(compressed sentences)，以生成简单的或压缩的文本；
- 复杂问题的**答案**(answers)，通过摘录多篇文档完成。

这几类摘要的目标通常会依据其在以下两个方面的定位来描述：

- **单个文档**(single-document summarization)或**多个文档**(multiple-document)的摘要;
- **一般性**(generic)摘要或**针对查询**(query-focused)的摘要。

单文档摘要(single-document summarization)对单个文档生成摘要。单文档摘要用于生成新闻提要或大纲,它们的最终目标都是为了描述单个文档的内容。

多文档摘要(multiple-document summarization)的输入是一组文档,其目标是浓缩整个文档集的内容。当我们要总结针对同一事件的系列新闻报道时,或者想要综合或浓缩同一主题的网络内容时,就要使用多文档摘要。

一般性摘要(generic summary)是一种不需要考虑特定用户或特定信息需求的摘要,这种摘要只需要给出文档的重要信息即可。相反地,**针对查询的摘要**(query-focused summarization),也可以称为**主题摘要**(focused summarization)、**基于主题的摘要**(topic-based summarization)以及**针对用户的摘要**(user-focused summarization),这种摘要是为了满足特定的用户查询才生成的。我们可以把针对查询的摘要看成一种回答用户问题的较长的非事实性答案。

本节的剩余部分将简要地叙述一下自动文本摘要系统的架构,后续的章节再进行详细介绍。

文本摘要系统的一个关键的架构维度是它们生成的是**摘要**(abstract)还是**摘抄**(extract)。最简单的摘要,也就是摘抄,是从待摘要文档中挑出短语或句子,然后将它们连接起来。相反地,**摘要**(abstract)则要使用别的词汇来描述文档内容。我们将在图 23.12 中,利用亚伯拉罕·林肯的著名葛底斯堡演说来详解摘要和摘抄的区别。[①]图 23.13 展示了一段演讲的摘抄,后面就是该演讲的摘要。

Fourscore and seven years ago our fathers brought forth on this continent a new nation, conceived in liberty, and dedicated to the proposition that all men are created equal. Now we are engaged in a great civil war, testing whether that nation, or any nation so conceived and so dedicated, can long endure. We are met on a great battle – field of that war. We have come to dedicate a portion of that field as a final resting – place for those who here gave their lives that this nation might live. It is altogether fitting and proper that we should do this. But, in a larger sense, we cannot dedicate... we cannot consecrate... we cannot hallow... this ground. The brave men, living and dead, who struggled here, have consecrated it far above our poor power to add or detract. The world will little note nor long remember what we say here, but it can never forget what they did here. It is for us, the living, rather, to be dedicated here to the unfinished work which they who fought here have thus far so nobly advanced. It is rather for us to be here dedicated to the great task remaining before us... that from these honored dead we take increased devotion to that cause for which they gave the last full measure of devotion; that we here highly resolve that these dead shall not have died in vain; that this nation, under God, shall have a new birth of freedom; and that government of the people, by the people, for the people, shall not perish from the earth.

图 23.12　葛底斯堡演说[Abraham Lincoln(1863)]

葛底斯堡演说的一个摘抄:

Four score and seven years ago our fathers brought forth upon this continent a new nation, conceived in liberty, and dedicated to the proposition that all men are created equal. Now we are engaged in a great civil war, testing whether that nation can long endure. We are met on a great battle-field of that war. We have come to dedicate a portion of that field. But the brave men, living and dead, who struggled here, have consecrated it far above our poor power to add or detract. From these honored dead we take increased devotion to that cause for which they gave the last full measure of devotion— that government of the people, by the people for the people, shall not perish from the earth.

葛底斯堡演说的一个摘要:

This speech by Abraham Lincoln commemorates soldiers who laid down their lives in the Battle of Gettysburg. It reminds the troops that it is the future of freedom in America that they are fighting for.

图 23.13　葛底斯堡演说的一个摘抄和摘要[摘自 Mani(2001)]

---

① 一般来说,你可能不需要这样短小的一段演讲的摘要,但是一个简短的文本的重要目的是,使人更容易看出摘抄是如何映射到原始文本的。现代技术在葛底斯堡演说上的一个有趣应用,参见 Norvig(2005)。

大多数现有的文本摘要系统都是摘抄的,因为摘抄比摘要容易很多。转向更复杂的摘要则是最近研究的主要目标。

文本摘要系统,原本也可以说**自然语言生成**(natural language generation)系统,通常用针对以下三个问题所采取的解决方案来描述:

1. **内容选择**(content selection):要从待摘要文档选择什么信息。通过做简化假设,我们认为摘抄的粒度为句子或从句。基于上述假设,内容选择的任务主要是决定选择哪些句子或从句放进摘要中。
2. **信息排序**(information ordering):如何对摘抄出来的单位进行排序,并安排合理的结构。
3. **句子实现**(sentence realization):对摘抄出来的单位进行某种清理,使其在新的上下文中显得流利。

后面我们会在三个摘要任务——**单文档摘要**(single-document summarization)、**多文档摘要**(multi-document summarization)、**针对查询的摘要**(query-focused summarization)中一一介绍这些步骤。

23.4 单文档摘要

我们首先考虑为单个文档构造一个摘抄型摘要这样一个任务。假设以句子为摘抄单位,那么该任务的三个步骤如下所示:

1. **内容选择**(content selection):选择要从文档中摘抄的句子。
2. **信息排序**(information ordering):安排一个顺序,将这些句子安放在摘要的合适位置。
3. **句子实现**(sentence realization):清理这些句子,例如,从句子中移除非必需的短语,将多个句子合并为一个句子,或者解决连贯性的问题。

图 23.14 描绘了这个方案的基本架构。

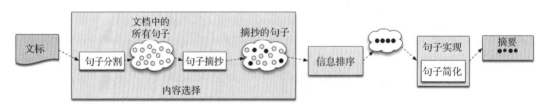

图 23.14 一般的单文档摘要系统的基本架构

我们首先介绍只包含内容选择组件的基本摘要技术。实际上,许多单文档摘要系统没有信息排序这一步骤,而是仅仅按照它们在原始文档中的顺序进行排列。另外,我们现在要假设这些句子在摘抄之后没有进行连接和清理,尽管我们在后面会简单介绍如何进行这些处理。

23.4.1 无监督的内容选择

摘抄句子的**内容选择**(content selection)通常会被看成一个分类任务。分类器的目标是为文档里的每个句子打上一个二元标签:重要或不重要(值得摘抄或不值得摘抄)。我们先介绍句子分类的无监督算法,然后在下一节介绍有监督算法。

最简单的无监督算法基于早在 1958 年 Luhn 提出的摘要系统的思想:选择包含更**显著**(salient)或包含更**多信息的**(informative)词的句子。这是因为包含信息词的句子更有价值。显著性一般通过计算**主题特征**(topic signature)来定义,即**显著词**(salient terms)或**特征词**(signature terms)的一个集合,其中每个词的显著性得分必须大于某一阈值 θ 。

显著性可以用简单的词频形式来计算,但是使用词频有一个问题,即一个词可能在英语中有较高的出现概率,但是在某一特定文档中并不具有明显的主题性。因此,类似于 **tf-idf** 或**对数似然比**(log-likelihood ratio)的加权方案更为常用。

回忆 2.3.12 节的 tf-idf 方案,该方案为在当前文档频繁出现,但是在整个文档集中很少出现的词赋予了较高权重,说明这个词与该文档特别相关。对待评价句子中的每个词 i ,我们计算它在文档 j 中出现的次数 $\text{tf}_{i,j}$,并乘以在整个文档集的逆文档频率 idf_i :

$$\text{weight}(w_i) = \text{tf}_{i,j} \times \text{idf}_i \tag{23.23}$$

一个更好的寻找信息词的办法是**对数似然比**(Log-Likelihood Ratio,LLR)。每个词的 LLR,一般称为 $\lambda(w)$,是假设背景文档集和输入文档集有相同的 w 观察概率分布时的 w 观察概率,与假设背景文档集和输入文档集有不同的 w 观察概率分布时的 w 观察概率之间的比值。对数似然的细节以及如何计算,可参阅 Dunning(1993),Moore(2004)和 Manning and Schütze(1999)。

其实对数似然比的函数 $-2\log(\lambda)$ 可以用 χ^2 分布渐近估计,当 $-2\log(\lambda) > 10.8$ 时,说明该词在输入中出现的概率显著高于在背景语料库中出现的概率($\alpha = 0.001$)。Lin and Hovy (2000)提出这一定律,使得对数似然比特别适合于为摘要选择主题特征。因此,词的对数似然比权重一般定义为如下形式:

$$\text{weight}(w_i) = \begin{cases} 1, & -2\log(\lambda(w_i)) > 10 \\ 0, & 其他 \end{cases} \tag{23.24}$$

式(23.24)可以为句子中的每个词设置 1 或 0 的权重。句子 s_i 的得分可以对非禁用词的权重取平均:

$$\text{weight}(s_i) = \sum_{w \in s_i} \frac{\text{weight}(w)}{|\{w|w \in s_i\}|} \tag{23.25}$$

摘要算法为每个句子计算权重,然后根据得分对所有句子排序。摘抄摘要则由排名最高的句子组成。

这种基于阈值的 LLR 算法所属的算法族,称为**基于中心点的摘要**(centroid-based summarization),因为可以把特征词的集合看成一个伪句子,它是文档中所有句子的“中心”,我们就是要找到最接近于中心句的句子。

对数似然比/中心方法的一个常用替代是使用其他的句子**中心**(centrality)模型。其他的基于中心的方法类似于上面介绍的基于中心的方法,这些方法的目标是按照句子所承载信息的核心程度,对句子进行排序。但基于中心的方法并不只是根据句子中是否包含显著的词来排序,而是计算每个候选句子与其他句子之间的距离,选择与其他句子的平均距离较小的句子。为了计算中心,我们可以把每个句子表示成长度为 N 的词袋子向量,如第 20 章介绍。对每个句子对 x 和 y ,我们按照式(23.12)计算 tf-idf 权重的余弦相似度。

输入的 k 个句子都会得到一个中心分,即它与其他所有句子的平均余弦相似度:

$$\text{centrality}(x) = \frac{1}{K} \sum_y \text{tf-idf-cos}(x,y) \tag{23.26}$$

句子按照其中心得分排序,在所有句子中平均余弦值最高的句子,就是与其他句子最接近的句子,会被选作输入的所有句子中最具“代表性”或最能反映“主题”的句子。

还可以使用更复杂的基于图的中心度量,来扩展这种中心得分(Erkan and Radev,2004)。

23.4.2 基于修辞分析的无监督摘要

我们在上面介绍的用于内容摘录的语句抽取算法,仅仅依赖于词的显著性一个表层特征,而忽略了如篇章信息这样更高级别的线索。本节我们简要总结一种将更复杂的篇章知识融入到摘要任务中的方法。

我们介绍的摘要算法使用了**连贯关系**(coherence relations),其中的一个例子是第 21 章介绍的修辞结构理论(Rhetorical Structure Theory, RST)。回想 RST 关系通常被表示为**卫星**(satellite)或**核心**(nucleus),核心句子通常更适合于摘要。例如,考虑下面摘自 Scientific American 杂志的两段文本,如 21.2.1 节所介绍:

> With its distant orbit-50 percent farther from the sun than Earth-and slim atmospheric blanket, Mars experiences frigid weather conditions. Surface temperatures typically average about – 70 degrees Fahrenheit at the equator, and can dip to – 123 degrees C near the poles.
>
> Only the midday sun at tropical latitudes is warm enough to thaw ice on occasion, but any liquid water formed in this way would evaporate almost instantly because of the low atmospheric pressure. Although the atmosphere holds a small amount of water, and water-ice clouds sometimes develop, most Martian weather involves blowing dust or carbon dioxide.

这一节的前两个篇章单元的关系为 RST JUSTIFICATION,第一个篇章单元证明第二个单元,如图 23.15 所示。因此第二个单元("Mars experiences frigid weather conditions")是核心,更能反映这段文档叙述的内容。

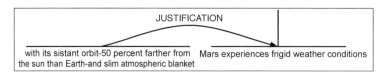

图 23.15 两个篇章单元之间的证明关系,一个是卫星(左边),一个是核心(右边)

我们可以把这个直觉用于摘要,首先使用第 21 章介绍的篇章分析器计算每个篇章单元之间的连贯关系。一旦句子被分析为连贯关系图或分析树,我们就可以基于核心单元对于摘要更重要的直观想法,递归地抽取文本中的卫星单元。

考虑图 23.16 中的连贯关系分析树。树上每个结点的显著单元可以如下递归定义:

- 基础情况(base case):叶子结点的显著单元是该叶子结点本身。

- 递归情况(recursive case):中间结点的显著单元是它直接核心的子结点的显著单元的联合。

根据这个定义,篇章单元(2)是这个文本最显著的单元[因为根结点跨越了单元(1)~(8),(1)~(6)单元为其核心,单元(2)是单元(1)~(6)的显著单元]。

如果我们根据结点的核心单元高度对篇章单元进行排序,那么可以为这些单元指派一个偏序的显著性。Marcu 的算法(1995)为这个篇章赋予了以下偏序:

$$2 > 8 > 3 > 1,4,5,7 > 6 \tag{23.27}$$

如何计算偏序的细节请参考 Marcu(1995, 2000b),还可参考 Teufel and Moens(2002)的另一种在摘要中使用修辞结构的方法。

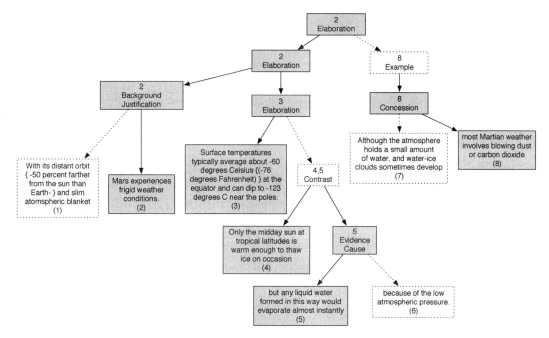

图 23.16   文本的篇章分析树。黑体链接将结点和其核心子结点联系在一起；虚线将结点与其卫星子结点联系起来。据Marcu（2000a）

23.4.3   有监督的内容选择

主题特征对于无监督的内容选择是极为有效的方法，但是主题特征对于寻找值得抽取的句子只是一个线索。还存在许多其他的线索，包括上面讨论的显著性方法，如中心算法和 PageRank 方法，以及其他线索，如句子在文档中的位置（文档开始位置和结束位置的句子更重要）、每个句子的长度，等等。因此我们希望找到一个能把所有这些线索赋予权重并结合在一起的方法。

为各个线索赋予权重并结合的最有效方法是有监督的机器学习方法。对于有监督的机器学习方法，我们需要一个由人工创建了对应摘抄型摘要的文档集做训练语料，如 Ziff-Davis 语料库（Marcu, 1999）。根据定义，摘抄型摘要的每个句子都是从文档中抽取的。这意味着我们可以为文档中的每个句子指派一个标签：如果该句子出现在摘抄中则为 1，否则为 0。为了构建分类器，我们只需要选择用于抽取出现在摘要中的句子的特征。图 23.17 列举了一些用于句子分类的常见特征。

训练文档中的每个句子都有一个标签（如果句子未出现在该文档对应的摘要中则为 0，出现了则为 1），以及如图 23.17 所示的特征值集合。然后我们就可以训练分类器，并用来预测未知数据的标签。例如，一个类似于朴素贝叶斯或 MaxEnt 的概率分类器，可以根据特征集 $f_1 \cdots f_n$ 计算某个句子值得摘抄的概率。接着我们摘抄概率大于 0.5 的句子：

$$P(\text{extract-worthy}(s)|f_1, f_2, f_3, \cdots, f_n) \tag{23.28}$$

我们曾说过，该算法存在一个问题：它要求每篇文档有一个对应的只包含摘抄句子的训练摘要。如果放松这个限制，我们可以将这个算法应用于更宽泛的摘要-文档对上，如会议论文或期刊文章与它们的摘要。幸运的是，当人撰写摘要时，即使是本着撰写抽象式摘要的目的，他们也常常会使用文档中的短语或句子。但是他们并不只使用摘抄的句子，他们一般还会把两个句子合并为一个，改变句子中的用词，或者使用完全不同的抽象语句。在下面一个用户生成的摘要例子中，尽管在最终的摘要里有所改动，我们还是能清晰地看出它是文档中的一个值得摘抄的句子。

（23.29）**手写摘要**（Human summary）：This paper identifies the desirable features of an ideal multisensor gas monitor and lists the different models currently available.

（23.30）**原始的文档语句**（Original document sentence）：The present part lists the desirable features and the different models of portable, multisensor gas monitors currently available.

位置	句子在文档中的位置。例如,Hovy and Lin（1999）发现,在大多数新闻文章中,最值得抽取的句子是标题句。他们检查 Ziff – Davis 语料库发现,第二位带信息最多的句子是第二段的第一个句子（P2S1）,然后是第三段的的第一个句子（P3S1）;所以,从带信息最多的句子开始的句子位置的顺序表是:T1, P2S1,P3S1, P4S1, P1S1, P2S2,… 像几乎所有的文摘特征一样,位置特征也是强烈地依赖于文体类型的。在华尔街日报的文章中,最重要的信息往往出现在如下的句子中:T1, P1S1, P1S2,…
提示短语	包含总结性短语和结论性短语的句子,或者最值得抽取的文章。这些提示短语也是强烈地依赖于文体的。例如,在 British House of Lord 的法律文摘中,it seems to me 这样的短语是最有用的提示短语。
单词的信息度	包含较多的带有主题特征信息的词语的句子,在前面的章节中已经描述过,这样的句子是最值得抽取的。
句子长度	太短的句子不适于抽取。我们通常使用基于截止点的二元特征来捕捉这样的事实（例如,如果句子长度多于 5 个单词才可以抽取）。
内聚性	在第 21 章中曾经指出,词汇链是出现在话语中相关单词的序列。那些包含来自词汇链中的词语的句子是最值得抽取的,因为它们可以预示接在下面的主题（Barzilay and Elhadad, 1997）。这种类型的内聚性可以使用基于图的方法进行计算（Mani and Bloedorn, 1999）。上面讨论过的 PageRank 基于图的句子中心性的度量方法也可以看成内聚性的度量指标（Erkan and Radev, 2004）。

图 23.17　用于判断一个句子是否应摘抄为摘要的有监督分类器常用的一些特征

因此,一个重要的预处理就是将每个训练文档与其摘要对齐,其目的是找到文档中的哪些句子(完全或大部分)包含在摘要中。一个简单的**对齐**（alignment）算法是找出源文档和摘要语句之间非停用词的最长公共子序列;或者计算最小编辑距离;或者使用其他更复杂的知识源,如 WordNet 等。最近的研究关注于更复杂的对齐算法,如 HMM 的使用,尤其是 Jing（2002）和 Daumé III and Marcu（2005）。

给定这些对齐算法,有监督内容选择方法可以使用文档和人工抽象性摘要的平行语料,如学术论文与其摘要（Teufel and Moens, 2002）。

23.4.4　句子简化

抽取句子并排序之后,最后的步骤便是**句子实现**（sentence realization）。句子实现的一个模块是**句子压缩**（sentence compression）或**句子简化**（sentence simplification）。下面的例句由 Jing（2000）摘自某一人工摘要的例子中,人工摘要在表达这些抽取出来的句子时,会选择排除一些形容词性的修饰语和从句。

（23.31）**原始句子**（original sentence）：*When it arrives sometime new year in new TV sets*, the V-chip will give parents a *new and potentially revolutionary* device to block out programs they don't want their children to see.

（23.32）**人工简化的句子**（Simplified sentence by humans）：The V-chip will give parents a device to block out programs they don't want their children to see.

最简单的句子简化方法就是使用规则选择句子的哪些部分该剪除,哪些该保留,这个过程通常会首先对句子进行句法分析或部分句法分析。Zajic et al.（2007）, Conroy et al.（2006）和

Vanderwende et al.（2007）提出的一些代表性规则会移除下面这些内容：

同位语 （appositives）	Rajam，~~28, an artist who was living at the time in Philadelphia~~, found the inspiration in the back of city magazines.
归属从句 （attribution clause）	Rebels agreed to talks with government officials, ~~international observers said Tuesday.~~
无命名实体的介词短语 （PPs without named entities）	The commercial fishing restrictions in Washington will not be lifted [SBAR unless the salmon population 329 ienties)PP ~~to a sustainable number~~]
初始状语 （initial adverbials）	"For example", "On the other hand", "As a matter of fact", "At this point"

更复杂的句子压缩模型基于有监督的机器学习方法，其中文档和人工摘要的平行语料被用来计算特定词汇或短语结点被剪除的概率。如想了解这方面最新的论文，请参考本章结尾的文献和历史说明部分。

23.5　多文档摘要

当把摘要技术运用在文档集合，而不是单个文档时，我们就把这个任务称为**多文档摘要**（multi-document summarization）。多文档摘要尤其适合基于网络的应用，如通过结合不同新闻报道的信息创建某一新闻事件的摘要，或从多个文档摘抄的内容中寻找复杂问题的答案。

多文档摘要目前还远远未解决，即便目前的技术对于信息查找类的任务已经有了一定的效果。例如，McKeown et al.（2005）为实验参与者提供了文档以及对应的人工摘要、自动生成的摘要和无摘要，然后要求参与者在限定时间执行收集事实的任务。参与者必须回答三个与新闻中某个事件相关的问题，阅读自动生成摘要的实验对象能给出较高质量的答案。

多文档摘要算法同样是基于前面介绍的三个步骤。大多数情况下，我们对待摘要的聚类文档集依次执行**内容选择**（content selection）、**信息排序**（information ordering）和**句子实现**（sentence realization），如后面三节介绍，图 23.18 描绘了该过程的框架图。

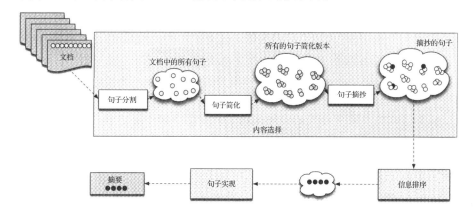

图 23.18　多文档摘要系统的基本架构

23.5.1　多文档摘要的内容选择

在对单文档进行摘要时，我们可以使用有监督或无监督的方法来做内容选择。在多文档摘要中，供有监督方法使用的训练数据更少，因此我们更多地关注于无监督方法。

单文档摘要和多文档摘要的主要区别是多个文档中存在大量**冗余**(redundancy)。在一个文档集合中，除每篇文章所表达的特定信息之外，各文档在词汇、短语和概念上都会存在明显的重叠。我们希望摘要中的每个句子都是主题相关的，而不希望摘要是由一组独立的句子组成。

因此，多文档摘要算法的关键在于选择摘要句子时如何避免冗余。当向摘抄语句列表添加一个新的句子时，我们需要能够确保该句子与已摘抄的句子没有太多重叠的方案。

防止冗余的一个简单方法是在计算句子被摘抄的得分时，显式地引入一个冗余因子。冗余因子的取值依赖于候选句子与已摘抄进摘要的句子的相似度，如果一个句子与摘要太相似，就会被惩罚。例如，**最大边界相关**(Maximal Marginal Relevance，MMR)评分系统(Carbonell and Goldstein, 1998；Goldstein et al., 2000)包含下面的惩罚项，以句子 s 和摘要 Summary 中已有句子集合的相似度来表示，其中 λ 是一个可调的权重，Sim 是某个计算相似度的函数：

$$\text{MMR penalization factor}(s) = \lambda max_{s_i \in Summary} \text{Sim}(s, s_i) \tag{23.33}$$

可以替代这种基于 MMR 的方法的一个做法是，先对待摘要文档的所有句子进行聚类，以生成很多簇相关的句子，然后从每个簇中选择一个(中心)语句添加到摘要中。

借助增加的防止冗余的 MMR 或聚类方法，我们也可以在内容选择阶段进行句子简化或句子压缩，而不必等到句子实现阶段再做这些处理。将句子简化嵌入到句子选择过程的一个常见方法是对输入语料库的每个句子运用各种句子简化规则(见 23.4.4 节)，结果是多个版本的输入语句每个版本对应不同数量的简化。例如，下面的句子：

> Former Democratic National Committee finance director Richard Sullivan faced more pointed questioning from Republicans during his second day on the witness stand in the Senate's fund-raising investigation.

可能会产生不同的简化版本：

- Richard Sullivan faced pointed questioning.
- Richard Sullivan faced pointed questioning from Republicans.
- Richard Sullivan faced pointed questioning from Republicans during day on stand in Senate fund-raising investigation.
- Richard Sullivan faced pointed questioning from Republicans in Senate fund-raising investigation.

这个扩展语料库现在被用作内容选择的输入。而如聚类或 MMR 这样能够防止冗余的方法会从中为每个原始语句选择(最理想长度的)一个版本。

23.5.2　多文档摘要的信息排序

摘抄型摘要的第二步就是信息的排序或结构化，我们必须决定如何把摘抄的句子连接成一个连贯的顺序。回顾在单文档摘要中，我们可以直接按照原文章的顺序排列这些句子。当很多或所有摘抄的句子都来自同一篇文章时，我们可以使用这种方法，但是在大多数多文档摘要中这种方法并不适用。

对于从新闻报道中摘抄的语句，一种排序技术是使用该报道相关的日期，该策略称为**时间顺序**(chronological ordering)。事实上纯粹的时间顺序会产生缺乏连贯性的摘要，用稍微大一点的语句块而非单个语句为单位来排序，可以解决这个问题，请参考 Barzilay et al. (2002)。

信息排序最重要的影响因素也许就是**连贯性**(coherence)。回忆第 21 章介绍的对篇章连贯性有贡献的各种要素，其中之一是让句子之间存在合理的连贯关系。因此，我们更希望摘要中的顺序能够使句子之间的连贯关系合乎情理。连贯性的另一方面与内聚性和词汇链有关系，例如，我们可能更喜欢局部内聚的顺序。连贯性的最后一方面是共指，一个连贯的篇章，其中的实体提及必须相互协调。我们会更期望实体通过一致、协调的顺序被提及。

上述这些种类的**连贯性**（coherence）都已被用于信息排序。例如，我们可以把词汇的连贯视为对排序的启发，将句子放在另一个包含相似词汇的句子的邻近位置。具体地说，我们可以定义每个句子对之间的标准 tf-idf 余弦距离，并选择能够最小化相邻语句之间平均距离的整体排序（Conroy et al., 2006）。

基于共指的连贯性算法也使用了**中心**（Centering）的思想。中心算法基于这样一个考虑，即每个篇章片段都有一个显著的实体，即焦点。中心理论认为焦点的句法特定实现（例如，作为主语或宾语）以及实现之间的特定转换（例如，如果相同的实体是邻近句子的主语），可以创建更连贯的对话。这样的话，在实体提及之间的转变顺序就是我们所需要的。

例如，在 Barzilay and Lapata（2005，2008）的基于实体的信息方法中，摘要的训练集根据连贯性进行分析和标注。实体识别的结果序列可以自动抽取并表示为一个**实体网格**（entity grid）。图 23.19 给出了一个经过句法分析的摘要的简化版本，以及抽取的网格。然后，实体转移的概率模型（即 $\{S, O, X, -\}$）就可以根据这个网格来训练。例如，中心词 Microsoft 的转移 $\{X, O, S, S\}$ 验证了一个事实，即篇章中的新实体一般会间接的或以宾语形式第一次出现，只有在之后才会出现在主语的位置。更多细节请参考 Barzilay and Lapata（2008）。

图 23.19　一个摘要 [实体出现在主语（S）、宾语（O）或间接（X）位置]
以及从中抽取的实体网格。摘自 Barzilay and Lapata（2005）

上述所有这些方法的一种通用观点是它们根据句子对或句子序列之间的局部连贯性得分，为每个语句序列指派一个连贯性得分。然后句子之间的转移得分可以与词汇连贯性和基于实体的连贯性结合起来。即使有了这样一个评分函数，我们也很难选择一个能最优化这些局部成对距离的排序方案。在给定句子集以及句子之间的距离时，寻找一个最优化的排序是非常困难的问题，等价于循环排序（Cyclic ordering）和旅行商问题（Traveling Salesman Problem）。①因此句子排序的难度等同于 **NP 完全问题**（NP-Complete）。这些问题很难严格地解决，但是有许多针对 NP 完全问题的近似方法已经被用于信息排序任务。相关证明和近似方法请参阅 Althaus et al.（2004），Knight（1999a），Cohen et al.（1999），以及 Brew（1992）。

在上面介绍的模型中，信息排序任务是完全独立于内容选择的。另一种方案是将这两项任务合并在一起进行学习，得到一个对语句进行选择并排序的模型。例如，在 Barzilay and Lee（2004）提出的 HMM 模型里，隐藏状态对应文档内容的主题，观察值则对应句子。在有关地震的报道里，隐藏状态（主题）可能是地震强度、位置、救援和人员伤亡。Barzilay 和 Lee 使用了聚类

---

① 　旅行商问题：给定一些城市以及两两之间的距离，找出一条最短的路径，使旅行商只能去每个城市一次，且最终回到出发的城市。

和 HMM 归纳，以减少隐藏状态的数目以及它们之间的转移。例如，这里有三个句子，摘自他们归纳的 location 簇：

（23.34）The Athens seismological institute said the temblor's epicenter was located 380 kilometers(238 miles) south of the capital.

（23.35）Seismologists in Pakistan's Northwest Frontier Province said the temblor's epicenter was about 250 kilometers(155 miles) north of the provincial capital Peshawar.

（23.36）The temblor was centered 60 kilometers(35 miles) northwest of the provincial capital of Kunming, about 2200 kilometers(1300 miles) southwest of Beijing, a bureau seismologist said.

学习到的 HMM 结构可以根据 HMM 转移概率，隐式地反映信息顺序，如"casualties"出现在"rescue"之前。

总的来说，我们已经了解了基于**时间顺序**(chronological order)的、基于**连贯性**(coherence)的信息排序，以及从数据自动学习的排序。在下一节我们要介绍的针对查询的摘要方法中，信息顺序可以根据为不同查询类别预先设定的排序模板来指定。

23.5.3　多文档摘要的句子实现

尽管在句子排序时考虑了篇章连贯性的因素，其得出的句子可能仍然存在连贯性问题。如第 21 章所述，当一个对象在某篇章的一个共指链中出现多次时，较长的或更具描述性的名词短语通常出现在较短的、简化的或代词形式之前。但是我们为摘抄的句子所选择的顺序，可能并没有考虑到连贯性的这一层要求。

例如，图 23.20 中，原始摘要里的黑体名称出现的顺序并不连贯，全称 **U. S. President George W. Bush** 只出现在简称 **Bush** 的后面。

在句子实现阶段解决该问题的一个可行方法是，对输出进行共指消解，抽取名称并运用下面所列举的一些简单的清理重写规则：

（23.37）第一次提及时使用**全名**(full name)，之后的提及中只使用**姓**(last name)。

（23.38）使用第一次提及的某个**修订**(modified)的形式，但是要从之后的提及中移除同位语或修饰语。

图 23.20 中重写的摘要说明了这些规则应如何使用。总之，这些方法依赖于高精度的共指消解。

原始摘要：

Presidential advisers do not blame **O' Neill**, but they've long recognized that a shakeup of the economic team would help indicate **Bush** was doing everything he could to improve matters. **U. S. President George W. Bush** pushed out **Treasury Secretary Paul O' Neill** and top economic adviser Lawrence Lindsey on Friday, launching the first shake up of his administration to tackle the ailing economy before the 2004 election campaign.

重写摘要：

Presidential advisers do not blame **Treasury Secretary Paul O' Neill**, but they've long recognized that a shakeup of the economic team would help indicate **U. S. President George W. Bush** was doing everything he could to improve matters. **Bush** pushed out **O' Neill** and White House economic adviser Lawrence Lindsey on Friday, launching the first shake up of his administration to tackle the ailing economy before the 2004 election campaign.

图 23.20　重写参考，摘自 Nenkova and McKeown(2003)

最近的研究还关注通过**句子合并**(sentence fusion)算法连接不同句子中的短语，从而实现比摘抄语句粒度更小的实现。Barzilay and McKeown(2005)提出的语句合并算法先对每个句子做句法分析，然后对分析结果进行多序列的对齐，找出公用信息的范围，然后建立重叠信息的合并格，最后将格中的词串线性地构造为一个新合并的句子。

23.6　主题摘要和问答

如本章开始时所说，大多数有趣的问题并非事实性问题。用户需要的是更长、更具信息的答案，而不是一个简单短语就可以满足的。例如，DEFINITION 问题或许可以用一个简短的短语"Autism is **a developmental disorder**"或"A caldera is **a volcanic crater**"来回答，但是用户希望获取更多信息，如下面对空心菜(water spinach)的定义：

Water spinach(ipomoea aquatica) is a semi-aquatic leafy green plant characterized by long hollow stems and spear-shaped or heart-shaped leaves which is widely grown throughout Asia as a leaf vegetable. The leaves and stems are often eaten stir-fried as greens with salt or salty sauces, or in soups. Other common names include *morning glory vegetable*, *kangkong*(Malay), *rau muong*(Vietnamese), *ong choi*(Cantonese), and *kong xin cai*(Mandarin). It is not related to spinach, but is closely related to sweet potato and convolvulus.

在医药等领域同样可能被问到复杂问题，如以下有关某种药物干预的问题：

(23.39) In children with an acute febrile illness, what is the efficacy of single-medication therapy with acetaminophen or ibuprofen in reducing fever?

对这个药物问题，我们希望抽取到下面这种类型的答案，同时可能会在结果中给出摘抄来源的文档编号，以及我们对该答案可信度的估计：

Ibuprofen provided greater temperature decrement and longer duration of antipyresis than acetaminophen when the two drugs were administered in approximately equal doses. (PubMedID：1621668, Evidence Strength：A)

问题还能更复杂，例如，下面这个问题，就是摘自文档理解会议(Document Understanding Conference)一年一度的摘要竞赛：

(23.40) Where have poachers endangered wildlife, what wildlife has been endangered and what steps have been taken to prevent poaching?

事实答案也许可以从单个文档或网页的一个短语中找到，但是这种复杂问题可能要求综合多个文档得到更长的答案。

因此，摘要技术常用来为这类复杂问题构造答案。不同于上面介绍的摘要算法，为复杂问题构造答案的摘要必须与用户的问题相关。为了响应用户的某个查询或信息需求而对文档进行摘要时，我们把这个目标称为**针对查询的摘要**(query-focused summarization)，或者有时候仅称为**主题摘要**(focused summarization)[也可以称为**基于主题的摘要**(topic-based summarization)和**针对用户的摘要**(user-focused summarization)]。针对查询的摘要其实是响应用户问题或信息需求的一种较长的、非事实的答案。

一种针对查询的摘要就是**摘录**(snippet)，如 Google 等网络搜索引擎返回给用户，描述每个检索结果文档的摘要。摘录是单个文档针对查询的摘要。但面对复杂查询时，我们希望从多个文档集成信息,因此我们需要对多个文档做摘要。

实际上最简单的针对查询的摘要办法的实现是将前面介绍的多文档摘要技术稍作修改,向其中引入用户的查询。例如,当对内容选择阶段返回的所有文档的句子进行排序时,我们可以要求每个摘抄的句子必须包含至少一个与查询相互重叠的词;或者在语句摘抄时,将句子与查询的余弦距离作为一个相关性特征。这类针对查询的摘要方法,是一种自底向上的、领域无关的方法。

另一种方法是额外使用自顶向下的或信息抽取的技术,为不同类型的复杂问题设计特殊的内容选择算法。因此,对于上面介绍的各种高级问题,如定义类问题、生平类问题,以及特定的医药类问题,我们可以为其设计专门的针对查询的摘要系统。在每种情况下,都使用可生成优秀的定义、简介或医药答案的自顶向下的期望来指导我们应摘抄哪些句子。

例如,一个术语的**定义**(definition)通常包含该术语的**属**(genus)和**种**(species)。属是这个词的上位词或上义词,因此,句子 The Hajj is a type of ritual 是一个属句(genus sentence)。种提供了该术语重要的详细属性,以区别于这一属的其他下位词,一个例子就是"The annual hajj begins in the twelfth month of the Islamic year"。可以出现在定义里的其他类型信息还包括**同义词**(synonyms)、**词源**(etymology)、**子类型**(subtypes)等。

为了给定义类问题构造摘抄式答案,我们要确定摘抄的句子包含属信息、种信息,以及其他常见的信息。类似地,一个优秀的个人**传记**(biography)应包含以下信息:此人的**生卒年**(birth/death)、**成名原因**(fame factor)、**教育背景**(education)、**国籍**(nationality)等,我们需要摘抄包含这些信息的句子。如果一个医药类的问题要概括某种药品在解决某种医疗问题方面的研究结果,那么它应该包含以下信息:**问题**(problem)(医学疾病)、**干预**(intervention)(药品或步骤),以及**结果**(outcome)(研究结果)。图 23.21 为定义、传记和医药干预类问题列举了几个例子。

定 义	
属	The Hajj is a type of ritual
种	the annual hajj begins in the twelfth month of the Islamic year
同义词	The Hajj, or Pilgrimage to Mecca, is the central duty of Islam
子类型	Qiran, Tamattu', and Ifrad are three different types of Hajj
传 记	
生卒年	was assassinated on April 4, 1968
国籍	was born in Atlanta, Georgia
教育背景	entered Boston University as a doctoral student
药 物 疗 效	
人员	37 otherwise healthy children aged 2 to 12 years
问题	acute, intercurrent, febrile illness
干预	acetaminophen (10 mg/kg)
结果	ibuprofen provided greater temperature decrement and longer duration of antipyresis than acetaminophen when the two drugs were administered in approximately equal doses

图 23.21　为构造特定种类的复杂问题的答案,几个必须抽取的信息类型的范例

在各种情况下,我们可以用第 22 章的**信息抽取**(information-extraction)方法找出关于属和类的(针对传记类问题)的,或日期、国籍和教育背景(针对传记类问题)的,或问题、干预和结果(针对医药类问题)的句子。然后我们可以使用标准的领域无关的内容选择算法,找出其他的优秀语句并添加到这些句子中。

根据 Blair-Goldensohn et al.（2004）开发的定义抽取系统，一个典型的架构由图 23.22 所示的 4 个步骤组成。输入是一个定义类问题 T，待检索的文档数量 N，以及答案长度 L（以句子为单位）。

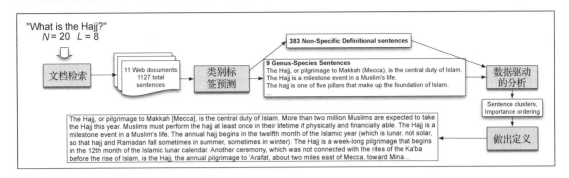

图 23.22 针对定义类问题的摘要系统的架构 [Blair-Goldensohn et al.（2004）]

任何基于信息抽取的复杂问答系统，第一步都是信息检索。这种情况下，一个手写的模板集会被用来从查询 T（Hajj）中抽取需要定义的术语，并生成一系列要传递给信息检索引擎的查询。类似地，在生平类系统里，需要被抽取并传递给信息检索引擎的是名称。返回的文档则被拆分为句子。

第二步，我们用分类器为每个句子打上一个适合该领域的类别标签。在定义类问题中，Blair-Goldensohn et al.（2004）使用了 4 个类别：**属**（genus）、**种**（species）、**其他定义**（other definitional），或者**其余的**（other）。第三个类别，**其他定义**（other definitional），是用来选择其他可以添加进摘要的句子。这些分类器可以基于第 22 章介绍的任何一种信息抽取技术，包括手写规则或有监督的机器学习。

第三步，我们可以参考有关通用的（非针对查询的）、多文档摘要的内容选择的章节，借助其中介绍的方法把还未落入特定信息抽取类别中的句子添加到答案里。例如，对于定义类问题，所有被标记为其他定义的句子都会被检验，而且会从中选择一些相关的句子。这种选择可以通过中心方法完成，首先为每个句子构造一个 tf-idf 向量，然后找出所有向量的中心，并选择 K 个与中心最近的句子。或者，我们可以用防止冗余的方法来实现，比如将向量先聚类，然后从每个类中选择最佳的句子。

由于这种针对查询的摘要系统是特定于领域的，因此我们也可以用特定于领域的方法，如用于信息排序的固定的手写模板。对于生平类问题，我们可能会使用如下模板：

（23.41）< NAME > is < WHY FAMOUS >. She was born on < BIRTHDATE > in < BIRTH-LOCATION >. She < EDUCATION >. < DESCRIPTIVE SENTENCE >. < DE-SCRIPTIVE SENTENCE >.

内容选择阶段挑选的许多句子或短语要符合这个模板。这些模板也可以稍微抽象一点。例如，在定义类问题里，我们首先放一个属-种句子，剩余的句子则按照显著性得分排列在后面。

23.7 摘要的评价

与机器翻译等其他语音和语言处理领域一样，摘要系统也有很多种评价指标，包括需要人工标注的指标和完全自动的指标。[①]

---

① 这里我们关注的是对整个摘要算法的评价，忽略对信息排序等子部件的评价。尽管 Lapata（2006）曾经使用过排序相关系数（Kendall's τ）作为信息排序的序号相关性的度量指标来进行信息排序。

与在其他任务中看到的一样，我们可以用**外在的**(extrinsic)(基于任务的)或**内在的**(intrinsic)(与任务无关的)方法来评价一个系统。23.5 节描述了一种多文档摘要的外在评价，其中实验对象被要求执行限定时间的、事实收集的任务，并给予了实验对象完整的文档，且不包含任何摘要、人工摘要或自动生成的摘要。实验对象必须回答三个与新闻中某事件相关的问题。对于针对查询的单文档摘要[如生成网页**摘录**(snippet)的任务]，在根据摘要内容来判断一个文档是否与查询相关时，我们可以衡量不同的算法对上述判断的效果有何影响。

最常用的内在摘要评价指标是一种自动的方法，称为**面向召回率的要点评估**(Recall-Oriented Understudy for Gisting Evaluation, ROUGE)(Lin and Hovy, 2003；Lin, 2004)。ROUGE 受到机器翻译的评价指标 BLEU 的启发，与 BLEU 类似，它能根据机器生成的候选摘要和人工摘要(参考答案)的 N-gram 重叠数目，自动地为候选摘要评分。

BLEU 根据假定翻译和候选翻译之间，不同长度的 N-gram 重叠数目的平均值来计算。相反地，在 ROUGE 里 N-gram 的长度是固定的，**ROUGE-1** 使用一元语法的重叠，**ROUGE-2** 使用二元语法的重叠。我们可以如此定义 ROUGE-2，其他的 ROUGE-N 则可以仿照这个来定义。ROUGE-2 是对候选摘要和手写的参考摘要集之间的二元召回率的度量：

$$\text{ROUGE-2} = \frac{\sum\limits_{S \in \{\text{ReferenceSummaries}\}} \sum\limits_{\text{bigram} \in S} \text{Count}_{\text{match}}(\text{bigram})}{\sum\limits_{S \in \{\text{ReferenceSummaries}\}} \sum\limits_{\text{bigram} \in S} \text{Count}(\text{bigram})} \qquad (23.42)$$

函数 $\text{Count}_{\text{match}}(\text{bigram})$ 返回所有在候选摘要和参考摘要集中同时出现的二元语法的总次数。ROUGE-1 与此相同，但是它统计一元语法而不是二元语法。

注意到 ROUGE 是一个面向召回率的度量，BLEU 是一个面向正确率的度量。因为(23.42)的分母是参考摘要中所有二元语法数量的总和。相反地，BLEU 的分母是候选翻译中 N-gram 的总和。因此，ROUGE 是衡量人工编写的参考摘要中，有多少二元语法出现在候选摘要中，而 BLEU 则是衡量候选翻译中有多少二元语法在参考翻译中出现过。

ROUGE 的变种包括：**ROUGE-L**，测度参考摘要和候选摘要之间的**最长公共子序列**(longest common subsequence)；**ROUGE-S** 和 **ROUGE-SU**，度量参考摘要和候选摘要之间重叠的**跳跃式二元语法**(skip bigram)的数量。跳跃式二元语法是一对按照句子顺序排列的词，但是允许这对词中间出现任意数量的其他词。

ROUGE 只是最常用的自动基准系统，它对于摘要来说并不像 BLEU 等类似指标对于机器翻译那么适用。因为撰写摘要的人可能非常不认同别人选作摘要中的句子，即使是不同人写的摘要，句子的重叠率也很低。

人们摘抄的句子各不相同，这驱使评价的方法更侧重于摘要的含义。一个指标，**金字塔方法**(Pyramid Method)，主要统计候选摘要和参考摘要共享了多少个意义单位。金字塔方法也可以根据重要性为每个含义单位赋权；出现某含义单位在越多的人工摘要中，它的权重越高。意义单位可以称为**摘要内容单位**(Summary Content Units, SCU)，它是一种子句结构的语义单位，大致上对应命题或连贯的命题片段。

在金字塔方法中，人们为每个参考摘要和候选摘要里的摘要内容单位进行标注，然后计算重叠的数量。

在 Nenkova et al. (2007)提出的一个例子中，我们来观察在 6 个人工摘要的句子里两个 SCU 是如何被标注的。首先我们给出人工摘要中的句子，分别用一个字母(对应 6 个摘要的其中之一)和一个数字(句子在摘要中的位置)来索引：

A1. The industrial espionage case involving GM and VW began with <u>the hiring of Jose Ignacio Lopez</u>, <u>an employee of GM</u> subsidiary Adam Opel, <u>by VW</u> as a production director.

B3. However, <u>he left GM for VW</u> under circumstances, which along with ensuing events, were described by a German judge as "potentially the biggest-ever case of industrial espionage".

C6. <u>He left GM for VW</u> *in March 1993*.

D6. The issue stems from the alleged <u>recruitment of GM's</u> eccentric and visionary Basque-born procurement chief <u>Jose Ignacio Lopez</u> de Arriortura and seven of Lopez's business colleagues.

E1. *On March 16, 1993*, with Japanese car import quotas to Europe expiring in two years, renowned cost-cutter, <u>Agnacio Lopez De Arriotura</u>, <u>left his job</u> as head of purchasing <u>at General Motor' Opel</u>, Germany, <u>to become Volkswagen's</u> Purchasing and Production director.

F3. *In March 1993*, <u>Lopez</u> and seven other <u>GM</u> executives <u>moved to WV</u> overnight.

标注者首先识别类似于上面的相似句子，然后标注出 SCUs。上面的句子中，分别用下画线和斜体字标注出如下所示两种 SCUs，其中每一种 SCUs 的权重对应着它出现过的摘要数目。

SCU1($w = 6$)：*Lopez left GM for VW*

*A*1. the hiring of Jose Ignacio Lopez, an employee of GM … by VW

*B*3. he left GM for VW

*C*6. He left GM for VW

*D*6. recruitment of GM's … Jose Ignacio Lopez

*E*1. Agnacio Lopez De Arriotura, left his job … at General Motors Opel … to become Volkswagen's … director

*F*3. Lopez … GM … moved to VW

SCU2($w = 3$)*Lopez changes employers in March* 1993

*C*6. in March, 1993

*E*1. On March 16, 1993

*F*3. In March 1993

标注完成后，给定摘要的信息量，就可以用它所包含 SCU 的权重之和与包含相同数量 SCU 的最优摘要的权重之和的比例来衡量。更多细节和论文出处，请参见本章结尾的文献和历史说明一节。

评价摘要的标准基准系统是**随机句子**(random sentences)和首句基准系统。假设我们要评价长度为 N 个句子的摘要，随机基准系统是选择 N 个随机的句子，首句基准系统是选择前 N 个句子。首句基准系统是一个很强的基准系统，目前许多提出的摘要算法都没能超越它。

23.8　小结

- 主导信息检索模型把文档和查询表示为词袋子。
- **向量空间模型**(vector space model)把文档和查询看成多维空间的向量。文档与查询或其他文档的相似度都可以用两个向量的夹角余弦值来表示。
- 事实性问答系统的主要部分包括：**问题分类**(question classification)模块，用来决定答案的命名实体类型；**段落检索**(passage retrieval)模块，用来识别相关段落；答案处理模块，用来抽取和格式化最终答案。

- 事实性问答可以用**平均逆排序**（mean reciprocal rank，MRR）来评价。
- 摘要可以是**摘要式的**（abstractive）或**摘抄式的**（extractive），目前大多数算法都是摘抄式的。
- **摘要算法**（summarization algorithms）的三个组件分别是**内容选择**（content selection）、**信息排序**（information ordering）和**句子实现**（sentence realization）。
- 目前单文档摘要算法主要关注**句子的摘抄**（sentence extraction），依赖于所选择的特征，如句子在篇章中的**位置**（position）、**词汇信息量**（word informativeness）、**提示短语**（cue phrases）和**句子长度**（sentence length）。
- 多文档摘要算法常常在文档的句子上，执行**句子简化**（sentence simplification）。
- **防止冗余性**（redundancy avoidance）对于多文档摘要非常重要，通常的实现方法是在句子摘抄时添加一个冗余性惩罚项，如 **MMR**。
- 多文档摘要的**信息排序**（information-ordering）算法的出发点通常是保持整体的**连贯性**（coherence）。
- **针对查询的摘要**（query-focused summarization）在**一般摘要**（generic summarization）的算法上稍作修改即可实现，或者使用信息抽取的方法也可以。

23.9　文献和历史说明

一般认为是 Luhn（1957）首次提出了基于文档内容对文档进行全自动索引的观念。多年来，Salton 在 Cornell 的 SMART 项目（Salton，1971）中研发或评价了许多信息检索领域的重要理念，包括向量模型、词汇权重方案、相关反馈以及使用余弦值作为相似度度量。将逆文档频率引入词汇权重由 Sparck Jones（1972）提出。相关反馈的原始想法则是由 Rocchio（1971）提出。

向量模型之外的另一个选择是我们未作介绍的**概率模型**（probabilistic model），最初由 Robinson and Sparck Jones（1976）证明其有效性。参阅 Crestani et al.（1998）和 Manning et al.（2008）的第 11 章可了解有关信息检索的概率模型的内容。

Manning et al.（2008）是一部有关信息检索的综合性现代课本。优秀但稍微旧一些的课本包括 Baeza-Yates and Ribeiro-Neto（1999）和 Frakes and Baeza-Yates（1992）；时间更远一点的经典教材包括 Salton and McGill（1983）和 van Rijsbergen（1975）。该领域的许多经典论文可以从 Sparck Jones and Willett（1997）中找到。当前的工作则由 ACM 信息检索特别兴趣小组（ACM Special Interest Group on Information Retrieval，SIGIR）的年度会议论文集上发表。美国国家标准技术研究所（U. S. National Institute of Standards and Technology，NIST）从 1990 年开始，每年举办一次文本信息检索和信息抽取的评测，称为文本检索会议（Text REtrieval Conference，TREC）。TREC 的会议论文集收录了这些标准评测的结果。该领域的主要期刊有：Journal of the American Society of Informations Sciences，ACM Transaction on Informations Systems，Information Processing and Management 和 Information Retrieval。

问答是 20 世纪 60 年代和 20 世纪 70 年代 NLP 系统最早面临的任务之一（Green et al.，1961；Simmons，1965；Woods et al.，1972；Lehnert，1977），但是此后该领域沉寂了几十年，直到随着网络查询的需要，该任务又成为研究的重点。TREC 的 QA 任务从 1999 年开始，自此，大量事实和非事实的问答系统在一年一度的评测上争奇斗艳。除了本章的参考文献，还可以从文献 Strzalkowski and Harabagiu（2006）中找到一些最近的研究论文。

文本摘要的研究开始于 Luhn（1958）用摘抄式的方法进行自动摘要生成，其主要关注一些表层特征，如词频，以及后来 Edmunson（1969）在他的工作中引入的位置特征。基于词的特征还被用于化学摘要服务（Chemical Abstracts Service）中早期的自动摘要（Pollock and Zamora, 1975）。20 世纪 70 年代和 20 世纪 80 年代，诞生了一大批由 AI 方法学演变来的方案，如脚本（DeJong, 1982）、语义网络（Reimer and Hahn, 1988）或 AI 和统计方法的结合（Rau et al., 1989）。

Kupiec et al.（1995）在用有监督机器学习训练语句分类器时，引出了许多句子抽取的统计方法。在世纪之交，网络的增长自然地激起了大家对多文档摘要和针对查询的摘要的研究兴趣。

摘要系统的各主要组件，都已经有许许多多对应的实现算法。简单的、无监督的、对数线性的内容选择方法，是由 Nenkova、Vanderwende（2005）和 Vanderwende et al.（2007）提出的 **Sum-Baisc** 算法，Radev et al.（2000, 2001）提出的**中心算法**（centroid algorithm）简化而来。信息排序的许多算法使用了实体连贯性，包括 Kibble and Power（2000），Lapata（2003），Karamanis and Manurung（2002），Karamanis（2003），Barzilay and Lapata（2005），以及 Barzilay and Lapata（2008）。连贯地连接多个线索并寻找最优化排序的算法包括 Althaus et al.（2004）基于线性规划的方法，Mellish et al.（1998）和 Karamanis and Manurung（2002）提出的遗传算法，还有 Soricut and Marcu（2006）提出的算法，使用基于 IDL 表达式的 A^* 搜索。Karamanis（2007）说明了向实体连贯性添加基于时间关系的连贯性，并不会改进句子的排序。评价信息排序的方法，请参阅 Lapata（2006, 2003），Karamanis et al.（2004）和 Karamanis（2006）。

句子压缩是一个格外活跃的研究领域。早期的算法集中于使用句法知识来消除不太重要的词或短语（Grefenstette, 1998；Mani et al., 1999；Jing, 2000）。最近的研究主要关注有监督的机器学习中文档和人工摘要的对齐语料被用来计算特定的词或句法分析的结点被剪除的概率。这类方法包括使用最大熵模型（Riezler et al., 2003），噪声信道模型和同步上下文无关语法（Galley and McKeown, 2007；Knight and Marcu, 2000；Turner and Charniak, 2005；Daumé III and Marcu, 2002），整数线性规划（Clarke and Lapata, 2007），以及最大边界学习（McDonald, 2006）。这些方法依赖于各种特征，尤其是句法或句法分析知识（Jing, 2000；Dorr et al., 2003；Siddharthan et al., 2004；Galley and McKeown, 2007；Zajic et al., 2007；Conroy et al., 2006；Vanderwende et al., 2007），也还包括连贯性信息（Clarke and Lapata, 2007）。最近，还有另一种方法可在无文档/摘要对齐语料的情况下运行（Hori and Furui, 2004；Turner and Charniak, 2005；Clarke and Lapata, 2006）。

还可以阅读 Daumé III and Marcu（2006），了解他们提出的针对查询的摘要的贝叶斯模型。

要了解更多关于摘要评价的信息，请阅读 Nenkova et al.（2007），Passonneau et al.（2005）和 Passonneau（2006）对金字塔方法的详细描述，或 van Halteren and Teufel（2003）和 Teufel and van Halteren（2004）介绍的相关语义覆盖的评价方法，以及 Lin and Demner-Fushman（2005）介绍的摘要和问答的评价之间的连接。一个开始于 2001 年的 NIST 项目，文档理解会议（Document Understanding Conference, DUC），资助了一个每年一度的摘要算法评测，其中包括单文档、多文档和针对查询的摘要，这个讨论会的论文集可以从网上找到。

文献 Mani and Maybury（1999）是摘要领域最权威的经典论文集。文献 Sparck Jones（2007）是最近一个优秀的综述，文献 Mani（2001）则是标准教材。

复述检测（paraphrase detection）任务是一个重要任务，因为它与提高问答系统的召回率，防止摘要中的冗余息息相关，同时它还与文本蕴含等任务相关。读者可以阅读以下与检测复述技术有关的典型论文：Lin and Pantel（2001），Barzilay and Lee（2003），Pang et al.（2003），Dolan et al.（2004）和 Quirk et al.（2004）。

另一个与信息检索和摘要有关的任务是**文本分类**（text categorization），将一篇新的文档指派到已存在的某个文档类别中。目前标准的方法是使用机器学习，在已标注了正确类别的文档集上训练一个分类器。文本分类的一个最重要的应用是**垃圾邮件检测**（spam detection）。

第 24 章　对话与会话智能代理

> *C*：我让你告诉我 *St. Louis* 队那些家伙的名字。
>
> *A*：我正要告诉你。"谁"在一垒，"什么"在二垒，"我不知道"在三垒。
>
> *C*：你知道那些家伙的名字？
>
> *A*：是。
>
> *C*：好吧，那么，"谁"第一个上场？
>
> *A*：是。
>
> *C*：我是说在一垒的那个家伙的名字。
>
> *A*："谁"。
>
> *C*：在一垒的家伙。
>
> *A*："谁"在一垒。
>
> *C*：唉，你想问我什么？
>
> *A*：我没有问你——我是在告诉你。"谁"在一垒。
>
> 引自 Bud Abbott 和 Lou Costello 的《谁在一垒》的一个老的滑稽标准版本①②

幻想文学作品中充满了无生命物体神奇地被赋予知觉和语言天赋的描写。从 Ovid 的皮格马利翁(Pygmalion)雕像到 Mary Shelley 的人形怪物(Frankenstein)，这些文学艺术作品中深深打动我们的是创造出一个充满神奇的东西，然后与它聊天。传说 Michelangelo(米开朗基罗)在完成他的雕塑摩西(Moses)后，感到它是如此逼真以至于轻叩它的膝盖并要求它说话。也许这不应该让我们感到吃惊。语言是人性和感知的标志，**会话**(conversation)或**对话**(dialogue)是语言最基本的也是最优越的舞台。它也是我们自孩提时代以来学习的第一种语言，对我们中的大多数人来说，它同时也是我们投入其中的一种语言，不管我们是点午餐的咖喱粉、买菠菜，还是参与商业会谈、与我们的家人聊天、预订机票或抱怨天气。

本章介绍会话智能代理中的基本结构和算法。**会话智能代理**(conversational agents)通常通过语音而不是通过文本进行交流，所以它们也被称为**口语对话系统**(spoken dialogue systems)，或口

---

① 这段对话中，队员的名字分别为："谁""什么"和"我不知道"，这使得对话十分滑稽。我们把英文原文照录如下，以便读者玩味。

　　——译者注

② *C*：*I want you to tell me the names of the fellows on the St. Louis team.*

　A：*I'm telling you. Who's on first, What's on second, I Don't Know is on third.*

　C：*You know the fellows' names?*

　A：*Yes.*

　C：*Well, then, who's playing first?*

　A：*Yes.*

　C：*I mean the fellow's name on first.*

　A：*Who.*

　C：*The guy on first base.*

　A：*Who is on first.*

　C：*Well what are you askin' me for?*

　A：*I'm not asking you—I'm telling you. Who is on first.*

　　　　　　　Who's on First—Bud Abbott and Lou Costello's version of an old burlesque standard.

语系统(spoken language systems)。会话智能代理是一种能够使用自然语言与用户进行交流的程序，通过它可以安排行程、回答天气或体育方面的问题、处理路由电话呼叫、作为电话接听助手，甚至完成更复杂的任务。

这些任务中许多都涉及电话通信，也涉及移动通信，在移动通信情况下，没有大屏幕和键盘可供使用(Cohen and Oviatt, 1994)。与旅行相关的应用也很常见。实际上，从以前用于安排航班的有影响力的 GUS 系统开始，旅行计划和安排就成为了对话系统的主要关注对象(Bobrow et al., 1977)。近年来构建了许多用于预订机票的口语系统，这些系统基于空中交通信息系统(Air Traffic Information System, ATIS)(Hemphill et al., 1990)和沟通者(Communicator)(Walker et al., 2002)。我们将把旅行领域的应用作为贯穿本章的例子（如同在第 12 章对 ATIS 句子进行句法分析时，将它作为例子讨论所使用的语法规则）。图 24.1 展示了 Xu and Rudnicky(2000)的 Communicator 系统中的一个简单对话。

S1:	Hello. You've reached the [Communicator]. Tell me your full name
U2:	*hi i'd like to fly to seattle tuesday morning*
S3:	Traveling to Seattle on Tuesday, August eleventh in the morning. Your full name?
U4:	*[John Doe]*
S5:	Hello, [John], I'm glad to hear from you again. You can now ask me for help.
S6:	OK. Let's see I have a United flight departing Pittsburgh at ten forty five a.m. arriving into Seattle at one fifty seven p.m. Is that OK?
U7:	*Yes*
S8:	Will you return to Pittsburgh from Seattle?
U9:	*no i will go to Los Angeles*
S10:	Traveling to Los Angeles. on what date
U11:	*Sorry can we go back to talk about the previous leg again*
S12:	For the first leg, you are on a United flight 1446 departing Pittsburgh at ten forty five A.M. tomorrow, arriving in Seattle at one fifty seven P.M. Do you want to take that?
U13:	*actually i want to leave on wednesday*
S14:	a flight on wednesday.
S15:	I have a flight departing Pittsburgh at ten forty five a.m., arrives Seattle at one fifty seven p.m. Is that OK?
U16:	*Yes*

图 24.1　旅行领域：用户(U)与 Xu and Rudnicky(2000)的 Communicator 系统(S)之间一段成功会话的片段

另一个有前景的领域是自动呼叫路由。自动呼叫路由系统为电话呼叫中心所有打入的电话制定路径，将呼叫传递给适当的接听者。呼叫路由对话系统一般以询问用户作为开场白，如 How may I help you? (Gorin et al., 1997)或 How may I direct your call? (Chu-Carroll and Carpenter, 1999)。图 24.2 表示 AT&T 的 How May I Help You(HMIHY)系统(Gorin et al., 1997)中的一段会话。

S:	How may I help you?
U:	*can you tell me how much it is to tokyo?*
S:	You want to know the cost of a call?
U:	*yes that's right*
S:	Please hold on for rate information.
S:	How may I help you?
U:	*what's the area code for chicago?*
S:	You want an area code.
U:	*(silence)*
S:	The area code for Chicago is 312.

图 24.2　呼叫路由领域：用户(U)和 AT&T 的 How May I Help You
(HMIHY)系统(S)(Gorin et al., 1997)之间两段对话

一个稍微不同的领域，但与通信领域有极大的不同，是自动教学系统。图 24.3 给出了

ITSPOKE 对话系统(Litman and Silliman, 2004)中一段对话的部分内容, 该系统使用了 Why2-At-las 基于文本的教学系统作为其教学后台(VanLehn et al., 2002)。

24.1 节从概述人类会话的相关事实开始, 包括话轮和话段、言语行为、会话基础、对话结构以及会话隐含等概念。后续的几节将介绍口语系统的组件以及一些评价指标。然后在 24.5 节和 24.6 节转到更复杂的信息状态体系结构, 以及会话智能代理的马尔可夫决策过程模型。最后以一些高级话题, 如 BDI(belief-desire-intention)范式结束本章。

S:	I didn't understand. What force acts on all objects within close proximity to earth?
U:	*uh the force of gravity*
S:	Fine. Besides the Earth's gravitational force, are there any other forces acting on the person, keys, and elevator after the release?
U:	*no*
S:	Yep. Thus, keep in mind that after the release, the only force on the person, keys, and elevator is the force of gravity. If gravity is the only force acting on an object, will it be moving or staying still?
U:	*it will be moving*
S:	Fine. Not only are the person, keys, and elevator moving, they have only gravitational forces on them. When an object is falling and has only gravitational force on it, it is said to be in what?
U:	*freefall*

图 24.3 教学领域: 一个学生用户(U)和 Litman and Silliman
(2004)提出的ITSPOKE系统(S)的一个会话片段

24.1 人类会话的属性

人与人之间的会话是一种错综复杂的共同活动。由于当前技术的限制, 人类和机器之间的会话比人和人之间的会话要简单得多, 同时受到很多约束。尽管如此, 在我们试图设计一个与人类交谈的会话智能代理之前, 了解人类如何同其他人交谈是非常重要的。

本节我们将讨论人与人交谈时的一些特征, 这些特征将人和人之间的交谈与我们之前所了解的(基于文本的)话语区分开来。主要区别在于会话是一种两个(或多个)对话者之间的**共同活动**(joint activity)。基本事实有若干分支, 会话由连贯的**话轮**(turns)组成, 每个话轮由说话人和听者的**共同活动**(joint action)组成, 听者要做出特殊的推理, 即关于说话人真实意图的**话语隐含**(conversational implicature)。

24.1.1 话轮和话轮转换

对话的重要特征是**话轮转换**(turn-taking)。说话人 A 说一些事情, 然后说话人 B, 再然后说话人 A, 依次进行。如果有一话轮资源(或"起立发言")需要分配, 那么要通过哪些处理过程才能分配这些话轮? 说话人如何知道什么时候轮到自己说话?

事实上, 会话和语言本身具有某种结构, 从而能有效处理话轮的分配问题。一个证据就是正常的人类会话中话段的时间。尽管说话人在谈论时可以与其他人重叠, 但实际平均的重叠数是非常小的, 可能低于5%(Levinson, 1983)。此外, 话轮之间通常有低于几百毫秒的时间间隔, 而实际上说话人开动脑筋准备生成他们话段的时间就可能远大于几百毫秒。所以, 下一个说话人必须在前面的说话人结束之前, 就要开始计划在准确的时刻开始他们的下一个话段。而且真如此, 自然会话就必须以这样的一种方式建立, 即(大部分时间)人们能够快速地领悟到**谁**(who)将是下一个说话人, 以及确切的说话**时间**(when)。这种话轮转换的行为通常是**会话分析**(Conversation Analysis, CA)领域的研究内容。在一篇重要的会话分析文章中, Sacks et al. (1974)认为话轮转换的行为，至少在美国英语中，是由一组话轮转换规则制约的。这些规则使用在**合适转换位置**（Transition-Relevance Place，TRP）：这些位置的语言结构容许转换说话人。这里有一个从 Sacks et al.（1974）简化而来的话轮转换规则：

> （24.1）**话轮转换规则（Turn-taking Rule）**
>
> 每个话轮的每个 TRP：
>
> a. 如果在该话轮，目前的说话人已经选择 A 为下一个说话人，则下一个讲话的必须是 A。
>
> b. 如果目前的说话人没有选择下一个说话人，其他说话人可以在下一轮说话。
>
> c. 如果没有其他人参加下一个话轮，目前的说话人可以接着参加下一个话轮。

规则（24.1）蕴涵对话模型的许多重要结论。首先，子规则（24.1a）暗示通过一些话段，说话人特意选定了下一个说话人。最明显的是问句，通过问句说话人选择另一个说话人来回答该问题。如问答（QUESTION-ANSWER）这样的两部分结构被称为**毗邻对**（adjacency pair）（Schegloff，1968）或**两人对话**（dialogic pair）（Harris，2005）。其他的毗邻对包括："问候"接"问候"（GREETING followed by GREETING），"称赞"接"自谦"（COMPLIMENT followed by DOWNPLAYER），"请求"接"准许"（REQUEST followed by GRANT）等。这些毗邻对和由它们建立的对话预期在对话模型中扮演着举足轻重的角色。

子规则（24.1a）也对沉默（silence）的解释给出了暗示。尽管在任何话轮之后都可能出现沉默，但是那些在毗邻对的两个部分之间出现的沉默是**有意义的沉默**（significant silence）。例如，Levinson（1983）记录了下面来自 Drew（1979）的例子，在括号中（以秒为单位）给出停顿的时间：

> （24.2）　A：Is there something bothering you or not?
>
> 　　　　　　（1.0）
>
> 　　　　　A：Yes or no?
>
> 　　　　　　（1.5）
>
> 　　　　　A：Eh?
>
> 　　　　　B：No.

因为 A 刚刚已经问了 B 一个问题，这时的沉默可以理解为拒绝，也或许是**不喜欢**（dispreferred）回应（比如，对一个指责的请求说"不"）。相反地，沉默在其他地方，如说话人结束一个话轮之后的停顿，通常就不能这样理解。这些事实与口语对话系统的用户界面设计有关，由于语音识别器的速度慢而导致用户受到对话系统中这些停顿的干扰（Yankelovich et al.，1995）。

规则（24.1）的另一个暗示是：说话人之间转换发生的地点不是任意的。**相关转换位置**（transition-relevance place）通常出现在**话段**（utterance）的边界。回忆第 12 章的讲述，话段与书面句子有许多方面的差别。话段常常较短，更可能是单一从句，主语常常是代词而不是完整的词汇名词短语，并且它们中充斥着停顿和修正等。听者必须考虑所有这些（以及其他信息，如韵律）内容，才能知道何时该开始说话。

24.1.2　语言作为行动：言语行为

前面一节介绍了会话由一系列的话轮组成，每个话轮由一个或多个话段组成。由 Wittgenstein（1953）洞察到后来又由 Austin（1962）完整摸索出的一个重要会话特征是，对话中的话段是一种由说话人实施的**行为**（action）。

这在类似下面的**施行句**（performative sentence）中体现的尤其突出：

(24.3) I name this ship the Titanic. (我命名这艘船为 Titanic。)

(24.4) I second that motion. (我赞成该运动。)

(24.5) I bet you five dollars it will snow tomorrow. (我与你打赌五美元明天将下雪)

例如，当由一个合适的权威人士说出例(24.3)时，与其他任何能够改变世界的行为一样，它具有改变世界状态的影响(导致这艘船具有 Titanic 的名字)。如 name 或 second 这样的能够实施这些行为的动词被称为施行动词(performative verb)，Austin 把这类行为称为**言语行为**(speech act)。导致 Austin 的研究有广泛影响的原因是言语行为并不仅仅局限于这一小类的施行动词。Austin 认为真实言语情形中发出的任何句子不外乎这三类行为：

以言表意(locutionary act)：发出一个带有特殊意义的句子。

以言行事(illocutionary act)：在发出一个句子时带有询问、回答、承诺等行为。

以言生效(perlocutionary act)：发出一个句子对听话人的感情、信念或行为产生一种特定效果(常常是有意的)。

例如，Austin 解释发出如例(24.6)这样的句子具有抗议的**行事语力**(illocutionary force)，并且具有使听话人停止做某事或惹恼听话人的生效影响。

(24.6) You can't do that.

术语"**言语行为**"(speech act)常常被用于描述以言行事而不是其他两个层次。Searle(1975b)对 Austin 的分类进行了修改，提出将所有的言语行为划分为五大类：

断言语(assertives)：说话人对某事是某种情形的表态(建议、提出、宣誓、自夸、推断等)。

指令语(directives)：说话人的目的是使听话人做某事(询问、命令、要求、邀请、建议、乞求等)。

承诺语(commissives)：说话人对将来的行为做出承诺(承诺、计划、发誓、打赌、反对等)。

表情语(expressives)：表达说话人对一些事情的心理状态(感谢、道歉、欢迎、悲痛等)。

宣告语(declarations)：由说话人说出而使外在世界产生新情景(包括上面的许多施行例句；我辞职，你被开除了等)。

24.1.3　语言作为共同行动：对话的共同基础

前一节说明了每一个话轮或话段可以看成一个说话人的行动。但对话并非一系列相互独立的行动。反而，它是说话人和听话人的共同行为。这意味着，与独白不同，说话人和听话人必须不断地建立**共同基础**(common ground)(Stalnaker, 1978)，即对话双方都认可的事物集合。需要获得共同基础意味着听话人必须**依靠**(ground)说话人的话段，确保听者已经理解说话人的意思和意图。

Clark(1996)指出，对于非语言活动，人们也需要自证(closure)或获得共同基础。例如，为什么一个设计优良的电梯按钮在被按下时会点亮呢？因为这证明乘客已经成功对电梯发出了请求。Clark 在 Norman(1988)之后，将这种自证需求表述如下：

自证的原则(principle of closure)。智能代理做出一个行动时，对于当前目标需要有充分的证据表明他们已经成功地完成了此行动。

当听者需要判断说话人没有成功完成一个行动时，共同基础也是重要因素。如果听者在理解时存在问题，她必须向说话人反馈这些问题，反复之后，才能达到最终的互相理解。

自证是如何达到的？ Clark and Schaefer(1989)引入了一个概念，即每个共同的语言行动或**贡献**(contribution)有两个阶段，称为**表示**(presentation)和**接受**(acceptance)。第一阶段，说话人通过一个语段向听者叙述，执行一种言语行动。在接受阶段，听者必须处理这个话段，即说明说话人是否被理解。

听者（称她为 B）可以用什么方法来表示说话人 A 的语段已经被正确接受呢？ Clark and Schaefer（1989）讨论了 5 种主要的方法，从弱到强排序为：

继续关注（continued attention）：B 表明她准备继续关注，因此对 A 的陈述保持满意。

相关邻接贡献（next contribution）：B 开始邻接相关的贡献。

确认（acknowledgment）：B 点头或说接续，比如 uh-huh, yeah, 或一个评价，比如，很好（that's great）。

表明（demonstration）：B 表明她已经理解 A 所有或部分的陈述，例如，释义或重组 A 的话段，或协作地完成 A 的话段。

展示（display）：B 逐字地展示所有或部分 A 的陈述。

我们从图 24.4 中旅行代理人与客户的一段对话里来考察共同基础的例子。我们回到这段贯穿本章，指引我们如何设计机器旅行对话代理的对话中。

C_1:	…I need to travel in May.
A_1:	And, what day in May did you want to travel?
C_2:	OK uh I need to be there for a meeting that's from the 12th to the 15th.
A_2:	And you're flying into what city?
C_3:	Seattle.
A_3:	And what time would you like to leave Pittsburgh?
C_4:	Uh hmm I don't think there's many options for non-stop.
A_4:	Right. There's three non-stops today.
C_5:	What are they?
A_5:	The first one departs PGH at 10:00am arrives Seattle at 12:05 their time. The second flight departs PGH at 5:55pm, arrives Seattle at 8pm. And the last flight departs PGH at 8:15pm arrives Seattle at 10:28pm.
C_6:	OK I'll take the 5ish flight on the night before on the 11th.
A_6:	On the 11th? OK. Departing at 5:55pm arrives Seattle at 8pm, U.S. Air flight 115.
C_7:	OK.

图 24.4 旅行代理人（A）和客户（C）之间的对话片段

话段 A_1，代理人重复 in May，重复内容在下面以黑体字表示，表示了最强形式的共同基础，听者通过逐字重复说话人的句子来展示他的理解：

C_1: …I need to travel **in May.**

A_1: And**,** what day **in May** did you want to travel **?**

这个片段不包含确认的例子，但是在另一个片段中有这样的例子：

C: He wants to fly from Boston to Baltimore

A: **Uh huh**

这里，单词 uh-huh 是一个**接续**（continuer），也常常称为一个**确认标记**（acknowledgment token）或**反输**（backchannel）。接续是一个（短的）可选的话段，它确认前面话段的某些内容，并且不需要其他人的确认（Yngve, 1970; Jefferson, 1984; Schegloff, 1982; Ward and Tsukahara, 2000）。

在 Clark 和 Schaefer 的第三种方法里，说话人开始下一个相关贡献。我们在图 24.4 的对话中看到许多这种例子。上面我们称其为**毗邻对**（adjacency pairs），其他例子包含"提议"接"接受"或"拒绝"（PROPOSAL followed by ACCEPTANCE or REJECTION），"道歉"接"接受"或"拒绝"（APOLO-

GY followed by ACCEPTANCE/REJECTION），"召唤"接"应答"（SUMMONS followed by AN-SWER），等等。

在一种更微妙的共同基础的做法中，说话人可以把这种方法与前一种方法结合起来。例如，注意任何时候客户回答一个问题，代理人都用 And 开始下一个问题。And 告诉客户，代理人已经理解了他对上个问题的回答：

> And, what day in May did you want to travel?
> …
> And you're flying into what city?
> …
> And what time would you like to leave Pittsburgh?

如我们在 24.5 节介绍的，共同基础和贡献的概念可以与言语行动结合起来，给出一个关于会话的更复杂的共同行动模型，这些更复杂的模型称为**对话行为**（dialague acts）。

共同基础在人机会话中，也如同在人类会话中一样重要。下面的例子，摘自 Cohen et al. (2004)，说明如果机器没有适当的共同基础，听起来会多么不自然。*Okay* 的使用，使得例(24. 7)在回应用户的拒绝时，显得比例(24.8)更加自然：

(24.7) System：Did you want to review some more of your personal profile?
　　　 Caller：No.
　　　 System：*Okay*, what's next?

(24.8) System：Did you want to review some more of your personal profile?
　　　 Caller：No.
　　　 System：what's next?

实际上，这种共同基础的缺失会导致一些错误。Stifelman et al.（1993）和 Yankelovich et al.（1995）发现当一个会话系统没有给出显式确认时，人们会感到迷惑。

24.1.4　会话结构

我们已经看到会话如何由毗邻对和贡献构成。这里我们简要讨论一段会话的**全局组织**（over-all organization）的一个侧面：对话的开场白。例如，电话会话的开场白可能有四段式结构（Clark，1994；Schegloff, 1968, 1979）：

第一步：进入会话，通过召唤-应答毗邻对；
第二步：确定说话人；
第三步：建立交谈的共同意愿；
第四步：提出第一个话题，通常由呼叫者完成。

上述 4 个步骤出现在如下来自 Clark（1994）的面向任务的会话的开场白中。

步骤	说话人和会话
1	A_1：(rings B's telephone)
1, 2	B_1：Benjamin Holloway
2	A_1：this is Professor Dwight's secretary, from Polymania College
2, 3	B_1：ooh yes -
4	A_1：uh：m. about the：lexicology ＊ seminar ＊
4	B_1：＊ yes ＊

一般是接电话的人先说话(因为呼叫者的电话铃作为毗邻对的第一部分),拨电话的人发起第一个话题,例如,上面例子中拨电话的人很关心"词汇学研讨会"。一般由呼叫者发起第一个话题的现象,会因为应答者发起第一个话题而引起混乱。Clark(1994)提到从英国查号服务台选取的一个例子。

Customer：(rings)

Operator：Directory Enquiries, for which town please?

Customer：Could you give me the phone number of um：Mrs. um：Smithson?

Operator：Yes, which town is this at please?

Customer：Huddleston.

Operator：Yes. And the name again?

Customer：Mrs. Smithson.

在上面的会话中,接线员在第一句中发起话题(请问要接哪个镇?),混淆了呼叫者,他忽略了该话题而发起自己的话题。呼叫者期望发起话题解释了为何用于呼叫路由或查询信息的会话智能代理,常常使用开放性的提示,如 How may I help you? 或 How may I direct your call? 开放性的提示允许呼叫者陈述自己的话题,减少因为客户混淆造成的识别错误。

会话包含许多其他种类的结构,包括会话结束的复杂性质,以及前序列的广泛使用。我们将在 24.7 节讨论基于连贯性的结构。

24.1.5　会话隐含

我们已经知道会话是一种共同行动,说话人在会话中根据一个系统框架产生话轮,这些话轮的贡献包括执行一种活动的展示阶段,以及理解说话人前一个步骤中展示活动的接受阶段。目前我们只讨论了可被称为会话"基础结构"的那部分内容。但是对于对话中说话人要向听者传递的实际信息,我们还丝毫没有涉及。

第 17 章介绍了如何计算句子的意义,在会话中,贡献的含义有相当大一部分是单词组合意义的扩展。话段的理解不仅仅基于句子的字面意义。研究上面例子中客户的反应 C_2(见图 24.4),重述如下：

A_1：　And, what day in May did you want to travel?

C_2：　OK uh I need to be there for a meeting that's from the 12th to the 15th.

注意客户实际上并没有回答该问题。客户仅仅说在那段时间他要参加一个会议。通过语义解释器生成的该句的语义只会简单地提及这次会议。旅行代理人怎样才能推理出客户提及这次会议是为了告知旅行的时间?

再看看样例会话中的另一个话段,旅行代理人说：

A_4：　…There's three non-stops today.

即使今天有七个直飞航班,这个陈述仍然可以为真,因为有七个按定义也意味着有三个。而这里旅行代理人表示的是今天有三个**并且不多于三个**(and not more than three)直飞航班。客户如何才能推理出旅行代理要表达的意思是**只有三个**(only three)直飞航班?

这两个例子都有一个共同点：说话人似乎都期望听话人能推理出某个结论,换言之,说话人交流的信息大于话段单词所给出的表面信息。Grice(1975,1978)给出这类例子以支持他的**会话隐含**(conversational implicature)的理论。**隐含**(implicature)是允许的推理中的一个特殊类别。

Grice 提出听话人之所以能够推出这些结论是因为会话都需要遵循普遍**准则**(maxim)集,也就是在会话话段解释中起着指导作用的启发式准则。他提出了下面的 4 个普遍准则:

- **数量准则**(maxim of quantity):与需求正好一致的信息。
  1. 贡献与需求一致的信息(满足当前交流的目的)。
  2. 一定不要贡献多于需求的信息。
- **质量准则**(maxim of quality):尽可能贡献真实的信息。
  1. 不要说你认为是虚假的信息。
  2. 不要说对你而言缺乏足够证据的信息。
- **相关准则**(maxim of relevance):贡献切题的信息。
- **方式准则**(maxim of manner):贡献清楚的信息。
  1. 避免模糊的表达。
  2. 避免歧义。
  3. 简短(避免不必要的啰嗦)。
  4. 有序。

正是数量准则(特别是数量准则 1)使听话人明白三个直飞航班与七个直飞航班不同。这是因为听话人假定说话人遵循该准则,因此如果说话人想表示七个直飞航班,她将说七个直飞航班("与需求一致的信息")。相关准则使旅行代理人明白客户想在 12 日旅行。旅行代理人假定客户遵循该准则,因此如果在对话的这一点会议是切题的,则客户就只需提及该会议。而使该会议相关的最自然的推理就是客户想让旅行代理人明白他的出发时间是早于会议时间。

24.2　基本的对话系统

我们现在已经对人类如何进行对话有了一点了解,然而正如我们所介绍的,不是人类会话的每一方面都被融入到人机会话的模型中。所以让我们看看商业程序中使用的口语对话系统。

图 24.5 显示了一个对话系统的典型架构。它有六个组件,语音识别和理解组件从输入中抽取意义;生成器和 TTS 组件将意义映射到语言;对话管理器与具有任务领域知识(如空中交通)的任务管理器一起对整个过程进行控制。我们在后面的章节中逐个介绍组件的细节,然后我们在后面的章节里探讨更复杂的研究系统。

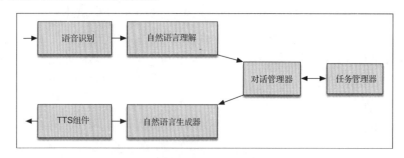

图 24.5　会话智能代理的各组件的简化架构图

24.2.1　ASR 组件

ASR(自动语音识别)组件接受音频输入,通常是从电话,但也可以从 PDA 或笔记本电脑的麦克风接受,然后返回一个转录的单词串,如第 9 章所述。

为了用在会话智能代理中，ASR 系统的许多方面都可能做定制的优化。例如，第 9 章讨论的用于听写或转录的大词汇表语音识别器，集中于转录任意话题任意单词的任意句子。但是对于领域特定的对话系统，能够转录各种各样的句子并没有多大作用。语音识别器需要转录的句子仅仅是可以被自然语言理解组件所理解的句子。因此，商业的对话系统普遍使用基于有限状态语法的非概率语言模型。这些语法通常都由人工编写，并明确指定系统能理解的所有回答。我们在 24.3 节给出了 VoiceXML 系统使用的一个人工编写的语法。这些基于语法的语言模型可以自动编制，如使用自然语言理解中的合一语法自动编制（Rayner et al., 2006）。

因为用户对系统所说的话与系统刚刚所说的话紧密相关，会话智能代理中的语言模型通常是对话状态依赖（dialogue-state dependent）的。例如，如果系统刚刚问用户"你要从哪个城市出发？（What city are you departing from?）"，ASR 语言模型会被约束为只包括城市名，或者形如"我想从[CITYNAME]（出发|离开）（I want to（leave|depart）from [CITYNAME]）"的句子。这种特定于对话状态的语言模型一般由上述人工编写的有限状态（甚至上下文无关）语法组成，每个对话状态对应一个语法。

在某些系统中，理解组件更强大，系统能理解的句子集合更大。在这种情况下我们可以使用一个 N-gram 语言模型取代有限状态语法，它的概率与对话状态之上的条件概率近似。

无论是使用有限状态语法、上下文无关语法（Context-Free Grammar, CFG），还是使用 N-gram 语言模型，我们将这种依赖对话状态的语言模型称为**约束语法**（restrictive grammar）。当系统希望约束用户，使他必须对系统的上一个话段作出回应，就可以使用约束语法。当系统希望用户有更多选择时，可以将这个特定于状态的语言模型与一个更普遍的语言模型融合在一起。如我们介绍，策略的选择可以根据用户被允许的主动性进行调整。

对话以及听写等其他应用中的语音识别有一个特征，即说话人的标识在许多话段中都保持不变。这意味着可以使用说话人自适应技术，如 MLLR 和 VTLN（第 9 章）来改进识别，因为系统可以从用户获取更多的对话。

在将 ASR 引擎嵌入一个对话系统时，需要 ASR 引擎能够实时响应，因为用户不希望花费太长时间来等候系统响应。对话系统一般还要求 ASR 系统返回句子的**置信度**（confidence），从而可以用来决定是否询问用户来确认该回答这样的任务。

24.2.2　NLU 组件

对话系统的 NLU（自然语言理解）组件必须产生适合对话任务的语义表示。从早期的 GUS 系统（Bobrow et al., 1977）开始，许多基于语音的对话系统都基于第 22 章介绍的框架和槽语义学。例如，一个目标是帮助用户找到合适航班的旅行系统会有一个针对航班信息的包含槽的框架，所以，类似于 show me morning flghts from Boston to San Francisco on Tuesday（给我看看周二从波士顿到旧金山的早班航班）的句子可能会对应着下面的已填写的框架[摘自 Miller et al. (1994)]：

```
SHOW:
FLIGHTS:
    ORIGIN:
        CITY:  Boston
        DATE:
            DAY-OF-WEEK:  Tuesday
        TIME:
            PART-OF-DAY:  morning
    DEST:
        CITY:  San Francisco
```

　　NLU 组件如何生成语义表示? 一些对话系统使用如第 18 章介绍的通用的语义附着合一语法。一个句法分析器产生句子的意义, 然后从其中抽取出槽的填充值。其他的对话系统依赖于简单的领域特定语义分析器, 如**语义语法**(semantic grammars)。语义语法是上下文无关语法, 其中规则的左部对应需要表达的语义实体, 如下面的片段:

SHOW	→	show me | i want | can i see | …
DEPART_TIME_RANGE	→	(after | around | before) HOUR |
		morning | afternoon | evening
HOUR	→	one | two | three | four … | twelve (AMPM)
FLIGHTS	→	(a) flight | flights
AMPM	→	am | pm
ORIGIN	→	from CITY
DESTINATION	→	to CITY
CITY	→	Boston | San Francisco | Denvor | Washington

　　这些语法都是上下文无关语法或递归转移网络(Recursive Transition Networks, RTN)形式(Issar and Ward, 1993; Ward and Issar, 1994), 因此可以使用标准的 CFG 语法分析算法进行分析, 如第 13 章介绍的 CKY 或 Earley 算法。CFG 或 RTN 分析的结果是使用语义结点标签的输入串层次化标注:

```
SHOW      FLIGHTS      ORIGIN      DESTINATION      DEPART_DATE   DEPART_TIME
                                   to CITY
Show me   flights   from boston   to san francisco   on tuesday     morning
```

　　由于如 ORIGIN 这样的语义语法结点对应框架中的槽, 所以槽填充器几乎可以直接从上述分析结果中生成。剩下的工作是将槽填充表达为规范的形式(如第 22 章所讨论的, 日期可以被正规化为 DD: MM: YY 格式, 时间被正规化为 24 小时制的时间, 等等)。

　　语义语法的方法使用非常广泛, 但是不能够处理歧义, 且要求人工编写语法规则, 因此代价高, 建模慢。

　　歧义可以通过向语法中引入概率来进行处理。图 24.6 展示了 TINA 系统(Seneff, 1995)这样一个概率化的语义语法系统, 注意句法和语义结点名的混合。TINA 中的语法规则由手工编写, 但是分析树结点的概率用第 14 章介绍的修改版的 PCFG 方法训练。

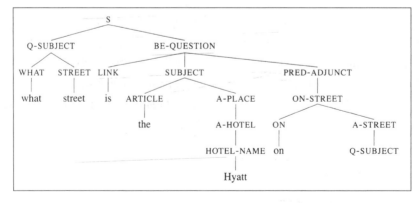

图 24.6　TINA 语义语法系统对一个句子的语法分析(Seneff, 1995)

　　除语义语法之外, 还有一个选择既是概率的也不需要手工编写语法, 即 Pieraccini et al. (1991)的语义 HMM 模型。该 HMM 的隐藏状态为语义槽标签, 观察值为槽填充。图 24.7 展示了一个隐藏状态序列, 对应槽名称可以从一个观察值序列解码(或生成)得出。注意模型包括一个称为 DUMMY 的隐藏状态, 它生成不填充框架中任何槽的词。

HMM 模型的目标是在给定句子 $W = w_1, w_2, \cdots, w_n$ 时, 计算概率 $P(C|W)$ 最大的语义角色 $C = c_1, c_2, \cdots, c_i$, (C 代表 cases 或 concepts)的标注。与往常一样, 我们使用如下的贝叶斯规则:

$$
\begin{aligned}
\operatorname*{argmax}_{C} P(C|W) &= \operatorname*{argmax}_{C} \frac{P(W|C)P(C)}{P(W} \\
&= \operatorname*{argmax}_{C} P(W|C)P(C) \\
&= \prod_{i=2}^{N} P(w_i|w_{i-1}\cdots w_1,C)P(w_1|C)\prod_{i=2}^{M} P(c_i|c_{i-1}\cdots c_1)
\end{aligned} \tag{24.9}
$$

Pieraccini et al. (1991) 的模型做了一个简化, 概念(即隐藏状态)通过一个马尔可夫过程(一个概念的 M-gram 模型)产生, 每个状态的观察值概率通过一个状态依赖的(概念依赖的) N-gram 词模型生成:

$$
P(w_i|w_{i-1},\cdots,w_1,C) = P(w_i|w_{i-1},\cdots,w_{i-N+1},c_i) \tag{24.10}
$$

$$
P(c_i|c_{i-1},\cdots,c_1) = P(c_i|c_{i-1},\cdots,c_{i-M+1}) \tag{24.11}
$$

根据这个简化的假设, 最终的 HMM 模型等式为:

$$
\operatorname*{argmax}_{C} P(C|W) = \prod_{i=2}^{N} P(w_i|w_{i-1}\cdots w_{i-N+1},c_i)\prod_{i=2}^{M} P(c_i|c_{i-1}\cdots c_{i-M+1}) \tag{24.12}
$$

上述概率可以通过一个标注语料库训练得到, 其中语料库的每一个句子都手工标注了与每个字符串对应的概念/槽名称。一个句子的最佳概念序列以及概念到词序列的对齐可以用标准 Viterbi 解码算法计算。

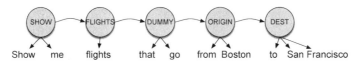

图 24.7 在基于框架的对话系统中, Pieraccini et al. (1991)填充槽的 HMM 语义模型。每个隐藏状态可以生成一个词序列;这样的模型,其中一个隐藏状态可以对应多个观察值,技术上称为semi-HMM

总的来说, 最终的 HMM 模型是包含两个组成部分的生成模型。$P(C)$ 部分表示选择要表达什么含义, 它赋值为语义槽序列的先验概率, 通过概念的 N-gram 模型计算。$P(W|C)$ 表示选择用什么词来表达这个含义:在给定槽的情况下, 生成某一词串的似然概率。它通过词相对语义槽的条件概率计算。该模型通过添加更严格的有序化约束, 继承了第 22 章**命名实体**(named entity)识别及 22.4.1 节统计模板填充所使用的类似模型。这样的 HMM 模型称为 **semi-HMM**, 该模型中隐藏状态对应着多个输出的观察值。相对地, 在经典 HMM 中, 每个隐藏状态对应一个单独的输出值。

许多其他类型的统计模型也已经被提出用于对话系统中的语义理解组件,包括隐藏理解模型(Hidden Understanding Model, HUM), 它向 HMM 添加了层次结构,以结合语义语法和语义 HMM 方法的优点(Miller et al., 1994, 1996, 2000), 以及 Rayner and Hockey(2003)提出的决策表方法。

24.2.3 生成和 TTS 组件

会话智能代理的生成组件选择需要向用户表达的概念, 计划如何用词句表达这些概念,并赋予这些词句必要的韵律。然后,如第8章介绍,TTS组件接受这些词句及其韵律注解,并合成波形图。

生成任务可以分解为两项任务:说什么(what to say)和怎么说(how to say it)。**内容规划**(content planner)模块完成第一项任务,即决定向用户表达什么内容,是否要问一个问题,是否呈现一个答案,等等。对话系统的内容规划组件一般与对话管理器合并在一起,我们将在后面再进行介绍。

语言生成(language generation)模块完成第二个任务,选择表达这个意思的语法结构和单词。语言生成模块可以用两种方法实现。在最简单且被最多使用的方法里,对话设计者预先设定好了对用户所说句子中的所有或大多数单词。这种方法被称为基于模板的生成方法,利用这些模板创建的句子一般称为**提示**(prompt)。而模板中的大多数词都是固定的,模板可以包括一些变量,由生成器来填充,如下所示:

What time do you want to leave CITY-ORIG?

Will you return to CITY-ORIG from CITY-DEST?

语言生成的第二种方法依赖于**自然语言生成**(natural language generation)领域的技术。该方法中,对话管理器先对需要表达的话段含义建立对应的表示,然后将这个含义的表示传递给一个完整的生成器。这样的生成器一般由三个组件组成:句子规划组件、表层实现组件和韵律赋值组件。该架构的草图如图24.8所示。更多关于自然语言生成系统以及在对话中如何使用的信息,请参见 Reiter and Dale(2000)。

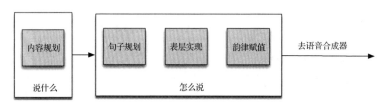

图24.8　用于对话系统的自然语言生成系统的架构,与 Walker and Rambow(2002)一致

在当前系统常用到的人工设计提示中,必须实现大量重要的会话和话语约束。与任何话语一样,会话需要条理清晰。例如,如 Cohen et al.(2004)所说,人工建立的系统提示中标记和代词的利用使得对话(24.14)比对话(24.13)看起来更加自然:

(24.13) Please say the data.

　　…

　　Please say the start time.

　　…

　　Please say the duration.

　　…

　　Please say the subject.

(24.14) First, tell me the date.

　　…

　　Next, I'll need the time it starts.

　　…

　　Thanks. < pause > Now, how long is it supposed to last?

　　…

　　Last of all, I just need a brief description…

当一些特殊的提示可能要向用户重复提醒时，就会出现另一个话语连贯性的重要情况。这种情况下，对话系统的标准做法是使用**锥形提示**(tapered prompt)，提示逐渐变短。下面来自 Cohen et al.(2004)的例子演示了一系列(人工设计的)锥形提示：

(24.15)System：Now，what's the first company to add to your watch list?

　　　　　Caller：Cisco

　　　　　System：What's the next company name?（Or，you can say，"Finished."）

　　　　　Caller：IBM

　　　　　System：Tell me the next company name，or say，"Finished."

　　　　　Caller：Intel

　　　　　System：Next one?

　　　　　Caller：America Online

　　　　　System：Next?

　　　　　Caller：…

生成组件的其他约束更加特定于口语对话，且涉及人类记忆和注意力的过程。例如，当人们被提示要做出某一回答时，如果暗示的回答是他最后听到的，那么他记忆的负担就会减轻。所以，如 Cohen et al.(2004)指出，对于用户来说，提示"To hear the list again，say 'Repeat list'"（"再听一遍列表，请说'重复列表'"）比"Say 'Repeat list' to hear the list again"（"请说'重复列表'，即可再听一遍列表"）更加容易。

类似地，长长的查询结果列表表示(如航班或电影)会加重用户负担。所以，大多数对话系统使用内容规划规则来处理这个问题。例如，在 Mercury 旅行计划系统(Seneff，2002)中，一条规则指定如果有超过三次航班要向用户描述，系统只列出可用的航班，并只显示描述最早的航班。

24.2.4　对话管理器

对话系统的最后一个组件是对话管理器，它控制着对话的架构和结构。对话管理器从 ASR/NLU 组件接受输入，维护一些状态，与任务管理器交互，并将输出传递给 NLG/TTS 模块。

我们在第 22 章的 ELIZA 里，已经见过一个普通对话管理器，它的架构只是一个简单的读-替代-打印循环。系统读进一个句子，对其进行一系列的文本转换，然后打印出转换结果。这个过程中没有保留任何状态，转换规则也只知道当前输入的句子。除了与任务管理器交互的能力之外，一个现代的对话管理器与 ELIZA 的管理器存在很大区别，不管是在管理器维护的会话状态数量方面，还是在对单一回复层级之上的对话结构进行建模方面。

目前有四种常用的对话管理架构。最简单且最商业化的架构是将在本节讨论的有限状态和基于框架的架构。后面的章节将讨论更有效的信息状态对话管理器，包括基于马尔可夫决策过程的概率化信息状态管理器，最后是更经典的基于规划的架构。

最简单的对话管理器架构是有限状态管理器。例如，设想有一个普通航班旅行系统，它的工作是询问用户的出发地、目的地、时间以及单程票或往返票。图 24.9 给出了这种系统的一个对话管理器范例。FSA 的状态对应对话管理器向用户提出的问题，弧线对应着根据用户回复而做出的动作。该系统完全控制着与用户的会话。它向用户提出一系列问题，忽略(或曲解)任何非直接的回答，并继续询问下一个问题。

用这种方式控制会话的系统称为**系统主动**(system initiative)或**单一主动**(single initiative)系统。我们认为控制会话的说话人是主动的。在平常的人与人的对话中，主动权在参与者之间不断交换(Walker and Whittaker, 1990)。①受限单一主动有限状态对话管理器架构有个特点，即系统一直都知道用户在回答哪个问题。这意味着系统可以准备一个语音识别引擎，该引擎专门针对问题的答案设计语言模型。由于知道用户将要说什么，自然语言理解任务也变得简单了。大多数有限状态系统还允许**万能**(universal)指令，可以在对话的任何地方使用。每个对话状态除了识别系统刚才所提问题的答案，还要识别万能指令。常用的万能指令包括**帮助**(help)，给用户提供(可能是特定于状态的)帮助信息；**重新开始**(start over)或**主目录**(main menu)，向用户返回某一特定的开始状态；以及某种纠正系统对用户最后陈述的理解的命令(San-Segundo et al., 2001)。含有万能指令的、系统主动的、有限状态的对话管理器，对于简单的任务而言可能已经足够有效，比如在电话里输入信用卡号码、名字或密码。

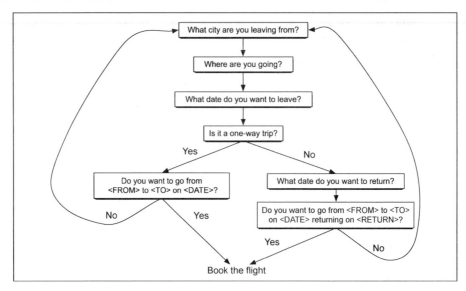

图 24.9　一个用作对话管理器的简单的有限状态自动机的架构

即便是对于相对简单的口语对话的旅行代理系统来说，完全系统主动的、有限状态的对话管理器架构的限制也有可能太过严格了。问题在于完全系统主动的系统要求用户准确回答系统刚刚所问的问题，这会使对话笨拙而讨厌。用户常常需要说一些事情，而这并不是系统的某一问题的精确答复。例如，在一个旅行计划的场景下，用户经常想使用复杂的句子来解释他们旅行的目标，这些句子可能一次就回答了超过一个问题，如 Communicator 的一个例句(24.16)，与图 24.1 的例子重复，以及来自 ATIS 的一个例句(24.17)。

(24.16) Hi I'd like to fly to Seattle Tuesday morning.

(24.17) I want a flight from Milwaukee to Orlando one way leaving after five p.m. on Wednesday.

有限状态对话系统(如典型的实现方案)不能处理这些话段，因为它要求用户只能在它问问题时回答该问题。当然，理论上也许可以建立一个有限状态的架构，该架构中用户所有可能回答的每一种问题子集都有一个独立状态，但这会引起状态数量的快速膨胀，使得该架构难以被概念化。

---

① 单一主动系统也可由用户控制，这种情况下，系统称为**用户主动**(user-initiative)系统。纯粹的用户主动系统一般用在缺乏状态的数据库查询系统，这里用户提出单一的系统问题，系统将其转换为 SQL 数据库查询并从某一数据库中返回结果。

所以，大多数系统摒弃系统主动的、有限状态的方法，而使用允许**混合主动**（mixed initiative）的架构，该架构允许会话的主动权在对话的许多时刻在系统和用户之间切换。

有一种常用的混合主动对话架构依靠框架本身的结构来引导对话。这些**基于框架**（frame-based）或**基于表格**（form-based）的对话管理器询问用户问题，然后填充框架里的槽，但是同时也允许用户通过提供填充框架中的其他槽的信息来引导对话。每个槽可能与一个问题对应，如下面的这些类型：

槽	问　　题
ORIGIN CITY	"From what city are you leaving?"
DESTINATION CITY	"Where are you going?"
DEPARTURE TIME	"When would you like to leave?"
ARRIVAL TIME	"When do you want to arrive?"

基于框架的对话管理器需要询问用户问题，并填充用户指定的槽，一直到有足够的信息构建数据库查询，然后返回结果给用户。如果用户同时回答了两到三个问题，系统必须填充这些槽，然后记住不要向用户提与这些槽相关的问题。不是所有的槽都需要有一个相关的问题，因为对话设计者可能不希望用户被问题所掩埋。然而，当用户指定了这些槽时，系统必须能填充它们。基于上述方式，这种表格填充式的对话管理器可以去除有限状态管理器对用户提供信息的顺序的加强严格约束。

有一些领域可能只用一个框架即可表示，而另一些，如旅行领域，似乎要求处理多个框架。为了处理可能的用户问题，我们可能需要包含普遍路线信息的框架（如问题 Which airlines fly from Boston to San Francisco?），关于机票价格的信息（如问题 Do I have to stay a specific number of days to get a decent airfare?），或者有关汽车、旅馆预订的信息。因为用户可能在框架之间切换，所以系统必须能够对给定的输入应该填入哪一个模板的哪一个槽进行排歧，然后将对话控制转换到该模板。

因为需要动态的切换控制，基于框架的系统一般实现为**生成规则**（production rule）系统。不同类型的输入激发不同的生成规则，每个生成能够灵活地填入不同的模板。可见生成规则能够基于一些因素进行转换控制，这些因素包括用户的输入和一些简单的对话历史（比如系统问的最后一个问题）。航班预订系统 Mercury（Seneff and Polifroni, 2000；Seneff, 2002）使用一张大的"对话控制表格"来存储 200～350 条规则，这些规则涵盖了请求帮助、判断用户是否需要列表中的某一航班（"I'll take that nine a.m. flight"），以及决定首先向用户描述哪个航班等方面。

现在已经考察了基于规则的架构，让我们回到对会话主动权的讨论上。在同一个代理中，可能允许系统主动、用户主动和混合主动相互作用。我们在前面说过，主动权指在某一时刻谁掌握着会话的控制权。短语**混合主动**（mixed initiative）一般有两种用法，它可以指系统或用户可以多种方式，任意地接管或放弃主动权（Walker and Whittaker, 1990；Chu-Carroll and Brown, 1997）。这种混合主动在目前对话系统中难以实现。在基于表格的对话系统中，混合主动用于表示一种受限的转换，即根据提示类型（开放 vs 指令）和 ASR 中使用的语法类型的结合体进行工作。**开放提示**（open prompt）是一个系统允许用户按其所需进行回答的提示，如：

How may I help you?

指令提示（directive prompt）是一个显式要求用户如何作答的提示：

Say *yes* if you accept the call; otherwise, say *no*.

严格(restrictive)的语法(24.2.1 节)是强烈约束 ASR 系统的语言模型,只识别给定提示的适当回答。

我们可以遵照 Singh et al. (2002)和其他一些做法,将上述内容结合起来,如图 24.10 所示,使用基于表格的对话系统中的主动权定义。

语　　法	提示类型	
	开　　放	指　　令
严格	没有意义	系统主动
非严格	用户主动	混合主动

图 24.10　遵照 Singh et al. (2002),主动权的可操作定义

这里,系统的主动交流使用指令提示和严格的语法,用户被告知如何回答,ASR 系统被约束为只识别提示所对应的回答。在用户主动中,用户会看到一个开放提示,语法必须识别任何种类的回答,因为用户可以说任意事情。最后,在混合主动的交流中,系统给用户一个指令提示及特定的回答建议,但是非严格的语法允许用户在提示范围之外进行回答。

按这种方式,将主动权定义为提示和语法类别的一个属性,允许系统根据不同的用户和交流方式,动态变更主动权类型。新用户,或者语音识别错误率高的用户,也许更适合使用系统主动的交流。专家用户,或容易被识别的用户,也许用混合主动或用户主动的交流更好。我们在 24.6 节将讲述如何用机器学习的技术来选择主动权。

24.2.5　错误处理:确认和拒绝

在一个对话系统中,听错是一个特别重要的错误类别,因为语音识别具有高错误率。所以对话系统确认是否已得到用户输入的正确解释显得尤为重要。一般有两种方法类确认:向用户**确认**(confirming)理解,以及**拒绝**(rejecting)系统可能误解的话段。

许多策略可以用来向用户确认。使用**显式确认**(explicit confirmation)策略的系统,询问用户一个直接问题以确认系统的理解。下面有两个摘自旅行计划系统的显式确认的例子。(粗体)确认问题都是是非问句,一个使用单句,另一个是在陈述句后面尾随一个反义疑问句(类似于"对吗?"或"不是吗?"的短小的疑问短语)。

S:	Which city do you want to leave from?
U:	Baltimore.
S:	**Do you want to leave from Baltimore?**
U:	Yes.

U:	I'd like to fly from Denver Colorado to New York City on September twenty first in the moring on United Airlines
S:	**Let's see then. I have you going from Denver Colorado to New York on September twenty first. Is that correct?**
U:	Yes.

使用**隐式确认**(implicit confirmation)策略的系统,并不询问一个直接问题,而是使用前面所介绍的示范(demonstration)或展示(display)策略,通过复述系统对用户所说内容的理解,向用户进行确认。

U:	I want to travel to Berlin
S:	**When do you want to travel to Berlin?**
U2:	Hi I'd like to fly to Seattle Tuesday Morning
A3:	**Travelling to Seattle on Tuesday, August eleventh in the morning.** Your full name?

显式确认和隐式确认可以相互补充。显式确认让用户纠正系统的误识别更容易，因为用户只需要对确认问题说"不"。但显式确认比较笨拙，并且增加了会话的长度（Danieli and Gerbino，1995；Walker et al., 1998）。上述显式确认的对话片段听起来不自然，不完全人性化，隐式确认则使会话更自然。

确认只是一种会话动作，系统可以通过它来表达缺乏足够的理解。另一个选择是**拒绝**（rejection）。ASR 系统拒绝话段时，给用户一句提示，类似于 I'm sorry, I didn't understand that. 有时话段会被拒绝多次。这可能意味着用户使用的语言是系统无法理解的。所以，当一个话段被拒绝时，系统通常会遵循**渐进提示**（progressive prompting）或**逐步细化**（escalating detail）的策略（Yankelovich et al., 1995；Weinschenk and Barker, 2000），如 Cohen et al. (2004) 中的例子：

System：When would you like to leave?
Caller：Well, um, I need to be in New York in time for the first World Series game.
System：<reject>. Sorry, I didn't get that. Please say the month and day you'd like to leave.
Caller：I wanna go on October fifteenth.

这个例子里，取代简单重复"When would you like to leave?"这一问句，拒绝提示给了更多的指导，指导用户如何将自己的话段规范为系统能理解的形式。这种 you-can-say 的帮助信息对于帮助改进系统理解性能很重要（Bohus and Rudnicky, 2005）。如果呼叫者的话段再次被拒绝，提示能反映该情况（"I *still* didn't get that"），并为用户提供更详细的引导。

错误处理的另一个策略是**快速重提示**（rapid reprompting），该策略中系统在拒绝话段时，仅仅是说"I'm sorry?"或"What was that?"，只有当呼叫者的话段被第二次拒绝时，系统才会使用渐进提示。Cohen et al. (2004) 总结实验，说明用户更偏好于将快速重提示作为第一级错误提示。

24.3　VoiceXML

VoiceXML（Voice Extensible Markup Language），是一种由 W3C 发布的基于 XML 的对话设计语言，同时也是各种语音标记语言（如 SALT）中最常用的一种。VoiceXML（或 vxml）的目标是在基于框架的架构中创建我们刚刚描述的那种简单语音对话，通过使用 ASR 和 TTS 模块，并处理非常简单的混合主动。VoiceXML 在商业领域比在学术界更常见，它是直接动手领会对话系统设计问题的好方法。

一个 VoiceXML 文档包括一个对话集合，每一个对话可以是一个表格（form）或目录（menu）。我们这里只介绍表格；要了解更多信息，可以查阅 http：//www.voicexml.org/。图 24.11 中的 VoiceXML 文档使用唯一域名"transporttype"定义了一个表格。域有一个附着提示，Please choose airline, hotel, or rental car，可以将它们传递给 TTS 系统。还有一个被传到语音识别引擎的语法（语言模型），用以指定允许识别器识别哪些词。在图 24.11 的例子中，语法由分离的三个词 airline, hotel 和 *rental car* 组成。

<form> 一般由一系列 <field> 组成，以及一些其他的指令。每个域有一个名称（transporttype 是图 24.11 中域的名称），该名称同时也是存储用户回答时所使用的变量名。与域相关的提示用指令 <prompt> 指定。与域相关的语法用指令 <grammar> 指定。VoiceXML 支持多种语法，包括 XML Speech Grammar、ABNF 和一些商业标准，如 Nuance GSL。我们在后面的例子中使用 Nuance GSL 格式。

VoiceXML 解释器按文档顺序读取一个表格，并重复选择表格中的每个项目。如果有多个

域,解释器按顺序逐个访问。解释的顺序可以按多种方式改变,如后面所介绍。图 24.12 的例子
展示了含有三个域的表格,分别指定航班的出发地、目的地和航班日期。

```
<form>
  <field name="transporttype">
     <prompt>
         Please choose airline, hotel, or rental car.
     </prompt>
     <grammar type="application/x=nuance-gsl">
       [airline hotel "rental car"]
     </grammar>
  </field>
  <block>
    <prompt>
    You have chosen <value expr="transporttype">.
    </prompt>
  </block>
</form>
```

图 24.11　最小的 VoiceXML 脚本,只描述了一个包含唯一域名的表格。用户被提问,然后反馈答案

```
<noinput>
I'm sorry, I didn't hear you.  <reprompt/>
</noinput>

<nomatch>
I'm sorry, I didn't understand that.  <reprompt/>
</nomatch>

<form>
  <block>     Welcome to the air travel consultant.  </block>
  <field name="origin">
     <prompt>     Which city do you want to leave from?  </prompt>
     <grammar type="application/x=nuance-gsl">
       [(san francisco) denver (new york) barcelona]
     </grammar>
     <filled>
        <prompt>  OK, from <value expr="origin">  </prompt>
     </filled>
  </field>
  <field name="destination">
     <prompt>  And which city do you want to go to?   </prompt>
     <grammar type="application/x=nuance-gsl">
       [(san francisco) denver (new york) barcelona]
     </grammar>
     <filled>
        <prompt>  OK, to <value expr="destination">   </prompt>
     </filled>
  </field>
  <field name="departdate" type="date">
     <prompt>  And what date do you want to leave?  </prompt>
     <filled>
        <prompt>  OK, on <value expr="departdate">   </prompt>
     </filled>
  </field>
  <block>
     <prompt> OK, I have you are departing from  <value expr="origin">
           to <value expr="destination"> on <value expr="departdate">
     </prompt>
     send the info to book a flight...
  </block>
</form>
```

图 24.12　包含三个域的表格的 VoiceXML 脚本,确认了每个域并处理了 noinput 和 nomatch 情形

　　例子的开始部分表明了两个用于错误处理的全局默认值。如果用户没有对提示做出应答(即
沉默的时间超过一个阈值),VoiceXML 解释器就会给出 <noinput> 提示。如果用户说了一些
与该域的语法不匹配的事情,VoiceXML 解释器就会给出 <nomatch> 提示。发生该类错误后,
一般会重复这些没有得到正确答复的问题。因为这些例程可以从任何域调用,即使每次的确切
提示都不同。VoiceXML 提供了指定 <reprompt 1>,无论任何域引发错误时都重复该提示。

　　表格的三个域说明了 VoiceXML 的另一个特征,即 <filled> 标签。一个域的 <filled>

标签由解释器在用户完成填充时执行。在这里这个特征用来确认用户的输入。

最后一个域 `departdate` 展示了 VoiceXML 的另一个特征,即 `type` 属性。VoiceXML 2.0 制定了 7 个内置的语法类型:`boolean`、`currency`、`date`、`digits`、`number`、`phone` 和 `time`。由于这个域的类型是 `date`,因此一个特定于数据类型的语言模型(语法)会自动地传送给语音识别器,所以我们不需要在这里显式指定语法。

图 24.13 给出了一个最终的例子,展示了混合主动。在一个混合主动的对话中,用户可以选择不回答系统所问的问题。例如,他们可能回答另外的问题,或者使用长句子一次填充多个槽。这意味着 VoiceXML 解释器不能再按顺序评价表格的每个域,而需要跳过已经赋值的槽。这由保护状态(guard condition)完成,即保持一个域不被访问的测试。某个域的默认保护状态会测试该域的项目变量是否有值,如果有值则该域将不被解释。

```
<noinput>    I'm sorry, I didn't hear you.  <reprompt/>  </noinput>

<nomatch> I'm sorry, I didn't understand that.  <reprompt/> </nomatch>

<form>
   <grammar type="application/x=nuance-gsl">
   <![ CDATA[
   Flight (  ?[
              (i [wanna (want to)] [fly go])
              (i'd like to [fly go])
              ([(i wanna)(i'd like a)] flight)
         ]
         [
         ( [from leaving departing] City:x) {<origin $x>}
         ( [(?going to)(arriving in)] City:x) {<destination $x>}
         ( [from leaving departing] City:x
           [(?going to)(arriving in)] City:y) {<origin $x  <destination $y>}
         ]
         ?please
      )
      City [ [(san francisco) (s f o)] {return( "san francisco, california")}
             [(denver) (d e n)] {return( "denver, colorado")}
             [(seattle) (s t x)] {return( "seattle, washington")}
      ]
      ]]> </grammar>

   <initial name="init">
      <prompt> Welcome to the consultant. What are your travel plans?  </prompt>
   </initial>

   <field name="origin">
      <prompt> Which city do you want to leave from?  </prompt>
      <filled>
         <prompt> OK, from <value expr="origin"> </prompt>
      </filled>
   </field>
   <field name="destination">
      <prompt> And which city do you want to go to?  </prompt>
      <filled>
         <prompt> OK, to <value expr="destination"> </prompt>
      </filled>
   </field>
   <block>
      <prompt> OK, I have you are departing from  <value expr="origin">
               to <value expr="destination">.  </prompt>
   send the info to book a flight...
   </block>
</form>
```

图 24.13　一段混合主动的 VoiceXML 对话。该语法允许制定了出发地、目的地或二者的句子。用户可以通过指定出发城市、目的城市或二者来回复初始提示

图 24.13 还说明了一个语法的更复杂应用。该语法是一个包含两条重写规则的 CFG 语法,重写规则的名称为 `Flight` 和 `City`。Nuance GSL 的语法形式使用括号( )表示联结,用中括号[ ]表示分离。所以,一个类似例(24.18)的规则说明 `Wantsentence` 可以扩展为 `I want to fly` 或 `I want to go`,而 `Airports` 可以扩展为 `san francisco` 或 `denver`。

(24.18) Wantsentence(I want to [fly go])
　　　　　 Airports [(san francisco) denver]

语法规则可以迭代地提及其他语法规则,所以在图 24.13 的语法中,我们可以看到 Flight 的语法提到了 City 规则。

VoiceXML 语法规则使用了带有可选语义附着的 CFG 语法格式。语义附着通常既可以是一个文本串(如“denver, colorado”),也可以是一个槽与填充。我们可以看一个 City 规则中语义附着形式的例子(每行结束位置的 return 语句),该例子传递城市名和州名。Flight 规则的语义附着说明了后一种情况,从 City 规则中传递的变量 x 的值会被用于填充槽(< origin > 、< destination > 或二者)。

图 24.13 是一个混合主动的语法,因此语法必须在任何域都适用。这可以通过扩展 Flight 从而做出一个分离来实现,注意它允许用户指定唯一的出发城市、目的城市或是二者。

24.4　对话系统的设计和评价

与大多数其他语音语言处理领域相比,对话系统中的用户起到一个更重要的作用。本节将集中于对话系统设计和评价时用户所扮演的角色。

24.4.1　设计对话系统

对话系统开发者如何选择对话策略、提示、错误信息等内容呢? 这个过程通常称为语音用户界面(Voice User Interface,VUI)设计。Gould and Lewis(1985)提出以用户为中心的设计原则,具体如下:

1. **研究用户和任务**。通过与用户面谈、调研类似系统、研究相关的人类对话,获知潜在用户和任务的性质。

2. **创建仿真和原型**。在 **Wizard-of-Oz**(WOZ)系统或 PNAMBIC(Pay No Attention to the Man BehInd the Curtain)系统中,用户认为他在与一个软件系统交流,但实际上是在与藏在某一伪装接口软件之后的人工操作员(“wizard”)交流(Gould et al., 1983;Good et al., 1984;Fraser and Gilbert, 1991)。① WOZ 系统可以在具体实现之前对架构进行检测,只需先完成接口软件和数据库。wizard 的语言输出可以用文语转换系统或纯文本的交流进行伪装。对于 wizard 来说,它很难准确模拟错误、局限或实际系统的时间约束。WOZ 的研究结果有点理想化,但仍能为领域问题提供有效的初步想法。

3. **对设计进行迭代用户测试**。在系统设计时,有必要包含一个内嵌的迭代用户测试设计(Nielsen, 1992;Cole et al., 1994, 1997;Yankelovich et al., 1995;Landauer, 1995)。例如,Stifelman et al. (1993)建造了一个系统,最初需要用户按下一个按键来打断系统。他们发现在用户测试时,用户反而厌倦了去打断系统(**干预,barge-in**),这说明系统需要重新设计,以识别重复的语句。迭代方法对于引导用户按规范格式回答的提示设计而言也是重要的,例如,在某些特殊的受限表格环境下的使用(Oviatt et al., 1993),或者使用**指令提示**(directive prompts)而不是开放提示(Kamm, 1994)。仿真在本步骤也可以使用,用户模拟与一个对话系统进行交流可以帮助测试接口的脆性或错误(Chung, 2004)。

更多关于会话接口设计的内容,请参考 Cohen et al. (2004)和 Harris(2005)。

---

① 　该名称来源于儿童读物 *The Wizard of Oz*(Baum, 1900),这里面的巫师其实是由躲在窗帘后面的人模仿的。

24.4.2　评价对话系统

上面我们说过用户测试和评价对对话系统设计而言至关重要。要计算用户满意度（user satis-faction rating），可以先让用户与一个对话系统就某一任务进行交流，然后对用户进行问卷调查（Shriberg et al.，1992；Polifroni et al.，1992；Stifelman et al.，1993；Yankelovich et al.，1995；Möller，2002）。例如，图 24.14 给出了 Walker et al.（2001）使用的这类多项选择问题。用户的回答被映射到 1 ~ 5 之间的某个数值，然后通过在所有问题上取平均的方式得到用户的总体满意度。

TTS 性能	Was the system easy to understand？
ASR 性能	Did the system understand what you said？
执行任务的容易性	Was it easy to find the message/flight/train you wanted？
交互的节拍性	Was the pace of interaction with the system appropriate？
用户的专业性	Did you know what you could say at each point？
系统的回答性能	How often was the system sluggish and slow to reply to you？
是否符合所期望的行为	Did the system work the way you expected it to？
今后是否使用	Do you think you'd use the system in the future？

图 24.14　用户满意度调查，根据 Walker et al.（2001）改编

从经济上来说，系统每修改一次就进行完整的用户满意度研究是不可行的。因此，使用与用户满意度相关性高的性能评价启发式规则，往往也能起到作用。目前已经研究了很多这样的因素和启发式规则。一种对这些因素进行分类的方法基于如下思想：一个最理想的对话系统是使用最少代价（minimizing costs）就能帮助用户实现目标（maximizing task success）的系统。然后我们就可以围绕这两个要素研究相应的指标。

任务成功完成度（task completion success）：任务成功完成度可以用总体解答的正确性来衡量。在基于框架的架构中，正确性可以根据正确填充槽所占的百分比，或完成子任务所占的百分比来计算（Polifroni et al.，1992）。不同的对话系统可能会对应不同的任务，因此通常难以按照任务成功完成度指标来进行跨系统对比。为此，Walker et al.（1997）建议使用 κ 系数（Kappa coefficient），来计算任务成功完成度得分，由于该得分针对偶然一致进行了归一化，因此其使得跨系统比较更为可行。

效率成本（efficiency cost）：效率成本是系统在帮助用户时的效率指标。可以用按秒计算的对话总时间，总话轮或系统话轮的数量，或者总的查询数（Polifroni et al.，1992）来衡量。其他指标包括系统无应答的数量和"话轮纠正率"：系统或用户单独用来纠正错误的话轮数除以总的话轮数（Danieli and Gerbino，1995；Hirschman and Pao，1993）。

质量成本（quality cost）：质量成本是衡量交流时其他能够反映用户对系统看法的因素。一种量度就是 ASR 系统没有返回任何句子的次数，或者 ASR 拒绝提示的数量。类似的指标包括用户必须干扰（打断系统）的次数，或用户回复不够迅速而引起的超时提示的次数。其他的质量指标集中在系统对用户的理解和回复的优劣上。这些指标可以包含系统问题、答案以及错误信息的不妥（冗长或歧义）（Zue et al.，1989），或者每个问题、答案或错误信息的正确性（Zue et al.，1989；Polifroni et al.，1992）。一项重要的质量成本是**概念正确率**（concept accuracy）或**概念错误率**（concept error rate），该指标衡量 NLU 组件正确返回的语义概念所占的百分比。基于框架架构的系统可以通过统计用正确含义填充的槽来计算该指标。例如，如果句子"I want to arrive in Austin at 5：00"被误识别而有语义"DEST-CITY：Boston，Time：5：00"，概念正确率为 50%（两个槽中的一个是错误的）。

这些成功完成度打分和成本指标应该如何融合,如何赋予权重? 一种方案如 PARADISE 算法(PARAdigm for DIalogue System Evaluation),对该问题采取了多次回归。该算法首先根据类似图 24.14 的调查问卷,为每一段对话赋予一个用户满意度。一组类似于上述的成功和成本因子被看成一组互相独立的因子;采用多次回归为每个因子训练权重,以表示该因子对于用户满意度的重要性。图 24.15 说明了 PARADISE 实验所假设的特定工作模型。每个框对应上页总结的一组因子。最终的指标可以用来比较大不相同的对话策略,使用如 PARADISE 的评价说明任务完成度和概念正确率或许是最重要的用户满意度预测指标,详情见 Walker et al. (1997,2001,2002)。

多种其他的评价指标和分类系统被提出来,用以描述口语对话系统的质量(Fraser,1992;Möller,2002,2004;Delgado and Araki,2005)。

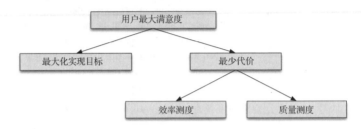

图 24.15　PARADISE 中口语对话目标的结构,据 Walker et al. (1997)

24.5　信息状态和对话行为

到目前为止,我们介绍的基于框架的对话系统只能用于有限的特定领域会话。这是因为在基于框架的对话系统中,语义解释和生成过程只依赖于填充槽的那些事物。为了不仅仅适用于表格填充式的应用,会话智能代理需要能完成更多任务,比如决定何时让用户提问题,提供建议或拒绝建议,以及需要能与用户话段建立共同基础,提出澄清式问题,提议一些计划。这说明一个会话智能代理需要关于言语行为和共同基础的复杂解释和生成模型,以及对话上下文的更复杂表示,而不仅仅是槽列表。

本节我们将概述一个更先进的、考虑了上述复杂组件的对话管理架构。这个模型一般称为**信息状态**(information-state)架构(Traum and Larsson,2003,2000),然而我们泛用这个术语以包含如 Allen et al. (2001)提到的那些架构。我们将在下一节介绍**马尔可夫决策过程**(Markov decision process)模型,一种可以看成信息状态方法扩展的概率化架构。术语**信息状态架构**(information-state architecture)实际上是一个涵盖了关于复杂代理的许多不同研究的术语。这里我们假设一个结构由 5 个组件组成:

- 信息状态("话语上下文"或"心智模型");
- 对话行为解释器(或"解释引擎");
- 对话行为生成器(或"生成引擎");
- 一组随着对话行为的解释逐步进行更新的规则,包括生成对话行为的规则;
- 选择应使用哪条更新规则的控制结构。

信息状态(information state)被故意设计成一个抽象的术语,它有可能包括类似话语上下文、两个说话人的共同基础、说话人的信仰或意图、用户模型等内容。至关重要的是,信息状态比有限状态对话管理器中的静态状态要复杂得多;当前状态包括许多变量的值、话语上下文以及其他难以用有限网络里的状态号建模的元素。

对话行为是融合了共同基础理论的思想之后,对言语行为的一个扩展,我们在下一个子节中将做更完整的定义。解释引擎接受言语作为输入,计算出句子的语义和合适的对话行为。对话行为生成器把对话行为和句子的语义作为输入,产生文本/言语作为输出。

最后,更新规则使用对话行为的信息修改信息状态。这些更新规则是基于框架的对话系统所使用的产生式规则的泛化(如 Seneff and Polifroni, 2000)。更新规则的子集,称为**选择规则**(selection rule),被用来生产对话行为。例如,一个更新规则可能说当解释引擎识别了一个断言时,那么它就必须把信息状态更新为断言的信息。当一个问题被识别时,一条更新规则可能会指定回答该问题的需求。我们可以参考更新规则和控制结构的结合体,如行**为智能代理**(Behavioral Agent)(Allen et al., 2001),如图 24.16 所示。

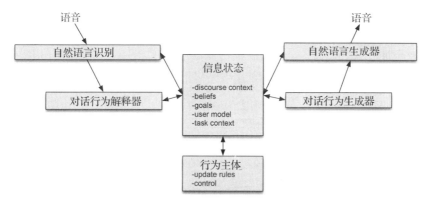

图 24.16 用于对话架构的一种信息状态方法

虽然信息状态模型的直观感觉非常简单,但是其细节非常复杂。信息状态可能包含丰富的话语模型,如话语表示理论(Discourse Representation Theory),或关于用户信念、愿望和意图的复杂模型(我们将在 24.7 节中介绍)。本节并不打算仅仅介绍该模型的一种特殊实现,而是在后面几节集中介绍对话行为的解释和生成引擎,以及基于马尔可夫决策过程的概率化信息状态架构。

24.5.1 使用对话行为

如前面所暗示的那样,最初由 Austin 定义的言语行为没有建模会话的关键特征,如共同基础、贡献、毗邻对等。为了捕捉这些会话现象,我们使用名为**会话行为**(dialogue acts)(Bunt, 1994)[或者**对话行动、会话行动**(Power, 1979; Carletta et al., 1997b)]的一个言语行为扩展。会话行为扩展了言语行为,特别是与其他会话功能紧密相关的内部结构(Allen and Core, 1997; Bunt, 2000)。

目前已提出了大量的对话行为标注集。图 24.17 展示了一个为 Verbmobil 双边计划问题制定的特定领域标注集,在该问题中,说话人被问及为将来某天会议做规划的问题。注意这里面有特定领域的标签,如 SUGGEST 为会议日期提建议,还有 ACCEPT 和 REJECT,用来接受或拒绝关于日期的建议。所以说这个标注集包含了 24.1.3 节介绍 Clark 贡献的表示和接受两个阶段的元素。

也有许多更一般和领域独立的对话行为标注集。在 Clark and Schaefer(1989),Allwood et al.(1992)和 Allwood(1995)提出的"对话系统多层标记语言"(Dialogue Act Markup in Several Layer,DAMSL)体系中,每个话段被标为两种功能,类似言语行为功能的**向前功能**(forward looking function)和类似于共同基础和回答的**向后功能**(backward looking function),它"往回看"对话者的前一个话段(Allen and Core, 1997; Walker et al., 1996; Carletta et al., 1997a; Core et al., 1999)。

标　注	例子
THANK	Thanks
GREET	Hello Dan
INTRODUCE	It's me again
BYE	Allright bye
REQUEST-COMMENT	How does that look?
SUGGEST	from thirteenth through seventeenth June
REJECT	No Friday I'm booked all day
ACCEPT	Saturday sounds fine
REQUEST-SUGGEST	What is a good day of the week for you?
INIT	I wanted to make an appointment with you
GIVE_REASON	Because I have meetings all afternoon
FEEDBACK	Okay
DELIBERATE	Let me check my calendar here
CONFIRM	Okay, that would be wonderful
CLARIFY	Okay, do you mean Tuesday the 23rd?
DIGRESS	[we could meet for lunch] and eat lots of ice cream
MOTIVATE	We should go to visit our subsidiary in Munich
GARBAGE	Oops, IFigure

图 24.17　Verbmobil-1 使用的 18 个高层次对话行为, 从总的 43 个更
特殊的对话行为中抽象而来。例子源于 Jekat et al. (1995)

　　Traum and Hinkelman(1992)提出核心言语行为和共同基础行为, 这两种行为构成的对话行为可以适应更丰富的**会话行为**(conversation act)层次。图 24.18 展示了他们提出的行为类型的 4 个层级, 中间两级对应 DAMSL 对话行为(共同基础和核心言语行为)。两个新的层级包括话轮转换行为和一种连贯关系, 称为**论证关系**(argumentation relation)。

行 为 类 型	样 本 行 为
turn-taking	take-turn, keep-turn, release-turn, assign-turn
grounding	acknowledge, repair, continue
core speech acts	inform, wh-question, accept, request, offer
argumentation	elaborate, summarize, question-answer, clarify

图 24.18　会话行为的类型, 源于 Traum and Hinkelman(1992)

　　这些行为构成一个层次, 实现高层次的行为(如一个核心言语行为)需要先实现一个低层次的行为(转换话轮)。本节的后面我们将介绍在生成阶段会话行为的使用, 24.7 节再回到连贯和对话结构的问题上来。

24.5.2　解释对话行为

　　我们如何解释一个对话行为? 如何判断给定的输入是 QUESTION, STATEMENT, SUGGEST(直接的)或 ACKNOWLEDGMENT 中的哪一个? 或许我们只能依靠表层句法? 我们在第 12 章看到英语中的是非问句具有助词倒置(aux-inversion)、陈述具有直陈式句式(没有助词倒置)、命令具有祈使句式(没有句法上的主语)的特点, 如例(24.19)所示:

(24.19)　YES-NO QUESTION　Will breakfast be served on USAir 1557?
　　　　　STATEMENT　I don't care about lunch.
　　　　　COMMAND　Show me flights from Milwaukee to Orlando.

但是从本章开头 Abbott 和 Costello 的著名的《谁在一垒》(Who's on First)也可以看出, 事实

往往不是那么简单。表面句法形式到以言行事的映射是复杂的。例如，下面的 ATIS 系统说的话看起来像一个是非疑问句，表示类似 Are you capable of giving me a list of …? 的意思。

（24.20）Can you give me a list of the flights from Atlanta to Boston?

然而，事实上，这个客户感兴趣的并不是该系统是否能够给出这样一个列表（list），而是一个指令语或 REQUEST（要求）的礼貌表达，表示的意思更接近于 Please give me a list of …，因此，表面上看起来像一个 QUESTION 而实际上是 REQUEST。

类似地，表面上看起来像一个 STATEMENT 有可能在实际上是 QUESTION。很常见的 CHECK（核对）疑问句（Carletta et al., 1997b；Labov and Fanshel，1977），要求一个说话人确认某些只有她才知道的事情。这种 CHECK 疑问句具有指令句的表面形式：

A	OPEN-OPTION	I was wanting to make some arrangements for a trip that I'm going to be taking uh to LA uh beginning of the week after next.
B	HOLD	OK uh let me pull up your profile and I'll be right with you here. [pause]
B	CHECK	**And you said you wanted to travel next week**?
A	ACCEPT	Uh yes.

采用陈述句的形式提出疑问，或采用疑问的形式发出请求，都被称为**间接的言语行为**（indirect speech act）。

为了消除对话行为的歧义，我们可以将对话行为的解释看成一个有监督的分类任务，其中待检测的隐藏类别是对话行为的标签。我们在一个手工标注了每一个话段的对话行为的语料库上训练分类器。用于对话行为解释的特征可从会话上下文以及行为的**微语法**（microgrammar）（Goodwin，1996）中获取（它们特有的词汇的、语法的、韵律的以及会话的特征）：

1. **单词和语法**（words and grammar）：please 或 would you 是 REQUEST（请求）的有效提示，而 are you 是 YES-NO-QUESTION 的有效提示，由**特定对话**（dialogue-specific）的 N-gram 语法检测。

2. **韵律**（prosody）：上升音高是 YES-NO QUESTION 的有效提示，而指令句（如同 STATEMENTS）句末降低音高：F0 在话段**末尾的下降**（final lowering）。响度或重音可以帮助区分 yeah 是 AGREEMENT（同意）还是 BACKCHANNEL（反输）。我们可以抽取与韵律相关的听觉特征，如 F0、持续时间和音能。

3. **会话结构**（conversational structure）：建议之后的 yeah 可能是 AGREEMENT，而 INFORM（通知）之后的 yeah 可能是 BACKCHANNEL。借助毗邻对的思想（Schegloff，1968；Sacks et al.，1974），我们可以把会话结构建模成对话行为的二元语法模型。

形式地说，我们的目标是在给定观察句的情况下，找到最大化后验概率 $P(d \mid o)$ 的对话行为 d^*：

$$
\begin{aligned}
d^* &= \operatorname*{argmax}_{d} P(d|o) \\
&= \operatorname*{argmax}_{d} \frac{P(d)P(o|d)}{P(o)} \\
&= \operatorname*{argmax}_{d} P(d)P(o|d)
\end{aligned}
\tag{24.21}
$$

使用一些简化假设（句子 f 的韵律和词序列 W 是独立的，且对话行为的先验概率可以通过给定前一个对话行为的条件概率来建模）之后，我们就可以按照式（24.22）来估计对话行为 d 的观察似然：

$$P(o|d) = P(f|d)P(W|d) \tag{24.22}$$

$$d^* = \operatorname*{argmax}_{d} P(d|d_{t-1})P(f|d)P(W|d) \tag{24.23}$$

其中,

$$P(W|d) = \prod_{i=2}^{N} P(w_i|w_{i-1}...w_{i-N+1}, d) \tag{24.24}$$

计算 $P(f|d)$ 的韵律预测器一般用决策树来训练。例如, Shriberg et al. (1998) 采用 CART 决策树对简单的基于声学的韵律特征进行了训练, 这些韵律特征包括在话段结尾处 F0 的倾斜, 话段不同阶段的平均音能, 以及不同的音延系数等。然后该决策树被用来区分 4 种对话行为: STATEMENT(S), YES-NO QUESTION(QW), DECLARATIVE-QUESTION[如 CHECK(QD)] 和 WH-QUESTION(QW)。图 24.19 中的决策树为给出了假定声学特征 f 时, 对话行为 d 的后验概率 $P(d|f)$。注意该树右边 S 和 QY 之间的差别是基于特征 norm_f0_diff(结尾区域和倒数第二个音节区域的平均 F0 归一化后的差别), 而底部左边的 QW 和 QD 之间的差别是基于 utt_grad, 它表示 F0 在整个话段中的斜率。

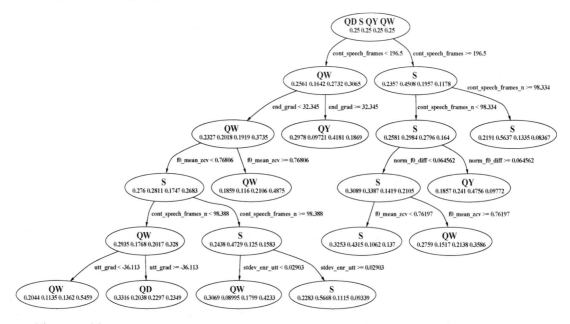

图 24.19　用于 DECLARATIVE QUESTIONS(DQ), STATEMENT(S), YES-NO QUESTIONS(QY) 和 WH-QUESTIONS(QW) 分类的决策树, 模仿自 Shriberg et al. (1998)。树上每个结点对应 4 个概率, 每个概率按顺序分别对应对话行为 QD, S, QY 和 QW, 把四者当中最可能的对话行为作为该结点的标签。注意该树右边 S 和 QY 之间的差别是基于特征 norm_f0_diff(结尾区域和倒数第二个音节区域的平均 F0 归一化后的差别), 而底部左边的 QW 和 QD 之间的差别是基于 utt_grad, 它表示 F0 在整个话段中的斜率

因为决策树提供了后验概率 $P(d|f)$, 式(24.23)要求似然概率 $P(f|d)$, 所以我们要把决策树的输出结果进行贝叶斯转换[除以先验 $P(d_i)$ 以得到似然概率]; 同样的处理过程也见于 10.4.2 节中使用 SVM 和 MLP 替代 Gaussian 分类器进行语音识别时。基于上述所有的简化假设, 选择对话行为标签的最终等式是:

$$
\begin{aligned}
d^* &= \underset{d}{\operatorname{argmax}}\, P(d)P(f|d)P(W|d) \\
&= \underset{d}{\operatorname{argmax}}\, P(d|d_{t-1})\frac{P(d|f)}{P(d)}\prod_{i=2}^{N} P(w_i|w_{i-1}\cdots w_{i-N+1},d)
\end{aligned}
\tag{24.25}
$$

24.5.3　检测纠正行为

除了通用的对话行为解释，我们还希望为特殊行为创建特殊用途的检测器。让我们考虑一个用于识别用户对系统错误的**纠正**(correction)的检测器。如果对话系统错误识别了一个话段（通常是由 ASR 错误造成的），用户一般会希望通过复述或换种方式表达刚才的话段来纠正这个错误。对话系统需要识别用户正在进行纠正，然后找出用户试图纠正的是什么，有时候还需要进一步的交流。

遗憾的是，纠正实际上比一般的句子更难识别。Swerts et al.(2000)发现 TOOT 对话系统中，纠正的错误识别率是非纠正的两倍(按 WER 而言)。一个原因是说话人在纠正时使用了极为不同的韵律风格，称为**高清晰发音**(hyperarticulation)。在高清晰发音的言语中，话段的某一部分具有过大的音能、持续时间和 F0 轮廓，如 I said BAL-TI-MORE, not Boston(Wade et al., 1992；Oviatt et al., 1998；Levow, 1998；Hirschberg et al., 2001)。

说话人使用多种策略进行纠正，Swerts et al.(2000)将这些策略分为复述(REP)、解释(PAR)、添加内容(ADD)，以及忽略内容(OMIT)，如图 24.20 所示。他们发现大多数的纠正是复述和忽略内容，而不是解释。

顺序	纠 正 类 别	
S	On which day of the week do you want to leave?	
S	Sorry, I didn't hear anything from you. Please tell me your departure date	
U	*Um tomorrow*	NA
S	You can say the departure date. For example, you can say 'today' or 'tomorrow'. Or you can say 'Monday' 'Tuesday' 'Wednesday'...	
U	*Tomorrow*	REP
S	You can say the departure date. For example, you can say 'today' or 'tomorrow'. Or you can say 'Monday' 'Tuesday' 'Wednesday'...	
U	*Saturday*	PAR
S	Do you want to leave on Saturday?	
U	Yes	
S	What time do you want to leave?	
U	Eight o'clock A M	
S	Do you want to leave around ten oclock p-m	
U	*Eight o' clock*	OMIT
S	Do you want to leave around ten oclock p-m	
U	*No*	OMIT
S	What time do you want to leave?	
U	*Eight o' clock A M*	ADD

图 24.20　TOOT 系统中标注了纠正类别的一个对话片段，来自 Swerts et al.(2000)

多种基于机器学习的分类器被用于检测纠正行为。有效的特征包括词汇信息（类似"no""correction""I don't"的词，以及脏话），韵律和高清晰发音的特征(F0 范围的增长、暂停时长、单词时长，一般通过前面句子的值来归一化)，表明话段长度的特征，ASR 特征（置信度、语言模型概率），以及各种对话特征(Levow, 1998；Hirschberg et al., 2001；Bulyko et al., 2005)。

除了纠正检测，会话智能代理还需要合理控制或更新对话管理器里的规则(Bulyko et al., 2005)。

24.5.4　生成对话行为：确认和拒绝

相比对话行为解释，决定生成何种对话行为所受到的关注要少得多。Stent(2002)是一个最近在 TRIPS 系统(Allen et al., 2001)中使用的对话行为生成模型，该模型基于 24.5.1 节介绍的会话行为和 24.7 节介绍的 BDI 模型。Stent 将一组更新规则用于内容规划，其中一条规则是如果用户刚刚释放话轮，系统可以采取 TAKE-TURN(话轮转换)行为；另一条规则是如果系统需要为用户总结一些信息来解决问题，系统就可以将那些信息作为语义内容来使用 ASSERT 会话行为，然后通过自然语言生成系统的标准技术，把该内容映射到单词(Reiter and Dale, 2000)。话段生成之后，信息状态(话语上下文)用它的单词、句法结构、语义表以及语义和会话行为的结构来更新。24.7 节概括了一些使生成变得艰难、需要持续研究的建模和规划问题。

Stent 指出了一个存在于对话生成中，而不存在于独白文本生成中的重要问题，即话轮转换行为。图 24.21 展示了各种语言学表格中话轮转换功能的几个例子，这些表格摘自她在 Monroe 语料库中标注的会话行为。

Cue	Turn-taking acts signaled
um	KEEP-TURN, TAKE-TURN, RELEASE-TURN
<lipsmack>, <click>, so, uh	KEEP-TURN, TAKE – TURN
you know, isn't that so	ASSIGN-TURN

图 24.21　用于话轮转换行为的语言，来自 Stent(2002)

许多对话行为生成相关工作的焦点是生成 24.2.5 节介绍的**确认**(confirmation)和**拒绝**(regection)行为。因为该任务通常用概率方法解决，我们在这里仅作铺垫，下一节再继续讨论。

例如，早期的对话系统偏向于固定选择**显式**(explicit)确认或**隐式**(implicit)确认，而最近的系统则把确认当成一个对话行为生成任务，确认的策略是自适应的，根据具体句子而改变。

许多因素可以作为信息状态，然后用来作为分类器的特征。例如，ASR 系统赋予一个话段的**置信度**(confidence)可以用来显式地确认低置信度的句子(Bouwman et al., 1999；San-Segundo et al., 2001；Litman et al., 1999；Litman and Pan, 2002)。回想 10.1 节[①]所介绍，置信度是语音识别器赋给它所转换句子的一个度量，用于衡量该转换的可信度有多高。置信度一般根据话段的语音对数似然计算得来(概率越高，置信度越高)，但是韵律特征也可以用作置信度预测。例如，具有较大 F0 偏离、较长持续时间或由较长时间暂停做前驱的话段，就有可能被误识别(Litman et al., 2000)。

另一个在确认中常用的特征是出错时要付出的**代价**(cost)。例如，在正式预订一个航班或转移账户中金额时，常见做法是进行显式确认(Kamm, 1994；Cohen et al., 2004)。

当一个话段的 ASR 置信度很低，或者其最好的语义解释根本不通时，系统可以依此判断用户输入完全没有被识别，从而可以选择**拒绝**(reject)这个话段。系统可能有三层结构的置信度：低于某置信度阈值，拒绝话段；高于该阈值，就显式确认该话段；如果置信度更高，就使用隐式话段。

如果不拒绝或确认整个话段，而只阐明系统未理解的那部分话段或许会更好。如果一个系

统能在比话段更精细的层面上给置信度赋值，那么就可以用**澄清子对话**（clarification subdia-logues）来阐明这些单个元素。

最近许多关于生成对话行为的工作已经引入马尔可夫决策过程框架，接下来我们就做相应介绍。

24.6　马尔可夫决策过程架构

对于对话架构的信息状态方法，有一种基本的看法是会话行为的选择动态依赖于当前的信息状态。前面的章节讨论了对话系统如何根据上下文来改变确认及拒绝的策略。例如，如果 ASR 或 NLU 置信度偏低，我们可能就选择显式确认。如果置信度高，我们可能就选择隐式确认，甚至决定不做任何确认。使用动态策略来选择行为可最大化对话成功率，同时最小化代价。基于优化某些收益和成本来改变对话系统行为的思想，是将对话建模为**马尔可夫决策过程**（Markov decision process）的基本的直观原因。这个模型继承了信息状态模型，增加了概率方法来决定在给定状态下的行为。

马尔可夫决策过程或 **MDP** 的特征是一组代理可能所处的**状态** s，一组代理可以采取的**行为** a，以及代理在某状态采取一个行为能获得的**收益** $R(a, s)$。给了这些要素后，我们可以计算出一个**策略** π，即在给定状态 s 下，指定代理应该采取哪个行为 a 以获得最好收益。为了理解每个组件，我们需要一个状态空间被极大缩减的教学用例。所以，我们回到简单的框架和槽的世界，看看摘自 Levin et al.（2000）的一个教学用 MDP 实现。他们的教学用例是一个"Day-and-Month"对话系统，目标是通过与用户最短的交互，获取正确的日期和月份值，以填充一个包含两个槽的框架。

原则上，MDP 的一个状态可以包含任意与对话有关的信息，比如到目前为止完整的对话历史。使用如此丰富的状态模型会使可能状态的数量过大。所以状态模型常常被选来编码一组非常有限的信息，如当前框架中槽的值、最近提给用户的问题、用户最近的回答、ASR 置信度，等等。在 Day-and-Month 例子中，我们把系统的状态表示为两个槽日期（day）和月份（month）的值。一共有 411 个状态［366 个状态指定日期和月份（考虑了闰年），12 个状态只表示月份不表示日期（$d=0$，$m=1, 2, \cdots, 12$），31 个状态表示日期不表示月份（$m=0$，$d=1, 2, \cdots, 31$）］，以及一个特殊的初始状态 s_i 和结束状态 s_f。

MDP 对话系统的行为可能包括生成特殊的言语行为，或者执行一个数据库查询并找出信息。在 Day-and-Month 例子中，Levin et al.（2000）提出下列行为：

- a_d：询问日期的问题；
- a_m：询问月份的问题；
- a_dm：询问日期和月份的问题；
- a_f：最终行为，提交表格并终止对话。

因为系统的目标是用最短的交流获取正确答案，所以一个可能的系统收益函数包含三个因子：

$$R = -(w_i n_i + w_e n_e + w_f n_f) \tag{24.26}$$

式中，n_i 指与用户交流的次数；n_e 指错误数；n_f 指被填充槽的数量（用 0、1 或 2 填充）；w 指权重。

最后，一个对话策略 π 指定哪个行为适用于哪个状态。考虑两种可能的策略：（1）分别询问日期和月份；（2）同时询问日期和月份。这两种策略可能会生成图 24.22 所示的两段对话。

在策略 1 中，在既没有日期也没有月份的状态下，行为是询问日期，然后在指定了日期但没有月份的状态下，行为是询问月份。在策略 2 中，在既没有日期也没有月份的状态下，行为是询问一个开放式的问题(什么日期)以同时获得日期和月份。这两种策略各有优点：开放式的提示可以得到较短的会话，但是可能造成更多错误，而一个指令式提示较慢但是不容易出错。所以，理想的策略依赖于权重 w 的值，也依赖于 ASR 组件的错误率。我们令 p_d 为识别器在指令式提示时对月份或日期做出错误解释的概率。识别器在开放式提示时对月份或日期做出错误解释的(可能较高的)概率在这里为 p_o。图 24.22 中第一段对话的收益则为 $-3 \times w_i + 2 \times p_d \times w_e$。图 24.22 中第二段对话的收益为 $-2 \times w_i + 2 \times p_o \times w_e$。指令式提示策略，即策略 1，如果其错误率的改进能抵消较长的交流，即 $p_d - p_o > \dfrac{w_i}{2w_e}$，那么策略 1 比策略 2 要好。

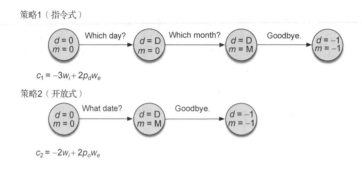

图 24.22　获取月份和日期的两种策略，依据 Levin et al.(2000)

在目前我们已经看过的例子中，只有两种可能的行为，因此也只有极少数可选的策略。通常情况下，可选行为、状态和策略的数量都非常大，所以找出最优策略 π^* 也要困难得多。

马尔可夫决策理论与经典的增强学习理论一起，给了我们思考这个问题一个启示。第一，从图 24.22 泛化后，我们可以把任一特殊对话看成状态空间的一条轨迹：

$$s_1 \to a_1, R_1 \quad s_2 \to a_2, R_2 \quad s_3 \to a_3, R_3 \cdots \tag{24.27}$$

最优策略 π^* 是在所有轨迹中具有最高期望收益的策略。给定状态序列上的期望收益是什么？计算序列的效用或收益的最常见方法是使用**折扣收益**(discounted reward)。这里我们按照单个状态效用的折扣和来计算序列的期望累积收益 Q：

$$Q([s_0, a_0, s_1, a_1, s_2, a_2 \cdots]) = R(s_0, a_0) + \gamma R(s_1, a_1) + \gamma^2 R(s_2, a_2) + \cdots, \tag{24.28}$$

折扣因子 γ 介于 0 和 1 之间。这使得代理对当前收益比对未来收益更关心，收益来得越晚，收益值打的折扣越多。

给了这个模型后，就有可能说明在某特定状态下采取某行为所获得的期望累积收益 $Q(s, a)$，可以表示为如下的递归式，称为 **Bellman 方程**(Bellman equation)：

$$Q(s, a) = R(s, a) + \gamma \sum_{s'} P(s'|s, a) \max_{a'} Q(s', a') \tag{24.29}$$

Bellman 方程说明，某一状态/行为对的期望累积收益是指当前状态的直接收益加上所有可能的下一个状态 s' 的折扣效用，权重为转移到状态 s' 的概率，并假设一旦到达该状态，我们就采取最优行为 a'。

式(24.29)使用了两个参数。我们需要模型 $P(s'|s, a)$，即在给定状态/行为对(s, a)时，有多大可能性产生新的状态 s'。同时还需要一个 $R(s, a)$ 的好的估计。如果有许多已标注训练数据，我们就可以从已标注数据计算这两个参数。例如，根据已标注对话，为了估计 $P(s'|s, a)$，我们可以简单地计算处于状态 s 的次数，以及采取行为 a 并到达状态 s' 的次数。类似地，如果我

们有每个对话的人工标注的收益，就可以建立 $R(s,a)$ 的模型。

给了这些参数后，可以利用迭代的算法，即**值迭代**（value iteration）算法，求解 Bellman 方程并决定合适的 Q 值（Sutton and Barto, 1998; Bellman, 1957）。在此我们不做介绍，但是读者可参考第 17 章的 Russell and Norvig（2002），了解算法的细节以及在马尔可夫决策过程中更多的信息。

如何得到足够的已标注数据来设置这些参数？这是让我们感到尤其困扰的问题，因为实际问题中的状态数量非常庞大。过去有两种方法用于此问题。第一个是人工来细心调整状态和处理，这样只有非常少的状态和策略需要自动设置。这种情况下，我们可以建立一个通过生成随机会话来探索状态空间的对话系统。概率值随即就可以按此会话语料库来确定。第二种方法是创造一个仿真用户。用户与系统交流百万次，使系统从语料库中学习状态转移和收益概率。

第一种方法，使用真实用户在较小的状态空间上设置参数，被 Singh et al.（2002）采用。他们使用增强学习做一小组最佳策略的选择。他们的 NJFun 系统学习如何选择改变主动权（系统、用户或混合）和确认策略（显示的或无确认）的行为。系统的状态由 7 个特征值指定，包括框架正在填充的槽（1～4）、ASR 置信度的值（0～5）、当前槽对应的问题询问了多少次、是否用了一个严格或非严格的语法，等等。使用 7 个属性很少的特征的结果是状态空间也小（62 个状态）。每个状态只有两个可能的行为（提问时的系统主动或用户主动，接收答案时的显式确认或无确认）。他们让系统与真实用户交流，创建了 311 个会话。每个会话有一个简单的二元收益函数，如果用户完成了任务（找指定的博物馆、剧院、新泽西的品酒处），函数值为 1，否则为 0。系统成功地学习了一个好的对话策略（大体来说，由用户主动开始，当再次问及某一属性时，再回到混合或系统主动和确认策略；只在置信度较低时才确认；主动和确认策略对于不同属性都是不同的）。他们还说明，从各种客观指标来看，他们的策略实际上比文献中介绍的许多人工设计的策略更加成功。

Levin et al.（2000）在其 MDP 模型中，为 ATIS 任务的增强学习采用了仿真用户的策略。他们的仿真用户是一个生成的随机模型，在给定系统当前状态和行为时，生成用户回答的框架-槽的表示。仿真用户的参数由 ATIS 对话语料库来估计。仿真用户然后与系统交流，进行成千上万次的会话，以找到一个最优的对话策略。

MDP 架构为建模对话行为提供了一个有力的新方法，但它依赖的假设，也就是系统实际上知道它当前所处的状态，是有问题的。这在很多方法中并不现实，系统无法知道用户的真实的内在状态，而且对话中的状态也可能因为语音识别错误而被掩盖。最近对于放宽这个假设的尝试基于部分可观察的马尔可夫决策过程，或者 POMDP（有时读为 'pom-deepeez'）。在 POMDP 中，我们把用户输出建模为已观察到的，由其他隐藏变量生成的信号。然而，MDP 和 POMDP 都面临计算复杂度问题，以及依赖于并不反映用户行为的仿真的问题，请查看本章结尾文献和历史说明部分以获取参考内容。

24.7　高级问题：基于规划的对话行为

会话智能代理最早的行为模型之一，同时也是最复杂的模型之一，使用了智能规划技术。例如，TRIPS 代理（Allen et al., 2001）模拟对突发事件管理的帮助，规划在突发状况下要向哪里、如何供应救护车或人员。用于分析如何从点 A 获得一个救护车到点 B 的规划算法，也可以用于会话。交流和会话是世界上理性行为的一个特例，因此这些行为可以与其他行为一样被规划。为了找出某些信息，一个代理可以通过规划如何向对话者询问信息来完成。代理听到一个话段之后可以通过"反向"规划来解释该言语行为,使用推理规则,根据对话者所说内容,推导可能的规划。

要使用这种方法使用规划来生成和解释句子,要求规划器有优秀的**信念**(beliefs)、**愿望**(desire)和**意图**(intentions)**模型**(**BDI**),以及对话者模型。基于规划的对话模型通常指 **BDI** 模型。BDI 对话模型由 Allen,Cohen,Perrault 和他们的同事在许多具有影响力的论文中引入,这些论文说明了言语行为如何被生成(Cohen and Perrault,1979)和解释(Perrault and Allen,1980;Allen and Perrault,1980)。同时,Wilensky(1983)介绍了基于规划的理解模型,该模型被作为解释故事任务的一部分。在另一个相关的研究中,Grosz 和她的同事说明类似的意图和规划观点允许在对话上使用话语结构和连贯的概念。

24.7.1　规划推理解释和生成

我们首先概述基于规划的理解和生成的概念。基于规划的代理怎样像人类旅行代理一样理解下面对话中的句子 C_2?

C_1: I need to travel in May.

A_1: And, what day in May did you want to travel?

C_2: OK uh I need to be there for a meeting that's from the 12th to the 15th.

Gricean 相关性原则可以用来推断客户的会议与航班预订有关。系统可能知道参加会议(至少在网络会议出现以前)的一个前提是到达会议举行的地点。去往会议地点的一种方法就是乘坐飞机,预订航班则是乘坐飞机的前提。系统可以遵照这一系列推理,推导出用户想要在 12 号之前某天的航班。

下一步,考虑基于规划的代理如何像人类旅行代理一样,产生上述对话中的句子 A_1。要帮助客户预订一个航班,规划代理必须知道足够的航班信息才能预订。仅知道月份(May),对于确定离开或回程日期来说,信息还不够完整。找到所需日期信息的最简单方法,就是询问客户。

在本节剩余的部分,我们将使用谓词演算中 Perrault 和 Allen 对信念和愿望的形式化定义,来进一步扩展对理解和生成规划的说明。关于信念的推理是通过许多受 Hintikka(1969)启发的公理方案来实现的。把"S 相信命题 P"表示为二元谓词 $B(S, P)$,其中公理方案如 $B(A, P) \land B(A, Q) \Rightarrow B(A, P \land Q)$。知识(knowledge)被定义为"真的信念"(true belief)。S knows that P 被表示为 KNOW(S, P),定义为 KNOW(S, P) $\equiv P \land B(S, P)$。

期望(desire)的理论基于谓词 WANT。如果行为人 S 希望 P 为真,我们用 WANT(S, P)或 $W(S, P)$ 表示。P 可以是一些行为的状态或实施。因此如果 ACT 是一个行为的名称,则 $W(S,$ ACT(H))表示 S 想让 H 来做 ACT。与信念(belief)的逻辑一样,WANT 的逻辑是基于它本身的公理方案。

BDI 模型也需要行为和规划的公理化。最简单的是基于**行为方案**(action schema)集,该方案又基于简单的智能规划模型 STRIPS(Fikes and Nilsson,1971)。每个行为方案都有一个参数集,用于约束每个变量的类型和下面的三个部分:

- 前提(precondition):为实施该行为必须已经为真的那些条件。
- 效果(effect):作为实施该行为结果的变为真的那些条件。
- 体(body):在实施该行为中必须达到的部分有序的目标集。

例如,在旅行领域,行为人 A 为客户 C 预订航班(book flight)$F1$ 的行为,可以简化为下面的定义:

BOOK-FLIGHT(A, C, F) :

Constraints:	Agent(A) ∧ Flight(F) ∧ Client(C)
Precondition:	Know(A, depart-date(F)) ∧ Know(A, depart-time(F)) ∧ Know(A, origin(F)) ∧ Know(A, flight-type(F)) ∧ Know(A, destination (F)) ∧ Has-Seats(F) ∧ W(C, (BOOK(A, C, F)))) ∧…
Effect:	Flight-Booked(A, C, F)
Body:	Make-Reservation(A, F, C)

与 STRIPS 同类的行为详细说明也可以用于言语行为。INFORM 是告知听话人一些命题的言语行为, 基于 Grice(1957) 的思想: 说话人告知(inform) 听话人某些事情是通过让听话人相信说话人想让他们知道(know) 一些事情来实现的。

INFORM(S, H, P) :

Constraints:	Speaker(S) ∧ Hearer(H) ∧ Proposition(P)
Precondition:	Know(S, P) ∧ W(S, INFORM(S, H, P))
Effect:	Know(H, P)
Body:	B(H, W(S, Know(H, P)))

REQUEST 是请求听话人实施某些行为的指令言语行为:

REQUEST(S, H, ACT) :

Constraints:	Speaker(S) ∧ Hearer(H) ∧ ACT(A) ∧ H is agent of ACT
Precondition:	W(S, ACT(H))
Effect:	W(H, ACT(H))
Body:	B(H, W(S, ACT(H)))

现在我们看看基于规划的对话系统是如何解释这个句子的:

C_2: I need to be there for a meeting that's from the 12th to the 15th.

我们假设系统有上面提到的 BOOK-FLIGHT 规划。此外, 我们还需要关于会议和参加会议的知识, 这些知识以 MEETING, FLY-TO 和 TAKE-FLIGHT 规划的形式表示, 大致如下所示:

MEETING(P, L, T1, T2) :

Constraints:	Person(P) ∧ Location(L) ∧ Time(T1) ∧ Time(T2) ∧ Time(TA)
Precondition:	At(P, L, TA)
	Before(TA, T1)
Body:	…

FLY-TO(P, L, T) :

Constraints:	Person(P) ∧ Location(L) ∧ Time(T)
Precondition:	At(P, L, T)
Body:	TAKE-FLIGHT(P, L, T)

TAKE-FLIGHT(P, L, T) :

Constraints:	Person(P) ∧ Location(L) ∧ Time(T) ∧ Flight (F) ∧ Agent(A)
Precondition:	BOOK-FLIGHT(A, P, F)
	Destination-Time(F) = T

$$\text{Destination -Location}(F) = L$$

Body：　　　…

现在我们假设 NLU 模块返回用户话段的含义，（在其他事物当中）包含以下语义内容：

MEETING(P，? L，T1，T2)：

Constraints：$P = Client \wedge T1 = May\ 12 \wedge T2 = May\ 15$

我们基于规划的系统现在建立了两个规划，一个是来自话段的 MEETING 规划，一个是来自前一话段的 BOOK-FLIGHT 规划。系统隐式地使用了 Gricean 相关性知识，试图将二者连接起来。因为 BOOK-FLIGHT 是 TAKE-FLIGHT 的前提，系统会假设（推断）用户在规划 TAKE-FLIGHT。引文 TAKE-FLIGHT 在 FLY-TO 的体（body）中，系统可进一步推断为 FLY-TO 规划。最后，因为 FLY-TO 的结果是作为 MEETING 的前提，所以系统可以统一所有这些规划中的人物、地点和时间。结果就是，系统了解到客户希望在 5 月 12 日以前到达目的地。

我们再回到第二个例子的细节上：

C_1：I need to travel in May.

A_1：And，what day in May did you want to travel?

一个基于规划的代理如何知道要提问题 A_1？该知识来自 BOOK-FLIGHT 规划，它的前提是代理知道大量的航班参数，包括出发的日期和时间、出发地和目的地，等等。话段 C_1 包括了出发地城市和部分关于出发日期的信息，代理必须请求其余信息。基于规划的代理会使用类似 RE-QUEST-INFO 的行为方案来表示一个请求信息的规划［由 Cohen and Perrault(1979)简化而来］：

REQUEST-INFO(A，C，I)：

Constraints：	$Agent(A) \wedge Client(C)$
Precondition：	$Know(C, I)$
Effect：	$Know(A, I)$
Body：	$B(C, W(A, Know(A, I)))$

由于 REQUEST-INFO 的效果（effect）匹配于 BOOK-FLIGHT 的每一个前提（precondition），因此代理可以用 REQUEST-INFO 来获取缺失的信息。

24.7.2　对话的意图结构

21.2 节讨论了话语的片段通过如**解释**（explanation）或**说明**（elaboraction）的**连贯关系**（coherence relation）而关联，这些连贯关系描述了话语片段之间的**信息**（informational）关系。话段解释的 BDI 方法导致了与对话息息相关的另一种连贯观点，即**意图方法**（intentional approach）（Grosz and Sidner，1986）。根据这个方法，使得对话连贯的是它的**意图结构**（intentional structure），也就是每个话段潜在的基于规划的说话人意图。

基于每个话语具有一个称为**话语目的**（Discourse Purpose，DP）的潜在意图的假设，这些意图可以在模型中被实例化，并由实例化它的人持有。话语中的每个话语片段也有一个相应的目的，被称为**话语片段目的**（Discourse Segment Purpose，DSP）。在实现话语的 DP 时，每个 DSP 都有一个与该话语片段相对应的角色。可能的 DP/DSP 包括其他的某一代理希望执行某一物理任务，或某一代理相信某事实。

与在信息方法中为确立连贯而采用的大量的连贯关系集相反，Grosz 和 Sidner 只提出了两种关系：**支配**（dominance）和**满足-优先**（satisfaction-precedence）。如果满足 DSP_2 的目的是为 DSP_1

的满足提供部分基础，则称 DSP$_1$ 支配 DSP$_2$。如果 DSP$_1$ 必须在 DSP$_2$ 之前被满足，则称 DSP$_1$ 满足-优先于 DSP$_2$。

考虑我们前面见到的客户（C）和旅行代理人（A）之间的对话，这里重述为图 24.23。打电话者和代理人共同协作才能成功找出满足打电话者所需的航班。实现这个共同目标需要满足顶层的话语意图，用下面的 I1 表示，其他为 I1 满足提供基础的几个中间意图，用 I2 至 I5 列出：

I1：(Intend C (Intend A (A find a flight for C)))

I2：(Intend A (Intend C (Tell CA departure date)))

I3：(Intend A (Intend C (Tell CA destination city)))

I4：(Intend A (Intend C (Tell CA departure time)))

I5：(Intend C (Intend A (A find a nonstop flight for C)))

意图 I2 到 I5 都从属于意图 I1，因为它们都是实现意图 I1 的前提。这可以表示为下面的支配关系：

I1 支配 I2 ∧ I1 支配 I3 ∧ I1 支配 I4 ∧ I1 支配 I5

而且，意图 I2 和 I3 必须在意图 I5 之前被满足，因为为了列出直飞航班，代理人需要知道出发时间和目的地。这可以表示为下面的满足-优先关系：

I2 满足-优先于 I5 ∧ I3 满足-优先于 I5

C$_1$：　I need to travel in May.

A$_1$：　And, what day in May did you want to travel?

C$_2$：　OK uh I need to be there for a meeting that's from the 12th to the 15th.

A$_2$：　And you're flying into what city?

C$_3$：　Seattle.

A$_3$：　And what time would you like to leave Pittsburgh?

C$_4$：　Uh hmm I don't think there's many options for non – stop.

A$_4$：　Right. There's three non – stops today.

C$_5$：　What are they?

A$_5$：　The first one departs PGH at 10:00am arrives Seattle at 12:05 their time. The second flight departs PGH at 5:55pm, arrives Seattle at 8pm. And the last flight departs PGH at 8:15pm arrives Seattle at 10:28pm.

C$_6$：　OK I'll take the 5th flight on the night before on the 11th.

A$_6$：　On the 11th? OK. Departing at 5:55pm arrives Seattle at 8pm, U. S. Air flight 115.

C$_7$：　OK.

图 24.23　客户（C）和旅行代理人（A）之间的电话对话的片段（重述自图 24.4）

从支配关系可以导出图 24.24 所示的话语结构。图中每个话语片段都与它所对应的意图 DP/DSP 进行连接。

基于它们在整个用户规划中所起的角色，意图及它们之间的关系产生了连贯的话语。我们假设呼叫者和代理人有 24.7.1 节所述的 BOOK-FLIGHT 规划，该规划要求代理人必须知道出发时间和日期等。如我们上面所述，代理人可以使用 REQUEST-INFO 行为方案向用户要这些信息。

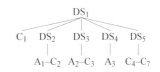

图 24.24　航班预订对话的篇章结构

　　辅助话语片段也被称为**子对话**(subdialogue)。DS₂ 和 DS₃ 示例的这类特殊的辅助对话通常被称为**信息共享**(information-sharing)(Chu-Carroll and Carberry, 1998)、**知识前提**(knowledge pre-condition)子对话(Lochbaum et al., 1990; Lochbaum, 1998),因为它们被代理人发起以帮助满足更高层目标前提条件。

　　对话中意图结构的推理算法类似于对话行为的推理算法,可以采用 BDI 模型(如 Litman, 1985; Grosz and Sidner, 1986; Litman and Allen, 1987; Carberry, 1990; Passonneau and Litman, 1993; Chu-Carroll and Carberry, 1998),基于线索短语的机器学习架构(Reichman, 1985; Grosz and Sidner, 1986; Hirschberg and Litman, 1993),基于韵律的机器学习架构(Hirschberg and Pierre-humbert, 1986; Grosz and Hirschberg, 1992; Pierrehumbert and Hirschberg, 1990; Hirschberg and Nakatani, 1996),以及基于其他线索的机器学习架构。

24.8　小结

　　会话智能代理(conversational agent)是一种重要的语音和语言处理应用,且已经得到广泛的商业化使用。对这种代理的研究主要依靠对人类对话或会话的理解。

- 对话系统一般有 5 个组件:语音识别、自然语言理解、对话管理、自然语言生成和语音合成。对于某一任务领域,可能会有一个特殊的任务管理器。
- 常用的对话架构包括有限状态和基于框架的架构,以及一些先进的系统,如信息状态、马尔可夫决策过程和 **BDI**(Belief-Desire-Intention)模型。
- 话轮转换、共同基础、会话结构和主动权是重要的人类对话现象,在会话智能代理中也必须进行处理。
- 在对话中,说话是一种行为,这些行为被称为言语行为或**对话行为**(dialogue act)。模型就是为了生成和解释这些行为而存在。

24.9　文献和历史说明

　　口语和语言处理的早期研究很少以对话研究为核心。模拟妄想狂的对话管理器 PARRY(Colby et al., 1971)要更复杂一点。它与 ELIZA 都基于生成系统,但是 ELIZA 的规则只是基于前面用户给出句子中的单词,而 PARRY 的规则还基于表示情感状态的全局变量。而且,当谈话转向它的幻想时,PARRY 的输出会采用类似脚本的陈述序列。例如,如果 PARRY 的**愤怒**(anger)变量较高,它就会从"敌对"集中选择输出句。如果输入句提及它所幻想的主题,它将提高**害怕**(fear)变量并且开始表达与它的幻想有关的句子。

　　更复杂的对话管理系统的出现需要在人们对于人-人对话有更好的理解之后。在 20 世纪 70 年代和 20 世纪 80 年代有关人-人对话特性的研究开始增加。会话分析学界(Sacks et al., 1974; Jefferson, 1984; Schegloff, 1982)开始研究会话的交互属性。Grosz(1977b)论文对于对话的计算研究有较大的影响,它引入了对话结构的研究,特别是发现"面向任务的对话的结构十分类似于所实施任务的结构",这导致了她在意图和注意力方面与 Sidner 的合作。Lochbaum et al. (2000)最近对对话中意图结构的角色做了出色的归纳。Cohen and Perrault(1979)首次通过 BDI 模型将早期的智能规划研究(Fikes and Nilsson, 1971)与口语行为理论(Austin, 1962; Gordon and Lake-off, 1971; Searle, 1975a)结合在一起,给出了口语行为的生成方法,Perrault and Allen(1980)和 Allen and Perrault(1980)也将该方法用于语言行为解释。同时,基于规划的理解模型的研究,由

Wilensky(1983)在 Schankian 传统中进行。

对话行为解释的概率模型受到以下工作的启发，关注韵律的话语含义的语言学研究(Sag and Liberman，1975；Pierrehumbert，1980)，以及微语法的会话分析研究，如 Goodwin(1996)和类似 Hinkelman and Allen(1989)的工作，表明词汇和短语提示如何融入 BDI 模型。在 20 世纪 90 年代，许多语音和对话实验室实验过这些模型(Waibel，1988；Daly and Zue，1992；Kompe et al.，1993；Nagata and Morimoto，1994；Woszczyna and Waibel，1994；Reithinger et al.，1996；Kita et al.，1996；Warnke et al.，1997；Chu-Carroll，1998；Taylor et al.，1998；Stolcke et al.，2000)。

现代对话系统利用了许多实验室在 20 世纪 80 年代到 20 世纪 90 年代的研究工作。这个时期对话模型作为协同行为的思想被引入研究工作，包括共同基础的思想(Clark and Marshall，1981)，所指作为协同处理(Clark and Wilkes-Gibbs，1986)的思想，**接合意图**(joint intention)的模型(Levesque et al.，1990)，以及**分享规划**(shared plans)(Grosz and Sidner，1980)。与该领域相关的是对话中**主动性**(initiative)的研究，以及参与者之间对话控制转移的研究(Walker and Whittaker，1990；Smith and Gordon，1997；Chu-Carroll and Brown，1997)。

本世纪开始前后，大量的对话研究都来自 AT&T 和贝尔实验室，包括 MDP 对话系统的许多早期研究，以及提示短语、韵律、拒绝和确认的基础研究。对话行为和对话转移的研究成果从多个来源得出：HCRC 的 Map Task(Carletta et al.，1997b)；James Allen 与他的同事、学生的工作，例如，Hinkelman and Allen(1980)表明词汇和短语提示如何能集成到言语行为的 BDI 模型；以及 Traum(2000)，Traum and Hinkelman(1992)和 Sadek(1991)。

最近许多针对对话的研究工作主要集中于多模型应用，尤其是 Johnston et al.(2007)和 Niekrasz and Purver(2006)，信息状态模型(Traum and Larsson，2003，2000)，或包括 POMDP 在内的增强学习架构(Roy et al.，2000；Young，2002；Lemon et al.，2006；Williams and Young，2005，2000)。正在进行的针对 MDP 和 POMDP 的研究集中于计算复杂度(目前只能在非常小的包含有限数量的槽的领域上运行)，以及使仿真更能如实反映用户实际行为的研究。其他的算法包括 SMDP(Cuayáhuitl et al.，2007)。读者可参阅 Russell and Norvig(2002)和 Sutton and Barto(1998)对增强学习的概述。

最近几年我们已经看到对话系统得到普遍的商业化应用，它们通常是基于 VoiceXML 的。一些更复杂的系统也在开发。例如，**Clarissa**，第一个用于太空领域的口语对话系统，是一个供国际空间站的宇航员使用的可以发声的程序导航器(Rayner et al.，2003；Rayner and Hockey，2004)。更多的研究关注于更平凡的汽车内的应用，如 Weng et al.，(2006)。将这些对话系统嵌入实际的应用程序当中时，我们所面临的重要的技术挑战之中，有**终止点**(end-pointing)(判断说话人是否已经说完)的确认技术以及达到噪声鲁棒性的技术。

关于对话系统的优秀概述包括 Harris(2005)，Cohen et al.(2004)，McTear(2002，2004)，Sadek and De Mori(1998)，Delgado and Araki(2005)和 Allen(1995)中有关对话的章节。

第 25 章 机 器 翻 译

> *"The process of translating comprises in its essence the whole secret of human understanding and social communication⋯"*①
>
> Hans-Georg Gadamer
>
> *"What is translation? On a platter / A poet's pale and glaring head, A parrot's screech, a monkey's chatter, / And profanation of the dead."*②
>
> Nabokov, *On Translating Eugene Onegin*
>
> *"Proper words in proper places"*③
>
> Jonathan Swift

本章介绍**机器翻译**（Machine Translation，MT）技术，机器翻译是利用计算机自动地将一种语言翻译成另外一种语言的技术。概括来说，翻译充满艰辛却又令人神往，它与任何其他需要人类丰富创造力的领域一样，都需要耗费大量的人力。考虑下面摘自 18 世纪曹雪芹（Cao，1792）的小说《石头记》，又名《红楼梦》中第四十五回末尾处的一段文字（标注了汉语拼音）：

"黛玉自在枕上感念宝钗⋯⋯ 又听见窗外竹梢焦叶之上，雨声淅沥，清寒透幕，不觉又滴下泪来。"

dai yu zi zai zhen shang gan nian bao chai⋯ you ting jian chuang wai zhu shao jiao ye zhi shang，yu sheng xi li，qing han tou mu，bu jue you di xia lei lai.

在图 25.1 中，句子 $E_1 \sim E_4$ 为 David Hawkes 对这一段的英语翻译。为了（英语）阅读者的方便，我们用汉语词对应的小写英语字母的注释来代替汉语词。其中，白框中的词表示仅在两种语言中的其中一种中出现过。对在两种语言中能够大体上对应的词或短语，我们用**对齐**（alignment）直线相连。

考虑一下翻译这段文本会涉及哪些问题呢？首先，英语和汉语在结构和词汇层面都存在很大不同。一个长的汉语句子对应于 4 个英语句子（注意英语中的句号）。通过图 25.1 中很多交叉的对齐连线可以看出，这两种文本间的词序也是截然不同的。英语和汉语相比，需要更多的词，我们可以看到在英语部分有很多在白框中的词。这些不同大都是因为这两种语言之间的结构不同所引起的。比如，汉语几乎没有动词时态和语态的变化，英语翻译时需要添加额外的词，如"as""turned to"以及"had begun"等。因此 Hawkes 不得不决定将汉语"透"翻译为"penetrated"，而不是"was penetrating"或"had penetrated"。汉语和英语相比冠词比较少，因此在英语部分存在大量白框标识的定冠词"the"。汉语的代词也远少于英语，因此 Hawkes 在英语翻译中添加了许多"she"和"her"。

文体和文化的差异是翻译困难的另一个因素。和英语人名不同，汉语人名由带有含义的实词组成。Hawkes 的选择是对其中的主要人物都采用原名的音译，而对那些仆人的名字则采用意译［比如 Aroma（袭人）、Skybright（晴雯）］。为了使不熟悉中国床帷的英语读者能清楚地理解，

---

① "翻译的过程揭示了人类相互了解和社会交流奥秘的本质。"
② "翻译是什么？是不费吹灰之力的事情？是诗人的凭栏远眺？是鹦鹉的尖叫？是猴子的啁啾？还是对死者的亵渎？"
③ "恰当的词出现在恰当的位置。"

Hawkes 将"幕"翻译为"curtains of her bed"。短语"竹梢焦叶"的汉语很是优雅,这种四字短语是有文化品位的标志,但是如果以词对词的方式翻译为英语,则很糟糕,因此 Hawkes 只是简单地将它翻译为"bamboos and plantains"。

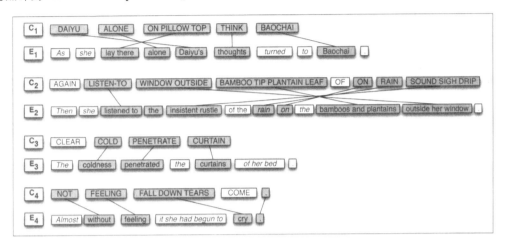

图 25.1　汉语版《红楼梦》中的一段,(为方便英文读者)其中汉语词是用对应的英语注释来标识的。在汉语词和对应的英语翻译之间存在对齐连线。白框中的词表示该词仅在一种语言中出现过

这类翻译需要我们对源语言和输入文本进行深入透彻的理解,同时也要求我们能够富有诗意地、创造性地支配目标语言。因此,将任意文本从一种语言生成另外一种语言的高质量的翻译问题是难以自动实现的。

即使英语和法语这种相似语言之间的非文学翻译也是有难度的。这里给出摘自加拿大议会数据集汉莎语料库中的一个英语句子及其对应的法语翻译。

英语:Following a two-year transitional period, the new Foodstuffs Ordinance for Mineral Water came into effect on April 1, 1988. Specifically, it contains more stringent requirements regarding quality consistency and purity guarantees.

法语:La nouvelle ordonnance fèdèrale sur les denrées alimentaires concernant entre autres les eaux minérales, entrée en vigueur le ler avril 1988 aprés une période transitoire de deux ans. exige surtout une plus grande constance dans la qualité et une garantie de la pureté.

法语的英语逐词注释:THE NEW ORDINANCE FEDERAL ON THE STUFF FOOD CONCERNING AMONG OTHERS THE WATERS MINERAL CAME INTO EFFECT THE 1ST APRIL 1988 AFTER A PERIOD TRANSITORY OF TWO YEARS REQUIRES ABOVE ALL A LARGER CONSISTENCY IN THE QUALITY AND A GUARANTEE OF THE PURITY.

尽管英语和法语的结构和词汇都存在大量的重叠,然而,这种文学上的翻译仍然需要处理词语顺序的不同,如短语"following a two-year transitional period"的位置,以及结构上的不同,如在英语中使用名词"requirements",而在法语中使用动词"exige(REQUIRE)"来表示。

虽然如此,这种翻译相对还是容易的,目前机器翻译的计算模型已经能够胜任一些非文学的翻译任务,包括:(1)**粗略翻译**(rough translation)就足够的任务;(2)采用人工**译后编辑**(post-editor)的任务;(3)可以实现**全自动高质量翻译**(Fully Automatic, High-Quality Translation, FAHQT)的子语言限定领域的任务。

网络信息的获取属于只要有粗略的翻译就很有用的任务。假如早上你在当地的加勒比商店

看到一些可爱的"plátanos"(车前草，一种香蕉)，你想知道如何烹饪它们。你可以到网络上找到下面的菜谱。

Platano en Naranja	Para 6 personas
3 Plátanos maduros	2 cucharadas de mantequilla derretida
1 taza de jugo（zumo）de naranja	5 cucharadas de azúcar morena o blanc
1/8 cucharadita de nuez moscada en polvo	1 cucharada de ralladura de naranja
1 cucharada de canela en polvo（opcional）	

Pelar los plátanos, cortarlos por la mitad y, luego, a lo largo. Engrasar una fuente o pirex con margarina. Colocar los plátanos y bañarlos con la mantequilla derretida. En un recipiente hondo, mezclar el jugo（zumo）de naranja con el azúcar, jengibre, nuez moscada y ralladura de naranja. Verter sobre los plátanos y hornear a 325°F. Los primeros 15 minutos, dejar los pátanos cubiertos, hornear 10 o 15 minutos más destapando los plátanos

机器翻译系统产生如下的翻译结果(来自于 2008 年初的 Google 翻译引擎)：

Platano in Orange	For 6 people
3 ripe bananas	2 tablespoon butter, melted
1 cup of juice（juice）orange	5 tablespoons brown sugar or white
1/8 teaspoon nutmeg powder	1 tablespoon orange zest
1 tablespoon cinnamon（optional）	

Peel bananas, cut them in half and then along. Grease a source or pirex with margarine. Put bañanas and banarlos with melted butter. In a deep bowl, mix the juice（juice）orange with the sugar, ginger, nutmeg and orange zest. Pour over bananas and bake at 325°F. The first 15 minutes, leave covered bananas, bake 10 to 15 minutes more uncovering bananas.

尽管这个翻译中仍然存在很多让人困惑的地方，比如这个菜谱是针对所有香蕉的还是针对车前草的？比如确切地你应该使用什么样的锅？再比如"bañarlos"是什么意思？很可能在你查了一两个词的含义之后，就会明白基本的意思，并且开始在厨房里尝试你新买的"plátanos"了！

机器翻译系统也可以用于生成翻译草稿，然后由翻译工作者进行**译后编辑**(post-editing)，从而加快人工翻译处理的进程。严格来说，采用这种方式的系统称为**计算机辅助翻译**(computer-aided human translation，为 CAHT 或 CAT)而不是(全自动)机器翻译。机器翻译的这种使用模式特别适合于翻译工作量大又需要快速更新的领域，如软件手册的**本地化**(localization)翻译。

天气预报是**子语言**(sublanguage)领域的一个实例，在该领域，机器翻译系统足以产生可以直接使用的原始翻译输出，甚至不用做任何译后编辑。天气预报包括的短语有："Cloudy with a chance of showers today and Thursday"(今天和周四多云转阵雨)，以及"Outlook for Friday：Sunny"(预报周五：晴)。该领域只有有限个词汇和一些基本的短语类型，歧义很少，而且歧义词的义项也可以很容易地加以排歧。其他可以作为子语言的领域还包括软件手册、航空旅行查询、约会安排、饭店推荐以及菜谱等。

机器翻译的应用可以根据其翻译语言数量的多少和翻译的方向加以区分。比如计算机手册这种本地化翻译任务，需要一到多的翻译(从英语到多种语言)。一到多的翻译也可能会用在不讲英语的人在访问世界各地的英语信息网站的时候。反之，多到一的翻译(多种语言到英语)用于以英语为母语的人在需要了解用其他语言书写的网络内容的时候。多到多的翻译可能用于欧盟这样的环境，欧盟存在 23 种官方语言(在本书写作之时)，彼此之间需要互相翻译。

在详细讲解机器翻译系统之前，我们将首先在 25.1 节总结语言之间的主要差异。然后在 25.2 节，介绍三种典型的机器翻译方法——**直接方法**(direct)、**转换方法**(transfer)、**中间语言方**

法(interlingua)。接着在 25.3 节到 25.8 节详细介绍现代**统计机器翻译方法**(statistical MT),最后在 25.9 节对**翻译评价**(evaluation)进行讨论。

25.1 为什么机器翻译如此困难

在本章的开始,介绍了导致《红楼梦》很难从汉语翻译成英语的一些问题,我们将在这一节详细讨论是什么原因让翻译如此困难。我们也将讨论导致语言之间相似或差异的原因,包括系统(systematic)差异,系统差异指能够以一种通用的方式进行建模的差异;**个体**(idiosyncratic)及词汇差异,个体及词汇差异指需要一个一个单独处理的差异。语言之间的这些差异被称为**翻译差异**(translation divergences),对这些翻译差异的理解能够帮我们建立模型从而克服它们(Dorr,1994)。

25.1.1 类型学

当你碰巧选中了收音机里的某个外语节目时,你会觉得这个节目与你在日常生活中熟悉的语言完全不同,就像噪音。但是在这个噪音中也存在一些模式,而且实际上,人类语言的某些方面似乎具有**普遍性**(universal),这是每种语言所共有的。许多普遍性都源于语言作为人类交际系统这一功能性的角色。例如,每种语言似乎都有表示人类活动的单词,比如女人(women)、男人(man)、小孩(children)、吃(eating)、喝(drinking)、讲礼貌(being polite)、不讲礼貌,等等。其他普遍性则更为微妙,比如每种语言似乎都有名词和动词(参见第 5 章)。

尽管语言之间存在差异,但这些差异也常常具有一定的体系。对不同语言的相似性和差异性进行系统研究的学科被称为**类型学**(typology)(Croft,1990;Comrie,1989)。本节将概略介绍一些类型学的知识。

从**形态学**(morphologically)角度,语言常常有两种不同的分类方法。第一种是根据每个单词的语素数,可以将语言分为:**孤立语**(isolating language),比如越南语和汉语,每个单词通常只有一个语素;**多式综合语**(polysynthetic language),比如 Siberian Yupik("Eskimo")("爱斯基摩语"),其中单个单词可能包含多个语素,甚至可以对应于英语中的整个句子。第二种是根据语素是否可以被切分,将语言分为:**粘着语**(agglutinative language),比如 Turkish(土耳其语,第 3 章曾讨论过),语素都有相对比较清晰的边界;**融合语**(fusion language),比如 Russian(俄语),其中单个词缀可能合并了多个语素,如单词 stolom(table-SG INSTR-DECL1)中的-om,融合了工具格、单数和第一变格法等不同的形态学范畴。

从**句法**(syntactically)角度看,语言间的突出差异在于其简单陈述句的动词(verb)、主语(subject)和宾语(object)的基本顺序。例如,德语、法语、英语和汉语都是**主语-动词-宾语**(SVO,subject-verb-object)语言,即动词倾向于放在主语和宾语之间。相反,印地语和日语是**主语-宾语-动词**(SOV)语言,即动词倾向于放在基本句的末尾,而爱尔兰语、阿拉伯语和写圣经的希伯来语都是**动词-主语-宾语**(VSO)语言。词顺序基本一致的语言常常也会有其他的相似性。例如,SVO 语言通常具有**前置词**(preposition),而 SOV 语言通常具有**后置词**(postposition)。

举例来说,在下面的 SVO 类型的英语句子中,动词"adores"后面跟着它的论元(argument),动词短语(VP)"listening to music",动词"listening"后面跟着它的论元介词短语(PP)"to music",介词(前置词)"to"后面跟着它的论元"music"。相比之下,在之后的日语例子中,这些词语的顺序都是相反的,动词的论元在动词的前面,后置词(to)的论元在后置词之前。

(25.1)英语：He adores listening to music.

         日语：kare ha ongaku wo kiku no ga daisuki desu.

               he   music   to listening   adores.

另一种重要的类型学区别在于**论元结构**(argument structure)以及这些论元与先行词(predicates)的**链接关系**(linking)，比如**中心语标记**(head-marking)语言与**附属语标记**(dependent-marking)语言(Nichols, 1986)。中心语标记语言倾向于将中心语和它的附属语之间的关系标记于中心语，而附属语标记语言则倾向于标记于非中心语。例如，在中心语标记语言匈牙利语中，所属关系被标记为对中心语名词(head noun，为 H)的一个词缀(affix，为 A)，而在英语中它被标记于(非中心语)所有者：

(25.2)英语：   the man-^{A}'s ^{H}house

         匈牙利语：   az ember ^{H}ház- ^{A}a

                     the man   house-his

链接关系的类型学区别还在于如何将事件的概念属性映射到特定的单词。Talmy(1985, 1991)注意到：语言可以通过运动的方向及方式是标记于动词(Verb)还是标记于"外围词"(satellite)而加以区分。外围词包括虚词、介词短语或副词短语等。例如，用英语描述的"a bottle floating out of a cave"中表示方向的是小品词"out"，而在西班牙语中方向是被标记于动词：

(25.3)英语：   The bottle floated out.

         西班牙语：La botella salió flotando.

               The bottle exited floating.

动词框架(verb-framed)语言将运动方向标记于动词(用外围词标记运动的方式)，如西班牙语中的 acercarse(approach)，alcanzar(reach)，entrar(enter)，salir(exit)。**外围词框架**(Satellite-framed)语言将运动方向标记于外围词(用动词标记运动的方式)，如英语中的 crawl out, float off, jump down, run after。动词框架语言包括日语(Japanese)、泰米尔语(Tamil)，以及许多罗曼语(Romance)、闪美特语(Semitic)、玛雅语(Mayan)语系的语言；外围词框架语言包括汉语(Chinese)，以及除罗曼语以外的绝大多数的印欧语系的语言，如英语(English)、瑞典语(Swedish)、俄语(Russian)、印地语(Hindi)和波斯语(Farsi)(Talmy, 1991; Slobin, 1996)。

语言之间的最后一个类型学差异和能够省略的事物有关。在很多语言中，要求使用一个显式的代词来指代在篇章中谈论过的事物，在其他语言中，有时则可以省略这些代词，比如下面的西班牙语的例(25.4)，这里采用第 21 章中使用的 Ø 符号来表示：

(25.4)　[El jefe]$_i$ dio con un libro. Ø$_i$ Mostró a un descifrador ambulante.

        [The boss] came upon a book. [He] showed it to a wandering decoder.

允许省略代词的语言称为**代词省略语言**(pro-drop)，即使在代词省略语言中，不同语言出现省略的频率也有很大差异，比如日语和汉语的省略情况要远多于西班牙语。我们用**指代密度**(referential density)来表示语言的这个不同，代词使用多的语言其指代密度要大于几乎不使用代词的语言。指代稀疏的语言，比如汉语和日语，需要语言的接收者完成更多的推理工作来恢复指代的原意，这种语言称为**冷**(cold)语言。显式标明指代关系的语言则对接收者来说更加容易，称为**热**(hot)语言。这里的冷和热借用于 Marshall McLuhan (1964)用于区分媒体的词汇，比如电影，能够给观众提供尽可能多的细节，可以看作是热的媒体，而冷媒体如漫画，需要读者完成更多的推理工作才能明白其中的含义 (Bickel, 2003)。

语言之间在类型学上的差异给翻译带来了一些难题。显然从 SVO 类型的语言翻译到 SOV 类型的语言，如英语翻译到日语，需要大量的结构重排，这是因为句子的组成部分位于句子中不同的位置。从外围词框架语言翻译到动词框架语言，或者从中心语标记语言翻译到附属语标记语言需要改变句子的结构以及对词汇选择进行约束。从指代密度低的代词省略语言翻译成指代密度高的非代词省略语言，如汉语和日语翻译成英语时会导致很多问题，因为需要识别每个零指代并恢复回指词。

25.1.2　其他的结构差异

语言之间的许多结构差异是源于类型学差异的，其他的差异来自于特定语言或特定语言对的单一的专有特征。例如，在英语没有顺序标记的名词短语中，形容词位于名词的前面，但是在法语和西班牙语中，形容词通常位于名词的后面。①

(25.5)　**西班牙语** bruja verde　　　　**法语** maison bleue
　　　　　 witch green　　　　　　　　 house blue
　　　英语　　"green witch"　　　　　　"blue house"

汉语的定语从句和英语的定语从句在结构上有很大不同，这给汉语长句的翻译带来了很大的困难。

依赖于语言的特定结构是大量存在的。比如在英语中有一个涉及 there 的独特的句法结构，常常被用于介绍故事中新出现的场景，比如"there burst into the room three man with guns"（屋里突然闯入三个带枪的男人）。如果你想知道语言间的这些差异到底有多么琐碎而且重要，那就看看日期的表达。日期在各种语言中不但有各式各样的形式——在英国英语中是典型的 DD/MM/YY，在美国英语中是 MM/DD/YY，在日语中是 YYMMDD；还可能采用不同的历法，例如，日语中的日期常常采用相对于当前君主统治开始的年份而不是基督元年。

25.1.3　词汇的差异

词汇的差异也是导致翻译中许多困难的原因。正如我们在第 20 章看到的，作为源语言的英语词"bass"可能对应西班牙语中的"lubina"（鱼）或对应一种乐器"bajo"。这里的翻译需要解决和词义排歧同样的问题，翻译和词义排歧是两个紧密相关的领域。

在英语中，"bass"这个词是一个同音异义词，这个词的两个意思在语义上不相关，因此很自然地在翻译时需要对其进行排歧。对于一词多义的词语，如果目标语言中没有与之对应的多义词，翻译时经常需要排歧。比如，英语词"know"是一个多义词，可以表示了解一个事实或论点，如"I know that snow is white"，或者表示对某人或某地熟悉，如"I know Jon Stewart"。对于这两个含义，对应的法语翻译需要不同的动词"connaître"和"savoir"。通常"savoir"在作为句子补语时，表示事实或论点的某个知识或精神形式，在作为动词补语时，表示知道如何做某事（例如 WordNet 3.0 中的词义#1，#2，#3）。通常"connaître"作为名词短语的补语，表示对某人、实体或位置的熟悉和熟知（例如，WordNet 3.0 中的词义#4，#7）。类似的区分在德语、汉语和许多其他语言中也存在。

(25.6)　**英语**：I know he just bought a book.

---

① 通常这种情况存在一些例外，比如英文中的"galore"和法语中"gros"；此外，在法语中一些形容词出现在名词的前面表示不同的意义，如"route mauvaise"（路面损坏）和"mauvaise route"（错误的路线）（Waugh，1976）。

(25.7)**法语**：Je sais qu'il vient d'acheter un livre.

(25.8)**英语**：I know John.

(25.9)**法语**：Je connais Jean.

法语词"savoir"和"connaître"的区别对应了 WordNet 中的不同词义，有的时候，目标语言中的词即使是精心编辑过的词典也很难识别词义的区别。比如在德语中，和英语中的"wall"这个词对应的词有两个，"Wand"表示建筑物内部的墙，而"Mauer"表示建筑物的外墙。类似的情况再比如，英语中使用"brother"这个词表示男性的兄和弟，而在日语和汉语中，分别用不同的词来表示哥哥和弟弟。

除了这些词义区分外，词汇的差异还可能是语法一级的。例如，单词在翻译时，可能对应目标语言中不同词性的词。许多涉及动词"like"的英语句子在翻译为德语时必须使用副词"gern"，因此"she likes to sing"对应于"sie singt gerne"（SHE SINGS LIKINGLY）。

在翻译时的词义排歧问题可以看成是一类**明确化**（specification）问题，需要将一个不确定的词如"know"和"bass"在目标语言中更加确定。这类明确化问题对于语法一级的差异也是很常见的，有的语言在词汇选择时需要加入更多的语法约束。比如法语和西班牙语中，区别形容词的性（gender），因此当英语翻译成法语时需要指定不同的形容词的性。在英语中需要区分代词的性别而汉语不需要，因此，将汉语的第三人称单数翻译为英语时就需要确定原始的所指对象到底是男性还是女性。在日语中，由于没有单个单词对应于"is"，因此说话人必须基于主语是否有生命而在"iru"或"aru"之间进行选择。

在以词汇划分概念空间时，不同语言所采用的不同方式可能比一对多的翻译问题更加复杂，它将导致多对多的映射。例如，图 25.2 是由 Hutchins and Somers(1992)给出的对这种复杂性的讨论，以英语单词 leg, foot, paw 翻译成法语的 jambe, pied, patte 等词为例。此外一种语言也许会存在**词汇空白**（lexical gap），除了解释性的注解以外没有任何单词或短语能够用于表达另外一种语言中某个单词的意义。例如，日语中没有任何单词可以表示英语的"privacy"（独处），而英语中也没有单词能够表示日语的"oyako-ko"（孝顺）或汉语的"孝"。

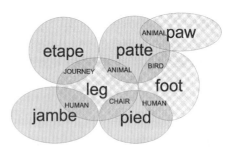

图 25.2　英语单词 leg, foot, 以及 Hutchins and Somers(1992)讨论的各式各样的法语译词,如 patte 之间的复杂的重叠关系

25.2　经典的机器翻译方法与 Vauquois 三角形

在下面几节将介绍经典的早于统计方法的机器翻译方法。机器翻译的实际系统倾向于将这三种不同方法中的部件进行组合，因此，每一种方法可以看成是一种算法设计空间，而不是确定的算法。

在**直接翻译**（direct）方法中，源语言文本中的词是一个接着一个地进行处理。直接翻译方法使用一部较大的双语词典，词典中的每一个条目相当于翻译每一个词的小程序。在**转换翻译**（transfer）方法中，首先对输入文本进行解析，然后利用规则将源语言的解析结果转换到目标语言的解析结果，再利用这个解析结果得到目标语言的句子。在**中间语言翻译**（interlingua）方法中，首先对源语言文本进行分析，得到抽象的意义表示，这种表示形式称为**中间语言**（interlingua），然后根据这种中间表示生成目标语言。

通常可以利用 **Vauquois 三角形**（Vauquois triangle）来形象地表示这三种方法（见图 25.3）。从这个三角形可以看出，随着从直接翻译方法到转换方法到中间语言方法的变化，（在源语言分析端和目标语言生成端）所需要的语言分析程度在不断加深。此外，从这个三角形还可以看出随着三角形向上行进，所需要的转换知识的数量在不断递减。在直接方法中，需要大量的转换知识（对每个词来说几乎所有的翻译知识都是转换知识）。在转换方法中，转换规则仅用于句法分析树或是语义角色（thematic role）。在中间语言方法中，不需要特定的转换知识。

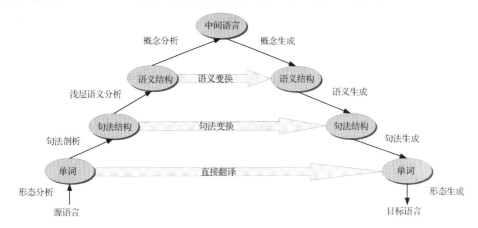

图 25.3　Vauquois（1968）三角形

在下一节我们将看到如何利用这些算法对图 25.4 中的 4 个翻译实例例句进行翻译。

English	Mary didn't slap the green witch							
⇒ Spanish	Maria	no	dió	una	bofetada	a la	bruja	verde
	Mary	not	gave	a	slap	to the	witch	green
English	The green witch is at home this week							
⇒ German	Diese	Woche	ist	die	grüne	Hexe	zu	Hause
	this	week	is	the	green	witch	at	house
English	He adores listening to music							
⇒ Japanese	kare	ha	ongaku	wo	kiku	no ga	daisuki	desu
	he		music	to	listening		adores	
Chinese	cheng long	dao	xiang gang	qu				
	Jackie Chan	to	Hong Kong	go				
⇒ English	Jackie Chan went to Hong Kong							

图 25.4　本章中使用的例句

25.2.1　直接翻译

在**直接翻译**（direct translation）中，我们对源语言进行逐词翻译。在这种翻译方法中，除了一些浅层的词形分析外，我们不需要使用中间结构。每一个源语言的词直接映射成目标语言的词，因此直接翻译方法需要构建在一部较大的双语词典之上，每一个词典项可以看成是用来翻译词的一个小程序。在翻译了这些词之后，可以应用一些简单的调序规则。比如，从英语翻译到法语时，形容词需要移到名词之后。

这种直接翻译方法的指导思想是，将源语言文本递增地**转换**（transforming）为目标语言文本。尽管单纯的直接翻译方法已经不再使用，但这种转换思想仍存在于所有的统计和非统计的现代机器翻译系统中。

我们来看一个简单的直接翻译系统的例子，从英语翻译到西班牙语：

(25.10) Mary didn't slap the green witch

Maria no dió una bofetada a　la　bruja　verde

Mary not gave a　slap　　　to the　witch　green

图 25.5 中给出了直接翻译方法的 4 个步骤,而在图 25.6 中将会给出具体的处理过程。

源语言 → 形态分析 → 使用双语词典进行词文转换 → 重新排序 → 形态生成 → 目标语言

图 25.5　直接翻译方法的流程图,其中主要的组件(最大的椭圆图形)是双语词典

　　在第二步我们假定双语词典能够将英语短语"slap"翻译成西班牙语短语"**dió** una bofetada a"①。第三步的局部排序能够对形容词-名词顺序进行调整,从英语的"green witch"到西班牙语的"bruja verde"。某些顺序调整规则和词典的结合能够处理英语中的否定式和过去式,如"didn't"。这些词典项可以是非常复杂的,在图 25.7 给出了一个早期的从英语翻译到俄语的直接翻译系统的词典义项的样例。

输入:	Mary didn't slap the green witch
步骤 1 之后:	词形 Mary DO-PAST not slap the green witch
步骤 2 之后:	词汇转换 Maria PAST no dar una bofetada a la verde bruja
步骤 3 之后:	局部调序 Maria no dar PAST una bofetada a la bruja verde
步骤 4 之后:	词形 Maria no dió una bofetada a la bruja verde

图 25.6　直接翻译方法处理的一个例子

```
function DIRECT_TRANSLATE_MUCH/MANY(word) returns Russian translation

if preceding word is how return  skol'ko
else if preceding word is  as return  stol'ko zhe
else if word is  much
    if preceding word is  very return nil
    else if following word is a noun return  mnogo
else  /* word is many */
    if preceding word is a preposition and following word is a noun return  mnogii
    else return  mnogo
```

图 25.7　将英语的"much"和"many"翻译成俄语的例子,取自 Hutchins 的关于 Panov(1960)
的讨论(1986,p.133)。注意这个函数和词义消歧中的决策列表算法的相似性

　　尽管直接翻译方法能够处理这个简单的西班牙语的例子,也能处理单个词的顺序问题,但是这种方法却不包含句法分析组件或是任何的关于源语言和目标语言的短语及语法结构的知识。因此,这种方法不能可靠地处理长距离排序以及涉及短语或大范围结构的情形,而这种情形即使在相似的语言,比如德语和英语之间也可能出现,德语中的副词"heute"(今天)可以在句子中的不同位置出现,主语(如"die grüne Hexe")可以出现在主动词之后,如图 25.8 所示。

The green witch is at home this week

Diese Woche ist die grüne Hexe zu Hause

图 25.8　从英语翻译到德语时需要复杂重排序的示例。在德语中,副词经常放在句子的起始位置,而在英语中常放在后面。德语中的时态动词常出现在句子中的第二个位置,导致主语和动词的顺序倒置

---

① 原文为 dar,拟错,应更正为 **dió**。

在汉语和英语的翻译中也存在类似的重排序问题，在汉语里，作为目标的介词短语（PP）经常出现在动词前面，而在英语中常出现在动词之后，如图 25.9 所示。

图 25.9　与英语不同，汉语中的介词短语经常出现在动词前面

最后，当从 SVO 结构的语言翻译到 SOV 结构的语言时，经常会出现更复杂的重排序情况，比如我们在英语翻译成日语的例子（Yamada and Knight, 2002）中看到的：

(25.11)　　He adores listening to music

　　　　　kare ha ongaku wo kiku　　　　no ga daisuki desu

　　　　　he　　music　to listening　　adores

这三个例子表明，直接翻译方法过于关注独立的词，为了处理真实句子的翻译，我们需要在机器翻译模型中增加有关短语及结构的知识。下一节我们将具体介绍这一直觉。

25.2.2　转换方法

在 25.1 节中可以看到，语言之间存在系统化的结构差异。其中一种机器翻译方法的策略是克服这些结构差异性，即通过改变输入句子的结构达到和目标语言结构相一致的目的。这种方法可以应用**对比知识**（contrastive knowledge），对比知识是指关于两种语言差异性的知识。使用这种策略的翻译系统可以看成是基于**转换模型**（transfer model）的。

转换模型预先假定有一个源语言的解析器，然后通过一个生成阶段以获得实际的输出句子。因此，在这个模型中，机器翻译包含三个阶段：**分析**（analysis）、**转换**（transfer）和**生成**（generation），其中，转换在源语言分析的输出和目标语言生成的输入之间架起了桥梁。

需要注意的是，用于机器翻译的句法分析过程和用于其他用途的句法分析过程不同。比如，假设我们要将英语句子"John saw the girl with the binoculars"翻译成法语。这里的句法分析不需要费力地分析出哪一个介词短语的具体附着关系，因为两种可能都能够得到相同的法语句子。

一旦完成了对源语言的句法分析，需要一些规则来进行**句法转换**（syntactic transfer）和**词汇转换**（lexical transfer）。句法转换规则会告诉我们如何将源语言句法分析树改变为目标语言句法分析树。

图 25.10 给出了一个简单的实例，说明形容词和名词的顺序调整。我们将用于描述英语短语的一个句法树转换为一个用于描述西班牙语短语的另一个句法树。这些**句法转换**（syntactic transformations）是指从一个树结构映射到另一个树结构的操作过程。

```
Nominal        ⇒        Nominal
Adj  Noun               Noun  Adj
```

图 25.10　一个简单的转换过程，用于调整形容词和名词的顺序

上述转换方法和句法转换规则可以用于我们前面提到的例子"Mary did not slap the green witch"。除了这个转换规则外，需要假定词形处理过程已经能够将"didn't"分解为"do-PAST"加上否定式（not）的形式，同时句法分析器能够将"PAST"附着在动词短语（VP）上。词汇转换过程通过词典查询就会删除"do"，将"not"变为"no"，然后将"slap"转换为短语"dió una bofetada a"[①]，最后再对句法树进行一个微调，如图 25.11 所示。

对于从 SVO 类型的语言（如英语）翻译到 SOV 类型的语言（如日语）时，需要更复杂的转换过程，比如，将动词移到句子最后，将前置词变为后置词，等等。图 25.12 给出了一个基于这些规则的转换例子。图 25.13 是一些非正式的转换规则描述。

————————————

① 原文为 dar，拟错，应为 dió。

　　　　　　　　　　　　　　　　　　　　　　　　　　　　　　——译者注

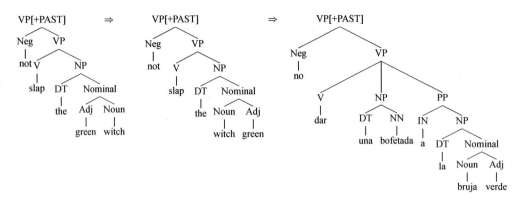

图 25.11　转换方法的进一步说明

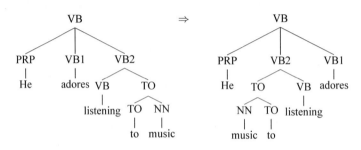

图 25.12　Yamada and Knight(2001)中的句法转换结果,从英语(SVO)句子"He adores listening to music"到日语(SOV)句子"kare ha ongaku wo kiku no ga daisuki desu"。 这个转换需要将动词移到NP和VP补语之后,同时将前置词替换为后置词

图 25.13 中还显示了转换系统可以是基于复杂的结构而不是单纯的句法分析树。比如,一个基于转换的中英翻译系统可能需要一些规则来处理如图 25.9 中的问题,即在汉语的 PP 中,语义角色 GOAL(如"I went to the store"中的"to the store")倾向于出现在动词的前面,而在英语中这些目标 PP 必须出现在动词的后面。如果需要构造一个转换规则来处理这一问题或其他相关的 PP 排序差异,汉语的句法分析树需要包含语义结构,比如用来区分 BENEFACTIVE PP(必须出现在动词之前)与 DIRECTION 以及 LOCATIVE PP(倾向于出现在动词之前)与 RECIPIENT PP(出现在动词之后)(Li and Thompson, 1981)。我们在第 20 章中已经讨论了如何处理这种类型的语义角色标记。这种使用语义角色的方法通常称为**语义转换**(semantic transfer)。

英语到西班牙语:		
1.	$NP \rightarrow Adj_1\ Noun_2$	$\Rightarrow$　$NP \rightarrow Noun_2\ Adj_1$
汉语到英语:		
2.	$VP \rightarrow PP[\ +Goal]\ V$	$\Rightarrow$　$VP \rightarrow V\ PP[\ +Goal]$
英语到日语:		
3.	$VP \rightarrow V\ NP$	$\Rightarrow$　$VP \rightarrow NP\ V$
4.	$PP \rightarrow P\ NP$	$\Rightarrow$　$PP \rightarrow NP\ P$
5.	$NP \rightarrow NP_1\ Rel.\ Clause_2$	$\Rightarrow$　$NP \rightarrow Rel.\ Clause_2\ NP_1$

图 25.13　一些转换规则的非正式描述

除了语义转换外,基于转换的系统还需要一些词汇转换规则。词汇转换通常是基于一部双语词典,这一点和直接翻译方法相似。词典本身能够用来处理词汇的歧义问题。比如,英语词"home"在德语中有许多可能的翻译,包括"nach Hause"(在"going home"情况下),"Heim"(在

"home game"情况下)，"Heimat"(在"homeland""home country"或"spiritual home"情况下)，以及"zu Hause"(在"being at home"情况下)。因此，短语"at home"倾向于翻译成"zu Hause"。双语词典能够根据惯用语的形式列出各种翻译。

许多词汇转换的例子过于复杂而不能用一个短语词典来处理。这时，转换系统通过采用第20章已经介绍过的词义消歧技术在源语言的分析过程中进行处理。

25.2.3　传统机器翻译系统中的直接和转换相融合的方法

尽管和直接方法相比，转换方法具有处理更复杂源语言现象的能力，但是仅利用我们上面所描述的 SVO→SOV 的简单规则是不够的。实际上我们需要复杂的规则来结合两种语言丰富的词汇知识(句法和语义特征)。前述的将"slap"转换成"**dió** una bofetada a"①的规则就是这种情况。

因此，商用的机器翻译系统倾向于将直接方法和转换方法相结合，在翻译系统中使用丰富的双语词典，也使用标注器(taggers)和句法分析器(parsers)。比如，文献 Hutchins and Somers (1992)和 Senellart et al. (2001)中描述的 Systran 翻译系统就拥有如下的三个组件：首先是一个浅层的**分析**(analysis)阶段，包括：

- 词型分析和词性标注
- NP、PP 以及较大短语的组块分析
- 浅层的依存句法分析(主语、被动语态和中心词修饰成分)

下一步是**转换**(transfer)阶段，包括：

- 成语、俗语的翻译
- 词义消歧
- 根据支配动词(governing verb)确定介词

最后是**合成**(synthesis)步骤，包括：

- 利用一个丰富的双语词典来做词汇化的翻译
- 重排序
- 形态生成

因此，和直接翻译系统相似，Systran 系统非常依赖双语词典，双语词典中包括词汇、句法和语义知识。Systran 系统在后处理步骤中进行重排序也和直接翻译系统相似。不过，Systran 系统利用对源语言的句法和浅层语义处理获得翻译知识，这一点和转换方法相似。

25.2.4　中间语言的思想：使用意义

转换模型的一个问题是：对每一个翻译语言都需要一套确定的转换规则。这对于像欧盟一样需要多种语言间互译的环境，显然不是最优的方法。

中间语言方法从一个不同的角度体现了翻译的本质。它不是直接地将源语言句子中的词转换到目标语言，而是将翻译过程看成从输入句子中抽取句子意义，再将这一意义表示成目标语言。如果这样可行的话，机器翻译系统就不再需要对比知识，而是仅仅依赖于该语言标准的解析器和生成器所使用的相同的句法和语义规则。所需要的知识数量将会和翻译系统能够处理的语言数成正比，而不是和语言数的平方成正比。

---

① 原文为 dar，拟错，应更正为 **dió**。

　　这种方案预先假定存在一种意义表示或**中间语言**(interlingua),这种表示是一种语言无关的规范形式,就如我们在第17章介绍过的语义表示。中间语言的思想将所有意义"相同"的句子表示为同一种形式,而不管这些句子原来是何种语言。基于中间语言的翻译过程是:通过对输入语言 X 的深层语义分析获得中间语言的表示,然后再从这种中间语言生成另一种语言 Y。

　　中间语言可以使用哪种类型的表示方案呢?使用一阶逻辑表示或其变形,如最小递归语义(minimal recursion semantics),是一种可能的方案。将语义分解为某些类型的原子语义基元是另一种可能的方案。这里我们介绍第三种常用的方法,简单的基于事件的表示,在这个表示中事件与它们的论元是通过一个小规模的确定的语义角色集合进行链接的。不管我们使用事件的逻辑表示还是其他表示,我们都需要指定事件的时态和语态属性,还需要表示实体之间的非事件性的关系,比如,在"green"和"witch"之间存在拥有颜色(has-color)的关系。图25.14 给出了句子"Mary did not slap the green witch"的一种可能的中间语言表示,它是一种风格统一的特征结构。

图 25.14　句子"Mary did not slap the green witch"的中间语言表示

　　我们可以利用第18章和第20章介绍过的**语义分析器**(semantic analyzer)技术从源语言中获得这种中间语言表示。语义角色标注器能够发现"Mary"和"slap"之间存在"AGENT"关系,或者发现在"witch"和"slap"之间存在"THEME"关系。我们还需要对名词修饰语关系进行消歧,识别出在"green"和"witch"之间存在拥有颜色关系,我们还会发现这一事件具有否定的极性(来自于"didn't"这个词)。因此中间语言方法比转换方法需要更多的分析工作,在转换方法中只需要句法分析(或者最多是浅层的语义角色标注)。不过,从中间语言可以直接生成目标语言而不需要句法转换。

　　除了不需要句法转换过程外,中间语言系统也不需要词汇转换规则。回想一下我们前述的"know"翻译成法语应该是"savoir",还是"connaître"的问题。在对这个问题做出决定时需要的大部分处理都和翻译为法语这一目标没有直接关联,翻译为德语、西班牙语和汉语,都有类似的特性,而且将"know"这个词的概念进行区分,如"HAVE -A -PROPOSITION -IN -MEMORY"和"BE -ACQUAINTED -WITH -ENTITY"对于其他的需要词义的自然语言理解(NLU)应用也是非常重要的。因此,通过在中间语言中利用这种思想,翻译过程中的大部分处理都可以基于通用的语言处理的技术和模块来实现,这可以消除或至少是减少了英语到法语翻译任务中特定的一些处理,如图25.3 所示。

　　中间语言模型自身也有一些问题。比如,从日语翻译到汉语的中间语言方案必须包括"ELDER-BROTHER"和"YOUNGER-BROTHER"的概念。而如果在德语翻译到汉语时,使用这些同样的概念,将需要大量的不必要的消歧处理。此外,实现中间语言思想所涉及的额外工作需要对领域语义进行详尽的分析,并形成一个本体库。通常来讲,这仅适合于基于数据库模型的相对简单的领域,比如在航空旅行、旅馆预订或是餐厅推荐领域,在这些领域中,通过数据库定义可以确定可能出现的实体及其关系。基于这些原因,中间语言系统常常只能用于子语言领域。

25.3 统计机器翻译

前面介绍的三种经典的机器翻译架构(直接方法、转换方法和中间语言方法)都回答了这样的问题:翻译时采用什么样的表示?翻译过程涉及哪些步骤?不过,还存在另外一种解决翻译问题的方法,这种方法关注翻译结果而不是翻译过程。带着这样的想法,让我们考虑一下:对于一个句子来说,如果它是其他句子的翻译意味着什么。

翻译思想家们对这一问题进行了深入的思考,其共识是悲观的,他们认为从严格意义上讲,不能真正做到将一种语言的句子翻译成另外一种语言。举个例子来说,如果目标语言所处的文化中没有"羊"的概念,就无法将希伯来文的句子"adonai roi"(上帝是我的牧羊人)真正翻译过去。一种做法是牺牲一些对源语言的忠实度而确保目标语言的句意清晰,我们可以将其翻译为"上帝会照顾我";另一种做法是忠实于源语言,可以翻译为"上帝对我,就如牧羊人照看那种长有棉花一样毛的动物",但这会让目标语言的读者感觉晦涩生硬。再举一例,对于日文短语"fukaku hansei shite orimasu",如果译为"抱歉,我们……"就没有忠实于原文,如果译为"我们深刻反思——我们过去的行为、犯下的错误,以及下次如何避免等",则显得不清晰或很笨拙。这不仅仅是因为文化差异,而是当一种语言采用的比喻、结构、词或时态在另外一种语言中无法找到准确对应时,都会出现这样的问题。

因此,真正的翻译要求既忠实于原文,又要表达得自然流利,但有时这是不可能的。如果一定要给出翻译,就必须采取折中的方案。翻译人员在实际中也确实是这么做的:生成的译文要同时平衡好这两个准则。

这为我们做机器翻译研究提供了一些启示。我们可以将翻译目标建模为:产生这样一个输出,它能够最大化代表忠实度和流利度两者重要性的某个函数的值。统计机器翻译正是这一类方法,通过对忠实度和流利度分别建立概率模型,然后通过模型联合来计算出最有可能的翻译结果。如果我们以忠实度和流利度的乘积作为翻译质量的评价指标,则可以将源语言句子 S 到目标语言句子 $\hat{T}$ 的翻译建模为:

$$最优翻译\ \hat{T} = \mathrm{argmax}_T\ 忠度(T,S) \times 流利度(T)$$

显然这个从直觉而来的等式与我们在第 5 章拼写纠错和第 9 章语音部分介绍过的贝叶斯**噪声信道模型**(noisy channel model)很相似。类似地,让我们建立统计机器翻译的形式化噪声信道模型。

首先,在本章的后续部分,假定我们正在进行从某种外语句子 $F = f_1, f_2, \cdots, f_m$ 到英语的翻译。在下面的例子中,有些是用法语作为外语,而另外一些是用西班牙语作为外语,但目标语始终是英语(当然统计机器翻译系统也可以将英语译成其他语种)。在概率模型中,最优英语句子 $\hat{E} = e_1, e_2, \cdots, e_l$ 是指概率 $P(E \mid F)$ 最大的那个句子。通常在噪声信道模型中,可以利用贝叶斯规则,将其改写为:

$$\begin{aligned}\hat{E} &= \mathrm{argmax}_E P(E|F) \\ &= \mathrm{argmax}_E \frac{P(F|E)P(E)}{P(F)} \\ &= \mathrm{argmax}_E P(F|E)P(E)\end{aligned} \tag{25.12}$$

对于一个给定的外语句子 F 是常量,所以在选择最优英语句子时可以忽略。从上面噪声信道等式可以看出我们需要计算的有两部分:分别是**翻译模型**(translation model) $P(F \mid E)$ 和**语言模型**(language model) $P(E)$。

$$\hat{E} = \underset{E \in \text{英语}}{\text{argmax}} \quad \overbrace{P(F|E)}^{\text{翻译模型}} \quad \overbrace{P(E)}^{\text{语言模型}} \qquad (25.13)$$

需要注意的是,当我们将噪声信道模型应用于机器翻译时需要从后向前思考翻译问题,如图 25.15 所示。假定需要翻译的外语(源语言)输入句子 F 是一些英语(目标语言)句子 E 的变形版本,我们的任务就是要找出能够生成我们观察到的句子 F 的(在目标语言中)隐藏的句子 E。

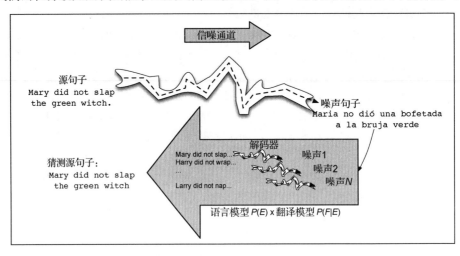

图 25.15　统计机器翻译系统的噪声信道模型。从西班牙语(源语言)翻译成英语(目标语言),我们反向看待"源"和"目标"。构造一个从英语句子通过一个信道生成西班牙语句子的模型。现在给定一个待翻译的西班牙语句子,假定它是某一个英语句子通过这一噪声信道得到的输出,我们需要找到最可能的"源"英语句子

因此,统计机器翻译的噪声信道模型在将一个法语句子 F 翻译成英语句子 E 时需要三个模块:

- 用于计算 $P(E)$ 的**语言模型**(language model)
- 用于计算 $P(F|E)$ 的**翻译模型**(translation model)
- 给定 F 产生最可能 E 的**解码器**(decoder)

在这三个模块中,我们已经在第 4 章介绍过语言模型 $P(E)$。统计机器翻译系统和语音识别及其他系统一样,使用的都是基于 N 元语法的语言模型。语言模型模块只依赖于单个语言,因此训练数据相对容易获得。

下面几节我们将关注其他两个模块:翻译模型和解码器。

25.4　$P(F|E)$:基于短语的翻译模型

给定一个英语句子 E 和一个外语句子 F,翻译模型的任务就是对 E 生成 F 的过程赋予一个概率。虽然我们可以通过考虑每一个单独的词是如何翻译的来估计这个概率,现代统计机器翻译是基于这样的直觉:即计算这些概率的更好方式应该是通过考虑**短语**(phrases)的表现来计算这些概率。如图 25.16 所示,整个短语在翻译和移动时常常必须作为一个整体。**基于短语的**(phrase-based)统计翻译的思想是将短语(带有词序列)以及单个的词作为翻译的基本单位。

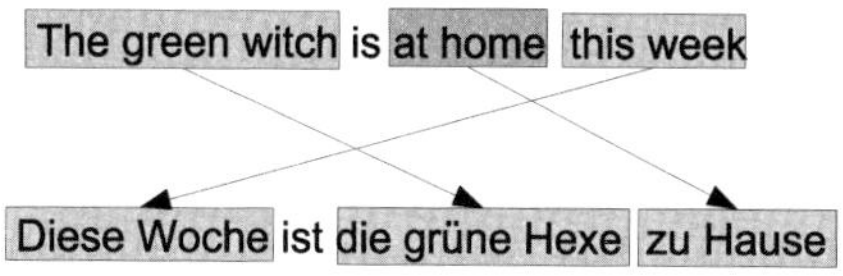

The green witch is at home this week

Diese Woche ist die grüne Hexe zu Hause

图 25.16　当德语翻译到英语时，需要对短语的顺序进行调整，此图与图 25.8 重复

目前有很多不同类型的基于短语的模型，在这一部分我们概要地介绍 Koehn et al.（2003）的模型。通过一个西班牙语的翻译实例，我们来看一下基于短语的模型是如何计算概率 P（Maria no dió una bofetada a la bruja verde | Mary did not slap the green witch）的。

基于短语的翻译生成过程需要三个步骤。首先，将英语（源语言）词组合成短语 $\bar{e}_1$，$\bar{e}_2$，…，$\bar{e}_I$，然后，将每一个英语短语 $\bar{e}_i$ 翻译成西班牙语短语 $\bar{f}_i$，最后，我们有选择地对这些西班牙语短语进行顺序调整。

基于短语的翻译系统的概率模型由**翻译概率**（translation probability）和**变形概率**（distortion probability）组成。我们用 $\phi(\bar{f}_i \mid \bar{e}_i)$ 表示从英语短语 $\bar{e}_i$ 生成西班牙语短语 $\bar{f}_i$ 的翻译概率。西班牙语短语的顺序重排是由**变形**（distortion）概率 d 决定的。统计机器翻译中的变形指的是一个在西班牙语句子中的词和其在英语句子中对应的词具有不同（变形）的位置，因此它是对一个短语在这两种语言（句子）中所处位置的**距离**（**distance**）的度量。基于短语的机器翻译中的变形概率的含义是：两个连续的英语短语在西班牙语中被一个特定长度的区间（西班牙语词）分开的概率。更形式化地，变形概率可以表示为 $d(a_i - b_{i-1})$，其中 a_i 是由第 i 个英语短语 $\bar{e}_i$ 生成的外语（西班牙语）短语的起始位置，b_{i-1} 是由第 $i-1$ 个英语短语 $\bar{e}_{i-1}$ 生成的外语（西班牙语）短语的终止位置。我们可以使用简单形式的变形概率，将某些小的常数 α 引入变形概率：$d(a_i - b_{i-1}) = \alpha^{|a_i - b_{i-1} - 1|}$。对于大范围的变形，变形模型将赋予一个较小的概率，即变形越大，概率越小。

基于短语机器翻译的最终翻译模型可以表示为：

$$P(F|E) = \prod_{i=1}^{I} \phi(\bar{f}_i, \bar{e}_i) d(a_i - b_{i-1}) \tag{25.14}$$

考虑以下示例句子中的短语集[①]：

位　置	1	2	3	4	5
英语	Mary	did not	slap	the	green witch
西班牙语	Maria	no	dió una bofetada	a la	bruja verde

在这个例子中，每一个短语都按照源语言的顺序排列（不像图 25.16 中的德语例子，这里没有需要移动的情况），因此，变形的数值都是 1，概率 $P(F \mid E)$ 的计算公式如下：

$$\begin{aligned} P(F|E) = \ & P(\text{Maria, Mary}) \times d(1) \times P(\text{no|did not}) \times d(1) \times \\ & P(\text{dió una bofetada|slap}) \times d(1) \times P(\text{a la|the}) \times d(1) \times \\ & P(\text{bruja verde|green witch}) \times d(1) \end{aligned} \tag{25.15}$$

要使用基于短语的模型，还需要考虑两件事情。其一是我们需要一个**解码模型**（decoding），解码模型能够使我们从表面的西班牙语字符串中得到隐藏的英语字符串。其二是需要一个**训练**（training）模型帮助我们学习到这些参数。我们将在 25.8 节介绍解码算法，现在首先看一下训练模型。

---

① 具体采用哪一个短语依赖于在训练过程中我们发现了哪些短语（参见 25.7 节的描述）；举例来说，如果我们在训练数据中没有见过短语"green witch"，就不得不在翻译时单独处理"green"和"witch"。

对于公式(25.14)所示的简单的基于短语的翻译概率,我们应该如何学习呢? 我们需要训练的主要的参数集是短语的翻译概率集 $\phi(\bar{f}_i, \bar{e}_i)$。

如果我们有一个大的双语训练集,其中的西班牙语句子和对应的英语翻译成对出现,并且,进一步地我们能够确切地知道在西班牙语句子中的哪个短语和英语句子中的哪个短语相对应,这种对应称为**短语对齐**(phrase alignment),那么就可以学习得到上述翻译概率参数,以及变形常数 α。

在上面的短语表中,给出了这个句子中短语的隐含的对齐关系,比如,"green witch"和"bruja verde"对齐。如果我们有一个大的训练集,其中每一个句子对都用这种短语对齐来进行标注,我们就可以数一下每种短语对出现的次数,然后进行归一化,得到如下概率:

$$\phi(\bar{f}, \bar{e}) = \frac{\text{count}(\bar{f}, \bar{e})}{\sum_{\bar{f}} \text{count}(\bar{f}, \bar{e})} \qquad (25.16)$$

我们可以利用一个大的**短语翻译表**(phrase-translation table),存储每一个短语对 $(\bar{f}, \bar{e})$,以及它们的概率 $\phi(\bar{f}, \bar{e})$。

可是,我们并没有一个足够大的、手工标注的短语对齐训练集。但是我们可以从另一种类型的对齐——**词语对齐**(word alignment)中抽取得到短语。词语对齐和短语对齐不同,它表示的是短语中哪一个西班牙语词和哪一个英语词相对应。我们可以以不同的方式来形象化地表示词语对齐。图 25.17 和图 25.18 分别给出了词语对齐的图形化表示和对齐矩阵表示。

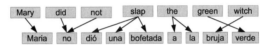

图 25.17　英语句子和西班牙语句子间的词语对齐的图形化表示。稍后我们将展示如何抽取短语

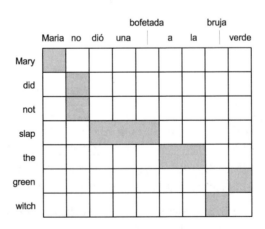

图 25.18　英语句子和西班牙语句子间的词语对齐的对
齐矩阵表示。稍后我们将展示如何抽取短语

下一节我们将介绍一些获取词语对齐的算法。然后在 25.7 节介绍如何从词语对齐中抽取短语表,最后在 25.8 节介绍在解码过程中如何使用这个短语表。

25.5　翻译中的对齐

所有的统计翻译模型都是基于**词语对齐**(word alignment)的思想。词语对齐指的是在一个平行句子集合中,源语言词和目标语言词之间的映射关系。

图 25.19 给出了在英语句子"And the program has been implemented"和法语句子"Le programe a été misen application"①之间的词语对齐关系。从现在开始，我们假定已经知道英语文本中的哪个英语句子和法语文本中的哪一个法语句子相对应。

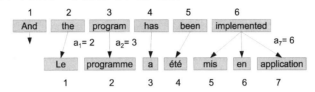

图 25.19 一个英语句子和一个法语句子之间的对齐关系，每个法语词都对应着一个英语词

理论上，在英语词和法语词之间可以存在任意的对齐关系。但是，我们介绍的词对齐模型（IBM 模型 1、模型 3 和 HMM 模型）有一个更严格的要求，即每个法语词仅和一个英语词相对应（如图 25.19 所示）。做这个假设的一个好处是，可以将对齐表示为法语词所对应的英语词的序号。比如，图 25.19 中的对齐可以表示为 $A = 2, 3, 4, 4, 5, 6, 6$。这是一个很可能的对齐。相对来说，$A = 3, 3, 3, 3, 3, 3, 3$ 则是一个最不可能的对齐。

对于基本的对齐思想，还需要补充一点，即允许外语句子中的一些词不和英语句子中的任何词相对应。对于这些词，我们可以假定它们和英语句子中位于 e_0 位置的空词 NULL 相对应。外语句子中的不和英语句子中任何词相对应的词被称为**伪词**（spurious words），假定它们都是由 e_0 生成的。图 25.20 中给出了西班牙语伪词"a"对应于英语空词 NULL 的情形②。

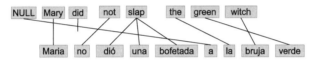

图 25.20 西班牙语词"a"（伪词）和英语词 NULL（e_0）的对齐

尽管上面提到的最简单的对齐模型不允许出现多对一或多对多的对齐，不过下面我们将讨论的更强大的翻译模型是能够处理这类对齐的。这里给出两个这样的例子。在图 25.21 中我们可以看到一个多对一对齐的例子，其中每个法语词不是仅对应于单个的英语词，虽然每一个英语词只和一个法语词相对应。

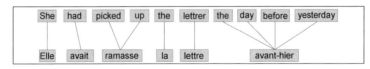

图 25.21 一个英语句子和一个法语句子的对齐，其中每个法语词不是仅
对应于单个的英语词，而每一个英语词只和一个法语词相对应

图 25.22 是一个更加复杂的例子，其中多个英语词"don't have any money"一起和法语词"sont démunis"相对应。这种**短语对齐**（phrasal alignments）在基于短语的翻译系统中是必须的，尽管它们并不能直接由 IBM 模型 1、模型 3 或 HMM 词对齐算法生成。

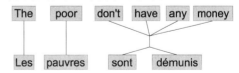

图 25.22 一个英语句子和一个法语句子
间的对齐，其中包含英语词
和法语词之间的多对多对齐

---

① 原文为"And the program has been implemented"和"Le programme a été mis en application"，有错。 ——译者注
② 尽管这个"a"可能和英文词 slap 对应，但是在许多情况下，这类伪词没有任何可能的对齐关系。

25.5.1 IBM 模型 1

在这一节我们将介绍两个对齐模型:IBM 模型 1 和 HMM 模型(在本章高级问题部分,我们也将概要介绍基于繁衍度的 IBM 模型 3)。这两种模型都是基于统计的**对齐算法**(statistical alignment)。对基于短语的统计机器翻译来说,我们利用对齐算法仅仅是为了寻找有助于抽取短语集合的句子对 (F,E) 的最优对齐。当然,我们也可以将这些词对齐算法当成翻译模型 $P(F,E)$。如下所示,对齐和翻译间的关系可以表示为:

$$P(F|E) = \sum_A P(F,A|E)$$

我们从 IBM 模型 1 开始介绍,之所以称之为模型 1,是因为这是 IBM 研究者在一篇具有重大创新的论文(Brown et al., 1993)中提到的 5 个模型中的第一个也是最简单的一个模型。

下面是利用 IBM 模型 1,如何从一个长度为 I 的英语句子 $E = e_1, e_2, \cdots, e_I$ 中得到一个西班牙语句子的生成过程:

1. 首先为西班牙语句子选择一个长度 J,得到句子 $F = f_1, f_2, \cdots, f_J$;
2. 然后选择英语句子和西班牙语句子之间的对齐 $A = a_1, a_2, \cdots, a_J$;
3. 对于西班牙语句子中的每一个位置 j,通过对齐英语词的翻译来选择西班牙语词 f_j。

图 25.23 给出了这个生成过程的示意图。

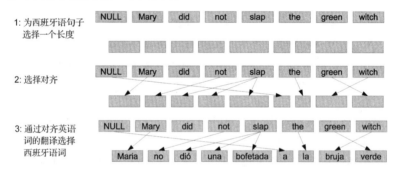

图 25.23　从一个英语句子生成西班牙语句子和对齐的 IBM 模型 1 的 3 个步骤

现在让我们来看一下从英语句子 E 生成西班牙语句子 F 的概率 $P(F \mid E)$ 是如何生成的。我们将用到以下术语:

- e_{a_j} 表示和西班牙词 f_j 对应的英语词;
- $t(f_x \mid e_y)$ 表示 f_x 翻译成 e_y 的概率,即 $P(f_x \mid e_y)$。

我们从第 3 步往回看,假定已经知道了句子长度 J 和对齐 A,以及英语句子 E,则西班牙语句子的生成概率为:

$$P(F|E,A) = \prod_{j=1}^{J} t(f_j|e_{a_j}) \tag{25.17}$$

现在让我们给出生成过程中第 1 步和第 2 步的形式化表示。给定英语句子 E 产生对齐 A(长度为 J)的可能性为 $P(A \mid E)$。在 IBM 模型 1 中,简单地假定每个对齐产生的可能性都是相同的。那么,在一个长度为 I 的英语句子和一个长度为 J 的西班牙语句子之间,存在有多少种可能的对齐呢?如果假定每个西班牙语词都必须来源于 I 个英语词中的一个(或者是空词 NULL),则共有 $(I+1)^J$ 种可能的对齐。模型 1 还假定选择长度为 J 的概率为一个小的常数 ε。因此,选择

句子长度 J 以及在 $(I+1)^J$ 种可能的对齐中选择一个特定对齐的联合概率为：

$$P(A|E) = \frac{\varepsilon}{(I+1)^J} \tag{25.18}$$

将上面的概率组合起来：

$$
\begin{aligned}
P(F,A|E) &= P(F|E,A) \times P(A|E) \\
&= \frac{\varepsilon}{(I+1)^J} \prod_{j=1}^{J} t(f_j|e_{a_j})
\end{aligned} \tag{25.19}
$$

概率 $P(F,A|E)$ 表示通过一个特定对齐生成一个西班牙语句子 F 的概率。为了计算生成句子 F 的总概率 $P(F|E)$，只需要将所有可能的对齐加起来：

$$
\begin{aligned}
P(F|E) &= \sum_A P(F,A|E) \\
&= \sum_A \frac{\varepsilon}{(I+1)^J} \prod_{j=1}^{J} t(f_j|e_{a_j})
\end{aligned} \tag{25.20}
$$

公式(25.20)给出了模型 1 的生成概率模型，通过它可以对每一个可能的西班牙语句子 F 赋予一个概率值。

如果需要在句子对 F 和 E 之间找到一个最优的对齐，则需要一个采用这一概率模型的**解码**（decode）过程。对于模型 1，因为每一个词的最优对齐和其周围词的最优对齐相独立，因此可以利用一个非常简单的多项式时间算法来计算最优（Viterbi）的对齐。

$$
\begin{aligned}
\hat{A} &= \underset{A}{\arg\max}\, P(F,A|E) \\
&= \underset{A}{\arg\max}\, \frac{\varepsilon}{(I+1)^J} \prod_{j=1}^{J} t(f_j|e_{a_j}) \\
&= \underset{a_j}{\arg\max}\, t(f_j|e_{a_j}), \qquad 1 < j < J
\end{aligned} \tag{25.21}
$$

模型 1 的训练采用 EM 算法，我们将在 25.6 节进行介绍。

25.5.2　HMM 对齐

需要注意的是，在前面的模型 1 中做了一些极端的简化假设。其中一个极端的假设是所有对齐具有相同的可能性。这个假设不太恰当的一个例子是对齐倾向于保持**局部性**（locality），即在英语句子中相邻的词经常和西班牙语句子中相邻的词相对应。我们可以回头看看图 25.17 中的西班牙语/英语对齐的例子，可以看到这种邻近对齐的局部性。HMM 对齐模型通过在决策每个对齐时考虑前面的对齐来捕捉这种局部性。下面看看具体的实现过程。

HMM 对齐模型是基于我们在前面很多章节看到的已经熟悉的 HMM 模型。在 IBM 模型 1 中，我们试图计算 $P(F,A|E)$。如下所示，HMM 模型是使用链规则（chain rule）对这一概率的重新构造：

$$
\begin{aligned}
P(f_1^J, a_1^J | e_1^I) &= P(J|e_1^I) \times \prod_{j=1}^{J} P(f_j, a_j | f_1^{j-1}, a_1^{j-1}, e_1^I) \\
&= P(J|e_1^I) \times \prod_{j=1}^{J} P(a_j | f_1^{j-1}, a_1^{j-1}, e_1^I) \times P(f_j | f_1^{j-1}, a_1^j, e_1^I)
\end{aligned} \tag{25.22}
$$

通过这个重新构造过程，$P(F,A|E)$ 可以看成是从下面三种类型的概率计算而来的：长度生

成概率 $P(J \mid e_1^I)$、对齐生成概率 $P(a_j \mid f_1^{j-1}, a_1^{j-1}, e_1^I)$，以及词汇生成概率 $P(f_j \mid f_1^{j-1}, a_1^j, e_1^I)$。

接下来我们采用标准的马尔可夫简化假设。假定对西班牙语词 j 的特定对齐 a_j 的概率仅依赖于前面一个位置的对齐 a_{j-1}，再假定西班牙语词 f_j 的产生概率仅依赖于对齐 a_j 对应的英语词 e_{a_j}：

$$P(a_j \mid f_1^{j-1}, a_1^{j-1}, e_1^I) = P(a_j \mid a_{j-1}, I) \tag{25.23}$$

$$P(f_j \mid f_1^{j-1}, a_1^j, e_1^I) = P(f_j \mid e_{a_j}) \tag{25.24}$$

最后，假定长度产生概率近似为 $P(J \mid I)$。

因此，HMM 对齐的概率模型为：

$$P(f_1^J, a_1^J \mid e_1^I) = P(J \mid I) \times \prod_{j=1}^{J} P(a_j \mid a_{j-1}, I) P(f_j \mid e_{a_j}) \tag{25.25}$$

要得到整个西班牙语句子的概率 $P(f_1^J \mid e_1^I)$，我们需要将所有的对齐加起来：

$$P(f_1^J \mid e_1^I) = P(J \mid I) \times \sum_A \prod_{j=1}^{J} P(a_j \mid a_{j-1}, I) P(f_j \mid e_{a_j}) \tag{25.26}$$

在本节的开始部分，我们已经说明了通过对齐概率 $P(a_j \mid a_{j-1}, I)$ 和前面一个对齐词相关来处理对齐的局部性。现在先将这一概率表示为 $P(i \mid i', I)$，其中 i 表示西班牙语句子中连续对齐词所对应英语句子中的词的绝对位置。相对于绝对位置 i 和 i'，我们更倾向于使这些概率依赖于词之间的**跳转距离**(jump width)，即两个位置之间的距离 $i' - i$。这是因为我们的目标是捕捉"生成相邻西班牙语词的英语词也倾向于相邻"这一现象。因此，我们不希望保留每个带有绝对位置的单独的概率，如 $P(7 \mid 6, 15)$ 和 $P(8 \mid 7, 15)$，而是采用基于跳转距离的非负函数来计算对齐概率：

$$P(i \mid i', I) = \frac{c(i - i')}{\sum_{i''=1}^{I} c(i'' - i')} \tag{25.27}$$

图 25.24 举例说明了对于英语-西班牙语句子"Maria dió una bofetada a la bruja verde"，如何利用 HMM 模型得到特定的对齐概率的过程。这个对齐概率 $P(F, A \mid E)$ 可以表示为如下的乘积：

$$\begin{aligned} P(F, A \mid E) = {} & P(J \mid I) \times P(\text{Maria} \mid \text{Mary}) \times P(2 \mid 1, 5) \times \\ & t(\text{dió} \mid \text{slapped}) \times P(2 \mid 2, 5) \times T(\text{una} \mid \text{slapped}) \times P(2 \mid 2, 5) \times \cdots \end{aligned} \tag{25.28}①$$

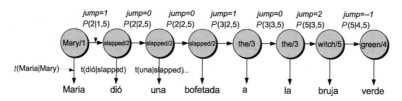

图 25.24　英语句子"Mary slapped the green witch"利用 HMM 模型生成西班牙语句子的过程，给出了在这个特定例子中概率 $P(F, A \mid E)$ 的对齐和词汇部分

对于基本的 HMM 对齐模型，还有很多复杂的扩展方法，比如在英语句子中增加空词 NULL 对应于西班牙语句子中未对齐的词，或者是在条件概率中加入前一个目标词的词类 $C(e_{a_{j-1}})$，如 $P(a_j \mid a_{j-1}, I, C(e_{a_{j-1}}))$ (Och and Ney, 2003；Toutanova et al., 2002)。

使用 HMM 对齐模型的主要好处是对于训练和解码过程都有大家熟知的算法。对于解码过

---

① 这个公式原文中的 $P(\text{Maria} \mid \text{Mary})$ 应为 $t(\text{Maria} \mid \text{Mary})$，$T(\text{una} \mid \text{slapped})$ 应为 $t(\text{una} \mid \text{slapped})$。

　　　　　　　　　　　　　　　　　　　　　　　　　　　　　　　　　　　　——译者注

程，可以使用第 5 章和第 6 章中介绍过的 Viterbi 算法来找到句子对 (F,E) 的最优对齐。对于训练过程，可以使用第 6 章和第 9 章中介绍过的 Baum-Welch 算法，这一算法也将在下一节进行概要介绍。

25.6　对齐模型的训练

所有的统计机器翻译模型都是利用一个大规模的**平行语料库**（parallel corpus）来进行训练的。**平行语料库**（parallel corpus）、**平行文本**（parallel text）或**双语文本**（bitext）指的是具有两种语言版本的文本，比如，加拿大议会的会议文集是同时使用法语和英语两种语言来记录的。在议会中讲的每一句话都要进行翻译，这样就产生了两种语言的平行文本。在经过英国议会出版后，这个会议集被称为**汉莎**（Hansards）。同样，**香港汉莎**（Hong Kong Hansards）语料库是由香港特别行政区立法会的两种语言（英语和汉语）的会议文集组成的。这些语料库都包含上千万到上亿的词。还有些平行语料是由联合国制作的。制作一些语料库包含非字面意义的翻译（如小说）也是可能的，但是，这通常不是机器翻译的目的，部分原因在于小说比较难获得法律授权，然而，最主要的原因是，正如我们在本章开始看到的，小说翻译是非常困难的而且通常不是字面意义的翻译。因此，统计系统倾向于基于如汉莎这样的字面翻译的语料库进行训练。

训练的第一步是将语料切分成句子。这一任务被称为**句子切分**（sentence segmentation）或**句子对齐**（sentence alignment）。最简单的句子对齐方法只是根据句子中的词或字符的个数，而并不考虑句子中词的含义。其基本直觉是如果在平行文本的不同语言的相似位置看到一个较长的句子，我们会认为这些句子是互译的。这个直觉可以利用动态规划算法来实现，更复杂一些的算法还会利用词对齐信息。在平行语料库上应用句子对齐的算法，通常是在机器翻译模型训练之前进行的。没有对齐的句子会被忽略掉，而剩余的句子会作为训练集。句子切分的更多细节请参考本章最后给出的相关文献。

做完句子切分之后，训练算法的输入即为包含 S 个句子对的语料 $\{(F_s, E_s):s = 1, \cdots, S\}$。对每一个句子对 (F_s, E_s)，目的是学习得到对齐 $A = a_1^J$，及其组成部分的概率（在模型 1 中是 t，在 HMM 模型中是指词汇概率和对齐概率）。

25.6.1　训练对齐模型的 EM 算法

如果每个句子对 (F_s, E_s) 内部的对齐结构都已经手工标注好了，那么模型 1 和 HMM 模型的参数学习过程将会变得很容易。举例来说，为了得到模型 1 中的翻译概率 $t(\text{verde}, \text{green})$ 的极大似然估计，只需要统计一下"green"和"verde"对应的次数，然后根据"green"出现的总次数进行归一化。

然而，显然之前我们并不知道句子的内部对齐，有的只是每一个对齐的**可能性**（probabilities）。回忆一下公式（25.19），如果已经对模型 1 的 t 参数有了一个好的估计，我们就能利用这些参数来计算对齐的概率 $P(F,A\,|\,E)$。给定 $P(F,A\,|\,E)$，我们就可以利用归一化方法得到一个对齐的概率：

$$P(A|E,F) = \frac{P(A,F|E)}{\sum_A P(A,F|E)}$$

因此，假如我们已经有模型 1 的 t 参数的粗略估计，就可以计算每一个对齐的概率。之后，我们可以利用每一个可能的对齐来估计 t 概率，并且利用对齐概率的权重对这些估计进行合并，而不是从那些完美的（未知的）对齐中去估计 t 概率。举例来说，有两个可能的对齐，一个概率为 0.9，一个概率为 0.1，我们分别从两个对齐开始对 t 参数进行估计，然后将两个估计结果根据权重 0.9 和 0.1 进行合并。

这样，如果已经有模型 1 的参数，我们就能对这些参数进行**重新估计**(re-estimate)，其方法是，先利用原始的参数来计算每一个可能的对齐概率，然后利用带有权重对齐的和来重新估计新的参数。这种迭代地提升概率估计的思想是 **EM 算法**(EM algorithm)的一个特例。EM 算法在第 6 章已经介绍过了，并且在第 9 章语音识别部分也曾经再次学习过。回忆一下，当我们因为一个变量是**隐藏**(hidden)的而不能直接对其进行估计的时候，采用 EM 算法。这里，对齐是隐藏变量。我们可以利用 EM 算法来估计这个参数，从这些估计中计算新的对齐，再利用新的对齐重新估计参数，如此类推!

下面看一个文献 Knight(1999b)中的例子，这里使用模型 1 的一个简化版，忽略 NULL 词而且仅考虑对齐的子集(忽略没有西班牙语词对应的英语词的对齐)。因此，这个简化的概率 $P(A,F \mid E)$ 可以通过下式来计算:

$$P(A,F|E) = \prod_{j=1}^{J} t(f_j|e_{a_j}) \tag{25.29}$$

这个例子的目的仅仅是给出在这个任务中应用 EM 算法的思想，实际应用中模型 1 的训练细节可能会有一些不同。

EM 训练的思想是:在 E 步骤，基于对隐藏变量(对齐)的和来计算 t 参数的**期望计数**(expected counts);在 M 步骤，利用这些计数来重新计算 t 概率的极大似然估计(MLE)值。

现在让我们看一下在两个句子组成的语料上，利用 EM 算法训练参数的几个阶段。

```
green house        the house
casa  verde        la  casa
```

两种语言的词表分别是 $E = \{green, house, the\}$ 和 $S = \{casa, la, verde\}$。我们从均一化的概率开始:

$t(casa \mid green) = 1/3$	$t(verde \mid green) = 1/3$	$t(la \mid green) = 1/3$
$t(casa \mid house) = 1/3$	$t(verde \mid house) = 1/3$	$t(la \mid house) = 1/3$
$t(casa \mid the) = 1/3$	$t(verde \mid the) = 1/3$	$t(la \mid the) = 1/3$

现在开始进行 EM 算法的训练:

E 步骤 1: 对所有的词对 (f_j, e_{a_j})，计算其期望次数 $E[\,\text{count}(t(f \mid e))\,]$。

E 步骤 1a: 首先我们需要根据公式(25.29)，将所有的 t 概率相乘得到对齐的概率 $P(a,f \mid e)$。

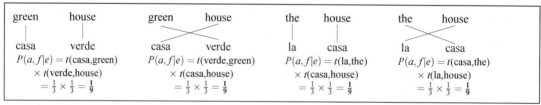

E 步骤 1b: 使用下面的公式对 $P(a,f \mid e)$ 归一化得到 $P(a \mid e,f)$:

$$P(a|e,f) = \frac{P(a,f|e)}{\sum_a P(a,f|e)}$$

每个对齐可得到下面的概率 $P(a \mid f,e)$ 值:

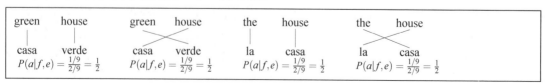

E 步骤 1c：通过 $P(a \mid e, f)$ 对每个计数进行加权，计算期望（分数的）计数。

tcount(casa|green) = 1/2	tcount(verde|green) = 1/2	tcount(la|green) = 0	total(green) = 1
tcount(casa|house) = 1/2 + 1/2	tcount(verde|house) = 1/2	tcount(la|house) = 1/2	total(house) = 2
tcount(casa|the) = 1/2	tcount(verde|the) = 0	tcount(la|the) = 1/2	total(the) = 1

M 步骤 1：对 tcount 归一化，使其和为 1，计算参数的 MLE 概率。

t(casa|green) = (1/2)/1 = 1/2	t(verde|green) = (1/2)/1 = 1/2	t(la|green) = 0/1 = 0
t(casa|house) = 1/2 = 1/2	t(verde|house) = (1/2)/2 = 1/4	t(la|house) = (1/2)/2 = 1/4
t(casa|the) = (1/2)/1 = 1/2	t(verde|the) = 0/1 = 0	t(la|the) = (1/2)/1 = 1/2

注意：每个正确翻译对的概率相对初始的赋值已经有所增加了，比如"casa"翻译成"house"的概率已经从 1/3 增加到了 1/2。

E 步骤 2a：根据公式（25.29），再利用 t 概率的连乘重新计算 $P(a, f \mid e)$。

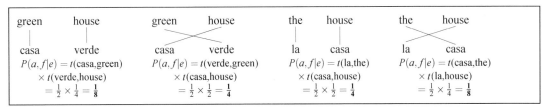

注意：此时两个正确对齐的概率比两个不正确对齐的概率要高。对这一过程进行第 2 次或更多次的 E 步骤和 M 步骤留给读者作为练习。

我们已经说明了可以用 EM 算法来学习简化版的模型 1 的参数。这种直接的算法需要对所有可能的对齐进行枚举，而这对于长句子来说是非常低效的。幸运的是，在实际应用中，对于模型 1 来说可以用一种非常高效的 EM 算法来高效且隐式地对所有对齐进行求和运算。

对于 HMM 模型参数的学习，我们还是使用 EM 算法，在形式上表现为 Baum-Welch 算法。

25.7　用于基于短语机器翻译的对称对齐

我们需要模型 1 或 HMM 模型的原因是：建立训练集的词对齐，然后从中抽取得到对齐的短语对。

但是遗憾的是，只使用 HMM 模型（或模型 1）对齐来抽取西班牙语短语和英语短语对是不够的。这是因为在 HMM 模型中，每个西班牙语词必须从一个单一的英语词生成，我们无法得到从多个英语词生成的西班牙语短语。因此，基于 HMM 模型不能得到源语言多词短语与目标语言多词短语的对齐。

然而，我们可以通过一种被称为**对称**（symmetrizing）的方法来对 HMM 模型进行扩展，使得对于句子对 (F, E)，能够产生短语到短语的对齐。首先，训练两个单独的 HMM 对齐模型，一个是从英语到西班牙语，另一个是从西班牙语到英语。然后同时利用两个对齐模型对句子对 (F, E) 进行对齐。接着我们通过一种灵活的方式将这两种对齐合并就可以得到一个具有短语到短语映射的对齐。

如图 25.25 所示，为了将这两种对齐进行合并我们首先取出这两种对齐的**交集**（intersection）。对齐的交集只包含两种对齐一致的区域，因此也是具有较高精度的对齐。同时，可以计算两种对齐的并集(union)。并集中存在很多不太准确的对齐。然后构造一个分类器,用于从并集的结果中选择对齐,并逐个地加入前述的最小对齐交集中。

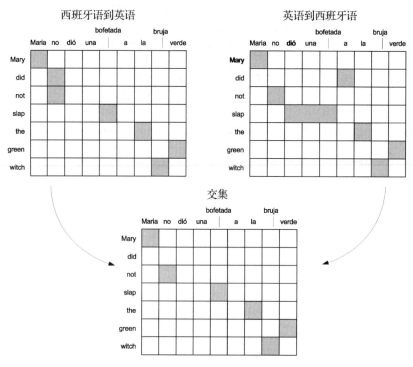

图 25.25　通过英语到西班牙语和西班牙语到英语对齐的交集可以得到高精度的对齐结果。然后,可以利用两个对齐中的对齐点对这个交集进行扩展,得到如图25.26所示的对齐。源自文献(Koehn,2003b)

图 25.26 给出了一个词对齐结果的实例。注意这里在每个方向上都允许多对一的对齐。现在我们可以获得和对齐一致的所有短语对。和对齐一致的短语对是指短语中所有的词都只和对齐内部的词相对应,而不和对齐之外的词相对应。图 25.26 还给出了和这个对齐相一致的一些短语。

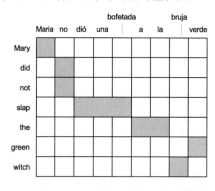

(Maria, Mary), (no, did not),
(slap, dió una bofetada), (verde, green),
(a la, the), (bruja, witch),
(Maria no, Mary did not),
(no dió una bofetada, did not slap),
(dió una bofetada a la, slap the),
(bruja verde, green witch),
(a la bruja verde, the green witch),...

图 25.26　"green witch"句子对一个比较好的短语对齐结果,它是其通过从图 25.25 中的相交的对齐开始,增加在对齐并集中存在的对齐点的计算获得的,所使用的算法来自于Och and Ney(2003)。图的右侧是和这一对齐一致的一些短语(Koehn,2003b)

一旦我们从整个训练语料库中得到了所有对齐的短语对,就可以利用如下的公式计算每个特定短语对的翻译概率(极大似然估计):

$$\phi(\bar{f}, \bar{e}) = \frac{\text{count}(\bar{f}, \bar{e})}{\sum_{\bar{f}} \text{count}(\bar{f}, \bar{e})} \tag{25.30}$$

现在我们可以利用一个大的**短语翻译表**(phrase-translation table)来存储每一个短语对 $(\bar{f} \mid \bar{e})$,以及它们的翻译概率 $\phi(\bar{f} \mid \bar{e})$。在下一节将讨论的解码算法需要使用这个短语翻译表来计算(整个句子的)翻译概率。

25.8 基于短语统计机器翻译的解码

统计机器翻译系统还需要的一个组件是解码器。回想解码器的任务是针对一个外文(西班牙语)的源语言句子 F,根据翻译模型和语言模型来生成最佳的(英语)翻译 E。

$$\hat{E} = \underset{E \in \text{英语}}{\text{argmax}} \quad \overset{\text{翻译模型}}{\overbrace{P(F|E)}} \quad \overset{\text{语言模型}}{\overbrace{P(E)}} \tag{25.31}$$

寻找翻译模型和语言模型概率最大的句子的过程是一个**搜索**(search)问题,因此解码也是一种搜索。机器翻译中的解码器是基于**最佳优先搜索**(best-first search)方法的,这是一种**启发式**(heuristic)或**提示性搜索**(informed search),这种搜索算法利用来自于问题领域的知识来进行指导。基于一个评价函数 $f(n)$,最佳优先搜索算法在搜索空间上确定一个结点 n。机器翻译的解码器是一种特殊的最佳优先搜索算法的变形,称为 A* 搜索。A* 搜索首次用于机器翻译是由 IBM(Brown et al. 1995)实现的,基于他们早期在语音识别(Jelinek 1969)领域的 A* 搜索算法的工作。正如我们在 10.2 节所讨论的,由于历史原因,A* 搜索以及基于 A* 搜索的变形方法在语音识别领域(有时在机器翻译领域)常常被称为**栈解码**(stack decoding)。

让我们从图 25.27 机器翻译通用的栈搜索版本开始介绍。其基本思想是维护一个**优先队列**(priority queue)[按惯例称为**栈**(stack)],用于存储所有的翻译候选片段以及它们的分数。

---

function STACK DECODING(source sentence) **returns** target sentence

initialize stack with a null hypothesis
loop do
    pop best hypothesis h off of stack
    if h is a complete sentence, **return** h
    for each possible expansion h' of h
        assign a score to h'
        push h' onto stack

图 25.27 机器翻译中的栈解码或 A* 解码的通用版本。其中的一个假设是通过选择单个的词或短语来进行翻译扩展。我们将在图25.30中给出该算法更完整的版本

下面详细描述栈解码的过程。虽然最初的 IBM 统计解码算法是应用于基于词的机器翻译,而这里通过公开的机器翻译解码器**法老**(Pharaoh)(Koehn, 2004),我们描述的是应用于基于短语的解码过程。为了限制解码过程中的搜索空间,我们并不会在所有英语句子的空间上进行搜索,而只考虑可能是 F 翻译的句子。为了有助于减小搜索空间,对于西班牙语句子 F,我们只考虑包含可能是句子 F 翻译的词或短语的英语句子。如前一节所述,对 F 中所有可能的短语寻找其所有可能的英语翻译,通过对短语翻译表(phrase-translation table)的搜索可以实现这一过程。

图 25.28 给出了一个来自于 Koehn(2003a,2004)的可能的翻译候选词图子。每个翻译候选由一个西班牙语词(或者西班牙语短语)、对应的英语翻译以及短语翻译概率 ϕ 组成。我们需要做的是搜索这些翻译候选的组合以得到最优的翻译串。

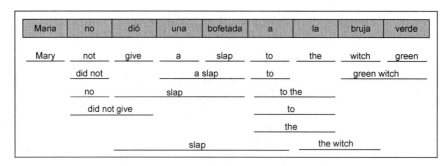

图25.28　特定句子 F 中的词或短语的可能的英语翻译组成的词图，
这个例子是基于整个对齐训练集的。取自Koehn(2003a)

　　现在让我们简略地看一下图25.29中栈解码的实例，在这个例子中从左到右生成句子"Mary dió una bofetada a la bruja verde"的英语翻译。从现在开始，我们假定只有一个栈并且不存在剪枝过程。

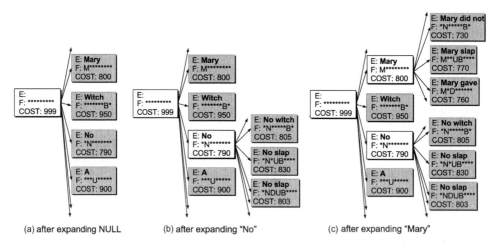

图25.29　对句子 Maria no dió una bofetada a la bruja verde 进行栈解码的3个阶段(简化地假定只有一个栈并且没有剪枝过程)。在搜索空间边缘的灰色结点都属于栈的内部，是在搜索过程中需要进一步考虑的开放(open)结点。而白色结点是已经从栈中弹出的**封闭**(closed)结点

　　我们以空的假设(hypothesis)作为初始的**搜索状态**(search state)，在这个状态中，没有选择任何的西班牙语词，也没有产生任何的英语翻译词。现在通过选择能够产生一个英语句子初始短语的源语言词或短语来对这个翻译假设进行**扩展**(expand)。图25.29(a)给出了该搜索过程的第一层。比如，最上面的状态表示英语句子从"Mary"开始，并且西班牙语词"Maria"已经被替代(第一个词的星号已经用一个 M 标记表示)的翻译假设。每一个状态都伴随一个代价(cost)，它的计算将在下面进行讨论。这一层的另一个状态表示英语句子从"No"开始，并且西班牙语词"no"已经被替代的翻译假设。在整个队列中，这个假设是代价最低的一个结点，因此，我们将它从队列中弹出，然后将所有基于它的扩展压回到队列中。现在，状态"Mary"具有最低的代价，因此我们将对它进行扩展。到目前为止，"Mary did not"是翻译代价最低的，因此下一个将要被扩展。接着我们可以继续对搜索空间进行扩展，直到获得能够替代整个西班牙语句子的状态(假设)，我们从这个状态中就可以读出英语翻译。

前面提到了每一个状态都伴随一个代价，正如我们下面将要介绍的这个代价是用来指导搜索过程的。这个代价是由**当前代价**（current cost）和一个对**未来代价**（future cost）的估计组成的。**当前代价**（current cost）是在翻译假设中到目前为止已经翻译的短语的总的概率，即翻译概率、变形概率以及语言模型概率的乘积。对于一个部分翻译的短语集 $S = (F, E)$，这个概率为：

$$\text{cost}(E, F) = \prod_{i \in S} \phi(\overline{f_i}, \overline{e_i}) d(a_i - b_{i-1}) P(E) \tag{25.32}$$

未来代价（future cost）是对西班牙语句子中未翻译部分估计的翻译代价。基于这两个因素的组合，对于最终完成的经过这个结点的翻译句子 E，该状态的代价给出的是对该搜索路径总概率的估计。仅仅基于当前代价的搜索算法倾向于选择（句子）开始时具有较高概率的翻译词，而不是（句子）整体具有较高概率的翻译[1]。从未来代价角度来看，对所有可能的翻译计算真正的最小翻译概率的代价是非常高的。因此，我们通过忽略变形代价，只找出语言模型和翻译模型的代价具有最小乘积的英语短语序列来进行近似，而这个过程利用 Viterbi 算法可以很容易地进行计算。

上面描述的解码过程意味着我们需要对整个可能的英语翻译空间进行搜索。但是我们不可能对整个空间进行扩展，因为有太多的状态了。与语音识别不同，机器翻译中变形的需要意味着对于英语词的每一种可能的顺序，都存在（至少）一种不同的翻译假设[2]。

由于这个原因，机器翻译解码器与语音识别解码器一样，都需要某种程度的剪枝。法老解码器和其他类似的解码器都使用一种**柱搜索剪枝**（beam search pruning）技术，这与我们在语音识别以及概率句法分析中介绍的一样。回想在柱搜索剪枝中，每一次迭代过程只保留最有希望的状态，而将不太可能的（代价较高的）状态（在搜索柱之外的）剪掉。我们可以通过在搜索的每一层剪掉所有不好的（代价较高的）状态，并且只扩展最好的状态，对图 25.29 中描述的搜索序列进行修改。实际上，在法老解码器中，不是只扩展最好的状态，而是扩展柱中的所有状态，因此，法老解码器从技术上看是**柱搜索**（beam seach），而不是**最佳优先搜索**（best-first search）或 A* 搜索。

更正式地，在搜索的每一层，我们保留栈（优先队列）容量大小的状态。每个栈只允许 n 个记录。在搜索的每一层，先对栈中的所有状态进行扩展，然后将扩展的结果压回栈中，按照它们的代价进行排序，保留最好的 n 个记录，并且删除其余的。

最后我们还需要做一个修改。在语音识别中，只需要一个栈来进行栈解码，而在机器翻译中我们需要多个栈。原因是对于翻译为不同数量外文词的这些假设的翻译代价很难进行比较。因此，我们使用 m 个栈，其中栈 s_m 用于存储替代了 m 个外文词的所有翻译假设。当我们选择一个短语对翻译假设进行扩展时，根据其替代的外文词的数量，我们将新产生的状态插入到相应的栈中。之后，我们在这些栈的内部采用柱搜索，对 m 个栈中的每一个栈都只保留 n 个翻译假设。最终的基于多个栈的柱搜索解码算法如图 25.30 所示。

解码中还涉及许多其他的问题。所有的解码器都试图利用**假设重组**（recombining hypotheses）来减少搜索空间中的组合爆炸问题。我们在 10.1 节的 Exact N-Best 算法中学习过假设重组方法。在机器翻译解码中，只要两个假设足够相似（具有相同的外文词，具有相同的最后两个英语词，以及上一个翻译短语的结束位置相同），我们都可以对其进行合并。

---

[1]　在语音识别的 A* 搜索中，我们看到过同样类型的代价函数，其中使用的 A* 评价函数为：$f^*(p) = g(p) + h^*(p)$

[2]　事实上，如文献 Knight（1999a）所述，即使只是在 IBM 模型 1 和二元语言模型上进行解码的问题难度也相当于 NP 完全问题。

```
function BEAM SEARCH STACK DECODER(source sentence) returns target sentence

initialize hypothesisStack[0..nf]
push initial null hypothesis on hypothesisStack[0]
for i←0 to nf-1
    for each hyp in hypothesisStack[i]
        for each new_hyp that can be derived from hyp
            nf_new_hyp←number of foreign words covered by new_hyp
            add new_hyp to hypothesisStack[nf_new_hyp]
            prune hypothesisStack[nf_new_hyp]
find best hypothesis best_hyp in hypothesisStack[nf]
return best path that leads to best_hyp via backtrace
```

图 25.30　法老解码器中使用的柱搜索多栈解码算法，来自 (Koehn, 2003a)。由于效率的原因，大多数解码器都不在每一个状态中存储完整的外文和英语句子，因此需要利用回退来遍历从初始状态到最终的最优状态，从而得到完整的英语目标句子

　　此外，基于短语的机器翻译解码器所优化的函数与公式 (25.31) 给出的略微有些不同。实际中，我们还需要增加一个用于惩罚过短句子的因素。因此，实际上解码器所选择的是能够使下面公式最大化的句子：

$$\hat{E} = \underset{E \in \text{英语}}{\mathrm{argmax}} \quad \overbrace{P(F|E)}^{\text{翻译模型}} \quad \overbrace{P(E)}^{\text{语言模型}} \quad \overbrace{\omega^{\text{length}(E)}}^{\text{惩罚过短句子}} \qquad (25.33)$$

这个最终的公式和在语音识别中使用词插入惩罚的公式 (9.49) 极其相似。

25.9　机器翻译评价

　　翻译质量的评价是一项非常主观的任务，而且从方法学的角度看存在很多不同的观点。然而，评价是必不可少的，评价方法研究在早期的机器翻译研究发展中扮演了重要的角色 (Miller and Beebe-Center, 1958)。广义地说，翻译可以从两个维度来进行评价，即我们在 25.3 节讨论过的**忠实度** (fidelity) 和**流利度** (fluency)。

25.9.1　使用人工评价者

　　最精确的评价是人工评价者在每个维度上对每个翻译进行评价。比如，从**流利度** (fluency) 的维度，可以考察翻译结果 (翻译后的目标语言文本) 的可理解度、清晰度、可读度或翻译的自然度。如何利用人工评价者来回答这些问题通常有两种方式。一种方式是给评价者一个范围，如从 1 (完全不可理解) 到 5 (完全可以理解)，然后让评价者对翻译结果的每一个句子或段落进行打分。我们可以从几个不同的角度来评价流利度的各个方面，如**清晰度** (clarity)、**自然度** (naturalness) 以及**文体** (style)。另一种方式对评价者的认知程度要求较低。例如，我们可以记录评价者阅读每个句子或段落所需要的时间。较为清晰或较为流利的句子往往读起来更快、更容易。我们还可以利用类似**完型填空** (cloze) 任务 (Taylor, 1953, 1957) 的方法来度量流利度。这种完型填空任务经常用于研究阅读心理学。评价者看到的句子中的某些词已经被空格替换掉 (比如，每 8 个词删掉一个)，需要评价者根据上下文来猜测缺少的词。完型填空任务的准确度，即评价者能够成功猜出缺少的词的准确程度，通常和机器翻译的可理解度及自然度相关。

　　类似的多样化的度量方法可以用于判断另一个维度——**忠实度** (fidelity)。通常可以从两个方面：**充分性** (adequacy) 和**信息性** (informativeness) 来度量忠实度。翻译的**充分性** (adequacy) 是通过翻译结果是否包含原文中存在的信息来进行判断的。充分性度量是通过利用评价者在一个

范围内打分的方法进行的。如果我们有双语的评价者，可以给他们提供源语言文本、待评价的目标语言句子，以及评分，如 5 分，来判断源语言句子中的信息有多少被保留在待评价的句子中。如果我们只有单语的评价者，但是已经有源语言句子良好的人工翻译结果，我们可以给单语评价者提供人工翻译结果和待评价的机器翻译结果，同样，评价者需要根据信息保留的程度来进行评分。判断翻译的**信息性**（informativeness）是一个基于任务的评价，判断翻译结果所蕴含的信息是否足够完成一些任务。比如，我们给评价者提供关于源语言句子或文本的一些多项选择题。评价者仅仅基于翻译结果来回答这些问题。正确回答的比例即为信息性的分数。

其他的一些度量标准试图结合流利度和忠实度来给出翻译质量的整体判断。例如，针对机器翻译输出的后编辑的一个典型的评价标准就是**编辑代价**（edit cost），即将机器翻译结果经过**后编辑**（post-editing）修正为一个好的翻译所需要的代价。比如，我们可计量通过人工将机器翻译输出修正为可接受的翻译结果所需要的单词数、时间或键盘敲击次数。

25.9.2　自动评价：BLEU

虽然人工评价机器翻译结果可取得最好的效果，但是人工评价的时间成本很高，有可能是几天甚至几个星期。因此，如果有一种自动评价方法能够被频繁和快速地用来评价翻译系统的潜在改进，这将是非常有用的。基于上述便利性的考虑，我们可以接受远不及人工评价的自动评价，只要这种自动评价和人工评价之间具有相关性。

实际上，已经存在一些启发式的方法，比如 **BLEU**、**NIST**、**TER**、**精确率和召回率**（Precision and Recall）以及 **METEOR**（参见历史说明部分），等等。这些评价标准都来源于 Miller and Beebe-Center（1958）的思想，即一个好的机器翻译结果和人工翻译结果应当尽可能相似。

在自动语音识别领域，我们是通过词错误率来定义"尽可能的相似"，词错误率是指（自动识别文稿）转换为人工转录文稿所需的最小编辑距离。但是在翻译中，因为一个源语言句子可能有很多合理的翻译结果，所以不能只依赖单个的人工翻译结果。一个好的机器翻译结果可能和某个人工翻译非常相近，也可能和另一些人工翻译相去甚远。因此，在机器翻译评估时通常需要收集测试集中每一个句子的多个人工翻译。这看起来很费时，但是我们可以用这个翻译测试集一遍一遍地评估新的机器翻译想法。

现在只要给定测试集中句子的机器翻译结果，就可以计算这个结果和人工翻译的相近程度（closeness）。如果一个机器翻译系统的结果与人工翻译在总体上更相近，则该系统会被认为性能更好。这些评价方法的区别在于如何定义"翻译相近程度"。

在本节的其余部分，我们将基于 Papineni et al.（2002）中给出的原始定义介绍其中的一个评价标准——BLEU 值。在 BLEU 值中，我们通过计算机器翻译结果与人工翻译间的 N-gram 重叠数目的一个带权平均值来对机器翻译结果进行排序。

图 25.31 直观展示了一个以汉语为源语言的句子的两个候选翻译（Papineni et al., 2002），其中源语言句子有 3 个人工参考译文。注意：与候选翻译 2 相比，候选翻译 1 与参考译文间重叠的词更多一些（图中用灰色框表示）。

现在我们从 Unigram 开始介绍如何计算 BLEU 值。BLEU 值的计算是基于精度的。一个基本的一元词的精度计算公式为：候选翻译（机器翻译输出）中的词在参考译文中出现的个数除以候选翻译的总词数。如果一个候选翻译包含 10 个词，其中 6 个至少在参考译文中出现过一次，则精度为 $6/10 = 0.6$。但是，使用这种简单的精度计算方法存在缺陷：候选翻译中额外的重复单词会受到奖励。图 25.32 给出了一个由多个单一的词 the 组成的病态例句。由于这个候选翻译中的 7 个词（相同的）都在参考译文中出现过，因此其一元精度为 7/7！

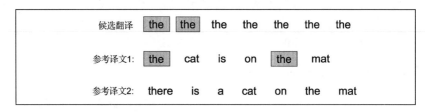

候选翻译1: It is a guide to action which ensures that the military always obeys the commands of the party

候选翻译2: It is to insure the troops forever hearing the activity guidebook that party direct

参考译文1: It is a guide to action that ensures that the military will forever heed Party commands

参考译文2: It is the guiding principle which guarantees the military forces always being under the command of the Party

参考译文3: It is the practical guide for the army always to heed the directions of the party

图 25.31　BLEU 值的直观展示:两个汉语源语言句子中的一个候选翻译与参考译文拥有更多的重叠词

候选翻译　　the　the　the　the　the　the　the

参考译文1:　the　cat　is　on　the　mat

参考译文2:　there　is　a　cat　on　the　mat

图 25.32　一个病态句子的例子,用于说明 BLEU 值采用修正方法的原因。一元
精度值高的是不合理(7/7),修正后的一元精度是恰当的(2/7)

为了避免这个问题,BLEU 使用一种**修正的 N-gram 精度**(modified N-gram precision)。我们首先统计一个词在不同参考译文中出现的最大次数,然后基于这个最大参考数值修正翻译中的每一个候选词的出现次数。因此,在图 25.32 的例子中,由于 the 在参考译文 1 中有最大出现次数 2,则修正后的一元精确率为 2/7。回到图 25.31 的汉语例子中,候选译文 1 的修正一元精确率为 17/18,候选译文 2 的修正一元精确率为 8/14。基于同样的方法可以计算高阶(二元以上)的字符串精确率。候选译文 1 的修正二元精确率为 10/17,候选译文 2 的修正二元精确率为 1/13。读者可以根据图 25.31 自行计算。

计算完整测试集上 BLEU 打分的方法是:首先计算每个句子的 N 元字符串匹配个数,然后将所有句子的修正匹配个数求和,再除以测试集中候选 N 元字符串的总数。修正的分数计算公式如下:

$$p_n = \frac{\displaystyle\sum_{C \in \{\text{Candidates}\}} \sum_{N\text{-gram} \in C} \text{count}_{\text{clip}}(N\text{-gram})}{\displaystyle\sum_{C' \in \{\text{Candidates}\}} \sum_{N\text{-gram}' \in C'} \text{count}(N\text{-gram}')} \tag{25.34}$$

BLEU 值计算时通常使用一元、二元、三元以及四元字符串的匹配数,然后将这些修正的 N 元精确率进行几何平均。

此外,BLEU 值还对过短的候选翻译句子进行惩罚。参考上面图 25.31 中的参考译文 1 到参考译文 3,假如候选翻译为"of the",由于这个候选非常短,且它的所有词都在参考译文中出现,因此,其修正的一元精度被放大为 2/2。在这种情况下通常需要结合召回率进行处理。但是,前面提到过,在有多个人工译文的情况下无法使用召回率,原因是计算召回率要求参考译文的结果包含每种翻译中的所有 N 元字符串。作为替代方法,BLEU 值在整个语料的范围内加入了长度惩罚。定义 c 为候选翻译句子的总长度,对每一个候选翻译句子,其对应的最佳匹配的人工译文的总长度定义为 r,则长度惩罚的定义为 r/c 的幂,其公式为:

$$BP = \begin{cases} 1, & c > r \\ e^{(1-r/c)}, & c \leqslant r \end{cases}$$

$$BLEU = BP \times \exp\left(\frac{1}{N}\sum_{n=1}^{N}\log p_n\right)$$

$$(25.35)$$

自动评价标准如 BLEU 值、NIST 值和 METEOR 等在很大程度上与人工评价相一致,因此可用来有效地评估系统可能的改进。然而,这些自动评价标准存在一些需要进一步考虑的局限。首先,目前大多数评价标准都只关注局部信息。例如,在图 25.31 中,稍微移动一个短语,得到候选翻译如 "Ensures that the military it is a guide to action which always obeys the commands of the party"。这一句子和候选翻译 1 的 BLEU 值完全一样,但是实际上,其人工评价者给出的分数略低。

另外,自动评价标准难以对具有不同架构的系统进行比较。例如,BLEU 值在比较商业系统(如 Systran)结果和基于 N 元语法的统计系统结果时表现不佳(即和翻译质量的人工判断不一致)。甚至其在比较辅助翻译结果和机器翻译结果时也不好(Callison-Burch et al., 2006)。因此,我们可以认为自动评价标准最适用于评价单一系统的增量式改进或评价具有相似架构的多个可比系统。

25.10 高级问题:机器翻译的句法模型

最早期的统计机器翻译系统(如 IBM 模型 1、2 和 3)以词为基本单元。前面几节描述的基于短语的系统通过使用较大的处理单元来改进基于词的系统,这种基于短语的系统能够捕捉更大范围的上下文信息,且提供一种表示语言差异的更自然的基本单元。

近期机器翻译方面的工作关注于 Vauquois 三角形层次中的更高一级,即从简单的短语发展到更大的和层次化的句法结构。

目前发现如果使用通过传统句法分析得到的短语边界来约束短语,并不能改进翻译性能(Yamada and Knight, 2001)。因此,新方法对不同语言之间的双语翻译句对进行平行的句法树分析,其目的是通过在树结构上应用重排等操作,对句子进行翻译。这些平行结构的数学模型称为**转录语法**(transduction grammar),转录语法可看成是 25.2.2 节介绍的基于**句法转换**(syntactic transfer)翻译系统基于现代统计原理的一种直接实现。

转录语法又称为**同步语法**(synchronous grammar),用于描述结构上相关的语言对。从语言生成的角度,我们可以把转录语法看成是同时生成两种语言的对齐句对的一种方式。正式地,转录语法是第 3 章介绍的有限状态转录机的一种泛化。机器翻译中使用了大量的转录语法规则和形式化规则,其中大多数是上下文无关语法在双语情况下的扩展。让我们看一下在机器翻译模型中广泛使用的一种**反向转录语法**(Inversion Transduction Grammar, ITG)。

在 ITG 语法中,每个非终结符生成两个独立的字符串。ITG 语法共有 3 种类型的规则,包含词汇化规则,如

$$N \rightarrow witch/bruja$$

上述规则在一个字符串流中生成词"witch",在另一个字符串流中生成词"bruja"。以及利用方括号表示的非终结符规则,如

$$S \rightarrow [NP\ VP]$$

生成两个单独的字符串流,都是 NP VP 的形式。和利用尖括号表示的非终结符规则,如

$$\text{Nominal} \rightarrow \langle \text{Adj N} \rangle$$

生成的两个单独的字符串流具有不同的组合顺序,其中一个为 Adj N,另一个则为 N Adj。

图 25.33 是一个包含一些简单规则的示例语法。其中每个词汇化规则衍生出确定的英语和相应的西班牙语词串。用方括号([ ])表示的规则生成和非终结符右手边形式一样的两个字符串流。用尖括号(⟨ ⟩)表示的规则在英语和西班牙语中生成不同顺序的字符串流。基于这个语法,下面两个句子的 ITG 语法结构如下:

(25.36) (a) [$_S$[$_{NP}$ Mary] [$_{VP}$ didn't [$_{VP}$ slap [$_{PP}$[$_{NP}$ the [$_{Nom}$ green witch]]]]]]

(b) [$_S$[$_{NP}$ María] [$_{VP}$ no [$_{VP}$ dió una bofetada [$_{PP}$ a [$_{NP}$ la [$_{Nom}$ bruja verde]]]]]]

$$
\begin{aligned}
\text{S} &\rightarrow [\text{NP VP}] \\
\text{NP} &\rightarrow [\text{Det Nominal}] \mid \text{Maria} / \text{María} \\
\text{Nominal} &\rightarrow \langle \text{Adj Noun} \rangle \\
\text{VP} &\rightarrow [\text{V PP}] \mid [\text{Negation VP}] \\
\text{Negation} &\rightarrow \text{didn 't} / \text{no} \\
\text{V} &\rightarrow \text{slap} / \text{dió una bofetada} \\
\text{PP} &\rightarrow [\text{P NP}] \\
\text{P} &\rightarrow \varepsilon / a \mid \text{from} / \text{de} \\
\text{Det} &\rightarrow \text{the} / \text{la} \mid \text{the} / \text{le} \\
\text{Adj} &\rightarrow \text{green} / \text{verde} \\
\text{N} &\rightarrow \text{witch} / \text{bruja}
\end{aligned}
$$

图 25.33　反向转录语法的一个例子,适用于"green witch"句子

句法解析树中的每个非终结符产生两个字符串流,每种语言一个,因此,两种语言的对应句子能够以统一的句法分析过程来表示,在其中的一种语言中尖括号规则说明"Adj N"生成"green witch",而在另一种语言中,则生成相反顺序的"bruja verde"。整个句子结构如下:

[$_S$[$_{NP}$ Mary/ María] [$_{VP}$ didn't/no [$_{VP}$ slap/dió una bofetada [$_{PP}$ ε/a [$_{NP}$ the/la ⟨$_{Nom}$ witch/bruja green/verde⟩]]]]]

和这种类型相似的同步语法还包括同步上下文无关语法(Chiang,2005)、多文本语法(Melamed,2003)、词汇化 **ITGs**(Melamed,2003;Zhang and Gildea,2005),以及同步树邻接和同步树插入语法(Shieber and Schabes,1992;Shieber 1994b;Nesson et al.,2006)。比如,Chiang(2005)的同步 CFG 系统能够学习到层次型的成对规则,用于描述语言中的翻译现象。例如,在汉语中关系从句出现在中心词的左边,而在英语中则出现在中心词的右边:

< ① 的 ②, the ② that ① >

其他用于翻译对齐的平行句法树的模型有(Wu,2000;Yamada and Knight,2001;Eisner,2003;Melamed,2003;Galley et al.,2004;Quirk et al.,2005;Wu and Fung,2005)。

25.11　高级问题:IBM 模型 3 和繁衍度

IBM 在统计机器翻译领域的开创性论文提出了 5 个统计翻译模型,我们在 25.5.1 节介绍了模型 1。之后的模型 3、模型 4 和模型 5 都使用一个重要的概念:繁衍度(fertility)。在这一节中,我们基于 Kevin Knight 的综述(Knight,1999b)介绍模型 3。和模型 1 相比,模型 3 的生成过程更加复杂。从一个英语句子 $E = e_1, e_2, \cdots, e_I$ 开始,其生成模型包含 5 个步骤:

1. 对于每一个英语词 e_i，首先确定一个**繁衍度**（fertility）ϕ_i[①]。繁衍度指的是从 e_i 生成的西班牙语词的个数（0 个或多个），繁衍度只和 e_i 相关。

2. 我们还需要从英语的 NULL 词生成西班牙语词。回忆一下，前面我们将这些词称为**伪词**（spurious words）。这里我们没有给 NULL 赋予一个繁衍度，而是用另外一种方式来生成伪词：在生成一个英语词时同时考虑从 NULL 生成一个伪词的概率。

3. 确定从一个英语词能够生成多少个西班牙语词之后，通过翻译每一个对应的英语词得到潜在的西班牙语词。和模型 1 一样，词到词的翻译只和相应英语词有关。西班牙语的伪词利用英语中的 NULL 词翻译得到。

4. 将西班牙语句子中的所有非伪词移动到它们最终的位置。

5. 在西班牙语句子中的剩余的位置插入西班牙语伪词。

图 25.34 为模型 3 的生成过程。

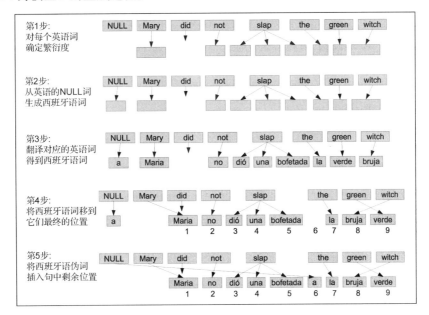

图 25.34　从一个英语句子生成一个西班牙语句子和对齐的 IBM 模型 3 的 5 个步骤

模型 3 和模型 1 相比，其参数更多，最重要的参数包括概率 $\boldsymbol{n}$、$\boldsymbol{t}$、$\boldsymbol{d}$ 和 $\boldsymbol{p}_1$。词 e_i 的繁衍度概率 ϕ_i 在这里用参数 n 表示。因此 $n(1\mid\text{green})$ 表示英语词"green"生成一个西班牙语词的概率，$n(2\mid\text{green})$ 表示英语词"green"生成两个西班牙语词的概率，$n(0\mid\text{did})$ 表示英语词"did"不生成任何西班牙语词的概率。和模型 1 一样，模型 3 也有一个翻译概率 $t(f_j\mid e_i)$。下一个概率是**变形**（distortion）概率，用于表示英语词在西班牙语句子中对应词的结束位置，这个概率和两种语言句子的长度有关。变形概率 $d(1,3,6,7)$ 表示在英语句子长度为 6，西班牙语句子长度为 7 的情况下，英语词 e_1 和西班牙语词 f_3 对应的概率。

我们在前面提到过，模型 3 没有使用 NULL 词的繁衍度概率来确定英语 NULL 词可以生成多少个外文伪词，如 $n(1\mid\text{NULL})$ 和 $n(3\mid\text{NULL})$ 等。作为替代，每次模型 3 生成一个真实词的同时，系统以概率 p_1 产生一个目标句子中的伪词。因此，长句子会自然地产生更多的伪词。图 25.35 给出了模型 3 利用这些参数生成句子的较详细的过程。

[①]　这里的 ϕ 与我们在基于短语的翻译中使用的 ϕ 没有关系。

> 1. **for each** English word e_i, $1 < i < I$, we choose a fertility ϕ_i with probability $n(\phi_i|e_i)$
> 2. Using these fertilities and p_1, determine ϕ_0, the number of spurious Spanish words, and hence m.
> 3. **for each** i, $0 < i < I$
> 　　**for each** k, $1 < k < \phi_i$
> 　　　　Choose a Spanish word τ_{ik} with probability $t(\tau_{ik}, e_i)$
> 4. **for each** i, $1 < i < I$
> 　　**for each** k, $1 < k < \phi_i$
> 　　　　Choose a target Spanish position π_{ik} with probability $d(\pi_{ik}, i, I, J)$
> 5. **for each** k, $1 < k < \phi_0$
> 　　Choose a target Spanish position π_{0k} from one of the available Spanish slots, for a total probability of $\frac{1}{\phi_0!}$

图 25.35　模型 3 从一个英语句子生成西班牙语句子的过程。注意并不是从英语句子翻译成西班牙语句子,这个过程只是噪声信道模型的一个生成组件,来自于 Knight(1999b)

　　让我们看一个从法语到英语的翻译,图 25.36 给出了来自于文献 Brown et al.(1993)的从法语-英语翻译例子中学习得到的参数 t 和 ϕ。英语中"the"通常翻译成法语中的冠词"le",但有的时候,"the"这个词的繁衍度为 0,表示在英语中使用了冠词,而法语中没有使用。相反,"farmers"的繁衍度通常为 2,其最可能的翻译是"agriculteurs and les",表示在这里法语句子倾向于使用冠词,而英语中不使用。

　　到目前为止,我们已经介绍了模型 3 的生成过程,现在来构建模型的概率公式。模型用 $P(F|E)$ 表示英语句子 E 翻译到西班牙语句子 F 的一个概率。和模型 1 的过程一样,我们从模型如何确定概率 $P(F, A|E)$ 开始,这个概率表示从英语句子 E 生成句子 F 以及一个特定对齐 A 的可能性。然后,通过对所有可能的对齐求和得到最终的 $P(F|E)$。

	the			farmers				not		
f	$t(f|e)$	ϕ	$n(\phi|e)$	f	$t(f|e)$	ϕ	$n(\phi|e)$	f	$t(f|e)$	ϕ	$n(\phi|e)$
le	0.497	1	0.746	agriculteurs	0.442	2	0.731	ne	0.497	2	0.735
la	0.207	0	0.254	les	0.418	1	0.228	pas	0.442	0	0.154
les	0.155			cultivateurs	0.046	0	0.039	non	0.029	1	0.107
l'	0.086			producteurs	0.021			rien	0.011		
ce	0.018										
cette	0.011										

图 25.36　模型 3 的参数实例,取自 Brown et al.(1993)中的法语-英语翻译,包含 3 个英语词。注意,"farmers"和"not"都倾向于繁衍度为 2

　　要计算 $P(F, A|E)$,需要将 3 个因子 n, t 和 d 乘起来,分别表示生成词、将其翻译成西班牙语,以及移动到相应位置。因此,第一遍得到的 $P(F, A|E)$ 为:

$$\prod_{i=1}^{I} n(\phi_i|e_i) \times \prod_{j=1}^{J} t(f_j|e_{a_j}) \times \prod_{j=1}^{J} d(j|a_j, I, J) \tag{25.37}$$

　　但是,公式(25.37)还没有包含完整信息,还需要增加因子用于生成伪词,将伪词插入可用的空位,以及表示一个词可以和多个词对应的多种方式(枚举)。公式(25.38)给出了 IBM 模型 3 的最终的形式,来自于 Knight 对原始公式的修正。这里,我们没有给出增加因子的详细描述,而是鼓励感兴趣的读者去阅读原始的文献 Brown et al.(1993),以及更清晰的公式描述 Knight(1999b)。

$$P(F,A|E) = \overbrace{\binom{J-\phi_0}{\phi_0}p_0^{J-2\phi_0}p_1^{\phi_0}}^{\text{生成伪词}} \times \overbrace{\frac{1}{\phi_0!}}^{\text{插入伪词}} \times \overbrace{\prod_{i=0}^{I}\phi_i!}^{\text{多对齐排列}}$$

$$\times \prod_{i=1}^{I}n(\phi_i|e_i) \times \prod_{j=1}^{J}t(f_j|e_{a_j}) \times \prod_{j:a_j\neq 0}^{J}d(j|a_j,I,J) \tag{25.38}$$

最后，我们通过对所有可能的对齐概率求和得到整个西班牙语句子的概率：

$$P(F|E) = \sum_A P(F,A|E)$$

利用下面的公式，我们还可以更清晰显式地列出如何对所有对齐进行求和（同时也需要强调一下所有对齐的庞大的数量），在这个公式中我们通过对外文句子的 J 个词中的每一个指定其对齐英语词 a_j 来确定句子的对齐。

$$P(F|E) = \sum_{a_1=0}^{J}\sum_{a_2=0}^{J}\cdots\sum_{a_J=0}^{I}P(F,A|E)$$

25.11.1 模型 3 的训练

给定一个平行语料库，IBM 模型 3 的训练即为参数 n, d, t 和 p_1 赋值。

正如我们在模型 1 和 HMM 模型中指出的，如果训练语料已经由手工标注进行对齐，那么可以简单地使用最大似然估计方法进行训练。对概率 $n(0|\text{did})$，它表示如 did 这样的词的繁衍度为 0 的概率，我们可以通过在平行语料库中计算 did 没有对齐词的次数来估计繁衍度，并利用 did 的总数来归一化。对于翻译概率 t，可以做类似的处理。为了训练变形概率 $d(1,3,6,7)$，我们类似地计算语料中英语词 e_1 映射到西班牙语词 f_3 的次数。其中英语句子长度为 6，而与之对齐的西班牙语句子长度为 7。我们称这种计数函数为 dcount。我们再一次需要进行归一化：

$$d(1,3,6,7) = \frac{\text{dcount}(1,3,6,7)}{\sum_{i=1}^{I}\text{dcount}(1,3,6,7)} \tag{25.39}$$

最后，我们需要估计 p_1。再一次，我们查看语料中所有对齐的句子，假设西班牙语句子共包含 N 个词。从每个句子的对齐中，我们规定总数为 S 的西班牙语词是伪词，也就是与英语 NULL 对齐。因此，西班牙语句子中词中的 N-S 个由真实的英语词生成。在 N 个西班牙语词中存在 S 个伪词，概率 p_1 为 $S/(N$-$S)$。

当然，我们不需要对模型 3 做手工对齐。我们可以使用 EM 算法来同步地学习对齐和概率模型。使用模型 1 和 HMM 模型，我们可以在不用显式统计所有对齐的情况下来有效地完成训练。但遗憾的是，这些方法并不适用于模型 3，我们确实需要计算所有可能的对齐。对于包含 20 个英语词、20 个西班牙语词，并且允许包含 NULL 和高繁衍度词的一对真实的句子，存在许多可能的对齐（确定可能对齐的准确数量的任务留给读者去完成）。在这里，我们通过仅考虑数量较少的最佳对齐作为估计值。为了能不用查看所有对齐来寻找最佳对齐，我们可以使用迭代或自举的方法。首先，我们训练已经在上文讨论过的较为简单的 IBM 模型 1 或模型 2。接着使用模型 2 的参数来评价 $P(A|E,F)$，以此给出一种方法用以寻找最佳对齐，最终达到自举模型 3 的目的。细节可参考文献 Brown et al.（1993）以及 Knight（1999b）。

25.12 高级问题：机器翻译的对数线性模型

尽管统计机器翻译最早是基于噪声信道模型的，但近期的许多研究工作将语言模型和翻译模型通过对数线性模型结合起来。基于对数线性模型，我们可以直接搜索具有最高后验概率的句子：

$$\hat{E} = \underset{E}{\arg\max}\, P(E|F) \tag{25.40}$$

为了达到这一目标，我们使用 M 个特征函数 $h_m(E, F)$ 对 $P(E|F)$ 建模，其中每个特征函数都有一个参数 λ_m。基于此，翻译概率表示为

$$P(E|F) = \frac{\exp[\sum_{m=1}^{M} \lambda_m h_m(E, F)]}{\sum_{E'} \exp[\sum_{m=1}^{M} \lambda_m h_m(E', F)]} \tag{25.41}$$

最佳句子则是

$$\begin{aligned}\hat{E} &= \underset{E}{\arg\max}\, P(E|F) \\ &= \underset{E}{\arg\max}\, \exp\Big[\sum_{m=1}^{M} \lambda_m h_m(E, F)\Big]\end{aligned} \tag{25.42}$$

实际上，噪声信道模型的组成部分[语言模型 $P(E)$ 和翻译模型 $P(F|E)$]在对数线性模型中仍是最重要的特征函数，但对数线性模型的结构具有允许加入任意其他特征的优点。一些常用特征如下：

- 语言模型 $P(E)$
- 翻译模型 $P(F|E)$
- 反向翻译模型(reverse translation model) $P(E|F)$
- 两个翻译模型的词汇化版本
- 词数惩罚(word penalty)
- 短语惩罚(phrase penalty)
- 未登录词惩罚(unknown-word penalty)。

更多细节参见文献 Foster(2000)和 Och and Ney(2002, 2004)。

机器翻译的对数线性模型必须利用标准最大互信息原则进行训练。但实际应用中，对数线性模型通常直接在评价标准(如 BLEU 值)上进行优化，即**最小错误率训练**(Minimum Error Rate Training)，又被称为 MERT 方法(Och 2003; Chou et al., 1993)。

25.13　小结

机器翻译(machine translation)是一个激动人心的领域，在理论和实践中同样有用，近期的理论进展使 Web 上的商业应用已经成为可能。

- 语言之间存在许多**差异**(divergences)，不管是在结构上还是在词汇上，这使得翻译极为困难。
- **类型学**(typology)领域研究了一些翻译面临的困难；语言可以通过带有类型维度的位置信息进行分类，例如，主谓宾结构(SVO)/谓主宾结构(VSO)等。
- **传统机器翻译**(classic MT)的三大范式包括**直接**(direct)方法、**转换**(transfer)方法和**中间语言**(interlingua)方法。
- 统计机器翻译基于噪声信道模型结合了**翻译模型**(translation model)和**语言模型**(language model)。
- 基于短语的**机器翻译**(Phrase-based MT)是统计机器翻译的主要范式，它基于一个双语**短语表**(phrase table)。
- **IBM 模型 1**(IBM Model 1)、**隐马尔可夫模型**(HMM)以及 **IBM 模型 3**(IBM model 3)等模

型对于生成句子对齐极为重要，从这些生成的对齐中我们能够抽取短语表。

- 这些**对齐模型**（alignment model）同样可以用于机器翻译解码。
- **柱搜索剪枝**（beam search pruning）的**栈解码**（stack decoding）可以用于基于短语的机器翻译解码。
- 机器翻译的自动评价准则包括 BLEU，TER，METEOR，以及**准确率和召回率**（precision and recall）。
- 现代统计机器翻译系统基于**对数线性模型**（log-linear models），其训练使用 MERT 方法。

25.14　文献和历史说明

对翻译目标和过程的建模研究至少可以追溯到 4 世纪的 Saint Jerome（Kelley，1979）。为了去除人类语言中的不完美之处，并进行正确的推理和传递真理（因而也可以用于翻译）而进行的逻辑语言的研究也至少从 16 世纪就开始了（Hutchins，1986）。

到 19 世纪 40 年代后期电子计算机出现后不久，机器翻译的思想就已经被正式提出（Weaver，1955）。1954 年第一个机器翻译系统原型的公开演示（Dostert，1955）极大地震动了新闻界（Hutchins，1997）。在接下来的十年间机器翻译思想蓬勃发展，这预示着其后的辉煌。但是，该研究工作超前于它所处的时代——机器翻译想法的实现受诸多事实的限制，比如，由于磁盘研制的一直停滞导致没有好的存储词典信息的方法。

由于高质量机器翻译被证实难以实现（Bar-Hillel，1960），在 20 世纪 60 年代中期越来越多的研究者都一致认为需要对形式化和计算语言学的新领域进行更多的基础性研究。这一共识在著名的自动语言处理咨询委员会（Automatic Language Processing Advisory Committee，ALPAC）1966 年的报告（Pierce et al.，1966）中达到顶峰，同时，机器翻译研究的经费受到惊人的削减。机器翻译研究失去了在学术界的地位，机器翻译和计算语言学学会（Association for Machine Translation and Computational Linguistics）也去掉了名称中的机器翻译。然而，一些机器翻译的开发者仍旧坚持，例如，最初由 Peter Toma 开发的 Systran 在四十多年里一直在不断地进行着完善。另外一个早期的成功的机器翻译系统是 Météo，它可以将英语的天气预报翻译为法语，顺便说一下，它的最初的实现（1976）所采用的“Q-systems”是一种早期的合一模型。

在 20 世纪 70 年代末期我们看到学术界再次燃起对机器翻译的兴趣。其中有人尝试采用基于意义的技术，而该技术原本是为了故事理解和知识工程而开发的（Carbonel et al.，1981）。20 世纪 80 年代末期及 90 年代早期，掀起了对于中间语言思想的广泛讨论（Tsujii，1986；Nirenburg et al.，1992；Ward，1994；Carbonell et al.，1992）。同时，受全球化、需要将所有文件翻译为多种官方语言的政府政策的增加、文字的电子处理的激增和个人计算机普及的影响，机器翻译的使用在不断地增加。

由于大型双语语料库的开发以及网络的发展，在 20 世纪 90 年代早期现代统计方法开始被采用。初期，大量研究者都表明从双语语料库中抽取对齐的句对是可能的（Kay and Röscheisen，1988，1993；Warwick and Russell，1990；Brown et al.，1991；Gale and Church，1991，1993）。最早的算法将句子中的词作为对齐模型的一部分，除此以外，算法还单独地依赖于其他线索，例如，句子包含词或字的长度。

同时，IBM 团队直接利用语音识别的算法（其中很多算法原本就是由 IBM 开发的！），基于我们已经描述过的 IBM 统计模型（Brown et al.，1990，1993）提出了 Candide 系统。这些论文描述了概率模型和参数估计流程。解码算法尽管从未公开发表，但在专利文件中有所描述（Brown et al.，1995）。IBM 的工作对于研究领域有重大影响，并且几乎整个世纪大多数针对机器翻译的学术研究都是基于统计的。借助公开可用的工具包,尤其是由统计机器翻译小组于 1999 年夏季的学术研讨会在约翰霍普金斯大学的语言与语音处理中心所开发的 EGYPT 工具包扩展的工具,研究工作可以很容易取得进步。这些工具包括由 Franz Josef Och 通过扩展 GIZA 工具包(Och and Ney, 2003)开发的 GIZA++对齐工具。它实现了 IBM 模型 1 到模型 5 及 HMM 对齐模型。

大多数早期的实现都是针对 IBM 模型 3 的,但很快学者们将注意力转移到基于短语的模型。最早的基于短语的模型是 IBM 模型 4(Brown et al., 1993),而现代模型起源于 Och(1998)在对齐模板(alignment templates)方面的工作。关键的基于短语的翻译模型包括 Marcu and Wong (2002), Zens et al. (2002), Venugopal et al. (2003), Koehn et al. (2003), Tillmann(2003), Och and Ney(2004), Deng and Byrne(2005)和 Kumar and Byrne(2005)。

其他机器翻译解码工作包括 Wang and Waibel(1997)和 Germann et al. (2001)的 A* 解码器, Wu(1996)提出的针对二分结构的随机转录语法的多项式时间解码器。

最新的开源机器翻译工具包是基于短语的 Moses 系统(Koehn et al., 2006; Koehn and Hoang, 2007; Zens and Ney, 2007)。Moses 从 Pharaoh 公开可用的基于短语的栈解码器发展而来。后者由 Philipp Koehn 开发(Koehn, 2004, 2003b),同时也扩展了 Och et al., (2001) and Brown et al. (1995)的 A* 解码器以及前文讨论过的 EGYPT 工具。从 2007 年开始,商业统计机器翻译系统(如 Google 的机器翻译系统)在商业上被广泛部署。

同时句子和词的对齐研究仍在继续。较新的算法包括 Moore(2002, 2005), Fraser and Marcu (2005), Callison-Burch et al. (2005)和 Liu et al. (2005)。

对于机器翻译评价方面的研究也很早就开始了。Miller and Beebe Center(1958)提出了许多与心理语言学相关的方法,其中包括使用填充法和香农任务来度量可理解性,以及利用人工翻译的编辑距离方法,这启发了如 BLEU 的所有现代自动评价标准。ALPAC 报告包含了一个由 John Carroll 指导的极具影响力的早期评估研究 (Pierce et al., 1966, 附录 10)。Carroll 提出若干种衡量忠实度与可理解度的不同方法,并以 9 分制给它们进行主观打分。更近期的评价工作主要关注自动评估标准,包括 25.9.2 节讨论的基于 BLEU 的工作(Papineni et al., 2002),以及其他相关标准,例如,NIST(Doddington, 2002)、翻译错误率(TER, Translation Error Rate)(Snover et al., 2006)、精确率和召回率(Precision and Recall)(Turian et al., 2003)以及 METEOR(Banerjee and Lavie, 2005)。这些评测标准的统计显著性通常使用近似随机化(Noreen, 1989; Riezler and Maxwell Ⅲ, 2005)的方法进行计算。

对于机器翻译早期历史的优秀综述有 Hutchins(1986, 1997)。Hutchins and Somers(1992)教材提供了语言现象和历史上重要的机器翻译系统的丰富例子。Nirenburg et al. (2002)全面收集了机器翻译领域的经典读物。Knight(1999b)是关于统计机器翻译的杰出的指导性入门读物。

与机器翻译相关的学术论文出现在标准 NLP 期刊和会议上; Machine Translation 期刊和各种会议的论文集中,包括由国际机器翻译协会组织的机器翻译峰会,这个会议包含三个不同地域的分会(美国-AMTA, 欧洲-EAMT, 亚太地区-AAMT); 此外还包括机器翻译理论与方法会议(TMI)。

参 考 文 献

缩写：

AAAI	Proceedings of the National Conference on Artificial Intelligence
ACL	Proceedings of the Annual Conference of the Association for Computational Linguistics
ANLP	Proceedings of the Conference on Applied Natural Language Processing
CLS	Papers from the Annual Regional Meeting of the Chicago Linguistics Society
COGSCI	Proceedings of the Annual Conference of the Cognitive Science Society
COLING	Proceedings of the International Conference on Computational Linguistics
CoNLL	Proceedings of the Conference on Computational Natural Language Learning
EACL	Proceedings of the Conference of the European Association for Computational Linguistics
EMNLP	Proceedings of the Conference on Empirical Methods in Natural Language Processing
EUROSPEECH	Proceedings of the European Conference on Speech Communication and Technology
ICASSP	Proceedings of the IEEE International Conference on Acoustics, Speech, & Signal Processing
ICML	International Conference on Machine Learning
ICPhS	Proceedings of the International Congress of Phonetic Sciences
ICSLP	Proceedings of the International Conference on Spoken Language Processing
IJCAI	Proceedings of the International Joint Conference on Artificial Intelligence
INTERSPEECH	Proceedings of the Annual INTERSPEECH Conference
IWPT	Proceedings of the International Workshop on Parsing Technologies
JASA	Journal of the Acoustical Society of America
LREC	Conference on Language Resources and Evaluation
MUC	Proceedings of the Message Understanding Conference
NAACL-HLT	Proceedings of the North American Chapter of the ACL/Human Language Technology Conference
SIGIR	Proceedings of Annual Conference of ACM Special Interest Group on Information Retrieval

Abney, S. P. (1991). Parsing by chunks. In Berwick, R. C., Abney, S. P., and Tenny, C. (Eds.), *Principle-Based Parsing: Computation and Psycholinguistics*, pp. 257–278. Kluwer.

Abney, S. P. (1996). Partial parsing via finite-state cascades. *Natural Language Engineering*, 2(4), 337–344.

Abney, S. P. (1997). Stochastic attribute-value grammars. *Computational Linguistics*, 23(4), 597–618.

Abney, S. P. (2002). Bootstrapping. In *ACL-02*, pp. 360–367.

Abney, S. P. (2004). Understanding the Yarowsky algorithm. *Computational Linguistics*, 30(3), 365–395.

Abney, S. P., McAllester, D. A., and Pereira, F. C. N. (1999a). Relating probabilistic grammars and automata. In *ACL-99*, pp. 542–549.

Abney, S. P., Schapire, R. E., and Singer, Y. (1999b). Boosting applied to tagging and PP attachment. In *EMNLP/VLC-99*, College Park, MD, pp. 38–45.

Ades, A. E. and Steedman, M. (1982). On the order of words. *Linguistics and Philosophy*, 4, 517–558.

Adjukiewicz, K. (1935). Die syntaktische Konnexität. *Studia Philosophica*, 1, 1–27. English translation "Syntactic Connexion" by H. Weber in McCall, S. (Ed.) 1967. *Polish Logic*, pp. 207–231, Oxford University Press.

Adriaans, P. and van Zaanen, M. (2004). Computational grammar induction for linguists. *Grammars; special issue with the theme "Grammar Induction"*, 7, 57–68.

Agichtein, E. and Gravano, L. (2000). Snowball: Extracting relations from large plain-text collections. In *Proceedings of the 5th ACM International Conference on Digital Libraries*.

Agirre, E. and de Lacalle, O. L. (2003). Clustering WordNet word senses. In *RANLP 2003*.

Agirre, E. and Edmonds, P. (Eds.). (2006). *Word Sense Disambiguation: Algorithms and Applications*. Kluwer.

Ahn, D., Adafre, S. F., and de Rijke, M. (2005). Extracting temporal information from open domain text: A comparative exploration. In *Proceedings of the 5th Dutch-Belgian Information Retrieval Workshop (DIR'05)*.

Aho, A. V., Sethi, R., and Ullman, J. D. (1986). *Compilers: Principles, Techniques, and Tools*. Addison-Wesley.

Aho, A. V. and Ullman, J. D. (1972). *The Theory of Parsing, Translation, and Compiling*, Vol. 1. Prentice Hall.

Aï t-Kaci, H. (1984). *A Lattice-Theoretic Approach to Computation Based on a Calculus of Partially Ordered Types*. Ph.D. thesis, University of Pennsylvania.

Albright, A. (2007). How many grammars am I holding up? Discovering phonological differences between word classes. In *WCCFL 26*, pp. 34–42.

Albright, A. and Hayes, B. (2003). Rules vs. analogy in English past tenses: A computational/experimental study. *Cognition*, 90, 119–161.

Alderete, J., Brasoveanu, A., Merchant, N., Prince, A., and Tesar, B. (2005). Contrast analysis aids in the learning of phonological underlying forms. In *WCCFL 24*, pp. 34–42.

Algoet, P. H. and Cover, T. M. (1988). A sandwich proof of the Shannon-McMillan-Breiman theorem. *The Annals of Probability*, 16(2), 899–909.

Allen, J. (1984). Towards a general theory of action and time. *Artificial Intelligence*, 23(2), 123–154.

Allen, J. (1995). *Natural Language Understanding* (2nd Ed.). Benjamin Cummings.

Allen, J. and Core, M. (1997). Draft of DAMSL: Dialog act markup in several layers. Unpublished manuscript.

Allen, J., Ferguson, G., and Stent, A. (2001). An architecture for more realistic conversational systems. In *IUI '01: Proceedings of the 6th International Conference on Intelligent User Interfaces*, Santa Fe, NM, pp. 1–8.

Allen, J. and Perrault, C. R. (1980). Analyzing intention in utterances. *Artificial Intelligence*, *15*, 143–178.

Allen, J., Hunnicut, M. S., and Klatt, D. H. (1987). *From Text to Speech: The MITalk system*. Cambridge University Press.

Allwood, J. (1995). An activity-based approach to pragmatics. *Gothenburg Papers in Theoretical Linguistics*, *76*, 1–38.

Allwood, J., Nivre, J., and Ahlsén, E. (1992). On the semantics and pragmatics of linguistic feedback. *Journal of Semantics*, *9*, 1–26.

Alshawi, H. (1987). *Memory and Context for Language Interpretation*. Cambridge University Press.

Alshawi, H. (Ed.). (1992). *The Core Language Engine*. MIT Press.

Althaus, E., Karamanis, N., and Koller, A. (2004). Computing locally coherent discourses. In *ACL-04*, pp. 21–26.

Amsler, R. A. (1980). *The Structure of the Merriam-Webster Pocket Dictionary*. Ph.D. thesis, University of Texas, Austin, Texas.

Amsler, R. A. (1981). A taxonomy of English nouns and verbs. In *ACL-81*, Stanford, CA, pp. 133–138.

Anderson, M. J., Pierrehumbert, J. B., and Liberman, M. Y. (1984). Improving intonational phrasing with syntactic information. In *ICASSP-84*, pp. 2.8.1–2.8.4.

Anderson, S. R. (1985). *Phonology in the Twentieth Century*. Cambridge University Press.

Antworth, E. L. (1990). *PC-KIMMO: A Two-Level Processor for Morphological Analysis*. Summer Institute of Linguistics, Dallas, TX.

Aone, C. and Bennett, S. W. (1995). Evaluating automated and manual acquisition of anaphora resolution strategies. In *ACL-95*, Cambridge, MA, pp. 122–129.

Appelt, D. E., Hobbs, J. R., Bear, J., Israel, D., Kameyama, M., Kehler, A., Martin, D., Myers, K., and Tyson, M. (1995). SRI International FASTUS system MUC-6 test results and analysis. In *MUC-6*, San Francisco, pp. 237–248.

Appelt, D. E. and Israel, D. (1997). ANLP-97 tutorial: Building information extraction systems. Available as `www.ai.sri.com/˜appelt/ie-tutorial/`.

Archangeli, D. (1984). *Underspecification in Yawelmani Phonology and Morphology*. Ph.D. thesis, MIT.

Archangeli, D. (1997). Optimality theory: An introduction to linguistics in the 1990s. In Archangeli, D. and Langendoen, D. T. (Eds.), *Optimality Theory: An Overview*. Blackwell.

Arens, Y., Granacki, J., and Parker, A. (1987). Phrasal analysis of long noun sequences. In *ACL-87*, Stanford, CA, pp. 59–64.

Argamon, S., Dagan, I., and Krymolowski, Y. (1998). A memory-based approach to learning shallow natural language patterns. In *COLING/ACL-98*, Montreal, pp. 67–73.

Ariel, M. (1990). *Accessing Noun Phrase Antecedents*. Routledge.

Ariel, M. (2001). Accessibility theory: An overview. In Sanders, T., Schilperoord, J., and Spooren, W. (Eds.), *Text Representation: Linguistic and Psycholinguistic Aspects*, pp. 29–87. Benjamins.

Artiles, J., Gonzalo, J., and Sekine, S. (2007). The SemEval-2007 WePS evaluation: Establishing a benchmark for the web people search task. In *Proceedings of the 4th International Workshop on Semantic Evaluations (SemEval-2007)*, Prague, Czech Republic, pp. 64–69.

Ashburner, M., Ball, C. A., Blake, J. A., Botstein, D., Butler, H., Cherry, J. M., Davis, A. P., Dolinski, K., Dwight, S. S., Eppig, J. T., Harris, M. A., Hill, D. P., Issel-Tarver, L., Kasarskis, A., Lewis, S., Matese, J. C., Richardson, J. E., Ringwald, M., Rubin, G. M., and Sherlock, G. (2000). Gene ontology: tool for the unification of biology. *Nature Genetics*, *25*(1), 25–29.

Asher, N. (1993). *Reference to Abstract Objects in Discourse*. Studies in Linguistics and Philosophy (SLAP) 50, Kluwer.

Asher, N. and Lascarides, A. (2003). *Logics of Conversation*. Cambridge University Press.

Atal, B. S. (1974). Effectiveness of linear prediction characteristics of the speech wave for automatic speaker identification and verification. *JASA*, *55*(6), 1304–1312.

Atal, B. S. and Hanauer, S. (1971). Speech analysis and synthesis by prediction of the speech wave. *JASA*, *50*, 637–655.

Atkins, S. (1993). Tools for computer-aided corpus lexicography: The Hector project. *Acta Linguistica Hungarica*, *41*, 5–72.

Atkinson, M. and Drew, P. (1979). *Order in Court*. Macmillan.

Attar, R. and Fraenkel, A. S. (1977). Local feedback in full-text retrieval systems. *Journal of the ACM*, *24*(3), 398–417.

Aubert, X. and Ney, H. (1995). Large vocabulary continuous speech recognition using word graphs. In *IEEE ICASSP*, Vol. 1, pp. 49–52.

Austin, J. L. (1962). *How to Do Things with Words*. Harvard University Press.

Austin, S., Schwartz, R., and Placeway, P. (1991). The forward-backward search algorithm. In *ICASSP-91*, Vol. 1, pp. 697–700.

Aylett, M. P. (1999). Stochastic suprasegmentals - relationships between redundancy, prosodic structure and syllable duration. In *ICPhS-99*, San Francisco, CA.

Aylett, M. P. and Turk, A. (2004). The smooth signal redundancy hypothesis: A functional explanation for relationships between redundancy, prosodic prominence, and duration in spontaneous speech. *Language and Speech*, *47*(1), 31–56.

Baayen, R. H., Lieber, R., and Schreuder, R. (1997). The morphological complexity of simplex nouns. *Linguistics*, *35*(5), 861–877.

Baayen, R. H., Piepenbrock, R., and Gulikers, L. (1995). *The CELEX Lexical Database (Release 2) [CD-ROM]*. Linguistic Data Consortium, University of Pennsylvania [Distributor].

Baayen, R. H. and Sproat, R. (1996). Estimating lexical priors for low-frequency morphologically ambiguous forms. *Computational Linguistics*, *22*(2), 155–166.

Babyonyshev, M. and Gibson, E. (1999). The complexity of nested structures in Japanese. *Language*, *75*(3), 423–450.

Bacchiani, M. and Roark, B. (2003). Unsupervised language model adaptation. In *ICASSP-03*, pp. 224–227.

Bacchiani, M., Roark, B., and Saraclar, M. (2004). Language model adaptation with MAP estimation and the perceptron algorithm. In *HLT-NAACL-04*, pp. 21–24.

Bach, E. (1976). An extension of classical transformational grammar. In *Problems of Linguistic Metatheory (Proceedings of the 1976 Conference)*. Michigan State University.

Bach, E. (1988). Categorial grammars as theories of language. In Oehrle, R. T., Bach, E., and Wheeler, D. W. (Eds.), *Categorial Grammars and Natural Language Structures*, pp. 17–34. D. Reidel.

Bachenko, J. and Fitzpatrick, E. (1990). A computational grammar of discourse-neutral prosodic phrasing in English. *Computational Linguistics*, 16(3), 155–170.

Backus, J. W. (1959). The syntax and semantics of the proposed international algebraic language of the Zurich ACM-GAMM Conference. In *Information Processing: Proceedings of the International Conference on Information Processing, Paris*, pp. 125–132. UNESCO.

Backus, J. W. (1996). Transcript of question and answer session. In Wexelblat, R. L. (Ed.), *History of Programming Languages*, p. 162. Academic Press.

Bacon, F. (1620). *Novum Organum*. Annotated edition edited by Thomas Fowler published by Clarendon Press, 1889.

Baeza-Yates, R. and Ribeiro-Neto, B. (1999). *Modern Information Retrieval*. ACM Press, New York.

Bagga, A. and Baldwin, B. (1998). Algorithms for scoring coreference chains. In *LREC-98*, Granada, Spain, pp. 563–566.

Bagley, W. C. (1900–1901). The apperception of the spoken sentence: A study in the psychology of language. *The American Journal of Psychology*, 12, 80–130.

Bahl, L. R., de Souza, P. V., Gopalakrishnan, P. S., Nahamoo, D., and Picheny, M. A. (1992). A fast match for continuous speech recognition using allophonic models. In *ICASSP-92*, San Francisco, CA, pp. I.17–20.

Bahl, L. R. and Mercer, R. L. (1976). Part of speech assignment by a statistical decision algorithm. In *Proceedings IEEE International Symposium on Information Theory*, pp. 88–89.

Bahl, L. R., Brown, P. F., de Souza, P. V., and Mercer, R. L. (1986). Maximum mutual information estimation of hidden Markov model parameters for speech recognition. In *ICASSP-86*, Tokyo, pp. 49–52.

Bahl, L. R., Jelinek, F., and Mercer, R. L. (1983). A maximum likelihood approach to continuous speech recognition. *IEEE Transactions on Pattern Analysis and Machine Intelligence*, 5(2), 179–190.

Bailey, D., Feldman, J., Narayanan, S., and Lakoff, G. (1997). Modeling embodied lexical development. In *COGSCI-97*, Stanford, CA, pp. 19–24. Lawrence Erlbaum.

Bailey, T. and Hahn, U. (2001). Perception of wordlikeness: Effects of segment probability and length on the processing of nonwords. *Journal of Memory and Language*, 44, 568–591.

Baker, C. F., Fillmore, C. J., and Cronin, B. (2003). The structure of the Framenet database. *International Journal of Lexicography*, 16:3, 281–296.

Baker, C. F., Fillmore, C. J., and Lowe, J. B. (1998). The Berkeley FrameNet project. In *COLING/ACL-98*, Montreal, Canada, pp. 86–90.

Baker, J. K. (1975). The DRAGON system – An overview. *IEEE Transactions on Acoustics, Speech, and Signal Processing*, ASSP-23(1), 24–29.

Baker, J. K. (1975/1990). Stochastic modeling for automatic speech understanding. In Waibel, A. and Lee, K.-F. (Eds.), *Readings in Speech Recognition*, pp. 297–307. Morgan Kaufmann. Originally appeared in *Speech Recognition*, Academic Press, 1975.

Baker, J. K. (1979). Trainable grammars for speech recognition. In Klatt, D. H. and Wolf, J. J. (Eds.), *Speech Communication Papers for the 97th Meeting of the Acoustical Society of America*, pp. 547–550.

Baldridge, J., Asher, N., and Hunter, J. (2007). Annotation for and robust parsing of discourse structure on unrestricted texts. *Zeitschrift für Sprachwissenschaft*, 26, 213–239.

Banerjee, S. and Lavie, A. (2005). METEOR: An automatic metric for MT evaluation with improved correlation with human judgments. In *Proceedings of ACL Workshop on Intrinsic and Extrinsic Evaluation Measures for MT and/or Summarization*, pp. 65–72.

Banerjee, S. and Pedersen, T. (2003). Extended gloss overlaps as a measure of semantic relatedness. In *IJCAI 2003*, pp. 805–810.

Bangalore, S. and Joshi, A. K. (1999). Supertagging: An approach to almost parsing. *Computational Linguistics*, 25(2), 237–265.

Banko, M. and Moore, R. C. (2004). A study of unsupervised part-of-speech tagging. In *COLING-04*.

Bar-Hillel, Y. (1953). A quasi-arithmetical notation for syntactic description. *Language*, 29, 47–58. Reprinted in Y. Bar-Hillel. (1964). *Language and Information: Selected Essays on their Theory and Application*, Addison-Wesley, 61–74.

Bar-Hillel, Y. (1960). The present status of automatic translation of languages. In Alt, F. (Ed.), *Advances in Computers 1*, pp. 91–163. Academic Press.

Bar-Hillel, Y., Perles, M., and Shamir, E. (1961). On formal properties of simple phrase structure grammars. *Zeitschrift für Phonetik, Sprachwissenschaft und Kommunikationsforschung*, 14, 143–172. Reprinted in Y. Bar-Hillel. (1964). *Language and Information: Selected Essays on their Theory and Application*, Addison-Wesley, 116–150.

Baroni, M., Matiasek, J., and Trost, H. (2002). Unsupervised discovery of morphologically related words based on orthographic and semantic similarity. In *Proceedings of ACL SIGPHON*, Philadelphia, PA, pp. 48–57.

Barton, Jr., G. E., Berwick, R. C., and Ristad, E. S. (1987). *Computational Complexity and Natural Language*. MIT Press.

Barzilay, R. and Elhadad, M. (1997). Using lexical chains for text summarization. In *Proceedings of the ACL Workshop on Intelligent Scalable Text Summarization*, pp. 10–17.

Barzilay, R., Elhadad, N., and McKeown, K. R. (2002). Inferring strategies for sentence ordering in multidocument news summarization. *Journal of Artificial Intelligence Research*, 17, 35–55.

Barzilay, R. and Lapata, M. (2005). Modeling local coherence: An entity-based approach. In *ACL-05*, pp. 141–148.

Barzilay, R. and Lapata, M. (2008). Modeling local coherence: An entity-based approach. *Computational Linguistics*, 34(1), 1–34.

Barzilay, R. and Lee, L. (2003). Learning to paraphrase: An unsupervised approach using multiple-sequence alignment. In *HLT-NAACL-03*, pp. 16–23.

Barzilay, R. and Lee, L. (2004). Catching the drift: Probabilistic content models, with applications to generation and summarization. In *HLT-NAACL-04*, pp. 113–120.

Barzilay, R. and McKeown, K. R. (2005). Sentence fusion for multidocument news summarization. *Computational Linguistics*, *31*(3), 297–328.

Bates, R. (1997). The corrections officer: Can John Kidd save Ulysses. *Lingua Franca*, *7*(8). October.

Bauer, L. (1983). *English word-formation*. Cambridge University Press.

Baum, L. E. (1972). An inequality and associated maximization technique in statistical estimation for probabilistic functions of Markov processes. In Shisha, O. (Ed.), *Inequalities III: Proceedings of the 3rd Symposium on Inequalities*, University of California, Los Angeles, pp. 1–8. Academic Press.

Baum, L. E. and Eagon, J. A. (1967). An inequality with applications to statistical estimation for probabilistic functions of Markov processes and to a model for ecology. *Bulletin of the American Mathematical Society*, *73*(3), 360–363.

Baum, L. E. and Petrie, T. (1966). Statistical inference for probabilistic functions of finite-state Markov chains. *Annals of Mathematical Statistics*, *37*(6), 1554–1563.

Baum, L. F. (1900). *The Wizard of Oz*. Available at Project Gutenberg.

Baumgartner, Jr., W. A., Cohen, K. B., Fox, L., Acquaah-Mensah, G. K., and Hunter, L. (2007). Manual curation is not sufficient for annotation of genomic databases. *Bioinformatics*, *23*, i41–i48.

Baumgartner, Jr., W. A., Lu, Z., Johnson, H. L., Caporaso, J. G., Paquette, J., Lindemann, A., White, E. K., Medvedeva, O., Cohen, K. B., and Hunter, L. (2006). An integrated approach to concept recognition in biomedical text. In *Proceedings of BioCreative 2006*.

Bayes, T. (1763). *An Essay Toward Solving a Problem in the Doctrine of Chances*, Vol. 53. Reprinted in *Facsimiles of Two Papers by Bayes*, Hafner Publishing, 1963.

Bazell, C. E. (1952/1966). The correspondence fallacy in structural linguistics. In Hamp, E. P., Householder, F. W., and Austerlitz, R. (Eds.), *Studies by Members of the English Department, Istanbul University (3), reprinted in Readings in Linguistics II (1966)*, pp. 271–298. University of Chicago Press.

Bean, D. and Riloff, E. (1999). Corpus-based identification of non-anaphoric noun phrases. In *ACL-99*, pp. 373–380.

Bean, D. and Riloff, E. (2004). Unsupervised learning of contextual role knowledge for coreference resolution. In *HLT-NAACL-04*.

Becker, J. (1975). The phrasal lexicon. In Schank, R. and Nash-Webber, B. L. (Eds.), *Theoretical Issues in Natural Language Processing*. ACL, Cambridge, MA.

Beckman, M. E. and Ayers, G. M. (1997). Guidelines for ToBI labelling. Unpublished manuscript, Ohio State University, `http://www.ling.ohio-state.edu/research/phonetics/E_ToBI/`.

Beckman, M. E. and Hirschberg, J. (1994). The ToBI annotation conventions. Manuscript, Ohio State University.

Beckman, M. E. and Pierrehumbert, J. B. (1986). Intonational structure in English and Japanese. *Phonology Yearbook*, *3*, 255–310.

Beeferman, D., Berger, A., and Lafferty, J. D. (1999). Statistical models for text segmentation. *Machine Learning*, *34*(1), 177–210.

Beesley, K. R. (1996). Arabic finite-state morphological analysis and generation. In *COLING-96*, Copenhagen, pp. 89–94.

Beesley, K. R. and Karttunen, L. (2000). Finite-state nonconcatenative morphotactics. In *Proceedings of ACL SIGPHON*, Luxembourg, pp. 50–59.

Beesley, K. R. and Karttunen, L. (2003). *Finite-State Morphology*. CSLI Publications, Stanford University.

Bell, A., Jurafsky, D., Fosler-Lussier, E., Girand, C., Gregory, M. L., and Gildea, D. (2003). Effects of disfluencies, predictability, and utterance position on word form variation in English conversation. *JASA*, *113*(2), 1001–1024.

Bellegarda, J. R. (1999). Speech recognition experiments using multi-span statistical language models. In *ICASSP-99*, pp. 717–720.

Bellegarda, J. R. (2000). Exploiting latent semantic information in statistical language modeling. *Proceedings of the IEEE*, *89*(8), 1279–1296.

Bellegarda, J. R. (2004). Statistical language model adaptation: Review and perspectives. *Speech Communication*, *42*(1), 93–108.

Bellegarda, J. R. (2005). Unsupervised, language-independent grapheme-to-phoneme conversion by latent analogy. *Speech Communication*, *46*(2), 140–152.

Bellman, R. (1957). *Dynamic Programming*. Princeton University Press.

Bennett, C. (2005). Large scale evaluation of corpus-based synthesizers: Results and lessons from the Blizzard Challenge 2005. In *EUROSPEECH-05*, pp. 105–108.

Benoît, C., Grice, M., and Hazan, V. (1996). The SUS test: A method for the assessment of text-to-speech synthesis intelligibility using Semantically Unpredictable Sentences. *Speech Communication*, *18*(4), 381–392.

Berger, A., Della Pietra, S. A., and Della Pietra, V. J. (1996). A maximum entropy approach to natural language processing. *Computational Linguistics*, *22*(1), 39–71.

Berger, A. and Miller, R. (1998). Just-in-time language modeling. In *ICASSP-98*, Vol. II, pp. 705–708.

Bergsma, S. and Lin, D. (2006). Bootstrapping path-based pronoun resolution. In *COLING/ACL 2006*, Sydney, Australia, pp. 33–40.

Bestgen, Y. (2006). Improving text segmentation using Latent Semantic Analysis: A reanalysis of Choi, Wiemer-Hastings, and Moore (2001). *Computational Linguistics*, *32*(1), 5–12.

Bethard, S. and Martin, J. H. (2007). CU-TMP: Temporal relation classification using syntactic and semantics features. In *Proceedings of the 4th International Workshop on Semantic Evaluations*.

Bever, T. G. (1970). The cognitive basis for linguistic structures. In Hayes, J. R. (Ed.), *Cognition and the Development of Language*, pp. 279–352. Wiley.

Biber, D., Johansson, S., Leech, G., Conrad, S., and Finegan, E. (1999). *Longman Grammar of Spoken and Written English*. Pearson ESL, Harlow.

Bickel, B. (2003). Referential density in discourse and syntactic typology. *Language*, *79*(2), 708–736.

Bies, A., Ferguson, M., Katz, K., and MacIntyre, R. (1995) Bracketing Guidelines for Treebank II Style Penn Treebank Project.

Bikel, D. M. (2004). Intricacies of Collins' parsing model. *Computational Linguistics*, *30*(4), 479–511.

Bikel, D. M., Miller, S., Schwartz, R., and Weischedel, R. (1997). Nymble: A high-performance learning name-finder. In *ANLP 1997*, pp. 194–201.

Bikel, D. M., Schwartz, R., and Weischedel, R. (1999). An algorithm that learns what's in a name. *Machine Learning*, *34*, 211–231.

Bilmes, J. (1997). A gentle tutorial on the EM algorithm and its application to parameter estimation for Gaussian mixture and hidden Markov models. Tech. rep. ICSI-TR-97-021, ICSI, Berkeley.

Bilmes, J. (2003). Buried Markov models: A graphical-modeling approach to automatic speech recognition. *Computer Speech and Language*, *17*(2-3).

Bilmes, J. and Bartels, C. (2005). Graphical model architectures for speech recognition. *IEEE Signal Processing Magazine*, *22*(5), 89–100.

Bird, S. and Ellison, T. M. (1994). One-level phonology: Autosegmental representations and rules as finite automata. *Computational Linguistics*, *20*(1), 55–90.

Bird, S. and Loper, E. (2004). NLTK: The Natural Language Toolkit. In *ACL-04*, Barcelona, Spain, pp. 214–217.

Birnbaum, L. and Selfridge, M. (1981). Conceptual analysis of natural language. In Schank, R. C. and Riesbeck, C. K. (Eds.), *Inside Computer Understanding: Five Programs Plus Miniatures*, pp. 318–353. Lawrence Erlbaum.

Bisani, M. and Ney, H. (2002). Investigations on joint-multigram models for grapheme-to-phoneme conversion. In *ICSLP-02*, Vol. 1, pp. 105–108.

Black, A. W. and Hunt, A. J. (1996). Generating F0 contours from ToBI labels using linear regression. In *ICSLP-96*, Vol. 3, pp. 1385–1388.

Black, A. W., Lenzo, K., and Pagel, V. (1998). Issues in building general letter to sound rules. In *3rd ESCA Workshop on Speech Synthesis, Jenolan Caves, Australia*.

Black, A. W. and Taylor, P. (1994). CHATR: A generic speech synthesis system. In *COLING-94*, Kyoto, Vol. II, pp. 983–986.

Black, A. W., Taylor, P., and Caley, R. (1996-1999). The Festival Speech Synthesis System system. `www.cstr.ed.ac.uk/ projects/festival.html`.

Black, A. W. and Tokuda, K. (2005). The Blizzard Challenge–2005: Evaluating corpus-based speech synthesis on common datasets. In *EUROSPEECH-05*, pp. 77–80.

Black, E. (1988). An experiment in computational discrimination of English word senses. *IBM Journal of Research and Development*, *32*(2), 185–194.

Black, E., Abney, S. P., Flickinger, D., Gdaniec, C., Grishman, R., Harrison, P., Hindle, D., Ingria, R., Jelinek, F., Klavans, J. L., Liberman, M. Y., Marcus, M. P., Roukos, S., Santorini, B., and Strzalkowski, T. (1991). A procedure for quantitatively comparing the syntactic coverage of English grammars. In *Proceedings DARPA Speech and Natural Language Workshop*, Pacific Grove, CA, pp. 306–311.

Black, E., Jelinek, F., Lafferty, J. D., Magerman, D. M., Mercer, R. L., and Roukos, S. (1992). Towards history-based grammars: Using richer models for probabilistic parsing. In *Proceedings DARPA Speech and Natural Language Workshop*, Harriman, NY, pp. 134–139.

Blackburn, P. and Bos, J. (2005). *Representation and Inference for Natural Language*. CSLI, Stanford, CA.

Blair, C. R. (1960). A program for correcting spelling errors. *Information and Control*, *3*, 60–67.

Blair-Goldensohn, S., McKeown, K. R., and Schlaikjer, A. H. (2004). Answering definitional questions: A hybrid approach. In Maybury, M. T. (Ed.), *New Directions in Question Answering*, pp. 47–58. AAAI Press.

Blaschke, C., Leon, E. A., Krallinger, M., and Valencia, A. (2005). Evaluation of BioCreative assessment of task 2. *BMC Bioinformatics*, *6*(2).

Bledsoe, W. W. and Browning, I. (1959). Pattern recognition and reading by machine. In *1959 Proceedings of the Eastern Joint Computer Conference*, pp. 225–232. Academic Press.

Blei, D. M., Ng, A. Y., and Jordan, M. I. (2003). Latent Dirichlet allocation. *Journal of Machine Learning Research*, *3*(5), 993–1022.

Blevins, J. (1995). The handbook of phonological theory. In Goldsmith, J. (Ed.), *The Syllable in Phonological Theory*. Blackwell.

Blitzer, J., McDonald, R., and Pereira, F. C. N. (2006). Domain adaptation with structural correspondence learning. In *Proceedings of the Conference on Empirical Methods in Natural Language Processing*, Sydney, Australia.

Bloomfield, L. (1914). *An Introduction to the Study of Language*. Henry Holt and Company.

Bloomfield, L. (1933). *Language*. University of Chicago Press.

Blunsom, P. and Baldwin, T. (2006). Multilingual deep lexical acquisition for hpsgs via supertagging. In *EMNLP 2006*.

Bobrow, D. G., Kaplan, R. M., Kay, M., Norman, D. A., Thompson, H., and Winograd, T. (1977). GUS, A frame driven dialog system. *Artificial Intelligence*, *8*, 155–173.

Bobrow, D. G. and Winograd, T. (1977). An overview of KRL, a knowledge representation language. *Cognitive Science*, *1*(1), 3–46.

Bobrow, R. J. and Webber, B. L. (1980). Knowledge representation for syntactic/semantic processing. In *AAAI-80*, Stanford, CA, pp. 316–323. Morgan Kaufmann.

Bock, K. and Loebell, H. (1990). Framing sentences. *Cognition*, *35*, 1–39.

Bod, R. (1993). Using an annotated corpus as a stochastic grammar. In *EACL-93*, pp. 37–44.

Boersma, P. and Hayes, B. (2001). Empirical tests of the gradual learning algorithm. *Linguistic Inquiry*, *32*, 45–86.

Boersma, P. and Weenink, D. (2005). Praat: doing phonetics by computer (version 4.3.14). [Computer program]. Retrieved May 26, 2005, from `http://www.praat.org/`.

Boguraev, B. and Briscoe, T. (Eds.). (1989). *Computational Lexicography for Natural Language Processing*. Longman.

Bohus, D. and Rudnicky, A. I. (2005). Sorry, I didn't catch that! — An investigation of non-understanding errors and recovery strategies. In *Proceedings of SIGDIAL*, Lisbon, Portugal.

Bolinger, D. (1972). Accent is predictable (if you're a mind-reader). *Language*, *48*(3), 633–644.

Bolinger, D. (1981). Two kinds of vowels, two kinds of rhythm. Indiana University Linguistics Club.

Booth, T. L. (1969). Probabilistic representation of formal languages. In *IEEE Conference Record of the 1969 Tenth Annual Symposium on Switching and Automata Theory*, pp. 74–81.

Booth, T. L. and Thompson, R. A. (1973). Applying probability measures to abstract languages. *IEEE Transactions on Computers*, *C-22*(5), 442–450.

Bos, J. (1996). Predicate logic unplugged. In *Proceedings of the Tenth Amsterdam Colloquium*, University of Amsterdam, pp. 133–143.

Bos, J. (2001). *Underspecification and Resolution in Discourse Semantics*. Ph.D. thesis, University of the Saarland.

Bos, J. (2004). Computational semantics in discourse: Underspecification, resolution and inference. *Journal of Logic, Language and Information*, *13*(2), 139–157.

Boser, B. E., Guyon, I. M., and Vapnik, V. N. (1992). A training algorithm for optimal margin classifiers. In *COLT '92*, pp. 144–152.

Bourlard, H. and Morgan, N. (1994). *Connectionist Speech Recognition: A Hybrid Approach*. Kluwer.

Bouwman, G., Sturm, J., and Boves, L. (1999). Incorporating confidence measures in the Dutch train timetable information system developed in the Arise project. In *ICASSP-99*, pp. 493–496.

Brachman, R. J. (1979). On the epistemological status of semantic networks. In Findler, N. V. (Ed.), *Associative Networks: Representation and Use of Knowledge by Computers*, pp. 3–50. Academic Press.

Brachman, R. J. and Levesque, H. J. (Eds.). (1985). *Readings in Knowledge Representation*. Morgan Kaufmann.

Brachman, R. J. and Schmolze, J. G. (1985). An overview of the KL-ONE knowledge representation system. *Cognitive Science*, *9*(2), 171–216.

Branco, A., McEnery, T., and Mitkov, R. (2002). *Anaphora Processing*. John Benjamins.

Brants, T. (2000). TnT: A statistical part-of-speech tagger. In *ANLP 2000*, Seattle, WA, pp. 224–231.

Brants, T., Chen, F., and Tsochantaridis, I. (2002). Topic-based document segmentation with probabilistic latent semantic analysis. In *CIKM '02: Proceedings of the Conference on Information and Knowledge Management*, pp. 211–218.

Breiman, L., Friedman, J. H., Olshen, R. A., and Stone, C. J. (1984). *Classification and Regression Trees*. Wadsworth & Brooks, Pacific Grove, CA.

Brennan, S. E. (1995). Centering attention in discourse. *Language and Cognitive Processes*, *10*, 137–167.

Brennan, S. E., Friedman, M. W., and Pollard, C. (1987). A centering approach to pronouns. In *ACL-87*, Stanford, CA, pp. 155–162.

Brent, M. R. (1999). An efficient, probabilistically sound algorithm for segmentation and word discovery. *Machine Learning*, *34*(1–3), 71–105.

Bresnan, J. (Ed.). (1982). *The Mental Representation of Grammatical Relations*. MIT Press.

Bresnan, J. and Kaplan, R. M. (1982). Introduction: Grammars as mental representations of language. In Bresnan, J. (Ed.), *The Mental Representation of Grammatical Relations*. MIT Press.

Brew, C. (1992). Letting the cat out of the bag: Generation for shake-and-bake MT. In *COLING-92*, pp. 610–616.

Brill, E. (1995). Transformation-based error-driven learning and natural language processing: A case study in part-of-speech tagging. *Computational Linguistics*, *21*(4), 543–566.

Brill, E. (1997). Unsupervised learning of disambiguation rules for part of speech tagging. Unpublished manuscript.

Brill, E., Dumais, S. T., and Banko, M. (2002). An analysis of the AskMSR question-answering system. In *EMNLP 2002*, pp. 257–264.

Brill, E. and Moore, R. C. (2000). An improved error model for noisy channel spelling correction. In *ACL-00*, Hong Kong, pp. 286–293.

Brill, E. and Resnik, P. (1994). A rule-based approach to prepositional phrase attachment disambiguation. In *COLING-94*, Kyoto, pp. 1198–1204.

Brill, E. and Wu, J. (1998). Classifier combination for improved lexical disambiguation. In *COLING/ACL-98*, Montreal, Canada, pp. 191–195.

Brin, S. (1998). Extracting patterns and relations from the World Wide Web. In *Proceedings World Wide Web and Databases International Workshop, Number 1590 in LNCS*, pp. 172–183. Springer.

Briscoe, T. and Carroll, J. (1993). Generalized probabilistic LR parsing of natural language (corpora) with unification-based grammars. *Computational Linguistics*, *19*(1), 25–59.

Bromberger, S. and Halle, M. (1989). Why phonology is different. *Linguistic Inquiry*, *20*, 51–70.

Brookes, D. M. and Loke, H. P. (1999). Modelling energy flow in the vocal tract with applications to glottal closure and opening detection. In *ICASSP-99*, pp. 213–216.

Broschart, J. (1997). Why Tongan does it differently. *Linguistic Typology*, *1*, 123–165.

Browman, C. P. and Goldstein, L. (1992). Articulatory phonology: An overview. *Phonetica*, *49*, 155–180.

Browman, C. P. and Goldstein, L. (1995). Dynamics and articulatory phonology. In Port, R. and v. Gelder, T. (Eds.), *Mind as Motion: Explorations in the Dynamics of Cognition*, pp. 175–193. MIT Press.

Brown, J. S. and Burton, R. R. (1975). Multiple representations of knowledge for tutorial reasoning. In Bobrow, D. G. and Collins, A. (Eds.), *Representation and Understanding*, pp. 311–350. Academic Press.

Brown, P. F., Cocke, J., Della Pietra, S. A., Della Pietra, V. J., Jelinek, F., Lai, J. C., and Mercer, R. L. (1995). Method and system for natural language translation. U.S. Patent 5,477,451.

Brown, P. F., Cocke, J., Della Pietra, S. A., Della Pietra, V. J., Jelinek, F., Lafferty, J. D., Mercer, R. L., and Roossin, P. S. (1990). A statistical approach to machine translation. *Computational Linguistics*, *16*(2), 79–85.

Brown, P. F., Della Pietra, S. A., Della Pietra, V. J., Lai, J. C., and Mercer, R. L. (1992). An estimate of an upper bound for the entropy of English. *Computational Linguistics*, *18*(1), 31–40.

Brown, P. F., Della Pietra, S. A., Della Pietra, V. J., and Mercer, R. L. (1993). The mathematics of statistical machine translation: Parameter estimation. *Computational Linguistics*, *19*(2), 263–311.

Brown, P. F., Della Pietra, V. J., de Souza, P. V., Lai, J. C., and Mercer, R. L. (1992). Class-based *n*-gram models of natural language. *Computational Linguistics*, *18*(4), 467–479.

Brown, P. F., Lai, J. C., and Mercer, R. L. (1991). Aligning sentences in parallel corpora. In *ACL-91*, Berkeley, CA, pp. 169–176.

Bruce, R. and Wiebe, J. (1994). Word-sense disambiguation using decomposable models. In *ACL-94*, Las Cruces, NM, pp. 139–145.

Budanitsky, A. and Hirst, G. (2001). Semantic distance in WordNet: An experimental, application-oriented evaluation of five measures. In *Proceedings of the NAACL 2001 Workshop on WordNet and Other Lexical Resources*, Pittsburgh, PA.

Budanitsky, A. and Hirst, G. (2006). Evaluating WordNet-based measures of lexical semantic relatedness. *Computational Linguistics*, *32*(1), 13–47.

Bulut, M., Narayanan, S. S., and Syrdal, A. K. (2002). Expressive speech synthesis using a concatenative synthesizer. In *ICSLP-02*.

Bulyko, I., Kirchhoff, K., Ostendorf, M., and Goldberg, J. (2005). Error-sensitive response generation in a spoken language dialogue system. *Speech Communication*, *45*(3), 271–288.

Bulyko, I. and Ostendorf, M. (2001). Unit selection for speech synthesis using splicing costs with weighted finite state transducers. In *EUROSPEECH-01*, Vol. 2, pp. 987–990.

Bulyko, I., Ostendorf, M., and Stolcke, A. (2003). Getting more mileage from web text sources for conversational speech language modeling using class-dependent mixtures. In *HLT-NAACL-03*, Edmonton, Canada, Vol. 2, pp. 7–9.

Bunescu, R. C. and Mooney, R. J. (2005). A shortest path dependency kernel for relation extraction. In *HLT-EMNLP-05*, Vancouver, British Columbia, Canada, pp. 724–731.

Bunt, H. (1994). Context and dialogue control. *Think*, *3*, 19–31.

Bunt, H. (2000). Dynamic interpretation and dialogue theory, volume 2. In Taylor, M. M., Neel, F., and Bouwhuis, D. G. (Eds.), *The Structure of Multimodal Dialogue*, pp. 139–166. John Benjamins.

Bybee, J. L. (2000). The phonology of the lexicon: evidence from lexical diffusion. In Barlow, M. and Kemmer, S. (Eds.), *Usage-based Models of Language*, pp. 65–85. CSLI, Stanford.

Byrd, R. H., Lu, P., and Nocedal, J. (1995). A limited memory algorithm for bound constrained optimization. *SIAM Journal on Scientific and Statistical Computing*, *16*, 1190–1208.

Byrd, R. J. and Chodorow, M. S. (1985). Using an on-line dictionary to find rhyming words and pronunciations for unknown words. In *ACL-85*, pp. 277–283.

Cahn, J. E. (1990). The generation of affect in synthesized speech. In *Journal of the American Voice I/O Society*, Vol. 8, pp. 1–19.

Calder, J. (1987). Typed unification for natural language processing. In Kahn, G., MacQueen, D., and Plotkin, G. (Eds.), *Categories, Polymorphism, and Unification*. Centre for Cognitive Science, University of Edinburgh, Edinburgh, Scotland.

Callison-Burch, C., Osborne, M., and Koehn, P. (2006). Re-evaluating the role of BLEU in machine translation research. In *EACL-06*.

Callison-Burch, C., Talbot, D., and Osborne, M. (2005). Statistical marchine translation with word- and sentences-aligned parallel corpora. In *ACL-05*, pp. 176–183.

Cao, X. (1792). *The Story of the Stone*. (Also known as *The Dream of the Red Chamber*). Penguin Classics. First published in Chinese in 1792, translated into English by David Hawkes and published by Penguin in 1973.

Caraballo, S. A. (1999). Automatic construction of a hypernym-labeled noun hierarchy from text. In *ACL-99*, College Park, MD.

Caraballo, S. A. (2001). *Automatic Acquisition of a Hypernym-Labeled Noun Hierarchy from Text*. Ph.D. thesis, Brown University.

Caramazza, A., Grober, E., Garvey, C., and Yates, J. (1977). Comprehension of anaphoric pronouns. *Journal of Verbal Learning and Verbal Behaviour*, *16*, 601–609.

Carberry, S. (1990). *Plan Recognition in Natural Language Dialog*. MIT Press.

Carbonell, J. (1982). Metaphor: An inescapable phenomenon in natural language comprehension. In Lehnert, W. G. and Ringle, M. (Eds.), *Strategies for Natural Language Processing*, pp. 415–434. Lawrence Erlbaum.

Carbonell, J., Cullingford, R. E., and Gershman, A. V. (1981). Steps toward knowledge-based machine translation. *IEEE Transactions on Pattern Analysis and Machine Intelligence*, *3*(4), 376–392.

Carbonell, J. and Goldstein, J. (1998). The use of mmr, diversity-based reranking for reordering documents and producing summaries. In *SIGIR-98*, pp. 335–336.

Carbonell, J., Mitamura, T., and Nyberg, E. H. (1992). The KANT perspective: A critique of pure transfer (and pure interlingua, pure statistics, ...). In *International Conference on Theoretical and Methodological Issues in Machine Translation*.

Cardie, C. (1993). A case-based approach to knowledge acquisition for domain specific sentence analysis. In *AAAI-93*, pp. 798–803. AAAI Press.

Cardie, C. (1994). *Domain-Specific Knowledge Acquisition for Conceptual Sentence Analysis*. Ph.D. thesis, University of Massachusetts, Amherst, MA. Available as CMPSCI Technical Report 94-74.

Cardie, C., Daelemans, W., Nédellec, C., and Tjong Kim Sang, E. F. (Eds.). (2000). *CoNLL-00*, Lisbon, Portugal.

Cardie, C. and Wagstaff, K. (1999). Noun phrase coreference as clustering. In *EMNLP/VLC-99*, College Park, MD.

Carletta, J., Dahlbäck, N., Reithinger, N., and Walker, M. A. (1997a). Standards for dialogue coding in natural language processing. Tech. rep. 167, Dagstuhl Seminars. Report from Dagstuhl seminar number 9706.

Carletta, J., Isard, A., Isard, S., Kowtko, J. C., Doherty-Sneddon, G., and Anderson, A. H. (1997b). The reliability of a dialogue structure coding scheme. *Computational Linguistics*, *23*(1), 13–32.

Carlson, L. and Marcu, D. (2001). Discourse tagging manual. Tech. rep. ISI-TR-545, ISI.

Carlson, L., Marcu, D., and Okurowski, M. E. (2001). Building a discourse-tagged corpus in the framework of rhetorical structure theory. In *Proceedings of SIGDIAL*.

Carlson, L., Marcu, D., and Okurowski, M. E. (2002). Building a discourse-tagged corpus in the framework of rhetorical structure theory. In van Kuppevelt, J. and Smith, R. (Eds.), *Current Directions in Discourse and Dialogue*. Kluwer.

Carpenter, B. (1991). The generative power of categorial grammars and head-driven phrase structure grammars with lexical rules. *Computational Linguistics*, *17*(3), 301–313.

Carpenter, B. (1992). *The Logic of Typed Feature Structures*. Cambridge University Press.

Carpenter, B. and Penn, G. (1994). The Attribute Logic Engine User's Guide Version 2.0.1. Tech. rep., Carnegie Mellon University.

Carpuat, M. and Wu, D. (2007). Improving statistical machine translation using word sense disambiguation. In *EMNLP/CoNLL 2007*, Prague, Czech Republic, pp. 61–72.

Carroll, G. and Charniak, E. (1992). Two experiments on learning probabilistic dependency grammars from corpora. Tech. rep. CS-92-16, Brown University.

Carroll, J., Briscoe, T., and Sanfilippo, A. (1998). Parser evaluation: A survey and a new proposal. In *LREC-98*, Granada, Spain, pp. 447–454.

Cedergren, H. J. and Sankoff, D. (1974). Variable rules: performance as a statistical reflection of competence. *Language*, *50*(2), 333–355.

Chafe, W. L. (1976). Givenness, contrastiveness, definiteness, subjects, topics, and point of view. In Li, C. N. (Ed.), *Subject and Topic*, pp. 25–55. Academic Press.

Chan, Y. S., Ng, H. T., and Chiang, D. (2007). Word sense disambiguation improves statistical machine translation. In *ACL-07*, Prague, Czech Republic, pp. 33–40.

Chandioux, J. (1976). MÉTÉO: un système opérationnel pour la traduction automatique des bulletins météorologiques destinés au grand public. *Meta*, *21*, 127–133.

Chandler, S. (1991). Metaphor comprehension: A connectionist approach to implications for the mental lexicon. *Metaphor and Symbolic Activity*, *6*(4), 227–258.

Chang, N., Gildea, D., and Narayanan, S. (1998). A dynamic model of aspectual composition. In *COGSCI-98*, Madison, WI, pp. 226–231. Lawrence Erlbaum.

Charniak, E. (1993). *Statistical Language Learning*. MIT Press.

Charniak, E. (1997). Statistical parsing with a context-free grammar and word statistics. In *AAAI-97*, pp. 598–603. AAAI Press.

Charniak, E. (2000). A maximum-entropy-inspired parser. In *NAACL 2000*, Seattle, Washington, pp. 132–139.

Charniak, E. (2001). Immediate-head parsing for language models. In *ACL-01*, Toulouse, France.

Charniak, E. and Goldman, R. (1988). A logic for semantic interpretation. In *ACL-88*, Buffalo, NY.

Charniak, E., Hendrickson, C., Jacobson, N., and Perkowitz, M. (1993). Equations for part-of-speech tagging. In *AAAI-93*, Washington, D.C., pp. 784–789. AAAI Press.

Charniak, E. and Johnson, M. (2005). Coarse-to-fine *n*-best parsing and MaxEnt discriminative reranking. In *ACL-05*, Ann Arbor.

Charniak, E. and McDermott, D. (1985). *Introduction to Artificial Intelligence*. Addison Wesley.

Charniak, E. and Shimony, S. E. (1990). Probabilistic semantics for cost based abduction. In Dietterich, T. S. W. (Ed.), *AAAI-90*, pp. 106–111. MIT Press.

Chelba, C. and Jelinek, F. (2000). Structured language modeling. *Computer Speech and Language*, *14*, 283–332.

Chen, J. N. and Chang, J. S. (1998). Topical clustering of MRD senses based on information retrieval techniques. *Computational Linguistics*, *24*(1), 61–96.

Chen, J. and Rambow, O. (2003). Use of deep linguistic features for the recognition and labeling of semantic arguments. In *EMNLP 2003*, pp. 41–48.

Chen, S. F. (2003). Conditional and joint models for grapheme-to-phoneme conversion. In *EUROSPEECH-03*.

Chen, S. F. and Goodman, J. (1996). An empirical study of smoothing techniques for language modeling. In *ACL-96*, Santa Cruz, CA, pp. 310–318.

Chen, S. F. and Goodman, J. (1998). An empirical study of smoothing techniques for language modeling. Tech. rep. TR-10-98, Computer Science Group, Harvard University.

Chen, S. F. and Goodman, J. (1999). An empirical study of smoothing techniques for language modeling. *Computer Speech and Language*, *13*, 359–394.

Chen, S. F. and Rosenfeld, R. (2000). A survey of smoothing techniques for ME models. *IEEE Transactions on Speech and Audio Processing*, *8*(1), 37–50.

Chen, S. F., Seymore, K., and Rosenfeld, R. (1998). Topic adaptation for language modeling using unnormalized exponential models. In *ICASSP-98*, pp. 681–684.

Chen, Y. and Martin, J. H. (2007). CU-COMSEM: Exploring rich features for unsupervised web personal name disambiguation. In *Proceedings of the 4th International Workshop on Semantic Evaluations*.

Chi, Z. (1999). Statistical properties of probabilistic context-free grammars. *Computational Linguistics*, *25*(1), 131–160.

Chiang, D. (2005). A hierarchical phrase-based model for statistical machine translation. In *ACL-05*, Ann Arbor, MI, pp. 263–270.

Chierchia, G. and McConnell-Ginet, S. (1991). *Meaning and Grammar*. MIT Press.

Chinchor, N., Hirschman, L., and Lewis, D. L. (1993). Evaluating Message Understanding systems: An analysis of the third Message Understanding Conference. *Computational Linguistics*, *19*(3), 409–449.

Chklovski, T. and Mihalcea, R. (2003). Exploiting agreement and disagreement of human annotators for word sense disambiguation. In *RANLP 2003*.

Chklovski, T. and Pantel, P. (2004). Verb ocean: Mining the Web for fine-grained semantic verb relations. In *EMNLP 2004*, pp. 25–26.

Choi, F. Y. Y. (2000). Advances in domain independent linear text segmentation. In *NAACL 2000*, pp. 26–33.

Choi, F. Y. Y., Wiemer-Hastings, P., and Moore, J. D. (2001). Latent semantic analysis for text segmentation. In *EMNLP 2001*, pp. 109–117.

Chomsky, N. (1956). Three models for the description of language. *IRE Transactions on Information Theory*, 2(3), 113–124.

Chomsky, N. (1956/1975). *The Logical Structure of Linguistic Theory*. Plenum.

Chomsky, N. (1957). *Syntactic Structures*. Mouton, The Hague.

Chomsky, N. (1959a). On certain formal properties of grammars. *Information and Control*, 2, 137–167.

Chomsky, N. (1959b). A review of B. F. Skinner's "Verbal Behavior". *Language*, 35, 26–58.

Chomsky, N. (1963). Formal properties of grammars. In Luce, R. D., Bush, R., and Galanter, E. (Eds.), *Handbook of Mathematical Psychology*, Vol. 2, pp. 323–418. Wiley.

Chomsky, N. (1965). *Aspects of the Theory of Syntax*. MIT Press.

Chomsky, N. (1969). Quine's empirical assumptions. In Davidson, D. and Hintikka, J. (Eds.), *Words and Objections. Essays on the Work of W. V. Quine*, pp. 53–68. D. Reidel.

Chomsky, N. (1981). *Lectures on Government and Binding*. Foris.

Chomsky, N. and Halle, M. (1968). *The Sound Pattern of English*. Harper and Row.

Chomsky, N. and Miller, G. A. (1958). Finite-state languages. *Information and Control*, 1, 91–112.

Chomsky, N. and Miller, G. A. (1963). Introduction to the formal analysis of natural languages. In Luce, R. D., Bush, R., and Galanter, E. (Eds.), *Handbook of Mathematical Psychology*, Vol. 2, pp. 269–322. Wiley.

Chou, W., Lee, C.-H., and Juang, B. H. (1993). Minimum error rate training based on *n*-best string models. In *ICASSP-93*, pp. 2.652–655.

Christiansen, M. H., Allen, J., and Seidenberg, M. S. (1998). Learning to segment speech using multiple cues: A connectionist model. *Language and Cognitive Processes*, 13(2), 221–268.

Chu-Carroll, J. (1998). A statistical model for discourse act recognition in dialogue interactions. In Chu-Carroll, J. and Green, N. (Eds.), *Applying Machine Learning to Discourse Processing. Papers from the 1998 AAAI Spring Symposium*. Tech. rep. SS-98-01, pp. 12–17. AAAI Press.

Chu-Carroll, J. and Brown, M. K. (1997). Tracking initiative in collaborative dialogue interactions. In *ACL/EACL-97*, Madrid, Spain, pp. 262–270.

Chu-Carroll, J. and Carberry, S. (1998). Collaborative response generation in planning dialogues. *Computational Linguistics*, 24(3), 355–400.

Chu-Carroll, J. and Carpenter, B. (1999). Vector-based natural language call routing. *Computational Linguistics*, 25(3), 361–388.

Chung, G. (2004). Developing a flexible spoken dialog system using simulation. In *ACL-04*, Barcelona, Spain.

Church, A. (1940). A formulation of a simple theory of types. *Journal of Symbolic Logic*, 5, 56–68.

Church, K. W. (1983). *Phrase-Structure Parsing: A Method for Taking Advantage of Allophonic Constraints*. Ph.D. thesis, MIT.

Church, K. W. (1980). *On Memory Limitations in Natural Language Processing* Master's thesis, MIT. Distributed by the Indiana University Linguistics Club.

Church, K. W. (1988). A stochastic parts program and noun phrase parser for unrestricted text. In *ANLP 1988*, pp. 136–143.

Church, K. W. and Gale, W. A. (1991). A comparison of the enhanced Good-Turing and deleted estimation methods for estimating probabilities of English bigrams. *Computer Speech and Language*, 5, 19–54.

Church, K. W., Gale, W. A., and Kruskal, J. B. (1991). Appendix A: the Good-Turing theorem. In *Computer Speech and Language* (Church and Gale, 1991), pp. 19–54.

Church, K. W. and Hanks, P. (1989). Word association norms, mutual information, and lexicography. In *ACL-89*, Vancouver, B.C., pp. 76–83.

Church, K. W. and Hanks, P. (1990). Word association norms, mutual information, and lexicography. *Computational Linguistics*, 16(1), 22–29.

Church, K. W., Hart, T., and Gao, J. (2007). Compressing trigram language models with Golomb coding. In *EMNLP/CoNLL 2007*, pp. 199–207.

Church, K. W. and Patil, R. (1982). Coping with syntactic ambiguity. *American Journal of Computational Linguistics*, 8(3-4), 139–149.

Ciaramita, M. and Johnson, M. (2000). Explaining away ambiguity: Learning verb selectional preference with Bayesian networks. In *COLING-00*, pp. 187–193.

Ciaramita, M. and Johnson, M. (2003). Supersense tagging of unknown nouns in WordNet. In *EMNLP-2003*, pp. 168–175.

Cieri, C., Miller, D., and Walker, K. (2004). The Fisher corpus: A resource for the next generations of speech-to-text. In *LREC-04*.

Clark, A. (2000). Inducing syntactic categories by context distribution clustering. In *CoNLL-00*.

Clark, A. (2001). The unsupervised induction of stochastic context-free grammars using distributional clustering. In *CoNLL-01*.

Clark, A. (2002). Memory-based learning of morphology with stochastic transducers. In *ACL-02*, Philadelphia, PA, pp. 513–520.

Clark, H. H. (1994). Discourse in production. In Gernsbacher, M. A. (Ed.), *Handbook of Psycholinguistics*. Academic Press.

Clark, H. H. (1996). *Using Language*. Cambridge University Press.

Clark, H. H. and Clark, E. V. (1977). *Psychology and Language*. Harcourt Brace Jovanovich.

Clark, H. H. and Fox Tree, J. E. (2002). Using uh and um in spontaneous speaking. *Cognition*, 84, 73–111.

Clark, H. H. and Marshall, C. (1981). Definite reference and mutual knowledge. In Joshi, A. K., Webber, B. L., and Sag, I. A. (Eds.), *Elements of Discourse Understanding*, pp. 10–63. Cambridge.

Clark, H. H. and Schaefer, E. F. (1989). Contributing to discourse. *Cognitive Science*, 13, 259–294.

Clark, H. H. and Sengal, C. J. (1979). In search of referents for nouns and pronouns. *Memory and Cognition*, 7, 35–41.

Clark, H. H. and Wilkes-Gibbs, D. (1986). Referring as a collaborative process. *Cognition*, 22, 1–39.

Clark, J. and Yallop, C. (1995). *An Introduction to Phonetics and Phonology* (2nd Ed.). Blackwell.

Clark, S. and Curran, J. R. (2004a). The importance of supertagging for wide-coverage CCG parsing. In *COLING-04*, pp. 282–288.

Clark, S. and Curran, J. R. (2004b). Parsing the WSJ using CCG and log-linear models. In *ACL-04*, pp. 104–111.

Clarke, J. and Lapata, M. (2006). Models for sentence compression: A comparison across domains, training requirements and evaluation measures. In *COLING/ACL 2006*, pp. 377–384.

Clarke, J. and Lapata, M. (2007). Modelling compression with discourse constraints. In *EMNLP/CoNLL 2007*, Prague, pp. 667–677.

Clarkson, P. R. and Rosenfeld, R. (1997). Statistical language modeling using the CMU-Cambridge toolkit. In *EUROSPEECH-97*, Vol. 1, pp. 2707–2710.

CMU (1993). The Carnegie Mellon Pronouncing Dictionary v0.1. Carnegie Mellon University.

Coccaro, N. and Jurafsky, D. (1998). Towards better integration of semantic predictors in statistical language modeling. In *ICSLP-98*, Sydney, Vol. 6, pp. 2403–2406.

Cohen, J., Kamm, T., and Andreou, A. (1995). Vocal tract normalization in speech recognition: Compensating for systematic speaker variability. *JASA*, 97(5), 3246–3247.

Cohen, K. B., Dolbey, A., Mensah, A. G., and Hunter, L. (2002). Contrast and variability in gene names. In *Proceedings of the ACL Workshop on Natural Language Processing in the Biomedical Domain*, pp. 14–20.

Cohen, K. B. and Hunter, L. (2004). Natural language processing and systems biology. In Dubitzky, W. and Azuaje, F. (Eds.), *Artificial Intelligence Methods and Tools for Systems Biology*, pp. 147–174. Springer.

Cohen, K. B. and Hunter, L. (2006). A critical review of PAS-Bio's argument structures for biomedical verbs. *BMC Bioinformatics*, 7(Suppl 3).

Cohen, M. H. (1989). *Phonological Structures for Speech Recognition*. Ph.D. thesis, University of California, Berkeley.

Cohen, M. H., Giangola, J. P., and Balogh, J. (2004). *Voice User Interface Design*. Addison-Wesley.

Cohen, P. R. (1995). *Empirical Methods for Artificial Intelligence*. MIT Press.

Cohen, P. R., Johnston, M., McGee, D., Oviatt, S. L., Clow, J., and Smith, I. (1998). The efficiency of multimodal interaction: A case study. In *ICSLP-98*, Sydney, pp. 249–252.

Cohen, P. R. and Oviatt, S. L. (1994). The role of voice in human-machine communication. In Roe, D. B. and Wilpon, J. G. (Eds.), *Voice Communication Between Humans and Machines*, pp. 34–75. National Academy Press, Washington, D.C.

Cohen, P. R. and Perrault, C. R. (1979). Elements of a plan-based theory of speech acts. *Cognitive Science*, 3(3), 177–212.

Cohen, W. W., Schapire, R. E., and Singer, Y. (1999). Learning to order things. *Journal of Artificial Intelligence Research*, 10, 243–270.

Coker, C., Umeda, N., and Browman, C. P. (1973). Automatic synthesis from ordinary English test. *IEEE Transactions on Audio and Electroacoustics*, 21(3), 293–298.

Colby, K. M., Weber, S., and Hilf, F. D. (1971). Artificial paranoia. *Artificial Intelligence*, 2(1), 1–25.

Cole, J. S. and Kisseberth, C. W. (1995). Restricting multi-level constraint evaluation. Rutgers Optimality Archive ROA-98.

Cole, R. A. (1973). Listening for mispronunciations: A measure of what we hear during speech. *Perception and Psychophysics*, 13, 153–156.

Cole, R. A. and Jakimik, J. (1980). A model of speech perception. In Cole, R. A. (Ed.), *Perception and Production of Fluent Speech*, pp. 133–163. Lawrence Erlbaum.

Cole, R. A., Novick, D. G., Vermeulen, P. J. E., Sutton, S., Fanty, M., Wessels, L. F. A., de Villiers, J. H., Schalkwyk, J., Hansen, B., and Burnett, D. (1997). Experiments with a spoken dialogue system for taking the US census. *Speech Communication*, 23, 243–260.

Cole, R. A., Novick, D. G., Burnett, D., Hansen, B., Sutton, S., and Fanty, M. (1994). Towards automatic collection of the U.S. census. In *ICASSP-94*, Adelaide, Australia, Vol. I, pp. 93–96.

Cole, R. A. and Rudnicky, A. I. (1983). What's new in speech perception? The research and ideas of William Chandler Bagley. *Psychological Review*, 90(1), 94–101.

Coleman, J. (2005). *Introducing Speech and Language Processing*. Cambridge University Press.

Coleman, J. and Pierrehumbert, J. B. (1997). Stochastic phonological grammars and acceptability. In *Proceedings of ACL SIGPHON*.

Collins, M. (1996). A new statistical parser based on bigram lexical dependencies. In *ACL-96*, Santa Cruz, CA, pp. 184–191.

Collins, M. (1997). Three generative, lexicalised models for statistical parsing. In *ACL/EACL-97*, Madrid, Spain, pp. 16–23.

Collins, M. (1999). *Head-Driven Statistical Models for Natural Language Parsing*. Ph.D. thesis, University of Pennsylvania, Philadelphia.

Collins, M. (2000). Discriminative reranking for natural language parsing. In *ICML 2000*, Stanford, CA, pp. 175–182.

Collins, M. (2003). Head-driven statistical models for natural language parsing. *Computational Linguistics*, 29(4), 589–637.

Collins, M., Hajič, J., Ramshaw, L. A., and Tillmann, C. (1999). A statistical parser for Czech. In *ACL-99*, College Park, MA, pp. 505–512.

Collins, M. and Koo, T. (2005). Discriminative reranking for natural language parsing. *Computational Linguistics*, 31(1), 25–69.

Colmerauer, A. (1970). Les systèmes-q ou un formalisme pour analyser et synthétiser des phrase sur ordinateur. Internal publication 43, Département d'informatique de l'Université de Montréal.

Colmerauer, A. (1975). Les grammaires de métamorphose GIA. Internal publication, Groupe Intelligence artificielle, Faculté des Sciences de Luminy, Université Aix-Marseille II, France, Nov 1975. English version, Metamorphosis grammars. In L. Bolc, (Ed.). 1978. *Natural Language Communication with Computers, Lecture Notes in Computer Science 63*, Springer Verlag, pp. 133–189.

Colmerauer, A. and Roussel, P. (1996). The birth of Prolog. In Bergin, Jr., T. J. and Gibson, Jr., R. G. (Eds.), *History of Programming Languages – II*, pp. 331–352. ACM Press.

Comrie, B. (1989). *Language Universals and Linguistic Typology* (2nd Ed.). Blackwell.

Conkie, A. and Isard, S. (1996). Optimal coupling of diphones. In van Santen, J. P. H., Sproat, R., Olive, J. P., and Hirschberg, J. (Eds.), *Progress in Speech Synthesis*. Springer.

Connine, C. M. (1990). Effects of sentence context and lexical knowledge in speech processing. In Altmann, G. T. M. (Ed.), *Cognitive Models of Speech Processing*, pp. 281–294. MIT Press.

Connine, C. M. and Clifton, C. (1987). Interactive use of lexical information in speech perception. *Journal of Experimental Psychology: Human Perception and Performance*, *13*, 291–299.

Connolly, D., Burger, J. D., and Day, D. S. (1994). A machine learning approach to anaphoric reference. In *Proceedings of the International Conference on New Methods in Language Processing (NeMLaP)*.

Conroy, J. M., Schlesinger, J. D., and Goldstein, J. (2006). Classy tasked based summarization: Back to basics. In *Proceedings of the Document Understanding Conference (DUC-06)*.

Cooley, J. W. and Tukey, J. W. (1965). An algorithm for the machine calculation of complex Fourier series. *Mathematics of Computation*, *19*(90), 297–301.

Cooper, F. S., Liberman, A. M., and Borst, J. M. (1951). The interconversion of audible and visible patterns as a basis for research in the perception of speech. *Proceedings of the National Academy of Sciences*, *37*(5), 318–325.

Cooper, R. (1983). *Quantification and Syntactic Theory*. Reidel, Dordrecht.

Copestake, A. (2002). *Implementing Typed Feature Structure Grammars*. CSLI, Stanford, CA.

Copestake, A. and Briscoe, T. (1995). Semi-productive polysemy and sense extension. *Journal of Semantics*, *12*(1), 15–68.

Copestake, A., Flickinger, D., Malouf, R., Riehemann, S., and Sag, I. A. (1995). Translation using minimal recursion semantics. In *Proceedings of the 6th International Conference on Theoretical and Methodological Issues in Machine Translation*, University of Leuven, Belgium, pp. 15–32.

Core, M., Ishizaki, M., Moore, J. D., Nakatani, C., Reithinger, N., Traum, D. R., and Tutiya, S. (1999). The Report of the 3rd workshop of the Discourse Resource Initiative. Tech. rep. No.3 CC-TR-99-1, Chiba Corpus Project, Chiba, Japan.

Corston-Oliver, S. H. (1998). Identifying the linguistic correlates of rhetorical relations. In *Workshop on Discourse Relations and Discourse Markers*, pp. 8–14.

Cottrell, G. W. (1985). *A Connectionist Approach to Word Sense Disambiguation*. Ph.D. thesis, University of Rochester, Rochester, NY. Revised version published by Pitman, 1989.

Cover, T. M. and King, R. C. (1978). A convergent gambling estimate of the entropy of English. *IEEE Transactions on Information Theory*, *24*(4), 413–421.

Cover, T. M. and Thomas, J. A. (1991). *Elements of Information Theory*. Wiley.

Cowie, J., Guthrie, J. A., and Guthrie, L. M. (1992). Lexical disambiguation using simulated annealing. In *COLING-92*, Nantes, France, pp. 359–365.

Cowper, E. A. (1976). *Constraints on Sentence Complexity: A Model for Syntactic Processing*. Ph.D. thesis, Brown University, Providence, RI.

Crawley, R. A., Stevenson, R. J., and Kleinman, D. (1990). The use of heuristic strategies in the interpretation of pronouns. *Journal of Psycholinguistic Research*, *19*, 245–264.

Crestani, F., Lemas, M., van Rijsbergen, C. J., and Campbell, I. (1998). "Is This Document Relevant? . . . Probably": A survey of probabilistic models in information retrieval. *ACM Computing Surveys*, *30*(4), 528–552.

Croft, W. (1990). *Typology and Universals*. Cambridge University Press.

Croft, W. (1995). Intonation units and grammatical structure. *Linguistics*, *33*, 839–882.

Crouch, C. J. and Yang, B. (1992). Experiments in automatic statistical thesaurus construction. In *SIGIR-92*, Copenhagen, Denmark, pp. 77–88.

Cruse, D. A. (2004). *Meaning in Language: an Introduction to Semantics and Pragmatics*. Oxford University Press. Second edition.

Crystal, D. (1969). *Prosodic Systems and Intonation in English*. Cambridge University Press.

Cuayáhuitl, H., Renals, S., Lemon, O., and Shimodaira, H. (2007). Hierarchical dialogue optimization using semi-Markov decision processes. In *INTERSPEECH-07*.

Culicover, P. W. and Jackendoff, R. (2005). *Simpler Syntax*. Oxford University Press.

Cullingford, R. E. (1981). SAM. In Schank, R. C. and Riesbeck, C. K. (Eds.), *Inside Computer Understanding: Five Programs Plus Miniatures*, pp. 75–119. Lawrence Erlbaum.

Culotta, A. and Sorensen, J. (2004). Dependency tree kernels for relation extraction. In *ACL-04*.

Culy, C. (1985). The complexity of the vocabulary of Bambara. *Linguistics and Philosophy*, *8*, 345–351.

Curran, J. R. (2003). *From Distributional to Semantic Similarity*. Ph.D. thesis, University of Edinburgh.

Curran, J. R. and Moens, M. (2002). Improvements in automatic thesaurus extraction. In *Proceedings of the ACL-02 Workshop on Unsupervised Lexical Acquisition*, Philadelphia, PA, pp. 59–66.

Cutler, A. (1986). Forbear is a homophone: Lexical prosody does not constrain lexical access. *Language and Speech*, *29*, 201–219.

Cutler, A. and Carter, D. M. (1987). The predominance of strong initial syllables in the English vocabulary. *Computer Speech and Language*, *2*, 133–142.

Cutler, A. and Norris, D. (1988). The role of strong syllables in segmentation for lexical access. *Journal of Experimental Psychology: Human Perception and Performance*, *14*, 113–121.

Cutting, D., Kupiec, J., Pedersen, J., and Sibun, P. (1992a). A practical part-of-speech tagger. In *ANLP 1992*, pp. 133–140.

Cutting, D., Karger, D. R., Pedersen, J., and Tukey, J. W. (1992b). Scatter/gather: A cluster-based approach to browsing large document collections. In *SIGIR-92*, Copenhagen, Denmark, pp. 318–329.

Daelemans, W., Smedt, K. D., and Gazdar, G. (1992). Inheritance in natural language processing. *Computational Linguistics*, *18*(2), 205–218.

Daelemans, W. and van den Bosch, A. (1997). Language-independent data-oriented grapheme-to-phoneme conversion. In van Santen, J. P. H., Sproat, R., Olive, J. P., and Hirschberg, J. (Eds.), *Progress in Speech Synthesis*, pp. 77–89. Springer.

Daelemans, W., Zavrel, J., Berck, P., and Gillis, S. (1996). MBT: A memory based part of speech tagger-generator. In Ejerhed, E. and Dagan, I. (Eds.), *Proceedings of the 4th Workshop on Very Large Corpora*, pp. 14–27.

Dagan, I. (2000). Contextual word similarity. In Dale, R., Moisl, H., and Somers, H. L. (Eds.), *Handbook of Natural Language Processing*. Marcel Dekker.

Dagan, I., Lee, L., and Pereira, F. C. N. (1999). Similarity-based models of cooccurrence probabilities. *Machine Learning*, *34*(1–3), 43–69.

Dagan, I., Marcus, S., and Markovitch, S. (1993). Contextual word similarity and estimation from sparse data. In *ACL-93*, Columbus, Ohio, pp. 164–171.

Dagan, I., Pereira, F. C. N., and Lee, L. (1994). Similarity-base estimation of word cooccurrence probabilities. In *ACL-94*, Las Cruces, NM, pp. 272–278.

Daly, N. A. and Zue, V. W. (1992). Statistical and linguistic analyses of F_0 in read and spontaneous speech. In *ICSLP-92*, Vol. 1, pp. 763–766.

Damerau, F. J. (1964). A technique for computer detection and correction of spelling errors. *Communications of the ACM*, *7*(3), 171–176.

Damerau, F. J. and Mays, E. (1989). An examination of undetected typing errors. *Information Processing and Management*, *25*(6), 659–664.

Damper, R. I., Marchand, Y., Adamson, M. J., and Gustafson, K. (1999). Evaluating the pronunciation component of text-to-speech systems for English: A performance comparison of different approaches. *Computer Speech and Language*, *13*(2), 155–176.

Dang, H. T. (2006). Overview of DUC 2006. In *Proceedings of the Document Understanding Conference (DUC-06)*.

Danieli, M. and Gerbino, E. (1995). Metrics for evaluating dialogue strategies in a spoken language system. In *Proceedings of the 1995 AAAI Spring Symposium on Empirical Methods in Discourse Interpretation and Generation*, Stanford, CA, pp. 34–39. AAAI Press.

Darroch, J. N. and Ratcliff, D. (1972). Generalized iterative scaling for log-linear models. *The Annals of Mathematical Statistics*, *43*(5), 1470–1480.

Daumé III, H. and Marcu, D. (2002). A noisy-channel model for document compression. In *ACL-02*.

Daumé III, H. and Marcu, D. (2005). Induction of word and phrase alignments for automatic document summarization. *Computational Linguistics*, *31*(4), 505–530.

Daumé III, H. and Marcu, D. (2006). Bayesian query-focused summarization. In *COLING/ACL 2006*, Sydney, Australia.

David, Jr., E. E. and Selfridge, O. G. (1962). Eyes and ears for computers. *Proceedings of the IRE (Institute of Radio Engineers)*, *50*, 1093–1101.

Davidson, D. (1967). The logical form of action sentences. In Rescher, N. (Ed.), *The Logic of Decision and Action*. University of Pittsburgh Press.

Davis, E. (1990). *Representations of Commonsense Knowledge*. Morgan Kaufmann.

Davis, K. H., Biddulph, R., and Balashek, S. (1952). Automatic recognition of spoken digits. *JASA*, *24*(6), 637–642.

Davis, S. and Mermelstein, P. (1980). Comparison of parametric representations for monosyllabic word recognition in continuously spoken sentences. *IEEE Transactions on Acoustics, Speech, and Signal Processing*, *28*(4), 357–366.

De Jong, N. H., Feldman, L. B., Schreuder, R., Pastizzo, M., and Baayen, R. H. (2002). The processing and representation of Dutch and English compounds: Peripheral morphological, and central orthographic effects. *Brain and Language*, *81*, 555–567.

de Marcken, C. (1996). *Unsupervised Language Acquisition*. Ph.D. thesis, MIT.

de Marneffe, M.-C., MacCartney, B., and Manning, C. D. (2006). Generating typed dependency parses from phrase structure parses. In *LREC-06*.

de Tocqueville, A. (1840). *Democracy in America*. Doubleday, New York. The 1966 translation by George Lawrence.

Dedina, M. J. and Nusbaum, H. C. (1991). Pronounce: A program for pronunciation by analogy. *Computer Speech and Language*, *5*(1), 55–64.

Deerwester, S., Dumais, S. T., Furnas, G. W., Landauer, T. K., and Harshman, R. (1990). Indexing by latent semantic analysis. *Journal of the American Society of Information Science*, *41*, 391–407.

Dejean, H. and Tjong Kim Sang, E. F. (2001). Introduction to the CoNLL-2001 shared task: Clause identification. In *CoNLL-01*.

DeJong, G. F. (1982). An overview of the FRUMP system. In Lehnert, W. G. and Ringle, M. H. (Eds.), *Strategies for Natural Language Processing*, pp. 149–176. Lawrence Erlbaum.

DeJong, G. F. and Waltz, D. L. (1983). Understanding novel language. *Computers and Mathematics with Applications*, *9*.

Delgado, R. L.-C. and Araki, M. (2005). *Spoken, Multilingual, and Multimodal Dialogue Systems*. Wiley.

Deligne, S., Yvon, F., and Bimbot, F. (1995). Variable-length sequence matching for phonetic transcription using joint multigrams. In *EUROSPEECH-95*, Madrid.

Della Pietra, S. A., Della Pietra, V. J., and Lafferty, J. D. (1997). Inducing features of random fields. *IEEE Transactions on Pattern Analysis and Machine Intelligence*, *19*(4), 380–393.

Demberg, V. (2006). Letter-to-phoneme conversion for a German text-to-speech system. Diplomarbeit Nr. 47, Universität Stuttgart.

Demetriou, G., Atwell, E., and Souter, C. (1997). Large-scale lexical semantics for speech recognition support. In *EUROSPEECH-97*, pp. 2755–2758.

Dempster, A. P., Laird, N. M., and Rubin, D. B. (1977). Maximum likelihood from incomplete data via the *EM* algorithm. *Journal of the Royal Statistical Society*, *39*(1), 1–21.

Denes, P. (1959). The design and operation of the mechanical speech recognizer at University College London. *Journal of the British Institution of Radio Engineers*, *19*(4), 219–234. Appears together with companion paper (Fry 1959).

Deng, L., Lennig, M., Seitz, F., and Mermelstein, P. (1990). Large vocabulary word recognition using context-dependent allophonic hidden Markov models. *Computer Speech and Language*, *4*, 345–357.

Deng, L. and Huang, X. (2004). Challenges in adopting speech recognition. *Communications of the ACM*, *47*(1), 69–75.

Deng, Y. and Byrne, W. (2005). HMM word and phrase alignment for statistical machine translation. In *HLT-EMNLP-05*.

Denis, P. and Baldridge, J. (2007). Joint determination of anaphoricity and coreference resolution using integer programming. In *NAACL-HLT 07*, Rochester, NY.

Dermatas, E. and Kokkinakis, G. (1995). Automatic stochastic tagging of natural language texts. *Computational Linguistics*, *21*(2), 137–164.

DeRose, S. J. (1988). Grammatical category disambiguation by statistical optimization. *Computational Linguistics*, *14*, 31–39.

Di Eugenio, B. (1990). Centering theory and the Italian pronominal system. In *COLING-90*, Helsinki, pp. 270–275.

Di Eugenio, B. (1996). The discourse functions of Italian subjects: A centering approach. In *COLING-96*, Copenhagen, pp. 352–357.

Diab, M. and Resnik, P. (2002). An unsupervised method for word sense tagging using parallel corpora. In *ACL-02*, pp. 255–262.

Dietterich, T. G. (1998). Approximate statistical tests for comparing supervised classification learning algorithms. *Neural Computation*, *10*(7), 1895–1924.

Digilakis, V. (1992). *Segment-Based Stochastic Models of Spectral Dynamics for Continuous Speech Recognition*. Ph.D. thesis, Boston University.

Dimitrova, L., Ide, N. M., Petkevič, V., Erjavec, T., Kaalep, H. J., and Tufis, D. (1998). Multext-East: parallel and comparable corpora and lexicons for six Central and Eastern European languages. In *COLING/ACL-98*, Montreal, Canada.

Divay, M. and Vitale, A. J. (1997). Algorithms for grapheme-phoneme translation for English and French: Applications for database searches and speech synthesis. *Computational Linguistics*, *23*(4), 495–523.

Dixon, N. and Maxey, H. (1968). Terminal analog synthesis of continuous speech using the diphone method of segment assembly. *IEEE Transactions on Audio and Electroacoustics*, *16*(1), 40–50.

Doddington, G. (2001). Speaker recognition based on idiolectal differences between speakers. In *EUROSPEECH-01*, Budapest, pp. 2521–2524.

Doddington, G. (2002). Automatic evaluation of machine translation quality using n-gram co-occurrence statistics. In *HLT-01*.

Dolan, W. B. (1994). Word sense ambiguation: Clustering related senses. In *COLING-94*, Kyoto, Japan, pp. 712–716.

Dolan, W. B., Quirk, C., and Brockett, C. (2004). Unsupervised construction of large paraphrase corpora: Exploiting massively parallel news sources. In *COLING-04*.

Donovan, R. E. (1996). *Trainable Speech Synthesis*. Ph.D. thesis, Cambridge University Engineering Department.

Donovan, R. E. and Eide, E. M. (1998). The IBM trainable speech synthesis system. In *ICSLP-98*, Sydney.

Donovan, R. E. and Woodland, P. C. (1995). Improvements in an HMM-based speech synthesiser. In *EUROSPEECH-95*, Madrid, Vol. 1, pp. 573–576.

Dorr, B. (1992). The use of lexical semantics in interlingual machine translation. *Journal of Machine Translation*, *7*(3), 135–193.

Dorr, B. (1993). *Machine Translation*. MIT Press.

Dorr, B. (1994). Machine translation divergences: A formal description and proposed solution. *Computational Linguistics*, *20*(4), 597–633.

Dorr, B., Zajic, D., and Schwartz, R. (2003). Hedge trimmer: a parse-and-trim approach to headline generation. In *HLT-NAACL Workshop on Text Summarization*, pp. 1–8.

Dostert, L. (1955). The Georgetown-I.B.M. experiment. In *Machine Translation of Languages: Fourteen Essays*, pp. 124–135. MIT Press.

Doumpiotis, V., Tsakalidis, S., and Byrne, W. (2003a). Discriminative training for segmental minimum Bayes-risk decoding. In *ICASSP-03*.

Doumpiotis, V., Tsakalidis, S., and Byrne, W. (2003b). Lattice segmentation and minimum Bayes risk discriminative training. In *EUROSPEECH-03*.

Downing, P. (1977). On the creation and use of English compound nouns. *Language*, *53*(4), 810–842.

Dowty, D. R. (1979). *Word Meaning and Montague Grammar*. D. Reidel.

Dowty, D. R., Wall, R. E., and Peters, S. (1981). *Introduction to Montague Semantics*. D. Reidel.

Du Bois, J. W., Schuetze-Coburn, S., Cumming, S., and Paolino, D. (1983). Outline of discourse transcription. In Edwards, J. A. and Lampert, M. D. (Eds.), *Talking Data: Transcription and Coding in Discourse Research*, pp. 45–89. Lawrence Erlbaum.

Duda, R. O., Hart, P. E., and Stork, D. G. (2000). *Pattern Classification*. Wiley-Interscience Publication.

Duda, R. O. and Hart, P. E. (1973). *Pattern Classification and Scene Analysis*. John Wiley and Sons.

Dudík, M. and Schapire, R. E. (2006). Maximum entropy distribution estimation with generalized regularization. In Lugosi, G. and Simon, H. U. (Eds.), *COLT 2006*, pp. 123–138. Springer-Verlag.

Dunning, T. (1993). Accurate methods for the statistics of surprise and coincidence. *Computational Linguistics*, *19*(1), 61–74.

Durbin, R., Eddy, S., Krogh, A., and Mitchison, G. (1998). *Biological Sequence Analysis*. Cambridge University Press.

Dutoit, T. (1997). *An Introduction to Text to Speech Synthesis*. Kluwer.

Džeroski, S., Erjavec, T., and Zavrel, J. (2000). Morphosyntactic tagging of Slovene: Evaluating PoS taggers and tagsets. In *LREC-00*, Paris, pp. 1099–1104.

Earley, J. (1968). *An Efficient Context-Free Parsing Algorithm*. Ph.D. thesis, Carnegie Mellon University, Pittsburgh, PA.

Earley, J. (1970). An efficient context-free parsing algorithm. *Communications of the ACM*, *6*(8), 451–455. Reprinted in Grosz et al. (1986).

Echihabi, A., Hermjakob, U., Hovy, E. H., Marcu, D., Melz, E., and Ravichandran, D. (2005). How to select an answer string?. In Strzalkowski, T. and Harabagiu, S. (Eds.), *Advances in Textual Question Answering*. Kluwer.

Edmunson, H. (1969). New methods in automatic extracting. *Journal of the ACM*, *16*(2), 264–285.

Egg, M., Koller, A., and Niehren, J. (2001). The constraint language for lambda structures. *Journal of Logic, Language and Information*, *10*(4), 457–485.

Eide, E. M., Bakis, R., Hamza, W., and Pitrelli, J. F. (2004). Towards synthesizing expressive speech. In Narayanan, S. S. and Alwan, A. (Eds.), *Text to Speech Synthesis: New Paradigms and Advances*. Prentice Hall.

Eide, E. M. and Gish, H. (1996). A parametric approach to vocal tract length normalization. In *ICASSP-96*, Atlanta, GA, pp. 346–348.

Eisner, J. (1996a). An empirical comparison of probability models for dependency grammar. Tech. rep. IRCS-96-11, Institute for Research in Cognitive Science, Univ. of Pennsylvania.

Eisner, J. (1996b). Three new probabilistic models for dependency parsing: An exploration. In *COLING-96*, Copenhagen, pp. 340–345.

Eisner, J. (1997). Efficient generation in primitive optimality theory. In *ACL/EACL-97*, Madrid, Spain, pp. 313–320.

Eisner, J. (2000a). Bilexical grammars and their cubic-time parsing algorithms. In Bunt, H. and Nijholt, A. (Eds.), *Advances in Probabilistic and Other Parsing Technologies*, pp. 29–62. Kluwer.

Eisner, J. (2000b). Directional constraint evaluation in Optimality Theory. In *COLING-00*, Saarbrücken, Germany, pp. 257–263.

Eisner, J. (2002a). Comprehension and compilation in Optimality Theory. In *ACL-02*, Philadelphia, pp. 56–63.

Eisner, J. (2002b). An interactive spreadsheet for teaching the forward-backward algorithm. In *Proceedings of the ACL Workshop on Effective Tools and Methodologies for Teaching NLP and CL*, pp. 10–18.

Eisner, J. (2003). Learning non-isomorphic tree mappings for machine translation. In *ACL-03*.

Ejerhed, E. I. (1988). Finding clauses in unrestricted text by finitary and stochastic methods. In *ANLP 1988*, pp. 219–227.

Elhadad, M. (1990). Types in functional unification grammars. In *ACL-90*, Pittsburgh, PA, pp. 157–164.

Ellison, T. M. (1992). *The Machine Learning of Phonological Structure*. Ph.D. thesis, University of Western Australia.

Ellison, T. M. (1994). Phonological derivation in optimality theory. In *COLING-94*, Kyoto, pp. 1007–1013.

Erjavec, T. (2004). MULTEXT-East version 3: Multilingual morphosyntactic specifications, lexicons and corpora. In *LREC-04*, pp. 1535–1538. ELRA.

Erkan, G. and Radev, D. (2004). Lexrank: Graph-based centrality as salience in text summarization. *Journal of Artificial Intelligence Research (JAIR)*, *22*, 457–479.

Etzioni, O., Cafarella, M., Downey, D., Popescu, A.-M., Shaked, T., Soderland, S., Weld, D. S., and Yates, A. (2005). Unsupervised named-entity extraction from the web: An experimental study. *Artificial Intelligence*, *165*(1), 91–134.

Evans, N. (2000). Word classes in the world's languages. In Booij, G., Lehmann, C., and Mugdan, J. (Eds.), *Morphology: A Handbook on Inflection and Word Formation*, pp. 708–732. Mouton.

Evans, R. and Gazdar, G. (1996). DATR: A language for lexical knowledge representation. *Computational Linguistics*, *22*(2), 167–216.

Evermann, G. and Woodland, P. C. (2000). Large vocabulary decoding and confidence estimation using word posterior probabilities. In *ICASSP-00*, Istanbul, Vol. III, pp. 1655–1658.

Fackrell, J. and Skut, W. (2004). Improving pronunciation dictionary coverage of names by modelling spelling variation. In *Proceedings of the 5th Speech Synthesis Workshop*.

Fano, R. M. (1961). *Transmission of Information: A Statistical Theory of Communications*. MIT Press.

Fant, G. M. (1951). Speech communication research. *Ing. Vetenskaps Akad. Stockholm, Sweden*, *24*, 331–337.

Fant, G. M. (1960). *Acoustic Theory of Speech Production*. Mouton.

Fant, G. M. (1986). Glottal flow: Models and interaction. *Journal of Phonetics*, *14*, 393–399.

Fant, G. M. (1997). The voice source in connected speech. *Speech Communication*, *22*(2-3), 125–139.

Fant, G. M. (2004). *Speech Acoustics and Phonetics*. Kluwer.

Fass, D. (1988). *Collative Semantics: A Semantics for Natural Language*. Ph.D. thesis, New Mexico State University, Las Cruces, New Mexico. CRL Report No. MCCS-88-118.

Fass, D. (1991). met*: A method for discriminating metaphor and metonymy by computer. *Computational Linguistics*, *17*(1), 49–90.

Fass, D. (1997). *Processing Metonymy and Metaphor*. Ablex Publishing, Greenwich, CT.

Fass, D., Martin, J. H., and Hinkelman, E. A. (Eds.). (1992). *Computational Intelligence: Special Issue on Non-Literal Language*, Vol. 8. Blackwell, Cambridge, MA.

Federico, M. (1996). Bayesian estimation methods for n-gram language model adaptation. In *ICSLP-96*.

Fellbaum, C. (Ed.). (1998). *WordNet: An Electronic Lexical Database*. MIT Press.

Fensel, D., Hendler, J. A., Lieberman, H., and Wahlster, W. (Eds.). (2003). *Spinning the Semantic Web: Bring the World Wide Web to its Full Potential*. MIT Press, Cambridge, MA.

Ferrer, L., Shriberg, E., and Stolcke, A. (2003). A prosody-based approach to end-of-utterance detection that does not require speech recognition. In *ICASSP-03*.

Ferro, L., Gerber, L., Mani, I., Sundheim, B., and Wilson, G. (2005). Tides 2005 standard for the annotation of temporal expressions. Tech. rep., MITRE.

Fikes, R. E. and Nilsson, N. J. (1971). STRIPS: A new approach to the application of theorem proving to problem solving. *Artificial Intelligence*, *2*, 189–208.

Filippova, K. and Strube, M. (2006). Using linguistically motivated features for paragraph boundary identification. In *EMNLP 2006*.

Fillmore, C. J. (1968). The case for case. In Bach, E. W. and Harms, R. T. (Eds.), *Universals in Linguistic Theory*, pp. 1–88. Holt, Rinehart & Winston.

Fillmore, C. J. (1985). Frames and the semantics of understanding. *Quaderni di Semantica*, *VI*(2), 222–254.

Fillmore, C. J., Kay, P., and O'Connor, M. C. (1988). Regularity and idiomaticity in grammatical constructions: The case of Let Alone. *Language*, *64*(3), 510–538.

Finin, T. (1980). The semantic interpretation of nominal compounds. In *AAAI-80*, Stanford, CA, pp. 310–312.

Firth, J. R. (1957). A synopsis of linguistic theory 1930–1955. In *Studies in Linguistic Analysis*. Philological Society. Reprinted in Palmer, F. (ed.) 1968. Selected Papers of J. R. Firth. Longman, Harlow.

Fisher, D., Soderland, S., McCarthy, J., Feng, F., and Lehnert, W. G. (1995). Description of the UMass system as used for MUC-6. In *MUC-6*, San Francisco, pp. 127–140.

Fisher, W. (1996) tsylb2 software and documentation.

Fitt, S. (2002). Unisyn lexicon. `http://www.cstr.ed.ac.uk/projects/unisyn/`.

Flanagan, J. L. (1972). *Speech Analysis, Synthesis, and Perception*. Springer.

Flanagan, J. L., Ishizaka, K., and Shipley, K. L. (1975). Synthesis of speech from a dynamic model of the vocal cords and vocal tract. *The Bell System Technical Journal*, *54*(3), 485–506.

Fodor, J. A. and Bever, T. G. (1965). The psychological reality of linguistic segments. *Journal of Verbal Learning and Verbal Behavior*, *4*, 414–420.

Ford, C., Fox, B., and Thompson, S. A. (1996). Practices in the construction of turns. *Pragmatics*, *6*, 427–454.

Ford, C. and Thompson, S. A. (1996). Interactional units in conversation: Syntactic, intonational, and pragmatic resources for the management of turns. In Ochs, E., Schegloff, E. A., and Thompson, S. A. (Eds.), *Interaction and Grammar*, pp. 134–184. Cambridge University Press.

Ford, M. (1983). A method for obtaining measures of local parsing complexity through sentences. *Journal of Verbal Learning and Verbal Behavior*, *22*, 203–218.

Forney, Jr., G. D. (1973). The Viterbi algorithm. *Proceedings of the IEEE*, *61*(3), 268–278.

Fosler-Lussier, E. (1999). Multi-level decision trees for static and dynamic pronunciation models. In *EUROSPEECH-99*, Budapest.

Fosler-Lussier, E. and Morgan, N. (1999). Effects of speaking rate and word predictability on conversational pronunciations. *Speech Communication*, *29*(2-4), 137–158.

Foster, D. W. (1989). *Elegy by W.S.: A Study in Attribution*. Associated University Presses, Cranbury, NJ.

Foster, D. W. (1996). Primary culprit. *New York*, *29*(8), 50–57.

Foster, G. (2000). A maximum entropy/minimum divergence translation model. In *ACL-00*, Hong Kong.

Fox, B. and Jasperson, R. (1995). A syntactic exploration of repair in English conversation. In Davis, P. (Ed.), *Descriptive and Theoretical Modes in the Alternative Linguistics*, pp. 77–134. John Benjamins.

Fox Tree, J. E. and Clark, H. H. (1997). Pronouncing "the" as "thee" to signal problems in speaking. *Cognition*, *62*, 151–167.

Frakes, W. B. and Baeza-Yates, R. (1992). *Information Retrieval: Data Structures and Algorithms*. Prentice Hall.

Francis, H. S., Gregory, M. L., and Michaelis, L. A. (1999). Are lexical subjects deviant?. In *CLS-99*. University of Chicago.

Francis, W. N. (1979). A tagged corpus – problems and prospects. In Greenbaum, S., Leech, G., and Svartvik, J. (Eds.), *Studies in English Linguistics for Randolph Quirk*, pp. 192–209. Longman.

Francis, W. N. and Kučera, H. (1982). *Frequency Analysis of English Usage*. Houghton Mifflin, Boston.

Frank, R. and Satta, G. (1998). Optimality theory and the generative complexity of constraint violability. *Computational Linguistics*, *24*(2), 307–315.

Frankel, J., Wester, M., and King, S. (2007). Articulatory feature recognition using dynamic Bayesian networks. *Computer Speech and Language*, *21*(4), 620–640.

Franz, A. (1996). *Automatic Ambiguity Resolution in Natural Language Processing*. Springer-Verlag.

Franz, A. (1997). Independence assumptions considered harmful. In *ACL/EACL-97*, Madrid, Spain, pp. 182–189.

Franz, A. and Brants, T. (2006). All our n-gram are belong to you. `http://googleresearch.blogspot.com/2006/08/all-our-n-gram-are-belong-to-you.html`.

Fraser, A. and Marcu, D. (2005). ISI's participation in the Romanian-English alignment task. In *Proceedings of the ACL Workshop on Building and Using Parallel Texts*, pp. 91–94.

Fraser, N. M. (1992). Assessment of interactive systems. In Gibbon, D., Moore, R., and Winski, R. (Eds.), *Handbook on Standards and Resources for Spoken Language Systems*, pp. 564–615. Mouton de Gruyter.

Fraser, N. M. and Gilbert, G. N. (1991). Simulating speech systems. *Computer Speech and Language*, *5*, 81–99.

Fraser, N. M. and Hudson, R. A. (1992). Inheritance in word grammar. *Computational Linguistics*, *18*(2), 133–158.

Freitag, D. (1998). Multistrategy learning for information extraction. In *ICML 1998*, Madison, WI, pp. 161–169.

Freitag, D. and McCallum, A. (1999). Information extraction using HMMs and shrinkage. In *Proceedings of the AAAI-99 Workshop on Machine Learning for Information Retrieval*.

Friedl, J. E. F. (1997). *Master Regular Expressions*. O'Reilly.

Frisch, S. A., Large, N. R., and Pisoni, D. B. (2000). Perception of wordlikeness: Effects of segment probability and length on the processing of nonwords. *Journal of Memory and Language*, *42*, 481–496.

Fromkin, V. and Ratner, N. B. (1998). Speech production. In Gleason, J. B. and Ratner, N. B. (Eds.), *Psycholinguistics*. Harcourt Brace, Fort Worth, TX.

Fry, D. B. (1955). Duration and intensity as physical correlates of linguistic stress. *JASA*, *27*, 765–768.

Fry, D. B. (1959). Theoretical aspects of mechanical speech recognition. *Journal of the British Institution of Radio Engineers*, *19*(4), 211–218. Appears together with companion paper (Denes 1959).

Fujisaki, H. and Ohno, S. (1997). Comparison and assessment of models in the study of fundamental frequency contours of speech. In *ESCA Workshop on Intonation: Theory Models and Applications*.

Fung, P. and McKeown, K. R. (1997). A technical word and term translation aid using noisy parallel corpora across language groups. *Machine Translation*, *12*(1-2), 53–87.

Gabrilovich, E. and Markovitch, S. (2007). Computing semantic relatedness using Wikipedia-based explicit semantic analysis. In *IJCAI-07*.

Gaizauskas, R., Wakao, T., Humphreys, K., Cunningham, H., and Wilks, Y. (1995). University of Sheffield: Description of the LaSIE system as used for MUC-6. In *MUC-6*, San Francisco, pp. 207–220.

Gale, W. A. and Church, K. W. (1994). What is wrong with adding one?. In Oostdijk, N. and de Haan, P. (Eds.), *Corpus-Based Research into Language*, pp. 189–198. Rodopi.

Gale, W. A. and Church, K. W. (1990). Estimation procedures for language context: Poor estimates are worse than none. In *COMPSTAT: Proceedings in Computational Statistics*, pp. 69–74.

Gale, W. A. and Church, K. W. (1991). A program for aligning sentences in bilingual corpora. In *ACL-91*, Berkeley, CA, pp. 177–184.

Gale, W. A. and Church, K. W. (1993). A program for aligning sentences in bilingual corpora. *Computational Linguistics*, *19*, 75–102.

Gale, W. A., Church, K. W., and Yarowsky, D. (1992a). Estimating upper and lower bounds on the performance of word-sense disambiguation programs. In *ACL-92*, Newark, DE, pp. 249–256.

Gale, W. A., Church, K. W., and Yarowsky, D. (1992b). One sense per discourse. In *Proceedings DARPA Speech and Natural Language Workshop*, pp. 233–237.

Gale, W. A., Church, K. W., and Yarowsky, D. (1992c). Work on statistical methods for word sense disambiguation. In Goldman, R. (Ed.), *Proceedings of the 1992 AAAI Fall Symposium on Probabilistic Approaches to Natural Language*.

Gale, W. A., Church, K. W., and Yarowsky, D. (1993). A method for disambiguating word senses in a large corpus. *Computers and the Humanities*, *26*, 415–439.

Gale, W. A. and Sampson, G. (1995). Good-Turing frequency estimation without tears. *Journal of Quantitative Linguistics*, *2*, 217–237.

Galescu, L. and Allen, J. (2001). Bi-directional conversion between graphemes and phonemes using a joint N-gram model. In *Proceedings of the 4th ISCA Tutorial and Research Workshop on Speech Synthesis*.

Galley, M., Hopkins, M., Knight, K., and Marcu, D. (2004). What's in a translation rule?. In *HLT-NAACL-04*.

Galley, M. and McKeown, K. R. (2007). Lexicalized Markov grammars for sentence compression. In *NAACL-HLT 07*, Rochester, NY, pp. 180–187.

Garrett, M. F. (1975). The analysis of sentence production. In Bower, G. H. (Ed.), *The Psychology of Learning and Motivation*, Vol. 9. Academic Press.

Garside, R. (1987). The CLAWS word-tagging system. In Garside, R., Leech, G., and Sampson, G. (Eds.), *The Computational Analysis of English*, pp. 30–41. Longman.

Garside, R., Leech, G., and McEnery, A. (1997). *Corpus Annotation*. Longman.

Gaussier, E. (1999). Unsupervised learning of derivational morphology from inflectional lexicons. In *ACL-99*.

Gaustad, T. (2001). Statistical corpus-based word sense disambiguation: Pseudowords vs. real ambiguous words. In *ACL/EACL 2001 – Student Research Workshop*, pp. 255–262.

Gazdar, G. (1981). Unbounded dependencies and coordinate structure. *Linguistic Inquiry*, *12*(2), 155–184.

Gazdar, G. (1982). Phrase structure grammar. In Jacobson, P. and Pullum, G. K. (Eds.), *The Nature of Syntactic Representation*, pp. 131–186. Reidel.

Gazdar, G., Klein, E., Pullum, G. K., and Sag, I. A. (1985). *Generalized Phrase Structure Grammar*. Blackwell.

Gazdar, G. and Mellish, C. (1989). *Natural Language Processing in LISP*. Addison Wesley.

Gazdar, G., Pullum, G. K., Carpenter, B., Klein, E., Hukari, T. E., and Levine, R. D. (1988). Category structures. *Computational Linguistics*, *14*(1), 1–19.

Ge, N., Hale, J., and Charniak, E. (1998). A statistical approach to anaphora resolution. In *Proceedings of the Sixth Workshop on Very Large Corpora*, pp. 161–171.

Gee, J. P. and Grosjean, F. (1983). Performance structures: A psycholinguistic and linguistic appraisal. *Cognitive Psychology*, *15*, 411–458.

Geman, S. and Johnson, M. (2002). Dynamic programming for parsing and estimation of stochastic unification-based grammars. In *ACL-02*, pp. 279–286.

Gentner, D. (1983). Structure mapping: A theoretical framework for analogy. *Cognitive Science*, *7*, 155–170.

Genzel, D. and Charniak, E. (2002). Entropy rate constancy in text. In *ACL-02*.

Genzel, D. and Charniak, E. (2003). Variation of entropy and parse trees of sentences as a function of the sentence number. In *EMNLP 2003*.

Gerdemann, D. and van Noord, G. (2000). Approximation and exactness in finite state optimality theory. In *Proceedings of ACL SIGPHON*.

Germann, U., Jahr, M., Knight, K., Marcu, D., and Yamada, K. (2001). Fast decoding and optimal decoding for machine translation. In *ACL-01*, pp. 228–235.

Gershman, A. V. (1977). Conceptual analysis of noun groups in English. In *IJCAI-77*, Cambridge, MA, pp. 132–138.

Gibbon, D., Mertins, I., and Moore, R. (2000). *Handbook of Multimodal and Spoken Dialogue Systems: Resources, Terminology and Product Evaluation*. Kluwer.

Gibson, E. (1998). Linguistic complexity: Locality of syntactic dependencies. *Cognition*, *68*, 1–76.

Gibson, E. (2003). Sentence comprehension, linguistic complexity in. In Nadel, L. (Ed.), *Encyclopedia of Cognitive Science*, pp. 1137–1141. Nature Publishing Group.

Gil, D. (2000). Syntactic categories, cross-linguistic variation and universal grammar. In Vogel, P. M. and Comrie, B. (Eds.), *Approaches to the Typology of Word Classes*, pp. 173–216. Mouton.

Gildea, D. and Hofmann, T. (1999). Topic-based language models using EM. In *EUROSPEECH-99*, Budapest, pp. 2167–2170.

Gildea, D. and Jurafsky, D. (1996). Learning bias and phonological rule induction. *Computational Linguistics*, *22*(4), 497–530.

Gildea, D. and Jurafsky, D. (2000). Automatic labeling of semantic roles. In *ACL-00*, Hong Kong, pp. 512–520.

Gildea, D. and Jurafsky, D. (2002). Automatic labeling of semantic roles. *Computational Linguistics*, 28(3), 245–288.

Gillick, L. and Cox, S. (1989). Some statistical issues in the comparison of speech recognition algorithms. In *ICASSP-89*, pp. 532–535.

Girju, R., Badulescu, A., and Moldovan, D. (2006). Automatic discovery of part-whole relations. *Computational Linguistics*, 31(1).

Girju, R., Badulescu, A., and Moldovan, D. (2003). Learning semantic constraints for the automatic discovery of part-whole relations. In *HLT-NAACL-03*, Edmonton, Canada, pp. 1–8.

Givón, T. (1990). *Syntax: A Functional Typological Introduction*. John Benjamins.

Glass, J. (2003). A probabilistic framework for segment-based speech recognition. *Computer Speech and Language*, 17(1–2), 137–152.

Glennie, A. (1960). On the syntax machine and the construction of a universal compiler. Tech. rep. No. 2, Contr. NR 049-141, Carnegie Mellon University (at the time Carnegie Institute of Technology), Pittsburgh, PA.

Godfrey, J., Holliman, E., and McDaniel, J. (1992). SWITCHBOARD: Telephone speech corpus for research and development. In *ICASSP-92*, San Francisco, pp. 517–520.

Gold, B. and Morgan, N. (1999). *Speech and Audio Signal Processing*. Wiley Press.

Golding, A. R. (1997). A Bayesian hybrid method for context-sensitive spelling correction. In *Proceedings of the 3rd Workshop on Very Large Corpora*, Boston, MA, pp. 39–53.

Golding, A. R. and Roth, D. (1999). A Winnow based approach to context-sensitive spelling correction. *Machine Learning*, 34(1-3), 107–130.

Golding, A. R. and Schabes, Y. (1996). Combining trigram-based and feature-based methods for context-sensitive spelling correction. In *ACL-96*, Santa Cruz, CA, pp. 71–78.

Goldsmith, J. (2001). Unsupervised learning of the morphology of a natural language. *Computational Linguistics*, 27, 153–198.

Goldstein, J., Mittal, V., Carbonell, J., and Kantrowitz, M. (2000). Multi-document summarization by sentence extraction. In *Proceedings of the ANLP/NAACL Workshop on Automatic Summarization*.

Goldwater, S. and Griffiths, T. L. (2007). A fully Bayesian approach to unsupervised part-of-speech tagging. In *ACL-07*, Prague, Czech Republic.

Goldwater, S., Griffiths, T. L., and Johnson, M. (2006). Contextual dependencies in unsupervised word segmentation. In *COLING/ACL 2006*, Sydney, Australia.

Goldwater, S. and Johnson, M. (2003). Learning OT constraint rankings using a maximum entropy model. In *Stockholm Workshop on Variation within Optimality Theory*, pp. 111–120. Stockholm University Press.

Goldwater, S. and Johnson, M. (2005). Representational bias in unsupervised learning of syllable structure. In *CoNLL-05*.

Good, I. J. (1953). The population frequencies of species and the estimation of population parameters. *Biometrika*, 40, 16–264.

Good, M. D., Whiteside, J. A., Wixon, D. R., and Jones, S. J. (1984). Building a user-derived interface. *Communications of the ACM*, 27(10), 1032–1043.

Goodman, J. (1997). Probabilistic feature grammars. In *IWPT-97*.

Goodman, J. (2004). Exponential priors for maximum entropy models. In *ACL-04*.

Goodman, J. (2006). A bit of progress in language modeling: Extended version. Tech. rep. MSR-TR-2001-72, Machine Learning and Applied Statistics Group, Microsoft Research, Redmond, WA.

Goodwin, C. (1996). Transparent vision. In Ochs, E., Schegloff, E. A., and Thompson, S. A. (Eds.), *Interaction and Grammar*, pp. 370–404. Cambridge University Press.

Gordon, D. and Lakoff, G. (1971). Conversational postulates. In *CLS-71*, pp. 200–213. University of Chicago. Reprinted in Peter Cole and Jerry L. Morgan (Eds.), *Speech Acts: Syntax and Semantics Volume 3*, Academic Press, 1975.

Gordon, P. C., Grosz, B. J., and Gilliom, L. A. (1993). Pronouns, names, and the centering of attention in discourse. *Cognitive Science*, 17(3), 311–347.

Gorin, A. L., Riccardi, G., and Wright, J. H. (1997). How May I Help You?. *Speech Communication*, 23, 113–127.

Götz, T., Meurers, W. D., and Gerdemann, D. (1997). The Con-Troll manual. Tech. rep., Seminar für Sprachwissenschaft, Universität Tübingen.

Gould, J. D., Conti, J., and Hovanyecz, T. (1983). Composing letters with a simulated listening typewriter. *Communications of the ACM*, 26(4), 295–308.

Gould, J. D. and Lewis, C. (1985). Designing for usability: Key principles and what designers think. *Communications of the ACM*, 28(3), 300–311.

Gould, S. J. (1980). *The Panda's Thumb*. Penguin Group.

Grabe, E. (2001). The IViE labelling guide. `http://www.phon.ox.ac.uk/IViE/guide.html`.

Grabe, E., Post, B., Nolan, F., and Farrar, K. (2000). Pitch accent realisation in four varieties of British English. *Journal of Phonetics*, 28, 161–186.

Graff, D. (1997). The 1996 Broadcast News speech and language-model corpus. In *Proceedings DARPA Speech Recognition Workshop*, Chantilly, VA, pp. 11–14.

Gray, R. M. (1984). Vector quantization. *IEEE Transactions on Acoustics, Speech, and Signal Processing*, ASSP-1(2), 4–29.

Green, B. F., Wolf, A. K., Chomsky, C., and Laughery, K. (1961). Baseball: An automatic question answerer. In *Proceedings of the Western Joint Computer Conference 19*, pp. 219–224. Reprinted in Grosz et al. (1986).

Greenberg, S., Ellis, D., and Hollenback, J. (1996). Insights into spoken language gleaned from phonetic transcription of the Switchboard corpus. In *ICSLP-96*, Philadelphia, PA, pp. S24–27.

Greene, B. B. and Rubin, G. M. (1971). Automatic grammatical tagging of English. Department of Linguistics, Brown University, Providence, Rhode Island.

Grefenstette, G. (1994). *Explorations in Automatic Thesaurus Discovery*. Kluwer, Norwell, MA.

Grefenstette, G. (1998). Producing intelligent telegraphic text reduction to provide an audio scanning service for the blind. In *AAAI 1998 Spring Symposium on Intelligent Text Summarization*, pp. 102–108.

Grefenstette, G. (1999). Tokenization. In van Halteren, H. (Ed.), *Syntactic Wordclass Tagging*. Kluwer.

Gregory, M. L. and Altun, Y. (2004). Using conditional random fields to predict pitch accents in conversational speech. In *ACL-04*.

Grenager, T. and Manning, C. D. (2006). Unsupervised Discovery of a Statistical Verb Lexicon. In *EMNLP 2006*.

Grice, H. P. (1957). Meaning. *Philosophical Review*, *67*, 377–388. Reprinted in D. D. Steinberg & L. A. Jakobovits (Eds.) *Semantics* (1971), Cambridge University Press, pages 53–59.

Grice, H. P. (1975). Logic and conversation. In Cole, P. and Morgan, J. L. (Eds.), *Speech Acts: Syntax and Semantics Volume 3*, pp. 41–58. Academic Press.

Grice, H. P. (1978). Further notes on logic and conversation. In Cole, P. (Ed.), *Pragmatics: Syntax and Semantics Volume 9*, pp. 113–127. Academic Press.

Gries, S. T. and Stefanowitsch, A. (Eds.). (2006). *Corpus-Based Approaches to Metaphor and Metonymy*. Mouton de Gruyter.

Grishman, R. and Sundheim, B. (1995). Design of the MUC-6 evaluation. In *MUC-6*, San Francisco, pp. 1–11.

Grosjean, F. (1980). Spoken word recognition processes and the gating paradigm. *Perception and Psychophysics*, *28*, 267–283.

Grosjean, F., Grosjean, L., and Lane, H. (1979). The patterns of silence: Performance structures in sentence production. *Cognitive Psychology*, *11*, 58–81.

Grosz, B. J. (1977a). The representation and use of focus in a system for understanding dialogs. In *IJCAI-77*, pp. 67–76. Morgan Kaufmann. Reprinted in Grosz et al. (1986).

Grosz, B. J. (1977b). *The Representation and Use of Focus in Dialogue Understanding*. Ph.D. thesis, University of California, Berkeley.

Grosz, B. J. and Hirschberg, J. (1992). Some intonational characteristics of discourse structure. In *ICSLP-92*, Vol. 1, pp. 429–432.

Grosz, B. J., Joshi, A. K., and Weinstein, S. (1983). Providing a unified account of definite noun phrases in English. In *ACL-83*, pp. 44–50.

Grosz, B. J., Joshi, A. K., and Weinstein, S. (1995). Centering: A framework for modeling the local coherence of discourse. *Computational Linguistics*, *21*(2), 203–225.

Grosz, B. J. and Sidner, C. L. (1980). Plans for discourse. In Cohen, P. R., Morgan, J., and Pollack, M. E. (Eds.), *Intentions in Communication*, pp. 417–444. MIT Press.

Grosz, B. J. and Sidner, C. L. (1986). Attention, intentions, and the structure of discourse. *Computational Linguistics*, *12*(3), 175–204.

Grosz, B. J., Sparck Jones, K., and Webber, B. L. (Eds.). (1986). *Readings in Natural Language Processing*. Morgan Kaufmann.

Gruber, J. S. (1965). *Studies in Lexical Relations*. Ph.D. thesis, MIT.

Grudin, J. T. (1983). Error patterns in novice and skilled transcription typing. In Cooper, W. E. (Ed.), *Cognitive Aspects of Skilled Typewriting*, pp. 121–139. Springer-Verlag.

Guindon, R. (1988). A multidisciplinary perspective on dialogue structure in user-advisor dialogues. In Guindon, R. (Ed.), *Cognitive Science and Its Applications for Human-Computer Interaction*, pp. 163–200. Lawrence Erlbaum.

Gundel, J. K., Hedberg, N., and Zacharski, R. (1993). Cognitive status and the form of referring expressions in discourse. *Language*, *69*(2), 274–307.

Gupta, V., Lennig, M., and Mermelstein, P. (1988). Fast search strategy in a large vocabulary word recognizer. *JASA*, *84*(6), 2007–2017.

Gupta, V., Lennig, M., and Mermelstein, P. (1992). A language model for very large-vocabulary speech recognition. *Computer Speech and Language*, *6*, 331–344.

Gusfield, D. (1997). *Algorithms on Strings, Trees, and Sequences: Computer Science and Computational Biology*. Cambridge University Press.

Guy, G. R. (1980). Variation in the group and the individual: The case of final stop deletion. In Labov, W. (Ed.), *Locating Language in Time and Space*, pp. 1–36. Academic Press.

Habash, N., Rambow, O., and Kiraz, G. A. (2005). Morphological analysis and generation for arabic dialects. In *ACL Workshop on Computational Approaches to Semitic Languages*, pp. 17–24.

Hachey, B. and Grover, C. (2005). Sentence extraction for legal text summarization. In *IJCAI-05*, pp. 1686–1687.

Hafer, M. A. and Weiss, S. F. (1974). Word segmentation by letter successor varieties. *Information Storage and Retrieval*, *10*(11-12), 371–385.

Haghighi, A. and Klein, D. (2006). Prototype-driven grammar induction. In *COLING/ACL 2006*, pp. 881–888.

Haghighi, A. and Klein, D. (2007). Unsupervised coreference resolution in a nonparametric Bayesian model. In *ACL-07*, Prague, Czech Republic.

Hain, T. (2002). Implicit pronunciation modelling in ASR. In *Proceedings of ISCA Pronunciation Modeling Workshop*.

Hain, T., Woodland, P. C., Evermann, G., and Povey, D. (2001). New features in the CU-HTK system for transcription of conversational telephone speech. In *ICASSP-01*, Salt Lake City.

Hajič, J. (1998). *Building a Syntactically Annotated Corpus: The Prague Dependency Treebank*, pp. 106–132. Karolinum.

Hajič, J. (2000). Morphological tagging: Data vs. dictionaries. In *NAACL 2000*. Seattle.

Hajič, J. and Hladká, B. (1998). Tagging inflective languages: Prediction of morphological categories for a rich, structured tagset. In *COLING/ACL-98*, Montreal, Canada.

Hajič, J., Krbec, P., Květoň, P., Oliva, K., and Petkevič, V. (2001). Serial combination of rules and statistics: A case study in czech tagging. In *ACL-01*, Toulouse, France.

Hakkani-Tür, D., Oflazer, K., and Tür, G. (2002). Statistical morphological disambiguation for agglutinative languages. *Journal of Computers and Humanities*, *36*(4), 381–410.

Hale, J. (2001). A probabilistic earley parser as a psycholinguistic model. In *NAACL 2001*, pp. 159–166.

Hale, J. (2006). Uncertainty about the rest of the sentence. *Cognitive Science*, *30*(4), 609–642.

Hall, K. and Johnson, M. (2003). Language modeling using efficient best-first bottom-up parsing. In *IEEE ASRU-03*, pp. 507–512.

Halliday, M. A. K. (1985). *An Introduction to Functional Grammar*. Edward Arnold.

Halliday, M. A. K. and Hasan, R. (1976). *Cohesion in English*. Longman. English Language Series, Title No. 9.

Hammond, M. (1997). Parsing in OT. Alternative title "Parsing syllables: Modeling OT computationally". Rutgers Optimality Archive ROA-222-1097.

Hamza, W., Bakis, R., Eide, E. M., Picheny, M. A., and Pitrelli, J. F. (2004). The IBM expressive speech synthesis system. In *ICSLP-04*, Jeju, Korea.

Hankamer, J. (1986). Finite state morphology and left to right phonology. In *Proceedings of the Fifth West Coast Conference on Formal Linguistics*, pp. 29–34.

Hankamer, J. and Black, H. A. (1991). Current approaches to computational morphology. Unpublished manuscript.

Harabagiu, S., Pasca, M., and Maiorano, S. (2000). Experiments with open-domain textual question answering. In *COLING-00*, Saarbrücken, Germany.

Harris, C. M. (1953). A study of the building blocks in speech. *JASA*, *25*(5), 962–969.

Harris, R. A. (2005). *Voice Interaction Design: Crafting the New Conversational Speech Systems*. Morgan Kaufmann.

Harris, Z. S. (1946). From morpheme to utterance. *Language*, *22*(3), 161–183.

Harris, Z. S. (1954). Distributional structure. *Word*, *10*, 146–162. Reprinted in J. Fodor and J. Katz, *The Structure of Language*, Prentice Hall, 1964 and in Z. S. Harris, *Papers in Structural and Transformational Linguistics*, Reidel, 1970, 775–794.

Harris, Z. S. (1962). *String Analysis of Sentence Structure*. Mouton, The Hague.

Harris, Z. S. (1968). *Mathematical Structures of Language*. John Wiley.

Harris, Z. S. (1988). *Language and Information*. Columbia University Press.

Hasegawa-Johnson, M. *et al.*. (2005). Landmark-based speech recognition: Report of the 2004 Johns Hopkins summer workshop. In *ICASSP-05*.

Hastie, T., Tibshirani, R., and Friedman, J. H. (2001). *The Elements of Statistical Learning*. Springer.

Haviland, S. E. and Clark, H. H. (1974). What's new? Acquiring new information as a process in comprehension. *Journal of Verbal Learning and Verbal Behaviour*, *13*, 512–521.

Hayes, B. (2004). Phonological acquisition in optimality theory: the early stages. In Kager, R., Pater, J., and Zonneveld, W. (Eds.), *Constraints in Phonological Acquisition*. Cambridge University Press.

Hayes, B. and Wilson, C. (2008). A maximum entropy model of phonotactics and phonotactic learning. *Linguistic Inquiry*, *39*(3).

Hayes, E. and Bayer, S. (1991). Metaphoric generalization through sort coercion. In *ACL-91*, Berkeley, CA, pp. 222–228.

Hearst, M. A. (1991). Noun homograph disambiguation. In *Proceedings of the 7th Conference of the University of Waterloo Centre for the New OED and Text Research*, pp. 1–19.

Hearst, M. A. (1992). Automatic acquisition of hyponyms from large text corpora. In *COLING-92*, Nantes, France.

Hearst, M. A. (1994). Multi-paragraph segmentation of expository text. In *ACL-94*, pp. 9–16.

Hearst, M. A. (1997). Texttiling: Segmenting text into multi-paragraph subtopic passages. *Computational Linguistics*, *23*, 33–64.

Hearst, M. A. (1998). Automatic discovery of WordNet relations. In Fellbaum, C. (Ed.), *WordNet: An Electronic Lexical Database*. MIT Press.

Heeman, P. A. (1999). POS tags and decision trees for language modeling. In *EMNLP/VLC-99*, College Park, MD, pp. 129–137.

Heeman, P. A. and Allen, J. (1999). Speech repairs, intonational phrases and discourse markers: Modeling speakers' utterances in spoken dialog. *Computational Linguistics*, *25*(4), 527–571.

Heikkilä, J. (1995). A TWOL-based lexicon and feature system for English. In Karlsson, F., Voutilainen, A., Heikkilä, J., and Anttila, A. (Eds.), *Constraint Grammar: A Language-Independent System for Parsing Unrestricted Text*, pp. 103–131. Mouton de Gruyter.

Heim, I. and Kratzer, A. (1998). *Semantics in a Generative Grammar*. Blackwell Publishers, Malden, MA.

Heinz, J. M. and Stevens, K. N. (1961). On the properties of voiceless fricative consonants. *JASA*, *33*, 589–596.

Hemphill, C. T., Godfrey, J., and Doddington, G. (1990). The ATIS spoken language systems pilot corpus. In *Proceedings DARPA Speech and Natural Language Workshop*, Hidden Valley, PA, pp. 96–101.

Hermansky, H. (1990). Perceptual linear predictive (PLP) analysis of speech. *JASA*, *87*(4), 1738–1752.

Higgins, D. and Sadock, J. M. (2003). A machine learning approach to modeling scope preferences. *Computational Linguistics*, *29*(1), 73–96.

Hillard, D., Huang, Z., Ji, H., Grishman, R., Hakkani-Tür, D., Harper, M., Ostendorf, M., and Wang, W. (2006). Impact of automatic comma prediction on POS/name tagging of speech. In *Proceedings of IEEE/ACL 06 Workshop on Spoken Language Technology*, Aruba.

Hindle, D. (1983). Deterministic parsing of syntactic non-fluencies. In *ACL-83*, pp. 123–128.

Hindle, D. (1990). Noun classification from predicate-argument structures. In *ACL-90*, Pittsburgh, PA, pp. 268–275.

Hindle, D. and Rooth, M. (1990). Structural ambiguity and lexical relations. In *Proceedings DARPA Speech and Natural Language Workshop*, Hidden Valley, PA, pp. 257–262.

Hindle, D. and Rooth, M. (1991). Structural ambiguity and lexical relations. In *ACL-91*, Berkeley, CA, pp. 229–236.

Hinkelman, E. A. and Allen, J. (1989). Two constraints on speech act ambiguity. In *ACL-89*, Vancouver, Canada, pp. 212–219.

Hintikka, J. (1969). Semantics for propositional attitudes. In Davis, J. W., Hockney, D. J., and Wilson, W. K. (Eds.), *Philosophical Logic*, pp. 21–45. D. Reidel.

Hirschberg, J. (1993). Pitch accent in context: Predicting intonational prominence from text. *Artificial Intelligence*, *63*(1–2), 305–340.

Hirschberg, J. and Litman, D. J. (1993). Empirical studies on the disambiguation of cue phrases. *Computational Linguistics*, *19*(3), 501–530.

Hirschberg, J., Litman, D. J., and Swerts, M. (2001). Identifying user corrections automatically in spoken dialogue systems. In *NAACL 2001*.

Hirschberg, J. and Nakatani, C. (1996). A prosodic analysis of discourse segments in direction-giving monologues. In *ACL-96*, Santa Cruz, CA, pp. 286–293.

Hirschberg, J. and Pierrehumbert, J. B. (1986). The intonational structuring of discourse. In *ACL-86*, New York, pp. 136–144.

Hirschman, L. and Blaschke, C. (2006). Evaluation of text mining in biology. In Ananiadou, S. and McNaught, J. (Eds.), *Text Mining for Biology and Biomedicine*, chap. 9, pp. 213–245. Artech House, Norwood, MA.

Hirschman, L. and Pao, C. (1993). The cost of errors in a spoken language system. In *EUROSPEECH-93*, pp. 1419–1422.

Hirst, G. (1987). *Semantic Interpretation and the Resolution of Ambiguity*. Cambridge University Press.

Hirst, G. (1988). Resolving lexical ambiguity computationally with spreading activation and polaroid words. In Small, S. L., Cottrell, G. W., and Tanenhaus, M. K. (Eds.), *Lexical Ambiguity Resolution*, pp. 73–108. Morgan Kaufmann.

Hirst, G. and Budanitsky, A. (2005). Correcting real-word spelling errors by restoring lexical cohesion. *Natural Language Engineering*, *11*, 87–111.

Hirst, G. and Charniak, E. (1982). Word sense and case slot disambiguation. In *AAAI-82*, pp. 95–98.

Hjelmslev, L. (1969). *Prologomena to a Theory of Language*. University of Wisconsin Press. Translated by Francis J. Whitfield; original Danish edition 1943.

Hobbs, J. R. (1977). 38 examples of elusive antecedents from published texts. Tech. rep. 77–2, Department of Computer Science, City University of New York.

Hobbs, J. R. (1978). Resolving pronoun references. *Lingua*, *44*, 311–338. Reprinted in Grosz et al. (1986).

Hobbs, J. R. (1979a). Coherence and coreference. *Cognitive Science*, *3*, 67–90.

Hobbs, J. R. (1979b). Metaphor, metaphor schemata, and selective inferencing. Tech. rep. 204, SRI.

Hobbs, J. R. (1990). *Literature and Cognition*. CSLI Lecture Notes 21.

Hobbs, J. R., Appelt, D. E., Bear, J., Israel, D., Kameyama, M., Stickel, M. E., and Tyson, M. (1997). FASTUS: A cascaded finite-state transducer for extracting information from natural-language text. In Roche, E. and Schabes, Y. (Eds.), *Finite-State Language Processing*, pp. 383–406. MIT Press.

Hobbs, J. R. and Shieber, S. M. (1987). An algorithm for generating quantifier scopings. *Computational Linguistics*, *13*(1), 47–55.

Hobbs, J. R., Stickel, M. E., Appelt, D. E., and Martin, P. (1993). Interpretation as abduction. *Artificial Intelligence*, *63*, 69–142.

Hockenmaier, J. and Steedman, M. (2002). Generative models for statistical parsing with Combinatory Categorial Grammar. In *ACL-02*, Philadelphia, PA.

Hofstadter, D. R. (1997). *Le Ton beau de Marot*. Basic Books.

Holmes, D. I. (1994). Authorship attribution. *Computers and the Humanities*, *28*, 87–106.

Honal, M. and Schultz, T. (2003). Correction of disfluencies in spontaneous speech using a noisy-channel approach. In *EUROSPEECH-03*.

Honal, M. and Schultz, T. (2005). Automatic disfluency removal on recognized spontaneous speech - rapid adaptation to speaker-dependent disfluencies. In *ICASSP-05*.

Hopcroft, J. E. and Ullman, J. D. (1979). *Introduction to Automata Theory, Languages, and Computation*. Addison-Wesley.

Hori, C. and Furui, S. (2004). Speech summarization: An approach through word extraction and a method for evaluation. *IEICE Transactions on Information and Systems*, *87*, 15–25.

Horning, J. J. (1969). *A Study of Grammatical Inference*. Ph.D. thesis, Stanford University.

House, A. S., Williams, C. E., Hecker, M. H. L., and Kryter, K. D. (1965). Articulation-testing methods: Consonantal differentiation with a closed-response set. *JASA*, *37*, 158–166.

Householder, F. W. (1995). Dionysius Thrax, the *technai*, and Sextus Empiricus. In Koerner, E. F. K. and Asher, R. E. (Eds.), *Concise History of the Language Sciences*, pp. 99–103. Elsevier Science.

Hovy, E. H. (1990). Parsimonious and profligate approaches to the question of discourse structure relations. In *Proceedings of the 5th International Workshop on Natural Language Generation*, Dawson, PA, pp. 128–136.

Hovy, E. H., Hermjakob, U., and Ravichandran, D. (2002). A question/answer typology with surface text patterns. In *HLT-01*.

Hovy, E. H. and Lin, C.-Y. (1999). Automated text summarization in SUMMARIST. In Mani, I. and Maybury, M. T. (Eds.), *Advances in Automatic Text Summarization*, pp. 81–94. MIT Press.

Hovy, E. H., Marcus, M. P., Palmer, M., Ramshaw, L. A., and Weischedel, R. (2006). Ontonotes: The 90% solution. In *HLT-NAACL-06*.

Howes, D. (1957). On the relation between the intelligibility and frequency of occurrence of English words. *JASA*, *29*, 296–305.

Huang, C., Chang, E., Zhou, J., and Lee, K.-F. (2000). Accent modeling based on pronunciation dictionary adaptation for large vocabulary Mandarin speech recognition. In *ICSLP-00*, Beijing, China.

Huang, L. and Chiang, D. (2005). Better k-best parsing. In *IWPT-05*, pp. 53–64.

Huang, X., Acero, A., and Hon, H.-W. (2001). *Spoken Language Processing: A Guide to Theory, Algorithm, and System Development*. Prentice Hall.

Huddleston, R. and Pullum, G. K. (2002). *The Cambridge Grammar of the English Language*. Cambridge University Press.

Hudson, R. A. (1984). *Word Grammar*. Blackwell.

Huffman, D. A. (1954). The synthesis of sequential switching circuits. *Journal of the Franklin Institute*, *3*, 161–191. Continued in Volume 4.

Huffman, S. (1996). Learning information extraction patterns from examples. In Wertmer, S., Riloff, E., and Scheller, G. (Eds.), *Connectionist, Statistical, and Symbolic Approaches to Learning Natural Language Processing*, pp. 246–260. Springer.

Huls, C., Bos, E., and Classen, W. (1995). Automatic referent resolution of deictic and anaphoric expressions. *Computational Linguistics*, *21*(1), 59–79.

Hunt, A. J. and Black, A. W. (1996). Unit selection in a concatenative speech synthesis system using a large speech database. In *ICASSP-96*, Atlanta, GA, Vol. 1, pp. 373–376.

Hutchins, W. J. (1986). *Machine Translation: Past, Present, Future*. Ellis Horwood, Chichester, England.

Hutchins, W. J. (1997). From first conception to first demonstration: The nascent years of machine translation, 1947–1954. A chronology. *Machine Translation*, *12*, 192–252.

Hutchins, W. J. and Somers, H. L. (1992). *An Introduction to Machine Translation*. Academic Press.

Huybregts, R. (1984). The weak inadequacy of context-free phrase structure grammars. In de Haan, G., Trommele, M., and Zonneveld, W. (Eds.), *Van Periferie naar Kern*. Foris. Cited in Pullum (1991).

Ide, N. M. and Véronis, J. (Eds.). (1998a). *Computational Linguistics: Special Issue on Word Sense Disambiguation*, Vol. 24. MIT Press.

Ide, N. M. and Véronis, J. (1998b). Introduction to the special issue on word sense disambiguation. *Computational Linguistics*, *24*(1), 1–40.

Irons, E. T. (1961). A syntax directed compiler for ALGOL 60. *Communications of the ACM*, *4*, 51–55.

ISO8601 (2004). Data elements and interchange formats—information interchange—representation of dates and times. Tech. rep., International Organization for Standards (ISO).

Issar, S. and Ward, W. (1993). CMU's robust spoken language understanding system. In *EUROSPEECH-93*, pp. 2147–2150.

Itakura, F. (1975). Minimum prediction residual principle applied to speech recognition. *IEEE Transactions on Acoustics, Speech, and Signal Processing*, *ASSP-32*, 67–72.

Iverson, E. and Helmreich, S. (1992). Metallel: An integrated approach to non-literal phrase interpretation. *Computational Intelligence*, *8*(3), 477–493.

Iyer, R. M. and Ostendorf, M. (1999a). Modeling long distance dependencies in language: Topic mixtures versus dynamic cache model. *IEEE Transactions on Speech and Audio Processing*, *7*(1), 30–39.

Iyer, R. M. and Ostendorf, M. (1999b). Relevance weighting for combining multi-domain data for n-gram language modeling. *Computer Speech and Language*, *13*(3), 267–282.

Iyer, R. M. and Ostendorf, M. (1997). Transforming out-of-domain estimates to improve in-domain language models. In *EUROSPEECH-97*, pp. 1975–1978.

Jaccard, P. (1908). Nouvelles recherches sur la distribution florale. *Bulletin de la Société Vaudoise des Sciences Naturelles*, *44*, 223–227.

Jaccard, P. (1912). The distribution of the flora of the alpine zone. *New Phytologist*, *11*, 37–50.

Jackendoff, R. (1975). Morphological and semantic regularities in the lexicon. *Language*, *51*(3), 639–671.

Jackendoff, R. (1983). *Semantics and Cognition*. MIT Press.

Jackendoff, R. (1990). *Semantic Structures*. MIT Press.

Jackson, P. and Moulinier, I. (2002). *Natural Language Processing for Online Applications*. John Benjamins.

Jacobs, P. S. (1985). *A Knowledge-Based Approach to Language Generation*. Ph.D. thesis, University of California, Berkeley, CA. Available as University of California at Berkeley Computer Science Division Tech. rep. #86/254.

Jacobs, P. S. (1987). Knowledge-based natural language generation. *Artificial Intelligence*, *33*, 325–378.

Jacobs, P. S. and Rau, L. F. (1990). SCISOR: A system for extracting information from on-line news. *Communications of the ACM*, *33*(11), 88–97.

Jacquemin, C. (1997). Guessing morphology from terms and corpora. In *SIGIR-97*, Philadelphia, PA, pp. 156–165.

Jakobson, R. (1939). Observations sur le classement phonologique des consonnes. In Blancquaert, E. and Pée, W. (Eds.), *ICPhS-39*, Ghent, pp. 34–41.

Janssen, T. M. V. (1997). Compositionality. In van Benthem, J. and ter Meulen, A. (Eds.), *Handbook of Logic and Language*, chap. 7, pp. 417–473. North-Holland.

Jarosz, G. (2006). Richness of the base and probabilistic unsupervised learning in optimality theory. In *Proceedings of ACL SIGPHON*, New York, NY, pp. 50–59.

Jarosz, G. (2008). Restrictiveness and phonological grammar and lexicon learning. In *CLS 43*. In press.

Jefferson, G. (1984). Notes on a systematic deployment of the acknowledgement tokens 'yeah' and 'mm hm'. *Papers in Linguistics*, *17*(2), 197–216.

Jeffreys, H. (1948). *Theory of Probability* (2nd Ed.). Clarendon Press. Section 3.23.

Jekat, S., Klein, A., Maier, E., Maleck, I., Mast, M., and Quantz, J. (1995). Dialogue acts in verbmobil. Verbmobil–Report–65–95.

Jelinek, F. (1969). A fast sequential decoding algorithm using a stack. *IBM Journal of Research and Development*, *13*, 675–685.

Jelinek, F. (1976). Continuous speech recognition by statistical methods. *Proceedings of the IEEE*, *64*(4), 532–557.

Jelinek, F. (1988). Address to the first workshop on the evaluation of natural language processing systems. December 7, 1988.

Jelinek, F. (1990). Self-organized language modeling for speech recognition. In Waibel, A. and Lee, K.-F. (Eds.), *Readings in Speech Recognition*, pp. 450–506. Morgan Kaufmann. Originally distributed as IBM technical report in 1985.

Jelinek, F. (1997). *Statistical Methods for Speech Recognition*. MIT Press.

Jelinek, F. and Lafferty, J. D. (1991). Computation of the probability of initial substring generation by stochastic context-free grammars. *Computational Linguistics*, *17*(3), 315–323.

Jelinek, F., Lafferty, J. D., Magerman, D. M., Mercer, R. L., Ratnaparkhi, A., and Roukos, S. (1994). Decision tree parsing using a hidden derivation model. In *ARPA Human Language Technologies Workshop*, Plainsboro, N.J., pp. 272–277.

Jelinek, F. and Mercer, R. L. (1980). Interpolated estimation of Markov source parameters from sparse data. In Gelsema, E. S. and Kanal, L. N. (Eds.), *Proceedings, Workshop on Pattern Recognition in Practice*, pp. 381–397. North Holland.

Jelinek, F., Mercer, R. L., and Bahl, L. R. (1975). Design of a linguistic statistical decoder for the recognition of continuous speech. *IEEE Transactions on Information Theory*, *IT-21*(3), 250–256.

Jiang, J. J. and Conrath, D. W. (1997). Semantic similarity based on corpus statistics and lexical taxonomy. In *ROCLING X*, Taiwan.

Jilka, M., Mohler, G., and Dogil, G. (1999). Rules for the generation of ToBI-based American English intonation. *Speech Communication*, *28*(2), 83–108.

Jiménez, V. M. and Marzal, A. (2000). Computation of the *n* best parse trees for weighted and stochastic context-free grammars. In *Advances in Pattern Recognition: Proceedings of the Joint IAPR International Workshops, SSPR 2000 and SPR 2000*, Alicante, Spain, pp. 183–192. Springer.

Jing, H. (2000). Sentence reduction for automatic text summarization. In *ANLP 2000*, Seattle, WA, pp. 310–315.

Jing, H. (2002). Using hidden Markov modeling to decompose human-written summaries. *Computational Linguistics*, *28*(4), 527–543.

Johnson, C. D. (1972). *Formal Aspects of Phonological Description*. Mouton, The Hague. Monographs on Linguistic Analysis No. 3.

Johnson, C. (1999). Syntactic and semantic principles of FrameNet annotation, version 1. Tech. rep. TR-99-018, ICSI, Berkeley, CA.

Johnson, K. (2003). *Acoustic and Auditory Phonetics* (2nd Ed.). Blackwell.

Johnson, M. (1984). A discovery procedure for certain phonological rules. In *COLING-84*, Stanford, CA, pp. 344–347.

Johnson, M. (1988). *Attribute-Value Logic and the Theory of Grammar*. CSLI Lecture Notes. Chicago University Press.

Johnson, M. (1990). Expressing disjunctive and negative feature constraints with classical first-order logic. In *ACL-90*, Pittsburgh, PA, pp. 173–179.

Johnson, M. (1998a). Finite-state approximation of constraint-based grammars using left-corner grammar transforms. In *COLING/ACL-98*, Montreal, pp. 619–623.

Johnson, M. (1998b). PCFG models of linguistic tree representations. *Computational Linguistics*, *24*(4), 613–632.

Johnson, M. (2001). Joint and conditional estimation of tagging and parsing models. In *ACL-01*, pp. 314–321.

Johnson, M., Geman, S., Canon, S., Chi, Z., and Riezler, S. (1999). Estimators for stochastic "unification-based" grammars. In *ACL-99*, pp. 535–541.

Johnson, S. C. and Lesk, M. E. (1978). Language development tools. *Bell System Technical Journal*, *57*(6), 2155–2175.

Johnson, W. E. (1932). Probability: deductive and inductive problems (appendix to). *Mind*, *41*(164), 421–423.

Johnson-Laird, P. N. (1983). *Mental Models*. Harvard University Press, Cambridge, MA.

Johnston, M., Ehlen, P., Gibbon, D., and Liu, Z. (2007). The multimodal presentation dashboard. In *NAACL HLT 2007 Workshop 'Bridging the Gap'*.

Jones, D. A., Gibson, E., Shen, W., Granoien, N., Herzog, M., Reynolds, D. A., and Weinstein, C. (2005). Measuring human readability of machine generated text: Three case studies in speech recognition and machine translation. In *ICASSP-05*, pp. 18–23.

Jones, D. A., Wolf, F., Gibson, E., Williams, E., Fedorenko, E., Reynolds, D. A., and Zissman, M. (2003). Measuring the readability of automatic speech-to-text transcripts. In *EUROSPEECH-03*, pp. 1585–1588.

Jones, M. A. and McCoy, K. (1992). Transparently-motivated metaphor generation. In Dale, R., Hovy, E. H., Rösner, D., and Stock, O. (Eds.), *Aspects of Automated Natural Language Generation*, Lecture Notes in Artificial Intelligence 587, pp. 183–198. Springer Verlag.

Jones, M. P. and Martin, J. H. (1997). Contextual spelling correction using latent semantic analysis. In *ANLP 1997*, Washington, D.C., pp. 166–173.

Joos, M. (1950). Description of language design. *JASA*, *22*, 701–708.

Joshi, A. K. (1985). Tree adjoining grammars: How much context-sensitivity is required to provide reasonable structural descriptions?. In Dowty, D. R., Karttunen, L., and Zwicky, A. (Eds.), *Natural Language Parsing*, pp. 206–250. Cambridge University Press.

Joshi, A. K. and Hopely, P. (1999). A parser from antiquity. In Kornai, A. (Ed.), *Extended Finite State Models of Language*, pp. 6–15. Cambridge University Press.

Joshi, A. K. and Kuhn, S. (1979). Centered logic: The role of entity centered sentence representation in natural language inferencing. In *IJCAI-79*, pp. 435–439.

Joshi, A. K. and Srinivas, B. (1994). Disambiguation of super parts of speech (or supertags): Almost parsing. In *COLING-94*, Kyoto, pp. 154–160.

Joshi, A. K., Vijay-Shanker, K., and Weir, D. J. (1991). The convergence of mildly context-sensitive grammatical formalisms. In Sells, P., Shieber, S., and Wasow, T. (Eds.), *Foundational Issues in Natural Language Processing*, pp. 31–81. MIT Press.

Joshi, A. K. and Weinstein, S. (1981). Control of inference: Role of some aspects of discourse structure – centering. In *IJCAI-81*, pp. 385–387.

Jun, S.-A. (Ed.). (2005). *Prosodic Typology and Transcription: A Unified Approach*. Oxford University Press.

Juneja, A. and Espy-Wilson, C. (2003). Speech segmentation using probabilistic phonetic feature hierarchy and support vector machines. In *IJCNN 2003*.

Junqua, J. C. (1993). The Lombard reflex and its role on human listeners and automatic speech recognizers. *JASA*, *93*(1), 510–524.

Juola, P. (1998). Measuring linguistic complexity: The morphological tier. *Journal of Quantitative Linguistics*, *5*(3), 206–213.

Jurafsky, D. (1992). *An On-line Computational Model of Human Sentence Interpretation: A Theory of the Representation and Use of Linguistic Knowledge*. Ph.D. thesis, University of California, Berkeley, CA. University of California at Berkeley Computer Science Division TR #92/676.

Jurafsky, D., Bell, A., Gregory, M. L., and Raymond, W. D. (2001a). Probabilistic relations between words: Evidence from reduction in lexical production. In Bybee, J. L. and Hopper, P. (Eds.), *Frequency and the Emergence of Linguistic Structure*, pp. 229–254. Benjamins.

Jurafsky, D., Ward, W., Jianping, Z., Herold, K., Xiuyang, Y., and Sen, Z. (2001b). What kind of pronunciation variation is hard for triphones to model?. In *ICASSP-01*, Salt Lake City, Utah, pp. I.577–580.

Jurafsky, D., Wooters, C., Tajchman, G., Segal, J., Stolcke, A., Fosler, E., and Morgan, N. (1994). The Berkeley restaurant project. In *ICSLP-94*, Yokohama, Japan, pp. 2139–2142.

Jurafsky, D., Wooters, C., Tajchman, G., Segal, J., Stolcke, A., Fosler, E., and Morgan, N. (1995). Using a stochastic context-free grammar as a language model for speech recognition. In *ICASSP-95*, pp. 189–192.

Kager, R. (2000). *Optimality Theory*. Cambridge University Press.

Kahn, D. (1976). *Syllable-based Generalizations in English Phonology*. Ph.D. thesis, MIT.

Kameyama, M. (1986). A property-sharing constraint in centering. In *ACL-86*, New York, pp. 200–206.

Kamm, C. A. (1994). User interfaces for voice applications. In Roe, D. B. and Wilpon, J. G. (Eds.), *Voice Communication Between Humans and Machines*, pp. 422–442. National Academy Press.

Kan, M. Y., Klavans, J. L., and McKeown, K. R. (1998). Linear segmentation and segment significance. In *Proc. 6th Workshop on Very Large Corpora (WVLC-98)*, Montreal, Canada, pp. 197–205.

Kaplan, R. M. (1973). A general syntactic processor. In Rustin, R. (Ed.), *Natural Language Processing*, pp. 193–241. Algorithmics Press.

Kaplan, R. M. (1987). Three seductions of computational psycholinguistics. In Whitelock, P., Wood, M. M., Somers, H. L., Johnson, R., and Bennett, P. (Eds.), *Linguistic Theory and Computer Applications*, pp. 149–188. Academic Press.

Kaplan, R. M. and Bresnan, J. (1982). Lexical-functional grammar: A formal system for grammatical representation. In Bresnan, J. (Ed.), *The Mental Representation of Grammatical Relations*, pp. 173–281. MIT Press.

Kaplan, R. M. and Kay, M. (1981). Phonological rules and finite-state transducers. Paper presented at the Annual Meeting of the Linguistics Society of America. New York.

Kaplan, R. M. and Kay, M. (1994). Regular models of phonological rule systems. *Computational Linguistics*, 20(3), 331–378.

Kaplan, R. M., Riezler, S., King, T. H., Maxwell III, J. T., Vasserman, A., and Crouch, R. (2004). Speed and accuracy in shallow and deep stochastic parsing. In *HLT-NAACL-04*.

Karamanis, N. (2003). *Entity Coherence for Descriptive Text Structuring*. Ph.D. thesis, University of Edinburgh.

Karamanis, N. (2006). Evaluating centering for sentence ordering in two new domains. In *HLT-NAACL-06*.

Karamanis, N. (2007). Supplementing entity coherence with local rhetorical relations for information ordering. *Journal of Logic, Language and Information*, 16, 445–464.

Karamanis, N. and Manurung, H. M. (2002). Stochastic text structuring using the principle of continuity. In *INLG 2002*, pp. 81–88.

Karamanis, N., Poesio, M., Mellish, C., and Oberlander, J. (2004). Evaluating centering-based metrics of coherence for text structuring using a reliably annotated corpus. In *ACL-04*.

Karlsson, F. (2007). Constraints on multiple center-embedding of clauses. *Journal of Linguistics*, 43, 365–392.

Karlsson, F., Voutilainen, A., Heikkilä, J., and Anttila, A. (Eds.). (1995). *Constraint Grammar: A Language-Independent System for Parsing Unrestricted Text*. Mouton de Gruyter.

Karttunen, L. (1983). KIMMO: A general morphological processor. In *Texas Linguistics Forum 22*, pp. 165–186.

Karttunen, L. (1993). Finite-state constraints. In Goldsmith, J. (Ed.), *The Last Phonological Rule*, pp. 173–194. University of Chicago Press.

Karttunen, L. (1998). The proper treatment of optimality in computational phonology. In *Proceedings of FSMNLP'98: International Workshop on Finite-State Methods in Natural Language Processing*, Bilkent University. Ankara, Turkey, pp. 1–12.

Karttunen, L. (1999). Comments on Joshi. In Kornai, A. (Ed.), *Extended Finite State Models of Language*, pp. 16–18. Cambridge University Press.

Karttunen, L., Chanod, J., Grefenstette, G., and Schiller, A. (1996). Regular expressions for language engineering. *Natural Language Engineering*, 2(4), 305–238.

Karttunen, L. and Kay, M. (1985). Structure sharing with binary trees. In *ACL-85*, Chicago, pp. 133–136.

Kasami, T. (1965). An efficient recognition and syntax analysis algorithm for context-free languages. Tech. rep. AFCRL-65-758, Air Force Cambridge Research Laboratory, Bedford, MA.

Kashyap, R. L. and Oommen, B. J. (1983). Spelling correction using probabilistic methods. *Pattern Recognition Letters*, 2, 147–154.

Kasper, R. T. and Rounds, W. C. (1986). A logical semantics for feature structures. In *ACL-86*, New York, pp. 257–266.

Kataja, L. and Koskenniemi, K. (1988). Finite state description of Semitic morphology. In *COLING-88*, Budapest, pp. 313–315.

Katz, J. J. and Fodor, J. A. (1963). The structure of a semantic theory. *Language*, 39, 170–210.

Katz, S. M. (1987). Estimation of probabilities from sparse data for the language model component of a speech recogniser. *IEEE Transactions on Acoustics, Speech, and Signal Processing*, 35(3), 400–401.

Kawahara, T., Hasegawa, M., Shitaoka, K., Kitade, T., and Nanjo, H. (2004). Automatic indexing of lecture presentations using unsupervised learning of presumed discourse markers. *IEEE Transactions on Speech and Audio Processing*, 12(4), 409–419.

Kawamoto, A. H. (1988). Distributed representations of ambiguous words and their resolution in connectionist networks. In Small, S. L., Cottrell, G. W., and Tanenhaus, M. (Eds.), *Lexical Ambiguity Resolution*, pp. 195–228. Morgan Kaufman.

Kay, M. (1967). Experiments with a powerful parser. In *Proc. 2eme Conference Internationale sur le Traitement Automatique des Langues*, Grenoble.

Kay, M. (1973). The MIND system. In Rustin, R. (Ed.), *Natural Language Processing*, pp. 155–188. Algorithmics Press.

Kay, M. (1979). Functional grammar. In *Proceedings of the Berkeley Linguistics Society Annual Meeting*, Berkeley, CA, pp. 142–158.

Kay, M. (1982). Algorithm schemata and data structures in syntactic processing. In Allén, S. (Ed.), *Text Processing: Text Analysis and Generation, Text Typology and Attribution*, pp. 327–358. Almqvist and Wiksell, Stockholm.

Kay, M. (1984). Functional unification grammar: A formalism for machine translation. In *COLING-84*, Stanford, CA, pp. 75–78.

Kay, M. (1985). Parsing in functional unification grammar. In Dowty, D. R., Karttunen, L., and Zwicky, A. (Eds.), *Natural Language Parsing*, pp. 251–278. Cambridge University Press.

Kay, M. (1987). Nonconcatenative finite-state morphology. In *EACL-87*, Copenhagen, Denmark, pp. 2–10.

Kay, M. and Röscheisen, M. (1988). Text-translation alignment. Tech. rep. P90-00143, Xerox Palo Alto Research Center, Palo Alto, CA.

Kay, M. and Röscheisen, M. (1993). Text-translation alignment. *Computational Linguistics*, *19*, 121–142.

Kay, P. and Fillmore, C. J. (1999). Grammatical constructions and linguistic generalizations: The What's X Doing Y? construction. *Language*, *75*(1), 1–33.

Kazakov, D. (1997). Unsupervised learning of naïve morphology with genetic algorithms. In *ECML/Mlnet Workshop on Empirical Learning of Natural Language Processing Tasks*, Prague, pp. 105–111.

Keating, P. A., Byrd, D., Flemming, E., and Todaka, Y. (1994). Phonetic analysis of word and segment variation using the TIMIT corpus of American English. *Speech Communication*, *14*, 131–142.

Kehler, A. (1993). The effect of establishing coherence in ellipsis and anaphora resolution. In *ACL-93*, Columbus, Ohio, pp. 62–69.

Kehler, A. (1994a). Common topics and coherent situations: Interpreting ellipsis in the context of discourse inference. In *ACL-94*, Las Cruces, New Mexico, pp. 50–57.

Kehler, A. (1994b). Temporal relations: Reference or discourse coherence?. In *ACL-94*, Las Cruces, New Mexico, pp. 319–321.

Kehler, A. (1997a). Current theories of centering for pronoun interpretation: A critical evaluation. *Computational Linguistics*, *23*(3), 467–475.

Kehler, A. (1997b). Probabilistic coreference in information extraction. In *EMNLP 1997*, Providence, RI, pp. 163–173.

Kehler, A. (2000). *Coherence, Reference, and the Theory of Grammar*. CSLI Publications.

Kehler, A., Appelt, D. E., Taylor, L., and Simma, A. (2004). The (non)utility of predicate-argument frequencies for pronoun interpretation. In *HLT-NAACL-04*.

Keller, F. (2004). The entropy rate principle as a predictor of processing effort: An evaluation against eye-tracking data. In *EMNLP 2004*, Barcelona, pp. 317–324.

Keller, F. and Lapata, M. (2003). Using the web to obtain frequencies for unseen bigrams. *Computational Linguistics*, *29*, 459–484.

Keller, W. R. (1988). Nested cooper storage: The proper treatment of quantification in ordinary noun phrases. In Reyle, U. and Rohrer, C. (Eds.), *Natural Language Parsing and Linguistic Theories*, pp. 432–447. Reidel, Dordrecht.

Kelley, L. G. (1979). *The True Interpreter: A History of Translation Theory and Practice in the West*. St. Martin's Press, New York.

Kelly, E. F. and Stone, P. J. (1975). *Computer Recognition of English Word Senses*. North-Holland.

Kennedy, C. and Boguraev, B. (1996). Anaphora for everyone: Pronominal anaphora resolution without a parser. In *COLING-96*, Copenhagen, pp. 113–118.

Kernighan, M. D., Church, K. W., and Gale, W. A. (1990). A spelling correction program base on a noisy channel model. In *COLING-90*, Helsinki, Vol. II, pp. 205–211.

Kibble, R. and Power, R. (2000). An integrated framework for text planning and pronominalisation. In *INLG 2000*, pp. 77–84.

Kiefer, B., Krieger, H.-U., Carroll, J., and Malouf, R. (1999). A bag of useful techniques for efficient and robust parsing. In *ACL-99*, College Park, MD, pp. 473–480.

Kilgarriff, A. (2001). English lexical sample task description. In *Proceedings of Senseval-2: Second International Workshop on Evaluating Word Sense Disambiguation Systems*, Toulouse, France, pp. 17–20.

Kilgarriff, A. and Palmer, M. (Eds.). (2000). *Computing and the Humanities: Special Issue on SENSEVAL*, Vol. 34. Kluwer.

Kilgarriff, A. and Rosenzweig, J. (2000). Framework and results for English SENSEVAL. *Computers and the Humanities*, *34*, 15–48.

Kim, D., Gales, M., Hain, T., and Woodland, P. C. (2004). Using VTLN for Broadcast News transcription. In *ICSLP-04*, Jeju, South Korea, pp. 1953–1956.

Kim, J. and Woodland, P. C. (2001). The use of prosody in a combined system for punctuation generation and speech recognition. In *EUROSPEECH-01*, pp. 2757–2760.

King, J. and Just, M. A. (1991). Individual differences in syntactic processing: The role of working memory. *Journal of Memory and Language*, *30*, 580–602.

King, P. (1989). *A Logical Formalism for Head-Driven Phrase Structure Grammar*. Ph.D. thesis, University of Manchester.

Kinoshita, S., Cohen, K. B., Ogren, P. V., and Hunter, L. (2005). BioCreAtIvE Task1A: Entity identification with a stochastic tagger. *BMC Bioinformatics*, *6*(1).

Kintsch, W. (1974). *The Representation of Meaning in Memory*. Wiley, New York.

Kipper, K., Dang, H. T., and Palmer, M. (2000). Class-based construction of a verb lexicon. In *AAAI-00*, Austin, TX, pp. 691–696.

Kiraz, G. A. (1997). Compiling regular formalisms with rule features into finite-state automata. In *ACL/EACL-97*, Madrid, Spain, pp. 329–336.

Kiraz, G. A. (2000). Multitiered nonlinear morphology using multitape finite automata: A case study on Syriac and Arabic. *Computational Linguistics*, *26*(1), 77–105.

Kiraz, G. A. (2001). *Computational Nonlinear Morphology with Emphasis on Semitic Languages*. Cambridge University Press.

Kiraz, G. A. and Möbius, B. (1998). Multilingual syllabification using weighted finite-state transducers. In *Proceedings of 3rd ESCA Workshop on Speech Synthesis*, Jenolan Caves, pp. 59–64.

Kirchhoff, K., Fink, G. A., and Sagerer, G. (2002). Combining acoustic and articulatory feature information for robust speech recognition. *Speech Communication*, *37*, 303–319.

Kisseberth, C. W. (1969). On the abstractness of phonology: The evidence from Yawelmani. *Papers in Linguistics*, *1*, 248–282.

Kisseberth, C. W. (1970). On the functional unity of phonological rules. *Linguistic Inquiry*, *1*(3), 291–306.

Kita, K., Fukui, Y., Nagata, M., and Morimoto, T. (1996). Automatic acquisition of probabilistic dialogue models. In *ICSLP-96*, Philadelphia, PA, Vol. 1, pp. 196–199.

Klatt, D. H. (1975). Voice onset time, friction, and aspiration in word-initial consonant clusters. *Journal of Speech and Hearing Research*, *18*, 686–706.

Klatt, D. H. (1977). Review of the ARPA speech understanding project. *JASA*, *62*(6), 1345–1366.

Klatt, D. H. (1979). Synthesis by rule of segmental durations in English sentences. In Lindblom, B. E. F. and Öhman, S. (Eds.), *Frontiers of Speech Communication Research*, pp. 287–299. Academic.

Klatt, D. H. (1982). The Klattalk text-to-speech conversion system. In *ICASSP-82*, pp. 1589–1592.

Klavans, J. L. (Ed.). (1995). *Representation and Acquisition of Lexical Knowledge: Polysemy, Ambiguity and Generativity*. AAAI Press. AAAI Technical Report SS-95-01.

Kleene, S. C. (1951). Representation of events in nerve nets and finite automata. Tech. rep. RM-704, RAND Corporation. RAND Research Memorandum.

Kleene, S. C. (1956). Representation of events in nerve nets and finite automata. In Shannon, C. and McCarthy, J. (Eds.), *Automata Studies*, pp. 3–41. Princeton University Press.

Klein, D. (2005). *The Unsupervised Learning of Natural Language Structure*. Ph.D. thesis, Stanford University.

Klein, D. and Manning, C. D. (2001). Parsing and hypergraphs. In *IWPT-01*, pp. 123–134.

Klein, D. and Manning, C. D. (2002). A generative constituent-context model for improved grammar induction. In *ACL-02*.

Klein, D. and Manning, C. D. (2003a). A* parsing: Fast exact Viterbi parse selection. In *HLT-NAACL-03*.

Klein, D. and Manning, C. D. (2003b). Accurate unlexicalized parsing. In *HLT-NAACL-03*.

Klein, D. and Manning, C. D. (2003c). Fast exact inference with a factored model for natural language parsing. In Becker, S., Thrun, S., and Obermayer, K. (Eds.), *Advances in Neural Information Processing Systems 15*. MIT Press.

Klein, D. and Manning, C. D. (2004). Corpus-based induction of syntactic structure: Models of dependency and constituency. In *ACL-04*, pp. 479–486.

Klein, S. and Simmons, R. F. (1963). A computational approach to grammatical coding of English words. *Journal of the Association for Computing Machinery*, *10*(3), 334–347.

Klimt, B. and Yang, Y. (2004). The Enron corpus: A new dataset for email classification research. In *Proceedings of the European Conference on Machine Learning*, pp. 217–226.

Klovstad, J. W. and Mondshein, L. F. (1975). The CASPERS linguistic analysis system. *IEEE Transactions on Acoustics, Speech, and Signal Processing*, *ASSP-23*(1), 118–123.

Kneser, R. (1996). Statistical language modeling using a variable context length. In *ICSLP-96*, Philadelphia, PA, Vol. 1, pp. 494–497.

Kneser, R. and Ney, H. (1993). Improved clustering techniques for class-based statistical language modelling. In *EUROSPEECH-93*, pp. 973–976.

Kneser, R. and Ney, H. (1995). Improved backing-off for M-gram language modeling. In *ICASSP-95*, Vol. 1, pp. 181–184.

Knight, K. (1989). Unification: A multidisciplinary survey. *ACM Computing Surveys*, *21*(1), 93–124.

Knight, K. (1999a). Decoding complexity in word-replacement translation models. *Computational Linguistics*, *25*(4), 607–615.

Knight, K. (1999b). A statistical MT tutorial workbook. Manuscript prepared for the 1999 JHU Summer Workshop.

Knight, K. and Marcu, D. (2000). Statistics-based summarization - step one: Sentence compression. In *AAAI-00*, pp. 703–710.

Knill, K. and Young, S. J. (1997). Hidden Markov models in speech and language processing. In Young, S. J. and Bloothooft, G. (Eds.), *Corpus-Based Methods in Language and Speech Processing*, pp. 27–68. Kluwer.

Knott, A. and Dale, R. (1994). Using linguistic phenomena to motivate a set of coherence relations. *Discourse Processes*, *18*(1), 35–62.

Knuth, D. E. (1968). Semantics of context-free languages. *Mathematical Systems Theory*, *2*(2), 127–145.

Knuth, D. E. (1973). *Sorting and Searching: The Art of Computer Programming Volume 3*. Addison-Wesley.

Koehn, P. and Hoang, H. (2007). Factored translation models. In *EMNLP/CoNLL 2007*, pp. 868–876.

Koehn, P. (2003a). *Noun Phrase Translation*. Ph.D. thesis, University of Southern California.

Koehn, P. (2003b). Pharaoh: A beam search decoder for phrase-based statistical machine translation models. User Manual and Description.

Koehn, P. (2004). Pharaoh: A beam search decoder for phrase-based statistical machine translation models. In *Proceedings of AMTA 2004*.

Koehn, P., Abney, S. P., Hirschberg, J., and Collins, M. (2000). Improving intonational phrasing with syntactic information. In *ICASSP-00*, pp. 1289–1290.

Koehn, P., Hoang, H., Birch, A., Callison-Burch, C., Federico, M., Bertoldi, N., Cowan, B., Shen, W., Moran, C., Zens, R., Dyer, C., Bojar, O., Constantin, A., and Herbst, E. (2006). Moses: Open source toolkit for statistical machine translation. In *ACL-07*, Prague.

Koehn, P., Och, F. J., and Marcu, D. (2003). Statistical phrase-based translation. In *HLT-NAACL-03*, pp. 48–54.

Koenig, W., Dunn, H. K., and Lacy, L. Y. (1946). The sound spectrograph. *JASA*, *18*, 19–49.

Koerner, E. F. K. and Asher, R. E. (Eds.). (1995). *Concise History of the Language Sciences*. Elsevier Science.

Kogan, Y., Collier, N., Pakhomov, S., and Krauthammer, M. (2005). Towards semantic role labeling & IE in the medical literature. In *AMIA 2005 Symposium Proceedings*, pp. 410–414.

Kogure, K. (1990). Strategic lazy incremental copy graph unification. In *COLING-90*, Helsinki, pp. 223–228.

Kompe, R., Kießling, A., Kuhn, T., Mast, M., Niemann, H., Nöth, E., Ott, K., and Batliner, A. (1993). Prosody takes over: A prosodically guided dialog system. In *EUROSPEECH-93*, Berlin, Vol. 3, pp. 2003–2006.

Koppel, M., Argamon, S., and Shimoni, A. R. (2002). Automatically categorizing written texts by author gender. *Literary and Linguistic Computing*, *17*(4), 401–412.

Kornai, A. (1991). *Formal Phonology*. Ph.D. thesis, Stanford University, Stanford, CA.

Koskenniemi, K. (1983). Two-level morphology: A general computational model of word-form recognition and production. Tech. rep. Publication No. 11, Department of General Linguistics, University of Helsinki.

Koskenniemi, K. and Church, K. W. (1988). Complexity, two-level morphology, and Finnish. In *COLING-88*, Budapest, pp. 335–339.

Kozima, H. (1993). Text segmentation based on similarity between words. In *ACL-93*, pp. 286–288.

Krieger, H.-U. and Nerbonne, J. (1993). Feature-based inheritance networks for computational lexicons. In Briscoe, T., de Paiva, V., and Copestake, A. (Eds.), *Inheritance, Defaults, and the Lexicon*, pp. 90–136. Cambridge University Press.

Krieger, H.-U. and Schäfer, U. (1994). TDL — A type description language for HPSG. Part 1: Overview. Tech. rep. RR-94-37, DFKI, Saarbrücken.

Krovetz, R. (1993). Viewing morphology as an inference process. In *SIGIR-93*, pp. 191–202.

Krovetz, R. (1998). More than one sense per discourse. In *Proceedings of the ACL-SIGLEX SENSEVAL Workshop*.

Krovetz, R. and Croft, W. B. (1992). Lexical ambiguity and information retrieval. *ACM Transactions on Information Systems*, *10*(2), 115–141.

Kruskal, J. B. (1983). An overview of sequence comparison. In Sankoff, D. and Kruskal, J. B. (Eds.), *Time Warps, String Edits, and Macromolecules: The Theory and Practice of Sequence Comparison*, pp. 1–44. Addison-Wesley.

Kudo, T. and Matsumoto, Y. (2002). Japanese dependency analysis using cascaded chunking. In *CoNLL-02*, pp. 63–69.

Kuhl, P. K., F.-M., T., and Liu, H.-M. (2003). Foreign-language experience in infancy: Effects of short-term exposure and social interaction on phonetic learning. *Proceedings of the National Academy of Sciences*, *100*, 9096–9101.

Kuhn, R. and De Mori, R. (1990). A cache-based natural language model for speech recognition. *IEEE Transactions on Pattern Analysis and Machine Intelligence*, *12*(6), 570–583.

Kukich, K. (1992). Techniques for automatically correcting words in text. *ACM Computing Surveys*, *24*(4), 377–439.

Kullback, S. and Leibler, R. A. (1951). On information and sufficiency. *Annals of Mathematical Statistics*, *22*, 79–86.

Kumar, S. and Byrne, W. (2002). Risk based lattice cutting for segmental minimum Bayes-risk decoding. In *ICSLP-02*, Denver, CO.

Kumar, S. and Byrne, W. (2005). Local phrase reordering models for statistical machine translation. In *HLT-EMNLP-05*, pp. 161–168.

Kuno, S. (1965). The predictive analyzer and a path elimination technique. *Communications of the ACM*, *8*(7), 453–462.

Kuno, S. and Oettinger, A. G. (1963). Multiple-path syntactic analyzer. In Popplewell, C. M. (Ed.), *Information Processing 1962: Proceedings of the IFIP Congress 1962*, Munich, pp. 306–312. North-Holland. Reprinted in Grosz et al. (1986).

Kupiec, J. (1992). Robust part-of-speech tagging using a hidden Markov model. *Computer Speech and Language*, *6*, 225–242.

Kupiec, J., Pedersen, J., and Chen, F. (1995). A trainable document summarizer. In *SIGIR-95*, pp. 68–73.

Kučera, H. (1992). The mathematics of language. In *The American Heritage Dictionary of the English Language*, pp. xxxi–xxxiii. Houghton Mifflin, Boston.

Kučera, H. and Francis, W. N. (1967). *Computational Analysis of Present-Day American English*. Brown University Press, Providence, RI.

Labov, W. (1966). *The Social Stratification of English in New York City*. Center for Applied Linguistics, Washington, D.C.

Labov, W. (1972). The internal evolution of linguistic rules. In Stockwell, R. P. and Macaulay, R. K. S. (Eds.), *Linguistic Change and Generative Theory*, pp. 101–171. Indiana University Press, Bloomington.

Labov, W. (1975). *The Quantitative Study of Linguistic Structure*. Pennsylvania Working Papers on Linguistic Change and Variation v.1 no. 3. U.S. Regional Survey, Philadelphia, PA.

Labov, W. (1994). *Principles of Linguistic Change: Internal Factors*. Blackwell.

Labov, W. and Fanshel, D. (1977). *Therapeutic Discourse*. Academic Press.

Ladd, D. R. (1996). *Intonational Phonology*. Cambridge Studies in Linguistics. Cambridge University Press.

Ladefoged, P. (1993). *A Course in Phonetics*. Harcourt Brace Jovanovich. (3rd ed.).

Ladefoged, P. (1996). *Elements of Acoustic Phonetics* (2nd Ed.). University of Chicago.

Lafferty, J. D., McCallum, A., and Pereira, F. C. N. (2001). Conditional random fields: Probabilistic models for segmenting and labeling sequence data. In *ICML 2001*, Stanford, CA.

Lafferty, J. D., Sleator, D., and Temperley, D. (1992). Grammatical trigrams: A probabilistic model of link grammar. In *Proceedings of the 1992 AAAI Fall Symposium on Probabilistic Approaches to Natural Language*.

Lakoff, G. (1965). *On the Nature of Syntactic Irregularity*. Ph.D. thesis, Indiana University. Published as *Irregularity in Syntax*. Holt, Rinehart, and Winston, New York, 1970.

Lakoff, G. (1972). Linguistics and natural logic. In Davidson, D. and Harman, G. (Eds.), *Semantics for Natural Language*, pp. 545–665. D. Reidel.

Lakoff, G. (1993). Cognitive phonology. In Goldsmith, J. (Ed.), *The Last Phonological Rule*, pp. 117–145. University of Chicago Press.

Lakoff, G. and Johnson, M. (1980). *Metaphors We Live By*. University of Chicago Press, Chicago, IL.

Lambek, J. (1958). The mathematics of sentence structure. *American Mathematical Monthly*, *65*(3), 154–170.

Lambrecht, K. (1994). *Information Structure and Sentence Form*. Cambridge University Press.

Landauer, T. K. (Ed.). (1995). *The Trouble with Computers: Usefulness, Usability, and Productivity*. MIT Press.

Landauer, T. K. and Dumais, S. T. (1997). A solution to Plato's problem: The Latent Semantic Analysis theory of acquisition, induction, and representation of knowledge. *Psychological Review*, *104*, 211–240.

Landauer, T. K., Laham, D., Rehder, B., and Schreiner, M. E. (1997). How well can passage meaning be derived without using word order: A comparison of latent semantic analysis and humans. In *COGSCI-97*, Stanford, CA, pp. 412–417.

Landes, S., Leacock, C., and Tengi, R. I. (1998). Building semantic concordances. In Fellbaum, C. (Ed.), *WordNet: An Electronic Lexical Database*, pp. 199–216. MIT Press.

Langendoen, D. T. (1975). Finite-state parsing of phrase-structure languages and the status of readjustment rules in the grammar. *Linguistic Inquiry*, *6*(4), 533–554.

Langendoen, D. T. and Langsam, Y. (1987). On the design of finite transducers for parsing phrase-structure languages. In Manaster-Ramer, A. (Ed.), *Mathematics of Language*, pp. 191–235. John Benjamins.

Lapata, M. (2003). Probabilistic text structuring: Experiments with sentence ordering. In *ACL-03*, Sapporo, Japan, pp. 545–552.

Lapata, M. (2006). Automatic evaluation of information ordering. *Computational Linguistics*, *32*(4), 471–484.

Lappin, S. and Leass, H. (1994). An algorithm for pronominal anaphora resolution. *Computational Linguistics*, *20*(4), 535–561.

Lari, K. and Young, S. J. (1990). The estimation of stochastic context-free grammars using the Inside-Outside algorithm. *Computer Speech and Language*, *4*, 35–56.

Lascarides, A. and Asher, N. (1993). Temporal interpretation, discourse relations, and common sense entailment. *Linguistics and Philosophy*, *16*(5), 437–493.

Lascarides, A. and Copestake, A. (1997). Default representation in constraint-based frameworks. *Computational Linguistics*, *25*(1), 55–106.

Lauer, M. (1995). Corpus statistics meet the noun compound. In *ACL-95*, Cambridge, MA, pp. 47–54.

Lawrence, W. (1953). The synthesis of speech from signals which have a low information rate.. In Jackson, W. (Ed.), *Communication Theory*, pp. 460–469. Butterworth.

LDC (1993). *LDC Catalog: CSR-I (WSJ0) Complete*. University of Pennsylvania. www.ldc.upenn.edu/Catalog/LDC93S6A.html.

LDC (1995). COMLEX English Pronunciation Dictionary Version 0.2 (COMLEX 0.2). Linguistic Data Consortium.

LDC (1998). *LDC Catalog: Hub4 project*. University of Pennsylvania. www.ldc.upenn.edu/Catalog/LDC98S71.html or www.ldc.upenn.edu/Catalog/Hub4.html.

Leacock, C. and Chodorow, M. S. (1998). Combining local context and WordNet similarity for word sense identification. In Fellbaum, C. (Ed.), *WordNet: An Electronic Lexical Database*, pp. 265–283. MIT Press.

Leacock, C., Towell, G., and Voorhees, E. M. (1993). Corpus-based statistical sense resolution. In *Proceedings of the ARPA Human Language Technology Workshop*, pp. 260–265.

Lease, M., Johnson, M., and Charniak, E. (2006). Recognizing disfluencies in conversational speech. *IEEE Transactions on Audio, Speech and Language Processing*, *14*(5), 1566–1573.

Lee, L. and Rose, R. C. (1996). Speaker normalisation using efficient frequency warping procedures. In *ICASSP96*, pp. 353–356.

Lee, L. (1999). Measures of distributional similarity. In *ACL-99*, pp. 25–32.

Lee, L. (2001). On the effectiveness of the skew divergence for statistical language analysis. In *Artificial Intelligence and Statistics*, pp. 65–72.

Lee, S., Bresch, E., Adams, J., Kazemzadeh, A., and Narayanan, S. S. (2006). A study of emotional speech articulation using a fast magnetic resonance imaging technique. In *ICSLP-06*.

Leech, G., Garside, R., and Bryant, M. (1994). CLAWS4: The tagging of the British National Corpus. In *COLING-94*, Kyoto, pp. 622–628.

Lees, R. (1970). Problems in the grammatical analysis of English nominal compounds. In Bierwitsch, M. and Heidolph, K. E. (Eds.), *Progress in Linguistics*, pp. 174–187. Mouton, The Hague.

Leggetter, C. J. and Woodland, P. C. (1995). Maximum likelihood linear regression for speaker adaptation of *HMM*s. *Computer Speech and Language*, *9*(2), 171–186.

Lehiste, I. (Ed.). (1967). *Readings in Acoustic Phonetics*. MIT Press.

Lehnert, W. G. (1977). A conceptual theory of question answering. In *IJCAI-77*, pp. 158–164. Morgan Kaufmann.

Lehnert, W. G., Cardie, C., Fisher, D., Riloff, E., and Williams, R. (1991). Description of the CIRCUS system as used for MUC-3. In Sundheim, B. (Ed.), *MUC-3*, pp. 223–233.

Lehrer, A. (1974). *Semantic Fields and Lexical Structure*. North-Holland.

Lehrer, A. and Kittay, E. (Eds.). (1992). *Frames, Fields and Contrasts: New Essays in Semantic and Lexical Organization*. Lawrence Erlbaum.

Lemon, O., Georgila, K., Henderson, J., and Stuttle, M. (2006). An ISU dialogue system exhibiting reinforcement learning of dialogue policies: Generic slot-filling in the TALK in-car system. In *EACL-06*.

Lerner, A. J. (1978). *The Street Where I Live*. Da Capo Press, New York.

Lesk, M. E. (1986). Automatic sense disambiguation using machine readable dictionaries: How to tell a pine cone from an ice cream cone. In *Proceedings of the 5th International Conference on Systems Documentation*, Toronto, CA, pp. 24–26.

Levelt, W. J. M. (1970). A scaling approach to the study of syntactic relations. In d'Arcais, G. B. F. and Levelt, W. J. M. (Eds.), *Advances in Psycholinguistics*, pp. 109–121. North-Holland.

Levenshtein, V. I. (1966). Binary codes capable of correcting deletions, insertions, and reversals. *Cybernetics and Control Theory*, *10*(8), 707–710. Original in *Doklady Akademii Nauk SSSR* 163(4): 845–848 (1965).

Levesque, H. J., Cohen, P. R., and Nunes, J. H. T. (1990). On acting together. In *AAAI-90*, Boston, MA, pp. 94–99. Morgan Kaufmann.

Levi, J. (1978). *The Syntax and Semantics of Complex Nominals*. Academic Press.

Levin, B. (1993). *English Verb Classes and Alternations: A Preliminary Investigation*. University of Chicago Press.

Levin, B. and Rappaport Hovav, M. (2005). *Argument Realization*. Cambridge University Press.

Levin, E., Pieraccini, R., and Eckert, W. (2000). A stochastic model of human-machine interaction for learning dialog strategies. *IEEE Transactions on Speech and Audio Processing*, *8*, 11–23.

Levin, L., Gates, D., Lavie, A., and Waibel, A. (1998). An interlingua based on domain actions for machine translation of task-oriented dialogues. In *ICSLP-98*, Sydney, pp. 1155–1158.

Levinson, S. C. (1983). *Pragmatics*. Cambridge University Press.

Levinson, S. E. (1995). Structural methods in automatic speech recognition. *Proceedings of the IEEE*, *73*(11), 1625–1650.

Levitt, S. D. and Dubner, S. J. (2005). *Freakonomics*. Morrow.

Levow, G.-A. (1998). Characterizing and recognizing spoken corrections in human-computer dialogue. In *COLING-ACL*, pp. 736–742.

Levy, R. and Jaeger, T. F. (2007). Speakers optimize information density through syntactic reduction. In Schlökopf, B., Platt, J., and Hoffman, T. (Eds.), *NIPS 19*, pp. 849–856. MIT Press.

Levy, R. (2008). Expectation-based syntactic comprehension. *Cognition*, *106*(3), 1126–1177.

Lewis, H. and Papadimitriou, C. (1988). *Elements of the Theory of Computation* (2nd Ed.). Prentice Hall.

Li, A., Zheng, F., Byrne, W., Fung, P., Kamm, T., Yi, L., Song, Z., Ruhi, U., Venkataramani, V., and Chen, X. (2000). CASS: A phonetically transcribed corpus of Mandarin spontaneous speech. In *ICSLP-00*, Beijing, China, pp. 485–488.

Li, C. N. and Thompson, S. A. (1981). *Mandarin Chinese: A Functional Reference Grammar*. University of California Press.

Li, H. and Abe, N. (1998). Generalizing case frames using a thesaurus and the MDL principle. *Computational Linguistics*, *24*(2), 217–244.

Li, X. and Roth, D. (2002). Learning question classifiers. In *COLING-02*, pp. 556–562.

Li, X. and Roth, D. (2005). Learning question classifiers: The role of semantic information. *Journal of Natural Language Engineering*, *11*(4).

Liberman, A. M., Delattre, P. C., and Cooper, F. S. (1952). The role of selected stimulus variables in the perception of the unvoiced stop consonants. *American Journal of Psychology*, *65*, 497–516.

Liberman, M. Y. and Church, K. W. (1992). Text analysis and word pronunciation in text-to-speech synthesis. In Furui, S. and Sondhi, M. M. (Eds.), *Advances in Speech Signal Processing*, pp. 791–832. Marcel Dekker.

Liberman, M. Y. and Prince, A. (1977). On stress and linguistic rhythm. *Linguistic Inquiry*, *8*, 249–336.

Liberman, M. Y. and Sproat, R. (1992). The stress and structure of modified noun phrases in English. In Sag, I. A. and Szabolcsi, A. (Eds.), *Lexical Matters*, pp. 131–181. CSLI, Stanford University.

Lidstone, G. J. (1920). Note on the general case of the Bayes-Laplace formula for inductive or a posteriori probabilities. *Transactions of the Faculty of Actuaries*, *8*, 182–192.

Light, M. and Greiff, W. (2002). Statistical models for the induction and use of selectional preferences. *Cognitive Science*, *87*, 1–13.

Lin, C.-Y. (2004). ROUGE: A package for automatic evaluation of summaries. In *ACL 2004 Workshop on Text Summarization Branches Out*.

Lin, C.-Y. and Hovy, E. H. (2000). The automated acquisition of topic signatures for text summarization. In *COLING-00*, pp. 495–501.

Lin, C.-Y. and Hovy, E. H. (2003). Automatic evaluation of summaries using N-gram co-occurrence statistics. In *HLT-NAACL-03*, Edmonton, Canada.

Lin, D. (1995). A dependency-based method for evaluating broad-coverage parsers. In *IJCAI-95*, Montreal, pp. 1420–1425.

Lin, D. (1998a). Automatic retrieval and clustering of similar words. In *COLING/ACL-98*, Montreal, pp. 768–774.

Lin, D. (1998b). An information-theoretic definition of similarity. In *ICML 1998*, San Francisco, pp. 296–304.

Lin, D. (2003). Dependency-based evaluation of minipar. In *Workshop on the Evaluation of Parsing Systems*.

Lin, D. (2007). Dependency-based word similarity demo. http://www.cs.ualberta.ca/~lindek/demos.htm.

Lin, D. and Pantel, P. (2001). Discovery of inference rules for question-answering. *Natural Language Engineering*, *7*(4), 343–360.

Lin, D. and Pantel, P. (2002). Concept discovery from text. In *COLING-02*, pp. 1–7.

Lin, D., Zhao, S., Qin, L., and Zhou, M. (2003). Identifying synonyms among distributionally similar words. In *IJCAI-03*, pp. 1492–1493.

Lin, J. and Demner-Fushman, D. (2005). Evaluating summaries and answers: Two sides of the same coin?. In *ACL 2005 Workshop on Measures for MT and Summarization*.

Lin, J. (2007). An exploration of the principles underlying redundancy-based factoid question answering. *ACM Transactions on Information Systems*, *25*(2).

Lindblom, B. E. F. (1990). Explaining phonetic variation: A sketch of the H&H theory. In Hardcastle, W. J. and Marchal, A. (Eds.), *Speech Production and Speech Modelling*, pp. 403–439. Kluwer.

Lindsey, R. (1963). Inferential memory as the basis of machines which understand natural language. In Feigenbaum, E. and Feldman, J. (Eds.), *Computers and Thought*, pp. 217–233. McGraw Hill.

Litman, D. J. (1985). *Plan Recognition and Discourse Analysis: An Integrated Approach for Understanding Dialogues*. Ph.D. thesis, University of Rochester, Rochester, NY.

Litman, D. J. and Allen, J. (1987). A plan recognition model for subdialogues in conversation. *Cognitive Science*, *11*, 163–200.

Litman, D. J. and Pan, S. (2002). Designing and evaluating an adaptive spoken dialogue system. *User Modeling and User-Adapted Interaction*, *12*(2-3), 111–137.

Litman, D. J. and Silliman, S. (2004). ITSPOKE: An intelligent tutoring spoken dialogue system. In *HLT-NAACL-04*.

Litman, D. J., Swerts, M., and Hirschberg, J. (2000). Predicting automatic speech recognition performance using prosodic cues. In *NAACL 2000*.

Litman, D. J., Walker, M. A., and Kearns, M. (1999). Automatic detection of poor speech recognition at the dialogue level. In *ACL-99*, College Park, MA, pp. 309–316.

Liu, Y. (2004). Word fragment identification using acoustic-prosodic features in conversational speech. In *HLT-NAACL-03 Student Research Workshop*, pp. 37–42.

Liu, Y., Chawla, N. V., Harper, M. P., Shriberg, E., and Stolcke, A. (2006). A study in machine learning from imbalanced data for sentence boundary detection in speech. *Computer Speech & Language*, 20(4), 468–494.

Liu, Y., Liu, Q., and Lin, S. (2005). Log-linear models for word alignment. In *ACL-05*, pp. 459–466.

Liu, Y., Shriberg, E., Stolcke, A., Hillard, D., Ostendorf, M., and Harper, M. (2006). Enriching speech recognition with automatic detection of sentence boundaries and disfluencies. *IEEE Transactions on Audio, Speech, and Language Processing*, 14(5), 1526–1540.

Liu, Y., Shriberg, E., Stolcke, A., Peskin, B., Ang, J., Hillard, D., Ostendorf, M., Tomalin, M., Woodland, P. C., and Harper, M. P. (2005). Structural metadata research in the EARS program. In *ICASSP-05*, pp. 957–960.

Livescu, K. (2005). *Feature-Based Pronuncaition Modeling for Automatic Speech Recognition*. Ph.D. thesis, Massachusetts Institute of Technology.

Livescu, K. and Glass, J. (2004a). Feature-based pronunciation modeling for speech recognition. In *HLT-NAACL-04*, Boston, MA.

Livescu, K. and Glass, J. (2004b). Feature-based pronunciation modeling with trainable asynchrony probabilities. In *ICSLP-04*, Jeju, South Korea.

Livescu, K., Glass, J., and Bilmes, J. (2003). Hidden feature modeling for speech recognition using dynamic Bayesian networks. In *EUROSPEECH-03*.

Lochbaum, K. E. (1998). A collaborative planning model of intentional structure. *Computational Linguistics*, 24(4), 525–572.

Lochbaum, K. E., Grosz, B. J., and Sidner, C. L. (1990). Models of plans to support communication: An initial report. In *AAAI-90*, Boston, MA, pp. 485–490. Morgan Kaufmann.

Lochbaum, K. E., Grosz, B. J., and Sidner, C. L. (2000). Discourse structure and intention recognition. In Dale, R., Moisl, H., and Somers, H. L. (Eds.), *Handbook of Natural Language Processing*. Marcel Dekker.

Longacre, R. E. (1983). *The Grammar of Discourse*. Plenum Press.

Lowe, J. B., Baker, C. F., and Fillmore, C. J. (1997). A frame-semantic approach to semantic annotation. In *Proceedings of ACL SIGLEX Workshop on Tagging Text with Lexical Semantics*, Washington, D.C., pp. 18–24.

Lowerre, B. T. (1968). *The Harpy Speech Recognition System*. Ph.D. thesis, Carnegie Mellon University, Pittsburgh, PA.

Lu, Z., Cohen, B. K., and Hunter, L. (2006). Finding GeneRIFs via Gene Ontology annotations.. In *PSB 2006*, pp. 52–63.

Lucassen, J. and Mercer, R. L. (1984). An information theoretic approach to the automatic determination of phonemic baseforms. In *ICASSP-84*, Vol. 9, pp. 304–307.

Luce, P. A., Pisoni, D. B., and Goldfinger, S. D. (1990). Similarity neighborhoods of spoken words. In Altmann, G. T. M. (Ed.), *Cognitive Models of Speech Processing*, pp. 122–147. MIT Press.

Luhn, H. P. (1957). A statistical approach to the mechanized encoding and searching of literary information. *IBM Journal of Research and Development*, 1(4), 309–317.

Luhn, H. P. (1958). The automatic creation of literature abstracts. *IBM Journal of Research and Development*, 2(2), 159–165.

Luk, R. W. P. and Damper, R. I. (1996). Stochastic phonographic transduction for english. *Computer Speech and Language*, 10(2), 133–153.

Lyons, J. (1977). *Semantics*. Cambridge University Press.

Lyons, R. G. (2004). *Understanding Digital Signal Processing*. Prentice Hall. (2nd. ed).

Macleod, C., Grishman, R., and Meyers, A. (1998). COMLEX Syntax Reference Manual Version 3.0. Linguistic Data Consortium.

MacWhinney, B. (1977). Starting points. *Language*, 53, 152–168.

MacWhinney, B. (1982). Basic syntactic processes. In Kuczaj, S. (Ed.), *Language Acquisition: Volume 1, Syntax and Semantics*, pp. 73–136. Lawrence Erlbaum.

MacWhinney, B. and Csaba Pléh (1988). The processing of restrictive relative clauses in Hungarian. *Cognition*, 29, 95–141.

Madhu, S. and Lytel, D. (1965). A figure of merit technique for the resolution of non-grammatical ambiguity. *Mechanical Translation*, 8(2), 9–13.

Magerman, D. M. (1995). Statistical decision-tree models for parsing. In *ACL-95*, pp. 276–283.

Magerman, D. M. and Marcus, M. P. (1991). Pearl: A probabilistic chart parser. In *EACL-91*, Berlin.

Main, M. G. and Benson, D. B. (1983). Denotational semantics for natural language question-answering programs. *American Journal of Computational Linguistics*, 9(1), 11–21.

Makhoul, J., Baron, A., Bulyko, I., Nguyen, L., Ramshaw, L. A., Stallard, D., Schwartz, R., and Xiang, B. (2005). The effects of speech recognition and punctuation on information extraction performance. In *INTERSPEECH-05*, Lisbon, Portugal, pp. 57–60.

Makkai, A. (1972). *Idiom Structure in English*. Mouton, The Hague.

Malouf, R. (2002). A comparison of algorithms for maximum entropy parameter estimation. In *CoNLL-02*, pp. 49–55.

Malouf, R., Carroll, J., and Copestake, A. (2000). Efficient feature structure operations without compilation. *Natural Language Engineering*, 6(1).

Mangu, L. and Brill, E. (1997). Automatic rule acquisition for spelling correction. In *ICML 1997*, Nashville, TN, pp. 187–194.

Mangu, L., Brill, E., and Stolcke, A. (2000). Finding consensus in speech recognition: Word error minimization and other applications of confusion networks. *Computer Speech and Language*, 14(4), 373–400.

Mani, I. (2001). *Automatic Summarization*. John Benjamins.

Mani, I. and Bloedorn, E. (1999). Summarizing similarities and differences among related documents. *Information Retrieval*, *1*(1-2), 35–67.

Mani, I., Gates, B., and Bloedorn, E. (1999). Improving summaries by revising them. In *ACL-99*, pp. 558–565.

Mani, I. and Maybury, M. T. (1999). *Advances in Automatic Text Summarization*. MIT Press.

Mann, W. C. and Thompson, S. A. (1987). Rhetorical structure theory: A theory of text organization. Tech. rep. RS-87-190, Information Sciences Institute.

Manning, C. D. (1998). Rethinking text segmentation models: An information extraction case study. Tech. rep. SULTRY-98-07-01, University of Sydney.

Manning, C. D., Raghavan, P., and Schütze, H. (2008). *Introduction to Information Retrieval*. Cambridge University Press.

Manning, C. D. and Schütze, H. (1999). *Foundations of Statistical Natural Language Processing*. MIT Press.

Marchand, Y. and Damper, R. I. (2000). A multi-strategy approach to improving pronunciation by analogy. *Computational Linguistics*, *26*(2), 195–219.

Marcu, D. (1995). Discourse trees are good indicators of importance in text. In Mani, I. and Maybury, M. T. (Eds.), *Advances in Automatic Text Summarization*, pp. 123–136. MIT Press.

Marcu, D. (1999). The automatic construction of large-scale corpora for summarization research. In *SIGIR-99*, Berkeley, CA, pp. 137–144.

Marcu, D. (2000a). The rhetorical parsing of unrestricted texts: A surface-based approach. *Computational Linguistics*, *26*(3), 395–448.

Marcu, D. (Ed.). (2000b). *The Theory and Practice of Discourse Parsing and Summarization*. MIT Press.

Marcu, D. and Echihabi, A. (2002). An unsupervised approach to recognizing discourse relations. In *ACL-02*, pp. 368–375.

Marcu, D. and Wong, W. (2002). A phrase-based, joint probability model for statistical machine translation. In *EMNLP 2002*, pp. 133–139.

Marcus, M. P. (1990). Summary of session 9: Automatic acquisition of linguistic structure. In *Proceedings DARPA Speech and Natural Language Workshop*, Hidden Valley, PA, pp. 249–250.

Marcus, M. P., Kim, G., Marcinkiewicz, M. A., MacIntyre, R., Bies, A., Ferguson, M., Katz, K., and Schasberger, B. (1994). The Penn Treebank: Annotating predicate argument structure. In *ARPA Human Language Technology Workshop*, Plainsboro, NJ, pp. 114–119. Morgan Kaufmann.

Marcus, M. P., Santorini, B., and Marcinkiewicz, M. A. (1993). Building a large annotated corpus of English: The Penn treebank. *Computational Linguistics*, *19*(2), 313–330.

Markov, A. A. (1913). Essai d'une recherche statistique sur le texte du roman "Eugene Onegin" illustrant la liaison des epreuve en chain ('Example of a statistical investigation of the text of "Eugene Onegin" illustrating the dependence between samples in chain'). *Izvistia Imperatorskoi Akademii Nauk (Bulletin de l'Académie Impériale des Sciences de St.-Pétersbourg)*, *7*, 153–162.

Markov, A. A. (2006). Classical text in translation: A. A. Markov, an example of statistical investigation of the text Eugene Onegin concerning the connection of samples in chains. *Science in Context*, *19*(4), 591–600. Translated by David Link.

Marshall, I. (1983). Choice of grammatical word-class without GLobal syntactic analysis: Tagging words in the LOB corpus. *Computers and the Humanities*, *17*, 139–150.

Marshall, I. (1987). Tag selection using probabilistic methods. In Garside, R., Leech, G., and Sampson, G. (Eds.), *The Computational Analysis of English*, pp. 42–56. Longman.

Marslen-Wilson, W. (1973). Linguistic structure and speech shadowing at very short latencies. *Nature*, *244*, 522–523.

Marslen-Wilson, W., Tyler, L. K., Waksler, R., and Older, L. (1994). Morphology and meaning in the English mental lexicon. *Psychological Review*, *101*(1), 3–33.

Marslen-Wilson, W. and Welsh, A. (1978). Processing interactions and lexical access during word recognition in continuous speech. *Cognitive Psychology*, *10*, 29–63.

Martin, J. H. (1986). The acquisition of polysemy. In *ICML 1986*, Irvine, CA, pp. 198–204.

Martin, J. H. (1990). *A Computational Model of Metaphor Interpretation*. Academic Press.

Martin, J. H. (1996). Computational approaches to figurative language. *Metaphor and Symbolic Activity*, *11*(1), 85–100.

Martin, J. H. (2006). A rational analysis of the context effect on metaphor processing. In Gries, S. T. and Stefanowitsch, A. (Eds.), *Corpus-Based Approaches to Metaphor and Metonymy*. Mouton de Gruyter.

Massaro, D. W. (1998). *Perceiving Talking Faces: From Speech Perception to a Behavioral Principle*. MIT Press.

Massaro, D. W. and Cohen, M. M. (1983). Evaluation and integration of visual and auditory information in speech perception. *Journal of Experimental Psychology: Human Perception and Performance*, *9*, 753–771.

Masterman, M. (1957). The thesaurus in syntax and semantics. *Mechanical Translation*, *4*(1), 1–2.

Matsuzaki, T., Miyao, Y., and Tsujii, J. (2007). Efficient HPSG parsing with supertagging and CFG-filtering. In *IJCAI-07*.

Matthews, A. and Chodorow, M. S. (1988). Pronoun resolution in two-clause sentences: Effects of ambiguity, antecedent location, and depth of embedding. *Journal of Memory and Language*, *27*, 245–260.

Mays, E., Damerau, F. J., and Mercer, R. L. (1991). Context based spelling correction. *Information Processing and Management*, *27*(5), 517–522.

McCallum, A. (2005). Information extraction: Distilling structured data from unstructured text. *ACM Queue*, pp. 48–57.

McCallum, A., Freitag, D., and Pereira, F. C. N. (2000). Maximum entropy Markov models for information extraction and segmentation. In *ICML 2000*, pp. 591–598.

McCarthy, D. (2006). Relating WordNet senses for word sense disambiguation. In *Proceedings of ACL Workshop on Making Sense of Sense*.

McCarthy, D. and Carroll, J. (2003). Disambiguating nouns, verbs, and adjectives using automatically acquired selectional preferences. *Computational Linguistics*, *29*(4), 639–654.

McCarthy, D., Koeling, R., Weeds, J., and Carroll, J. (2004). Finding predominant word senses in untagged text. In *ACL-04*, pp. 279–286.

McCarthy, J. J. (1981). A prosodic theory of non-concatenative morphology. *Linguistic Inquiry*, *12*, 373–418.

McCarthy, J. F. and Lehnert, W. G. (1995). Using decision trees for coreference resolution. In *IJCAI-95*, Montreal, Canada, pp. 1050–1055.

McCawley, J. D. (1968). The role of semantics in a grammar. In Bach, E. W. and Harms, R. T. (Eds.), *Universals in Linguistic Theory*, pp. 124–169. Holt, Rinehart & Winston.

McCawley, J. D. (1978). Where you can shove infixes. In Bell, A. and Hooper, J. B. (Eds.), *Syllables and Segments*, pp. 213–221. North-Holland.

McCawley, J. D. (1993). *Everything that Linguists Have Always Wanted to Know about Logic* (2nd Ed.). University of Chicago Press, Chicago, IL.

McCawley, J. D. (1998). *The Syntactic Phenomena of English*. University of Chicago Press.

McClelland, J. L. and Elman, J. L. (1986). Interactive processes in speech perception: The TRACE model. In McClelland, J. L., Rumelhart, D. E., and the PDP Research Group (Eds.), *Parallel Distributed Processing Volume 2: Psychological and Biological Models*, pp. 58–121. MIT Press.

McCulloch, W. S. and Pitts, W. (1943). A logical calculus of ideas immanent in nervous activity. *Bulletin of Mathematical Biophysics*, *5*, 115–133. Reprinted in *Neurocomputing: Foundations of Research, ed. by J. A. Anderson and E Rosenfeld. MIT Press 1988*.

McDermott, E. and Hazen, T. (2004). Minimum Classification Error training of landmark models for real-time continuous speech recognition. In *ICASSP-04*.

McDonald, D. B. (1982). *Understanding Noun Compounds*. Ph.D. thesis, Carnegie Mellon University, Pittsburgh, PA. CMU Technical Report CS-82-102.

McDonald, R. (2006). Discriminative sentence compression with soft syntactic constraints. In *EACL-06*.

McDonald, R., Crammer, K., and Pereira, F. C. N. (2005a). On-line large-margin training of dependency parsers. In *ACL-05*, Ann Arbor, pp. 91–98.

McDonald, R., Pereira, F. C. N., Ribarov, K., and Hajič, J. (2005b). Non-projective dependency parsing using spanning tree algorithms. In *HLT-EMNLP-05*.

McGuiness, D. L. and van Harmelen, F. (2004). OWL web ontology overview. Tech. rep. 20040210, World Wide Web Consortium.

McGurk, H. and Macdonald, J. (1976). Hearing lips and seeing voices. *Nature*, *264*, 746–748.

McKeown, K. R., Passonneau, R., Elson, D., Nenkova, A., and Hirschberg, J. (2005). Do summaries help? A task-based evaluation of multi-document summarization. In *SIGIR-05*, Salvador, Brazil.

McLuhan, M. (1964). *Understanding Media: The Extensions of Man*. New American Library.

McNamee, P. and Mayfield, J. (2002). Entity extraction without language-specific resources. In *CoNLL-02*, Taipei, Taiwan.

McRoy, S. (1992). Using multiple knowledge sources for word sense discrimination. *Computational Linguistics*, *18*(1), 1–30.

McTear, M. F. (2002). Spoken dialogue technology: Enabling the conversational interface. *ACM Computing Surveys*, *34*(1), 90–169.

McTear, M. F. (2004). *Spoken Dialogue Technology*. Springer Verlag.

Mealy, G. H. (1955). A method for synthesizing sequential circuits. *Bell System Technical Journal*, *34*(5), 1045–1079.

Megyesi, B. (1999). Improving Brill's POS tagger for an agglutinative language. In *EMNLP/VLC-99*, College Park, MA.

Melamed, I. D. (2003). Multitext grammars and synchronous parsers. In *HLT-NAACL-03*.

Mellish, C., Knott, A., Oberlander, J., and O'Donnell, M. (1998). Experiments using stochastic search for text planning. In *INLG 1998*, pp. 98–107.

Mel'čuk, I. A. (1979). *Studies in Dependency Syntax*. Karoma Publishers, Ann Arbor.

Merialdo, B. (1994). Tagging English text with a probabilistic model. *Computational Linguistics*, *20*(2), 155–172.

Merlo, P. and Stevenson, S. (2001). Automatic verb classification based on statistical distribution of argument structure. *Computational Linguistics*, *27*(3), 373–408.

Merlo, P., Stevenson, S., Tsang, V., and Allaria, G. (2001). A multilingual paradigm for automatic verb classification. In *ACL-02*, pp. 207–214.

Merton, R. K. (1961). Singletons and multiples in scientific discovery. *American Philosophical Society Proceedings*, *105*(5), 470–486.

Meurers, W. D. and Minnen, G. (1997). A computational treatment of lexical rules in HPSG as covariation in lexical entries. *Computational Linguistics*, *23*(4), 543–568.

Meyers, A., Reeves, R., Macleod, C., Szekely, R., Zielinska, V., Young, B., and Grishman, R. (2004). The nombank project: An interim report. In *Proceedings of the NAACL/HLT Workshop: Frontiers in Corpus Annotation*.

Mihalcea, R. and Moldovan, D. (2001). Automatic generation of a coarse grained WordNet. In *NAACL Workshop on WordNet and Other Lexical Resources*.

Mihalcea, R. and Moldovan, D. (1999). An automatic method for generating sense tagged corpora. In *Proceedings of AAAI*, pp. 461–466.

Mikheev, A. (2003). Text segmentation. In Mitkov, R. (Ed.), *Oxford Handbook of Computational Linguistics*. Oxford University Press.

Mikheev, A., Moens, M., and Grover, C. (1999). Named entity recognition without gazetteers. In *EACL-99*, Bergen, Norway, pp. 1–8.

Miller, C. A. (1998). Pronunciation modeling in speech synthesis. Tech. rep. IRCS 98–09, University of Pennsylvania Institute for Research in Cognitive Science, Philadelphia, PA.

Miller, G. A. and Nicely, P. E. (1955). An analysis of perceptual confusions among some English consonants. *JASA*, *27*, 338–352.

Miller, G. A. and Beebe-Center, J. G. (1958). Some psychological methods for evaluating the quality of translations. *Mechanical Translation*, *3*, 73–80.

Miller, G. A. and Charles, W. G. (1991). Contextual correlates of semantics similarity. *Language and Cognitive Processes*, *6*(1), 1–28.

Miller, G. A. and Chomsky, N. (1963). Finitary models of language users. In Luce, R. D., Bush, R. R., and Galanter, E. (Eds.), *Handbook of Mathematical Psychology*, Vol. II, pp. 419–491. John Wiley.

Miller, G. A., Leacock, C., Tengi, R. I., and Bunker, R. T. (1993). A semantic concordance. In *Proceedings ARPA Workshop on Human Language Technology*, pp. 303–308.

Miller, G. A. and Selfridge, J. A. (1950). Verbal context and the recall of meaningful material. *American Journal of Psychology*, *63*, 176–185.

Miller, J. L. (1994). On the internal structure of phonetic categories: A progress report. *Cognition*, *50*, 271–275.

Miller, S., Bobrow, R. J., Ingria, R., and Schwartz, R. (1994). Hidden understanding models of natural language. In *ACL-94*, Las Cruces, NM, pp. 25–32.

Miller, S., Fox, H., Ramshaw, L. A., and Weischedel, R. (2000). A novel use of statistical parsing to extract information from text. In *NAACL 2000*, Seattle, WA, pp. 226–233.

Miller, S., Stallard, D., Bobrow, R. J., and Schwartz, R. (1996). A fully statistical approach to natural language interfaces. In *ACL-96*, Santa Cruz, CA, pp. 55–61.

Miltsakaki, E., Prasad, R., Joshi, A. K., and Webber, B. L. (2004a). Annotating discourse connectives and their arguments. In *Proceedings of the NAACL/HLT Workshop: Frontiers in Corpus Annotation*.

Miltsakaki, E., Prasad, R., Joshi, A. K., and Webber, B. L. (2004b). The Penn Discourse Treebank. In *LREC-04*.

Mishne, G. and de Rijke, M. (2006). MoodViews: Tools for blog mood analysis. In Nicolov, N., Salvetti, F., Liberman, M. Y., and Martin, J. H. (Eds.), *Computational Approaches to Analyzing Weblogs: Papers from the 2006 Spring Symposium*, Stanford, Ca. AAAI.

Mitkov, R. (2002). *Anaphora Resolution*. Longman.

Mitkov, R. and Boguraev, B. (Eds.). (1997). *Proceedings of the ACL-97 Workshop on Operational Factors in Practical, Robust Anaphora Resolution for Unrestricted Texts*, Madrid, Spain.

Miyao, Y. and Tsujii, J. (2005). Probabilistic disambiguation models for wide-coverage HPSG parsing. In *ACL-05*, pp. 83–90.

Mohammad, S. and Hirst, G. (2005). Distributional measures as proxies for semantic relatedness. Submitted.

Mohri, M. (1996). On some applications of finite-state automata theory to natural language processing. *Natural Language Engineering*, *2*(1), 61–80.

Mohri, M. (1997). Finite-state transducers in language and speech processing. *Computational Linguistics*, *23*(2), 269–312.

Mohri, M. (2000). Minimization algorithms for sequential transducers. *Theoretical Computer Science*, *234*, 177–201.

Mohri, M. and Nederhof, M. J. (2001). Regular approximation of context-free grammars through transformation. In Junqua, J.-C. and van Noord, G. (Eds.), *Robustness in Language and Speech Technology*, pp. 153–163. Kluwer.

Mohri, M. and Sproat, R. (1998). On a common fallacy in computational linguistics. In Suominen, M., Arppe, A., Airola, A., Heinämäki, O., Miestamo, M., Määttä, U., Niemi, J., Pitkänen, K. K., and Sinnemäki, K. (Eds.), *A Man of Measure: Festschrift in Honour of Fred Karlsson on this 60th Birthday*, pp. 432–439. SKY Journal of Linguistics, Volume 19, 2006.

Möller, S. (2002). A new taxonomy for the quality of telephone services based on spoken dialogue systems. In *Proceedings of SIGDIAL*, pp. 142–153.

Möller, S. (2004). *Quality of Telephone-Based Spoken Dialogue Systems*. Springer.

Montague, R. (1973). The proper treatment of quantification in ordinary English. In Thomason, R. (Ed.), *Formal Philosophy: Selected Papers of Richard Montague*, pp. 247–270. Yale University Press, New Haven, CT.

Monz, C. (2004). Minimal span weighting retrieval for question answering. In *SIGIR Workshop on Information Retrieval for Question Answering*, pp. 23–30.

Mooney, R. J. (2007). Learning for semantic parsing. In *Computational Linguistics and Intelligent Text Processing: Proceedings of the 8th International Conference, CICLing 2007*, Mexico City, pp. 311–324.

Moore, E. F. (1956). Gedanken-experiments on sequential machines. In Shannon, C. and McCarthy, J. (Eds.), *Automata Studies*, pp. 129–153. Princeton University Press.

Moore, R. C. (2002). Fast and accurate sentence alignment of bilingual corpora. In *Machine Translation: From Research to Real Users (Proceedings, 5th Conference of the Association for Machine Translation in the Americas, Tiburon, California)*, pp. 135–244.

Moore, R. C. (2004). On log-likelihood-ratios and the significance of rare events. In *EMNLP 2004*, Barcelona, pp. 333–340.

Moore, R. C. (2005). A discriminative framework for bilingual word alignment. In *HLT-EMNLP-05*, pp. 81–88.

Morgan, A. A., Wellner, B., Colombe, J. B., Arens, R., Colosimo, M. E., and Hirschman, L. (2007). Evaluating human gene and protein mention normalization to unique identifiers. In *Pacific Symposium on Biocomputing*, pp. 281–291.

Morgan, N. and Fosler-Lussier, E. (1989). Combining multiple estimators of speaking rate. In *ICASSP-89*.

Morris, J. and Hirst, G. (1991). Lexical cohesion computed by thesaural relations as an indicator of the structure of text. *Computational Linguistics*, *17*(1), 21–48.

Morris, W. (Ed.). (1985). *American Heritage Dictionary* (2nd College Edition Ed.). Houghton Mifflin.

Moscoso del Prado Martín, F., Bertram, R., Häikiö, T., Schreuder, R., and Baayen, R. H. (2004a). Morphological family size in a morphologically rich language: The case of Finnish compared to Dutch and Hebrew. *Journal of Experimental Psychology: Learning, Memory, and Cognition*, *30*, 1271–1278.

Moscoso del Prado Martín, F., Kostic, A., and Baayen, R. H. (2004b). Putting the bits together: An information theoretical perspective on morphological processing. *Cognition*, *94*(1), 1–18.

Moshier, M. A. (1988). *Extensions to Unification Grammar for the Description of Programming Languages*. Ph.D. thesis, University of Michigan, Ann Arbor, MI.

Mosteller, F. and Wallace, D. L. (1964). *Inference and Disputed Authorship: The Federalist*. Springer-Verlag. A second edition appeared in 1984 as *Applied Bayesian and Classical Inference*.

Müller, K. (2001). Automatic detection of syllable boundaries combining the advantages of treebank and bracketed corpora training. In *ACL-01*, Toulouse, France.

Müller, K. (2002). Probabilistic context-free grammars for phonology. In *Proceedings of ACL SIGPHON*, Philadelphia, PA, pp. 70–80.

Müller, K., Möbius, B., and Prescher, D. (2000). Inducing probabilistic syllable classes using multivariate clustering. In *ACL-00*, pp. 225–232.

Munoz, M., Punyakanok, V., Roth, D., and Zimak, D. (1999). A learning approach to shallow parsing. In *EMNLP/VLC-99*, College Park, MD, pp. 168–178.

Munteanu, C. and Penn, G. (2004). Optimizing typed feature structure grammar parsing through non-statistical indexing. In *ACL-04*, Barcelona, Spain, pp. 223–230.

Murata, T. (1989). Petri nets: Properties, analysis, and applications. *Proceedings of the IEEE*, 77(4), 541–576.

Murveit, H., Butzberger, J. W., Digalakis, V. V., and Weintraub, M. (1993). Large-vocabulary dictation using SRI's decipher speech recognition system: Progressive-search techniques. In *ICASSP-93*, Vol. 2, pp. 319–322.

Nádas, A. (1983). A decision theoretic formulation of a training problem in speech recognition and a comparison of training by unconditional versus conditional maximum likelihood. *IEEE Transactions on Acoustics, Speech, and Signal Processing*, 31(4), 814–817.

Nádas, A. (1984). Estimation of probabilities in the language model of the IBM speech recognition system. *IEEE Transactions on Acoustics, Speech, Signal Processing*, 32(4), 859–861.

Nagata, M. and Morimoto, T. (1994). First steps toward statistical modeling of dialogue to predict the speech act type of the next utterance. *Speech Communication*, 15, 193–203.

Nakajima, S. and Hamada, H. (1988). Automatic generation of synthesis units based on context oriented clustering. In *ICASSP-88*, pp. 659–662.

Nakatani, C. and Hirschberg, J. (1994). A corpus-based study of repair cues in spontaneous speech. *JASA*, 95(3), 1603–1616.

Nakov, P. I. and Hearst, M. A. (2003). Category-based pseudowords. In *HLT-NAACL-03*, Edmonton, Canada.

Nakov, P. I. and Hearst, M. A. (2005). A study of using search engine page hits as a proxy for n-gram frequencies. In *Proceedings of RANLP-05 (Recent Advances in Natural Language Processing)*, Borovets, Bulgaria.

Narayanan, S. S. and Alwan, A. (Eds.). (2004). *Text to Speech Synthesis: New Paradigms and Advances*. Prentice Hall.

Narayanan, S. (1997). Talking the talk *is* like walking the walk: A computational model of verbal aspect. In *COGSCI-97*, Stanford, CA, pp. 548–553.

Narayanan, S. (1999). Moving right along: A computational model of metaphoric reasoning about events. In *AAAI-99*, Orlando, FL, pp. 121–128.

Narayanan, S., Fillmore, C. J., Baker, C. F., and Petruck, M. R. L. (1999). FrameNet meets the semantic web: A DAML+OIL frame representation. In *AAAI-02*.

Naur, P., Backus, J. W., Bauer, F. L., Green, J., Katz, C., McCarthy, J., Perlis, A. J., Rutishauser, H., Samelson, K., Vauquois, B., Wegstein, J. H., van Wijngaarden, A., and Woodger, M. (1960). Report on the algorithmic language ALGOL 60. *Communications of the ACM*, 3(5), 299–314. Revised in CACM 6:1, 1-17, 1963.

Navigli, R. (2006). Meaningful clustering of senses helps boost word sense disambiguation performance. In *COLING/ACL 2006*, pp. 105–112.

Nederhof, M. J. (2000). Practical experiments with regular approximation of context-free languages. *Computational Linguistics*, 26(1), 17–44.

Needleman, S. B. and Wunsch, C. D. (1970). A general method applicable to the search for similarities in the amino-acid sequence of two proteins. *Journal of Molecular Biology*, 48, 443–453.

Nenkova, A., Brenier, J. M., Kothari, A., Calhoun, S., Whitton, L., Beaver, D., and Jurafsky, D. (2007). To memorize or to predict: Prominence labeling in conversational speech. In *NAACL-HLT 07*.

Nenkova, A. and McKeown, K. R. (2003). References to named entities: a corpus study. In *HLT-NAACL-03*, pp. 70–72.

Nenkova, A., Passonneau, R., and McKeown, K. R. (2007). The pyramid method: Incorporating human content selection variation in summarization evaluation. *ACM TSLP*, 4(2).

Nenkova, A. and Vanderwende, L. (2005). The impact of frequency on summarization. Tech. rep. MSR-TR-2005-101, Microsoft Research, Redmond, WA.

Nespor, M. and Vogel, I. (1986). *Prosodic Phonology*. Foris.

Nesson, R., Shieber, S. M., and Rush, A. (2006). Induction of probabilistic synchronous tree-insertion grammars for machine translation. In *Proceedings of the 7th Conference of the Association for Machine Translation in the Americas (AMTA 2006)*, Boston, MA.

Neu, H. (1980). Ranking of constraints on /t,d/ deletion in American English: A statistical analysis. In Labov, W. (Ed.), *Locating Language in Time and Space*, pp. 37–54. Academic Press.

Newell, A., Langer, S., and Hickey, M. (1998). The rôle of natural language processing in alternative and augmentative communication. *Natural Language Engineering*, 4(1), 1–16.

Newman, S. (1944). *Yokuts Language of California*. Viking Fund Publications in Anthropology 2, New York.

Ney, H. (1991). Dynamic programming parsing for context-free grammars in continuous speech recognition. *IEEE Transactions on Signal Processing*, 39(2), 336–340.

Ney, H., Essen, U., and Kneser, R. (1994). On structuring probabilistic dependencies in stochastic language modelling. *Computer Speech and Language*, 8, 1–38.

Ney, H., Haeb-Umbach, R., Tran, B.-H., and Oerder, M. (1992). Improvements in beam search for 10000-word continuous speech recognition. In *ICASSP-92*, San Francisco, CA, pp. I.9–12.

Ng, H. T. and Lee, H. B. (1996). Integrating multiple knowledge sources to disambiguate word senses: An exemplar-based approach. In *ACL-96*, Santa Cruz, CA, pp. 40–47.

Ng, H. T. and Zelle, J. (1997). Corpus-based approaches to semantic interpretation in NLP. *AI Magazine*, 18(4), 45–64.

Ng, S. (2006). Integrating text mining with data mining. In Ananiadou, S. and McNaught, J. (Eds.), *Text Mining for Biology and Biomedicine*. Artech House Publishers.

Ng, V. (2004). Learning noun phrase anaphoricity to improve coreference resolution: Issues in representation and optimization. In *ACL-04*.

Ng, V. (2005). Machine learning for coreference resolution: From local classification to global ranking. In *ACL-05*.

Ng, V. and Cardie, C. (2002a). Identifying anaphoric and non-anaphoric noun phrases to improve coreference resolution. In *COLING-02*.

Ng, V. and Cardie, C. (2002b). Improving machine learning approaches to coreference resolution. In *ACL-02*.

Nguyen, L. and Schwartz, R. (1999). Single-tree method for grammar-directed search. In *ICASSP-99*, pp. 613–616.

Nichols, J. (1986). Head-marking and dependent-marking grammar. *Language*, *62*(1), 56–119.

Nicolov, N. and Glance, N. (Eds.). (2007). *Proceedings of the First International Conference on Weblogs and Social Media (ICWSM)*, Boulder, CO.

Nicolov, N., Salvetti, F., Liberman, M. Y., and Martin, J. H. (Eds.). (2006). *Computational Approaches to Analyzing Weblogs: Papers from the 2006 Spring Symposium*, Stanford, CA. AAAI.

Nida, E. A. (1975). *Componential Analysis of Meaning: An Introduction to Semantic Structures*. Mouton, The Hague.

Niekrasz, J. and Purver, M. (2006). A multimodal discourse ontology for meeting understanding. In Renals, S. and Bengio, S. (Eds.), *Machine Learning for Multimodal Interaction: 2nd International Workshop MLMI 2005, Revised Selected Papers*, No. 3689 in Lecture Notes in Computer Science, pp. 162–173. Springer-Verlag.

Nielsen, J. (1992). The usability engineering life cycle. *IEEE Computer*, *25*(3), 12–22.

Niesler, T. R., Whittaker, E. W. D., and Woodland, P. C. (1998). Comparison of part-of-speech and automatically derived category-based language models for speech recognition. In *ICASSP-98*, Vol. 1, pp. 177–180.

Niesler, T. R. and Woodland, P. C. (1996). A variable-length category-based n-gram language model. In *ICASSP-96*, Atlanta, GA, Vol. I, pp. 164–167.

Niesler, T. R. and Woodland, P. C. (1999). Modelling word-pair relations in a category-based language model. In *ICASSP-99*, pp. 795–798.

Nilsson, N. J. (1980). *Principles of Artificial Intelligence*. Morgan Kaufmann, Los Altos, CA.

Ninomiya, T., Tsuruoka, Y., Miyao, Y., Taura, K., and Tsujii, J. (2006). Fast and scalable hpsg parsing. *Traitement automatique des langues (TAL)*, *46*(2).

Nirenburg, S., Carbonell, J., Tomita, M., and Goodman, K. (1992). *Machine Translation: A Knowledge-Based Approach*. Morgan Kaufmann.

Nirenburg, S., Somers, H. L., and Wilks, Y. (Eds.). (2002). *Readings in Machine Translation*. MIT Press.

Nissim, M., Dingare, S., Carletta, J., and Steedman, M. (2004). An annotation scheme for information status in dialogue. In *LREC-04*, Lisbon.

NIST (1990). TIMIT Acoustic-Phonetic Continuous Speech Corpus. National Institute of Standards and Technology Speech Disc 1-1.1. NIST Order No. PB91-505065.

NIST (2005). Speech recognition scoring toolkit (sctk) version 2.1. http://www.nist.gov/speech/tools/.

NIST (2007a). The ACE 2007 (ACE07) evaluation plan: Evaluation of the detection and recognition of ACE entities, values, temporal expressions, relations, and events. Unpublished.

NIST (2007b). Matched Pairs Sentence-Segment Word Error (MAPSSWE) Test. http://www.nist.gov/speech/tests/sigtests/mapsswe.htm.

Nivre, J. (2007). Incremental non-projective dependency parsing. In *NAACL-HLT 07*.

Nivre, J., Hall, J., and Nilsson, J. (2006). Maltparser: A data-driven parser-generator for dependency parsing. In *LREC-06*, pp. 2216–2219.

Niyogi, P., Burges, C., and Ramesh, P. (1998). Distinctive feature detection using support vector machines. In *ICASSP-98*.

Nocedal, J. (1980). Updating quasi-newton matrices with limited storage. *Mathematics of Computation*, *35*, 773–782.

Noreen, E. W. (1989). *Computer Intensive Methods for Testing Hypothesis*. Wiley.

Norman, D. A. (1988). *The Design of Everyday Things*. Basic Books.

Norman, D. A. and Rumelhart, D. E. (1975). *Explorations in Cognition*. Freeman.

Normandin, Y. (1996). Maximum mutual information estimation of hidden Markov models. In Lee, C.-H., Soong, F. K., and Paliwal, K. K. (Eds.), *Automatic Speech and Speaker Recognition*, pp. 57–82. Kluwer.

Norvig, P. (1987). *A Unified Theory of Inference for Text Understanding*. Ph.D. thesis, University of California, Berkeley, CA. University of California at Berkeley Computer Science Division TR #87/339.

Norvig, P. (1991). Techniques for automatic memoization with applications to context-free parsing. *Computational Linguistics*, *17*(1), 91–98.

Norvig, P. (2005). The Gettysburgh powerpoint presentation. http://norvig.com/Gettysburg/.

Norvig, P. (2007). How to write a spelling corrector. http://www.norvig.com/spell-correct.html.

Och, F. J. (1998). *Ein beispielsbasierter und statistischer Ansatz zum maschinellen Lernen von natürlichsprachlicher Übersetzung*. Ph.D. thesis, Universität Erlangen-Nürnberg, Germany. Diplomarbeit (diploma thesis).

Och, F. J. (2003). Minimum error rate training in statistical machine translation. In *ACL-03*, pp. 160–167.

Och, F. J. and Ney, H. (2002). Discriminative training and maximum entropy models for statistical machine translation. In *ACL-02*, pp. 295–302.

Och, F. J. and Ney, H. (2003). A systematic comparison of various statistical alignment models. *Computational Linguistics*, *29*(1), 19–51.

Och, F. J. and Ney, H. (2004). The alignment template approach to statistical machine translation. *Computational Linguistics*, *30*(4), 417–449.

Och, F. J., Ueffing, N., and Ney, H. (2001). An efficient A* search algorithm for statistical machine translation. In *Proceedings of the ACL Workshop on Data-Driven Methods in Machine Translation*, pp. 1–8.

Odden, D. (2005). *Introducing Phonology*. Cambridge University Press.

Odell, J. J. (1995). *The Use of Context in Large Vocabulary Speech Recognition*. Ph.D. thesis, Queen's College, University of Cambridge.

Odell, M. K. and Russell, R. C. (1918/1922). U.S. Patents 1261167 (1918), 1435663 (1922). Cited in Knuth (1973).

Oden, G. C. and Massaro, D. W. (1978). Integration of featural information in speech perception. *Psychological Review*, *85*, 172–191.

Oehrle, R. T., Bach, E., and Wheeler, D. W. (Eds.). (1988). *Categorial Grammars and Natural Language Structures*. D. Reidel.

Oflazer, K. (1993). Two-level description of Turkish morphology. In *EACL-93*.

Ogburn, W. F. and Thomas, D. S. (1922). Are inventions inevitable? A note on social evolution. *Political Science Quarterly*, *37*, 83–98.

Ogren, P. V., Cohen, K. B., Acquaah-Mensah, G. K., Eberlein, J., and Hunter, L. (2004). The compositional structure of Gene Ontology terms. In *Pac Symp Biocomput*, pp. 214–225.

Olive, J. P. (1977). Rule synthesis of speech from dyadic units. In *ICASSP77*, pp. 568–570.

Olive, J. P. and Liberman, M. Y. (1979). A set of concatenative units for speech synthesis. *JASA*, *65*, S130.

Olive, J. P., van Santen, J. P. H., Möbius, B., and Shih, C. (1998). Synthesis. In Sproat, R. (Ed.), *Multilingual Text-To-Speech Synthesis: The Bell Labs Approach*, pp. 191–228. Kluwer.

Oncina, J., García, P., and Vidal, E. (1993). Learning subsequential transducers for pattern recognition tasks. *IEEE Transactions on Pattern Analysis and Machine Intelligence*, *15*, 448–458.

Oppenheim, A. V., Schafer, R. W., and Stockham, T. G. J. (1968). Nonlinear filtering of multiplied and convolved signals. *Proceedings of the IEEE*, *56*(8), 1264–1291.

Oravecz, C. and Dienes, P. (2002). Efficient stochastic part-of-speech tagging for Hungarian. In *LREC-02*, Las Palmas, Canary Islands, Spain, pp. 710–717.

Ortmanns, S., Ney, H., and Aubert, X. (1997). A word graph algorithm for large vocabulary continuous speech recognition. *Computer Speech and Language*, *11*, 43–72.

Ortony, A. (Ed.). (1993). *Metaphor* (2nd Ed.). Cambridge University Press, Cambridge.

Osgood, C. E., Suci, G. J., and Tannenbaum, P. H. (1957). *The Measurement of Meaning*. University of Illinois Press.

O'Shaughnessy, D. (2000). *Speech Communications: Human and Machine*. IEEE Press, New York. 2nd. ed.

Ostendorf, M., Digilakis, V., and Kimball, O. (1996). From HMMs to segment models: A unified view of stochastic modeling for speech recognition. *IEEE Transactions on Speech and Audio*, *4*(5), 360–378.

Ostendorf, M. and Veilleux, N. (1994). A hierarchical stochastic model for automatic prediction of prosodic boundary location. *Computational Linguistics*, *20*(1), 27–54.

Ostendorf, M. and Ross, K. (1997). Multi-level recognition of intonation labels. In Sagisaka, Y., Campbell, N., and Higuchi, N. (Eds.), *Computing Prosody: Computational Models for Processing Spontaneous Speech*, chap. 19, pp. 291–308. Springer.

Oviatt, S. L., Cohen, P. R., Wang, M. Q., and Gaston, J. (1993). A simulation-based research strategy for designing complex NL sysems. In *Proceedings DARPA Speech and Natural Language Workshop*, Princeton, NJ, pp. 370–375.

Oviatt, S. L., MacEachern, M., and Levow, G.-A. (1998). Predicting hyperarticulate speech during human-computer error resolution. *Speech Communication*, *24*, 87–110.

Packard, D. W. (1973). Computer-assisted morphological analysis of ancient Greek. In Zampolli, A. and Calzolari, N. (Eds.), *Computational and Mathematical Linguistics: Proceedings of the International Conference on Computational Linguistics*, Pisa, pp. 343–355. Leo S. Olschki.

Palmer, D. D. (2000). Tokenisation and sentence segmentation. In Dale, R., Moisl, H., and Somers, H. L. (Eds.), *Handbook of Natural Language Processing*. Marcel Dekker.

Palmer, M., Babko-Malaya, O., and Dang, H. T. (2004). Different sense granularities for different applications. In *HLT-NAACL Workshop on Scalable Natural Language Understanding*, Boston, MA, pp. 49–56.

Palmer, M., Dang, H. T., and Fellbaum, C. (2006). Making fine-grained and coarse-grained sense distinctions, both manually and automatically. *Natural Language Engineering*, *13*(2), 137–163.

Palmer, M., Fellbaum, C., Cotton, S., Delfs, L., and Dang, H. T. (2001). English tasks: All-words and verb lexical sample. In *Proceedings of Senseval-2: 2nd International Workshop on Evaluating Word Sense Disambiguation Systems*, Toulouse, France, pp. 21–24.

Palmer, M. and Finin, T. (1990). Workshop on the evaluation of natural language processing systems. *Computational Linguistics*, *16*(3), 175–181.

Palmer, M., Kingsbury, P., and Gildea, D. (2005). The proposition bank: An annotated corpus of semantic roles. *Computational Linguistics*, *31*(1), 71–106.

Palmer, M., Ng, H. T., and Dang, H. T. (2006). Evaluation of wsd systems. In Agirre, E. and Edmonds, P. (Eds.), *Word Sense Disambiguation: Algorithms and Applications*. Kluwer.

Pan, S. and Hirschberg, J. (2000). Modeling local context for pitch accent prediction. In *ACL-00*, Hong Kong, pp. 233–240.

Pan, S. and McKeown, K. R. (1999). Word informativeness and automatic pitch accent modeling. In *EMNLP/VLC-99*.

Pang, B., Knight, K., and Marcu, D. (2003). Syntax-based alignment of multiple translations: extracting paraphrases and generating new sentences. In *HLT-NAACL-03*, pp. 102–109.

Pang, B., Lee, L., and Vaithyanathan, S. (2002). Thumbs up? Sentiment classification using machine learning techniques. In *EMNLP 2002*, pp. 79–86.

Pantel, P. and Ravichandran, D. (2004). Automatically labeling semantic classes. In *HLT-NAACL-04*, Boston, MA.

Papineni, K., Roukos, S., Ward, T., and Zhu, W.-J. (2002). Bleu: A method for automatic evaluation of machine translation. In *ACL-02*, Philadelphia, PA.

Parsons, T. (1990). *Events in the Semantics of English*. MIT Press.

Partee, B. H. (Ed.). (1976). *Montague Grammar*. Academic Press.

Partee, B. H., ter Meulen, A., and Wall, R. E. (1990). *Mathematical Methods in Linguistics*. Kluwer.

Pasca, M. (2003). *Open-Domain Question Answering from Large Text Collections*. CSLI.

Passonneau, R. (2006). Measuring agreement on set-valued items (masi) for semantic and pragmatic annotation. In *LREC-06*.

Passonneau, R., Nenkova, A., McKeown, K. R., and Sigleman, S. (2005). Applying the pyramid method in DUC 2005. In *Proceedings of the Document Understanding Conference (DUC'05)*.

Passonneau, R. and Litman, D. J. (1993). Intention-based segmentation: Human reliability and correlation with linguistic cues. In *ACL-93*, Columbus, Ohio, pp. 148–155.

Pater, J. (2008). Gradual learning and convergence. *Linguistic Inquiry*, 39(2).

Pater, J., Potts, C., and Bhatt, R. (2007). Harmonic grammar with linear programming. unpublished manuscript.

Patwardhan, S., Banerjee, S., and Pedersen, T. (2003). Using measures of semantic relatedness for word sense disambiguation. In *Proceedings of the 4th International Conference on Intelligent Text Processing and Computational Linguistics*, pp. 241–257. Springer.

Paul, D. B. (1991). Algorithms for an optimal A* search and linearizing the search in the stack decoder. In *ICASSP-91*, Vol. 1, pp. 693–696.

Pearl, J. (1984). *Heuristics*. Addison-Wesley.

Pearl, J. (1988). *Probabilistic Reasoning in Intelligent Systems: Networks of Plausible Inference*. Morgan Kaufman.

Pedersen, T. and Bruce, R. (1997). Distinguishing word senses in untagged text. In *EMNLP 1997*, Providence, RI.

Pedersen, T., Patwardhan, S., and Michelizzi, J. (2004). WordNet::Similarity – Measuring the relatedness of concepts. In *HLT-NAACL-04*.

Peirce, C. S. (1955). Abduction and induction. In Buchler, J. (Ed.), *Philosophical Writings of Peirce*, pp. 150–156. Dover Books, New York.

Penn, G. and Munteanu, C. (2003). A tabulation-based parsing method that reduces copying. In *ACL-03*, Sapporo, Japan.

Percival, W. K. (1976). On the historical source of immediate constituent analysis. In McCawley, J. D. (Ed.), *Syntax and Semantics Volume 7, Notes from the Linguistic Underground*, pp. 229–242. Academic Press.

Pereira, F. C. N. (1985). A structure-sharing representation for unification-based grammar formalisms. In *ACL-85*, Chicago, pp. 137–144.

Pereira, F. C. N., Riley, M. D., and Sproat, R. (1994). Weighted rational transductions and their applications to human language processing. In *ARPA Human Language Technology Workshop*, Plainsboro, NJ, pp. 262–267. Morgan Kaufmann.

Pereira, F. C. N. and Shieber, S. M. (1984). The semantics of grammar formalisms seen as computer languages. In *COLING-84*, Stanford, CA, pp. 123–129.

Pereira, F. C. N. and Shieber, S. M. (1987). *Prolog and Natural-Language Analysis*, Vol. 10 of *CSLI Lecture Notes*. Chicago University Press.

Pereira, F. C. N., Tishby, N., and Lee, L. (1993). Distributional clustering of English words. In *ACL-93*, Columbus, Ohio, pp. 183–190.

Pereira, F. C. N. and Warren, D. H. D. (1980). Definite clause grammars for language analysis—A survey of the formalism and a comparison with augmented transition networks. *Artificial Intelligence*, 13(3), 231–278.

Pereira, F. C. N. and Wright, R. N. (1997). Finite-state approximation of phrase-structure grammars. In Roche, E. and Schabes, Y. (Eds.), *Finite-State Language Processing*, pp. 149–174. MIT Press.

Perrault, C. R. and Allen, J. (1980). A plan-based analysis of indirect speech acts. *American Journal of Computational Linguistics*, 6(3-4), 167–182.

Peshkin, L. and Pfefer, A. (2003). Bayesian information extraction network. In *IJCAI-03*.

Peters, W., Peters, I., and Vossen, P. (1998). Automatic sense clustering in EuroWordNet. In *LREC-98*, Granada, Spain, pp. 447–454.

Peterson, G. E. and Barney, H. L. (1952). Control methods used in a study of the vowels. *JASA*, 24, 175–184.

Peterson, G. E., Wang, W. S.-Y., and Sivertsen, E. (1958). Segmentation techniques in speech synthesis. *JASA*, 30(8), 739–742.

Peterson, J. L. (1986). A note on undetected typing errors. *Communications of the ACM*, 29(7), 633–637.

Petrov, S., Barrett, L., Thibaux, R., and Klein, D. (2006). Learning accurate, compact, and interpretable tree annotation. In *COLING/ACL 2006*, Sydney, Australia, pp. 433–440.

Pevzner, L. and Hearst, M. A. (2002). A critique and improvement of an evaluation metric for text segmentation. *Computational Linguistics*, 28(1), 19–36.

Pieraccini, R., Levin, E., and Lee, C.-H. (1991). Stochastic representation of conceptual structure in the ATIS task. In *Proceedings DARPA Speech and Natural Language Workshop*, Pacific Grove, CA, pp. 121–124.

Pierce, J. R., Carroll, J. B., Hamp, E. P., Hays, D. G., Hockett, C. F., Oettinger, A. G., and Perlis, A. J. (1966). *Language and Machines: Computers in Translation and Linguistics*. ALPAC report. National Academy of Sciences, National Research Council, Washington, DC.

Pierre, I. (1984). Another look at nominal compounds. In *COLING-84*, Stanford, CA, pp. 509–516.

Pierrehumbert, J. B. (1980). *The Phonology and Phonetics of English Intonation*. Ph.D. thesis, MIT.

Pierrehumbert, J. B. and Hirschberg, J. (1990). The meaning of intonational contours in the interpretation of discourse. In Cohen, P. R., Morgan, J., and Pollack, M. (Eds.), *Intentions in Communication*, pp. 271–311. MIT Press.

Pito, R. (1993) Tgrepdoc Man Page.

Pitrelli, J. F., Beckman, M. E., and Hirschberg, J. (1994). Evaluation of prosodic transcription labeling reliability in the ToBI framework. In *ICSLP-94*, Vol. 1, pp. 123–126.

Pitt, M. A., Dilley, L., Johnson, K., Kiesling, S., Raymond, W. D., Hume, E., and Fosler-Lussier, E. (2007). Buckeye corpus of conversational speech (2nd release).. Department of Psychology, Ohio State University (Distributor).

Pitt, M. A., Johnson, K., Hume, E., Kiesling, S., and Raymond, W. D. (2005). The buckeye corpus of conversational speech: Labeling conventions and a test of transcriber reliability. *Speech Communication*, 45, 90–95.

Player, N. J. (2004). *Logics of Ambiguity*. Ph.D. thesis, University of Manchester.

Plotkin, J. B. and Nowak, M. A. (2000). Language evolution and information theory. *Journal of Theoretical Biology*, 205(1), 147–159.

Pluymaekers, M., Ernestut, M., and Baayen, R. H. (2005). Articulatory planning is continuous and sensitive to informational redundancy. *Phonetica, 62*, 146–159.

Poesio, M., Stevenson, R., Di Eugenio, B., and Hitzeman, J. (2004). Centering: A parametric theory and its instantiations. *Computational Linguistics, 30*(3), 309–363.

Poesio, M. and Vieira, R. (1998). A corpus-based investigation of definite description use. *Computational Linguistics, 24*(2), 183–216.

Polanyi, L. (1988). A formal model of the structure of discourse. *Journal of Pragmatics, 12*.

Polanyi, L., Culy, C., van den Berg, M., Thione, G. L., and Ahn, D. (2004a). A rule based approach to discourse parsing. In *Proceedings of SIGDIAL*.

Polanyi, L., Culy, C., van den Berg, M., Thione, G. L., and Ahn, D. (2004b). Sentential structure and discourse parsing. In *ACL04 Discourse Annotation Workshop*.

Polifroni, J., Hirschman, L., Seneff, S., and Zue, V. W. (1992). Experiments in evaluating interactive spoken language systems. In *Proceedings DARPA Speech and Natural Language Workshop*, Harriman, NY, pp. 28–33.

Pollard, C. (1984). *Generalized phrase structure grammars, head grammars, and natural language*. Ph.D. thesis, Stanford University.

Pollard, C. and Moshier, M. A. (1990). Unifying partial descriptions of sets. In Hanson, P. P. (Ed.), *Information, Language, and Cognition*, pp. 285–322. University of British Columbia Press, Vancouver.

Pollard, C. and Sag, I. A. (1987). *Information-Based Syntax and Semantics: Volume 1: Fundamentals*. University of Chicago Press.

Pollard, C. and Sag, I. A. (1994). *Head-Driven Phrase Structure Grammar*. University of Chicago Press.

Pollock, J. J. and Zamora, A. (1975). Automatic abstracting research at Chemical Abstracts Service. *Journal of Chemical Information and Computer Sciences, 15*(4), 226–232.

Porter, M. F. (1980). An algorithm for suffix stripping. *Program, 14*(3), 130–127.

Power, R. (1979). The organization of purposeful dialogs. *Linguistics, 17*, 105–152.

Power, R., Scott, D., and Bouayad-Agha, N. (2003). Document structure. *Computational Linguistics, 29*(2), 211–260.

Pradhan, S., Hacioglu, K., Ward, W., Martin, J. H., and Jurafsky, D. (2003). Semantic role parsing: Adding semantic structure to unstructured text. In *Proceedings of the International Conference on Data Mining (ICDM-2003)*.

Pradhan, S., Ward, W., Hacioglu, K., Martin, J. H., and Jurafsky, D. (2005). Semantic role labeling using different syntactic views. In *ACL-05*, Ann Arbor, MI.

Price, P. J., Fisher, W., Bernstein, J., and Pallet, D. (1988). The DARPA 1000-word resource management database for continuous speech recognition. In *ICASSP-88*, New York, Vol. 1, pp. 651–654.

Price, P. J., Ostendorf, M., Shattuck-Hufnagel, S., and Fong, C. (1991). The use of prosody in syntactic disambiguation. *JASA, 90*(6).

Prince, A. and Smolensky, P. (1993). Optimality theory: Constraint interaction in generative grammar.. Appeared as Tech. rep. CU-CS-696-93, Department of Computer Science, University of Colorado at Boulder, and Tech. rep. TR-2, Rutgers Center for Cognitive Science, Rutgers University, April 1993.

Prince, A. and Smolensky, P. (2004). *Optimality Theory: Constraint Interaction in Generative Grammar*. Blackwell.

Prince, A. and Tesar, B. (2004). Learning phonotactic distributions. In Kager, R., Pater, J., and Zonneveld, W. (Eds.), *Constraints in Phonological Acquisition*, pp. 245–291. Cambridge University Press.

Prince, E. (1981). Toward a taxonomy of given-new information. In Cole, P. (Ed.), *Radical Pragmatics*, pp. 223–255. Academic Press.

Prince, E. (1992). The ZPG letter: Subjects, definiteness, and information-status. In Thompson, S. and Mann, W. (Eds.), *Discourse Description: Diverse Analyses of a Fundraising Text*, pp. 295–325. John Benjamins.

Prüst, H. (1992). *On Discourse Structuring, VP Anaphora, and Gapping*. Ph.D. thesis, University of Amsterdam.

Pullum, G. K. (1991). *The Great Eskimo Vocabulary Hoax*. University of Chicago.

Pullum, G. K. and Gazdar, G. (1982). Natural languages and context-free languages. *Linguistics and Philosophy, 4*, 471–504.

Pullum, G. K. and Ladusaw, W. A. (1996). *Phonetic Symbol Guide* (2nd Ed.). University of Chicago.

Pustejovsky, J. (1995). *The Generative Lexicon*. MIT Press.

Pustejovsky, J. and Bergler, S. (Eds.). (1992). *Lexical Semantics and Knowledge Representation*. Lecture Notes in Artificial Intelligence. Springer Verlag.

Pustejovsky, J. and Boguraev, B. (Eds.). (1996). *Lexical Semantics: The Problem of Polysemy*. Oxford University Press.

Pustejovsky, J., Castaño, J., Ingria, R., Saurí, R., Gaizauskas, R., Setzer, A., and Katz, G. (2003a). TimeML: robust specification of event and temporal expressions in text. In *Proceedings of the 5th International Workshop on Computational Semantics (IWCS-5)*.

Pustejovsky, J., Hanks, P., Saurí, R., See, A., Gaizauskas, R., Setzer, A., Radev, D., Sundheim, B., Day, D. S., Ferro, L., and Lazo, M. (2003b). The TIMEBANK corpus. In *Proceedings of Corpus Linguistics 2003 Conference*, pp. 647–656. UCREL Technical Paper number 16.

Pustejovsky, J., Ingria, R., Saurí, R., Castaño, J., Littman, J., Gaizauskas, R., Setzer, A., Katz, G., and Mani, I. (2005). *The Specification Language TimeML*, chap. 27. Oxford.

Qu, Y., Shanahan, J., and Wiebe, J. (Eds.). (2005). *Computing Attitude and Affect in Text: Theory and Applications*. Springer.

Quillian, M. R. (1968). Semantic memory. In Minsky, M. (Ed.), *Semantic Information Processing*, pp. 227–270. MIT Press.

Quinlan, J. R. (1986). Induction of decision trees. *Machine Learning, 1*, 81–106.

Quirk, C., Brockett, C., and Dolan, W. B. (2004). Monolingual machine translation for paraphrase generation. In *EMNLP 2004*, pp. 142–149.

Quirk, C., Menezes, A., and Cherry, C. (2005). Dependency treelet translation: Syntactically informed phrasal SMT. In *ACL-05*.

Quirk, R., Greenbaum, S., Leech, G., and Svartvik, J. (1985). *A Comprehensive Grammar of the English Language*. Longman.

Rabin, M. O. and Scott, D. (1959). Finite automata and their decision problems. *IBM Journal of Research and Development*, *3*(2), 114–125.

Rabiner, L. R. and Schafer, R. W. (1978). *Digital Processing of Speech Signals*. Prentice Hall.

Rabiner, L. R. (1989). A tutorial on hidden Markov models and selected applications in speech recognition. *Proceedings of the IEEE*, *77*(2), 257–286.

Rabiner, L. R. and Juang, B. H. (1993). *Fundamentals of Speech Recognition*. Prentice Hall.

Radev, D., Blair-Goldensohn, S., and Zhang, Z. (2001). Experiments in single and multi-document summarization using MEAD. In *Proceedings of the Document Understanding Conference (DUC-01)*, New Orleans, LA.

Radev, D., Jing, H., and Budzikowska, M. (2000). Summarization of multiple documents: Clustering, sentence extraction, and evaluation. In *ANLP-NAACL Workshop on Automatic Summarization*, Seattle, WA.

Radford, A. (1988). *Transformational Grammar: A First Course*. Cambridge University Press.

Radford, A. (1997). *Syntactic Theory and the Structure of English: A Minimalist Approach*. Cambridge University Press.

Ramshaw, L. A. and Marcus, M. P. (1995). Text chunking using transformation-based learning. In *Proceedings of the 3rd Annual Workshop on Very Large Corpora*, pp. 82–94.

Rand, D. and Sankoff, D. (1990). GoldVarb: A variable rule application for the Macintosh. `http://www.crm.umontreal.ca/~sankoff/GoldVarb_Eng.html`.

Raphael, B. (1968). SIR: A computer program for semantic information retrieval. In Minsky, M. (Ed.), *Semantic Information Processing*, pp. 33–145. MIT Press.

Ratnaparkhi, A. (1996). A maximum entropy part-of-speech tagger. In *EMNLP 1996*, Philadelphia, PA, pp. 133–142.

Ratnaparkhi, A., Reynar, J. C., and Roukos, S. (1994). A maximum entropy model for prepositional phrase attachment. In *ARPA Human Language Technologies Workshop*, Plainsboro, N.J., pp. 250–255.

Rau, L. F., Jacobs, P. S., and Zernik, U. (1989). Information extraction and text summarization using linguistic knowledge acquisition. *Information Processing and Management*, *25*(4), 419–428.

Ravichandran, D. and Hovy, E. H. (2002). Learning surface text patterns for a question answering system. In *ACL-02*, Philadelphia, PA, pp. 41–47.

Ravishankar, M. K. (1996). *Efficient Algorithms for Speech Recognition*. Ph.D. thesis, School of Computer Science, Carnegie Mellon University, Pittsburgh. Available as CMU CS tech report CMU-CS-96-143.

Rayner, M. and Hockey, B. A. (2003). Transparent combination of rule-based and data-driven approaches in a speech understanding architecture. In *EACL-03*, Budapest, Hungary.

Rayner, M. and Hockey, B. A. (2004). Side effect free dialogue management in a voice enabled procedure browser. In *ICSLP-04*, pp. 2833–2836.

Rayner, M., Hockey, B. A., and Bouillon, P. (2006). *Putting Linguistics into Speech Recognition*. CSLI.

Rayner, M., Hockey, B. A., Hieronymus, J., Dowding, J., Aist, G., and Early, S. (2003). An intelligent procedure assistant built using REGULUS 2 and ALTERF. In *ACL-03*, Sapporo, Japan, pp. 193–196.

Rebholz-Schuhmann, D., Marcel, S., Albert, S., Tolle, R., Casari, G., and Kirsch, H. (2004). Automatic extraction of mutations from medline and cross-validation with omim. *Nucleic Acids Research*, *32*(1), 135–142.

Reeves, B. and Nass, C. (1996). *The Media Equation: How People Treat Computers, Television, and New Media Like Real People and Places*. Cambridge University Press.

Regier, T. (1996). *The Human Semantic Potential*. MIT Press.

Reichenbach, H. (1947). *Elements of Symbolic Logic*. Macmillan, New York.

Reichert, T. A., Cohen, D. N., and Wong, A. K. C. (1973). An application of information theory to genetic mutations and the matching of polypeptide sequences. *Journal of Theoretical Biology*, *42*, 245–261.

Reichman, R. (1985). *Getting Computers to Talk Like You and Me*. MIT Press.

Reimer, U. and Hahn, U. (1988). Text condensation as knowledge base abstraction. In *CAIA-88*, pp. 14–18.

Reiter, E. and Dale, R. (2000). *Building Natural Language Generation Systems*. Cambridge University Press.

Reiter, R. (1980). A logic for default reasoning. *Artificial Intelligence*, *13*, 81–132.

Reithinger, N., Engel, R., Kipp, M., and Klesen, M. (1996). Predicting dialogue acts for a speech-to-speech translation system. In *ICSLP-96*, Philadelphia, PA, Vol. 2, pp. 654–657.

Resnik, P. (1992). Probabilistic tree-adjoining grammar as a framework for statistical natural language processing. In *COLING-92*, Nantes, France, pp. 418–424.

Resnik, P. (1995). Using information content to evaluate semantic similarity in a taxanomy. In *International Joint Conference for Artificial Intelligence (IJCAI-95)*, pp. 448–453.

Resnik, P. (1996). Selectional constraints: An information-theoretic model and its computational realization. *Cognition*, *61*, 127–159.

Resnik, P. (1997). Selectional preference and sense disambiguation. In *Proceedings of ACL SIGLEX Workshop on Tagging Text with Lexical Semantics*, Washington, D.C., pp. 52–57.

Resnik, P. (1998). WordNet and class-based probabilities. In Fellbaum, C. (Ed.), *WordNet: An Electronic Lexical Database*. MIT Press.

Resnik, P. (2006). Word sense disambiguation in NLP applications. In Agirre, E. and Edmonds, P. (Eds.), *Word Sense Disambiguation: Algorithms and Applications*. Kluwer.

Reyle, U. (1993). Dealing with ambiguities by underspecification: Construction, representation and deduction. *The Journal of Semantics*, *10*(2), 123–179.

Reynar, J. C. (1994). An automatic method of finding topic boundaries. In *ACL-94*, pp. 27–30.

Reynar, J. C. (1999). Statistical models for topic segmentation. In *ACL/EACL-97*, pp. 357–364.

Reynolds, D. A. and Rose, R. C. (1995). Robust text-independent speaker identification using Gaussian mixture speaker models. *IEEE Transactions on Speech and Audio Processing*, 3(1), 72–83.

Rhodes, R. A. (1992). Flapping in American English. In Dressler, W. U., Prinzhorn, M., and Rennison, J. (Eds.), *Proceedings of the 7th International Phonology Meeting*, pp. 217–232. Rosenberg and Sellier, Turin.

Riesbeck, C. K. (1975). Conceptual analysis. In Schank, R. C. (Ed.), *Conceptual Information Processing*, pp. 83–156. American Elsevier, New York.

Riesbeck, C. K. (1986). From conceptual analyzer to direct memory access parsing: An overview. In *Advances in Cognitive Science 1*, pp. 236–258. Ellis Horwood, Chichester.

Riezler, S., Prescher, D., Kuhn, J., and Johnson, M. (2000). Lexicalized stochastic modeling of constraint-based grammars using log-linear measures and EM training. In *ACL-00*, Hong Kong.

Riezler, S., King, T. H., Crouch, R., and Zaenen, A. (2003). Statistical sentence condensation using ambiguity packing and stochastic disambiguation methods for Lexical-Functional Grammar. In *HLT-NAACL-03*, Edmonton, Canada.

Riezler, S., King, T. H., Kaplan, R. M., Crouch, R., Maxwell III, J. T., and Johnson, M. (2002). Parsing the Wall Street Journal using a Lexical-Functional Grammar and discriminative estimation techniques. In *ACL-02*, Philadelphia, PA.

Riezler, S. and Maxwell III, J. T. (2005). On some pitfalls in automatic eevaluation and significance testing for mt. In *Proceedings of the ACL Workshop on Intrinsic and Extrinsic Evaluation Methods for MT and Summarization (MTSE)*.

Riggle, J. (2005). Contenders and learning. In *WCCFL 23*, pp. 101–114.

Riley, M. D. (1992). Tree-based modelling for speech synthesis. In Bailly, G. and Beniot, C. (Eds.), *Talking Machines: Theories, Models and Designs*. North Holland.

Riloff, E. (1993). Automatically constructing a dictionary for information extraction tasks. In *AAAI-93*, Washington, D.C., pp. 811–816.

Riloff, E. (1996). Automatically generating extraction patterns from untagged text. In *AAAI-96*, pp. 117–124.

Riloff, E. and Jones, R. (1999). Learning dictionaries for information extraction by multi-level bootstrapping. In *AAAI-99*, pp. 474–479.

Rindflesch, T. C., Tanabe, L., Weinstein, J. N., and Hunter, L. (2000). EDGAR: Extraction of drugs, genes and relations from the biomedical literature. In *Pacific Symposium on Biocomputing*, pp. 515–524.

Rivest, R. L. (1987). Learning decision lists. *Machine Learning*, 2(3), 229–246.

Roark, B. (2001). Probabilistic top-down parsing and language modeling. *Computational Linguistics*, 27(2), 249–276.

Roark, B. and Sproat, R. (2007). *Computational Approaches to Morphology and Syntax*. Oxford University Press.

Robins, R. H. (1967). *A Short History of Linguistics*. Indiana University Press, Bloomington.

Robinson, J. A. (1965). A machine-oriented logic based on the resolution principle. *Journal of the Association for Computing Machinery*, 12, 23–41.

Robinson, J. J. (1975). Performance grammars. In Reddy, D. R. (Ed.), *Speech Recognition: Invited Paper Presented at the 1974 IEEE Symposium*, pp. 401–427. Academic Press.

Robinson, S. E. and Sparck Jones, K. (1976). Relevance weighting of search terms. *Journal of the American Society for Information Science*, 27, 129–146.

Rocchio, J. J. (1971). Relevance feedback in information retrieval. In *The SMART Retrieval System: Experiments in Automatic Indexing*, pp. 324–336. Prentice Hall.

Roche, E. and Schabes, Y. (1997a). Deterministic part-of-speech tagging with finite-state transducers. In Roche, E. and Schabes, Y. (Eds.), *Finite-State Language Processing*, pp. 205–239. MIT Press.

Roche, E. and Schabes, Y. (1997b). Introduction. In Roche, E. and Schabes, Y. (Eds.), *Finite-State Language Processing*, pp. 1–65. MIT Press.

Rohde, D. L. T. (2005) TGrep2 User Manual.

Rosario, B. and Hearst, M. A. (2004). Classifying semantic relations in bioscience texts. In *ACL-04*, pp. 430–437.

Rosario, B. and Hearst, M. A. (2005). Multi-way relation classification: Application to protein-protein interactions. In *HLT-EMNLP-05*.

Rosenberg, A. E. (1971). Effect of glottal pulse shape on the quality of natural vowels. *JASA*, 49, 583–590.

Rosenfeld, R. (1996). A maximum entropy approach to adaptive statistical language modeling. *Computer Speech and Language*, 10, 187–228.

Roth, D. and Yih, W. (2001). Relational learning via propositional algorithms: An information extraction case study. In *Proceedings of the International Joint Conference on Artificial Intelligence (IJCAI)*, pp. 1257–1263.

Roth, D. and Zelenko, D. (1998). Part of speech tagging using a network of linear separators. In *COLING/ACL-98*, Montreal, Canada, pp. 1136–1142.

Rounds, W. C. and Kasper, R. T. (1986). A complete logical calculus for record structures representing linguistic information. In *Proceedings of the 1st Annual IEEE Symposium on Logic in Computer Science*, pp. 38–43.

Roy, D. (2005a). Grounding words in perception and action: Computational insights. *Trends in Cognitive Science*, 9(8), 389–396.

Roy, D. (2005b). Semiotic schemas: A framework for grounding language in the action and perception. *Artificial Intelligence*, 167(1-2), 170–205.

Roy, D., Hsiao, K.-Y., and Mavridis, N. (2004). Mental imagery for a conversational robot. *IEEE Transactions on Systems, Man, and Cybernetics*, 34(3), 1374–1383.

Roy, D. and Mukherjee, N. (2005). Towards situated speech understanding: Visual context priming of language models. *Computer Speech and Language*, 19(2), 227–248.

Roy, N., Pineau, J., and Thrun, S. (2000). Spoken dialog management for robots. In *ACL-00*, Hong Kong.

Rubenstein, H. and Goodenough, J. B. (1965). Contextual correlates of synonymy. *Communications of the ACM*, 8(10), 627–633.

Ruppenhofer, J., Ellsworth, M., Petruck, M. R. L., Johnson, C. R., and Scheffczyk, J. (2006). FrameNet II: Extended theory and practice. Version 1.3, http://www.icsi.berkeley.edu/framenet/.

Russell, S. and Norvig, P. (2002). *Artificial Intelligence: A Modern Approach* (2nd Ed.). Prentice Hall.

Russell, S. W. (1976). Computer understanding of metaphorically used verbs. *American Journal of Computational Linguistics*, *2*. Microfiche 44.

Ryder, M. E. (1994). *Ordered Chaos: The Interpretation of English Noun-Noun Compounds*. University of California Press, Berkeley.

Sacks, H., Schegloff, E. A., and Jefferson, G. (1974). A simplest systematics for the organization of turn-taking for conversation. *Language*, *50*(4), 696–735.

Sadek, D. and De Mori, R. (1998). Dialogue systems. In De Mori, R. (Ed.), *Spoken Dialogues with Computers*. Academic Press.

Sadek, M. D. (1991). Dialogue acts are rational plans. In *ESCA/ETR Workshop on the Structure of Multimodal Dialogue*, pp. 19–48.

Saffran, J. R., Newport, E. L., and Aslin, R. N. (1996a). Statistical learning by 8-month old infants. *Science*, *274*, 1926–1928.

Saffran, J. R., Newport, E. L., and Aslin, R. N. (1996b). Word segmentation: The role of distributional cues. *Journal of Memory and Language*, *35*, 606–621.

Sag, I. A. and Liberman, M. Y. (1975). The intonational disambiguation of indirect speech acts. In *CLS-75*, pp. 487–498. University of Chicago.

Sag, I. A. and Wasow, T. (Eds.). (1999). *Syntactic Theory: A Formal Introduction*. CSLI Publications, Stanford, CA.

Sag, I. A., Wasow, T., and Bender, E. M. (Eds.). (2003). *Syntactic Theory: A Formal Introduction*. CSLI Publications, Stanford, CA.

Sagisaka, Y. (1988). Speech synthesis by rule using an optimal selection of non-uniform synthesis units. In *ICASSP-88*, pp. 679–682.

Sagisaka, Y., Campbell, N., and Higuchi, N. (Eds.). (1997). *Computing Prosody: Computational Models for Processing Spontaneous Speech*. Springer.

Sagisaka, Y., Kaiki, N., Iwahashi, N., and Mimura, K. (1992). Atr – ν-talk speech synthesis system. In *ICSLP-92*, Banff, Canada, pp. 483–486.

Saint-Dizier, P. and Viegas, E. (Eds.). (1995). *Computational Lexical Semantics*. Cambridge University Press.

Sakoe, H. and Chiba, S. (1971). A dynamic programming approach to continuous speech recognition. In *Proceedings of the Seventh International Congress on Acoustics*, Budapest, Vol. 3, pp. 65–69. Akadémiai Kiadó.

Sakoe, H. and Chiba, S. (1984). Dynamic programming algorithm optimization for spoken word recognition. *IEEE Transactions on Acoustics, Speech, and Signal Processing, ASSP-26*(1), 43–49.

Salasoo, A. and Pisoni, D. B. (1985). Interaction of knowledge sources in spoken word identification. *Journal of Memory and Language*, *24*, 210–231.

Salomaa, A. (1969). Probabilistic and weighted grammars. *Information and Control*, *15*, 529–544.

Salomaa, A. (1973). *Formal Languages*. Academic Press.

Salton, G. (1971). *The SMART Retrieval System: Experiments in Automatic Document Processing*. Prentice Hall.

Salton, G. and Buckley, C. (1990). Improving retrieval performance by relevance feedback. *Information Processing and Management*, *41*, 288–297.

Salton, G. and McGill, M. J. (1983). *Introduction to Modern Information Retrieval*. McGraw-Hill, New York, NY.

Sampson, G. (1987). Alternative grammatical coding systems. In Garside, R., Leech, G., and Sampson, G. (Eds.), *The Computational Analysis of English*, pp. 165–183. Longman.

Sampson, G. (1996). *Evolutionary Language Understanding*. Cassell.

Samuel, A. G. (1981). Phonemic restoration: Insights from a new methodology. *Journal of Experimental Psychology: General*, *110*, 474–494.

Samuel, K., Carberry, S., and Vijay-Shanker, K. (1998). Computing dialogue acts from features with transformation-based learning. In Chu-Carroll, J. and Green, N. (Eds.), *Applying Machine Learning to Discourse Processing. Papers from the 1998 AAAI Spring Symposium*, pp. 90–97. Technical Report SS-98-01.

Samuelsson, C. (1993). Morphological tagging based entirely on Bayesian inference. In *9th Nordic Conference on Computational Linguistics NODALIDA-93*. Stockholm.

Samuelsson, C. and Reichl, W. (1999). A class-based language model for large-vocabulary speech recognition extracted from part-of-speech statistics. In *ICASSP-99*, pp. 537–540.

San-Segundo, R., Montero, J. M., Ferreiros, J., Còrdoba, R., and Pardo, J. M. (2001). Designing confirmation mechanisms and error recovery techniques in a railway information system for Spanish. In *Proceedings of SIGDIAL*, Aalborg, Denmark.

Sanders, T. J. M., Spooren, W. P. M., and Noordman, L. G. M. (1992). Toward a taxonomy of coherence relations. *Discourse Processes*, *15*, 1–35.

Sanderson, M. (1994). Word sense disambiguation and information retrieval. In *SIGIR-94*, Dublin, Ireland, pp. 142–151.

Sanfilippo, A. (1993). LKB encoding of lexical knowledge. In Briscoe, T., de Paiva, V., and Copestake, A. (Eds.), *Inheritance, Defaults, and the Lexicon*, pp. 190–222. Cambridge University Press.

Sankoff, D. (1972). Matching sequences under deletion-insertion constraints. *Proceedings of the Natural Academy of Sciences of the U.S.A.*, *69*, 4–6.

Santorini, B. (1990). Part-of-speech tagging guidelines for the Penn Treebank project. 3rd revision, 2nd printing.

Saraclar, M., Nock, H., and Khudanpur, S. (2000). Pronunciation modeling by sharing Gaussian densities across phonetic models. *Computer Speech and Language*, *14*(2), 137–160.

Sassano, M. and Utsuro, T. (2000). Named entity chunking techniques in supervised learning for Japanese named entity recognition. In *COLING-00*, Saarbrücken, Germany, pp. 705–711.

Scha, R. and Polanyi, L. (1988). An augmented context free grammar for discourse. In *COLING-88*, Budapest, pp. 573–577.

Schabes, Y. (1990). *Mathematical and Computational Aspects of Lexicalized Grammars*. Ph.D. thesis, University of Pennsylvania, Philadelphia, PA.

Schabes, Y. (1992). Stochastic lexicalized tree-adjoining grammars. In *COLING-92*, Nantes, France, pp. 426–433.

Schabes, Y., Abeillé, A., and Joshi, A. K. (1988). Parsing strategies with 'lexicalized' grammars: Applications to Tree Adjoining Grammars. In *COLING-88*, Budapest, pp. 578–583.

Schachter, P. (1985). Parts-of-speech systems. In Shopen, T. (Ed.), *Language Typology and Syntactic Description, Volume 1*, pp. 3–61. Cambridge University Press.

Schank, R. C. (1972). Conceptual dependency: A theory of natural language processing. *Cognitive Psychology*, *3*, 552–631.

Schank, R. C. and Abelson, R. P. (1977). *Scripts, Plans, Goals and Understanding*. Lawrence Erlbaum.

Schank, R. C. and Riesbeck, C. K. (Eds.). (1981). *Inside Computer Understanding: Five Programs Plus Miniatures*. Lawrence Erlbaum.

Schegloff, E. A. (1968). Sequencing in conversational openings. *American Anthropologist*, *70*, 1075–1095.

Schegloff, E. A. (1979). Identification and recognition in telephone conversation openings. In Psathas, G. (Ed.), *Everyday Language: Studies in Ethnomethodology*, pp. 23–78. Irvington.

Schegloff, E. A. (1982). Discourse as an interactional achievement: Some uses of 'uh huh' and other things that come between sentences. In Tannen, D. (Ed.), *Analyzing Discourse: Text and Talk*, pp. 71–93. Georgetown University Press, Washington, D.C.

Schone, P. and Jurafsky, D. (2000). Knowledge-free induction of morphology using latent semantic analysis. In *CoNLL-00*.

Schone, P. and Jurafsky, D. (2001). Knowledge-free induction of inflectional morphologies. In *NAACL 2001*.

Schönfinkel, M. (1924). Über die Bausteine der mathematischen Logik. *Mathematische Annalen*, *92*, 305–316. English translation appears in *From Frege to Gödel: A Source Book in Mathematical Logic*, Harvard University Press, 1967.

Schroder, M. (2006). Expressing degree of activation in synthetic speech. *IEEE Transactions on Audio, Speech, and Language Processing*, *14*(4), 1128–1136.

Schubert, L. K. and Pelletier, F. J. (1982). From English to logic: Context-free computation of 'conventional' logical translation. *American Journal of Computational Linguistics*, *8*(1), 27–44.

Schulte im Walde, S. (2000). Clustering verbs semantically according to their alternation behaviour. In *COLING-00*, Saarbrücken, Germany, pp. 747–753.

Schütze, H. (1992a). Context space. In Goldman, R. (Ed.), *Proceedings of the 1992 AAAI Fall Symposium on Probabilistic Approaches to Natural Language*.

Schütze, H. (1992b). Dimensions of meaning. In *Proceedings of Supercomputing '92*, pp. 787–796. IEEE Press.

Schütze, H. (1995). Distributional part-of-speech tagging. In *EACL-95*.

Schütze, H. (1997). *Ambiguity Resolution in Language Learning: Computational and Cognitive Models*. CSLI Publications, Stanford, CA.

Schütze, H. (1998). Automatic word sense discrimination. *Computational Linguistics*, *24*(1), 97–124.

Schütze, H. and Pedersen, J. (1995). Information retrieval based on word senses. In *Proceedings of the Fourth Annual Symposium on Document Analysis and Information Retrieval*, Las Vegas, pp. 161–175.

Schütze, H. and Singer, Y. (1994). Part-of-speech tagging using a variable memory Markov model. In *ACL-94*, Las Cruces, NM, pp. 181–187.

Schützenberger, M. P. (1977). Sur une variante des fonctions sequentielles. *Theoretical Computer Science*, *4*, 47–57.

Schwartz, A. S. and Hearst, M. A. (2003). A simple algorithm for identifying abbreviation definitions in biomedical text. In *Pacific Symposium on Biocomputing*, Vol. 8, pp. 451–462.

Schwartz, R. and Austin, S. (1991). A comparison of several approximate algorithms for finding multiple (N-BEST) sentence hypotheses. In *ICASSP-91*, pp. 701–704.

Schwartz, R. and Chow, Y.-L. (1990). The N-best algorithm: An efficient and exact procedure for finding the N most likely sentence hypotheses. In *ICASSP-90*, Vol. 1, pp. 81–84.

Schwartz, R., Chow, Y.-L., Kimball, O., Roukos, S., Krasnwer, M., and Makhoul, J. (1985). Context-dependent modeling for acoustic-phonetic recognition of continuous speech. In *ICASSP-85*, Vol. 3, pp. 1205–1208.

Scott, M. and Shillcock, R. (2003). Eye movements reveal the on-line computation of lexical probabilities during reading. *Psychological Science*, *14*(6), 648–652.

Searle, J. R. (1975a). Indirect speech acts. In Cole, P. and Morgan, J. L. (Eds.), *Speech Acts: Syntax and Semantics Volume 3*, pp. 59–82. Academic Press.

Searle, J. R. (1975b). A taxonomy of illocutionary acts. In Gunderson, K. (Ed.), *Language, Mind and Knowledge, Minnesota Studies in the Philosophy of Science*, Vol. VII, pp. 344–369. University of Minnesota Press. Also appears in John R. Searle, *Expression and Meaning: Studies in the Theory of Speech Acts*, Cambridge University Press, 1979.

Searle, J. R. (1980). Minds, brains, and programs. *Behavioral and Brain Sciences*, *3*, 417–457.

Sejnowski, T. J. and Rosenberg, C. R. (1987). Parallel networks that learn to pronounce English text. *Complex Systems*, *1*(1), 145–168.

Sekine, S. and Collins, M. (1997). The evalb software. http://cs.nyu.edu/cs/projects/proteus/evalb.

Selkirk, E. (1986). On derived domains in sentence phonology. *Phonology Yearbook*, *3*, 371–405.

Seneff, S. (1995). TINA: A natural language system for spoken language application. *Computational Linguistics*, *18*(1), 62–86.

Seneff, S. (2002). Response planning and generation in the MERCURY flight reservation system. *Computer Speech and Language, Special Issue on Spoken Language Generation*, *16*(3-4), 283–312.

Seneff, S., Lau, R., and Meng, H. (1996). ANGIE: A new framework for speech analysis based on morpho-phonological modelling. In *ICSLP-96*.

Seneff, S. and Polifroni, J. (2000). Dialogue management in the mercury flight reservation system. In *ANLP/NAACL Workshop on Conversational Systems*, Seattle.

Seneff, S. and Zue, V. W. (1988). Transcription and alignment of the TIMIT database. In *Proceedings of the Second Symposium on Advanced Man-Machine Interface through Spoken Language*, Oahu, Hawaii.

Senellart, J., Dienes, P., and Váradi, T. (2001). New generation SYSTRAN translation system. In *MT Summit 8*.

Settles, B. (2005). ABNER: An open source tool for automatically tagging genes, proteins and other entity names in text. *Bioinformatics*, *21*(14), 3191–3192.

Seuss, D. (1960). *One Fish Two Fish Red Fish Blue Fish*. Random House, New York.

Shannon, C. E. (1938). A symbolic analysis of relay and switching circuits. *Transactions of the American Institute of Electrical Engineers*, *57*, 713–723.

Shannon, C. E. (1948). A mathematical theory of communication. *Bell System Technical Journal*, *27*(3), 379–423. Continued in the following volume.

Shannon, C. E. (1951). Prediction and entropy of printed English. *Bell System Technical Journal*, *30*, 50–64.

Sheil, B. A. (1976). Observations on context free parsing. *SMIL: Statistical Methods in Linguistics*, *1*, 71–109.

Shieber, S. M. (1985a). Evidence against the context-freeness of natural language. *Linguistics and Philosophy*, *8*, 333–343.

Shieber, S. M. (1985b). Using restriction to extend parsing algorithms for complex-feature-based formalisms. In *ACL-85*, Chicago, pp. 145–152.

Shieber, S. M. (1986). *An Introduction to Unification-Based Approaches to Grammar*. Center for the Study of Language and Information, Stanford University, Stanford, CA.

Shieber, S. M. (1994a). Lessons from a restricted Turing test. *Communications of the ACM*, *37*(6), 70–78.

Shieber, S. M. (1994b). Restricting the weak-generative capacity of synchronous tree-adjoining grammars. *Computational Intelligence*, *10*(4), 371–385.

Shieber, S. M. and Schabes, Y. (1992). Generation and synchronous tree-adjoining grammars. *Computational Intelligence*, *7*(4), 220–228.

Shockey, L. (2003). *Sound Patterns of Spoken English*. Blackwell.

Shoup, J. E. (1980). Phonological aspects of speech recognition. In Lea, W. A. (Ed.), *Trends in Speech Recognition*, pp. 125–138. Prentice Hall.

Shriberg, E. (2002). To 'errrr' is human: ecology and acoustics of speech disfluencies. *Journal of the International Phonetic Association*, *31*(1), 153–169.

Shriberg, E. (2005). Spontaneous speech: How people really talk, and why engineers should care. In *INTERSPEECH-05*, Lisbon, Portugal.

Shriberg, E., Ferrer, L., Kajarekar, S., Venkataraman, A., and Stolcke, A. (2005). Modeling prosodic feature sequences for speaker recognition. *Speech Communication*, *46*(3-4), 455–472.

Shriberg, E., Stolcke, A., Hakkani-Tür, D., and Tür, G. (2000). Prosody-based automatic segmentation of speech into sentences and topics. *Speech Communication*, *32*(1-2), 127–154.

Shriberg, E., Bates, R., Taylor, P., Stolcke, A., Jurafsky, D., Ries, K., Coccaro, N., Martin, R., Meteer, M., and Van Ess-Dykema, C. (1998). Can prosody aid the automatic classification of dialog acts in conversational speech?. *Language and Speech (Special Issue on Prosody and Conversation)*, *41*(3-4), 439–487.

Shriberg, E., Wade, E., and Price, P. J. (1992). Human-machine problem solving using spoken language systems (SLS): Factors affecting performance and user satisfaction. In *Proceedings DARPA Speech and Natural Language Workshop*, Harriman, NY, pp. 49–54.

Siddharthan, A., Nenkova, A., and McKeown, K. R. (2004). Syntactic simplification for improving content selection in multi-document summarization. In *COLING-04*, p. 896.

Sidner, C. L. (1979). Towards a computational theory of definite anaphora comprehension in English discourse. Tech. rep. 537, MIT Artificial Intelligence Laboratory, Cambridge, MA.

Sidner, C. L. (1983). Focusing in the comprehension of definite anaphora. In Brady, M. and Berwick, R. C. (Eds.), *Computational Models of Discourse*, pp. 267–330. MIT Press.

Sills, D. L. and Merton, R. K. (Eds.). (1991). *Social Science Quotations*. MacMillan, New York.

Silverman, K., Beckman, M. E., Pitrelli, J. F., Ostendorf, M., Wightman, C. W., Price, P. J., Pierrehumbert, J. B., and Hirschberg, J. (1992). ToBI: A standard for labelling English prosody. In *ICSLP-92*, Vol. 2, pp. 867–870.

Simmons, R. F. (1965). Answering English questions by computer: A survey. *Communications of the ACM*, *8*(1), 53–70.

Simmons, R. F. (1973). Semantic networks: Their computation and use for understanding English sentences. In Schank, R. C. and Colby, K. M. (Eds.), *Computer Models of Thought and Language*, pp. 61–113. W.H. Freeman and Co.

Simmons, R. F. (1978). Rule-based computations on English. In Waterman, D. A. and Hayes-Roth, F. (Eds.), *Pattern-Directed Inference Systems*. Academic Press.

Simmons, R. F. (1983). *Computations from the English*. Prentice Hall.

Singh, S. P., Litman, D. J., Kearns, M., and Walker, M. A. (2002). Optimizing dialogue management with reinforcement learning: Experiments with the NJFun system. *Journal of Artificial Intelligence Research (JAIR)*, *16*, 105–133.

Siskind, J. (2001). Grounding the lexical semantics of verbs in visual perception using force dynamics and event logic. *Journal of Artificial Intelligence Research*, *15*, 31–90.

Sleator, D. and Temperley, D. (1993). Parsing English with a link grammar. In *IWPT-93*.

Slobin, D. I. (1996). Two ways to travel. In Shibatani, M. and Thompson, S. A. (Eds.), *Grammatical Constructions: Their Form and Meaning*, pp. 195–220. Clarendon Press.

Small, S. L., Cottrell, G. W., and Tanenhaus, M. (Eds.). (1988). *Lexical Ambiguity Resolution*. Morgan Kaufman.

Small, S. L. and Rieger, C. (1982). Parsing and comprehending with Word Experts. In Lehnert, W. G. and Ringle, M. H. (Eds.), *Strategies for Natural Language Processing*, pp. 89–147. Lawrence Erlbaum.

Smith, D. A. and Eisner, J. (2007). Bootstrapping feature-rich dependency parsers with entropic priors. In *EMNLP/CoNLL 2007*, Prague, pp. 667–677.

Smith, N. A. and Eisner, J. (2005). Guiding unsupervised grammar induction using contrastive estimation. In *IJCAI Workshop on Grammatical Inference Applications*, Edinburgh, pp. 73–82.

Smith, N. A. and Johnson, M. (2007). Weighted and probabilistic context-free grammars are equally expressive. *Computational Linguistics*, *33*(4), 477–491.

Smith, R. W. and Gordon, S. A. (1997). Effects of variable initiative on linguistic behavior in human-computer spoken natural language dialogue. *Computational Linguistics*, *23*(1), 141–168.

Smith, V. L. and Clark, H. H. (1993). On the course of answering questions. *Journal of Memory and Language*, *32*, 25–38.

Smolensky, P. and Legendre, G. (2006). *The Harmonic Mind*. MIT Press.

Smrž, O. (1998). *Functional Arabic Morphology*. Ph.D. thesis, Charles University in Prague.

Smyth, R. (1994). Grammatical determinants of ambiguous pronoun resolution. *Journal of Psycholinguistic Research*, *23*, 197–229.

Snover, M., Dorr, B., Schwartz, R., Micciulla, L., and Makhoul, J. (2006). A study of translation edit rate with targeted human annotation. In *AMTA-2006*.

Snow, R., Jurafsky, D., and Ng, A. Y. (2005). Learning syntactic patterns for automatic hypernym discovery. In Saul, L. K., Weiss, Y., and Bottou, L. (Eds.), *NIPS 17*, pp. 1297–1304. MIT Press.

Snow, R., Jurafsky, D., and Ng, A. Y. (2006). Semantic taxonomy induction from heterogenous evidence. In *COLING/ACL 2006*, pp. 801–808.

Snow, R., Prakash, S., Jurafsky, D., and Ng, A. Y. (2007). Learning to merge word senses. In *EMNLP/CoNLL 2007*, pp. 1005–1014.

Soderland, S., Fisher, D., Aseltine, J., and Lehnert, W. G. (1995). CRYSTAL: Inducing a conceptual dictionary. In *IJCAI-95*, Montreal, pp. 1134–1142.

Soon, W. M., Ng, H. T., and Lim, D. C. Y. (2001). A machine learning approach to coreference resolution of noun phrases. *Computational Linguistics*, *27*(4), 521–544.

Soong, F. K. and Huang, E.-F. (1990). A tree-trellis based fast search for finding the n-best sentence hypotheses in continuous speech recognition. In *Proceedings DARPA Speech and Natural Language Processing Workshop*, Hidden Valley, PA, pp. 705–708. Also in Proceedings of IEEE ICASSP-91, 705–708.

Soricut, R. and Marcu, D. (2006). Discourse generation using utility-trained coherence models. In *COLING/ACL 2006*, pp. 803–810.

Sparck Jones, K. (1972). A statistical interpretation of term specificity and its application in retrieval. *Journal of Documentation*, *28*(1), 11–21.

Sparck Jones, K. (1986). *Synonymy and Semantic Classification*. Edinburgh University Press, Edinburgh. Republication of 1964 PhD Thesis.

Sparck Jones, K. (2007). Automatic summarising: The state of the art. *Information Processing and Management*, *43*(6), 1449–1481.

Sparck Jones, K. and Galliers, J. R. (Eds.). (1996). *Evaluating Natural Language Processing Systems*. Springer.

Sparck Jones, K. and Willett, P. (Eds.). (1997). *Readings in Information Retrieval*. Morgan Kaufmann.

Spiegel, M. F. (2002). Proper name pronunciations for speech technology applications. In *Proceedings of IEEE Workshop on Speech Synthesis*, pp. 175–178.

Spiegel, M. F. (2003). Proper name pronunciations for speech technology applications. *International Journal of Speech Technology*, *6*(4), 419–427.

Sporleder, C. and Lapata, M. (2004). Automatic paragraph identification: A study across languages and domains. In *EMNLP 2004*.

Sporleder, C. and Lapata, M. (2006). Automatic paragraph identification: A study across languages and domains. *ACM Transactions on Speech and Language Processing (TSLP)*, *3*(2).

Sporleder, C. and Lascarides, A. (2005). Exploiting linguistic cues to classify rhetorical relations. In *Proceedings of the Recent Advances in Natural Language Processing (RANLP-05)*, Borovets, Bulgaria.

Sproat, R. (1993). *Morphology and Computation*. MIT Press.

Sproat, R. (1994). English noun-phrase prediction for text-to-speech. *Computer Speech and Language*, *8*, 79–94.

Sproat, R. (1998a). Further issues in text analysis. In Sproat, R. (Ed.), *Multilingual Text-To-Speech Synthesis: The Bell Labs Approach*, pp. 89–114. Kluwer.

Sproat, R. (Ed.). (1998b). *Multilingual Text-To-Speech Synthesis: The Bell Labs Approach*. Kluwer.

Sproat, R., Black, A. W., Chen, S. F., Kumar, S., Ostendorf, M., and Richards, C. (2001). Normalization of non-standard words. *Computer Speech & Language*, *15*(3), 287–333.

Sproat, R., Shih, C., Gale, W. A., and Chang, N. (1996). A stochastic finite-state word-segmentation algorithm for Chinese. *Computational Linguistics*, *22*(3), 377–404.

Stabler, E. (1997). Derivational minimalism. In Retoré, C. (Ed.), *Logical Aspects of Computational Linguistics*, pp. 68–95. Springer.

Stalnaker, R. C. (1978). Assertion. In Cole, P. (Ed.), *Pragmatics: Syntax and Semantics Volume 9*, pp. 315–332. Academic Press.

Stanners, R. F., Neiser, J., Hernon, W. P., and Hall, R. (1979). Memory representation for morphologically related words. *Journal of Verbal Learning and Verbal Behavior*, *18*, 399–412.

Steedman, M. (1989). Constituency and coordination in a combinatory grammar. In Baltin, M. R. and Kroch, A. S. (Eds.), *Alternative Conceptions of Phrase Structure*, pp. 201–231. University of Chicago.

Steedman, M. (1996). *Surface Structure and Interpretation*. MIT Press. Linguistic Inquiry Monograph, 30.

Steedman, M. (2000). *The Syntactic Process*. The MIT Press.

Steedman, M. (2007). Information-structural semantics for English intonation. In Lee, C., Gordon, M., and Büring, D. (Eds.), *Topic and Focus: Cross-Linguistic Perspectives on Meaning and Intonation*, pp. 245–264. Springer.

Steedman, M. and Baldridge, J. (2007). Combinatory categorial grammar. In Borsley, R. and Borjars, K. (Eds.), *Constraint-Based Approaches to Grammar*. Blackwell.

Stent, A. (2002). A conversation acts model for generating spoken dialogue contributions. *Computer Speech and Language, Special Issue on Spoken Language Generation, 16*(3-4).

Stetina, J. and Nagao, M. (1997). Corpus based PP attachment ambiguity resolution with a semantic dictionary. In Zhou, J. and Church, K. W. (Eds.), *Proceedings of the Fifth Workshop on Very Large Corpora*, Beijing, China, pp. 66–80.

Stevens, K. N. (1998). *Acoustic Phonetics*. MIT Press.

Stevens, K. N. and House, A. S. (1955). Development of a quantitative description of vowel articulation. *JASA, 27*, 484–493.

Stevens, K. N. and House, A. S. (1961). An acoustical theory of vowel production and some of its implications. *Journal of Speech and Hearing Research, 4*, 303–320.

Stevens, K. N., Kasowski, S., and Fant, G. M. (1953). An electrical analog of the vocal tract. *JASA, 25*(4), 734–742.

Stevens, S. S. and Volkmann, J. (1940). The relation of pitch to frequency: A revised scale. *The American Journal of Psychology, 53*(3), 329–353.

Stevens, S. S., Volkmann, J., and Newman, E. B. (1937). A scale for the measurement of the psychological magnitude pitch. *JASA, 8*, 185–190.

Stevenson, M. and Wilks, Y. (2001). The interaction of knowledge sources in word sense disambiguation. *Computational Linguistics, 27*(3), 321–349.

Stevenson, S. and Merlo, P. (1999). Automatic verb classification using distributions of grammatical features. In *EACL-99*, Bergen, Norway, pp. 45–52.

Stifelman, L. J., Arons, B., Schmandt, C., and Hulteen, E. A. (1993). VoiceNotes: A speech interface for a hand-held voice notetaker. In *Human Factors in Computing Systems: INTERCHI '93 Conference Proceedings*, pp. 179–186.

Stolcke, A. (1995). An efficient probabilistic context-free parsing algorithm that computes prefix probabilities. *Computational Linguistics, 21*(2), 165–202.

Stolcke, A. (1998). Entropy-based pruning of backoff language models. In *Proc. DARPA Broadcast News Transcription and Understanding Workshop*, Lansdowne, VA, pp. 270–274.

Stolcke, A. (2002). SRILM – an extensible language modeling toolkit. In *ICSLP-02*, Denver, CO.

Stolcke, A., Ries, K., Coccaro, N., Shriberg, E., Bates, R., Jurafsky, D., Taylor, P., Martin, R., Meteer, M., and Van Ess-Dykema, C. (2000). Dialogue act modeling for automatic tagging and recognition of conversational speech. *Computational Linguistics, 26*(3), 339–371.

Stolcke, A. and Shriberg, E. (1996). Statistical language modeling for speech disfluencies. In *ICASSP-96*, Atlanta, GA, pp. 405–408.

Stolz, W. S., Tannenbaum, P. H., and Carstensen, F. V. (1965). A stochastic approach to the grammatical coding of English. *Communications of the ACM, 8*(6), 399–405.

Streeter, L. (1978). Acoustic determinants of phrase boundary perception. *JASA, 63*, 1582–1592.

Strube, M. and Hahn, U. (1996). Functional centering. In *ACL-96*, Santa Cruz, CA, pp. 270–277.

Strube, M. and Ponzetto, S. P. (2006). WikiRelate! Computing semantic relatedness using Wikipedia. In *AAAI-06*, pp. 1419–1424.

Strzalkowski, T. and Harabagiu, S. (Eds.). (2006). *Advances in Open Domain Question Answering*. Springer.

Sundheim, B. (Ed.). (1991). *Proceedings of MUC-3*.

Sundheim, B. (Ed.). (1992). *Proceedings of MUC-4*.

Sundheim, B. (Ed.). (1993). *Proceedings of MUC-5*, Baltimore, MD.

Sundheim, B. (1995a). Overview of results of the MUC-6 evaluation. In *MUC-6*, Columbia, MD, pp. 13–31.

Sundheim, B. (Ed.). (1995b). *Proceedings of MUC-6*.

Surdeanu, M., Harabagiu, S., Williams, J., and Aarseth, P. (2003). Using predicate-argument structures for information extraction. In *ACL-03*, pp. 8–15.

Sutton, C. and McCallum, A. (2006). An introduction to conditional random fields for relational learning. In Getoor, L. and Taskar, B. (Eds.), *Introduction to Statistical Relational Learning*. MIT Press.

Sutton, R. S. and Barto, A. G. (1998). *Reinforcement Learning: An Introduction*. Bradford Books (MIT Press).

Sweet, H. (1877). *A Handbook of Phonetics*. Clarendon Press.

Swerts, M., Litman, D. J., and Hirschberg, J. (2000). Corrections in spoken dialogue systems. In *ICSLP-00*, Beijing, China.

Swier, R. and Stevenson, S. (2004). Unsupervised semantic role labelling. In *EMNLP 2004*, pp. 95–102.

Syrdal, A. K. and Conkie, A. (2004). Data-driven perceptually based join costs. In *Proceedings of 5th ISCA Speech Synthesis Workshop*.

Syrdal, A. K., Wightman, C. W., Conkie, A., Stylianou, Y., Beutnagel, M., Schroeter, J., Strom, V., and Lee, K.-S. (2000). Corpus-based techniques in the AT&T NEXTGEN synthesis system. In *ICSLP-00*, Beijing.

Talmy, L. (1985). Lexicalization patterns: Semantic structure in lexical forms. In Shopen, T. (Ed.), *Language Typology and Syntactic Description, Volume 3*. Cambridge University Press. Originally appeared as UC Berkeley Cognitive Science Program Report No. 30, 1980.

Talmy, L. (1988). Force dynamics in language and cognition. *Cognitive Science, 12*(1), 49–100.

Talmy, L. (1991). Path to realization: A typology of event conflation. In *Proceedings of the Berkeley Linguistics Society Annual Meeting*, Berkeley, CA, pp. 480–519.

Taskar, B., Klein, D., Collins, M., Koller, D., and Manning, C. D. (2004). Max-margin parsing. In *EMNLP 2004*, pp. 1–8.

Taylor, P. (2000). Analysis and synthesis of intonation using the Tilt model. *JASA, 107*(3), 1697–1714.

Taylor, P. (2005). Hidden Markov models for grapheme to phoneme conversion. In *INTERSPEECH-05*, Lisbon, Portugal, pp. 1973–1976.

Taylor, P. (2008). *Text-to-Speech Synthesis*. Cambridge University Press.

Taylor, P. and Black, A. W. (1998). Assigning phrase breaks from part of speech sequences. *Computer Speech and Language, 12*, 99–117.

Taylor, P. and Isard, S. (1991). Automatic diphone segmentation. In *EUROSPEECH-91*, Genova, Italy.

Taylor, P., King, S., Isard, S., and Wright, H. (1998). Intonation and dialog context as constraints for speech recognition. *Language and Speech, 41*(3-4), 489–508.

Taylor, W. L. (1953). Cloze procedure: A new tool for measuring readability. *Journalism Quarterly*, *30*, 415–433.

Taylor, W. L. (1957). Cloze readability scores as indices of individual differences in comprehension and aptitude. *Journal of Applied Psychology*, *4*, 19–26.

ter Meulen, A. (1995). *Representing Time in Natural Language*. MIT Press.

Teranishi, R. and Umeda, N. (1968). Use of pronouncing dictionary in speech synthesis experiments. In *6th International Congress on Acoustics*, Tokyo, Japan, pp. B155–158.

Tesar, B. (2006a). Faithful contrastive features in learning. *Cognitive Science*, *30*(5), 863–903.

Tesar, B. (2006b). Learning from paradigmatic information. In *NELS 36*.

Tesar, B. and Prince, A. (2007). Using phonotactics to learn phonological alternations. In *CLS 39*, pp. 200–213.

Tesar, B. and Smolensky, P. (2000). *Learning in Optimality Theory*. MIT Press.

Tesnière, L. (1959). *Éléments de Syntaxe Structurale*. Librairie C. Klincksieck, Paris.

Teufel, S. and van Halteren, H. (2004). Evaluating information content by factoid analysis: Human annotation and stability. In *EMNLP 2004*, Barcelona.

Teufel, S. and Moens, M. (2002). Summarizing scientific articles: experiments with relevance and rhetorical status. *Computational Linguistics*, *28*(4), 409–445.

Thede, S. M. and Harper, M. P. (1999). A second-order hidden Markov model for part-of-speech tagging. In *ACL-99*, College Park, MA, pp. 175–182.

Thiessen, E. D., Hill, E. A., and Saffran, J. R. (2005). Infant-directed speech facilitates word segmentation. *Infancy*, *7*, 53–71.

Thiessen, E. D. and Saffran, J. R. (2004). Spectral tilt as a cue to word segmentation in infancy and adulthood. *Perception and Psychophysics*, *66*(2), 779–791.

Thomas, M., Pang, B., and Lee, L. (2006). Get out the vote: Determining support or opposition from Congressional floor-debate transcripts. In *EMNLP 2006*, pp. 327–335.

Thompson, K. (1968). Regular expression search algorithm. *Communications of the ACM*, *11*(6), 419–422.

Tillmann, C. (2003). A projection extension algorithm for statistical machine translation. In *EMNLP 2003*, Sapporo, Japan.

Titone, D. and Connine, C. M. (1997). Syllabification strategies in spoken word processing: Evidence from phonological priming. *Psychological Research*, *60*(4), 251–263.

Titov, I. and Henderson, J. (2006). Loss minimization in parse reranking. In *EMNLP 2006*.

Titov, I. and Henderson, J. (2007). A latent variable model for generative dependency parsing. In *IWPT-07*.

Tjong Kim Sang, E. F. (2002). Introduction to the CoNLL-2002 shared task: Language-independent named entity recognition. In *CoNLL-02*, pp. 155–158. Taipei, Taiwan.

Tjong Kim Sang, E. F. and De Meulder, F. (2003). Introduction to the CoNLL-2003 shared task: Language-independent named entity recognition. In Daelemans, W. and Osborne, M. (Eds.), *CoNLL-03*, pp. 142–147. Edmonton, Canada.

Tjong Kim Sang, E. F. and Veenstra, J. (1999). Representing text chunks. In *EACL-99*, pp. 173–179.

Tokuda, K., Kobayashi, T., and Imai, S. (1995a). Speech parameter generation from HMM using dynamic features. In *ICASSP-95*.

Tokuda, K., Masuko, T., and Yamada, T. (1995b). An algorithm for speech parameter generation from continuous mixture HMMs with dynamic features. In *EUROSPEECH-95*, Madrid.

Tokuda, K., Yoshimura, T., Masuko, T., Kobayashi, T., and Kitamura, T. (2000). Speech parameter generation algorithms for HMM-based speech synthesis. In *ICASSP-00*.

Tokuda, K., Zen, H., and Kitamura, T. (2003). Trajectory modeling based on HMMs with the explicit relationship between static and dynamic features. In *EUROSPEECH-03*.

Tomabechi, H. (1991). Quasi-destructive graph unification. In *ACL-91*, Berkeley, CA, pp. 315–322.

Tomokiyo, L. M. (2001). *Recognizing Non-Native Speech: Characterizing and Adapting to Non-Native Usage in Speech Recognition*. Ph.D. thesis, Carnegie Mellon University.

Tomokiyo, L. M. and Waibel, A. (2001). Adaptation methods for non-native speech. In *Proceedings of Multilinguality in Spoken Language Processing*, Aalborg, Denmark.

Touretzky, D. S., Elvgren III, G., and Wheeler, D. W. (1990). Phonological rule induction: An architectural solution. In *COGSCI-90*, pp. 348–355.

Toutanova, K., Ilhan, H. T., and Manning, C. D. (2002). Extensions to HMM-based statistical word alignment models. In *EMNLP 2002*, pp. 87–94.

Toutanova, K., Klein, D., Manning, C. D., and Singer, Y. (2003). Feature-rich part-of-speech tagging with a cyclic dependency network. In *HLT-NAACL-03*.

Toutanova, K., Manning, C. D., Flickinger, D., and Oepen, S. (2005). Stochastic HPSG Parse Disambiguation using the Redwoods Corpus. *Research on Language & Computation*, *3*(1), 83–105.

Toutanova, K. and Moore, R. C. (2002). Pronunciation modeling for improved spelling correction. In *ACL-02*, Philadelphia, PA, pp. 144–151.

Traum, D. R. (2000). 20 questions for dialogue act taxonomies. *Journal of Semantics*, *17*(1).

Traum, D. R. and Hinkelman, E. A. (1992). Conversation acts in task-oriented spoken dialogue. *Computational Intelligence: Special Issue on Computational Approaches to Non-Literal Language*, *8*(3), 575–599.

Traum, D. R. and Larsson, S. (2000). Information state and dialogue management in the trindi dialogue move engine toolkit. *Natural Language Engineering*, *6*(323-340), 97–114.

Traum, D. R. and Larsson, S. (2003). The information state approach to dialogue management. In van Kuppevelt, J. and Smith, R. (Eds.), *Current and New Directions in Discourse and Dialogue*. Kluwer.

Treiman, R., Bowey, J., and Bourassa, D. (2002). Segmentation of spoken words into syllables by English-speaking children as compared to adults. *Journal of Experimental Child Psychology*, *83*, 213–238.

Trubetskoi, N. S. (1939). *Grundzüge der Phonologie*, Vol. 7 of *Travaux du cercle linguistique de Prague*. Available in 1969 English translation by Christiane A. M. Baltaxe as *Principles of Phonology*, University of California Press.

Tseng, H. (2003). Semantic classification of Chinese unknown words. In *ACL-03*, pp. 72–79.

Tseng, H., Chang, P., Andrew, G., Jurafsky, D., and Manning, C. D. (2005a). Conditional random field word segmenter. In *Proceedings of the Fourth SIGHAN Workshop on Chinese Language Processing*.

Tseng, H., Jurafsky, D., and Manning, C. D. (2005b). Morphological features help POS tagging of unknown words across language varieties. In *Proceedings of the 4th SIGHAN Workshop on Chinese Language Processing*.

Tsujii, J. (1986). Future directions of machine translation. In *COLING-86*, Bonn, pp. 655–668.

Turian, J. P., Shen, L., and Melamed, I. D. (2003). Evaluation of machine translation and its evaluation. In *Proceedings of MT Summit IX*, New Orleans, LA.

Turing, A. M. (1936). On computable numbers, with an application to the Entscheidungsproblem. *Proceedings of the London Mathematical Society*, *42*, 230–265. Read to the Society in 1936, but published in 1937. Correction in volume 43, 544–546.

Turing, A. M. (1950). Computing machinery and intelligence. *Mind*, *59*, 433–460.

Turner, J. and Charniak, E. (2005). Supervised and unsupervised learning for sentence compression. In *ACL-05*, pp. 290–297.

Turney, P. and Littman, M. (2003). Measuring praise and criticism: Inference of semantic orientation from association. *ACM Transactions on Information Systems (TOIS)*, *21*, 315–346.

Turney, P. (2002). Thumbs up or thumbs down? semantic orientation applied to unsupervised classification of reviews. In *ACL-02*.

Turney, P., Littman, M., Bigham, J., and Shnayder, V. (2003). Combining independent modules to solve multiple-choice synonym and analogy problems. In *Proceedings of RANLP-03*, Borovets, Bulgaria, pp. 482–489.

Tyler, L. K. (1984). The structure of the initial cohort: Evidence from gating. *Perception & Psychophysics*, *36*(5), 417–427.

Umeda, N. (1976). Linguistic rules for text-to-speech synthesis. *Proceedings of the IEEE*, *64*(4), 443–451.

Umeda, N., Matui, E., Suzuki, T., and Omura, H. (1968). Synthesis of fairy tale using an analog vocal tract. In *6th International Congress on Acoustics*, Tokyo, Japan, pp. B159–162.

Uszkoreit, H. (1986). Categorial unification grammars. In *COLING-86*, Bonn, pp. 187–194.

van Benthem, J. and ter Meulen, A. (Eds.). (1997). *Handbook of Logic and Language*. MIT Press.

van Deemter, K. and Kibble, R. (2000). On coreferring: coreference in MUC and related annotation schemes. *Computational Linguistics*, *26*(4), 629–637.

van den Bosch, A. (1997). *Learning to Pronounce Written Words: A Study in Inductive Language Learning*. Ph.D. thesis, University of Maastricht, Maastricht, The Netherlands.

van Halteren, H. (Ed.). (1999). *Syntactic Wordclass Tagging*. Kluwer.

van Halteren, H. and Teufel, S. (2003). Examining the consensus between human summaries: initial experiments with factoid analysis. In *HLT-NAACL-03 Workshop on Text Summarization*.

van Rijsbergen, C. J. (1975). *Information Retrieval*. Butterworths.

van Santen, J. P. H. (1994). Assignment of segmental duration in text-to-speech synthesis. *Computer Speech and Language*, *8*(95–128).

van Santen, J. P. H. (1997). Segmental duration and speech timing. In Sagisaka, Y., Campbell, N., and Higuchi, N. (Eds.), *Computing Prosody: Computational Models for Processing Spontaneous Speech*. Springer.

van Santen, J. P. H. (1998). Timing. In Sproat, R. (Ed.), *Multilingual Text-To-Speech Synthesis: The Bell Labs Approach*, pp. 115–140. Kluwer.

van Santen, J. P. H. and Sproat, R. (1998). Methods and tools. In Sproat, R. (Ed.), *Multilingual Text-To-Speech Synthesis: The Bell Labs Approach*, pp. 7–30. Kluwer.

van Santen, J. P. H., Sproat, R., Olive, J. P., and Hirschberg, J. (Eds.). (1997). *Progress in Speech Synthesis*. Springer.

Van Son, R. J. J. H., Koopmans-van Beinum, F. J., and Pols, L. C. W. (1998). Efficiency as an organizing principle of natural speech. In *ICSLP-98*, Sydney.

Van Son, R. J. J. H. and Pols, L. C. W. (2003). How efficient is speech?. *Proceedings of the Institute of Phonetic Sciences*, *25*, 171–184.

Van Valin, Jr., R. D. and La Polla, R. (1997). *Syntax: Structure, Meaning, and Function*. Cambridge University Press.

Vanderwende, L. (1994). Algorithm for the automatic interpretation of noun sequences. In *COLING-94*, Kyoto, pp. 782–788.

Vanderwende, L., Suzuki, H., Brockett, C., and Nenkova, A. (2007). Beyond sumbasic: Task-focused summarization with sentence simplification and lexical expansion. *Information Processing and Management*, *43*(6), 1606–1618.

VanLehn, K. (1978). *Determining the Scope of English Quantifiers* Master's thesis, MIT, Cambridge, MA. MIT Technical Report AI-TR-483.

VanLehn, K., Jordan, P. W., Rosé, C., Bhembe, D., Böttner, M., Gaydos, A., Makatchev, M., Pappuswamy, U., Ringenberg, M., Roque, A., Siler, S., Srivastava, R., and Wilson, R. (2002). The architecture of Why2-Atlas: A coach for qualitative physics essay writing. In *Proc. Intelligent Tutoring Systems*.

Vapnik, V. N. (1995). *The Nature of Statistical Learning Theory*. Springer-Verlag.

Vasilescu, F., Langlais, P., and Lapalme, G. (2004). Evaluating variants of the lesk approach for disambiguating words. In *LREC-04*, Lisbon, Portugal, pp. 633–636. ELRA.

Vauquois, B. (1968). A survey of formal grammars and algorithms for recognition and transformation in machine translation. In *IFIP Congress 1968*, Edinburgh, pp. 254–260.

Veale, T. and Keane, M. T. (1992). Conceptual scaffolding: A spatially founded meaning representation for metaphor comprehension. *Computational Intelligence*, *8*(3), 494–519.

Veblen, T. (1899). *Theory of the Leisure Class*. Macmillan Company, New York.

Veldhuis, R. (2000). Consistent pitch marking. In *ICSLP-00*, Beijing, China.

Velichko, V. M. and Zagoruyko, N. G. (1970). Automatic recognition of 200 words. *International Journal of Man-Machine Studies*, *2*, 223–234.

Venditti, J. J. (2005). The j_tobi model of japanese intonation. In Jun, S.-A. (Ed.), *Prosodic Typology and Transcription: A Unified Approach*. Oxford University Press.

Vendler, Z. (1967). *Linguistics in Philosophy*. Cornell University Press, Ithaca, NY.

Venugopal, A., Vogel, S., and Waibel, A. (2003). Effective phrase translation extraction from alignment models. In *ACL-03*, pp. 319–326.

Verhagen, M., Gaizauskas, R., Schilder, F., Hepple, M., Katz, G., and Pustejovsky, J. (2007). SemEval-2007 task 15: TempEval temporal relation identification. In *Proceedings of the 4th International Workshop on Semantic Evaluations (SemEval-2007)*, Prague, Czech Republic, pp. 75–80.

Véronis, J. and Ide, N. M. (1990). Word sense disambiguation with very large neural networks extracted from machine readable dictionaries. In *COLING-90*, Helsinki, Finland, pp. 389–394.

Verspoor, C. M., Joslyn, C., and Papcun, G. J. (2003). The gene ontology as a source of lexical semantic knowledge for a biological natural language processing application. In *Proceedings of the SIGIR'03 Workshop on Text Analysis and Search for Bioinformatics*, Toronto, Canada.

Vieira, R. and Poesio, M. (2000). An empirically based system for processing definite descriptions. *Computational Linguistics*, *26*(4), 539–593.

Vilain, M., Burger, J. D., Aberdeen, J., Connolly, D., and Hirschman, L. (1995). A model-theoretic coreference scoring scheme. In *MUC-6*.

Vintsyuk, T. K. (1968). Speech discrimination by dynamic programming. *Cybernetics*, *4*(1), 52–57. Russian Kibernetika 4(1):81-88. 1968.

Viterbi, A. J. (1967). Error bounds for convolutional codes and an asymptotically optimum decoding algorithm. *IEEE Transactions on Information Theory*, *IT-13*(2), 260–269.

Voiers, W., Sharpley, A., and Hehmsoth, C. (1975). Research on diagnostic evaluation of speech intelligibility. Research Report AFCRL-72-0694.

von Neumann, J. (1963). *Collected Works: Volume V*. Macmillan Company, New York.

Voorhees, E. M. (1998). Using WordNet for text retrieval. In Fellbaum, C. (Ed.), *WordNet: An Electronic Lexical Database*, pp. 285–303. MIT Press.

Voorhees, E. M. and Harman, D. K. (2005). *TREC: Experiment and Evaluation in Information Retrieval*. MIT Press.

Voorhees, E. M. and Tice, D. M. (1999). The TREC-8 question answering track evaluation. In *Proceedings of the TREC-8 Workshop*.

Voutilainen, A. (1995). Morphological disambiguation. In Karlsson, F., Voutilainen, A., Heikkilä, J., and Anttila, A. (Eds.), *Constraint Grammar: A Language-Independent System for Parsing Unrestricted Text*, pp. 165–284. Mouton de Gruyter.

Voutilainen, A. (1999). Handcrafted rules. In van Halteren, H. (Ed.), *Syntactic Wordclass Tagging*, pp. 217–246. Kluwer.

Wade, E., Shriberg, E., and Price, P. J. (1992). User behaviors affecting speech recognition. In *ICSLP-92*, pp. 995–998.

Wagner, R. A. and Fischer, M. J. (1974). The string-to-string correction problem. *Journal of the Association for Computing Machinery*, *21*, 168–173.

Waibel, A. (1988). *Prosody and Speech Recognition*. Morgan Kaufmann.

Wald, B. and Shopen, T. (1981). A researcher's guide to the sociolinguistic variable (ING). In Shopen, T. and Williams, J. M. (Eds.), *Style and Variables in English*, pp. 219–249. Winthrop Publishers.

Walker, M. A., Fromer, J. C., and Narayanan, S. S. (1998). Learning optimal dialogue strategies: A case study of a spoken dialogue agent for email. In *COLING/ACL-98*, Montreal, Canada, pp. 1345–1351.

Walker, M. A., Iida, M., and Cote, S. (1994). Japanese discourse and the process of centering. *Computational Linguistics*, *20*(2), 193–232.

Walker, M. A., Joshi, A. K., and Prince, E. (Eds.). (1998). *Centering in Discourse*. Oxford University Press.

Walker, M. A., Kamm, C. A., and Litman, D. J. (2001). Towards developing general models of usability with PARADISE. *Natural Language Engineering: Special Issue on Best Practice in Spoken Dialogue Systems*, *6*(3), 363–377.

Walker, M. A., Litman, D. J., Kamm, C. A., and Abella, A. (1997). PARADISE: A framework for evaluating spoken dialogue agents. In *ACL/EACL-97*, Madrid, Spain, pp. 271–280.

Walker, M. A., Maier, E., Allen, J., Carletta, J., Condon, S., Flammia, G., Hirschberg, J., Isard, S., Ishizaki, M., Levin, L., Luperfoy, S., Traum, D. R., and Whittaker, S. (1996). Penn multiparty standard coding scheme: Draft annotation manual. `www.cis.upenn.edu/~ircs/dis course-tagging/newcoding.html`.

Walker, M. A. and Rambow, O. (2002). Spoken language generation. *Computer Speech and Language, Special Issue on Spoken Language Generation*, *16*(3-4), 273–281.

Walker, M. A., Rudnicky, A. I., Aberdeen, J., Bratt, E. O., Garofolo, J., Hastie, H., Le, A., Pellom, B., Potamianos, A., Passonneau, R., Prasad, R., Roukos, S., Sanders, G., Seneff, S., and Stallard, D. (2002). Darpa Communicator evaluation: Progress from 2000 to 2001. In *ICSLP-02*.

Walker, M. A. and Whittaker, S. (1990). Mixed initiative in dialogue: An investigation into discourse segmentation. In *ACL-90*, Pittsburgh, PA, pp. 70–78.

Wang, M. Q. and Hirschberg, J. (1992). Automatic classification of intonational phrasing boundaries. *Computer Speech and Language*, *6*(2), 175–196.

Wang, Y. Y. and Waibel, A. (1997). Decoding algorithm in statistical machine translation. In *ACL/EACL-97*, pp. 366–372.

Wang, Z., Schultz, T., and Waibel, A. (2003). Comparison of acoustic model adaptation techniques on non-native speech. In *IEEE ICASSP*, Vol. 1, pp. 540–543.

Wanner, E. and Maratsos, M. (1978). An ATN approach to comprehension. In Halle, M., Bresnan, J., and Miller, G. A. (Eds.), *Linguistic Theory and Psychological Reality*, pp. 119–161. MIT Press.

Ward, N. (1994). *A Connectionist Language Generator*. Ablex.

Ward, N. and Tsukahara, W. (2000). Prosodic features which cue back-channel feedback in English and Japanese. *Journal of Pragmatics*, *32*, 1177–1207.

Ward, W. (1989). Modelling non-verbal sounds for speech recognition. In *HLT '89: Proceedings of the Workshop on Speech and Natural Language*, Cape Cod, MA, pp. 47–50.

Ward, W. and Issar, S. (1994). Recent improvements in the CMU spoken language understanding system. In *ARPA Human Language Technologies Workshop*, Plainsboro, N.J.

Warnke, V., Kompe, R., Niemann, H., and Nöth, E. (1997). Integrated dialog act segmentation and classification using prosodic features and language models. In *EUROSPEECH-97*, Vol. 1, pp. 207–210.

Warren, R. M. (1970). Perceptual restoration of missing speech sounds. *Science*, *167*, 392–393.

Warwick, S. and Russell, G. (1990). Bilingual concordancing and bilingual lexicography. In *EURALEX 4th International Congress*.

Wattarujeekrit, T., Shah, P. K., and Collier, N. (2004). PASBio: predicate-argument structures for event extraction in molecular biology. *BMC Bioinformatics*, *5*, 155.

Waugh, L. R. (1976). The semantics and paradigmatics of word order. *Language*, *52*(1), 82–107.

Weaver, W. (1949/1955). Translation. In Locke, W. N. and Boothe, A. D. (Eds.), *Machine Translation of Languages*, pp. 15–23. MIT Press. Reprinted from a memorandum written by Weaver in 1949.

Webber, B. L. (1978). *A Formal Approach to Discourse Anaphora*. Ph.D. thesis, Harvard University.

Webber, B. L. (1983). So what can we talk about now?. In Brady, M. and Berwick, R. C. (Eds.), *Computational Models of Discourse*, pp. 331–371. The MIT Press. Reprinted in Grosz et al. (1986).

Webber, B. L. (1991). Structure and ostension in the interpretation of discourse deixis. *Language and Cognitive Processes*, *6*(2), 107–135.

Webber, B. L. (2004). D-LTAG: extending lexicalized TAG to discourse. *Cognitive Science*, *28*(5), 751–79.

Webber, B. L., Knott, A., Stone, M., and Joshi, A. K. (1999). Discourse relations: A structural and presuppositional account using lexicalised TAG. In *ACL-99*, College Park, MD, pp. 41–48.

Weber, D. J., Black, H. A., and McConnel, S. R. (1988). AMPLE: A tool for exploring morphology. Tech. rep. Occasional Publications in Academic Computing No. 12, Summer Institute of Linguistics, Dallas.

Weber, D. J. and Mann, W. C. (1981). Prospects for computer-assisted dialect adaptation. *American Journal of Computational Linguistics*, *7*, 165–177.

Weeds, J. (2003). *Measures and Applications of Lexical Distributional Similarity*. Ph.D. thesis, University of Sussex.

Weeds, J. and Weir, D. J. (2005). Co-occurrence retrieval: A general framework for lexical distributional similarity. *Computational Linguistics*, *31*(4), 439–476.

Wegmann, S., McAllaster, D., Orloff, J., and Peskin, B. (1996). Speaker normalisation on conversational telephone speech. In *ICASSP-96*, Atlanta, GA.

Weinschenk, S. and Barker, D. T. (2000). *Designing Effective Speech Interfaces*. Wiley.

Weintraub, M., Taussig, K., Hunicke-Smith, K., and Snodgrass, A. (1996). Effect of speaking style on LVCSR performance. In *ICSLP-96*, Philadelphia, PA, pp. 16–19.

Weischedel, R. (1995). BBN: Description of the PLUM system as used for MUC-6. In *MUC-6*, San Francisco, pp. 55–70.

Weischedel, R., Meteer, M., Schwartz, R., Ramshaw, L. A., and Palmucci, J. (1993). Coping with ambiguity and unknown words through probabilistic models. *Computational Linguistics*, *19*(2), 359–382.

Weizenbaum, J. (1966). ELIZA – A computer program for the study of natural language communication between man and machine. *Communications of the ACM*, *9*(1), 36–45.

Weizenbaum, J. (1976). *Computer Power and Human Reason: From Judgement to Calculation*. W.H. Freeman and Company.

Welling, L., Ney, H., and Kanthak, S. (2002). Speaker adaptive modeling by vocal tract normalisation. *IEEE Transactions on Speech and Audio Processing*, *10*, 415–426.

Wells, J. C. (1982). *Accents of English*. Cambridge University Press.

Weng, F., Varges, S., Raghunathan, B., Ratiu, F., Pon-Barry, H., Lathrop, B., Zhang, Q., Scheideck, T., Bratt, H., Xu, K., Purver, M., Mishra, R., Raya, M., Peters, S., Meng, Y., Cavedon, L., and Shriberg, E. (2006). Chat: A conversational helper for automotive tasks. In *ICSLP-06*, pp. 1061–1064.

Wiebe, J. (2000). Learning subjective adjectives from corpora. In *AAAI-00*, Austin, TX, pp. 735–740.

Wiebe, J. and Mihalcea, R. (2006). Word sense and subjectivity. In *COLING/ACL 2006*, Sydney, Australia.

Wierzbicka, A. (1992). *Semantics, Culture, and Cognition: University Human Concepts in Culture-Specific Configurations*. Oxford University Press.

Wierzbicka, A. (1996). *Semantics: Primes and Universals*. Oxford University Press.

Wilensky, R. (1983). *Planning and Understanding: A Computational Approach to Human Reasoning*. Addison-Wesley.

Wilensky, R. and Arens, Y. (1980). PHRAN: A knowledge-based natural language understander. In *ACL-80*, Philadelphia, PA, pp. 117–121.

Wilks, Y. (1975a). An intelligent analyzer and understander of English. *Communications of the ACM*, *18*(5), 264–274.

Wilks, Y. (1975b). Preference semantics. In Keenan, E. L. (Ed.), *The Formal Semantics of Natural Language*, pp. 329–350. Cambridge Univ. Press.

Wilks, Y. (1975c). A preferential, pattern-seeking, semantics for natural language inference. *Artificial Intelligence*, *6*(1), 53–74.

Wilks, Y. (1978). Making preferences more active. *Artificial Intelligence*, *11*(3), 197–223.

Wilks, Y., Slator, B. M., and Guthrie, L. M. (1996). *Electric Words: Dictionaries, Computers, and Meanings*. MIT Press.

Williams, J. D. and Young, S. J. (2000). Partially observable markov decision processes for spoken dialog systems. *Computer Speech and Language*, *21*(1), 393–422.

Williams, J. D. and Young, S. J. (2005). Scaling up POMDPs for dialog management: The "Summary POMDP" method. In *IEEE ASRU-05*.

Wilson, T., Wiebe, J., and Hwa, R. (2006). Recognizing strong and weak opinion clauses. *Computational Intelligence*, *22*(2), 73–99.

Winograd, T. (1972a). Understanding natural language. *Cognitive Psychology*, *3*(1), 1–191. Reprinted as a book by Academic Press, 1972.

Winograd, T. (1972b). *Understanding Natural Language*. Academic Press.

Wise, B., Cole, R. A., van Vuuren, S., Schwartz, S., Snyder, L., Ngampatipatpong, N., Tuantranont, J., and Pellom, B. (2007). Learning to read with a virtual tutor: Foundations to literacy. In Kinzer, C. and Verhoeven, L. (Eds.), *Interactive Literacy Education: Facilitating Literacy Environments Through Technology*. Lawrence Erlbaum.

Witten, I. H. and Bell, T. C. (1991). The zero-frequency problem: Estimating the probabilities of novel events in adaptive text compression. *IEEE Transactions on Information Theory*, *37*(4), 1085–1094.

Witten, I. H. and Frank, E. (2005). *Data Mining: Practical Machine Learning Tools and Techniques* (2nd Ed.). Morgan Kaufmann.

Wittgenstein, L. (1953). *Philosophical Investigations. (Translated by Anscombe, G.E.M.)*. Blackwell.

Wolf, F. and Gibson, E. (2005). Representing discourse coherence: A corpus-based analysis. *Computational Linguistics*, *31*(2), 249–287.

Wolfram, W. A. (1969). *A Sociolinguistic Description of Detroit Negro Speech*. Center for Applied Linguistics, Washington, D.C.

Wong, Y. W. and Mooney, R. J. (2007). Learning synchronous grammars for semantic parsing with lambda calculus. In *ACL-90*, Prague, pp. 960–967.

Woodland, P. C. (2001). Speaker adaptation for continuous density HMMs: A review. In Juncqua, J.-C. and Wellekens, C. (Eds.), *Proceedings of the ITRW 'Adaptation Methods For Speech Recognition'*, Sophia-Antipolis, France.

Woodland, P. C., Leggetter, C. J., Odell, J. J., Valtchev, V., and Young, S. J. (1995). The 1994 htk large vocabulary speech recognition system. In *IEEE ICASSP*.

Woodland, P. C. and Povey, D. (2002). Large scale discriminative training of hidden Markov models for speech recognition. *Computer Speech and Language*, *16*, 25–47.

Woods, W. A. (1967). *Semantics for a Question-Answering System*. Ph.D. thesis, Harvard University.

Woods, W. A. (1973). Progress in natural language understanding. In *Proceedings of AFIPS National Conference*, pp. 441–450.

Woods, W. A. (1975). What's in a link: Foundations for semantic networks. In Bobrow, D. G. and Collins, A. M. (Eds.), *Representation and Understanding: Studies in Cognitive Science*, pp. 35–82. Academic Press.

Woods, W. A. (1977). Lunar rocks in natural English: Explorations in natural language question answering. In Zampolli, A. (Ed.), *Linguistic Structures Processing*, pp. 521–569. North Holland.

Woods, W. A. (1978). Semantics and quantification in natural language question answering. In Yovits, M. (Ed.), *Advances in Computers*, Vol. 17, pp. 2–87. Academic Press.

Woods, W. A., Kaplan, R. M., and Nash-Webber, B. L. (1972). The lunar sciences natural language information system: Final report. Tech. rep. 2378, BBN.

Woszczyna, M. and Waibel, A. (1994). Inferring linguistic structure in spoken language. In *ICSLP-94*, Yokohama, Japan, pp. 847–850.

Wouters, J. and Macon, M. (1998). Perceptual evaluation of distance measures for concatenative speech synthesis. In *ICSLP-98*, Sydney, pp. 2747–2750.

Wu, D. (1992). *Automatic Inference: A Probabilistic Basis for Natural Language Interpretation*. Ph.D. thesis, University of California, Berkeley, Berkeley, CA. UCB/CSD 92-692.

Wu, D. (1996). A polynomial-time algorithm for statistical machine translation. In *ACL-96*, Santa Cruz, CA, pp. 152–158.

Wu, D. (2000). Bracketing and aligning words and constituents in parallel text using stochastic inversion transduction grammars. In Véronis, J. (Ed.), *Parallel Text Processing: Alignment and Use of Translation Corpora*. Kluwer.

Wu, D. and Fung, P. (2005). Inversion transduction grammar constraints for mining parallel sentences from quasi-comparable corpora. In *IJCNLP-2005*, Jeju, Korea.

Wu, Z. and Palmer, M. (1994). Verb semantics and lexical selection. In *ACL-94*, Las Cruces, NM, pp. 133–138.

Wundt, W. (1900). *Völkerpsychologie: eine Untersuchung der Entwicklungsgesetze von Sprache, Mythus, und Sitte*. W. Engelmann, Leipzig. Band II: Die Sprache, Zweiter Teil.

Xia, F. and Palmer, M. (2001). Converting dependency structures to phrase structures. In *HLT-01*, San Diego, pp. 1–5.

Xu, P., Chelba, C., and Jelinek, F. (2002). A study on richer syntactic dependencies for structured language modeling. In *ACL-02*, pp. 191–198.

Xu, W. and Rudnicky, A. I. (2000). Task-based dialog management using an agenda. In *ANLP/NAACL Workshop on Conversational Systems*, Somerset, New Jersey, pp. 42–47.

Xue, N. and Palmer, M. (2004). Calibrating features for semantic role labeling. In *EMNLP 2004*.

Xue, N. and Shen, L. (2003). Chinese word segmentation as lmr tagging. In *Proceedings of the 2nd SIGHAN Workshop on Chinese Language Processing*, Sapporo, Japan.

Yamada, H. and Matsumoto, Y. (2003). Statistical dependency analysis with support vector machines. In Noord, G. V. (Ed.), *IWPT-03*, pp. 195–206.

Yamada, K. and Knight, K. (2001). A syntax-based statistical translation model. In *ACL-01*, Toulouse, France.

Yamada, K. and Knight, K. (2002). A decoder for syntax-based statistical MT. In *ACL-02*, Philadelphia, PA.

Yankelovich, N., Levow, G.-A., and Marx, M. (1995). Designing SpeechActs: Issues in speech user interfaces. In *Human Factors in Computing Systems: CHI '95 Conference Proceedings*, Denver, CO, pp. 369–376.

Yarowsky, D. (1994). Decision lists for lexical ambiguity resolution: Application to accent restoration in Spanish and French. In *ACL-94*, Las Cruces, NM, pp. 88–95.

Yarowsky, D. (1995). Unsupervised word sense disambiguation rivaling supervised methods. In *ACL-95*, Cambridge, MA, pp. 189–196.

Yarowsky, D. (1997). Homograph disambiguation in text-to-speech synthesis. In van Santen, J. P. H., Sproat, R., Olive, J. P., and Hirschberg, J. (Eds.), *Progress in Speech Synthesis*, pp. 157–172. Springer.

Yarowsky, D. and Wicentowski, R. (2000). Minimally supervised morphological analysis by multimodal alignment. In *ACL-00*, Hong Kong, pp. 207–216.

Yeh, A., Morgan, A. A., Colosimo, M. E., and Hirschman, L. (2005). BioCreative task 1A: gene mention finding evaluation. *BMC Bioinformatics*, 6(1).

Yngve, V. H. (1955). Syntax and the problem of multiple meaning. In Locke, W. N. and Booth, A. D. (Eds.), *Machine Translation of Languages*, pp. 208–226. MIT Press.

Yngve, V. H. (1960). A model and an hypothesis for language structure. *Proceedings of the American Philosophical Society*, 104, 444–466.

Yngve, V. H. (1970). On getting a word in edgewise. In *CLS-70*, pp. 567–577. University of Chicago.

Young, M. and Rounds, W. C. (1993). A logical semantics for nonmonotonic sorts. In *ACL-93*, Columbus, OH, pp. 209–215.

Young, S. J. (1984). Generating multiple solutions from connected word DP recognition algorithms. *Proceedings of the Institute of Acoustics*, 6(4), 351–354.

Young, S. J. (2002). The statistical approach to the design of spoken dialogue systems. Tech. rep. CUED/F-INFENG/TR.433, Cambridge University Engineering Department, Cambridge, England.

Young, S. J., Evermann, G., Gales, M., Hain, T., Kershaw, D., Moore, G., Odell, J. J., Ollason, D., Povey, D., Valtchev, V., and Woodland, P. C. (2005). *The HTK Book*. Cambridge University Engineering Department.

Young, S. J., Odell, J. J., and Woodland, P. C. (1994). Tree-based state tying for high accuracy acoustic modelling. In *Proceedings ARPA Workshop on Human Language Technology*, pp. 307–312.

Young, S. J., Russell, N. H., and Thornton, J. H. S. (1989). Token passing: A simple conceptual model for connected speech recognition systems. Tech. rep. CUED/F-INFENG/TR.38, Cambridge University Engineering Department, Cambridge, England.

Young, S. J. and Woodland, P. C. (1994). State clustering in HMM-based continuous speech recognition. *Computer Speech and Language*, 8(4), 369–394.

Younger, D. H. (1967). Recognition and parsing of context-free languages in time n^3. *Information and Control*, 10, 189–208.

Yuan, J., Brenier, J. M., and Jurafsky, D. (2005). Pitch accent prediction: Effects of genre and speaker. In *EUROSPEECH-05*.

Yuret, D. (1998). *Discovery of Linguistic Relations Using Lexical Attraction*. Ph.D. thesis, MIT.

Yuret, D. (2004). Some experiments with a Naive Bayes WSD system. In *Senseval-3: 3rd International Workshop on the Evaluation of Systems for the Semantic Analysis of Text*.

Zajic, D., Dorr, B., Lin, J., and Schwartz, R. (2007). Multi-candidate reduction: Sentence compression as a tool for document summarization tasks. *Information Processing and Management*, 43(6), 1549–1570.

Zappa, F. and Zappa, M. U. (1982). Valley girl. From Frank Zappa album *Ship Arriving Too Late To Save A Drowning Witch*.

Zavrel, J. and Daelemans, W. (1997). Memory-based learning: Using similarity for smoothing. In *ACL/EACL-97*, Madrid, Spain, pp. 436–443.

Zens, R. and Ney, H. (2007). Efficient phrase-table representation for machine translation with applications to online MT and speech translation. In *NAACL-HLT 07*, Rochester, NY, pp. 492–499.

Zens, R., Och, F. J., and Ney, H. (2002). Phrase-based statistical machine translation. In *KI 2002*, pp. 18–32.

Zernik, U. (1987). *Strategies in Language Acquisition: Learning Phrases from Examples in Context*. Ph.D. thesis, University of California, Los Angeles, Computer Science Department, Los Angeles, CA.

Zernik, U. (1991). Train1 vs. train2: Tagging word senses in corpus. In *Lexical Acquisition: Exploiting On-Line Resources to Build a Lexicon*, pp. 91–112. Lawrence Erlbaum.

Zettlemoyer, L. and Collins, M. (2005). Learning to map sentences to logical form: Structured classification with probabilistic categorial grammars. In *Uncertainty in Artificial Intelligence, UAI'05*, pp. 658–666.

Zettlemoyer, L. and Collins, M. (2007). Online learning of relaxed CCG grammars for parsing to logical form. In *EMNLP/CoNLL 2007*, pp. 678–687.

Zhang, H. and Gildea, D. (2005). Stochastic lexicalized inversion transduction grammar for alignment. In *ACL-05*, Ann Arbor, MI.

Zhou, G. and Lua, K. (1998). Word association and MI-trigger-based language modelling. In *COLING/ACL-98*, Montreal, Canada, pp. 1465–1471.

Zhou, G., Su, J., Zhang, J., and Zhang, M. (2005). Exploring various knowledge in relation extraction. In *ACL-05*, Ann Arbor, MI, pp. 427–434.

Zhu, X. and Rosenfeld, R. (2001). Improving trigram language modeling with the world wide web. In *ICASSP-01*, Salt Lake City, UT, Vol. I, pp. 533–536.

Zue, V. W., Glass, J., Goodine, D., Leung, H., Phillips, M., Polifroni, J., and Seneff, S. (1989). Preliminary evaluation of the VOYAGER spoken language system. In *Proceedings DARPA Speech and Natural Language Workshop*, Cape Cod, MA, pp. 160–167.

Zweig, G. (1998). *Speech Recognition with Dynamic Bayesian Networks*. Ph.D. thesis, University of California, Berkeley.

Zwicky, A. (1972). On casual speech. In *CLS-72*, pp. 607–615. University of Chicago.

Zwicky, A. and Sadock, J. M. (1975). Ambiguity tests and how to fail them. In Kimball, J. (Ed.), *Syntax and Semantics 4*, pp. 1–36. Academic Press.